工业和信息化部"十二五"规划专著

高等两相流与传热

方贤德　著

北京航空航天大学出版社

内容简介

本书是工业和信息化部“十二五”规划专著。本书从实用性、系统性和先进性出发，对气液两相流与传热的基本原理、理论和实验研究方法，以及理论和实验研究的成果，进行了系统全面的总结介绍。全书共分4篇15章。第1篇为两相流基础，包含两相流的基本概念和参数、两相流数值模拟方法、单相流的传热与压降、两相流参数测量技术4章。第2篇为两相流流动，包含两相流流型、两相流压降、两相流空泡率、两相流不稳定性4章。第3篇为两相流传热，包含池沸腾传热、流动沸腾过程及临界热流密度、过冷流动沸腾传热、饱和流动沸腾传热的计算模型、冷凝传热5章。第4篇为特殊条件下的两相流与传热，包含不同重力下的两相流与传热和超临界压力管内流体的传热与压降2章。

本书既可作为高等学校相关专业的研究生教材或本科生选修课教材，也可作为有关技术领域研究人员和工程技术人员的工具书和参考书。

图书在版编目(CIP)数据

高等两相流与传热 / 方贤德著. -- 北京 ：北京航空航天大学出版社，2021.1

ISBN 978-7-5124-3409-7

Ⅰ. ①高… Ⅱ. ①方… Ⅲ. ①二相流动－传热学 Ⅳ. ①O359

中国版本图书馆 CIP 数据核字(2020)第 232440 号

高等两相流与传热

方贤德 著

策划编辑 蔡 喆 责任编辑 刘晓明

*

北京航空航天大学出版社出版发行

北京市海淀区学院路37号(邮编100191) http://www.buaapress.com.cn

发行部电话：(010)82317024 传真：(010)82328026

读者信箱：goodtextbook@126.com 邮购电话：(010)82316936

北京建宏印刷有限公司印装 各地书店经销

*

开本：787×1 092 1/16 印张：31.75 字数：813千字

2021年4月第1版 2023年12月第3次印刷 印数：801～1000册

ISBN 978-7-5124-3409-7 定价：99.00元

前　言

气液两相流与传热是近几十年发展起来的一门新学科，其分析计算广泛应用于航空、航天、航海、电子、石化、能源、动力、空调、制冷、交通运输、生物医学等众多工业领域内的有关系统和设备。此类系统和设备的合理设计和有效运行，依赖于对两相流与传热知识的科学认识和正确运用。本书根据国内外相关研究资料，尤其是最新研究资料，结合作者及团队的科研成果，对气液两相流与传热的基本原理、理论分析方法、实验研究方法，以及理论与实验研究成果，进行了系统的总结介绍。

本书系工业和信息化部"十二五"规划专著。全书分4篇15章。第1篇为两相流基础，含4章，包括两相流的基本概念和参数、两相流数值模拟方法、单相流的传热与压降，以及两相流参数测量技术。单相流的传热与压降一章主要介绍两相流传热与压降计算中需要用到的单相流传热与压降的知识。将两相流主要参数测量技术归为两相流基础，是因为两相流研究迄今为止仍然以实验研究为主要手段。第2篇为两相流流动，也含4章，包括两相流流型、两相流压降、两相流空泡率，以及两相流不稳定性。第3篇为两相流传热，含5章，包括池沸腾传热、流动沸腾过程及临界热流密度、过冷流动沸腾传热、饱和流动沸腾传热的计算模型，以及冷凝传热。第4篇为特殊条件下的两相流与传热，含2章，分别为不同重力下的两相流与传热和超临界压力管内流体的传热与压降。超临界压力管内流体不是严格意义上的两相流，但因其既不同于气态，也不同于液态，在一些学术交流中往往纳入两相流范畴，所以本书专门设立一章讨论其传热和压降问题。

本书的特色主要有以下几点：

① 内容先进。对国内外最新研究成果的总结、归纳和提炼，加上作者和研究团队近几年的研究成果，构成本书的主要内容。每章的编写都参考了大量的文献，其中绝大部分是国外文献。

② 知识体系完整，理论和应用兼顾，适用面广。本书在内容设计上构成两相流与传热的完整知识体系，知识点衔接紧密，过渡平稳，侧重于工程应用，同时兼顾基本理论，内容先进而又历史脉络清楚。

③ 工程实用性强。在传热和流动计算方面，汇集了大量计算公式，对各专题计算公式进行了全面的评价比较，为工程设计中计算公式的选择提供了指导。这为国内外多相流书籍所鲜见。传热方面包括池沸腾传热、过冷流动沸腾传热、饱和流动沸腾传热、临界热流密度、冷凝传热，以及微重力、超重力(过载)和超临界压力等特殊条件下的传热。流动方面包括两相流压降、空泡率、流型、流动不稳定性、微重力环境下的两相流压降和空泡率，以及过载环境和超临界压力下的压降。

④ 航空航天特色突出。第4篇的2章中，不同重力环境下的两相流与传热一章介绍了微重力、低重力和过载环境下的两相流与传热，为航空航天领域所特有；超临界压力管内流体的传热与压降一章中碳氢燃料超临界压力传热计算是针对超声速飞行器碳氢燃料超临界压力冷却而设立的。

通过学习本书,你可以:

① 熟悉气液两相流与传热的基本原理。

② 明确气液两相流与传热的研究方法。

③ 掌握两相流沸腾与冷凝传热的分析计算方法。

④ 掌握两相流压降、空泡率、流型以及流动不稳定性的分析计算方法。

⑤ 掌握管内超临界压力流体的传热与压降计算方法。

⑥ 了解微重力、低重力和过载环境下两相流传热与流动的特性。

⑦ 增强两相流系统与设备(如蒸发器、冷凝器、空调制冷系统等)的工程设计能力。

⑧ 增强两相流系统与设备的运行管理能力。

⑨ 提升多相流研究能力。

⑩ 具备基于实验的多相流数学建模能力。

本书语言简明扼要,便于理解,具有很强的理论性、专业性、技术性和实用性,既可作为相关专业研究生教材或本科生选修课教材,也可作为有关技术领域研究人员和工程技术人员的工具书和参考书。

本书凝结了作者和研究团队近几年的研究成果。陈玮玮、张贺磊、周展如等博士参与了第2、7、11、13和15章的撰写,董安琪、李国华、王昊、王润、袁玉良、吴琪、田露、许安易、陈亚凤、罗祖分等参与了数据处理、绘图、文字校核等工作;中国科学院力学研究所赵建福研究员和西安交通大学动力工程多相流国家重点实验室李会雄教授在百忙之中对全书进行了审阅;天津大学电气与自动化工程学院董峰教授和谭超教授对两相流主要参数测量技术提出了许多宝贵意见;北京航空航天大学出版社蔡喆编辑为本书的出版做了大量工作。在此,对以上帮助一并表示感谢。

本书的编写参考了大量国内外相关技术资料,吸取了许多专家和同仁的宝贵经验。同时,本书获得国家自然科学基金项目(51176074,51576099)的支持。在此鸣谢。

气液两相流技术发展迅速,涉及面广,加之作者学识有限,书中误漏之处在所难免,望广大读者批评指正。

作　者

2020年6月

常用符号表

英文字母符号

A	面积,m^2
A_c	横截面积,m^2
A_s	侧表面积,m^2
a	有效重力加速度,m/s^2
Bd	邦德(Bond)数
Bo	沸腾(Boiling)数
Ca	毛细(Capillary)数
Co	受限(Confinement)数,气相分布系数
Cv	对流(Convection)数
c	比热容,J/(kg·K)
c_p	比定压热容,J/(kg·K)
D	直径,定性尺度,m
D_{AB}	二元系扩散系数,m^2/s
D_b	气泡脱离直径,m
D_h	当量直径,m
dp/dz	压力梯度,Pa/m
Eu	欧拉(Euler)数
$Eö$	厄特沃什(Eötvös)数
Fa	方(Fang)数
Fr	弗劳德(Froude)数
Fr_{So}	Soliman 修正 Froude 数
f	Moody(或称 Darcy)摩擦因子
G	质量流速,kg/(m^2·s)
Ga	伽利略(Galileo)数
Gr	格拉晓夫(Grashof)数
Gz	格雷兹(Graetz)数
g	常重力加速度,$g=9.81\ m/s^2$
H	高度,m
h	焓,J/kg;对流换热系数,W/(m^2·K)
h_{lg}	汽化潜热,J/kg
I	电流,A;辐射强度,W/m^2
J_g	无因次蒸气质量流速
Ja	雅各布(Jacob)数
L	特征尺度,长度,m
La	拉普拉斯(Laplace)数
M	相对分子质量,kg/kmol
m	质量,kg
$\dot{m}$	质量流量,kg/s
Nu	努塞尔(Nusselt)数,也称努谢尔特数
P	周长、边长,m
P_R	对比压力,$P_R=p/p_{cr}$
Pe	贝克来(Péclet)数
Pr	普朗特(Prandtl)数
p	压力,Pa
Q	体积流量,m^3/s;热流量,W
q	热流密度,W/m^2
R	气体常数,J/(kg·K);传热系数比
Ra	瑞利(Rayleigh)数
RE	相对误差
Re	雷诺(Reynolds)数
Rr	相对粗糙度
r	半径,m
St	传热斯坦顿(Stanton)数
Sc	施密特(Schmidt)数
Sh	舍伍德(Sherwood)数
s	滑移比
T	热力学温度,K
T_R	对比温度,$T_R=T/T_{cr}$
t	温度,℃;时间,s
u,v,w	流速,m/s

$\bar{u}_{gm}$	气相滑移速度的权重平均值
V	体积,m^3;电压,V
v	质量体积,m^3/kg
We	韦伯(Weber)数
X	马蒂内利(Martinelli)参数或称洛-马参数
x	干度

希腊字母符号

α	空泡率;热扩散系数,m^2/s
α_h	均相模型计算的空泡率
β	容积含气率;热膨胀率,1/K
β_c	接触角,rad 或(°)
Γ	膜状冷凝中单位宽度质量流量,kg/(s·m)
γ	有效重力加速度与常重力加速度之比
δ	厚度,m
ε	粗糙度,m;介电常数,F/m
ξ	局部阻力系数
ρ	密度,kg/m^3
μ	动力粘度,Pa·s
σ	表面张力,N/m
τ	剪切应力,N/m^2
υ	运动粘度,m^2/s
ϕ	摩擦压降倍率
φ	相位角,rad
θ	角度,rad 或(°)
Δ	差值
λ	导热系数,W/m·K;波长 μm

下　标

ac	加速度
b	气泡,主流
bubbly	泡状流
CHF	临界热流密度
cb	对流沸腾
cr	临界
cv	强迫对流
F	膜状冷凝中的液膜
f	流体参数,流体
fr	摩擦
g	气相,蒸气,重力
gm	气相滑移
go	全气相,即把整个两相流假设为气相
IA	间歇流与环状流间的过渡
i,j,k	本节点
in	进口
iso	等温
l	液相
lm	液相滑移
lo	全液相,即把整个两相流假设为液相
loc	局部
m	平均
min	最小
mist	雾状流
nb	核态沸腾
ng	不凝气体
ONB	在过冷流动核态沸腾起始点
OSV	在有效空泡起始点
out	出口
pc	拟临界
sat	饱和态
sg	气相表观
sl	液相表观
sp	单相流

strat	层状流	tv	湍流(液相)层流(气相)流态
sub	过冷	vt	层流(液相)湍流(气相)流态
sup	过热	vv	层流(液相)层流(气相)流态
t	热力学平衡	w	壁面
tp	两相流混合物	wavy	波面层状流
tt	湍流(液相)湍流(气相)流态		

缩　写

缩略词	英文全称	中文含义
MAD	Mean Absolute Deviation	平均绝对误差,%
MRD	Mean Relative Deviation	平均相对误差,%
CHF	Critical Heat Flux	临界热流密度
HTC	Heat Transfer Coefficient	换热系数
NVG	Net Vapor Generation	净蒸气产生点
ONB	Onset of Nucleate Boiling	核态沸腾起始点
OSV	Onset of Significant Void	有效空泡起始点
OFI	Onset of Flow Instability	流动不稳定起始点

目　录

第1篇　两相流基础

第2篇 两相流流动

第3篇 两相流传热

第 1 篇　两相流基础

第 1 章　两相流的基本概念和参数

近 70 多年以来，随着工业技术的迅速发展，在流体力学、工程热力学和传热传质学等一些学科的研究基础上，气液两相流和传热已经逐步发展为一门涉及多个学科领域的重要科学分支。

两相流和传热的分析计算广泛应用于航空、航天、航海、石油、化工、能源、动力、空调、制冷、电子、交通、生物医学等众多领域内的有关系统和设备中。此类系统和设备的合理设计和有效运行，依赖于对两相流和传热的科学认识。作为具有如此广泛工程应用背景的科学技术，两相流及其传热问题引起了人们经久不衰的研究兴趣。特别是随着近 30 多年来航空航天产业、材料电子等高新技术、大型火电机组和核电厂等的发展，国内外众多研究人员对气液两相流和传热进行了大量的实验和理论方面的探索，积累了大量的实验数据和理论资料，研究领域不断拓宽。在重力场方面，从常重力（地球重力）逐步扩展到部分重力、微重力和超重力（过载）[1-3]；在通道尺度方面，从常规通道逐步扩展到介通道、微通道、纳米通道[1-4]。尽管如此，由于气液两相流和传热的复杂性，其在实验和理论研究上仍存在很多挑战。

为了简便起见，本书常用两相流这个术语指代两相流和传热。

本章对两相流的基本概念进行介绍，包括两相流的定义、两相流的特点及其复杂性、两相流的基本参数、有关无量纲参数，以及两相流的尺度特性等。

1.1　概　述

1.1.1　两相流的概念

相是指在混合物系统中具有相同成分及相同物理、化学性质的均匀物质部分，也就是物质的单一形态，如固态、液态和气态。混合物系统中的物质通常可以分为气相、液相和固相三类。相与相之间一般存在明显可分辨的界面，称为相界面。

在自然界以及许多实际工程应用中，两相流体甚至多相流体的流动与传热传质现象广泛存在。如果一个运动流体中同时存在两种以上的相态，并且不同相态的流体之间存在着明显可分的相交界面，则这种运动流体称为多相流。在多相流中，以两相流最为普遍，它是存在明显可分的相间界面且该分界面随流动不断变化的两种不同相物质的混合流动。风暴中的大漠扬沙、江河中的泥沙混流、空气中的烟尘弥漫，以及自然界中的风雨交加等，都是和人类活动息息相关的两相流现象。在航空、航天、航海、石油、化工、能源、动力、空调、制冷、电子、交通、生物医学等众多领域内，两相流现象十分常见。

广泛存在于自然界和工业生产过程中的两相流动可分为以下几种类型。

(1) 气液两相流

气液两相流指的是气体和液体这两相物质混合流动的一种物理现象。它是一种最为常见、最为复杂的两相流动类型。气液两相流又可以分为单组分工质两相流和双组分工质两相流。单组分工质两相流最为多见，其中，气、液两相具有相同的化学成分。流动过程中，吸热时部分液体会蒸发为气体，形成沸腾(蒸发)传热；放热时部分气体会凝结为液体，形成冷凝传热，如蒸发制冷循环中制冷剂在蒸发器和冷凝器中的气液两相流。双组分工质两相流中，气、液两相具有不同的化学成分，如空气-水气液两相流。

有的文献用“汽液”和“气液”两个术语区分单组分工质和双组分工质。单组分工质时用“汽液”，双组分工质时用“气液”。为了描述方便起见，本书不作这种区分，而用“气液”这个表达同时包含单组分和双组分。不过，如果用到“汽液”，则仅指单组分工质。

气液两相流最为普遍，是本书的讨论对象。

(2) 气固两相流

气固两相流是指气体和固体颗粒这两相物质混合流动的一种物理现象。它广泛存在于自然和工业生产过程的各个领域，例如大气中风沙运动过程、火电厂煤斗中煤粉的气流输送过程、水泥厂中粉碎石料的气流输送过程、固体火箭发动机中的燃气流动过程，以及循环流化床中燃料的沸腾燃烧过程等。

(3) 液固两相流

液固两相流是指液体和固体颗粒这两相物质混合流动的一种物理现象。它广泛存在于化工、水利、动力、冶金、建筑等工业过程，例如造纸生产过程中纸浆、胶浆等的浆液流动，水利工程中对多年沉积泥沙的清理和整治，火电厂排污系统中对炉渣的水力输送，矿山中的矿石选矿，以及生活废水的排放等。

(4) 液液两相流

两种互不相溶的液体混合流动称为液液两相流。油田开采与地面集输过程的油水两相流是典型的液液两相流实例。在物质的萃取过程中，大多是液液两相流。

1.1.2 本书的范围

本书的重点为气液两相流体在流道内的流动与沸腾传热，其次是池沸腾传热、冷凝传热(包括管内、管外)，以及管内超临界压力下的流动与传热。考虑到航空航天领域中的应用需求，本书设立一章专门讨论微重力和过载条件下的气液两相流与传热。超临界压力下的流体不是严格意义上的两相流。但因其既不同于气态，也不同于液态，在一些学术交流中往往纳入两相流范畴，所以本书专门设立一章来讨论其管内流动和传热问题。

在流道内气液两相流与传热方面，为叙述方便起见，会经常省略“管内”“流道内”“气液”等字样。换言之，在通过上下文容易辨别的情况下，本书会把流道内气液两相流简单地叙述为两相流。

1.1.3　两相流的特点和复杂性

气液两相流动是一个很复杂的运动。复杂性之一表现在气液两相具有可变形的界面及相分布状况的不均匀。同时，气体的可压缩性也加大了两相流流动的复杂性。因此，两相流的物理特性和数学描述要比单相流复杂得多，主要表现在以下几个方面。

(1) 流型的多变性

气液两相流中，流型是指气液相界面处的分布状况。单相流中，一般根据雷诺数，流型可以划分为层流和湍流。两相流中，流型不但受到雷诺数的影响，而且受气液两相流体的初始条件和边界条件、物理参数变化、气液两相之间的相对位移、相对速率、温度、流道几何特性、重力方向等因素的影响。这些影响因素使两相流中出现很多流型，如泡状流、塞状流、波状流、弹状流、层状流等，还可能出现多种不同流型并存的现象[5-6]。而且，除了水平管中可能存在很平稳的层状流之外，所有的流型都具有明显的波动性，即使是所谓的稳态流动也是如此。各种流态又会随流体的物理性质、几何条件、操作条件等的不同而发生变化。只要条件稍微发生变动，流型就有可能发生变化，从一种流态过渡到另一种流态。因此，两相流的分析计算远比单相流复杂。

(2) 显著的重力场影响

管内两相流传热流动在不同重力场下具有其特殊规律，不能用常重力场下的研究结果予以概括和解释。20 世纪后期，随着航天技术的需求增加，微重力作用下管内两相流问题的研究非常活跃。大量飞机抛物线飞行和航天器轨道飞行的实验研究表明，与常重力下情况相比，在微重力条件下，管内两相流传热流动机理和特性显著不同，因此传热和摩擦阻力计算不能采用常重力条件下的研究结果[1-3]。微重力环境中，重力作用的大幅减弱甚至完全消失，使得地面常重力环境中以重力作为主导因素所引起的浮力分层及相间滑移等复杂影响被淡化，气液两相流型比常重力时简单[2,7]。可以想见，在超重条件下，管内两相流特性和机理将比常重力环境下的情况复杂。

重力对管内两相流传热流动影响的一个简单的例子是，在常重力下，改变重力对流动的作用方向，会产生不同的传热和流动特性。例如，与垂直向上流动相比，垂直向下流动具有较大的不稳定性，流型差别很大，传热能力减弱(见图 1.1)[7]。

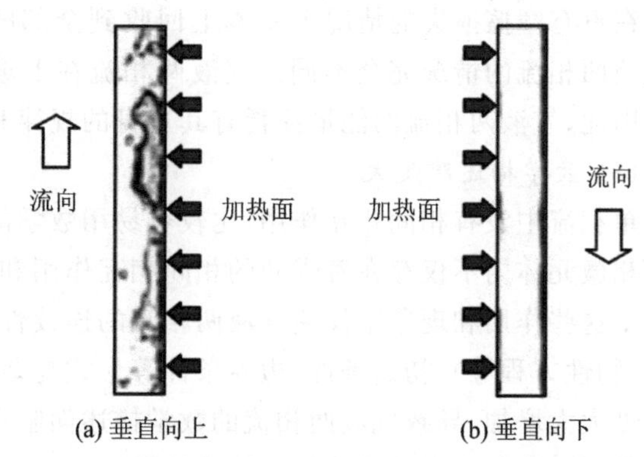

图 1.1　重力方向改变对流动产生的影响[7]

(3) 明显的通道几何特性

大量研究表明，不同通道尺度和几何构型，包括各种强化措施，管内两相流传热与流动具有不同的特性和机理，需要不同的传热和压降计算模型[4-5,8-10]。由于通道尺度对两相流流动传热和压降的显著影响，人们对通道尺度特性、尺度对传热和压降的影响机理，以及不同尺度下的传热和压降模型进行了大量研究。但是，由于管内流动沸腾的尺度特性复杂，使得对通道尺度特性及其对传热和压降的影响机理的认识，以及多尺度传热、压降模型构建，成为当今管内流动沸腾研究的一

个难题。

(4) 众多影响因素的相互交织

例如管内两相流的传热和流动特性,影响因素除了人们广为关注的通道尺度特性、几何构型和重力因素之外,还有过冷度、不凝气体、含油浓度、流动相对于重力的方向[7,9-13]、工质种类[14-17]、流型特性[17-21]、质量流速[18-19]、热流密度[19-21]、干度[19-21]、空泡率[22-23]、饱和温度[14,24]等。这些因素使得两相流和传热的情况极其复杂。例如,对于微小通道内的两相流传热流动问题,即使在常重力下,其机理至今尚未完全明了,不同研究者的结论甚至相互冲突[25-28]。

(5) 相间的相互作用

单相流动不存在相间相互作用的问题。在多相流中,相间的相互作用一般很强烈,而且对于不连续的相来说,各相内部也存在相互作用,这些都是两相流中特有的问题。比如,搅混流就产生于气相和液相之间的剧烈扰动。这种相互作用的大小与流体物性及外界条件有关,很难用一个特定的关系式来描述。

(6) 物性变化临界值降低

单相流的物性变化通常较小。两相流中,物性随压力、密度比、温度等的变化而变化,需要定义比单相流更多的物性参数。另外,一相的容积率从无到有,从而形成两相流时,会引起原临界量的急剧变化。例如,当液体中含有少量气体时,其临界速度、临界流量将会大幅度下降,直到气流量增加到一定程度后,临界流量的下降率才会开始变缓。气液两相流在流动过程中,各个参数不断变化,只不过是在稳定状态下,变化的幅度比较小;而在有脉动及不稳定的情况下,参数变化的幅度比较大。

(7) 流动能耗增大

在单相流中,粘性损失是流动能量损失的主要因素。如果不考虑流体的粘性损失,则流体的能耗基本上可以忽略不计。但在气液两相流中,除了壁面边界层的粘性损失所引起的能量耗散之外,还有气液两相之间的摩擦损失引起的能量损耗和气液两相蒸发或冷凝引起的能量耗散,其能量耗散一般要远远大于单相流。当单相流在水平 W 形光滑管中流动时,单相液体可以在没有摩擦损失的情况下基本上回收到全部的能量,单相气体可以回收大部分的能量。而气液两相流的情况完全不同。气液两相流在上坡段的能量损失在下坡段基本上得不到回收。因此,气液两相流的能量损耗有其自身的规律和特性,给研究增加了困难。

(8) 数学描述难度大

单相流中没有相间相互作用,比较容易用数学的方法进行描述。而在气液两相流动中,气液两相微元体内不仅存在着强烈的相间相互作用和相间摩擦作用,而且存在相间传热传质等现象。这些作用和现象不仅使气液两相流的连续性方程、动量守恒方程、能量守恒方程、辅助方程(物性方程等)、初始条件、边界条件等形式复杂,数量众多,而且使整个方程组的非线性耦合程度大大增加,导致气液两相流的数学描述面临严峻挑战,方程组的数值解法困难重重,以至于数值方法至今仍处于较弱的辅助地位。

1.1.4 两相流的研究内容及研究方法

气液两相流是一个长期的热门研究领域,人们对其在宏观和微观方面的研究不断深入。研究议题包括气液两相流在管内外的流动、流动稳定性、流型变化和流态转变、沸腾传热特性、冷凝传热特性、空泡份额、流阻、传热面几何特性、通道尺度特性、不同工质的热物性和传热传质特性、微重力作用下气液两相流的流动和传热机理、超重力作用下气液两相流的流动和传热机理、微尺度气液两相流和建模、传热强化、纳米流体的传热传质等[19-33]。随着研究的深入，研究范围不断拓宽，新的研究议题不断出现。

对于两相流动的特性和机理研究，重点是两个方面：一是流动特性，例如流动参数及其相关性、流道及绕流体的阻力(压降)、相分布和相含率、流型及其转变、流动的稳定性、气泡动力学、临界流等；二是传热特性，例如沸腾(蒸发)传热、凝结传热、平衡与非平衡传热、沸腾临界热流密度与临界后传热、流动特性对传热的影响等。

由于空间、微电子、信息、生物等技术的发展，紧凑式换热器以及微尺度下的相变传热问题得到广泛重视。在航天技术领域，随着空间探测与开发活动的需求日益强烈，人们对空间飞行器尤其是载人航天器的功能要求不断提高，相应地，对空间飞行器的流体与热管理、动力供应、环境控制与生命保障系统的要求也越来越高，微重力作用下的两相流动与传热研究不断加强[1,2,7,34,35]。现代高性能战斗机对蒸发循环制冷技术的需求，提出了高过载条件下管内两相流的研究议题[3,36-37]。

两相流的研究和分析方法一般可概括为理论研究方法、实验研究方法和数值模拟研究方法三种。这三种方法既相对独立，又相互关联，组成了研究两相流问题的完整体系(见图 1.2)。理论研究的机理分析与建模和简化，往往需要实验研究和数值模拟研究的支撑。实验方案的制定、实验数据的分析处理，以及实验现象的理解，都离不开理论分析，有时甚至需要借助于数值模拟分析。而数值模拟研究中的数学建模，需要以理论研究为基础，同时需要实验研究补充方程和条件，并需要反复对照实验结果发现问题，促进和帮助数学模型的完善，检验程序设计的正确性。由于气液两相流动的多变性和复杂性，理论描述极其困难，目前的研究采用理论研究、实验研究和数值模拟研究相结合的方法。对于不同的研究对象，三者所起的作用有所不同。例如管内两相流沸腾传热和摩擦压降，以实验研究为主的特征比较突出。又如化学工程和过程工程多相流系统的放大，实验难度大，理论分析方法极难获得需要的结果，而数值模拟方法比较有优势。

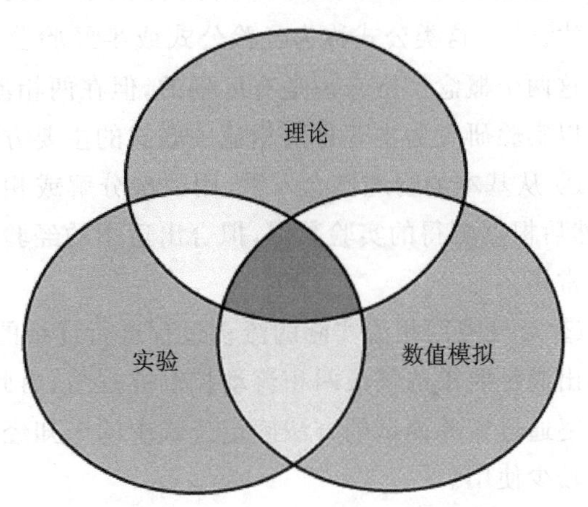

图 1.2　两相流的研究和分析方法

理论研究方法一般基于实验观测与数值模拟结果开展机理、机制分析，在研究流体质量传递、能量传递、动量传递、相间作用关系以及界面条件等的基础上，建立描述流体流动传热的各类控制方程和封闭方程，经过合理简化，在一定条件下，经过解析推导和运算，获得理论模型，以此对研究对象的内涵特征进行分析与预测，再将分析及预测结果与实验研究及数值模拟结果进行比较、验证等。理论研究方法的优点在于所得结果具有普遍性，各种影响因素清晰可见，但它需要对计算对象进行抽象简化才能得出理论结果。气液两相流动中，相流动结构多变，又存在着复杂的相间作用，因此不仅要列出气液两相各自的质量、动量和能量守恒方程，还要列出它们之间相互作用的关系式。为了比较确切地描述两相流特性，需要处理复杂多变的相界面运动问题。对于如此复杂的流动传热问题，大多数情况下很难得到解析解，故理论分析主要用于数学建模、定性分析、机理分析、初步设计等。

由于描述两相流动与传热的模型十分复杂，理论分析的方法往往无法满足对其内涵特征的分析与预测的要求，所以对于理论研究建立起来的控制方程和封闭方程，其求解更多地采用数值模拟的方法。这样，数值模拟有时候又成为理论研究必不可少的工具，但它又并不仅仅是理论研究工具。通过数值模拟，可以对运动和传热过程进行细微观察，不仅可以了解运动和传热的结果和整体过程，而且可以揭示运动和传热的局部的细微的过程，以便更准确、系统地把握流动传热现象及过程发展的规律，对实验研究进行指导和补充。此外，数值模拟可以替代一些危险的、昂贵的甚至难以实施的实验。

实验研究方法需要将实验设备与装置搭建成实验系统，通过直接测量流动传热参数，获取数据。该方法可以获得真实可信的结果。但实验往往受到模型尺寸、运行条件、实验场地、周期与费用、人身安全、测量精度等的限制，有时可能很难通过实验方法得到准确结果。

目前比较常见的管内两相流传热和阻力计算公式，大多是以实验研究为主获得的[33-34,38-39]。这类公式称为经验公式或半经验公式，常称为关联式。虽然经验公式和半经验公式这两个概念严格来说是有区别的，但在两相流领域，二者混用现象也很常见。

以实验研究为主获得两相流关联式的主要方法，目前可归纳为以下三种：

① 从基本的物理概念入手，用因次分解或相似分析方法，获得两相流动过程的无因次参数，然后根据测得的实验数据，拟合出适用的经验关系式。这种方法常称为经验公式法，目前最为常用。

② 对气液两相流实际的流动过程进行详细的分析并做出一些必要的简化假设，在此基础上列出满足要求的气液两相流动控制方程组，由此推导出需要求导的关键参数的函数表达式，并最终通过实验测试的方法确定公式中的未知经验系数。这种方法有时称为半经验公式法，目前较少使用。

③ 现象建模方法。对实验中的气液两相流流型进行逐一识别，对各个流型中的流动传热特点进行单独分析，提出适用于给定流型的补充关系式，最终建立对应于各个流型的关系式。Thome 教授研究团队较早采用了这种方法[6,17]。

通过数值模拟，可以对运动和传热过程进行细微观察，不仅可以了解运动和传热的结果和整体过程，而且可以揭示运动和传热的局部的、细微的过程，以便更准确、系统地把握流动传热现象及其过程发展的规律，对实验研究进行指导和补充，有时甚至直接用于工程设计。

随着高速电子计算机的不断发展和计算机处理能力的不断提高，数值模拟方法展现出广阔的前景。近十几年来，数值模拟方法得到不断发展，在气液两相流流动和传热方面得到了广泛应用，已取得很多重要成果。

两相流数值计算研究的一般思路是：建立数学模型，包括描述两相流动运动规律的基本微分方程和附加方程，给定初始条件和边界条件；采用合适的离散方法对其中的微分项进行离散，获得可编程离散方程组，并采取合适的计算方法，编程求解；利用实验数据验证程序，用验证过的程序进行各种计算分析。其中，数学模型的建立和计算方法是关键，它们关系到计算的准确性和稳定性。数值模拟研究中，双流体模型[40-43]较有优势，新的数值模拟方法不断涌现，二次开发商业软件(如 ANSYS Fluent 等)的方法目前比较常见。

1.2 基本宏观物理量

气液两相流包括气相、液相、气液界面三部分。影响两相流动特性的基本参数一般有每一相的流量、每一相的密度和粘度、系统压力、热流密度、相界和流道截面积等。对于两相流流动的描述，除了单相流参数外，还要考虑两相流所特有的参数。

1.2.1 流　量

流量可分为质量流量和体积流量两种。对于气液两相流的流量，一般用平均质量流量或者平均体积流量来描述。对于气液两相流的气相或液相，一般用分相质量流量或者分相体积流量来描述。

(1) 质量流量

两相流的质量流量定义为单位时间内流过流道横截面的两相流体的质量。单位时间内流过流道横截面的气相质量及液相质量分别称为气相质量流量与液相质量流量。气液两相流的质量流量等于气相质量流量与液相质量流量之和，即

$$\dot{m} = \dot{m}_g + \dot{m}_l \tag{1.1}$$

式中，$\dot{m}$ 为气液两相流的质量流量，$\dot{m}_g$ 为气相的质量流量，$\dot{m}_l$ 为液相的质量流量。

(2) 体积流量

两相流的体积流量定义为单位时间内流过流道横截面的两相流体的体积。单位时间内流过流道横截面的气相体积和液相体积分别称为气相体积流量与液相体积流量。气液两相流的体积流量等于气相体积流量与液相体积流量之和，即

$$Q = Q_g + Q_l \tag{1.2}$$

式中，Q 为气液两相流的体积流量，Q_g 为气相的体积流量，Q_l 为液相的体积流量。

1.2.2 流　速

由于在气液两相流动中气相和液相之间存在相对滑移，因此气液两相流的流速不仅可以用气液两相混合流的平均速度(即等效速度)表示，也可以用分相速度(气相速度或液相速度)表示。

(1) 气相速度和液相速度

在气液两相流中，将气、液各占的流通面积分别表示为 A_g 和 A_l，则气相速度 u_g 和液相速度 u_l 可分别表示为

$$u_g = \frac{Q_g}{A_g} \tag{1.3}$$

$$u_l = \frac{Q_l}{A_l} \tag{1.4}$$

上述两个速度常称为气、液相的实际速度。它们是气、液相在各自所占流通面积上局部速度的平均值，而不是各点的局部速度。

(2) 表观速度

气液两相流动中，相间界面在时间和空间上复杂多变，气液各相流过截面时所占的面积不

易测得，因而气相和液相的单独速度难以获取，气液两相的实际速度很难靠计算得到。为此，人们引入了气液两相流表观速度这一概念。它是假定气液两相流中的气相或液相单独在管道中流动时的速度，因此又称为折算速度。其物理意义是当管道中流动的全是该分相流体时所具有的流速。

气相表观速度 u_{sg} 和液相表观速度 u_{sl} 可分别表示为

$$u_{sg}=\frac{Q_g}{A} \tag{1.5}$$

$$u_{sl}=\frac{Q_l}{A} \tag{1.6}$$

式中，A 为流道的流通截面积。从表达式可以看出，气液相的表观速度小于相应相的实际流速。表观速度常用于判断流型方式，也常用于均相流模型和漂移流模型等模型中。

(3) 混合物速度

混合物速度又称为流量速度，是气液两相混合物的容积流量与流通截面积之比，即

$$u=\frac{Q_g+Q_l}{A}=u_{sg}+u_{sl} \tag{1.7}$$

表观速度和混合物速度实际上都是不存在的，是假想速度。它们的引入为两相流的计算和数据处理带来了方便。

1.2.3 滑差和滑移比

在气液两相流动中，不同的相具有不同的物理特性，如密度、粘度等。气相密度一般远小于液相密度。轻质的气相沿着流道向上流动的速度通常比重质的液相快。两相间流动速度的不同，导致两相间产生相对运动，称之为滑动。气相流速与液相流速之差称为滑差或滑脱速度，二者的比值称为滑移比、滑速比或滑动比，即

$$\Delta u=u_g-u_l \tag{1.8}$$

$$s=\frac{u_g}{u_l} \tag{1.9}$$

式中，Δu 为滑脱速度，s 为滑移比。

1.2.4 质量流速

质量流速也称面积质量流量。气液两相混合物的质量流速 G 等于两相流质量流量 $\dot{m}$ 与流道流通截面积 A 之比，即

$$G=\frac{\dot{m}}{A} \tag{1.10}$$

1.2.5 含气率和含液率

含气率(有时也称气含率、持气率)和含液率(有时也称持液率)表征气液两相流的分相含率。含气率或含液率表示当以某种方法计算时，气相流体或液相流体占总体的份额。分相含率与两相流中的分相浓度和两相流的流型存在一定的关系。统计测量分相含率的分布情况，不仅可以为两相流中的分相浓度及其分布情况提供可供参考的数据，还可以为准确判别两相

流的具体流型提供有用的定量数据。

含气率可表示为质量含气率、容积含气率和截面含气率。同理，含液率可表示为质量含液率、容积含液率和截面含液率。

(1) 质量含气率和质量含液率

质量含气率 x 表示的是在气液两相流动中，气相质量流量与气液两相总质量流量的比值，即

$$x=\frac{\dot{m}_g}{m}=\frac{\dot{m}_g}{\dot{m}_g+\dot{m}_l} \tag{1.11}$$

在气液两相流凝结传热和饱和沸腾传热中，质量含气率常称为干度；质量含液率为 $1-x$。

(2) 容积含气率和容积含液率

容积含气率表示的是在气液两相流动中，气相体积流量与气液两相总的体积流量的比值，用 β 表示，有

$$\beta=\frac{Q_g}{Q}=\frac{Q_g}{Q_g+Q_l} \tag{1.12}$$

容积含气率有时也称为体积空泡率。类似地，容积含液率为 $1-\beta$。

(3) 截面含气率和截面含液率

截面含气率又称为空泡率或空隙率。它指的是在流道的某一横截面上，气相所占的横截面积与该横截面流道总面积的比值，用 α 表示，有

$$\alpha=\frac{A_g}{A}=\frac{A_g}{A_g+A_l} \tag{1.13}$$

同样地，截面含液率为 $1-\alpha$。

当两相流动是定常的均匀流动时，空泡率还可以表示为管道中某一长度内气相所占的容积与该管道的总容积之比，称为体积平均空泡率。该空泡率消除了空泡率局部脉动的影响。

(4) 三种含气率间的关系

由 $Q_g=Au_{sg}$，$Q_l=Au_{sl}$，$\dot{m}_g=Au_{sg}\rho_g$，$\dot{m}_l=Au_{sl}\rho_l$ 和各含气率的定义，有

$$x=\frac{\dfrac{\rho_g}{\rho_l}}{\dfrac{1}{\beta}+\left(\dfrac{\rho_g}{\rho_l}-1\right)} \tag{1.14}$$

$$\beta=\frac{\dfrac{\rho_l}{\rho_g}}{\dfrac{1}{x}+\left(\dfrac{\rho_l}{\rho_g}-1\right)} \tag{1.15}$$

$$\alpha=\frac{1}{1+s\left(\dfrac{1}{\beta}-1\right)} \tag{1.16}$$

从上式可见，通常气液两相流的容积含气率与空泡率是不相等的，因为在气液两相流的流动过程中其滑移比在数值上一般不等于 1。只有当滑移比 $s=1$ 时，即当气相速度与液相速度相等时，才有空泡率等于容积含气率。

由实验数据求出容积含气率比较容易。但从上式可看出，要求出空泡率必须确定滑移比

s,而影响 s 的因素很多。因此,在气液两相流中,直接求出空泡率是很困难的。

气液两相混合物的平均密度和压力梯度的计算有时需要已知空泡率,对管内流动情况和流型的分析有时也需要在空泡率已知的基础上进行。因此,空泡率是关键测量参数之一。在实际应用中,由于气液两相流系统的复杂性,空泡率的测量难度很大。

1.2.6 密 度

两相流中气液两相各有自己的密度,混合物的平均密度(混合密度)也是经常使用的一个参数。混合密度一般随分相含率的变化而变化,可根据分相密度和分相含率计算求得。依据所采用模型的不同,混合密度也有不同的表达式,其中均相密度是研究比较多的一类两相混合密度。两相介质的平均密度有流动密度和真实密度两种表示法。

(1) 流动密度

流动密度是指单位时间内流过截面的两相混合物的质量与体积之比。用 ρ_f、ρ_l 和 ρ_g 分别表示流动密度、液相密度和气相密度,有

$$\rho_f = \frac{\dot{m}}{Q} \tag{1.17}$$

$$\dot{m}_l = \rho_l Q_l \tag{1.18}$$

$$\dot{m}_g = \rho_g Q_g \tag{1.19}$$

$$\dot{m} = \rho_f Q = \rho_l Q_l + \rho_g Q_g \tag{1.20}$$

所以

$$\rho_f = \beta \rho_g + (1-\beta)\rho_l \tag{1.21}$$

将式(1.15)代入上式,得

$$\frac{1}{\rho_f} = \frac{1-x}{\rho_l} + \frac{x}{\rho_g} \tag{1.22}$$

流动密度常用于均相流模型和漂移流模型中计算两相流的沿程摩擦阻力损失。

(2) 真实密度

真实密度指 dl 长度管段微元体内气液混合物质量与体积之比,即

$$\rho = \frac{\alpha \rho_g A\,dl + (1-\alpha)\rho_l A\,dl}{A\,dl} = \alpha \rho_g + (1-\alpha)\rho_l \tag{1.23}$$

当气液相流速相等时,即当 $u_g = u_l$ 时,$\alpha = \beta$。比较式(1.21)和式(1.23)可知,当气液相流速相等时,真实密度等于流动密度。

在分相流模型中,对一些流型参数的计算需要用到真实密度。另外,真实密度常用来计算气液两相流沿起伏管路运动时的静压损失,即计算由于管路高程变化而引起的附加压力损失。

1.2.7 均相动力粘度

较早提出的两相流均相动力粘度 μ 计算方法有 McAdams[44] 公式(1.24)、Cicchitti[45] 公式(1.25)和 Dukler[46] 公式(1.26):

$$\frac{1}{\mu} = \frac{1-x}{\mu_l} + \frac{x}{\mu_g} \tag{1.24}$$

$$\mu = (1-x)\mu_l + x\mu_g \tag{1.25}$$

$$\mu = \rho[x\mu_g/\rho_g + (1-x)\mu_l/\rho_l] \tag{1.26}$$

Shannak[47] 提出

$$\mu = \frac{\mu_g x + \mu_l(1-x)(\rho_g/\rho_l)}{x^2 + (1-x)^2(\rho_g/\rho_l)} \tag{1.27}$$

作者在工业中常见在两相流范围对上式进行测试，认为效果较好。

1.3　基本无量纲参数

1.3.1　概　述

在两相流基本参数介绍中可以看到，两相流基本参数包括了单相流参数和两相流所特有的参数。类似地，无量纲参数一部分来自单相流，一部分为两相流所特有。前面介绍的分相含率，例如含气率和空泡率，就是两相流所特有的无量纲参数。

无量纲参数能有效获得各种工作条件下各种流体系统变量之间的关键基本关系。使用无量纲参数对获得两相流不同参数的相关性有重要意义。无量纲参数可以分为两种类型：基于基本因素分析的无量纲参数；基于经验的无量纲参数。

(1) 基于基本因素分析的无量纲参数

大部分无量纲参数都属于这种类型，它们为洞察主要相关物理现象及其相互作用效果提供了方便。这类无量纲参数通过对基本因素的分析获得，如对基本控制方程的简化分析、相似分析以及对作用于流体的各种力和它们之间相互作用的基本考虑等。例如：对边界层动量方程的分析可以获得雷诺数 Re；对边界层能量方程的分析可以获得雷诺数 Re 和普朗特数 Pr；对作用于流体的各种力和它们之间相互作用的基本考虑，可以获得一些重要的无量纲数。雷诺数 Re、普朗特数 Pr、毛细(Capillary)数 Ca，以及韦伯(Weber)数 We，是这类参数的几个例子。

一些无量纲参数表示了某些力之间的相对关系。在无量纲参数涉及力的分析中，所有力的基本表示方法如下：

- 浮力：$\beta g\Delta T\Delta\rho D^3$(单相流)、$g\Delta\rho D^3$(两相流)；
- 重力(引力)：$g\rho D^3$；
- 粘性力：$u\mu D$；
- 惯性力：$\rho u^2 D^2$；
- 表面张力：σD；
- 热扩散力：$\alpha\rho u D$；
- 动量扩散力：$\mu u D$。

为了表述的方便，在无量纲参数分析中，也常见使用单位体积或单位质量的力的形式。例如，单位体积的惯性力可表示为 $\rho u^2/D$，单位质量的惯性力可表示为 u^2/D。

上面力表达式中的 D 为特征尺度。对于圆管内的流动，D 代表管内径。对于非圆管内的流动，D 代表水力直径，或称当量直径。对于平板外部流动，D 代表平板的特征长度，这时习惯上用 L 表示特征尺度。

(2) 基于经验的无量纲参数

这类无量纲参数通常是基于实验数据,在对大量实验数据统计分析的基础上获得。由于是基于实验数据,对于不同的数据库,结果可能有差异。在应用到其他系统时,需要进行验证,往往需要修改常量或指数。对流数 Cv 就属于这种类型。

1.3.2 来自单相流的无量纲参数

(1) 普朗特(Prandtl)数 Pr

普朗特数 Pr 定义为动量扩散力与热扩散力之比,即

$$Pr=\frac{\upsilon}{\alpha}=\frac{c_p\mu}{\lambda} \tag{1.28}$$

式中,υ 为动量扩散系数,又称运动粘度;α 为热扩散系数;λ 为导热系数;c_p 为比定压热容。

可以看出,普朗特数是流体参数,只依赖于流体属性,与流道尺度特性无关。因此,普朗特数与其他流体物性参数(如粘度和导热系数)在流体物性表中经常可以看到。它被用来表征流体的热传递特性。Pr 的典型值为:对于液态金属,$Pr\ll1$;对于气体,$Pr\approx1$;对于粘性液态,$Pr\gg1$。

当 Pr 较小时,意味着热扩散力相对较强,也即导热作用显著;而 Pr 较大时,动量扩散力相对较强,也即对流传热作用显著。例如:汞的导热效果比对流传热效果显著,即热扩散明显;而发动机油的对流传热比导热有效,即动量扩散占主导地位。

传热问题中,普朗特数反映了流动边界层与热边界层的相对厚度。当 Pr 较小时,热扩散速率要比速度(动量)扩散快。这意味着,液态金属的热边界层的厚度远大于流动边界层的厚度;相反,当 Pr 较大时,热扩散速率要比动量扩散慢。这意味着,粘性流体的热边界层的厚度远小于流动边界层的厚度。

(2) 雷诺(Reynolds)数 Re

雷诺数 Re 定义为惯性力与粘性力之比,即

$$Re=\frac{\rho uD}{\mu} \tag{1.29}$$

它常被用来判断流体是层流还是湍流,并在压降和对流传热系数计算中扮演重要角色。

(3) 努塞尔(Nusselt)数 Nu

努塞尔数定义为

$$Nu=\frac{hD}{\lambda} \tag{1.30}$$

式中,h 为对流传热系数。努塞尔数提供了表面对流传热强度的度量。对流传热系数 h 可表示为

$$h=\frac{\lambda}{D}\left.\frac{\partial T^*}{\partial r^*}\right|_{r^*=0} \tag{1.31}$$

式中(见图 1.3)

$$T^*=\frac{T(r,x)-T_w}{T_m-T_w},\quad r^*=\frac{r}{r_o}$$

式中,T_m 为流体平均温度。可见,努塞尔数等于壁面处无量纲温度梯度。

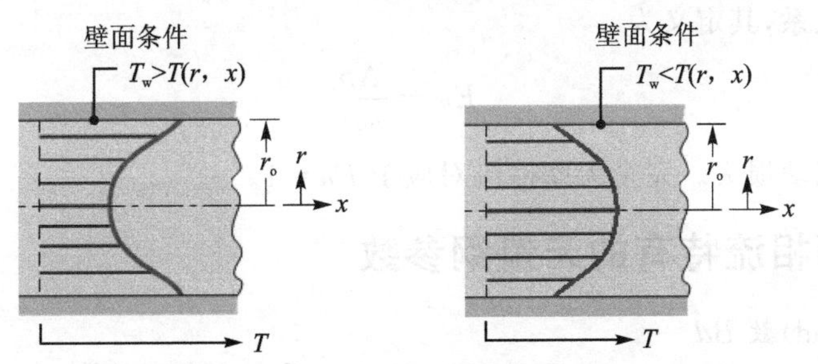

图 1.3　管内流动温度分布示意图

(4) 施密特(Schmidt)数 Sc

施密特数定义为表征动量扩散系数 υ $(=\mu/\rho)$与二元系质量扩散系数 D_{AB} 之比

$$Sc=\frac{\upsilon}{D_{AB}} \tag{1.32}$$

施密特数 Sc 在传质上与普朗特数 Pr 类似。在传质问题中，Sc 表示速度边界层和密度边界层的相对厚度。当 Sc 较小时，质量扩散速率要比速度(动量)扩散快。这意味着，密度边界层的厚度大于速度边界层的厚度。当 Sc 较大时，质量扩散速率要比速度(动量)扩散慢。这意味着，密度边界层的厚度大于速度边界层的厚度。

(5) 舍伍德(Sherwood)数 Sh

舍伍德数 Sh 被认为是传质努塞尔数，其定义为

$$Sh=\frac{h_m D}{D_{AB}} \tag{1.33}$$

式中，h_m 为对流传质系数。舍伍德数表征传质中对流与扩散的比例，常被用在传质过程中。

(6) 斯坦顿(Stanton)数

斯坦顿数分为传热斯坦顿数(St)和传质斯坦顿数(St^*)。

传热斯坦顿数(St)一般简称为斯坦顿数。它是修正的努塞尔数，其定义为

$$St=\frac{h}{\rho u c_p}=\frac{Nu}{RePr}=\frac{Nu}{Pe} \tag{1.34}$$

式中，$Pe=RePr$，称为贝克来(Péclet)数。

传质斯坦顿数 St^* 也被称为修正的舍伍德数，其定义式如下：

$$St^*=\frac{h_m}{u}=\frac{Sh}{ReSc}=\frac{Sh}{Pe} \tag{1.35}$$

(7) 格雷兹(Graetz)数 Gz

格雷兹数 Gz 定义为

$$Gz=\frac{D}{L}RePr \tag{1.36}$$

当用于传质时，用施密特数 Sc 替换上式中的普朗特数 Pr，即

$$Gz_m=\frac{D}{L}ReSc \tag{1.37}$$

(8) 欧拉(Euler)数 Eu

欧拉数 Eu 表征压力与惯性力之比。它常被写成压降 Δp 的形式，表示压力降与单位体

积的动能之间的关系，其定义为

$$Eu=\frac{\Delta p}{\rho u^2} \tag{1.38}$$

欧拉数用以描述流动损失。完全无摩擦流对应于 $Eu=1$。

1.3.3 两相流特有的无量纲参数

(1) 邦德(Bond)数 Bd

邦德数 Bd 定义为浮力(引力差)和表面张力之比，即

$$Bd=\frac{g(\rho_l-\rho_g)D^2}{\sigma} \tag{1.39}$$

对于微小通道中的气液两相流动，$Bd\ll 1$，引力在大多数情况下可以忽略不计。因此，表面张力、惯性力和粘性力被认为是形成两相流动模式的最关键的力。邦德数 Bd 也应用在液滴雾化和喷雾过程中。

由于在微小通道气液两相流动中的上述作用，邦德数常被用于作为流道尺度特性表征的基本参数。

(2) 受限(Confinement)数 Co

受限数 Co 可以表示为毛细长度 L_c 与管径 D 之比。

$$Co=\frac{L_c}{D} \tag{1.40}$$

$$L_c=\sqrt{\frac{\sigma}{g(\rho_l-\rho_g)}} \tag{1.41}$$

受限数 Co 也被表述为毛细力和浮力之比的度量，是反映汽泡在通道内受限程度的一个无量纲参数。

毛细长度 L_c 反映了气液相界面上的一些物理现象，如气泡的生长和脱离、界面不稳定性和振荡波长。它也作为特征沸腾长度来确定加热器的大小。毛细长度随着重力降低而增加，因而低重力时气泡明显地变“大”，换热器变“小”。

结合以上两式，有

$$Co=\sqrt{\frac{\sigma}{g(\rho_l-\rho_g)D^2}} \tag{1.42}$$

显然，受限数 Co 本质上与比较常用的邦德数 Bd 一致，$Co=1/\sqrt{Bd}$。

受限数 Co 最早被 Kew 和 Cornwell[49] 用作区分流道尺度的判据。在管内两相流与传热中，Co 是区分常规通道和微小通道最广泛的判据之一。在流道尺度特性判别中同邦德数 Bd 一样常用。

(3) 拉普拉斯(Laplace)数 La 和修瑞曼(Suratman)数 Su

拉普拉斯数 La，有的称之为无量纲拉普拉斯数[50]，其定义与受限数 Co 的定义式(1.42)完全一样。拉普拉斯数有时也称修瑞曼数。

$$La=Su=\sqrt{\frac{\sigma}{g(\rho_l-\rho_g)D^2}} \tag{1.43}$$

另外，拉普拉斯数和修瑞曼数还有如下的定义：

$$La=Su=\frac{\rho\sigma D}{\mu^{2}} \tag{1.44}$$

该定义有时候在流型图分析中会用到。

相比之下，受限数 Co 较为常用。所以，本书在引用含 La 的计算模型时，一般用 Co 替代 La。

(4) 厄特沃什(Eötvös)数 $E\ddot{o}$

$E\ddot{o}$ 的定义不大统一，其中之一如下：

$$E\ddot{o}=\frac{g(\rho_l-\rho_g)D^2}{8\sigma} \tag{1.45}$$

比较式(1.39)、式(1.42)、式(1.43)和式(1.45)可知，Bd、Co、La 和 $E\ddot{o}$ 这几个无量纲参数本质上是一致的。它们之间存在如下关系：

$$Co=La=\frac{1}{\sqrt{Bd}}=\frac{1}{\sqrt{8E\ddot{o}}} \tag{1.46}$$

正如上面介绍的，厄特沃什数 $E\ddot{o}$ 的定义不大统一，式(1.46)的关系是对 $E\ddot{o}$ 的定义式(1.45)而言的。

(5) 韦伯(Weber)数 We

韦伯数 We 是惯性力与表面张力之比的度量，其定义为

$$We=\frac{\rho u^2 D}{\sigma} \tag{1.47}$$

韦伯数 We 被用来分析液滴和气泡的形成过程。如果流体的表面张力降低，则两相之间的动量转移变多，气泡/液滴将有减少的倾向。

在流型图中采用韦伯数 We，会使管直径对流型的影响的描述更加贴切。例如，Rezkallah[51] 给出了在微重力环境(平均重力$=0.01g$)下的三种不同的流型：表面张力主导的流型(泡状流和塞状流)、惯性主导的流型(环状流)、过渡流型(多泡塞状-环状流)。用基于气体特性和表观气体韦伯数 We_g 来决定流型之间的分界。粗略地说：表面张力占主导的流型，$We_g<1$；惯性力占主导的流型，$We_g>20$。Rezkallah 提到，使用坐标图可以更好地预测实验数据。坐标图中，We_g 和 We_l 基于气体和液体实际速度，而不是表观速度。当基于实际气体速度的 We_g 为 2 左右时，泡状/塞状流转换到过渡流，而多泡塞状-环状流过渡到充分发展环状流发生在 $We_g=20$ 的条件下。

(6) 弗劳德(Froude)数 Fr

弗劳德数 Fr 是惯性力与引力之比的度量，其定义为

$$Fr=\frac{\rho u^2}{\rho g D}=\frac{u^2}{gD} \tag{1.48}$$

当 $Fr<1$ 时，小的表面波向上游移动；当 $Fr>1$ 时，它们将被带到下游；当 $Fr=1$ 时(也被称为临界弗劳德数)，流体的速度与表面波的速度相等。

此外，弗劳德数常被定义为 $Fr=u/(gD)^{0.5}$。

(7) 沸腾(Boiling)数 Bo

沸腾数 Bo 的定义是

$$Bo=\frac{q}{Gh_{lg}} \tag{1.49}$$

在沸腾数中，热流密度 q 通过质量流速 G 和汽化潜热 h_{lg} 被无量纲化。沸腾数是基于经验的无量纲参数。它是处理流动沸腾问题的重要无量纲参数，因为它包含了两个重要的流动传热参数：q 和 G。无论对于常规通道还是微通道，Bo 都是构建流动沸腾经验模型的一个重要参数。例如，Gungor 和 Winterton[52] 用包括 R11、R12、R22、R113、R114 和水的 3 693 组实验数据，提出了一个流动沸腾的传热系数关系式，表示为沸腾数 Bo、全液相弗劳德数 Fr_{lo} 和表观液体单相流强迫对流传热系数的函数。

(8) 马蒂内利(Martinelli)参数 X

Lockhart 和 Martinelli[53] 提出

$$X=\sqrt{\left(\frac{\Delta p}{\Delta L}\right)_{l}\Big/\left(\frac{\Delta p}{\Delta L}\right)_{g}} \tag{1.50}$$

式中，$(\Delta p/\Delta L)_{l}$ 和 $(\Delta p/\Delta L)_{g}$ 分别为液相表观压力梯度和气相表观压力梯度。X 是经验性无量纲参数，针对表观压力梯度的不同计算方法，会得出 X 的不同表达式。例如对于液相和气相都是湍流(习惯上用 tt 表示)的情况，如果应用 Blasius 公式

$$f=0.184/Re^{1/5},\quad Re\geqslant 2\times 10^{4} \tag{1.51}$$

则可得

$$X_{tt}=\left(\frac{1-x}{x}\right)^{0.9}\left(\frac{\rho_{g}}{\rho_{l}}\right)^{0.5}\left(\frac{\mu_{l}}{\mu_{g}}\right)^{0.1} \tag{1.52}$$

如果应用 Blasius 公式

$$f=0.316/Re^{1/4},\quad Re<2\times 10^{4} \tag{1.53}$$

则可得

$$X_{tt}=\left(\frac{1-x}{x}\right)^{0.875}\left(\frac{\rho_{g}}{\rho_{l}}\right)^{0.5}\left(\frac{\mu_{l}}{\mu_{g}}\right)^{0.125} \tag{1.54}$$

马蒂内利(Martinelli)参数也称洛克哈特-马蒂内利(Lockhart - Martinelli)参数。

(9) 对流(Convection)数 Cv

对流数 Cv 是 Lockhart - Martinelli 参数 X 的一种变化形式。它的常见定义式为

$$Cv=\left(\frac{1-x}{x}\right)^{0.9}\left(\frac{\rho_{g}}{\rho_{l}}\right)^{0.5} \tag{1.55}$$

对流数 Cv 是经验性无量纲参数，没有原理性解释，其中的指数可能对不同的数据库会有变化。Shah[54] 在关联流动沸腾数据时引入了此无量纲参数。Kandlikar[55] 收集了包括水、制冷剂、冷却剂等多种流体的 5 246 个实验数据点，并在此基础上提出了垂直管和水平管的一般性对流沸腾传热关系式，其中用到了对流数。

(10) 毛细(Capillary)数 Ca

毛细数 Ca 定义为

$$Ca=\frac{\mu_{l}u}{\sigma} \tag{1.56}$$

它被用来衡量粘性力和毛细力的相对重要性。

毛细数常用来分析含有液滴或液弹的两相流动。在毛细管中有液弹的情况下，毛细数 Ca 可以被看作是轴向粘性阻力和毛细力或润湿力的量度。Ca 可用来分析气泡除去的过程。对于微通道内的两相流动，Ca 可能起着重要的作用，因为它所包含的表面张力和粘性力在微通

道两相流动中很重要。此外，Ca 也被用到流型图中。

在气液两相弹状流中，Ca 主要控制围绕着气相的液膜厚度。在液液两相弹状流中，Ca 主要控制围绕着不混溶液相的液膜厚度。在文献中，有一些泰勒气液两相流液膜厚度模型用到了 Ca。

(11) 雅各布(Jacob)数 Ja

雅各布数 Ja 定义为给定质量的液体在加热或冷却温差 ΔT 达到饱和温度所需的显热与其在饱和温度下蒸发所需的潜热的比值，即

$$Ja=\frac{c_p\Delta T}{h_{\mathrm{lg}}} \tag{1.57}$$

雅各布数用于膜状冷凝和沸腾过程。比如，Ja 可用于研究微通道中成核前液体过热的影响，也可以用于研究过冷沸腾条件。Ja 乘以密度比($\rho_{\mathrm{l}}/\rho_{\mathrm{g}}$)变为修正的雅各布数 Ja^*。

$$Ja^*=\frac{\rho_{\mathrm{l}}}{\rho_{\mathrm{g}}}Ja=\frac{\rho_{\mathrm{l}}c_p\Delta T}{\rho_{\mathrm{g}}h_{\mathrm{lg}}} \tag{1.58}$$

(12) 无因次蒸气质量流速 J_{g}

无因次蒸气质量流速 J_{g} 定义为

$$J_{\mathrm{g}}=\frac{Gx}{\sqrt{Dg\rho_{\mathrm{g}}(\rho_{\mathrm{l}}-\rho_{\mathrm{g}})}} \tag{1.59}$$

在两相流中，流型的过渡可以用无因次蒸气质量流速 J_{g} 和湍流-湍流(tt) Lockhart-Martinelli 参数 X_{tt} 进行判断。例如，Cavallini 等[56]以 J_{g} 为纵坐标，以 X_{tt} 为横坐标，绘制了制冷剂在管内冷凝流动的流型图(见图 1.4)。

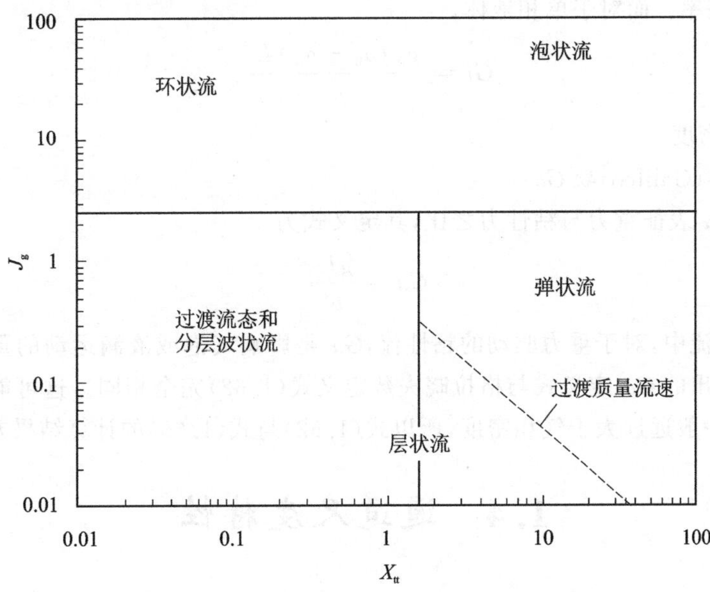

图 1.4　管内冷凝流动的流型图(Cavallini 等[56])

(13) 方(Fang)数 Fa

Fang[57]通过无量纲分析，结合大量实验数据筛选，提出了一个新无量纲参数：

$$Fa=\frac{(\rho_l-\rho_g)\sigma}{G^2D} \tag{1.60}$$

将质量流速 $G=\rho u$ 代入上式可得

$$Fa=\frac{[(\rho_l-\rho_g)gD^3](\sigma D)}{(\rho gD^3)(\rho u^2D^2)}=\frac{(\rho_l-\rho_g)gD^3}{\rho gD^3}\times\frac{\sigma D}{\rho u^2D^2} \tag{1.61}$$

式中，$(\rho_l-\rho_g)gD^3$、ρgD^3、σD 和 ρu^2D^2 分别为浮力、重力、表面张力和惯性力。因此，Fa 表示了浮力和重力之比与表面张力和惯性力之比的乘积，即

$$Fa=\frac{\text{浮力}}{\text{重力}}\times\frac{\text{表面张力}}{\text{惯性力}}$$

浮力和重力之比影响气泡的脱离，表面张力和惯性力之比影响气泡的生成。因此，无量纲参数 Fa 与气泡的生成和脱离机理有关。

无量纲参数 Fa 能够使流动沸腾传热模型的描述变得简单和准确。Fang[57-58]用此参数构建的流动沸腾模型显著提高了模型的预测精度。

(14) 格拉晓夫(Grashof)数 Gr

格拉晓夫数表征浮力与粘性力之比，对于气液两相流，其定义式为

$$Gr=\frac{g\rho_l(\rho_l-\rho_g)L^3}{\mu_l^2} \tag{1.62}$$

在壁面温度 T_w 大于自由流温度 T_∞ 的情况下，对于单相气体，格拉晓夫数定义为

$$Gr=\frac{g\beta(T_w-T_\infty)L^3}{\upsilon^2}=\frac{g\beta(T_w-T_\infty)\rho^2L^3}{\mu^2} \tag{1.63}$$

式中，β 为热膨胀率。而对于单相液体，

$$Gr=\frac{g\rho(\rho_b-\rho_w)L^3}{\mu^2} \tag{1.64}$$

式中，ρ_b 为主流密度

(15) 伽利略(Galileo)数 Ga

伽利略数 Ga 表征重力与粘性力之比，其定义式为

$$Ga=\frac{gL^3}{\upsilon^2} \tag{1.65}$$

在气液两相流中，对于重力驱动的粘性流，Ga 是影响气泡或液滴运动的重要因素。一些两相流文献中给出的 Ga 定义式与格拉晓夫数定义式(1.62)完全相同。这可能是因为在两相流中，液相密度一般远远大于气相密度，所以式(1.62)与式(1.65)的计算结果差别很小。

1.4 通道尺度特性

1.4.1 概　述

两相流对通道截面尺度的依赖性与单相流有根本的不同。对于单相流，尽管早期有文献报道微小通道中的摩擦因子和传热系数与常规通道(也称为大通道)的不同，但是后来比较精确的光滑管内的压降和传热实验表明，常规通道的计算方法对于管径 5～10 μm 的通道仍然

有效。因此，对于单相流来说，10 μm 以上的光滑管仍然可以看成常规通道。然而，对于两相流，情况完全不是这样。例如，对于两相流动来说，常规通道的方法对于 3 mm 以下的通道可能不再适用。因此，常规通道内两相流动的传热和阻力特性的处理方法不能随意扩展到微小通道。

从常规通道转变为微小通道，两相流动的一些现象和机理会发生变化。例如，随着通道尺度的减小，表面张力的影响逐渐增强，重力的影响逐渐减弱。由于内在作用机理发生了变化，常规通道的方法对微小通道可能就不适用了。这就需要建立常规通道与微通道之间的过渡准则，以便确定常规通道的下限和微通道的上限，其间是过渡区域(可以称为介通道或小通道)。从原理上讲，两相流动和传热至少需要两个可靠的准则。一个准则界定常规通道的下限，这个下限以上的通道，常规通道的方法和理论适用。另一个准则界定微通道的上限，这个上限以下的通道，微通道的方法和理论适用。这两个准则应该建立在流动变量、流体物性甚至流型的基础上，并通过大量的沸腾传热、冷凝传热、两相流压降、空泡率以及临界热流密度的实验检验；而且，在介通道内，两相流动和传热也应该有可靠的预测方法。随着纳米尺度两相流和传热研究的不断深入，可以预见，需要有另外两个准则分别界定纳米通道的上限和微通道的下限。

迄今为止，虽然人们对通道尺度特性进行了不少研究，但还没有可靠的准则来界定常规通道和微通道，对常规通道和微通道之间的过渡特性仍然没有很好地把握。由于缺乏一套可靠的准则来对通道从尺度上进行合理划分，已有的两相流动和传热方法的尺度适用范围也就无法准确地确定。

管内两相流动的通道尺度特性主要是尺度表征和尺度转变。尺度转变指的是从一个尺度过渡到另一个尺度，它实际上是一个复杂的过程；而目前的做法从工程应用考虑，把尺度转变简化为一个突变现象，认为表征尺度的物理量达到某一临界值即发生转变，尺度划分以此临界值作为准则。

1.4.2　通道尺度转变的现象

(1) 流型转变现象

图 1.5 是来自 Revellin[59] 的高分辨率可视化图像。实验件通道尺寸为 0.5 mm，R134a 以饱和温度 25 ℃从中流过。从图中可见，这种环状流和弹状流的液膜厚度在管道上部和底部已经很均匀。而对于通道尺寸为 8～14 mm 的通道，就不是这种情况。

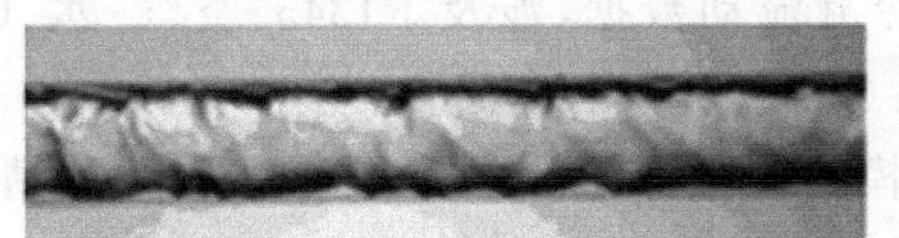

(a) 环状流

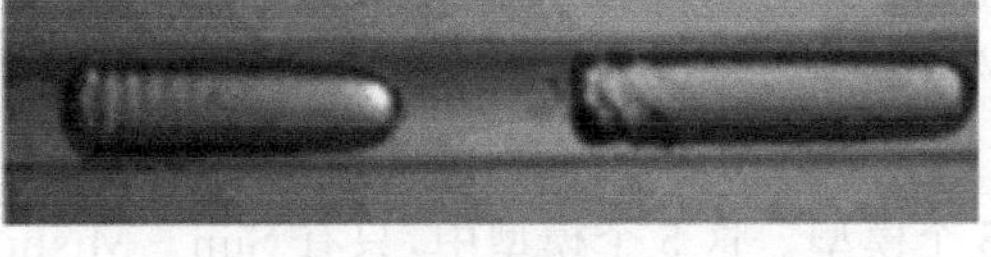

(b) 弹状流

图 1.5　R134a 在 $D=0.5$ mm 管内的流型(饱和温度 25 ℃)[59]

图 1.6 展现了 2.0 mm、0.8 mm 和 0.5 mm 水平管内浮力对长气泡的影响[59]。在 2.0 mm 管内，没有观察到层状流，而上部和底部的液膜厚度的差别比较明显。0.8 mm 管情况类似。但是，在 0.5 mm 管内，液膜厚度在管上部和底部已经比较均匀。从这个录像和参考文献[59]中的其他录像中可以确定，层状流和分层波状流在水平微小通道内基本消失。这个转变可能是常规通道下限的征兆，在参考文献[59]的实验条件下大约出现在 $D>2.0$ mm 的

情况下。微通道两相流动的上限可以理解为重力影响不再明显的转折点，例如 0.5 mm 管内的弹状流就可以认为是微通道流。

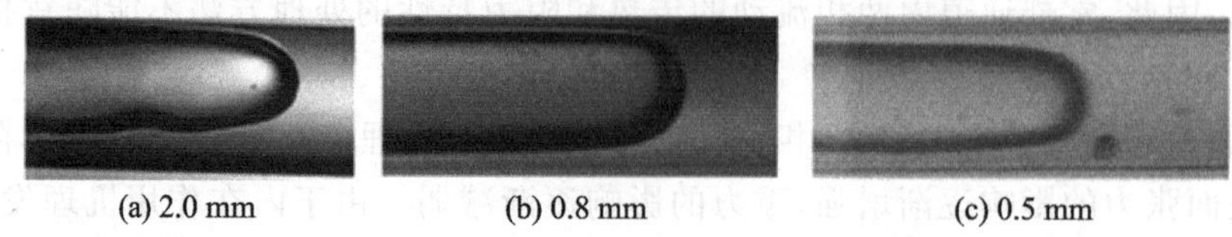

图 1.6　R134a 在 2.0 mm、0.8 mm 和 0.5 mm 水平管内沸腾流动(饱和温度为 30 ℃)[59]

Chen 等[60]对 R134a 在 1.10 mm、2.01 mm、2.88 mm 和 4.26 mm 垂直管内向上绝热流动进行了大量实验研究，流体工作压力为 0.6～1.4 MPa。研究结果表明，现有的常规通道流型图不能预测他们的实验现象。他们发现受限泡状流首先出现在 1.10 mm 管内，提出小管道与大管道的分界约在 $D=2$ mm 处。

(2) 传热转变现象

有一些两相流传热实验研究用了两个以上的通道尺寸。这些研究虽然还不能提供足够的数据以清楚地表明管道尺度过渡的趋向，但一般都肯定了大管道中的传热特性与小管道中的不同。为此，一些研究者对通道尺度的传热转变进行了研究[38]。

(3) 临界热流密度转变现象

Qu 和 Mudawar[61]将他们获得的 414 个临界热流密度实验数据与被广泛引用的 Katt - Ohno[62]常规通道模型进行了比较。这些数据点包括水在 1.0～3.0 mm 管内的实验数据和 R113 在 3.15 mm 管内的实验数据，而 Katt - Ohno[62]模型主要建立在 3 mm 以上管内的实验数据之上。Qu 和 Mudawar[61]发现：Katt - Ohno[62]模型只在部分范围内能够成功预测单个小圆管内饱和临界热流密度，其平均绝对误差为 17.3%；但对大部分数据点，误差带为±40%。Wojtan 等[63]对 R134a 和 R245fa 在 0.509 mm 和 0.790 mm 圆管内的饱和临界热流密度进行了大量实验研究。结果显示，Katt - Ohno[62]模型的平均绝对误差为 32.8%，只有 41.2%的数据点误差带在±15%。这些研究表明，对于饱和临界热流密度，存在着常规通道与微通道的转变问题。

(4) 压降转变现象

Xu 等[39]从 26 个文献中收集了 3 480 组管内两相流动摩擦压降实验数据，包括 1 961 组绝热流动数据、1 291 组沸腾流动数据和 228 组冷凝流动数据，涉及 R134a、空气-水、CO_2、R410A、R22、氨等 14 种工质，截面水力直径 $D=0.069\ 5$～14 mm，质量流速 $G=8$～6 000 kg/(m^2·s)。他们用这个数据库对 29 个两相流压降模型进行了评价分析，筛选出了预测精度最高的 5 个模型。这 5 个模型中，只有 Sun - Mishima[65]模型是基于小通道实验数据提出的，其余均是基于常规通道实验数据。

他们将数据库分为 $D<3$ mm 和 $D\geqslant3$ mm 两部分，分别考察了前 5 个模型的预测误差，结果列入表 1.1。从表中可见，除了 Souza - Pimenta[67]模型外，这 5 个模型对这两部分数据的预测性能差别不明显。

Ribatski 等[68]收集了大量两相流压降数据，$D=0.1$～3.0 mm。他们用这些数据对 12 个两相流压降模型进行了评价分析。结果表明，几个被广泛引用的常规通道模型并不比新的微通道模型差。均相模型对于微通道环状流和弹状流的数据预测准确度显著好于对类似的常规

通道数据的预测。

以上研究表明，对于两相流压降，尺度转变可能不显著。

(5) 空泡率转变现象

Xu 和 Fang[69] 从 15 篇文献中收集了 1 574 组制冷剂两相流动空泡率的实验数据，涉及 R11、R12、R22、R134a 和 R410A 等 5 种制冷剂，包含 20 种不同的管径，$D=0.5\sim10$ mm。其中，有 200 组数据 $D<3$ mm。

表 1.1　前 5 个最好模型在不同水力直径时的平均绝对误差

%

模　型	$D<3$ mm	$D\geqslant3$ mm
Muller - Steinhagen - Heck[64]	22.8	24.2
Sun - Mishima[65]	27.3	30.4
Beattie - Whalley[66]	33.5	37.8
McAdams 等[44]	37.2	39.6
Souza - Pimenta[67]	38.9	28.3

他们用所建数据库一共评价分析了 41 个空泡率模型。评价结果表明，最好的前 8 个模型对小管道($D<3$ mm)的预测误差要大于对大管道的预测误差。这个研究结果表明，对于空泡率，存在着常规通道与微通道的转变问题。

1.4.3　通道尺度特性的表征和转变准则

对于通道尺度特性的研究，目前主要采用实验与理论相结合，且以实验为主的方法，纯理论分析方法极少采用。实验研究中，采用流型图分析的方法较多，通过分析传热、压降随无量纲参数的变化确定通道尺度特性的方法次之。

通道尺度特性最主要的方面是尺度表征和尺度转变特性。总结国内外的研究结果，对管内流动沸腾通道尺度特性的描述，可归纳为三类[38]：几何方法、Co 类方法、复合无量纲参数方法。Co 为受限数，为毛细直径 D_c 与通道水力直径 D 之比，是反映汽泡在通道内受限程度的一个无量纲参数。

(1) 几何方法

几何方法用通道水力直径表征通道尺度，是最粗略的一类描述通道尺度特性的方法。该方法由 Mehendal 等[70] 较早提出，Kandlikar 等[71,72] 后来进行了修正。

限于没有合适的物理量来表征通道尺度，Mehendal 等[70] 于 2000 年提出：流道水力直径 $D=1\sim100$ μm 为微通道，$D=100$ μm~1 mm 为介通道，$D=1\sim6$ mm 为紧凑通道，$D>6$ mm 为常规通道。Mehendal 等同时说明，这种划分没有考虑通道尺度的流动传热特性，是在缺乏通道尺度表征情况下的权宜之计，有一定的随意性。

Kandlikar 和 Grande[71] 对 Mehendal 等的方法进行了修正，提出：$D\geqslant3$ mm 为常规通道，200 μm$\leqslant D<3$ mm 为小通道，10 μm$\leqslant D<200$ μm 为微通道，0.1 μm$<D<10$ μm 为过渡通道，$D\leqslant0.1$ μm 为分子纳米通道。过渡通道又细分为过渡微通道(1 μm$<D\leqslant10$ μm)和过渡纳米通道(0.1 μm$<D\leqslant1$ μm)。后来，作者[72] 强调指出，运行参数如系统压力、流体热物性等对流动特性有重要影响，但它们在这种以几何尺度进行描述的方法中没能反映出来。

几何方法还有其他的见解，不过不大引人注意。例如 Tibiriçá 和 Ribatski[73]认为，大通道和微通道的转变在 2.3 mm 左右。

几何方法反映了通道尺度的几何特征，但不能反映通道对流动沸腾的影响机理。这种方法虽然粗糙，但相比于无量纲参数方法（*Co* 类方法及复合无量纲参数方法），简单、直观。理论上，无量纲参数方法优于几何方法，但由于无量纲参数方法没有定论，Kandlikar 等的修正方法因简单直观而获得了较多引用。

(2) *Co* 类方法

Co 类方法是目前研究关注度最高的一类方法。该方法用受限数 *Co* 或其同类无量纲参数（如 Bond 数 *Bd* 和 Eötvös 数 *Eö*）来划分通道尺度。*Co*、*Bd* 和 *Eö* 三者本质上是一致的，$Co=1/\sqrt{Bd}=1/\sqrt{8E\ddot{o}}$。*Eö* 定义比较混乱，这里给出的只是其中之一。

Kew 和 Cornwell[49]最早提出用 *Co* 表征通道尺度。他们发现，用于常规通道的传热公式不适用于 $Co>0.5$ 的小通道。于是他们提出，$Co>0.5$ 时为小通道，$Co<0.5$ 时为常规通道。

Li 和 Wang[74]在研究管内凝结传热时提出：$D<0.224D_c$（相当于 $Co>4.46$）时，相比于表面张力，重力对流型的影响可以忽略，可视为微通道；$D>1.75D_c$（相当于 $Co<0.57$）时，重力起主导作用，流型与常规尺寸的相似，可视为常规通道；*D* 介于其间，重力与表面张力作用相当。他们的研究虽然针对流动凝结，但在流动沸腾中也被引用。Cheng 等[75]把 Li 和 Wang[74]方法的应用范围扩大，提出在管内相变传热中，$Bd<0.05$（相当于 $Co>4.47$）为微通道，$Bd>3$（相当于 $Co<0.58$）为常规通道，介于其间的为介通道。

Brauner 和 Moalem - Maron[76]使用厄特沃什数 *Eö* 作为管道尺度转变的判据。他们指出，当 $E\ddot{o}<0.5\pi^2$（相当于 $Co>0.159$）时，表面张力起主导作用，是小通道。Triplett 等[77]对自己的实验结果进行分析，指出当 $E\ddot{o}<0.005\pi^2$（相当于 $Co>1.59$）时，表面张力起主导作用，是小通道。

Ullmann 和 Brauner[78]从流型和流型转变边界的角度，对空气-水两相流在单管内的实验流型图进行分析，考察管道尺度对流动的影响机理，认为 *Eö* 对于确定气相特征尺度和液相对流道壁面的浸润效应起重要作用。他们认为，$E\ddot{o}\approx0.2$（相当于 $Co=0.79$）可以作为小通道和常规通道的转变判定，$E\ddot{o}>0.2$ 为常规通道，$E\ddot{o}<0.2$ 为小通道。

Ong 和 Thome[25]根据对制冷剂 R134a、R236fa 和 R245fa 管内流动沸腾的流型图分析，得出：常规通道流与过渡区流的转变发生在 $Co=0.3\sim0.4$；微通道流与过渡区流的转变发生在 $Co\approx1$；$0.3\sim0.4\leqslant Co\leqslant1$ 为过渡区流。

根据层状流的消失和液膜厚度沿通道壁分布的均匀性，Tibiriçá[79]提出了管内流动沸腾中微通道和常规通道转变的 3 个不同的判据。第一个判据是微通道中不存在层状流，作者没有给出具体的无量纲参量。第二个判据基于层状流的出现和毛细效应，给出微通道和常规通道的转变发生在 $Co=0.5$，$Co>0.5$ 为微通道，否则为常规通道。第三个判据基于液膜厚度沿通道壁分布的均匀性，给出微通道和常规通道的转变发生在 $Co=4.47$，$Co>4.47$ 为微通道，否则为常规通道。作者从 3 个不同角度，获得 3 种不同的转变判据，反映他对该问题的犹豫心情。

Fang 等[38]对大量 CO_2 流动沸腾传热数据进行统计分析发现（见图 1.7），常规通道的下限在 $Bd\approx21\sim22$，可以将 $Bd=21$ 作为常规通道的下限。当 $Bd>21$ 时可视为常规通道，当 $Bd\leqslant21$ 时可视为介通道。他们的数据库 *Bd* 的最小值为 0.38，但在最小值之前没有明显可

辨的转变，因此他们认为微通道的上限应该在 $Bd<0.38$。

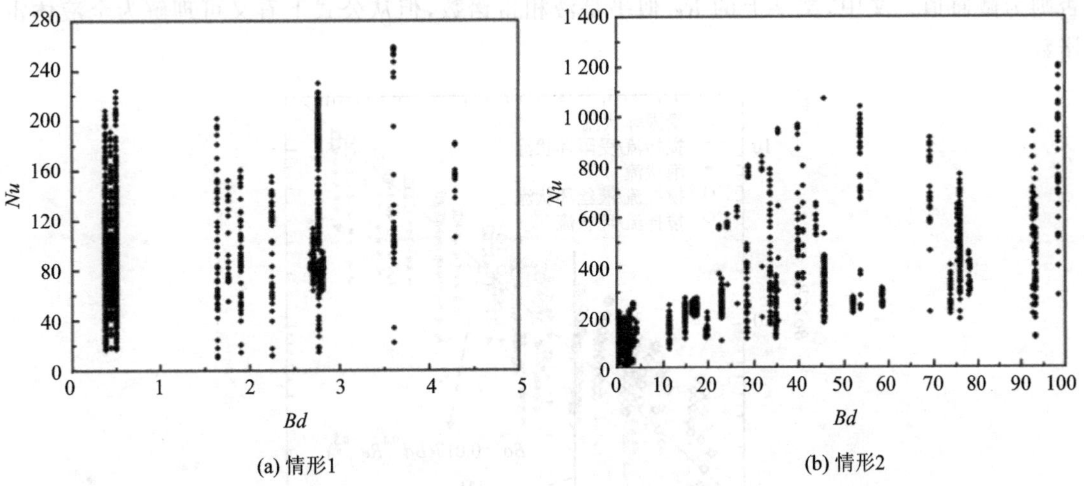

(a) 情形1　　(b) 情形2

图 1.7　CO_2 流动沸腾传热数据统计：邦德数 Bd 对努塞尔数 Nu 的影响[38]

赵建福等[80]对圆截面光滑直管内充分发展的两流体同心环状流的线性稳定性进行了研究，分析了该流动构型的失稳机制及其与两相流型转换间的关系，提出临界 Bd 为 1.5～6，小于该临界值流动将不受重力的影响，因此呈现出微重力或微尺度流动的特征。

(3) 复合无量纲参数方法

与 Co 类方法不同，复合无量纲参数方法采用两个或更多无量纲参数的复合形式作为通道尺度的表征。Co 类无量纲参数（Co、Bd 或 $E\ddot{o}$）只是其中一分子。

Li 和 Wu[81]根据收集的大量实验数据及现有管内沸腾传热和压降关系式的分析，提出可以把 $Bd\times Re_1^{0.5}=200$ 作为区别常规管道与微管道的转变准则（见图 1.8）。$Bd\times Re_1^{0.5}\leqslant 200$ 为微管道，$Bd\times Re_1^{0.5}>200$ 为常规管道。其中，Re_1 为液体雷诺数。

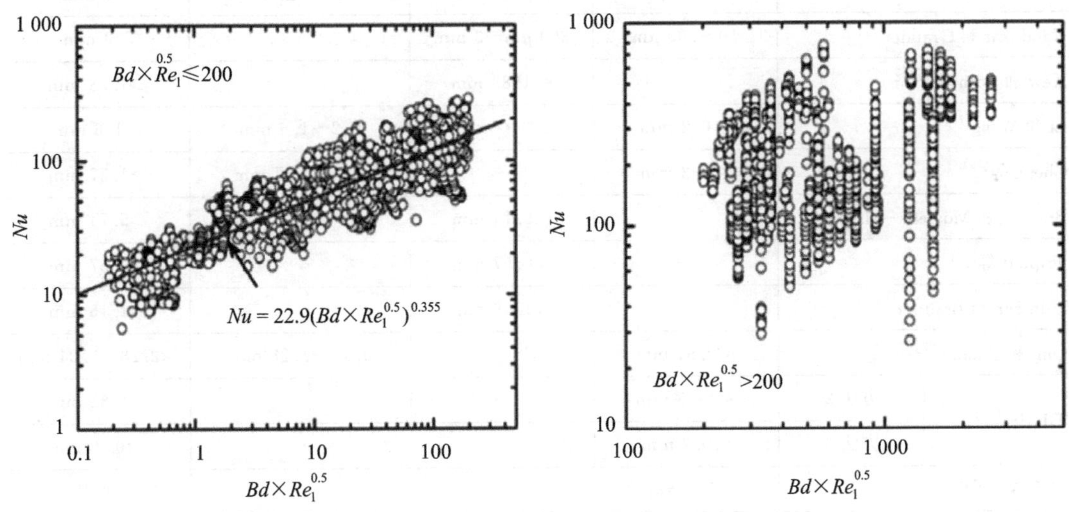

图 1.8　Li 和 Wu[81]的传热转变分析图

Harirchian 和 Garimella[82]通过对 FC－77 管内流动沸腾实验数据和流型图的分析（见

图 1.9)，提出用对流受限数 $Bd^{0.5}\times Re$ 作为通道尺度的表征，$Bd^{0.5}\times Re>160$ 为常规管道，否则为微通道。文中，文字上的 Re 似乎是液相雷诺数，但从公式上看又可理解为全液体雷诺数。

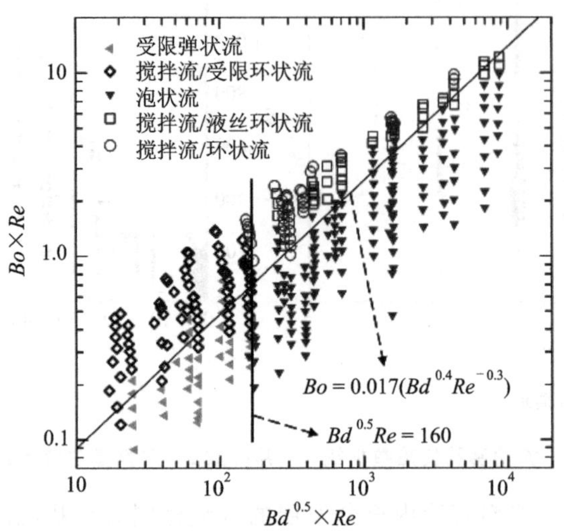

图 1.9　FC-77 管内流动沸腾流型图分析[82]

(4) 各种通道尺度表征方法的比较

为了将以上方法进行直观的比较，以 R134a 在饱和温度 10 ℃时的管内流动沸腾为例，计算出不同方法下的通道水力直径，列入表 1.2。显而易见，各方法之间存在很大差异。

表 1.2　R134a 在饱和温度 10 ℃时各通道尺度表征方法的通道直径

文　献		微通道	小通道	过渡(介)通道	大(常规)通道
Mehendal 等[70]		1～100 μm	100 μm～1 mm	1～6 mm[a]	>6 mm
Kandlikar 和 Grande[71]		10～200 μm	200 μm～3 mm	—	≥3 mm
Kew 和 Cornwell[49]		—	<1.83 mm	—	≥1.83 mm
Li 和 Wang[74]		<0.2 mm	—	0.2～1.6 mm	>1.6 mm
Cheng 等[75]		<0.2 mm	—	0.2～1.57 mm	>1.57 mm
Brauner 和 Moalem - Maron[76]		—	<5.74 mm	—	≥5.74 mm
Triplett 等[77]		—	<0.57 mm	—	≥0.57 mm
Ullmann 和 Brauner[78]		—	<1.16 mm	—	≥1.16 mm
Ong 和 Thome[25]		<0.91 mm		0.91～2.28 mm	>2.28～3.04 mm
Tibiriçá[79]	方法 2	<1.83 mm	—	—	≥1.83 mm
	方法 3	<0.2 mm	—	—	≥0.2 mm
Li 和 Wu[81]b		$\leqslant 12.9/Re_l^{0.5}$	—	—	$>12.9/Re_l^{0.5}$
Harirchian 和 Garimella[82]c		$\leqslant 146/Re_{lo}$	—	—	$>146/Re_{lo}$

a 紧凑通道。b 设 Re_l 范围为 100～10 000，则转变点在 0.129～1.29 mm 范围内变化。c 设 Re_{lo} 范围为 100～10 000，则转变点在 0.014 6～1.46 mm 范围内变化。

关于通道尺度特性的表征，几何方法缺点显著，基本不再有人研究。*Co* 类方法目前仍然是研究热点。复合无量纲参数方法开始引起人们的重视。

对于只用 *Co* 类无量纲参数表征管内相变传热和阻力特性的通道尺度，人们逐渐感觉到其局限性。Celata[83]认为，除了重力加速度、流体的输运参数和热力学特性参数之外，气泡在微通道中的脱离和受限程度还与干度和质量流速有关。Lee 等[84]通过对大量的实验数据和现有传热、阻力关系式的分析，认为：*Bd* 只依赖于物性参数和通道水力直径，而考虑气液两相流管内流动问题，干度起着重要作用；*Bd* 数和干度的某种组合形式，更有利于传热和阻力特性的描述。

参考文献

[1] Brutin D, Ajaev V S, Tadrist L. Pressure drop and void fraction during flow boiling in rectangular minichannels in weightlessness. Applied Thermal Engineering, 2013, 51: 1317-1327.

[2] Zhao J F. Two-phase flow and pool boiling heat transfer in microgravity. Int. J. Multiphase Flow, 2010, 36: 135-143.

[3] Fang X, Li G, Li D, et al. An experimental study of R134a flow boiling heat transfer in a 4.07 mm tube under Earth's gravity and hypergravity. Int. J. Heat Mass Transfer, 2015, 87:399-408.

[4] Cheng P, Wu H Y. Mesoscale and microscale phase change heat transfer. Advances in Heat Transfer, 2006, 39: 461-563.

[5] Li N, Guo L, Li W. Gas-liquid two-phase flow patterns in a pipeline-riser system with an S-shaped riser. Int. J. Multiphase Flow, 2013, 55: 1-10.

[6] Costa Patry E, Thome J R. Flow pattern based flow boiling heat transfer model for microchannels. Int. J. Refrigeration, 2013, 36(2): 412-420.

[7] Zhang H, Mudawar I, Hasan M M. Application of flow boiling for thermal management of electronics in microgravity and reduced-gravity space systems. IEEE Transactions on Components and Packaging Technologies, 2009, 32(2): 466-477.

[8] Xie J, Xu J, Xing F, et al. The phase separation concept condensation heat transfer in horizontal tubes for low-grade energy utilization. Energy, 2014, 69: 787-800.

[9] Zhang Y, Li H, Li L, et al. Study on two-phase flow instabilities in internally-ribbed tubes by using frequency domain method. Applied Thermal Engineering, 2014, 65(1-2): 1-13.

[10] Chen Y P, Wu R, Shi M H, et al. Visualization study of steam condensation in triangular microchannels. Int. J. Heat Mass Transfer, 2009, 52(21-22):5122-5129.

[11] Lips S, Meyer J P. Experimental study of convective condensation in an inclined smooth tube. Part I: Inclination effect on flow pattern and heat transfer coefficient. Int. J. Heat Mass Transfer, 2012, 55: 395-404.

[12] Ma X, Fan X, Lan Z, et al. Experimental study on steam condensation with non-condensable gas in horizontalmicrochannels. AIP Conference Proceedings, 2013, 1547: 146-155.

[13] Hu H, Ding G, Wang K. Heat transfer characteristics of R410A-oil mixture flow boiling inside a 7 mm straightmicrofin tube. Int. J. Refrigeration, 2008, 31(6): 1081-1093.

[14] Park K J, Jung D. Condensation heat transfer coefficients of HCFC22, R410A, R407C and HFC134a at various temperatures on a plain horizontal tube. Journal of Mechanical Science and Technology, 2007, 21:804-813.

[15] Zhang D C, Ji W T, Tao W Q. Condensation heat transfer of HFC134a on horizontal low thermal con-

ductivity tubes. International Communications in Heat and Mass Transfer, 2007, 34(8): 917-923.

[16] Guo F, Chen B. Numerical study on Taylor bubble formation in a micro-channel T-junction using VOF method. Microgravity Science and Technology, 2009, 21: 51-58.

[17] Wang S, Huang J, He K, et al. Phase split of nitrogen/non-Newtonian fluid two-phase flow at a micro-T-junction. Int. J. Multiphase Flow, 2011, 37(9): 1129-1134.

[18] Thome J R, El Hajal J, Cavallini A. Condensation in horizontal tubes, part 2: new heat transfer model based on flow regimes. Int. J. Heat Mass Transfer 2003, 46(18): 3365-3387.

[19] Fu X, Zhang P, Huang C J, et al. Bubble growth, departure and the following flow pattern evolution during flow boiling in a mini-tube. Int. J. Heat Mass Transfer, 2010, 53(21-22): 4819-4831.

[20] Keepaiboon C, Wongwises S. Two-phase flow patterns and heat transfer characteristics of R134a refrigerant during flow boiling in a single rectangular micro-channel. Experimental Thermal and Fluid Science, 2015, 66:36-45.

[21] Saisorn S, Wongwises S. The effect of channel diameter on flow pattern, void fraction and pressure drop of two-phase air-water flow in circular micro-channels. Exp. Therm. Fluid Sci. , 2010, 34: 454-462.

[22] Dalkilic A S, Wongwise S. New experimental approach on the determination of condensation heat transfer coefficient using frictional pressure drop and void fraction models in a vertical tube. Energy Convers. Management, 2010, 51: 2535-2547.

[23] Kawahara A,Sadatomi M, Okayama K, et al. Effects of channel diameter and liquid properties on void fraction in adiabatic two-phase flow through microchannels. Heat Transfer Eng. , 2005, 26:13-19.

[24] Kondou C, Hrnjak P. Heat rejection from R744 flow under uniform temperature cooling in a horizontal smooth tube around the critical point. Int. J. Refrigeration, 2011, 34 (3): 719-731.

[25] Ong C L,Thome J R. Macro-to-microchannel transition in two-phase flow: Part 1 - Two-phase flow patterns and film thickness measurements. Experimental Thermal and Fluid Science, 2011, 35 (1): 37-47.

[26] Agarwal A,Bandhauer T M, Garimella S. Measurement and modeling of condensation heat transfer in non-circular microchannels. Int. J. Refrigeration, 2010, 33: 1169-1179.

[27] Wang H S, Rose J W. Film condensation in horizontalmicrochannels: effect of channel shape. Int. J. Thermal Science, 2006, 45 (12): 1205-1212.

[28] Derby M, Lee H J,Peles Y, et al. Condensation heat transfer in square, triangular, and semi-circular mini-channels. Int. J. Heat Mass Transfer, 2012, 55: 187-197.

[29] Chen S, Guo L. Viscosity Effect on regular bubble entrapment during drop impact into a deep pool. Chemical Engineering Science, 2014, 109: 1-16.

[30] Zhou Y, Hou Y, Li H, et al. Flow pattern map and multi-scale entropy analysis in 3times 3 rod bundlechannel. Annals of Nuclear Energy, 2015, 80: 144-150.

[31] Fang X, Wang R, Chen W, et al. A review of flow boiling heat transfer of nanofluids. Applied Thermal Engineering, 2015, 91: 1003-1017.

[32] 林宗虎，王栋，王树众，等. 多相流的近期工程应用趋向. 西安交通大学学报，2001，35(9)：886-890.

[33] Bai B, Liu M, Lv X, et al. Correlations for predicting single phase and two-phase flow pressure drop in pebble bed flow channels. Nuclear Engineering and Design, 2011, 241(12): 4767-4774.

[34] Baldassari C, Marengo M. Flow boiling in microchannels and microgravity. Progress in Energy and Combustion Science, 2013, 39(1): 1-36.

[35] Zhao J F, Wan S X. Bubble dynamics and heat transfer in pool boiling on wires at different gravity. J. ASTM International, 2011, 8(5): JAI103379 (12 pp.).

[36] Ghanekar M. Vapor cycle system for the F-22 Raptor. SAE 2000-01-2268, 2000.

[37] Xu Y, Fang X, Li G, et al. An experimental investigation of flow boiling heat transfer and pressure drop of R134a in a horizontal 2. 168 mm tube under hypergravity. Part II: heat transfer coefficient. Int. J. Heat Mass Transfer, 2015, 80:597-604.

[38] Fang X, Zhou Z, Li D. Review of correlations of flow boiling heat transfer coefficients for carbon dioxide. Int. J. Refrigeration, 2013, 36: 2017-2039.

[39] Xu Y, Fang X, Su X, et al. Evaluation of frictional pressure drop correlations for two-phase flow in pipes. Nuclear Engineering and Design, 2012, 253: 86-97.

[40] Zhuan R, Wang W. Flow pattern of boiling in micro-channel by numerical simulation. Int. J. Heat Mass Transfer, 2012, 55(5-6): 1741-1753.

[41] Chen E F, Li Y Z, Cheng X H. CFD simulation of upward subcooled boiling flow of refrigerant-113 using the two-fluid model. Applied Thermal Engineering, 2009, 29: 2508-2517.

[42] Yuan K, Ji Y, Chung J N. Numerical modeling of cryogenicchilldown process in terrestrial gravity and microgravity. Int. J. Heat Fluid Flow, 2009, 30: 44-53.

[43] Strubelj L, Tiselj I. Two-fluid model with interface sharpening. Int. J. Numerical Methods in Engineering, 2011, 85: 575-590.

[44] McAdams W H, Wood W K, Bryan R L. Vaporization inside horizontal tubes-II-Benzene-oil mixtures. Transactions of the ASME, 1942, 66(8): 671-684.

[45] Cicchitti A, Lombardi C, Silvestri M, et al. Two-phase cooling experiments—pressure drop, heat transfer, and burnout measurements. Energia Nucleare, 1960, 7(6): 407-425.

[46] Dukler A E, Wicks W, Cleveland R G. Friction pressure drop in two-phase flow. AIChE Journal, 1964, 10(1): 38-43.

[47] Shannak B A. Frictional pressure drop of gas liquid two-phase flow in pipes. Nuclear Engineering and Design, 2008, 238(12): 3277-3284.

[48] Chen I Y, Yang K S,ChangY J, et al. Two-phase pressure drop of air-water and R-410a in small horizontal tubes. Int. J. Multiphase Flow, 2001, 27:1293-1299.

[49] Kew P,Cornwell K. Correlations for the prediction of boiling heat transfer in small-diameter channels. Applied Thermal Engineering, 1997, 17 (8-10): 705-715.

[50] Zhang W,Hibiki T, Mishima K. Correlations of two-phase frictional pressure drop and void fraction in mini-channel. Int. J. Heat Mass Transfer, 2010, 53: 453-465.

[51] Rezkallah K S. Weber number based flow-pattern maps for liquid-gas flows at microgravity. Int. J. Multiphase Flow, 1996, 22 (6): 1265-1270.

[52] Gungor K E, Winterton R H S. Simplified general correlation for saturated flow boiling and comparison with data. Chemical Eng. Research and Des. , 1987, 65: 148-156.

[53] Lockhart R W,Martinelli R C. Proposed correlation of data for isothermal two-phase, two-component flow in pipes. Chemical Engineering Progress, 1949, 45(1): 39-48.

[54] Shah M M. Chart correlation for saturated boiling heat transfer: equations and further study. ASHRAE Transaction, 1982, 88(Part I): 185-196.

[55] Kandlikar S G. A general correlation for saturated two-phase flow boiling heat transfer inside horizontal and vertical tubes. ASME Journal of Heat Transfer, 1990, 112: 219-228.

[56] Cavallini A, Censi G, Del Col D, et al. Condensation of halogenated refrigerants inside smooth tubes. HVAC & R Research, 2002, 8 (4): 429-451.

[57] Fang X. A new correlation of flow boiling heat transfer coefficients for carbon dioxide. Int. J. Heat Mass Transfer, 2013, 64: 802-807.

[58] Fang X. A new correlation of flow boiling heat transfer coefficients based on R134a data. Int. J. Heat Mass Transfer, 2013, 66: 279-283.

[59] Revellin R. Experimental two-phase fluid flow in microchannels. Ecole Polytechnique Fédérale de Lausanne (Lausanne, Switzerland), Ph. D. thesis no. 3437, 2005.

[60] Chen L, Tian Y S, Karayiannis T G. The effect of tube diameter on vertical two-phase flow regimes in small tubes. Int. J. Heat Mass Transfer, 2006, 49: 4220-4230.

[61] Qu I, Mudawar W. Measurement and correlation of critical heat flux in two-phase micro-channel heat sinks. Int. J. Heat Mass Transfer, 2004, 47: 2045-2059.

[62] Katto Y, Ohno H. An Improved version of the generalized correlation of critical heat flux for the forced convective boiling in uniformly heated vertical channels. Int. J. Heat Mass Transfer, 1984, 27: 1641-1648.

[63] Wojtan L, Revellin R, Thome J R. Investigation of critical heat flux in single, uniformly heated microchannels. Experimental Thermal and Fluid Science, 2007, 30: 765-774.

[64] Muller-Steinhagen H, Heck K. A simple friction pressure drop correlation for two-phase flow pipes. Chemical Engineering Progress, 1986, 20:297-308.

[65] Sun L, Mishima K. Evaluation analysis of prediction methods for two-phase flow pressure drop in minichannels. Int. J. Multiphase Flow, 2009, 35:47-54.

[66] Beattie D R H, Whalley P B. A simple two-phase frictional pressure drop calculation method. Int. J. Multiphase Flow, 1982, 8:83-87.

[67] Souza A L, Pimenta M M. Prediction of pressure drop during horizontal two-phase flow of pure and mixed refrigerants. ASME, Cavitation and Multiphase Flow, FED, 1995, 210: 161-171.

[68] Ribatski G, Wojtan L, Thome J R. An analysis of experimental data and prediction methods for flow boiling heat transfer and two-phase frictional pressure drop in micro-scale channels. Experimental Thermal and Fluid Science, 2006, 31: 1-19.

[69] Xu Y, Fang X. Correlations of void fraction for two-phase refrigerant flow in pipes. Appl. Therm. Eng., 2014, 64: 242-251.

[70] Mehendal S S, Jacobi A M, Shah R K. Fluid flow and heat transfer at micro- and meso-scales with application to heat exchanger design. Applied Mechanical Review, 2000, 53: 175-193.

[71] Kandlikar S G, Grande W J. Evolution of micro-channel flow passages-thermohydraulic performance and fabrication technology, Heat Transfer Engineering, 2003, 24(1): 3-17.

[72] Kandlikar S G, Balasubramanian P. An extension of the flow boiling correlation to transition, laminar, and deep laminar flows in minichannels and microchannels. Heat Transfer Engineering, 2004, 25(3): 86-93.

[73] Tibiriçá C B, Ribatski G. Flow boiling heat transfer of R134a and R245fa in a 2. 3 mm tube. Int. J. Heat Mass Transfer, 2010, 53: 2459-2468.

[74] Li J M, Wang B X. Size effect on two-phase regime for condensation in micro/mini tubes. Heat Transfer Asian Research, 2003, 32: 65-71.

[75] Cheng P, Wu H Y, Hong F J. Phase-change heat transfer in microsystems. J. Heat Transfer, 2007, 129: 101-107.

[76] Brauner N, Moalem Maron D. Identification of the range of small diameter conduits, regarding two-phase flow pattern transitions. Int. Communication in Heat Mass Transfer, 1992, 19(1): 29-39.

[77] Triplett K A, Ghiaasiaan S M, Abdel-Khalik S I, et al. Gas-liquid two-phase flow in microchannels, Part I: Two-phase flow patterns. Int. J. Multiphase Flow, 1999, 25: 377-394.

[78] Ullmann A, Brauner N. The prediction of flow pattern maps in minichannels. Multiphase Science and Technology, 2007, 19(1): 49-73.

[79] Tibiriçá C B. A theoretical and experimental study on flow boiling heat transfer and critical heat flux in microchannels. Doctorate thesis, University of São Paulo, São Carlos, Brazil, 2011.

[80] 赵建福，李会雄，胡文瑞. 线性稳定性理论在圆管充分发展两相流型研究中的应用. 力学进展，2002，32(2)：223-234.

[81] Li W, Wu Z. A general criterion for evaporative heat transfer in micro/mini-channels. Int. J. Heat Mass Transfer, 2010, 53: 1967-1976.

[82] Harichian T, Garimella S V. A comprehensive flow regime map for microchannel flow boiling with quantitative transition criteria. Int. J. Heat Mass Transfer, 2010, 53: 2694-2702.

[83] Celata G P. Flow boiling heat transfer in microgravity: recent results. Microgravity Science Technology, 2007, XIX-3/4:13-17.

[84] Lee H J, Liu D Y, Alyousef Y, et al. Generalized two-phase pressure drop and heat transfer correlations in evaporative micro/minichannels. ASME J. Heat Transfer, 2010, 132, 041004.

第2章 两相流数值模拟方法

理论研究两相流的流动和传热特性，需要建立两相流数学模型，进而对数学模型进行求解。相对于单相流动，两相流的数学模型要复杂得多。这不仅因为需要处理气液两相介质，更困难的是对相界面的处理。相界面复杂多变，在相界面处各相的运动参量发生跳跃，通过界面发生质量、动量和能量传递，所建立的数学模型具有强烈的非线性。对于这种复杂的非线性方程组，即使大量简化，在大多数情况下，解析求解也几乎不可能，必须采用数值模拟方法进行数值求解。本章概括性地讨论两相流的数学模型，并简要介绍两相流的数值计算方法。

气液两相流的数值模拟方法有很多，本书根据所使用的数学、物理原理的不同，对相关的方法进行分类和介绍，突出使用较多的方法和新的方法，而对于使用较少的或较早使用的方法则简单介绍或不介绍。

2.1 概 述

2.1.1 两相流数学模型概述

如前所述，对于气液两相流的研究，目前采用实验研究、理论研究和数值模拟相结合的方法，三者相辅相成，紧密联系，一起推动着气液两相流研究的不断发展。

由于气液两相流动的复杂性，现有实验技术受到实验条件和测试手段的限制，一般仅局限于对宏观流体力学和传热特性的观察和测定，很难进一步深入研究更基本的微观的两相流流动传热规律，如流体间相互作用力和各相流体运动速度分布，特别在分散相浓度较高时更加困难。所以，仅靠实验很难全面了解和掌握两相流的全部流动传热特性，需要借助于理论研究和数值模拟。

由于描述两相流动与传热的模型往往十分复杂，理论研究建立起来的控制方程和封闭方程一般很难获得解析解，因而更多的是采用数值模拟的方法进行求解。通过数值模拟，可以对运动和传热过程进行细微观察，不仅可以了解运动和传热的结果和整体过程，而且可以揭示运动和传热的局部的细微的过程，以便更准确系统地把握流动传热现象及过程发展的规律，从而对实验研究进行指导和补充。此外，数值模拟可以替代一些危险的、昂贵的甚至难以实施的实验。

随着高速电子计算机性能的不断发展和计算机处理能力的不断提高，数值模拟方法展现出了广阔的前景。近十几年来，数值模拟方法得到不断发展，在气液两相流流动和传热方面得到了广泛应用，已取得很多重要成果。

对气液两相流进行数值模拟，首先必须建立两相流动的数学模型，给出描述其运动规律的控制方程和封闭方程，再在给定初始条件和边界条件的基础上进行数值求解。通过数值模拟，获得气液两相流动和传热的完整数据，从而找出两相流动和传热的内在规律。

两相流的数学模型有稳态流动模型和瞬态流动模型。稳态流动模型假定各流动参数不随时间变化。然而，在稳定的外界扰动条件下，通过对于流道内不同位置处两相流的同一参数进行实测发现,被测参数很难达到一个稳定的值。只不过有些被测参数的变化幅度很小,属于慢瞬变流范畴,作为近似,可以假定其为常数而用稳态流动模型来描述。

准确模拟流道内两相流动与传热的变化情况,需要建立瞬态流动模型。对于瞬态流动模型的研究开始较晚。实际应用中,很难找到能够准确描述两相流瞬态流动参数时域特性的关系式。因此,只有准确地揭示出气液两相流的流动机理,才能得到精确的瞬态模拟计算结果。目前使用的瞬态模型一般是对连续性方程和动量守恒方程采用瞬态模型,而对能量守恒方程则仍然采用稳态模型。

由于两相流动的复杂性,数学模型和数值计算方法都还不完善,对数学模型和数值计算方法的研究目前仍然是两相流研究的重要内容之一。人们已经研究出了很多种两相流数学模型,出现了很多名称和不同的分类方法。概括起来,气液两相流常见的基本模型可归纳为三类:均相流模型、分相流模型和混合模型。分相流模型中,不排除在处理局部问题时采用均相流模型,这又会衍生出异于常规的分相流模型。为描述简洁起见,本书仍把这种有一定差异的模型归入分相流模型中。

1. 均相流模型

均相流模型把气液两相流体看成是一种均匀混合的单一连续介质,具有均一的流动参数,相间没有相对滑移,不需要考虑相间耦合;所研究的参数是气液两相介质对应参数的某种加权平均;可以像单相流那样,使用单相连续介质基本方程进行描述[1]。

均相流模型的守恒方程形式如同单相流。两相流的流动特征仅在一些结构关系式中才得以表述。该模型比较简单,对于气相和液相混合比较均匀(如泡状流和雾状流)或流动速度比较高的情形,求解精度较高。但是,由于该模型回避了气相和液相之间的相互作用,故对于混合不均匀的情况,误差较大。该模型假设两相的压强和速度相同,这对于低压力或微小时间段时的气液两相流明显不能成立。因此,在计算弹状流和段塞流时需要对时间进行修正平均,而在计算层状流时即使进行修正,其误差也很大。由于该模型自身的缺点,在两相流的计算中已不能满足人们的需要;但因其使用方便,计算简单,被较多应用于气液两相流动工程计算图表的制作中。

2. 分相流模型

分相流模型把气液两相分开考虑,对每一相单独处理,再考虑相间的作用。也就是说,这种方法将整个流场看成是气相和液相各自的运动以及两相之间相互作用的综合。

分相流模型比均相流模型复杂得多,随着气液两相流的流动状态发生变化,方程的形式也会发生变化。人们已经研究出了多种分相流模型。根据对气液两相处理方法的不同,常见的分相流模型包括欧拉-欧拉(E-E)模型和欧拉-拉格朗日(E-L)模型[2-4]。其中,E-E 模型应用最为广泛。

E-E 模型又称为双流体模型,它把气液两相都看作连续介质,即把连续相(气体或液体)当作连续介质,把分散相(液滴、颗粒或气泡)也当作连续介质,并且两相都在欧拉坐标系中描述。两相在空间中共存和相互渗透,分离流动,一相所占的体积无法再被另一相占有。两相各自具有自身的物理现象和内在机理,同一时刻、同一地点,各自拥有自己的速度、压强、温度、密度等;在相交界面上,气液两相之间会有质量、动量和能量传递,相间通过相互作用来耦合[5-8]。由于假设气相和液相的流动物性参数各自独立且各自有独立的平均流动速度,需要分别对气液两相使用质量、动量和能量守恒定律,建立其连续性方程、动量守恒方程和能量守恒方程。此外,需要建立通过相交界面的质量、动量和能量交换耦合控制方程,相界面几何参数模型,相间作用力模型,以及气液两相与管道壁面间摩擦力的模型等。运用上述方法建立起来的气液两相流动方程组包含了丰富的信息,反映了气液两相流动的完整过程,精确度可以达到很高,适用范围较广,是目前气液两相流数值计算中使用最多的模型。

E-L模型把气液两相流分为连续相和离散相。对于连续相,直接求解时均 Navier-Stokes (N-S)方程,在 Euler 坐标系下分析其运动;而体积比率较小的相(气泡或液滴)作为离散相,在 Lagrange 坐标系下看成计算流场中的粒子,计算其运动轨迹。离散相和连续相之间有动量、能量和质量的交换,通过跟踪大量分散相颗粒的运动来实现离散相和连续相之间流场的耦合,最终得到整个流场信息和分散颗粒的运动轨迹,故 E-L 模型又被称为离散轨道模型[9-12]。该模型的一个基本假设是,离散相的体积比率很低(一般小于 10%~12%)。计算中,首先通过对连续相的计算获得流场的速度等信息,然后再在 Lagrange 坐标系下对单个离散颗粒的轨迹进行积分,最后考虑离散颗粒在连续相场中的受力,以及湍流扩散等物理过程的作用,得到颗粒的运动轨迹。因为湍流计算是在平均的概念下进行的,所以计算中所获得的湍流流场也是平均意义下的流场。然而,在实际计算中无法完全准确地再现湍流流场,因此单颗粒轨迹的研究没有实际意义,只有研究大量的颗粒运动获得其运动的统计规律才有实际意义。E-L 模型虽然物理概念比较清晰直观,但是其计算量巨大,对计算机运算速度及存储量的要求很高,实际计算过程中,有时难以使用。

3. 混合模型

混合模型(mixture model)用混合特性参数描述两相流场的场方程组,是介于均相流模型和分相流模型之间的一种模型。它既考虑了各相平均速度之间的差异,克服了均相模型的缺点,同时也避免了分相模型中需要考虑相界面之间复杂关系所增加的计算量。混合模型是由 Zuber 和 Findlay[13]针对均相流模型和分相流模型与实际的两相流动之间存在的偏差而提出的特殊模型。

为了构成封闭方程,混合模型需要补充一个相间速度差方程。相间速度差方程中,相间相对速度(滑移速度)的表达是一个关键。根据相间速度差方程的不同形式,混合模型有漂移流模型(drift flux model)[14]、代数滑移模型(algebraic slip model)[15]、扩散模型等多种形式。其中,漂移流模型使用最多。

混合模型使用单流体方法,既考虑了气液两相间的相对运动,又考虑了空隙率和流速沿过流截面的分布规律。混合模型通过混合的动量方程、连续性方程、第二相的体积分率方程以及滑移速度方程进行求解。滑移速度的使用使模型预测更加准确,且计算量增加不大。它不仅具有均相流模型求解比较简单的特点,在表述气液两相流的局部特性方面也有较大的优势。

混合模型建立在描述气相和液相之间产生的相对滑移和管内气泡分布这两个结构参数的基础之上。由于气液两相流动的复杂性,目前对气液两相的分布系数、气相漂移流率的横截面平均值以及真实含气率的计算,只能依赖于经验公式。虽然如此,混合模型仍在许多场合得到了较好的结果[16]。

2.1.2 两相流数值计算方法概述

在工程实际中,大多数的流体流动过程和现象都可以借助 N-S 方程作为基本描述手段。

但是，很多工程实际中的流体流动传热问题，例如两相流与传热问题，具有强烈的非线性特性，因而不能通过传统的解析方法进行求解。如何计算分析高度非线性的流体传热流动过程成为热流体领域的一个难题。

随着计算机技术的迅猛发展，用数值计算方法求解高度非线性的流体传热流动方程组成为可能，计算流体力学（CFD）和计算传热学应运而生。习惯上，处理流体流动和传热共存的数值计算方法也常称为 CFD 方法。CFD 建立在经典流体动力学与数值计算方法的基础之上。它借助于计算机，采用数值计算方法求解描述流体运动传热基本规律的非线性数值方程组，经过计算机数值计算和图像显示，在时间和空间上定量描述流场、温度场，对流体流动和传热传质等物理现象进行数值分析，从而达到对物理问题进行研究的目的[17]。

CFD 方法在 20 世纪 70 年代末期开始引入到化工工业中，一开始用于研究简单的单相流体流动过程，现在已扩展到复杂的两相流甚至是多相流动体系。CFD 方法的强大数值计算能力为热流体系统的研究开辟了一条宽阔的道路，加之目前计算机技术的迅速发展，以计算机作为辅助工具可以解决用解析方法不能求解的流体流动和传热问题。它不但可以解决单纯的流体力学问题，也可以应用于传热、传质、相变以及有化学反应的热流体系统，在航空航天、能源动力、汽车设计、化工等很多领域都有广泛的应用。

CFD 的基本思想是把原来在时间和空间域上连续的物理量场（如速度场、温度场、压力场）用一系列有限个离散点上的变量值的集合来代替。通过一定的方式，将描述流动问题的微分控制方程（如连续性方程、动量守恒方程、能量守恒方程）转变为描述一系列网格离散节点上场变量之间关系的代数方程组。通过对离散方程组的数值求解，获得所求流场内各个位置上的基本物理量（如速度、压力、温度、湿度、浓度等）的离散分布，以及这些物理量随时间的变化情况等。

应用 CFD 进行数值模拟的整个过程主要可分为以下几个阶段：

① 对于所求对象，运用流体力学、传热传质学、工程热力学等基本理论建立其质量、动量和能量守恒方程，根据实际情况加上必要的附加模型（如组分方程、湍流特性方程、多相流补充模型、燃烧模型等）。所有这些方程构成了一个基本的方程组。

② 从问题的实际出发，确定所研究问题的计算域，做出一些必要的基本假设，给出其特定的初始条件、进出口条件、边界条件、相界面传递条件，由此得到一组补充方程。这组补充方程与前面得到的基本方程组一起，构成问题的封闭方程组。

③ 采用合适的离散化方法对上面得到的非线性方程组进行离散，配合适当的求解方法，并加之一定的计算技巧，优化计算过程和求解流程，并编写出相应的计算程序。

④ 调试和验证程序。通过对计算值和正确值的多次比较，反复调试和修改计算程序，不断改进现有的模型、离散方法及求解方法，获得可靠的计算程序。正确值一般是实验值，也可以是经过验证的他人的计算结果。

⑤ 利用上面获得的计算程序，对所研究的问题进行一系列的数值模拟分析，获得需要的结果。其中需要一提的是网格独立性检验。就是对所研究的问题，采用足够多的网格数，使计算结果的准确度不因网格数的多少而受到影响。网格数偏少，计算结果会依赖于网格数，即不同的网格数会产生不一致的计算结果。网格数太多，对计算资源要求太高，造成不必要的计算资源短缺或浪费。网格独立性检验的目的，就是确定适当的网格数量，既不因网格数太少而影响计算准确度，又不因网格数太多而占据不必要的计算资源。

CFD的优势在于适应性强、应用面广、快速、经济。首先两相流问题的数学模型具有强烈的非线性、自变量多、计算域和边界条件复杂等特点，很难获得解析解，而用CFD方法则有可能找出满足工程需要的数值解。其次，利用计算机进行各种数值试验，能对问题进行细微的剖析，对流动传热机理进行深刻的探讨。再次，它不受物理和实验模型的限制，有较大的灵活性，减少了对实验台的搭建和降低了对实验测试次数的要求，不但能大幅度节省资金、缩短研制周期，而且能较容易地模拟特殊尺寸，以及高温、易燃等真实条件和实验中只能接近而无法达到的理想条件，解决某些由于实验技术所限而难以解决的问题。另外，利用CFD辅助系统和设备设计，能够对实际设计提供优化方案。

CFD也有其自身的局限性。数值模拟毕竟不是物理过程本身。一个完整的CFD过程包含多个环节，从物理问题到数学模型，从控制方程(数学模型)到离散方程，从离散方程到求解方法，再到程序设计。这些环节会涉及到很多不确定性，例如数学模型的准确性、离散方程的截断误差、离散方程解的误差、数值计算过程的舍入误差和网格的独立性等。这些不确定性有可能导致计算结果的不真实。因此，要获得能够反映所描述现象的物理本质的数值解是一件非常复杂而艰巨的工作，对气液两相流的数值模拟更是如此。

2.2 均相流模型

本节首先介绍均相流模型的欧拉方程，包括连续性方程、动量方程和能量方程，接着介绍求解欧拉方程的湍流模型。

2.2.1 基本假设

均相流模型的基本假设包括：

① 气液两相被看作是连续流体相的一种组分，是有湍流扩散的连续介质，且两相的湍流扩散系数相等，以相同的速率扩散；

② 气液两相流体之间保持能量平衡，相之间无温度差；

③ 气液两相流体之间保持动量平衡，气相的实际速度等于液相的实际速度，因而无速度滑移；

④ 气液两相之间的阻力忽略不计。计算沿程摩擦阻力时，采用单相流体摩擦阻力的计算方法。

上述假设对于气液两相流体之间的质量、动量和热量传递会很快发生，并在很短的时间内达到平衡状态的情况是合理的。根据上述假设，可将计算区域内的气液两相流看成是均匀混合的单一介质。该介质的物性参数取气液两相各自对应参数的某种加权平均。由于可以看作是单一介质，可按照单相均匀介质建立其基本方程。

2.2.2 基本方程

质量守恒、动量守恒和能量守恒是流体流动问题必须遵循的三大基本物理定律。下面对这三个基本定律应用于均相流模型时，在惯性坐标系下欧拉模型表示的连续性方程、动量方程和能量方程作简要介绍。

本书的三维直角坐标系，用x、y、z代表三个坐标，其中x、y轴为水平面上的两个轴，z轴

为方向向上的垂直轴，u、v、w 分别为速度矢量 $\boldsymbol{U}$ 在 x、y、z 三个坐标方向的分量。

(1) 连续性方程

连续性方程也称质量守恒方程。对于流体系统，质量守恒定律可表示为：单位时间内流体微元体中质量的增加等于该时间段内流入该微元体的质量与流出该微元体的质量之差。

$$\frac{\partial \rho}{\partial t}+\frac{\partial(\rho u)}{\partial x}+\frac{\partial(\rho v)}{\partial y}+\frac{\partial(\rho w)}{\partial z}=0 \tag{2.1}$$

式中，ρ 为密度，t 为时间。

(2) 动量方程

对于流体系统，动量守恒定律可表述为：微元体中流体的动量的增加率等于外界作用在该微元体上的各种力之和。它实际上是牛顿第二定律在流体系统中的具体表述。

$$\frac{\partial(\rho u)}{\partial t}+\frac{\partial(\rho uu)}{\partial x}+\frac{\partial(\rho vu)}{\partial y}+\frac{\partial(\rho wu)}{\partial z}=-\frac{\partial p}{\partial x}+\frac{\partial}{\partial x}\left(\mu\frac{\partial u}{\partial x}\right)+\frac{\partial}{\partial y}\left(\mu\frac{\partial u}{\partial y}\right)+\frac{\partial}{\partial z}\left(\mu\frac{\partial u}{\partial z}\right)+S_u \tag{2.2}$$

$$\frac{\partial(\rho v)}{\partial t}+\frac{\partial(\rho uv)}{\partial x}+\frac{\partial(\rho vv)}{\partial y}+\frac{\partial(\rho wv)}{\partial z}=-\frac{\partial p}{\partial y}+\frac{\partial}{\partial x}\left(\mu\frac{\partial v}{\partial x}\right)+\frac{\partial}{\partial y}\left(\mu\frac{\partial v}{\partial y}\right)+\frac{\partial}{\partial z}\left(\mu\frac{\partial v}{\partial z}\right)+S_v \tag{2.3}$$

$$\frac{\partial(\rho w)}{\partial t}+\frac{\partial(\rho uw)}{\partial x}+\frac{\partial(\rho vw)}{\partial y}+\frac{\partial(\rho ww)}{\partial z}=-\frac{\partial p}{\partial z}+\frac{\partial}{\partial x}\left(\mu\frac{\partial w}{\partial x}\right)+\frac{\partial}{\partial y}\left(\mu\frac{\partial w}{\partial y}\right)+\frac{\partial}{\partial z}\left(\mu\frac{\partial w}{\partial z}\right)+S_w \tag{2.4}$$

式中，μ 为动力粘度，p 为压力，S_u、S_v、S_w 分别为三个动量方程的广义源项。

(3) 能量方程

对于流体系统，能量守恒定律可表述为：流体微元体中能量的增加率等于进入该微元体的净热流量加上体力和表面力对微元体所做的功。它实际上是热力学第一定律在流体系统中的具体表述。表面力所做的功一般可以忽略。

$$\frac{\partial(\rho T)}{\partial t}+\frac{\partial(\rho uT)}{\partial x}+\frac{\partial(\rho vT)}{\partial y}+\frac{\partial(\rho wT)}{\partial z}=\frac{\partial}{\partial x}\left(\frac{\lambda}{c_p}\frac{\partial T}{\partial x}\right)+\frac{\partial}{\partial y}\left(\frac{\lambda}{c_p}\frac{\partial T}{\partial y}\right)+\frac{\partial}{\partial z}\left(\frac{\lambda}{c_p}\frac{\partial T}{\partial z}\right)+S_T \tag{2.5}$$

式中，c_p 为比定压热容，T 为温度，λ 为流体的导热系数，S_T 为流体的内热源加上由于粘性作用流体机械能转换为热能的部分。

(4) 通用方程

从上面的描述可以看出，所需求解的主要变量的控制方程都可表示为下面的通用形式：

$$\frac{\partial(\rho\phi)}{\partial t}+\nabla\cdot(\rho\boldsymbol{U}\phi)=\nabla\cdot(\Gamma_\phi\nabla\phi)+S_\phi \tag{2.6}$$

式中，ϕ 为通用变量，Γ_ϕ 为广义扩散系数，S_ϕ 为广义源项。

通用微分方程中的四项，从左至右依次是瞬态项、对流项、扩散项和源项。通用变量 ϕ 可代表不同的物理量，如速度、温度、焓或一种化学组分的质量分率。因此对于每个具体的变量

ϕ，系数 Γ_ϕ 和源 S_ϕ 都不相同，需要给出相应的表达式。

采用通用微分方程的优点是，每个守恒方程都被视为通用方程的特例，只要考虑通用方程的数值解，写出求解方程的源程序，就可以求解不同类型的流体流动和传热问题。通过重复调用该源程序，并选择适当的 Γ_ϕ 和 S_ϕ 表达式及适当的初值和边界条件，就可求解出具有不同含义的变量 ϕ。因此，采用通用方程，可以使方程离散和编程求解过程简化，节省时间。

2.2.3 湍流模型

对于湍流，其数值模拟方法包括直接数值模拟(DNS)和非直接数值模拟。DNS需要分辨所有空间尺度上涡的结构和所有时间尺度上涡的变化，对计算机内存空间和计算速度的要求非常苛刻。非直接数值模拟包括大涡模拟方法(LES)、雷诺时均法(RANS)和统计平均法等。

RANS方法的核心是求解雷诺时均N-S方程。由于该方程中包含有关湍流脉动的雷诺应力项，为了使方程组封闭，需要对该项作出某种假设，建立相应的表达式。根据对雷诺应力作出假设或处理方式的不同，RANS方法可分为雷诺应力模型和涡粘模型。雷诺应力模型直接构建表示雷诺应力的方程，然后与雷诺时均N-S方程进行联立求解。涡粘模型不直接处理雷诺应力项，而是依据Boussinesq提出的涡粘假定引入湍动粘度 μ_t，然后把雷诺应力表示成 μ_t 的函数。根据确定 μ_t 所需要的微分方程的数量，涡粘模型可分为零方程模型、单方程模型和双方程模型。双方程模型又有标准(Standard) $k-\varepsilon$ 模型、重整化群方法(RNG) $k-\varepsilon$ 模型、可实现(Realizable) $k-\varepsilon$ 模型及其他双方程模型。

目前双方程模型在工程中使用最为广泛。最基本的双方程模型是Standard $k-\varepsilon$ 模型，即分别引入关于湍动能 k 和耗散率 ε 的方程。在受壁面限制的流动中，壁面附近流场变量的梯度较大，壁面对湍流计算的影响很大，因而必须进行特殊处理。常用的解决方法有两种：一种是壁面函数法，另一种是采用低雷诺数的 $k-\varepsilon$ 模型。壁面函数法对于湍流核心区的流动使用 $k-\varepsilon$ 模型求解，而在壁面区不进行求解，直接使用半经验公式将壁面上的物理量与湍流核心区的求解变量联系起来。另外，由于标准 $k-\varepsilon$ 模型用于强旋流、弯曲壁面流动或弯曲流线流动时会产生一定的失真，因此许多研究者提出了修正方法，其中应用比较广泛的是RNG $k-\varepsilon$ 模型和Realizable $k-\varepsilon$ 模型。

下面对几种常见的涡粘模型进行简要介绍。

1. 单方程模型

在混合长度理论中，湍动粘度 μ_t 仅与几何位置和时均速度有关，而与湍流的特性参数无关。Prandtl及Kolmogorov[18]各提出了 μ_t 的计算式：

$$\mu_t = C_\mu \rho k^{\frac{1}{2}} l \tag{2.7}$$

式中，C_μ 为经验常数，l 为湍流脉动的长度标尺，k 为湍动能。

采用上式来确定 μ_t 时，关键在于确定流场中各点的湍动能及长度标尺。湍动能 k 的方程如下：

$$\frac{\partial(\rho k)}{\partial t}+\frac{\partial(\rho k u_i)}{\partial x_i}=\frac{\partial}{\partial x_j}\left[\left(\mu+\frac{\mu_t}{\sigma_k}\right)\frac{\partial k}{\partial x_j}\right]+\mu_t\frac{\partial u_i}{\partial x_j}\left(\frac{\partial u_i}{\partial x_j}+\frac{\partial u_j}{\partial x_i}\right)-\rho C_D\frac{k^{\frac{3}{2}}}{l} \tag{2.8}$$

式中，σ_k 和 C_D 为经验常数，可取 $\sigma_k=1$，$C_\mu=0.09$；C_D 取值从0.08～0.38都有；l 由经验公式

或实验确定。

2. Standard $k-\varepsilon$ 模型

Standard $k-\varepsilon$ 模型是由 Launder 和 Spalding[19] 提出的一种双方程模型，是在单方程模型的基础上，再引入一个关于湍流耗散率 ε 的方程而形成的。该模型中湍动粘度 μ_t 的表达式为

$$\mu_t = C_\mu \rho \frac{k^2}{\varepsilon} \tag{2.9}$$

式中，C_μ 为经验常数，可取为 0.09。

湍动能 k 和湍流耗散率 ε 的方程为

$$\frac{\partial(\rho k)}{\partial t} + \frac{\partial(\rho k u_i)}{\partial x_i} = \frac{\partial}{\partial x_j}\left[\left(\mu + \frac{\mu_t}{\sigma_k}\right)\frac{\partial k}{\partial x_j}\right] + G_k + G_b - \rho\varepsilon - Y_M + S_k \tag{2.10}$$

$$\frac{\partial(\rho\varepsilon)}{\partial t} + \frac{\partial(\rho\varepsilon u_i)}{\partial x_i} = \frac{\partial}{\partial x_j}\left[\left(\mu + \frac{\mu_t}{\sigma_\varepsilon}\right)\frac{\partial \varepsilon}{\partial x_j}\right] + C_{1\varepsilon}\frac{\varepsilon}{k}(G_k + C_{3\varepsilon}G_b) - C_{2\varepsilon}\rho\frac{\varepsilon^2}{k} + S_\varepsilon \tag{2.11}$$

式中，G_k 是由平均速度梯度引起的湍动能 k 的产生项，G_b 是由浮力作用湍动能 k 的产生项，Y_M 代表可压湍流中脉动扩张的贡献，σ_k 和 σ_ε 分别是与湍动能 k 和湍流耗散率 ε 对应的常数，$C_{1\varepsilon}$、$C_{2\varepsilon}$ 和 $C_{3\varepsilon}$ 为经验常数，S_k 和 S_ε 为用户定义的源项。

模型常数 σ_k、σ_ε、$C_{1\varepsilon}$、$C_{2\varepsilon}$ 的参考取值为：$\sigma_k=1$，$\sigma_\varepsilon=1.3$，$C_{1\varepsilon}=1.44$，$C_{2\varepsilon}=1.92$。$C_{3\varepsilon}$ 是与 G_b 相关的系数。对于不可压流体，由于 G_b 为 0，$C_{3\varepsilon}$ 取任何值均无作用。对于可压流体，当主流与重力方向水平时取 $C_{3\varepsilon}=1$，而垂直时则取 $C_{3\varepsilon}=0$。

G_k 的计算式为

$$G_k = \mu_t \frac{\partial u_i}{\partial x_j}\left(\frac{\partial u_i}{\partial x_j} + \frac{\partial u_j}{\partial x_i}\right) \tag{2.12}$$

对于不可压流体，G_b 为 0；对于可压流体，G_b 的计算式为

$$G_b = \beta g_i \frac{\mu_t}{Pr_t}\frac{\partial T}{\partial x_i} \tag{2.13}$$

式中，β 为热膨胀系数；g_i 为重力加速度在 i 方向的分量；Pr_t 为湍动 Prandtl 数，可取 0.85。

对于不可压流体，Y_M 为 0；对于可压流体，Y_M 的计算式为

$$Y_M = 2\rho\varepsilon Ma_t^2 \tag{2.14}$$

式中，Ma_t 为湍动马赫数。

3. RNG $k-\varepsilon$ 模型

RNG $k-\varepsilon$ 模型是由 Yakhot 和 Orzag[20] 提出的一种双方程模型。通过修正湍动粘度来考虑平均流动中的旋转和旋流流动的情况，通过在 ε 方程中增加一项来反映主流的时均应变率，如此便可以处理流线弯曲程度较大和应变率较高的流动。通过在大尺度运动和修正后的粘度项体现小尺度的影响，而使这些小尺度运动有系统地从控制方程中去除，得到的方程与标准 $k-\varepsilon$ 模型的非常相似。

湍动能 k 和湍流耗散率 ε 的方程为

$$\frac{\partial(\rho k)}{\partial t} + \frac{\partial(\rho k u_i)}{\partial x_i} = \frac{\partial}{\partial x_j}\left(\alpha_k \mu_{\text{eff}}\frac{\partial k}{\partial x_j}\right) + G_k - \rho\varepsilon \tag{2.15}$$

$$\frac{\partial(\rho\varepsilon)}{\partial t}+\frac{\partial(\rho\varepsilon u_i)}{\partial x_i}=\frac{\partial}{\partial x_j}\left(\alpha_\varepsilon\mu_{\text{eff}}\frac{\partial\varepsilon}{\partial x_j}\right)+C_{1\varepsilon}^*\frac{\varepsilon}{k}G_k-C_{2\varepsilon}\rho\frac{\varepsilon^2}{k} \tag{2.16}$$

式中，经验常数 α_k、α_ε、$C_{1\varepsilon}$、$C_{2\varepsilon}$ 分别取 1.39、1.39、1.42、1.68；μ_{eff} 的计算式为

$$\mu_{\text{eff}}=\mu+\mu_t \tag{2.17}$$

式中，μ_t 用式(2.9)计算，其中取 $C_\mu=0.084\ 5$。

$C_{1\varepsilon}^*$ 的计算式为

$$C_{1\varepsilon}^*=C_{1\varepsilon}-\frac{\eta(1-\eta/\eta_0)}{1+\zeta\eta^3} \tag{2.18}$$

式中，经验常数 η_0 和 ζ 的取值分别为 4.377 和 0.012；η 的计算式为

$$\eta=(2E_{ij}E_{ij})^{\frac{1}{2}}\frac{k}{\varepsilon} \tag{2.19}$$

式中，E_{ij} 为主流的时均应变率，计算式为

$$E_{ij}=\frac{1}{2}\left(\frac{\partial u_i}{\partial x_j}+\frac{\partial u_j}{\partial x_i}\right) \tag{2.20}$$

4. Realizable k -ε 模型

Realizable k -ε 模型是由 Shih 等[21]提出的一种双方程模型。Standard k -ε 模型对时均应变率特别大的情形有时会导致负的法向应力，而这种情况是不符合流动的物理本质的。为保证计算结果的可实现性，湍流动力粘度计算式中的系数 C_μ 不应当取常数，而应当与应变率联系起来。

湍动能 k 和湍流耗散率 ε 的方程为

$$\frac{\partial(\rho k)}{\partial t}+\frac{\partial(\rho k u_i)}{\partial x_i}=\frac{\partial}{\partial x_j}\left[\left(\mu+\frac{\mu_t}{\sigma_k}\right)\frac{\partial k}{\partial x_j}\right]+G_k-\rho\varepsilon \tag{2.21}$$

$$\frac{\partial(\rho\varepsilon)}{\partial t}+\frac{\partial(\rho\varepsilon u_i)}{\partial x_i}=\frac{\partial}{\partial x_j}\left[\left(\mu+\frac{\mu_t}{\sigma_\varepsilon}\right)\frac{\partial\varepsilon}{\partial x_j}\right]+\rho C_1E\varepsilon-\rho C_2\frac{\varepsilon^2}{k+\sqrt{\nu\varepsilon}} \tag{2.22}$$

式中，经验常数 σ_k、σ_ε、C_2 分别取 1.0、1.2 和 1.9；C_1 的计算式为

$$C_1=\max\left(0.43,\frac{\eta}{\eta+5}\right) \tag{2.23}$$

式中，η 的计算式如下，其中 E_{ij} 用式(2.20)计算。

$$\eta=(2E_{ij}E_{ij})^{\frac{1}{2}}\frac{k}{\varepsilon}$$

湍流动力粘度 μ_t 用式(2.9)计算，其中 C_μ 的计算式为

$$C_\mu=\frac{1}{A_0+A_sU^*k/\varepsilon} \tag{2.24}$$

式中，经验常数 A_0 取 4.0。A_s 和 U^* 的计算式分别为

$$A_s=\sqrt{6}\cos\phi \tag{2.25}$$

$$U^*=\sqrt{E_{ij}E_{ij}+\tilde{\Omega}_{ij}\tilde{\Omega}_{ij}} \tag{2.26}$$

式中，E_{ij} 用式(2.20)计算；ϕ 和 $\tilde{\Omega}_{ij}$ 的计算式分别为

$$\phi=\frac{1}{3}\arccos(\sqrt{6}W) \tag{2.27}$$

$$\widetilde{\Omega}_{ij}=\Omega_{ij}-2\varepsilon_{ijk}\omega_k \tag{2.28}$$

式中，W 和 Ω_{ij} 的计算式分别为

$$W=\frac{E_{ij}E_{jk}E_{kj}}{(E_{ij}E_{ij})^{1/2}} \tag{2.29}$$

$$\Omega_{ij}=\overline{\Omega}_{ij}-\varepsilon_{ijk}\omega_k \tag{2.30}$$

式中，$\overline{\Omega}_{ij}$ 是从角速度为 ω_k 的参考系中观察到的时均转动速率，专门用来体现旋转的影响。

2.3　欧拉-欧拉模型

欧拉-欧拉(E－E)模型将两相流中的气相和液相均看成是连续介质，把气液两相分开考虑，对每一相进行独立分析；各相的流动参数在相界面上发生间断，相界面上有相间的质量、动量和能量传递。因此，E－E 模型既包含了气相和液相各自的质量、动量和能量传递方程，同时还有相界面上的质量传输和热量传输方程、相界面处理方法、应力方程、物性方程、热力学状态方程、边界条件以及与特定物理现象相关的关系式等补充方程。

本节主要介绍 E－E 模型气相和液相各自的质量、动量和能量传递方程。相界面处理方法将在 2.6 节详细介绍。

2.3.1　基本假设

E－E 模型的基本假设如下：

① 将气液两相当作可以相互渗透的连续介质，其运动规律遵守各自的控制方程；

② 相界面上存在着质量、动量和能量的相互交换和作用。

2.3.2　基本方程

E－E 模型中，气相和液相的质量、动量和能量方程具有相同的形式。用下标 k 代表相，$k=\mathrm{g}$ 代表气相，$k=\mathrm{l}$ 代表液相。这样，可写出两相共用的控制方程组。

为了使公式简洁，采用矢量或张量，用黑体字母表示。

(1) 连续性方程

$$\frac{\partial\rho_k}{\partial t}+\nabla\cdot(\rho_k\boldsymbol{u}_k)=0 \tag{2.31}$$

式中，ρ_k 为各相密度，$\boldsymbol{u}_k$ 为各相速度。

(2) 动量方程

$$\frac{\partial(\rho_k\boldsymbol{u}_k)}{\partial t}+\nabla\cdot(\rho_k\boldsymbol{u}_k\boldsymbol{u}_k)=-\nabla\cdot(p_k\boldsymbol{I}-\boldsymbol{T}_k)+\rho_k\boldsymbol{g}_k=-\nabla\cdot(p_k\boldsymbol{I})+\nabla\cdot\boldsymbol{T}_k+\rho_k\boldsymbol{g}_k \tag{2.32}$$

式中，p_k 为各相压力，$\boldsymbol{I}$ 为单位张量，$\boldsymbol{T}$ 为剪应力张量，$\boldsymbol{g}_k$ 为重力加速度。

(3) 能量方程

$$\frac{\partial\rho_k}{\partial t}\left(e_k+\frac{\boldsymbol{u}_k^2}{2}\right)+\nabla\cdot\left[\rho_k\left(e_k+\frac{\boldsymbol{u}_k^2}{2}\right)\boldsymbol{u}_k\right]=-\nabla\cdot\boldsymbol{q}_k+\nabla\cdot[(-p_k\boldsymbol{I}+\boldsymbol{T}_k)\cdot\boldsymbol{u}_k]+\rho_k\boldsymbol{g}_k\cdot\boldsymbol{u}_k \tag{2.33}$$

式中，e_k 为比热力学能。

(4) 界面方程

在流场中，除了气相和液相以外，还存在相间界面区。如果认为每一相区中，介质特性是连续的，那么界面区则对每一相都不连续。为了描述整个流场特性，需建立关于相界面特性的基本方程。

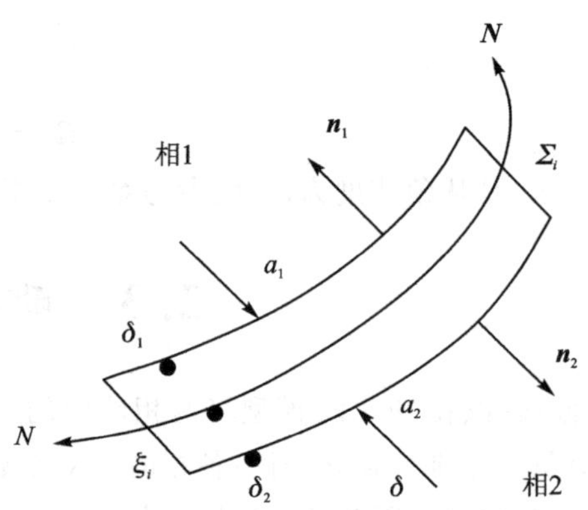

图 2.1 相界面微元结构

与每一相的特性相同，相界面特性是以界面区域内均一特性为基础的。如图 2.1 所示：a_1、a_2 为界面区内两相的界面；$\boldsymbol{n}_1$、$\boldsymbol{n}_2$ 为 a_1、a_2 单位法向向量，δ、δ_1、δ_2 为界面总厚度和每一相的厚度，$\delta=\delta_1+\delta_2$，通常取 $\delta_1=\delta_2$；$\boldsymbol{N}$ 为封闭端面的单位向量；Σ_i 为封闭端面；ξ_i 为 Σ_i 与 a_i 的交线。界面控制体即为 Σ_i 与 a_i 所包围的体积 V_i；如果认为 δ 很小，则 $\boldsymbol{n}_1=-\boldsymbol{n}_2$，对控制体 V_i 的积分特性为

$$\frac{\mathrm{d}}{\mathrm{d}t}\int_{V_i}\rho_i\varphi_i\,\mathrm{d}V=\sum_{k=1}^{2}\int_{a_k}\boldsymbol{n}_k\cdot[(\boldsymbol{u}_k-\boldsymbol{u}_i)\rho_k\varphi_k+\boldsymbol{T}_k]\,\mathrm{d}a-\int_{\xi_i}\int_{-\delta_2}^{\delta_1}\boldsymbol{N}\cdot[(\boldsymbol{u}-\boldsymbol{u}_i)\rho_i\varphi_i+G]\,\mathrm{d}\delta\,\mathrm{d}\xi+\int_{V_i}\rho_i^{\phi_i}\,\mathrm{d}V \tag{2.34}$$

式中，φ 为流场特性参数，ϕ 为流场体积源，G 为针对流场特性的流出率。

界面特性方程也包括质量方程、动量方程和能量方程。对质量方程，$\varphi=1$，$\phi=0$；对动量方程，$\varphi=u$，$\phi=g$；对能量方程，$\varphi=e+u^2/2$，ϕ 按不同情况决定。把上式经过体积分和面积分的交换(雷诺转换与格林变换)以及必要的简化，最后可得出三个基本方程。通常在特殊但却合理的情况下，可将相界面方程作如下的简化。

假设 $\delta=0$，则质量方程中 $\varphi_i=1$，$\phi_i=0$，$\boldsymbol{T}_k=\boldsymbol{0}$，质量方程对 V 的积分均为零，于是有

$$-\sum_{k=1}^{2}\int_{a_k}\boldsymbol{n}_k\cdot[(\boldsymbol{u}_k-\boldsymbol{u}_i)\rho_k]\,\mathrm{d}a=0 \tag{2.35}$$

进而有

$$\boldsymbol{n}_g\cdot(\boldsymbol{u}_g-\boldsymbol{u}_i)\rho_g=-\boldsymbol{n}_1\cdot(\boldsymbol{u}_1-\boldsymbol{u}_i)\rho_1,\quad \boldsymbol{n}_g=-\boldsymbol{n}_1 \tag{2.36}$$

进行一维处理，有

$$(u_g-u_i)\rho_g=(u_1-u_i)\rho_1 \tag{2.37}$$

动量方程中 $\varphi_i=u_i$，$\phi_i=g$，$\boldsymbol{T}_k\neq\boldsymbol{0}$，有

$$(u_g-u_i)u_g\rho_g+p_g-\tau_g=(u_1-u_i)u_1\rho_1-p_1+\tau_1 \tag{2.38}$$

式中，τ 为剪应力。

能量方程中 $\varphi_i=(u_k+u_k^2/2)$，$\phi_i=gu_k$，$\boldsymbol{T}_k=q_k-p_ku_k+\tau_ku_k$，有

$$\rho_g(u_g-u_i)(u_g+u_g^2/2)-\rho_gu_g+\tau_gu_g+q_g=-\rho_1(u_1-u_i)(u_1+u_1^2/2)-\rho_1u_1-\tau_1u_1-q_1 \tag{2.39}$$

式中，q 为热流密度。

三个界面方程与六个(两相)基本方程(共九个方程)耦合，构成描述两相流场的三个基本

方程组。

由于这三组方程是单独描述气相、液相和界面的，故它们是不连续的。为了达到求解的目的，必须把它们进行连续化，使其成为类似于单相流体的连续方程组。一般使用欧拉平均法(包括欧拉时间平均和欧拉空间平均等)来实现连续化。

2.4 欧拉-拉格朗日模型

欧拉-拉格朗日(E－L)模型主要适用于解决由连续相(气体或液体)和离散相(如液滴或气泡)组成的弥散多相流动体系。在E－L模型中，连续相介质的运动由经典的N－S方程控制，而离散相的运动则由独立的动量方程控制。E－L模型包括单颗粒动力学模型和颗粒轨道模型。

2.4.1 单颗粒动力学模型

1. 基本假设

单颗粒动力学模型的主要思想是通过适当假设，只考虑单个颗粒在连续相流体中的受力和运动。其基本假设如下：

① 颗粒相对连续相没有影响；

② 颗粒相之间没有相互作用；

③ 不考虑颗粒的脉动；

④ 连续相的流场已知。

2. 基本方程

图2.2是单颗粒在流体中的受力和运动情况示意图。图中 u_{p0} 和 v_{p0} 表示颗粒初始速度，u_p 和 v_p 表示颗粒某一时刻的速度，u 表示连续相初始速度。对于图中所示的多相流动体系，在拉格朗日坐标中，一般形式的颗粒运动方程为

$$
\begin{aligned}
m_{\mathrm{p}}\frac{\mathrm{d}v_{pi}}{\mathrm{d}t_{\mathrm{p}}} &= F_{di}+F_{vmi}+F_{pi}+F_{Bi}+F_{Mi}+F_{Si}+\cdots \\
&= \frac{1}{4}\pi D_{\mathrm{p}}^2 c_d\,\frac{\rho}{2}\left|v_i-v_{\mathrm{p}i}\right|(v_i-v_{\mathrm{p}i})+\frac{1}{2}\,\frac{\pi D_{\mathrm{p}}^3\rho}{6}\,\frac{\mathrm{d}(v_i-v_{\mathrm{p}i})}{\mathrm{d}t_{\mathrm{p}}}+\frac{\pi D_{\mathrm{p}}^3}{6}\,\frac{\mathrm{d}p}{\mathrm{d}x}+ \\
&\quad \frac{3}{2}(\pi\rho\mu)^{1/2}D_{\mathrm{p}}^2\int_{-\infty}^{t}\frac{\mathrm{d}}{\mathrm{d}t}(v_i-v_{\mathrm{p}i})(\tau-t)^{-1/2}\mathrm{d}\tau+F_{Mi}+F_{Si}+\cdots
\end{aligned}
\tag{2.40}
$$

式中，下标p表示颗粒，t_{p} 为时间，$v_{\mathrm{p}i}$ 为颗粒的速度，v_i 为连续相的速度，F_{di} 为颗粒运动的阻力，F_{vmi} 为附加质量力，F_{pi} 为压力梯度力，F_{Bi} 为Basset力，F_{Mi} 为Magnus力，F_{Si} 为Saffman力，c_d 为颗粒运动的阻力系数，D_{p} 为颗粒直径，τ 为与Basset力相关的时间。

Magnus力和Saffman力的计算式分别为

$$
F_{Mi}=\frac{1}{6}\pi D_{\mathrm{p}}^3\rho\left|v_i-v_{\mathrm{p}i}\right|\left|\omega_{\mathrm{p}i}-\Omega_i\right| \tag{2.41}
$$

$$
F_{Si}=1.6(\mu\rho)^{1/2}D_{\mathrm{p}}^2\left|v_i-v_{\mathrm{p}i}\right|\left|\frac{\partial v_i}{\partial y}\right|^{1/2} \tag{2.42}
$$

式中，$\omega_{\mathrm{p}i}$ 为颗粒旋转的角速度，Ω_i 为连续相涡量的1/2。

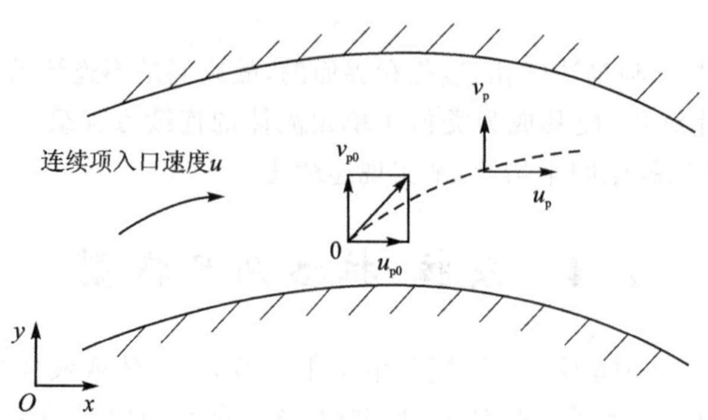

图 2.2 单颗粒在流体中的受力和运动情况

颗粒运动阻力系数 c_d 是雷诺数 Re 的函数,计算式为

$$c_d=\begin{cases}\dfrac{24}{Re_p}, & Re_p<1\\ \left(1+\dfrac{1}{6}Re_p^{2/3}\right)\dfrac{24}{Re_p}, & Re_p<600\\ 0.42, & Re_p>600\end{cases} \tag{2.43}$$

当颗粒有质量变化时,颗粒阻力系数的计算式将更为复杂。

对于不同的应用条件,方程(2.40)右端各个力的重要性是不相同的。简化后,可得

$$\frac{dv_{ki}}{dt_k}=\frac{v_i-v_{ki}}{t_{rk}}+g_i+\frac{F_{k,Mi}}{n_k m_k}+\frac{(v_i-v_{ki})\dot{m}_k}{m_k} \tag{2.44}$$

式中,g_i 为重力加速度;n_k 为第 k 种颗粒的数密度;m_k 为第 k 种颗粒的质量;$\dot{m}_k$ 为第 k 种颗粒的质量对时间的导数,$\dot{m}_k=dm_k/dt$;$F_{k,Mi}$ 为第 k 种颗粒的 Magnus 力。

对于大多数情况,阻力和重力是重要的。忽略方程(2.40)中的 Magnus 力及变质量力,进一步简化,可得

$$\frac{dv_{ki}}{dt_k}=\frac{v_i-v_{ki}}{\tau_{rk}}+g_i \tag{2.45}$$

单颗粒动力学模型主要用于处理稀疏的气固两相流或弥散的气液、液液两相流问题。通过对方程(2.45)的计算,可得到颗粒在流场中的运动轨迹。

2.4.2 颗粒轨道模型

颗粒轨道模型由 Crowe[22] 以及 Smoot 和 Fort[23] 等人提出。与单颗粒动力学模型类似,该模型仍然在拉格朗日坐标系中处理颗粒相的运动问题,用拉格朗日方法跟踪各组颗粒群的运动轨道。而与之不同的是,该模型中需要计算颗粒相与连续流体相之间的相互作用,并且认为,颗粒相与连续流体相之间存在速度差(有传热时,还存在温度差),而且认为相之间的这些差别与弥散颗粒的扩散漂移无关。采用该模型时,要先给定一个流场,然后计算各组颗粒的轨迹,对大量颗粒的轨迹进行统计分析,可得到颗粒群运动的概貌。

1. 基本假设

颗粒轨道模型的基本假设如下:

① 颗粒相与连续流体相之间有速度差(有传热时,还包括温度差);

② 颗粒相无自身的湍流扩散、湍流粘性和湍流导热；

③ 每组颗粒从某一初始位置开始沿着各自独立的轨道运动，每组颗粒的质量、速度变化可以沿着轨道进行计算、追踪，各组颗粒的运动互不干扰、互不碰撞；

④ 颗粒相作用于流体的质量、动量及能量源（汇）都以一个等价的量均匀分布于连续流体相所在的单元内。

2. 基本方程

(1) 连续性方程

对于连续流体相：

$$\frac{\partial \rho}{\partial t}+\frac{\partial(\rho v_j)}{\partial x_j}=-\sum n_k \dot{m}_k \tag{2.46}$$

对于第 k 组颗粒：

$$\frac{\partial \rho_k}{\partial t}+\frac{\partial(\rho_k v_{kj})}{\partial x_j}=n_k \dot{m}_k \tag{2.47}$$

式中，ρ_k 为第 k 组颗粒的表观密度，$\rho_k=n_k m_k$。

(2) 动量方程

对于连续流体相：

$$\frac{\partial(\rho v_i)}{\partial t}+\frac{\partial(\rho v v)}{\partial x_j}=-\frac{\partial p}{\partial x_i}+\frac{\partial}{\partial x_j}\left[\mu_e\left(\frac{\partial v_j}{\partial x_i}+\frac{\partial v_i}{\partial x_j}\right)\right]+ \Delta\rho g_i+\sum \rho_k(v_{ki}-v_i)/\tau_{rk}+v_i S+F_{Mi} \tag{2.48}$$

对于第 k 组颗粒：

$$\frac{\partial(\rho_k v_{ki})}{\partial t}+\frac{\partial(\rho_k v_{kj} v_{ki})}{\partial x_j}=-\frac{\rho_k}{\tau_{rk}}(v_i-v_{ki})+\rho_k g_i+v_i S_k+F_{k,Mi} \tag{2.49}$$

(3) 能量方程

对于连续流体相：

$$\frac{\partial(\rho c_p T)}{\partial t}+\frac{\partial(\rho v_j c_p T)}{\partial x_j}=\frac{\partial}{\partial x_i}\left(\frac{\mu_e}{\sigma_T}\frac{\partial T}{\partial x_j}\right)+\omega_s Q_s-q_r+\sum n_k Q_k+c_p TS \tag{2.50}$$

对于第 k 组颗粒：

$$\frac{\partial(\rho_k c_k T_k)}{\partial t}+\frac{\partial(\rho_k v_{kj} c_k T_k)}{\partial x_j}=n_k(Q_h-Q_k-Q_{rk})+c_p TS_k \tag{2.51}$$

式中，Q_k 为各组颗粒与连续流体相之间的对流换热，$c_p TS$ 为单位体积中连续流体相由于变质量所造成的能量源，$c_p TS_k$ 为单位体积中颗粒相由于变质量所造成的能量源，q_r 为连续流体相的辐射热，Q_{rk} 为第 k 相颗粒的辐射热，ω_s 为连续流体相中第 s 组分的反应率，$\omega_s Q_s$ 为流体相在单位体积中释放的反应热，Q_h 为颗粒表面热效应（包括蒸发、凝结、挥发等）所放出的热量。

上述各参数的计算方法可参见有关文献。

通过适当的变换，可以把上述颗粒相守恒方程改写为 Lagrangian 坐标中的方程组的形式[24]。

与单相流的方程组相比，颗粒轨道模型的方程组包含有颗粒相的质量、动量和能量方程，并且在连续流体相的动量方程中有颗粒阻力项。

由于在颗粒轨道模型中假定颗粒数的总通量沿轨道保持不变，并且不考虑颗粒相的扩散、颗粒相的粘性及颗粒相的导热，因此计算结果通常与实验数据有较大的差异。可以在模型中引入对颗粒湍流扩散的修正。

最简单的一种方法是通过引入颗粒漂移速度来考虑由于颗粒扩散所造成的轨道变化[23]。该方法认为颗粒速度 $v_{k,j}$ 由颗粒对流速度 $v_{kc,j}$ 和颗粒扩散漂移速度 $v_{kd,j}$ 两部分组成，即 $v_{k,j}=v_{kc,j}+v_{kd,j}$，其中 $v_{kc,j}$ 由时均方程确定，$v_{kd,j}$ 则由类似于 Fick 定律形式的扩散定律确定。另外，还可以使用随机轨道模型来考虑颗粒相的扩散。

2.5 混合模型

混合模型是用混合特性参数描述两相流的一种模型。它与分相模型两相合并后的模型有些类似，不同之处是部分考虑了界面传递特性、两相间的扩散作用，以及脉动作用。

目前使用的混合模型种类较多。一般性的混合模型有五个场方程(一个混合动量方程、两个连续性方程和两个能量方程)和一个动能方程。该动能方程可用于描述气液两相流的气相和液相之间的相对运动。不同的混合模型采用的场方程数可能有所不同。例如，漂移模型只包含三个场方程:它把两个连续性方程以气液两相混合物平均的形式给出，把两个连续性方程简化成一个；假设气液两相处于相平衡的基础上，相接触的气相和液相具有相同的温度，从而存在于气相和液相之间的能量交换这一条件可以省略，这样两个能量方程被合并成一个。

本书不对混合模型作详细的介绍，只介绍基本假设和基本守恒方程。感兴趣的读者可参阅参考文献[13-16]或其他文献。

2.5.1 基本假设

混合模型的几个基本假设：

① 气液两相流体具有不同的流动速度，气液混合物可看作是气液间有滑动的混合物；

② 气液两相流体满足热力学平衡条件；

③ 依然可以使用计算单相流体摩擦阻力的公式对气液两相流体的沿程摩擦阻力进行计算。

2.5.2 基本方程

在混合模型的方程中，用下标 m 表示混合物。

下面介绍使用三个场方程的混合模型的守恒方程。

(1) 连续性方程

$$\frac{\partial \rho_{\mathrm{m}}}{\partial t}+\frac{1}{A}\frac{\partial}{\partial z}(A\rho_{\mathrm{m}}u_{\mathrm{m}})=0 \tag{2.52}$$

式中，A 为面积。

(2) 动量方程

$$\frac{\partial}{\partial t}(\rho_{\mathrm{m}}u_{\mathrm{m}})+\frac{1}{A}\frac{\partial}{\partial z}(\rho_{\mathrm{m}}u_{\mathrm{m}}^{2}A)+\frac{1}{A}\frac{\partial}{\partial z}(Ap)+\rho_{\mathrm{m}}F_{\mathrm{m}}-\frac{C_{\mathrm{m}}^{\mathrm{w}}}{A}\tau_{\mathrm{m}}=M_{\mathrm{m}} \tag{2.53}$$

式中，$C_{\mathrm{m}}^{\mathrm{w}}$ 为摩擦周界，F_{m} 为体积力，M_{m} 为混合流场内部的相动量或界面动量源。

$$M_{\mathrm{m}}=2\frac{\sigma}{r}\frac{\mathrm{d}\alpha}{\mathrm{d}z} \tag{2.54}$$

式中，σ 为表面张力系数，r 为界面曲率半径，α 为空泡率。

方程(2.53)左边最后一项的计算式为

$$\frac{C_{\mathrm{m}}^{\mathrm{w}}}{A}\tau_{\mathrm{m}}=\frac{C_{\mathrm{m}}^{\mathrm{w}}}{A}\tau_{\mathrm{m}}^{\mathrm{w}}+\frac{C_{\mathrm{m}}^{\mathrm{w}}}{A}\tau_{\mathrm{m}}^{\mathrm{D}}+\frac{C_{\mathrm{m}}^{\mathrm{w}}}{A}\tau_{\mathrm{m}}^{\mathrm{T}}=\frac{C_{\mathrm{m}}^{\mathrm{w}}}{A}\tau_{\mathrm{m}}^{\mathrm{w}}+\frac{\partial}{\partial z}\sum_{k}\alpha_k\rho_k V_{k\mathrm{m}}u_{\mathrm{m}}+\frac{\partial}{\partial z}\sum_{k}\alpha_k\rho_k u_k' u_k' \tag{2.55}$$

式中，$\tau_{\mathrm{m}}^{\mathrm{w}}$ 为壁面剪应力；$\tau_{\mathrm{m}}^{\mathrm{D}}$ 为扩散剪应力；$\tau_{\mathrm{m}}^{\mathrm{T}}$ 为脉动剪应力；$V_{k\mathrm{m}}$ 为扩散速度；u_k' 为脉动速度，即相速度与平均速度之差。

(3) 能量方程

$$\frac{\partial}{\partial t}\left[\rho_{\mathrm{m}}\left(e_{\mathrm{m}}+\frac{u_{\mathrm{m}}{}^2}{2}\right)\right]+\frac{1}{A}\frac{\partial}{\partial z}\left[A\rho_{\mathrm{m}}u_{\mathrm{m}}\left(e_{\mathrm{m}}+\frac{u_{\mathrm{m}}{}^2}{2}\right)\right]+\rho_{\mathrm{m}}u_{\mathrm{m}}F_{\mathrm{m}}$$
$$=E_{\mathrm{m}}+\frac{C_{\mathrm{m}}^{\mathrm{w}}}{A}q_{\mathrm{m}}^{\mathrm{w}}=\frac{C_{\mathrm{m}}^{\mathrm{D}}}{A}q_{\mathrm{m}}^{\mathrm{D}}+\frac{\partial}{\partial t}\sum_{k}\rho_k u_k V_{k\mathrm{m}}+\frac{C_{\mathrm{m}}^{\mathrm{w}}}{A}q_{\mathrm{m}}^{\mathrm{w}} \tag{2.56}$$

式中，E_{m} 为混合流场内部能量或界面能量传递，$C_{\mathrm{m}}^{\mathrm{D}}$ 为扩散周界，$q_{\mathrm{m}}^{\mathrm{D}}$ 为扩散热流密度，$\frac{\partial}{\partial t}\sum_{k}\rho_k u_k V_{k\mathrm{m}}$ 为扩散动能。

通常 E_{m} 可以忽略，因为 $q_{\mathrm{m}}^{\mathrm{D}}$ 很小，而且和热能相比较，机械能(动能)也可以忽略。只有当 $q_{\mathrm{m}}^{\mathrm{w}}$ 不存在时(不受热时)，才考虑 E_{m}。

2.6　气液两相流相界面处理方法

气液两相流的流动结构和宏观特性与气液相界面的分布有关，两相流数值模拟很大程度上就是气液相界面分布及其运动特性的模拟。因此，掌握气液相界面的分布特性是用分相模型模拟气液两相流的关键。在确定了相界面的位置和形状之后，对气液两相流的数值模拟就可以借鉴单相流体的处理方法进行。由于气液相界面描述的重要性，人们对其开展了大量研究，获得了很多相界面处理方法，如 Level Set 方法、VOF (Volume of Fsluid)方法、CLSVOF 方法、VOSET 方法、Front Tracking 方法、Phase Field 方法、PBM (Population Balance Model，群体平衡模型)方法等。目前应用最广泛的是 Level Set 方法和 VOF 方法。本节对应用较广的方法和较有优势的新方法作简要介绍。

2.6.1　Level Set 方法

1. 概　述

Level Set 方法是由 Osher 和 Sethian[25] 提出的一种相界面随时间运动的方法。其基本思路是利用一个等值面函数，即 Level Set 函数 ϕ，让 ϕ 以适当的速度移动，使其零等值面就是物质界面，由 ϕ 的代数值来区分计算区域中的各相。在任意时刻，只要知道 ϕ，然后求出其零等值面，就知道了此时的活动界面。

Level Set 函数法的优点是：不需要显式地追踪运动界面，可以较容易地处理复杂的物质界面以及拓扑结构发生变化的情形；求解思路比较容易理解，相界面可以被表示为连续函数，便于作数学运算;边界面的一些特征直接隐含在 Level Set 函数中,便于精确地描述界面,求解相界面的几何特性参数,从而求解表面张力;再者,该方法不涉及坐标变换,容易设计高精度的格式,也容易向高阶空间推广。

Level Set 函数应该始终保持为距离函数。利用 Level Set 函数的这一性质可以方便地计算相界面的曲率、法向向量等几何参数,从而可轻易地将相界面上的表面张力用连续函数的形式表示出来。在计算过程中,保持 Level Set 函数为距离函数的性质是很有必要的。经典的 Level Set 方法守恒性差,初始时刻 Level Set 为距离函数,当经过有限的时间步长之后,其梯度可能变得剧烈或者平缓,等值线出现聚合或者拉伸的情况,将不再保持距离函数的性质。经过研究者的多年努力,该方法不断获得改进,增强了实用性。如今,Level Set 方法已应用于流体力学、核工业、制造业等行业,用来解决包括图像处理、物质跟踪、曲面重建、最优化等问题。在气液两相流领域,Level Set 方法被认为是最有前途的方法之一。

李会雄等[26-27]采用 Level Set 方法研究了两种互不相容流体间的平面界面波动现象,确定了蒸气-冷流体接触界面的位置和形状,模拟了 4 种典型相界面在 5 种流场中的迁移特性。Fukagata 等[28]采用 Level Set 方法对空气-水在 20 μm 管道内的流动进行了模拟。Tanguy 等[29]采用 Level Set 方法对水滴在空气中下落的过程进行了模拟。Mehravaran 和 Hannani[30]采用 Level Set 方法对具有大密度比(<1 000)的两相流动进行了模拟。Ki[31]采用 Level Set 方法对磁场中的不可压缩两相流动进行了模拟。Balcázar 等[32]采用 Level Set 方法对受浮力驱动的单个和多个气泡的运动进行了模拟,模拟结果与实验数据及文献中的数值结果相吻合。Gjennestad 和 Munkejord[33]描述了蒸发和冷凝过程中热量和质量传递的数学模型,并将这些模型与 Level Set 方法相结合进行计算。Behafarid 等[34]采用 Level Set 方法对竖直管道中的 Taylor 气泡流和倾斜矩形管道中的泡状流进行了模拟,并用实验数据对模拟结果进行了验证。

2. 基本方程

Level Set 方法把运动的界面看作某个标量函数 $\phi(\boldsymbol{x},t)$ 的零等值面,$\phi(\boldsymbol{x},t)$ 满足一定的方程。在时刻 t,只要求出函数 $\phi(\boldsymbol{x},t)$ 的值,就可以确定零等值面的位置,也即运动界面的位置。构造函数 $\phi(\boldsymbol{x},t)$,使得在任意时刻运动界面 $\Gamma(t)$ 恰好是 $\phi(\boldsymbol{x},t)$ 的零等值面,即 $\Gamma(t)=\{\boldsymbol{x}\in\Omega:\phi(\boldsymbol{x},t)=\boldsymbol{0}\}$,$\phi(\boldsymbol{x},t)$ 在 $\Gamma(t)$ 附近应满足法向单调条件,在 $\Gamma(t)$ 上为零。一般可取 $\phi(\boldsymbol{x},t)$ 为 x 点到界面 $\Gamma(t)$ 的符号距离。

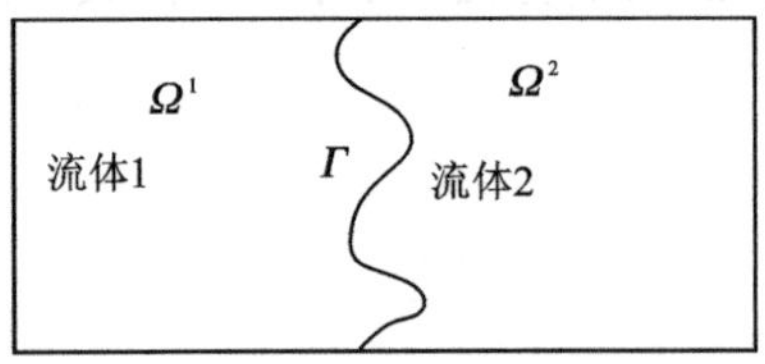

图 2.3 相流体分布于运动界面

对于图 2.3 所示的计算区域,有

$$\phi(\boldsymbol{x},0)=\begin{cases}d(\boldsymbol{x},\Gamma(0)), & \boldsymbol{x}\in\Omega^1\\ 0, & \boldsymbol{x}\in\Gamma(0)\\ -d(\boldsymbol{x},\Gamma(0)), & \boldsymbol{x}\in\Omega^2\end{cases} \tag{2.57}$$

式中,$d(\boldsymbol{x},\Gamma(0))$ 为 $\boldsymbol{x}$ 到 $\Gamma(0)$ 的距离,$\Omega=\Omega^1\cup\Gamma\cup\Omega^2$。

在任意时刻 t,对于活动界面 $\Gamma(t)$ 上的任意点 $\boldsymbol{x}$,$\phi(\boldsymbol{x},t)=\boldsymbol{0}$,从而有

$$\frac{\mathrm{d}\phi}{\mathrm{d}t}=\frac{\partial\phi}{\partial t}+\boldsymbol{U}\cdot\nabla\phi=0,\quad \boldsymbol{U}=\frac{\mathrm{d}\boldsymbol{x}}{\mathrm{d}t} \tag{2.58}$$

上式即为 Level Set 方程,式中 $\boldsymbol{U}=(u,\ v,\ w)$ 为流体速度。Level Set 函数的单位外法向

向量 $\boldsymbol{n}$ 和运动界面的曲率 k 分别为

$$\boldsymbol{n}=\frac{\nabla\phi}{|\nabla\phi|} \tag{2.59}$$

$$k=\nabla\cdot\frac{\nabla\phi}{|\nabla\phi|} \tag{2.60}$$

相界面上的表面张力项可表示为下述的光滑函数形式：

$$\sigma k\delta(d)\boldsymbol{n}=\sigma\delta(\phi)\nabla\phi\nabla\cdot\frac{\nabla\phi}{|\nabla\phi|} \tag{2.61}$$

式中，σ 为表面张力系数；d 为计算区域中各点到相界面的垂直距离；δ 为 Dirac Delta 函数，定义为

$$\delta_\varepsilon(d)=\begin{cases}[1+\cos(\pi d/\varepsilon)]/(2\varepsilon), & |d|<\varepsilon\\ 0, & |d|\geqslant\varepsilon\end{cases} \tag{2.62}$$

式中，ε 为一个小量规整参数。

为了使物性在界面上连续光滑变化，流体的物性可借助于 Level Set 函数 ϕ 和 Heaviside 函数 H，表示为

$$\rho_\varepsilon(\boldsymbol{x})=\rho_1+(\rho_2-\rho_1)H_\varepsilon[\phi(\boldsymbol{x})] \tag{2.63}$$

$$\mu_\varepsilon(\boldsymbol{x})=\mu_1+(\mu_2-\mu_1)H_\varepsilon[\phi(\boldsymbol{x})] \tag{2.64}$$

式中，H 的定义为

$$H_\varepsilon(d)=\begin{cases}0, & d<-\varepsilon\\ (d+\varepsilon)/2\varepsilon+\sin(\pi d/\varepsilon)/(2\pi), & |d|\leqslant\varepsilon\\ 1, & d>\varepsilon\end{cases} \tag{2.65}$$

在固定的欧拉坐标系中，含有相界面的两相介质的流动可用下述的 N－S 方程描述：

$$\boldsymbol{U}_t+(\boldsymbol{U}\cdot\nabla)\boldsymbol{U}=\boldsymbol{F}+\frac{1}{\rho}[-\nabla p+\nabla(\mu D)+\sigma k\delta(d)\boldsymbol{n}] \tag{2.66}$$

$$\nabla\cdot\boldsymbol{U}=0 \tag{2.67}$$

式中，$\boldsymbol{U}=(u,v,w)$ 为流体速度；$\rho=\rho(\boldsymbol{x},t)$ 为流体密度；$\mu=\mu(\boldsymbol{x},t)$ 为流体粘度；D 是粘性应力张量；$\boldsymbol{F}$ 代表体积力；ρ、μ、$\sigma k\delta(d)\boldsymbol{n}$ 的计算式已在前面给出，因而可以进行求解。

3. 重新初始化

由于数值计算过程中无法避免地受数值耗散和舍入误差等因素的影响，在一定的时间步以后，$\phi(\boldsymbol{x},t)$ 不再满足符号距离函数的定义。为了保持其符号距离函数的性质，需在一定的时间步后采用一个重新初始化的过程对其进行修正，这个过程是通过求初值问题的稳定解来实现的。

$$\left.\begin{aligned}\phi_\tau&=\mathrm{sign}(\phi_0)(1-|\nabla\phi|)\\ \phi(\boldsymbol{x},0)&=\phi_0\end{aligned}\right\} \tag{2.68}$$

式中，τ 为虚时间；sign 为符号函数，定义为

$$\mathrm{sign}(a)=\begin{cases}1, & a>0\\ 0, & a=0\\ -1, & a<0\end{cases} \tag{2.69}$$

sign 函数需进行光滑处理：

$$\mathrm{sign}(\phi_0)=\frac{\phi_0}{\sqrt{\phi_0^2+\varepsilon^2}} \tag{2.70}$$

式中，ε 是一个比较小的常数，一般可取网格宽度 Δx 的 1～1.5 倍。

4. 一般步骤

应用 Level Set 方法求解两相流或多相流问题的一般步骤如下。

(1) 初始化

初始化所要求的物理量及函数 $\phi(\boldsymbol{x},t)$ 由式(2.57)给出。假设 t_n 时刻的物理量和 Level Set 函数 $\phi(\boldsymbol{x},t_n)$ 的值已知。

(2) 求解 Level Set 方程

求解方程(2.58)的具体形式，得到下一时刻的 Level Set 函数 $\phi(\boldsymbol{x},t_{n+1})$ 在整个求解区域中的值。此时的新运动界面 $\Gamma(t_{n+1})$ 就是 $\phi(\boldsymbol{x},t_{n+1})$ 的零等值面，即 $\Gamma(t_{n+1})=\{\boldsymbol{x}\in\Omega:\phi(\boldsymbol{x},t_{n+1})=\boldsymbol{0}\}$，但此时的 $\phi(\boldsymbol{x},t_{n+1})$ 已经不再是符号距离函数了。

(3) 重新初始化

将 $\phi(\boldsymbol{x},t_{n+1})$ 代替方程(2.68)中的 ϕ_0，迭代求解方程(2.68)至稳态解，仍记为 $\phi(\boldsymbol{x},t_{n+1})$。

(4) 求解物理量控制方程

结合 $\phi(\boldsymbol{x},t_{n+1})$ 的值，求解主场物理量的控制方程，得到 t_{n+1} 时刻物理量的值。

(5) 计算下一节点

重复步骤(2)～(4)，进入下一时间节点的计算。

上述步骤为用 Level Set 方法求解问题的大体框架。对于具体问题，还要具体处理。

2.6.2 VOF 方法

1. 概　述

Hirt 和 Nichols[35] 于 1981 年首次提出了 VOF 方法，用其对溃坝及 Rayleigh - Taylor 不稳定性现象进行了模拟，开辟了运动相界面问题数值模拟研究的一条有效途径，为相界面问题的数值模拟研究做出了开创性的贡献。

VOF 方法的基本思想是：在整个流场中定义一个函数，函数值等于流体体积与网格体积的比值，且满足对流方程，称为相函数(phase function)；通过研究相函数来确定自由面，追踪流体的变化。在任意时刻，通过求解相函数满足的输运方程，就可获得全场的相函数分布，进而通过某种途径构造出运动界面。相函数 F 的取值范围为 $0\leqslant F\leqslant 1$。若 $F=1$，则说明该单元全部为指定相流体(比如，液体)所占据；若 $F=0$，则表示该单元无指定相流体(比如，没有液体相)；当 $0<F<1$ 时，则该单元称为交界面单元。相界面的取向可由界面附近各点上的 F 值来确定。不过，在处理 F 的变化时稍显繁琐，有一定人为因素。

相函数是 VOF 方法中的一个重要的基本概念，类似于气液两相流中的截面相含率。它表示某一相介质占据网格面积(二维)或体积(三维)的分数。VOF 方法涉及三个方面的基本问题：

① 气相和液相各自的动量控制方程；

② 相函数 F 的控制方程；

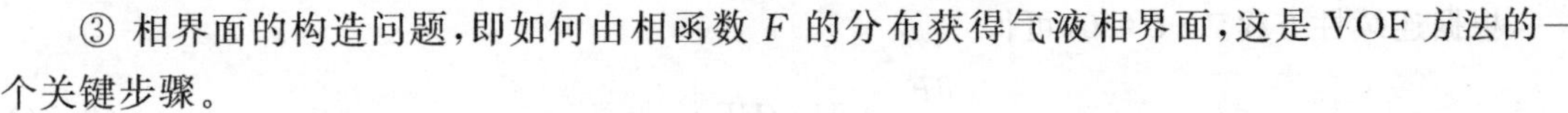

③ 相界面的构造问题，即如何由相函数 F 的分布获得气液相界面，这是 VOF 方法的一个关键步骤。

VOF 方法的主要优点有：追踪的是流体区域而不是自由界面本身，避免了与界面的相交和重叠有关的逻辑判断问题；用 F 函数来定义相界面的位置和方向，可在计算中应用各种边界条件，为在二维或三维网格上追踪相界面提供了很大便利；在描述复杂相界面和处理三维相界面的融合与破碎问题上比其他界面追踪法优越；提出了界面重构的思想，成为相界面数值模拟方法的一个新开端。

VOF 方法的主要缺点有：与界面捕捉法相比，仍需要较多的计算时间和存储空间；对于高维问题的模拟很困难；曲率等性质的计算不够精确；F 函数在相交界处的不连续性会导致解的振荡或参数的陡峭变化被抹平。

VOF 方法提出以来得到了不断改进和发展，相界面的计算越来越精确，流体输运方程由二维拓展至三维，差分格式复杂多样，边界适用条件从规则到不规则，计算网格从二维网格发展到三维网格、正交网格、非正交自适应网格、无结构网格等，所解决的问题涉及化学、热能、机械、水利等很多学科和领域；而且，VOF 方法所需计算时间较短、存储量较少。在气液两相流计算领域，该方法是目前应用最多的方法之一。

Raynal 和 Harter[36] 对化工反应器内部的两相流动进行了数值模拟和实验研究，其中数值模拟采用 VOF 方法，模拟结果与实验结果相符较好。陈森林和郭烈锦[37]采用 VOF 模型模拟研究了不同 We 和 Fr 下液滴撞击液面的过程，通过研究气液界面运动、速度场和压力场分布规律等，分析了气泡滞留现象的发生机理。Schepper 等[38]采用 VOF 方法对水平管道中的两相流动的流型进行了模拟，模拟结果与 Baker 图中的流型吻合较好。Yang 等[39]采用 VOF 方法对 R141b 在水平螺旋管中的沸腾流动进行了模拟，模拟结果与实验结果相符较好。Zhuan 和 Wang[40] 采用 VOF 方法对微通道内水的核态沸腾进行了模拟。Jeon 等[41] 采用 VOF 方法对过冷沸腾中的气泡行为进行了模拟。Liu 等[42] 基于 VOF 方法建立了一种用于不同重力条件下水平管道中两相流动的三维非定常模型，并模拟了 4 种重力条件下空气-水在 7 mm 和 10 mm 圆管中的流动。Tsui 等[43] 基于 VOF 方法发展了一种称之为 CISIT 的新方法，并使用该方法对膜沸腾流动进行了模拟。Chen 等[44]采用 VOF 方法对微型三通中液滴的分裂过程进行了模拟。

2. 基本方程

VOF 方法规定两相流中的一种相态（通常为液相）为目标相态，定义每个单元上的 F 函数为目标相态所占体积与单元总体积的比值：

$$F=\frac{\text{目标相态所占体积}}{\text{单元总体积}} \tag{2.71}$$

$$F=\begin{cases}1, & \text{目标相态单元} \\ 0<F<1, & \text{混合相态单元} \\ 0, & \text{非目标相态单元}\end{cases} \tag{2.72}$$

对于不可压缩流动，F 函数的输运方程为

$$\frac{\partial F}{\partial t}+(\boldsymbol{U}\cdot\nabla)F=0 \tag{2.73}$$

式中，$\boldsymbol{U}$ 为流体速度，$\boldsymbol{U}=(u,\ v)$。

根据连续性方程$\nabla \cdot \boldsymbol{U}=0$,可得

$$\frac{\partial F}{\partial t}+\nabla \cdot (\boldsymbol{U} F)=0 \tag{2.74}$$

展开可得

$$\frac{\partial F}{\partial t}+\frac{\partial (uF)}{\partial x}+\frac{\partial (vF)}{\partial y}=0 \tag{2.75}$$

由于 F 函数的输运方程与 Level Set 方法中 ϕ 函数的控制方程在形式上完全相似,因而 F 函数的求解方法与 ϕ 函数的求解方法有相同之处。其不同的是:在 Level Set 方法中,求得了 ϕ 函数后,即可由 ϕ 函数的零等值面得到相界面的位置和形状;而在 VOF 方法中,得到了 F 函数的分布之后,还要根据 F 函数的分布准确地确定相界面在每一个时间层上的空间位置,也即实现"相界面重新构造"。

另外,在 Level Set 方法中,相界面的确定是通过直接求解 ϕ 函数的控制方程得到 ϕ 函数分布,然后由 ϕ 函数的零等值面来实现的。但是,VOF 方法中的 F 函数类似于步进函数,用通常的差分格式进行离散求解会抹平 F 函数的间断性,从而失去函数的原有定义,所以必须采用特殊的方法进行计算。

在 VOF 方法中,F 函数的求解是与相界面的重构过程同时、耦合进行的。

由于 F 函数是用来跟踪相界面的,因而不需要进行光滑处理。在两相流系统中,相态用下标 1 和 2 表示,如果相态 2 的 F 函数被跟踪,则计算区域中的密度 ρ 和动力粘度 μ 可表示为

$$\rho=F_2\rho_2+(1-F_2)\rho_1 \tag{2.76}$$

$$\mu=F_2\mu_2+(1-F_2)\mu_1 \tag{2.77}$$

由上式可见,VOF 方法中有关物性参数的表示方法与 Level Set 方法中的表示方法有相同的表达形式。

相界面上的单位外法向向量 $\boldsymbol{n}$ 和界面曲率 k 分别为

$$\boldsymbol{n}=\frac{\nabla F}{|\nabla F|} \tag{2.78}$$

$$k=-(\nabla \cdot \boldsymbol{n}) \tag{2.79}$$

表面张力项 $\boldsymbol{F}_{\mathrm{SV}}$ 可表示为

$$\boldsymbol{F}_{\mathrm{SV}}=\sigma \frac{\nabla F}{[F]} \tag{2.80}$$

式中,σ 为表面张力;$[F]$为相函数 F 在界面上的阶跃值,在大多数情况下为 1。

对于由两种互不相溶的不可压缩流体构成的流动体系,可用下述的 N-S 方程描述:

$$\frac{\partial (\rho \boldsymbol{U})}{\partial t}+\nabla \cdot (\rho \boldsymbol{U} \times \boldsymbol{U})=-\nabla p+\nabla \times (\mu \nabla \times \boldsymbol{U})+\rho g+\boldsymbol{F}_{\mathrm{SV}} \tag{2.81}$$

$$\nabla \cdot \boldsymbol{U}=0 \tag{2.82}$$

式中,$\boldsymbol{U}$ 为流体速度,$\boldsymbol{U}=(u,\ v,\ w)$;$\rho$、$\mu$、$\boldsymbol{F}_{\mathrm{SV}}$ 的计算式已在前面给出,因而可以进行求解。

3. 相界面构造方法

相界面构造是使用 VOF 方法进行相界面追踪过程中不可或缺的关键环节,也是区分 VOF 方法不同分支的重要标志。相界面构造的直接目的是确定两相网格中相界面的形状,为 F 函数通量的计算及对流输运方程的求解打好基础。

理论上讲，只要知道两相网格中相界面曲线的函数表达式，即可求出 F 函数通量；但对于数值模拟来讲，由于计算的基本单元为网格，网格内部信息的差异在一个时层计算后都会消失，也就是说网格中相界面曲线的函数表达式的信息不可能在计算中保留下来。为再现网格中相界面的信息，就必须通过虚拟的方法给出相界面的近似形状，这就是所谓的相界面构造。

相界面构造的一般方法是使用线段近似代替复杂的相界面。构造线段的形式大致有与网格边界垂直、与网格边界呈一定角度两大类。常用的相界面构造方法有 Donor - Aeceptor（施主-受主）方法[35]、Gueyffier 迭代法[45]、FLAIR（Flux Line - segment model for Advection and Interface Reconstruction）方法[46]、PLIC（Piecewise Linear Interface Calculation）方法[47]等。

Donor - Acceptor 方法主要用垂直或水平的直线段表示网格内的自由面，给出的相界面相当粗糙；Gueyffier 迭代法通过迭代求解网格顶点到界面的最短距离，所得相界面比 Donor - Acceptor 方法的效果要好得多；FLAIR 方法用有倾角的直线段来近似网格内的界面，但它更注重界面在网格边界（网格界面）上的状态和行为，而不像其他方法仅仅注意界面在网格内部的形状与方位；PLIC 方法则通过界面附近网格之间的流体的细微输运，几何地精确确定相界面的位置变化。

下面简要介绍这几种方法的基本原理。

(1) Donor - Acceptor *方法*

Hirt 和 Nichols[35] 在 VOF 方法中使用了 Staggered 型差分格式，将压力 $p_{i,j}$ 和相函数 $F_{i,j}$ 定义在网格的中心处，将 x 方向的速度 u 定义在网格的左右格边的中点上，将 y 方向的速度 v 定义在网格的上下格边的中点上，如图 2.4 所示。

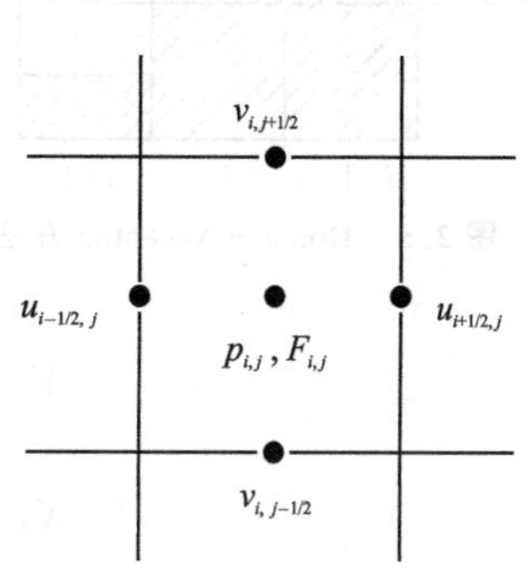

图 2.4　控制单元

该方法的基本思想是用网格内的直线或曲线来近似界面，然后通过计算单元网格与上下游单元之间的流量变化来离散求解方程。由于 F 值沿自由面的法线方向变化最快，因而可以利用 Donor - Acceptor 思想并结合一些界面重构技术来追踪运动界面。

将 F 函数的输运方程(2.75)在时间 δt 内对一个网格控制节点 (i, j) 的单元空间进行积分：

$$\iiint \left| \frac{\partial F}{\partial t} + \frac{\partial (uF)}{\partial x} + \frac{\partial (vF)}{\partial y} \right| \mathrm{d}x\,\mathrm{d}y\,\mathrm{d}z = 0 \tag{2.83}$$

可以得到

$$(F_{i,j}^{n+1} - F_{i,j}^{n})\delta x \delta y + (u_{i+1/2,j}F_{i,j}^{n} - u_{i-1/2,j}F_{i,j}^{n})\delta t \delta y + (v_{i,j+1/2}F_{i,j}^{n} - v_{i,j-1/2}F_{i,j}^{n})\delta t \delta x = 0 \tag{2.84}$$

式中，左边三项分别表示在 δt 时间内单元网格内流量的总变化量、通过单元网格垂直边的变化量，以及通过单元网格水平边的变化量。

对方程(2.84)的后两项作如下处理，以左边第三项的第一小项为例：

$$v_{i,j+1/2}F_{i,j}^{n}\delta t \delta x = (L_y F_{i,j}^{n})\delta x \tag{2.85}$$

式中，$L_y = v_{i,j+1/2}\delta t$ 表示在 δt 时间内通过单元网格上边界面的流量。

根据速度 v 的方向来确定施主单元和受主单元。当速度从下向上流动时，网格边界下面的单元为施主单元，网格边界上面的单元为受主单元。这样在时间 δt 内通过网格水平边界的流量变化可以表示为

$$(F_{i,j}^{n}L_{y}) = \min\{F_{AD}|L_{y}| + C_{f}, F_{D}\delta y_{D}\} \tag{2.86}$$

$$C_{f} = \max\{(1-F_{AD})|L_{y}| - (1-F_{AD})\delta y_{D}, 0\} \tag{2.87}$$

式中，下标 D 和 A 分别表示施主和受主；下标 AD 可取 A 或 D，当速度方向和界面近似垂直的时候取为 A，否则取为 D；F_D 和 F_A 分别表示施主和受主单元上的相函数值。

在施主-受主方法中，相函数 F 实际代表的是网格单元的边界面(线)中用于使目标流体在相邻网格间输运流动的那部分面积(线段长度)的份额。另外，当受主单元为空或者施主单元上游单元为空时，就不能考虑界面位置，而直接取为 F_A，其余各项可按类似方法计算。

在以上变换中应当满足 $\delta t < \min\{\delta x/|u|, \delta y/|v|\}$，一般 δt 取为 1/3～1/4 的最小值。

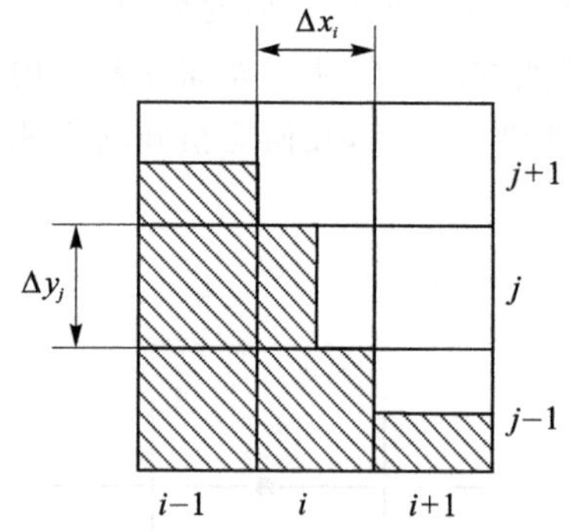

图 2.5　Donor - Acceptor 方法

方程经过以上变换后，可以采用不同的重构方法进行求解。

Donor - Acceptor 方法将网格中的自由面定义为水平和竖直两种局部的单值函数 $Y(x)$ 和 $X(y)$，采用 9 个网格的模板(见图 2.5)，计算 $(i-1, i, i+1)$ 网格列的 Y 值和 $(j-1, j, j+1)$ 网格行的 X 值，由此估算出每个网格上自由表面的斜率值 $\mathrm{d}Y/\mathrm{d}x$ 和 $\mathrm{d}X/\mathrm{d}y$，然后根据流体体积函数和斜率的大小确定网格 (i, j) 上的自由面的位置和方向。

X 和 Y 的计算公式为

$$Y_{l} = \sum_{k=j-1}^{j+1} F_{lk}\delta y_{k}, \quad l = i-1, i, i+1 \tag{2.88}$$

$$X_{l} = \sum_{k=i-1}^{i+1} F_{kl}\delta x_{k}, \quad l = j-1, j, j+1 \tag{2.89}$$

求导可得

$$\left(\frac{\mathrm{d}Y}{\mathrm{d}x}\right)_{i} = \frac{2(Y_{i+1} - Y_{i-1})}{\delta x_{i+1} + 2\delta x_{i} + \delta x_{i-1}} \tag{2.90}$$

$$\left(\frac{\mathrm{d}X}{\mathrm{d}y}\right)_{i} = \frac{2(X_{j+1} - X_{j-1})}{\delta x_{j+1} + 2\delta x_{j} + \delta x_{j-1}} \tag{2.91}$$

通过比较 $(\mathrm{d}Y/\mathrm{d}x)_i$ 和 $(\mathrm{d}X/\mathrm{d}y)_i$ 绝对值的大小，便可确定自由面在该网格内是“水平”的还是“垂直”的，即如果 $|(\mathrm{d}Y/\mathrm{d}x)_i| < |(\mathrm{d}X/\mathrm{d}y)_i|$，则自由面更趋于水平，定义为“水平”的，否则定义为“垂直”的。

(2) Gueyffier 迭代法

Gueyffier 迭代法[45]采用几何和代数方法得到相界面在网格内的位置和运动方向。假定计算区域已经被剖分为矩形网格，已知网格内的流体体积比值 $0 \leqslant F_{i,j} \leqslant 1$ 和相应的速度场 $\mathbf{V} = (u_{i+1/2,j}^{n}, v_{i,j+1/2}^{n})$。求解的思路是：寻找运动界面所穿过的格子范围；仅仅对与运动界面相交的网格及相邻的网格进行计算，得到新时刻 t_{n+1} 对应的新的相函数分布。在计算过程中，应保证在每一个时间步长 δt 内，运动不超过一个网格。重构 t_{n+1} 时刻的运动界面，得到新

时刻界面的准确位置。

利用目标网格单元附近的 9 个网格形成一个模板，组成一个求解中心网格中的相界面法向的差分格式，采用差分方法，且假定 $\Delta x=\Delta y=h$，则界面的法向向量为

$$\boldsymbol{n}^h=\nabla_h F=(n_x,n_y)=(n_1,n_2) \tag{2.92}$$

$$(n_x)_{i+1/2,j+1/2}=(F_{i+1,j}-F_{i,j}+F_{i+1,j+1}-F_{i,j+1})/2h \tag{2.93}$$

$$(n_y)_{i+1/2,j+1/2}=(F_{i,j+1}-F_{i,j}+F_{i+1,j+1}-F_{i+1,j})/2h \tag{2.94}$$

可得出 $F_{i,j}^{n+1}$ 格子内的运动界面法向向量为

$$\boldsymbol{n}_{i,j}=\frac{1}{4}(\boldsymbol{n}_{i+1/2,j-1/2}+\boldsymbol{n}_{i+1/2,j+1/2}+\boldsymbol{n}_{i-1/2,j-1/2}+\boldsymbol{n}_{i-1/2,j+1/2}) \tag{2.95}$$

假定$(n_1,\ n_2)$均为正，则只需确定各种网格内运动界面的直线方程，即

$$n_1x+n_2y=a \tag{2.96}$$

如图 2.6 所示，直线方程中的 a 为 A 点到界面的距离，$a=\min d(EH,A)$。

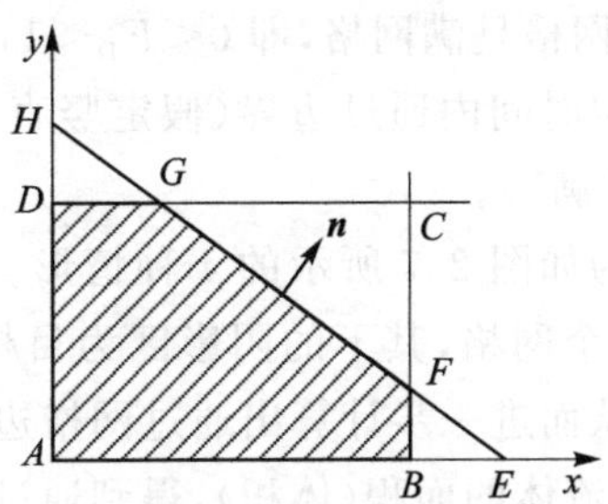

图 2.6　Gueyffier 迭代法

运动界面所截取的网格面积(阴影部分或者目标流体)可表示为

$$S_{ABFGD}=\frac{a^2}{2n_1\cdot n_2}\left[1-H(a-n_1\Delta x)\left(\frac{a-n_1\Delta x}{a}\right)^2-H(a-n_2\Delta y)\left(\frac{a-n_2\Delta y}{a}\right)^2\right] \tag{2.97}$$

$$S_{\triangle AEH}=\frac{a^2}{2n_1n_2} \tag{2.98}$$

$$\frac{S_{\triangle BEF}}{S_{\triangle AEH}}=\left(\frac{a/n_1-\Delta x}{a/n_1}\right)^2=\left(\frac{a-\Delta x}{a}\right)^2 \tag{2.99}$$

式中，H 代表 Heaviside 函数，其定义为

$$H=\begin{cases}0, & x\leqslant 0\\ 1, & x>0\end{cases} \tag{2.100}$$

可以看到，目标流体所占的网格部分面积是 a、n、Δx、Δy 的函数，而且是 a 的增函数。当目标流体所占的面积由 0 变为$(\Delta x\cdot\Delta y)$时，A 点到自由面边界的最短距离 a 值则由 0 变为 $\max(n_1\cdot\Delta x+n_2\cdot\Delta y)$。而当 EH 边界(自由面边界)经过 B 点和 D 点时，A 点到自由面边界的最短距离为 $a=(n_1\cdot\Delta x\cdot n_2\cdot\Delta y)$，此时目标流体的面积为$(\Delta x\cdot\Delta y)/2$，根据计算结果，应该有

$$S_{ABFGD}=F_{i,j} \tag{2.101}$$

上式为未知参数 a 的代数方程，可以用对分方法或 Newton 方法求根来确定其解，但这些方法的迭代过程比较麻烦。一旦得到一个网格的 $a_{i,j}$，再进行附近的网格的迭代计算时，这个

$a_{i,j}$ 可以作为初值采用，得到了 $a_{i,j}$，就完全确定了自由界面在网格内的位置。

(3) FLAIR 型重构技术

FLAIR 型重构技术由 Ashgriz 和 Poo[46]首先提出。该方法的基本思路是：对任意网格边界的两个相邻网格，通过构造一条带有倾角的直线段作为跨过该网格边界的近似界面，然后计算单位时间内流过该网格边界的流体体积量(Flux)，并作为修改流体体积函数的数值流通量。

由于界面的构造要涉及到相邻的两个网格，因此需要分成多种情况进行讨论计算。首先按通过网格边界的流体速度确定施主单元 F_D 和受主单元 F_A。根据 F_D 和 F_A 的值，可以分为 5 种情况：

① 施主网格是满网格，即 $F_D=1$；

② 施主网格是空网格，即 $F_D=0$；

③ 施主网格是半网格，受主网格是半网格，即 $0<F_D<1$ 或 $0<F_A<1$；

④ 施主网格是半网格，受主网格是空网格，即 $0<F_D<1$，而且 $F_A=0$；

⑤ 施主网格是半网格，受主网格是满网格，即 $0<F_D<1$，而且 $F_A=1$。

对于第①和②两种情况，单位时间内通过边界(假定竖直)的通量 Flux 分别为零(施主网格为“空”)和 $u\cdot\delta t$(施主网格为“满”)。

对于第③种情况，可以归结为如图 2.7 所示的 4 种情形。此时 $f_a>f_b$，而且目标流体位于界面以下。作一条直线跨过两个网格，其下的阴影区为目标流体，由两个网格的 F 函数值来计算这条直线的斜率和位置，从而进一步计算出通过网格边界的流体体积量(通过计算施主网格中靠近边界处 $u\cdot\delta t$ 长度上流体的面积(体积)，得到通过界面的通量 Flux)。

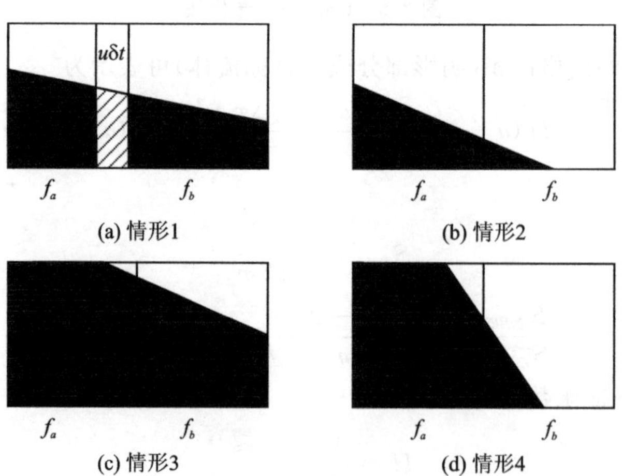

图 2.7 FLAIR 方法“$0<F_D<1$ 或 $0<F_A<1$”的 4 种情形

对于第④和⑤两种情况，以图 2.8 中所示的情形为例加以说明。施主网格 (i,j) 是半网格，而受主网格 $(i+1,j)$ 或 $(i-1,j)$ 是空网格或满网格。可以用网格 (i,j) 的另外两个方向的两个相邻网格 $(i,j+1)$ 和 $(i,j-1)$ 的体积函数值，分别按第③种情形的方法构造界面，计算界面斜率，然后取其平均值作为网格 (i,j) 内界面的近似斜率。再进一步，可按类似于情形③中的方法构造直线，作为此网格内的界面近似，然后求出流过网格边界流入受主网格的流体体积流量，同样可以归结为 4 种情形(见图 2.8)。

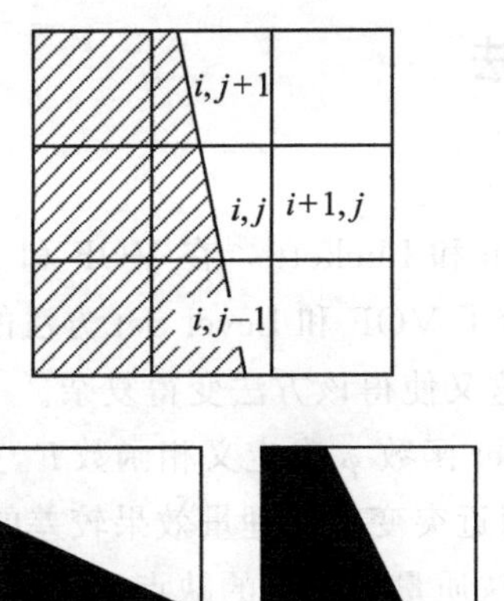

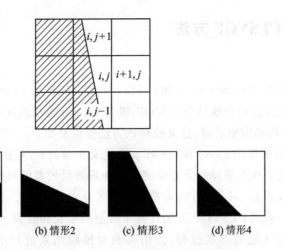

(a) 情形1　(b) 情形2　(c) 情形3　(d) 情形4

图 2.8　FLAIR 方法“$0<F_D<1$ 且 $F_A=0$ 或 1”的 4 种情形

如果受主网格是空网格，则取右边的宽度为 $u\cdot\delta t$ 的区域面积作为流通量；如果受主网格是满网格，则取左边的宽度为 $u\cdot\delta t$ 的区域面积作为流通量。

计算过程采用方向分裂方法，先根据 x 方向的流体速度计算所有 x 方向的数值流通量，对流体体积函数做修正，得到所有网格上的流体体积函数的中间值。然后以此中间值为初值，对 y 方向做同样的计算，得到下一时刻的流体体积函数分布场。

如果不采用方向分裂，而是直接同时对 x 和 y 方向的流通量进行计算，同时修改流体体积函数，则可能会产生质量不守恒。

(4) PLIC 方法

PLIC 方法由 Youngs[47] 首先提出，其基本思想是在单元网格内用直线段近似界面，其基本原理如下：

计算网格内界面的法向向量 $\boldsymbol{n}=(n_{i,j}^x, n_{i,j}^y)$：

$$n_{i,j}^x=(F_{i+1,j+1}+2F_{i+1,j}+F_{i+1,j-1}-F_{i-1,j+1}-2F_{i-1,j}-F_{i-1,j-1})/\delta x \tag{2.102}$$

$$n_{i,j}^y=(F_{i+1,j+1}+2F_{i,j+1}+F_{i+1,j-1}-F_{i+1,j+1}-2F_{i,j-1}-F_{i-1,j-1})/\delta y \tag{2.103}$$

确定界面与 x 轴的夹角 β：

$$\beta=\arctan\left|-\frac{n_{i,j}^x}{n_{i,j}^y}\right|,\quad -\frac{\pi}{2}<\beta<\frac{\pi}{2} \tag{2.104}$$

将 β 规格化为 α：

$$\alpha=\arctan\left|-\frac{\partial x}{\partial y}\tan\beta\right|,\quad \frac{\pi}{2}<\alpha<\pi \tag{2.105}$$

根据 α 和 F 函数值可以确定类型，然后计算直线斜率和位置，构造该网格内的界面，并计算在一个时间步内流过四周边界到相邻网格的流体体积量，最后修改本网格和四周相邻网格的 F 函数值。

上述讨论的是 $0<F<1$ 时的情况。当 $F=1$ 时，可以先通过 4 个边界上的速度方向直接判断是施主还是受主，然后计算相应的流体体积量，最后修改相应的 F 函数值。

2.6.3 CLSVOF 方法

1. 概　述

CLSVOF 方法是由 Sussman 和 Puckett[48] 在 VOF 和 Level Set 方法的基础上提出的一种复合方法。该方法成功地结合了 VOF 和 Level Set 方法的优点，但是由于相函数 F 和 Level Set 函数 ϕ 的方程都需要求解，这又使得该方法变得复杂。

CLSVOF 方法使用 Level Set 函数 ϕ 来定义相函数 F，克服了 VOF 方法利用相函数计算界面曲率误差较大和光顺界面附近突变的物理量效果较差的缺点；使用相函数 F 来修改 Level Set 函数 ϕ，克服了 Level Set 方法质量不守恒的缺点。

Sussman[49] 采用 CLSVOF 方法计算了气泡的生长和破裂。Buwa 等[50] 采用 CLSVOF 方法模拟了埋孔上气泡的形成过程，并用实验对模拟结果进行了验证。他们发现：当孔径为 6 mm 时，模拟出的气泡形状和气泡形成时间与实验结果吻合良好；而当孔径为 4 mm 时，模拟出的气泡形状与实验结果比较吻合，但气泡形成时间要比实验的长。Chakraborty 等[51] 采用 CLSVOF 方法模拟了静止流体中上升气泡的一些基本特性，包括上升过程、形状和聚合过程，另外定性研究了自由表面上的气泡破裂和液体射流形成的机理。他们将模拟结果与文献中的实验结果相比较，发现两者相吻合。Ningegowda 和 Premachandran[52] 改进了 CLSVOF 方法，使之可以用于计算带有相变的二维两相流问题。朱海荣等[53] 采用 CLSVOF 方法对气液两相流的振荡流动和传热过程进行了数值模拟，并与实验结果和只采用 VOF 方法模拟的结果进行了比较。他们发现：无论是针对矩形空腔中两相流的振荡流动和传热，还是活塞冷却油腔中机油的振荡冷却过程，采用 CLSVOF 方法都可以更为准确地模拟气液两相流的振荡流动规律，传热系数计算值也与实验结果保持了更高的一致性。

2. 基本方程

CLSVOF 方法的基本原理是使用 Level Set 函数 ϕ 来定义相函数 F，并使用相函数 F 来修改 Level Set 函数 ϕ。

对于不可压缩流动，ϕ 函数和 F 函数的输运方程分别为

$$\frac{\partial \phi}{\partial t} + \nabla \cdot (\boldsymbol{U}\phi) = 0 \tag{2.106}$$

$$\frac{\partial F}{\partial t} + \nabla \cdot (\boldsymbol{U}F) = 0 \tag{2.107}$$

在计算单元 Ω 上使用函数 $\phi(x,\ y,\ t)$ 来定义函数 $F(\Omega,\ t)$：

$$F(\Omega, t) = \frac{1}{|\Omega|}\int_{\Omega} H_{\varepsilon}(\phi(x, y, t))\,\mathrm{d}x\mathrm{d}y \tag{2.108}$$

式中，函数 H_{ε} 按式(2.65)计算。

定义计算单元 Ω 上的界面为一条直线，并重新定义 Level Set 函数为如下线性方程：

$$\phi^{\mathrm{R}}_{i,j} = a_{i,j}(x - x_i) + b_{i,j}(y - y_j) + c_{i,j} \tag{2.109}$$

式中，$a_{i,j}$ 和 $b_{i,j}$ 为界面法向向量的坐标值，并且满足 $a^2_{i,j} + b^2_{i,j} = 1$；$c_{i,j}$ 为点 (x_i, y_j) 到界面的距离。

系数 $a_{i,j}$、$b_{i,j}$ 和 $c_{i,j}$ 决定了 $\phi^{\mathrm{R}}_{i,j}$ 与 ϕ 最接近，因而最小误差为

$$E_{i,j}=\int_{x_{i-1/2}}^{x_{i+1/2}}\int_{y_{j-1/2}}^{y_{j+1/2}}\delta_{\varepsilon}(\phi)\left[\phi-a_{i,j}(x-x_i)-b_{i,j}(y-y_j)-c_{i,j}\right]\mathrm{d}x\mathrm{d}y \tag{2.110}$$

式中，函数 $\delta_{\varepsilon}(\phi)$ 按式(2.62)计算。

对误差进行离散：

$$E_{i,j}=\sum_{i'=i-1}^{i'=i-1}\sum_{j'=i-1}^{j'=i-1}w_{i'-1,j'-1}\delta_{\varepsilon}(\phi_{i',j'})(\phi_{i',j'}-a_{i,j}(x_{i'}-x_i)-b_{i,j}(y_{j'}-y_j)-c_{i,j})^2 \tag{2.111}$$

式中，w 为权重因子，对于中心点 (i,j) 取 16，对于周围的 8 个点取 1。由于

$$\frac{\partial E_{i,j}}{\partial a_{i,j}}=\frac{\partial E_{i,j}}{\partial b_{i,j}}=\frac{\partial E_{i,j}}{\partial c_{i,j}}=0 \tag{2.112}$$

根据式(2.111)和式(2.112)，可以求得系数 $a_{i,j}$、$b_{i,j}$ 和 $c_{i,j}$。因而

$$F_{i,j}=\frac{1}{\mathrm{d}x\mathrm{d}y}\int_{x_{i-1/2}}^{x_{i+1/2}}\int_{y_{j-1/2}}^{y_{j+1/2}}H_{\varepsilon}\left[a_{i,j}(x-x_i)+b_{i,j}(y-y_j)+c_{i,j}\right]\mathrm{d}x\mathrm{d}y \tag{2.113}$$

反过来，对于给定的相函数 $F_{i,j}^n$，有

$$\frac{1}{\mathrm{d}x\mathrm{d}y}\int_{x_{i-1/2}}^{x_{i+1/2}}\int_{y_{j-1/2}}^{y_{j+1/2}}H_{\varepsilon}\left[a_{i,j}(x-x_i)+b_{i,j}(y-y_j)+c_{i,j}\right]\mathrm{d}x\mathrm{d}y=F_{i,j}^n \tag{2.114}$$

可使用牛顿迭代方法改进系数 $c_{i,j}$：

$$c_{i,j}^{\mathrm{new}}=c_{i,j}-\frac{\dfrac{1}{\mathrm{d}x\mathrm{d}y}\displaystyle\int_{x_{i-1/2}}^{x_{i+1/2}}\int_{y_{j-1/2}}^{y_{j+1/2}}H_{\varepsilon}\left[a_{i,j}(x-x_i)+b_{i,j}(y-y_j)+c_{i,j}\right]\mathrm{d}x\mathrm{d}y-F_{i,j}^n}{\displaystyle\int_{x_{i-1/2}}^{x_{i+1/2}}\int_{y_{j-1/2}}^{y_{j+1/2}}\delta_{\varepsilon}\left[a_{i,j}(x-x_i)+b_{i,j}(y-y_j)+c_{i,j}\right]\mathrm{d}x\mathrm{d}y} \tag{2.115}$$

对于不可压缩流动，可用下述的 N-S 方程描述：

$$\frac{\partial \boldsymbol{U}}{\partial t}+\boldsymbol{U}\,\nabla\cdot\boldsymbol{U}=\frac{1}{\rho}\left\{-\nabla p+\nabla\cdot\mu\left[\nabla\boldsymbol{U}+(\nabla\boldsymbol{U})^{\mathrm{T}}\right]+\rho\boldsymbol{g}-\sigma k\,\nabla H_{\varepsilon}\right\} \tag{2.116}$$

$$\nabla\cdot\boldsymbol{U}=0 \tag{2.117}$$

式中，ρ、μ 和 k 可按式(2.63)、式(2.64)和式(2.60)计算，因而可以求解该 N-S 方程。

2.6.4 VOSET 方法

1. 概　述

VOSET 方法是由 Sun 和 Tao[54] 在 VOF 和 Level Set 方法的基础上提出的一种复合方法。相对于 CLSVOF 方法，VOSET 方法更为简单，只有相函数 F 的方程需要求解，并且 Level Set 函数 ϕ 的计算与相函数 F 无关。

VOSET 方法采用 VOF 方法捕捉两相间的界面，保持了两相间的质量守恒，克服了 Level Set 方法质量不守恒的缺点；利用几何计算方法确定界面附近的 Level Set 函数，可以计算出准确的界面曲率和光顺界面附近突变的物理量，克服了 VOF 方法利用相函数计算界面曲率误差较大和光顺界面附近突变的物理量效果较差的缺点。

叶政钦等[55]采用 VOSET 方法对两个及多个气泡的上升和聚并过程进行模拟，分析了复杂两相流动问题中 VOSET 方法的质量守恒特性、几何计算方法的可行性，以及求解过程的稳定性。凌空和陶文铨[56]在 VOSET 界面捕捉方法的基础上对控制方程进行修正，使其能够计

算带相变的两相流问题，然后用这种方法计算水平壁面上的膜态沸腾。施东晓等[57]采用 VOSET 方法捕捉相界面，将磁场力作为源项添加到流体运动的动量方程中，建立了磁性液体流场与磁场耦合的数值方法。鉴于 Sun 和 Tao[54]提出的 VOSET 方法只适用于二维情况，Ling 等[58]提出了三维的 VOSET 方法。这些研究工作为 VOSET 方法的推广应用打下了基础。

2. 基本方程

VOSET 方法的基本原理是采用 VOF 方法捕捉相界面，并利用几何计算方法计算界面附近的 Level Set 函数。

对于不可压缩流动，F 函数的输运方程为

$$\frac{\partial F}{\partial t}+\nabla\cdot(\boldsymbol{U}F)=0 \tag{2.118}$$

采用 PLIC 方法对上式进行求解及重构界面。在 PLIC 方法中首先根据界面的法向向量和 F 函数的大小确定界面形状，然后计算出流入流出计算单元的离散相流体体积，从而可以计算出下一时层的 F 函数。

在重构了界面形状和位置的基础上，通过简单几何计算方法确定界面附近的 Level Set 函数 ϕ，从而可以利用该 ϕ 函数计算界面的曲率和光顺界面附近突变的物理量。

确定 ϕ 函数的具体步骤如下：

① 在整个计算区域内为 ϕ 函数赋初值。

$$\phi_{i,j}^{0}=\begin{cases}-M, & F_{i,j}\geqslant 0.5\\ M, & F_{i,j}<0.5\end{cases} \tag{2.119}$$

式中，M 为计算区域内的最大几何长度。这样可以保证界面附近精确的 ϕ 函数包含在设定的初值范围之内，即 $-M<\phi<M$。

② 标识界面附近的计算单元。这样可以避免在整个计算区域内求解 ϕ 函数，而只在界面附近标识的区域内计算 ϕ 函数，显著减小了计算量。可选取在界面左右各 3 个网格的范围内计算 ϕ 函数，该范围足以用来计算界面附近的曲率及光顺界面附近突变的物理量。

③ 计算 ϕ 函数。首先计算单元(i,j)距离其计算区域（以单元(i,j)为中心的 7×7 个网格）内网格上某一段界面的最小距离，当确定了距计算范围内网格上所有界面的最小距离后，通过比较可以得出其离界面的最短距离 d，继而可得 ϕ 函数。

$$\phi_{i,j}=\begin{cases}-d, & F_{i,j}>0.5\\ 0, & F_{i,j}=0.5\\ d, & F_{i,j}>0.5\end{cases} \tag{2.120}$$

得到 ϕ 函数后，进一步可得到界面的曲率 k 和表面张力 F_{SV}，其中 k 可按式(2.60)计算，表面张力项则为

$$F_{\mathrm{SV}}=-\sigma k\delta_{\varepsilon}\nabla\phi \tag{2.121}$$

界面附近流体的密度 ρ 和粘度 μ 用式(2.63)和式(2.64)计算。

对于不可压缩流动，可用下述的 N－S 方程描述：

$$\frac{\partial\boldsymbol{U}}{\partial t}+\boldsymbol{U}\,\nabla\cdot\boldsymbol{U}=\frac{1}{\rho}\{-\nabla p+\nabla\cdot\mu\,[\nabla\boldsymbol{U}+(\nabla\boldsymbol{U})^{\mathrm{T}}]+\rho\boldsymbol{g}+F_{\mathrm{SV}}\} \tag{2.122}$$

$$\nabla\cdot\boldsymbol{U}=0 \tag{2.123}$$

以上式中，ρ、μ、F_{SV} 的计算式均已给出，因而可以对上式进行求解。

2.6.5　Phase Field 方法

1. 概　述

Antanovskii[59] 和 Jacqmin[60] 最先提出了 Phase Field（相场）方法，并应用于复杂三维自由界面问题的模拟。后来，Jacqmin[61] 又提出了 Diffuse Interface Models 的方法，考虑了扩散、界面应力的效应。这种方法不同于 VOF 的重构和 Level Set 的重构，它允许运动界面有一定的扩散。Phase Field 方法通过相场变量获得界面层的信息，该相场能光滑但急速地跨越扩散界面域变化。它把表面张力等效为场变量的梯度与化学势的乘积，并将其作为一个体积力加入到 N－S 方程中。在 Phase Field 模型中，尖锐的流体相界面由厚度薄但非零的过渡层替换，其界面张力作为毛细管应力张量均匀地分布。Phase Field 方法能够轻松地将复杂的微结构流体流变学与各物理量的平稳过渡相结合，为拓扑结构复杂的界面问题提供了一种有效的解决方案。

与 Level Set 方法类似，Phase Field 方程在整个计算域求解时不需要明确地知道界面位置，因而能自然而然地处理拓扑变化，避免了明确的界面跟踪，不需要特殊的处理程序。Phase Field 方法的自适应性、重构过程和复杂的程序实现，对多相、多组分和多维问题的适应性很有启发性。在 VOF 等方法中，以前基本上不考虑界面的应力效应，而实际上运动界面的应力效应又不能不考虑，因而在后期的 VOF 方法和 Level Set 方法的数学模型中加入了界面的效应项。Phase Field 方法自 20 世纪 90 年代开始用于解决两相流问题，已引起越来越多的关注。

Jacqmin[61] 采用 Phase Field 方法模拟了 Rayleigh－Taylor 不稳定现象，讨论了界面厚度对模拟结果的影响。Takada 等[62] 采用 Phase Field 方法模拟了固体表面具有高密度比的两相流体的流动。He 和 Kasagi[63] 采用 Phase Field 方法模拟了空气-水在 600 μm 管道内的泡状流动和弹状流动，模拟出的气泡形状和流型与实验结果相符合。王琳琳等[64] 采用 Phase Field 方法在湿壁面条件下对 T 形微通道内不可压缩气液两相流动进行了模拟研究，得到了 Taylor 气泡的形成过程。石万元等[65] 采用 Phase Field 方法模拟了悬浮熔融硅液滴的流动和变形过程。Lin 等[66] 采用 Phase Field 方法对外加电场条件下的两相流动进行了研究。Yang 等[67] 提出了一种 3D Phase Field 方法，研究了外加电场条件下气泡在粘性流体中的上升过程。

2. 基本方程

Phase Field 方法的基本原理是用场变量的梯度与化学势的乘积来表示表面张力，并将它加入到流场的控制方程中。

引入参量 C 代表两相中一相的质量分数，控制方程可由下列 Cahn－Hilliard 等式给出：

$$\frac{\partial F}{\partial t}+(\boldsymbol{U}\cdot\nabla)C=\nabla\cdot[M(C)\nabla\mu] \tag{2.124}$$

$$\zeta=\varphi'(C)-\varepsilon^2\nabla^2 C \tag{2.125}$$

式中，$M(C)$ 为迁移率；ζ 为化学势，是自由能的变化率；$\varphi(C)$ 为体积能量密度，$\varphi(C)=C^2(1-C^2)/4$；ε 为界面厚度参量。

Jacqmin[61] 根据动能的变化总是与自由能的变化相反这一假设，提出表面张力的如下计

算式：

$$F_{SV}=-C\ \nabla\zeta \tag{2.126}$$

对于不可压缩流动，其控制方程为式(2.122)和式(2.123)，将式(2.126)所示表面张力项代入其中进行求解。

2.6.6 Front Tracking 方法

1. 概　述

Front Tracking(运动界面追踪)方法的历史可以追溯较远，早在20世纪40—50年代，由于战争的需求牵引，强激波的追踪计算迅速发展。美国和苏联的许多科学家很重视这类方法的研究，提出了多种很好的激波追踪方法。

Front Tracking 方法基于数学方程物理解的特性，处理界面相交、变形与边界的相互作用，从而更精确地捕捉到界面的发展，并避免弱界面的消失和虚假界面的产生。但是，由于该方法对间断两侧流体状态采用了不同的数值通量计算，会引起守恒误差。另外，由于该方法需要处理界面拓扑结构的变化，所以当推广到多维问题时，界面的重构会变得很复杂。

Front Tracking 方法的关键在于如何根据瞬时变化的流场，更精确更锐利地给出界面的位置。为了克服数值耗散引起的模糊或振荡，Glimm 及其研究小组[68-73]对 Front Tracking 方法的理论和应用进行了多方面的深入研究，逐渐将该方法应用于模拟流体运动界面问题。他们基于 Front Tracking 方法开发出的 FronTier 软件，目前已经较多地应用于流体力学问题的数值计算。Tryggvason[74]提出的 Front Tracking 方法是一种混合了界面捕捉技术和界面追踪技术的方法，Hua 和 Lou[75]、Hua 等[76]对该方法进行了扩展，并通过模拟静止液体中气泡的上升过程等来验证改进后的算法，发现预测的气泡形状和速度与实验结果吻合。陈斌等[77]发展了基于 Front Tracking 的直接数值模拟方法，对无边界和垂直壁面附近静止水中的单个气泡上升过程进行了模拟，研究了气泡运动的机理及气泡与壁面的相互作用。Annaland 等[78]提出了一种标准的 3D Front Tracking 方法，Dijkhuizen 等[79]对该方法进行了改进，使之可以模拟非常小的气泡。Pan 和 Chen[80]采用 Front Tracking 方法模拟了微通道内的气泡运动。Vu 等[81]采用 Front Tracking 方法模拟了液滴在冷板上的凝固过程。

2. 基本方程

Front Tracking 方法的基本思路是根据数学方程物理解的特性来处理界面，以便更精确地捕捉界面的发展。对于不可压缩流动，其控制方程为

$$\frac{\partial \boldsymbol{U}}{\partial t}+\boldsymbol{U}\ \nabla\cdot\boldsymbol{U}=\frac{1}{\rho}\{-\nabla p+\nabla\cdot\mu\left[\nabla\boldsymbol{U}+(\nabla\boldsymbol{U})^{\mathrm{T}}\right]+\rho\boldsymbol{g}+\sigma k\boldsymbol{n}\delta(\boldsymbol{x}-\boldsymbol{x}_{\mathrm{f}})\} \tag{2.127}$$

$$\nabla\cdot\boldsymbol{U}=0 \tag{2.128}$$

式中，下标 f 表示界面；$\delta(x-x_{\mathrm{f}})$ 为 Delta 函数，在除了界面以外的地方都为 0；密度 ρ 和粘度 μ 的状态方程为

$$\frac{\partial\rho}{\partial t}+\boldsymbol{U}\cdot\nabla\rho=0 \tag{2.129}$$

$$\frac{\partial\mu}{\partial t}+\boldsymbol{U}\cdot\nabla\mu=0 \tag{2.130}$$

方程(2.127)和方程(2.128)用常用的方法求解即可，但是方程(2.129)和方程(2.130)需

要通过追踪界面来求解。

由于 ρ 和 μ 在界面上不连续，因此需要特殊处理，以避免出现过多的数值扩散或振荡。一种处理方法是引入界面网格（interface grid），该网格明确标记了界面位置，根据位置构造指示函数 $I(x)$，可得

$$\rho(\boldsymbol{x})=\rho_1+(\rho_2-\rho_1)I(\boldsymbol{x}) \tag{2.131}$$

$$\mu(\boldsymbol{x})=\mu_1+(\mu_2-\mu_1)I(\boldsymbol{x}) \tag{2.132}$$

$I(\boldsymbol{x})$的二维表达式为

$$I(\boldsymbol{x})=\frac{1}{2\pi}\int\frac{\boldsymbol{r}\cdot\boldsymbol{n}}{r^2}g(r)\mathrm{d}s \tag{2.133}$$

式中，$\boldsymbol{r}$ 为矢量曲率半径，s 为弧长，函数 $g(r)$用来使参数变化平滑。

2.6.7　群体平衡模型

1. 概　述

群体平衡模型（PBM）可以很好地联系分散相微观行为与流体宏观特性，是分散系统研究的有效手段。

由于 E-E 模型存在着与生俱来的封闭问题（湍流应力封闭、相间作用力封闭、相间传质封闭等），而这些封闭项又体现了系统中的介尺度结构（湍流的微观脉动、气液两相流中的气泡团和气泡的尾涡、离散相实体的微观属性分布等）对宏观流动结构的影响，因而，准确描述这些项对于准确预测宏观流动很重要[82]。

E-E 模型中的很多参数，比如气相在过冷液相中的冷凝速度和相间曳力等，是相界面面积浓度或当地气泡尺寸的函数。相界面面积浓度和当地气泡尺寸强烈地影响相间的动量、质量和能量传输。为了更准确地考虑气泡之间的相互作用以建立准确的气泡直径分布函数，需要建立一个关于气泡直径或者相界面面积浓度的补充方程，在这个补充方程中考虑气泡的破裂和聚合等因素，从而封闭 E-E 模型。

PBM 描述的是系统中某些实体的数量平衡关系。对于不同的系统，实体可以是固体颗粒、液滴或者气泡等。对于气液两相流系统，这些实体就是流场中的气泡或液滴，以气泡比较常见。对于某一给定的气液两相流空间，除了不断有气泡进入或离开之外，空间内的气泡也会由于各种原因（如聚合、破裂、相变等）不断产生或消失。PBM 方法作为 E-E 模型中气泡群体的描述方法，获得了广泛应用。

Kerdouss 等[83]使用 Fluent 对搅拌式生物反应器内的气体扩散过程进行模拟，引入 PBM 方法以考虑反应器内的气泡破裂和聚合的混合效应。Dorao 等[84]采用 PBM 对竖直泡状流中分散相的演变过程进行了模拟。段欣悦等[85]采用 PBM 方法对大管道内的复杂气液泡状流进行了数值模拟。Deju 等[86]采用 PBM 方法对竖直气液两相流动中气泡的聚合和破裂过程进行了捕捉，模拟结果与实验结果吻合。Wu 等[87]使用 PBM 方法对 PCM 蓄能装置的蓄热过程进行了研究。

PBM 通过对尺寸连续分布的颗粒进行离散，通过求解适当数量的子颗粒数密度守恒方程预测颗粒尺寸分布，其物理意义明确。常见的做法是根据颗粒直径的大小将颗粒分为若干子颗粒组（N 组），通过颗粒数量密度和颗粒尺寸的关系将 PBM 与 E-E 模型结合起来。理论上，划分的子颗粒组越多，即 N 越大，计算精度越高。然而，N 越大，对计算资源的要求也就越高。在 PBM 方法中，子颗粒组的合理选取，依赖于对流型和每个流型颗粒特性的把握。而流型转变与多种宏观尺度参量（例如流道结构尺度、相物性、相含率等）有关，很难判断。目前，对双颗粒（$N=2$）PBM 模拟方法的研究较多。

2. 基本方程

PBM 通过跟踪颗粒（固体颗粒、气泡、液滴等）的数量变化，将分散相颗粒的破裂、聚并等微观行为与宏观水力学特性联系到一起。

根据质量平衡方程的思想，颗粒数量的增加量减去颗粒数量的减少量，即为颗粒变化的累积量。对体积微元内某一颗粒内部属性的颗粒数目进行物料衡算，即可得到关于颗粒数目变化的偏微分方程。PBM 是关于数值密度函数的连续形式，一般可表示为

$$\frac{\partial f(\xi_i;x_i;t)}{\partial t}+\langle u_i\rangle\frac{\partial f(\xi_i;x_i;t)}{\partial x_i}-\frac{\partial}{\partial x_i}\left[E_t\frac{\partial f(\xi_i;x_i;t)}{\partial x_i}\right]=S_{\xi_i} \tag{2.134}$$

式中，$f(\xi_i;x_i;t)$ 为颗粒的数值密度分布函数，ξ_i 为颗粒的内部属性，x_i 为 i 方向的空间坐标；$\langle u_i\rangle$ 为 i 方向的雷诺平均速度；E_t 为湍流扩散系数。

颗粒的数值密度函数用来描述分散相颗粒在柱高、时间及其属性空间的分布，$f(\xi_i;x_i;t)\mathrm{d}\xi_i$ 表示在时间为 t 时刻、空间坐标为 x_i 处，单位体积内属性在 ξ 和 $\xi+\mathrm{d}\xi$ 之间的颗粒数目。ξ_i 表示颗粒的第 i 个内部特征参数或属性（特征长度、体积、表面积、浓度等），通常称之为内坐标系。在 PBM 的微分形式中，用内坐标体系来描述颗粒的特性，如尺寸、浓度、寿命长短等。而被颗粒所占据的连续相的物理空间 x_i 则用外坐标体系来描述。内、外坐标体系之间是相互独立的。

式(2.134)左侧第一项是非稳态项，表示颗粒数值密度分布函数随时间的变化；第二项是对流项，表示因两相对流引起的变化；第三项是扩散项，表示因颗粒的扩散作用引起 $f(\xi_i;x_i;t)\mathrm{d}\xi_i$ 的变化；右侧是源项，表示分散相颗粒因发生破裂、聚并，导致数目的变化。求得数值密度分布函数后，即可在该内部特征参数的范围内对其积分，得到分散相颗粒平均直径、存留分数、分散相传质总表面积等。

PBM 为非线性双曲型方程，同时具有外部时间、空间坐标和内部属性坐标的多重特性，并且源项中通常包括微分、单重及多重积分，且通常求解域为半无穷域，形式非常复杂，没有一般意义的分析解，所以只能通过数值计算的方法进行求解。PBM 数值求解算法大体可分为直接离散方法[88-89]、Monte Carlo 方法[90]、矩方法[91-93]三大类。

直接离散方法是直接对内部特征属性进行离散求解的一种方法。它直接利用有限差分、有限元等传统的离散方法，对分布函数内部的特征参数进行离散求解。该方法直观简单，对离散相分布的求解精度比其他方法高。Monte Carlo 方法是一种以概率理论为指导的随机抽样模拟方法。它以 PBM 所描述的物理过程为基础，构造系统行为，通过抽样模拟计算进而预测该系统真实的特性。它利用 PBM 解与无限随机抽样解的等价性，通过随机抽样得到 PBM 的近似解，优点是简化了计算过程的运算法则，主要的问题在于需要大量的抽样点计算才能得到好的计算结果。矩方法是通过跟踪分布函数的积分量矩对分散相颗粒的数值密度函数进行跟踪的一种方法，它可以避免直接跟踪所带来的大计算量，近年来应用较多。

2.7　其他多相流数值模拟方法

2.7.1　大涡模拟

大涡模拟(Large Eddy Simulation,LES)是为了模拟湍流而发展出来的一种方法。其基本思想是:为模拟湍流,一方面要求计算区域的尺寸应大到足以包含湍流运动中出现的最大涡,另一方面要求计算网格的尺度应小到足以分辨最小涡的运动。然而,考虑到目前计算机的能力,能够采用的计算网格的最小尺度仍比最小涡的尺度大许多。因此,只能放弃对全尺度范围上涡的运动的模拟,而只将比网格尺度大的湍流通过 N-S 方程直接计算出来,对于小尺度涡对大尺度运动的影响则通过建立模型来模拟。

大涡模拟方法已被逐渐应用到多相流的研究中,目前主要用于模拟由连续流体相与弥散颗粒相组成的两相流动系统。Derksen[94]对固相分率小于 3.6%的固液悬浮问题进行大涡模拟,颗粒项采用 Lagrangian 方法跟踪,发现颗粒间相互碰撞现象必须充分考虑,否则会出现非物理的颗粒堆积现象。金晗辉等[95]在滤波密度函数的框架下推导了颗粒所见流场的输运方程,建立了稀相气固多相流的 LES/FDF 模型,对稀相气粒两相流中颗粒的空间扩散率的影响进行了数值模拟研究。栗晶等[96]采用 LES 方法模拟了三维槽道内的两相流颗粒的运动状况。Yan 等[97]采用 LES 方法模拟了燃气轮机燃烧室内的两相喷射燃烧,预测的速度、温度和浓度等与实验测得的结果相符合。赵鹏和李国岫[98]建立了燃油液滴蒸发瞬态气液两相流 LES-VOF 模型,研究了气液相温度梯度和雷诺数对液滴液相传热的影响。Abani 和 Ghoniem[99]采用 LES 方法模拟了气流床中煤炭的气化。Ma 等[100]使用欧拉-欧拉 LES 方法模拟了矩形鼓泡塔中的分散泡状流,模拟结果与实验结果相符合。

大涡模拟方法的优点是可以直接求出决定气相流场流动形态的大尺度涡,进而可直接模拟颗粒与气相流场的相互作用情况,从而精确地描述颗粒的运动扩散特性。大涡模拟克服了雷诺时均法的局限性,可以求解瞬时气相流场,同时又克服了直接模拟的缺点,在目前的计算机条件下可以对大雷诺数湍流进行模拟。

2.7.2　直接数值模拟

直接数值模拟(Direct Numerical Simulation,DNS)就是不用任何湍流模型,直接数值求解完整的三维非定常 N-S 方程。直接模拟可以给出比大涡模拟更详细的数据,但对计算机的内存和计算速度要求更高。

在多相流方面,McLaughlin[101]模拟了雷诺数等于 2 000 的管道流动中溶胶颗粒的沉降。Li 等[102]采用双向耦合的方法,模拟了近壁湍流边界层内的颗粒运动情况,以及颗粒与流场涡结构之间的相间作用情况。由长福等[103]使用 DNS 方法,对近壁面附近的微小颗粒运动进行了研究。Liu 等[104]使用 DNS 方法,研究了浮力对湍流行为和气泡运动的影响。Hassanvand 和 Hashemabadi[105]使用 DNS 方法,研究了气液两相流中界面上的质量传递。Lee 等[106]使用 DNS 方法,对翅片管内沸腾流动中的气泡生长和换热等进行了研究。Luo 等[107]使用 DNS 方法,研究了两相三维平面射流中重颗粒的分散和统计规律。Santarelli 和 Fröhlich[108]使用 DNS 方法,模拟了竖直管内气泡的运动。

由于 DNS 计算量大，计算时间长，故目前主要用于低雷诺数和简单小尺寸流动的模拟。

2.7.3 格子 Boltzmann 方法

格子 Boltzmann 方法(Lattice Boltzmann Method, LBM)是根据分子运动理论建立起来的简化的动力学模型，模型的计算是对许多格子进行的。LBM 在宏观上是离散方法，在微观上是连续方法，因而又被称为介观方法。其本质是通过求解 Boltzmann 方程得到流体的运动规律。在 LBM 中，流体被抽象为大量只有质量没有体积的微观粒子，这些粒子可以向空间的若干方向任意流动。其主要思想就是以微观粒子简单的迁移和碰撞运动代替复杂多变的宏观流动现象，通过对粒子运动的统计得到流体的宏观运动特征。

Boltzmann 方程是统计力学中用以描述非平衡态分布函数演化规律的方程。对于处于非平衡态的体系，分子的分布函数是空间位置、速度及时间的函数。设 $f(\boldsymbol{r},v,t)\mathrm{d}\boldsymbol{r}\mathrm{d}v$ 表示 t 时刻在空间 $\boldsymbol{r}$ 处 $\mathrm{d}x\mathrm{d}y\mathrm{d}z$ 体积之内、速度在 v 到 $v+\mathrm{d}v$ 范围内的平均分子数，则 f 的演化服从

$$\frac{\partial f}{\partial t}+v\cdot\frac{\partial f}{\partial \boldsymbol{r}}+\frac{1}{m}\boldsymbol{F}^{\text{ext}}\frac{\partial f}{\partial v}=\boldsymbol{Q}(f) \tag{2.135}$$

式中，$\boldsymbol{F}^{\text{ext}}$ 为外力，m 为分子质量，$\boldsymbol{Q}(f)$为碰撞函数。

上式即为 Boltzmann 方程。利用 Boltzmann 方程的离散形式进行流场数值模拟时，函数 f 实际上已经不是粒子数，而是密度分布函数，但 f 的值仍在格子上面进行计算，因而把这种方法称为格子 Boltzmann 方法。

经过 20 几年的发展，LBM 的内容已经很丰富，涉及的领域也很广泛。作为一种特殊的差分方法，其以自然并行、几何边界易处理、程序简单等诸多优点，在输运问题，尤其是多相流、多孔介质、对流扩散、化学反应等问题的模拟方面已有成熟的应用及较强的适应性。较早的 LBM 的应用多集中于水动力学的模拟。而多相流模型是由最初的多组分模型发展而来的，Grunau 等[109]在模型的碰撞项中增加两相粒子的相互作用项，使得两相界面间产生颜色梯度和相应的表面张力。Shan 和 Chen[110]、Swift 等[111]分别采用两种不同的两相作用方式，应用相分离法产生相界面和对应的表面张力。Gupta 和 Kumar[112]采用 LBM 对液体中气泡的运动和合并过程进行了模拟。Gong 和 Cheng[113]提出了一种新的 LBM，用于模拟气液相变传热，并模拟了水平面上气泡的生长和脱离。Riaud 等[114]建立了一种新的 LBM，用于模拟微通道内的两相流。Song 等[115]提出了一种 LBM，用于模拟粒子-流体两相流。李维仲等[116]利用 LBM 模拟了单个气泡在具有三个半圆形喉部的复杂流道内的上升过程，通过实验结果的对比，验证了模拟结果的正确性。Gong 等[117]提出了一种新的多组分两相流 LBM，并通过模拟甲烷、乙烷和丙烷混合物的特性进行检验，模拟结果与实验结果及理论推导结果相符合。Li 等[118]提出了一种新的 LBM，用于模拟带有相变的多相流。他们用该方法模拟了气液沸腾过程，结果表明该方法能较好地捕捉到沸腾传热的一些基本特性。

参考文献

[1] 车得福，李会雄. 多相流及其应用. 西安：西安交通大学出版社，2007.

[2] Masood R M A, Delgado A. Numerical investigation of the interphase forces and turbulence closure in 3D square bubble columns. Chemical Engineering Science, 2014, 108: 154-168.

[3] 薄守石，王剑，白飞，等. 鼓泡床反应器流动特性的 CFD 研究进展. 现代化工，2014, 34(7):52-56.

[4] 王伟文，周忠涛，陈光辉，等. 流态化过程模拟的研究进展. 化工进展，2011，30(1)：58-65.

[5] Chen E F，Li Y Z，Cheng X H. CFD simulation of upward subcooled boiling flow of refrigerant-113 using the two-fluid model. Applied Thermal Engineering，2009，29：2508-2517.

[6] Yuan K，Ji Y，Chung J N. Numerical modeling of cryogenicchilldown process in terrestrial gravity and microgravity. Int. J. Heat and Fluid Flow，2009，30：44-53.

[7] Strubelj L，Tiselj I. Two-fluid model with interface sharpening. Int. J. for Numerical Methods in Engineering，2011，85：575-590.

[8] Solomenko Z，Haroun Y，Fourati M，et al. Liquid spreading in trickle-bed reactors：Experiments and numerical simulations using Eulerian - Eulerian two-fluid approach. Chemical Engineering Science，2015，126：698-710.

[9] Subramaniam S. Lagrangian - Eulerian methods for multiphase flows. Progress in Energy and Combustion Science，2013，39(2-3)：215-245.

[10] Li H，Anglart H. CFD model of diabatic annular two-phase flow using the Eulerian-Lagrangian approach. Annals of Nuclear Energy，2015，77：415-424.

[11] Farzpourmachiani A，Shams M，Shadaram A，et al. Eulerian - Lagrangian 3-D simulations of unsteady two-phase gas-liquid flow in a rectangular column by considering bubble interactions. Int. J. Non-Linear Mechanics，2011，46(8)：1049-1056.

[12] Lau Y M，Bai W，Deen N G，et al. Numerical study of bubble break-up in bubbly flows using a deterministic Euler-Lagrange framework. Chemical Engineering Science，2014，108：9-22.

[13] Zuber N，Findlay J A. Average columetric concentration in two-phase flow system. ASME J. Heat Transfer，1965，87：453.

[14] Hibiki T，Ishii M. One-dimensional drift-flux model for two-phase flow in a large diameter pipe. Int. J. Heat Mass Transfer，2003，46(10)：1773-1790.

[15] Shang Z，Lou J，Li H. A novel Lagrangian algebraic slip mixture model for two-phase flow in horizontal pipe. Chemical Engineering Science，2013，102：315-323.

[16] 赵兆颐，朱瑞安. 反应堆热工流体力学. 北京：清华大学出版社，1992.

[17] 王福军. 计算流体动力学分析——CFD 软件原理与应用. 北京：清华大学出版社，2004.

[18] Kolmogorov A N. Turbulent flow equation of incompressible fluid. Bulletin of Academic of Science of Soviet Union. Physics Series，1942，6(1-2)：56-58.

[19] Launder B E，Spalding D B. Lectures in Mathematical Models of Turbulence. London：Academic Press，1972.

[20] Yakhot V，Orzag S A. Renormalization group analysis of turbulence. I. Basic theory. J. Scientific Computing，1986，1(1)：3-51.

[21] Shih T H，Liou W W，Shabbir A，et al. A new k-ε eddy viscosity model for high Reynolds number turbulent flows. Computers and Fluids，1995，24(3)：227-238.

[22] Crowe C T. Review—numerical models for dilute gas-particle flows. J. Fluid Engineering，1982，104(3)：297-303.

[23] Smoot L D，Fort L A. Confined jet mixing with nonparallel multiple-port injection. AIAA Journal，1976，14(4)：419-420.

[24] 周力行. 湍流气粒两相流动与燃烧的理论与数值模拟. 北京：科学出版社，1994.

[25] Osher S，Sethian J A. Fronts propagating with curvature-dependent speed：algorithms based on Hamilton-Jacobi Formulations. J. Computational Physics，1988，79(1)：12-49.

[26] 李会雄，杨冬，陈听宽，等. Level Set 方法及其在两相流数值模拟研究中的应用. 工程热物理学报，

2001，22(2):233-236.

[27] 李会雄，邓晟，赵建福，等. LEVEL SET 输运方程的求解方法及其对气-液两相流运动界面数值模拟的影响. 核动力工程，2005，26(3):242-248.

[28] Fukagata K, Kasagi N, Ua-arayaporn P, et al. Numerical simulation of gas-liquid two-phase flow and convective heat transfer in a micro tube. Int. J. Heat and Fluid Flow, 2007, 28:72-82.

[29] Tanguy S, Ménard T, Berlemont. A Level Set Method for vaporizing two-phase flows. J. Computational Physics, 2007, 221:837-853.

[30] Mehravaran M, Hannani S K. Simulation of incompressible two-phase flows with large density differences employing lattice Boltzmann and level set methods. Comput. Methods Appl. Mech. Engrg., 2008, 198:223-233.

[31] Ki H. Level set method for two-phase incompressible flows under magnetic fields. Computer Physics Communications, 2010, 181:999-1007.

[32] Balcázar N, Lehmkuhl O, Jofre L, et al. Level-set simulations of buoyancy-driven motion of single and multiple bubbles. Int. J. Heat and Fluid Flow, 2015, 56:91-107.

[33] Gjennestad M A, Munkejord S T. Modelling of heat transport in two-phase flow and of mass transfer between phases using the level-set method. Energy Procedia, 2015, 64:53-62.

[34] Behafarid A, Jansen K E, Podowski M Z. A study on large bubble motion and liquid film in vertical pipes and inclined narrow channels. Int. J. Multiphase Flow, 2015, 75:288-299.

[35] Hirt C W, Nichols B D. Volume of fluid(VOF) method for the dynamics of free boundaries. J. Computational Physics, 1981, 39:201-225.

[36] Raynal L, Harter I. Studies of gas-liquid flow through reactors internals using VOF simulations. Chemical Engineering Science, 2001, 56:6385-6391.

[37] 陈森林，郭烈锦. 液滴撞击深池液面气泡滞留现象模拟及机理研究. 工程热物理学报. 2013，34(3):467-471.

[38] Schepper S C K D, Heynderickx G J, Marin G B. CFD modeling of all gas-liquid and vapor-liquid flow regimes predicted by the Baker chart. Chemical Engineering Journal 2008, 138:349-357.

[39] Yang Z, Peng X F, Ye P. Numerical and experimental investigation of two phase flow during boiling in a coiled tube. Int. J. Heat Mass Transfer, 2008, 51:1003-1016.

[40] Zhuan R, Wang W. Simulation on nucleate boiling in micro-channel. Int. J. Heat Mass Transfer, 2010, 53:502-512.

[41] Jeon S S J, Kim S J, Park G C. Numerical study of condensing bubble in subcooled boiling flow using volume of fluid model. Chemical Engineering Science, 2011, 66:5899-5909.

[42] Liu X, Chen Y, Shi M. Influence of gravity on gas-liquid two-phase flow in horizontal pipes. Int. J. Multiphase Flow, 2012, 41:23-35.

[43] Tsui Y Y, Lin S W, Lai Y N, et al. Phase change calculations for film boiling flows. Int. J. Heat Mass Transfer, 2014, 70:745-757.

[44] Chen B, Li G, Wang W, et al. 3D numerical simulation of droplet passive breakup in a micro-channel T-junction using the Volume-Of-Fluid method. Applied Thermal Engineering, 2015, 88:94-101.

[45] Gueyffier D, Li J, Nadim A, et al. Volume-of-fluid interface tracking with smoothed surface stress methods for three-dimensional flows. J. Computational Physics, 1999, 152(2):423-456.

[46] Ashgriz N, Poo J Y. FLAIR: Flux line-segment model for advection and interface reconstruction. J. Computational Physics, 1991, 92:449-468.

[47] Youngs D L. Time-dependent multi-material flow with large fluid distortion//Morton K W, Baines M J.

Numerical Methods for Fluid Dynamics. New York: Academic Press, 1982.

[48] Sussman M, Puckett E G. A coupled level set and volume-of-fluid method for computing 3d and axisymmetric incompressible two-phase flows. J. Computational Physics, 2000, 162, 301-337.

[49] Sussman M. A second order coupled level set and volume-of-fluid method for computing growth and collapse of vapor bubbles. J. Computational Physics, 2003, 187:110-136.

[50] Buwa V V, Gerlach D, Durst F, et al. Numerical simulations of bubble formation on submerged orifices: Period-1 and period-2 bubbling regimes. Chemical Engineering Science, 2007, 62:7119-7132.

[51] Chakraborty I, Biswas G, Ghoshdastidar P S. A coupled level-set and volume-of-fluid method for the buoyant rise of gas bubbles in liquids. Int. J. Heat Mass Transfer, 2013, 58:240-259.

[52] Ningegowda B M, Premachandran B. A Coupled Level Set and Volume of Fluid method with multi-directional advection algorithms for two-phase flows with and without phase. Int. J. Heat Mass Transfer, 2014, 79:532-550.

[53] 朱海荣，张卫正，原彦鹏. 改进的 VOF 方法对气液两相流振荡流动和传热计算的影响. 航空动力学报，2015，30(5):1040-1046.

[54] Sun D L, Tao W Q. A coupled volume-of-fluid and level set (VOSET) method for computing incompressible two-phase flows. Int. J. Heat Mass Transfer, 2010, 53:645-655.

[55] 叶政钦，刘启鹏，李星红. 复杂两相流中界面追踪方法——VOSET 的性能分析. 化工学报，2011，62(6):1524-1530.

[56] 凌空，陶文铨. VOSET 方法计算膜态沸腾的不同流态. 工程热物理学报，2014，35(11):2240-2243.

[57] 施东晓，毕勤成，周荣启. 磁性液体两相界面演变特性的数值研究. 西安交通大学学报，2014，48(9):123-129.

[58] Ling K, Li Z H, Sun D L, et al. A three-dimensional volume of fluid & level set (VOSET) method for incompressible two-phase flow. Computers & Fluids, 2015, 118:293-304.

[59] Antanovskii L K. A phase field model of capillarity. Physics of Fluids, 1995, 7(4):747-753.

[60] Jacqmin D. Three dimensional computations of droplet collisions, coalescence, and droplet/wall interactions using a continuum tension method. AIAA-95-0883, 1995.

[61] Jacqmin D. Calculation of two-phase Navier-Stokes flows using phase-field modeling. J. Computational Physics, 1999, 155(1):96-127.

[62] Takada N, Matsumoto J, Matsumoto S, et al. Application of a phase-field method to the numerical analysis of motions of a two-phase fluid with high density ratio on a solid surface. J. Computational Science and Technology, 2008, 2(2):318-329.

[63] He Q, Kasagi N. Phase-Field simulation of small capillary-number two-phase flow in a microtube. Fluid Dynamics Research, 2008, 40:497-509.

[64] 王琳琳，李国君，田辉，等. T 型微通道内气液两相流数值模拟. 西安交通大学学报，2011，45(9):65-69.

[65] 石万元，张凤超，田小红. 相场法模拟悬浮熔融硅液滴内部对流及自由界面变形现象. 西南交通大学学报，2012，47(4):692-697.

[66] Lin Y, Skjetne P, Carlson A. A phase field model for multiphase electro-hydrodynamic flow. Int. J. Multiphase Flow, 2012, 45:1-11.

[67] Yang Q, Li B Q, Shao J, et al. A phase field numerical study of 3D bubble rising in viscous fluids under an electric field. Int. J. Heat Mass Transfer, 2014, 78:820-829.

[68] Glimm J. Tracking of interfaces for fluid flow: accurate methods for piecewise smooth problems, transonic shock and multidimensional flows. New York: Academic Press, 1982, 259-287.

[69] Glimm J, Mcbryan O, Menikoff R, et al. Front Tracking applied to Rayleigh - Taylor instability. SIAM J. Stat. Comput., 1986, 7:230-251.

[70] Chern I L, Glimm J, Mcbryan O, et al. Front Tracking for gas dynamics. J. Computational Physics, 1986, 62(1), 83-110.

[71] Grove J W. Applications of Front Tracking to the simulation of shock refractions and unstable mixing. Appl. Numer. Math., 1994, 14: 213-237.

[72] Glimm J, Grove J W, Li X L, et al. Three-dimensional Front Tracking. SIAM J. Stat. Comput., 1998, 19(3): 703-727.

[73] Glimm J, Grove J W, Li X L, et al. Simple Front Tracking. Contemporary Mathematics, 1999, 238: 133-149.

[74] Tryggvason G, Bunner B, Esmaeeli A, et al. A front-tracking method for the computations of multiphase flow. J. Computational Physics, 2001, 169, 708-759.

[75] Hua J, Lou J. Numerical simulation of bubble rising in viscous liquid. J. Computational Physics, 2007, 222:769-795.

[76] Hua J, Stene J F, Lin P. Numerical simulation of 3D bubbles rising in viscous liquids using a Front Tracking method. J. Computational Physics, 2008, 227:3358-3382.

[77] 陈斌, Kawamura T, Kodama Y. 静止水中单个上升气泡的直接数值模拟. 工程热物理学报, 2005, 26(6):980-982.

[78] Annaland M V S, Dijkhuizen W, Deen N G, et al. Numerical simulation of behavior of gas bubbles using a 3-d front-tracking method. AIChE Journal, 2006, 52(1):99-110.

[79] Dijkhuizen W, Roghair I, Annaland M V S, et al. DNS of gas bubbles behavior using an improved 3D Front Tracking model—Model development. Chemical Engineering Science, 2010, 65:1427-1437.

[80] Pan K L, Chen Z J. Simulation of bubble dynamics in a microchannel using a front-tracking method. Computers and Mathematics with Applications, 2014, 67:290-306.

[81] Vu T V, Tryggvason G, Homma S. Numerical investigations of drop solidification on a cold plate in the presence of volume change. Int. J. Multiphase Flow, 2015, 76:73-85.

[82] 苏军伟, 顾兆林, Yun X X. 离散相系统群体平衡模型的求解算法. 中国科学: 化学, 2010, 40(2):144-160.

[83] Kerdouss F, Bannari A, Proulx P, et al. Two-phase mass transfer coefficient prediction in stirred vessel with a CFD model. Computers and Chemical Engineering, 2008, 32:1943-1955.

[84] Dorao C A, Lucas D, Jakobsen H A. Prediction of the evolution of the dispersed phase in bubbly flow problems. Applied Mathematical Modelling, 2008, 32:1813-1833.

[85] 段欣悦, 张孜博, 厉彦忠, 等. 群体平衡模型对复杂气液泡状流数值模拟. 化工学报, 2011, 62(4):928-933.

[86] Deju L, Cheung S C P, Yeoh G H, et al. Capturing coalescence and break-up processes in vertical gas-liquid flows: Assessment of population balance methods. Applied Mathematical Modelling, 2013, 37: 8557-8577.

[87] Wu J, Gagnière E, Jay F, et al. Population balance modeling for the charging process of a PCM cold energy storage tank. Int. J. Heat Mass Transfer, 2015, 85:647-655.

[88] Kumar S, Ramkrishna D. On the solution of population balance equations by discretization— I. A fixed pivot technique. Chemical Engineering Science, 1996, 51(8):1311-1332.

[89] Kumar S, Ramkrishna D. On the solution of population balance equations by discretization—II. A moving pivot technique. Chemical Engineering Science, 1996, 51(8):1333-1342.

[90] Smith M, Matsoukas T. Constant-number Monte Carlo simulation of population balances. Chemical Engineering Science, 1998, 53(9): 1777-1786.

[91] Su J W, Gu Z L, Li Y, et al. Solution of population balance equation using quadrature method of moments with an adjustable factor. Chemical Engineering Science, 2007, 62(21):5897-5911.

[92] Su J W, Gu Z L, Li Y, et al. An adaptive direct quadrature method of moment for population balance equation. AIChE Journal, 2008, 54(11):2872-2887.

[93] Alopaeus V, Laakkone N M, Aittama J. Numerical solution of moment-transformed population balance equation with fixed quadrature points. Chemical Engineering Science, 2006, 61(15): 4919-4929.

[94] Derksen J. Assessment of large eddy simulations for agitated flows. Chemical Engineering Research and Design, 2001, 79(8): 824-830.

[95] 金晗辉，陈苏涛，陈丽华，等. 稀相气粒两相流中亚网格尺度涡对颗粒扩散影响的 LES/FDF 模拟. 中国科学：技术科学，2010，40(6)：666-670.

[96] 栗晶，柳朝晖，吴意，等. 三维槽道两相流颗粒运动的大涡模拟. 工程热物理学报，2006，27(6)：973-976.

[97] Yan Y, Zhao J, Zhang J, et al. Large-eddy simulation of two-phase spray combustion for gas turbine combustors. Applied Thermal Engineering, 2008, 28:1365-1374.

[98] 赵鹏，李国岫. 基于大涡模拟的液滴蒸发液相传热过程. 北京交通大学学报，2013，37(3):32-36.

[99] Abani N, Ghoniem A F. Large eddy simulations of coal gasification in an entrained flow gasifier. Fuel. 2013, 104:664-680.

[100] Ma T, Ziegenhein T, Lucas D, et al. Euler - Euler large eddy simulations for dispersed turbulent bubbly flows. Int. J. Heat and Fluid Flow, 2015, 56:51-59.

[101] McLuaghlin J B. Aerosol particle deposition in numerically simulated channel flow. Physics of Fluids A, 1989, 1:1211-1224.

[102] Li C, Mosyak A, Hetsroni G. Direct numerical simulation of particle-turbulence interaction. Int. J. Multiphase Flow, 1999, 25:187-200.

[103] 由长福，李光辉，祁海鹰，等. 可吸入颗粒物近壁运动的直接数值模拟. 工程热物理学报，2004，25(2):265-267.

[104] Liu N, Cheng B, Que X, et al. Direct numerical simulations of turbulent channel flows with consideration of the buoyancy effect of the bubble phase. J. Hydrodynamics, 2011, 23(3):282-288.

[105] Hassanvand A, Hashemabadi S H. Direct numerical simulation of mass transfer from Taylor bubble flow through a circular capillary. Int. J. Heat Mass Transfer, 2012, 55:5959-5971.

[106] Lee W, Son G, Yoon H Y. Direct numerical simulation of flow boiling in a finned microchannel. International Communications in Heat Mass Transfer, 2012, 39:1460-1466.

[107] Luo K, Gui N, Fan J, et al. Direct numerical simulation of a two-phase three-dimensional planar jet. Int. J. Heat Mass Transfer, 2013, 64:155-161.

[108] Santarelli C, Fröhlich J. Direct Numerical Simulations of spherical bubbles in vertical turbulent channel flow. Int. J. Multiphase Flow, 2015, 75:174-193.

[109] Grunau D, Chen S, Eggert K. A lattice Boltzmann model for multiphase fluid flows. Physics of Fluids A, 1993, 5:2557-2562.

[110] Shan X, Chen H. Lattice Boltzmann model for simulating flows with multiple phases and components. Physical Review E, 1993, 47(3):1815-1819.

[111] Swift M R, Osborn W R, Yeomeans J M. Lattice Boltzmann simulation of non-ideal fluids. Physical Review Letters, 1995, 75:830-833.

[112] Gupta A, Kumar R. Lattice Boltzmann simulation to study multiple bubble dynamics. Int. J. Heat Mass Transfer, 2008, 51:5192-5203.

[113] Gong S, Cheng P. A lattice Boltzmann method for simulation of liquid-vapor phase-change heat transfer. Int. J. Heat Mass Transfer, 2012, 55:4923-4927.

[114] Riaud A, Wang K, Luo G. A combined Lattice-Boltzmann method for the simulation of two-phase flows in microchannel. Chemical Engineering Science, 2013, 99:238-249.

[115] Song F, Wang W, Li J. A lattice Boltzmann method for particle-fluid two-phase flow. Chemical Engineering Science, 2013, 102:442-450.

[116] 李维仲,孙红梅,董波. 利用格子 Boltzmann 方法模拟单个气泡在复杂流道内的运动特性. 计算力学学报,2013,30(1):106-110.

[117] Gong B, Liu X, Qin G. A Lattice Boltzmann model for multi-component vapor-liquid two phase flow. Petroleum Exploration and Development, 2014, 41(5):695-702.

[118] Li Q, Kang Q J, Francois M M, et al. Lattice Boltzmann modeling of boiling heat transfer: The boiling curve and the effects of wettability. Int. J. Heat Mass Transfer, 2015, 85:787-796.

第 3 章　单相流的传热与压降

气液两相流的压降计算需要用到单相流的摩擦因子和摩擦压降计算公式，很多气液两相流传热系数(或称换热系数)公式也要用到单相流的传热系数公式。为此，本章对管内单相流的传热系数和压降计算进行概括性的介绍。

3.1　基本概念

3.1.1　流动入口区和充分发展区

对于外部流动，只需要考虑层流和湍流。对于内部流动，除了需要考虑层流和湍流之外，还需要考虑入口段和充分发展区。

考虑图 3.1 所示的半径为 r_o 的圆管内的层流流动，流体以均匀速度流入管内。当流体与管内壁接触后，粘性效应的重要性显现，边界层沿轴向 x 发展。随着边界层的发展，边界层厚度 δ 增加，无粘性区逐渐退缩。当边界层扩展到中心线时，$\delta = r_o$，粘性效应扩展到整个断面，这时的流动称为充分发展流，此后的区域称为充分发展区。在充分发展区内，速度分布保持稳定，不再随轴向变化。

从管道进口至达到充分发展流这段区域称为流动入口段(或流动入口区)，这一段的长度即为流动入口段长度，也称流体力学入口长度(见图 3.1 中的 $x_{en,h}$)。处理内部流动问题时，一个重要方面是考虑入口区。

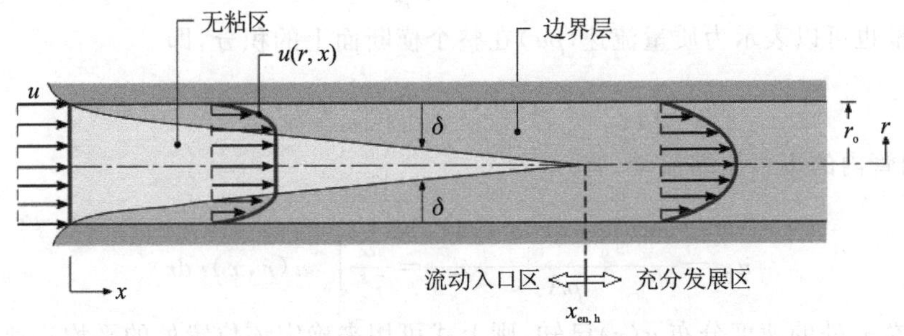

图 3.1　圆管内入口区层流边界层的发展

如图 3.1 所示，圆管内的充分发展流的速度呈抛物线分布。对于湍流，由于径向湍流的混合作用，速度分布比较齐平。

入口区特性取决于是层流还是湍流。尽管达到充分发展湍流需要大得多的雷诺数($Re \approx$ 10 000)，但对于充分发展流，对应于湍流出现的临界雷诺数 Re_{cr} 为

$$Re_{cr} \approx 2\ 300 \tag{3.1}$$

圆管内的雷诺数 Re 定义为

$$Re=\frac{\rho u_{\mathrm{m}}D}{\mu}=\frac{u_{\mathrm{m}}D}{\upsilon} \tag{3.2}$$

式中，ρ 为密度，u_{m} 为平均流速，μ 为动力粘度，υ 为运动粘度。

对于充分发展的层流（$Re_{\mathrm{cr}}\leqslant 2\ 300$），流动入口段长度可以通过下式[1]获得，即

$$\left(\frac{x_{\mathrm{en,h}}}{D}\right)_{\mathrm{lam}}\approx 0.05Re \tag{3.3}$$

该式假定流体从圆形收缩喷嘴流入，这样可使圆管进口具有均匀的流速（见图 3.1）。对于湍流，流动入口段长度基本不依赖于雷诺数。目前还没有满意的湍流入口段长度表达式，作为初步近似，可用下式[2]：

$$10\leqslant\left(\frac{x_{\mathrm{en,h}}}{D}\right)_{\mathrm{turb}}\leqslant 60 \tag{3.4}$$

3.1.2 平均流速

外部流动中，可以用自由流速来处理流动问题。内部流动的速度沿整个横截面变化，没有明确的自由流速，因此处理内部流动问题时需要用平均流速 u_{m}。平均流速可以通过质量流量定义，即平均流速与密度 ρ 和管道截面积 A_{c} 的乘积等于质量流量：

$$\dot{m}=u_{\mathrm{m}}\rho A_{\mathrm{c}} \tag{3.5}$$

或

$$u_{\mathrm{m}}=\frac{\dot{m}}{\rho A_{\mathrm{c}}} \tag{3.6}$$

对于等截面圆管内的稳定不可压缩流动，$A_{\mathrm{c}}=(D/2)^2\pi=$常数，$\dot{m}$ 和 u_{m} 不沿管长变化。于是雷诺数可表述为

$$Re=\frac{4\dot{m}}{\pi D\mu} \tag{3.7}$$

质量流量也可以表示为质量流速（ρu）在整个横断面上的积分，即

$$\dot{m}=\int_{A_{\mathrm{c}}}\rho u(r,x)\mathrm{d}A_{\mathrm{c}}=2\pi\rho\int_0^{r_{\mathrm{o}}}u(r,x)r\mathrm{d}r \tag{3.8}$$

所以，对于圆管内的不可压缩流动，有

$$u_{\mathrm{m}}=\frac{2\pi\rho\int_0^{r_{\mathrm{o}}}u(r,x)r\mathrm{d}r}{\rho A_{\mathrm{c}}}=\frac{2}{r_{\mathrm{o}}^2}\int_0^{r_{\mathrm{o}}}u(r,x)r\mathrm{d}r \tag{3.9}$$

如果轴向位置 x 处的速度分布 $u(r)$ 已知，则上式可用来确定该位置处的平均流速 u_{m}。

3.1.3 热入口区和充分发展区

假设流体以均匀温度 $T(r,0)$ 流入壁温为 T_{w} 的圆管，且 $T_{\mathrm{w}}>T(r,0)$，则流体在管内的温度分布如图 3.2 所示。当流体与管壁接触后，发生对流传热，热边界层开始发展。如果壁面条件固定不变，或者等壁温（$T_{\mathrm{w}}=$常数），或者等壁面热流密度（$q_{\mathrm{w}}=$常数），总会达到热充分发展条件。对于这两种壁面条件，边界层发展过程中，热边界层厚度 δ_{t} 增加，并逐步向中心线扩展。当热边界层扩展到中心线时，$\delta_{\mathrm{t}}=r_{\mathrm{o}}$，这时的流动称为热充分发展流，此后的区域称为热充分发展区。热充分发展区内的温度分布取决于是等壁温条件还是等壁面热流密度条件（见

图 3.2)。

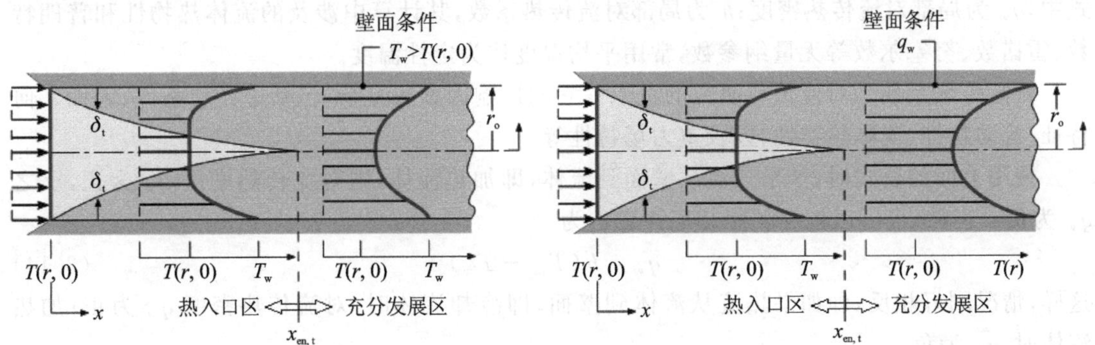

图 3.2　加热圆管内热边界层的发展

对于层流，热入口段长度 $x_{en,t}$ 可以表示为[2]

$$\left(\frac{x_{en,t}}{D}\right)_{lam} \approx 0.05RePr \tag{3.10}$$

式中，Pr 为普朗特数，定义见第 1 章。

比较式(3.10)与式(3.3)可见：如果 $Pr=1$，则热边界层的发展速度和流动边界层的发展速度相同；如果 $Pr>1$，则热边界层的发展速度慢于流动边界层的发展速度($x_{en,t}>x_{en,h}$)；如果 $Pr<1$，则热边界层的发展速度快于流动边界层的发展速度。对于大普朗特数的流体(如油)，如果假设热入口区内充分发展的速度分布是合理的，则 $x_{en,h}$ 要比 $x_{en,t}$ 小得多。对于湍流，流动条件基本独立于普朗特数，作为初步近似，可以假定($x_{en,t}/D$)=10。

3.1.4　平均温度和牛顿冷却定律

外部流动传热中，可以用自由流温度来计算对流传热。与缺乏自由流速而需要用平均流速来描述内部流动问题同理，内部流动传热缺乏固定的自由流温度，这使得使用平均温度(mean temperature)来描述内部对流传热问题成为必要。

平均温度也称整体温度(bulk temperature)或整体平均温度，记作 T_m，其定义使得整个横截面上的热能率积分等于 $\dot{m}c_pT_m$，即

$$\dot{m}c_pT_m=\int_{A_c}\rho uc_pT\mathrm{d}A_c \tag{3.11}$$

或

$$T_m=\frac{\int_{A_c}\rho uc_pT\mathrm{d}A_c}{\dot{m}c_p} \tag{3.12}$$

平均温度 T_m 与自由流温度 T_∞ 有本质的不同。T_∞ 在流动方向上是常数，而 T_m 在流动方向上是变化的。也就是说，如果传热发生，($\mathrm{d}T_m/\mathrm{d}x$)就不会等于零。当传热从壁面到流体($T_m<T_w$)时，流体被加热，$T_m$ 沿管长方向增大；当传热从流体到壁面($T_m>T_w$)时，流体被冷却，T_m 沿管长方向减小。

平均温度为对流传热计算和热物性计算提供了方便。使用平均温度，牛顿冷却定律在管内对流传热中的表达式可写为

$$q_w = h(T_w - T_m) \tag{3.13}$$

式中，q_w 为局部对流传热密度；h 为局部对流传热系数，其计算中涉及的流体热物性和普朗特数、雷诺数、努塞尔数等无量纲参数，常用平均温度作为定性温度。

对流传热系数是对流传热研究的重点。它的影响因素很复杂，包括边界层条件、表面几何特征、流动特性、流体热物性，以及重力场特性等。

使用上面的公式时，如果热流从壁面到流体，即加热流体，则对流传热密度 q_w 为正，反之 q_w 为负。当然，也可以把牛顿冷却定律表达为

$$q_w = h(T_m - T_w) \tag{3.14}$$

这样，情况刚好相反，即如果热流从流体到壁面，即冷却流体时，对流传热密度 q_w 为正；加热流体时，q_w 为负。

单相流体流过一段管内的传热量 Q 可以用下面的公式计算：

$$Q = \dot{m}c_p(T_{m,o} - T_{m,i}) \tag{3.15}$$

式中，下标 o 和 i 分别代表管的出口和进口。

3.1.5 膜温度

对于管内流动，膜温度 T_f 是壁温和流体平均温度的算术平均值，即

$$T_f = \frac{T_w + T_m}{2} \tag{3.16}$$

膜温度是对流边界层内平均温度的近似值，在计算管内对流传热系数时，也用来计算流体热物性和作为普朗特数、雷诺数、努塞尔数等无量纲参数的定性温度。

3.2 湍流对流传热系数

包含单相流传热系数的两相流传热系数，有的区分了层流和湍流[3-4]，有的则只包含单相流湍流传热系数[5-7]。人们提出了多种单相流湍流传热公式，两相流计算中常用到的是 Dittus - Boelter[8]公式和 Gnielinski[9]公式。

公式中的定性尺度为管内径 D。对于非圆管，一般用水力直径（也称当量直径）作为定性尺度。水力直径 D_h 的定义如下：

$$D_h = \frac{4A_c}{P} \tag{3.17}$$

式中，P 为湿周，即横截面的周长。例如，对于边长为 a 的等腰三角形通道，$D_h = 4\times$三角形面积$/(3a) = a/\sqrt{3}$。

3.2.1 Dittus - Boelter 公式和 Sieder - Tate 公式

常见的 Dittus - Boelter[8]公式为

$$Nu = 0.023Re^{0.8}Pr^n \tag{3.18}$$

式中，Nu 为努塞尔数；当管内流体被加热时，$n=0.4$，被冷却时 $n=0.3$；定性温度为流体平均温度 T_m。

实验验证显示，该公式在下列范围内精度比较好：

$$\begin{cases} 0.6 \leqslant Pr \leqslant 160 \\ Re \geqslant 10\ 000 \\ L/D \geqslant 10 \end{cases}$$

式中，L 为管长。

Dittus－Boelter 公式形式简单，计算方便，具有较好的计算准确度，因而获得了较广泛的应用。

在流动冷凝传热中，虽然管内两相流体被冷却，但常见取 $n=0.4$ 的情况[11-12]。另外，在两相流传热的引用中，使用的雷诺数 Re 下限通常显著小于 10 000。

Dittus－Boelter 公式适用于流体温度 T_m 与壁面温度 T_w 相差不大的情况。如果 $|T_m - T_w|$ 大到引起粘度显著变化，则需要做物性变化修正。对于 $|T_m - T_w|$ 较大的流体，Sieder 和 Tate[13] 推荐

$$Nu = 0.023 Re^{0.8} Pr^{1/3} \left(\frac{\mu}{\mu_w}\right)^{0.14} \tag{3.19}$$

$$\begin{cases} 0.6 \leqslant Pr \leqslant 160 \\ Re \geqslant 10\ 000 \\ L/D \geqslant 10 \end{cases}$$

式中，下标 w 表示定性温度为壁面温度，其他参数的定性温度为流体平均温度。

3.2.2 Petukhov 等公式

20 世纪 50—70 年代，莫斯科高温研究所的 Petukhov 和他的同事们[14-16] 在管内强迫对流传热方面做了大量理论分析和实验研究，对于光滑管内湍流强迫对流传热关系式做了较大改进。他们的公式可概括为[17]

$$Nu = \frac{(f/8) Re Pr}{A_1 + A_2 (f/8)^{1/2} (Pr^{2/3} - 1)} \tag{3.20}$$

式中，A_1、A_2 见表 3.1；所有物性的定性温度均为流体平均温度 T_m；f 为莫迪(Moody)摩擦因子，也称为 Darcy-Weisbach 摩擦因子，简称摩擦因子，将在 3.5 节中详细介绍。

表 3.1　Petukhov 等公式中的 A_1、A_2

文　献	A_1	A_2	适用范围	
			Re	Pr
Petukhov 和 Kirillov[14]	1.07	12.7	$10^4 \sim 5\times10^6$	$0.5 \sim 200$
Petukhov 和 Popov[15]	$1+3.4f$	$11.7+1.8/Pr^{1/3}$	$10^4 \sim 5\times10^6$	$0.5 \sim 200$
Petukhov、Kurganov 和 Gladuntsov[16]	$1.07+900/Re-0.63/(1+10Pr)$	12.7	$4\times10^3 \sim 6\times10^5$	$0.7 \sim 5\times10^5$

Petukhov 等的公式中，以如下的 Petukhov－Kirillov[14] 公式运用较多：

$$Nu = \frac{(f/8) Re Pr}{1.07 + 12.7 (f/8)^{1/2} (Pr^{2/3} - 1)} \tag{3.21}$$

摩擦因子用如下的 Filonenko 公式计算：

$$f = (0.79 \ln Re - 1.64)^{-2} \tag{3.22}$$

3.2.3 Gnielinski 公式

1977 年，Gnielinski[9]根据大量实验数据，提出如下光滑管内湍流对流传热公式：

$$Nu = \frac{(f/8)(Re - 1\ 000)Pr}{1 + 12.7(f/8)^{1/2}(Pr^{2/3} - 1)} \tag{3.23}$$

式中，摩擦因子 f 用 Filonenko 公式计算；定性温度为流体平均温度。Gnielinski 给出该式的适用范围为 $Re = 2\ 300 \sim 10^6$ 且 $Pr = 0.6 \sim 10^5$。

不过，Gnielinski[9]提供的实验对比图中，Pr 远小于 10^5，后来人们引用该公式时，一般给出 $Pr = 0.6 \sim 2\ 000$。关于雷诺数的范围，引用文献给出的不一致，Bergman 等[10]给出 $Re = 3\ 000 \sim 5 \times 10^6$，参考文献[17]给出 $Re = 2\ 300 \sim 5 \times 10^6$。事实上，在 $2\ 300 < Re < 10^4$ 范围内，Gnielinski 使用的另一种方法精确度更高，这将在 3.3.3 小节中介绍。

Gnielinski 还引入 $1 + (D/L)^{2/3}$ 考虑热入口段影响，引入 $(Pr/Pr_w)^{0.11}$ 考虑流体温度与壁面温度相差过大产生的影响。引入这两个修正项后，Gnielinski 公式变为

$$Nu = \frac{(f/8)(Re - 1\ 000)Pr}{1 + 12.7(f/8)^{1/2}(Pr^{2/3} - 1)}\left[1 + \left(\frac{D}{L}\right)^{2/3}\right]\left(\frac{Pr}{Pr_w}\right)^{0.11} \tag{3.24}$$

在以上几个湍流传热公式中，一般认为 Gnielinski 公式计算准确度最高。

3.3 层流和过渡区的对流传热系数

3.3.1 充分发展层流区的对流传热系数

对于充分发展的管内层流，假设通道壁面温度均匀，对层流控制方程简化后积分，可得

$$Nu = 3.66 \tag{3.25}$$

假设通道壁面热流密度均匀，对层流控制方程简化后积分，可得

$$Nu = 4.36 \tag{3.26}$$

3.3.2 层流入口区的对流传热系数

式(3.25)和式(3.26)只有在速度分布和温度分布都达到充分发展时才有效。具体计算中，可以用式(3.3)和式(3.10)来计算入口段长度，取其中较大的值。

在热入口段，根据曲线拟合，可得[10,18-19]

$$Nu = 3.66 + \frac{0.066\ 8Gz}{1 + 0.04Gz^{2/3}} \tag{3.27}$$

式中，Gz 为 Graetz 数，$Gz = RePrD/L$。该式对于 $Gz < 1\ 000$，误差在 7%以内；对于 $Gz > 1\ 000$，误差在 14%以内。

Gnielinski[9]推荐热入口段层流强迫对流传热计算式如下：

$$Nu = (49 + 4.17Gz)^{1/3} \tag{3.28}$$

$$Nu = 0.664Pr^{1/3}\left(Re\frac{D}{L}\right)^{1/2} \tag{3.29}$$

如果需要考虑壁面温度和流体温度相差较大产生的影响，则式(3.27)～式(3.29)等号右边乘

以下面的普朗特修正项：

$$\left(\frac{Pr}{Pr_{\mathrm{w}}}\right)^{0.11}$$

式(3.28)的计算结果一般比式(3.29)的大，因 Pr 和 D/L 值的不同而异。当 D/L 值很小时，式(3.29)的计算值小于 3.66，这是不合理的。实际计算中，取式(3.27)～式(3.29)计算出的最大值作为最后的结果。

3.3.3　过渡区的对流传热系数

一般认为 $2\,300<Re<10^4$ 的区域为过渡区[9-10]。

Hausen[20] 提出如下计算式：

$$Nu=0.037(Re^{3/4}-180)Pr^{0.42}\left[1+\left(\frac{D}{L}\right)^{2/3}\right]\left(\frac{\mu}{\mu_{\mathrm{w}}}\right)^{0.14} \tag{3.30}$$

式中，除了下标为 w 的参数以壁温作为定性温度外，其余参数均以流体平均温度为定性温度。该公式的建议使用范围为 $0<D/L<1$，$0.6<Pr<1\,000$，$2\,300<Re<10^6$。但是，某些学者(如 Gnielinski)指出其使用范围应该仅限于过渡区。

Gnielinski[9] 收集了公开发表的短管传热实验数据，并与层流强迫对流传热式(3.28)、式(3.29)和 Hausen[20] 式(3.30)的计算结果比较，绘制成图 3.3。由该图可见，在过渡区，式(3.28)、式(3.29)和式(3.30)的预测值可能相差较大。为此，Gnielinski[9] 使用了如下方法：

$$Nu=\max(Nu_{\mathrm{t}},Nu_{\mathrm{lam1}},Nu_{\mathrm{lam2}}) \tag{3.31}$$

式中，Nu_{t} 是用式(3.24)获得的计算值，Nu_{lam1}、Nu_{lam2} 是分别用式(3.28)、式(3.29)获得的计算值。与实验数据比较表明，该方法获得了较好的计算精确度。

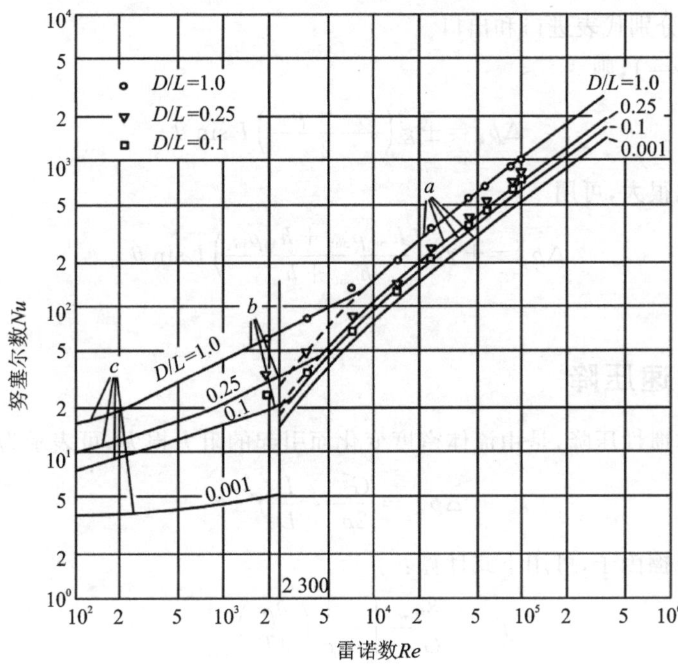

图 3.3　计算值与实验值的比较，计算曲线：*a* 为式(3.30)，*b* 为式(2.28)，*c* 为式(2.29)

3.4 管内压降计算的一般公式

3.4.1 等截面直管内的总压降

等截面直管内的总压降可表示为

$$\Delta p = \Delta p_{\text{fr}} + \Delta p_{\text{g}} + \Delta p_{\text{ac}} \tag{3.32}$$

式中，Δp_{fr} 为摩擦压降，Δp_{g} 为重力压降，Δp_{ac} 为加速压降。

如果一段管内有截面、方向等变化或有扰动等产生，则会引起局部压降，这时其总压降为

$$\Delta p = \Delta p_{\text{fr}} + \Delta p_{\text{loc}} + \Delta p_{\text{g}} + \Delta p_{\text{ac}} \tag{3.33}$$

式中，Δp_{loc} 为局部压降。

以上两式也适用于多相流，但是其中的分项压降计算，多相流有着与单相流不同的计算方法。下面介绍单相流分项压降的计算方法。

3.4.2 重力压降

重力压降是由于流动方向上受重力的作用而产生的压降。对于密度变化较小的流体，重力压降可用下式计算：

$$\Delta p_{\text{g}} = \pm \gamma g \left(\frac{\rho_{\text{out}} + \rho_{\text{in}}}{2} \right) L \sin \theta \tag{3.34a}$$

式中，$g = 9.8\ \text{m/s}^2$，为常（地球）重力加速度；γ 为重力加速度比，即实际重力与常重力之比，对于零重力，$\gamma = 0$；θ 为管与重力方向垂直面的夹角；流向与重力方向相反取“+”号，否则取“−”号；下标 in 和 out 分别代表进口和出口。

对于常重力，$\gamma = 1$，则

$$\Delta p_{\text{g}} = \pm g \left(\frac{\rho_{\text{out}} + \rho_{\text{in}}}{2} \right) L \sin \theta \tag{3.34b}$$

如果密度变化很大，可用

$$\Delta p_{\text{g}} = \pm \gamma g \left(\frac{h_{\text{out}} \rho_{\text{out}} + h_{\text{in}} \rho_{\text{in}}}{h_{\text{out}} + h_{\text{in}}} \right) L \sin \theta \tag{3.35}$$

式中，h 为比焓。

3.4.3 加速压降

加速压降也称惯性压降，是由流体密度变化而引起的阻力损失，可表示为

$$\Delta p_{\text{ac}} = \frac{G^2}{2\rho} \cdot \frac{L}{D} f_{\text{ac}} \tag{3.36}$$

式中，f_{ac} 是加速摩擦因子，可用下式计算：

$$f_{\text{ac}} = \frac{8 q_{\text{w}}}{G c_p} \left[-\frac{1}{\rho} \left(\frac{\partial \rho}{\partial T} \right)_p \right]_{\text{m}} \tag{3.37}$$

式中，q_{w} 是从壁面到流体的热流密度，c_p 为比定压热容，下标 p 表示定压条件，下标 m 表示在流体平均温度时。

在流体密度变化不大时，加速压降可以忽略不计，这时一段管内的总压降为

$$\Delta p = \Delta p_{fr} + \Delta p_{g} + \Delta p_{loc} \tag{3.38}$$

单相流中流体密度变化一般不大，所以一般不考虑加速压降。但是，对于非绝热气液两相流和超临界压力下的流动，密度变化往往很大，所以一般不宜忽略加速压降。

3.4.4　局部压降

局部压降是由于局部截面变化、流动方向改变和局部扰动等引起的压降，可用下式计算：

$$\Delta p_{loc} = \frac{G^2}{2\rho} \cdot \xi \tag{3.39}$$

式中，ξ 为局部阻力系数。

局部阻力系数与局部形变（局部截面变化的状况、方向改变的度数等）和 Re 有关。Ide'lchik[21] 给出了各种局部阻力系数，这在 ASHRAE 手册[22] 中也有转引。

3.4.5　摩擦压降

管内摩擦压降是由于壁面处的粘性摩擦应力作用而引起的压降，可用下式计算：

$$\Delta p_{fr} = \frac{G^2}{2\rho} \cdot \frac{L}{D} f \tag{3.40}$$

式中，G 是质量流速，$G = \rho u$；f 为摩擦因子，常称莫迪（Moody）摩擦因子。

对于水平等截面直管内的不可压缩流动，式(3.33)可简化为

$$\Delta p = \Delta p_{fr} = \frac{G^2}{2\rho} \cdot \frac{L}{D} f \tag{3.41}$$

对于有局部形变的水平管内的不可压缩流动，式(3.33)可简化为

$$\Delta p = \Delta p_{fr} + \Delta p_{loc} = \frac{G^2}{2\rho} \cdot \left(\frac{L}{D} f + \xi\right) \tag{3.42}$$

单相流压降计算的一个关键问题是确定摩擦因子。下面对摩擦因子的计算作详细介绍。

3.5　摩擦因子

3.5.1　摩擦因子的概念

涉及内部流动的工程设计和计算中常需要计算压力降（简称为压降），因为该参数是选择泵或风扇的主要依据之一。在 3.4 节中我们看到，摩擦因子是计算内部压降的必要条件。在 3.2 节中我们看到，摩擦因子在计算强迫对流传热中也可能用到。摩擦因子是一个无量纲参数，其定义为

$$f = \frac{-(\mathrm{d}p/\mathrm{d}x)D}{\rho u_m^2/2} \tag{3.43}$$

因为压力梯度总是为负值，所以摩擦因子总是为正。上式定义的摩擦因子也称 Moody 摩擦因子。

值得注意的是，一些压降和传热公式中不使用摩擦因子，而是使用摩擦系数，或称范宁（Fanning）摩擦因子。这是一个很容易引起混淆和误解的问题。因此，当某公式中出现摩擦因

子时，要特别注意区分是 Moody 摩擦因子，还是 Fanning 摩擦因子。

如果没有特别说明，本书所说的摩擦因子指 Moody 摩擦因子。为了避免引起误解，本书使用摩擦系数 C_f 指代范宁摩擦因子。C_f 定义如下：

$$C_f = \frac{\tau_w}{\rho u_m^2/2} \tag{3.44}$$

式中，τ_w 为壁面处的粘性摩擦应力。

$$\tau_w = -\mu\left(\frac{du}{dr}\right)_{r=r_o} \tag{3.45}$$

将上式代入式(3.44)，得

$$C_f = \frac{-\mu(du/dr)_{r=r_o}}{\rho u_m^2/2} \tag{3.46}$$

为了揭示摩擦因子与摩擦系数的关系，首先考察圆管内充分发展区内层流的速度分布。对于不可压缩流，充分发展区内的重要特征是径向速度分量 v 和轴向速度梯度($\partial u/\partial x$)处处为零，即

$$v=0,\quad \left(\frac{\partial u}{\partial x}\right)=0 \tag{3.47}$$

因此，轴向速度 u 只是径向坐标 r 的函数(见图 3.4)，即 $u(x,r)=u(r)$。

轴向速度与径向坐标的关系可以通过求解适当形式的 x 方向的动量方程获得。对于式(3.47)表示的条件，在充分发展区，净动量通量处处为零，因此动量守恒方程简化为流动中的粘性摩擦应力与压力的平衡方程。对于图 3.4 所示的环形微元体，这个力平衡方程可以表示为

$$\begin{aligned}&\tau_r(2\pi r dx) - \left\{\tau_r(2\pi r dx) + \frac{d}{dr}[\tau_r(2\pi r dx)]\,dr\right\}\\&= \left\{p(2\pi r dr) + \frac{d}{dx}[p(2\pi r dr)]\,dx\right\} - p(2\pi r dr)\end{aligned}$$

简化上式得

$$-\frac{d}{dr}(r\tau_r) = r\frac{dp}{dx} \tag{3.48}$$

根据牛顿粘性定律，

$$\tau_r = -\mu\frac{du}{dr} \tag{3.49}$$

假设流体是常物性，将上式代入式(3.48)，得

$$\frac{\mu}{r}\frac{d}{dr}\left(r\frac{du}{dr}\right) = \frac{dp}{dx} \tag{3.50}$$

因为轴向压力梯度独立于径向坐标 r，对上式积分可得

$$r\frac{du}{dr} = \frac{r^2}{2\mu}\frac{dp}{dx} + C$$

由边界条件$(du/dr)_{r=0}=0$，得积分常数 $C=0$，于是上式可简化为

$$\frac{du}{dr} = \frac{r}{2\mu}\frac{dp}{dx} \tag{3.51}$$

将上式代入式(3.46)可得摩擦系数为

$$C_f = \frac{-(D/4)(\mathrm{d}p/\mathrm{d}x)}{\rho u_m^2/2} \tag{3.52}$$

将上式与式(3.43)进行比较，不难发现

$$f = 4C_f \tag{3.53}$$

即摩擦因子在数量上是摩擦系数的 4 倍。

对式(3.51)进行积分得

$$u(r) = \frac{r^2}{4\mu}\frac{\mathrm{d}p}{\mathrm{d}x} + C$$

由边界条件 $u(r_0)=0$，求得积分常数 C，上式变为

$$u(r) = -\frac{r_o^2}{4\mu}\frac{\mathrm{d}p}{\mathrm{d}x}\left[1-\left(\frac{r}{r_o}\right)^2\right] \tag{3.54}$$

上式即为流动充分发展区内层流的速度表达式。它表明，对于圆管内常物性不可压缩流动，层流充分发展区内的速度沿轴向不变，沿径向呈抛物形分布(见图 3.4)。

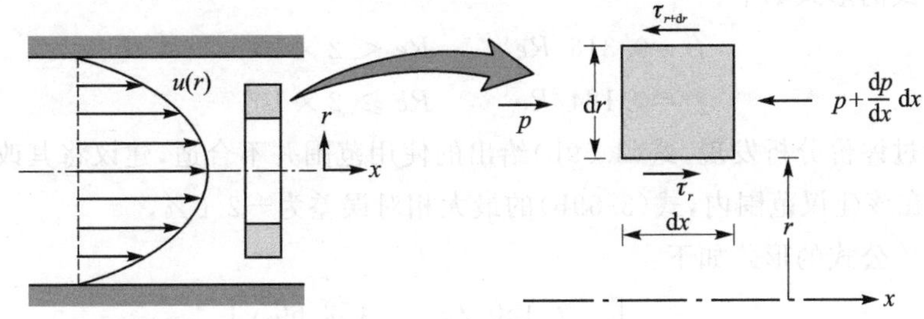

图 3.4　层流充分发展区的速度分布和微元体力平衡

3.5.2　层流摩擦因子的计算

将式(3.54)代入式(3.9)进行积分，可得

$$u_m = -\frac{r_o^2}{8\mu}\frac{\mathrm{d}p}{\mathrm{d}x} \tag{3.55}$$

将式(3.55)和式(3.2)代入式(3.43)，可得圆管内层流充分发展区内的摩擦因子计算式如下：

$$f = \frac{64}{Re} \tag{3.56}$$

该式常用于 $Re \leqslant 2\,000$ 时管内流动的摩擦因子计算。

3.5.3　光滑管内湍流摩擦因子的计算

对于充分发展的湍流，理论分析非常复杂，人们最终得依靠实验来确定其摩擦因子的计算公式。

(1) Nikuradse 公式

Nikuradse[23] 较早借助实验提出了光滑管内湍流摩擦因子关联式

$$\frac{1}{\sqrt{f}} = 2\log(Re\sqrt{f}) - 0.8 \tag{3.57}$$

该式被认为是光滑管内湍流摩擦因子最准确的公式[21-22]。

(2) 显式公式

Nikuradse 公式是隐式，在使用上不大方便，为此人们提出了一些显式公式。这些显式公式可以认为是 Nikuradse 公式的近似表达式。目前使用较多的近似公式有 Filonenko 公式和 Blasius 公式。方贤德等[25]2011 年提出的公式也开始获得较多的使用。对于显式公式精确度的判定，常规做法是以 Nikuradse 公式为标准。

Filonenko 公式如式(3.22)所示。Incropera 和 DeWitt[26]给出该公式的适用范围为 $3\ 000<Re<5\times10^6$。方贤德等[25]建议该公式的适用范围为 $Re=10^4\sim10^8$，在该范围内，其最大相对误差为 2%。

相对误差的定义如下：

$$\mathrm{RE}=\frac{f(i)_{\mathrm{pred}}-f(i)_{\mathrm{st}}}{f(i)_{\mathrm{st}}} \tag{3.58}$$

式中，$f(i)_{\mathrm{pred}}$ 是近似公式的计算结果，$f(i)_{\mathrm{st}}$ 是标准公式获得的计算结果。

Blasius 公式的形式如下：

$$f=0.316/Re^{1/4},\quad Re<2\times10^4 \tag{3.59a}$$

$$f=0.184/Re^{1/5},\quad Re\geqslant2\times10^4 \tag{3.59b}$$

方贤德等[25]通过评价分析发现，式(3.59b)给出的使用范围并不合适，建议将其改为 $2\times10^4\leqslant Re\leqslant2\times10^6$。在该建议范围内，式(3.59b)的最大相对误差为−2.6%。

方贤德等[25]公式的形式如下：

$$f=0.25\left[\log\left(\frac{150.39}{Re^{0.988\ 65}}-\frac{152.66}{Re}\right)\right]^{-2} \tag{3.60}$$

该公式在 $Re=3\ 000\sim10^8$ 范围内的最大相对误差为−0.05%。

Danish 等[27]提出了一个可以同时用于层流、湍流和过渡区的公式，即

$$\frac{1}{2\sqrt{f}}=A-\frac{1.737\ 18A\ln A}{1.737\ 18+A}+\frac{2.621\ 22A(\ln A)^2}{(1.737\ 18+A)^3}+\frac{3.035\ 68A(\ln A)^3}{(1.737\ 18+A)^4} \tag{3.61a}$$

$$A=4\log Re-0.4 \tag{3.61b}$$

该公式在湍流区与式(3.60)的精确度相当，但因为过于复杂而很少被采用。

图 3.5 以 Nikuradse 公式为标准，对比了 Filonenko 公式、Blasius 公式和 Fang 等[25]公式的相对误差。图中，Blasius 公式相对误差线在 $Re=3\times10^6$ 的地方停止。因为，当 $Re>3\times10^6$ 后，误差线快速下行；当 $Re=10^8$ 时，相对误差达到−22.2%。在 $Re=3\ 000\sim5\times10^6$ 范围内，Filonenko 公式的最大相对误差为 4.6%，Blasius 公式的最大相对误差为−6.3%。可以看出方贤德等[25]公式(Fang 等公式)不仅比 Filonenko 公式和 Blasius 公式精确得多，而且适用范围也大得多。

对于非圆管，摩擦因子还与截面形状有关。例如，对于矩形管，Shah 和 London[28]推荐

$$f=\frac{96}{Re}(1-1.355\ 3\theta+1.946\ 7\theta^2-1.701\ 2\theta^3+0.956\ 4\theta^4-0.253\ 7\theta^5) \tag{3.62}$$

式中，雷诺数的定性尺寸为当量直径，定义见式(3.17)；θ 为截面短边与长边之比。对于平行平板通道，$\theta=0$，$f=96/Re$；对于方形管，$\theta=1$，$f=57/Re$。

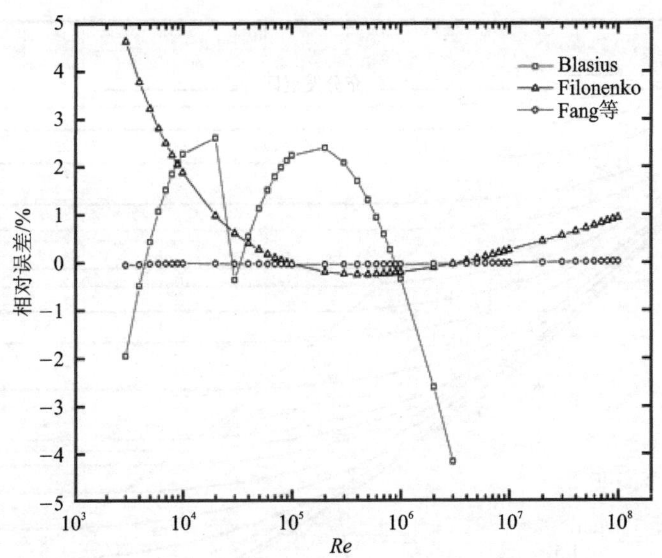

图 3.5　Filonenko 公式、Blasius 公式和 Fang 等公式的相对误差(与 Nikuradse 公式比较)

3.5.4　粗糙管内湍流摩擦因子的计算

充分发展湍流的摩擦因子除了与雷诺数 Re 有关以外，还与流道表面条件有关；对于给定管径，它随着表面粗糙度值的增大而增大。

1. Colebrook 公式和 Moody 图

对于粗糙管内充分发展的湍流，Colebrook[29] 根据实验数据拟合了如下公式：

$$\frac{1}{\sqrt{f}}=-2\log\left(\frac{Rr}{3.7}+\frac{2.51}{Re\sqrt{f}}\right) \tag{3.63}$$

式中，Rr 为相对粗糙度；$Rr=\varepsilon/D$，其中 ε 为流道绝对粗糙度。

值得一提的是，Colebrook 和 White[30] 公式经常被错误地引用为 Colebrook 公式的来源。

Colebrook 公式是 Moody[24] 图粗糙管内湍流摩擦因子的绘制依据。由于 Colebrook 公式展现出了很高的精确度，加之 Moody 图的影响，Colebrook 公式成了被广泛接受的判断单相流湍流摩擦因子显式公式精确度的标准。Moody 图如图 3.6 所示。

2. 粗糙管内湍流摩擦因子的显式近似公式

Colebrook 公式为隐式，使用不便，为此人们提出了很多显式近似式。以下对这些显式公式作简单介绍。介绍的顺序按在雷诺数 $Re=4\ 000\sim10^8$、相对粗糙度 $Rr=0\sim0.05$ 范围内公式的精度(以 Colebrook 公式为标准)高低排列。

(1) Serghides 公式

Serghides[31] 公式的形式如下：

$$\frac{1}{\sqrt{f}}=A-\frac{(B-A)^2}{C-2B-A} \tag{3.64a}$$

$$A=-2\log(12/Re+Rr/3.7) \tag{3.64b}$$

$$B=-2\log(2.51A/Re+Rr/3.7) \tag{3.64c}$$

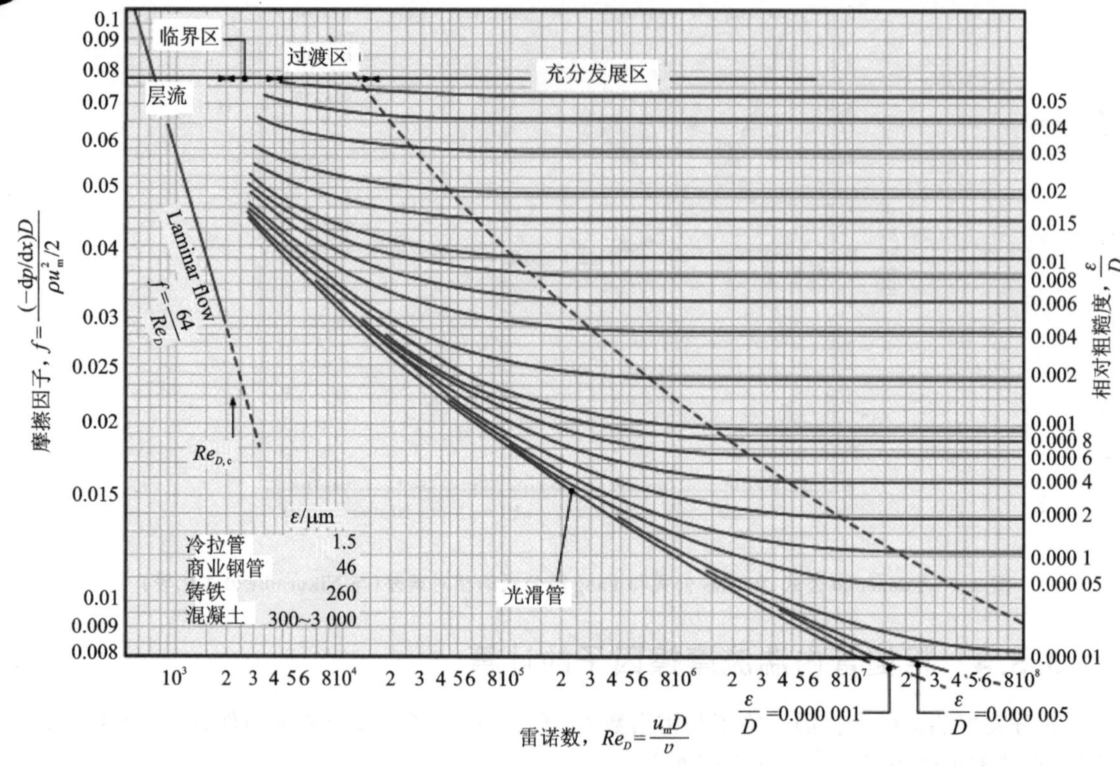

图 3.6　Moody 图

$$C=-2\log(2.51B/Re+Rr/3.7) \tag{3.64d}$$

作者给出该公式的适用范围为 $Re>2\ 100, 0\leqslant Rr\leqslant 0.05$。

(2) Zigrang - Sylvester 公式

Zigrang 和 Sylvester[32] 提出 Colebrook 公式的如下近似式：

$$\frac{1}{\sqrt{f}}=-2\log\left\{\frac{Rr}{3.7}-\frac{5.02}{Re}\log\left[\frac{Rr}{3.7}-\frac{5.02}{Re}\log\left(\frac{Rr}{3.7}+\frac{13}{Re}\right)\right]\right\} \tag{3.65}$$

作者没有明确给出该公式的应用范围。

(3) Romeo 等公式

Romeo 等[33] 提出 Colebrook 公式的如下近似式：

$$\frac{1}{\sqrt{f}}=-2\log\left(\frac{Rr}{3.706\ 5}-\frac{5.027\ 2}{Re}A\right) \tag{3.66a}$$

$$A=\log\left\{\frac{Rr}{3.827}-\frac{4.567}{Re}\log\left[\left(\frac{Rr}{7.791\ 8}\right)^{0.992\ 4}+\left(\frac{5.332\ 6}{208.815+Re}\right)^{0.934\ 5}\right]\right\} \tag{3.66b}$$

作者给出该公式的适用范围为 $3\ 000\leqslant Re\leqslant 1.5\times10^8, 0\leqslant Rr\leqslant 0.05$。

(4) Fang 等公式

方贤德等[25] 针对较高精度的近似式形式复杂、较简单的近似式精度低的问题，提出了 Colebrook 公式的如下近似式：

$$f=1.613\left[\ln\left(0.234Rr^{1.100\ 7}-\frac{60.525}{Re^{1.110\ 5}}+\frac{56.291}{Re^{1.071\ 2}}\right)\right]^{-2} \tag{3.67}$$

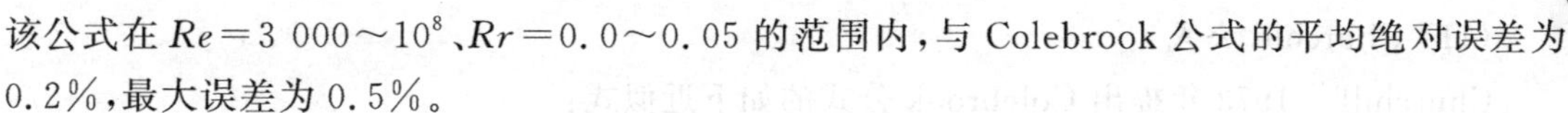

该公式在 $Re=3\,000\sim10^8$、$Rr=0.0\sim0.05$ 的范围内，与 Colebrook 公式的平均绝对误差为 0.2%，最大误差为 0.5%。

(5) Chen 公式

Chen[34]公式的形式如下：

$$\frac{1}{\sqrt{f}}=-2\log\left[\frac{Rr}{3.706\,5}-\frac{5.045\,2}{Re}\log\left(\frac{Rr^{1.109\,8}}{2.825\,7}+\frac{5.850\,6}{Re^{0.898\,1}}\right)\right] \tag{3.68}$$

作者给出该公式的适用范围为 $4\,000\leqslant Re\leqslant4\times10^8$，$10^{-7}\leqslant Rr\leqslant0.05$。

(6) Barr 公式

Barr[35]公式的形式如下：

$$\frac{1}{\sqrt{f}}=-2\log\left[\frac{Rr}{3.7}+\frac{4.518\log(Re/7)}{Re(1+Re^{0.52}Rr^{0.7}/29)}\right] \tag{3.69}$$

作者没有明确给出该公式的适用范围。

(7) Goudar - Sonnad 公式

Goudar 和 Sonnad[36]提出 Colebrook 公式的如下近似式：

$$\frac{1}{\sqrt{f}}=0.868\,6\ln\frac{0.458\,7Re}{S^{S/(S+1)}} \tag{3.70a}$$

$$S=0.124RrRe+\ln(0.458\,7Re) \tag{3.70b}$$

作者给出该公式的适用范围为 $4\,000\leqslant Re\leqslant10^8$，$10^{-6}\leqslant Rr\leqslant0.05$。

(8) Manadilli 公式

Manadilli[37]提出 Colebrook 公式的如下近似式：

$$\frac{1}{\sqrt{f}}=-2\log\left(\frac{Rr}{3.7}+\frac{95}{Re^{0.983}}-\frac{96.82}{Re}\right) \tag{3.71}$$

作者给出该公式的适用范围为 $5\,200\leqslant Re\leqslant10^8$，$0\leqslant Rr\leqslant0.05$。

(9) Haaland 公式

Haaland[38]提出 Colebrook 公式的如下近似式：

$$\frac{1}{\sqrt{f}}=-1.8\log\left[\left(\frac{Rr}{3.7}\right)^{1.11}+\frac{6.9}{Re}\right] \tag{3.72}$$

作者给出该公式的适用范围为 $4\,000\leqslant Re\leqslant10^8$，$10^{-6}\leqslant Rr\leqslant0.05$。

(10) Jain 等公式

Jain[39]提出 Colebrook 公式的如下近似式：

$$\frac{1}{\sqrt{f}}=-2\log\left(\frac{Rr}{3.715}+\frac{5.72}{Re^{0.9}}\right) \tag{3.73}$$

作者给出该公式的适用范围为 $5\,000\leqslant Re\leqslant10^7$，$4\times10^{-5}\leqslant Rr\leqslant0.05$。

Swamee 和 Jain[40]提出了与 Jain 公式略有区别的公式：

$$\frac{1}{\sqrt{f}}=-2\log\left(\frac{Rr}{3.7}+\frac{5.74}{Re^{0.9}}\right) \tag{3.74}$$

作者给出该公式的适用范围为 $5\,000\leqslant Re\leqslant10^8$，$10^{-6}\leqslant Rr\leqslant0.05$。

Jain 公式和 Swamee - Jain 公式的精度都不高，二者的精度差别也很小。

(11) Churchill 公式

Churchill[41] 1973 年提出 Colebrook 公式的如下近似式：

$$\frac{1}{\sqrt{f}}=-2\log\left[\frac{Rr}{3.7}+\left(\frac{9}{Re}\right)^{0.9}\right] \tag{3.75}$$

作者没有明确给出该公式的适用范围。

1977 年，Churchill[42] 提出了覆盖整个 Moody 图的如下近似式：

$$f=8\left[\left(\frac{8}{Re}\right)^{12}+A^{-3/2}\right]^{1/12} \tag{3.76a}$$

$$A=\left(\frac{37\ 530}{Re}\right)^{16}+\left\{-2.457\ln\left[\left(\frac{7}{Re}\right)^{0.9}+0.27Rr\right]\right\}^{16} \tag{3.76b}$$

作者给出该公式的适用范围为任何雷诺数 Re，$0\leqslant Rr\leqslant 0.05$。也就是说，该公式既适用于湍流，又适用于层流和过渡区。它的精确度并不高，但因其使用范围广而获得了较多引用。

(12) Moody 公式

Moody[43] 提出 Colebrook 公式的如下近似式：

$$f=0.005\ 5\left[1+(2\times 10^4 Rr+10^6/Re)^{1/3}\right] \tag{3.77}$$

作者给出该公式的适用范围为 $4\ 000\leqslant Re\leqslant 5\times 10^8$，$0\leqslant Rr\leqslant 0.01$。

(13) Wood 公式

Wood[44] 提出 Colebrook 公式的如下近似式：

$$f=0.53Rr+0.094Rr^{0.225}+88Rr^{0.44}Re^{-1.62Rr^{0.134}} \tag{3.78}$$

作者给出该公式的适用范围为 $4\ 000\leqslant Re\leqslant 5\times 10^7$，$10^{-5}\leqslant Rr\leqslant 0.04$。

(14) Round 公式

Round[45] 提出 Colebrook 公式的如下近似式：

$$\frac{1}{\sqrt{f}}=-1.8\log\left(0.135Rr+\frac{6.5}{Re}\right) \tag{3.79}$$

作者给出该公式的适用范围为 $4\ 000\leqslant Re\leqslant 4\times 10^8$，$0\leqslant Rr\leqslant 0.05$。

3.5.5 临界区内摩擦因子的计算

在 Moody 图中，充分发展层流区结束点和充分发展湍流区起始点之间，称为临界区。通常取 $Re=2\ 000$ 为充分发展层流区结束点；对于粗糙管，工程上通常取 $Re=4\ 000$ 为充分发展湍流区起始点；对于光滑管，通常取 $Re=3\ 000$ 为充分发展湍流区起始点。

Danish 等[27] 公式可以用于光滑管内临界区摩擦因子的计算。Churchill[42] 公式既可以用于光滑管，又可以用于粗糙管内临界区摩擦因子的计算。但这两个公式均很复杂，使用起来很不方便。

实际中，比较常见的做法是通过线性插值的方法，确定临界区的摩擦因子，即用层流区摩擦因子公式，计算出充分发展层流区结束点的摩擦因子；对于粗糙管，用粗糙管湍流摩擦因子公式，计算出充分发展湍流区起始点的摩擦因子；对于光滑管，用光滑管湍流摩擦因子公式，计算出充分发展湍流区起始点的摩擦因子。然后，对临界区进行线性插值。

层流和湍流之间的过渡过程和机理仍不是很清楚，临界区应该作为一种亚稳态区处理，其间的流动过程依赖于各种传输机理、雷诺数和其他条件，非常复杂。所以，临界区的摩擦因子

的计算会存在很大误差。

对于光滑管，可认为临界区为 2 000<Re<3 000；按照线性插值的方法，得临界区摩擦因子计算公式如下：

$$f = (1.1525Re + 895) \times 10^{-5} \tag{3.80}$$

3.5.6　粗糙管内湍流摩擦因子显式近似公式的评价

由于粗糙管内湍流摩擦因子显式近似公式较多，有必要对其进行评价，以便选择合适的模型。评价中使用的标准公式是 Colebrook 公式。

评价结果列于表 3.2～表 3.6。各公式按照精度从高到低进行排序，如 3.5.4 小节中的出现顺序。为了使表格变得简单明了，采取了如下措施：

① Churchill 公式[41] 和 Swamee - Jain 公式[40] 在表中没有出现，因为它们的形式和计算精度都和 Jain 公式差不多，而 Jain 公式的精度稍高，所以三者之中选 Jain 公式为代表。

② Haaland、Moody、Wood、Round 几个公式精度较低，如果它们中任何一个在表中给定误差带内没有较可观的 Re 范围，则其不列入表内。例如这几个公式在 RE 为±0.1%范围内均没有较可观的 Re 范围，所以它们在表 3.2 中均未出现。

③ 如果一个公式在上一个相对误差 RE 范围内已经覆盖了整个雷诺数 Re 范围，则在后续较大 RE 范围的表中不再出现。例如 Serghides 公式在 RE 为±0.1%范围内(见表 3.2)覆盖了整个雷诺数 Re 范围，所以其在−0.1%<RE<0.1%范围的表(见表 3.3～表 3.6)中没有出现。

表 3.2　相对误差 RE 在±0.1%范围内给定相对粗糙度 Rr 对应的雷诺数 Re 范围

公　式	Rr									
	0.000 001	0.000 005	0.000 01	0.000 05	0.000 1	0.000 5	0.001	0.005	0.01	0.05
Serghides	**4E3～1E8**[a]									
Zigrang - Sylvester	4E3～9E3 3E6～1E8	4E3～9E3 2E6～1E8	4E3～9E3 8E5～1E8	4E3～1E4 3E5～1E8	4E3～1E4 2E5～1E8	**4E3～1E8**				
Romeo 等	3E4～1E8	2E4～1E8	2E4～1E8	2E4～1E8	2E4～1E8	9E3～1E8	5E3～1E8	4E3～1E8	4E3～4E5	—[b]
Fang 等	9E6～3E7	8E5～3E6	4E5～1E6 4E7～1E8	4E4～1E5 8E6～3E7	4E6～1E7 2E6～1E7	6E5～4E6	4E5～3E6	5E4～1E8	9E3～1E8	2E4～2E5
Chen	1E4～4E7	1E4～2E6	1E4～3E5 6E7～1E8	9E3～4E4 2E7～1E8	6E6～1E8	1E6～1E8	5E5～1E8	6E4～1E8	2E4～2E6	—
Barr	2E4～1E8	2E4～1E8	2E4～1E8	3E4～1E8	2E5～1E8	6E4～1E8	4E4～1E8	8E3～1E5 2E6～1E8	2E4～7E4 2E6～1E8	4E5～1E8
Sonnad - Goudar	7E7～1E8	2E7～1E8	2E7～1E8	3E6～1E8	2E6～1E8	4E5～1E8	2E5～1E8	5E4～1E8	3E4～1E8	7E3～1E8
Manadilli	4E3～2E6	4E3～7E5	4E3～3E5	4E3～6E4	4E3～2E4 6E7～1E8	2E7～1E8	7E6～1E8	2E6～1E8	1E6～1E8	3E5～1E8
Jain	—	—	—	—	4E7～1E8	7E6～1E8	4E6～1E8	7E5～4E6	4E5～1E6	—
Churchill[42]	—	—	—	—	5E7～1E8	1E7～1E8	5E6～1E8	2E6～1E8	6E5～1E8	2E5～3E6

a 黑体表示覆盖其在该行所占的这个相对粗糙度范围。表 3.2～表 3.6 与此相同。

b 符号"—"表示不适用。表 3.2～表 3.6 与此相同。

表 3.3 相对误差 RE 在±0.2%范围内给定相对粗糙度 *Rr* 对应的雷诺数 *Re* 范围

公 式	*Rr*									
	0.000 001	0.000 005	0.000 01	0.000 05	0.000 1	0.000 5	0.001	0.005	0.01	0.05
Zigrang - Sylvester	**4E3～1E8**									
Romeo 等	**4E3～1E8**									
Fang 等	3E6～1E8	3E5～6E6 4E7～1E8	8E4～2E6 3E7～1E8	3E3～2E5 5E6～1E8	3E3～1E5 3E6～1E8	3E3～1E4 6E5～1E8	2E5～1E8	3E4～1E8	6E3～1E8	2E4～1E8
Chen	7E3～1E8	7E3～1E8	7E3～6E6 2E7～1E8	7E3～3E5 5E6～1E8	6E3～1E5 3E6～1E8	5E3～2E4 5E5～1E8	5E3～1E4 2E5～1E8	4E3～1E8	4E3～1E8	4E3～1E8
Barr	7E3～1E8	7E3～1E8	7E3～1E8	9E3～1E8	2E4～1E8	3E4～1E8	2E4～1E8	6E3～1E8	4E3～1E8	6E3～1E8
Sonnad - Goudar	1E7～1E8	5E6～1E8	3E6～1E8	2E6～1E8	7E5～1E8	2E5～1E8	2E5～1E8	3E4～1E8	2E4～1E8	5E3～1E8
Manadilli	4E3～8E6	4E3～2E6	4E3～1E6	4E3～1E5 4E7～1E8	4E3～5E4 3E7～1E8	6E6～1E8	4E6～1E8	9E5～1E8	5E5～1E8	2E5～1E8
Haaland	5E6～1E8	3E7～1E8	3E7～1E8	9E6～1E8	5E6～1E8	2E6～1E8	6E5～1E8	8E4～1E8	2E4～1E8	4E4～1E8
Jain	—	—	—	4E7～1E8	2E7～1E8	4E6～1E8	2E6～1E8	5E5～1E8	3E5～1E8	7E4～1E6
Churchill[42]	—	—	—	5E7～1E8	3E7～1E8	5E6～1E8	3E6～1E8	6E5～1E8	4E5～1E8	1E5～1E8

表 3.4 相对误差 RE 在±0.5%范围内给定相对粗糙度 *Rr* 对应的雷诺数 *Re* 范围

公 式	*Rr*									
	0.000 001	0.000 005	0.000 01	0.000 05	0.000 1	0.000 5	0.001	0.005	0.01	0.05
Fang 等	**4E3～1E8**									
Chen	**4E3～1E8**									
Barr	**4E3～1E8**					5E3～1E8	5E3～1E8	**4E3～1E8**		
Sonnad - Goudar	7E4～1E8	8E4～1E8	8E4～1E8	7E4～1E8	6E4～1E8	4E4～1E8	3E4～1E8	1E4～1E8	7E3～1E8	4E3～1E8
Manadilli	**4E3～1E8**			4E3～8E5 8E6～1E8	4E3～2E5 5E6～1E8	4E3～2E4 2E6～1E8	9E5～1E8	3E5～1E8	2E5～1E8	5E4～1E8
Haaland	2E6～1E8	6E6～1E8	9E6～1E8	4E6～1E8	3E6～1E8	6E5～1E8	3E5～1E8	3E4～1E8	4E3～1E8	7E3～1E8
Jain	7E5～1E7	6E5～7E6	5E5～5E6	2E5～2E6 7E6～1E8	8E3～1E8	1E4～2E5 7E5～1E8	5E5～1E8	2E5～1E8	1E5～1E8	4E4～1E8
Churchill[42]	5E5～8E6	4E5～6E6	3E5～4E6 7E7～1E8	1E4～1E6 1E7～1E8	1E4～1E6 5E6～1E8	2E4～2E5 1E6～1E8	6E5～1E8	2E5～1E8	2E5～1E8	5E4～1E8
Moody	—	—	—	—	—	2E4～1E5	—	—	—	—
Wood	—	—	—	—	2E4～1E5	—	—	—	—	—

表 3.5　相对误差 RE 在±1%范围内给定相对粗糙度 *Rr* 对应的雷诺数 *Re* 范围

公　式	*Rr*									
	0.000 001	0.000 005	0.000 01	0.000 05	0.000 1	0.000 5	0.001	0.005	0.01	0.05
Barr	**4E3～1E8**									
Sonnad - Goudar	**4E3～1E8**									
Manadilli	**4E3～1E8**						4E3～1E4 2E5～1E8	9E4～1E8	6E4～1E8	3E4～1E8
Haaland	5E3～1E8	5E3～1E8	5E3～6E4 4E5～1E8	5E3～3E4 2E6～1E8	5E3～2E4 8E5～1E8	4E3～1E4 3E5～1E8	4E3～1E4 1E5～1E8	**4E3～1E8**		
Jain	6E3～4E7	6E3～1E8	6E3～1E8	6E3～1E8	6E3～1E8	6E3～1E8	8E3～1E8	5E4～1E8	4E4～1E8	2E4～1E8
Churchill[42]	7E3～3E7	7E3～1E8	7E3～1E8	7E3～1E8	7E3～1E8	8E3～1E8	1E4～1E8	6E4～1E8	5E4～1E8	2E4～1E8
Moody	4E3～2E4	4E3～2E4	4E3～2E4	4E3～2E4	4E3～3E4	4E3～1E5	4E3～3E4	5E3～2E4	6E4～1E8	—
Wood	—	7E6～4E7	—	2E4～2E5 5E7～1E8	2E4～1E5	6E3～4E4	—	—	—	—
Round	2E6～2E7	—	—	—	—	—	—	—	—	—

表 3.6　相对误差 RE 在±2%范围内给定相对粗糙度 *Rr* 对应的雷诺数 *Re* 范围

公　式	*Rr*									
	0.000 001	0.000 005	0.000 01	0.000 05	0.000 1	0.000 5	0.001	0.005	0.01	0.05
Manadilli	**4E3～1E8**								1E4～1E8	7E3～1E8
Haaland	**4E3～1E8**									
Jain	**4E3～1E8**							7E3～1E8	1E4～1E8	7E3～1E8
Churchill[42]	**4E3～1E8**							9E3～1E8	2E4～1E8	8E3～1E8
Moody	4E3～2E4	4E3～2E4	4E3～2E4	4E3～2E4	4E3～3E4	4E3～1E5	4E3～3E4	5E3～2E4	6E4～1E8	—
Wood	—	7E6～4E7	—	2E4～2E5 5E7～1E8	2E4～1E5	6E3～4E4	—	—	—	—
Round	2E6～2E7	—	—	—	—	—	—	—	—	—

以相对误差 RE 为判断准则，通过表 3.2～表 3.4 可以看出以下几点：

① 在 $Re=4\ 000\sim10^8$、$Rr=0\sim0.05$ 范围内，Serghides 公式的精度最高，相对误差为±0.1%，Zigrang - Sylvester 公式和 Romeo 等公式的相对误差为±0.2%，Fang 等公式和 Chen 公式的相对误差为±0.5%，Barr 公式和 Goudar - Sonnad 公式的相对误差为±1%，Haaland 公式的相对误差为±2%，其他公式的相对误差超过了±2%。

② Haaland 公式、Jain 公式、Churchill[41,42]公式和 Swamee - Jain 公式的精度相当。

③ Churchill[42]公式是唯一一个既可以用于光滑管又可以用于粗糙管，既可以用于湍流又可以用于层流，还可以用于过渡区的公式。但其精度较低。

④ 在精度最高的前 5 个公式中(相对误差在±0.5%以内)，Fang 等公式的形式最为

简单。

参考文献

[1] Langhaar H L. Steady flow in the transition length of a straight tube. Trans. ASME, J. Appl. Mech., 1942, 64:A.55-A.58.

[2] Kays W M, Crawford M E, Weigand B. Convective heat and mass transfer. 4th ed. Boston: McGraw-Hill Higher Education, 2005.

[3] Kandlikar S G, Steinke M E. Predicting heat transfer during flow boiling in minichannels and microchannels. ASHRAE Trans., 2003, 109: 667-676.

[4] Zhang W, Hibiki T, Mishima K. Correlation for flow boiling heat transfer in mini-channels. Int. J. Heat Mass Transfer, 2004, 47:5749-5763.

[5] Fang X. A new correlation of flow boiling heat transfer coefficients based on R134a data. Int. J. Heat Mass Transfer. 2013, 66:279-283.

[6] Wattelet J P, Chato J C, Souza A L, et al. Evaporative characteristics of R-12, R-134a, and a mixture at low mass fluxes. ASHRAE Trans, 1994, 94(Part 1): 603-615.

[7] Gungor K E, Winterton R H S. Simplified general correlation for saturated flow boiling and comparison with data. Chemical Eng. Research and Des., 1987, 65:148-156.

[8] Dittus F W, Boelter L M K. Heat transfer in automobile radiator of the tubular type. Univ. Calif. Publ. Eng., 1930, 2 (13):443-461.

[9] Gnielinski V. New equations for heat and mass transfer in turbulent pipe and channel flow. Int. Chemical Engineering, 1976, 16(2):359-368.

[10] Bergman T L,Lavine A S, Incropera F P, et al. Fundamentals of heat and mass transfer. 7th ed. USA: John Wiley & Sons, Inc., 2011.

[11] Shah M M. A general correlation for heat transfer during film condensation inside pipes. Int. J. Heat Mass Transfer, 1979, 22(4):547-556.

[12] Jung D, Song K H, Cho Y M, et al. Flow condensation heat transfer coefficients of pure refrigerants. Int. J. Refrigeration, 2003, 26(1):4-11.

[13] Sieder E N, Tate G E. Heat transfer and pressure drop of liquids in tubes. Ind. Eng. Chem., 1936, 28: 1429.

[14] Petukhov B S, Kirillov V V. On heat exchange at turbulent flow of liquid in pipes. Teploenergetika, 1958, (4):63-68.

[15] Petukhov B S, Popov V N. Theoretical calculation of heat exchange and frictional resistance in turbulent flow in tubes of an incompressible fluid with thermophysical properties. High Temperature, 1963, 1(1): 69-83.

[16] Petukhov B S, Kurganov V A, Gladuntsov A I. Heat transfer in turbulent pipe flow of gases with variable properties. Heat Transfer - Soviet Research, 1973, 5(4): 109-116.

[17] Fang X, Bullard C B, Hrnjak P S. Heat transfer and pressure drop of gas coolers. ASHRAE Transactions, 2001, 107 (1):255-266.

[18] Shah R K, Bhatti M S. Laminar convective heat transfer in ducts //Kakac S, Shah R K, Aung W. Handbook of Single-Phase Convective Heat Transfer, Chapter 3. New York: Wiley Interscience, 1987.

[19] Lienhard I V J H, Lienhard V J H. A heat transfer handbook. 3rd ed. Cambridge, Massachusetts: Phlogiston Press, 2005.

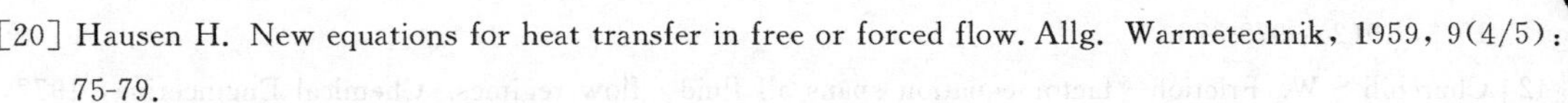

[20] Hausen H. New equations for heat transfer in free or forced flow. Allg. Warmetechnik, 1959, 9(4/5): 75-79.

[21] Ide'lchik I E. Handbook of hydraulic resistance: coefficients of local resistance and of friction. Jerusalem: The Israel Program for Scientific Translations, 1966.

[22] ASHRAE. ASHRAE handbook-fundamentals. Atlanta: American Society of Heating, Refrigerating, and Air-conditioning Engineers, 2009.

[23] Nikuradse J. Stroemungsgesetze in rauhenRohren. Ver. Dtsch. Ing. Forsch. 1933(361): 1-22.

[24] Moody L F. Friction factors for pipe flow. Transaction of the ASME, 1944, 66:671-684.

[25] Fang X, Xu Y, Zhou Z. New correlations of single-phase friction factor for turbulent pipe flow and evaluation of existing single-phase friction factor correlations. Nuclear Engineering and Design, 2011, 241(3): 897-902.

[26] Incropera F P, DeWitt D P. Fundamentals of heat and mass transfer. 5th ed. New York: John Wiley & Sons, 2001.

[27] Danish M, Kumar S, Kumar S. Approximate explicit analytical expressions of friction factor for flow of Bingham fluids in smooth pipes usingAdomian decomposition method. Communications in Nonlinear Science and Numerical Simulation, 2011, 16(1): 239-251.

[28] Shah R K, London A L. Laminar Flow Forced Convection in Ducts. In: Advances in Heat Transfer, Irvine Jr. RF, Hartnett JP(eds.). New York: Academic Press, 1978.

[29] Colebrook C F. Turbulent flow in pipes, with particular reference to the transition region between the smooth and rough pipe laws. Journal of the Institution of civil engineers, 1938,39, 11:133.

[30] Colebrook C F, White C M. Experiments with fluid friction roughened pipes //Proceedings of the Royal Society of London. Series A, Mathematical and Physical Sciences, 1937, 161 (906):367-381.

[31] Serghides T K. Estimate friction factor accurately. Chemical Engineering, 1984, 91:63-64.

[32] Zigrang D J, Sylvester N D. Explicit approximations to the Colebrook's friction factor. AICHE J., 1982, 28(3):514-515.

[33] Romeo E,Royo C, Monzon A. Improved explicit equations for estimation of the friction factor in rough and smooth pipes. Chemical Engineering Journal, 2002, 86:369-374.

[34] Chen N H. An explicit equation for friction factor in pipe. Ind. Eng. Chem. Fundam., 1979, 18(3): 296-297.

[35] Barr D I H. Solutions of the Colebrook-White functions for resistance to uniform turbulent flows. Proc. Inst. Civil. Engrs., 1981, Part 2:71.

[36] Sonnad J R, Goudar C T. Turbulent flow friction factor calculation using a mathematically exact alternative to the Colebrook-White equation. Journal of the Hydraulics Division, ASCE, 2006, 132(8): 863-867.

[37] Manadilli G. Replace implicit equations with sigmoidal functions. Chem. Eng. Journal, 1997, 104(8): 129-132.

[38] Haaland S E. Simple and explicit formulas for friction factor in turbulent pipe flow. Trans. ASME, J. Fluids Eng., 1983, 105: 89.

[39] Jain A K. Accurate explicit equations for friction factor. Journal of the Hydraulics Division, ASCE, 1976, 102(5): 674-677.

[40] Swamee P K, Jain A K. Explicit equation for pipe flow problems. Journal of the Hydraulics Division, ASCE, 1976, 102(5):657-664.

[41] Churchill S W. Empirical expressions for the shear stressing turbulent flow in commercial pipe. AIChE J,

1973, 19(2): 375-376.

[42] Churchill S W. Friction - factor equation spans all fluid - flow regimes. Chemical Engineering, 1977, (7): 91-92.

[43] Moody L F. An approximate formula for pipe friction factors. Trans. ASME, 1947, 69:1005.

[44] Wood D J. An Explicit friction factor relationship. Civil Eng. , 1966, 60(12):60-61.

[45] Round G F. An explicit approximation for the friction factor-Reynolds number relation for rough and smooth pipes. Can. J. Chem. Eng. , 1980, 58:122-123.

第4章 两相流参数测量技术

气液两相流参数很多,本章主要从参数测量的角度,介绍对两相流具有特殊性的参数测量技术。与单相流相同或非常接近的测量技术,例如温度、压力、压差等的测量技术,不列入讨论范围。本章首先对两相流测量方法作简单的概括性介绍,接着分别讨论流量、流型、空泡率和液膜厚度的主要测量方法。

4.1 概 述

4.1.1 两相流参数测量的特点

气液两相流系统存在于能源、化工、冶金、建筑、医药、航空航天等各个工业领域,引起人们长期广泛的研究。迄今为止,实验仍然是主要研究手段。与单相流相比,气液两相流具有许多复杂的特性,例如气泡的产生与脱离,气泡的聚并与破碎,弥散相的不连续性,气相和液相之间存在着界面效应和相对速度,以及流动的不稳定性现象突出等。所以气液两相流实验技术难度很大,其中的主要问题就是参数测量问题。长期以来,国内外研究者对两相流参数测量技术进行了不懈的研究与探索。

随着两相流系统在工业生产过程中的广泛应用,对两相流参数测量方面的研究也在加强。虽然如此,由于两相流特性复杂多变,一些参数的测量问题迄今为止仍然没有得到很好的解决。目前主要是对两相流的流速、流型变化、质量和体积流量、空泡率、液膜厚度等工业生产过程中经常遇到的一些参数进行测量[1-5]。

两相流参数的准确实时在线测量对于实现工业生产过程中的参数控制和可靠运行起着重要的作用。因此,两相流多参数的动态测量也成为需要解决的重要问题。这就需要探索和研究更新的传感技术和更有效的实现方法。对于气液两相流的流速、流型变化、质量和体积流量、空泡率等的在线测量,人们已经开展了大量的理论研究和实验探索。其中,对涉及新技术领域的测量方法的研究比较多,例如过程层析成像技术、激光多普勒技术、核磁共振技术、辐射线技术、超声波技术、微波技术、PIV技术、现代信息处理和人工智能等[4,5]。也有很多研究工作是应用传统的单相流测量仪表和两相流模型进行多参数组合辨识来进行测量的。

到目前为止,一些两相流参数还不能实现精确无误的直接测量。为此,将测量信号与现代信息处理方法结合起来的软测量技术正在逐步获得重视。已经使用的现代信息处理方法包括傅里叶变换、小波变换、Wigner-Ville分布、Hilbert-Huang(希尔波特-黄)变换、概率密度函数、功率谱密度、模糊数学、混沌分析、神经网络等人工智能等。这些方法将复杂两相流流动过程中蕴涵的大量信息挖掘出来,在获得两相流参数信息的途径方面,是重要的发展趋势[6-7]。

由于气液两相流的研究在工业过程中迫切需要,而气液两相流的参数测量技术严重制约了气液两相流研究的深入发展,因此许多新的科学技术一旦问世,便被应用到两相流测量领域中,成为两相流参数测量技术新的研究课题。

4.1.2 两相流参数测量方法概述

根据传感器是否介入流场，可以将两相流参数测量技术分为两类：侵入式(或称接触式)和非侵入式(或称非接触式)。

侵入式测量技术是最早出现的两相流测试技术，此类技术可以方便快捷地测量系统的局部特性参数，如气泡大小、形状、频率，相含率，气泡运动，以及气泡特性分布等。其传感器一般为针形探头，测量时需要将探头侵入流场内。缺点是探头不可避免地会干扰流场，如可能使气泡破碎、加速、变形、拉长等。

非侵入式测量技术没有侵入探头，故对流场没有干扰，如前面提到的过程层析成像技术、基于射线吸收和散射原理的辐射线技术，以及激光多普勒技术等。

根据使用的仪表类型和信息处理手段，气液两相流参数测量方法大致可划分成三大类：用单相流测量仪表的测量方法；使用新型传感器技术的方法；软测量方法。

(1) 用单相流测量仪表的测量方法

单相流测量仪表技术成熟，工作可靠，相关的工程技术和研究人员已经积累了使用经验，因此在气液两相流的参数测量中，自然会首先想到运用成熟可靠的传统单相流仪表和测量技术。

对于与流量相关的参数，例如平均流量、分相流量、相含率等，可使用差压式流量计、涡轮流量计、电磁流量计、容积式流量计、科里奥利流量计等，配合适当的两相流模型进行测量。例如，根据气液两相流的流动特征，可以使用孔板差压流量计，结合分相流模型和均相流模型等流量测量模型，实现气液两相流流量的测量。

某些气液两相流参数的测量也可以通过单相流测量探头和传感器来实现。气液两相流的流量或干度的测量还可以使用多传感器组合的多参数组合测量方法等。这种多传感器组合测量一般是单相流体测量仪表的交叉排列组合应用。例如可以使用多个电阻抗探针对气液两相流的流型分布、气液两相流的局部速度、气泡速度、气泡分布等参数进行测量。

因为单相流测量装置简单可靠，测取信号不多，使用方便，因此用单相流测量技术配合两相流计算模型的方法，在两相流系统中的应用价值较大。不过，这种方法尽管能在某些程度上解决气液两相流参数测量的问题，但在实际使用时需要满足一定的测量范围和使用条件，因此需要研究实际应用中具体问题的解决方法。

(2) 使用新型传感器技术的方法

近几十年来，在气液两相流的参数测量技术中越来越多地参考和使用涌现出的各种新技术，并不断更新和发展。在对气液两相流参数测量技术的研究过程中，为了对两相流流型、相含率、气液各相的速度、相界面构型、组分浓度及分布等信息进行更准确的测量，人们大量研究探讨了现代信号处理技术和各种新型的传感器技术在两相流测量中的应用，包括过程层析成像技术、辐射线技术、光谱技术、激光技术、微波技术、核磁共振技术、超声波技术、相关技术、新型示踪技术、微电容测量技术等。

随着计算机技术的发展，将 20 世纪 80 年代中期研制成功的过程层析成像技术应用于气液两相流参数的在线测量是两相流参数测量领域的一个重要途径。过程层析成像技术能够采用非侵入的方法在线实时地获取气液两相流的二维、三维信息，并且具有响应特性好、能得到两相流动态图像的特点，在最近 20 多年内得到了迅速的发展。已经出现了多种过程层析成像

系统，例如电容层析成像技术（ECT）、电阻层析成像技术（ERT）、X 射线层析成像技术、超声层析成像技术、核磁共振层析成像技术等[8-10]。

基于射线吸收和散射原理的辐射线技术（例如 X 射线、γ 射线、中子射线等）制成的仪表已经成为测量气液两相流相浓度的一种重要手段。国外在此领域的研究比较系统和深入，已有成熟的技术产品[5,11]。

激光多普勒测速技术（LDV）是另外一种有良好前景的非侵入式两相流测量技术。它空间分辨率高，测速范围宽，动态响应快，方向性好。其中，相位多普勒测速技术不仅能够准确测量出诸如气泡、颗粒、液滴等颗粒相的速度，还能最终获取颗粒相的尺寸分布和气液两相的流量信息[12-13]。

粒子图像测速技术（PIV）在两相流系统的测量中也正在受到重视。Silva 等[14]用 PIV 技术测量鼓泡塔内气泡表观速度和液体流速。Ayati 等[15]用两相流 PIV 技术测量管内两组分气液两相流，获得了速度分布、湍流结构分布、波幅、波速和流型等数据。

光导纤维技术在气液两相流参数测量领域中也获得了发展[16]。光导纤维重量轻，尺寸小，因其柔软而安装方便，具有灵敏度高、性能稳定、工作可靠等特点，并且使用光子传递信息可免于受到电磁场的干扰。

此外，微波技术可以直接测量气液两相流的含液率，在一些研究领域中得到了应用。核磁共振技术对流场无干扰，属于非侵入式测量，并且不会受到被测量流体的物性参数（例如密度、温度、电导率和透明度等）变化的影响，可用于气液两相流的平均速度、流动速度分布、相含率、瞬时流速等参数的测量。

在两相流测量中采用新型传感技术，主要具有以下几方面的优点：

① 采用对气液两相流体的流动没有干扰或阻碍的非侵入式或非接触式的新型传感技术，不会破坏气液两相流流场的信息；

② 具有在线实时测量的功能和优良的动态性能；

③ 能够将传统的宏观测量方法和新型的微观测量技术很好地结合起来；

④ 容易实现由单一信息测量发展到多信息测量的多传感器信息融合。

(3) 软测量方法

软测量方法是指以现代计算机技术作为支撑平台，将硬件技术与现代数学技术和信号处理技术相结合，进行气液两相流参数测量的方法。目前很多传统的过程参数测量仪表都是在硬件技术发展成熟的基础上，对过程参数进行直接测量的。但是，对于气液两相流的一些参数，仅仅使用传感器直接进行测量往往是难以实现的。因此，人们在气液两相流参数测量技术领域中引入了软测量技术，对于一些比较容易在线进行测量的辅助过程变量和一些可以进行离线分析的信息，采用适当的数学计算和估计方法，获得直接测量技术不能测量或者难以测量的过程参数。

软测量技术可以用于解决利用常规数学模型很难进行精确描述的不确定的复杂气液两相流系统的参数测量问题。气液两相流管路中的压差波动信号和流型之间的数学关系可以通过现代信号分析技术建立，从而通过压差波动信号的测量实现对气液两相流流型的识别。Tambouratzis 和 Pàzsit[17]用辐射线技术获得图像，再通过人工神经网络技术实现气液两相流流型的识别。Sheikhi 等[18]用加速度计获得塔壁振动信号，用压阻式绝对压力传感器获得压力波动信号，通过小波变换处理时间域和频率域信号，获得鼓泡塔内气液两相流气泡行为等流体动

力学特性。

软测量技术在两相流中的应用主要是将现代数学方法和现代信息处理方法，如小波变换、Wigner - Ville 分布、Hilbert - Huang 变换、概率密度函数、功率谱密度、模糊数学、混沌分析、人工智能（如神经网络等）等，引入到气液两相流的参数测量研究领域中，解决气液两相流系统的参数测量问题。

现代数学技术和信号处理技术具有硬件简单、成本低廉等特点，可以用来获得一些气液两相流中很难直接获取的重要参数和信息，具有广阔的发展前景。在气液两相流参数测量的研究领域中，人们逐渐将现代数学技术和信号处理技术与基于传感器等硬件基础的各种传统的参数测量手段相结合，对测量信号进行分析处理，从而获得对气液两相流现象的机理性认识。

综上所述，在气液两相流参数测量技术领域，今后主要研究方向和发展趋势包括以下几个方面：

① 在今后相当长一段时间内，使用成熟的单相流参数测量技术进行气液两相流参数测量仍然是一个重要的研究课题。

② 随着电子技术和半导体技术的飞速发展，在各种新技术高速发展的基础上，气液两相流新型传感器和测量仪表的研制是一个重要的研究领域。

③ 随着现代计算机技术的发展和图像处理技术的提高，应用过程层析成像技术和高速摄像技术，获得气液两相流系统的二维和三维时空分布信息，将成为重要的发展方向。

④ 基于射线吸收和散射原理的辐射线技术、LDV 技术和 PIV 技术是两相流参数测量的重要途径，值得进一步研究。

⑤ 将现代数学技术和信号处理技术与硬件测量信号相结合的软测量技术，是实现两相流参数测量的一个重要的途径和发展方向，将是今后很长时间内的研究热点。

4.2 流量测量

4.2.1 流量测量方法概述

流量测量的主要对象是体积流量、质量流量、速度、干度和空泡率等过程参数。目前可用的流量测量方法比较多，存在着不同的分类方法。

根据测量过程中是否对两相流体进行分离，可以将其分为两类：分离法和非分离法。

用传统的单相流测量仪表和技术进行两相流流量的测量，是很自然会考虑到的问题。单相流流量测量有很多成熟的技术，而且设备和方法相对简单，在可能的情况下，应考虑首先使用。例如，实验研究中，单组分气液两相流常被冷凝成液体，通过测液体流量获得两相流流量。如果无法或实际过程中很难把两相流转化成单一单相流体进行测量时，很自然地会考虑分离法，或把两种传统的单相流测量仪表和技术组合起来使用。

分离法是一种传统的测量方法，目前仍然是工程上的一种主要解决方案[19-20]。它首先用分离器将气液两相流体分离成气体和液体，然后再通过普通单相流量计进行计量。也就是说，这一方法把两相流体转化成了气相和液相两种单相流体，再用单相流方法测量两相流流量。

非分离法不对两相流体进行分离，而直接将测量仪表置于气液两相流体中进行测量，是两相流流量测量研究的重点领域。已出现和正在研制的这类测量方法有很多，基本上可以归纳

为三类：

① 将传统成熟的单相流测量仪表和技术应用到两相流测量中，并根据两相流动的特殊性研究其测量特性和测量模型，如差压式流量计、涡轮流量计、容积式流量计、电磁流量计、科里奥利质量流量计、相关测速方法等。有些应用场合，把两种传统的单相流测量仪表和技术组合起来，可能解决两相流的流量测量问题。

② 使用各种现代新型测量技术解决两相流检测问题，如计算机层析成像技术、超声波技术、核磁共振技术、中子辐射法、激光多普勒测速技术等。

③ 利用软测量技术。由于两相流种类的多样性和应用场合的广泛性，不可能存在一种普遍适用的两相流流量检测仪表和技术，针对不同场合下不同的测量需求和实际工况，研究新的测量方法，研制新型传感器，改进现有传统传感器和仪表，研究各种新型先进的信息处理融合方法和手段，都是两相流流量测量的研究课题。

4.2.2　分离法

由于单相流测量技术比较成熟，故分离法具有工作可靠、测量精度高、测量范围宽且不受气液两相流流型变化的影响等潜在优点。但是该方法的缺点也很明显。最大的缺点是分离器的体积过于庞大，很难做成自动化仪表单独使用。

按照气液分离程度的不同，分离法又可以分为全分离法、粗分离法和取样分离法。全分离法将气液两相完全分离，获得很纯的单相气体和单相液体，然后分别对它们进行测量。该方法测量精度高，但是对分离设备要求高，造价昂贵。粗分离法是将气液两相流体粗略地分离成两股以气相为主和以液相为主的流体，再分别进行计量。粗分离可以降低分离设备的体积要求，但代价是增加了额外的仪表（如密度计等）来测量分离程度，以补偿分相流量测量。取样分离法是提取两相流的少量样本加以气液分离，测定各相的百分含量，然后通过计算得到各相流量。取样分离法的设备体积大大减小，但同时对气液两相流的稳定性和流型所带来的不利影响也增大。

由于气液两相流体的流动具有强烈的波动性，流型也随流量和组分不断变化，目前研制的各种两相流体流量计在测量精度和可靠性上还很难完全达到商用仪表的要求。所以，新的分离方法和测量装置仍然是一个引人关注的研究课题。

参考文献[19]提出了一种新的分离法，称为分流分相法，其原理如图 4.1 所示。该方法也可以认为是基于部分分离的方法。被测两相流体通过某种分配设备被分流成两部分。大部分（80%～95%）两相流体继续沿原有流道流动，称之为主流体回路。另一部分（5%～20%）流体进入了分流体回路。在分流体回路中，一个小型分离器将这股气液两相流分离成单相气体和液体，再分别用相应的单相流量计进行气相和液相流量测量，并根据比例关系将测量值换算成被测两相流体的流量。测量完成后的分流体再重新与主流体汇合。由于进行了分流，因而分离器体积可以大大缩小，同时测量仪表都是在单相流状态下工作，回避了导致两相流的波动性和流型改变的问题。被测两相流体的流量按如下公式计算：

$$\dot{m}_{g}=\frac{\dot{m}_{g1}}{K_{g}} \tag{4.1}$$

$$\dot{m}_{l}=\frac{\dot{m}_{l1}}{K_{l}} \tag{4.2}$$

式中，$\dot{m}_g$ 和 $\dot{m}_l$ 分别是被测两相流的气相流量和液相流量，$\dot{m}_{g1}$ 和 $\dot{m}_{l1}$ 分别是分流体回路的气相流量和液相流量，K_g 和 K_l 分别是气相分流系数和液相分流系数。

在理想情况下，$K_g=K_l$ 且保持不变。但是对于具体的分离设备而言，由于实际系统的影响因素多，实际分流系数的特性很难达到这一点。不过，只要 K_g 和 K_l 能在较宽的测量范围内保持稳定或具有确定的变化规律，就能够保证 $\dot{m}_g$ 和 $\dot{m}_l$ 的测量精度。

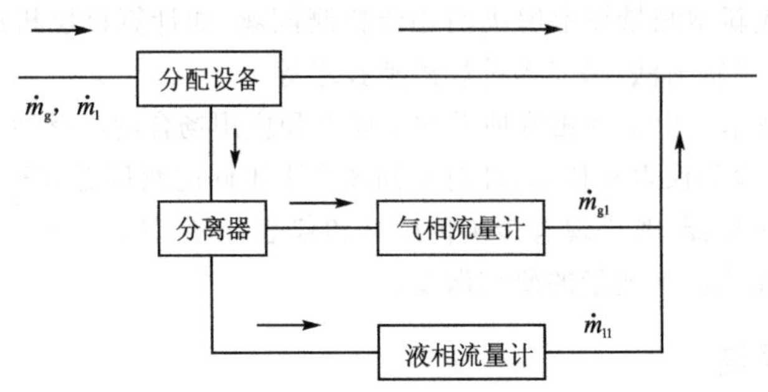

图 4.1　分流分相法装置示意图[19]

4.2.3　组合法

组合法的思路是把两种传统的单相流测量仪表和技术组合起来，进行两相流的流量测量。

(1) 单相流量计和物性仪表的组合法

由于两相流系统的复杂性，仅用一种单相流测量仪表来测量两相流流量往往非常困难，或者代价很大。利用一个单相流量计和一种两相流物性测量仪表的组合是常用的一种解决思路。单相流量计用来测量两相流的流量或流速分布信息，而物性仪表用来测量两相流相浓度分布信息，例如空泡率、干度等参数。常用的物性测量仪表和方法有密度计、差压传感器、电容传感器、微波法、射线法等。

(2) 两个单相流量计组合双参数测量法

设 S_1 和 S_2 是两个单相流量计的输出信号，其双参数测量原理可描述为

$$S_1=f_1(\dot{m},x) \tag{4.3}$$

$$S_2=f_2(\dot{m},x) \tag{4.4}$$

式中，$\dot{m}$ 为两相流待测流量；x 为干度；f_1 和 f_2 分别表示两个单相流量计输出信号与被测两相流流量和干度等信息的函数关系，可通过理论分析或者实验确定。

联解这两个方程，通过消去 x，则能在干度未知的情况下得到两相流流量信息。双孔板、孔板与容积式流量计、孔板与文丘里管等是常用的单相流量计组合。

用两个单相流量计组合测量两相流流量的优点是能够直接利用常规流量计进行两相流流量测量，测量技术成熟，实施比较容易；缺点是有效测量范围有限，而且测量结果易受流型的影响。

4.2.4　压差法

差压信号包含两相流动的丰富信息，研究差压信号波动与两相流流动之间的关系，不仅可以更好地了解两相流的流型，而且对于两相流的流量测量也具有重要意义。

压差法也称节流法，是应用最广的气液两相流流量测量方法。其测量原理是：流体通过节流元件时产生的压降与流量之间存在函数关系，通过测量压力降可以计算出通过节流元件的流体流量。节流元件包括孔板、文丘里管、双锥（V 锥）、喷嘴等。孔板的压力损失较大，对管道内两相流流动状态影响也较大。文丘里管对流体的流动影响小，压损也小，近年来逐渐受到重视。双锥流量计是 20 世纪 80 年代出现的一种新型差压式流量计。相比于其他传统差压式流量计（如孔板和文丘里管），双锥流量计在压损、重复性、量程比、长期工作稳定性等方面表现出一定的优势。

由于节流装置简单、可靠、具有足够精度并且已经部分形成国际标准，用压差法测量两相流流量受到各国研究者的重视，并在实际生产中广泛应用。因而，压差法成为目前两相流流量测量应用最广的一种方法。

1. 压差法的测量原理

在第 3 章中我们知道，一个管路系统的总压降 Δp 可表示为

$$\Delta p = \Delta p_{fr} + \Delta p_{loc} + \Delta p_{g} + \Delta p_{ac} \tag{4.5}$$

式中，Δp_{fr} 为摩擦压降；Δp_{loc} 为局部压降，由流道的截面、方向等变化而引起；Δp_{g} 为重力压降；Δp_{ac} 为加速压降。

利用节流装置进行流量测量时，节流装置两边压差测量点的距离很短，而且一般为水平布置，所以摩擦压降和重力压降可以忽略。假设流体流过节流装置不发生相变，两边密度变化也很小，加速压降也可以忽略，因此两相流流过节流装置的压降等于局部压降，即

$$\Delta p = \Delta p_{loc} = \frac{G^2}{2\rho} \cdot \xi \tag{4.6}$$

式中，ξ 为局部阻力系数；ρ 为两相流密度；G 为两相流质量流速，$G = \rho u$，其中 u 为节流装置喉部流速。

由式(4.6)可得

$$G = \frac{1}{\xi}\sqrt{2\rho\Delta p} \tag{4.7}$$

$$u = \frac{1}{\xi}\sqrt{2\Delta p/\rho} \tag{4.8}$$

质量流量可用下式计算：

$$\dot{m} = CG = C\rho u \tag{4.9}$$

式中，系数 C 是与节流装置结构、尺度、流体物性、流动状况等有关的参数。

对于用孔板和文丘里管测量单相流流量，上式可具体化为[21]

$$\dot{m} = \frac{C\varepsilon A_0}{\sqrt{1-\tilde{d}^4}}\sqrt{2\rho\Delta p} \tag{4.10}$$

式中，$\tilde{d}$ 为孔板、文丘里管喉部直径与管径之比；C 为流出系数，ε 为流体压缩系数，这两个系数与节流装置、工质、流动状态等有关，一般由实验确定。

国内外许多学者，如 Murdock[22]、林宗虎[23]、James[24]、Chisholm[25] 等对利用各种节流装置测量气液两相流流量做了大量的研究工作，以便确定压降 Δp 与流速 u 或流量 $\dot{m}$ 之间的函数关系。已经获得的函数关系主要有均相流模型和分相流模型。其他模型一般是在这两个模

型基础上进行适当修正得到的。

2. 均相流模型

均相流模型方法采用一定的方式把气液两相流参数折合成一个平均参数，从而把两相流动看作准单相流动。最直接的做法是，在利用式(4.10)时，两相流密度 ρ 可用下式确定：

$$\frac{1}{\rho}=\frac{1-x}{\rho_l}+\frac{x}{\rho_g} \tag{4.11}$$

式中，x 为干度，ρ_g 和 ρ_l 分别为气相和液相的密度。当 $x=0$ 时，式(4.10)变为单相液体流量测量公式。当 $x=1$ 时，式(4.10)变为单相气体流量测量公式。

由于两相流体的实际情况与均相流模型相差较大，直接使用上式进行流量测量的误差较大，因此很多研究者对均相流模型进行了修正。James[24]研究湿蒸气流过孔板的流量测量，对两相流密度进行了修正，提出

$$\frac{1}{\rho}=\frac{1-x^{1.5}}{\rho_l}+\frac{x^{1.5}}{\rho_g} \tag{4.12}$$

Moura 和 Marvillet[26]提出两相流混合密度为

$$\frac{1}{\rho}=\frac{x^2}{\alpha\rho_g}+\frac{(1-x)^2}{(1-\alpha)\rho_l} \tag{4.13}$$

式中，α 为空泡率，干度 x 与 α 的关系由下式确定：

$$x=\left[1+\left(\frac{1-\alpha}{\alpha}\right)\left(\frac{\rho_l}{\rho_g}\right)\frac{1}{s}\right]^{-1} \tag{4.14}$$

式中，滑移比 s 由下式确定：

$$s=\left(\frac{\rho_l}{\rho_g}\right)^{\frac{1}{3}} \tag{4.15}$$

3. 分相流模型

分相流模型假设气液两相分别以各自的速度在管道内流动，两相间热力学平衡，在一定程度上考虑了两相间的相互作用。

将式(4.11)代入式(4.10)，可得

$$\dot{m}=\frac{C\varepsilon A_0}{\sqrt{1-\tilde{d}^4}}K_g\sqrt{2\rho_g\Delta p} \tag{4.16}$$

$$\dot{m}=\frac{C\varepsilon A_0}{\sqrt{1-\tilde{d}^4}}K_l\sqrt{2\rho_l\Delta p} \tag{4.17}$$

式中

$$K_g=\left[x+(1-x)\frac{\rho_g}{\rho_l}\right]^{-1/2} \tag{4.18}$$

$$K_l=\left[x\frac{\rho_l}{\rho_g}+(1-x)\right]^{-1/2} \tag{4.19}$$

很多研究者对式(4.18)和式(4.19)进行了修正，根据工质、节流装置、流动情况的不同，提出了各自的修正关系式。

Murdork[22]采用式(4.16)，提出

$$K_g=\left[x+1.26(1-x)\cdot\varepsilon\sqrt{\frac{\rho_g}{\rho_l}}\right]^{-1} \tag{4.20}$$

Murdork[22]对多种气体和水的混合物进行了研究，在压力 0.1～4 MPa、干度 0.11～0.98、孔板开口直径 25.4～31.8 mm、管道内径 58.4～101.5 mm、孔板管喉部直径与管径之比 0.26～0.5 的实验范围内，得到 $K_g=1.26$。

林宗虎[23]对 Murdork 流量公式进行改进研究，在不同气液密度比下进行了大量实验研究，认为：K_g 随 ρ_g/ρ_l 变化，当 $\rho_g/\rho_l>0.328$ 时，K_g 趋向于 1；在实验条件为压力 0.7～20.1 MPa、干度 0.1～1.0、$\rho_g/\rho_l=0.001\ 26\sim0.328$、孔板 $\tilde{d}=0.25\sim0.75$、管道内径 8～75 cm 时，K_g 随 ρ_g/ρ_l 的变化关系可用幂函数表示为

$$K_g=1.486\ 5-9.265\ 4\left(\frac{\rho_g}{\rho_l}\right)+44.695\ 4\left(\frac{\rho_g}{\rho_l}\right)^2-60.615\ 0\left(\frac{\rho_g}{\rho_l}\right)^3-5.129\ 66\left(\frac{\rho_g}{\rho_l}\right)^4-26.574\ 3\left(\frac{\rho_g}{\rho_l}\right)^5 \tag{4.21}$$

Chisholm[25]采用式(4.17)，推导出

$$K_l=\left(\frac{1}{1-x}\right)\left\{1+\left[\frac{\frac{1}{s}\sqrt{\frac{\rho_l}{\rho_g}}+s\sqrt{\frac{\rho_g}{\rho_l}}}{\left(\frac{1-x}{x}\right)\sqrt{\frac{\rho_g}{\rho_l}}}\right]+\left[\frac{1}{\left(\frac{1-x}{x}\right)^2\frac{\rho_g}{\rho_l}}\right]\right\}^{-1/2} \tag{4.22}$$

式中

$$s=\left(\frac{\rho_l}{\rho_g}\right)^{\frac{1}{4}} \tag{4.23}$$

4.2.5　直接式质量流量计

直接式质量流量计有角动量式涡轮流量计和科里奥利(Coriolis)流量计。前者通过测量流体作用在涡轮叶片上的角动量矩得到质量流量，后者通过测量流体流过振动管时造成的管道扭转得到质量流量。两种质量流量计都可提供较高精度的流量测量，并且测量结果不受流体密度的影响，能够不必预知相含率就可以测得两相流的流量。

角动量式涡轮流量计能够适用于各种类型的两相/多相流流量测量，但是会严重干扰被测流体的正常流动，并带来很大的流动阻力。科里奥利流量计通过测量振动管的固有频率还可以实现对管内流体密度的测量，能够很好地应用于气液两相流的测量，然而其测量效果会受到管内存在的气体的影响，因此其在气液两相流中的应用还处于研究的初步阶段，很多研究者对此做了有意义的工作。

直接式质量流量计的结构都很复杂，管路压损较大，体积较大，加工制造比较困难，价格昂贵，使得其工业应用和推广受到限制。

1. 角动量式涡轮流量计

角动量式涡轮流量计由电动机驱动的涡轮转子和定子组成。在测量过程中，流体流经转子时，受转子作用而获得一定的角动量，然后冲击定子，在定子上产生与角动量成比例的扭矩。假设质量流量为 $\dot{m}$ 的流体通过转子所产生的转速为 ω，则质量流量 $\dot{m}$ 与定子转矩 M_a 的关系

可表示为

$$\dot{m}=\frac{KM_{\mathrm{a}}}{r^{2}\omega} \tag{4.24}$$

式中，K 是修正系数，r 是转子的半径。可见，通过测量转速 ω 和转矩 M_{a} 就可以获得质量流量。

利用角动量涡轮流量计测量低含气率两相流体的质量流量取得了一定的进展，但该方法流动阻力大，转子的叶轮效率与两相流体的组分有关，流量测量效果易受流型和组分的影响。

2. 科里奥利流量计

科里奥利流量计由电子传感器和测量管组成。它根据流体在测量管中流动产生与质量流量成正比的科里奥利力的原理制成，可用于测量单相流体、气液两相流和液固两相流甚至多相流的流量和密度[27]。

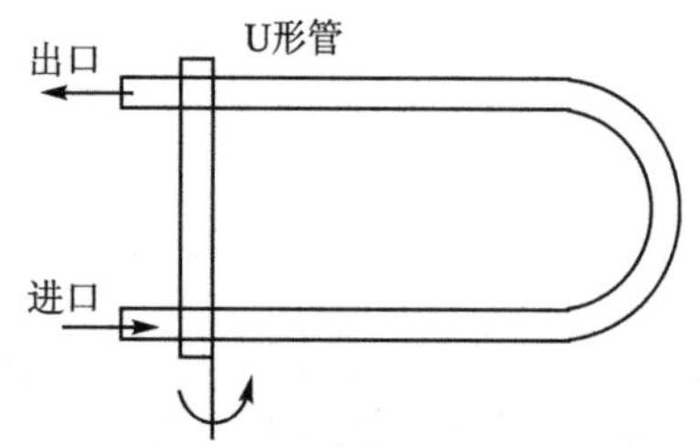

图 4.2　科里奥利流量计测量管示意图

科里奥利流量计的测量管为一根 U 形管(直径一般为 1～300 mm)，U 形管的开口端固定不动，如图 4.2 所示。目前绝大多数的科里奥利流量计都是基于测量管振动产生科里奥利力的原理进行测量的。设两相流体在管内既沿管子流动，又随管子一起振动，两相流体便受到科里奥利力的作用，同时两相流体对管子也产生一对大小相等、方向相反的作用力。U 形管受到一个力矩的作用产生扭转变形，U 形管的扭转变形量与管内两相流的质量流量是成正比的，因而只要获得此扭转变形量就可确定管内两相流体的质量流量。

测量管振动频率(一般在 50～1 000 Hz 之间，取决于测量管的尺寸)由振动系统总质量(测量管质量＋流体质量)决定。对于给定的测量管，系统总质量随流过流体的密度而变化。精确计量振动频率就可以计算出流过流体的密度。测量管几何形状能使科里奥利力的作用在两个正弦波信号之间产生相位差，这个相位差基本上与流过流体的流量成正比[27]。

科里奥利流量计受流体速度场分布的影响较小，测量原理简单，在液液两相流和液固两相流等领域已经获得了成功的应用，但是在气液两相流的应用还处于初级阶段。在气液两相流测量中，流体的可压缩性和气泡的残留都会引起测量误差[28-29]。另外，科里奥利流量计本身的结构复杂，制造加工困难，价格昂贵。

4.2.6　两相流流量测量的其他仪表和方法

1. 超声波流量计

超声波流量计利用超声波在流体中的传播速度与流体运动方向及运动速度有关这一重要特性，测量两相流的流量。当超声波传播方向与流体运动方向相同时，超声波传播的速度会增大，反之则减小。

超声波流量计有两个发射和接收超声波的探头，测量时布置在流体通过的管道的两侧。其中，一个探头发出的超声波以相对于管道轴线小于 90°的倾角沿流体运动方向，到达另一个探头的接收器。与此同时，第二个探头发射出的超声波以相对于管道轴线大于 90°的倾角沿

反方向，到达第一个探头的接收器。这两束波传播的时间是不同的。第一个探头发出的波的传播方向与流体运动方向一致，到达第二个探头的接收器所需的时间较短；第二个探头发出的波由于与流动方向相反，到达第一个探头接收器所需的时间较长。测量这两者的时间差，就可以得出流速，也就可以得出流量。采用超声波作为测量手段，在许多情况下都可以获得满意的结果。

2. 激光多普勒流量计

激光多普勒流量计利用激光追踪观测混在流体中的气泡或固体介质颗粒。当激光与流体一起运动时，激光投射在气泡或固体介质颗粒上，会产生散射。这种散射使得激光的频率发生改变，频率变化量与流体运动方向及流动速度有关。当激光束与流动方向相同时，散射光频率会降低；与流动方向相反时，频率会升高。准确测量二者的频率差，就可以得到流速，进而可以得出流量。

激光多普勒测速技术在两相流测试技术领域中应用了很多年，属于非接触方式，具有空间分辨率高、动态响应快、方向性好、测速范围宽等优点。但是激光多普勒测速技术装置复杂，价格昂贵，且所测流速一般为测量点处的流速，因此是局部流速测量方法。

3. 电磁流量计

对于导电的流体，例如自来水或其他电解质溶液，可以利用电磁感应现象，将流量信号转变成电信号，进而测得流量。在绝缘管壁上安装两个电极，电极的位置与管道轴线对称，磁场方向与穿过两个电极的轴线垂直。当流体在绝缘的管道中流动时，通电线圈在流体通道上产生与运动方向相垂直的磁场，流体以一定的速度切割磁力线，就会在横截面上感生出电压。在流体均匀流动的情况下，电磁流量计这对电极上的电压与流体的流量成正比。这种方式只适合测量导电的流体，而且要求流体充满整个管道，在管道中的流速分布均匀，否则将会出现不同程度的误差。另外，对管道材料也有要求。假如管道是用铁磁材料制成的，则会使磁场发生显著变化，影响测量精度。

4. 相关测量法

相关测量法是 20 世纪 60 年代中期发展起来的，是以信息论和随机过程理论为基础的两相流流量测量的一种方法。理论上，相关测量法可用于测量任何流体系统的流量，而且测量流速的范围很宽，为解决两相流流量测量问题提供了一条可行的途径。

相关法的物理模型是“凝固流动假设”，其主要思路是当气液两相流从上游某一位置流到下游某一位置时，流体相的尺寸和状态保持不变。基于此假设，由上游传感器获取的随机信号 $x(t)$ 经过一定时间间隔后，会在下游某处重复，并由下游传感器获取，记为 $y(t)$。依据“凝固流动假设”，$x(t)$ 和 $y(t)$ 除了时间上有延迟外，其他应完全相同。事实上，“凝固流动假设”并没有完全真实地反映气液两相流的实际流动状况，$x(t)$ 和 $y(t)$ 也不可能完全重合。但当上下游传感器的距离很小时，气液两相流动的流型变化也非常小，在统计意义上可以认为“凝固流动假设”基本得到满足。两个信号的互相关函数为[20]

$$R_{xy}(\tau)=\lim_{T\to\infty}\frac{1}{T}\int_0^T x(t)\,y(t+\tau)\,\mathrm{d}t \tag{4.25}$$

当相关延迟时间 τ 等于信号渡越时间 τ_0 时，$R_{xy}(\tau)$ 达到最大值，即 τ_0 时相关函数曲线 $R_{xy}(\tau)$ 达到峰值。所以，对互相关函数 $R_{xy}(\tau)$ 求导，导数值为零对应的点即为互相关函数曲

线的峰值点，即

$$\frac{\mathrm{d}R_{xy}(\tau)}{\mathrm{d}\tau}=0 \tag{4.26}$$

由上式求得的时间即为渡越时间 τ_0。已知两个传感器之间的距离为 L，则可按下式求得流速 v 为

$$v=\frac{L}{\tau_0} \tag{4.27}$$

此流速也称为相关速度。这样，两相流体的容积流量 Q 为

$$Q=CAv \tag{4.28}$$

式中，A 为管道的流通面积，C 为考虑速度偏差的系数。结合密度计等测得两相流体的相含率，则可求得两相流的分相流量。

相关测量法的潜在优点是快速、实时，易于实现测量自动化，所用传感器与流体接触少甚至不接触等。但是，该方法目前仍存在一些问题，例如相关速度的物理意义仍不甚明确，互相关函数峰值较难确定，有时还存在易混淆的多峰值，相关流量计的标定仍有一定难度等。这些问题需要进一步研究。

4.3 流型检测与识别

由于流型受很多因素的影响，现有流型图所依据的实验数据范围比较有限，因此所适用的范围都比较窄。另外，不同研究者得到的流型图没有统一的标准，而且在这些流型图中所用的坐标往往本身就是两相流测量的难点。由于影响流型的因素较多，根据流型图确定流型虽然可以解决某些应用需求，但实际的工程应用存在很多局限性，很多情况下没有合适的流型图可用。

利用仪器设备检测判别流型一直是获得两相流流型的主要方法。可以通过实验测量技术得到气液两相流流型的各种信息，包括流型的产生条件、发展稳定条件、过渡转换条件等，通过对这些信息的分析处理，获得流型以及流型的产生、发展、转变特性等。某些工业过程也可能需要直接检测流型。

流型检测主要有两类方法：直接方法和间接方法。前者根据两相流的流动形式确定流型，如目测法、高速摄影法等。后者通过反映两相流流动特性的波动信号或过程参数信号，结合数据处理，提取特征量，进行流型识别。

4.3.1 直接检测法

直接检测法是最早用于确定流型的方法，目前仍然是流型检测的主要方法。一般两相流的流型都是根据从透明管段中所观察到的流体的运动形式获得的。直接检测法主要有目测法、高速摄影法、射线衰减法和接触探头法等。其中，高速摄影法在两相流流型研究中使用最广。

1. 目测法

目测法就是通过透明管段用眼睛直接观察管内的两相流流型。这是一种最简单、直接和经济的方法。由于是通过人的眼睛来观测，无法满足自动测量与控制以及现场应用的需要。

另外，该方法主观性较强，容易受观察者主观认知的影响。对于同一种流型，不同的观测者可能得到不同的结论。尽管如此，目测法仍然是目前较为可靠的一种流型识别方法。

2. 高速摄像法

高速摄像法利用高速照相机或摄像机，通过透明管段或透明窗口拍摄流体的流动状态。高速摄像法是两相流流型研究最常用的方法[30-31]，尤其是对于小通道和微通道的流型识别。

流型信息在很大程度上是定性信息，用摄像法可以较容易地获得。在这方面，摄像法比很多其他方法优越。

气液两相流界面复杂，易产生多重反射而影响成像的清晰度，特别是对流道中心区的观察。这个问题在高质量流速和低干度的情况下更为严重。

通过专用图像处理及软件处理，还可以从高速摄像信息中获得空泡率和液膜厚度等参数。

3. 射线衰减法

射线衰减法利用射线通过介质发生吸收衰减的原理来检测流型，适用于金属等非透明管段中的流型确定。该方法目前有 X 射线衰减拍片法和多束射线密度法。

X 射线照相术方法需要解决的一个常见问题是放射性的处理，另一个主要问题是难以得到一个稳定、可靠的射线源。此外，需要选择合适的材料管段，以减少其对射线的吸收，同时必须注意对射线的防护和放射性物质的保管。因此，应用射线衰减法进行流型识别的装置往往比较昂贵。应用 X 射线衰减拍片法拍摄的流型照片，实际上是射线经过路径的平均结果。应用多束射线密度测定法确定的流型，也只是一个粗略的估计。

4. 接触式探头法

接触式探头有电导探头和光导探头两种。

电导探头通过测量探头针尖处流体导电性的变化来确定该点的介质分布，进而确定流型。因此，使用电导探针的基本条件是，两相流中的气相和液相的电导率必须有明显的差别，同时连续相必须是导电的。

光导探头的测量方式与电导探针类似，不同之处是光导探头是通过测量流体在探头针尖处对光强度的影响来反映该点处的介质分布，从而确定流型的，因此光导探头可用于非导电流体的测量。

由于接触式探头都是直接定位在流体上的，因此能够较准确地反映该测量点流体的特征，获得较准确的信息。但探头与流体的直接接触会对流型产生一定的影响。此外，长时间使用，探头表面会沾附上一些杂质，影响探头的导电或透光性能，影响测量的准确性。

4.3.2　过程层析成像技术

1. 过程层析成像技术概述

过程层析成像技术(Process Tomography，PT)是 20 世纪 80 年代中期形成和发展起来的一种以两相流或多相流为主要对象，获取过程参数二维或三维分布状况的在线实时检测技术。PT 采用特殊设计的敏感场空间阵列，获取被测物场的信息，并运用一定的图像重建算法，实时重建出被测物场的图像，为常规方法难以检测的两相流/多相流参数测量提供了一条有效的在线测量和监控途径。过程层析成像技术的数学基础与医学工程中的计算机层析成像技术相同，都是基于 Radon 变换与 Radon 逆变换的。

依据信息获取手段和传感机理的不同，过程层析成像技术有X射线层析成像、γ射线层析成像、正电子发射层析成像、核磁共振层析成像、中子射线层析成像、光学层析成像、微波层析成像、超声层析成像、电容层析成像、电阻层析成像、电导层析成像、电磁感应层析成像，以及电荷感应层析成像等。从传感器基本原理的角度看，过程层析成像系统大致可分为四大类：电学式、射线辐射式、光学式、声学式。

由于构成空间敏感器阵列的传感器不同，不同的过程层析成像系统对应形成的敏感场的空间分布也不尽相同。总的来说，传感器敏感场分布可以分为“硬场”和“软场”两大类。硬场指的是传感器中敏感场分布不会因传感器区域内介质分布改变而发生改变，比较典型的如X射线场等。软场与硬场情况相反，指的是传感器敏感场分布随着传感器区域内介质分布的变化而变化，如ECT中的电场等。对于敏感场类型不同的传感器，应采用与其相适应的算法来重建图像。

尽管各种层析成像系统基于的工作原理不同，但基本结构大同小异，一般包括构成空间敏感器阵列的传感器、数据采集与处理系统、图像重建与显示，以及信息分析与特征提取等，如图4.3所示[32]。传感器的主要作用是获取被测物场不同观测角度下的投影数据。数据采集单元的主要作用是采集投影数据，进行相应的变换，并负责与图像重建计算机的数据通信。图像重建计算机主要是根据采集的投影数据按照合适的图像重建算法进行图像重建和显示，并进行被测物场参数的信息分析与特征提取。目前，在多相流中应用PT技术时，也有一些不经过图像重建环节，而直接利用测试数据进行信息分析和特征参数提取的。

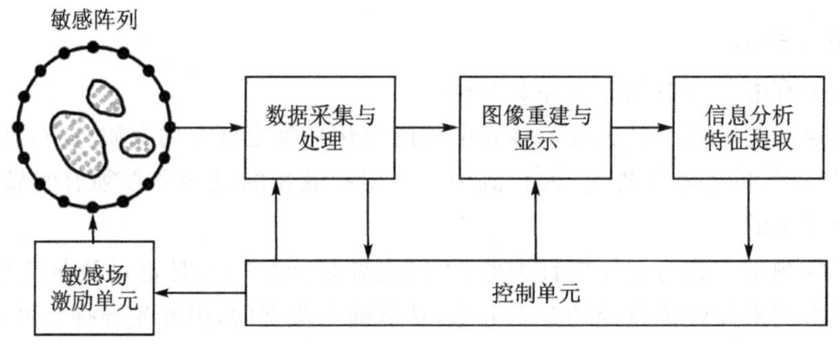

图4.3 过程层析成像系统结构原理

PT技术中，图像重建软件的核心是图像重建算法，也即如何有效地重建出被测对象截面内的介质分布。通常把重建算法按照其获得逆问题解的方法分为反投影方法、迭代方法与解析法[32]。反投影方法的原理简单，实现方便，成像速度快；但图像质量不高，仅限于定性监测使用。迭代算法的重建图像质量高于投影法，其基本思想是不断缩小初始值与计算值之间的差别以匹配测量值，也即通过迭代，逐步逼近。由于逼近过程耗时较长，因此限制了其在在线测量中的应用。解析法是寻找逆问题的解析解，而非通过逼近来计算。

PT技术具有非接触的优点，不会影响管道内的流型。PT技术可以获得管道内部两相或多相流体的二维或三维分布信息，理论上只要选择合适的敏感元件(或几种的组合)，就可以应用于各类多相流体的在线检测，实现流型识别。但是PT技术也有其固有的缺点，由于被测物场往往具有很强的非均匀性，造成物场与获取信息用的敏感场之间相互作用的非线性严重；而且，许多种PT系统的灵敏场为“软场”，会造成图像成像困难。

PT 技术的可视化特性在两相流研究中获得了越来越广泛的应用,包括沸腾、气水、油气、气固、流化床、反应堆等的流型识别,以及空泡率和液膜厚度测量。电学层析成像技术主要是利用流体的电特性来测量两相流的分布情况,这也是流型识别、空泡率和液膜厚度测量的基本依据。下面介绍的基本原理和思路不仅仅适用于流型识别,也可延伸到空泡率和液膜厚度测量。

下面主要根据参考文献[20,33-36],对 PT 技术进行简要介绍。

2. 电学层析成像技术

电学层析成像技术是近几年来发展速度最快、应用最广泛的过程成像技术之一,主要有电容式、电阻式和电磁式等类型。

电学层析成像技术具有结构简单、成本低、实时性好、无辐射、适用范围广、操作方便、非侵入性测量等优点。目前,该技术在研究中应用较多,在实际工业过程中使用较少,除了多相流系统本身严重的非线性和复杂性外,电学层析成像技术本身还不够成熟,目前还存在着一些问题:

① 微弱电信号测量问题。例如系统中存在大量的杂散电容,这些电容一般比电极之间的电容大得多,使得真正的待测电容淹没在杂散电容的干扰中,给电容层析成像技术应用造成障碍,特别是给工业现场应用带来了更多的困难[35]。

② "软场"特性问题尚未完全解决。由于传感器的灵敏场为"软场",且投影数据较少,使得图像重建难度较大。

③ 实时性成像和重建图像质量之间的矛盾。一些速度快的图像重建算法重建的图像往往质量不高,这些质量较低的重建图像可以应用于过程的状态监测和定性参数的获取,但对于定量参数的测量在精度上难以满足。一些采用迭代方法的图像重建算法虽然可以获得较好的重建图像质量,但是往往无法保证图像重建的实时性,因而难以满足工业过程参数在线测量的要求。

下面分类对电学层析成像技术作简单介绍。

(1) 电容层析成像技术

电容层析成像(Electrical Capacitance Tomography,ECT)技术是 20 世纪 80 年代末由英国曼彻斯特大学理工学院提出的一种过程层析成像技术,是目前应用最广泛的两相流层析成像技术之一。它的测量原理是:多相流体各分相介质具有不同的介电常数,当各相组分浓度及其分布发生变化时,多相流体介电常数的分布随之发生变化,导致测量电容值也随之变化。因此,用安装在管道上的多电极阵列式电容传感器记录测量电容值的变化,就可以跟踪多相流介质浓度分布的变化。通过电容传感器各电极之间的相互组合可以得到多个电容值,以此为投影数据,采用合适的图像重建算法,可以重建反映管道在某一被测区域内多相流相介质分布状况的图像。

ECT 系统构成空间敏感器阵列的传感器是电容传感器。它的主要作用是获取被测物场不同观测角度下的投影数据。数据采集单元的主要作用是采集投影数据,进行相应的变换,并负责与图像重建计算机的数据通信;图像重建计算机主要是根据采集的投影数据,按照合适的图像重建算法进行图像重建和显示,并进行被测物场的特征参数提取。

对于 n 电极电容传感器,其电极两两组合共可以获得$(n-1)/2$ 个电容测量值。任意两电极 i 和 j 之间的电容测量值 C_{ij} 可以表示为

$$C_{ij}=\iint_A \varepsilon(x,y)S_{ij}(x,y,\varepsilon(x,y))\,\mathrm{d}x\mathrm{d}y \tag{4.29}$$

式中，A 为管道横截面，$\varepsilon(x,y)$为管道横截面上介电常数分布函数，$S_{ij}(x,y,\varepsilon(x,y))$是电极 i 和 j 之间的敏感场分布函数。ECT 是根据多个投影数据和敏感场分布函数来求解介电常数分布函数的一个逆问题求解过程。敏感场分布函数一般通过实验方法或者用有限元仿真方法获得。

(2) 电阻层析成像技术

电阻层析成像技术(Electrical Resistance Tomography，ERT)利用敏感场的电导率(或电阻率)分布来获得物场分布信息。激励电极上通入激励电流，就可以在被测区域内建立敏感场。当被测区域内多相流相介质分布发生变化时，场内电导率分布就会发生变化，场内电势分布随之发生变化，从而被测物质分布场边界的测量电压就会发生变化。通过一定的图像重建算法，可以重新构建出被测物场内电导率的分布，以此重建反映被测区域内多相流相介质分布状况的图像[36]。

ERT 的应用领域比较广泛，目前主要应用于环境监测、气液混合过程监测、气液两相流空泡率测量及流型识别等领域。

(3) 电磁层析成像技术

电磁层析成像技术(Electromagnetic Tomography，ET)是利用电磁感应原理的过程成像技术，其工作原理是：将交流电流通入激励线圈中，在空间产生一个交变磁场，检测线圈感应到物质分布场的空间边界处磁场分布信息，即得到一个观测角度的投影数据，通过控制激励电路，得到多个不同观测角度的投影信息。当被测物质分布场的空间存在导磁性或导电性物质时，磁场的分布会随被测区域内磁导率和电导率的分布而发生改变，此时得到的投影信息反映了被测区域内介质的分布情况。信息经处理后，通过定量或定性图像重建算法，可重构被测物质的分布图像，并将图像进行显示。

电磁层析成像技术要求被测流体是，通过电导率或磁导率可以确定被测物质分布特性的流体，主要应用于化工过程的分离环节检测、药物和食品生产过程的异物检测、高速旋转机械的在线监测、矿石的精选和输送过程检测，以及其他含有导电或导磁组分的两相流或多相流检测等。

3. 其他过程层析成像技术

(1) 射线辐射式层析成像技术

不同物质对射线产生不同的作用。射线辐射式层析成像技术就是基于这种原理来捕获物质断面分布信息的，所用的方法主要有 X 射线法和 γ 射线法等。当 X 射线或 γ 射线放射源发出的射线通过两相流或多相流流体时，辐射强度将随着射线方向沿线的两相流或多相流流体内的组分不同而衰减，其衰减程度与沿线的各组分含率和分布有关。用射线发射装置对流道从不同角度扫描，由射线探测装置检测出射线穿过两相流或多相流流体前后的辐射强度变化，便可以得到管道内截面测量数据。对于这些数据采用图像重建技术，重建截面的分布图像。

射线层析成像技术在很多领域有应用前景，该技术的主要优点如下：

① 适用范围广。敏感场计算原理是基于分布的被测物质具有不同的吸收系数。根据被测物质在空间上的不同吸收系数，即可获取相应的敏感场。所以该技术不受被测物质的组分分布、导电性、透明性等因素的影响。

② 图像重建精度高。被测物质的敏感场不受不同介质分布的影响。在重建算法方面，射线层析成像技术可以借鉴比较成熟的医学 CT 图像重建算法。

射线层析成像技术的缺点主要有：

① 成本高。建立一套射线层析成像测量装置，需要配备安全装置和各种精密保护设备，费用昂贵。这是射线层析成像技术推广应用面临的最主要障碍。

② 安全和操作维护问题。因为该技术是利用辐射射线的穿透和衰减效应，对人体和环境方面有很大的潜在伤害，一旦发生问题，后果严重。

(2) 声学层析成像技术

常见的声学层析成像系统是超声成像系统(Ultrasonic Tomography，UT)。根据超声波的传播方式，超声成像系统可分为透射式和反射式。透射式成像系统的截面图像根据不同介质对超声波衰减系数的分布获得；反射式成像系统的截面图像则通过测定反向散射波的反射率分布获得。

超声层析成像技术是非辐射测量方法，安全性能好。其主要缺点是实时性较差，测量对象要求是均匀或者弱非均匀物质，传感器安装难度较大等。

超声层析成像技术目前应用于工业上气液两相流截面含气率测量和气固两相流流型识别等领域。除此之外，声学层析成像技术还被用于测量大尺寸炉膛内的二维速度场，重建炉膛内温度场等。

(3) 光学层析成像技术

光学层析成像技术(Optical Tomography，OT)利用两相介质对光的反射、折射、衍射和吸收等作用，实现对介质分布的检测。该技术有很多优点，如成本低、抗电磁干扰能力强、实时性检测效果好、可分布式测量、是硬敏感场、数据采集系统简单等。但是，该技术要求检测对象透明或半透明，检测光路不能受污染，这在一定程度上制约了其发展。

4.3.3　常规非线性信号处理方法

两相流系统是一个复杂的非线性系统，流动的不稳定性突出，压力、差压、流量、温度等参数表现出了波动特性。对这些波动信号进行适当的分析处理，可以获得两相流流型。

信号分析是对信号基本性质的研究和表征。常规的信号处理方法在分析两相流非线性非平稳信号时，一般是对系统进行线性化，假定信号为平稳或分段平稳的，然后采用适当的分析方法如短时傅里叶变换、小波分析、Wigner - Ville 分布(WVD)等对信号进行分析，从而得到信号的时频分布。由于这些分析方法都是基于傅里叶变换，而傅里叶变换对于非线性非平稳信号来说只能给出时域或频域的统计平均结果，无法同时兼顾信号在时域和频域中的全貌或局部性特征，因此常规的信号处理方法具有很大的局限性。

傅里叶变换分析方法在传统的信号分析方法中长期占主要地位，获得了较广泛的应用。但傅里叶变换在时空域上没有分辨率，信号 $f(t)$ 的傅里叶变换 $f(w)$ 在有限频域上的信息不足以确定在任意小范围内 $f(t)$ 的变化情况，特别是非平稳信号在时间轴上的任何突变，其频谱将散布在整个频率轴上。所以，对于在整个时间轴上的概率统计特性相同的线性、平稳信号，傅里叶谱分析是一个强有力的分析工具；而对于在整个时间轴上的统计特性并不相同的非线性、非平稳信号，傅里叶谱分析难以适用。

当分析非线性、非平稳信号时，不仅要知道信号中的总的频率成分，还要知道信号在任意时刻的频率成分，即频率成分随时间的变化规律。时频分析方法就是基于这一需要而发展起来的。与傅里叶变换方法不同，时频分析方法将信号变换到时频域上，将时域分析和频域分析结合起来，既能反映信号的频率内容，又能反映频率内容随时间的变化规律。目前主要的时频分析方法有短时傅里叶变换法、小波分析法、WVD 法等。短时傅里叶变换和小波分析法是时频信号分析的线性变换或线性时频表示，WVD 法则属于时频信号分析的非线性变换。已经用于两相流流型识别的方法主要有小波分析法和 WVD 法。

已经提出的时频分析方法还有许多，如 Gabor 展开、经验正交函数展开、Cohen 分布、Rihaczek 分布等。其中，大部分方法以傅里叶变换为基础，所以不能从根本上克服傅里叶变换的弱点，即被分析信号要满足平稳性的假设。近年来出现了一种新的非线性信号处理方法，如 Hilbert - Huang 变换，克服了傅里叶变换方法的这一弱点。

1. 小波变换法

小波变换法是一种信号的时间尺度或时间频率的分析方法[7,20,37-38]，在时、频两域都具有表征信号局部特征的能力。它能够识别非线性非平稳信号的突变成分，在低频部分具有较高的频率分辨率和较低的时间分辨率，在高频部分具有较高的时间分辨率和较低的频率分辨率(高频分量持续时间较短、低频分量持续时间较长)，适合于探测正常信号中夹带的瞬态反常现象，近年来在非线性非平稳信号中的应用也越来越多。但小波分析本质上也是以傅里叶变换为基础，并不是一种真正意义上的非线性信号处理方法。由于小波基函数的长度有限，在对信号进行小波变换时会产生能量泄漏，而且一旦选定了小波基和分解尺度，所得到的结果是某一固定频段的信号，这一段信号只与信号的采样频率有关，而与信号本身无关，所以小波分析不具有自适应性。

在两相流分析中，小波分析方法主要用来分析不同流型下参数波动过程的时频特性，即分析波动过程在不同时间、频率上的能量，或不同时间、尺度上的信号能量，以及自相关系数、互相关系数等。与传统的频谱分析技术相比，小波分析方法的优点是能够刻画不同时刻的差别，对信号特征的数理表述有一定的优势。但是该方法有其明显不足：即使流型相同，不同流动工况的参数波动过程信号样本之间也存在一定的差异性，如波动幅度、峰或谷的个数等，表现在小波变换系数上就有很大不同，采用小波分析的结果会有较大差异，不利于波动过程客观规律的总结。

在两相流流型的识别中，去除所获信号中的噪声对流型的识别率具有重要的意义。关于小波除噪理论已有许多学者进行研究。由于噪声的小波数比信号的小波系数小得多，只要阈值选择适当，大部分噪声都能够被滤除，同时信号的成分基本得到保留。

孙斌[7]对实验获得的水平管内空气/水两相流的差压波动信号，通过小波包变换进行信号分解，根据相关性原理对信号中的噪声进行辨识，得到频率大于 64 Hz 的差压波动信号为噪声信号；对小于 64 Hz 的信号进行小波去噪处理，并比较了不同小波母函数、小波阈值规则对去噪效果的影响。在其实验数据范围内，采用“db4”母小波和启发式阈值规则“Heursure”，去噪效果最好。针对差压波动信号的非平稳性，利用小波理论、统计理论和混沌分形理论对去噪后的差压波动信号进行分析，提取流型的特征。再利用小波包变换，对信号进行 4 层小波包分解，得到 16 个频带信号，提取这 16 个信号的小波包能量和信息熵特征，作为流型的两个小波包特征向量。然后利用神经网络模型和 D - S 证据理论进行了流型识别。

小波变换(WT)定义为[37-38]

$$\mathrm{WT}_x(a,b)=\frac{1}{\sqrt{a}}\int_{-\infty}^{+\infty}w^*\left(\frac{t-b}{a}\right)x(t)\,\mathrm{d}t \tag{4.30}$$

式中,$w^*(t,a,b)$称为小波基函数。对于小的 a,基函数则成为缩小的小波,是一个短的高频函数,如图 4.4(a)所示。对于大的 a,基函数成为展宽的原像小波,是一个低频函数。在低频处小波变换的频率宽度较窄,如图 4.4(b)的斜线阴影部分所示。

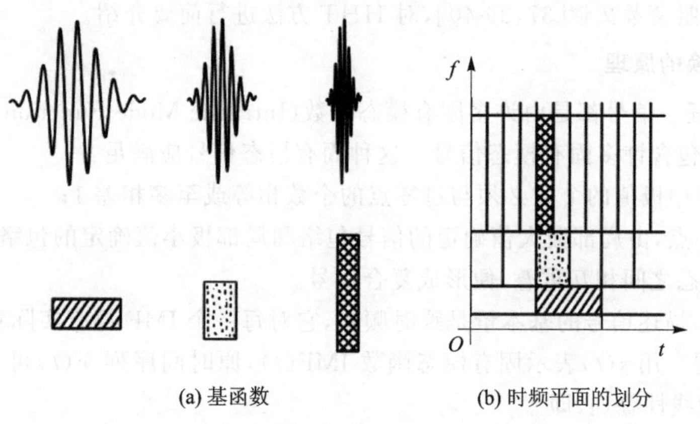

(a) 基函数　　(b) 时频平面的划分

图 4.4　小波变换的基函数和时频分辨率

2. Wigner - Ville 分布方法

Wigner - Ville 分布(WVD)是一类二次型时频分布,它能够描述信号能量随时间和频率的变化。WVD 具有很好的时频聚集性等优点,是非平稳信号分析中较好的一种时频分析方法,在许多领域得到了广泛的应用。

设 $x(t)$,$\{t\ :\ t\in(-\infty,\ +\infty)\}$为一实的非平稳信号,其 WVD 定义为[37-38]

$$\mathrm{WVD}(t,f)=\int_{-\infty}^{+\infty}z^*\left(t-\frac{\tau}{2}\right)z\left(t+\frac{\tau}{2}\right)\mathrm{e}^{-\mathrm{j}2\pi f\tau}\,\mathrm{d}\tau \tag{4.31}$$

式中,$z(t)$为信号 $x(t)$的解析信号,* 表示共轭。若对 WVD 作时间 t 的积分,则可获得信号的功率谱 $F(\omega)$;若对其作频率 ω 的积分,则可获得时间域上的功率变化。因此,WVD 谱在一定程度上统一了时域和频域分析,这表现在其本身同时表征了时频两维信息。

WVD 分布在分析单分量信号时性能优越,但对于多分量信号存在交叉项干扰,这些交叉项为虚假信息,并且会将信号的噪声范围扩大,不利于信号的分析和处理。

平滑伪 Wigner - Ville 分布是抑制交叉项干扰的一种方法。该方法对 Wigner - Ville 分布在时域和频域上同时进行了加窗处理,虽然会损失时频分辨率,但是能在一定程度上抑制交叉项的干扰,提高信号 Wigner - Ville 分布的性能;而且,平滑伪 Wigner - Ville 分布还能够降低白噪声对信号的影响。$x(t)$的平滑伪 Wigner - Ville 分布定义为

$$\mathrm{SPWVD}(t,f)=\int_{-\infty}^{+\infty}h(t-t')q(f-f')\,\mathrm{WVD}(t'-f')\,\mathrm{d}t'\mathrm{d}f' \tag{4.32}$$

式中,$h(\cdot)$和 $q(\cdot)$分别为时域和频域平滑窗函数。

4.3.4　Hilbert - Huang 变换法

Hilbert - Huang 变换(Hilbert - Huang Transform,HHT)法是由美国华裔科学家

Huang 等[40]于 1998 年提出来的一种新的时间序列信号分析方法，其特点是对非线性与非平稳信号进行线性化与平稳化处理，其核心是经验模态分解。每个模态信号代表着信号的不同成分，有着不同的物理意义，对其进行分析可以更准确有效地把握原信号的特征信息。对每个模态信号分量进行 Hilbert 变换，得到各模态的瞬时频率与瞬时振幅，对瞬时振幅进行加权，在时频面上进行描述，得到信号的 Hilbert 谱。同 Fourer 谱相比，Hilbert 谱更能直观地描述信号，并在时域和频域都有很高的分辨率，且计算简单，易于实现。

本节主要参照参考文献[37,39-40]，对 HHT 方法进行简要介绍。

1. HHT 变换的原理

HHT 假设任一信号都是由许多固有模态函数(Intrinsic Mode Function，IMF)组成的，即任一信号都可能包含许多固有模态信号。这种固有模态信号应满足：

① 整个数据中极值的个数必须与过零点的个数相等或至多相差 1；

② 在任何一点，由局部极大值确定的信号包络和局部极小值确定的包络的平均值为零。

如果固有模态之间相互重叠，便形成复合信号。

在 HHT 中，描述信号的基本量是瞬时频率，它对每一个 IMF 都有实际意义，并可以通过 Hilbert 变换求得。用 $s(t)$表示固有模态函数 IMF(t)，原时间序列 $x(t)$可表达成 $s(t)$分量 $s_i(t)$和趋势项的线性叠加，即

$$x(t)=s(t)+r(t)=\sum_{i=1}^{N}s_i(t)+r(t) \tag{4.33}$$

式中，N 为 $s(t)$分量 $s_i(t)$的个数，$r(t)$为剩余项。对上式每个分量作 Hilbert 变换，得

$$H(s_i(t))=\frac{1}{\pi}P\int_{-\infty}^{+\infty}\frac{s_i(\tau)}{t-\tau}\mathrm{d}\tau \tag{4.34}$$

式中，P 为 Cauchy 主值。构造如下解析信号：

$$z_i(t)=s_i(t)+\mathrm{j}H[s_i(t)]=a_i(t)\mathrm{e}^{\mathrm{j}\phi_i(t)} \tag{4.35}$$

式中，$a_i(t)$为瞬时幅值函数，$\phi_i(t)$为瞬时相位函数：

$$a_i(t)=\sqrt{s_i^2(t)+H^2(s_i(t))} \tag{4.36}$$

$$\phi_i(t)=\arctan\frac{H[s_i(t)]}{s_i(t)} \tag{4.37}$$

瞬时频率定义为瞬时相位函数的导数，即

$$\omega_i(t)=\frac{1}{2\pi}\frac{\mathrm{d}\phi_i(t)}{\mathrm{d}t} \tag{4.38}$$

这样，原始序列(不含趋势项)可用各 $s_i(t)$的瞬时振幅和瞬时频率表示为

$$x(t)=\mathrm{Re}\left[\sum_{i=1}^{N}z_i\right]=\mathrm{Re}\left[\sum_{i=1}^{N}a_i(t)\mathrm{e}^{\mathrm{j}\phi_i(t)}\right]=\mathrm{Re}\left[\sum_{i=1}^{N}a_i(t)\mathrm{e}^{\mathrm{j}\int\omega_i(t)\mathrm{d}t}\right] \tag{4.39}$$

式中，Re 表示取实部。从上式可得到时间序列的幅值在时间-频率域的分布情况，这一分布称作 Hilbert 谱，记作 $H(\omega,t)$。进一步，基于 Hilbert 谱可分别定义边际谱 $h(w)$和瞬时能量密度 IE(t)：

$$h(\omega)=\int_{-\infty}^{+\infty}H(\omega,t)\mathrm{d}t \tag{4.40}$$

$$\mathrm{IE}(t)=\int_{\omega}H^2(\omega,t)\mathrm{d}\omega \tag{4.41}$$

通过以上过程求得的瞬时频率只有对固有模态信号才有物理意义。而实际信号往往是复合信号，因此对实际信号进行分析时，就需要先将信号分解成 IMF 的和，为此 Huang 等人[40]提出了一种经验模态分解法(Empirical Mode Decomposition，EMD)，这是一种经验筛选法。其具体过程如下：

① 求出信号 $s(t)$的局部极大值和极小值；

② 用样条插值方法分别构造信号的上下包络线；

③ 求上下包络线的平均包络，记为 $m_1(t)$；

④ 原信号减去 $m_1(t)$，记为 $h_1(t)$：

$$h_1(t)=s(t)-m_1(t) \tag{4.42}$$

判断 $h_1(t)$是否满足 IMF 条件，如果满足，即获得第一个 IMF，记为 $c_1(t)$：

$$c_1(t)=h_1(t) \tag{4.43}$$

如果不满足，则把 $h_1(t)$看作 $s(t)$，求

$$h_{11}(t)=h_1(t)-m_{11}(t),\cdots,h_{1k}(t)=h_{1(k-1)}(t)-m_{1k}(t) \tag{4.44}$$

直到 $h_{1k}(t)$满足 IMF 条件；

⑤ 设 $c_1(t)=h_{1k}(t)$ 为第一个 IMF；

⑥ 记 $r_1(t)=s(t)-c_1(t)$。将 $r_1(t)$作为信号 $s(t)$，重复步骤①～⑤，求出 $c_2(t)$，直到 $r_n(t)$是一个单调函数或直流分量。经过经验模态分解后，可获得式(4.33)。

以上的经验模态分解和其对应的 Hilbert - Huang 谱统称为 HHT。由以上各式可以看出，经验模态分解方法是一种自适应的时域局部化分析方法，经过 Hilbert 变换得到的振幅和频率都是时间的函数，而傅里叶类变换的振幅和频率则是不变的，因此 HHT 可以看作是傅里叶变换的一般化，即傅里叶类变换是 HHT 的特例。利用式(4.40)可以在频域分析信号的性质；利用式(4.41)则可以观察信号的时域表现；而式(4.39)则是在时频域内同时分析一个信号的性质，即不仅可以看到信号的频率成分，也可以看到不同频率随时间的变化情况，很适合于非线性非平稳过程。

2. HHT 法在两相流信号处理中的应用

HHT 最初是 Huang 等人在研究海洋表面波、风和流体过程中发展起来的一种新的信号处理方法。该方法不仅在流体力学中能够发挥重要的作用，而且可以应用于许多其他工程领域中，如非线性系统分析、地震工程、结构无损检测、地球物理科学、气象科学、生物力学等领域。

两相流信号具有强烈的非线性特征，常规的信号处理方法很难对两相流波动成分进行本质分析，采用 HHT 法对两相流信号进行分析是可行的。目前，在两相流领域，HHT 法主要用于流型识别和流量测量。

孙斌[37]研究了基于 HHT 的流型识别方法。利用 HHT 的带通滤波特性，实现对泡状流、弹状流、塞状流、混状流差压信号的有效滤波；利用 HHT 进行两相流差压信号的时频分析，通过分析不同流型信号的边界谱、瞬时能量，分别在频域、时域内对信号进行研究；通过信号的 Hilbert - Hunag 谱，同时在时频域分析信号的变化情况，了解信号在不同时刻的频率成分及其强度。通过研究，建立了相应的流型图。作者认为，HHT 法对于过渡区的流型识别更加具有意义。作者还采用 HHT 法对涡街流量计输出的波动信号进行分析，准确地估计出了涡街频率，实现了体积流量的测量。

罗利佳[39]利用HHT法对气升式反应器内压力波动信号进行了分析，提取出了压力信号中所蕴含的流型特征，分析了压力波动信号与流型之间的关系，成功识别出了气升式反应器内两相流动的三种基本流型。

周云龙等[41]针对气液两相流差压信号的非平稳和非线性特点，尝试利用HHT和小波包分解对差压波动信号进行信号处理，进而建立流型的子波能量（IMF能量和小波包能量）特征，并以此特征向量作为Elman神经网络的输入量，从而实现对流型的智能识别。

Li等[42]利用HHT法对鼓泡塔内气-液-固三相流动的流型进行识别，分析了压力波动信号；经由经验模态分解，成功识别了气液流型转变的气相流速。

4.3.5 概率密度函数法和功率谱密度法

在两相流研究中，概率密度函数（Probability Density Function，PDF）法和功率谱密度（Power Spectral Density，PSD）法往往不单独使用，而是用于流动信号分析，分析结果常用于神经网络等智能方法的输入。也就是说，PDF、PSD法常与智能方法相结合，获得两相流的流型和流量等。

1. 概率密度函数法

Jones和Zuber[43]采用X射线测到两相流空泡率信号，然后进行PDF分析。概率密度函数$p(\alpha)$为

$$p(\alpha)=\frac{\mathrm{d}P(\alpha)}{\mathrm{d}\alpha} \tag{4.45}$$

式中，$P(\alpha)$为空泡率α的概率分布函数。当α随时间的变化信号$\alpha(t)$已知时，$P(\alpha)$可用统计值$P(\alpha_i)$代替：

$$P(\alpha_i)=\frac{\sum_j \Delta L_{ij}}{L} \tag{4.46}$$

式中，$\sum_j \Delta L_{ij}$为空泡率信号$\alpha(t)$的值落在α_i与$\alpha_i+\Delta\alpha_i$之间长度段的总和，L为用于统计分析的空泡率信号的总长度。实验结果显示，流型与空泡率的PDF关系如下：

① 气泡流时，PDF在低α_i值上有一个单峰；

② 环状流时，PDF在高α_i值上有一个单峰；

③ 弹状流时，PDF有两个峰，一个类似于气泡流，另一个类似于环状流。

Shaban和Tavoularis[44]将弹性图算法用于所测差压信号的PDF，对垂直上升管内气液两相流的流型进行了研究。其方法是：用无量纲压差信号的PDF构型作为判据，用弹性图算法将这个PDF构型的离散形式投影到二维图上。研究发现，每一个流型的PDF构型的离散投影聚集在一个区域，不与其他流型的PDF构型的离散投影域交集，因此可以清楚地辨别流型。

2. 功率谱密度法

Hubbard和Dukler[37]将水平管道气液两相流压力信号的功率谱密度（PSD）计算结果用于流型识别。设$p(t)$为气液两相流的随机压力信号且是平稳的，其自相关函数为

$$R(\tau)=\lim_{L\to\infty}\int_0^L p(t)p(t+\tau)\mathrm{d}t \tag{4.47}$$

式中，L为信号长度，τ为时间延迟。信号的PSD为

$$P(\omega)=\int_{-\infty}^{+\infty}R(\tau)\mathrm{e}^{-\mathrm{j}2\pi\omega\tau}\mathrm{d}\tau \tag{4.48}$$

为了便于比较，对 $P(\omega)$ 进行归一化，得

$$P_0(\omega)=\frac{P(\omega)}{\int_{-\infty}^{+\infty}P(\omega)\mathrm{d}\omega} \tag{4.49}$$

由于功率谱密度分布不完全取决于流型，而与流体的速度有很大关系，而且两相流信号也具有非线性特征，不满足信号的平稳性假设，因此采用功率谱密度分析方法具有很大的局限性。

4.3.6　基于神经网络的流型识别法

神经网络由大量处理单元互连而成，具有很强的学习、容错能力和自适应性，对信息的处理更接近于人类的思维活动。在处理和解决问题时，不需要对象的精确数学模型，通过其结构的可变性，逐步适应外部环境各种因素的作用，挖掘出研究对象之间的内在因果关系，达到解决问题的目的。利用神经网络识别流型从工程应用角度上可以理解为“采用神经网络实现流型与特征参数相对应这一复杂的非线性映射过程”[45]。

采用神经网络理论识别流型一般有三个主要步骤：

① 根据测量的难易程度和代价，获取能够反映流动结构变化的信号，如压力、压差或压降、含气率等，其中差压信号用得较多；

② 利用信息分析方法(例如 HHT、PDF、PSD、小波理论、统计理论和混沌分形理论等)，从特征信号中提取出不同流型的特征量；

③ 将提取的特征量作为训练样本，送入神经网络中进行训练，训练好的模型用作流型识别。

孙斌[7]针对差压波动信号的非平稳性，利用小波理论、统计理论和混沌分形理论对去噪后的差压波动信号进行分析，提取流型的特征。首先采用统计理论与分形理论相结合的方法，计算了信号的均值、标准差、偏斜度、功率谱能量份额等 4 个统计参数，以及关联维数、Kolmogorov 熵、Hurst 指数等 3 个分形参数，将这 7 个特征参数作为流型的 1 个特征向量。再利用小波包变换，对信号进行小波包分解，得到 16 个频带信号，提取这 16 个信号的小波包能量和信息熵特征，作为流型的 2 个小波包特征向量。将上述 3 个特征向量的训练样本分别送入 BP (Back Propagation)神经网络、RBF (Radial Basic Function)神经网络、Kohonen 神经网络和支持向量机(Support Vector Machine，SVM)中进行训练，训练好的模型作为流型识别分类器。研究表明：基于小波包信息熵和 RBF 网络的识别效果最好，但与其他组合的识别结果相比，识别率相差不大；利用单一特征的识别方法不能从根本上提高流型的识别率，需要进行多特征信息融合来识别。

周云龙等[41]首先利用 HHT 和小波包分解方法对差压波动信号进行信号处理，建立流型的子波能量(IMF 能量和小波包能量)特征，并以此特征向量作为 Elman 神经网络的输入量，从而实现对流型的智能识别。实验结果表明：这两种特征向量与 Elman 神经网络结合都能够较准确地识别出泡状流、间歇流、层状流和环状流四种流型，并且各自都有不同的优缺点；与 BP 神经网络相比，采用 Elman 神经网络进行流型识别可以获得更高的识别率。

白博峰等[46]以气液两相流动时所产生的壁面静压力波动作为信号，采用压力波动的傅里叶变换系数作为特征输入，采用 CPN 神经网络，实现了对 U 形管垂直上升段内空气-水两相流的流型自动识别，识别的线性指标达到了 8.2 s。折算液速对识别有较大的影响，当液速较高时，网络能够接近 100％地识别出泡状流、间歇流和环状流。

Rosa 等[47]利用电阻探针获取垂直上升蒸气-水两相流的瞬时信号，利用统计矩和概率密度函数提取流型的特征量，然后输入人工神经网络和专家系统进行流型识别。所用的神经网络包括 MLP (Multiple Layer Perceptrons)、RBF 和 PNN (Probabilistic Neural Network)。

神经网络识别理论在多相流领域的应用还远不成熟，有许多问题尚待深入研究，例如神经网络输入特征的提取和描述方法、流型客观识别的准确率和在线识别的可靠性等。神经网络拓扑结构的选择缺乏理论基础，其联结权值和神经元内部阈值的物理意义不明确，使得人们无法理解其推理过程；同时，神经网络通过学习得到的知识分布在权值矩阵中，意义不明确。

气液两相流压差、压力、空泡率等参数的波动过程具有突出的不稳定性，造成了流动现象的许多不确定性，这种不确定性主要表现在随机性和模糊性两个方面。随机性是产生波动现象的因果关系不确定所造成的；模糊性主要指流型发生过渡过程时所呈现的现象不确定性，是气液两相流的一种客观属性。模糊神经网络可以把神经网络和模糊系统有机地结合成一个整体，使二者优势互补，不仅可增强神经网络处理信息的可理解性，同时还能自动生成模糊隶属函数，提高模糊规则的精度，使模糊系统具备自适应性。因此，模糊神经网络在流型识别中的应用值得研究。

4.4 空泡率测量

两相流空泡率可以用多种测量方法获得，包括：快关阀法；摄像法；过程层析成像技术；基于衰减原理的辐射法、光学法、声学法、微波法等；基于电学原理的电阻抗法等；基于谐振原理的核磁共振法、电子磁共振法等。基于信号分析和神经网络法的空泡率测量技术也在研究发展之中。

各种空泡率测量方法所依据的原理不同。但大部分方法(如过程层析成像技术、基于衰减原理的方法、基于电学原理的方法和基于谐振原理的方法)是基于气体和液体的物性(例如密度和电导率等)不同，而采用对流体物性敏感的测量装置进行的，这一点与流型检测中相应的方法依据的原理是类似或相近的。

Winkler 等[48]对两相流空泡率的测量技术进行了综述。结果表明：辐射衰减法(主要是 γ 射线)、中子射线法、电阻抗法(最常用的是电导法，其次是电容法)已经用于测量面积平均和体积平均空泡率；摄像法在小通道和微通道的空泡率测量中最常使用；空泡率研究中最常见的介质为空气-水两相流和蒸气-水两相流；快关阀法、辐射衰减法、中子射线法、电阻抗法用来测量金属材料管(如铜、铝、不锈钢等)内的空泡率，而摄像法和光学法测量的必须是透明管段；此外，对于同一测量对象，不同方法获得的测量结果之间可能存在显著的不一致，因此在比较不同方法获得的测量结果时需要注意。

本节主要参照参考文献[48-58]，对两相流空泡率测量技术作简要介绍。

4.4.1 快关阀法

快关阀法是空泡率测量使用最早的方法，目前仍然是一种常用方法。

在气液两相流实验段的两端各安装一个同时动作的快关阀，当两相流体达到稳定状态时，同时关闭这两个阀门，通过气液分离便可以直接测得这两个阀门之间的体积平均空泡率。这种方法简单、准确、有效，是目前实验室两相流空泡率测量装置的主要标定方法。快关阀法的一个主要缺点是测量要切断流体的正常流动，因此不能进行在线实时测量，同时也不宜在实际工业生产过程中应用。

应用快关阀方法测量空泡率时必须注意：测量精度直接取决于两个快关阀的性能，在关阀时既要求迅速，又要求两个阀同时动作；气液分离的准确性是保证测量精度的另一个关键。气液分离的方法主要有两种：

① 在两个快关阀之间装一个向上的放气阀和一个向下的放液阀，如图 4.5(a)所示。设两阀间的总体积为 V，放出的液体体积为 V_1，则该管段间的平均体积空泡率为 $\beta=(V-V_1)/V$。这种方法适用于一般的气液两相混合物。

② 管中的气相用抽真空的方法抽去，同时打开补液阀，使液体充满整个管道，如图 4.5(b)所示。这样，补充的液体的体积 V_1^* 等于原管道中气相所占的体积 V_g，则平均体积空泡率为

$$\beta=\frac{V_g}{V}=\frac{V_1^*}{V} \tag{4.50}$$

这种方法可用于非牛顿粘性流体，也可用于气固两相流中的含气率的测量。

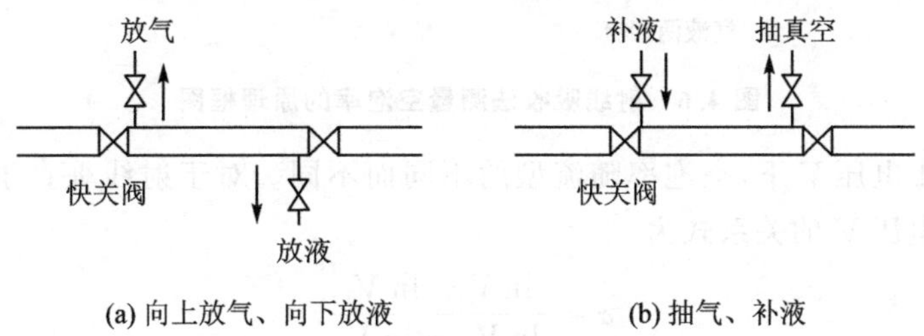

图 4.5　快关阀法测量原理图

4.4.2　过程层析成像技术法

过程层析成像技术(Process Tomography, PT)是空泡率测量的重要方法之一。在 4.3.2 小节中已对 PT 技术作了介绍，其中测量的基本思路和原理也可以延伸到空泡率测量。所以这里不再对 PT 技术用于空泡率测量进行介绍。

4.4.3　辐射法

辐射法是目前应用较好的空泡率测量方法。它不干扰流体流动，标定简单。但是该方法需要解决射线穿过管壁产生的衰减问题，并且需要一个稳定的放射源，而放射源的维护成本高，也存在一定的安全问题，使得该方法的应用范围受到一定限制，多用于外层空间或具有辐射的环境下。

辐射法主要包括射线吸收法和射线散射法。

1. 射线吸收法

射线吸收法测量空泡率的基本原理是：从射线源发出的射线经过两相流体时，部分射线被流体吸收，吸收的程度与气液两相流的空泡率有关；通过测量吸收程度，即可测出两相流的空

泡率。一束射线测得的仅仅是管截面某一弦上的空泡率，通过采用多束射线即可测得管道截面上的平均空泡率。常用的射线有γ射线、X射线、β射线等。相比于γ射线，β射线易被介质吸收，灵敏度较高，但是在流体中能穿越的距离较短，主要用于小管道两相流体的空泡率测量。X射线能在低光子能量下得到高强度信号，因此灵敏度很高，但X射线源的波动和漂移比较大，需要采用一定的补偿装置。

射线吸收法测量空泡率的基本原理如图4.6所示。射线源为γ、X、β射线中的一种。当射线源发射的强度为I_0的射线通过厚度为L、线性吸收系数为μ的气液两相流后，其强度衰减为I。通过两相流的总的射线通量为$\phi=IA$，其中A为照射面积。射线打到闪烁晶体上，转化为光通量$\phi_1=k\phi$，其中k为比例常数。可见光又通过光电倍增管转换成电流i。最后，电流信号经过线性电流放大器，输出电压信号V，送到记录仪被记录。放大器的输出电压V正比于射线强度I，而I的大小又取决于空泡率。

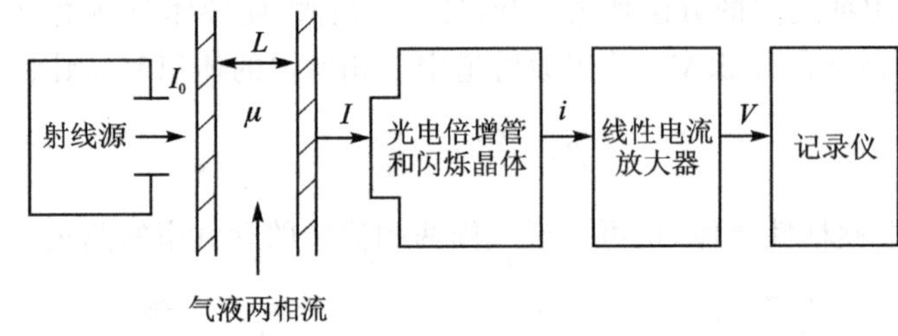

图4.6 射线吸收法测量空泡率的原理框图

在相同的输出电压V下，空泡率随流型的不同而不同。对于射线垂直于两相流层，空泡率与放大器输出电压V的关系式为

$$\alpha=\frac{\ln V-\ln V_1}{\ln V_g-\ln V_1} \tag{4.51}$$

对于射线平行于两相流层，有

$$\alpha=\frac{V-V_1}{V_g-V_1} \tag{4.52}$$

式中，V_1和V_g分别表示射线穿过纯液相、纯气相后经变换放大的输出电压值。

2. 射线散射法

射线散射法主要有γ射线散射法和中子散射法。射线散射法测量空泡率的原理是：由于康普顿散射作用，γ射线通过气液混合物时要产生衰减；当γ射线与原子核中的电子作用时，将部分能量传递给电子，同时在与入射γ射线成θ角的方向上产生一定能量的光子；散射的光子能量可以用一个安装在与入射γ线成θ角处的光子检测器进行检测。通过对散射光子的计数，就可以确定管道内部的空泡率。散射光子的能量是射线初始能量E和散射角θ的函数，可表示为

$$E'(\theta)=\frac{E}{1+1.96E(1-\cos\theta)} \tag{4.53}$$

某些场合，中子辐射法能够收到优于γ射线、β射线和X射线的测量效果。热中子容易穿透金属，但显著被管道里的流体衰减，使辐射法适用于金属管道内的两相流空泡率的测量。

4.4.4　电阻抗法

电阻抗法是测量空泡率的重要方法之一。它结构简单、经济、容易实现，能够测量瞬态值；但是易受流型、温度变化和流体内杂质引入等因素的影响。

当电压施加于电路两端时，电路对电流产生阻力。在直流电路中，电阻抗对应于电阻。在交流电路中，电阻抗是电阻、电感和电容的函数。电容和电感在电路中对交流电引起的阻碍作用总称为电抗。通过电抗和电阻，可以确定电阻抗。电感引起的电抗与交流电的频率成正比，而电容引起的电抗与交流电的频率成反比。

电阻抗也是电通过给定材料传播的一种度量。由于分子结构不同，每一种材料会产生不同的电阻抗。对于非均相材料，电阻抗同时取决于材料分子结构和不同组分的空间分布。对于气液两相流混合物，其产生的电阻抗取决于空泡率和流型。因此，一旦电阻抗对流型的反应可以确定，用电阻抗就可以测得两相流的空泡率。

导电两相流中的液体在低频下具有电阻性，在高频下具有电容性，因此电阻抗法又可以分为电导法（也称电阻法）和电容法。其中，前者较为常用。

1. 电导法

电导传感器具有结构简单、对流场无干扰、易于实现等优点。但是，电导法属于接触式测量，即传感器需要直接与流体接触，通过探针或探头测量流体电阻。电导法最好的解决方案是用环形嵌入式电导传感器，传感器环与管道内壁面齐平，因而不会干扰流场，达到无侵入测量的效果。同样，电导法易受流型、温度、流体内杂质等因素的影响。

电导是电阻的倒数，所以电导法有时候也称为电阻法。电导法测量依据的原理是：当两相流体的连续相导电，并且离散相和连续相的电导率差别明显时，可以通过测量两相流体混合物的电导率来测量分相浓度。当两相流体流经测量管道时，通过测量传感器极板间的电导变化，可以获得两相组分浓度的信息。

测量未知电导的常用方法是用 Wheatstone 电桥，如图 4.7 所示。该方法提供了一种容易实施的补偿热漂移等因素引起的测量偏差的措施。由图可见，如果电桥初始是平衡的（$R_1R_3=R_2R_4$），施以输入电压 V_{in}，电桥同一边的电阻的变化相对于输出电压 V_{out} 是不同的，因此如果它们的偏差相同，则不会影响输出结果。

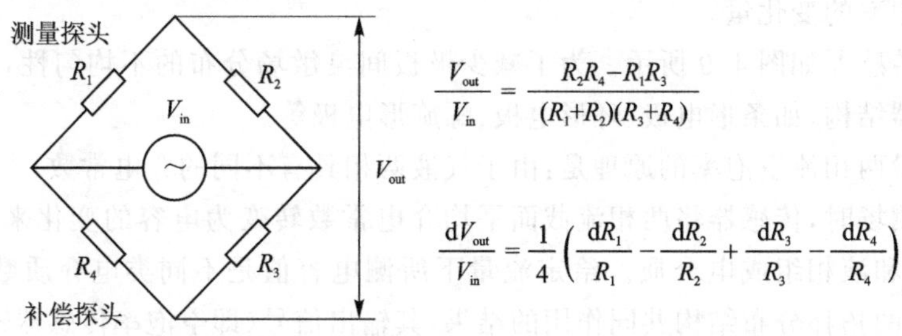

图 4.7　具有误差补偿的 Wheatstone 电桥电导传感器原理

局部电导传感器由 Neal 和 Bankoff[51] 于 1963 年首次提出。这种电导探针（见图 4.8(a)）是广泛应用的两相流参数测量装置，可以测得相密度函数和界面浓度等参数。当把探针置入一种流体导电、另一种流体不导电的两相流混合物中，两相流通过电导探针时，产生上升、下降的电导信号。

根据不同的应用场合，可以采用单探针、双探针或四探针。单探针传感器有两个同轴电极，二者中间是绝缘材料隔离层(见图 4.8(a))，直径通常小于 1 mm。

图 4.8(b)是平行双探针[52]，两个相互平行的探针垂直于流动方向，探针材料通常是铜或铂，直径在 0.2 mm 左右。这两根探针之间的电导与润湿长度成正比。因此，这种传感器很适合于测量层状流和环状流的液膜厚度，通过液膜厚度，可以确定截面的含气率，也就是空泡率。线型传感器也用于间歇流中的液块。

图 4.8(c)所示的是嵌入式环状传感器[53]，环内面与管道内面齐平，提供了一种可靠的非侵入测量方法，可以测量截面含气率和容积平均含气率。

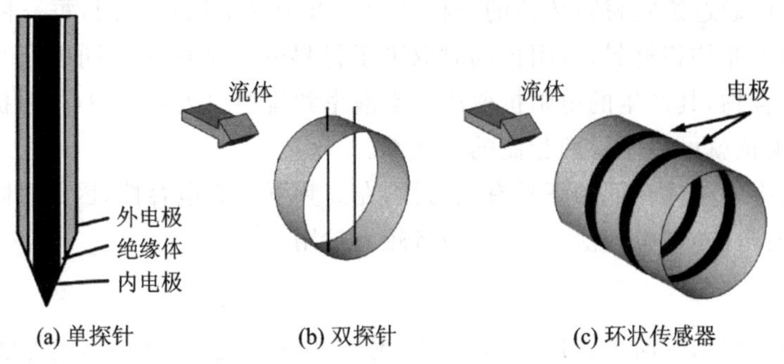

图 4.8　电导探头

2. 电容法

电容法利用被测两相流体的分相介质具有不同的介电常数这一特性，进行其相组分浓度的测量。典型电容式传感器是由表面覆盖绝缘层的柱形内电极和同轴金属外电极构成的，当导电两相流体从电极间的环形空间流过时，相浓度的变化引起电容传感器的测量电容变化。

电容法测量空泡率属于非接触性测量，安全，经济，结构简单，响应快，已经成为近年来两相流空泡率测量的热门途径之一。但是，电容传感器易受流型和两相流组分电导率变化的影响，同时电容传感器的两电极之间电场分布不均匀使得对应的传感器灵敏场分布也不均匀，导致相组分浓度测量变得困难。对于介电常数变化小的介质，气液两相之间的介电常数差别也很小，测量得到的电容的变化将会很有限，这种情况下电容式空泡率传感器设计的主要工作是增大电容随空泡率的变化量。

几种电容传感器如图 4.9 所示。为了减少极板间灵敏场分布的不均匀性，人们研制出了多种电容传感器结构，如条形电极、环形电极、螺旋形电极等。

电容法测量两相流空泡率的原理是：由于气液两相具有不同的介电常数，当流体通过电容极板间形成检测场时，传感器将两相流截面平均介电常数转变为电容的变化来测量。对于气液两相流，气相和液相组成电介质。给定流量下所测电容值是不同类电介质数量(质量和密度)和它们彼此的拓扑分布结构共同作用的结果，其输出信号(即空泡率传感器输出信号)的变化不仅综合反映了流型的变化，而且只要标定曲线合理，就可以直接获得空泡率。电容 C 与体积空泡率 β 的关系可表示为

$$C=K\varepsilon_0\left[\varepsilon_g\beta+\varepsilon_l(1-\beta)\right] \tag{4.54}$$

式中，ε_0 为真空的介电常数，ε_g 和 ε_l 分别为气相和液相的介电常数，K 为反映流型以及传感器体积和几何特征的系数。

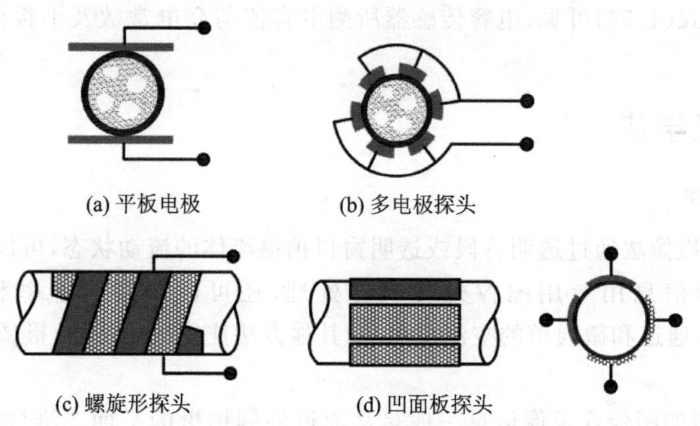

图 4.9　几种电容传感器结构示意图

电容式空泡率传感器有很多结构形式，下面简单介绍常见的两种结构形式：平行平板式和圆柱平板式。

(1) 平行平板式

如图 4.10 所示，平行平板电容式传感器的两个电极由平行平板组成。当忽略边缘效应时，其电容与被测流体的空泡率 β 的关系可表示为

$$C=\frac{S\varepsilon_0 C_0}{d}\left[\varepsilon_g\beta+\varepsilon_1(1-\beta)\right] \tag{4.55}$$

式中，C_0 为与流型等有关的系数，S 为极板覆盖面积，d 为极板间的距离。

由于空隙率传感器的电极间距是由管道直径决定的，电极间距相对电极面积来说不会很小，因此必须设法降低边缘效应。解决方案之一是加装保护电极，引流边缘电场线，减小边缘通量，使得边缘电场不会对电容测量产生影响[54]。

(2) 圆柱平板式

圆柱平板式传感器的结构如图 4.11 所示，它比平行平板式传感器的灵敏度更高，其电容与被测流体体积空泡率 β 的关系为

$$C=\frac{4\pi L\varepsilon_0 C_0}{\ln\left(\dfrac{d+\sqrt{d^2-r^2}}{r}\right)}\left[\varepsilon_g\beta+\varepsilon_1(1-\beta)\right] \tag{4.56}$$

式中，r 为圆柱电极半径，d 为圆柱电极到平板间的距离，L 为平板边长。

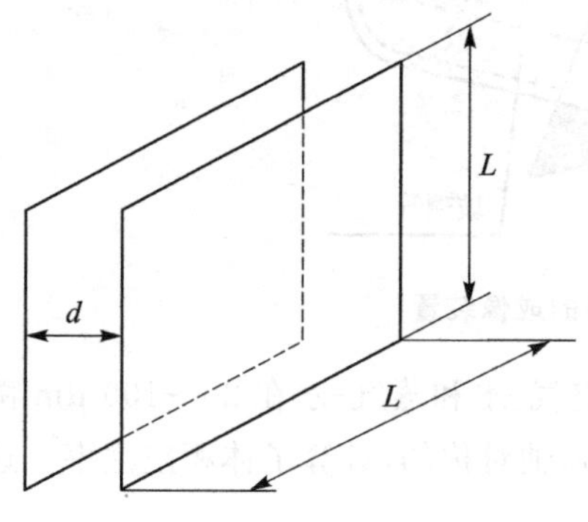

图 4.10　平行平板式电容传感器

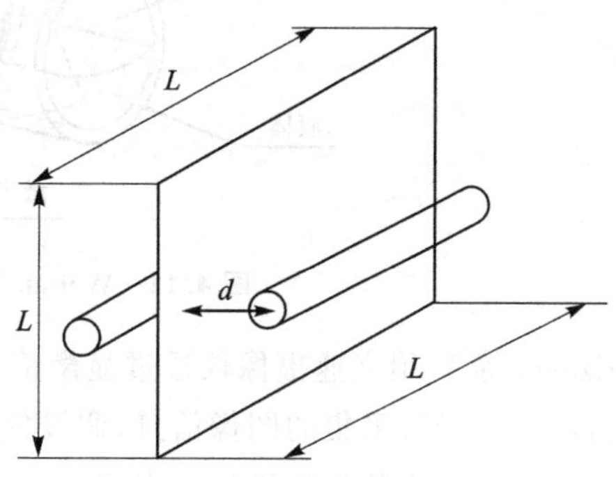

图 4.11　圆柱平板式电容传感器

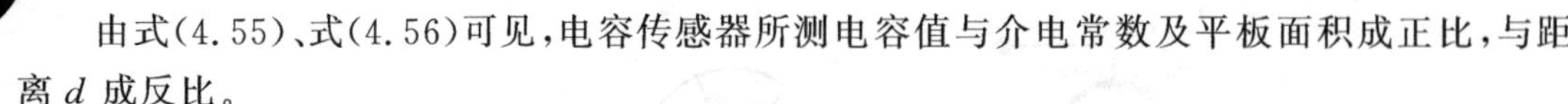

由式(4.55)、式(4.56)可见,电容传感器所测电容值与介电常数及平板面积成正比,与距离 d 成反比。

4.4.5 光学法

1. 高速摄像法

前面提到,用摄像法通过透明管段或透明窗口拍摄流体的流动状态,可以直接获得两相流流型,对高速摄像信息用专用图像处理软件处理,还可以获得空泡率和液膜厚度等参数[47-48,55]。对于小通道和微通道的空泡率测量,其他方法往往很难使用,摄像法成了最常使用的方法。

高速摄像获得的图像或录像信息一般是从流道外侧拍摄的平面二维(2D)信息。为了获得空泡率数据,需要对气液相界面进行各种假设,从而得到 3D 流场图像。另外,图像或录像质量取决于灯光、反射和观察角等;而且,对于某些流型,如弥散搅混流和雾状流,相界面很复杂,用摄像可视化方法很难进行比较准确的定量分析。对于小管径中的弹状流,长气泡几乎是圆柱状,两端形状也比较规则,从 2D 图像估算 3D 信息,误差比较小。而对于大管径,即使是弹状流,气泡形状也是非对称的,从 2D 图像信息向 3D 转化,引起的误差就比较大。

为了用高速摄像法获得准确的空泡率和液膜厚度等参数,一些研究者对拍摄方法、光源、图像处理技术等进行了深入研究。

Wojtan 等[56]通过摄像获得层状流的横截面图像信息,如图 4.12 所示。激光纸套在管外,与管道轴向垂直,照亮流体。摄像仪与照亮的横截面成一定角度,获得横截面图像。这个方法适用于较大管径的层状流空泡率测量。Wojtan 等用这个方法成功地获得了 8 mm 水平管内层状流的空泡率。

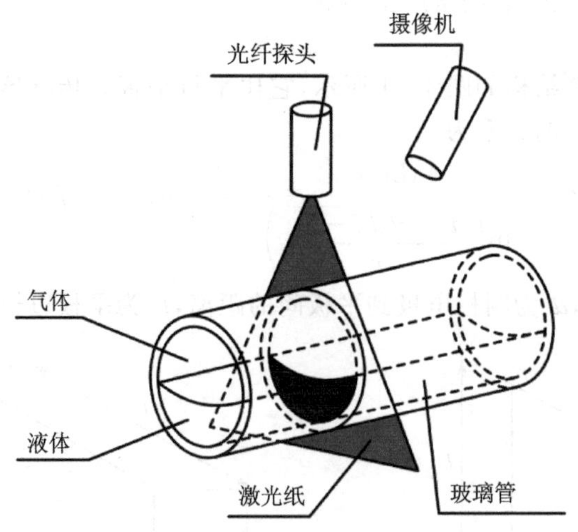

图 4.12 Wojtan 等[56]采用的成像装置

Serizawa 等[57]用高速摄像仪透过显微镜记录了空气-水和蒸气-水在 20～100 μm 微小通道内的流动。基于所采集的图像信息,假设气泡形状是轴对称的,计算了体积空泡率。这种方法成功地用于泡状流和弹状流的空泡率测量。

高速摄像法也被用于较大通道内两相流空泡率的测量。Rezkallah 和 Clarke[58]可视化研

究了微重力条件下 9.53 mm 垂直上升管内的两相流空泡率。基于图像数据，用商用软件测定了气泡的直径和长度，进而计算出了体积空泡率。

2. 光衰减法

光衰减法利用不同介质对光的衰减程度不同来测量空泡率。该方法响应速度快，不过光通过介质的时候会产生多种效应，影响测量结果；而且，该方法对所测量的介质有一定限制。由于光的发射和接收元件容易受污染，所以要求使用场合清洁度高。此外，光衰减法测量成本较高，且不易测量高温气液两相流。由于这些原因，该方法至今未被广泛采用。

应用光的散射或消光原理可以测量两相流的空泡率。当光通过一个含有气泡或液滴的两相流体时，根据 Beer 定律，在入射光方向上光强要产生衰减，其衰减后的光强 I 为

$$I = I_0 e^{-\mu L} \tag{4.57}$$

式中，I_0 为透射前的光强；L 为透射距离；μ 为衰减系数，是两相界面的形状和面积的复杂函数。

衰减系数在特定状态下具有简单的形式，如在空泡率较低的泡状流中，对于气泡采用体积平均直径 D_b，可获得衰减系数与空泡率和气泡直径的函数关系：

$$\mu = f(\alpha, D_b) \tag{4.58}$$

空隙率 α、气泡直径 D_b、单位体积的接触面积 A' 有如下关系：

$$A' = \frac{6\alpha}{D_b} \tag{4.59}$$

联立求解式(4.57)、式(4.58)和式(4.59)，可获得空泡率值。

与辐射法类似，光学法测得的空泡率也是光线所穿过的弦的平均值，为了测截面的平均空泡率，也需要利用多束光线。

4.5 液膜厚度测量

液膜厚度测量是长期以来两相流研究的重要课题之一。对于不同介质、不同使用条件、不同管径，新的测量方法和技术不断出现。需要注意的是，目前没有普适的方法，各种方法都有自己的适用条件和使用的局限性[58]。

现有方法可以依照流型检测和空泡率测量的思路，分成若干类。与空泡率类似，本节也分辐射方法、电阻抗方法、摄像方法和光学方法进行介绍，此外也简单介绍声学方法。与流型检测和空泡率测量类似，虽然这些方法各依据不同的原理，但大部分是基于气体和液体的物性不同，而采用对流体物性敏感的测量装置进行的。

由于相关方法的测量原理前面已经进行了介绍，故本节对于共性问题只作简略提及，而重点介绍液膜测量中的特殊性方面。

4.5.1 电阻抗法

1. 电导法

电导法是目前测定界面波特征信号的一种最常用、最简单的方法，也是一种精度很高的液膜厚度实时测量方法[5,59]。它所依据的基本原理是：电导传感器通过电极之间的电势测得电

流,电极之间的电导率与电极之间的液体量有关,也就是说,液膜的电导与其厚度直接相关,较厚的液膜电导较大,因此通过测量探针区域液膜的电导就可以得到液膜厚度。常用的电导探针电极的布置方式有 4 种:针形接触探针(见图 4.13(a))、嵌入式电导探针(见图 4.13(b))、平行双电导探针(见图 4.13(c))和插入式探针(见图 4.13(d))。

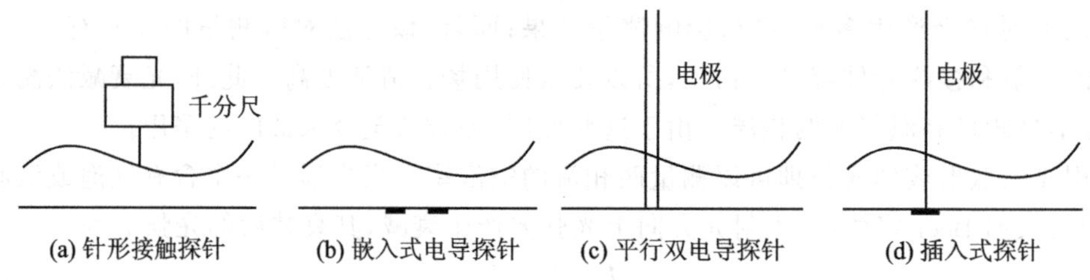

图 4.13 常用的电导探针的布置方式

电导法不适用于非导电液体。除针形接触探针外,电导探针测得的液膜厚度是探针周围液膜的平均值;而且,如果传感电极之间的距离与液膜厚度相比很小,电极的输出就会达到饱和。此外,电导探针对实验条件的变化比较敏感,除了嵌入式方法外,对流场有一定干扰。

图 4.14 所示的是 Fukano[60]研制出的一种嵌入式电导测量技术。它利用直流电源和两个嵌入式电极来测量液膜厚度和空泡率。第一对电极用于提供电源,第二对电极用于提供其间的电压。结构大体是:① 嵌入式电极沿流道轴向布置,这个布置方式可以测量传感器之间的平均体积空泡率;② 同心电极获得局部液膜厚度。电极由两个同心环构成,如图 4.14 所示。直流电从中心的电棒(电极 A)和最外层的环(电极 C)输入。中心的电棒和中间的环(电极 B,传感电极)检测测量信号。这种方法不仅要求液体导电,而且要求气相和液相之间的电阻差足够大。作者把这种方法用于丙烯酸树脂矩形通道空气-水两相流的液体厚度测量。根据测得的界面波,得到了 7 种流型。

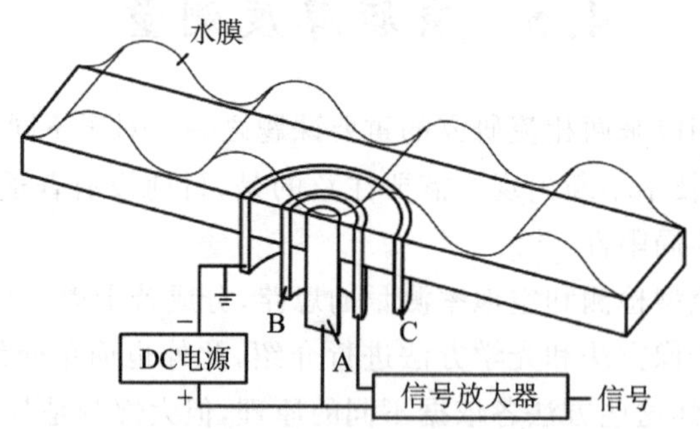

图 4.14 局部液膜厚度电导法测量示意图[60]

2. 电容法

电容法属于非侵入式局部测量方法,它依据的主要原理是:当两个通电金属片面对面放置时,就会产生电容;电容的大小取决于金属片的面积、二者的间距和被测流体的介电常数;如果流体含气液两相,由于二者的介电常数不同,不同的两相结构产生的电容不同,所以可通过测量两电容电极间的电容变化来测量界面结构。

这种方法也可以用于绝缘流体的液膜厚度测量。

4.5.2　光学法

有多种光学方法可以测量两相流液膜厚度，包括高速摄像法、光吸收法、荧光法、内反射法、激光散射法、激光聚焦位移法等。下面简单介绍高速摄像法、光吸收法和荧光法。

1. 高速摄像法

高速摄像法利用高速摄像仪或高速动态分析装置对气液两相界面进行实时跟踪、摄影和记录，然后对所得的图像及信号进行像素计数等分析处理，获得液膜厚度。

高速摄像仪能够以很高的速度对界面进行动态记录，所以能够给出有关界面波更细致的结构，这是其他方法所不及的。为了能够得到比较清晰的图像，测量中需要解决有关照明、聚焦等光学问题。对管内流动，要得到比较清晰的界面图像很不容易，利用高速摄像法来进行界面波的定量分析则显得更加困难。

高速像影法与其他方法结合，可以获得更准确的测量结果。随着计算机技术的发展和计算机视觉学科的兴起，采用 CCD 摄像机对气液两相界面进行实时跟踪、摄影和记录，然后对所得的图像及信号进行分析，从而得到液膜厚度，是一个有发展前景的方法。

2. 光吸收法

光吸收法利用可见光在透明或半透明介质中传播时，液相和气相对不同波长的可见光的吸收率不同，通过测量对光的衰减程度，来获得液膜厚度。光吸收法不局限于用可见光，也可以用红外线和微波。

一般地，该测量技术包括一个激光源、若干镜头和一个传感器。一定强度的激光在被测透明管道的一侧照射，光线穿过管道两侧和其中的两相流体，在被测管道的另一侧的强度被记录下来。液膜越厚，对光的衰减程度就越大。通过对接收到的光线进行分析，得到被测管段的液膜厚度。图 4.15 是 Utaka 等[61]使用的一种液膜厚度测量方法，用热空气加热管道中的蒸气-水两相流体。

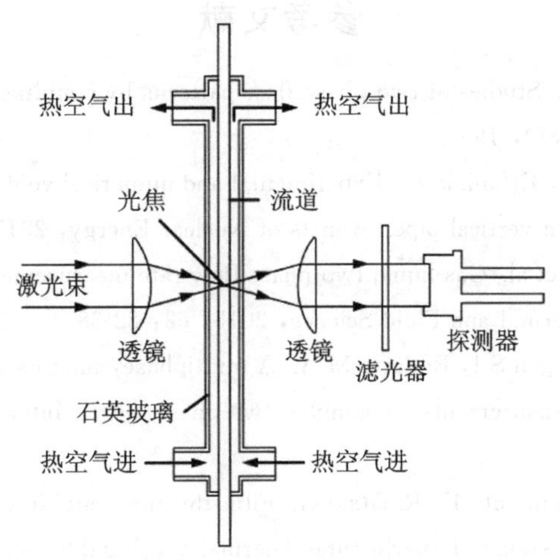

图 4.15　Utaka 等[61]的实验装置

3. 荧光法

荧光法中，入射光线和接收光线是同时的，而且位于管道的同一侧。荧光法实验前一般先在被测液体里加入一定量的荧光素，然后通过由汞蒸气灯发出的绿光对被测实验段进行照射。液体中的荧光素受到照射后发射出蓝光。用光谱仪（目前大多利用滤光器）对反射回来的绿光和荧光素发出的蓝光进行分离，通过对蓝光的光强进行分析，进而得到液膜厚度。

荧光法能够提供精确的界面波分布。不过，该方法虽然是非侵入式测量方法，但是由于加入了荧光素，对流体物性或多或少会有影响，也就影响了液膜厚度的测量精度。

4.5.3 辐射法

辐射法主要是利用射线吸收法测量液膜厚度。射线吸收法测量液膜厚度的基本原理是：从射线源发出的辐射线经过两相流体时被吸收或散射而衰减，在液相中的衰减比在气相中大；通过测量辐射线的衰减程度，确定液膜厚度。常用的辐射方法有中子辐射、γ 射线和 X 射线。辐射法测量液膜厚度精度较高，但操作比较复杂。

辐射源从一侧发出射线，被测管道另一侧放置一平板型转换器。当射线击中转换器时，转换器闪亮。用高速摄像仪和光传感器等记录转换器平板上的光分布。对于环状流，射线两次穿过液相，该方法测得的是液膜厚度的线性平均值，而不是局部液膜厚度。

Stahl 和 Rohr[62] 认为，与其他射线方法相比，γ 密度计因为价低而具有优越性，而 X 射线是单一能量射线，强度不发生波动。

4.5.4 声学法

声学法主要是利用超声波进行测量，它是测量常规尺寸通道内两相流流型和液膜厚度的有力工具。声学法的测量原理是：当超声波穿过气液相界面时被衰减和反射；可以根据传播时间，利用反射测量液膜厚度。通常，高频超声波噪声小，分辨率高，比低频超声波优越。

超声波的测量精度与波长直接相关（超声波的波长比光的波长大很多），该方法不适合测量很薄的液膜厚度。

参考文献

[1] Hewitt G F, Roberts D N. Studies of two-phase flow patterns by simultaneous X-ray and flash photography. AERE-M 2159, HMSO, 1969.

[2] Adineh M, Nematollahi M, Erfaninia A. Experimental and numerical void fraction measurement for modeled two-phase flow inside a vertical pipe. Annals of Nuclear Energy, 2015, 83:188-192.

[3] Liang F, Sun Y, Yang G, et al. Gas-liquid two-phase flow rate measurement with a multi-nozzle sampling method. Experimental Thermal and Fluid Science, 2015, 68: 82-88.

[4] Ashwood A C, Vanden Hogen S J, Rodarte M A. A multiphase, micro-scale PIV measurement technique for liquid film velocity measurements in annular two-phase flow. International Journal of Multiphase Flow, 2015, 68: 27-39.

[5] Tibiriçá C B, Júlio do Nascimento F, Ribatski G. Film thickness measurement techniques applied to micro-scale two-phase flow systems. Experimental Thermal and Fluid Science, 2010, 34: 463-473.

[6] Shaban H, Tavoularis S. Measurement of gas and liquid flow rates in two-phase pipe flows by the application of machine learning techniques to differential pressure signals. International Journal of Multiphase Flow, 2014, 67: 106-117.

[7] 孙斌. 基于小波和混沌理论的气液两相流流型智能识别方法. 保定：华北电力大学，2005.

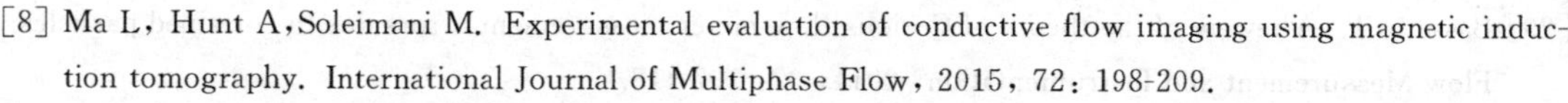

[8] Ma L, Hunt A, Soleimani M. Experimental evaluation of conductive flow imaging using magnetic induction tomography. International Journal of Multiphase Flow, 2015, 72: 198-209.

[9] Sardeshpande M V, Harinarayan S, Ranade V V. Void fraction measurement using electrical capacitance tomography and high speed photography. Chemical Engineering Research and Design, 2015, 94: 1-11.

[10] Wang B, Tan W, Huang Z, et al. Image reconstruction algorithm for capacitively coupled electrical resistance tomography. Flow Measurement and Instrumentation, 2014, 40: 216-222.

[11] Roshani G H, Nazemi E, Feghhi S A H, et al. Flow regime identification and void fraction prediction in two-phase flows based on gamma ray attenuation. Measurement, 2015, 62: 25-32.

[12] Harteveld W K, Mudde R F, Van den Akker H E A. Estimation of turbulence power spectra for bubbly flows from laser doppler anemometry signals. Chem. Eng. Sci., 2005, 60: 6160-6168.

[13] Bergenblock T, Leckner B, Onofri F, et al. Averaging of particle data from phase Doppler anemometry in unsteady two-phase flow: Validation by numerical simulation. International Journal of Multiphase Flow, 2006, 32(2): 248-268.

[14] Silva M K, Mochi V T, Mori M, et al. Experimental and 3D computational fluid dynamics simulation of a cylindrical bubble column in the heterogeneous regime. I & EC Research, 2014, 53: 3353-3362.

[15] Ayati A A, Kolaas J, Jensen A, et al. Combined simultaneous two-phase PIV and interface elevation measurements in stratified gas/liquid pipe flow. International Journal of Multiphase Flow, 2015, 74: 45-58.

[16] Yamada M, Saito T. A newly developed photoelectric optical fiber probe for simultaneous measurements of a CO_2 bubble chord length, velocity, and void fraction and the local CO_2 concentration in the surrounding liquid. Flow Measurement and Instrumentation, 2012, 27: 8-19.

[17] Tambouratzis T, Pàzsit I. A general regression artificial neural network for two-phase flow regime identification. Annals of Nuclear Energy, 2010, 37(5): 672-680.

[18] Sheikhi A, Sotudeh Gharebagh R, Zarghami R, et al. Understanding bubble hydrodynamics in bubble columns. Experimental Thermal and Fluid Science, 2013, 45: 63-74.

[19] 王栋，林宗虎. 气液两相流体流量的分流分相测量法. 西安交通大学学报，2001，35 (5)：441-444.

[20] 李强伟. 油气两相流流量及相关参数测量研究. 杭州：浙江大学，2007.

[21] Oliveira J L G, Passos J C, Verschaeren R, et al. Mass flow rate measurements in gas-liquid flows by means of a venturi or orifice plate coupled to a void fraction sensor. Experimental Thermal and Fluid Science, 2009, 33: 253-260.

[22] Murdock J W. Two-phase flow measurement with orifices. J. Basic Engineering, 1962, 84:419-433.

[23] Lin Z H. 2-phase flow measurements with sharp-edged orifices. International Journal of Multiphase Flow, 1982, 8(6):683-693.

[24] James R. Metering of steam-water two-phase flow by sharp edged orifices. Proceedings of Institution Mechanical Engineers, 1965-66, 180(23): 549-566.

[25] Chisholm D. Void fraction during two-phase flow. J. Mechanical Engineering Science, 1973, 15(3):235-236.

[26] Moura L F M, Marvillet C. Measurement of two-phase mass flow rate and quality using venturi and void fraction meters // Proceedings of the 1997 ASME International Mechanical Engineering Congress and Exposition. Fluids Engineering Division, FED 244, Dallas, 1997:363-368.

[27] Henry M, Tombs M, Zamora M, et al. Coriolis mass flow metering for three-phase flow: A case study. Flow Measurement and Instrumentation, 2013, 30: 112-122.

[28] Hempa J, Kutinb J. Theory of errors in Coriolis flowmeter readings due to compressibility of the fluid being metered. Flow Measurement and Instrumentation, 2006, 17: 359-369.

[29] Basse N T. A review of the theory of Coriolis flow meter measurement errors due to entrained particles. Flow Measurement and Instrumentation, 2014, 37: 107-118.

[30] Elmer Galvis E, Culham R. Measurements and flow pattern visualizations of two-phase flow boiling in single channel microevaporators. International Journal of Multiphase Flow, 2012, 42: 52-61.

[31] Mastrullo R, Mauro A W, Thome J R, et al. Flow pattern maps for convective boiling of CO_2 and R410A in a horizontal smooth tube: Experiments and new correlations analyzing the effect of the reduced pressure. International Journal of Heat and Mass Transfer, 2012, 55: 1519-1528.

[32] 谭超. 基于多传感器融合的两相流参数测量方法. 天津：天津大学，2010.

[33] 王泽璞. 电容层析成像图像重建与气力输送两相流可视化测量研究. 北京：华北电力大学，2013.

[34] Banasiak R, Wajman R, Jaworski T, et al. Study on two-phase flow regime visualization and identification using 3D electrical capacitance tomography and fuzzy-logic classification. International Journal of Multiphase Flow, 2014, 58: 1-14.

[35] 周云龙，高云鹏，衣得武. ECT 系统交流激励微小电容参数的测定. 仪表技术与传感器，2010(9): 99-101.

[36] 董峰，许燕斌. 电阻层析成像技术在两相流测量中的应用. 工程热物理学报，2006，27(5)：791-794.

[37] 孙斌. 基于 HHT 与 SVM 的气液两相流双参数测量. 杭州：浙江大学，2005.

[38] 张贤达. 现代信号处理. 北京：清华大学出版社，2002.

[39] 罗利佳. 内循环气升式反应器流动行为与传质特性研究. 上海：上海交通大学，2012.

[40] Huang N E, Shen Z, Long S R, et al. The Empirical mode decomposition and the Hilbert spectrum for nonlinear and non-stationary time series analysis. Proc. R. Soc. Lond. A, 1998, 454: 903-995.

[41] 周云龙，王强，杨志行，等. 基于子波能量特征的气液两相流流型辨识方法. 化工学报，2007(8)：1948-1954.

[42] Li W L, Zhong W Q, Jin B S, et al. Flow regime identification in a three-phase bubble column based on statistical, Hurst, Hilbert-Huang transform and Shannon entropy analysis. Chemical Engineering Science, 2013, 102: 474-485.

[43] Jones O C, Zuber N. The interrelation between void fraction fluctuations and flow patterns in two-phase flow. Int. J. Multiphase Flow, 1975, 2: 273-306.

[44] Shaban H, Tavoularis S. Identification of flow regime in vertical upward air-water pipe flow using differential pressure signals and elastic maps. International Journal of Multiphase Flow, 2014, 61: 62-72.

[45] 白博峰，郭烈锦，赵亮. 汽(气)液两相流流型在线识别的研究进展. 力学进展，2001，31(3)：437-446.

[46] 白博峰，郭烈锦，陈学俊. 气液两相流流型在线智能识别. 中国电机工程学报，2001，21(7)：46-50.

[47] Rosa E S, Salgado R M, Ohishi T, et al. Performance comparison of artificial neural networks and expert systems applied to flow pattern identification in vertical ascendant gas-liquid flows. International Journal of Multiphase Flow, 2010, 36(9): 738-754.

[48] Winkler J, Killion J, Garimella S, et al. Void fractions for condensing refrigerant flow in small channels: Part I literature review. Int. J. Refrigeration, 2012, 35: 219-245.

[49] Bertola V. Two-phase flow measurement techniques // Bertola V (Ed.), Modelling and Experimentation in Two-Phase Flow. New York: Springer-Verlag Wien GmbH, 2003: 281-323.

[50] 徐冬，龚领会. 气液两相低温流体空泡率测量技术及其进展. 低温工程，2006(6)：32-37.

[51] Neal L G, Bankoff S G. A high resolution resistivity probe for determination of local void properties in gas-liquid flow. AIChE J., 1963, 9: 490-494.

[52] Ruder Z, Hanratty T J. A Definition of gas-liquid plug flow in horizontal pipes. Int. J. Multiphase Flow, 1990, 16: 233-242.

[53] Fossa M. Design and performance of a conductance probe for measuring the liquid fraction in two-phase gas-liquid flows. J. Flow Meas. Instrum.，1998，9：103-109.

[54] 叶佳敏，鹏黎辉. 小管径管道气液两相流空隙率电容传感器设计. 仪器仪表学报，2010，31(6)：1207-1212.

[55] Rana K B，Agrawal G D，Mathur J，et al. Measurement of void fraction in flow boiling of ZnO-water nanofluids using image processing technique. Nuclear Engineering and Design，2014，270：217-226.

[56] Wojtan L，Ursenbacher T，Thome J R. Measurement of dynamic void fractions in stratified types of flow. Experimental Thermal and Fluid Science，2005，29：383-392.

[57] Serizawa A，Feng Z，Kawara Z. Two-phase flow in microchannels. Experimental Thermal and Fluid Science，2002，26，703-714.

[58] Rezkallah K S，Clarke N N. Void fraction measurements in gas-liquid flows using image processing // Proceedings of the 1995 ASME/JSME Fluids Engineering and Laser Anemometry Conference and Exhibition. ASME，New York，NY，USA，Hilton Head，SC，USA，1995：31-35.

[59] 盛伟，李洪涛. 数字图像技术在液膜厚度测量中的应用. 东北电力技术，2007(2)：44-47.

[60] Fukano T. Measurement of time varying thickness of liquid film flowing with high speed gas flow by a constant electric current method. Nuclear Engineering and Design，1998，184：363-377.

[61] Utaka Y，Tasaki Y，Okuda S. Micro-liquid-layer behavior and heat transfer characteristics of boiling in a micro-channel vaporizer // Proceedings of the 10th Brazilian Congress of Thermal Science and Engineering-ENCIT. Rio de Janeiro，Brazil，paper 0798，2004.

[62] Stahl P，Rohr P R. On the accuracy of void fraction measurements by single-beam gamma-densitometry for gas-liquid two-phase flows in pipes. Experimental. Thermal and Fluid Science，2004，28：533-544.

第 2 篇　两相流流动

第 5 章　两相流流型

5.1 概　述

流型又称为流态，指的是气液相界面处的分布状况，即相界面处呈现的不同形态和不同结构形式。在气液两相流动中，由于存在着气泡的生成、脱离、聚并和破碎，气泡的形状和大小随流动状态的变化而变化，所以气液相界面的形状和分布在时间和空间上均是随机可变的，导致两相流的流型不仅多种多样，而且其变化具有随机性。两相流中存在的这种相对变化的相界面正是两相流区别于单相流的主要特征。

流型是气液两相流的一个基本特征参数，是两相流研究的重要内容。两相流的传热、摩擦压降、空泡率、相界面的稳定性等，都与流型有着密切的关联。因此，正确认识、区分和预测流型，研究其形成机理和转变特性，对于理解两相流传热流动现象和机理，建立传热系数模型、压降模型、数值模拟补充方程，以及设计有关两相流系统和设备，都具有重要的实际意义。例如，管内两相流传热系数模型和压降模型建立的一个有吸引力的方法是基于流型的方法[1-3]，该方法需要对管内流体的流型进行准确的判断预测。与用雷诺数预测单相流从层流流动到湍流流动的转变相似，两相流流型图可用来预测两相流各种流型间的转变关系。

对于两相流流型的研究已有很久的历史，但两相流本身的复杂性和多样性使其流型的构成变得难以区分。不同的形态区分法则，不同的定义，实验识别的主观性，甚至是命名的差异性，都使得对流型的区分至今尚没有完全统一。

影响流型的因素很多，主要有：

① 运行参数，如质量流速、热流密度、压力、温度、干度等。

② 流道几何特性和布置，如管径、截面形状、管道倾角等；研究发现，常规通道内的流型与细微通道内的流型存在明显差别[4]。

③ 流体热物性和输运参数，如密度、粘度、表面张力等。

④ 流体的构成，如是双组分工质（如空气-水气液两相流），还是单组分工质（如蒸发制冷循环中制冷剂在蒸发器和冷凝器中的气液两相流）。

⑤ 重力的影响[5]，如是常重力（地球重力）、微重力，还是过载（超重力）场。本章介绍常重

力场的两相流流型。微重力和过载环境下的流型问题在第 14 章介绍。

在流型方面，本章分别对垂直上升管内、垂直下降管内、水平管内以及倾斜管内的气液两相流动进行讨论。迄今为止，对于流型的研究大多是针对垂直上升管和水平管内的流动进行的，很少涉及到垂直下降管和倾斜管内的流动。所以本章将首先介绍垂直上升管和水平管内的流型。

在流型图方面，主要介绍被广泛引用的研究结果。对于垂直上升管，主要介绍被广泛应用的 Fair[6] 与 Hewitt 和 Roberts[7] 流型图；对于水平管内的绝热流动，主要介绍 Baker[8] 流型图以及 Taitel 和 Dukler[9] 流型图。对于水平管内的非绝热流动，主要介绍 Thome 教授研究团队的研究结果，包括流动沸腾和冷凝。

5.2 垂直上升管内两相流的流型和流型图

5.2.1 垂直上升管内的主要流型

垂直上升管内两相流有 5 种常见的流型，即泡状流、弹状流、搅混流、环状流和雾状流，如图 5.1 所示。而围绕着每个基本流型，又可能存在若干过渡流型，例如液丝环状流。作为示例，图 5.1 给出了泡状流的 2 个流型。

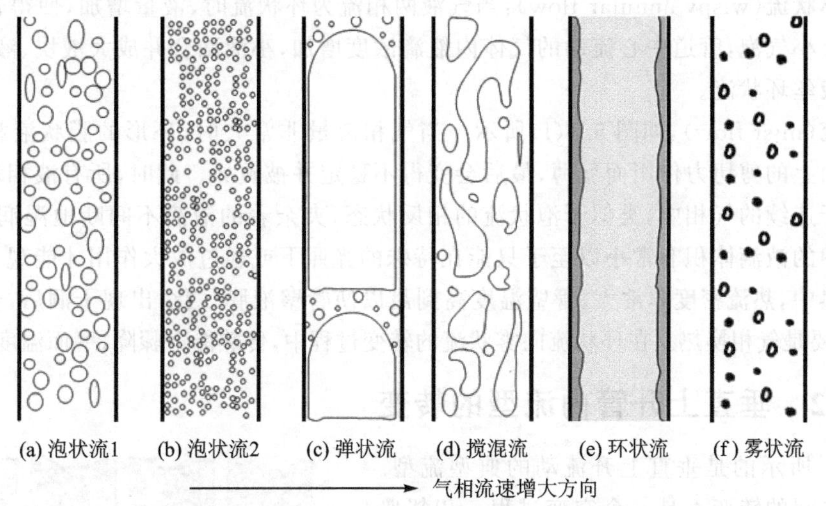

图 5.1　垂直上升流动中常见的两相流流型

泡状流(bubbly flow)，如图 5.1(a)和图 5.1(b)所示。在连续的液相中弥散着许多小气泡。气泡尺寸远远小于管道的内径，且气泡大小不同，形状各异。根据气泡在管内的分布又可以分为近中心气泡流(core - peaking bubbly flow)和近壁面气泡流(wall - peaking bubbly flow)；而根据气泡运动速度的大小，又可以分为速度较小时的分散气泡流(discrete bubbly flow)(见图 5.1(a))和速度较大时的弥散气泡流(dispersed bubbly flow)(见图 5.1(b))。泡状流一般在空泡率较小时出现。

弹状流(slug flow)或**塞状流**(plug flow)，也常称为段塞流、柱塞流等，如图 5.1(c)所示。随着空泡率的增大，气泡相互靠近、碰撞并聚合成更大的气泡，甚至聚合成接近管径大小的气泡。这些大的气泡形状类似带有半球状头部和平直截面尾部的子弹头。这些大的气泡也被称为泰勒气泡(Taylor bubbles)。它周期性出现,并以较快的速度上升。大气泡彼此间被含有小气泡的液体段隔开。随着气泡变长,液段内的小气泡也增多。大气泡与管壁之间有很薄的膜状液体,这一层液体会因为重力的缘故而部分向下流动,尽管流体的净流量是向上的。

搅混流(churn flow)/**乳沫状流**(froth flow),也常称为混状流、块状流等,如图 5.1(d)所示。随着气相流动速度的增大,相邻的泰勒气泡开始连在一起,分布在周围的液体表现出搅拌或混沌的运动状态。流动呈不定形状并做上下振荡运动,但是流动净流量仍是向上的。这种不稳定性的产生是因为作用在泰勒气泡周围的膜状液相有着相反作用方向的重力和剪切力。这种流型实际上是弹状流和环状流之间的过渡形态。在小孔径流道中,不一定会发生这类搅混流动,可能会发生弹状流向环状流的直接平稳转变。通常情况下,两相流传热管中都要避免搅混流的发生,如连接再沸器与蒸馏塔之间的管道或是制冷剂流经的管网,因为众多的液块间隔会给管道系统带来严重的损坏。

环状流(annular flow),如图 5.1(e)所示。一旦高速流动的气体在膜状液体上的界面剪切力超过重力的作用,液相便离开管道轴线区域并以膜状的形式在管壁区域流动(形成一个液体环),而气体则在管道轴心区域形成连续的气柱。两相的界面会有连续不断的液体波动和波纹。此外,在气柱内会混杂着由卷吸液膜产生的许多细小液滴,形成液滴的液体分量可能多至与形成膜状液相的液体分量相当。这种流型很稳定,是管内两相流动理想的流型。

液丝环状流(wispy annular flow):当气液两相流为环状流时,液量增加,使得管壁上液膜增厚且含有小气泡,管道中心流动的气体内液滴浓度增加,小液滴合并成大液块、液条或液丝,便形成了液丝环状流。

雾状流(mist flow),如图 5.1(f)所示。当气相流量非常大时,环形的膜状液相会因气芯在两相界面上的剪切力作用而变薄,最后会变得不稳定并被破坏。此时,所有液相均以液滴的形式存在于连续的气相中,类似于泡状流的相反状态,夹杂着的液滴不间断地湿润局部管壁。通常雾状中的液滴体积非常小以至于只能在特殊的光照下或通过放大作用才能观察到。在流动沸腾换热中,热流密度非常大,管壁温度高到足以使管壁液膜气化,出现干涸后,会产生雾状流,此时主要是气相换热。在环状流向雾状流的转变过程中,传热能力骤降,壁面温度急剧上升。

5.2.2 垂直上升管内流型的转变

图 5.1 所示的是垂直上升流动的典型流型。典型流型之间的转变不是一个突变过程。相邻典型流型之间是一个相对较宽的过渡区域,其间会出现一些非典型的过渡流型,如图 5.2 所示的是泡状流的一种流型转变。

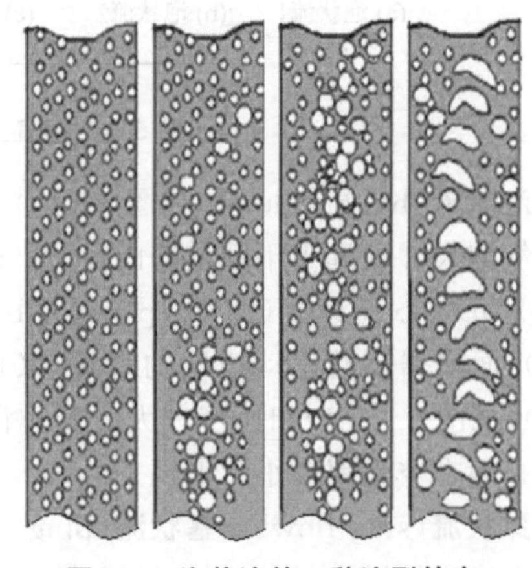

图 5.2 泡状流的一种流型转变

Govier 和 Aziz[10] 对空气-水两相流在 2.6 cm 内径管内的垂直上升流动进行了实验研究。流型与表观速度的关系如图 5.3 所示。

气液两相流动中,气相或液相的表观速度是假定气相或液相单独在管道中流动时的速度,因此又称为折算速度。其物理意义是当管道中流动

的全是该分相流体时所具有的流速。

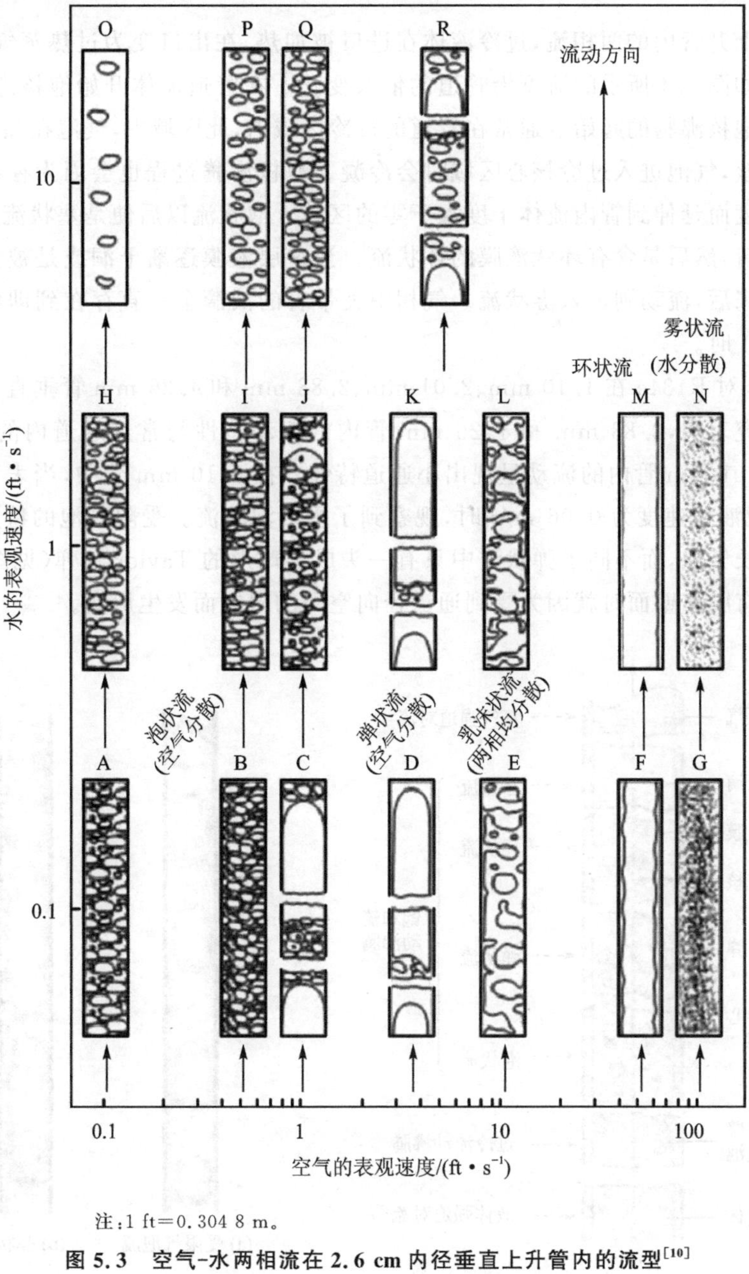

注：1 ft＝0.304 8 m。

图 5.3　空气-水两相流在 2.6 cm 内径垂直上升管内的流型[10]

气相表观速度 u_{sg} 和液相表观速度 u_{sl} 可分别表示为

$$u_{sg}=\frac{Q_g}{A} \tag{5.1}$$

$$u_{sl}=\frac{Q_l}{A} \tag{5.2}$$

式中，Q 为体积流量，A 为流道的流通截面积，下标 g 和 l 分别代表气相和液相。

表观速度常用于判断流型，也常用于均相流模型和漂移流模型等模型中。

5.2.3 垂直上升管内沸腾流动的流型变化

对于垂直上升管内的两相流，过冷液体在进口被加热，在出口变为过热蒸气，中等热流密度时常会出现如图 5.4 所示的流型沿管道的依次变化。在管道流体开始泡核沸腾时，一般会出现泡状流。泡核沸腾的起始点通常在管道的过冷区域内，此区域中，气泡在加热壁面上的过热附面层中成核，气泡进入过冷核心区域时会冷凝。泡核沸腾过程也会因为存在有过冷度或较小的热流密度而延伸到管内流体干度大于零的区域。泡状流以后便是塞状流/弹状流，之后可能出现搅混流，然后是含有环状液膜的环状流。当这层液膜逐渐干涸或是被界面上的气体剪切力剥离下来后，流动则进入雾状流。气相中夹带着的液滴会一直存在到即使流体的热力学干度值超过 1 时。

Chen 等[11]对 R134a 在 1.10 mm、2.01 mm、2.88 mm 和 4.26 mm 管垂直上升流动沸腾进行的实验研究表明，2.88 mm 和 4.26 mm 管内的流动特性与常规通道内的特性相似，而 1.10 mm 和 2.01 mm 管内的流动呈现出小通道特性。在 1.10 mm 管中，当表观气相速度为 0.02 m/s、表观液相速度为 0.06 m/s 时，观察到了受限泡状流。受限气泡的特点是产生两端都是半球形的长气泡，而不同于弹状流中只有一头成半球形的 Taylor 气弹(见图 5.5)。此流型在气泡还没有脱离壁面时就因为受到通道径向空间的限制而发生形变。

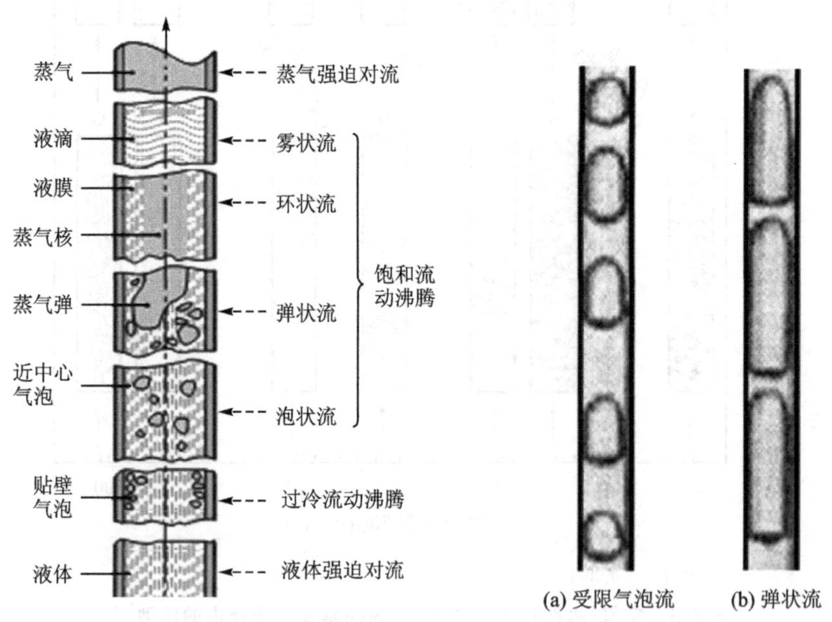

图 5.4 垂直上升管内流动沸腾流型变化

图 5.5 受限泡状流与弹状流的对比[11]

5.2.4 垂直上升管内的流型图

流型图被用来预测管道中的局部流动形态，并可以显示不同流型间的转变边界。早期的流型图多被绘制在对数坐标系下，选取的坐标参数多样。现在的流型图逐渐放弃了对数坐标系，很多以质量流速和干度作为坐标参数。

Fair[6]与 Hewitt 和 Roberts[7]较早提出了垂直上升流动的流型图，如图 5.6 和图 5.7 所示。图中：G 为质量流速；x 为干度；ρ 为密度。

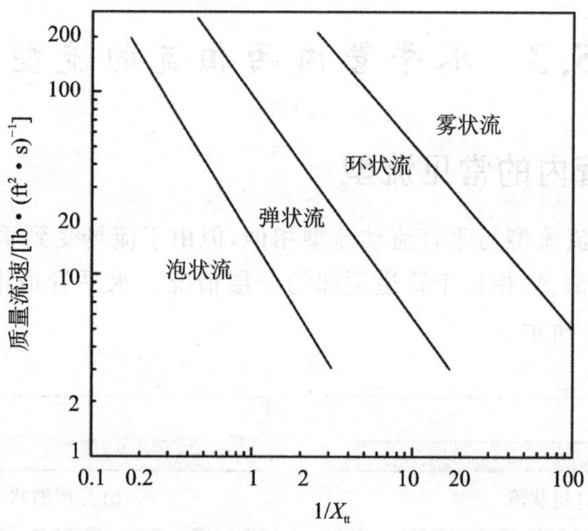

注：1 lb=0.453 5 kg。

图 5.6　垂直上升道内两相流流型图（Fair[6]）

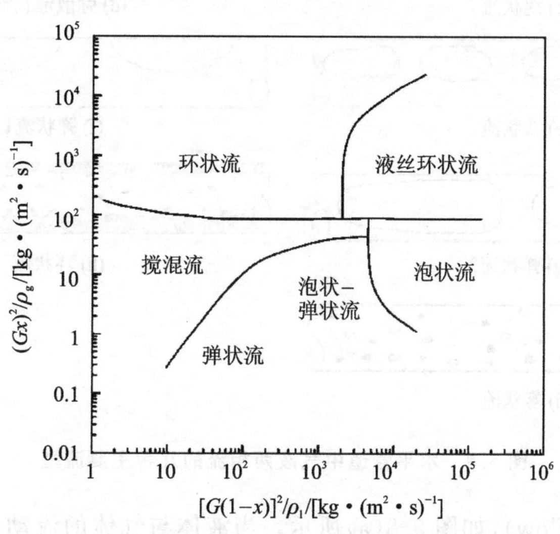

图 5.7　垂直上升道内两相流流型图（Hewitt 和 Roberts[7]）

这两个流型图获得了较广泛的引用。与单相流区分层流区域与湍流区域类似，流型图中表示转变的曲线可被视为过渡区域。

为了正确使用 Fair[6]流型图，首先必须根据不同的应用情况计算出水平轴上的 Martinelli 参数值和垂直轴上的质量流速。然后根据横、纵坐标的值在图中找到对应的坐标点。从坐标点所在的区域便可得知流动是属于泡状流、弹状流、环状流和雾状流中的哪一种，图中的斜直线代表各流型区域转变的阈值。Fair[6]给出的 Martinelli 参数 X_{tt} 如下：

$$X_{tt}=\left(\frac{1-x}{x}\right)^{0.9}\left(\frac{\rho_g}{\rho_l}\right)^{0.5}\left[\left(\frac{\mu_l}{\mu_g}\right)\right]^{0.5} \tag{5.3}$$

式中，μ 为动力粘度。

为了正确使用 Hewitt 和 Roberts[7]流型图，首先必须确定干度 x 和质量流速 G，然后便可确定水平与垂直坐标轴的坐标值，并根据坐标所在图中的已知流动区域辨别流型种类。

5.3 水平管内两相流的流型

5.3.1 水平管内的常见流型

水平管道中的两相流流型与垂直流动流型相似，但由于流场受到重力场的作用，管道内可能出现液相位于管道底部、气相位于管道顶部的分层情况。水平管道中气液两相流的流型主要有以下几种，如图 5.8 所示。

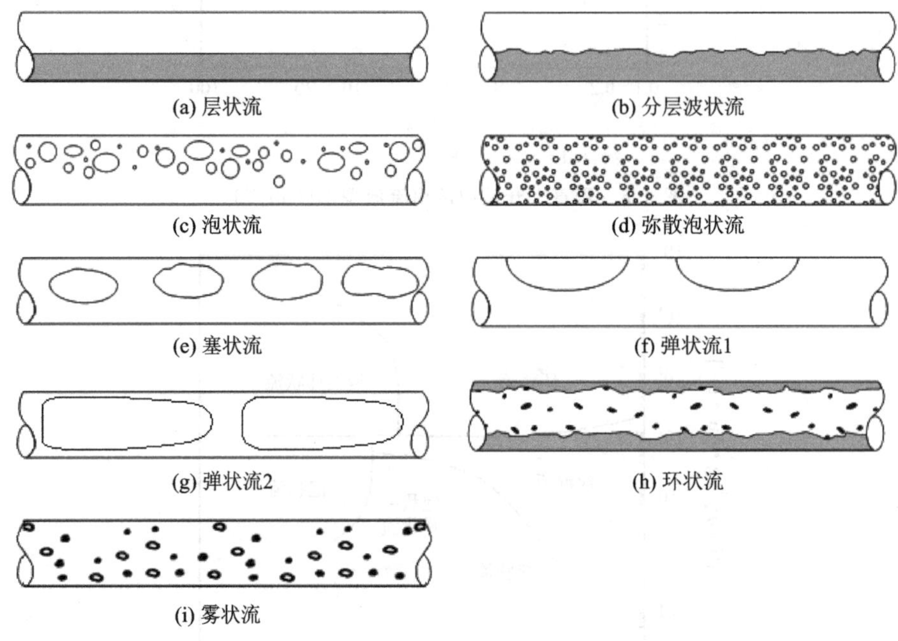

图 5.8 水平管道中气液两相流的几种主要流型

层状流(stratified flow)，如图 5.8(a)所示。当液体与气体的流动速度都很低时，气液两相会完全分开。气相位于流道顶端，液相位于流道底部，它们之间是一层较光滑的水平分界面。所以此种流型中气相与液相以分层的形式流动。

分层波状流(stratified wavy flow)，如图 5.8(b)所示。在低液相质量流速情况下，当层状流中气体的流动速度增大时，气液分界面上便会掀起扰动的波浪，波浪会随着流体流动方向前进。波浪扰动的幅度十分明显且取决于两相间的相对移动速度；然而，波浪的波峰不会达到管道顶端。波浪会接触到周围管壁，在波浪退去后会在管壁上留下很薄的膜状液体。

间歇流(intermittent flow)是塞状流与弹状流的混合形式。随着气体的流速进一步增大，气液界面上的波浪会变得足够大，以至于可以冲刷管道顶部。这种流型中会交替出现小波幅波浪和可以冲刷管道顶部的大波幅波浪。大波幅波浪中通常会含有部分气泡。管道顶部壁面会不断地被大波幅波浪浸湿并且其表面会被覆盖上一层很薄的膜状液体。

泡状流(bubbly flow),如图 5.8(c)和(d)所示。在水平流动中,在大质量流速时,液相中分散着气泡,由于浮力的作用,大部分气泡弥散在流道顶部,如图 5.8(c)所示。当剪切应力起主导作用时,气泡又均匀地散布于整个流道,如图 5.8(d)所示。

塞状流(plug flow),如图 5.8(e)所示。这一流型中,液体块被拉长了的气泡分隔。由于长气泡的直径小于流道直径,所以位于长气泡下面的流道底部,液相是连续的。塞状流或段塞流有时也称为长气泡流(elongated bubbles flow)

弹状流(slug flow),如图 5.8(f)和(g)所示。当气体流速更高时,长气泡直径趋近流道高度。气相中可能含有小液滴,液相中也可能含有小气泡。水平通道中的弹状流与垂直上升通道中定义的弹状流不尽相同。图 5.8(f)中,隔开这些长气泡的液体段可以被看作是大幅波。图 5.8(g)是细小通道流动沸腾中可能出现的弹状流流型,与垂直上升通道中的弹状流相似。塞状流和弹状流有时候不易区分,或因为塞状流过程相对较短,一些流型图中只给出弹状流而没有塞状流。

环状流(annular flow),如图 5.8(h)所示。当气体流速进一步升高时,液体就会环绕管周形成一层液膜。这种液膜类似于垂直流动中环状流中的液膜,但管道底部的液膜比管道顶部的要厚一些。环状液膜与气芯的交界面上会分布一些小波幅的波浪,同时在气芯中也会存在一些液滴,所以也称为弥散环状流(dispersed annular flow)或含雾环状流(mist annular flow)。当气相所占比例较大时,管道顶部的液膜会首先消失,此时环状液膜只覆盖了部分管壁,这种情况有时也被归为分层波状流。

雾状流(mist flow),如图 5.8(i)所示。与垂直流动相似,当气体流速非常大时,管壁上的所有液体都会退去,而此时气体形成了连续的气相并夹杂着许多液滴。

5.3.2　水平管内流动沸腾、冷凝过程中的流型变化

图 5.9 是 Collier 和 Thome[12] 给出的典型水平管中蒸发、冷凝过程中的流型变迁图,图中还包括流动结构的一些剖面图。

冷凝情况下的流型分布大致与蒸发时的情况相同,但在层状流区域内,蒸发过程的管道顶部会出现干涸区,而冷凝过程的管道顶部管壁被一层薄的冷凝液膜所覆盖。

图 5.9(a)给出了水平圆管内流动沸腾沿程流型变化示意图。图中条件是,均匀的热流密度,入口液体接近饱和液体状态,较低的进口流速(<1 m/s)。从传热角度看,值得注意的是弹状流和分层波状流可能出现间歇性干涸,环状流上壁面可能出现逐渐扩大的干涸区。在高液体进口速度下,重力的影响不明显,相分布比较均匀,流型与垂直流动中的情况类似。

图 5.9(b)和(c)勾画出了水平圆管内冷凝过程可能出现的流型沿程变化。进口处,管壁周边的冷凝膜产生环状流,高速流动的蒸气芯中夹带着液滴。继续冷凝时,蒸气速度降低,蒸气剪切力对冷凝液的影响减小,重力的影响增加。在高质量流速下,会发展成弹状流和长气泡流;而在低质量流速下,会发展成大幅波,然后成为层状流。

很多热交换器的设计采用圆形通道,这些通道用 180°的弯头连接,形成蛇形结构。在这种情况下,弯头对流型的影响很明显。

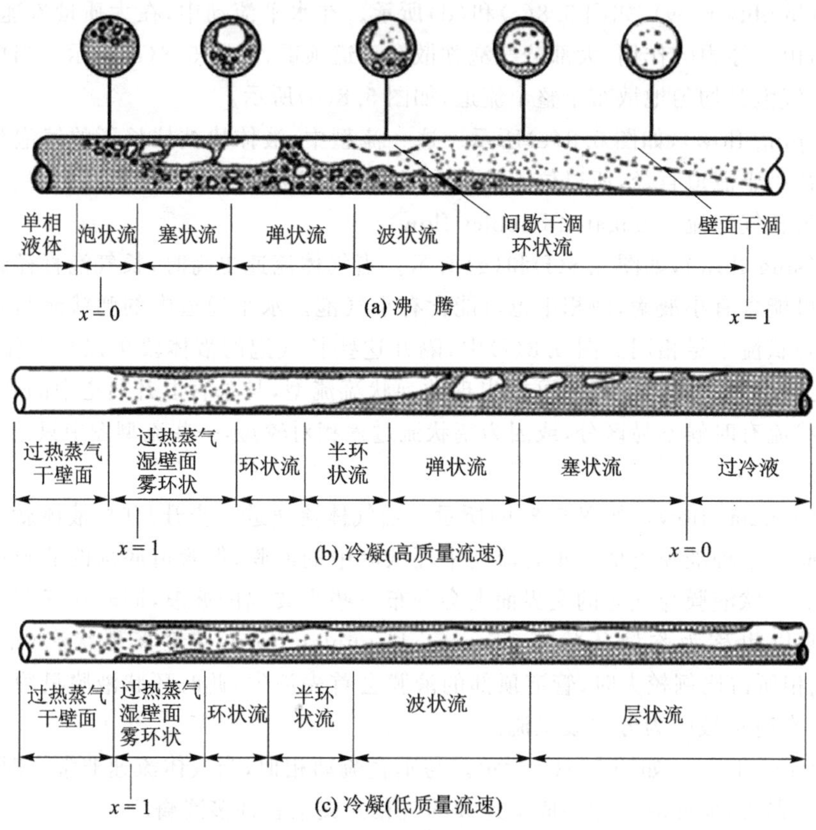

图 5.9 Collier 和 Thome[12] 的水平管中流型变化

5.4 水平管内两相流的流型图

5.4.1 水平管内绝热两相流流型图

在用来预测水平绝热管内两相流流型转变的流型图中，Baker[8] 与 Taitel 和 Dukler[9] 提出的流型图被引用得最多，如图 5.10 和图 5.11 所示。

为了正确使用 Baker[8] 流型图，需要计算出液相质量流速 G_l 和气相质量流速 G_g，然后需计算出气相所需参数 λ 和液相所需参数 ψ。

$$\lambda = \left(\frac{\rho_g}{\rho_{air}} \frac{\rho_l}{\rho_{water}} \right)^{1/2} \tag{5.4}$$

$$\psi = \left(\frac{\sigma_{water}}{\sigma} \right) \left[\left(\frac{\mu_l}{\mu_{water}} \right) \left(\frac{\rho_{water}}{\rho_l} \right)^2 \right]^{1/3} \tag{5.5}$$

式中，σ 为表面张力；空气密度 $\rho_{air} = 1.23\ kg/m^3$；水的物性参数分别为 $\rho_{water} = 1\ 000\ kg/m^3$，$\mu_{water} = 0.001\ Pa \cdot s$，$\sigma_{water} = 0.072\ N/m$。

Taitel 和 Dukler[9] 的水平管内流型图（见图 5.11）是基于他们对流动转变机制的解析分析绘制成的，同时他们根据经验选取了一些参数作为流型图的参考。此流型图中用到了 Mar-

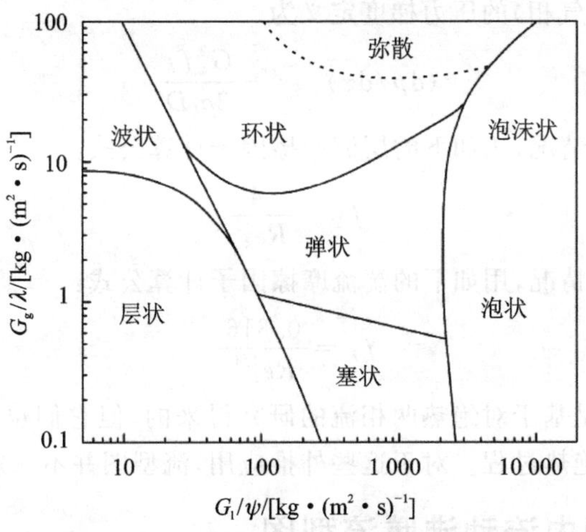

图 5.10　Baker[8] 的水平管两相流流型图

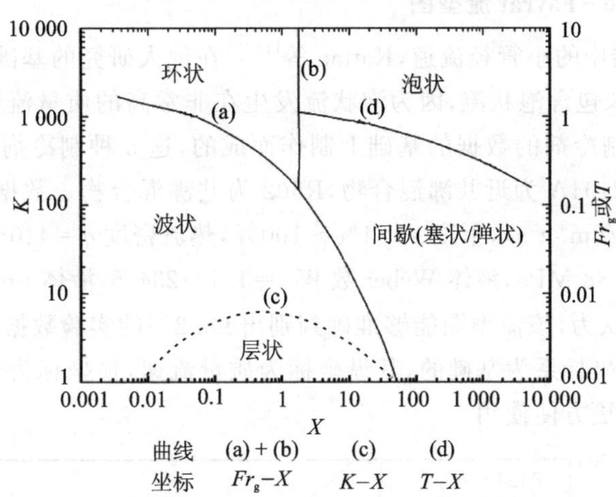

图 5.11　Taitel 和 Dukler 的水平管两相流流型图[9,12]

tinelli 参数 X、气体 Froude 数 Fr_g，以及参数 T 和 K。各参数定义式如下：

$$X=\sqrt{\left(\frac{\Delta p}{\Delta L}\right)_1\Big/\left(\frac{\Delta p}{\Delta L}\right)_g} \tag{5.6}$$

$$Fr_g=\frac{xG}{\left[g\rho_g(\rho_1-\rho_g)D\right]^{1/2}} \tag{5.7}$$

$$T=\left[\frac{\left|(\mathrm{d}p/\mathrm{d}L)_1\right|}{g(\rho_1-\rho_g)}\right]^{1/2} \tag{5.8}$$

$$K=Fr_g Re_1^{1/2} \tag{5.9}$$

式中，g 为重力加速度（$g=9.81\ \mathrm{m/s^2}$）。液相和气相雷诺数分别定义为

$$Re_1=\frac{(1-x)GD}{\mu_1} \tag{5.10}$$

$$Re_g=\frac{xGD}{\mu_g} \tag{5.11}$$

分相 k （k 为液相或气相）的压力梯度定义为

$$(\mathrm{d}p/\mathrm{d}z)_k = -\frac{G_k^2 f_k}{2\rho_k D} \tag{5.12}$$

对于 $Re_k < 2\,000$ 的情况，用如下的层流摩擦因子计算公式：

$$f_k = \frac{64}{Re_k} \tag{5.13}$$

对于 $Re_k > 2\,000$ 的情况，用如下的湍流摩擦因子计算公式：

$$f_k = \frac{0.316}{Re_k^{1/4}} \tag{5.14}$$

图 5.10 和图 5.11 是基于对绝热两相流的研究得来的，但它们也经常被用于处理流动沸腾和流动冷凝这样的非绝热过程。对于这些外推应用，流型图并不一定会给出可靠的结果。

5.4.2 水平管内流动沸腾流型图

1. Kattan - Thome - Favrat 流型图

针对常见于换热器中的小管径流道，Kattan 等[13-15]在他人研究的基础上，提出了如图 5.12 所示的流型图。图中未包含泡状流，因为泡状流发生在非常高的质量流速的情况下。这个流型图是在分析了 5 种制冷剂的数据的基础上制作而成的，这 5 种制冷剂中 R134a 与 R123 为纯物质流体，R402A、R404A 为近共沸混合物，R502 为共沸混合物。数据的实验范围为：质量流速 $G=100\sim500\ \mathrm{kg/(m^2\cdot s)}$，干度 $x=4\%\sim100\%$，热流密度 $q=440\sim36\,500\ \mathrm{W/m^2}$，饱和压力 $p_{\mathrm{sat}}=0.112\sim0.888\ \mathrm{MPa}$，液体 Weber 数 $We_1=1.1\sim234.5$，液体 Froude 数 $Fr_1=0.037\sim1.36$。Kattan 等[13-15]认为，该流型图能够准确判别出 96.2%的实验数据的流型。

图 5.12 是以线性坐标系为基础的，其纵坐标为质量流速，横坐标为干度。相对于对数坐标系下的流型图，此图更方便使用。

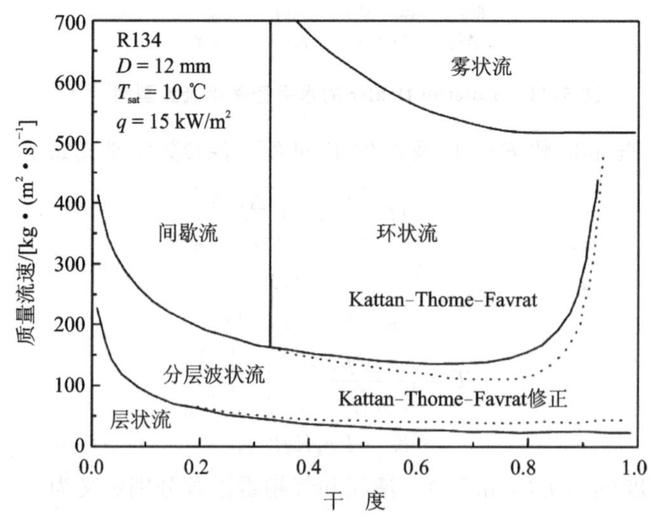

图 5.12 带有流动区域转变边界的 Kattan - Thome - Favrat 流型图

Kattan 等[13-15]同时提出了流型转变的判断准则公式。为了介绍这些公式，先对一些几何参数进行介绍。图 5.13 定义了流动的几何尺寸，其中 D 为管道内径，P_1 代表管内的湿润周界，P_g 为管道与蒸气接触的干涸周界，H_l 为纯层状流的液相高度，P_i 为两相交界面周界。类似地，A_l 与 A_g 分别为液相与气相的流通截面积。

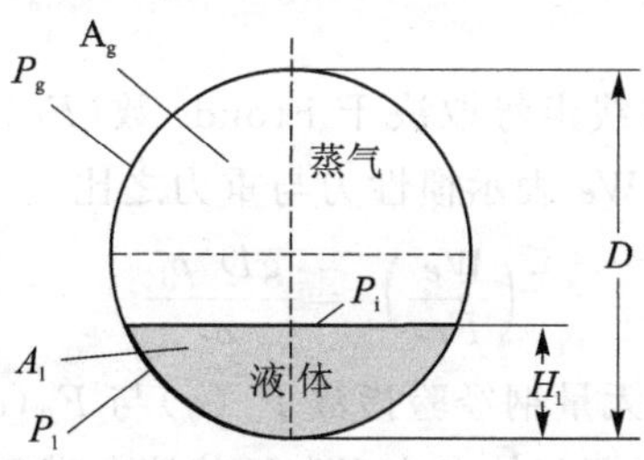

图 5.13　流动的几何尺寸含义

定义 6 个无量纲几何参数如下：

$$\tilde{H}_l=\frac{H_l}{D},\quad \tilde{P}_l=\frac{P_l}{D},\quad \tilde{P}_g=\frac{P_g}{D},\quad \tilde{P}_i=\frac{P_i}{D},\quad \tilde{A}_l=\frac{A_l}{D^2},\quad \tilde{A}_g=\frac{A_g}{D^2} \tag{5.15}$$

当 $\tilde{H}_l\leqslant 0.5$ 时，

$$\tilde{P}_l=\{8(\tilde{H}_l)^{0.5}-2[\tilde{H}_l(1-\tilde{H}_l)]^{0.5}\}/3 \tag{5.16a}$$

$$\tilde{P}_g=\pi-\tilde{P}_l \tag{5.16b}$$

$$\tilde{A}_l=\{12[\tilde{H}_l(1-\tilde{H}_l)]^{0.5}+8(\tilde{H}_l)^{0.5}\}\tilde{H}_l/15 \tag{5.16c}$$

$$\tilde{A}_g=\frac{\pi}{4}-\tilde{A}_l \tag{5.16d}$$

当 $\tilde{H}_l>0.5$ 时，

$$\tilde{P}_g=\{8(1-\tilde{H}_l)^{0.5}-2[\tilde{H}_l(1-\tilde{H}_l)]^{0.5}\}/3 \tag{5.17a}$$

$$\tilde{P}_l=\pi-\tilde{P}_g \tag{5.17b}$$

$$\tilde{A}_g=\{12[\tilde{H}_l(1-\tilde{H}_l)]^{0.5}+8(1-\tilde{H}_l)^{0.5}\}(1-\tilde{H}_l)/15 \tag{5.17c}$$

$$\tilde{A}_l=\frac{\pi}{4}-\tilde{A}_g \tag{5.17d}$$

当 $0\leqslant\tilde{H}_l\leqslant 1$ 时，

$$\tilde{P}_i=2[\tilde{H}_l(1-\tilde{H}_l)]^{0.5} \tag{5.18}$$

因为参数 H_l 为未知量，计算无量纲变量 $\tilde{H}_l$ 时需要借助下式进行迭代运算：

$$X_{tt}^2=\left[\left(\frac{\tilde{P}_g+\tilde{P}_i}{\pi}\right)^{1/4}\left(\frac{\pi^2}{64\tilde{A}_g^2}\right)\left(\frac{\tilde{P}_g+\tilde{P}_i}{\tilde{A}_g}+\frac{\tilde{P}_i}{\tilde{A}_l}\right)\right]\left(\frac{\pi}{\tilde{P}_l}\right)^{1/4}\left(\frac{64\tilde{A}_l^3}{\pi^2\tilde{P}_l}\right) \tag{5.19}$$

Martinelli 参数 X_{tt} 的计算式如下：

$$X_{tt}=\left(\frac{1-x}{x}\right)^{0.875}\left(\frac{\rho_G}{\rho_L}\right)^{0.5}\left(\frac{\mu_L}{\mu_G}\right)^{0.125} \tag{5.20}$$

求出上述有关几何参数后，流型图中的转变可用以下方法确定。

(1) 环状流或间歇流与分层波状流之间的转变

环状流或间歇流与分层波状流之间的转变质量流速可用下式计算：

$$G_{\text{wavy}}=\left\{\frac{16\widetilde{A}_{\text{g}}^{3}gD\rho_{1}\rho_{\text{g}}}{x^{2}\pi^{2}\left[1-(2\widetilde{H}_{1}-1)^{2}\right]^{0.5}}\left[\frac{\pi^{2}}{25\widetilde{H}_{1}^{2}}(1-x)^{-F_{1}(q)}\left(\frac{We}{Fr}\right)_{1}^{-F_{2}(q)}+1\right]\right\}^{0.5}+50 \tag{5.21}$$

流型图中，大干度区域的曲线走势取决于 Froude 数(Fr)与 Weber 数(We)的比值。Fr 表示惯性力与表面张力之比，而 We 表示惯性力与重力之比。

$$\left(\frac{We}{Fr}\right)_{1}=\frac{gD^{2}\rho_{1}}{\sigma} \tag{5.22}$$

计算 G_{wavy} 的公式中引用的无量纲经验指数 $F_1(q)$ 与 $F_2(q)$ 包含了热流密度对环状液膜干涸起始点的影响。环状液膜干涸起始点出现在环状流向带有部分干涸区域的环状流转变的过程中。带有部分干涸区域的环状流又被归类为分层波状流。这两个指数可用下式计算：

$$F_{1}(q)=646.0\left(\frac{q}{q_{\text{DNB}}}\right)^{2}+64.8\left(\frac{q}{q_{\text{DNB}}}\right) \tag{5.23}$$

$$F_{2}(q)=18.8\left(\frac{q}{q_{\text{DNB}}}\right)+1.023 \tag{5.24}$$

式中，q 为热流密度；q_{DNB} 表示偏离泡核沸腾时的热流密度，可用下式计算：

$$q_{\text{DNB}}=0.131\rho_{\text{g}}^{1/2}h_{\text{lg}}\left[g(\rho_{1}-\rho_{\text{g}})\sigma\right]^{1/4} \tag{5.25}$$

式中，h_{lg} 为汽化潜热。

间歇流与环状流之间的竖直的转变边界被认为发生在 Martinelli 参数 $X_{\text{tt}}=0.34$ 的时候。

(2) 环状流向雾状流转变

流动从环状流向雾状流转变的质量流速可用下式计算：

$$G_{\text{mist}}=\left[\frac{7\,680\widetilde{A}_{\text{g}}^{2}gD\rho_{1}\rho_{\text{g}}}{x^{2}\pi^{2}\xi_{\text{Ph}}}\left(\frac{Fr}{We}\right)_{1}\right]^{0.5} \tag{5.26}$$

式中，摩擦因子 ξ_{Ph} 可表示为

$$\xi_{\text{Ph}}=\left[1.138+2\log\left(\frac{\pi}{1.5\widetilde{A}_{1}}\right)\right]^{-2} \tag{5.27}$$

根据上述表达式可以得出向雾状流转变所需的最小质量流速，从而可以推导出所需的最小干度 $x_{\min}$，当 $x>x_{\min}$ 时，有

$$G_{\text{mist}}=G_{\min} \tag{5.28}$$

(3) 分层波状流与层状流之间的转变

分层波状流与层状流之间的转变所需质量流速的表达式为

$$G_{\text{strat}}=\left[\frac{(226.3)^{2}\widetilde{A}_{1}\widetilde{A}_{\text{g}}^{2}g\mu_{1}(\rho_{1}-\rho_{\text{g}})\rho_{\text{g}}}{x^{2}\pi^{3}(1-x)}\right]^{1/3} \tag{5.29}$$

(4) 流动向泡状流转变

流动向泡状流转变的质量流速计算式为

$$G_{\text{bubbly}}=\left[\frac{256\widetilde{A}_{1}^{2}\widetilde{A}_{\text{g}}gD^{1.25}(\rho_{1}-\rho_{\text{g}})\rho_{1}}{0.316\,4\pi^{2}(1-x)^{1.75}\widetilde{P}_{\text{i}}\mu_{1}^{0.25}}\right]^{1/1.75} \tag{5.30}$$

(5) 间歇流与环状流之间的转变

间歇流与环状流之间的转变边界线所对应的干度 x_{IA} 可用下式计算：

$$x_{IA}=\left\{\left[0.2914\left(\frac{\rho_g}{\rho_l}\right)^{-1/1.75}\left(\frac{\mu_l}{\mu_g}\right)^{-1/7}\right]+1\right\}^{-1} \tag{5.31}$$

Zürcher 等[16]对氨在 14 mm 水平管内的流动沸腾流型进行了可视化观察，实验范围为质量流速 $G=20\sim140\ \mathrm{kg/(m^2\cdot s)}$，干度 $x=0.1\sim0.99$，热流密度 $q=5\,000\sim58\,000\ \mathrm{W/m^2}$，所有实验均是在饱和温度为 4 ℃、饱和压力为 0.497 MPa 的条件下进行的。质量流速下限由 Kattan 等[13-15]的 100 kg/(m² · s)延伸至 20 kg/(m² · s)。实验结果发现，Kattan 等的转变曲线 G_{strat} 的值偏低，所以 Zürcher 等[16]对式(5.29)进行了修正，加入经验项“$+20x$”，即

$$G_{strat}=\left[\frac{(226.3)^2\widetilde{A}_l\widetilde{A}_g^2 g\mu_l(\rho_l-\rho_g)\rho_g}{x^2\pi^3(1-x)}\right]^{1/3}+20x \tag{5.32}$$

另一方面，在大干度区域，分层波状流向环状流转变的曲线比实验数据的数值高出许多，故在式(5.21)中加入了一个用来调整大干度区域转变曲线的指数形式的经验项。修正后的环状流或间歇流与分层波状流之间的转变质量流速计算式为

$$G_{wavy}=\left\{\frac{16\widetilde{A}_g^3 gD\rho_l\rho_g}{x^2\pi^2\left[1-(2\widetilde{H}_l-1)^2\right]^{0.5}}\left[\frac{\pi^2}{25\widetilde{H}_l^2}(1-x)^{-F_1(q)}\left(\frac{We}{Fr}\right)_l^{-F_2(q)}+1\right]\right\}^{0.5}+50-75e^{-(x^2-0.97)^2/[x(1-x)]} \tag{5.33}$$

这些转变边界的调整对 Kattan 等[15]流动沸腾换热模型中干涸角 θ_{dry} 的计算产生了一定影响，并且使干涸起始点向大干度区域稍微偏移。修正后的转变边界与氨实验数据相吻合。

此外，Zürcher 等[16]在比较了氨的实验数据后指出，Kattan - Thome - Favrat 流型图过分夸大了干涸起始点的影响。他们建议将这种影响削减为原来的一半，即式(5.23)和式(5.24)中的 q 应被改为 $q/2$，于是

$$F_1(q)=646.0\left(\frac{q}{2q_{DNB}}\right)^2+64.8\left(\frac{q}{2q_{DNB}}\right) \tag{5.34}$$

$$F_2(q)=18.8\left(\frac{q}{2q_{DNB}}\right)+1.023 \tag{5.35}$$

运用 Kattan - Thome - Favrat 流型图需要以下参数：干度 x、质量流速 G、流道内径 D、热流密度 q、液相密度 ρ_l、液相动力粘度 μ_l、气相密度 ρ_g、气相动力粘度 μ_g、表面张力 σ 和汽化潜热 h_{lg}。所有参数均采用国际单位制。通过以下步骤来确定流型：

① 迭代计算式(5.16)～式(5.20)；

② 计算式(5.22)、式(5.34)、式(5.35)、式(5.25)和式(5.27)；

③ 计算式(5.26)、式(5.28)、式(5.30)～式(5.33)；

④ 将计算出的数值与给出的 x 和 G 进行比较并确定流型。

通过以上计算，获得一系列(x,G)数据点，将这些点放在以 x 为横坐标、G 为纵坐标的图中，便可得到流型图。

2. Thome - El Hajal 流型图

上述 Kattan - Thome - Favrat 流型图和 Zürcher 等[16]的修正，都需要复杂的迭代过程。为了避免迭代，Thome 和 El Hajal[17]在流型转变公式中引入了 Rouhani 和 Axelsson[18]空泡率公式，这一方法使计算得到简化，同时能获得与 Kattan - Thome - Favrat 流型图相当的计算准确度。Rouhani - Axelsson[18]空泡率模型如下：

$$\alpha=\frac{x}{\rho_g}\left\{[1+0.12(1-x)]\left(\frac{x}{\rho_g}+\frac{1-x}{\rho_l}\right)+\frac{1.18\{1-x[g\sigma(\rho_l-\rho_g)]^{0.25}\}}{G\rho_l^{0.5}}\right\}^{-1} \tag{5.36}$$

上述空泡率模型易于使用，它将空泡率转化为总质量流速的显式函数，所以不需要使用之前的迭代方法。Thome 和 El Hajal[17]采用了在流型图和流动沸腾传热模型中都使用 Rouhani - Axelsson[18]空泡率模型的方法。运用此空泡率模型，只需计算出空泡率，便可通过下式直接计算出 $\tilde{A}_l$、$\tilde{A}_g$：

$$\tilde{A}_l=\frac{A_l}{D^2}=\frac{A(1-\alpha)}{D^2} \tag{5.37}$$

$$\tilde{A}_g=\frac{A_g}{D^2}=\frac{A\alpha}{D^2} \tag{5.38}$$

式中，A 为管道横截面面积。

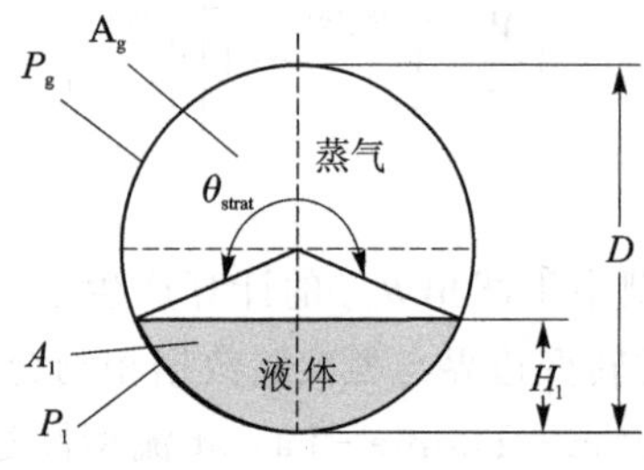

图 5.14　分层角的定义

无量纲液相高度 $\tilde{H}_l$ 和无量纲气液相交界面周界 $\tilde{P}_i$ 可以写成以分层角 θ_{strat} 为变量（管道中液相以上部分所占的弧长对应的圆心角，见图 5.14）的函数形式：

$$\tilde{H}_l=0.5\left[1-\cos\left(\frac{2\pi-\theta_{strat}}{2}\right)\right] \tag{5.39}$$

$$\tilde{P}_i=\sin\left(\frac{2\pi-\theta_{strat}}{2}\right) \tag{5.40}$$

为了避免任何迭代运算，分层角 θ_{strat} 可用 Biberg (1999)提出的表达式近似计算，此表达式以空泡率为变量：

$$\theta_{strat}=2\pi-2\left\{\pi(1-\alpha)+\left(\frac{3\pi}{2}\right)^{1/3}[1-2(1-\alpha)+(1-\alpha)^{1/3}-\alpha^{1/3}]-\frac{1}{200}(1-\alpha)\alpha[1-2(1-\alpha)]\{1+4[(1-\alpha)^2+\alpha^2]\}\right\} \tag{5.41}$$

用 Thome 和 El Hajal[17]方法计算流型的步骤建议如下：

① 用式(5.36)～式(5.41)计算 α、$\tilde{A}_l$、$\tilde{A}_g$、$\tilde{H}_l$、$\tilde{P}_i$ 和 θ_{strat}；

② 计算式(5.22)、式(5.34)、式(5.35)、式(5.25)和式(5.27)；

③ 计算式(5.26)、式(5.28)、式(5.30)～式(5.33)；

④ 将计算出的数值与给出的 x 和 G 进行比较并确定流型；

⑤ 通过计算获得一系列(x,G)数据点，将这些点放在以 x 为横坐标、G 为纵坐标的图中，便可得到流型图。

根据式(5.36)可知，空泡率是质量流速的函数。在使用 Thome - El Hajal 方法时，必须用实际的质量流速来计算转变曲线。但是，为了简便地计算出流型图，在使用式(5.36)计算空泡率时，人们可能用一个固定的质量流速。这种简化计算方法对转变曲线的影响如图 5.15 所示。

由图 5.15 可见，小质量流速下，简便计算对转变曲线的影响比较明显。在干度<0.1 且质量流速很小时，在分层波状流与间歇流、环状流间的转变曲线上可以明显看出这种影响。当质量流速增大时，转变曲线上升。这种影响随着干度和质量流速的增大，会变得越来越不明显。环状流与雾状流间的转变曲线随着质量流速的增大也会略微上升。

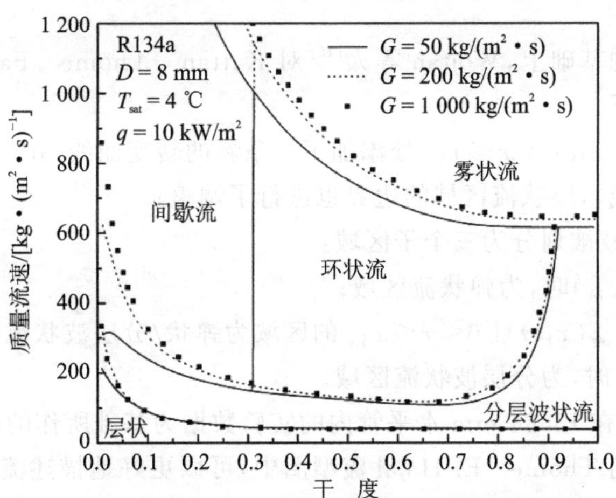

图 5.15　固定质量流速计算空泡率对流型图的影响[17]

Thome 和 El Hajal 采用自己的方法，用 $G=200\ \text{kg/(m}^2\cdot\text{s)}$ 计算空泡率，用 $q=10\ \text{kW/m}^2$ 计算 $F_1(q)$ 和 $F_2(q)$，用 $T_{sat}=4$ ℃确定 h_{lg}，获得了 R134a、R22 和 R410A 流型图(见图 5.16)。

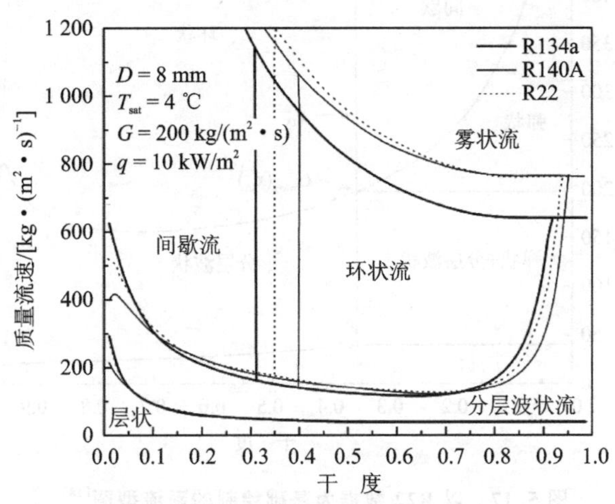

图 5.16　R134a、R22 和 R410A 流型图[17]

3. Wojtan - Ursenbacher - Thome 流型图

Kattan - Thome - Favrat 流型图仅适用于干度＞0.15 的情况，而且此图没有包含有关热流密度对大干度下干涸起始和结束的影响的实验数据。Wojtan 等人[18]对 Kattan - Thome - Favrat 流型图进行了重要改进。基于动态空泡率测量方法，Wojtan 等人[18]对 R22 和 R410A 在 13.84 mm 水平玻璃管内的流动沸腾进行了可视化研究，实验条件为 $G=70\sim200\ \text{kg/(m}^2\cdot\text{s)}$，$q=2.0\sim57.5\ \text{kW/m}^2$。研究结论如下：

① 在测量的质量流速范围内，未出现层状流；

② 在 $0<x<x_{IA}$ 的干度范围内，弹状的液相与分层波状流的气液交界面交替出现；

③ 干度达到 x_{IA} 时，弹状/分层波状流转变成无任何弹状流的完全分层波状流；

④ 在 Thome - EI Hajal[17]流型图中标为分层波状流的区域($G<G_{wavy}(x_{IA})$)中，只出现

了弹状流。

在以上观察结果的基础上，Wojtan 等人[18]对 Kattan - Thome - Favrat 流型图中分层波状流区域做出以下修正：

① 在 $G_{strat}=G_{strat}(x_{IA})$ 且 $x<x_{IA}$ 处添加了一条新的转变曲线(在干度小于 x_{IA} 的区域内多了一条水平转变曲线)，层状流区域的边界也进行了调整；

② 分层波状流区域被划分为三个子区域：

(a) 当 $G=G_{wavy}(x_{IA})$ 时，为弹状流区域；

(b) $G_{strat}<G<G_{wavy}(x_{IA})$ 且 $0<x<x_{IA}$ 的区域为弹状/分层波状流区域；

(c) 当 $x_{IA}\leqslant x<1$ 时，为分层波状流区域。

图 5.17 为以 R22 在 13.84 mm 水平管内的实验数据为基础所作的新流型图，$T_{sat}=5$ ℃。此图将上述修正应用到 Thome - El Hajal 流型图中，可以更好地描述流动的实际特征。图中的虚线为环状流与干涸区的转变曲线和干涸与雾状流转变曲线。

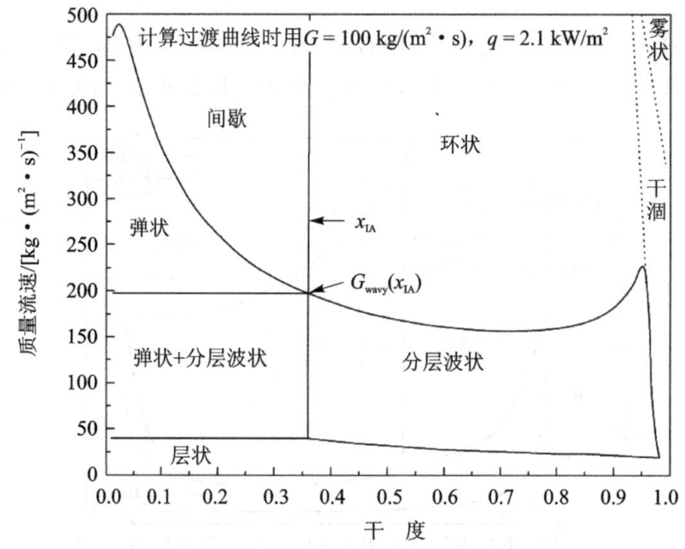

图 5.17 以 R22 数据为基础绘制的新流型图[18]

图 5.18 是水平管道中干涸区示意图。x_{di} 表示干涸起始点的干度，x_{de} 表示达到完全干涸时的干度。在起始点，水平管道顶部开始出现干涸现象，此时环状的膜状液相非常薄。此后干涸区域顺着管壁沿流动方向扩张，干涸角 θ_{dry} 增大，干涸延伸到管道底部，在干度为 x_{de} 处液膜消失，θ_{dry} 达到 360°，达到完全干涸，雾状流开始。因此，水平管道中的干涸现象发生在一个干度范围内，起始处为环状流，$\theta_{dry}=0$；结束点为完全发展的雾状流区域，$\theta_{dry}=360°$。位于干度 x_{di} 和 x_{de} 之间的区域被称作干涸区。

x_{di} 和 x_{de} 位置可以通过测得的流动沸腾传热系数来确定。图 5.19 所示的是 R22 在 13.84 mm 水平管内的流动沸腾传热系数，随着干度增加，当传热系数开始大幅下降时，干涸现象便发生了；当传热系数不再下降时，干涸现象结束，同时雾状流开始。这个结果与Wojtan 等人[18]的可视化观察结果是一致的。图 5.19 的实验条件是 $T_{sat}=5$ ℃，$q=57.5\ \mathrm{kW/m^2}$。由图 5.19 可见，干涸随着质量流速的增大而提前出现。因为质量流速的增大会使壁面液膜变薄，容易出现干涸。

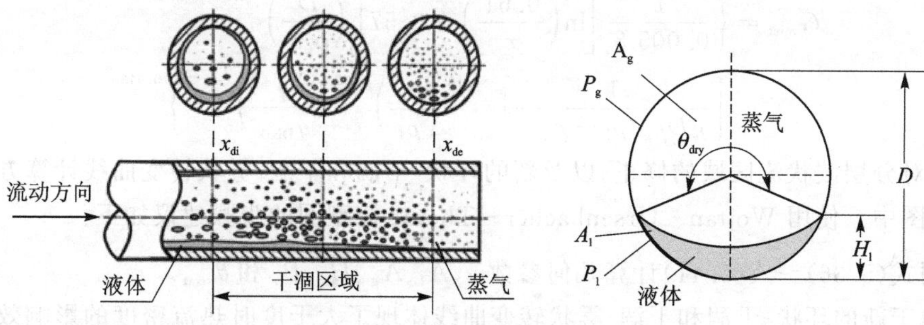

图 5.18　水平管道中的干涸现象

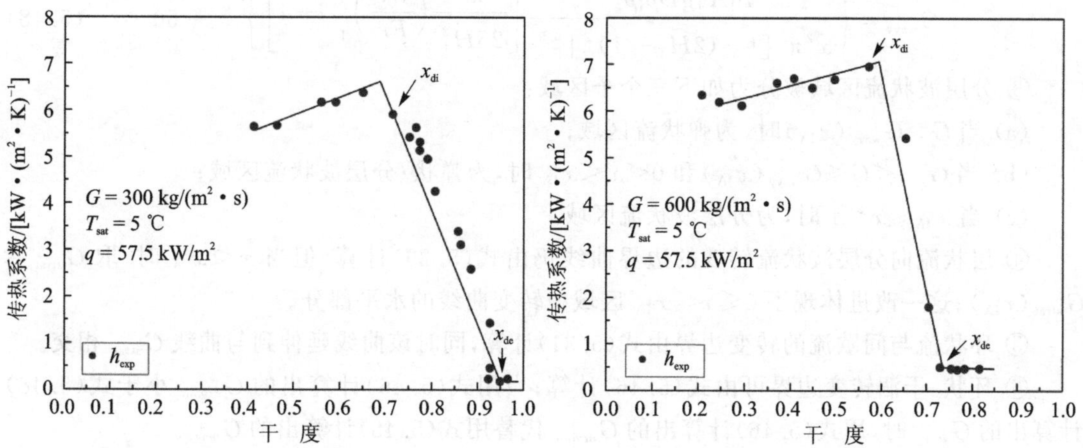

图 5.19　实验测得的 R22 在 13.84 mm 水平管内的流动沸腾传热系数[18]

Mori 等人[19]提出了如下关于 x_{di} 和 x_{de} 值的表达式：

$$x_{di}=0.58\mathrm{e}^{\left[0.52-0.000\,021We_G^{0.96}Fr_G^{-0.02}(\rho_G/\rho_L)^{-0.08}\right]} \tag{5.42}$$

$$x_{de}=0.61\mathrm{e}^{\left[0.57-0.000\,026\,5We_G^{0.94}Fr_G^{-0.02}(\rho_G/\rho_L)^{-0.08}\right]} \tag{5.43}$$

Wojtan 等人[18]对 Mori 等人的方法进行了改进。他们把从 R22 和 R410A 实验中得到的热流密度的影响加入到上述公式中(此实验中的饱和温度为 5 ℃,流道管径为 8.00 mm 和 13.84 mm,热流密度达到 57.5 kW/m²),并且将这种影响以一个无量纲热流密度比值(q/q_{DNB})和新的经验因子表现出来。新的 x_{di} 和 x_{de} 计算式如下：

$$x_{di}=0.58\mathrm{e}^{\left[0.52-0.235We_G^{0.17}Fr_G^{0.37}(\rho_G/\rho_L)^{0.25}(q/q_{DNB})^{0.7}\right]} \tag{5.44}$$

$$x_{de}=0.61\mathrm{e}^{\left[0.57-0.005\,8We_G^{0.38}Fr_G^{0.15}(\rho_G/\rho_L)^{-0.09}(q/q_{DNB})^{0.27}\right]} \tag{5.45}$$

式中,q_{DNB} 可以用式(5.25)计算。反解上述等式可以用干度表示质量流速。以 x_{di} 和 x_{de} 为自变量的环状流-干涸边界与干涸-雾状流边界的表达式如下：

$$G_{dryout}=\left\{\frac{1}{0.235}\left[\ln\left(\frac{0.58}{x}\right)+0.52\right]\left(\frac{D}{\rho_g\sigma}\right)^{-0.17}\cdot\left[\frac{1}{gD\rho_g(\rho_l-\rho_g)}\right]^{-0.37}\left(\frac{\rho_g}{\rho_l}\right)^{-0.25}\left(\frac{q}{q_{DNB}}\right)^{-0.7}\right\}^{0.926} \tag{5.46}$$

$$G_{\text{mist}}=\left\{\frac{1}{0.0058}\left[\ln\left(\frac{0.61}{x}\right)+0.57\right]\left(\frac{D}{\rho_{\text{g}}\sigma}\right)^{-0.38}\cdot\right.$$
$$\left.\left[\frac{1}{gD\rho_{\text{g}}(\rho_{\text{l}}-\rho_{\text{g}})}\right]^{-0.15}\left(\frac{\rho_{\text{g}}}{\rho_{\text{l}}}\right)^{0.09}\left(\frac{q}{q_{\text{DNB}}}\right)^{-0.27}\right\}^{0.943} \tag{5.47}$$

上述对分层波状流区域的修正，以及新的环状-干涸和干涸-雾状转变曲线计算方法，应该用到流型图中。使用 Wojtan - Ursenbacher - Thome 流型图的步骤建议如下：

① 用式(5.36)～式(5.41)计算几何参数 α、$\widetilde{A}_{\text{l}}$、$\widetilde{A}_{\text{g}}$、$\widetilde{H}_{\text{l}}$、$\widetilde{P}_{\text{i}}$ 和 θ_{strat}。

② 由于新的环状-干涸和干涸-雾状转变曲线体现了大干度时热流密度的影响效果，分层波状流向间歇/环状流转变的曲线可由式(5.21)改为如下形式：

$$G_{\text{wavy}}=\left\{\frac{16\widetilde{A}_{\text{g}}^{3}gD\rho_{\text{l}}\rho_{\text{g}}}{x^{2}\pi^{2}\left[1-(2\widetilde{H}_{\text{l}}-1)^{2}\right]^{0.5}}\left[\frac{\pi^{2}}{25\widetilde{H}_{\text{l}}^{2}}\left(\frac{We}{Fr}\right)_{\text{l}}^{-1}+1\right]\right\}^{0.5}+50 \tag{5.48}$$

③ 分层波状流区域被分为如下三个子区域：

(a) 当 $G>G_{\text{wavy}}(x_{\text{IA}})$ 时，为弹状流区域；

(b) 当 $G_{\text{strat}}<G<G_{\text{wavy}}(x_{\text{IA}})$ 和 $0<x<x_{\text{IA}}$ 时，为弹状/分层波状流区域；

(c) 当 $x_{\text{IA}}\leqslant x<1$ 时，为分层波状流区域。

④ 层状流向分层波状流转变的边界曲线仍由式(5.29)计算，但当 $x<x_{\text{IA}}$ 时，取 $G_{\text{strat}}=G_{\text{strat}}(x_{\text{IA}})$；这一改进体现了 $0\leqslant x\leqslant x_{\text{IA}}$ 区域中转变曲线的水平部分。

⑤ 环状流与间歇流的转变边界由式(5.31)计算，同时该曲线延伸到与曲线 G_{strat} 相交。

⑥ 环状-干涸转变边界可由式(5.46)计算；当用式(5.46)计算出的 G_{dryout} 小于式(5.48)计算出的 G_{wavy} 时，用式(5.46)计算出的 G_{dryout} 代替用式(5.48)计算出的 G_{wavy}。

⑦ 干涸区-雾状流的转变边界可由式(5.47)计算，但因为环状流-干涸区的边界线与干涸区-雾状流的边界线有相交的可能，故当 $x_{\text{de}}<x_{\text{di}}$ 时，x_{de} 被认为与 x_{di} 相等，此时便没有干涸区域。在高质量流量与低热流密度的时候，这种情况可能会发生；较大的蒸气剪切力会驱使环状液膜形成统一厚度，因此有可能在干度达到 x_{di} 时整个管壁同时变干燥。

⑧ 以下一系列不等式是用来定义流型图中大干度下干涸区域的边界的，以 G_{dryout} 为参照，绘制流型图时应注意以下几点：

(a) 若 $G_{\text{strat}}(x)\geqslant G_{\text{dryout}}(x)$，则 $G_{\text{dryout}}=G_{\text{strat}}(x)$；

(b) 若 $G_{\text{wavy}}(x)\geqslant G_{\text{dryout}}(x)$，则 $G_{\text{dryout}}=G_{\text{dryout}}(x)$ 且 G_{wavy} 曲线不再出现，这意味着 G_{wavy} 曲线的右边部分就是它与 G_{dryout} 曲线的相交线；

(c) 若 $G_{\text{dryout}}(x)\geqslant G_{\text{mist}}(x)$，则 $G_{\text{dryout}}=G_{\text{dryout}}(x)$ 且这种质量流量下不会出现干涸区域。此种情况会出现在小热流密度与大质量流量时。

图 5.20 所示的流型图为 R22 在 4 种不同热流密度下的情况，饱和温度为 5 ℃，管径为 13.84 mm，质量流速为 300 kg/($\text{m}^2\cdot\text{s}$)。与 Kattan - Thome - Favrat 流型图相比，环状流-干涸区和干涸区-雾状流的转变边界出现明显的偏移，出现了弹状/分层波状流和干涸区等新的区域，且当热流密度增大时，干涸区和雾状流区明显减小。应该指出的是，这个流型图可能在低压至中压范围内适用于普通制冷剂，包括物理性质与制冷剂相似的液体（如小分子质量的碳氢化合物），但不适用于二氧化碳（工作压力过高）[3]，也不适用于空气-水和蒸气-水两相流系统（相对于制冷剂，它们的表面张力比和密度比均过高）。

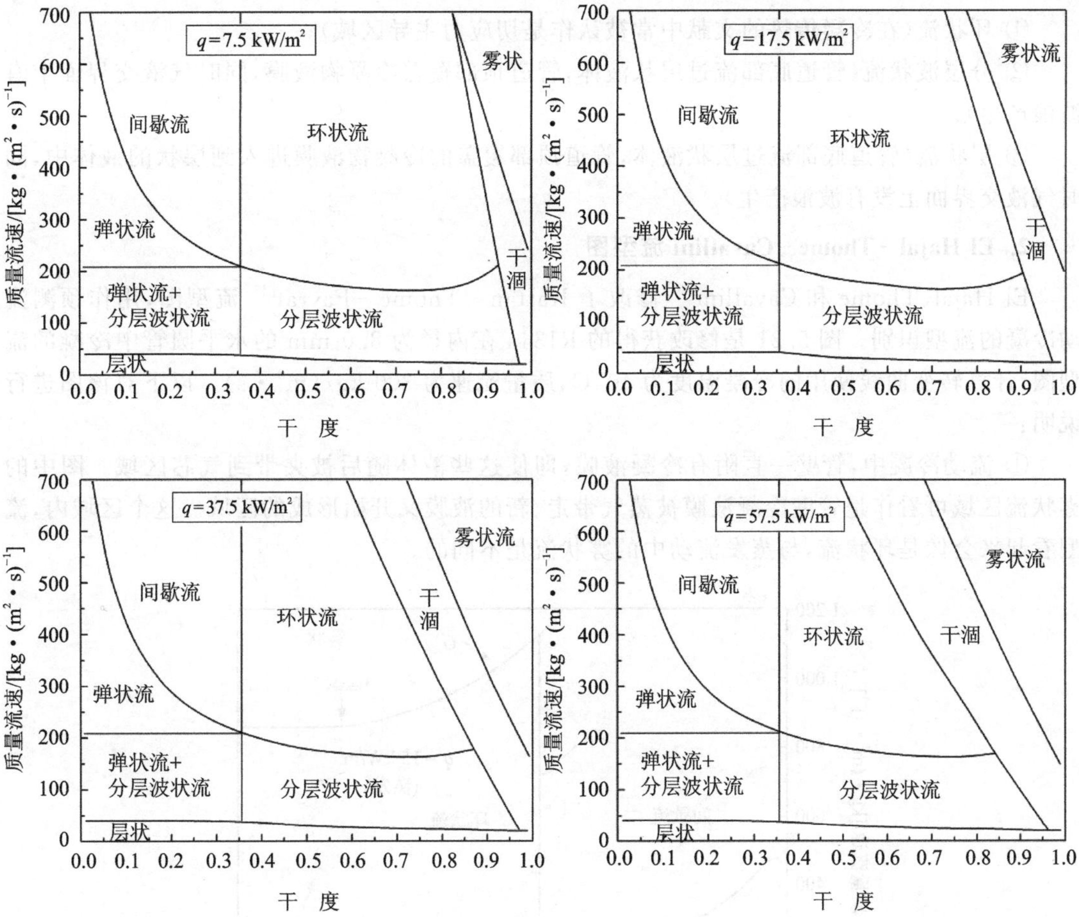

图 5.20　以 R22 数据为基础的流型图[18]

5.4.3　水平管内流动冷凝流型图

1. 水平管内流动冷凝流型的特点

水平管内冷凝过程中的流型与蒸发过程中的流型基本相似，但有如下几点差异：

① 干饱和蒸气进入管道，所以冷凝过程开始时并未含有任何液体；然而对于蒸发过程，在搅混流或是间歇流中，当流型被破坏时，会产生明显的液体夹带现象。

② 在蒸发过程中，环状液膜最终会干涸，而在冷凝过程中不会发生干涸现象。实际上，在冷凝过程中，大干度下的流动状态呈现环状流，且并未出现从分层波状流向环状流转变的现象；而对于蒸发过程，当干涸开始发生时，流道顶部的流型又变回成分层波状流。

③ 在冷凝过程中，形成的冷凝物以液膜的形式覆盖于流道表面。在绝热流动或蒸发流动中，这会变成雾状流；而在冷凝过程中，流型看起来会像是环状流，因为被气芯部分夹带的液体会使流道表面更容易通过冷凝形成新的液膜。

④ 在冷凝过程中的层状流区域中，流道顶部会因冷凝液膜而湿润；而在绝热流动或蒸发流动的层状流区域中，流道的顶部是干燥的。

水平管冷凝过程中出现的三种最主要的流型是：

① 环状流（在冷凝传热的文献中常被认作是切应力主导区域）；

② 分层波状流（管道底部流过层状液体，管道顶部覆盖冷凝物液膜，同时气液交界面上有波浪产生）；

③ 层状流（管道底部流过层状液体，管道顶部覆盖的冷凝物液膜进入到层状的液体中，同时气液交界面上没有波浪产生）。

2. El Hajal－Thome－Cavallini 流型图

El Hajal、Thome 和 Cavallini[20] 修改了 Kattan－Thome－Favrat[13] 流型图，用作预测流动冷凝的流型识别。图 5.21 是修改获得的 R134a 在内径为 8.0 mm 的水平圆管中冷凝的流型图，计算转变曲线使用的冷凝温度为 40 ℃，质量流速为 300 kg/(m^2·s)。以下对该图进行说明：

① 流动冷凝中，管壁一直附有冷凝液膜，即使这些液体随后被夹带到气芯区域。图中的雾状流区域可看作是管壁冷凝液膜被蒸气带走、新的液膜又开始形成的区域。这个区域内，流型看起来会像是环状流，与蒸发流动中的雾状流是不同的。

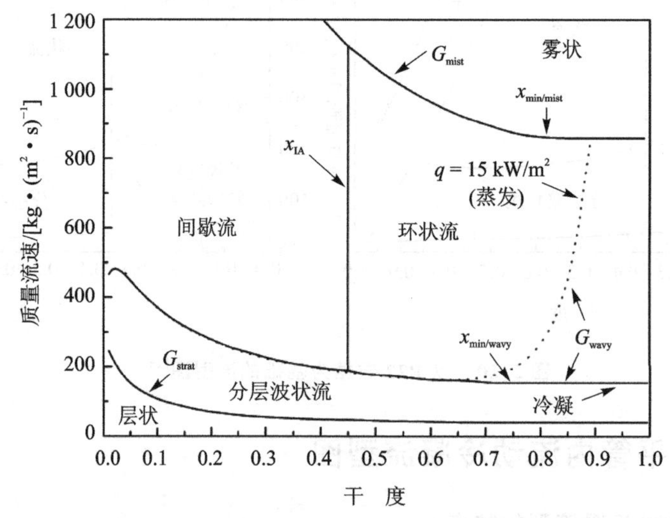

图 5.21 R134a 在内径为 8.0 mm 的水平圆管中流动冷凝的流型图[20]

② 分层波状流区域的转变曲线有了调整。蒸发流动中，大干度时环状流向分层波状流转变的曲线陡峭上升，如图 5.21 中的虚线所示。而流动冷凝中，大干度时环状流向分层波状流转变的曲线是一条水平直线；这条水平直线从 G_{wavy} 为最小值的那一点开始，一直延伸到干度 $x=1.0$ 的点。

③ 流动冷凝中不存在干涸区。

使用 El Hajal－Thome－Cavallini 流型图的方法归结如下：

① 用下式计算空泡率 α：

$$\alpha=\frac{\alpha_{\text{h}}-\alpha_{\text{ra}}}{\ln\left(\dfrac{\alpha_{\text{h}}}{\alpha_{\text{ra}}}\right)} \tag{5.49}$$

式中，α_{ra} 用式(5.36)计算，α_h 用下式计算：

$$\alpha_h = \left[1 + \left(\frac{1-x}{x}\right)\left(\frac{\rho_g}{\rho_l}\right)\right]^{-1} \tag{5.50}$$

② 用式(5.37)和式(5.38)计算几何参数 $\widetilde{A}_l$、$\widetilde{A}_g$。

③ 用下式迭代计算 θ_{strat}：

$$\widetilde{A}_l = [(2\pi - \theta_{strat}) - \sin(2\pi - \theta_{strat})]/8 \tag{5.51}$$

④ 用式(5.39)和式(5.40)计算几何参数 $\widetilde{H}_l$ 和 $\widetilde{P}_i$。

⑤ 用下式在所给 x 范围内获得 G_{wavy} 和 x_{min}。下式计算出的 G_{wavy} 的最小值 $(G_{wavy})_{min}$ 对应的 x 就是 x_{min}。对所有的 $x > x_{min}$，$G_{wavy} = (G_{wavy})_{min}$。

$$G_{wavy} = \left\{\frac{16\widetilde{A}_g^3 g D \rho_l \rho_g}{x^2\pi^2[1-(2\widetilde{H}_l - 1)^2]^{0.5}}\left[\frac{\pi^2}{25\widetilde{H}_l^2}\left(\frac{We}{Fr}\right)_l^{-1.023} + 1\right]\right\}^{0.5} +$$

$$50 - 75\exp\left[\frac{-(x^2 - 0.97)^2}{x(1-x)}\right] \tag{5.52}$$

⑥ 用式(5.31)、式(5.32)分别计算 x_{IA} 和 G_{strat}。

⑦ 用式(5.22)、式(5.27)分别计算 $(We/Fr)_l$ 和 ξ_{Ph}，然后分别用式(5.26)、式(5.30)计算出 G_{mist} 和 G_{bubbly}。

⑧ 比较计算值与输入的 x 和 G，确定流型。

5.5　垂直下降管内两相流的流型和流型图

5.5.1　垂直下降管内两相流的流型

Oshinowo 和 Charles[21] 用高速摄像仪观察了内径 25 mm 垂直下降管内空气-水绝热两相流的流型。他们报道了 6 种不同的流型：近中心泡状流、泡状-弹状流、降膜流、含气泡降膜流、乳沫状流、环状流。

林宗虎[22] 把垂直下降管内气液两相流的流型归纳为 6 种：泡状流、弹状流、搅混流、降膜流、带气泡降膜流、环状流。

Bhagwat 和 Ghajar[23] 通过文献综述把垂直下降管内的主要流型归纳为泡状流、弹状流、搅混流、降膜流以及环状流。他们对空气-水两相流在内径为 12.7 mm 的垂直下降管中的流型进行了可视化观察。保持气相流量不变，增加液相流量，占主导地位的液体惯性力切削气泡，使气泡分裂成较小尺寸。液相流量越大，气泡越小，在管道横截面的分布越均匀，如图 5.22 所示。图中，箭头示出气泡随液相流速的增大而在横截面扩展的情况。可以想见，如果保持液相流量不变，增大气相流量，气泡尺寸将增大，且分布均匀性变差，气泡将呈向中心聚集的趋势。

王树众等[24] 对空气-油两相流在内径为 29 mm 的垂直下降管中的流型进行了可视化观察。油和空气的表观流速分别达到 4 m/s 和 20 m/s。他们把观察到的流型分为泡状流、间歇流、环状流和降膜流 4 种。他们对间歇流的描述是：当气相流速和液相流速较高时，气相和液相（含有小气泡）交替流过管截面，形成一种近似周期性的流动；根据液段中截面含气率的大小,又可将其分成长泡状流、塞状流(slug flow)和搅混流(churn flow)3 种流型,其中塞状流是间歇流的一种代表性的流动状态。泡状流也可以细分为贴壁长泡泡状流、球形泡状流、伞形泡状流等。在很低的气、液相速度时,由于气泡浮力相对液相湍流力的增大,气泡缓缓下移,这时小气泡间相互合并形成较大的气泡或气团,在液相粘滞力的作用下被拉长,形成长的贴壁气泡或气条(见图 5.23(a))。增加液速,可以看到气相在较强的液相湍流力作用下破碎成细小的气泡,弥散在液相中随之一起向下流动,这时气泡可呈球形或椭球形(见图 5.23(b))。在相对较低的液速时,气泡则呈现为半球形或伞形(见图 5.23(c))。气泡越小,移动得越快,就越向管子中心移动。在很低的液速时,还可以看到一种间歇型的泡状流状态。这时,由于液相不足以拖动气泡,或液相粘滞力和气泡浮力处于平衡状态,小气泡在管中近乎停滞或反而缓慢地向上运动,于是气相开始聚集,当达到一定程度后,气相便冲破阻力(浮力和液相阻力),以一大团弥散在液相中的小气泡群的形式(泡状流)向下流动。随后气泡便又开始停滞、积累、流下,如此反复。

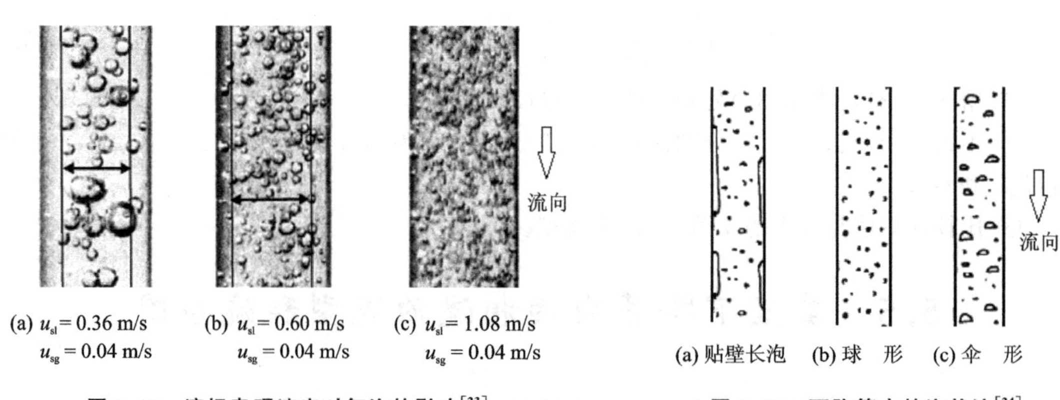

图 5.22　液相表观速度对气泡的影响[23]

图 5.23　下降管中的泡状流[24]

Barnea 等[25]可视化研究了内径 25 mm 绝热垂直下降管内空气-水两相流的流型。他们把观察到的流型分为 3 种:分散泡状流、弹状流、环状流。他们认为,垂直下降管内环状流是最“自然”的流型,因为低气相流率时容易出现降膜,高气相流率时容易出现典型的环状流。由此可见,Barnea 等把降膜流归结为环状流了。

Yamaguchi 和 Yamazaki[26]可视化研究了内径 40 mm 绝热垂直下降管内空气-水两相流的流型。他们也把观察到的流型分为 3 种:泡状流、弹状流、环状流。在他们的划分中,弹状流包括乳沫状流、环状-弹状流和环状-乳沫状流。Usui 和 Sato[27]也把观察到的垂直下降管内空气-水绝热两相流的流型划分为泡状流、弹状流和环状流 3 种。不过他们也观察到了搅混流,只是他们把搅混流归类到弹状流中了。

Lee 等[28]研究了空气-水两相流在内径分别为 25.4 mm 和 50.8 mm 绝热垂直下降管内流动的流型。他们用神经网络方法识别流型,以避免人为划分的主观性。他们把观察到的流型划分为泡状流、弹状流、搅混-湍流、环状流 4 种。

从以上综述可见,与垂直上升管内的情况相比,垂直下降管内两相流流型既有相似之处,也有显著不同。流型研究中存在的流型区分和命名的差异性,在垂直下降管内也表现突出。不同的形态区分法则、不同的定义、实验识别的主观性,甚至是命名的差异性,都使得对流型的区分存在较大的差异。

概括起来，垂直下降管内气液两相流的主要流型可以归纳为 5 种：泡状流、弹状流、搅混流、降膜流、环状流，如图 5.24 所示。其中的每一种流型都有可能进一步细分。例如，降膜流中，液膜可能带气泡，也可能不带气泡；泡状流具有贴壁长气泡、球形或椭球形、半球形或伞形等(见图 5.23)。流型研究的最终目的是为了能更准确有效地建立依据流型的两相流计算模型，从而进行精确的两相流和传热计算。因此，流型的划分并不是越细越好，可以将流动特征基本相同的流型合并在一起，只要这种合并不影响计算模型的建立即可。

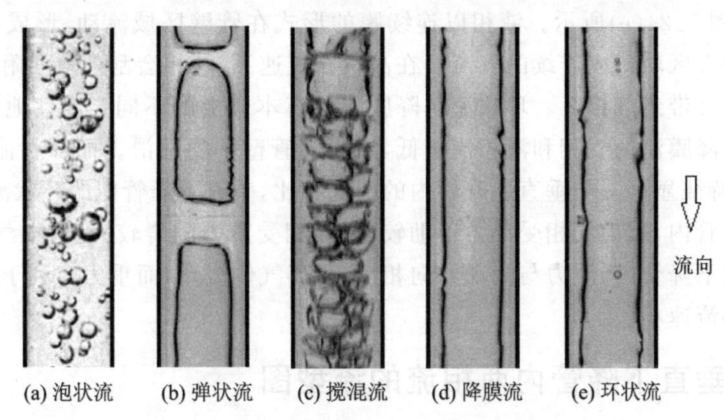

图 5.24　垂直下降管内气液两相流的流型

垂直下降管和垂直上升管内都有泡状流、弹状流、搅混流、环状流。在流型种类上的不同在于，垂直下降管内有降膜流，这属于垂直下降管内所特有[23]的。对于二者都有的泡状流和弹状流，气泡/弹的尺寸、形状和运动情况也显著不同。对于搅混流和环状流，垂直下降管内的流型特征虽然与垂直上升管内的情况有区别，但相似程度较高。

下面对垂直下降管内的流型特征作简单描述。

泡状流，如图 5.24(a)所示。垂直下降管内泡状流的定义与垂直上升管内的定义相同，即在连续的液相中弥散着许多小气泡，气泡尺寸远远小于管道的内径，大小不同，形状各异。但是，垂直上升管内流体的惯性力与浮力作用方向相同，而垂直下降管内流体的惯性力与浮力作用方向相反，这就使得垂直下降管内泡状流气泡的形状、尺寸和运动与垂直上升管内的不同。根据两相流速的不同，气泡可呈现出不同的形状。垂直下降管内，更容易形成近中心泡状流。在气相表观流速不变的情况下，降低液相流量，气泡就会向中心趋近，如图 5.22 所示。

弹状流，如图 5.24(b)所示。在低气相和液相流量时，垂直下降管内弹状流的特征与垂直上升管内的比较相似，随着空泡率的增大，气泡相互靠近、碰撞、聚并，形成更大的气泡，其直径接近管径大小。这些大的长气泡形状类似于子弹。不过，由于垂直上升管内流体的惯性力与浮力作用方向相同，而垂直下降管内流体的惯性力与浮力作用方向相反，垂直下降管内的弹状流特征与垂直上升管内的又有很不相同的一面。在低气相和液相流量时，虽然二者相似，但是垂直下降管内 Taylor 气泡的突出部分相对较扁，比较图 5.3 中的弹状流 D 和图 5.24(b)可以看出这一点。随着气相流量的增加，垂直下降管内的突出部分逐渐变平，也就是长气泡的两头都比较平。这时候，进一步增大气相流量，由于惯性力起主导作用，气弹的突出部分将指向垂直向下的方向，类似于垂直上升管内气弹反了个方向[23,29]。

搅混流，如图 5.24(c)所示。弹状流后，如果继续增大气相流速，相邻的泰勒气泡就会连接、破碎，搅混周围的液体，液段被破碎成含有小气泡的液块或液团，气液两相强烈地湍动。这与垂直上升管内的搅混流相似。

降膜流，如图5.24(d)所示。液膜沿管壁向下平稳地滑动，气相在管中心区流动。降膜流是低气相和液相流量时垂直下降管内的一种特有流型。液膜表面一般有小波纹。液膜中可能含有气泡，如果气相流量比较大，液膜中的气泡还可能使壁面产生干涸点。有的研究者[21-22]把这种含有气泡的降膜流单独列为一种流型，称为含气泡降膜流。

环状流，如图5.24(e)所示。液相以连续膜的形式在管壁区域流动，形成一个液体环，而气相则在管道中心区域形成连续的气流。在高气相流速下，气相会刮削壁面附近的液膜，产生很多小液滴而被夹带到气相区。环状流与降膜流没有本质上的不同。定性地说，环状流是湍流版的降膜流。降膜流的气相和液相流量低，液膜沿管壁平稳下滑。而环状流的气相和液相流量较大，湍流特征显著。与垂直上升管内的情况相比，垂直下降管内的环状流也有其不同的特征。垂直上升管内，因为气相受浮力帮助较大，液相受重力阻碍较大，所以气相流速比液相流速大。而垂直下降管内，浮力与流动方向相反，阻碍气体流动，而重力有利于液相下行，所以气相流速比液相流速小。

5.5.2 垂直下降管内两相流的流型图

垂直下降管内流型图的研究多集中在空气-水绝热两相流。表5.1总结了绝热垂直下降管内空气-水两相流流型图研究的部分报道，相应的流型图如图5.25所示。图中的横坐标为水的表观速度 u_{sl}，纵坐标为空气的表观速度 u_{sg}。这些研究显示的流型转变在趋势上相似，但细节上有所差别。环状流区域，所有流型图中水的流量均比较小，而空气流量的分布范围则较大。另外，环状流转变线的斜率变化较大，从轻微倾斜到几乎垂直。

表5.1 绝热垂直下降管内空气-水两相流流型图研究

文献	实验段长/m	实验段内径/mm	温度/℃	压力/kPa
Oshinowo 和 Charles[21]	5.1	25.4	10～27	170
Barnea 等[25]	10.0	25.1,50	环境温度	100
Yamaguchi 和 Yamazaki[26]	5.9	40	20±5	100
	4.9	80	20±5	100
Milan 等[29]	2.0	8.8	25	100
Spedding 和 Nguyen[30]	4.0	45.5	—	100
Kim 等[31]	3.7	25.4	—	690
	3.8	50.8	—	690

Oshinowo 和 Charles[21]区别了降膜流与环状流，而且含气泡降膜流单独列为一个流型。有些研究者发现，在给定水流量下，低空气流量时存在不稳定流区域。例如 Kim 等提出了动能冲击区域。

虽然图5.25以 u_{sl}、u_{sg} 为坐标，但不表明采用这样的坐标是最好的。如何选择流型图坐标，使流型图受到的局限性比较小，是一个需要研究的问题。

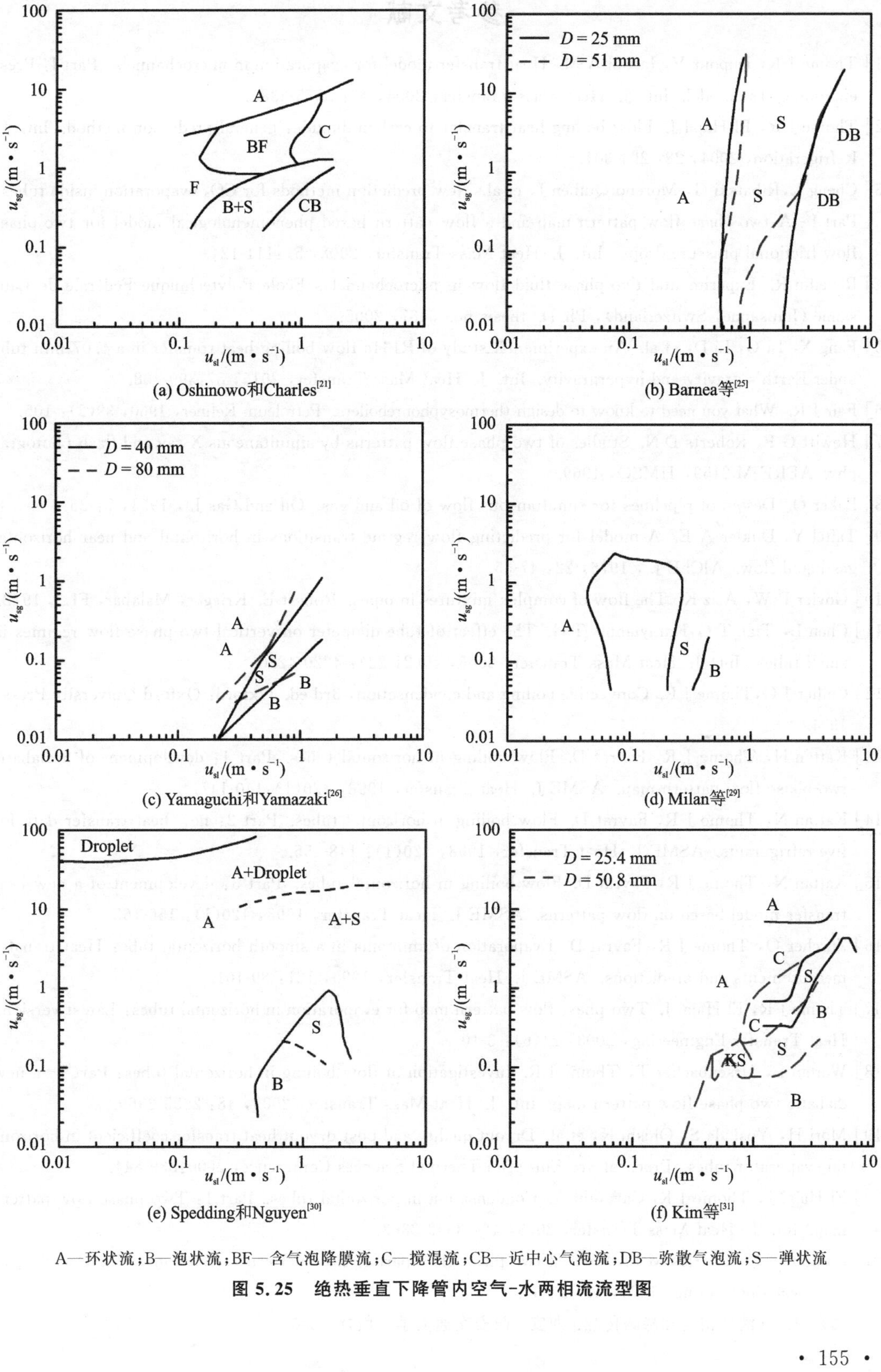

(a) Oshinowo和Charles[21]
A
BF
C
F
B+S
CB
(b) Barnea等[25]
D = 25 mm
D = 51 mm
A
S
DB
(c) Yamaguchi和Yamazaki[26]
D = 40 mm
D = 80 mm
A
S
B
(d) Milan等[29]
A
S
B
(e) Spedding和Nguyen[30]
Droplet
A+Droplet
A
A+S
S
B
(f) Kim等[31]
D = 25.4 mm
D = 50.8 mm
A
C
S
B
KS
u_{sg}/(m • s^{-1})
u_{sl}/(m • s^{-1})
0.01
0.1
1
10
100

A—环状流；B—泡状流；BF—含气泡降膜流；C—搅混流；CB—近中心气泡流；DB—弥散气泡流；S—弹状流

图 5.25　绝热垂直下降管内空气-水两相流流型图

参考文献

[1] Thome J R, Dupont V, Jacobi A M. Heat transfer model for evaporation in microchannels. Part I: Presentation of the model. Int. J. Heat Mass Transfer, 2004, 47: 3375-3385.

[2] Thome J R, El Hajal J. Flow boiling heat transfer to carbon dioxide: general prediction method. Int. J. Refrigeration, 2004, 28: 294-301.

[3] Cheng L, Ribatski G, Moreno Quibén J, et al. New prediction methods for CO_2 evaporation inside tubes: Part I - A two-phase flow pattern map and a flow pattern based phenomenological model for two-phase flow frictional pressure drops. Int. J. Heat Mass Transfer, 2008, 51: 111-124.

[4] Revellin R. Experimental two-phase fluid flow in microchannels. Ecole Polytechnique Fédérale de Lausanne (Lausanne, Switzerland), Ph. D. thesis no. 3437, 2005.

[5] Fang X, Li G, Li D, et al. An experimental study of R134a flow boiling heat transfer in a 4.07 mm tube under Earth's gravity and hypergravity. Int. J. Heat Mass Transfer, 2015, 87: 399-408.

[6] Fair J R. What you need to know to design thermosyphonreboilers. Petroleum Refiner, 1960, 39(2): 105.

[7] Hewitt G F, Roberts D N. Studies of two-phase flow patterns by simultaneous X-ray and flash photography. AERE-M 2159, HMSO, 1969.

[8] Baker O. Design of pipelines for simultaneous flow of oil and gas. Oil and Gas J., 1954, 7: 26.

[9] Taitel Y, Dukler A E. A model for predicting flow regime transitions in horizontal and near horizontal gas-liquid flow. AIChE J., 1976, 22: 47-55.

[10] Govier F W, Aziz K. The flow of complex mixtures in pipes. Robert E. Krieger, Malabar, FL., 1972.

[11] Chen L, Tian T G, Karayiannis T G. The effect of tube diameter on vertical two-phase flow regimes in small tubes. Int. J. Heat Mass Transfer, 2006, 49(21-22): 4220-4230.

[12] Collier J G, Thome J R. Convective boiling and condensation, 3rd ed. Oxford: Oxford University Press, 1994.

[13] Kattan N, Thome J R, Favrat D. Flow boiling in horizontal tubes. Part 1: development of a diabatic two-phase flow pattern map. ASME J. Heat Transfer, 1998, 120(1): 140-147.

[14] Kattan N, Thome J R, Favrat D. Flow boiling in horizontal tubes. Part 2: new heat transfer data for five refrigerants. ASME J. Heat Transfer, 1998, 120(1): 148-155.

[15] Kattan N, Thome J R, Favrat D. Flow boiling in horizontal tubes. Part 3: development of a new heat transfer model based on flow patterns. ASME J. Heat Transfer, 1998, 120(1): 156-165.

[16] Zürcher O, Thome J R, Favrat D. Evaporation of ammonia in a smooth horizontal tube: Heat transfer measurements and predictions. ASME J. Heat Transfer, 1999, 121: 89-101.

[17] Thome J R, El Hajal J. Two-phase flow pattern map for evaporation in horizontal tubes: Latest version. Heat Transfer Engineering, 2003, 24(6): 3-10.

[18] Wojtan L, Ursenbacher T, Thome J R. Investigation of flow boiling in horizontal tubes: Part I—a new diabatic two-phase flow pattern map. Int. J. Heat Mass Transfer, 2005, 48: 2955-2969.

[19] Mori H, Yoshida S, Ohishi K, et al. Dryout quality and post-dryout heat transfer coefficient in horizontal evaporator tubes. Proc. of 3rd European Thermal Sciences Conference, 2000: 839-844.

[20] El Hajal J, Thome J R, Cavallini A. Condensation in horizontal tubes. Part 1: Two-phase flow pattern map. Int. J. Heat Mass Transfer, 2003, 46: 3349-3363.

[21] Oshinowo O, Charles M E. Vertical two-phase flow part I: flow pattern correlations. The Canadian J. Chemical Engineering, 1974, 52: 25-35.

[22] 林宗虎. 气液两相流和沸腾传热. 西安：西安交通大学出版社，2003.

[23] Bhagwat S M, Ghajar A J. Similarities and differences in the flow patterns and void fraction in vertical upward and downward two phase flow. Experimental Thermal and Fluid Science, 2012, 39: 213-227.

[24] 王树众，林宗虎，王妍芃. 垂直下降管中两相流的流型以及液相粘度对流型的影响. 应用力学学报，1998，15(3)：25-29.

[25] Barnea D, Shoham O, Taitel Y. Flow pattern transitions for downward inclined two-phase flow: horizontal to vertical. Chemical Engineering Society, 1982, 37: 735-740.

[26] Yamazaki Y, Yamaguchi K. Characteristics of concurrent two-phase downflow in tubes. J. Nuclear Science and Technology, 1979, 16: 245-255.

[27] Usui K, Sato K. Vertically downward two phase flow(I) void distribution and average void fraction. J. Nuclear Science and Technology, 1989, 26 (7): 670-680.

[28] Lee J Y, Ishii M, Kim N S. Instantaneous and objective flow regimeidentification method for the vertical upward and downward co-current two-phase flow. Int. J. Heat Mass Transfer, 2008, 51: 3442-3459.

[29] Milan M, Borhani N, Thome J R. Adiabatic vertical downward air-water flow pattern map: Influence of inlet device, flow development length and hysteresis effects. Int. J. Multiphase Flow, 2013, 56: 126-137.

[30] Spedding P L, Nguyen VANT. Regime maps for air water two phase flow. Chemical Engineering Science, 1980, 35: 779-793.

[31] Kim S, Paranjape S, Ishii M, et al. Interfacial structures and regime transition in co-current downward bubbly flow. J. Fluids Engineering, 2004, 126: 528-538.

第 6 章　两相流压降

管内两相流压降的确定在很多热流体系统和设备的设计、仿真和技术开发中都具有重要作用，例如换热器、管网系统、空调制冷系统、工业处理系统、油气开发，以及航空航天环境控制系统等。因此，研究两相流压降相当必要。

本章主要介绍两相流摩擦压降的计算方法和对各种方法的评价分析。为了对两相流压降有一个概况性的了解，将首先简单介绍两相流压降的构成和分项压降的计算方法，并简单讨论影响两相流摩擦压降的因素。

6.1　两相流压降的构成

与单相流类似，两相流流经一段管内的总压降 Δp 可表示为

$$\Delta p = \Delta p_{tp} + \Delta p_{loc} + \Delta p_{g} + \Delta p_{ac} \tag{6.1}$$

式中，Δp_{tp} 为摩擦压降（下标 tp 代表两相流），由壁面和相界面处的粘性摩擦应力作用引起；Δp_{g} 为重力压降，由流动方向上重力作用而产生；Δp_{ac} 为加速压降，由流体密度变化而引起，有时也称为惯性压降、动量压降或惯性动量压降；Δp_{loc} 为局部压降，由流道的截面、方向等变化和局部扰动（如障碍、分流、合流等）等引起。

6.1.1　两相流重力压降

两相流重力压降 Δp_{g} 可用下式计算：

$$\Delta p_{g} = \pm \gamma g[\alpha\rho_{g} + (1-\alpha)\rho_{l}]L\sin\theta \tag{6.2}$$

式中，$g=9.8\ \mathrm{m/s^2}$，为常（地球）重力加速度；γ 为重力加速度比，即实际重力加速度与常重力加速度之比，对于零重力，$\gamma=0$；$[\alpha\rho_{g}+(1-\alpha)\rho_{l}]$为两相流在流道中的真实密度；$\alpha$ 为空泡率；ρ 为密度；θ 为管与重力方向垂直面的夹角；流向与重力方向相反取“+”号，否则取“－”号；L 为流道长；下标 l、g 分别代表液相和气相。

对于常重力，$\gamma=1$，

$$\Delta p_{g} = \pm g[\alpha\rho_{g} + (1-\alpha)\rho_{l}]L\sin\theta \tag{6.3}$$

空泡率 α 可用下式计算[1]：

$$\alpha = \left[1 + (1 + 2Fr_{lo}^{-0.2}\alpha_{h}^{3.5})\left(\frac{1-x}{x}\right)\left(\frac{\rho_{g}}{\rho_{l}}\right)\right]^{-1} \tag{6.4}$$

式中，Fr_{lo} 为全液相弗劳德(Froude)数，α_{h} 为均相模型空泡率。

$$Fr_{lo} = \frac{G^2}{gD\rho_{l}^2} \tag{6.5}$$

$$\alpha_{h} = \left[1 + \left(\frac{1-x}{x}\right)\left(\frac{\rho_{g}}{\rho_{l}}\right)\right]^{-1} \tag{6.6}$$

式中，G 为质量流速，是两相流质量流量与流道截面流通面积之比；x 为干度；D 为流道直径

或水力直径。

6.1.2　两相流加速压降

两相流加速压降 Δp_{ac} 可用下式计算[1]：

$$\Delta p_{ac}=G^2\left\{\left[\frac{x^2}{\rho_g\alpha}+\frac{(1-x)^2}{\rho_l(1-\alpha)}\right]_{out}-\left[\frac{x^2}{\rho_g\alpha}+\frac{(1-x)^2}{\rho_l(1-\alpha)}\right]_{in}\right\} \tag{6.7}$$

式中，下标 in 和 out 分别代表进口和出口。

6.1.3　两相流局部压降

两相流局部压降 Δp_{loc} 可用下式计算：

$$\Delta p_{loc}=\frac{G^2}{2\rho_{tp}}\cdot\xi_{tp} \tag{6.8}$$

式中，ξ 为两相流局部阻力系数，下标 tp 表示两相流。

对于两相流局部阻力系数 ξ_{tp}，在没有计算方法可用的情况下，可参照单相流的计算方法，相应的参数为两相流折合参数。

两相流密度 ρ_{tp} 一般用流动密度模型计算，即

$$\frac{1}{\rho_{tp}}=\frac{1-x}{\rho_l}+\frac{x}{\rho_g} \tag{6.9}$$

6.1.4　两相流摩擦压降及其影响因素

两相流摩擦压降研究在 20 世纪 40 年代就形成了一定的基础。Lockhart 和 Martinelli[2] 以及 McAdams 等人[3] 的研究成果可以说是里程碑式的标志。Lockhart 和 Martinelli 的分相摩擦压降倍率方法及 McAdams 等人的均相流模型方法，奠定了两相流摩擦压降计算的基础。

在过去的数十年中，人们对两相流摩擦压降开展了大量的理论研究和实验研究。由于两相流的复杂性，实验研究一直是主要的研究手段。基于实验，许多经验模型先后被提出。两相流摩擦压降的工程计算基本上采用经验模型。迄今为止，人们研究出的计算气液两相流摩擦压降的方法可以归纳为三大类：均相流模型方法、分相流模型方法，以及基于流型的方法。6.2 节～6.4 节将对这些方法进行详细介绍。

两相流摩擦压降计算模型均具有显著误差。对于较大的数据库，大多数模型的平均绝对误差在 30％以上。造成误差的主要原因是两相流摩擦压降的影响因素很多，任何模型形式都很难全面考虑这些因素。此外，模型所基于的实验数据的误差也造成了影响。测量误差中，除了两相流的不稳定性之外，管内径和流量的测量误差可能占较大份额。1％的管径误差可导致±5％的摩擦压力损失误差。1％的流量测量误差可导致±2％的摩擦压力损失误差。

影响两相流摩擦压降的因素主要有以下几种。

(1) 流　态

对于单相流，摩擦因子特性在层流、湍流和过渡区中截然不同。通常把 $Re\leqslant 2\,000$ 划为层流；而湍流的起始点较难确定，出于工程应用方便的考虑，Moody[4] 建议把 $Re=3\,000$ 作为光滑管湍流的判据。当 $Re\geqslant 3\,000$ 时，可认为流动为湍流。Moody 的这个处理方法，至今仍然是较常见的工程处理方法。介于层流和湍流之间的区域为过渡区。

对于两相流，气液两相各有层流、湍流和过渡区三个流态。所以，两相流流态是分相流态的不同组合。Lockhart 和 Martinelli[2] 明确了 4 种流态，分别是：湍流液/湍流气（用 tt 表示），意思是液相和气相都是湍流（turbulent flow）；湍流液/层流气（用 tv 表示），原文中为湍流液/粘性流（viscous flow）气，后来人们多把其中的粘性流按习惯称为层流（laminar flow），但符号仍用 v；层流液/湍流气（用 vt 表示）；层流液/层流气（用 vv 表示）。考虑到两相流体同时流动的互相影响，Lockhart 和 Martinelli 把分相雷诺数 $Re \geqslant 2\ 000$ 划为湍流，$Re \leqslant 1\ 000$ 划为层流，而 $1\ 000 < Re < 2\ 000$ 就成了过渡流态。因此，如果其中有一相的雷诺数满足 $1\ 000 < Re < 2\ 000$，则这种两相流就成为过渡流态。也就是说，两相流至少有 5 种流态。Lockhart 和 Martinelli 的两相流流态划分方法是目前广泛接受的方法。

值得一提的是，Lockhart 和 Martinelli 把分相雷诺数 $Re = 2\ 000$ 作为湍流区的起点是考虑了两相流体同时流动的互相影响。因为两相流雷诺数总是大于分相的雷诺数。

（2）管径和质量流速

单相流的摩擦压降随着质量流速 G 的增大而增大，随着管径 D 的增大而减小。这种情况对于两相流也适用，图 6.1 形象地说明了这个问题。

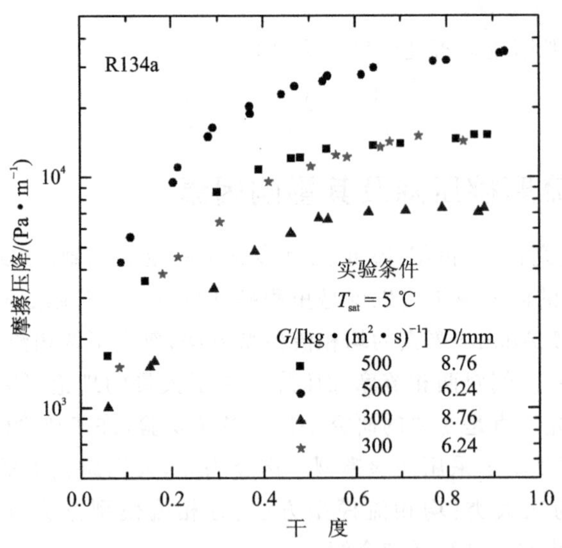

图 6.1 两相流摩擦压降随 G 和 D 的变化

（3）工质热物性

工质的热物性是两相流摩擦压降的一个重要影响因素。图 6.2 表明，当其他条件相同时，R134a 的摩擦压降大于 R410A 的摩擦压降。这是因为 R134a 的液体密度与蒸气密度之比更大一些，而这将导致更高的蒸发速率。出于同样的原因，对于单组分两相流（例如 R134a 沸腾两相流），摩擦压降随着饱和压力的降低而增大，因为随着饱和压力的降低，液体密度与蒸气密度之比增大。可以想见，双组分两相流（例如水-空气两相流）的摩擦压降特性与单组分两相流的摩擦压降特性有较大不同。

（4）干度（相分率）

从图 6.1 和图 6.2 中可看出，两相流摩擦压降随干度显著变化。图 6.2 中，摩擦压降在达到一个顶峰之前，随着干度的增大而增大，然后开始下降。这个顶点的位置和干涸的出现有

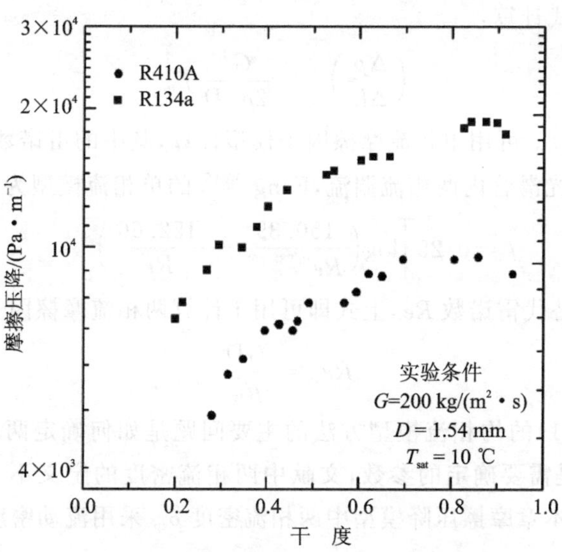

图 6.2　两相流摩擦压降随工质热物性的变化

关。当干涸出现的时候，由于蒸气速度降低(大的液滴被夹带进了蒸气)且液膜变薄，所以摩擦阻力下降。

(5) 热边界条件

从热边界条件来说，两相流可分为绝热、沸腾和凝结两相流三类。不同的热边界对两相流压降有很大影响。对流动沸腾压降的预测最为困难，对绝热两相流压降的预测最为容易。这可能是因为绝热两相流的流动由于没有热边界的影响而比较稳定，而加热对流动稳定性的影响相对较大。

(6) 流　型

流型对两相流摩擦压降有较大影响。尤其是在微重力条件下，两相流摩擦压降对流型的依赖性更大。一些研究者仍在探讨基于流型的两相流压降模型。

(7) 重　力

重力对摩擦压降的影响已被微重力和过载条件下的相关研究所证实。本章介绍常重力环境的两相流摩擦压降。微重力和过载环境下的摩擦压降问题在第 14 章介绍。

6.2　摩擦压降的均相流模型

6.2.1　均相流模型思路

回忆一下单相流摩擦压降的计算模型。对于单相流，管内摩擦压降 Δp 可用下式计算：

$$\Delta p = \frac{G^2}{2\rho} \cdot \frac{L}{D} f \tag{6.10}$$

式中，L 为管长；f 为莫迪摩擦因子，简称摩擦因子，其计算方法在 3.5 节中进行了详细讨论。

均相流模型的主流方法是采用一定的方式把气液两相流参数折合成一个平均参数，从而把两相流动看作准单相流动，用单相流摩擦因子模型计算两相流摩擦因子。具体是，两相流动

摩擦压降 Δp_{tp} 可用下式计算：

$$\left(\frac{\Delta p}{\Delta L}\right)_{tp}=\frac{G^2}{2\rho_{tp}D}f_{tp} \tag{6.11}$$

式中，两相流摩擦因子 f_{tp} 可用单相流摩擦因子模型计算，其中的雷诺数用两相流折合雷诺数 Re_{tp} 替代。例如，对于光滑管内两相流湍流，Fang 等[5]的单相流模型为

$$f=0.25\left[\log\left(\frac{150.39}{Re^{0.98865}}-\frac{152.66}{Re}\right)\right]^{-2} \tag{6.12}$$

用两相流雷诺数 Re_{tp} 替代雷诺数 Re，上式即可用于计算两相流摩擦因子 f_{tp}。

$$Re_{tp}=\frac{GD}{\mu_{tp}} \tag{6.13}$$

这样，基于式(6.11)的均相流模型方法的主要问题是如何确定两相流动力粘度 μ_{tp}。此外，两相流密度 ρ_{tp} 也是需要确定的参数，文献中两相流密度的定义不一致，使用时需要加以鉴别。如无特别说明，本章摩擦压降模型中两相流密度 ρ_{tp} 采用流动密度模型，即式(6.9)。

6.2.2 两相流动力粘度模型

基于式(6.11)的均相流模型需要提出适当的两相流动力粘度 μ_{tp} 模型，以计算两相流雷诺数。

(1) McAdams 等[3]模型

McAdams 等仿造流动密度计算方法，提出

$$\frac{1}{\mu_{tp}}=\frac{1-x}{\mu_l}+\frac{x}{\mu_g} \tag{6.14}$$

(2) Cicchitti 等[6]模型

$$\mu_{tp}=(1-x)\mu_l+x\mu_g \tag{6.15}$$

(3) Dukler 等[7]模型

Dukler 等基于平均运动粘度，提出

$$\frac{\mu_{tp}}{\rho_{tp}}=\frac{x\mu_g}{\rho_g}+\frac{(1-x)\mu_l}{\rho_l} \tag{6.16}$$

(4) Beattie - Whalley[8]模型

Beattie 和 Whalley 提出

$$\mu_{tp}=\mu_l(1-\zeta)(1+2.5\zeta)+\mu_g\zeta \tag{6.17a}$$

$$\zeta=x/[x+(1-x)\rho_g/\rho_l] \tag{6.17b}$$

对于重力主导的两相流动来说，Beattie - Whalley 模型可能是需要的形式。

(5) Lin 等[9]模型

基于 R12 在毛细管中的蒸发实验，Lin 等提出

$$\mu_{tp}=\frac{\mu_l\mu_g}{\mu_g+x^{1.4}(\mu_l-\mu_g)} \tag{6.18}$$

(6) Awad - Muzychka[10]模型

Awad 和 Muzychka 基于两相流动力粘度与多孔介质导热系数的类比，提出了 4 个新的两相流动力粘度定义式。Xu 和 Fang 等[11-13]经过大量实验数据检验，发现定义 3 和定义 4 精确

度最高。

定义 3 如下：

$$\mu_{tp}=\mu_l\frac{2\mu_l+\mu_g-2(\mu_l-\mu_g)x}{2\mu_l+\mu_g+(\mu_l-\mu_g)x} \tag{6.19}$$

定义 4 如下：

$$\mu_{tp}=\mu_g\frac{2\mu_g+\mu_l-2(\mu_g-\mu_l)(1-x)}{2\mu_g+\mu_l+(\mu_g-\mu_l)(1-x)} \tag{6.20}$$

(7) Shannak[14] 模型

Shannak 提出两相流动力粘度是各相惯性力之和与各相粘性力之和的比，即

$$\mu_{tp}=\frac{\mu_g x+\mu_l(1-x)(\rho_g/\rho_l)}{x^2+(1-x)^2(\rho_g/\rho_l)} \tag{6.21}$$

作者在工业中常见两相流范围对上式进行测试，认为效果较好。

6.2.3　Chen 等微小通道模型

Chen 等[15]认为，均相流模型对于微小通道有较大误差。他们提出了把均相流模型用于微小通道的修正方法，其形式如下：

$$\left(\frac{\Delta p}{\Delta L}\right)_{tp}=\left(\frac{\Delta p}{\Delta L}\right)_{tp,hom}\Omega_{hom} \tag{6.22a}$$

式中，$(\Delta p/\Delta L)_{tp,hom}$ 是用均相流模型预测的两相流摩擦压降梯度，其中两相流动力粘度用 Beattie 和 Whalley[8] 方法计算；Ω_{hom} 是修正系数。基于空气-水和 R410A 数据，他们获得

$$\Omega_{hom}=\begin{cases}1.2-0.9\exp(-Bd/4), & Bd<10\\ 1+We_{tp}^{0.2}/\exp[(Bd/4)^{0.3}]-0.9\exp(-Bd/4), & Bd\geqslant 10\end{cases} \tag{6.22b}$$

式中，Bd 是邦德(Bond)数，We_{tp} 是两相流韦伯(Weber)数。

$$Bd=\frac{g(\rho_l-\rho_g)D^2}{\sigma} \tag{6.23}$$

$$We_{tp}=\frac{G^2D}{\sigma\rho_{tp}} \tag{6.24}$$

式中，σ 为表面张力。Chen 等没有明确 We_{tp} 中 ρ_{tp} 的计算方法。

值得一提的是，Chen 等[15]原文给出的模型如下：

$$\Omega_{hom}=\begin{cases}1.2-0.9\exp(-Bd^*), & Bd^*<2.5\\ 1+We_{tp}^{0.2}/\exp(Bd^{*0.3})-0.9\exp(-Bd^*), & Bd^*\geqslant 2.5\end{cases}$$

式中，$Bd^*=[g(\rho_l-\rho_g)D^2]/(4\sigma)$。

一些评价研究[11-13]表明，Chen 等修正方法的效果不理想。

6.3　摩擦压降的分相流模型

分相流模型主要有两类：分液相摩擦压降倍率方法和全液相摩擦压降倍率方法。分液相摩擦压降倍率方法的主流是 Lockhart - Martinelli[2] 参数方法。

6.3.1 摩擦压降倍率

分相流模型的摩擦压降计算建立在对假想的单相摩擦压降修正的基础上。按照假想流体的类型,分相流摩擦压降模型可分为两类。一类是假设把气液两相流分为气相和液相两股流体,每股流体单独占有流道,在其内流动,使用分相摩擦压降倍率对分相摩擦压降(表观摩擦压降)进行修正。所谓分相摩擦压降,就是按介质表观流速来计算的摩擦压降。某相流体的表观流速就是假设该相单独占有流道,在其中流动时所具有的流动速度,也称为折算流速。另一类是把两相流体假想为一种单相流体,单独占有流道并以折算的速度在流道内流动,使用全相摩擦压降倍率对全相摩擦压降进行修正。

分相摩擦压降倍率包括分液相摩擦压降倍率和分气相摩擦压降倍率。全相摩擦压降倍率包括全液相摩擦压降倍率和全气相摩擦压降倍率。摩擦压降倍率有时也称摩擦压降修正因子、摩擦压降修正系数等。

分液相摩擦压降倍率 ϕ_l^2 定义为两相流摩擦压降梯度 $(\Delta p/\Delta L)_{tp}$ 与假设液相单独占有管道时计算出的摩擦压降梯度 $(\Delta p/\Delta L)_l$ 之比,即

$$\phi_l^2=\left(\frac{\Delta p}{\Delta L}\right)_{tp}\Big/\left(\frac{\Delta p}{\Delta L}\right)_l \tag{6.25}$$

式中,$(\Delta p/\Delta L)_l$ 也称为分液相表观摩擦压降梯度。

分气相摩擦压降倍率 ϕ_g^2 定义为两相流动摩擦压降梯度 $(\Delta p/\Delta L)_{tp}$ 与假设气相单独流过管道时计算出的摩擦压降梯度 $(\Delta p/\Delta L)_g$ 之比,即

$$\phi_g^2=\left(\frac{\Delta p}{\Delta L}\right)_{tp}\Big/\left(\frac{\Delta p}{\Delta L}\right)_g \tag{6.26}$$

式中,$(\Delta p/\Delta L)_g$ 也称为分气相表观摩擦压降梯度。

全液相摩擦压降倍率 ϕ_{lo}^2 定义为

$$\phi_{lo}^2=\left(\frac{\Delta p}{\Delta L}\right)_{tp}\Big/\left(\frac{\Delta p}{\Delta L}\right)_{lo} \tag{6.27}$$

式中,全液相表观摩擦压降梯度 $(\Delta p/\Delta L)_{lo}$ 是假定液体以两相流总质量流速在管道中流动时计算出的摩擦压降梯度,即假定流道内只有液相流动,且其质量流速为两相流的质量流速时的摩擦压降梯度。

全气相摩擦压降倍率 ϕ_{go}^2 定义为

$$\phi_{go}^2=\left(\frac{\Delta p}{\Delta L}\right)_{tp}\Big/\left(\frac{\Delta p}{\Delta L}\right)_{go} \tag{6.28}$$

式中,全气相表观摩擦压降梯度 $(\Delta p/\Delta L)_{go}$ 是假定气体以两相流总质量流速在管道中流动时的摩擦压降梯度。

6.3.2 分相流模型思路

在分相摩擦压降倍率和全相摩擦压降倍率的定义式中,分母项均可用单相流动压降的计算方法获得,即

$$\left(\frac{\Delta p}{\Delta L}\right)_l=\frac{[G(1-x)]^2}{2D\rho_l}f_l \tag{6.29}$$

$$\left(\frac{\Delta p}{\Delta L}\right)_{g}=\frac{(xG)^2}{2D\rho_g}f_g \tag{6.30}$$

$$\left(\frac{\Delta p}{\Delta L}\right)_{lo}=\frac{G^2}{2D\rho_l}f_{lo} \tag{6.31}$$

$$\left(\frac{\Delta p}{\Delta L}\right)_{go}=\frac{G^2}{2D\rho_g}f_{go} \tag{6.32}$$

式中，f_l、f_g、f_{lo}、f_{go} 分别为分液相、分气相、全液相、全气相 Moody 摩擦因子，可用单相流的方法计算。例如，如果采用 Fang 等[5]模型，分液相和全液相摩擦因子可分别用如下方法计算：

$$f_l=0.25\left[\log\left(\frac{150.39}{Re_l^{0.988\,65}}-\frac{152.66}{Re_l}\right)\right]^{-2} \tag{6.33}$$

$$f_{lo}=0.25\left[\log\left(\frac{150.39}{Re_{lo}^{0.988\,65}}-\frac{152.66}{Re_{lo}}\right)\right]^{-2} \tag{6.34}$$

式中，分液相雷诺数 Re_l 和全液相雷诺数 Re_{lo} 分别为

$$Re_l=\frac{(1-x)GD}{\mu_l} \tag{6.35}$$

$$Re_{lo}=\frac{GD}{\mu_l} \tag{6.36}$$

式中，μ_l 为液相动力粘度。

这样，如果求出摩擦压降倍率，就可以获得两相流摩擦压降。再以分液相和全液相方法为例。采用分液相摩擦压降倍率方法，有

$$\left(\frac{\Delta p}{\Delta L}\right)_{tp}=\phi_l^2\left(\frac{\Delta p}{\Delta L}\right)_{l} \tag{6.37}$$

采用全液相摩擦压降倍率方法，有

$$\left(\frac{\Delta p}{\Delta L}\right)_{tp}=\phi_{lo}^2\left(\frac{\Delta p}{\Delta L}\right)_{lo} \tag{6.38}$$

这样，分相流模型方法中，两相流摩擦压降计算的主要问题最终归结为摩擦压降倍率的确定问题。

6.3.3　基于洛-马参数的分相倍率方法

1. 洛-马参数

Lockhart 和 Martinelli[2] 提出了把分相摩擦压降倍率 ϕ_l^2（ϕ_g^2）作为无量纲参数（Lockhart - Martinelli 参数，本书也称洛-马参数）X 的函数的解决方法。洛-马参数 X 的定义如下：

$$X=\sqrt{\left(\frac{\Delta p}{\Delta L}\right)_{l}\Big/\left(\frac{\Delta p}{\Delta L}\right)_{g}} \tag{6.39}$$

Lockhart 和 Martinelli 以表观雷诺数划分两相流中每一相的流态，$Re_k\leqslant 1\,000$ 为层流，$Re_k\geqslant 2\,000$ 为湍流。其中：对于液相，$k=l$；对于气相，$k=g$。他们根据液相和气相流态的组合，划分了 4 种流态：液相和气相均为湍流(tt)，液相为湍流、气相为层流(tv)，液相为层流、气相为湍流(vt)，液相和气相均为层流(vv)。

对于光滑管内 tt 流态和 vv 流态，洛-马参数可表示为[16]

$$X_{tt}=\left(\frac{1-x}{x}\right)^{0.9}\left(\frac{\rho_g}{\rho_l}\right)^{0.5}\left(\frac{\mu_l}{\mu_g}\right)^{0.1}, \quad Re\geqslant 2\times 10^4 \tag{6.40}$$

$$X_{tt}=\left(\frac{1-x}{x}\right)^{0.875}\left(\frac{\rho_g}{\rho_l}\right)^{0.5}\left(\frac{\mu_l}{\mu_g}\right)^{0.125}, \quad 2\,000\leqslant Re< 2\times 10^4 \tag{6.41}$$

$$X_{vv}=\left(\frac{1-x}{x}\right)\left(\frac{\rho_g}{\rho_l}\right)^{0.5}\left(\frac{\mu_l}{\mu_g}\right)^{0.5} \tag{6.42}$$

在两相流传热计算中，式(6.40)经常被作为 tt 流态中洛-马参数 X 的计算式。

围绕着如何确定 $\phi_l^2(\phi_g^2)-X$ 的关系，人们提出了不同的解决方案。广义地说，分相摩擦倍增因子方法即为 Lockhart - Martinelli 方法。该方法广泛地应用于许多流动条件，尤其是小气体质量流速、小液体质量流速，以及小管径[5,17-19]的条件。下面分别介绍不同的 $\phi_l^2(\phi_g^2)-X$ 关系模型。

2. 基于洛-马参数的分液相摩擦倍率模型

(1) Lockhart - Martinelli[2] *方法*

根据一些气液两相流（空气-油、空气-水等）在 1.5～25.8mm 管径范围内的实验数据，Lockhart 和 Martinelli 提供了 tt、tv、vt、vv 4 种流态的 $\phi_l^2(\phi_g^2)-X$ 关系图。Souza 等[19,20]在 R12、R22、R134a、MP39 和 R32/125 实验数据的基础上对上述关系图作了改进。

(2) Chisholm[21] *方法*

图解表示 ϕ_l^2-X 关系不利于计算，很多研究致力于确定 ϕ_l^2-X 的数学关系。其中，Chisholm[21]方法是一个里程碑。Chisholm[21]将 ϕ_l^2 表示为洛-马参数 X 和参数 C 的如下关系：

$$\phi_l^2=1+\frac{C}{X}+\frac{1}{X^2} \tag{6.43}$$

Chisholm 提供了 4 个常数分别对应 4 种不同的流态组合，即 $C=5$ 对应 vv 流态，$C=10$ 对应 vt 流态，$C=12$ 对应 vt 流态，$C=20$ 对应 tt 流态。

实际上，Chisholm 参数 C 在某一流态组合中并不是常数，而是随流动条件而变的。于是，很多工作着眼于提出 C 的函数表达式[22-27]。

(3) Mishima - Hibiki[22] 模型

对于 vv 流态，Mishima 和 Hibiki 提出 Chisholm 参数 C，用下式计算：

$$C=21\left[1-\exp(-0.319D)\right] \tag{6.44}$$

(4) Zhang 等[23]模型

Zhang 等通过人工神经网络分析发现，对于小通道内的层流流动，受限数(Confinement number)Co 是 Chisholm 参数的主要变量。通过修正 Mishima - Hibiki[22]模型，Zhang 等对于小通道提出了如下模型：

$$C=\begin{cases}21\left[1-\exp(-0.674/Co)\right], & \text{绝热双组分气液两相流}\\ 21\left[1-\exp(-0.142/Co)\right], & \text{绝热单组分气液两相流}\\ 21\left[1-\exp(-0.358/Co)\right], & \text{流动沸腾}\end{cases} \tag{6.45}$$

$$Co=\sqrt{\frac{\sigma}{g(\rho_l-\rho_g)D^2}} \tag{6.46}$$

Zhang 等方法的应用范围为 $0.014\ \text{mm}\leqslant D\leqslant 6.25\ \text{mm}$，$Re_l\leqslant 2\,000$，$Re_g\leqslant 2\,000$。

需要说明的是，Zhang 等原文中使用无量纲拉普拉斯数 La^*，因其定义式与 Co 定义式完全一样，且受限数较常用，故遇到模型中出现无量纲拉普拉斯数 La^* 时，本书用受限数 Co 替代之。

(5) Sun - Mishima[24] 模型

Sun 和 Mishima 从 18 个文献中收集了 2 092 组数据，工质包括 R123、R134a、R22、R236ea、R245fa、R404a、R407C、R410A、R507、CO_2、空气-水。参数范围为 $D=0.506 \sim 12$ mm，$Re_l=10 \sim 37\ 000$，$Re_g=3 \sim 4\times10^5$。基于这个数据库，他们提出：在层流时用 Chisholm 模型（式(6.43)），其中 Chisholm 常数用下式计算：

$$C=26\left(1+\frac{Re_l}{1\ 000}\right)\left[1-\exp\left(\frac{-0.153}{0.8+0.27Co}\right)\right] \tag{6.47}$$

在湍流区，Chisholm 方法修正为

$$\phi_l^2=1+\frac{C}{X^{1.19}}+\frac{1}{X^2} \tag{6.48}$$

$$C=1.79\left(\frac{Re_g}{Re_l}\right)^{0.4}\left(\frac{1-x}{x}\right)^{0.5} \tag{6.49}$$

式中

$$Re_g=\frac{xGD}{\mu_g} \tag{6.50}$$

(6) Lee - Mudawar[25] 模型

Lee 和 Mudawar 对 R134a 两相流在高热密度（$q=316 \sim 938$ kW/m^2）下流过微通道（宽×深＝23 μm×713 μm）的摩擦压降进行了实验研究，提出

$$C=\begin{cases}2.16Re_{lo}^{0.047}We_{lo}^{0.6}, & 层流液/层流气\\ 1.45Re_{lo}^{0.25}We_{lo}^{0.23}, & 层流液/湍流气\end{cases} \tag{6.51}$$

式中，全液相 Weber 数 We_{lo} 定义如下：

$$We_{lo}=\frac{G^2D}{\sigma\rho_l} \tag{6.52}$$

(7) Hwang - Kim[26] 模型

基于 R134a 在 0.244 mm、0.430 mm 和 0.792 mm 管内的两相流摩擦压降实验数据，Hwang 和 Kim 提出

$$C=0.227Re_{lo}^{0.452}X^{-0.32}Co^{-0.82} \tag{6.53}$$

(8) Pamitran 等[27] 模型

基于 R22、R134a、R410A、R290 和 R744 在 0.5 mm、1.5 mm 和 3 mm 管内的两相流摩擦压降实验数据，Pamitran 等提出

$$C=3\times10^{-3}We_{tp}^{-0.433}Re_{tp}^{1.23} \tag{6.54}$$

(9) Lee - Lee[28] 模型

Lee 和 Lee 根据空气-水两相流在高矩形截面小管内水平流动的实验数据，提出下式：

$$C=A\lambda^q\psi^rRe_{lo}^s \tag{6.55}$$

式中，$\lambda=\dfrac{\mu_l}{\rho_l\sigma D}$，$\psi=\dfrac{\mu_l j}{\sigma}$，$j$ 是液体塞状流速度，常数 A 和指数 q、r、s 依赖于流态（见表 6.1）。

表 6.1 Lee-Lee 模型中用于计算 C 的常量

流态		A	q	r	s
Re_L	Re_G				
≤2 000	≤2 000	6.833×10^{-8}	−1.317	0.719	0.557
≤2 000	>2 000	6.185×10^{-2}	0	0	0.726
>2 000	≤2 000	3.627	0	0	0.174
>2 000	>2 000	0.408	0	0	0.451

(10) Wang 等[29]模型

Wang 等研究了 R22、R134a、R407C 两相流在 6.5 mm 光滑管内的摩擦压降。对于 $G\geqslant 200\ \mathrm{kg/(m^2\cdot s)}$，他们提出

$$\phi_g^2=1+9.4X^{0.62}+0.564X^{2.45} \tag{6.56}$$

对于 $G=50\sim100\ \mathrm{kg/(m^2\cdot s)}$，根据 R22 和 R134a 在饱和温度 $T_{sat}=20$ ℃、6 ℃、2 ℃时的实验数据，他们拟合出

$$C=4.566\times10^{-6}X^{0.128}Re_{lo}^{0.938}\left(\frac{\rho_l}{\rho_g}\right)^{-2.15}\left(\frac{\mu_l}{\mu_g}\right)^{5.1} \tag{6.57}$$

(11) Yu 等[30]模型

基于水、乙二醇、乙二醇/水混合物在 2.98 mm 水平管内的两相流实验，Yu 等提出

$$\phi_l^2=\left[18.65\left(\frac{\rho_g}{\rho_l}\right)^{0.5}\left(\frac{1-x}{x}\right)\frac{Re_g^{0.1}}{Re_l^{0.5}}\right]^{-1.9} \tag{6.58}$$

6.3.4 基于摩擦因子的分液相摩擦压降倍率方法

Li 等[31]、Lin 等[32]、Chang 和 Ro[33]等提出了不同的 ϕ_l^2 计算方法。基于他们方法的一般模型如下：

$$\phi_l^2=\frac{f_{tp}}{f_l}\left[1+x\left(\frac{\rho_l}{\rho_g}-1\right)\right] \tag{6.59}$$

式中，两相流摩擦因子 f_{tp} 用均相流模型方法计算，其中的两相流动力粘度的计算方法可从 McAdams 模型(式(5.27))、Cicchitti 模型(式(5.28))和 Dukler 模型(式(5.29))中选取。

6.3.5 全液相摩擦压降倍率模型

(1) Muller-Steinhagen-Heck[34]模型

Muller-Steinhagen 和 Heck 提出了一个全液相摩擦压降与全气相摩擦压降的加权模型。当干度 $x=0.5$ 时，两相流动摩擦压降 B 与 $x=1$ 时气相流动摩擦压降很接近，他们认为

$$B=\left(\frac{\mathrm{d}p}{\mathrm{d}L}\right)_{go} \tag{6.60}$$

当 $x<0.7$ 时，通过分析单相流摩擦因子模型，他们提出两相流摩擦压降 A 的表达式如下：

$$A=\left(\frac{\mathrm{d}p}{\mathrm{d}L}\right)_{lo}+2\left[\left(\frac{\mathrm{d}p}{\mathrm{d}L}\right)_{go}-\left(\frac{\mathrm{d}p}{\mathrm{d}L}\right)_{lo}\right]x \tag{6.61}$$

在 $0\leqslant x\leqslant1$ 范围内，两相流摩擦压降通过下面的模型对式(6.60)、式(6.61)进行叠加：

$$\left(\frac{\mathrm{d}p}{\mathrm{d}L}\right)_{\mathrm{tp}}=A(1-x)^{1/C}+Bx^{C} \tag{6.62}$$

通过实验数据曲线拟合，Muller - Steinhagen 和 Heck 发现 $C=3$ 最为合适。

根据 ϕ_{lo}^{2} 的定义，式(6.62)可改写为

$$\phi_{\mathrm{lo}}^{2}=x^{3}Y^{2}+(1-x)^{1/3}\left[1+2x(Y^{2}-1)\right] \tag{6.63}$$

式中

$$Y^{2}=\left(\frac{\mathrm{d}p}{\mathrm{d}L}\right)_{\mathrm{go}}\Big/\left(\frac{\mathrm{d}p}{\mathrm{d}L}\right)_{\mathrm{lo}}=\frac{\rho_{\mathrm{l}}}{\rho_{\mathrm{g}}}\cdot\frac{f_{\mathrm{go}}}{f_{\mathrm{lo}}} \tag{6.64}$$

(2) Xu - Fang[11] 模型

Xu 和 Fang[11] (2012)从 19 篇文献中收集了 2 622 个沸腾摩擦压降实验数据，含 15 种制冷剂，包括 R134a、R410A、R407C、CO_2、R22、氨、R507、R11、R12 等。参数范围为 $D=0.81\sim19.1$ mm，$G=25.4\sim1\,150$ kg/(m^2·s)，热流密度 $q=0.6\sim150$ kW/m^2。基于这个数据库，他们提出

$$\phi_{\mathrm{lo}}^{2}=\left\{Y^{2}x^{3}+(1-x)^{1/3}\left[1+2x(Y^{2}-1)\right]\right\}\left[1+1.54(1-x)^{0.5}Co^{1.47}\right] \tag{6.65}$$

式中，Y 参数由式(6.64)定义，其中的摩擦因子用下面的方法计算：

对于 $Re\leqslant2\,000$，有

$$f=\frac{64}{Re} \tag{6.66}$$

对于 $Re\geqslant3\,000$，用 Fang 等[5]模型(6.12)计算；

对于 $2\,000<Re<3\,000$，有

$$f=(1.152\,5Re+895)\times10^{-5} \tag{6.67}$$

式(6.65)对于上述数据库的平均绝对误差为 25.2%。

(3) Xu - Fang[12] 模型

Xu 和 Fang[12] (2013)基于从 12 篇文献中收集的 525 个冷凝摩擦压降实验数据组成的数据库，提出：

$$\phi_{\mathrm{lo}}^{2}=Y^{2}x^{3}+(1-x^{2.59})^{0.632}\left[1+2x^{1.17}(Y^{2}-1)+0.007\,75x^{-0.475}Fr_{\mathrm{tp}}^{0.535}We_{\mathrm{tp}}^{0.188}\right] \tag{6.68}$$

式中，Y 参数中的摩擦因子计算方法同上，Fr_{tp} 为两相流 Froude 数。

$$Fr_{\mathrm{tp}}=\frac{G^{2}}{gD\rho_{\mathrm{tp}}^{2}} \tag{6.69}$$

该数据库含 9 种制冷剂，包括 R134a、R410A、R22、R236ea、R125、R32、氨、R600a、R290，参数范围为 $D=0.1\sim10.07$ mm，$G=20\sim800$ kg/(m^2·s)，$q=2\sim55.3$ kW/m^2。式(6.68)对于该数据库的平均绝对误差为 19.4%。

(4) Friedel[35] 模型

根据 25 000 个实验数据，Friedel 提出

$$\phi_{\mathrm{lo}}^{2}=(1-x)^{2}+x^{2}\frac{\rho_{\mathrm{l}}f_{\mathrm{go}}}{\rho_{\mathrm{g}}f_{\mathrm{lo}}}+\frac{3.24x^{0.78}(1-x)^{0.224}H}{Fr_{\mathrm{tp}}^{0.045}We_{\mathrm{tp}}^{0.035}} \tag{6.70a}$$

$$H=\left(\frac{\rho_{\mathrm{l}}}{\rho_{\mathrm{g}}}\right)^{0.91}\left(\frac{\mu_{\mathrm{g}}}{\mu_{\mathrm{l}}}\right)^{0.19}\left(1-\frac{\mu_{\mathrm{g}}}{\mu_{\mathrm{l}}}\right)^{0.7} \tag{6.70b}$$

Fr 和 We 的引入，使 Friedel 模型顾及了重力和表面张力的影响。

(5) Chen 等[15]修正模型

Chen 等认为，在小管径时，Friedel 模型可能低估了表面张力的影响，高估了重力的影响。为此，他们对于管径不大于 10 mm 的情况，提出如下修正：

$$\left(\frac{\mathrm{d}p}{\mathrm{d}L}\right)_{\mathrm{tp}}=\left(\frac{\mathrm{d}p}{\mathrm{d}L}\right)_{\mathrm{tp,Friedel}}\Omega \tag{6.71a}$$

式中，$(\mathrm{d}p/\mathrm{d}L)_{\mathrm{tp,Friedel}}$ 是用 Friedel 模型预测的两相流摩擦压降梯度；Ω 为修正系数，根据空气-水两相流和 R410a 测量数据，他们提出

$$\Omega=\begin{cases}\dfrac{0.0333Re_{\mathrm{lo}}^{0.45}}{Re_{\mathrm{g}}^{0.09}[1+0.4\exp(-Bd/4)]}, & Bd<10\\[2ex] \dfrac{We_{\mathrm{tp}}^{0.2}}{2.5+0.06Bd/4}, & Bd\geqslant 10\end{cases} \tag{6.71b}$$

(6) Souza - Pimenta[19]模型

基于 R12、R22、R134a、MP39、R32/125 的实验数据，Souza 和 Pimenta 提出：

$$\phi_{\mathrm{lo}}^{2}=1+(\Gamma^{2}-1)x^{1.75}(1+0.9524\Gamma X_{\mathrm{tt}}^{0.4126}) \tag{6.72a}$$

$$\Gamma=\left(\frac{\rho_{\mathrm{l}}}{\rho_{\mathrm{g}}}\right)^{0.5}\left(\frac{\mu_{\mathrm{g}}}{\mu_{\mathrm{l}}}\right)^{0.125} \tag{6.72b}$$

$$X_{\mathrm{tt}}=\frac{1}{\Gamma}\left(\frac{1-x}{x}\right)^{0.875} \tag{6.72c}$$

(7) Chisholm[36]模型(1973)

Chisholm 通过曲线拟合，提出光滑管内两相流湍流模型如下：

$$\phi_{\mathrm{lo}}^{2}=1+(Y^{2}-1)[Bx^{0.875}(1-x)^{0.875}+x^{1.75}] \tag{6.73a}$$

如果 $0<Y<9.5$，则

$$B=\begin{cases}55/G^{0.5}, & \text{对于 } G\geqslant 1\,900\ \mathrm{kg/(m^{2}\cdot s)}\\ 2\,400/G, & \text{对于 } 500<G<1\,900\ \mathrm{kg/(m^{2}\cdot s)}\\ 4.8, & \text{对于 } G\leqslant 500\ \mathrm{kg/(m^{2}\cdot s)}\end{cases} \tag{6.73b}$$

如果 $9.5<Y<28$，则

$$B=\begin{cases}520/(YG^{0.5}), & \text{对于 } G\leqslant 600\ \mathrm{kg/(m^{2}\cdot s)}\\ 21/Y, & \text{对于 } G>600\ \mathrm{kg/(m^{2}\cdot s)}\end{cases} \tag{6.73c}$$

如果 $Y>28$，则

$$B=\frac{15\,000}{Y^{2}G^{0.5}} \tag{6.73d}$$

(8) Cavallini 等[37]模型

基于 R22、R134a、R125、R32、R410A、R236ea 和 R407C 在光滑管内的冷凝两相流动，Cavallini 等提出

$$\phi_{\mathrm{lo}}^{2}=(1-x)^{2}+x^{2}\frac{\rho_{\mathrm{l}}f_{\mathrm{go}}}{\rho_{\mathrm{g}}f_{\mathrm{lo}}}+\frac{1.262x^{0.6978}H}{We_{\mathrm{go}}^{0145\,8}} \tag{6.74a}$$

$$H=\left(\frac{\rho_{\mathrm{l}}}{\rho_{\mathrm{g}}}\right)^{0.3278}\left(\frac{\mu_{\mathrm{g}}}{\mu_{\mathrm{l}}}\right)^{-1.181}\left(1-\frac{\mu_{\mathrm{g}}}{\mu_{\mathrm{l}}}\right)^{3.477} \tag{6.74b}$$

$$We_{go}=\frac{G^2D}{\rho_g\sigma} \tag{6.75}$$

(9) Wilson 等[38]模型

基于 R134a 和 R410A 在水平扁管内的两相流动数据($G=75\sim400\ \mathrm{kg/(m^2\cdot s)}$,$x=0.1\sim0.8$),Wilson 等提出

$$\phi_{lo}^2=12.82(1-x)^{1.8}\left[\left(\frac{1-x}{x}\right)^{0.9}\left(\frac{\rho_g}{\rho_l}\right)^{0.5}\left(\frac{\mu_l}{\mu_g}\right)^{0.1}\right]^{-1.47} \tag{6.76}$$

(10) Tran 等[39]模型

根据 R134a、R113 和 R12 在光滑管内的两相流数据,Tran 等提出

$$\phi_{lo}^2=1+(4.3Y^2-1)\left[x^{0.875}(1-x)^{0.875}Co+x^{1.75}\right] \tag{6.77}$$

Tran 等给出的数据条件为:$p=138\sim864\ \mathrm{kPa}$,$G=33\sim832\ \mathrm{kg/(m^2\cdot s)}$,$q=2.2\sim90.8\ \mathrm{kW/m^2}$,$x=0\sim0.95$。

(11) Zhang - Webb[40]模型

根据 R134a、R22、R404a 在 6.25 mm、3.25 mm 铜管和 2.13 mm 多通道挤压铝合金管中的两相流实验数据,Zhang 和 Webb 提出

$$\phi_{lo}^2=(1-x)^2+\frac{2.87x^2}{P_R}+\frac{1.68x^{0.8}(1-x)^{0.25}}{P_R^{1.64}} \tag{6.78}$$

式中,对比压力 $P_R=p/p_{cr}$,p_{cr} 为临界压力。

(12) Gronnerud[41]模型

Gronnerud 提出

$$\phi_{lo}=1+\left(\frac{\Delta p}{\Delta L}\right)_{Fr}\left[\left(\frac{\rho_l}{\rho_g}\right)\left(\frac{\mu_g}{\mu_l}\right)^{0.25}-1\right] \tag{6.79}$$

$$\left(\frac{\Delta p}{\Delta L}\right)_{Fr}=f_{Fr}\left[x+4(x^{1.8}-x^{10}f_{Fr}^{0.5})\right] \tag{6.80a}$$

$$f_{Fr}=\begin{cases}1, & Fr_{lo}\geqslant1\\ Fr_{lo}^{0.3}+0.0055\left[\ln\left(\dfrac{1}{Fr_{lo}}\right)\right]^2, & Fr_{lo}<1\end{cases} \tag{6.80b}$$

6.4　基于流型的摩擦压降模型

瑞士洛桑联邦理工学院传热传质实验室的 Thome 教授研究团队多年来一直探索基于流型(或者说基于现象)的两相流传热和摩擦压降模型的研究[42-46]。在该团队前期研究工作的基础上,Moreno Quibén 和 Thome[42-43]提出了一个新的基于现象的水平管内两相流摩擦压降模型。该模型基于他们在水平管实验中获得的流型和界面波效应。实验条件为:质量流速 $G=70\sim700\ \mathrm{kg/(m^2\cdot s)}$,内径 $D=8.0\ \mathrm{mm}$、$13.8\ \mathrm{mm}$,干度 $x=0.01\sim0.99$,饱和温度 $t_{sat}=5\ ℃$。实验包括了绝热和沸腾。对于流动沸腾的情况,热流密度 $q=6\sim57.5\ \mathrm{kW/m^2}$。工质主要是 R22 和 R410A,其次是 R134a。

Cheng[44]等根据公开的文献中收集到的 CO_2 管内流动沸腾实验数据,绘制了相应的流型图,基于该流型图提出了 CO_2 管内流动沸腾摩擦压降模型。

基于流型的摩擦压降模型针对流态建模，考虑了流型参数和流动的内在因素，理论上应该优于其他模型。但是，该方法需要很广泛的实验参数范围对其进行验证和改进，而且对流型的把握不准会引起误差。另一方面，模型很复杂，难以使用。迄今为止，模型中气液两相考虑的都是湍流，还需要扩展至层流和过渡区。尽管如此，基于流型的摩擦压降建模的思路仍是值得探讨的。

下面介绍 Moreno Quibén - Thome[42-43]两相流摩擦压降模型。

6.4.1 简化的水平管内的流型结构

Kattan 等[45]较早提出了一个水平管内流动沸腾的流型图。Wojtan 等[46]对 Kattan 等[45]的流型图进行了改进，如图 6.3 所示。图中给出了环状流、弹状流、间歇流、雾状流、分层波状流、弹状+分层波状流、雾状流、干涸区。在弹状+分层波状流区，观察到的流态趋势是弹状流和分层波状流这两个流型交替出现。

值得一提的是，图 6.3 仅是限于研究者的实验条件，并没有包括所有的流型。例如层状流出现在很低的流速，泡状流出现在非常高的流速，实验中没有涉及，也就没有出现在流型图中。

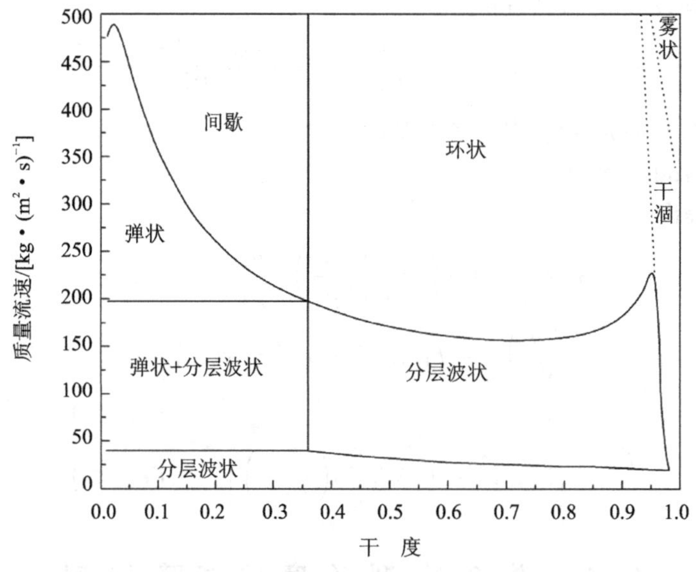

图 6.3 给定条件下的 R22 流型图[46]

图 6.3 所代表的流型图能对不同的流型进行比较准确的预测，尤其是沿管周边干涸的开始和完成，而且它不需要任何迭代计算，因此很容易用于判别流型。Moreno Quibén - Thome[43]摩擦压降模型采用了这个类型的流型图。

Moreno Quibén - Thome[42-43]模型中的分层波状流隐含了分层波状流和层状流，如图 6.4 所示。分层波状流和层状流的区别是，层状流的液体占据的周边长是固定的，而分层波状流占据的周边长是变化的。图 6.4(a)和图 6.4(b)是层状流，其中图 6.4(a)是层状流几何形状。图 6.4(b)把层状流转换成了一个当量图形，这个当量图形具有与图 6.4(a)相同的分层角 θ_{strat} 和液体截面面积，但液体分布变成了等液膜厚度的截断环，分层角 θ_{strat} 等于干燥角 θ_{dry}。图 6.4(c)是环状流，此处假定重力影响可以忽略，所以液膜厚度沿周边均匀。图 6.4(d)是分层波状流，界面波较小，没有达到管的上部，因此上部周边仍然干燥，这里同样假定了分层波状流液体部分为截断环，θ_{dry} 最大值为 θ_{strat}，最小值为零（环状流）。这三个简化流型结构之间的转变平滑，其中层状流和环状流为两端，以分层波状流连接其中。

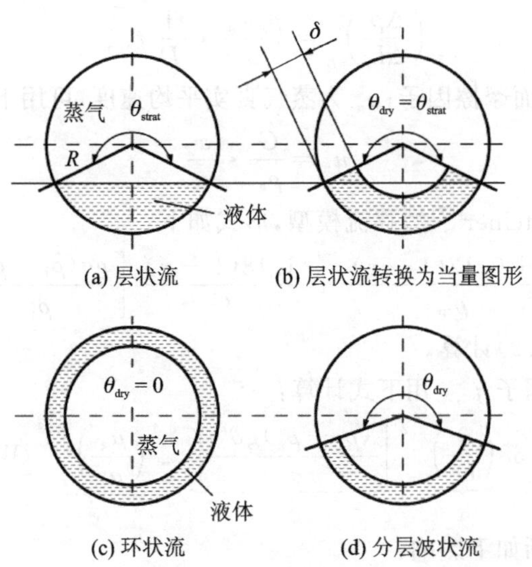

图 6.4　用于摩擦压降模型研究的简化流型结构

对于雾状流，假定所有管内壁都是干燥的。摩擦压降从环状流到雾状流并不是一步跨越的，而是有一个过渡区，这个过渡区被称为干涸区（见图 6.3）。干涸过程先从上部开始（因为上部液膜总是相对较薄），经历一个过渡变化过程。干涸开始点（管顶部开始出现干涸）的干度为 x_{di}，至管底部也干涸时（干度为 x_{de}），干涸过程完成，达到充分发展的雾状流。这个过程如图 6.5 所示。

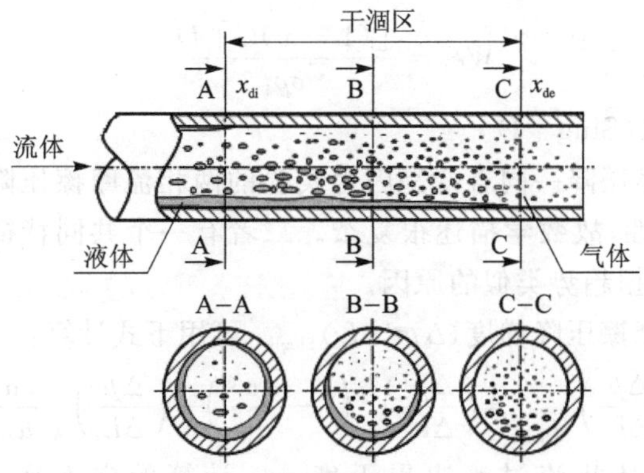

图 6.5　水平管内沸腾流动的干涸过程

6.4.2　Moreno Quibén – Thome 模型

基于流型的模型针对不同的流型建立数学模型。

(1) 环状流(A)

假定液膜厚度沿周边均匀，虽然情况不尽如此，但这个假定能使问题有效简化。对于环状流，可以认为液体和气体沿轴向具有相同的压力梯度，即

$$\left(\frac{\Delta p}{\Delta L}\right)_{\mathrm{A}}=\left(\frac{\Delta p}{\Delta L}\right)_{\mathrm{l,A}}=\left(\frac{\Delta p}{\Delta L}\right)_{\mathrm{g,A}}$$

环状流摩擦压降梯度$(\Delta p/\Delta L)_{\mathrm{A}}$模型如下：

$$\left(\frac{\Delta p}{\Delta L}\right)_{\mathrm{A}}=\frac{\rho_{\mathrm{g}}u_{\mathrm{g}}^{2}}{2}\cdot\frac{1}{D}f_{\mathrm{i,A}} \tag{6.81}$$

式中，$f_{\mathrm{i,A}}$为环状流相界面摩擦因子；u_{g}为蒸气真实平均速度，可用下式计算：

$$u_{\mathrm{g}}=\frac{G}{\rho_{\mathrm{g}}}\cdot\frac{x}{\alpha} \tag{6.82}$$

式中，α为空泡率，使用Steiner[47]漂移流模型，形式如下：

$$\alpha=\frac{x}{\rho_{\mathrm{g}}}\left\{\frac{1+0.12(1-x)}{\rho_{\mathrm{tp}}}+\frac{1.18(1-x)}{G}\left[\frac{g\sigma(\rho_{\mathrm{l}}-\rho_{\mathrm{g}})}{\rho_{\mathrm{l}}^{2}}\right]^{1/4}\right\}^{-1} \tag{6.83}$$

式中，两相流密度用式(6.9)计算。

环状流相界面摩擦因子$f_{\mathrm{i,A}}$用下式计算：

$$f_{\mathrm{i,A}}=2.68\underbrace{\left(\frac{\delta}{D}\right)^{1.2}}_{①}\underbrace{\left[\frac{(\rho_{\mathrm{l}}-\rho_{\mathrm{g}})g\delta^{2}}{\sigma}\right]^{-0.4}}_{②}\underbrace{\left(\frac{\mu_{\mathrm{g}}}{\mu_{\mathrm{l}}}\right)^{0.08}}_{③}\underbrace{(We_{\mathrm{l}})^{-0.034}}_{④} \tag{6.84}$$

式中的4个无量纲组包括如下影响：

① 该项表示液膜厚度δ相对于管内径D的影响，其中δ可用下式计算：

$$\delta=\frac{\pi D(1-\alpha)}{2(2\pi-\theta_{\mathrm{dry}})} \tag{6.85}$$

对于环状流，$\theta_{\mathrm{dry}}=0$。

② 该项来自Helmholtz不稳定方程，推导中以δ为相界面临界波长的标尺。

③ 该项表示气相粘度与液相粘度之比。

④ 液体韦伯数We_{l}表达式如下：

$$We_{\mathrm{l}}=\frac{[(1-x)G]^{2}D}{\sigma\rho_{\mathrm{l}}} \tag{6.86}$$

(2) 弹状流＋间歇流(Slug＋I)

把这两种流型的摩擦压降一同看待是因为实验的两相流摩擦压降趋势类似。此外，由于这两种流型具有不稳定性，故数学描述很复杂。二者有一个共同特征，就是壁周边一直是湿的，也许这是二者实验数据趋势类似的原因。

弹状流和间歇流的摩擦压降梯度$(\Delta p/\Delta L)_{\mathrm{Slug+I}}$可用下式计算：

$$\left(\frac{\Delta p}{\Delta L}\right)_{\mathrm{Slug+I}}=\left(\frac{\Delta p}{\Delta L}\right)_{\mathrm{lo}}\left(1-\frac{\alpha}{\alpha_{\mathrm{IA}}}\right)+\left(\frac{\Delta p}{\Delta L}\right)_{\mathrm{A}}\frac{\alpha}{\alpha_{\mathrm{IA}}} \tag{6.87}$$

式中，α_{IA}是以间歇流和环状流过渡边界干度x_{IA}计算的空泡率，全液相摩擦压降梯度$(\Delta p/\Delta L)_{\mathrm{lo}}$用式(6.31)计算，环状流摩擦压降梯度$(\Delta p/\Delta L)_{\mathrm{A}}$用式(6.81)计算。上式意味着，弹状流和间歇流的摩擦压降是全液相摩擦压降和环状流摩擦压降以某种方式的加权平均。参考文献[42-43]没有给出x_{IA}的计算式。根据Cheng等[44]的研究，有

$$x_{\mathrm{IA}}=\left[1+1.96\left(\frac{\rho_{\mathrm{l}}}{\rho_{\mathrm{g}}}\right)^{0.571}\left(\frac{\mu_{\mathrm{g}}}{\mu_{\mathrm{l}}}\right)^{1.43}\right]^{-1} \tag{6.88}$$

(3) 分层波状流(SW)

分层波状流的摩擦压降梯度$(\Delta p/\Delta L)_{\mathrm{SW}}$可用如下方法计算：

$$\left(\frac{\Delta p}{\Delta L}\right)_{\mathrm{SW}}=\frac{\rho_{\mathrm{g}}u_{\mathrm{g}}^{2}}{2}\cdot\frac{1}{D}f_{\mathrm{tp,SW}} \tag{6.89}$$

$$f_{\mathrm{tp,SW}}=\theta_{\mathrm{dry}}^{*}f_{\mathrm{g}}+(1-\theta_{\mathrm{dry}}^{*})f_{\mathrm{i,A}} \tag{6.90}$$

$$\theta_{\mathrm{dry}}^{*}=\frac{\theta_{\mathrm{dry}}}{2\pi} \tag{6.91a}$$

$$\theta_{\mathrm{dry}}=\left(\frac{G_{\mathrm{wavy}}-G}{G_{\mathrm{wavy}}-G_{\mathrm{strat}}}\right)^{0.61}\theta_{\mathrm{strat}} \tag{6.91b}$$

式中，f_{g} 为分气相摩擦因子，分层角 θ_{strat} 用 Biberg[48] 模型计算：

$$\theta_{\mathrm{strat}}=2\pi-2\{\pi(1-\alpha)+(1.5\pi)^{1/3}[1-2(1-\alpha)+(1-\alpha)^{1/3}-\alpha^{1/3}]-\alpha(1-\alpha)[1-2(1-\alpha)][1+4(1-\alpha)^{2}+4\alpha^{2}]/200\} \tag{6.92}$$

式中，G_{wavy} 为波状流过渡质量流速，G_{strat} 为层状流质量流速。参考文献[42-43]没有给出其计算方法。

分气相摩擦因子 f_{g} 用下式计算：

$$f_{\mathrm{g}}=\frac{0.316}{Re_{\mathrm{g}}^{1/4}} \tag{6.93}$$

注意，式中 Re_{g} 的定义与前面的不同，它由下式计算：

$$Re_{\mathrm{g}}=\frac{xGD}{\mu_{\mathrm{g}}\alpha} \tag{6.94}$$

(4) 弹状流＋分层波状流(Slug＋SW)

这个流型中既可以看到低幅波(没有达到管顶)，也可以看到液体弹冲洗管顶。随着干度增加，液弹频率降低，波渐起主导作用。这个流型很难用简单模型描述，其摩擦压降梯度 $(\Delta p/\Delta L)_{\mathrm{Slug+SW}}$ 可以用下式近似：

$$\left(\frac{\Delta p}{\Delta L}\right)_{\mathrm{Slug+SW}}=\left(\frac{\Delta p}{\Delta L}\right)_{\mathrm{lo}}\left(1-\frac{\alpha}{\alpha_{\mathrm{IA}}}\right)^{0.25}+\left(\frac{\Delta p}{\Delta L}\right)_{\mathrm{SW}}\left(\frac{\alpha}{\alpha_{\mathrm{IA}}}\right)^{0.25} \tag{6.95}$$

对于该流型，液膜厚度用下式计算：

$$\delta=\frac{D}{2}-\sqrt{\left(\frac{D}{2}\right)^{2}-\frac{2A_{1}}{2\pi-\theta_{\mathrm{dry}}}} \tag{6.96}$$

式中，A_1 为横截面液体面积。上式可能出现 $\delta>D/2$ 的情况，这与物理意义不符。因此当出现 $\delta>D/2$ 时，令 $\delta=D/2$。

(5) 雾状流(M)

该流型中，所有液体都被高速流动的气体卷入到气体中心部分。蒸气是连续相，液体以液滴状态存在。雾状流摩擦压降梯度 $(\Delta p/\Delta L)_{\mathrm{M}}$ 可用均相模型计算，即

$$\left(\frac{\Delta p}{\Delta L}\right)_{\mathrm{M}}=\frac{G^{2}}{2\rho_{\mathrm{tp}}}\cdot\frac{1}{D}f_{\mathrm{tp}} \tag{6.97}$$

式中，两相流平均密度用下式计算：

$$\rho_{\mathrm{tp}}=\rho_{1}(1-\alpha_{\mathrm{h}})+\rho_{\mathrm{g}}\alpha_{\mathrm{h}} \tag{6.98}$$

$$\alpha_{\mathrm{h}}=\left(1+\frac{1-x}{x}\frac{\rho_{\mathrm{g}}}{\rho_{1}}\right)^{-1} \tag{6.99}$$

两相流摩擦因子用下式计算：

$$f_{\mathrm{tp}}=\frac{0.316}{Re_{\mathrm{tp}}^{1/4}} \tag{6.100}$$

$$Re_{\mathrm{tp}}=\frac{GD}{\mu_{\mathrm{tp}}} \tag{6.101}$$

式中,两相流平均动力粘度用 Cicchitti 等[6]方法计算,见式(6.15)。

(6) 干涸区(D)

干涸过程的摩擦压降梯度$(\Delta p/\Delta L)_{\mathrm{D}}$可以用下式计算:

$$\left(\frac{\Delta p}{\Delta L}\right)_{\mathrm{D}}=\left(\frac{\Delta p}{\Delta L}\right)_{\mathrm{tp}}(x_{\mathrm{di}})-\frac{x-x_{\mathrm{di}}}{x_{\mathrm{de}}-x_{\mathrm{di}}}\left[\left(\frac{\Delta p}{\Delta L}\right)_{\mathrm{tp}}(x_{\mathrm{di}})-\left(\frac{\Delta p}{\Delta L}\right)_{\mathrm{M}}(x_{\mathrm{de}})\right] \tag{6.102}$$

(7) 层状流(S)

层状流流速很低,没有包含在参考文献[42-43]所述的实验中,在缺乏实验数据的情况下,参考文献作者提出层状流摩擦压降梯度$(\Delta p/\Delta L)_{\mathrm{S}}$的如下计算方法。

① 如果 $x\geqslant x_{\mathrm{IA}}$,则

$$\left(\frac{\Delta p}{\Delta L}\right)_{\mathrm{S}(x\geqslant x_{\mathrm{IA}})}=\frac{\rho_{\mathrm{g}}u_{\mathrm{g}}^{2}}{2}\cdot\frac{1}{D}f_{\mathrm{tp,S}} \tag{6.103}$$

$$f_{\mathrm{tp,S}}=\theta_{\mathrm{strat}}^{*}f_{\mathrm{g}}+(1-\theta_{\mathrm{strat}}^{*})f_{\mathrm{i,A}} \tag{6.104}$$

$$\theta_{\mathrm{strat}}^{*}=\frac{\theta_{\mathrm{strat}}}{2\pi} \tag{6.105}$$

② 如果 $x<x_{\mathrm{IA}}$,则

$$\left(\frac{\Delta p}{\Delta L}\right)_{\mathrm{S}(x<x_{\mathrm{IA}})}=\left(\frac{\Delta p}{\Delta L}\right)_{\mathrm{lo}}\left(1-\frac{\alpha}{\alpha_{\mathrm{IA}}}\right)^{0.25}+\left(\frac{\Delta p}{\Delta L}\right)_{\mathrm{S}(x\geqslant x_{\mathrm{IA}})}\left(\frac{\alpha}{\alpha_{\mathrm{IA}}}\right)^{0.25} \tag{6.106}$$

(8) 泡状流(B)

泡状流出现在非常高的流速时,参考文献[42-43]没有关注。

6.5 两相流摩擦压降计算模型评价

各种评价中,采用最多的指标是平均绝对误差 MAD(Mean Absolute Deviation),定义如下:

$$\mathrm{MAD}=\frac{1}{N}\sum_{i=1}^{N}\left|\frac{y(i)_{\mathrm{pred}}-y(i)_{\mathrm{exp}}}{y(i)_{\mathrm{exp}}}\right| \tag{6.107}$$

式中,$y(i)_{\mathrm{pred}}$ 为模型预测值,$y(i)_{\mathrm{exp}}$ 为实验测量值,N 为数据点数。

模型建立过程中,平均相对误差 MRD(Mean Relative Deviation)常用来判断模型预测值偏离实验测量值的情况,即判断总体上模型是高估了还是低估了实验数据。MRD 的定义如下:

$$\mathrm{MRD}=\frac{1}{N}\sum_{i=1}^{N}\frac{y(i)_{\mathrm{pred}}-y(i)_{\mathrm{exp}}}{y(i)_{\mathrm{exp}}} \tag{6.108}$$

6.5.1 基于多种工质综合数据库的评价

Xu 等[13]从 26 个文献中收集了 3 480 组管内两相流动摩擦压降实验数据,包括 1 961 组绝热流动数据、1 291 组沸腾流动数据和 228 组冷凝流动数据。其中,涉及 14 种工质,约

30.6%是R134a,13.7%是空气-水,其他占较大比例的依次是CO_2、R410A、R22和氨。截面尺度$D=0.069\ 5\sim14$ mm,质量流速$G=8\sim6\ 000$ kg/($m^2\cdot s$)。按Lockhart和Martinelli[2]方法划分,数据的流态分布tt、vt、vv和tv分别占47.6%、21.4%、8.7%和4.4%。

Xu等[13]综述了29个模型,利用上述所建立的数据库对其进行了评价分析。这29个模型包括:11个分液相模型(Lockhart-Martinelli[2]、Chisholm[21]、Mishima-Hibiki[22]、Zhang等[23]、Sun-Mishima[24]、Lee-Mudawar[25]、Hwang-Kim[26]、Pamitran等[27]、Lee-Lee[28]、Wang等[29]、Yu等[30]);10个全液相模型(Muller-Steinhagen-Heck[34]、Friedel[35]、Chen等[15]、Souza-Pimenta[19]、Chisholm[36]、Cavallini等[37]、Wilson等[38]、Tran等[39]、Zhang-Webb[40]、Gronnerud[41]);8个均相流模型(McAdams等[3]、Cicchitti等[6]、Dukler等[7]、Beattie-Whalery[8]、Lin等[9]、Awad-Muzychka定义4[10]、Shannak[14]、Chen等[15])。

对整个数据库MAD<50%的模型的误差分析列于表6.2中。表中未包括Mishima-Hibiki[22]模型和Zhang等[23]模型,因为它们应用范围有局限,仅有小部分实验数据有效,所以未参与评价。Souza-Pimenta[19]模型在表中尽管显示出较好的精度,但是它没有被按MAD顺序列入,因为它只适用于tt流态。Xu和Fang[11,12]的研究表明,在Awad-Muzychka模型中,定义3在沸腾两相流和凝结两相流中精度最高。然而,表6.2中的结果产生于定义4。因为对于包括绝热两相流在内的所有实验数据,定义4的MAD最小。从表6.2中可以发现:

① 对所有类型数据都满足MAD<45%的模型有5个,按照预测精度从高到低依次为Muller-Steinhagen-Heck、Sun-Mishima、Beattie-Whalley、McAdam等,以及Dukler等。其中,Muller-Steinhagen-Heck和Sun-Mishima模型表现最好,MAD<30%,MRD<±20%。

表6.2 对整个数据库MAD<50%的模型对实验数据库的预测误差

%

模 型	全部数据		双组分绝热		单组分绝热		所有制冷剂	
	MAD	MRD	MAD	MRD	MAD	MRD	MAD	MRD
Muller-Steinhagen-Heck[34]	27.0	−3.1	34.2	−5.6	26.1	2.2	25.7	−2.6
Sun-Mishima[24]	29.0	−19.4	34.9	−8.5	23.5	−14.6	27.9	−21.4
Beattie-Whalley[8]	35.2	−24.3	34.7	3.4	31.7	−22.1	35.2	−29.4
McAdams等[3]	38.1	−27.2	41.7	12.9	33.9	−30.1	37.5	−34.5
Awad-Muzychka[10]	38.8	−16.7	63.2	37.1	32.0	−20.3	34.4	−26.6
Dukler等[7]	39.3	−37.3	31.5	−26.5	37.2	−34.9	40.7	−39.3
Souza-Pimenta[19]	31.5	−20.3	49.6	−49.6	35.0	−28.1	31.5	−20.2
Lin等[9]	40.0	−19.1	63.7	37.5	32.7	−23.7	35.7	−29.4
Shannak[14]	40.2	−14.0	66.1	40.6	33.8	−15.5	35.4	−24.0
Chen等[15]分相	46.9	−14.9	35.3	−30.6	62.6	−18.4	49.0	−12.1
Chen等[15]均相	49.7	−32.1	60.3	−57.1	63.2	−35.9	47.8	−27.6

② 除了Cicchitti等的模型,所有均相流模型都能呈现出稳定的预测能力,MAD在40%左右。Cicchitti等[6]的模型能针对制冷剂给出适当的预测结果,其MAD=35.6%,但是它不能合理地预测双组分绝热两相流的摩擦压降。尽管均相流模型在大多数条件下预测精度尚可,但不及Muller-Steinhagen-Heck[34]和Sun-Mishima[24]模型,而且均相流模型改进比较困难。

③ 一些模型在一定条件下能够提供可以接受的预测结果。例如,Friedel[35]模型对双组分绝热两相流动的误差远大于100%,而对沸腾和凝结两相流动预测效果比较好;Souza - Pimenta模型对tt流态有较好的预测能力。

④ 在前4个总体预测效果最好的模型中,Muller - Steinhagen - Heck、Sun - Mishima和MccAdams等模型对双组分绝热两相流偏差较大,而Beattie - Whalley模型对沸腾两相流摩擦压降的预测能力相对较弱。此外,这4个模型的预测值比实验数据整体偏低。

表6.3给出了表6.2中前4个最好模型在不同水力直径、不同截面形状、不同流动方向下的误差分析结果。可以看出,表中所列模型对于垂直管的误差都比水平管的大。对于不同通道尺寸和截面形状,所有前4个最好的模型基本上都保留了其精度排序。

表6.3 较好模型在不同水力直径、不同截面形状、不同流动方向时的误差

%

模型	$D<3$ mm		$D\geqslant3$ mm		水平管		垂直管	
	MAD	MRD	MAD	MRD	MAD	MRD	MAD	MRD
Muller - Steinhagen - Heck[34]	22.8	−1.8	24.2	−5.2	26.6	−1.8	33.4	−20.6
Sun - Mishima[24]	27.3	−12.2	30.4	−25.4	27.8	−20.9	39.0	−6.4
Beattie - Whalley[8]	33.5	−17.4	37.8	−35.0	33.3	−26.8	60.5	10.0
McAdams 等[3]	37.2	−20.8	39.6	−37.2	36.8	−29.1	56.8	0.2

表6.4给出了较好模型对不同流态的预测误差分析数据。除了Beattie - Whalery[8]和McAdams等2个模型在vv条件下表现较差以外,前2个模型对不同流态均具有较好的预测性能。

表6.4 较好模型对不同流态的预测误差

%

模型	vv		tv		vt		tt		过渡区	
	MAD	MRD	MAD	MRD	MAD	MRD	MAD	MRD	MAD	MRD
Muller - Steinhagen - Heck[34]	31.2	−5.7	22.8	−22.5	29.0	15.7	25.1	−9.4	28.7	−2.8
Sun - Mishima[24]	31.6	4.4	—	—	—	—	28.7	−23.3	26.3	−22.3
Beattie - Whalley[8]	54.6	33.7	18.5	−17.7	31.8	−26.5	36.1	−33.2	31.5	−27.5
McAdams 等[3]	56.8	38.1	19.4	−18.9	33.2	−27.3	39.7	−37.3	35.5	−33.4

表6.5描述了较好模型对不同干度范围的预测误差。可以发现,前4个模型对各干度范围的预测性能差别不大。

表6.5 较好模型对不同干度范围的预测误差

%

模型	$0.0\leqslant x\leqslant0.2$		$0.2<x\leqslant0.4$		$0.4<x\leqslant0.6$		$0.6<x\leqslant0.8$		$0.8<x\leqslant1.0$	
	MAD	MRD	MAD	MRD	MAD	MRD	MAD	MRD	MAD	MRD
Muller - Steinhagen - Heck[34]	29.7	−13.8	25.2	−5.3	24.3	−1.2	26.1	3.4	28.3	14.7
Sun - Mishima[24]	29.7	−12.8	25.7	−19.3	29.7	−24.7	32.5	−30.3	27.6	−25.9
Beattie - Whalley[8]	35.0	−7.8	33.2	−28.7	35.5	−33.4	37.9	−35.6	34.7	−29.2
McAdams 等[3]	39.1	−9.9	36.7	−33.9	38.6	−37.0	39.6	−37.5	35.5	−30.2

6.5.2　基于沸腾两相流数据库的评价

Xu 和 Fang[11] 对管内流动沸腾摩擦压降进行了系统评价。他们从 19 篇文献中收集了 2 622 组流动沸腾摩擦压降实验数据，参数范围如下：

① 水力直径 D=0.81～19.1 mm，其中 1 928 组数据 $D\geqslant3$ mm，347 组数据 $D<3$ mm；2 325 组数据来自圆管实验数据，只有 297 组数据来自非圆管。

② 质量流速 G=25.4～1 150 kg/(m^2·s)，热流密度 q=0.6～150 kW/m^2。

③ 干度 x=0～1，其中大部分在 0.2～0.8 之间，只有 350 个数据点 x=0.8～1.0，364 个数据点 x=0～0.2。

④ 1 928 组数据来自水平流动实验，只有 103 组数据是垂直管实验；对于垂直流动，重力的影响已经剔除，只考虑摩擦压降。

⑤ 大部分数据的流态为 tt 和 vt，只有 19 组数据的流态是 vv 和 tv。

⑥ 共涉及 15 种制冷剂，其中 R134a、R22、R410A 和 CO_2 的数据点较多，分别占总数据的 27.8%、22.0%、18.5%和 8.9%，而其他 10 种制冷剂所占的比例为 22.8%。

他们用这个数据库一共评价了 30 个模型，MAD<40%的模型的误差情况列于表 6.6。其中，Awad - Muzychka[10] 模型采用定义 3，因为该定义对流动沸腾摩擦压降的预测在所有定义中精度最高。Mishima - Hibiki[22] 和 Zhang 等[23] 等模型未参与评价，因为 vv 流态数据点太少。

表 6.6　Xu 和 Fang[11] 评价中 MAD<40%的模型对沸腾实验数据的预测误差　　%

模　型	所有数据		$D<3$ mm		$D\geqslant3$ mm		在给定误差带内的数据点比例	
	MAD	MRD	MAD	MRD	MAD	MRD	∈±20	∈±30
Xu - Fang[11]	25.2	−4.4	19.3	−9.0	26.1	−3.7	45.3	66.5
Muller - Steinhagen - Heck[34]	28.5	−12.3	38.9	−37.5	26.9	−8.4	35.1	57.5
Xu - Fang[12]	29.2	−12.0	37.6	−34.9	28.0	−8.5	34.6	59.0
Friedel[35]	29.3	−0.8	28.3	−24.8	29.5	2.8	37.8	59.8
Souza - Pimenta[19]	31.6	−19.3	50.9	−49.5	30.3	−17.3	30.6	51.9
Cicchitti 等[6]	32.0	−22.8	46.8	−46.7	29.8	−19.1	29.5	43.6
Lee - Mudawar[25]	29.4	9.2	40.1	11.1	23.4	8.1	47.0	65.0
Cavallini 等[37]	33.0	8.1	26.5	−13.3	33.9	11.4	40.2	59.1
Wang 等[29]	33.2	9.7	22.3	6.6	34.8	10.2	46.7	61.7
Awad - Muzychka[10]（定义 3）	33.3	−25.4	48.5	−48.5	31.0	−21.9	27.3	40.6
Sun - Mishima[24]	34.5	−28.0	41.1	−41.1	34.1	−27.2	24.1	37.7
Chen 等[15]均相	36.0	−21.5	63.9	−63.9	31.7	−15.0	25.7	43.5
Gronnerud[41]	38.1	9.4	35.3	−4.6	38.5	11.6	38.0	53.9
Chen 等[15]分相	38.9	−3.3	65.2	−65.2	34.8	6.1	39.6	55.9

从表中可以看出，除 Lee-Mudawar[25]模型外，MAD<30%的模型有 4 个，按照精度从高到低依次为 Xu-Fang[11]、Muller-Steinhagen-Heck[34]、Xu-Fang[12]和 Friedel[35]，其 MAD 分别为 25.2%、28.5%、29.2%和 29.3%。Lee-Mudawar[25]模型没有列入 MAD<30%的行列，因为它只适用于 $G \geqslant 50$ kg/(m^2·s)的数据点，对其评价是在这个限制条件下进行的。前 4 个模型的预测值总体上均偏低。

表 6.7 分析了前 4 个模型对不同制冷剂的预测误差。可以看出，除了 Xu-Fang[11]和 Friedel 模型外，其他两个模型对 CO_2 预测误差最大。这可能因为 CO_2 数据主要来自 $D<3$ mm 的小流道。另外，除了 Xu-Fang[11]模型外，其他模型对 R134a 数据的 MAD 均在 31%以上。

表 6.7 前 4 个模型对不同制冷剂的预测误差

%

模 型	R134a		R22		R410A		CO_2		其 他	
	MRD	MAD	MRD	MAD	MRD	MAD	MRD	MAD	MRD	MAD
Xu-Fang[11]	−18.8	29.6	1.1	24.1	−0.8	23.3	−2.1	9.4	4.0	28.7
Muller-Steinhagen-Heck[34]	−24.5	33.7	−3.9	24.2	−6.8	23.7	−35.9	35.9	−0.6	27.4
Xu-Fang[12]	−25.7	33.5	−4.4	25.4	−6.0	24.7	−32.5	33.0	0.4	30.0
Friedel[35]	−13.2	31.9	7.7	28.7	4.7	25.1	−25.7	26.2	11.3	31.5

表 6.8 给出了前 4 个模型的预测误差随干度的分布。可以看出除了 Xu-Fang[11]模型外，其他模型在干度<0.2 时对沸腾两相流动的摩擦压降都具有较大的误差，其 MAD 都在 35%以上。另外，Muller-Steinhagen-Heck 模型、Xu-Fang[12]模型、Cicchitti 等模型和 Souza-Pimenta 模型在每一个干度区段的预测值都偏低。

表 6.8 前 4 个模型对不同干度区域的预测误差

%

模 型	$0.0 \leqslant x \leqslant 0.2$		$0.2 < x \leqslant 0.4$		$0.4 < x \leqslant 0.6$		$0.6 < x \leqslant 0.8$		$0.8 < x \leqslant 1.0$	
	MRD	MAD	MRD	MAD	MRD	MAD	MRD	MAD	MRD	MAD
Xu-Fang[11]	−3.5	29.9	−3.0	25.5	−8.0	26.3	−6.3	23.7	1.2	20.4
Muller-Steinhagen-Heck[34]	−14.6	35.6	−12.1	28.8	−14.6	28.7	−12.7	26.4	−5.1	23.5
Xu-Fang[12]	−23.7	37.9	−13.3	30.6	−9.7	28.6	−7.9	25.9	−8.0	24.0
Friedel[35]	14.4	39.4	2.6	29.8	−5.4	29.4	−8.4	26.2	−2.8	22.7

6.5.3 基于冷凝两相流数据库的评价

Xu 和 Fang[12]对管内流动凝结摩擦压降进行了系统评价。他们从 12 篇文献中获得了 525 组冷凝流动摩擦压降的实验数据。这些实验数据点的统计结果如下：

① 水力直径范围为 0.1～10.07 mm，344 个数据点 $D \geqslant 3$ mm，剩下的 181 个数据点 $D<3$ mm。

② 质量流量范围为 20～800 kg/(m^2·s)，热流密度范围为 2～55.3 kW/m^2。大部分数据点的干度条件为 0.2～0.8，只有 95 个数据点的干度条件为 0.8～1.0，61 个为 0～0.2。

③ 有 76 个数据点来自非圆形管实验，其余的均来自圆形管实验。

④ 有 34 个数据点来自垂直方向的冷凝流动实验，其余的均来自水平管的实验。

⑤ 大多数数据处于 tt 和 vt 流态，并且没有数据点属于 vv 和 tv 流态。

⑥ 实验数据包含 R134a、R410A、R22、R236ea、R125、R32、氨、R600a、R290 等 9 种制冷剂，其中 R134a、氨和 R410A 分别占 50.9%、24.4%和 9.3%。

他们用这个数据库一共评价了 31 个模型，其中 29 个模型同 6.5.1 小节中所述，其余 2 个分别为 Xu－Fang[11] 和 Xu－Fang[12] 模型。MAD<40%的模型的评价结果列入表 6.9。由于 Mishima－Hibiki 和 Zhang 等模型仅适用 vv 流态，而该流态下并无实验数据，因而未参与评价。另外，在 Awad 和 Muzychka 提出的 4 个两相流粘度的新定义中，只有 MAD 最小的定义 3 被列入表中。

表 6.9　MAD<40%的模型的预测值与凝结实验数据的比较

%

模　型	全　部		tt		$D<3$ mm		$D\geqslant3$ mm	
	MAD	MRD	MAD	MRD	MAD	MRD	MAD	MRD
Xu－Fang[12]	19.4	0.6	20.6	2.9	14.7	−4.1	21.9	2.8
Muller－Steinhagen－Heck[34]	25.2	−7.7	22.4	−0.6	29.3	−27.2	23.0	2.6
Friedel[35]	29.1	12.2	29.1	15.5	26.6	3.3	30.4	16.8
Cicchitti 等[6]	29.2	−21.9	27.0	−16.2	32.8	−31.5	27.2	−16.9
Souza－Pimenta[19]	24.6	−13.8	24.6	−13.8	36.0	−35.8	23.1	−10.9
Sun－Mishima[24]	26.1	−17.1	26.1	−17.1	26.9	−26.7	26.0	−15.5
Zhang－Webb[40]	30.9	−1.3	31.6	−0.4	30.8	−9.6	31.0	3.1
Awad－Muzychka[10]（定义 3）	31.3	−25.1	28.3	−18.5	36.4	−36.0	28.6	−19.4
Chen 等均相[15]	37.3	−12.8	29.5	0.1	61.2	−61.2	28.4	5.1
Cavallini 等[6]	37.6	19.7	24.6	−2.6	60.5	51.6	25.5	2.9
Shannak[14]	37.7	−32.5	32.7	−24.2	45.8	−45.8	33.4	−25.5
Beattie－Whalley[8]	38.2	−35.4	32.5	−27.9	47.6	−47.6	33.2	−29.0
Lin 等[9]	39.7	−36.3	34.3	−28.7	49.9	−49.9	34.4	−29.2

评价结果归纳如下：

① 对于全部实验数据，Xu－Fang[12]、Muller－Steinhagen－Heck、Friedel、Cicchitti 等 4 个模型表现最好，它们的 MAD 都<30%并且 MRD 都在±25%以内，其中 Xu－Fang[12] 模型的 MAD 最小，为 19.4%。Souza－Pimenta 和 Sun－Mishima 模型虽然有较小的 MAD，但未列入最好的模型，因为它们对过渡区和 vt 流态缺乏预测。

② 对于有 314 个数据点的 tt 流态，MAD<30%且 MRD 在±20%以内的模型，按准确度的顺序依次为：Xu－Fang[12]、Muller－Steinhagen－Heck、Souza－Pimenta、Cavallini 等、Sun－Mishima、Xu－Fang[11]、Cicchitti 等、Awad－Muzychka、Friedel，以及 Chen 等均相流模型。需要注意的是，除了 Xu－Fang[12] 和 Friedel 模型外，其余 8 个模型都对 $D\geqslant3$ mm 的实验数据有更好的表现。

③ 均相流模型的表现都比较稳定，Cicchitti 等和 Awad－Muzychka 模型的 MAD 都在 30%左右，其余模型的 MAD 为 40%左右。

④ 对于那些专为小管径流动摩擦压降而提出的模型，只有 Zhang - Webb 和 Cavallini 等模型有合理的预测结果。尽管 Chen 等[15]考虑了管径的影响，其模型的预测结果在此处仍未改进。

表 6.10 和表 6.11 分析了有关因素对前 4 个模型冷凝流动摩擦压降预测结果的影响。

表 6.10 显示了制冷剂种类对冷凝流动摩擦压降预测结果的影响。从中可见，Friedel 和 Muller - Steinhagen - Heck 模型对 Ammonia 的预测有最大的误差，而 Cicchitti 等模型却对 R134a 的预测最差。

表 6.10　最佳的 4 个模型对不同制冷剂凝结实验数据的预测结果

%

模　型	Ammonia		R134a		R22		R410A		Others	
	MRD	MAD	MRD	MAD	MRD	MAD	MRD	MAD	MRD	MAD
Xu - Fang[12]	9.5	21.4	−7.6	17.0	−1.1	16.5	4.4	22.2	16.2	25.8
Muller - Steinhagen - Heck[34]	15.4	27.1	−23.8	26.4	−5.1	11.3	−3.1	23.6	12.3	22.9
Friedel[35]	30.0	39.5	0.1	24.8	11.0	15.9	13.8	23.3	28.8	38.0
Cicchitti 等[6]	−6.8	27.1	−31.9	32.8	−23.2	23.7	−23.8	30.2	−5.9	17.7

表 6.11 给出了干度对冷凝流动摩擦压降预测结果的影响。从中可见：当 $x<0.2$ 时，Friedel[35]和 Muller - Steinhagen - Heck[34]模型的预测最差；当 $x>0.8$ 时，Cicchitti 等[6]模型有更大的误差。

表 6.11　最佳的 4 个模型对不同干度时凝结实验数据的预测结果

%

模　型	$0.0\leqslant x\leqslant 0.2$		$0.2<x\leqslant 0.4$		$0.4<x\leqslant 0.6$		$0.6<x\leqslant 0.8$		$0.8<x\leqslant 1.0$	
	MRD	MAD	MRD	MAD	MRD	MAD	MRD	MAD	MRD	MAD
Xu - Fang[12]	0.5	24.7	1.2	22.0	3.2	17.7	0.4	15.6	−3.3	19.9
Muller - Steinhagen - Heck[34]	7.4	32.4	−11.9	30.7	−16.5	26.1	−8.5	18.5	1.0	20.8
Friedel[35]	43.0	50.5	15.4	32.2	5.0	24.7	5.4	23.9	6.8	24.3
Cicchitti 等[6]	−0.9	28.7	−15.7	26.9	−24.6	28.5	−29.6	31.0	−29.8	30.9

6.5.4　基于绝热两相流数据库的评价

陈妍宇和方贤德[49]从 23 篇论文中收集了 2 922 组绝热气液两相流摩擦压降实验数据，包括 R410A、R134a、R1234yf 等 14 种制冷剂。基于该数据库，对 30 个两相流动摩擦压降模型进行了评价分析，包括 6.5.1 小节所述的 29 个。预测精确度最高的前 5 个公式的误差列入表 6.12。从表中可以看出：Muller - Steinhagen - Heck[34]模型预测精确度最高，对数据库的整体偏差很小，MRD＝－1.1％；其余几个公式显著低估了实验数据，对整个数据库整体低估 10％以上；Cicchitti 等[6]、Sun - Mishima[24]、Awad - Muzychka[10]（定义 3）等 3 个公式的误差比较接近，MAD 均在 25％左右。

对于单个制冷剂的预测误差结果为：对于 R134a、R744、R410A 和 R1234yf，Muller - Steinhagen - Heck[34] 模型预测精确度最高，其 MAD 分别为 18.3％、19.9％、21.1％和 17.3％；对于 R1234zc 和 R113，Xu - Fang[12]模型预测精确度最高，其 MAD 分别为 11.1％和

17.5%；对于 R407C，Cicchitti 等[6]和 Awad - Muzychka[10]（定义3）模型预测精确度最高，其 MAD 分别为 22.8%和 22.9%；对于 R22，Xu - Fang[11]模型预测精确度最高，其 MAD 为 16.8%；对于 R245fa，Awad - Muzychka[10]（定义3）和 Beattie - Whalley[8]模型预测精确度最高，其 MAD 分别为 21.7%和 21.9%；对于 R717，Awad - Muzychka[10]（定义3）和 Cicchitti 等[6]模型预测精确度最高，其 MAD 分别为 17.5%和 17.8%。

表 6.12　对制冷剂预测精确度最高的前 5 个公式的误差

%

公　式	MAD	MRD
Muller - Steinhagen - Heck[34]	19.7	−1.1
Cicchitti 等[6]	24.4	−12.9
Sun - Mishima[24]	24.8	−13.8
Awad - Muzychka[10]（定义 3）	25.3	−15.8
Beattie - Whalley[8]	28.0	−20.3

Xu 等[13]收集的 3 480 组管内两相流摩擦压降实验数据中，包括了 1 961 组绝热流动数据。这 1 961 个绝热流动数据点来自 13 个数据源，其中单组分工质实验数据 1 421 组，涉及 R134a、CO_2、R410A、R22 等 11 种制冷剂；双组分工质实验数据 540 组，涉及空气-水和空气-乙醇两种工质。截面尺度 $D=0.069\ 5\sim6.1$ mm，质量流速 $G=8\sim6\ 000$ kg/(m^2 · s)。

利用这些绝热两相流动数据，他们对 6.5.1 小节所述的 29 个两相流动摩擦压降模型进行了评价。对整个绝热两相流动数据库 MAD<40%的模型的误差结果如表 6.13 所列。从表中可见，整个数据库满足 MAD<40%的模型按照预测精度从高到低依次为 Sun - Mishima[24]、Muller - Steinhagen - Heck[34]、Beattie - Whalley[8]、Dukler 等[7]，以及 McAdams 等。其中，Sun - Mishima[25]与 Muller - Steinhagen - Heck[34]两个模型表现最好，MAD<30%。对于双组分工质，Dukler 等模型精度最高，MAD=31.5%。对于制冷剂，Sun - Mishima 模型精度最高，MAD=23.5%。

表 6.13　对绝热流动实验数据 MAD<40%的摩擦压降模型的预测误差

%

模　型	全部数据		制冷剂		双组分工质	
	MAD	MRD	MAD	MRD	MAD	MRD
Sun - Mishima[24]	26.6	−12.9	23.5	−14.6	34.9	−8.5
Muller - Steinhagen - Heck[34]	28.3	0.1	26.1	2.2	34.2	−5.6
Beattie - Whalley[8]	32.5	−15.1	31.7	−22.1	34.7	3.4
Dukler 等[7]	35.6	−32.6	37.2	−34.9	31.5	−26.5
McAdams 等[3]	36.0	−18.3	33.9	−30.1	41.7	12.9

参考文献

[1] Xu Y, Fang X, Li G, et al. An experimental investigation of flow boiling heat transfer and pressure drop of R134a in a horizontal 2.168 mm tube under hypergravity. Part I: frictional pressure drop. Int. J. Heat

Mass Transfer, 2014, 75: 769-779.

[2] Lockhart R W, Martinelli R C. Proposed correlation of data for isothermal two-phase, two-component flow in pipes. Chemical Engineering Progress, 1949, 45(1): 39-48.

[3] McAdams W H, Wood W K, Bryan R L. Vaporization inside horizontal tubes-II—Benzene-oil mixtures. Transactions of the ASME, 1942, 66(8): 671-684.

[4] Moody L F. Friction factors for pipe flow. Transaction of the ASME, 1944: 671-684.

[5] Fang X, Xu Y, Zhou Z. New correlations of single-phase friction factor for turbulent pipe flow and evaluation of existing single-phase friction factor correlations. Nuclear Engineering and Design, 2011, 241(3): 897-902.

[6] Cicchitti A, Lombardi C, Silvestri M, et al. Two-phase cooling experiments—pressure drop, heat transfer, and burnout measurements. Energia Nucleare, 1960, 7(6):407-425.

[7] Dukler A E, Wicks M, Cleveland R G. Friction pressure drop in two-phase flow. A. I. Ch. E., 1964, 10(1): 38.

[8] Beattie D R H, Whalley P B. A simple two-phase frictional pressure drop calculation method. Int. J. Multiphase Flow, 1982, 8:83-87.

[9] Lin S, Kwork C C K, Li R Y, et al. Local frictional pressure drop during vaporization of R12 through capillary tubes. Int. J. Multiphase Flow, 1991, 17:95-102.

[10] Awad M M, Muzychka Y S. Effective property models for homogeneous two-phase flows. Exp. Therm Fluid Sci., 2008, 33:106-113.

[11] Xu Y, Fang X. A new correlation of two-phase frictional pressure drop for evaporating flow in pipes. Int. J. Refrigeration, 2012, 35:2039-2050.

[12] Xu Y, Fang X. A new correlation of two-phase frictional pressure drop for condensing flow in pipes. Nuclear Engineering and Design, 2013, 263:87-96.

[13] Xu Y, Fang X, Su X, et al. Evaluation of frictional pressure drop correlations for two-phase flow in pipes. Nuclear Engineering and Design, 2012, 253:86-97.

[14] Shannak B A. Frictional pressure drop of gas liquid two-phase flow in pipes. Nuclear Engineering and Design, 2008, 238:3277-3284.

[15] Chen I Y, Yang K S, Chang Y J, et al. Two-phase pressure drop of air-water and R-410A in small horizontal tubes. Int. J. Multiphase Flow, 2001, 27:1293-1299.

[16] Fang X, Zhang H, Xu Y, et al. Evaluation of using two-phase frictional pressure drop correlations for normal gravity to microgravity and reduced gravity. Advances in Space Research, 2012, 49:351-364.

[17] Davis M R. Wall friction for two-phase bubbly flow in rough and smooth tubes. Int. J. Multiphase Flow, 1990, 16(5): 921-927.

[18] Dalkilic A S, Agra O, Teke I, et al. Comparison of frictional pressure drop models during annular flow condensation of R600a in a horizontal tube at low mass flux and of R134a in a vertical tube at high mass flux. Int. J. Heat Mass Transfer, 2010, 53: 2052-2064.

[19] Souza A L, Pimenta M M. Prediction of pressure drop during horizontal two-phase flow of pure and mixed refrigerants. ASME, Cavitation and Multiphase Flow, FED, 1995, 210: 161-171.

[20] Souza A L, Chato J C, Wattelet J P, et al. Pressure drop during two-phase flow of pure refrigerants and refrigerant-oil mixtures in horizontal smooth tubes. ASME, Heat Transfer with Alternate Refrigerants, HTD, 1993, 243:35-41.

[21] Chisholm D. A Theoretical basis for the Lockhart-Martinelli correlation for two-phase flow. Int. J. Heat Mass Transfer, 1967, 10:1767-1778.

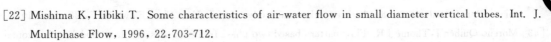

[22] Mishima K, Hibiki T. Some characteristics of air-water flow in small diameter vertical tubes. Int. J. Multiphase Flow, 1996, 22:703-712.

[23] Zhang W, Hibiki T, Mishima K. Correlations of two-phase frictional pressure drop and void fraction in mini-channel. Int. J. Heat Mass Transfer, 2010, 53: 453-465.

[24] Sun L, Mishima K. Evaluation analysis of prediction methods for two-phase flow pressure drop in mini-channels. Int. J. Multiphase Flow, 2009, 35:47-54.

[25] Lee J, Mudawar I. Two-phase flow in high-heat-flux micro-channel heat sink for refrigeration cooling applications: Part I—pressure drop characteristics. Int. J. Heat Mass Transfer, 2005, 48:928-940.

[26] Hwang Y W, Kim M S. The pressure drop inmicrotubes and the correlation development. Int. J. Heat Mass Transfer, 2006, 49:1804-1812.

[27] Pamitran A S, Choi K I, Oh J T, et al. Characteristics of two-phase flow pattern transitions and pressure drop of five refrigerants in horizontal circular small tubes. Int. J. Refrigeration, 2010, 33:578-588.

[28] Lee H J, Lee S Y. Pressure drop correlations for two-phase flow within horizontal rectangular channels with small heights. Int. J. Multiphase Flow, 2001, 27: 783-796.

[29] Wang C C, Chiang C S, Lu D C. Visual observation of two-phase flow pattern of R-22, R-134a, and R-407C in a 6.5-mm smooth tube. Experimental Thermal Fluid Science, 1997, 15:395-405.

[30] Yu W, France D M, Wambsganss M W, et al. Two-phase pressure drop, boiling heat transfer, and critical heat flux to water in a small-diameter horizontal tube. Int. J. Multiphase Flow, 2002, 28:927-941.

[31] Li R Y, Lin S, Chen Z H. Numerical modeling of thermodynamic non-equilibrium flow of refrigerant through capillary tubes. ASHRAE Transactions, 1990, 96(1): 542-549.

[32] Lin S, Kwok C C K, Li R Y, et al. Local friction pressure drop during vaporization of R-12 through capillary tubes. Int. J. Multiphase Flow, 1991, 17(1): 95-102.

[33] Chang S D, Ro S T. Pressure drop of pure HFC refrigerants and their mixtures flowing in capillary tubes. Int. J. Multiphase Flow, 1996, 22(3): 551-561.

[34] Muller Steinhagen H, Heck K. A simple friction pressure drop correlation for two-phase flow pipes. Chemical Engineering Progress, 1986, 20:297-308.

[35] Friedel L. Improved friction pressure drop correlation for horizontal and vertical two-phase pipe flow. Eur. Two-phase Flow Group Meeting Pap. E2, 1979, 18: 485-492.

[36] Chisholm D. Pressure gradients due to friction during the flow of evaporating two-phase mixtures in smooth tubes and channels. Int. J. Heat Mass Transfer, 1973, 16: 347-348.

[37] Cavallini A, Censi G, Del Col D, et al. Condensation of halogenated refrigerants inside smooth tubes. HVAC&R Res., 2002, 8: 429-451.

[38] Wilson M J, Newell T A, Chato J C, et al. Refrigerant charge, pressure drop, and condensation heat transfer in flattened tubes. Int. J. Refrigeration, 2003, 26:442-451.

[39] Tran T N, Chyu M C, Wambsganss M W, et al. Two-phase pressure drop of refrigerants during flow boiling in small channels: an experimental investigation and correlation development. Int. J. Multiphase Flow, 2000, 26:1739-1754.

[40] Zhang M, Webb R L. Correlation of two-phase friction for refrigerants in small-diameter tubes. Exp. Therm Fluid Sci., 200125:131-139.

[41] Gronnerud R. Investigation of liquid hold-up, flow resistance and heat transfer in circulation type evaporators, part IV: two-phase flow resistance in boiling refrigerants. Annexe 1972-1, Bulletin, de l'Institut du Froid., 1979.

[42] Moreno Quibén J, Thome J R. Flow pattern based two-phase frictional pressure drop model for horizontal

tubes, Part I: diabatic and adiabatic experimental study. Int. J. Heat Fluid Flow, 2007, 28: 1049-1059.

[43] Moreno Quibén J, Thome J R. Flow pattern based two-phase frictional pressure drop model for horizontal tubes, Part II: New phenomenological model. Int. J. Heat Fluid Flow, 2007, 28: 1060-1072.

[44] Cheng L, Ribatski G, Moreno Quibén J, et al. New prediction methods for CO_2 evaporation inside tubes: Part I—A two-phase flow pattern map and a flow pattern based phenomenological model for two-phase flow frictional pressure drops. Int. J. Heat Mass Transfer, 2008, 51: 111-124.

[45] Kattan N, Thome J R, Favrat D. Flow boiling in horizontal tubes. Part 1—development of a diabatic two-phase flow pattern map. J. Heat Transfer, 1998, 120: 140-147.

[46] Wojtan L, Ursenbacher T, Thome J R. Investigation of flow boiling in horizontal tubes. Part I—a new diabatic two-phase flow pattern map. Int. J. Heat Mass Transfer, 2005, 48: 2955-2969.

[47] Steiner D. Heat Transfer to Boiling Saturated Liquids. VDI-Wärmeatlas (VDI Heat Atlas), Verein Deutscher Ingenieure, VDI-Gessellschaft Verfahrenstechnik und Chemieingenieurwesen (GCV), Düsseldorf, 1993.

[48] Biberg D. An explicit approximation for the wetted angle in two-phase stratified pipe flow. The Canadian J. Chemical Engineering, 1999, 77: 1221-1224.

[49] 陈妍宇，方贤德. 管内绝热气液两相流摩擦压降计算. 工程热物理学报，2019，40(2)：342-349.

第7章　两相流空泡率

空泡率是描述两相流流动传热的一个很重要的无量纲参数，也是确定两相流流动中其他许多重要参数的关键量。例如，在计算两相流压降、传热系数以及判断流型转换时，往往需要确定空泡率。因而，准确地计算空泡率是十分必要的。

过去60多年里，人们对两相流空泡率进行了大量的理论和实验研究。因为其潜在的机理尚不甚清楚，因此不能用数学方法对其进行精确的描述。作为替代，人们提出了许多经验和半经验公式，其中大多数公式基于管内空气-水流动或蒸气-水流动的实验数据。这些公式从假设、参数到所用到的数据都各不相同，因而适用范围也不同。

本章主要介绍两相流空泡率的基本理论和各种模型，并对模型的适用性进行评价。当前，对制冷剂在管道内流动沸腾和冷凝过程中两相流空泡率的计算有广泛需求[1]。然而，专门为制冷剂流动沸腾和冷凝而提出的空泡率公式较少。由于两相流介质(制冷剂、空气-水等)性质上差异大，有必要对现有公式对制冷剂的适用性进行评价，以确定对制冷剂两相流空泡率计算精确度较好的模型。

两相流空泡率模型的主要类型包括均相模型、滑移比模型、$K\alpha_h$ 模型、滑移流模型，以及洛-马参数模型等。

7.1　概　述

7.1.1　基本概念

空泡率又称空隙率、截面含气率，其定义是在流道的某一横截面上，气相所占的横截面积与该横截面流道总面积之比。用 α 表示，有

$$\alpha=\frac{A_g}{A}=\frac{A_g}{A_g+A_l} \tag{7.1}$$

式中，A_g、A_l 和 A 分别为气相、液相和管道的截面积。

与截面含气率相近的一个参数是容积含气率，也称体积空泡率。它定义为气液两相流动中气相所占体积流量与总体积流量之比。用 β 表示，有

$$\beta=\frac{Q_g}{Q}=\frac{Q_g}{Q_g+Q_l} \tag{7.2}$$

式中，Q_g、Q_l 和 Q 分别为气相、液相和总的体积流量。

值得注意的是，有的文献把体积空泡率简称为空泡率，这可能引起误解，需要根据文献的上下文进行判断。除非特别说明，本书中所说的空泡率均指截面含气率。

7.1.2　两相流空泡率的影响因素

影响两相流空泡率的因素主要有以下几种。

(1) 干　度

从图 7.1 可以看出,两相流空泡率随干度的增大而增大。这是因为干度增大意味着两相流中气相所占份额增多,因而空泡率也随之增大。

(2) 质量流速

从图 7.1 可以看出,两相流空泡率随质量流速的变化很小,而从图 7.2 则可以看出,两相流空泡率随质量流速的增大而增大。这表明质量流速变化对空泡率的影响可能与其他因素有关。

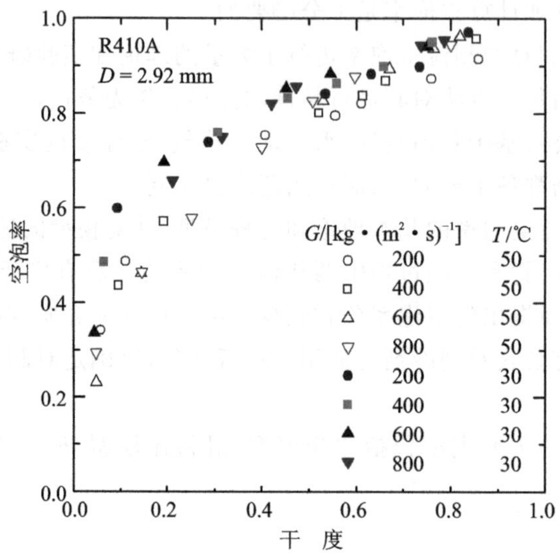

图 7.1　空泡率随质量流速和温度的变化[2]

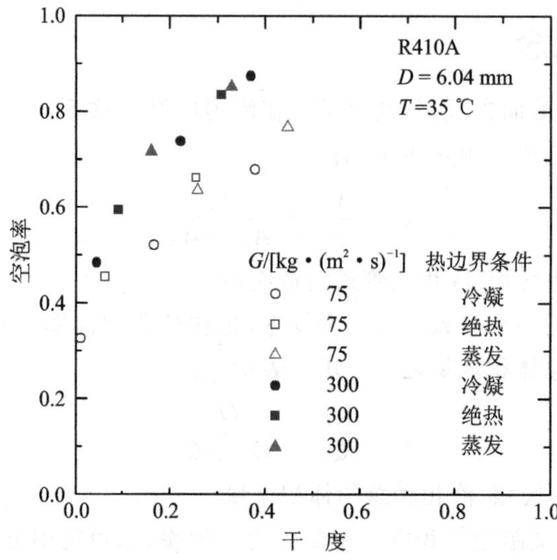

图 7.2　空泡率随流量和热边界条件的变化[3]

(3) 热边界条件

从热边界条件来说,两相流可分为绝热、沸腾和凝结两相流三类。不同的热边界条件会影

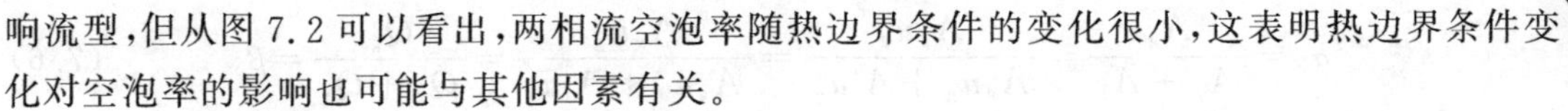

响流型，但从图 7.2 可以看出，两相流空泡率随热边界条件的变化很小，这表明热边界条件变化对空泡率的影响也可能与其他因素有关。

(4) 管　径

有的研究结果表明，两相流空泡率随管径的变化不大[4]，但这并不意味着大管道和细微管道的空泡率差别不大。由于目前尚缺乏横跨两种尺度管道的可以进行对比分析的实验数据，因而无法得到明确的结论。

(5) 工质热物性

工质对空泡率有一定影响。Wilson[4] 的研究表明，当饱和温度相同时，R410A 的空泡率要比 R134a 的小。这可能因为 R410A 的液相密度与气相密度之比小于 R134a 的液相密度与气相密度之比，因而当干度相同时，R410A 的气相部分占据的容积会比 R134a 气相部分占据的容积小，也即 R410A 的空泡率要比 R134a 的小。

另外，从图 7.1 还可以看出，R410A 的空泡率随着饱和温度的升高而减小。这同样也可以通过液相密度与气相密度之比来解释。对于制冷剂，当饱和温度升高(也就是饱和压力增大)时，其液相密度与气相密度之比减小。因而当干度相同时，空泡率减小。

(6) 流　型

通常，流型的变化即意味着空泡率的变化。

(7) 重　力

重力影响两相流流型和气相分布，进而影响空泡率。本章介绍常重力环境的两相流空泡率，微重力环境下的空泡率问题在第 14 章介绍。

7.2　均相模型

7.2.1　均相模型思路

均相模型把两相流中的气相部分和液相部分视为一种均匀混合的物质，具有相同的流速。气相流速 u_g 和液相流速 u_l 的定义分别为

$$u_g=\frac{Q_g}{A_g}=\frac{\dot{m}_g}{A_g\rho_g}=\frac{G_gA}{A_g\rho_g}=\frac{GxA}{A\rho_g\alpha}=\frac{Gx}{\rho_g\alpha} \tag{7.3}$$

$$u_l=\frac{Q_l}{A_l}=\frac{\dot{m}_l}{A_l\rho_l}=\frac{G_lA}{A_l\rho_l}=\frac{G(1-x)A}{A(1-\alpha)\rho_l}=\frac{G(1-x)}{\rho_l(1-\alpha)} \tag{7.4}$$

式中，$\dot{m}_g$ 和 $\dot{m}_l$ 分别为气相和液相质量流量，ρ_g 和 ρ_l 分别为气相和液相密度，G_g、G_l 和 G 分别为气相、液相和总的质量流速，x 为干度。

7.2.2　均相模型形式

通常，均相模型计算的空泡率用 α_h 表示。由 $u_g=u_l$，根据式(7.3)和式(7.4)可得均相模型

$$\alpha_h=\left[1+\left(\frac{1-x}{x}\right)\left(\frac{\rho_g}{\rho_l}\right)\right]^{-1} \tag{7.5}$$

因 $u_g=u_l$，则由式(7.1)和式(7.2)又可得

$$\alpha_h = \frac{A_g}{A_g + A_l} = \frac{A_g u_g}{A_g u_g + A_l u_g} = \frac{A_g u_g}{A_g u_g + A_l u_l} = \frac{Q_g}{Q_g + Q_l} = \beta \tag{7.6}$$

对于水平流动和垂直向上流动，气相速度通常大于液相速度($s>1$)，此时均相模型的值可以作为两相流空泡率计算值的上限；对于垂直向下流动，由于重力作用，气相速度通常小于液相速度($s<1$)，此时均相模型的值可以作为两相流空泡率计算值的下限。然而，对于泡状流和雾状流，因为它们的夹带相的速度和连续相的速度非常接近($s \approx 1$)，因而均相模型可以准确预测其空泡率。另外，当质量流速非常大或者干度很大时，也可使用均相模型。

7.3 滑移比模型

7.3.1 滑移比模型思路

该类模型假设两相流中的气相部分和液相部分是相互独立的，具有不同的流速。气相流速与液相流速的比值即为滑移比 s，其形式为

$$s = \frac{u_g}{u_l} \tag{7.7}$$

把式(7.3)和式(7.4)代入式(7.7)，可得

$$\alpha = \left[1 + \left(\frac{1-x}{x}\right)\left(\frac{\rho_g}{\rho_l}\right)s\right]^{-1} \tag{7.8}$$

由上式可知，均相模型即为 $s=1$ 时的滑移比模型。滑移比模型的关键就是如何准确地求出 s。为此，研究者们提出了大量的计算公式。

另外，Butterworth[5] 提出滑移比模型也可表达成 3 个比值，即液相质量与气相质量的比值 $(1-x)/x$、气相密度与液相密度的比值 ρ_g/ρ_l，以及液相动力粘度与气相动力粘度的比值 μ_l/μ_g 的函数。其形式为

$$\alpha = \left[1 + A\left(\frac{1-x}{x}\right)^p\left(\frac{\rho_g}{\rho_l}\right)^q\left(\frac{\mu_l}{\mu_g}\right)^r\right]^{-1} \tag{7.9}$$

式中，μ_g 和 μ_l 分别为气相和液相动力粘度，A、p、q 和 r 为常数。对于不同的滑移比模型，这 4 个常数具有不同的值。

把式(7.9)代入式(7.8)，可得滑移比的另一种形式

$$s = A\left(\frac{1-x}{x}\right)^{p-1}\left(\frac{\rho_g}{\rho_l}\right)^{q-1}\left(\frac{\mu_l}{\mu_g}\right)^r \tag{7.10}$$

7.3.2 常见滑移比模型

下面分别介绍 10 种不同的滑移比模型。

(1) Thom[6] 模型

根据蒸气-水两相流动的实验数据(压力 $p=0.1\sim20.6$ MPa，$x=0.03\sim1$)，Thom 以干度为横坐标，以空泡率为纵坐标，绘制出了两者的关系，并通过拟合得到

$$\alpha = \left[1 + \left(\frac{1-x}{x}\right)\left(\frac{\rho_g}{\rho_l}\right)^{0.89}\left(\frac{\mu_l}{\mu_g}\right)^{0.18}\right]^{-1} \tag{7.11}$$

(2) Zivi[7] 模型

根据最小熵增原理，即一个稳态的热力过程的能量耗散总会趋向最小，Zivi 提出了一个模型。其基本假设有：忽略壁面摩擦；流动是环状流；没有液滴被夹带进入气相核心中。其形式为

$$\alpha=\left[1+\left(\frac{1-x}{x}\right)\left(\frac{\rho_g}{\rho_l}\right)^{2/3}\right]^{-1} \tag{7.12}$$

Zivi 将该模型与实验值比较，发现该模型计算值基本都偏小。若以该模型计算值为下限，以均相模型计算值为上限，则实验值基本都位于上下限组成的区间范围内。

(3) Smith[8] 模型

根据管壁周围流动的是液体而管道中间流动的是均匀气液混合物这一假设，Smith 提出了一个模型。其基本假设有：均匀混合物和液体的动压相等；气液混合物像一种流体一样流动，但密度不同；两相之间处于热力平衡，即干度可由热力平衡方程求得。其形式为

$$\alpha=\left\{1+\left(\frac{1-x}{x}\right)\left(\frac{\rho_g}{\rho_l}\right)\left[K+(1-K)\sqrt{\frac{\left(\frac{\rho_l}{\rho_g}\right)+K\left(\frac{1-x}{x}\right)}{1+K\left(\frac{1-x}{x}\right)}}\right]\right\}^{-1} \tag{7.13}$$

式中，K 为均匀混合物中液相质量与总的液相质量之比。K 等于 0 和 1 为该公式的两个极值。

当 $K=0$ 时，式(7.13)可简化为

$$\alpha=\left[1+\left(\frac{1-x}{x}\right)\left(\frac{\rho_g}{\rho_l}\right)\right]^{-1}=\alpha_h \tag{7.14}$$

当 $K=1$ 时，式(7.13)可简化为

$$\alpha=\left[1+\left(\frac{1-x}{x}\right)\left(\frac{\rho_g}{\rho_l}\right)^{0.5}\right]^{-1} \tag{7.15}$$

Smith 将该模型与来自 3 个不同实验的数据进行比较，发现当 $K=0.4$ 时，模型的表现最好，可以在 ±10% 的误差范围内预测大部分的实验值，此时式(7.13)可简化为

$$\alpha=\left[1+0.79\left(\frac{1-x}{x}\right)^{0.78}\left(\frac{\rho_g}{\rho_l}\right)^{0.58}\right]^{-1} \tag{7.16}$$

(4) Premoli 等[9]模型

$$\alpha=\left\{1+\left(\frac{1-x}{x}\right)\left(\frac{\rho_g}{\rho_l}\right)\left[1+E_1\sqrt{\left(\frac{y}{1+yE_2}\right)-yE_2}\right]\right\}^{-1} \tag{7.17a}$$

$$E_1=1.578Re_{lo}^{-0.19}\left(\frac{\rho_l}{\rho_g}\right)^{0.22} \tag{7.17b}$$

$$E_2=0.0273We_{lo}Re_{lo}^{-0.51}\left(\frac{\rho_l}{\rho_g}\right)^{-0.08} \tag{7.17c}$$

$$y=\frac{\alpha_h}{1-\alpha_h} \tag{7.17d}$$

式中，全液相 Re_{lo} 和全液相 We_{lo} 分别定义为

$$Re_{lo}=\frac{GD}{\mu_l} \tag{7.18}$$

$$We_{lo}=\frac{G^2D}{\sigma\rho_l} \tag{7.19}$$

式中,D 为管道内径,对于非圆管为水力直径;σ 为表面张力。

该模型也称为 CISE 模型,为了应对大量数据,其形式稍显复杂。该模型考虑了质量流速和表面张力对空泡率的影响。

(5) Fauske[10] 模型

$$\alpha=\left[1+\left(\frac{1-x}{x}\right)\left(\frac{\rho_g}{\rho_l}\right)^{0.5}\right]^{-1} \tag{7.20}$$

(6) Chisholm[11] 模型

$$\alpha=\left[1+\left(\frac{1-x}{x}\right)\left(\frac{\rho_g}{\rho_l}\right)\sqrt{1-x\left(1-\frac{\rho_l}{\rho_g}\right)}\right]^{-1} \tag{7.21}$$

(7) Turner - Wallis[12] 模型

$$\alpha=\left[1+\left(\frac{1-x}{x}\right)^{0.72}\left(\frac{\rho_g}{\rho_l}\right)^{0.4}\left(\frac{\mu_l}{\mu_g}\right)^{0.08}\right]^{-1} \tag{7.22}$$

(8) Osmachkin - Borisov[13] 模型

针对锅炉内的蒸气-水两相流动,Osmachkin 和 Borisov 提出

$$\alpha=\left\{1+\left(\frac{1-x}{x}\right)\left(\frac{\rho_g}{\rho_l}\right)\left[1+\frac{0.6+1.5\alpha_h^2}{Fr_{lo}^{0.25}}\left(1-\frac{p}{p_{cr}}\right)\right]\right\}^{-1} \tag{7.23}$$

式中,p 和 p_{cr} 分别为压力和临界压力,对于水 $p_{cr}=22.064$ MPa;全液相 Fr_{lo} 的定义为

$$Fr_{lo}=\frac{G^2}{gD\rho_l^2} \tag{7.24}$$

式中,g 为重力加速度。该模型考虑了管径、质量流速和压力的影响。当 $s<3$ 且 $p\leqslant12$ MPa 时,模型计算值与实验值的误差小于±0.05。

(9) Petalaz - Aziz[14] 模型

$$\alpha=\left[1+0.735\left(\frac{1-x}{x}\right)^{-0.2}\left(\frac{\rho_g}{\rho_l}\right)^{-0.126}\left(\frac{\mu_l^2u_{sg}^2}{\sigma^2}\right)^{0.074}\right]^{-1} \tag{7.25}$$

(10) Xu - Fang[15] 模型

根据来自 R11、R12、R22、R134a 和 R410A 等 5 种制冷剂的 1 574 个两相流动的实验数据($D=0.5\sim10$ mm,$G=40\sim1\,000$ kg/(m^2 · s),$x=0\sim1$,$\rho_g/\rho_l=0.004\sim0.153$,$Fr_{lo}=0.02\sim145$),Xu 和 Fang 提出

$$\alpha=\left[1+\left(\frac{1-x}{x}\right)\left(\frac{\rho_g}{\rho_l}\right)(1+2Fr_{lo}^{-0.2}\alpha_h^{3.5})\right]^{-1} \tag{7.26}$$

对于其依据的实验数据,该模型对 86.4%的实验数据的误差在±10%以内,对 $D\geqslant3$ mm 的实验数据的平均绝对误差(MAD)为 4.9%,对 $D<3$ mm 的实验数据的 MAD 为 5.9%,对全部实验数据的 MAD 为 5.0%。该模型对制冷剂两相流空泡率的预测能力要好于其他已知公式,尤其是对于 $D<3$ mm 时的空泡率计算,其准确度比其他公式要好得多。

7.4　$K\alpha_h$ 模型

7.4.1　$K\alpha_h$ 模型思路

该模型是以均相模型计算的空泡率 α_h 为基础，或者说是以体积空泡率 β 为基础的。其形式为

$$\alpha = K\alpha_h \tag{7.27}$$

式中，K 为系数。对于不同的 $K\alpha_h$ 模型，K 有不同的表现形式。

7.4.2　常见 $K\alpha_h$ 模型

下面分别介绍 8 种不同的 $K\alpha_h$ 模型。

(1) Chisholm[16] 模型

$$\alpha = \frac{\alpha_h}{\alpha_h + (1-\alpha_h)^{0.5}} \tag{7.28}$$

(2) Armand[17] 模型

根据空气-水在 26 mm 管道内两相流动的实验数据，Armand 以 α_h 为横坐标，以 α 为纵坐标，画出了两者之间的关系图，发现大概在 $\alpha_h < 0.9$ 的范围内两者基本呈线性关系，因而提出

$$\alpha = 0.833\alpha_h \tag{7.29}$$

(3) Bankoff[18] 模型

假定两相流动的空泡率和速度在管道截面上的分布是不均匀的，也即管道截面上的流体密度是不同的，是径向位置的函数，Bankoff 提出

$$\alpha = K\alpha_h \tag{7.30a}$$

式中，K 为流动参数，其形式为

$$K = \frac{2(mn+m+n)(2mn+m+n)}{(n+1)(2n+1)(m+1)(2m+1)} \tag{7.30b}$$

式中，m 和 n 为常数，根据不同的情况，取值不同；K 的范围是 0.6～1。

Bankoff 将其模型与 Martinelli - Nelson[19] 的模型在 $p = 0.69 \sim 17.24$ MPa、$\alpha = 0 \sim 0.85$ 的范围内进行比较，发现当 $K = 0.89$ 时两公式吻合较好。另外，Bankoff 又根据一些蒸气-水两相流动的实验数据，得到

$$K = 0.71 + 0.000\,1p \tag{7.30c}$$

式中，p 的单位为 psia。该模型也称为变密度模型，主要适用于高压低干度的情况，如泡状流。

(4) El Hajal 等[20] 模型

根据 R22、R134a、R410A、R125、R32 和 R236ea 这 6 种制冷剂在 8 mm 水平管道内两相流动的实验数据（饱和温度 $T_{sat} = 30 \sim 60$ ℃，饱和压力 $p_{sat} = 222 \sim 3\,150$ kPa，$G = 65 \sim 750$ kg/(m^2 · s)，$x = 0.15 \sim 0.88$），El Hajal 等提出

$$\alpha = \frac{\alpha_h - \alpha_{Steiner}}{\ln\left(\frac{\alpha_h}{\alpha_{Steiner}}\right)} \tag{7.31}$$

式中，α_{Steiner} 为 Steiner[21]模型的计算结果。El Hajal 等认为，该模型对于从低压到接近临界压力的高压范围均适用。

(5) Massena[22]模型

针对 Armand[17]模型不适用于 $\alpha_h \geqslant 0.9$ 的情况，Massena 进行了修正，提出

$$\alpha = \begin{cases} 0.833\alpha_h, & \alpha_h < 0.9 \\ [0.833 + (1-0.833)x]\alpha_h, & \alpha_h \geqslant 0.9 \end{cases} \tag{7.32}$$

(6) Nishino-Yamazaki[23]模型

根据蒸气-水垂直向上流动的实验数据，Nishino 和 Yamazaki 提出

$$\alpha = 1 - \left(\frac{1-x}{x}\frac{\rho_g}{\rho_l}\right)^{0.5}\alpha_h^{0.5} \tag{7.33}$$

该模型对于作者所依据的实验数据，误差在±10%以内。

(7) Guzhov 等[24]模型

$$\alpha = 0.81\left[1 - \exp(-2.2\sqrt{Fr_{tp}})\right]\alpha_h \tag{7.34}$$

式中，两相 Froude 数定义为

$$Fr_{tp} = \frac{G^2}{gD\rho_{tp}^2} \tag{7.35}$$

式中，两相密度定义为

$$\frac{1}{\rho_{tp}} = \frac{1-x}{\rho_l} + \frac{x}{\rho_g} \tag{7.36}$$

(8) Kawahara 等[25]模型

Kawahara 等提出：对于管径 $D>250\ \mu\text{m}$ 的管道，使用 Armand[17]模型；对于 $50\ \mu\text{m}<D<251\ \mu\text{m}$ 的管道，使用如下模型：

$$\alpha = \frac{C_1\alpha_h^{0.5}}{1 - C_2\alpha_h^{0.5}} \tag{7.37a}$$

$$C_1 = \begin{cases} 0.03, & D = 100\ \mu\text{m} \\ 0.02, & D = 50\ \mu\text{m} \end{cases} \tag{7.37b}$$

$$C_2 = \begin{cases} 0.97, & D = 100\ \mu\text{m} \\ 0.98, & D = 50\ \mu\text{m} \end{cases} \tag{7.37c}$$

上式是 Kawahara 等根据氮气-水和氮气-乙醇水溶液在 50 μm、75 μm、150 μm 和 251 μm 管道内水平流动的实验数据提出的。

7.5 滑移流模型

7.5.1 滑移流模型思路

Nicklin[26]提出一种理论，即气泡的速度是由液相表观流速部分 u_{sl}、气相表观流速部分 u_{sg} 以及浮力部分组成的。Zuber 和 Findlay[27]证明了 Nicklin[26]的理论，并通过推导建立了滑移流模型。

气相表观流速 u_{sg} 和液相表观流速 u_{sl} 的定义分别为

$$u_{sg}=\frac{Q_g}{A}=u_g\alpha=\frac{Gx}{\rho_g} \tag{7.38}$$

$$u_{sl}=\frac{Q_l}{A}=u_l\alpha=\frac{G(1-x)}{\rho_l} \tag{7.39}$$

气相滑移速度 u_{gm} 和液相滑移速度 u_{lm} 的定义分别为

$$u_{gm}=u_g-u_m \tag{7.40}$$

$$u_{lm}=u_l-u_m \tag{7.41}$$

式中，u_m 表示两相流混合物的平均速度，其定义为

$$u_m=\frac{Q}{A}=\frac{Q_g+Q_l}{A}=u_{sg}+u_{sl} \tag{7.42}$$

下面简单介绍一下滑移流模型的推导过程。

在两相流动中，通常用到的参数值都是平均值而不是局部值。所以，对于任意一个变量 F，考虑其平均值对于研究是有利的。将变量 F 的截面平均值 $\langle F\rangle$ 定义为

$$\langle F\rangle=\frac{1}{A}\int_A F\,\mathrm{d}A \tag{7.43}$$

由式(7.38)和式(7.40)可得

$$\langle u_g\rangle=\left\langle\frac{u_{sg}}{\alpha}\right\rangle=\langle u_m\rangle+\langle u_{gm}\rangle \tag{7.44}$$

变量 F 的权重平均值 $\bar{F}$ 定义为

$$\bar{F}=\frac{\langle\alpha F\rangle}{\langle\alpha\rangle}=\frac{\frac{1}{A}\int_A\alpha F\,\mathrm{d}A}{\frac{1}{A}\int_A\alpha\,\mathrm{d}A} \tag{7.45}$$

由式(7.38)和式(7.40)可得

$$\bar{u}_g=\frac{\langle\alpha u_g\rangle}{\langle\alpha\rangle}=\frac{\langle u_{sg}\rangle}{\langle\alpha\rangle}=\frac{\langle\alpha u_m\rangle}{\langle\alpha\rangle}+\frac{\langle\alpha u_{gm}\rangle}{\langle\alpha\rangle} \tag{7.46}$$

定义分布常数 C_0 为

$$C_0=\frac{\langle\alpha u_m\rangle}{\langle\alpha\rangle\langle u_m\rangle} \tag{7.47}$$

把式(7.47)代入式(7.46)，可得

$$\frac{\langle u_{sg}\rangle}{\langle\alpha\rangle}=C_0\langle u_m\rangle+\frac{\langle\alpha u_{gm}\rangle}{\langle\alpha\rangle} \tag{7.48}$$

把式(7.48)两端同除以 $\langle u_m\rangle$，可得

$$\frac{\langle u_{sg}\rangle}{\langle u_m\rangle\langle\alpha\rangle}=C_0+\frac{\langle\alpha u_{gm}\rangle}{\langle\alpha\rangle\langle u_m\rangle} \tag{7.49}$$

上式可简化为

$$\langle\alpha\rangle=\frac{\langle u_{sg}\rangle}{C_0\langle u_m\rangle+\bar{u}_{gm}} \tag{7.50}$$

另外，应用截面平均值的概念可得

$$\langle\beta\rangle=\left\langle\frac{Q_g}{Q}\right\rangle=\left\langle\frac{Q_g/A}{Q/A}\right\rangle=\left\langle\frac{u_{sg}}{u_m}\right\rangle=\frac{\langle u_{sg}\rangle}{\langle u_m\rangle} \tag{7.51}$$

把式(7.51)代入式(7.49)，可得

$$\langle \alpha \rangle = \frac{\langle \beta \rangle}{C_0 + \frac{\bar{u}_{gm}}{\langle u_m \rangle}} \tag{7.52}$$

因为 α 和 β 本身就是截面平均值，u_{sg} 和 u_m 均为截面计算值，所以可以去掉符号 $\langle\rangle$，则式(7.50)和式(7.52)可分别简化为

$$\alpha = \frac{u_{sg}}{C_0 u_m + \bar{u}_{gm}} \tag{7.53}$$

$$\alpha = \frac{\beta}{C_0 + \frac{\bar{u}_{gm}}{u_m}} \tag{7.54}$$

把式(7.38)和式(7.42)代入式(7.53)，或者把式(7.2)和式(7.42)代入式(7.54)，可得

$$\alpha = \frac{x}{\rho_g}\left[C_0\left(\frac{x}{\rho_g} + \frac{1-x}{\rho_l}\right) + \frac{\bar{u}_{gm}}{G}\right]^{-1} \tag{7.55}$$

比较式(7.5)和式(7.55)可知，均相模型即为 $C_0 = 1$ 且 $\bar{u}_{gm} = 0$ 时的滑移流模型。Zuber 和 Findlay[27]将空泡率表达成了反映不均匀性的分布常数 C_0 和反映气相速度 u_g、两相流混合物速度 u_m 差别的气相滑移速度的权重平均值 $\bar{u}_{gm}$ 的函数的形式。另外，一般情况下，$\bar{u}_{gm}$ 不受 α 的影响，也可认为 $\bar{u}_{gm} = u_{gm}$。

正如 Zuber 和 Findlay[27]以及 Bankoff[18]的分析方法所示，C_0 可以通过假定流速和空泡率的分布图谱来确定，然而 $\bar{u}_{gm}$ 要难确定得多，因为它依赖于两相区中的应力场以及动量和能量的传递。对于不同的滑移流模型，C_0 和 $\bar{u}_{gm}$ 各不相同。

7.5.2 常见滑移流模型

下面分别介绍 11 种不同的滑移流模型。

(1) Steiner[21]模型

根据 Rouhani I[28]模型是针对垂直流动的情况，Steiner 将之修改以用于水平流动。其形式为

$$\alpha = \frac{x}{\rho_g}\left\{[1 + 0.12(1-x)]\left(\frac{x}{\rho_g} + \frac{1-x}{\rho_l}\right) + \frac{1.18(1-x)}{G\rho_l^{0.5}}[g\sigma(\rho_l - \rho_g)]^{0.25}\right\}^{-1} \tag{7.56}$$

(2) Rouhani Ⅰ[28]模型

$$\alpha = \frac{x}{\rho_g}\left\{[1 + 0.2(1-x)]\left(\frac{x}{\rho_g} + \frac{1-x}{\rho_l}\right) + \frac{1.18}{G\rho_l^{0.5}}[g\sigma(\rho_l - \rho_g)]^{0.25}\right\}^{-1} \tag{7.57}$$

Rouhani Ⅰ模型与下面将要叙述的 Rouhani Ⅱ[28]模型均由 Rouhani 和 Axelsson[28]提出。Rouhani 和 Axelsson 将这两个模型同包含矩形小通道流动和棒束流动等的大量实验数据($p = 1.9 \sim 13.8$ MPa、热流密度 $q = 180 \sim 1\ 200$ kW/m^2)进行比较，发现预测结果很好。

(3) Rouhani Ⅱ[28]模型

$$\alpha = \frac{x}{\rho_g}\left\{\left[1 + 0.2(1-x)(gD)^{0.25}\left(\frac{\rho_l}{G}\right)^{0.5}\right]\left(\frac{x}{\rho_g} + \frac{1-x}{\rho_l}\right) + \frac{1.18}{G\rho_l^{0.5}}[g\sigma(\rho_l - \rho_g)]^{0.25}\right\}^{-1} \tag{7.58}$$

(4) Nicklin 等[26]模型

根据气泡的速度是由 u_{sl}、u_{sg} 和浮力 3 部分组成这一理论，Nicklin 等提出

$$\alpha=\frac{x}{\rho_g}\left[1.2\left(\frac{x}{\rho_g}+\frac{1-x}{\rho_l}\right)+\frac{0.35\sqrt{gD}}{G}\right]^{-1} \tag{7.59}$$

(5) Gregory - Scott[29]模型

根据 CO_2 -水在 19.05 mm 管道内的弹状流的实验数据，Gregory 和 Scott 提出

$$\alpha=\frac{x}{\rho_g}\left[1.19\left(\frac{x}{\rho_g}+\frac{1-x}{\rho_l}\right)\right]^{-1} \tag{7.60}$$

(6) Dix[30]模型

为了分析研究沸水堆，Dix 根据蒸气-水垂直流动的实验数据，提出

$$\alpha=\frac{x}{\rho_g}\left\{\frac{u_{sg}}{u_m}\left[1+\left(\frac{u_{sl}}{u_{sg}}\right)^{\left(\frac{\rho_g}{\rho_l}\right)^{0.1}}\right]\left(\frac{x}{\rho_g}+\frac{1-x}{\rho_l}\right)+\frac{2.9}{G}\left(g\sigma\frac{\rho_l-\rho_g}{\rho_l^2}\right)^{0.25}\right\}^{-1} \tag{7.61}$$

(7) Sun 等[31]模型

$$\alpha=\frac{x}{\rho_g}\left\{\left(0.82+0.18\frac{p}{p_{cr}}\right)^{-1}\left(\frac{x}{\rho_g}+\frac{1-x}{\rho_l}\right)+\frac{1.41}{G}\left[\frac{g\sigma(\rho_l-\rho_g)}{\rho_l^2}\right]^{0.25}\right\}^{-1} \tag{7.62}$$

(8) Pearson 等[32]模型

$$\alpha=\frac{x}{\rho_g}\left\{\left[1+0.796\exp\left(-0.061\sqrt{\frac{\rho_l}{\rho_g}}\right)\right]\left(\frac{x}{\rho_g}+\frac{1-x}{\rho_l}\right)+\frac{0.034}{G}\left(\sqrt{\frac{\rho_l}{\rho_g}}-1\right)\right\}^{-1} \tag{7.63}$$

(9) Morooka 等[33]模型

根据蒸气-水流经垂直棒束的实验数据，Morooka 等提出

$$\alpha=\frac{x}{\rho_g}\left[1.08\left(\frac{x}{\rho_g}+\frac{1-x}{\rho_l}\right)+\frac{0.45}{G}\right]^{-1} \tag{7.64}$$

作者认为，该模型对 $p>10$ MPa 时两相流动的实验数据预测偏低，对其他实验数据的预测结果较好。

(10) Sonnenburg[34]模型

$$\alpha=\frac{x}{\rho_g}\left\{C_0\left(\frac{x}{\rho_g}+\frac{1-x}{\rho_l}\right)+\frac{1}{G_{tp}}\frac{C_0(1-C_0\alpha)}{\frac{C_0\alpha}{\sqrt{gD(\rho_l-\rho_g)/\rho_g}}+\left[1-\frac{C_0\alpha}{\sqrt{gD(\rho_l-\rho_g)/\rho_l}}\right]}\right\}^{-1} \tag{7.65a}$$

$$C_0=1+0.32\left(1-\sqrt{\frac{\rho_g}{\rho_l}}\right) \tag{7.65b}$$

(11) Bestion[35]模型

为了热力学代码 CATHARE 的使用，Bestion 提出

$$\alpha=\frac{x}{\rho_g}\left[\left(\frac{x}{\rho_g}+\frac{1-x}{\rho_l}\right)+\frac{0.188}{G}\sqrt{\frac{gD(\rho_l-\rho_g)}{\rho_g}}\right]^{-1} \tag{7.66}$$

该模型对 $p<1$ MPa 且 $G<10$ kg/(m^2 · s)的两相流动的实验数据预测值偏低。

7.6 洛-马参数模型

7.6.1 洛-马参数模型思路

该类模型的特征是包含 Lockhart - Martinelli 参数 X。X 为液相压力梯度与气相压力梯度比值的平方根。由于许多两相流中气相和液相都处于湍流区域，所以在实际中，通常使用 X_{tt}，其常见的形式为

$$X_{tt}=\left(\frac{1-x}{x}\right)^{0.9}\left(\frac{\rho_g}{\rho_l}\right)^{0.5}\left(\frac{\mu_l}{\mu_g}\right)^{0.1} \tag{7.67}$$

X_{tt} 可以反映干度和流体物性的影响，但是不能反映质量流速的影响。Yashar 等[36]使用 G 来反映质量流速的影响，而 Tandon 等[37]和 Harms 等[38]则使用液相雷诺数 Re_l。

7.6.2 常见洛-马参数模型

(1) Lockhart - Martinelli[39]模型

根据空气-水在 6.6 mm 和 33.2mm 管道内两相流动的实验数据，Lockhart 和 Martinelli 提出

$$\alpha=(1+0.28X_{tt}^{0.71})^{-1} \tag{7.68}$$

在大质量流速时，该模型的预测值偏大。

(2) Tandon 等[37]模型

根据冯卡门湍流边界层理论，Tandon 等针对环状流提出

$$\alpha=\begin{cases}1-1.928Re_l^{-0.315}[F(X_{tt})]^{-1}+0.9293Re_l^{-0.63}[F(X_{tt})]^{-2}, & 50<Re_l<1125\\ 1-0.38Re_l^{-0.088}[F(X_{tt})]^{-1}+0.0361Re_l^{-0.176}[F(X_{tt})]^{-2}, & Re_l>1125\end{cases} \tag{7.69a}$$

$$F(X_{tt})=0.15(X_{tt}^{-1}+2.85X_{tt}^{-0.476}) \tag{7.69b}$$

式中，液相雷诺数定义为

$$Re_l=\frac{G(1-x)D}{\mu_l} \tag{7.70}$$

Tandon 等将该模型与蒸气-水在 22 mm 垂直管道内环状流动的实验数据（$x=0\sim0.04$）和重水在 6.1 mm 垂直管道内沸腾流动的实验数据（$p=0.7\sim6$ MPa，$G=650\sim2\,050$ kg/(m^2·s)，$x=0\sim0.41$，$q=380\sim1\,200$ kW/m^2，$\alpha=0.24\sim0.92$）进行比较，发现其预测结果较好。

(3) Harms 等[38]模型

对于水平管道内的环状流，Harms 等通过考虑动量涡流扩散系数的衰减，提出

$$\alpha=\left[1-10.06Re_l^{-0.875}(1.74+0.104Re_l^{0.5})^2\left(1.376+\frac{7.242}{X_{tt}^{1.655}}\right)^{-0.5}\right]^2 \tag{7.71}$$

(4) Wallis[40]模型

$$\alpha=(1+X_{tt}^{0.8})^{-0.38} \tag{7.72}$$

(5) Domanski - Didion[41] 模型

Domanski 和 Didion 对 Wallis[40] 模型进行了修改，提出

$$\alpha=\begin{cases}(1+X_{tt}^{0.8})^{-0.38}, & X_{tt}\leqslant 10\\ 0.823-0.157\ln(X_{tt}), & X_{tt}>10\end{cases} \tag{7.73}$$

(6) Chen - Spedding[42] 模型

根据空气-水在 45.5 mm 管道内两相流动的实验数据($\dot{m}_g=500\sim6\ 000$ kg/h)，Chen 和 Spedding 提出

$$\alpha=\frac{3.5}{3.5+X_{tt}^{2/3}} \tag{7.74}$$

(7) Yashar 等[36] 模型

对于环状流和分离流，Yashar 等提出

$$\alpha=\left(1+\frac{1}{Ft}+X_{tt}\right)^{-0.321} \tag{7.75}$$

式中，Ft 定义为

$$Ft=\left[\frac{G^2x^3}{(1-x)\rho_g^2gD}\right]^{0.5} \tag{7.76}$$

7.7　其他模型

其他模型是指不能归入上述各类型的模型。

(1) Graham 等[43] 模型

根据 R134a 和 R410A 在 7.04 mm 水平管道内冷凝流动的实验数据($G=75\sim450$ kg/(m^2·s)，$T_{sat}=35$ ℃，入口干度 $x_{in}=0.13\sim0.9$)，Graham 等提出

$$\alpha=1-\exp\{-1-0.3\ln(Ft)-0.032\ 8[\ln(Ft)]^2\} \tag{7.77}$$

该模型对于其提出所依据的实验数据的预测误差大都在±10%以内，MAD 为 4.4%。

(2) Kopke 等[3] 模型

根据 Graham 等[43] 的实验数据，以及自己的实验数据，即 R134a 和 R410A 在 6.04 mm 管道内两相流动的实验数据($G=75\sim450$ kg/(m^2·s)，$T_{sat}=35$ ℃，$x_{in}=0.1\sim0.5$)，Kopke 等提出

$$\alpha=1.045-\exp\{-1-0.342\ln(Ft)-0.026\ 8[\ln(Ft)]^2+0.005\ 97[\ln(Ft)]^3\}^2 \tag{7.78}$$

当 $Ft<0.044$ 时，使用均相模型。

该模型对于其提出所依据的实验数据的预测误差大都在±10%以内，MAD 为 3.7%。

(3) Baroczy[44] 模型

根据空气-水和氮气-水银两相流动的实验数据，Baroczy 提出

$$\alpha=\left[1+\left(\frac{1-x}{x}\right)^{0.74}\left(\frac{\rho_g}{\rho_l}\right)^{0.65}\left(\frac{\mu_l}{\mu_g}\right)^{0.13}\right]^{-1} \tag{7.79}$$

该模型未划归滑移比模型，因为它是根据$(\rho_g/\rho_l)(\mu_l/\mu_g)^{0.2}$ 这个因子提出的。

(4) Spedding - Chen[45]模型

$$\alpha = \left\{1 + \left[0.45\left(\frac{u_{sg}}{u_{sl}}\right)^{0.65}\right]\right\}^{-1} \tag{7.80}$$

(5) Hamersma - Hart[46]模型

针对天然气在传输过程中由于冷凝会出现液滴的情况，Hamersma 和 Hart 对这种两相流动进行了分析，考虑到含液率$(1-\alpha)$很低(<0.04)，他们提出

$$\alpha = 1 - \left[1 + a\left(\frac{u_{sg}}{u_{sl}}\right)^{b}\left(\frac{\rho_g}{\rho_l}\right)^{c}\left(\frac{\mu_g}{\mu_l}\right)^{d}\right]^{-1} \tag{7.81}$$

式中，a、b、c 和 d 为常数，可通过实验数据拟合得到；根据空气-水两相流动的实验数据，可得 $a=3.81$、$b=2/3$、$c=1/3$、$d=0$；根据空气-乙二醇(质量分数为 25%)水溶液两相流动的实验数据，可得 $a=3.1$、$b=2/3$、$c=1/3$、$d=0$。

(6) Huq - Loth[47]模型

$$\alpha = 1 - \frac{2(1-x)^2}{1 - 2x + \left[1 + 4x(1-x)\left(\frac{\rho_l}{\rho_g} - 1\right)\right]^{0.5}} \tag{7.82}$$

Huq 和 Loth 将该模型与沸水堆内的实验数据和一些空气-水的实验数据进行了比较，预测准确度高。

7.8 两相流空泡率模型评价

各种评价中，采用最多的指标是平均绝对误差 MAD。在模型建立过程中，平均相对误差 MRD 常用来判断模型预测值偏离实验测量值的情况，即判断总体上模型是高估还是低估了实验数据。MAD 的定义见式(6.107)，MRD 的定义见式(6.108)。

7.8.1 基于双组分两相流数据库的评价

Dukler 等[48]使用 706 个来自双组分两相流动的实验数据对 3 个空泡率模型进行了评价，发现 Hughmark[49]模型比另外两个表现要好。

Friedel[50]使用 9 009 个来自空气-水、蒸气-水及 R12 两相流动的实验数据($D=6\sim220$ mm)对 18 个空泡率模型进行了评价，发现 Hughmark[49]模型以及 Rouhani Ⅰ和Ⅱ[28]模型表现最好。

Chexal 等[51]使用约 1 500 个来自蒸气-水两相流动的实验数据对 8 个空泡率模型进行了评价，发现 Chexal - Lellouche[52]模型表现最好。

Diener 和 Friedel[53]使用约 24 000 个来自 Friedel[53]的两相流动的实验数据对 13 个空泡率模型进行了评价，发现大多数模型都可以给出可以接受的预测结果，并推荐 Rouhani I[28]模型和 HTFS - Alpha[55]模型。

Vijayan 等[56]使用 2 611 个来自蒸气-水在矩形管中垂直流动的实验数据($D=1.3\sim20.3$ mm，$x=0\sim0.141$，$G=173\sim1\ 112$ kg/(m^2·s))对 33 个模型中满足两个限制条件(即 $x=0$ 时 $\alpha=0$，$x=1$ 时 $\alpha=1$)的 14 个模型进行了评价，发现 Chexal 等[57]模型表现最好，其次是 Osmachkin - Borisov[13]模型、Rouhani[28]模型和 Thom[6]模型。

Azzopardi 和 Hills[58]使用 6 266 个两相流动的实验数据(D=7.4～216 mm,G=1.1～9 087 kg/(m^2·s))评价了 6 个空泡率模型。这些数据中 2 312 个点为水平流动,其余为垂直流动,另外大多数的数据点都是取自空气-水和蒸气-水实验。他们发现,Premoli 等[9]模型整体表现最好,对垂直流动表现也最好,而 Chisholm[11]模型对水平流动数据表现最好。

Woldesemayath 和 Ghajar[59]使用 2 845 个来自空气-水、空气-煤油和天然气-水在水平、垂直和倾斜方向上两相流动的实验数据(D=12.7～102.26 mm)评价了 68 个空泡率模型并推荐其中的 6 个模型。这 6 个模型可以分为两组:第一组是 Morooka 等[33]、Rouhani I[28]和 Dix[30]模型,它们在±15%的误差范围内可以分别预测到 85.3%、84.2%和 83.1%的实验数据;第二组是 Hughmark[49]、Premoli 等[9]和 Filimonov 等[60]模型,它们在±15%的误差范围内可以分别预测到 81.6%、81.0%和 80.6%的实验数据。他们基于 Dix[30]模型提出了一个新模型,克服了 Dix 模型预测值偏低的缺点,新模型在±5%的误差范围内。

Godbole 等[61]使用 1 208 个来自空气-水、蒸气-水、空气-煤油、空气-甘油和氮气-水垂直向上流动的实验数据(D=12.7～76 mm)评价了 52 个空泡率模型,发现 Nicklin 等[26]模型和 Rouhani Ⅰ或Ⅱ[28]模型表现最好。他们把空泡率数据划分为 4 部分(0～0.25、0.25～0.5、0.5～0.75、0.75～1),发现 Rouhani Ⅰ或Ⅱ[28]模型对全部数据表现最好,Nicklin 等[26]模型在 0.25～0.75 范围内表现最好。

7.8.2　基于制冷剂两相流数据库的评价

Xu 和 Fang[15]对空泡率模型对制冷剂两相流动的适应性进行了系统评价,其采用的实验数据和评价的模型数量是截至 2013 年最多的。

(1) *数据库描述*

从 15 篇文献中收集了 1 574 组制冷剂两相流动空泡率的实验数据:

① 20 种不同的管径,范围是 D=0.5～10 mm,其中仅 200 组数据 D<3 mm;

② 质量流速的范围是 G=40～1 000 kg/(m^2·s);

③ 1 458 组数据是针对圆形管道,只有 116 个点是针对非圆形通道;

④ 1 500 组数据是针对水平流动,只有 74 组数据针对垂直流动;

⑤ 1 456 组数据的空泡率都大于 0.5,只有 118 组数据的空泡率小于 0.5;

⑥ 5 种制冷剂,即 R11、R12、R22、R134a 和 R410A,其中 R134a 和 R410A 占多数;

⑦ 3 种热边界条件,即绝热、沸腾和冷凝;

⑧ 256 组数据含有流型信息。

需要指出的是,制冷剂空泡率的实验数据库的数量要远比空气-水的少,主要是因为相变实验难度更大。对于相变实验,系统是封闭的,需要的干度是通过加热得到的,系统的压力也相对较高,这些都增加了实验难度。

(2) *评价结果*

一共评价了 41 个模型,分为全部数据、水平、垂直、D<3 mm、D≥3 mm、绝热、冷凝、沸腾几种数据类型进行考察,评价结果见表 7.1 和表 7.2。表中只列出对于全部数据 MAD<10%的模型。

从表 7.1 可以得出如下结论:

① MAD<6%的模型有 6 个,分别为 Xu - Fang[15]、Steiner[21]、Chisholm[11]、Yashar

等[36]、Smith[8]以及 Premoli 等[9]，其MAD依次为5.0%、5.7%、5.8%、5.8%、5.9%和5.9%。

表 7.1 空泡率模型对实验数据的预测误差(流动方向和管径)

%

模 型	全 部		水 平		垂 直		$D \geq 3$ mm		$D<3$ mm	
	MAD	MRD	MAD	MRD	MAD	MRD	MAD	MRD	MAD	MRD
Xu - Fang	5.0	0.6	4.9	1.1	8.5	−8.5	4.9	1.2	5.9	−2.9
Steiner	5.7	−2.4	5.4	−1.9	11.1	−11.1	5.2	−1.5	9.5	−7.9
Chisholm[11]	5.8	−0.8	5.7	−0.5	8.8	−8.8	5.4	0.2	8.8	−8.0
Yashar 等	5.8	1.0	5.5	1.6	11.9	−11.9	5.3	0.4	9.2	4.9
Smith	5.9	−0.1	5.7	0.3	8.6	−8.5	5.4	1.0	8.7	−7.3
Premoli 等	5.9	−1.8	5.6	−1.4	10.7	−10.7	5.0	−0.4	11.8	−11.3
Osmachkin - Borisov	6.0	−3.0	5.6	−2.5	13.8	−13.7	5.7	−2.9	7.8	−3.9
Massena	6.1	−0.7	6.0	−0.3	8.2	−8.2	5.6	0.5	9.5	−8.4
Huq - Loth	6.1	−0.3	5.9	0.2	9.7	−9.5	5.7	0.7	9.1	−7.0
Tandon 等	6.9	−0.9	6.7	−0.4	11.5	−11.5	6.3	0.0	10.6	−7.1
Harms 等	6.9	−0.7	6.6	−0.1	14.0	−14.0	6.4	0.2	10.7	−6.8
El Hajal 等	7.4	4.6	7.5	4.9	4.4	−2.0	7.5	5.6	6.8	−2.0
Baroczy	7.5	−6.0	7.1	−5.5	15.2	−15.2	6.7	−4.9	13.4	−13.1
Thom	7.6	−1.3	7.5	−1.0	10.3	−9.3	7.0	−0.1	12.2	−9.8
Chisholm[16]	7.6	−4.5	7.4	−4.2	10.8	−10.8	6.8	−3.3	12.9	−12.7
Kopke 等	7.9	−0.2	7.6	0.4	13.7	−13.5	6.8	−2.0	15.5	11.9
Rouhani I	8.6	−7.9	8.2	−7.5	16.8	−16.8	8.0	−7.2	13.2	−12.9
Wallis	9.1	7.1	9.3	7.6	5.8	−4.0	9.1	7.2	9.1	6.2
Chen - Spedding	9.1	7.1	9.3	7.6	5.5	−3.3	9.2	7.2	9.0	6.2
Domanski - Didion	9.1	7.0	9.3	7.5	5.8	−4.0	9.1	7.1	9.1	6.2
Lockhart - Martinelli	9.3	7.6	9.5	8.1	5.3	−2.6	9.4	7.8	9.0	6.6
Zivi	9.5	−6.7	9.1	−6.1	17.7	−17.6	8.6	−5.5	15.8	−14.5
Graham 等	9.7	−5.5	9.3	−4.8	18.6	−18.6	9.3	−7.3	12.6	7.0

② 前6个最佳模型对水平流动的预测结果都要好于对垂直流动的预测结果。对于垂直流动，前6个最佳模型的MAD都大于6%；MAD<6%的模型依次是El Hajal 等[20]、Hamersma - Hart[46]、Lockhart - Martinelli[39]、Chen - Spedding[42]、Domanski - Didion[41]，以及 Wallis[40]，其MAD分别为4.4%、5.2%、5.3%、5.5%、5.8%和5.8%。这几个模型都是以X_{tt}为参数的模型，而且均低估垂直流动空泡率的值而高估水平流动的值。

③ 前6个最佳模型对小管道($D<3$ mm)的预测误差比对大管道的大。在这6个模型中，Xu - Fang[15]、Premoli 等[9]和 Yashar 等[36]考虑了管径的影响。对于小管道，只有 Xu - Fang[15]模型的 MAD<6%，为5.9%；其次表现较好的是 El Hajal 等[20]、Osmachkin - Borisov[13]、Smith[8]，以及 Chisholm[11]，MAD分别为6.8%、7.8%、8.7%和8.8%。一些研

究[30,64-68]认为,管径的减小会增大小管道和大管道中的两相流动的差异。然而,也有一些研究[48,69-70]却发现管径对空泡率只有很小的影响。管径对空泡率的影响机理仍然不是很清楚,需要进一步研究。

表 7.2 空泡率模型对实验数据的预测误差(热边界条件)

%

模 型	全 部		绝 热		冷 凝		沸 腾	
	MAD	MRD	MAD	MRD	MAD	MRD	MAD	MRD
Xu - Fang	5.0	0.6	4.2	0.1	6.3	−1.0	6.2	4.3
Steiner	5.7	−2.4	5.0	−2.0	8.8	−5.3	5.5	−0.5
Chisholm[11]	5.8	−0.8	5.0	−1.2	8.3	−3.3	6.6	3.4
Yashar 等	5.8	1.0	5.3	−0.1	8.8	5.3	5.9	1.2
Smith	5.9	−0.1	5.0	−0.4	8.5	−2.4	6.6	3.9
Premoli 等	5.9	−1.8	5.0	−1.7	9.0	−5.7	6.5	1.8
Osmachkin - Borisov	6.0	−3.0	5.6	−3.3	7.7	−2.9	5.6	−2.6
Massena	6.1	−0.7	5.0	−0.8	9.0	−3.6	7.1	3.5
Huq - Loth	6.1	−0.3	5.4	−0.7	8.8	−2.0	6.4	3.3
Tandon 等	6.9	−0.9	6.5	−0.8	8.8	−0.6	7.4	−0.1
Harms 等	6.9	−0.7	6.6	−2.0	8.7	−0.8	8.6	3.7
El Hajal 等	7.4	4.6	6.5	4.9	8.6	1.7	9.4	8.1
Baroczy	7.5	−6.0	7.3	−6.4	10.5	−8.2	5.9	−2.6
Thom	7.6	−1.3	6.5	−1.2	10.9	−4.3	8.0	1.2
Chisholm[16]	7.6	−4.5	6.9	−4.7	10.8	−8.4	7.1	0.5
Kopke 等	7.9	−0.2	6.4	−1.9	11.2	6.5	10.1	0.1
Rouhani I	8.6	−7.9	8.3	−7.6	11.5	−11.2	7.5	−6.2
Wallis	9.1	7.1	8.1	5.3	11.7	10.5	13.0	12.1
Chen - Spedding	9.1	7.1	8.3	5.6	11.8	10.7	12.1	11.3
Domanski - Didion	9.1	7.0	8.1	5.3	11.6	10.5	12.7	11.8
Lockhart - Martinelli	9.3	7.6	8.5	6.3	12.1	11.2	12.1	11.6
Zivi	9.5	−6.7	8.9	−6.6	13.0	−8.8	8.9	−5.5
Graham 等	9.7	−5.5	8.7	−6.8	10.3	1.3	12.5	−7.0

④ Triplett 等[70]研究了空气-水在 1.1 mm 和 1.45 mm 管道内的流动,发现对泡状流和弹状流,均相模型的预测准确度最高。

⑤ 在 10 个滑移比模型中,MAD<6%的有 4 个,分别为 Xu - Fang[15]、Chisholm[11]、Smith[8]以及 Premoli 等[9]。可以看出,滑移比模型整体上表现最好。

⑥ 在 7 个 $K\alpha_h$ 模型中,没有一个进入前 6 名。总体预测性能最好的是 Massena[22],其 MAD=6.1%。

⑦ 在 11 个滑移流模型中,只有 Steiner[21]进入了前 6 名。其次是 Rouhani Ⅰ[28]模型,

MAD=8.6%。对于空气-水、蒸气-水，许多研究者推荐使用 Rouhani Ⅰ和/或Ⅱ[28]模型；对于制冷剂，Steiner[21]模型的预测准确度比 Rouhani Ⅰ和/或Ⅱ[28]模型的要高。这可能是由于大多数的滑移流模型都是在核工业领域里发展起来的，而该领域里蒸气-水流动占据主要位置。

从表 7.2 可以看出，前 6 个最佳模型对冷凝流动的误差要大于对绝热流动和沸腾流动的误差。Yashar 等[36]指出，这可能是由于冷凝流动的压力更高，因而气相密度更高、气相速度更低，所以冷凝流更趋向于分层流，而分层流中空泡率的特性十分依赖制冷剂质量流速。因而，他们使用了 Ft 来考虑质量流速的影响。然而，Nino[62]认为 Ft 不适合用来描述两相流动，因为对于 $D<2$ mm 的管道，分层流将会受到抑制。另外，前 6 个最佳模型对绝热流动的误差最小。这可能是因为绝热时的流动不受壁面传热的干扰，相对稳定。

表 7.3～表 7.6 分别分析了前 6 个最佳模型对数据库的预测误差随质量流速、干度、空泡率和流型的分布情况。从表中可以看出：对于质量流速，所有的模型在 $G>400$ kg/(m^2 · s)时的预测准确度最高；对于干度，所有模型的预测误差随着干度的增大而减小，当干度 $x<0.25$ 时，预测误差超过 9.5%；对于空泡率，所有模型的预测误差随着空泡率的增大而减小，当空泡率 $\alpha<0.5$ 时，预测误差超过 18%；对于流型，所有模型对于环状流的预测误差最小，对于弹状流的预测误差要远大于其他流型，这可能是因为弹状流数据的干度都比较小（$x<0.11$）。

表 7.3　前 6 个最佳模型的预测误差随质量流速的分布

%

模　型	$G<200$		$200\leqslant G<400$		$G\geqslant 400$	
	MRD	MAD	MRD	MRD	MAD	MRD
Xu - Fang	0.9	5.2	0.7	5.8	0.0	3.4
Steiner	−2.8	6.4	−1.9	5.9	−2.4	4.2
Chisholm [11]	2.7	5.8	−2.0	5.9	−5.0	5.7
Yashar 等	−1.1	5.9	1.4	6.0	3.7	5.3
Smith	3.6	6.3	−1.3	6.0	−4.1	4.9
Premoli 等	0.3	5.7	−2.6	6.5	−4.1	5.2

表 7.4　前 6 个最佳模型的预测误差随干度的分布

%

模　型	$x<0.25$		$0.25\leqslant x<0.5$		$0.5\leqslant x<0.75$		$x\geqslant 0.75$	
	MRD	MAD	MRD	MAD	MRD	MAD	MRD	MAD
Xu - Fang	0.2	9.7	0.6	2.6	0.8	1.7	1.4	1.7
Steiner	−6.7	11.3	0.2	2.8	0.2	1.9	0.9	1.6
Chisholm [11]	−1.7	10.6	−0.8	3.9	−0.5	2.2	0.7	1.6
Yashar 等	−0.4	10.9	2.3	3.4	1.6	2.4	1.2	1.6
Smith	−2.4	10.5	1.2	3.9	1.4	2.4	1.6	2.0
Premoli 等	−4.1	11.2	−0.3	3.6	−0.9	2.0	0.1	1.5

表 7.5　前 6 个最佳模型的预测误差随空泡率的分布

%

模　型	$\alpha<0.5$		$0.5\leqslant\alpha<0.75$		$\alpha\geqslant0.75$	
	MRD	MAD	MRD	MRD	MAD	MRD
Xu - Fang	12.8	20.5	−1.2	6.6	−0.0	2.7
Steiner	−8.7	18.8	−4.4	9.5	−0.9	2.8
Chisholm [11]	7.5	19.2	−0.9	8.5	−1.8	3.3
Yashar 等	14.3	21.3	−0.6	8.3	0.0	3.2
Smith	4.6	18.4	−1.1	9.0	−0.2	3.3
Premoli 等	1.7	18.5	−2.4	9.1	−2.0	3.3

表 7.6　前 6 个最佳模型的预测误差随流型的分布

%

模　型	环状流		弹状流		分层流		波状流	
	MRD	MAD	MRD	MAD	MRD	MAD	MRD	MAD
Xu - Fang	1.8	2.3	5.7	13.1	2.1	3.6	0.7	2.0
Steiner	2.3	2.3	1.7	12.8	−0.9	4.6	1.8	2.5
Chisholm[11]	0.2	1.4	4.3	12.5	5.6	5.7	1.0	2.0
Yashar 等	3.5	3.5	7.1	15.0	1.0	4.5	2.8	3.2
Smith	2.0	2.3	3.1	12.3	6.4	6.6	2.7	3.0
Premoli 等	1.6	1.8	4.2	12.5	3.6	4.8	1.4	2.4

参考文献

[1] Winkler J, Killion J, Garimella S, et al. Void fraction for condensing refrigerant flow in small channels: Part I literature review. Int. J. Refrigeration, 2012, 35: 219-245.

[2] Shedd T A. Void fraction and pressure drop measurements for refrigerant R410A flows in small diameter tubes. Finial Report to AHRI. University of Wisconsin-Madison, USA, 2010.

[3] Kopke H R, Newell T A, Chato J C. Experimental investigation of void fraction during refrigerant condensation in horizontal tubes. ACRC TR-142. University of Illinois at Urbana-Champaign, USA, 1998.

[4] Wilson M J. A study of two-phase refrigerant behavior in flattened tubes. Ph. D. Dissertation, University of Illinois at Urbana-Champaign, USA, 2001.

[5] Butterworth D. A comparison of some void-fraction relationships for co-current gas-liquid flow. Int. J. Multiphase Flow, 1975, 1: 845-850.

[6] Thom J R S. Prediction of pressure drop during forced circulation boiling of water. Int. J. Heat Mass Transfer, 1964, 7: 709-724.

[7] Zivi S M. Estimation of steady state steam void fraction by means of the principle of minimum entropy production. J. Heat Transfer, 1964, 86: 247-252.

[8] Smith S L. Void fractions in two-phase flow: a correlation based upon an equal velocity head model. Proc. Inst. Mech. Eng., 1969, 36: 647-664.

[9] Premoli A, Francesco D, Prina A. A dimensionless correlation for determining the density of two-phase mixtures. La Termotecnica, 1971, 25: 17-26.

[10] Fauske H. Critical two-phase, steam-water flows // Proc. 1961 Heat Transfer Fluid Mech. Inst. California: Stanford University Press, 1961:79-89.

[11] Chisholm D. Pressure gradients due to friction during the flow of evaporating two-phase mixtures in smooth tubes and channels. Int. J. Heat Mass Transfer, 1973, 16: 347-358.

[12] Turner J M, Wallis G B. The Separate-cylinders model of two-phase flow. NYO-3114-6. Thayer's School Eng. , Dartmouth College, Hanover, New Hampshire, USA, 1965.

[13] Osmachkin V S, Borisov V. Pressure drop and heat transfer for flow of boiling water in vertical rod bundles // IVth Int. Heat Transfer Conf. , Paris-Versailles, France, 1970.

[14] Petalaz N, Aziz K. A mechanistic model for stabilized multiphase flow in pipes. Technical Report for Members of the Reservoir Simulation Industrial Affiliates Program (SUPRI-B) and Horizontal Well Industrial Affiliates Program (SUPRI-HW). Stanford University, California, USA, 1997.

[15] Xu Y, Fang X. Correlations of void fraction for two-phase refrigerant flow in pipes. Appl. Applied Thermal Engineering, 2014, 64: 242-251.

[16] Chisholm D. Two-phase flow in pipelines and heat exchangers. Longman, New York, 1983.

[17] Armand A A. The resistance during the movement of a two-phase system in horizontal pipes. Izv. Vses. Tepl. Inst. , 1946, 1: 16-23.

[18] Bankoff S G. A variable density single-fluid model for two-phase flow with particular reference to steam-water flow. Trans. ASME, 1960, 82: 265-272.

[19] Martinelli R C, Nelson D B. Prediction of pressure drop during forced-circulation boiling of water. Trans. ASME, 1948, 70: 695.

[20] El Hajal J, Thome J R, Cavallini A. Condensation in horizontal tubes, part 1: two-phase flow pattern map. Int. J. Heat Mass Transfer, 2003, 46: 3349-3363.

[21] Steiner D. Heat Transfer to Boiling Saturated Liquids. VDI-Wärmeatlas (VDI Heat Atlas), Verein Deutscher Ingenieure, VDI-Gessellschaft Verfahrenstechnik und Chemieingenieurwesen (GCV), Düsseldorf, 1993.

[22] Massena W A. Steam-water pressure drop and critical discharge flow-A digital computer program. HW-65706. 1960.

[23] Nishino H, Yamazaki Y. A new method of evaluating steam volume fractions in boiling systems. J. Soc. Atomic Energy Japan, 1963, 5: 39-59.

[24] Guzhov A L, Mamayev V A, Odishariya G E. A study of transportation in gas liquid systems // 10th Int. Gas Union Conf. , Germany: Hamburg, 1967.

[25] Kawahara A,Sadatomi M, Okayama K, et al. Effects of channel diameter and liquid properties on void fraction in adiabatic two-phase flow through microchannels. Heat Transfer Eng. , 2005, 26: 13-19.

[26] Nicklin D J, Wilkes J O, Davidson J F. Two-phase flow in vertical tubes. Trans. Inst. Chem. Eng. , 1962, 40: 61-68.

[27] Zuber N, Findlay J A. Average volumetric concentration in two-phase flow systems. J. Heat Transfer, 1965, 87: 453-468.

[28] Rouhani Z,Axelsson E. Calculation of void volume fraction in the subcooled and quality boiling regions. Int. J. Heat Mass Transfer, 1970, 13: 383-393.

[29] Gregory G A, Scott D S. Correlation of liquid slug velocity and frequency in horizontal co-current gas liquid slug flow. AIChE J. , 1969, 15: 933-935.

[30] Dix G E. Vapor void fractions for forced convection with subcooled boiling at low flow rates. Ph. D. Dissertation, University of California, Berkeley, USA, 1971.

[31] Sun K H, Duffey R B, Peng C M. A thermal-hydraulic analysis of core uncover // Proceedings of the 19th National Heat Transfer Conference, Experimental and Analytical Modeling of LWR Safety Experiments. USA: Orlando, Florida, 1980:1-10.

[32] Pearson K G, Cooper A, Jowitt D. The THETIS 80% blocked cluster experiment, Part 5: Level swell experiments. AEEW-R 1767. AEEE Winfrith Safety and Engineering Science Division, London, UK, 1984.

[33] Morooka S, Ishizuka T, Iizuka M, et al. Experimental study on void fraction in a simulated BWR fuel assembly (evaluation of cross-sectional averaged void fraction). Nucl. Eng. Des., 1989, 114: 91-98.

[34] Sonnenburg H G. Full-range drift-flux model base on the combination of drift-flux theory with envelope theory // Proceedings of 4th International Topical Meeting on Nuclear Reactor Thermal-Hydraulics. Germany: Karlsruhe, 1989:1003-1009.

[35] Bestion D. The physical closure laws in the CATHARE code. Nucl. Eng. Des., 1990, 124: 229-245.

[36] Yashar D A, Graham D M, Wilson M J, et al. Investigation of refrigerant void fraction in horizontal, microfin tubes. HVAC&R Res., 2001, 7: 67-82.

[37] Tandon T N, Varma H K, Gupta C P. A void fraction model for annular two-phase flow. Int. J. Heat Mass Transfer, 1985, 28: 191-198.

[38] Harms T M, Li D, Groll E A, et al. A void fraction model for annular flow in horizontal tubes. Int. J. Heat Mass Transfer, 2003, 46: 4051-4057.

[39] Lockhart R W, Martinelli R C. Proposed correlation of data for isothermal two-phase, two-component flow in pipes. Chem. Eng. Prog., 1949, 45: 39-48.

[40] Wallis G B. One dimensional two-phase flow. McGraw-Hill Inc., New York, 1969.

[41] Domanski P, Didion D. Computer modeling of the vapor compression cycle with constant flow area expansion device. NBS Building Science Series 155. U. S. Department of Commerce & National Bureau of Standards, USA, 1983.

[42] Chen J J, Spedding P L. An extension of the Lockhart-Martinelli theory of two-phase pressure drop and holdup. Int. J. Multiphase Flow, 1981, 7: 659-675.

[43] Graham D M, Newell T A, Chato JC. Experimental investigation of void fraction during refrigerant condensation. ACRC TR-135. University of Illinois at Urbana-Champaign, USA, 1997.

[44] Baroczy C J. Correlation of liquid fraction in two-phase flow with applications to liquid metals. Chem. Eng. Prog. Symp. Ser., 1965, 61: 179-191.

[45] Spedding P L, Chen J J. Correlation and estimation of holdup in two-phase flow. Proc. N. Z. Geothermal Workshop, 1979, 1: 180-199.

[46] Hamersma P J, Hart J. A pressure drop correlation for gas/liquid pipe flow with a small liquid holdup. Chem. Eng. Sci., 1987, 42: 1187-1196.

[47] Huq R H, Loth J L. Analytical two-phase flow void fraction prediction method. J. Thermophys., 1992, 6: 139-144.

[48] Dukler A E, Wicks M, Cleveland R G. Frictional pressure drop in two-phase flow: A. a comparison of existing correlations for pressure loss and holdup. AIChE J., 1964, 10: 38-43.

[49] Hughmark G A. Holdup in gas-liquid flow. Chem. Eng. Progr., 1962, 58: 62-65.

[50] Friedel L. Pressure drop during gas/vapor-liquid flow in pipes. Int. Chem. Eng., 1980, 20: 352-367.

[51] Chexal B, Horowitz J, Lellouche G. An assessment of eight void fraction models. Nucl. Eng. Des.,

1991，126：71-88.

[52] Chexal B，Lellouche G. A full-range drift-flux correlation for vertical flows. EPRI-NP-3989-SR (Revision 1)，1986.

[53] Diener R，Friedel L. Reproductive accuracy of selected void fraction correlations for horizontal and vertical upflow. Forsch. Ingenieurwes，1998，64：87-97.

[54] Friedel L. Eine neue Datenbank für mittleren volumetrischen Dampfgehalt und Reibungsdruckabfall bei Gas/Dampf-Flüssigkeits-Rohrströmung. Chem. Ing. Techn.，1978，50:885.

[55] Collier I G，Claxton K T，Ward I A. HTFS correlations for two-phase pressure drop and void fraction in tubes. Design Report 28 Part 4，HTFS. 1972.

[56] Vijayan P K，Patil A P，Pilkhwal D S，et al. An assessment of pressure drop and void fraction correlations with data from two-phase natural circulation loops. Heat Mass Transfer，2000，36：541-548.

[57] Chexal B，Maulbetsch J，Santucci J，et al. Understanding void fraction in steady and dynamic environments. TR-106326/RP-8034-14. Electric Power Research Institute，California，1996.

[58] Azzopardi B J，Hills J H. One-dimensional models for pressure drop，empirical equations for void fraction and frictional pressure drop and pressure drop and other effects in fittings // Bertola V (Ed.)，Modelling and Experimentation in Two-Phase Flow，New York，2003:157-220.

[59] Woldesemayat M A，Ghajar A J. Comparison of void fraction correlations for different flow patterns in horizontal and upward inclined pipes. Int. J. Multiphase Flow，2007，33：347-370.

[60] Filimonov A I，Przhizhalovski M M，Dik E P，et al. The driving head in pipes with a free interface in the pressure range from 17 to 180 atm. Teploenergetika，1957，4：22-26.

[61] Godbole P V，Tang C C，Ghajar A. Comparison of void fraction correlations for different flow patterns in upward vertical two-phase flow. Heat Transfer Eng.，2011，32：843-860.

[62] Nino V G. Characterization of two-phase flow inmicrochannels. Ph. D. Dissertation，University of Illinois at Urbana-Champaign，USA，2002.

[63] Mishima K，Hibiki T. Some characteristics of air-water two-phase flow in small diameter vertical tubes. Int. J. Multiphase Flow，1996，22：703-712.

[64] Kawahara A，Chung P M Y，Kawaji M. Investigation of two-phase flow pattern，void fraction and pressure drop in a microchannel. Int. J. Multiphase Flow，2002，28：1411-1435.

[65] Saisorn S，Wongwises S. The effect of channel diameter on flow pattern，void fraction and pressure drop of two-phase air-water flow in circular micro-channels. Exp. Therm. Fluid Sci.，2010，34：454-462.

[66] ElAchkar G，Miscevic M，Lavieille P，et al. Flow patterns and heat transfer in a square cross-section micro condenser working at low mass flux. Appl. Therm. Eng.，2013，59 (1-2)：704-716.

[67] Brutin D，Ajaev V S，Tadrist L. Pressure drop and void fraction during flow boiling in rectangular minichannels in weightlessness. Appl. Therm. Eng.，2013，51：1317-1327.

[68] Wilson M J，Newell T A，Chato J C. Experimental investigation of void fraction during horizontal flow in larger diameter refrigeration applications. ACRC TR-140. University of Illinois at Urbana-Champaign，USA，1998.

[69] Yashar D A，Newell T A，Chato J C. Experimental investigation of void fraction during horizontal flow in smaller diameter refrigeration applications. ACRC TR-141. University of Illinois at Urbana-Champaign，USA，1998.

[70] Triplett K A，Ghiaasiaan S M，Abdel Khalik S I，et al. Gas-liquid two-phase flow in microchannels：Part II—void fraction and pressure drop. Int. J. Multiphase Flow，1999，25：95-410.

第 8 章　两相流不稳定性

本章阐述两相流不稳定性的现象和特征，介绍这些现象发生的主要机理和典型不稳定性的理论分析模型，讨论流量偏移、密度波形振荡和压降型振荡方面的研究分析结果。此外，还介绍和讨论两相流不稳定性未来值得关注的研究议题。

8.1 概　述

8.1.1　两相流不稳定性的概念

两相流不稳定性是指工质流量等参数的非周期性偏移或周期性脉动的现象。由于两相流的复杂性，造成两相流不稳定的因素很多，因而两相流不稳定性的类型也很多。

描述不稳定性现象时，人们会经常用到脉动、振荡、波动等术语来表述同一现象。例如密度波不稳定性也被称为密度波振荡或密度波脉动。

按照不稳定性随时间变化的特点，两相流不稳定性可以分为静态不稳定性和动态不稳定性。

静态不稳定性是指系统的流动特性(也称为压降-流量特性，或水动力特性)呈多值性，管路内流量等参数发生非周期性偏移的现象。静态不稳定下，系统从一个流量变化到另一个流量，出现新的工况，系统可能在这个新工况下工作，也可能不定期、无规律地返回到原来的工况。静态不稳定状态的临界值可以从静态守恒方程中推测出来。

动态不稳定性是指流量等发生自维持的周期性脉动现象。最常发生的为密度波不稳定和压力降不稳定。密度波不稳定是由高密度与低密度的两相混合物交替流过通道，使进口流量发生周期性脉动的现象。压力降不稳定发生在多值性压降-流量特性曲线的负斜率段，并且在系统中有足够大的可压缩容积，是由静态不稳定与动态不稳定复合而成的整体型不稳定性。为了描述动态不稳定，必须考虑不同的动态影响因素，如传播时间、惯性、可压缩性等。当不稳定伴随发生膜态沸腾时，引起管壁温度大幅度脉动，称为热力不稳定。

有时用混合不稳定性这一术语描述几种基本不稳定机理相互作用产生的现象。如果一个不稳定现象是由一个主导机理引起，其后又参入了其他机理的作用，则这个现象可以称为混合不稳定性。

讨论不稳定性问题时，还要注意微观不稳定与宏观不稳定的区别。微观不稳定性用于描述发生在局部气液交界面的现象，例如开尔文-亥姆霍兹不稳定性和瑞利-泰勒不稳定性等。而宏观不稳定性涵盖整个两相流系统。当系统受到瞬时扰动后偏离原来的稳定状态，且不能恢复原状态。本章主要讨论宏观不稳定问题，微观不稳定现象不在讨论范围之内。

对于由许多平行通道所组成的两相流系统，例如锅炉及蒸气发生器，脉动的形式被分为整体脉动和管间脉动。整体脉动是蒸发受热面所有并联管子同时发生流量及其他参数的脉动，一般发生在蒸发受热面上游存在可压缩容积时，在蒸发受热面下游的管道中的两相混合物或纯蒸气也会起到可压缩容积的作用。可压缩容积提供了一个弹性空间，因而可能引起在蒸发受热面中发生整体的流量与其他参数的脉动。在整体脉动时，所有并联管子发生同相位的脉动[1]。

管间脉动是在进出口总管之间的总流量、蒸发量及压降不变的情况下，并联管中的某些管子发生周期性的流量脉动。一些管子的流量增加时，另一些管子的流量就会减少，并做周期性变化。当蒸发受热面由几个并联管屏组成时，这种脉动也可能在管屏之间发生，称为屏间脉动。

流动的不稳定性会对系统和设备的正常工作造成很大的不利影响。因此在设计中，应考虑尽量避免或减少这些现象的发生。

8.1.2 两相流不稳定性的研究发展

1938 年，Ledinegg[2]发表了自然对流和强迫对流循环中的不稳定研究的论文，被公认为是研究两相流不稳定性的开拓性工作。1960 年前后，工业锅炉和蒸气发生器的发展吸引了众多研究人员投入到两相流系统不稳定现象的研究中。其间，许多实验研究描述了发生在沸腾管道中的不同现象。由于各个作者都试图解释他们研究的特定现象，使用了不同的描述方式，互相不统一甚至矛盾，出现了一段比较困惑的时期。到 20 世纪 60 年代后期，人们才逐渐弄明白两相流不稳定性的主要机理。这中间，分析工具和计算机工具的发展起了很重要的作用[3-4]。

20 世纪 70 年代和 80 年代早期，一些分析工作为理解热流体不稳定性做出了重要贡献[5]。同时，研究人员也做了大量努力来研究核反应堆不同部件的稳定性。随着计算机工具的发展，关于核反应堆事故分析中的短暂现象的研究迅速兴起，对事故分析和瞬态模拟进行了大量投入。不稳定性研究最受重视的是核工业领域，超过 90%的核反应堆中的热动力学研究属于核安全领域[6]。如今，不同运行工况中会出现哪些不稳定现象，在核工业领域中已经有了较好的预测方法。

在其他一些两相流的重要应用领域，对于两相流不稳定性的研究也逐渐引起人们的重视，虽然对于一些现象的机理性认识还很不够。近几十年的许多研究表明，在诸如热交换器、低压锅炉、热回收器、蒸发器、冷凝器、油井部件、热虹吸器等很多设备中，均出现了两相流不稳定性现象[7]。

在两相流不稳定性研究中，通常用单管来研究整体脉动的特性，用两根并联管来研究管间脉动的特性。由这样的研究得出的两相流不稳定性的起始条件及基本规律具有普遍推广价值。用这种方法，陈听宽等[8-10]对 600 MW 超临界压力变压运行锅炉水冷壁两相流不稳定性、200 MW 高温气冷堆螺旋管圈蒸气发生器两相流不稳定性，以及超临界循环流化床锅炉垂直并联内螺纹管内两相流不稳定性等，进行了理论和实验研究，分析了两相流不稳定性的类型，研究了系统压力、质量流速、入口过冷度、热负荷及其分布、进口和出口节流及可压缩容积等因素对不稳定性的影响，提出了两相流不稳定性的预报模型。

8.2　两相流不稳定性的特征与机理

8.2.1　流动特性的不稳定性

1. 流动特性曲线

为了进行静态不稳定分析，我们把一个含两相流的管路作为研究对象，称为系统，把压头源（水泵或其他压头源）所在的部分称为外部。作用于两相流系统两端的压差（即压降）Δp 与其流量 $\dot{m}$ 之间的关系，称为该系统的流动特性，也就是压降-流量特性，又称为水动力特性。流动特性受到很多因素的影响，除流量和压力之外，还有流型、空泡率、干度、热流密度、流道几何尺度，等等。在第 6 章中，我们知道，一个管路系统的总压降 Δp 可表示为

$$\Delta p = \Delta p_{\mathrm{fr}} + \Delta p_{\mathrm{loc}} + \Delta p_{\mathrm{g}} + \Delta p_{\mathrm{ac}} \tag{8.1}$$

式中，Δp_{fr} 为摩擦压降；Δp_{loc} 为局部压降；Δp_{g} 为重力压降；Δp_{ac} 为加速压降，有时也称为惯性压降、动量压降或惯性动量压降。

对于单相介质，Δp_{fr} 随 $\dot{m}$ 的增大而增大，呈二次曲线的单调上升趋势。但对于气液两相流，一方面，随着干度的增大，Δp_{ac} 增大，Δp_{g} 下降（如果流动方向向上）或上升（如果流动方向向下），Δp_{fr} 和 Δp_{loc} 增大（因干度增大、两相流的流速增大）；另一方面，因为密度降低，动压头减小，又可使 Δp_{fr} 和 Δp_{loc} 减小。综合结果，Δp 呈不确定性变化，Δp 与 $\dot{m}$ 之间可能呈三次方函数关系。也就是说，在特定的情况下，非绝热系统的压降-流量特性曲线会呈现出 N 形（或 S 形）变化。

压头源的特性，即压头-流量特性，是一个单值性曲线，这里称为外部特性曲线。系统流动特性曲线与外部特性曲线的交点就是稳态工作点。因此，根据系统流动特性曲线与外部特性曲线的关系，可以得知系统工作稳定与否。当系统流动特性曲线的斜率大于外部特性曲线的斜率的时候，工作点是稳定的，即

$$\left.\frac{\partial \Delta p}{\partial \dot{m}}\right|_{\text{系统}} > \left.\frac{\partial \Delta p}{\partial \dot{m}}\right|_{\text{外部}} \quad \text{稳定条件} \tag{8.2}$$

根据静态稳定准则式(8.2)，不同因素的作用根据其对特性曲线斜率影响的大小而使系统变得稳定或不稳定。

图 8.1 中给出了流动沸腾系统典型的 N 形曲线和 5 条外部特性曲线（Cs1、Cs2、Cs3、Cs4、Cs5），图中同时给出了全气体和全液体两种假想的情况（见虚线）。从图中可以看出，在 Cs1 和 Cs2 情况下，外部特性曲线与系统流动特性曲线只有一个交点 A。由于系统流动特性曲线的斜率比外部特性曲线的斜率大，故这个点是稳定的。当外部特性曲线 Cs3 和 Cs4 与系统流动特性曲线相交在点 A 时，会呈现相反的结果，即这两种情况在点 A 是不稳定的。Cs3 和 Cs4 与系统流动特性曲线的另外两个相交点，即点 B 和 C，是满足稳态工作条件的两个新稳态工作点。

假设流动方向和通道截面积不变，即 $\Delta p_{\mathrm{loc}}=0$，在这种情况下，$\Delta p_{\mathrm{fr}}$、$\Delta p_{\mathrm{ac}}$、$\Delta p_{\mathrm{g}}$ 三项的变化都可能导致系统不稳定。对于垂直上升流动，重力压降 Δp_{g} 使系统稳定，而摩擦压降 Δp_{fr} 和加速压降 Δp_{ac} 使系统变得不稳定。在下降流动中，重力压降也会使系统不稳定。有的研究者曾尝试根据哪一项占优来进行不稳定性分类。不过，关于各压降项对系统变化过程的影响，

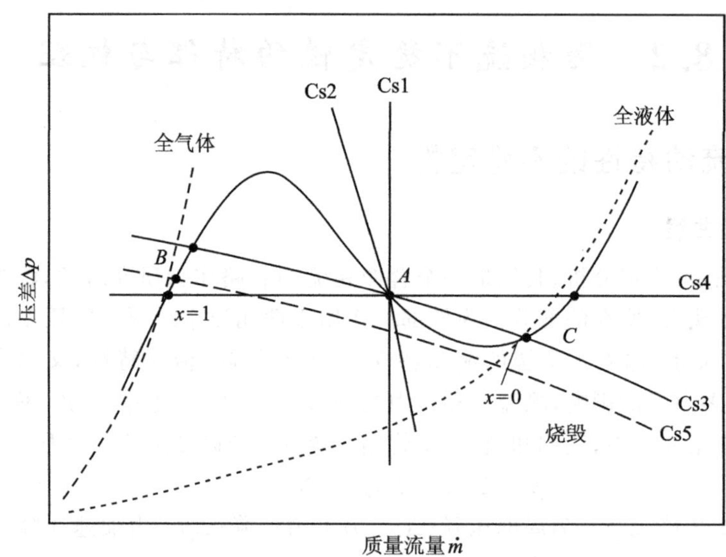

图 8.1 沸腾系统的流动特性曲线和 5 条外部特性曲线

迄今为止仍然不是很清楚。

2. Ledinegg 不稳定性

Ledinegg 不稳定性也叫流量偏移，是文献中分析最多的不稳定性。Ledinegg 不稳定性是一种静态不稳定，它最先由 Ledinegg[2] 提出，因此得名。需要指出的是，在文献中描述不稳定区域的时候普遍使用“Ledinegg 不稳定”这一词汇。

Ledinegg 不稳定的特征是流道的流动特性曲线具有多值性，也即存在随流量增大而压降反而减小的负斜率区，如图 8.1 所示。这是压降-流量曲线关系的基本现象。现在以外部特性曲线为 Cs3 进行讨论，观察流量偏移。如果系统工作在 A 点，当系统中出现微小扰动，例如背压稍低、介质温度升高、热流密度波动等，使流量稍微高于 A 点的流量时，流道压降降低，压头高于阻力，导致流量继续增大，直到 B 点；反之，如果系统扰动使流量稍微低于 A 点的流量，流道压降升高，压头低于阻力，导致流量继续减小，直到 C 点。这就是流动中压降-流量特性具有多值性的现象。

在大多数实际情况下，Ledinegg 不稳定性现象不会发生。相反，外部参数或系统参数的变化会改变工作点的稳定性。以图 8.1 外部特性 Cs5 为例。如果一个系统的外部参数最初含有三个工作点(如 Cs3)，由于某种原因变成了 Cs5，则这个系统会出现从点 C 到点 B 的流量偏移。当流量从纯液相区(点 C)减小时，系统会突然产生大量蒸气而转变为两相区。反之，相同的现象也会出现在当工作点从两相区到全液区的时候。Ruspini 等[11] 的研究表明，系统在不稳定点有两种发展方式：同等概率的流量增大或减小。

3. 流量分布不稳定性

在并联管路中，系统流动特性曲线负斜率会造成流量分布不稳定。在一束由入口和出口总管连接的并联管路中，总流量不变，并联管两端的压降也相同，但各管内的流量可能很不相同，而且管内的流量还可能发生偏移，时大时小，这在并联管间就将造成较大的热偏差。

在多管路的情况下，当一些管路工作在负斜率区域时，就会出现管路之间的流量再分配。

图 8.2 表示了一种由两根管并联时的流动特性曲线，并联情况下分了许多区域。根据外部特性曲线与系统流动特性曲线的相交情况，系统可以有几个可能的工作点。在外部特性曲线为水平的时候，系统可能有 9 个工作点。很明显，随着管路数量的增加，多管路的区域复杂性也会增加。

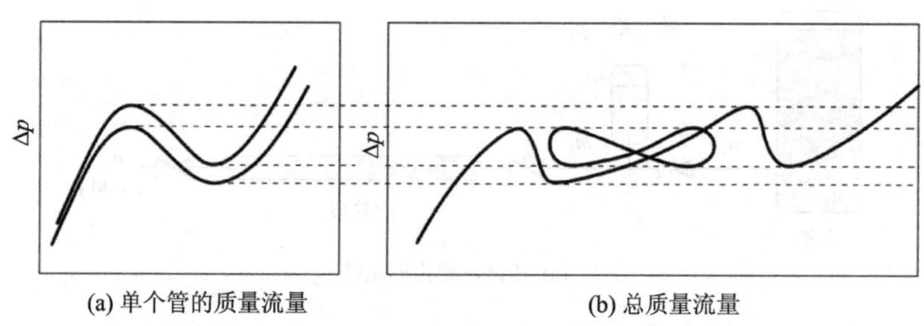

图 8.2　两根管并联时各管路不同的流动特性曲线[7]

Akagawa 和 Sakaguchi[12] 最早系统地分析了这一现象。他们分析了在一长并联管路中的一些两相流现象，发现在负斜率情况下，不仅不同管路中的流量分布不良，而且管路之间可能有流量偏移。

4. 流型转变

流道中两相流如果恰处在泡状流与塞状流（或弹状流）、弹状流与间歇流，或间歇流与环状流之间的工况，就可能在两种流型转变时引起显著的流量不稳定。例如[13]：泡状流摩擦力较大，在一定的工作压头下，会使流量减小，从而使在加热作用下气量增多，转变为塞状流或弹状流；而塞状流或弹状流的流阻较小，于是又会使流量增大。如此反复，出现流量不稳定。这是指一般水平管内的流动情况，如果在垂直或 U 形管内，不稳定程度还会增大。因为在垂直上升流动中，泡状流的重力压降比塞状流或弹状流的大，所以泡状流的密度比塞状流或弹状流的密度大。流型的转变并非很规律，因而流量的变化也没有显著的周期性。因此，流型转变被视为静态不稳定性。

流型转变体现的不稳定性自 20 世纪 70 年代起就一直在文献中被提及。流型转变的主要机理也可以像 Ledinegg 流量偏移一样从静态特征曲线中得到解释。在流型转变过程中，压降与流量关系曲线会因不同系统当地压降不同而呈现出转折点。当系统流动特性曲线有负斜率的时候，任何对初状态的扰动都会导致一个向新工作点的偏移。这就是流型转变的主要机理。在一些特殊情况下，工作点的转变会导致主要变量（空泡率）和边界条件的改变，系统会经过一个流量偏移再次回到初始状态。在很特殊的条件下，这种过程可以靠产生周期性振荡来复现。

近年来，有的研究者尝试将系统压降计算模型与流型图关联起来。例如，Moreno Quibén 和 Thome 对 R134a、R22 和 R410A 在 13.8 mm 水平管内的流动沸腾进行了实验研究，绘制出了流型图[14]，然后根据不同流型，提出了不同的摩擦压降计算模型[15]。在流型转变过程中，往往存在多个解域。虽然流型转变会产生流量偏移，但流量偏移的幅度总是小于同系统中 Ledinegg 流量偏移的幅度。

5. 压降振荡

压降振荡是静态不稳定与动态不稳定复合而成的，发生在静态系统特性曲线的负斜率段，是一种系统不稳定性。在一个有着 N 形流动特性曲线的沸腾系统（见图 8.3）中，如果受热段上游的脉冲箱有足够大的可压缩容积,就会发生流量脉动。压降振荡主要产生于流量脉动现象和脉冲箱可压缩性的相互影响,其周期取决于系统中蒸气的容积和可压缩性,包括受热管上游部分充气的脉冲箱的可压缩性。

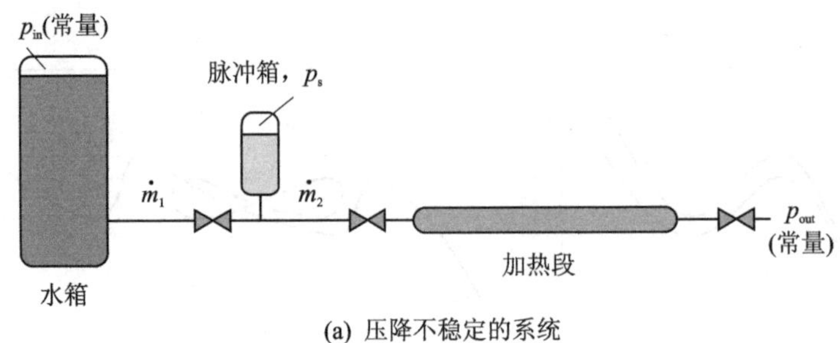

(a) 压降不稳定的系统

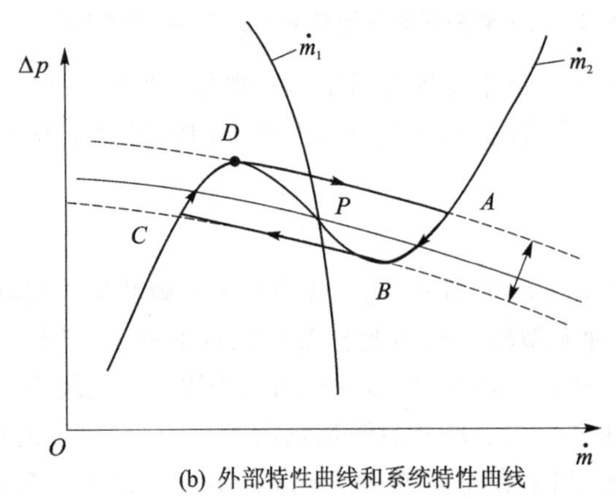

(b) 外部特性曲线和系统特性曲线

图 8.3 压降振荡机理分析示意图

压降振荡的机理可从稳态下的压降关系式分析得出。考虑图 8.3(a),有

$$(p_{in}-p_s)_{st}=k\dot{m}_1^2 \tag{8.3}$$

$$(p_s-p_{out})_{st}=f(\dot{m}_2) \tag{8.4}$$

式中,p_{in} 和 p_{out} 为供水箱内压力和系统出口压力,均为常数;p_s 为脉冲箱内的压力;$\dot{m}_1$ 和 $\dot{m}_2$ 为脉冲箱上、下游流量;k 为常数,表征供水箱与脉冲箱之间的摩擦压降特性;f 表示系统压力降与进口流量 $\dot{m}_2$ 的函数关系;下标 st 表示稳态。

对于任何稳定的工作点,流量 $\dot{m}=\dot{m}_1=\dot{m}_2$ 必须满足上面两个等式。式(8.3)得出的是外部特性曲线(见图 8.3(b)中标注有 $\dot{m}_1$ 的曲线),式(8.4)得出的是系统流动特性曲线(N 形,见图 8.3(b)中标注有 $\dot{m}_2$ 的曲线)。任何一个稳定的工作点均为这两条曲线的交点,如图 8.3 中的 P 点。

一个完全发展的压力振荡由以下几个阶段组成:脉冲箱压缩,CD 段;从两相状态到纯液状态的流量偏移,DA 段;脉冲箱的膨胀,AB 段;从低干度到高干度两相状态的流量偏移,BC 段。假如两曲线交点在 $\mathrm{d}(p_s-p_{out})/\mathrm{d}\dot{m}_2<0$ 的区域中,p_s 的少量增大,将导致 $\dot{m}_2$ 的减小大于 $\dot{m}_1$ 的减小,$\dot{m}_1>\dot{m}_2$。由于 $\dot{m}_1>\dot{m}_2$,脉冲箱被压缩,其中的液位将升高,p_s 将进一步增大,系统变为不稳定,工作点将沿沸腾曲线从点 P 移到点 D。这一段内没有稳定的两曲线相交点。由于脉冲箱上、下游流量的不平衡，过程不会停止在 D 点，流量将移到 A 点。A 点的 $\dot{m}_2$ 大于 $\dot{m}_1$，此时通过受热管的流量增大而使脉冲箱抽空。由于脉冲箱内气体膨胀减压，压力 p_s 降低，工作点沿曲线从 A 点移到 B 点，又使流量移至 C 点。整个过程再沿一定的回路 $CDABC$ 重复进行。如果没有其他不稳定现象介入，压力振荡的频率主要取决于可压缩容积的动态特性和系统的惯性。不过，这一现象通常伴随其他不稳定性共同发生。

上述过程解释了压降振荡的一般现象，同时也解释了在压降振荡的升压区出现密度波振荡的原因。因为，升压区对应于工作点在曲线的 CD 分支上，而密度波振荡就发生在这一区段。

产生压降振荡必不可少的压缩容积由受热段上游的脉冲箱提供。然而，一个很长的受热段内部的可压缩性也可能大到足以产生压降振荡。已经证明，在大热流密度的系统中，维持振荡所需的可压缩容积很小。

压降振荡的周期由与压缩容积有关的时间常数决定，脉动周期为 30～100 s，流量脉动的幅值可达平均流量的 3 倍，壁温波动的幅度可达 200～300 ℃，因此在系统中发生压降振荡是非常危险的。研究表明[1]，能够提高系统稳定性的因素包括增加工作压力，增大质量流速，进行进口节流等，而出口节流和系统的可压缩性增大则使稳定性降低。进口过冷度对稳定性的影响比较复杂。虽然在一般情况下，过冷度增大可使稳定性提高，但过冷度增大也可能对系统稳定性不利。过冷度增大可使受热段阻力增大，对稳定性有利；但它会使系统流动特性曲线的陡度增大，对稳定性不利。另外，过冷度增大使出口空泡率减小，加热管的总阻力减小，对稳定性不利。

8.2.2　密度波振荡(DWO)

密度波振荡(Density - Wave Oscillations，DWO)是最受关注的两相流不稳定性之一。单纯的 DWO 发生在水动力特性曲线的正斜率段。这种不稳定性产生和传播的主要机理是扰动造成的传播延迟和进口参数调节的反馈。延迟是管内流动现象的产物，主要是两相流流过受热段造成阻力与传热特性的相应变化。反馈则与边界条件特性相关，主要是压力与流量的反馈导致了进口流量的自激振荡。

关于密度波不稳定性的类型，Fukuda 和 Kobori[5] 提出按照产生的机理进行区分。他们根据一个带绝热立管和受热段的模型，给出了 5 种不同的 DWO 类型：由受热段里的重力压降产生的；由立管部分的重力压降产生的；由受热段的摩擦压降产生的；由立管部分的摩擦压降产生的；由受热段的加速压降产生的。现行的一种分类方式把密度波振荡按照产生机理分为 3 类：重力压降产生的 DWO；摩擦压降产生的 DWO；加速压降产生的 DWO。这种分类方式主要是依据 Fukuda 和 Kobori[5] 的研究成果，同时也考虑了他人的实验和理论研究结果。

密度波振荡的周期较短，为 2～10 s，一般认为是流体流过系统时间的 1.5～2 倍。密度波振荡中，流量脉动的幅值可达平均流量的 3 倍，壁温脉动的幅度为 10～30 ℃，其危险性比压力振荡小。不过，密度波振荡可能引起受热段内沸腾起始点位置的变化和壁温的波动，可引起受热管疲劳破坏。另外，由于密度波振荡常发生在高干度区，受热管出口易引发传热恶化，由此引起受热管因干涸而烧毁。实验结果表明[1]：密度波振荡随压力、质量流速和进口节流的增大而趋于稳定，随出口节流的增大而趋于不稳定；进口过冷度的影响比较复杂，一般当过冷度大于 40 ℃后，增大过冷度对系统稳定有利。

1. 重力压降产生的 DWO

实验表明[5],重力压降产生的 DWO 主要出现在受热段下游有着较长未加热的立管部分的垂直上升系统。在低质量流量下,任何扰动都会引发空泡率的显著变化,从而导致流型的转变。在低压的时候,静压头(受热段和立管段)对流量的改变非常敏感。结果是,流量、空泡率和压头的反馈引发振荡。这个现象在自然对流循环中尤为重要,但在强迫对流系统中也有出现。重力压降产生的 DWO 在蒸气发生器安全分析中扮演了重要角色。

2. 摩擦压降产生的 DWO

这种密度波振荡在文献中最常提到,发生的主要原因是流动扰动在单相区和两相区的传播速度不同。任何两相区的流量或空泡率的改变都会引起压降的改变。由于扰动在两相区的传播相当缓慢,扰动在两相区的起点有个重要延迟,使两相区压降振荡和单相区压降型振荡产生相位偏移。

摩擦产生的 DWO 的机理可用图 8.4 所示的简化系统进行解释。

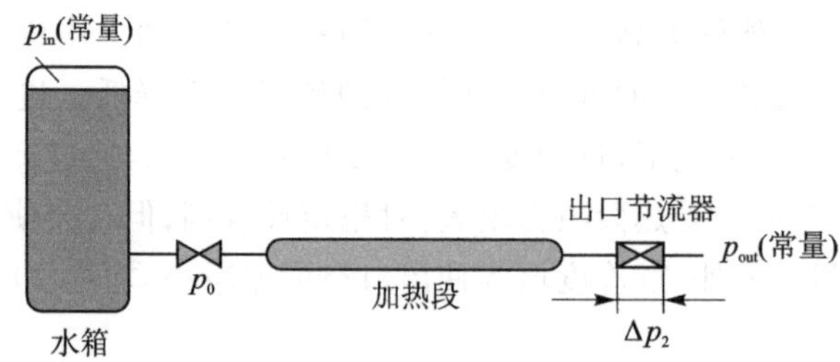

图 8.4 摩擦产生的密度波振荡的机理分析简化系统

假想将两相区摩擦压降全部集中在受热管后面所加的节流器上,以 Δp_2 表示。p_0 为受热管进口的压力。在水箱压力 p_{in} 和系统出口压力 p_{out} 保持不变的条件下,当热流密度增大时,受热管内的蒸气量增大。由于蒸气密度低,蒸气量的增大造成两相流的密度降低。蒸气体积的增大在出口节流处形成气塞,使 Δp_2 猛增,引起 p_0 增大,阻止流体进入,甚至引起倒流。一旦低密度两相流通过节流器,Δp_2 减小,压力变化以压力波的速度立即反馈到进口,p_0 减小,进口流量增大。进口流量增大后,工质迅速通过受热管,汽化量变小,形成高密度波。高密度波通过节流器后,蒸发量逐渐增大,Δp_2 增大,使进口流量再次减小。一旦压差与流量变化满足一定的相位关系,流量的波动就会自维持。实际上,两相流压降不是集中在出口节流器,而是分布在整个受热管上,不过其引起密度波振荡的机理是相同的。

3. 加速压降产生的 DWO

这种密度波振荡很少受到关注。它最初是在 Yadigaroglu 和 Bergles[16] 的实验研究中作为高阶不稳定提出的。正如参考文献[5]中所提到的,产生这一现象的基本原因是加速压降与热动力传播延迟之间的相互作用。

8.2.3 管间脉动

当系统中存在并联管路(如蒸气锅炉)或并行通道(如反应堆堆芯子通道)时,如果系统内具有足够的可压缩容积,则受热管可能发生整体脉动,即所有受热管发生同相位的流量和其他参数的脉动,前面解释过的基本密度波振荡机理也发生在并联管路系统中。

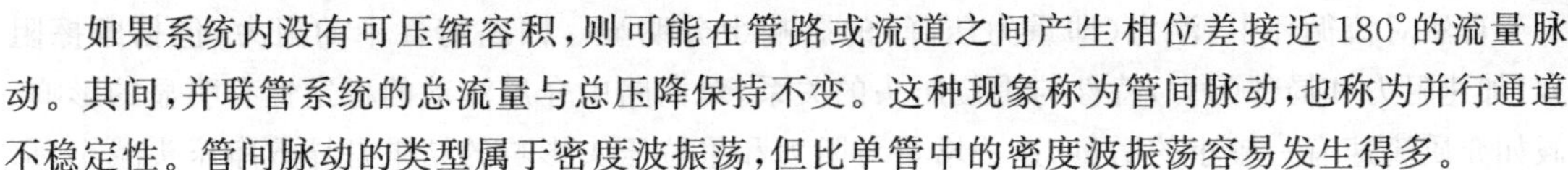

如果系统内没有可压缩容积，则可能在管路或流道之间产生相位差接近 180°的流量脉动。其间，并联管系统的总流量与总压降保持不变。这种现象称为管间脉动，也称为并行通道不稳定性。管间脉动的类型属于密度波振荡，但比单管中的密度波振荡容易发生得多。

在并联管系统中，可能一根管子的脉动较大，其他管子的反向脉动较小，也即在一根管子中流量的增大由另外几根管子的流量减小来平衡。可以想象，由对称的两根管子组成的并联管，其间发生的管间脉动最大。如果并联管子很多，则可能几乎看不出这些管子的脉动现象。这是因为很多管子分摊较小脉动的缘故。因此，在研究脉动的起始条件及基本规律时，用两根并联管进行研究即可。如有更多的并联管，其间发生的脉动程度一般小于两根管间的脉动。

对于并联管路，系统的稳定性与每个管路的稳定性有关。同时，由于不同管路的特性不一样，有可能产生不同种类的脉动。如果在系统内有一定的可压缩容积，而管间也具有管间脉动的条件，则在并联管中可能发生整体脉动与管间脉动的重叠，即在管间发生反相脉动时，系统的总流量和总压降也发生脉动。因此，在并联管中，发生脉动的类型是很复杂的，而其中以反相的管间脉动最为重要。

8.2.4　热力型振荡

热力型振荡这一名称来源于加热管路壁面温度的大波动，最先由 Stenning 和 Veziroglu[17] 提出。在受热管道的出口，处在大干度膜态沸腾初始阶段时，在流量扰动下，会出现壁面温度周期性波动的现象，称为热力型振荡。热力型振荡一般与 DWO 叠加出现。在 Stenning 和 Veziroglu[17] 的研究中，这一现象就是被摩擦压降产生的 DWO 触发的。

热力型振荡产生的机理是：在密度波振荡时，随着热负荷的增大，出口干度不断增大，在流量脉动的低谷出现膜态沸腾，蒸气层代替了管壁表面的液体层，传热系数下降，管壁温度上升。在流量脉动的波峰，原来处于膜态沸腾的受热面，受多余液体的冷却，温度下降，转入核态沸腾。当系统满足一定条件时，膜态沸腾与核态沸腾交替出现，管壁温度随之发生很大的变化。由于管壁材料的热惯性，管壁温度变化有较大的时间滞后，形成了较大的壁温波动周期和较大的波动幅值。

热力型振荡与干度和核态沸腾范围的变化有关。当这一现象被低频振荡触发时，温度波动是沸腾边界改变的结果。然而，当这一现象是由高频振荡触发时，温度波动就会有两种截然不同的模式：高频低幅（与 DWO 对应）模式和低频高幅模式。高频低幅模式取决于沸腾边界的运动，与低频振荡的情况相近。低频高幅模式是一种系统性模式，取决于加热器加热壁面的能力，以及轴向传热能力和沸腾特性的变化。

低频模式只在密度波振荡中出现。严格来说，它是唯一可以从 DWO 现象中分离出来被称作热力型振荡的。虽然热力型振荡的流量脉动周期与 DWO 的相同，但它会引起较大的壁温飞升，是造成管壁实际烧毁的主要原因。

8.2.5　受热流道中的其他不稳定性

1. 自然循环不稳定

前面讨论的重力产生的 DWO 是自然对流循环中容易出现的一种不稳定现象，尽管在强迫对流系统中也有出现。

自然对流循环中,浮力(即重力压降)的影响十分明显。回路特性中的阻力(包括摩擦阻力、加速阻力和局部阻力)特性与重位压头的关系,对回路中介质流动的稳定性有明显的影响。假如介质流速有一较小的增量,这一增量对阻力和重位压头影响的结果是导致净压头减小,那么流速会因为净压头的减小而减小。当流速减小时,对阻力和重位压头影响的结果是导致净压头增大,于是流量又增大。如此反复,即为自然循环不稳定。由此可见,维持自然循环不稳定性的必要因素是,回路本身的阻力(包括摩擦阻力、加速阻力和局部阻力)对于流量的变化率小于回路的重位压头对于流量的变化率。破坏这个因素,即可避免自然循环不稳定的发生。

2. 热声振荡

早期的热声振荡现象实验装置如图 8.5 所示。如果在图 8.5(a)所示的封闭玻璃球外加热,这种简单的装置就可以把部分热量转化为声能,引起管内气体的自激振荡。在图 8.5(b)所示的实验装置中,如果热源位于合适的位置,在合适的条件下,管内就会产生自激声振荡。

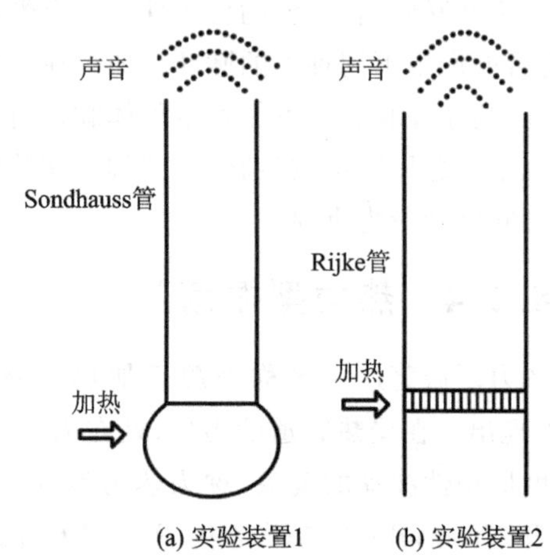

图 8.5 早期的热声振荡现象实验装置

关于两相流系统的热声振荡,最早的研究者是 Firstenberg 等人[18]。他们用热声振荡这个术语描述在流动沸腾情况下发生在系统中的高频(1 000～10 000 Hz)声音。这些声音主要由气泡爆破产生,并且与过冷度和热流有关。另一方面,热声振荡也用于指低频(5～100 Hz)声现象。

Cornelius[19]以 R114 为工质,研究了封闭回路在超临界状态下的流动不稳定性。这是对强迫对流和自然对流系统中的热声振荡较早进行的系统性研究。研究中发现了热声振荡,同时发现了似乎是重力产生的 DWO 现象和间歇泉不稳定现象。值得注意的是,在某些情况下,热声振荡伴随着重力产生的 DWO 现象和间歇泉不稳定现象。

Smirnov 等人[20]的工作是这一领域中最深入的研究之一。他们使用了许多不同形状和大小的实验段,研究了过冷沸腾中的热声振荡现象。他们认为,导致气液两相流中热声振荡的主要机理是气液两相流与强迫振荡源的耦合作用。当汽化核心频率与气液两相流的自然音频一致的时候,产生共振,引起热声振荡。热声振荡现象的发生依赖于系统压力、流型、管路几何特征和边界条件(如开口、闭口、U 形管或阀)等。

3. 间歇泉不稳定性

间歇泉不稳定性是指在垂直上升受热管道中,流体在浮力驱动下,发生间歇性的自然循环流动,在系统中交替性地呈现单相或两相形态;流动方向会有正反两个方向的变化,伴随着周期性的蒸气喷涌和过冷液体的回流。

间歇泉不稳定性主要在低热流密度和低流量的情况下产生。在自然对流系统、强迫对流系统、单管系统、并联管路系统中均可发生。它常发生在具有较长上升管路、下端加热的系统中,整个循环流动过程可分为过冷沸腾、流动振荡、蒸气喷涌和回流冷却几个阶段。这种现象可能在很多场合发生,例如:在核电厂事故情况下投入安全注射系统的过程中,在核电厂停堆或启动工况下热阱丧失时，在建立冷却剂的自然循环导出堆芯热量的过程中，在液化天然气的垂直输送管路中，在火箭中连接推进剂贮箱与火箭引擎的垂直管路中，在重力热管的启动过程中等。在回流冷却过程中，液体在重力作用下的回流会对下方管路产生类似水锤的冲击。如果系统中经常出现间歇泉现象的话，会对管道和阀门造成结构性损害。

图 8.6 表示的是环形通道中的间歇泉不稳定性现象[21]。图 8.6(a)表示在加热段出现沸腾，并形成了大的塞状长气泡。图 8.6(b)表示大的塞状长气泡到达出口端的过冷流体区域，开始被冷凝。图 8.6(c)表示气泡的冷凝结果导致浮力降低，流速减弱，以至出现流体反向流动。图 8.6(d)表示系统回到过冷状态，液体从下部被加热。加热的结果是现象从图 8.6(a)开始，重复发生。

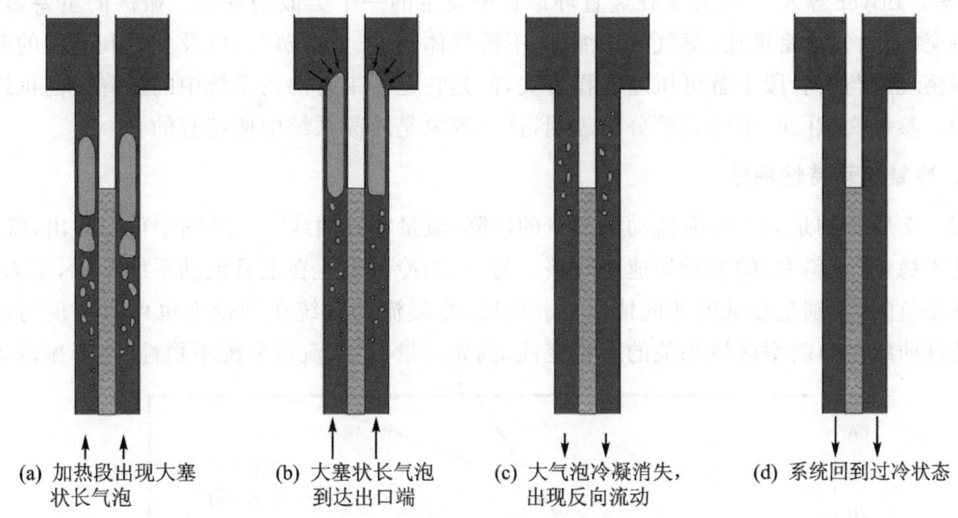

图 8.6　间歇泉不稳定性现象[21]

Aritomi 等人[22]对间歇泉不稳定性现象发生的主要机理进行了解释：在具有大过冷度的垂直上升管路中，加热后产生了大的塞状长气泡，这种气泡在上升过程中由于重力压降减小而长大；当蒸气与过冷液体在上层空间混合时，大气泡会突然被凝结；由于气泡破碎，过冷液体返回管路，恢复到未沸腾状态；液体加热量再次增加，导致空隙增多，整个过程重复发生。

一些研究表明，流动振荡时间与沸腾延迟时间 t_{bd} 成比例关系，沸腾延迟时间比冷凝和液体回流的时间长很多。沸腾延迟时间是过冷液体被加热到饱和温度所需的时间，可以由下式[23]表示：

$$t_{\mathrm{bd}}=\frac{\rho_1 c_{p1}\Delta T_{\mathrm{sub}}A_{\mathrm{s}}L_{\mathrm{HS}}}{q} \tag{8.5}$$

式中，ρ 为密度；c_p 为定压比热容；下标 1 代表液相；ΔT_{sub} 为液体过冷度；A_{s} 为加热段侧表面积；L_{HS} 为加热段的长度；q 为热流密度。

8.2.6　冷凝流动中的不稳定性

前面讨论的不稳定性发生在管道受热、流体吸热沸腾的系统中。这是两相流不稳定性研究的主要对象。两相流不稳定性也可能发生在冷凝流动中，不过关于冷凝流动中不稳定性的研究很少。冷凝流动中不稳定性具有微观和宏观的特殊性质，与沸腾系统中所描述现象的机理完全不同。

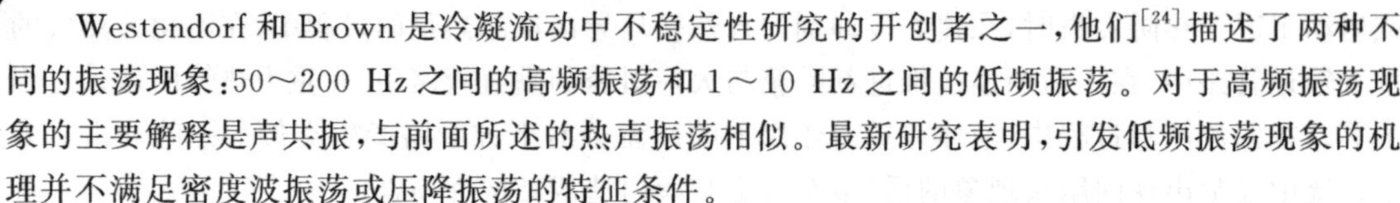

Westendorf 和 Brown 是冷凝流动中不稳定性研究的开创者之一,他们[24]描述了两种不同的振荡现象:50～200 Hz 之间的高频振荡和 1～10 Hz 之间的低频振荡。对于高频振荡现象的主要解释是声共振,与前面所述的热声振荡相似。最新研究表明,引发低频振荡现象的机理并不满足密度波振荡或压降振荡的特征条件。

1. 自激振荡

Bhatt 和 Wedekind[25]研究了冷凝流动中的一种自激低频振荡现象(1～20 Hz)。在这项研究中,作者认为触发振荡的机理是冷端管路上游蒸气的压缩性和过冷流体的惯性之间的动能交换。这种现象的背后是系统在极限周期振荡下的演变。这个振荡的时间段比摩擦产生的 DWO 短。Boyer 等人[26]研究了在竖直环形管中发生的一个类似的现象。振荡的主要影响因素是热交换器、气液密度比、蒸气可压缩性、下游气体惯性、上游蒸气,以及上游和下游的节流。这一振荡现象与实验段上游可压缩容积有关,但是它是否带有沸腾系统中的压降振荡机理,不得而知。参考文献[24]中的实验分析表明,这一现象是冷凝系统中所特有的。

2. 冷凝流动特性曲线

图 8.7 所示的是向下冷凝流动情况下的压降-流量特性曲线[7]。从图中可以看出,唯一会使系统不稳定(负斜率)的项是加速压降项。另外,当冷凝发生在上升流动系统中时,重力压降的斜率是负的,特别是在低流速的情况下。所以,冷凝流动系统在理论上也可以实现与压降-流量特性曲线的负斜率区域相关的不稳定性,例如流量偏移、流量分配不稳性、压降振荡等。

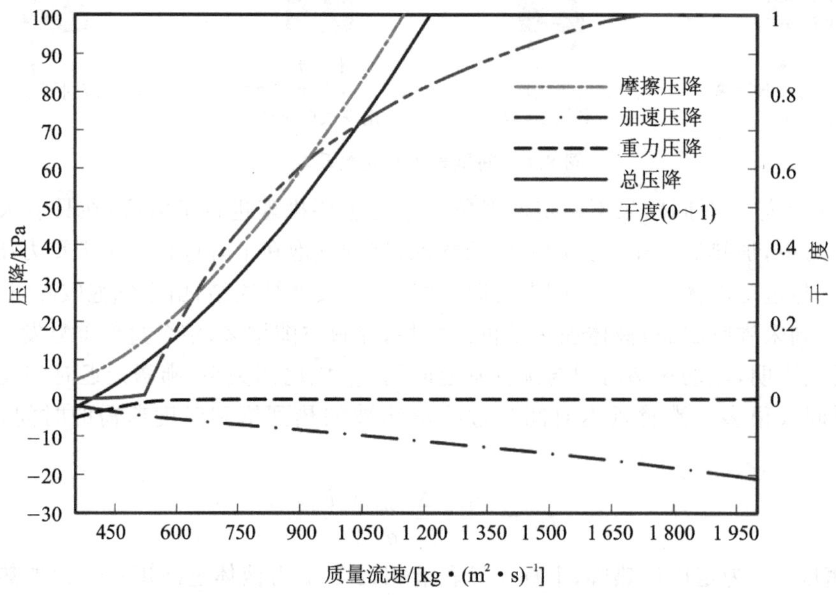

图 8.7　向下冷凝流动压降-流量特性曲线中不同压降项的分解图[7]

3. 并联冷凝管中的振荡

对于并联冷凝管中流动不稳定性的研究很少。在并联冷凝管系统中,与单管情况相似,会出现与过冷流体惯性和被冷段上游的可压缩性相关的低频振荡,影响这一不稳定性的主要因素包括冷凝器热流密度、下游过冷流体惯性、上游蒸气可压缩容积、流阻,以及气液密度比等。其中,气液密度比是影响振荡幅度的主要因素。

8.3　其他类型的两相流不稳定现象

8.3.1　水击现象

现代热动力系统在很宽的范围内运行,任何突变都会引起压力波(水击)。在某些情况下,水击时的压力是平常压力的好几倍,这可能引起输送管道、阀或其他组件的破裂。发生在工业设备中的可能引起严重损害的三种基本水击现象是:

① 阀快速动作引起的水击:阀快速动作在任何热动力系统中都可能产生突变,引起压力波,而压力波则会对阀、管道或其他组件造成损害。

② 水塞引起的水击:高速气流导致液体塞加速崩溃或冲击管壁,在气体内产生压力波。

③ 冷凝引起的水击:在一些情况下,冷凝造成气泡快速崩溃,产生大幅压力波。

8.3.2　流动诱导不稳定性

在换热器中有高速气流或高速液体流的应用场合,流动诱导振动是换热器设计需要关心的重要问题。一些工业换热器(例如蒸气发生器、冷凝器、锅炉等)中,气液两相流交叉流动。在某些流态和流速下,流体的冲击将导致管路振荡,造成磨损破坏和疲劳破坏。在交叉流换热器管束中,有 4 种机理可能导致流动诱导不稳定性:① 湍流振荡;② 漩涡分离;③ 声音共振;④ 流体弹性不稳定。其中,流体弹性不稳定在两相流设备中是最具破坏性的。

8.4　典型不稳定性的计算

8.4.1　Ledinegg 不稳定性的计算

1. 控制方程

研究 Ledinegg 不稳定性最简单的物理模型由等截面管连接两个加压储液箱组成,其中,管路中有两个阀门和一个加热段,如图 8.8 所示。在这个物理模型中,两个储液箱之间的压力差作为压力源,通过调节阀门,外部特性曲线呈二次方变化。当阀门接近关闭时,外部特性曲线斜率接近无穷大。当阀门接近全开时,外部特性曲线斜率接近零。大斜率曲线对应于大的

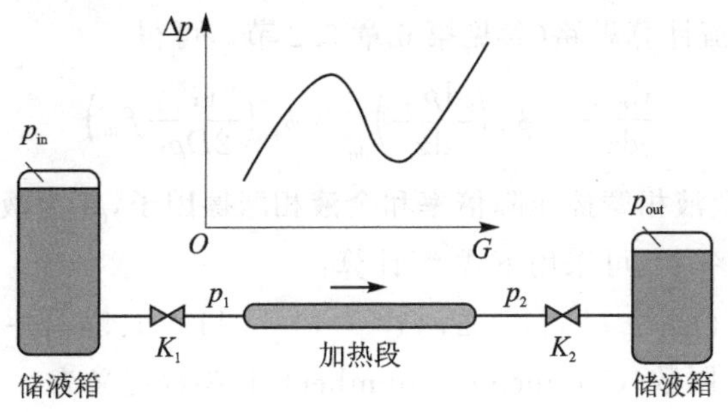

图 8.8　用于 Ledinegg 不稳定性分析的物理模型

串联管路(例如热动力环路)。此种情况下,尽管压降有变化,但流量基本保持不变。而零斜率对应于大的并联管路(例如列管式换热器)。

为了建立 Ledinegg 不稳定性分析的数学模型,作出如下假设:

① 一维流动;

② 气液两相处于热平衡状态;

③ 满足两相流均相流模型条件;

④ 管路为等截面直管;

⑤ 加热段出口干度 $x<1$;

⑥ 等热流密度;

⑦ 对于发生不稳定性的边界处,流动属于稳定流动。

在上述假设下,可得以 z 为空间坐标的连续性方程

$$\frac{\mathrm{d}G}{\mathrm{d}z}=0 \tag{8.6}$$

动量方程[1]

$$\frac{\mathrm{d}p}{\mathrm{d}z}=\frac{\mathrm{d}p_{\mathrm{fr}}}{\mathrm{d}z}+\frac{\mathrm{d}p_{\mathrm{ac}}}{\mathrm{d}z}+\frac{\mathrm{d}p_{\mathrm{loc}}}{\mathrm{d}z}+\frac{\mathrm{d}p_{\mathrm{g}}}{\mathrm{d}z} \tag{8.7}$$

能量方程

$$\frac{\mathrm{d}(Gh)}{\mathrm{d}z}=\frac{Pq}{A_{\mathrm{c}}} \tag{8.8}$$

式中,G 为两相流工质的质量流速;h 为两相流工质的比焓;P 为流道周边长,对于圆管,$P=D\pi$;q 为热流密度;A_{c} 为流道横截面积;其他参数含义参见式(8.1)。

假设阀门阻力特性系数 K_i($i=1,2,\cdots,N$;N 为阀门个数)为零,则局部压降等于零,于是动量方程式(8.7)简化为

$$\frac{\mathrm{d}p}{\mathrm{d}z}=\frac{\mathrm{d}p_{\mathrm{fr}}}{\mathrm{d}z}+\frac{\mathrm{d}p_{\mathrm{ac}}}{\mathrm{d}z}+\frac{\mathrm{d}p_{\mathrm{g}}}{\mathrm{d}z} \tag{8.9}$$

将式(8.6)代入式(8.8),则能量方程简化为

$$G\frac{\mathrm{d}h}{\mathrm{d}z}=\frac{Pq}{A_{\mathrm{c}}} \tag{8.10}$$

2. 动量方程中分项压降的计算方法

(1) 两相流摩擦压降的计算方法

采用摩擦压降分相流计算思路(参见第 6 章 6.2 节),可得

$$\frac{\mathrm{d}p_{\mathrm{fr}}}{\mathrm{d}z}=\phi_{\mathrm{lo}}^{2}\left(\frac{\mathrm{d}p_{\mathrm{fr}}}{\mathrm{d}z}\right)_{\mathrm{lo}}=\phi_{\mathrm{lo}}^{2}\left(\frac{G^{2}}{2D\rho_{\mathrm{l}}}f_{\mathrm{lo}}\right) \tag{8.11}$$

式中,ϕ_{lo}^{2} 和 f_{lo} 分别为全液相摩擦压降倍率和全液相摩擦因子,ρ_{l} 为液相密度。

全液相摩擦压降倍率 ϕ_{lo}^{2} 可采用下式[28]计算:

$$\phi_{\mathrm{lo}}^{2}=\{Y^{2}x^{3}+(1-x)^{1/3}[1+2x(Y^{2}-1)]\}[1+1.54(1-x)^{0.5}Co^{1.47}] \tag{8.12}$$

式中,x 为干度,Co 为受限数(Confinement number),Y 参数定义为

$$Y^{2}=\left(\frac{\mathrm{d}p}{\mathrm{d}z}\right)_{\mathrm{go}}\Big/\left(\frac{\mathrm{d}p}{\mathrm{d}z}\right)_{\mathrm{lo}}=\frac{\rho_{\mathrm{l}}}{\rho_{\mathrm{g}}}\cdot\frac{f_{\mathrm{go}}}{f_{\mathrm{lo}}} \tag{8.13}$$

$$Co=\sqrt{\frac{\sigma}{g(\rho_1-\rho_g)D^2}} \tag{8.14}$$

以上式中，σ 为表面张力，f_{go} 为全气相摩擦因子。

全液相摩擦因子 f_{lo} 和全气相摩擦因子 f_{go} 可用单相流的方法计算（参见第 6 章）。用 k 代表液相 l 或气相 g，对于 $Re_{ko}\leqslant 2\,000$，有

$$f_{ko}=\frac{64}{Re_{ko}} \tag{8.15}$$

对于 $Re_{ko}\geqslant 3\,000$，可用 Fang 等[27]模型计算：

$$f_{ko}=0.25\left[\log\left(\frac{150.39}{Re_{ko}^{0.988\,65}}-\frac{152.66}{Re_{ko}}\right)\right]^{-2} \tag{8.16}$$

对于 $2\,000<Re_{ko}<3\,000$，有

$$f_{ko}=(1.152\,5Re_{ko}+895)\times 10^{-5} \tag{8.17}$$

式中，Re_{ko} 定义为

$$Re_{ko}=\frac{GD}{\mu_k} \tag{8.18}$$

式中，μ_k 为液相（k 代表 l 时）或气相（k 代表 g 时）的动力粘度。

(2) 单相流摩擦压降的计算方法

加热段进口可能有单相过冷液体段，这时式(8.11)仍然适用，取 $\phi_{lo}^2=1$ 和 $f_{lo}=f_{sp}$ 即可。单相液体摩擦因子 f_{sp} 仍可用式(8.15)～式(8.18)的方法计算。

(3) 加速压降的计算方法

由两相流加速压降 Δp_{ac} 计算式

$$\Delta p_{ac}=G^2\left\{\left[\frac{x^2}{\rho_g\alpha}+\frac{(1-x)^2}{\rho_1(1-\alpha)}\right]_{out}-\left[\frac{x^2}{\rho_g\alpha}+\frac{(1-x)^2}{\rho_1(1-\alpha)}\right]_{in}\right\} \tag{8.19a}$$

可知

$$\frac{dp_{ac}}{dz}=G^2\frac{d}{dz}\left[\frac{x^2}{\rho_g\alpha}+\frac{(1-x)^2}{\rho_1(1-\alpha)}\right] \tag{8.19b}$$

式中，α 为空泡率，可用 Xu 和 Fang[28]模型计算：

$$\alpha=\left[1+\left(\frac{1-x}{x}\right)\left(\frac{\rho_g}{\rho_1}\right)(1+2Fr_{lo}^{-0.2}\alpha_h^{3.5})\right]^{-1} \tag{8.20}$$

式中，均相模型计算的空泡率 α_h 等于容积含气率；全液相弗劳德数 Fr_{lo} 定义为

$$Fr_{lo}=\frac{G^2}{gD\rho_1^2} \tag{8.21}$$

为了减少参数计算，空泡率也可以用下面准确度略差的 Chisholm[29]模型计算：

$$\alpha=\left[1+\left(\frac{1-x}{x}\right)\left(\frac{\rho_g}{\rho_1}\right)\sqrt{1-x\left(1-\frac{\rho_1}{\rho_g}\right)}\right]^{-1} \tag{8.22}$$

(4) 重力压降的计算方法

常重力下，重力压降可用下式计算：

$$\frac{dp_g}{dz}=[\alpha\rho_g+(1-\alpha)\rho_1]\,g\sin\theta \tag{8.23}$$

式中，θ 为管道与水平面的夹角，流向向上为正，向下为负。

（5）动量方程的具体形式

将式(8.11)、式(8.19)、式(8.23)代入式(8.9)，得

$$\frac{\mathrm{d}p}{\mathrm{d}z}=\phi_{\mathrm{lo}}^{2}\left(\frac{G^{2}}{2D\rho_{\mathrm{l}}}f_{\mathrm{lo}}\right)+G^{2}\frac{\mathrm{d}}{\mathrm{d}z}\left[\frac{x^{2}}{\rho_{\mathrm{g}}\alpha}+\frac{(1-x)^{2}}{\rho_{\mathrm{l}}(1-\alpha)}\right]+[\alpha\rho_{\mathrm{g}}+(1-\alpha)\rho_{\mathrm{l}}]g\sin\theta \tag{8.24}$$

3. 微分控制方程的离散

对式(8.10)和式(8.24)离散求解，就可以获得系统的压降-流量特性，并对给定条件考察系统的流量漂移。

采用有限差分方法，用上标 i 表示当前空间节点，$i-1$ 表示前一空间节点($i=1,2,3,\cdots,N$)，能量方程式(8.10)可离散为

$$G(h^{i}-h^{i-1})=\frac{Pq}{A_{\mathrm{c}}}\Delta z \tag{8.25}$$

式中，Δz 为空间差分步长。整理后得

$$h^{i}=\frac{1}{G}\left(\frac{Pq}{A_{\mathrm{c}}}\Delta z+h^{i-1}\right) \tag{8.26}$$

式中，等式右边对于当前空间节点迭代计算是常量，下同。

动量方程式(8.24)可离散为

$$\begin{aligned}p^{i}-p^{i-1}=&\frac{G^{2}\Delta z}{4D}\left[\left(\frac{\phi_{\mathrm{lo}}^{2}}{\rho_{\mathrm{l}}}f_{\mathrm{lo}}\right)^{i}+\left(\frac{\phi_{\mathrm{lo}}^{2}}{\rho_{\mathrm{l}}}f_{\mathrm{lo}}\right)^{i-1}\right]+\\&G^{2}\left\{\left[\frac{x^{2}}{\rho_{\mathrm{g}}\alpha}+\frac{(1-x)^{2}}{\rho_{\mathrm{l}}(1-\alpha)}\right]^{i}-\left[\frac{x^{2}}{\rho_{\mathrm{g}}\alpha}+\frac{(1-x)^{2}}{\rho_{\mathrm{l}}(1-\alpha)}\right]^{i-1}\right\}+\\&\frac{g\Delta z\sin\theta}{2}\{[\alpha\rho_{\mathrm{g}}+(1-\alpha)\rho_{\mathrm{l}}]^{i}+[\alpha\rho_{\mathrm{g}}+(1-\alpha)\rho_{\mathrm{l}}]^{i-1}\}\end{aligned} \tag{8.27}$$

整理后得

$$\begin{aligned}&p^{i}-\frac{G^{2}\Delta z}{4D}\left(\frac{\phi_{\mathrm{lo}}^{2}}{\rho_{\mathrm{l}}}f_{\mathrm{lo}}\right)^{i}-G^{2}\left[\frac{x^{2}}{\rho_{\mathrm{g}}\alpha}+\frac{(1-x)^{2}}{\rho_{\mathrm{l}}(1-\alpha)}\right]^{i}-\frac{g\Delta z\sin\theta}{2}[\alpha\rho_{\mathrm{g}}+(1-\alpha)\rho_{\mathrm{l}}]^{i}\\&=p^{i-1}+\frac{G^{2}\Delta z}{4D}\left(\frac{\phi_{\mathrm{lo}}^{2}}{\rho_{\mathrm{l}}}f_{\mathrm{lo}}\right)^{i-1}-G^{2}\left[\frac{x^{2}}{\rho_{\mathrm{g}}\alpha}+\frac{(1-x)^{2}}{\rho_{\mathrm{l}}(1-\alpha)}\right]^{i-1}+\frac{g\Delta z\sin\theta}{2}[\alpha\rho_{\mathrm{g}}+(1-\alpha)\rho_{\mathrm{l}}]^{i-1}\end{aligned} \tag{8.28}$$

8.4.2 压降振荡的计算

1. 控制方程

讨论的物理模型如图 8.9 所示。数学建模假设如下：

① 一维流动；

② 气液两相处于热平衡状态；

③ 满足两相流均相流模型条件；

④ 管路为等截面直管；

⑤ 加热段出口干度 $x<1$；

⑥ 等热流密度；

⑦ 因为压降振荡周期要比流体流过受热实验管段的时间长得多，因此假定是准稳态流动过程。

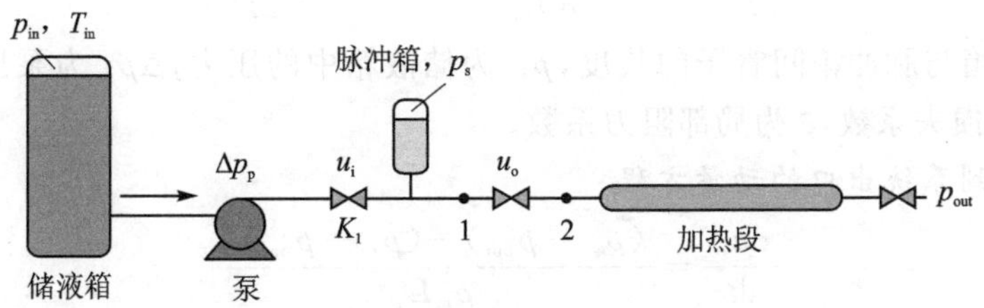

图 8.9　压降振荡物理模型简化图

以下根据图 8.9，建立压降振荡计算的数学模型[1]。

(1) 脉冲箱方程

假设可压缩容积为脉冲箱中预先充入气体的容积，则其连续方程为

$$\frac{\mathrm{d}p_s}{\mathrm{d}t}=\frac{p_s^2A(u_i-u_o)}{p_{s,st}V_{a,st}\left(1-\frac{\rho_a}{\rho_1}\right)} \tag{8.29}$$

式中，p_s 为脉冲箱中气体的压力，$p_{s,st}$ 为脉冲箱中气体的稳态压力，$V_{a,st}$ 为稳态下脉冲箱中气体的容积，A 为脉冲箱的截面积，u_i 和 u_o 分别为脉冲箱工质流入及流出速度，ρ_a 和 ρ_1 分别为脉冲箱中气体及液态工质的密度。

(2) 加热段加入流体的热量

加热段加入流体的热量 Q 为

$$Q=hA_h(T_w-T_m) \tag{8.30}$$

式中，A_h 为加热段加热面积，h 为传热系数，T_w 为加热段平均壁温，T_m 为流体平均温度。

$$T_m=\frac{T_{in}+T_{out}}{2} \tag{8.31}$$

式中，T_{out} 为加热段出口流体的温度。如果出口达到饱和，则 $T_{out}=T_{sat}$。流体饱和温度 T_{sat} (℃)是压力的函数。对于水，可用下式[30]求解：

$$p_{sat}=\exp\left(23.299-\frac{3\,890.94}{T_{sat}+230.4}\right)\quad(\mathrm{Pa}),\quad T_{sat}\leqslant 300\ ℃ \tag{8.32}$$

对于 R134a，可用下式求解：

$$p=1\,000\exp\left[24.548\,9-\frac{3\,637.99}{T_{sat,K}}-0.027\,625T_{sat,K}+2.744\times10^{-5}T_{sat,K}^2+\frac{0.011\,358(5.468-T_{sat,K})\ln(382.34-T_{sat,K})}{T_{sat,K}}\right]\quad(\mathrm{Pa}) \tag{8.33}$$

式中，$T_{sat,K}$ 为以 K 为单位的流体饱和温度。

$$T_{sat,K}=T_{sat}+273.15\ \mathrm{K} \tag{8.34}$$

(3) 管壁热平衡方程

假定加热段向外界散热可以忽略，则

$$Q_o-Q=m_hc_h\left(\frac{\mathrm{d}T_w}{\mathrm{d}t}\right) \tag{8.35}$$

式中，Q_o 为加热电功率，m_h 为加热段管子质量，c_h 为管道材料比热容。

(4) 进口区的动量方程

$$\frac{du_i}{dt}=\frac{p_{in}+\Delta p_p-p_s}{\rho_l L_i}-K_1\left(\frac{\xi u_i^2}{2D}\right) \tag{8.36}$$

式中，L_i 为储液箱与脉冲箱间管子的长度，p_{in} 为储液箱中的压力，Δp_p 为泵压头，K_1 为入口阀门引起的压力损失系数，ξ 为局部阻力系数。

(5) 脉冲箱到系统出口的动量方程

$$\frac{du_o}{dt}=\frac{(p_s-p_{out})-(p_s-p_{out})_{st}}{\rho_m L_t} \tag{8.37}$$

式中，L_t 为脉冲箱到系统出口的长度，$(p_s-p_{out})_{st}$ 为稳态时系统的压降，ρ_m 为脉冲箱到系统出口之间的平均流体密度。

(6) 扰动方程

通过改变 K_1 对实验系统施加扰动，扰动方程为

$$K_1(t)=K_0\left[1+a(1-e^{-bt})\right] \tag{8.38}$$

式中，K_0、a、b 均为经验常数。

(7) 边界条件

边界条件为：Δp_p、p_{in}、T_{in}、p_{out} 和 Q_o 均为常数。初始条件为与给定 Q_o 及给定进口质量流速相对应的稳态解。

2. 微分控制方程的离散

用上标 j 表示当前时间节点，$j-1$ 表示前一时刻时间节点（$j=1,2,3,\cdots,N$），上述微分方程的差分格式如下：

$$p_s^j-\frac{\Delta tA}{2p_{s,st}V_{a,st}}\left(\frac{p_s^2(u_i-u_o)}{1-\dfrac{\rho_a}{\rho_l}}\right)^j=p_s^{j-1}+\frac{\Delta tA}{2p_{s,st}V_{a,st}}\left(\frac{p_s^2(u_i-u_o)}{1-\dfrac{\rho_a}{\rho_l}}\right)^{j-1} \tag{8.39}$$

$$T_w^j+\frac{\Delta tQ^j}{2m_hc_h}=\frac{\Delta tQ_o}{m_hc_h}+T_w^{j-1}-\frac{\Delta tQ^{j-1}}{2m_hc_h} \tag{8.40}$$

$$u_i^j-\Delta t\left[\frac{p_{in}+\Delta p_p-p_s}{\rho_l L_i}-K_1\left(\frac{\zeta u_i^2}{2D}\right)\right]^j=u_i^{j-1}-\Delta t\left[\frac{p_{in}+\Delta p_p-p_s}{\rho_l L_i}-K_1\left(\frac{\xi u_i^2}{2D}\right)\right]^{j-1} \tag{8.41}$$

$$K_1^j=K_0\left[1+a(1-e^{-bj\Delta t})\right] \tag{8.42}$$

$$u_o^j-\frac{\Delta t}{2}\left[\frac{(p_s-p_{out})-(p_s-p_{out})_{st}}{\rho_m L_t}\right]^j=u_o^{j-1}+\frac{\Delta t}{2}\left[\frac{(p_s-p_{out})-(p_s-p_{out})_{st}}{\rho_m L_t}\right]^{j-1} \tag{8.43}$$

式中，$(p_s-p_{out})_{st}^j$ 为对应于 $j\Delta t$ 时刻的稳态解。

3. 模型求解与注意点

上述方程组的求解步骤如下：

① 给定 p_{in}、Δp_p、T_{in}、p_{out}、$V_{a,st}$、电加热功率 Q_o、进口质量流速 G、脉冲箱充气压力比 (p_s/p_{out})，以及各物性及流动参数初始值、初始传热系数和初始壁温；

② 计算热流密度 q、传热系数 h；

③ 给实验系统以扰动，选取适当的时间步长 Δt；

④ 计算脉冲箱进出口的流速，其中$(p_s - p_{out})^j$ 运用稳态计算方法得到；

⑤ 计算脉冲箱内的压力；

⑥ 计算壁温；

⑦ 计算加热段流体出口温度，对于出口饱和的情况，计算流体饱和温度；

⑧ 迭代求解加入流体的热量 Q^j 及流体温度 T_m^j；

⑨ 重新选取时间步长，重复步骤②～步骤⑧，即可得出 p_s、u_o、T_w、T_m 的脉动曲线。

应该注意的是，在加热段内，对于有两相流出现的情况，可能只有单相流和过冷沸腾两段，也可能是单相流、过冷沸腾和饱和沸腾三段。传热系数的计算应该区分流态区域，分段计算才比较准确。传热系数的计算方法参见本书有关章节。

8.4.3　管间脉动预报模型

1. 控制方程

考虑如图 8.10 所示的由两个管并联的简化系统。工质在泵的作用下经过垂直并联管，在管内经电加热到沸腾，经冷凝器冷却成过冷液体后继续循环。

首先考虑单根管的情况，并作如下假设：

① 一维流动；

② 气液两相处于热平衡状态；

③ 管路为等截面直管；

④ 加热段出口干度 $x<1$；

⑤ 等热流密度；

⑥ 忽略加热管壁的动态热容；

⑦ 实验段进出口之间的压差保持不变。

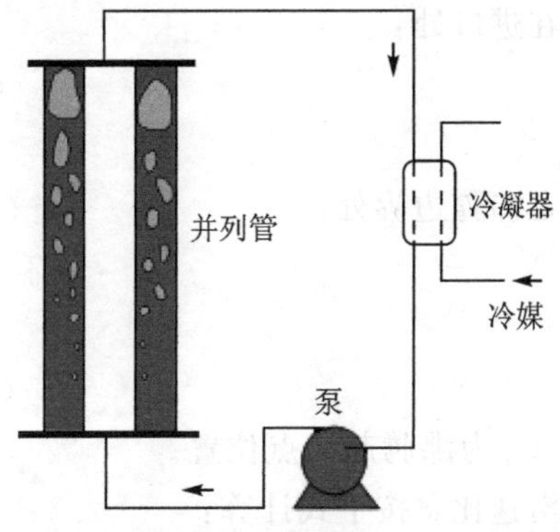

图 8.10　并联的管间脉动简化系统

采用两相流的变密度模型，考虑气液两相间的滑移及空泡率沿流道分布等影响，建立垂直并联管内的守恒方程组，利用线性频域法计算管间脉动的起始界限。采用参考文献[1]的方法，建立如下模型。

(1) 两相区

1) 质量守恒方程

$$\frac{\partial}{\partial t}[\rho_l(1-\alpha)+\rho_g\alpha]+\frac{\partial}{\partial z}[\rho_l u_l(1-\alpha)+\rho_g u_g\alpha]=0 \tag{8.44}$$

2) 能量守恒方程

$$\frac{\partial}{\partial t}[\rho_l h_l(1-\alpha)+\rho_g h_g\alpha]+\frac{\partial}{\partial z}[\rho_l u_l h_l(1-\alpha)+\rho_g u_g h_g\alpha]=\frac{Pq}{A_c} \tag{8.45}$$

3) 动量守恒方程

$$\frac{\partial}{\partial t}[\rho_f u_f(1-\alpha)+\rho_g u_g\alpha]+\frac{\partial}{\partial z}[\rho_l u_l^2(1-\alpha)+\rho_g u_g^2\alpha]$$

$$= -\frac{\partial p}{\partial z} - [\rho_l(1-\alpha) + \rho_g \alpha] g - \phi_{lo}^2 \left(\frac{G^2}{2D\rho_l} f_{lo} \right) \tag{8.46}$$

4）滑速比方程

$$u_g = s u_l \tag{8.47}$$

(2) 单相区

令空泡率 $\alpha=0$，得到单相区的质量守恒方程、能量守恒方程和动量守恒方程。

1）质量守恒方程

$$\frac{\partial \rho}{\partial t} + \frac{\partial G}{\partial z} = 0 \tag{8.48}$$

2）能量守恒方程

$$\frac{\partial}{\partial t}(\rho h) + \frac{\partial}{\partial z}(Gh) = \frac{Pq}{A_c} \tag{8.49}$$

3）动量守恒方程

$$\frac{\partial G}{\partial t} + \frac{\partial}{\partial z}\left(\frac{G^2}{\rho} \right) = -\frac{\partial p}{\partial z} - \rho g - \frac{G^2}{2D\rho} f_{sp} \tag{8.50}$$

(3) 边界条件和摩擦压降

摩擦压降可用 8.4.1 小节的方法计算。

在进口处：

$$G(0,t) = G_{in}(t) \tag{8.51}$$

$$h(0,t) = h_{in}(t) \tag{8.52}$$

在沸腾边界处：

$$h(z_B,t) = h_{sat} \tag{8.53}$$

$$\alpha(z_B,t) = 0 \tag{8.54}$$

$$G(z_B,t) = G_{in}(t) \tag{8.55}$$

式中，z_B 为沸腾起始点位置。

滑速比 s 按下式计算：

$$s = \frac{1-\alpha}{k-\alpha} \tag{8.56}$$

$$k = 0.71 + 1.45 \times 10^{-8} p \tag{8.57}$$

式中，压力 p 的单位为 Pa。

2. 微分控制方程的离散

(1) 两相区

1）质量守恒方程

$$\frac{1}{\Delta t}\{[\rho_l(1-\alpha) + \rho_g \alpha]^{i,j} - [\rho_l(1-\alpha) + \rho_g \alpha]^{i,j-1}\} +$$

$$\frac{1}{\Delta z}\{[\rho_l u_l(1-\alpha) + \rho_g u_g \alpha]^{i,j} - [\rho_l u_l(1-\alpha) + \rho_g u_g \alpha]^{i-1,j}\} = 0 \tag{8.58}$$

整理后得

$$[\rho_l(1-\alpha) + \rho_g \alpha]^{i,j} + \frac{\Delta t}{\Delta z}[\rho_l u_l(1-\alpha) + \rho_g u_g \alpha]^{i,j}$$

$$=[\rho_l(1-\alpha)+\rho_g\alpha]^{i,j-1}+\frac{\Delta t}{\Delta z}[\rho_l u_l(1-\alpha)+\rho_g u_g\alpha]^{i-1,j} \tag{8.59}$$

式中,等式右边对于当前空间节点、当前时间节点是常量,下同。

2) 能量守恒方程

$$\frac{1}{\Delta t}\{[\rho_l h_l(1-\alpha)+\rho_g h_g\alpha]^{i,j}-[\rho_l h_l(1-\alpha)+\rho_g h_g\alpha]^{i,j-1}\}+\frac{1}{\Delta z}\{[\rho_l u_l h_l(1-\alpha)+\rho_g u_g h_g\alpha]^{i,j}-[\rho_l u_l h_l(1-\alpha)+\rho_g u_g h_g\alpha]^{i-1,j}\}=\frac{Pq}{A_c} \tag{8.60}$$

整理后得

$$[\rho_l h_l(1-\alpha)+\rho_g h_g\alpha]^{i,j}+\frac{\Delta t}{\Delta z}[\rho_l u_l h_l(1-\alpha)+\rho_g u_g h_g\alpha]^{i,j}=\frac{Pq\Delta t}{A_c}+[\rho_l h_l(1-\alpha)+\rho_g h_g\alpha]^{i,j-1}+\frac{\Delta t}{\Delta z}[\rho_l u_l h_l(1-\alpha)+\rho_g u_g h_g\alpha]^{i-1,j} \tag{8.61}$$

3) 动量守恒方程

$$\frac{1}{\Delta t}\{[\rho_f u_f(1-\alpha)+\rho_g u_g\alpha]^{i,j}-[\rho_f u_f(1-\alpha)+\rho_g u_g\alpha]^{i,j-1}\}+\frac{1}{\Delta z}\{[\rho_l u_l^2(1-\alpha)+\rho_g u_g^2\alpha]^{i,j}-[\rho_l u_l^2(1-\alpha)+\rho_g u_g^2\alpha]^{i-1,j}\}$$
$$=-\frac{p^{i,j}-p^{i-1,j}}{\Delta z}-\frac{g}{2}\{[\rho_l(1-\alpha)+\rho_g\alpha]^{i,j}+[\rho_l(1-\alpha)+\rho_g\alpha]^{i-1,j}\}-\frac{1}{2}\left\{\left[\phi_{lo}^2\left(\frac{G^2}{2D\rho_l}f_{lo}\right)\right]^{i,j}+\left[\phi_{lo}^2\left(\frac{G^2}{2D\rho_l}f_{lo}\right)\right]^{i-1,j}\right\} \tag{8.62}$$

整理后得

$$[\rho_f u_f(1-\alpha)+\rho_g u_g\alpha]^{i,j}+\frac{\Delta t}{\Delta z}p^{i,j}+\frac{\Delta t}{\Delta z}[\rho_l u_l^2(1-\alpha)+\rho_g u_g^2\alpha]^{i,j}+\frac{g\Delta t}{2}[\rho_l(1-\alpha)+\rho_g\alpha]^{i,j}+\frac{\Delta t}{2}\left[\phi_{lo}^2\left(\frac{G^2}{2D\rho_l}f_{lo}\right)\right]^{i,j}$$
$$=[\rho_f u_f(1-\alpha)+\rho_g u_g\alpha]^{i,j-1}+\frac{\Delta t}{\Delta z}p^{i-1,j}+\frac{\Delta t}{\Delta z}[\rho_l u_l^2(1-\alpha)+\rho_g u_g^2\alpha]^{i-1,j}-\frac{g\Delta t}{2}[\rho_l(1-\alpha)+\rho_g\alpha]^{i-1,j}-\frac{\Delta t}{2}\left[\phi_{lo}^2\left(\frac{G^2}{2D\rho_l}f_{lo}\right)\right]^{i-1,j} \tag{8.63}$$

(2) 单相区

1) 质量守恒方程

$$\frac{1}{\Delta t}(\rho_l^{i,j}-\rho_l^{i,j-1})+\frac{1}{\Delta z}(G^{i,j}-G^{i-1,j})=0 \tag{8.64}$$

整理后得

$$\rho_l^{i,j}+\frac{\Delta t}{\Delta z}G^{i,j}=\rho_l^{i,j-1}+\frac{\Delta t}{\Delta z}G^{i-1,j} \tag{8.65}$$

2）能量守恒方程

$$\frac{1}{\Delta t}\left[(\rho h)^{i,j}-(\rho h)^{i,j-1}\right]+\frac{1}{\Delta z}\left[(Gh)^{i,j}-(Gh)^{i-1,j}\right]=\frac{Pq}{A_{\mathrm{c}}} \tag{8.66}$$

整理后得

$$(\rho h)^{i,j}+\frac{\Delta t}{\Delta z}(Gh)^{i,j}=\frac{\Delta tPq}{A_{\mathrm{c}}}+(\rho h)^{i,j-1}+\frac{\Delta t}{\Delta z}(Gh)^{i-1,j} \tag{8.67}$$

3）动量守恒方程

$$\frac{G^{i,j}-G^{i,j-1}}{\Delta t}+\frac{1}{\Delta z}\left[\left(\frac{G^2}{\rho}\right)^{i,j}-\left(\frac{G^2}{\rho}\right)^{i-1,j}\right]$$
$$=-\frac{p^{i,j}-p^{i-1,j}}{\Delta z}-\frac{g}{2}(\rho^{i,j}+\rho^{i-1,j})-\frac{1}{2}\left[\left(\frac{G^2}{2D\rho}f_{\mathrm{sp}}\right)^{i,j}+\left(\frac{G^2}{2D\rho}f_{\mathrm{sp}}\right)^{i-1,j}\right] \tag{8.68}$$

整理后得

$$G^{i,j}+\frac{\Delta t}{\Delta z}p^{i,j}+\frac{\Delta t}{\Delta z}\left(\frac{G^2}{\rho}\right)^{i,j}+\frac{\Delta t}{2}\rho^{i,j}g+\frac{\Delta t}{2}\left(\frac{G^2}{2D\rho}f_{\mathrm{sp}}\right)^{i,j}$$
$$=G^{i,j-1}+\frac{\Delta t}{\Delta z}p^{i-1,j}+\frac{\Delta t}{\Delta z}\left(\frac{G^2}{\rho}\right)^{i-1,j}-\frac{\Delta t}{2}\rho^{i-1,j}g-\frac{\Delta t}{2}\left(\frac{G^2}{2D\rho}f_{\mathrm{sp}}\right)^{i-1,j} \tag{8.69}$$

（3）边界条件

在进口处：

$$G(0,j\Delta t)=G_{\mathrm{in}}(j\Delta t) \tag{8.70}$$

$$h(0,j\Delta t)=h_{\mathrm{in}}(j\Delta t) \tag{8.71}$$

在沸腾边界处：

$$h(z_{\mathrm{B}},j\Delta t)=h_{\mathrm{sat}}(z_{\mathrm{B}},j\Delta t) \tag{8.72}$$

$$\alpha(z_{\mathrm{B}},j\Delta t)=0 \tag{8.73}$$

$$G(z_{\mathrm{B}},j\Delta t)=G_{\mathrm{in}}(j\Delta t) \tag{8.74}$$

对于上述差分方程和补充方程进行编程求解，即可获得并列管的管间脉动特性。另外，上述动量方程是对于垂直管的。若为水平管，则重力压降项为零。

8.5 讨　论

在前面的几节里介绍了引发两相流不稳定性的主要机理，详细介绍了 Ledinegg 不稳定性、流量分布不稳定性、密度波振荡和压降振荡。最后，对未来研究的若干议题进行介绍和讨论[7]。

① 冷凝系统中两相流不稳定性的相关知识依然十分匮乏，因此需要加强实验研究与理论研究，弄清冷凝不稳定的有关机理。

② 一些研究中发现压降振荡和密度波振荡相互作用，水平流动沸腾在这两种不稳定性的相互作用下更容易引起设备破坏。这种相互作用可能是理论预测的波幅和频率与很多实验观察到的有较大出入的原因。

③ 可压缩容积对压降振荡和密度波振荡的影响也是一个值得关注的问题。对于加热段下游可压缩容积对两相流不稳定现象影响的研究很少，尤其是在压降振荡和密度波振荡模型方面。在接近实验段进口有少量可压缩容积时的压降振荡现象，以及可压缩容积对密度波振

荡模型稳定极限的影响，也值得研究。

④ 对短实验段(小摩擦压降)中压降振荡的实验分析有助于理解加速压降对密度波振荡现象的影响。同时需要更多的理论分析来弄清加速压降对密度波振荡现象影响的机理。另外，短实验段实验也可以用来研究何种情况下，压降振荡只是由两相混合物的可压缩性引发的。

⑤ 大部分压降振荡的理论研究用准静态模型来描述加热段，但未见研究这种假设的局限性。另外，所有准静态模型的研究结果都不能描述实验中压降振荡和密度波振荡相互作用现象，而这在大部分实验结果中都可以发现，因此需要建立能合理描述实际对象的数学模型。

⑥ 很多研究证实了两相流不稳定性中的混沌现象，所以有必要用混沌分析、分形分析等现代数学方法和动态分析方法来研究两相流不稳定性。

⑦ 并联管系统的非线性分析也是一个值得研究的问题，例如超临界和亚临界流动中的分形混沌振荡。

⑧ 需要研究压降振荡和热声振荡与微观不稳定性的相互作用机理。

参考文献

[1] 陈听宽. 两相流与传热研究. 西安：西安交通大学出版社，2004.

[2] Ledinegg M. Instability of flow during natural and forced circulation. Die Wärme，1938，61(8):891-898，1938.

[3] Zuber N. Flow excursions and oscillations in boiling，two-phase flow systems with heat addition. EUROATOM，Symposium of two-phase flow dynamics，Eindhoven，1967：1071-1089.

[4] Ishii M. Thermally induced flow instabilities in two-phase mixtures in thermal equilibrium. PhD thesis. Georgia Institute of Technology，Michigan，1971.

[5] Fukudaand K，Kobori T. Classification of two-phase flow instability by density wave oscillation model. Journal of Nuclear and Technology，1979，16:95-108.

[6] Mayinger F. Status of thermohydraulic research in nuclear safety and new challenges. Eighth International Topical Meeting on Nuclear Reactor Thermal-hydraulics，Kyoto，Japan，Sept. 30-Oct. 4，1997.

[7] Ruspini L C，Marcel C P，Clausse A. Two-phase flow instabilities：A review. Int. J. Heat Mass Transfer，2014，71：521-548.

[8] 陈听宽，田永生，毕勤成，等. 600 MW 超临界压力直流锅炉水冷壁水动力不稳定性的研究. 锅炉技术，1990(11):1-14.

[9] 周玉龙，陈听宽，陈学俊. 高温气冷堆蒸气发生器两相流不稳定性预报. 核科学与工程，1994，14(2)：97-103.

[10] 黄凡，罗毓珊，陈听宽，等. 超临界循环流化床锅炉垂直并联内螺纹管内两相流不稳定性的研究. 动力工程，2009，29(4):353-357.

[11] Ruspini L，Dorao C，Fernandinom. Dynamic simulation of Ledinegg instability. Journal of Natural Gas Science and Engineering，2010，2:211-216.

[12] Akagawa K，Sakaguchi T. Study on distribution of flow rates and flow stabilities in parallel long evaporators. Bulletin of JSME，1971，14:837-848.

[13] 鲁钟琪. 两相流与沸腾传热. 北京:清华大学出版社,2002.

[14] Moreno Quibén J,Thome J R. Flow pattern based two-phase frictional pressure drop model for horizontal tubes，Part I：diabatic and adiabatic experimental study. Int. J. Heat Fluid Flow，2007，28：1049-1059.

[15] Moreno Quibén J,Thome J R. Flow pattern based two-phase frictional pressure drop model for horizontal tubes, Part II: New phenomenological model. Int. J. Heat Fluid Flow, 2007, 28: 1060-1072.

[16] Yadigaroglu G, Bergles A. An experimental and theoretical study of density-wave phenomena oscillations in two-phase flow. Technical report, Department of Mechanical Engineering Massachusetts Institute of Technology, Massachusetts, 1969.

[17] Stenning A, Veziroglu T. Flow oscillation modes in forced convection boiling. Heat Transfer and Fluid Mech. California: Stanford University Press, 1965.

[18] Firstenberg H, Goldmann K, Hudson J. Boiling songs and mechanical vibrations. NDA 2132-12, 1960.

[19] Cornelius A. An investigation of instabilities encountered during heat transfer to a supercritical fluid. Ph. D. thesis, Faculty of the Graduate School of the Oklahoma State University, Oklahoma, 1965.

[20] Smirnov H, Zrodnikov V, Boshkova I. Thermoacoustic phenomena at boiling subcooled liquid in channels. Int. J. Heat Mass Tranfer, 1997, 40(3):1977-1983.

[21] Aritomi M, Chiang J, Mori M. Fundamental studies on safety-related thermohydraulics of natural circulation boiling parallel channel flow systems under start-up conditions (mechanism of geysering in parallel channels). Nuclear Safety, 1992, 33: 170-182.

[22] Aritomi M, Chiang J, Mori M. Geysering in parallel boiling channels. Nuclear Engineering and Design, 1993, 141:111-121.

[23] Ozawa M, Nakanishi S,Ishigai S, et al. Flow instabilities in boiling channels: Part 2, geysering. Bulletin JSME, 1979, 22(170): 1119-1126.

[24] Westendorf W, Brown W. Stability of intermixing of high-velocity vapor with its subcooled liquid in cocurrent streams. NASA technical note, TN D-3553, 1966.

[25] Bhatt B, Wedekind G. A self-sustained oscillatory flow phenomenon in two-phase condensing flow system. ASME J. Heat Transfer, 1980, 102:695-700.

[26] Boyer B, Robinson G, Hughes T. Experimental investigation of flow regimes and oscillatory phenomena of condensing steam in a single vertical annular passage. Int. J. Multiphase flow, 1995, 21: 61-74.

[27] Fang X, Xu Y, Zhou Z. New correlations of single-phase friction factor for turbulent pipe flow and evaluation of existing single-phase friction factor correlations. Nuclear Engineering and Design, 2011, 241 (3): 897-902.

[28] Xu Y, Fang X. Correlations of void fraction for two-phase refrigerant flow in pipes. Appl. Applied Thermal Engineering, 2014, 64: 242-251.

[29] Chisholm D. Pressure gradients due to friction during the flow of evaporating two-phase mixtures in smooth tubes and channels. Int. J. Heat Mass Transfer, 1973, 16: 347-358.

[30] 方贤德. 飞机空调系统中饱和水蒸气压的计算. 航空动力学报, 1995, 10(3):299-300, 316.

第3篇　两相流传热

第9章　池沸腾传热

固-液界面上产生的蒸发现象被称作沸腾。沸腾传热过程中，固体表面向流体传热，造成流体从液态向气态转变。由于沸腾过程中牵涉到流体运动，所以沸腾传热可以看作是一种对流传热模式。沸腾过程中，相变潜热 h_{lg} 对传热过程起着重要作用，较小的温差可以引起很大的传热量。除了相变潜热作用之外，另外两个表征沸腾特性的重要参数是气-液界面上的表面张力和两相间的密度差。气液密度差产生浮力。由于潜热和浮力驱动的综合影响，池沸腾传热系数(也称换热系数)和传热量要比无相变时大得多。

沸腾有两个最重要的模式：池沸腾(pool boiling)和强迫对流沸腾(forced convection boiling)。池沸腾也称容积沸腾，是本章的关注点。强迫对流沸腾也称流动沸腾(flow boiling)，将在后面讨论。池沸腾传热是一种在工业上广泛使用的传热技术，在化工、冶金、动力、航空航天等领域都有广泛的发展前景。研究池沸腾传热，不仅对于提高能源利用率，设计计算锅炉、蒸发器等传热设备有实际意义，而且可以应用池沸腾的研究结果去解释具有类似基本沸腾模式而实际上却复杂得多的流动现象。

本章介绍池沸腾的基本概念和特点，重点介绍核态沸腾(又称泡核沸腾)传热及其计算模型、临界热流密度的特点与计算、膜态沸腾传热计算，以及 Leidenfrost 现象和最小膜态沸腾热流密度的计算。

9.1　池沸腾过程

9.1.1　池沸腾曲线

池沸腾是将加热元件(平板、圆柱等)浸没在无强迫对流的液体中的沸腾过程。例如，将金属丝或板浸没在水中的沸腾，或者以水平或垂直壁面为加热面的大型加热容器内的沸腾，都属于池沸腾。池沸腾传热过程中，液体只在贴近固体表面附近有显著的运动，这种运动产生于自然对流与气泡生长、脱离固体表面引起的气液混合。

池沸腾研究的最经典成果之一是 Nukiyama[1] 的实验结果。作者用水平布置的镍铬丝作为电阻加热器，淹没在饱和水中，进行池沸腾实验，如图 9.1 所示。已知电加热丝外表面积，热

流密度 q 通过测量电流 I 和电压 V 获得。电加热丝温度通过电阻与温度的变化关系确定。这种方案称为功率控制加热。这里,加热丝温度 T_w(进而是过热度 ΔT_{sat},$\Delta T_{sat}=T_w-T_{sat}$,也称过余温度)是因变量,加热功率(进而是热流密度 q)是自变量。

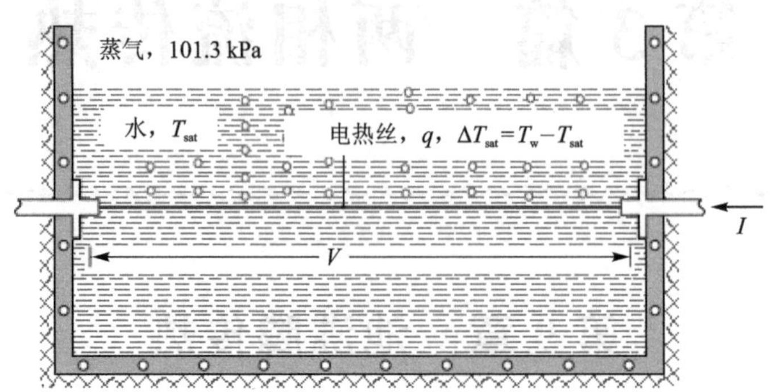

图 9.1　Nukiyama[1]池沸腾实验装置原理图

由于用控制热流密度的方法进行实验,没有得到完整的沸腾实验曲线。实验结果如图 9.2 所示。开始加热时,直到加热丝表面温度 T_w 高于水饱和温度 T_{sat} 约 5 ℃(即 $\Delta T_{sat}\approx 5$ ℃)之前,没有气泡产生,也就是没有出现沸腾现象。进一步增加加热功率,气泡出现,过热度 ΔT_{sat} 沿 AB 线上升,升至超过 30 ℃,达到 B 点。过了 B 点,热流密度的一个微小增加,会导致 ΔT_{sat} 跃升到约 540 ℃,达到 C 点。在 C 点,再增加热流密度,ΔT_{sat} 会沿 CD 线逐渐上升。如果热流密度慢慢从 C 点降低,则 ΔT_{sat} 没有从 C 点到 B 点的突变,而是沿 CD 线逐渐降低,直到 D 点。在 D 点,ΔT_{sat} 会突然跳到 AB 线上的 E 点。

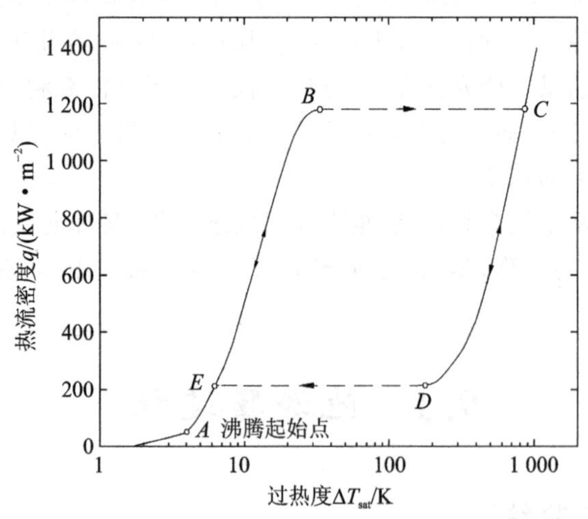

图 9.2　Nukiyama[1]池沸腾实验结果

重复实验多次,实验结果类似。增加和降低热流密度,变化过程会沿着 AB 线或 CD 线。然而,从 B 点突跳到 C 点和从 D 点突跳到 E 点,则需要反复增加和降低热流密度。当用熔点低于 B 点温度的加热丝进行实验时,热流密度超过 B 点时加热丝会出现融化。所以 B 点的热流密度被称为“烧毁”热流密度。Nukiyama 认为:除了 AB 和 CD 曲线所表示的两个沸腾模式外,可能有一条沸腾线连接 B、D 两点;如果这个设想是真的话,沸腾将有一个令人惊奇的

特性，即增加 ΔT_{sat} 会导致热流密度减小。

1937 年，Drew 和 Mueller[2] 以有机液体为实验介质，用蒸气作为加热热源，用控制实验系统壁温的方法进行实验，观察到了过渡沸腾状态，得到了完整的池沸腾曲线。图 9.3 为标准大气压下加热面水平时水的完整池沸腾曲线。

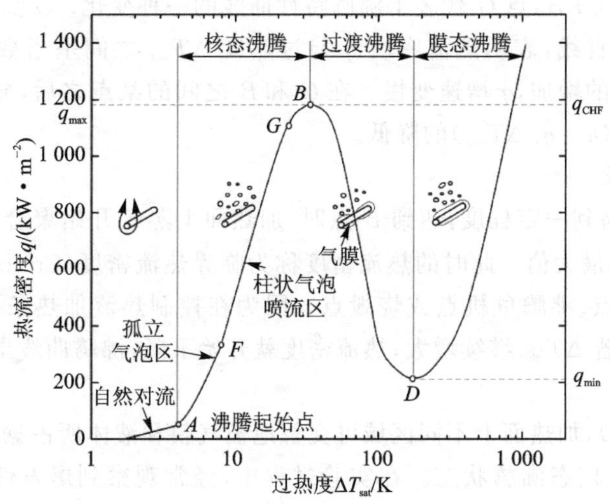

图 9.3　p=101 kPa 下水的沸腾曲线

9.1.2　池沸腾模式

图 9.3 展示了池沸腾的完整过程，它包含了单相自然对流区和三种基本的池沸腾模式：核态沸腾、过渡沸腾，以及膜态沸腾。在 4 个不同特征区域的交界，分别是沸腾起始点 A、临界热流密度点 B 和膜态沸腾最小热流密度点 D。下面以图 9.3 所示水的池沸腾曲线作简要介绍。

(1) 单相自然对流区

加热的开始阶段，壁面过热度较低（$\Delta T_{sat}<5$ ℃左右），加热表面没有气泡产生，传热属于自然对流。这个区域从热流密度为零开始，到 A 点结束。在此区域，根据对流是层流还是湍流，对流传热系数 h 与过热度 ΔT_{sat} 的关系为 $h\propto(T_w-T_{sat})^{1/4}$ 或 $h\propto(T_w-T_{sat})^{1/3}$。相应地，$q\propto(T_w-T_{sat})^{5/4}$ 或 $q\propto(T_w-T_{sat})^{4/3}$。

(2) 沸腾起始点

在 A 点，壁面过热度满足产生气泡的条件，形成气泡，核态沸腾开始。正常机加工表面，起始沸腾过热度为几℃，润湿性好的甚至可达约 200 ℃。

(3) 核态沸腾

沸腾起始点 A 和临界热流密度点 B 之间的池沸腾模式为核态沸腾。按加热面产生气泡的情况，核态沸腾区又可分为孤立气泡区和柱状气泡喷流区。

1) 孤立气泡区

在孤立气泡区 AF，加热面某些孤立成核点上产生气泡，一个一个地离开表面，引起近壁面区显著的流体混合。在这个区域，大部分热交换是在壁面与近壁面运动的液体之间，不是通过气泡脱落壁面。随着热流密度的增大，过热度 ΔT_{sat} 增大，活动成核点增多，气泡上升频率增大。

2) 柱状气泡喷流区

当过热度增大到超过 F 点时，活动成核点非常多，加热面上形成的蒸气汇合成蒸气喷流，以柱状气泡形式喷离加热面，开始彼此干扰和合并。核态沸腾区内大量气泡的形成、长大、跃离和运动，形成了加热面与流体之间强烈的对流传热。

在柱状气泡喷流区 FB，点 G 代表了沸腾特性曲线的一种变化。G 点之前，沸腾曲线在对数坐标中近似为一条直线，表明热流密度 q 与过热度 ΔT_{sat} 之间呈指数关系，即 $q \propto \Delta T^{n}_{sat}$。$G$ 点之后，随着 ΔT_{sat} 的增加，q 增速变慢。在 G 和 B 之间的某点之后，放缓的热流密度增速可能导致传热系数 h $(h=q/\Delta T_{sat})$的降低。

(4) 临界热流密度

当 ΔT_{sat} 继续升高到一定程度，达到 B 点时，加热面上蒸气开始聚合成气膜，传热情况迅速恶化，热流密度达到最大值。此时的热流密度称为临界热流密度(Critical Heat Flux,CHF)。B 点又称为沸腾临界点、沸腾危机点或烧毁点。因为在控制热流加热条件下，在此点经常发生加热面烧毁现象。若 ΔT_{sat} 继续增大，热流密度就开始下降，沸腾曲线出现转折。

(5) 过渡沸腾

在过渡沸腾区 BD，加热面上不同区域可交替地被气膜和液体所占据，部分区域被气膜完全覆盖，部分区域处于核态沸腾状态。在实验过程中，经常观察到爆发性地形成蒸气。随着 ΔT_{sat} 的增大，可以传递的热流密度值反而减小，直到整个加热面为气膜覆盖，达到最小热流密度 q_{min}。

(6) 最小膜态沸腾热流密度 q_{min}

D 点是稳定的膜态沸腾的起始点，膜态沸腾热流密度在该点最小，故被称为最小膜态沸腾热流密度，或简称最小热流密度。此时加热面被气膜完全覆盖，不再被液体润湿，又被称为最大液体温度点或 Leidenfrost 温度点。

(7) 膜态沸腾

在 D 点之后，池沸腾进入膜态沸腾。加热面上形成稳定的蒸气膜，热量经气膜传导。气膜周期性地以一定规律排列的气泡形式向液体中释放出蒸气。对流传热强度大大削弱，传热系数大大降低。随着热流密度的增大，壁面温度迅速升高。在壁面温度很高时，辐射传热会起重要作用，引起传热系数明显增大。沸腾传热中，膜态沸腾区是辐射传热可能起重要作用的唯一区域。一般地，膜态沸腾区的传热系数远低于核态沸腾区的传热系数，通常为 100～1 000 W/(m^2·K)。

9.2 核态池沸腾传热

9.2.1 核态池沸腾传热机理

在整个核态沸腾区内，不仅涉及气泡产生、脱离、凝结、积聚以及附面层内对流等宏观现象，也涉及成核密度、气泡产生频率和气泡相互作用等微观现象，两者共同构成了稳定的核态沸腾过程。

20 世纪后半期以来，众多学者对核态沸腾提出了多种传热增强机理解释模型，并以此为依据建立各种不同的经验模型。按传热机理假设的不同，传热机理大致可分为以下 4 种。

(1) 气泡搅动机理

大量实验表明，核态沸腾工况下，近加热面处出现明显的流体交混。增长和离开的气泡所产生的侧向抽吸作用引起加热面附近液体的强烈对流，使得自然对流变为局部强迫对流。显热以过热流体的形式在表面散失，直接由气泡带走的热量甚微，约占总热量的 2%。这类模型将传热过程处理成湍流强迫对流过程，如图 9.4(a)所示。实验观察到，在气泡增长过程中，在其中心一个直径范围内的液体受到扰动，它确实对提高沸腾传热有重要贡献，但不能成功地解释实验结果。这一机理模型说明主流温度 T_{sat} 和壁面温度 T_w 之差 ΔT_{sat} 对传热过程起主要作用。

(2) 气液交换机理

从热壁面到液体的瞬态热传导在加热壁表面形成了过热层，通过气泡的离开，过热层消失，在此过程中产生了热边界层循环剥离现象。显热正是利用这种方式脱离壁面，其强度依赖于热边界层脱离的速度、平均温度、气泡影响面积、气泡脱离频率，以及活跃的沸腾点的密度。此模型将气泡运动过程比拟成活塞运动，当气泡脱离加热表面时，将气泡顶部这一薄层的过热流体推进主流体，同时，主流体中的冷流体被抽吸到加热面，冷热流体发生传热传质过程，如图 9.4(b)所示。该模型表明，增强核态沸腾传热的主要原因是冷热流体交换，而不是汽化本身。

(3) 微层蒸发机理

气泡在加热壁表面的过热层中生长。宏观蒸发发生在由热边界包围的气泡顶部，而微观蒸发发生在迅速增长的气泡层和壁面之间的气泡下方，后者通常被称为微层蒸发。潜热通过该传热机制传递。由于吸收了潜热，气泡上升速度远远超过液体自然对流的速度，并包含大量的潜热，这是一种非常高效的传热机理，如图 9.4(c)所示。

(4) 组合模型

上述关于沸腾传热机理模型的假设均有一定的实验依据，实验数据与计算式所得结果相对较吻合。但各模型无论在机理假设上还是在计算方法上均有相当的局限性，任何一个模型都无法概括大量实验结果。经验表明，实际的核态沸腾过程复杂得多，无法用一种机理进行解释。虽然上述各机理对核态沸腾传热现象的解释不同，但它们并不是相互对立的。它们从不同角度部分地揭示了核态沸腾传热机理，对于同一种现象，可能同时存在两个或多个机理，因此有人提出了组合模型。

实际的沸腾表面，既含有气泡产生点，又含有非沸腾表面，如图 9.5 所示。在活动成核点，气泡呈单个或多个状态出现，周期性地生长和脱离，构成了沸腾面积部分，其余部分为非沸腾面积。在低热流密度加热下，非沸腾面积区比例相当大，当接近临界热流密度时，非沸腾面积几乎为零。在气泡区，主要是其底面处的微液层蒸发；在气泡搅动影响区(指图中环状面积)，是增强湍流对流。图中阴影面积为等待成核区，可以用一维瞬态导热过程估算。非沸腾区是湍流自由对流区，可用自由对流传热方法计算。

要想正确运用组合模型，除必须知道各种机理贡献的大小外，还需确定气泡数、气泡生长循环过程、表面润湿特性、气泡逸离大小，以及它们之间的相互作用关系，这是相当复杂的。因此，工程上主要使用经验关联式的方法。

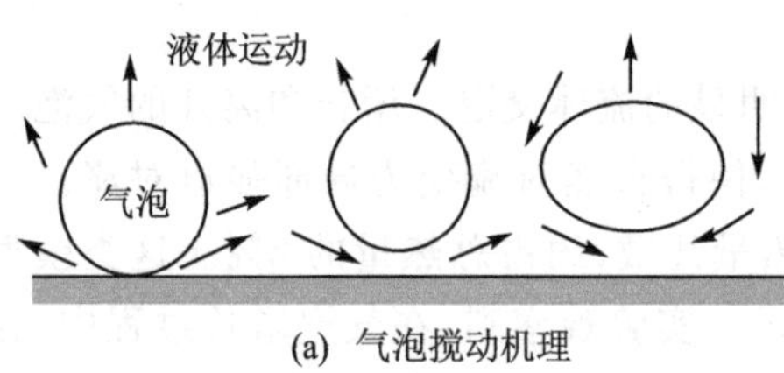

(a) 气泡搅动机理

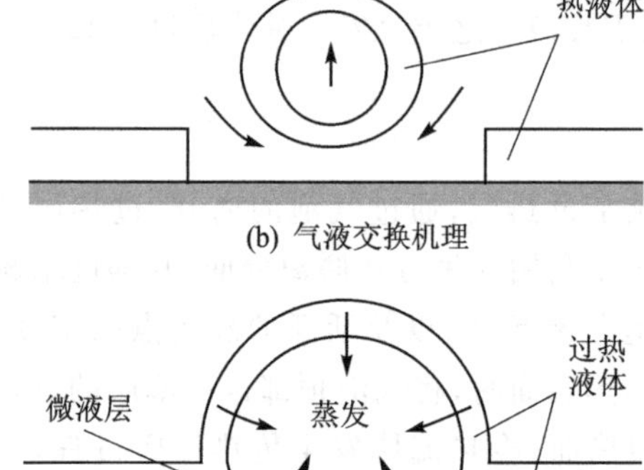

(b) 气液交换机理

(c) 微层蒸发机理

图 9.4 核态沸腾机理

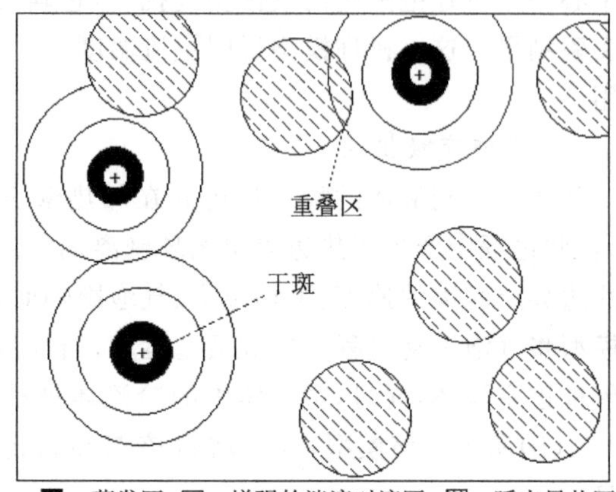

■—蒸发区；□—增强的湍流对流区；▨—瞬态导热区

图 9.5 组合模型传热机理

9.2.2 核态池沸腾传热的影响因素

影响核态沸腾传热的因素很多，现就实验总结出的一些主要因素加以阐述。

(1) 压 力

对于给定的流体-表面组合及给定的热流密度，随着系统压力的增大，流体沸点升高，核态沸腾壁面过热度降低。大量实验表明，低压下压力效应的影响更为显著。随着压力升高，临界热流密度达到最大值，而后降低。不少流体的临界热流密度最大值发生在系统压力为 $0.3p_{cr}$ 处，其中 p_{cr} 为该流体的热力学临界压力。

(2) 表面特性

固体表面特性对传热的影响很大，尤其是在气泡成核过程中。但是，目前尚不能用理论方法对这种影响进行定量的分析计算。表面特性的影响有以下几个主要方面。

1) 表面光洁度的影响

加热表面光洁度不同，表面汽化核心的分布也不尽相同。一般来说，相同热流密度加热条件下，加热材料表面光洁度越好，汽化核心数目越少，壁面过热度也越高，传热效果越差。

2) 表面老化和氧化的影响

新加工的金属表面和长期使用的金属表面形成的沸腾曲线是不同的。后者由于表面老化，汽化核心的密度降低，导致传热效果较差。另一方面，金属表面长期置于空气中，会被氧化，从而在其表面形成氧化膜，这不仅改变了汽化核心的分布，而且增大了传热热阻，从而影响传热效果。

3) 壁面材料物性的影响

同一流体介质与不同的壁面材料之间有不同的润湿特性，润湿性较差的组合，更易形成气

泡，使传热增强。实验证明，不锈钢壁面的沸腾传热系数比镍铜壁面低 30%左右。若在壁面喷涂少量非润湿性材料，形成非润湿表面，则可使沸腾传热得到强化。

(3) 加热面大小和方位

在加热面尺寸大于气泡特征长度(在标准大气压下，水沸腾产生的气泡尺寸约为 1 cm)时，加热面的几何尺寸大小和方位对核态沸腾传热的影响不显著，尤其对于饱和核态沸腾工况更不明显。但是，当实验工质处于自然对流区或者膜态沸腾区时，加热面大小和方位的影响就较大。例如，考虑极限情况，当加热水平板向下放置时，由于空间的限制，气泡的跃离困难，导致传热系数减小。

(4) 重　力

体积力与加热面之间的方位变化会影响核态沸腾过程。考虑极限情况，当重力加速度减小到零时，主流区液体不再向下流动，核态沸腾停止，导致大气泡形成蒸气壳把加热面包围起来，阻碍加热面与主流流体的传热。当重力加速度大于常值时，会导致壁面过热度增大，影响沸腾起始点。

(5) 不凝性气体

不凝性气体有利于气泡的形成，增强核态沸腾传热，但是同时可能会降低临界热流密度值。

9.2.3 核态池沸腾传热模型

(1) Rohsenow[3] 模型

Rohsenow[3] 认为气泡搅动过热液膜，导致气液之间对流传热。作者认为气泡脱离加热表面的过程是影响核态沸腾的关键因素，提出核态沸腾加热面热流密度 q 与过热度 ΔT_{sat} 的关系如下：

$$\frac{c_{p1}\Delta T_{\text{sat}}}{h_{\text{lg}}} = C_{\text{s,f}}\left(\frac{q}{\mu_1 h_{\text{lg}}}\sqrt{\frac{\sigma}{g(\rho_1-\rho_{\text{g}})}}\right)^{0.33} Pr_1^n \tag{9.1a}$$

式中，c_p 为比定压热容；σ 为表面张力；μ 为动力粘度；g 为重力加速度；ρ 为密度；Pr 为普朗特数；下标 l 表示液相，g 表示气相；n 为经验常数，对于水，$n=1$，对于其他流体，$n=1.7$(见表 9.1)；$C_{\text{s,f}}$ 为壁面和工质组合特性的函数，包含了壁面材料对传热的影响，由表 9.1 所列经验值确定。

对于表 9.1 中未列出的组合类型，经验常数 $C_{\text{s,f}}$ 建议取 0.013。该参数一般在 0.002 7～0.015 4 之间。通过式(9.1a)，已知过热度 ΔT_{sat} 可以求出加热面热流密度 q，已知加热面热流密度 q 可以求出温差 ΔT_{sat}。传热系数 h 为

$$h=\frac{q}{\Delta T_{\text{sat}}} \tag{9.1b}$$

(2) Cooper[5] 模型

Cooper 通过测量单个气泡底部的瞬态壁面温度，证实了微液层的存在，并对其进行了流体动力学分析。他基于水平不锈钢管加热表面的实验数据，发现池沸腾传热系数与对比压力 P_{R}、表面粗糙度 ε 及分子质量 M 有关，并提出以下表达式：

$$h=55(P_{\text{R}})^{0.12-0.091\ln\varepsilon}(-0.434\,3\ln P_{\text{R}})^{-0.55}M^{-0.5}q^{0.67} \tag{9.2}$$

式中，流体对比压力 $P_{\text{R}}=p/p_{\text{cr}}$，其中 p_{cr} 为流体的临界压力；加热面粗糙度 ε 的单位为 μm，

对于粗糙度未知的情况，推荐取 $\varepsilon=1\ \mu m$。该式适用范围为 $P_R=0.001\sim0.9$、$M=2\sim200$，可用于水、制冷剂以及有机流体。其中，对于水平铜管，上述传热系数要乘以1.7。

表9.1 Rohsenow公式常数 $C_{s,f}$ 和 n 取值[3-4]

工质-加热面组合类型	$C_{s,f}$	n	工质-加热面组合类型	$C_{s,f}$	n
水-镍	0.006	1.0	四氯化碳-金刚砂抛光铜	0.007	1.7
水-铂	0.013	1.0	苯-铬	0.101	1.7
水-铜	0.013	1.0	正戊烷-铬	0.015	1.7
水-黄铜	0.006	1.0	正戊烷-金刚砂抛光铜	0.015 4	1.7
水-金刚砂抛光铜	0.012 8	1.0	正戊烷-金刚砂抛光镍	0.012 7	1.7
水-研磨抛光不锈钢	0.008	1.0	乙醇-铬	0.002 7	1.7
水-化学腐蚀不锈钢	0.013 3	1.0	异丙醇-铜	0.002 5	1.7
水-机械抛光不锈钢	0.013 2	1.0	35%碳酸钾-铜	0.005 4	1.7
水-金刚砂抛光、石蜡处理铜	0.014 7	1.0	60%碳酸钾-铜	0.002 7	1.7
四氯化碳-铜	0.013	1.7	正丁醇-铜	0.003 0	1.7

(3) Stephan - Abdelsalam[4,6]模型

Stephan和Abdelsalam将池沸腾传热与自然对流湍流传热进行类比，应用多元回归技术针对4类流体（水、碳氢化合物、制冷剂和冷冻剂）提出如下公式：

$$Nu=hD_b/\lambda_l \tag{9.3a}$$

式中，λ 为流体导热系数，D_b 为气泡脱离直径。

$$D_b=0.020\,8\,\beta_c\sqrt{\frac{2\sigma}{g(\rho_l-\rho_g)}} \tag{9.3b}$$

式中，β_c 为接触角，单位为(°)。

接触角(contact angle)是指在气、液、固三相交点处所作的气-液界面的切线穿过液体与固-液交界线之间的夹角，是润湿程度的量度。

对于碳氢化合物，在 $5.7\times10^{-3}\leqslant P_R\leqslant0.9$ 范围内，有

$$Nu=0.054\,6\left[\left(\frac{\rho_g}{\rho_l}\right)^{1/2}\left(\frac{qD_b}{\lambda_l T_{sat}}\right)\right]^{0.67}\left(\frac{h_{lg}D_b^2}{\alpha_l^2}\right)^{0.248}\left(\frac{\Delta\rho}{\rho_l}\right)^{-4.33},\quad \beta_c=35° \tag{9.3c}$$

式中，α_l 为液体的热扩散系数，饱和温度 T_{sat} 的单位为K。

对于水，在 $10^{-4}\leqslant P_R\leqslant0.886$ 范围内，

$$Nu=2.46\times10^6\left(\frac{qD_b}{\lambda_l T_{sat}}\right)^{0.673}\left(\frac{h_{lg}D_b^2}{\alpha_l^2}\right)^{-1.58}\left(\frac{c_{pl}T_{sat}D_b^2}{\alpha_l^2}\right)^{1.26}\left(\frac{\Delta\rho}{\rho_l}\right)^{5.22},\quad \beta_c=45° \tag{9.3d}$$

对于制冷剂和冷冻剂（丙烷、正丁烷、二氧化碳，以及R12、R113、R114、RC318等制冷剂），在 $3\times10^{-3}\leqslant P_R\leqslant0.78$ 范围内，

$$Nu=207\left(\frac{qD_b}{\lambda_l T_{sat}}\right)^{0.745}\left(\frac{\rho_g}{\rho_l}\right)^{0.581}Pr_l^{0.553},\quad \beta_c=35° \tag{9.3e}$$

对于低温流体，在 $4\times10^{-3}\leqslant P_R\leqslant0.97$ 范围内，

$$Nu = 4.82\left(\frac{qD_b}{\lambda_l T_{sat}}\right)^{0.624}\left[\frac{(\rho c_p \lambda)_{cr}}{\rho_l c_{pl} \lambda_l}\right]^{0.117}\left(\frac{c_{pl} T_{sat} D_b^2}{\alpha_l^2}\right)^{0.374}\left(\frac{\rho_g}{\rho_l}\right)^{0.257}\left(\frac{h_{lg} D_b^2}{\alpha_l^2}\right)^{-0.329},\quad \beta_c = 1° \tag{9.3f}$$

Stephan - Ahdelsalam 模型没有考虑壁面材质和表面粗糙度对池沸腾传热的影响,需要应用的参数较多。

(4) Nishikawa 等[7] 模型

Nishikawa 等研究了壁面粗糙度对核态沸腾传热的影响,通过实验数据拟合出如下公式:

$$h = \frac{31.4 p_{cr}^{0.2}}{M^{0.1} T_{cr}^{0.9}}(8\varepsilon)^{0.2(1-P_R)}\frac{P_R^{0.23} q^{0.8}}{(1-0.99P_R)^{0.9}} \tag{9.4}$$

式中,T_{cr} 为流体临界温度(K);对于粗糙度未知的情况,取 $\varepsilon = 0.125\ \mu m$。

(5) Mostinski[8] 模型

Mostinski 利用对应状态原理分析了核态沸腾过程,认为传热系数是关于对比压力和临界压力的函数,提出

$$h = 3.55\times 10^{-5} p_{cr}^{0.69} q^{0.7}(1.8P_R^{0.17} + 4P_R^{1.2} + 10P_R^{10}) \tag{9.5}$$

上述公式不涉及壁面-流体组合特性或流体的其他物性,也没有考虑壁面粗糙度的影响,系统压力对传热的影响体现在对比压力 P_R 上。该公式对于许多流体工质在不同压力下都有很好的预测效果。值得一提的是,有的文献给出的系数是 0.004 17,而不是 3.55×10^{-5},因为那里的临界压力 p_{cr} 单位为 kPa,而这里的 p_{cr} 单位为 Pa。

(6) Labuntsov[9] 模型

Labuntsov 研究了加热面附近微液层的特性和热阻,分析了表面状态对传热的影响,提出如下公式:

$$h = 0.075\left[1 + 10\left(\frac{\rho_g}{\rho_l - \rho_g}\right)^{0.67}\right]\left[\frac{\lambda_l^2}{\upsilon_l \sigma T_{sat}}\right]^{0.33} q^{0.67} \tag{9.6}$$

式中,υ 为运动粘度。

(7) Gorenflo[10] 模型

Gorenflo 提出了针对具体流体的公式,该公式包括了表面粗糙度的影响。他的方法是对于下面每个固定参考条件($P_{R0} = 0.1, \varepsilon_0 = 0.4\ \mu m, q_0 = 20\ 000\ W/m^2$)的流体,定义一个参考传热系数 h_0。特定流体的 h_0 值列于表 9.2 中。在其他压力条件下,核态沸腾传热系数 h 用下面的表达式计算:

$$h = h_0 F_{PF}\left(\frac{q}{q_0}\right)^{nf}\left(\frac{\varepsilon}{\varepsilon_0}\right)^{0.133} \tag{9.7}$$

$$F_{PF} = 1.2P_R^{0.27} + 2.5P_R + \frac{P_R}{1-P_R} \tag{9.8a}$$

$$nf = 0.9 - 0.3P_R^{0.3} \tag{9.8b}$$

当 $P_R > 0.1$ 时,nf=0.75。当受热面表面粗糙度未知时,取 $\varepsilon = 0.4\ \mu m$。以上修正系数对于除了水和液氦以外的所有流体均适用。对于水,相应修正系数应改为

$$F_{PF} = 1.73P_R^{0.27} + \left(6.1 + \frac{0.68}{1-P_R}\right)P_R^2 \tag{9.9a}$$

$$nf = 0.9 - 0.3P_R^{0.15} \tag{9.9b}$$

该公式适用于 $P_R=0.000\ 5\sim0.95$ 的范围内。对于表中未列出的流体，可以在参考条件下输入实验值估算出传热系数 h。

表 9.2　Gorenflo 模型相关数据

工　质	p_{cr}/bar	M/(kg·kmol^{-1})	h_0/[W·(m^2·K)$^{-1}$]	工　质	p_{cr}/bar	M/(kg·kmol^{-1})	h_0/[W·(m^2·K)$^{-1}$]
甲烷	46.0	16.04	7 000	R113	34.1	187.4	2 650
乙烷	48.8	30.07	4 500	R114	32.6	170.9	2 800
丙烷	42.4	44.1	4 000	R115	31.3	154.5	420
正丁烷	38.0	58.12	3 600	R123	36.7	152.9	2 600
正戊烷	33.7	72.15	3 400	R134a	40.6	102	4 500
异戊烷	33.3	72.15	2 500	R152a	45.2	66.05	4 000
正已烷	29.7	86.18	3 300	R226	30.6	186.5	3 700
正庚烷	27.3	100.2	3 200	R227	29.3	170	3 800
苯	48.9	78.11	2 750	RC318	28.0	200	420
甲苯	41.1	92.14	2 650	R502	40.8	111.6	3 300
二苯基	38.5	154.2	2 100	氯甲烷	66.8	50.49	4 400
乙醇	63.8	46.07	4 400	四氯化碳	37.4	88	4 750
正丙醇	51.7	60.1	3 800	氢气(铜)	13.0	2.02	24 000
异丙醇	47.6	60.1	3 000	氖气(铜)	26.5	20.18	20 000
正丁醇	49.6	74.12	2 600	氮气(铜)	34.0	28.02	10 000
异丁醇	43.0	74.12	4 500	氮气(铂)	34.0	28.02	7 000
丙醇	47.0	58.08	3 950	氩气(铜)	49.0	39.95	8 200
R11	44.0	137.4	2 800	氩气(铂)	49.0	39.95	6 700
R12	41.6	120.9	4 000	氧气(铜)	50.5	32	9 500
R13	38.6	104.5	3 900	氧气(铂)	50.5	32	7 200
R13B1	39.8	148.9	3 500	水	220.6	18.02	5 600
R22	49.9	86.47	3 900	氨水	11.3	17.03	7 000
R23	48.7	70.02	4 400	二氧化碳*	73.8	44.1	5 100

*表示位于三相点。1 bar=101 kPa。

(8) Kutateladze[11] 模型

Kutateladze 用实验数据拟合出核态沸腾公式：

$$h=\left[3.37\times10^{-9}\ \frac{\lambda_1}{l^*}\left(\frac{h_{\mathrm{lg}}}{c_{p1}q}\right)^{-2}\left(\frac{p}{\rho_g}\right)^2\Big/\left(\frac{\sigma g}{\rho_1-\rho_g}\right)\right]^{1/3} \tag{9.10}$$

式中，池沸腾特征长度 l^* 为

$$l^*=\left[\frac{\sigma}{g(\rho_1-\rho_g)}\right]^{1/2} \tag{9.11}$$

(9) Alavi Fazel - Roumana[12] 模型

Alavi Fazel 和 Roumana 以水、丙酮、异丙醇、甲醇和乙醇为工质，在大气压力下进行了池沸腾实验。根据实验数据，提出如下模型：

$$h=\frac{3.253\sigma^{0.125}h_{\mathrm{lg}}^{0.125}q^{0.876}}{T_{\mathrm{sat}}\alpha_{1}^{0.145}} \tag{9.12}$$

式中，α 为热扩散系数。

(10) Kruzhilin[13] 模型

$$Nu=\frac{hl^{*}}{\lambda_{1}}=0.082\left[\frac{h_{\mathrm{lg}}q}{gT_{\mathrm{sat}}\lambda_{1}}\frac{\rho_{\mathrm{g}}}{\rho_{1}-\rho_{\mathrm{g}}}\right]^{0.7}\left(\frac{T_{\mathrm{sat}}c_{p1}\sigma_{1}\rho_{1}}{h_{\mathrm{lg}}^{2}\rho_{\mathrm{g}}^{2}l^{*}}\right)^{0.33}Pr^{-0.45} \tag{9.13}$$

式中，池沸腾特征长度 l^{*} 用式(9.11)计算。

(11) McNelly[14] 模型

$$h=0.225\left(\frac{c_{p1}q}{h_{\mathrm{lg}}}\right)^{0.69}\left(\frac{p\lambda_{1}}{\sigma}\right)^{0.31}\left(\frac{\rho_{1}}{\rho_{\mathrm{g}}}-1\right)^{0.33} \tag{9.14}$$

9.2.4 核态池沸腾传热模型的评价分析

各种评价中，采用最多的指标是平均绝对误差 MAD。MAD 越小，表示与实验值越接近，预测准确度越高。平均相对误差 MRD 常用来判断模型预测值总体上偏离实验测量值的情况。MAD 的定义见式(6.107)，MRD 的定义见式(6.108)。

作者团队从 9 篇公开发表的文献中收集了 1 330 组核态池沸腾传热系数实验数据，涉及 9 种工质，约 74.1%的数据点是水，11.3%是 R134a，其他占较大比例的依次是 R123、R1234yf 和乙醇。

利用该数据库，对上述 11 个模型(Rohsenow[3]、Cooper[5]、Stephan - Abdelsalam[6]、Nishikawa 等[7]、Mostinski[8]、Labuntsov[9]、Gorenflo[10]、Kutateladze[11]、Alavi Fazel - Roumana[12]、Kruzhilin[13]、McNelly[14])进行了评价。对全部数据 MAD<50%的公式的评价结果列于表 9.3 中。

表 9.3 各核态池沸腾传热模型对实验数据库的预测误差

%

模 型	全部数据		水		R134a		R123		R1234yf		乙 醇	
	MAD	MRD	MAD	MRD	MAD	MRD	MAD	MRD	MAD	MRD	MAD	MRD
Mostinski	**28.7**[a]	−0.2	**23.2**	6.7	53.5	−0.6	**19.5**	−19.3	**23.0**	−8.9	31.8	−31.8
Kruzhilin	**29.9**	1.1	**24.4**	12.1	49.6	−16.1	**16.3**	−15.9	**29.6**	−25.3	43.8	−43.8
Alavi	32.8	−19.2	**24.5**	−16.2	47.5	−34.6	70.3	70.3	55.1	−54.6	**28.7**	14.4
Fazel - Roumana McNelly	33.8	−9.8	**29.4**	−18.0	54.2	30.5	54.4	54.4	30.7	27.2	**10.2**	−0.5
Rohsenow	41.5	11.3	36.5	29.2	54.5	−20.0	55.4	−55.4	**24.3**	−16.7	87.7	−87.7
Kutateladze	43.4	34.4	39.4	34.2	71.9	59.8	38.5	38.5	58.1	58.1	36.0	31.8
Stephan - Abdelsalam	45.4	−6.0	35.3	−27.0	70.8	53.5	**17.5**	17.5	60.1	60.1	95.5	94.2

a 黑体为对该类型数据，满足 MAD<30%。

从表 9.3 中可以发现：

① 对全部数据，满足 MAD＜50％的模型有 7 个。满足 MAD＜30％的模型有 2 个，依次为 Mostinski 与 Kruzhilin，其 MAD 分别为 28.7％和 29.9％。可见，池沸腾传热模型需要进一步改进。

② 一些模型在一定条件下能够提供可以接受的预测结果。例如，Stephan－Abdelsalam 模型对乙醇，MAD＝95.5％；而对 R123，MAD＝17.5％。

③ 对于水，有 4 个模型的 MAD＜30％，依次为 Mostinski (23.2％)、Kruzhilin (24.4％)、Alavi Fazel－Roumana (24.5％)，以及 McNelly (29.4％)，包含了对全部数据预测最好的前 4 个模型。这是因为，数据库中，水的数据占大部分，约 74.1％。对于 R134a，各模型的预测效果普遍较差，预测效果最好的 Alavi Fazel－Roumana 模型，MAD 也仅为 47.5％。对于 R123，大部分模型预测性能都很好，MAD＜20％的模型有 4 个，依次为 Gorenflo (11.9％，在表中未列出)、Stephan－Abdelsalam (17.5％)、Mostinski (19.5％)，以及 Labuntsov (19.8％)。对于 R1234yf，有 3 个模型的 MAD＜30％，依次为 Mostinski (23.0％)、Rohsenow (24.3％)和 Kruzhilin (29.6％)。对于乙醇，有 2 个模型的 MAD＜20％，分别为 McNelly (10.2％)和 Gorenflo (17.2％)。

Alavi Fazel 和 Roumana[12] 以水、丙酮、异丙醇、甲醇和乙醇为工质进行了池核沸腾实验，利用实验数据对 8 个池核沸腾传热系数模型进行了评价，包括 Mostinski[8]、McNelly[14]、Kruzhilin[13]、Stephan－Abdelsalam[6]、Gorenflo[10]、Nishikawa 等[7]、Labuntsov[9]，以及 Cooper[5]。评价结果见表 9.4。从表中可见，不同模型对于不同工质的预测精度不同。综合来看，Gorenflo 模型的预测效果最好，Nishikawa 等模型次之。

表 9.4　Alavi Fazel 和 Roumana 评价的 MAD(％)

模　型	2－丙醛[a]	乙　醇	甲　醇	水	丙　酮
Mostinski	24	34	70	—[b]	—
McNelly	38	61	88	71	36
Kruzhilin	66	66	67	79	53
Stephan－Abdelsalam	28	63	—	83	70
Gorenflo	21	21	12	15	15
Nishikawa 等	23	52	79	66	64
Labuntsov	93	93	92	94	—
Cooper	39	77	—	—	66

a 文中叙述是异丙醇，与表中不同。

b 对该工质，MAD＞100％。

9.3　池沸腾临界热流密度

当热流密度达到由核态沸腾转变为过渡沸腾所对应的值时，加热表面上的气泡很多，以致很多气泡连成一片，在加热表面上形成一层气膜，覆盖了加热面。由于气膜的传热系数低，阻碍流体与加热面之间的热量交换，导致加热面温度迅速升高，致使加热面烧毁。此时的热流密度为临界热流密度(CHF)。

临界热流密度又称为峰值热流密度(peak heat flux)、沸腾危机(boiling crisis)或烧毁点(burnout point)，表示一个加热面在没有失去与液体宏观物理接触时能够承受的最大热流，是池沸腾系统安全运行的极限。

在实际应用中，希望锅炉、沸腾传热设备、液体冷却的反应堆等运行在高热流密度下，以尽可能高地追求传热效率。因此，CHF 是迄今为止研究最为广泛的问题之一。其分析方法大致可分为两类：一是在分析基础上，对其形成的物理过程或主要影响因素提出假设，提出公式的形式，通过实验数据拟合，确定系数和指数，得到具体的计算式；二是对实验现象进行系统全面的分析后，提出一种较完善的物理数学模型，然后通过适当简化推导出公式。

下面简单介绍 CHF 的机理和影响因素，重点介绍计算模型，并对模型进行评价分析。

9.3.1　池沸腾临界热流密度的机理和影响因素

1. 临界热流密度的机理

尽管在池沸腾 CHF 方面有大量文献发表，但对于其机理仍然没有统一的认识。主要困难之一是沸腾时有大量气泡产生，干扰了对于加热表面液体层动力学的观察。Bergles[15]归纳了 3 类可能的池沸腾 CHF 机理，后来又出现了热点/干点理论。简单介绍如下：

① 相对于液体，蒸气柱中蒸气的上升速度相对较大，引起了 Kelvin - Helmholtz 不稳定性。该类机理由 Zuber[16]首先提出。Zuber 提出的水平无限大平面上的水动力 CHF 模型是最经典的且被引用最多的模型。

② 气泡干扰，蒸气柱的合并产生了蒸气覆盖层。该类机理的主要贡献者是 Rohsenow 和 Griffith[17]。

③ 宏观液体层干涸，也称为宏观层干涸：当蒸气动量大到足以从加热面托起液体宏观层时，加热面不再能够被润湿，核沸腾开始向膜态沸腾转变。该类机理由 Katto 和 Yokoya[18]较早提出。

④ 2006 年，Theofanous 和 Dinh 基于微观水动力学，提出了热点/干点理论，认为当不能再得到润湿的核态生长点在加热面上连成片的时候，就会达到 CHF。

2. 临界热流密度的影响因素

池沸腾 CHF 的影响因素很多，主要因素可归纳如下。

(1) *加热面尺寸和几何形状*

实验证明，加热件的尺寸与几何形状对 CHF 有一定影响。结合无限大平板的研究结果可知，CHF 函数(在公式中用符号 $q_{\rm CHF}$ 表示)与下列参数有关：

$$q_{\rm CHF}=f(h_{\rm lg},\rho_{\rm g},\sigma,g(\rho_{\rm l}-\rho_{\rm g}),L)$$

式中，L 表示加热件的特征长度。

加热面的热性能也影响 CHF。例如，有研究表明：加热器的热扩散系数增大，CHF 增大；加热器单位面积的热容增大，CHF 增大，所以厚加热器的 CHF 大于薄加热器的 CHF。不过这些影响在现有 CHF 公式中没有很好地反映。

(2) *表面效应*

由流体动力不稳定理论分析可知，蒸气的临界流动速度决定了 CHF 值的大小。基于此理论，加热面条件对 CHF 影响很小。但是，大量的实验表明：当加热表面被喷涂上润湿物质时，CHF 会有所增大；若喷涂上不润湿介质，则 CHF 会有所降低。关于表面润湿性对 CHF 的影响，需要作进一步研究。

加热表面粗糙度对 CHF 也有一定影响。表面粗糙度使 CHF 增大，一般可增大 25%～35%。粗糙度也会使壁面过热度有所变化，从而影响池沸腾传热系数。

(3) 加热面方位

当加热面所处方位角(倾斜角)发生改变时，重力和浮力的作用效果改变，导致流体间的相对流动以及流体与加热壁表面的相对运动受到影响，从而影响 CHF 的大小。倾斜面的 CHF 小于水平面的 CHF。

(4) 系统压力

系统压力变化时，流体沸点会随之变化，流体达到饱和状态时的物性参数(例如表面张力、饱和液密度、饱和气密度等)也会变化，最终导致 CHF 的变化。

(5) 过冷度

过冷度会使 CHF 增大。

(6) 重力场

重力对池沸腾传热有显著影响。本章介绍常重力环境的池沸腾传热，微重力环境下的池沸腾传热问题在第 14 章介绍。

(7) 其他因素

CHF 还受其他因素的影响。例如：当流体中存在不凝性气体时，CHF 降低；当加热面上存在污垢时，CHF 升高；当流体介质中存在杂质时，CHF 也会相应地改变；工质对 CHF 也会有影响。

9.3.2 池沸腾临界热流密度模型

1. 池沸腾水动力学理论和 Zuber 模型

Zuber[16] 认为，根据水动力学理论，CHF 和最小膜态沸腾是 Taylor 不稳定性驱动的过程。最小膜态沸腾将在 9.5 节介绍。Zuber 把无限大水平加热面上的发泡点看成是呈正方形排列(见图 9.6)，根据 Helmholtz 失稳的最大蒸气流速和 Tayler 失稳的极限波长，建立了临界点的流体动力不稳定性模型。

Zuber 模型假设正方形网格上形成的半径为 R_j 的上升蒸气柱的间距 λ_{d1} 等于按 Taylor 稳定性确定的最快生长波长(见图 9.6)，即

$$\lambda_{d1}=2\pi\sqrt{3}\sqrt{\sigma/(g\Delta\rho)} \tag{9.15a}$$

假设上升蒸气柱具有受控于 Helmholtz 不稳定性的临界流速 u_g，蒸气柱中波等于 $2\pi R_j$，则

$$u_g=\sqrt{\sigma/(\rho_g R_j)} \tag{9.15b}$$

临界热流密度 q_{CHF} 将等于单个蒸气柱的蒸气离开表面时带走的汽化潜热除以正方形网格的面积，即

$$q_{CHF}=\rho_g h_{fg} u_g \frac{\pi R_j^2}{\lambda_{d1}^2} \tag{9.16}$$

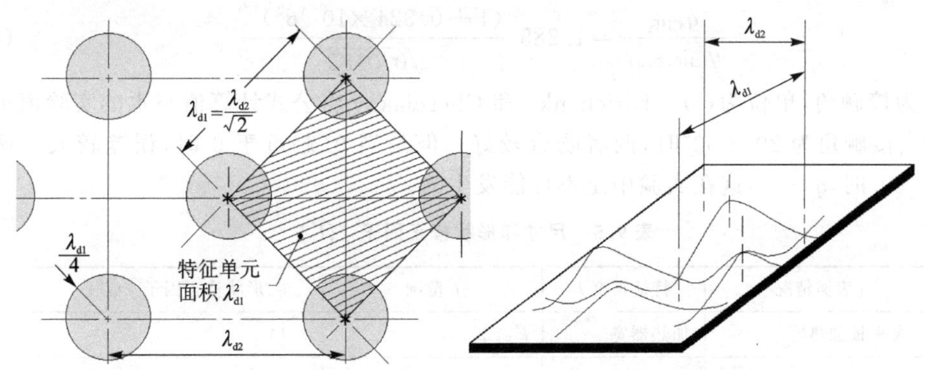

(a) Zuber池沸腾CHF理论的物理模型俯视图　(b) Zuber池沸腾CHF理论的物理模型侧视图

图 9.6　无限大平板表面在临界热流密度时上升蒸气柱示意图[4]

Zuber 进一步假设 $R_j=\lambda_{d1}/4$，与式(9.15)一起代入上式，得

$$q_{CHF}\approx\frac{\pi}{24}\rho_g^{1/2}h_{lg}\left[\sigma g(\rho_l-\rho_g)\right]^{1/4}=0.131\rho_g^{1/2}h_{lg}\left[\sigma g(\rho_l-\rho_g)\right]^{1/4} \tag{9.17}$$

该公式已成为许多研究 CHF 的经典模型。

Zuber 模型是建立在无限大水平加热面这一条件之上的。实际的加热面不可能无限大。只有在加热面尺寸远大于网格边长 λ_{d1} 的情况下，Zuber 模型才比较准确。在有限尺寸下，边缘热效应的影响不可忽略。如果加热面不是平面，也会影响 CHF。研究表明：只有曲率半径远大于边长 λ_{d1}，曲面的影响才可以忽略；否则，加热面几何构型的影响也不可忽视。另外，很多实际加热面具有一定的倾斜角。倾斜角的增大会使 q_{CHF} 减小。此外，还有流体物性等的影响。这些都成为池沸腾 CHF 研究的重要议题。此后的大部分研究都是直接或间接地对 Zuber 模型的修正。

2. 加热面尺寸和几何形状影响的修正

Lienhard 和其同事研究了加热面尺寸和几何形状对 CHF 的影响，认为对于有限尺寸平面和曲率半径不足够大的情况，需要对尺寸和几何形状加以修正。Lienhard 和 Dhir[19] 提出如下修正方法：

$$\frac{q_{CHF}}{q_{CHF,Zuber}}=f(l') \tag{9.18}$$

式中，q_{CHF} 为加热面上的平均临界热流密度；$q_{CHF,Zuber}$ 为 Zuber 模型(9.17)的计算值；l'为规范化几何特征参数，表 9.5 给出了部分 l'值。

$$l'=\frac{l}{\sqrt{\sigma/(g\Delta\rho)}} \tag{9.19}$$

式中，l 为加热面特征长度。

3. 方位和表面效应影响的修正

(1) Kirichenko - Cherniakov[20] 模型

Kirichenko 和 Cherniakov 认为 CHF 的大小与气液界面的稳定性密切相关。他们根据 Tayler 不稳定性进行分析，并对边界层进行合理假设，首次提出了关于接触角的修正。公式形式如下：

$$\frac{q_{\rm CHF}}{q_{\rm CHF,Zuber}}=1.285\frac{(1+0.324\times10^{-3}\beta_{\rm c}^{2})^{1/4}}{\sqrt{0.018\beta_{\rm c}}} \tag{9.20}$$

式中，β_c 为接触角，单位为(°)。Kirichenko 和 Cherniakov 将公式计算值与水的实验值进行比较，发现当接触角为 20°～60°时，两者吻合较好。但是当 β_c 趋近于 0°时，误差较大。这是因为，当 $\beta_c\to0°$ 时，$q\to\infty$，这在实验中是不可能发生的。

表 9.5　尺寸和形状修正因子 $f(l')$

表面情况	特征长度 l	l'范围	形状修正因子 $f(l')$
大平板加热器	加热器宽	$l'\geqslant27$	1.14
小平板加热器	加热器宽	$9<l'<20$	$1.14\lambda_{\rm d1}^2/A_{\rm heater}$
水平圆柱	圆柱半径	$l'\geqslant0.15$	$0.89+2.27\exp(-3.44\sqrt{l'})$
大水平圆柱	圆柱半径	$l'\geqslant1.2$	0.90
小水平圆柱	圆柱半径	$0.15\leqslant l'\leqslant1.2$	$0.94\,l'^{-0.25}$
大球	球半径	$l'\geqslant4.26$	0.84
小球	球半径	$0.15\leqslant l'\leqslant4.26$	$1.734/\sqrt{l'}$
小水平带，平面垂直：两边加热	边高	$0.15\leqslant l'\leqslant2.96$	$1.18/\,l'^{0.25}$
小水平带，平面垂直：一边绝热	边高	$0.15\leqslant l'\leqslant5.86$	$1.4/\,l'^{0.25}$

(2) Kandlikar[21] 模型

Kandlikar 除了考虑水动力学因素和接触角 β_c 之外，还考虑了表面倾斜角 θ。其模型如下：

$$\frac{q_{\rm CHF}}{q_{\rm CHF,Zuber}}=7.5\left(\frac{1+\cos\beta_{\rm c}}{16}\right)\left[\frac{2}{\pi}+\frac{\pi}{4}(1+\cos\beta_{\rm c})\cos\theta\right]^{1/2} \tag{9.21}$$

式中，θ 为加热面方位角，单位为(°)。加热面朝上时，$\theta=0°$；加热面垂直时，$\theta=90°$。

(3) Chang - Snyder[22] 模型

Chang 和 Snyder 模型属于气泡界面模型。该类模型假设，当达到 CHF 时，气泡运动速度也达到临界，蒸发潜热的传热作用受到气泡的抑制而不能发挥。Chang - Snyder 模型形式如下：

$$q_{\rm CHF}=\frac{1}{2}\left(\frac{\pi}{6}\right)^{5/6}(0.011\,9\beta_{\rm c})^{1/2}h_{\rm lg}\rho_{\rm g}^{1/2}\left[2\sigma g(\rho_{\rm l}-\rho_{\rm g})\right]^{1/4} \tag{9.22}$$

(4) Vishnev[23] 模型

Vishnev 基于以液氦为工质的池沸腾实验数据对 Zuber 公式进行如下修正：

$$\frac{q_{\rm CHF}}{q_{\rm CHF,Zuber}}=\frac{(190-\theta)^{0.5}}{190^{0.5}} \tag{9.23}$$

(5) El - Genk - Guo[24] 模型

El - Genk 和 Guo 根据 Vishnev[23] 以及他们自己的实验数据拟合出公式：

$$\frac{q_{\rm CHF}}{q_{\rm CHF,Zhber}}=\frac{C(\theta)}{0.131} \tag{9.24a}$$

$$C(\theta)=\begin{cases}0.034+0.0037(180-\theta)^{0.656}, & 水\\0.033+0.0096(180-\theta)^{0.479}, & 氮\\0.002+0.0051(180-\theta)^{0.633}, & 氦\end{cases} \tag{9.24b}$$

(6) Chang - You[25] 模型

$$\frac{q_{\text{CHF}}}{q_{\text{CHF,Zuber}}}=1-0.0012\theta\tan(0.414\theta)-0.122\sin(0.318\theta) \tag{9.25}$$

(7) Brusstar - Merte[26] 模型

Brusstar 和 Merte 基于 Zuber 公式的形式，根据 R113 的实验数据，提出分段函数形式的公式：

$$\frac{q_{\text{CHF}}}{q_{\text{CHF,Zuber}}}=\begin{cases}1.0, & 0°<\theta\leqslant 90°\\(\sin\theta)^{0.5}, & 90°<\theta\leqslant 180°\end{cases} \tag{9.26}$$

该式对 R113 工质在 $\theta<165°$ 时的预测效果较好，但未对其他工质进行验证。

(8) Arik - Bar - Cohen[27] 模型

Arik - Bar 和 Cohen 根据 HFE - 7100 和 FC - 72 的实验数据，提出

$$\frac{q_{\text{CHF}}}{q_{\text{CHF,Zuber}}}=1-0.001117\theta+7.79401\times10^{-6}\theta^2-1.37678\times10^{-7}\theta^3 \tag{9.27}$$

(9) El - Genk - Bostanci[28] 模型

El - Genk 和 Bostanci 根据 HFE - 7100 和 FC - 72 的实验数据，提出

$$\frac{q_{\text{CHF}}}{q_{\text{CHF,Zuber}}}=\left[(1-0.00127\theta)^{-4}+(3.03-0.016\theta)^{-4}\right]^{-0.25} \tag{9.28}$$

(10) Chang[29] 模型

Chang 考虑了作用于气泡上的力，假设 Weber 数达到一个临界值(相应于气泡离开加热面的速度达到临界值)时即达到了 CHF 出现的条件。分析结果形成如下公式：

$$\frac{q_{\text{CHF}}}{q_{\text{CHF,Zuber}}}=\begin{cases}1, & \theta=0°\\0.75, & \theta=90°\end{cases} \tag{9.29}$$

(11) Liao 等[30] 模型

Liao 等以水为工质，在常压下对固液接触角 β_c 和表面方位角 θ 对池沸腾传热和 CHF 的影响进行了实验研究。加热表面是光滑平面，有普通表面、亲水表面、超亲水表面 3 种。他们基于实验数据，提出如下公式：

$$\frac{q_{\text{CHF}}}{q_{\text{CHF,Zuber}}}=\left(-0.73+\frac{1.73}{1+10^{-0.021\times(185.4-\theta)}}\right)\left[1+\frac{55-\beta_c}{100}\times(0.56-0.0013\theta)\right] \tag{9.30}$$

4. 其他模型

(1) Theofanous - Dinh[31] 模型

Theofanous 和 Dinh 应用热点/干点理论，提出

$$q_{\text{CHF}}=K^{-1/2}\rho_g^{1/2}h_{\text{lg}}\left[g\sigma(\rho_l-\rho_g)\right]^{1/4} \tag{9.31a}$$

式中，K 为依赖于表面特性的参数，可以用下式计算：

$$K=\left(1-\frac{\sin\beta_c}{2}-\frac{\pi/2-\beta_c}{2\cos\beta_c}\right)^{-1/2} \tag{9.31b}$$

式中，$(\pi/2-\beta_c)$中的 β_c 单位为弧度。

(2) Haramura - Katto[32] 模型

Haramura 和 Katto 根据 Helmholtz 不稳定性和气泡生长率描述宏观液体层厚度，提出

$$\frac{q_{\text{CHF}}}{q_{\text{CHF,Zuber}}}=5.5\left(\frac{A_v}{A_w}\right)^{5/8}\left(1-\frac{A_v}{A_w}\right)^{5/16}\left[\left(\frac{\rho_l}{\rho_g}+1\right)\bigg/\left(\frac{11}{16}\frac{\rho_l}{\rho_g}+1\right)^{3/5}\right]^{5/16} \tag{9.32}$$

式中，$A_v/A_w=0.0584(\rho_g/\rho_l)^{0.2}$，为加热面上小蒸气茎的基础面积份额。

(3) Kutateladze[33] 模型

Kutateladze 依据流体动力学原理，通过量纲分析，得出 CHF 表达式：

$$q_{\text{CHF}}=C\rho_g^{1/2}h_{lg}\left[\sigma g(\rho_l-\rho_g)\right]^{1/4}=Cq_{\text{CHF,Zuber}} \tag{9.33a}$$

式中，C 为经验常数。经流体粘度修正后，得

$$C=0.13+\frac{4\mu_l^{0.8}}{\rho_g^{1/2}g^{0.4}}\left[\frac{g(\rho_l-\rho_g)}{\sigma}\right]^{0.5} \tag{9.33b}$$

Kutateladze 利用多种液体和各种表面条件下的金属丝和圆盘实验数据，拟合得 $C=0.13\sim0.16$，通常取 $C=0.16$。

(4) Rohsenow - Griffith[17] 模型

$$q_{\text{CHF}}=0.012\rho_g h_{lg}\left(\frac{\rho_l-\rho_g}{\rho_g}\right)^{0.6} \tag{9.34}$$

(5) Guan 等[34] 模型

Guan 等以戊烷、己烷和 FC - 72 为工质进行水平加热面池沸腾实验。结果表明，当池沸腾由核态沸腾向过渡沸腾转变时，液体与加热表面之间被形成的气膜阻断。此时，流体与加热面的润湿性及加热面属性对传热基本没有影响。他们根据 Helmholtz 不稳定性对加热面为水平表面的池沸腾传热特性进行分析，得到如下关系式：

$$\frac{q_{\text{CHF}}}{q_{\text{CHF,Zuber}}}=1.87\left(\frac{\rho_g}{\rho_l}\right)^{0.1} \tag{9.35}$$

(6) Bailey 等[35] 模型

$$\frac{q_{\text{CHF}}}{q_{\text{CHF,Zuber}}}=1.3 \tag{9.36}$$

(7) Sakashita - Ono[36] 模型

Sakashita 和 Ono 以水为介质，在 0.1～7 MPa 范围内进行了池沸腾 CHF 的实验研究。加热面是一个水平面向上的矩形镍铬合金片。根据宏观液体层干涸理论，他们采用了如下形式：

$$q_{\text{CHF}}=\rho_l h_{lg}\delta_l f \tag{9.37a}$$

式中，δ 为宏观液体层厚度，f 为气泡脱离频率。

$$f=0.6\left[\frac{(\rho_l-\rho_g)g}{\rho_l}\right]^{2/3}\left[\frac{g\rho_l^2(\rho_l-\rho_g)}{\sigma^3}\right]^{1/12}=0.6\left[\frac{g^3(\rho_l-\rho_g)^3}{\rho_l^2\sigma}\right]^{1/4} \tag{9.37b}$$

与实验数据吻合较好的宏观液体层厚度模型为

$$\delta_l=0.0107\frac{\sigma}{\rho_g}\left(\frac{\rho_g}{\rho_l}\right)^{0.4}\left(1+\frac{\rho_g}{\rho_l}\right)\left(\frac{\rho_g h_{lg}}{q}\right)^2 \tag{9.37c}$$

将式(9.37b)和式(9.37c)代入式(9.37a)，可得

$$\frac{q_{\mathrm{CHF}}}{q_{\mathrm{CHF,Zuber}}}=1.42\left(\frac{\rho_{\mathrm{l}}}{\rho_{\mathrm{g}}}\right)^{1/30}\left(1+\frac{\rho_{\mathrm{g}}}{\rho_{\mathrm{l}}}\right)^{1/3} \tag{9.37d}$$

(8) 过冷对核态池沸腾影响的修正

过冷可以引起池沸腾 CHF 的显著增加,因为离开加热面的蒸气可以在接触过冷液体时较快冷却,减小加热面再润湿的阻力。Kutateladze[37] 提出过冷条件下的临界热流密度 $q_{\mathrm{CHF,sub}}$ 与饱和条件下的临界热流密度 $q_{\mathrm{CHF,sat}}$ 之比为

$$\frac{q_{\mathrm{CHF,sub}}}{q_{\mathrm{CHF,sat}}}=1+C_0\left(\frac{\rho_{\mathrm{l}}}{\rho_{\mathrm{g}}}\right)^{n}\frac{c_{p\mathrm{l}}(T_{\mathrm{sat}}-T_{\mathrm{l}})}{h_{\mathrm{lg}}} \tag{9.38}$$

Ivey 和 Morris[38] 建议 $C_0=0.1$,$n=0.75$,即

$$\frac{q_{\mathrm{CHF,sub}}}{q_{\mathrm{CHF,sat}}}=1+0.1\left(\frac{\rho_{\mathrm{l}}}{\rho_{\mathrm{g}}}\right)^{0.75}\frac{c_{p\mathrm{l}}(T_{\mathrm{sat}}-T_{\mathrm{l}})}{h_{\mathrm{lg}}} \tag{9.39}$$

Elkassabgi 和 Lienhard[39] 以异丙醇、甲醇、R113 和丙酮为工质,用直径为 0.8～1.54 mm 的圆柱形电阻丝加热器开展了过冷度对池沸腾 CHF 影响的实验研究。对于低过冷度(对于异丙醇,$T_{\mathrm{sat}}-T_{\mathrm{l}}<15$ ℃),他们提出

$$\frac{q_{\mathrm{CHF,sub}}}{q_{\mathrm{CHF,sat}}}=1+4.28\frac{\rho_{\mathrm{l}}}{\rho_{\mathrm{g}}}\frac{c_{p\mathrm{l}}(T_{\mathrm{sat}}-T_{\mathrm{l}})}{h_{\mathrm{lg}}}\left[\upsilon_{\mathrm{g}}\frac{(g\Delta\rho)^{1/4}\rho_{\mathrm{g}}^{1/2}}{\sigma^{3/4}}\right]^{1/4} \tag{9.40}$$

9.3.3 池沸腾临界热流密度模型的评价分析

方贤德和董安琪[40] 从 40 篇文献中获得了 600 组池沸腾临界热流密度的实验数据,用此对 21 个常用临界热流密度模型的准确性及适用范围做了系统评价,这 600 组实验数据点的统计结果如下:

① 对比压力范围为 0.000 1～0.98。

② 方位角为 0°～180°,其中 63%的数据点来自水平加热面,12%来自垂直加热面,其余来自倾斜面。

③ 实验数据包含水、氨、液氮、氢、乙醇、戊烷等 13 种工质,其中水、氨和液氮分别占 50%、14%和 8%。

评价的 21 个模型具体是 Zuber[16]、Lienhard - Dhir[19]、Kirichenko - Cherniakov[20]、Kandlikar[21]、Chang - Snyder[22]、Vishnev[23]、El - Genk - Guo[24]、Chang - You[25]、Brusstar - Merte[26]、Arik - Bar - Cohen[27]、El - Genk - Bostanci[28]、Chang[29]、Liao 等[30]、Theofanous - Dinh[31]、Haramura - Katto[32]、Kutateladze[33]、Rohsenow - Griffith[17]、Guan 等[34]、Bailey 等[35]、Sakashita - Ono[36] 和 Yagov[41] 模型。对整个数据库 MAD<30%的公式的误差分析见表 9.6,从中可以得出如下结论:

① 对于全部实验数据,有 8 个模型 MAD<30%,按照精度由高到低,依次为 El - Genk - Guo[24]、Brusstar - Merte[26]、Arik - Bar - Cohen[27]、El - Genk - Bostanci[28]、Chang - You[25]、Liao 等[30]、Kandlikar[21] 和 Vishnev[23] 模型。其中,预测结果最好的 El - Genk - Guo 模型,MAD=27.1%。前 5 个模型的 MRD 都小于零,即其预测值总体偏低。

② 预测效果排名前八的模型都是以 Zuber[16] 公式为基本形式,说明在诸多池沸腾 CHF 机理中,基于 Helmholtz 不稳定性的水动力学解释最贴近实际。

③ 这 8 个模型对 Zuber[16] 公式的修正都与方位角有关,说明在诸多因素中,加热面方位

角是影响 CHF 的最主要的因素之一。

④ El－Genk－Guo[24]、Brusstar－Merte[26]和 Arik－Bar－Cohen[27]公式位列前三，在方位角上没有限制，使用范围较广，形式较为简单明了，推荐使用。

表 9.6 MAD<30%的模型的预测误差

%

模　型	MAD	MRD	MAD<30%数据点的百分比
El－Genk－Guo	27.1	−8.1	65.7
Brusstar－Merte	27.7	−13.7	59.3
Arik－Bar－Cohen	27.8	−11.2	61.0
El－Genk－Bostanci	28.3	−15.1	57.7
Chang－You	28.5	−15.3	57.3
Liao 等	28.5	9.5	66.7
Kandlikar	29.1	7.7	66.3
Vishnev	29.7	−17.7	54.2

表 9.7 分析了前 8 个模型对于不同工质对池沸腾 CHF 预测结果的影响。从中可见，不同模型对于不同工质的预测精度不同。例如：Liao 等[30]模型对于氦的 MAD 最大，为 40.7%；而对于液氮、氢、水的 MAD 最小，分别为 5.2%、19.3%和 25.7%。综合来看，El－Genk－Guo[24]模型和 Arik－Bar－Cohen 模型对各工质的预测效果相对较稳定，MAD 都在 30.5%以内。

表 9.7 前 8 个模型对不同工质实验数据的预测结果

%

模　型	水		氦		液　氮		氢		其他工质	
	MAD	MRD	MAD	MRD	MAD	MRD	MAD	MRD	MAD	MRD
El－Genk－Guo	30.4	−9.3	29.0	−0.5	21.0	−12.0	20.8	1.2	28.0	−10.4
Brusstar－Merte	29.3	−13.7	35.7	6.0	19.0	−0.8	23.8	−9.0	27.3	−16.1
Arik－Bar－Cohen	29.8	−15.6	30.5	−1.6	22.6	−16.0	23.8	−9.0	28.1	−16.9
El－Genk－Bostanci	30.7	−16.8	30.3	−2.3	24.5	−18.6	23.9	−9.2	28.8	−18.4
Chang－You	31.0	−16.8	30.3	−2.8	24.3	−18.4	23.8	−9.0	29.1	−18.6
Liao 等	25.7	6.7	40.7	22.6	5.2	0.2	19.3	10.4	25.0	2.5
Kandlikar	32.2	8.3	29.4	4.9	12.0	12.0	25.6	23.3	31.7	7.7
Vishnev	32.0	−18.7	29.2	−10.4	28.8	−22.5	23.8	−9.0	30.5	−19.7

表 9.8 给出了前 8 个模型对于不同加热面方位角对 CHF 预测结果的影响。从中可见，当加热面处于水平位置时，除 Kandlikar[21]模型预测效果较差外，各模型 MAD 都在 26%左右。当加热面垂直放置时，Kandlikar[21]模型预测效果最好，MAD＝25.1%；El－Genk－Guo[24]、Brusstar－Merte[26]和 Arik－Bar－Cohen[27]模型预测效果相当，MAD 在 29.5%左右。当 $0°<\theta<90°$时，Kandlikar[21]模型预测效果最好，MAD＝22.8%。当 $90°<\theta<180°$时，各模型预测效果普遍较差，表现最好的是 Brusstar－Merte[26]模型，其 MAD 为 30.9%。

表9.8　前8个模型对不同方位角实验数据的预测结果

%

模　型	水　平		$0°<\theta<90°$		垂　直		$90°<\theta\leq 180°$	
	MAD	MRD	MAD	MRD	MAD	MRD	MAD	MRD
El - Genk - Guo	25.8	−4.9	30.7	−18.4	29.9	−18.0	32.5	−24.7
Brusstar - Merte	27.4	−14.4	26.7	−14.3	29.5	−7.8	30.9	−23.7
Arik - Bar - Cohen	27.4	−14.4	29.0	−18.6	29.1	−15.4	31.8	−25.5
El - Genk - Bostanci	27.5	−14.7	30.7	−22.7	30.8	−19.2	34.6	−32.4
Chang - You	27.4	−14.4	31.6	−23.7	31.7	−20.7	36.3	−34.6
Liao等	26.5	3.3	—[a]	—	36.3	35.4	—	—
Kandlikar	30.4	12.0	22.8	−22.8	25.1	−11.4	—	—
Vishnev	27.4	−14.4	36.1	−27.8	34.8	−27.5	39.2	−34.9

a　数据超出该公式规定的范围或不适用。

9.4　膜态池沸腾传热

膜态沸腾工况下，加热面被一层气膜覆盖，不与液体直接接触。热量自加热面通过气膜传导到气液交界面，在交界面上使液体蒸发。由于气膜层导热系数较低，因此膜态沸腾下壁面温度比较高，常常需要同时考虑壁面对液体的辐射加热。膜态沸腾在传热设备中是传热能力较弱的沸腾传热模式，在沸腾传热设备的设计中应设法避免。然而，在设备运行异常的情况下，膜态沸腾不可避免。例如，在锅炉管过热工况下、在反应堆失水事故中，以及在失水后冷却过程中，都会出现膜态沸腾。同时，高温炉的气膜冷却、金属材料的热处理，以及钢锭的冷却等，也常常利用膜态沸腾现象。

与核态沸腾相比，膜态沸腾下加热面为气膜包覆，故表面特征对沸腾过程影响小，较易分析。但是，加热面几何形状、大小、布置都会影响气膜的几何形状和运动特性。因此，目前仅对一些简单构形的问题，得到较为满意的解析解，对于一些复杂问题，尚难用解析方法求解。本节着重介绍垂直加热面、水平加热面以及球体表面膜态沸腾的计算方法。

9.4.1　垂直面膜态沸腾模型

(1) Bromley[42]模型

Bromley运用类似Nusselt膜态沸腾的思想，分析了垂直面膜态沸腾传热，认为：蒸发形成的气泡仅受浮力作用，而受惯性力的影响较小，处于层流状态；气液交界面为光滑界面，并处于当地饱和温度状态。传热系数公式可以表示成如下形式：

$$h=C\left(\frac{h_{\mathrm{lg}}g\rho_{\mathrm{g}}(\rho_{\mathrm{l}}-\rho_{\mathrm{g}})\lambda_{\mathrm{g}}^{3}}{L\mu_{\mathrm{g}}\Delta T}\right)^{1/4} \tag{9.41}$$

式中，L为垂直面高度；C为常数，对于无滑移边界取0.5，对于动态边界取0.732。

上述公式中假定液体汽化仅需要汽化潜热，而实际膜态沸腾时直接接触加热面的气膜处于过热状态。Bromley用当量汽化潜热h_{lg}^{*}对h_{lg}进行修正：

$$h_{lg}^{*}=h_{lg}\left(1+0.34\frac{c_{pg}\Delta T}{h_{lg}}\right) \tag{9.42}$$

基于层流气膜的 Bromley 方法对于计算短的竖管或竖板计算效果较好，其他情况下精度较差。

(2) Hsu－Westwater[43] 模型

Hsu 和 Westwater 认为膜态沸腾工况下，气膜与液体的交界面不再是平滑的，Bromley 公式并不能与实验数据很好地吻合。他们发现：当加热面的高度大于 2～3 cm 时，气液交界面为光滑界面的假设失效；当临界雷诺数 $Re_c=100$ 时，气膜过渡到湍流状态，层流速度剖面已不适用。他们假定垂直表面下的湍流膜的速度分布为均匀分布和线性分布的组合，即在 $y^{+}<10$ 的层流子层内为线性分布，湍流子区为均匀分布，运用 Bromley 的方法进行分析，得到

$$\frac{hL}{\lambda_g}=\frac{2h_{lg}^{*}\mu_g Re_c}{3\lambda_g\Delta T}+\frac{B+\frac{1}{3}}{A}\left\{\left[\frac{2}{3}\frac{A}{B+\frac{1}{3}}(L-L_0)+\frac{1}{y^{*2}}\right]^{3/2}-\frac{1}{y^{*3}}\right\} \tag{9.43a}$$

式中

$$A=\left[\frac{g(\rho_l-\rho_g)}{\rho_g}\right]\left(\frac{\rho_g}{\mu_g Re_c}\right)^2 \tag{9.43b}$$

$$B=\left(\mu_g+\frac{f\rho_g\mu_g Re_c}{2\rho_g}+\frac{\lambda_g\Delta T}{h_{lg}}\right)\Big/\left(\frac{\lambda_g\Delta T}{h_{lg}}\right) \tag{9.43c}$$

$$y^{*}=\left[\frac{2\mu_g Re_c}{g\rho_g(\rho_l-\rho_g)}\right]^{1/3} \tag{9.43d}$$

$$L_0=\mu_g Re_c h_{lg}^{*}y^{*}/(2\lambda_g\Delta T) \tag{9.43e}$$

作者将这一方法预测结果与实验数据比较，误差为 35%，变化趋势合理。膜态沸腾下，气膜厚度随高度的增加而增厚，层流段内，传热系数随气膜增厚而下降；进入湍流区后，随气膜的增厚，传热系数反而增大。

9.4.2 水平面膜态沸腾模型

1. 水平表面

(1) Berenson[44] 模型

Berenson 认为，在水平平板膜态沸腾情况下，气液交界面呈波动状态，传热是一种流体动力不稳定现象。他利用失稳波长推导出膜态沸腾传热模型：

$$h=0.425\left[\frac{\lambda_{gm}^{3}\rho_{gm}\Delta\rho h_{lg}g}{\mu_{gm}\Delta T(\sigma/g\Delta\rho)^{1/2}}\right]^{1/4} \tag{9.44}$$

式中，$\Delta\rho=\rho_l-\rho_g$，下标 m 表示以膜温 $T_m=(T_w+T_{sat})/2$ 为定性温度，其余物性的定性温度为饱和温度。

Berenson 将模型计算值与正戊烷和四氯化碳等的实验数据相比较，均方根偏差为 38.3%。此外，Berenson 模型仅考虑粘性力与浮力的平衡，忽略了惯性力的影响。而对于一些低温制冷介质，可能恰好相反，即可以不计粘性力，而应考虑惯性力的影响。

(2) Hamill－Baumeister[45] 模型

Hamill 和 Baumeiste 采用与 Berenson 模型相似的简化模型，但是采用随机过程的最大熵

假设，得到的结果与 Berenson 模型相似：

$$h = 0.410\left[\frac{\lambda_{gm}^{3}\rho_{gm}\Delta\rho h_{lg}^{*}g}{\mu_{gm}\Delta T(\sigma/g\Delta\rho)^{1/2}}\right]^{1/4} \tag{9.45a}$$

$$h_{lg}^{*} = h_{lg}\left(1+\frac{19}{20}\frac{c_{pg}\Delta T}{h_{lg}}\right) \tag{9.45b}$$

2. 水平圆柱体

(1) Bromley[42] 模型

Bromley 将水平圆柱体表面处理成由无数倾斜微元构成的多边形积分问题，将每一个倾斜微元用其垂直面方法计算，将浮力分解为垂直和平行于微元表面的两个分量，积分长度为半个圆周，求得

$$h = 0.62\left(\frac{\lambda_{gm}^{3}\rho_{gm}\Delta\rho h_{lg}^{*}g}{\mu_{gm}D\Delta T}\right)^{1/4} \tag{9.46a}$$

$$h_{lg}^{*} = h_{lg}\left(1+0.68\frac{c_{pg}\Delta T}{h_{lg}}\right) \tag{9.46b}$$

式中，D 为圆柱的直径。该模型适用于 $D=6.25\sim18.75$ mm 的圆柱体。若直径太小($D<1$ mm)，膜厚与直径相当，则不宜用平面近似处理；若直径过大，则层流假定不再适用。Bromley 将模型预测值与水及其他液体的实验结果相比较，均方根偏差为 30.2%。

(2) Breen－Westwater[46] 模型

Breen 和 Westwater 认为，当 D 大于 Tayler 不稳定性临界波长后，可以用 Berenson[44] 的水平平板近似方法计算圆柱体。他们根据大量实验数据整理出包括考虑圆柱体直径影响的经验关系式：

$$h = \left(\frac{\lambda_{g}^{3}\rho_{g}\Delta\rho h_{lg}g}{\mu_{g}\Delta T\lambda_{c}}\right)^{1/4}\left(0.5q+0.06q\frac{\lambda_{c}}{D}\right) \tag{9.47a}$$

式中，λ_c 为 Tayle 临界波长，用下式计算：

$$\lambda_{c} = 2\pi\sqrt{\frac{\sigma}{g(\rho_{l}-\rho_{g})}} \tag{9.47b}$$

该模型与水、丙醇、R113、液氮、乙醇等工质的实验数据相比，均方根偏差为 58.5%。

(3) Baumeister－Hamill[47] 模型

Baumeister 和 Hamill 利用熵增最大原理推导出传热关系式：

$$h = 0.485\left[\frac{\lambda_{g}^{3}\rho_{g}\Delta\rho h_{lg}g}{\mu_{g}\Delta T(\sigma/g\Delta\rho)^{1/2}}\right]^{1/4}\left[\left(\frac{\sqrt{\sigma/g\Delta\rho}}{D}\right)^{3}+\frac{2.25\sqrt{\sigma/g\Delta\rho}}{D}\left(\frac{R+\delta}{R}\right)^{2}\right]^{1/4} \tag{9.48a}$$

式中，R 为圆柱半径；δ 为液膜厚度，用下述公式计算：

$$\delta = 2.35\left[\frac{\mu_{g}\lambda_{g}\Delta T}{h_{lg}\rho_{g}g\Delta\rho}\left(\frac{\sigma}{g\Delta\rho}\right)^{1/2}\right]^{1/4} \tag{9.48b}$$

9.4.3　球体表面膜态沸腾

Merte 和 Clark[48] 通过观察液氮介质中 25.4 mm 直径铜球的膜态沸腾过程认为，若将铜球直径作为特征长度，可以用 Bromley[42] 方法估计传热系数。不过系数不是 0.62，而是 0.67

(Lienhard[49])，即

$$h = 0.67\left(\frac{\lambda_{\mathrm{gm}}^{3}\rho_{\mathrm{gm}}\Delta\rho h_{\mathrm{lg}}^{*} g}{\mu_{\mathrm{gm}} D\Delta T}\right)^{1/4} \tag{9.49}$$

式中，D 为球体直径。

9.5 Leidenfrost 现象和最小膜态沸腾热流密度

9.5.1 Leidenfrost 现象

1756 年，Leidenfrost 观察到，当热烫表面上的小水滴四处跳动时，水滴的蒸发速度缓慢，这是一种特殊类型的膜态沸腾，称为 Leidenfrost 现象。

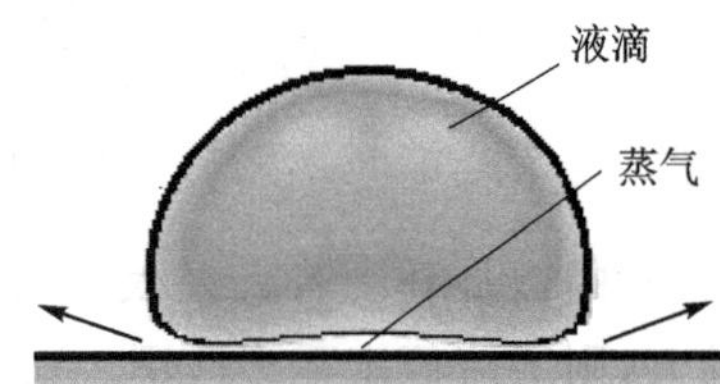

图 9.7 Leidenfrost 现象

当液体接触一块远超过其沸点的表面时，液体表面会产生出一层有隔热作用的蒸气，令液体沸腾的速度大大减慢。当小液滴落在炽热的加热表面上时，液滴为一气垫所承托，不与加热面直接接触，并在加热面上呈跳跃状态，直到壁温降落到核态沸腾点，如图 9.7 所示。若此时液体尚未蒸发殆尽，液滴便与加热面接触，终止膜态沸腾过程。小液滴质量稍大，呈液块状且为一气垫所承托，液块内部不形成气泡，块厚几乎为一常数。这一过程受液体质量多少的影响。随着液体质量的增加，虽然仍呈等厚液块状，但液块内部开始出现气泡，气泡随液体质量增加而增多。当液体质量增加到具有一定静压时，便形成普通的池内膜态沸腾。

9.5.2 最小膜态沸腾热流密度

在池沸腾工况下，处于稳定膜态沸腾工况的加热面在热流密度降低到最小膜态沸腾热流密度时，稳定膜态沸腾将终止，并向池核沸腾过渡。由于这一过渡所经历的现象与 Leidenfrost 现象相似，故也称为 Leidenfrost 热流密度，常用 $q_{\min}$ 表示。出现这一转变，意味着膜态沸腾结束。

最小膜态沸腾温度不仅与流体和壁面材料有关，而且还与加热面粗糙度、体积力大小、表面方位、温度变化以及温度分布有关，不是一个确定的数值，实验值往往在一个范围内变化。迄今为止，对 $q_{\min}$ 的研究远不如对 q_{CHF} 的研究深入。

Zuber[16] 认为 Leidenfrost 过渡是池核沸腾向膜态沸腾过渡的逆过程，是 Tayler 不稳定性破坏了膜态沸腾。作者用 Tayler 不稳定性原理分析得到大水平平板 $q_{\min}$ 的计算式为

$$q_{\min} = C\rho_{\mathrm{g}} h_{\mathrm{lg}}\left[\frac{\sigma g(\rho_{\mathrm{l}}-\rho_{\mathrm{g}})}{(\rho_{\mathrm{l}}+\rho_{\mathrm{g}})^{2}}\right]^{1/4} \tag{9.50}$$

Zuber 认为，上式的系数 C 并不是一个确定的常数，本身就存在发散，其取值在 0.13～0.177 之间。

Berenson[44] 基于自己的平板加热表面实验数据对 Zuber[16] 系数进行拟合，得到如下关系式：

$$q_{\min}=0.09\rho_g h_{lg}\left[\frac{\sigma g(\rho_l-\rho_g)}{(\rho_l+\rho_g)^2}\right]^{1/4} \tag{9.51}$$

Lienhard 和 Wong[50] 在对水平小直径圆柱加热面的最小膜态沸腾进行分析时，认为对于小直径圆柱加热面必须考虑曲率引起的二维效应。他们提出如下半经验公式：

$$q_{\min}=0.114\frac{\rho_g h_{lg}}{D}\left[\frac{2g(\rho_l-\rho_g)}{\rho_l+\rho_g}+\frac{\sigma}{(\rho_l+\rho_g)^2}\right]^{1/2}\left[\frac{g(\rho_l+\rho_g)}{\sigma}+\frac{2}{D^2}\right]^{-3/4} \tag{9.52}$$

该式适用于直径 $D<0.152$ m 的圆管；若管径增大，可用式(9.50)计算。

参考文献

[1] Nukiyama S. The maximum and minimum values of the heat Q transmitted from metal to boiling water under atmospheric pressure. J. Japan Soc. Mech. Eng., 1934, 37: 367-374.

[2] Drew T B, Mueller C. Boiling. Trans. AIChE, 1937, 33: 449-473.

[3] Rohsenow W M. A method of correlating heat transfer data for surface boiling of liquids. Division of Industrial Cooporation, Massachusetts Institute of Technology, Cambridge, Massachusetts, Tech. Report No. 5, 1951.

[4] Ghiaasiaan S M. Two-phase flow, boiling and condensation in conventional and miniature systems. New York: Cambridge University Press, 2008.

[5] Cooper M G. Saturation nucleate pool boiling: a simple correlation. 1st UK National Conference on Heat Transfer, Inst. Chemical Engineers, 1984, 2: 785-793.

[6] Stephan K, Abdelsalam M. Heat-transfer correlations for natural convection boiling. Int. J. Heat Mass Transfer, 1980, 23: 73-87.

[7] Nishikawa K, Fujita Y, Ohta H, et al. Effect of the surface roughness on the nucleate boiling heat transfer over the wide range of pressure. In: Proc. 7th Int. Heat Transfer Conference, 1982, 4: 61-66.

[8] Mostinski I L. Application of the rule of corresponding states for calculation of heat transfer and critical heat flux. Teploenergetika, 1963, 10 (4): 66-71.

[9] Labuntsov D A. Heat transfer problems with nucleate boiling of liquids. Thermal Engineering, 1972, 19 (9): 21-28.

[10] Gorenflo D. Pool boiling. VDI Heat Atlas (Chapter Ha), 1993.

[11] Kutateladze S S. Heat transfer and hydrodynamic resistance. Moscow: Handbook Energoatomizdat Publishing House, 1990: 357-358.

[12] Alavi Fazel S A A, Roumana S. Pool boiling heat transfer to pure liquids. WSEAS Conference, USA: 2010.

[13] Kruzhilin G N. Free convection transfer of heat from a horizontal plate and boiling liquid. USSR Academy of Sci, 1947, 58(8): 1657-1660.

[14] McNelly M J. A Correlation of rates of heat transfer to nucleate boiling of liquids. J. Imperial College Chem. Eng. Soc, 1953, 7: 18-34.

[15] Bergles A E. What is the real mechanism of CHF in pool boiling? //Proceedings of the Engineering Foundation Conference on Pool and External Flow Boiling. ASME, Santa Barbara, CA, USA, 1992: 165-170.

[16] Zuber N. Hydrodynamic aspects of boiling heat transfer. Los Angeles, California: University of California, 1959:197-199.

[17] Rohsenow W M, Griffith P. Correlation of maximum heat transfer data for boiling of saturated liquid.

Division of Industrial Cooperation, Massachusetts Institute of Technology, Cambridge, Massachusetts, 1955.

[18] Katto Y, Yokoya S. Principal mechanism of boiling crisis in pool boiling. Int. J. Heat Mass Transfer, 1968: 11(6): 993-996, IN1-IN5: 997-1002.

[19] Lienhard J H, Dhir V K. Hydrodynamic prediction of peak pool-boiling heat fluxes from finite bodies. ASME Journal of Heat Transfer, 1973, 95: 477- 482.

[20] Kirichenko Y A, Chernyakov P S. Determination of the first critical thermal flux on flat heaters. Eng. Phys, 1971, 20 (6): 699-703.

[21] Kandlikar S G. A theoretical model to predict pool boiling CHF incorporating effects of contact angle and orientation. Heat Transfer, 2001, 123 (6): 1071-1079.

[22] Chang Y P, Snyder N W. Heat transfer in saturated boiling. Chem. Eng. Prog. Symp. Ser, 1960, 56 (30): 25-28.

[23] Vishnev I P. Effect of orienting the hot surface with respect to the gravitational field on the critical nucleate boiling of a liquid. Journal of Engineering Physics (Translated from Inzhenerno Fizicheskii Zhurnal), 1974, 24: 43-48.

[24] El-Genk M S, Guo A. Transient boiling from inclined and downward-facing surfaces in a saturated pool. Int. J. Refrigeration, 1993, 6: 414-422.

[25] Chang J Y, You S M. Heater orientation effects on pool boiling of micro-porous-enhanced surfaces in saturated FC-72. ASME Journal of Heat Transfer, 1996, 118: 937-943.

[26] Brusstar M J, Merte Jr H. Effects of heater surface orientation on the critical heat flux—II. A model for pool and forced convection subcooled boiling. Int. J. Heat Mass Transfer, 1997, 40: 4021-4030.

[27] Arik M, Bar Cohen A. Ebullient cooling of integrated circuits by Novec fluid // Proc. the Pacific Rim Intersociety, Electronics Packaging Conference. Hawaii, 2001:13-18.

[28] EL Genk M S, Bostanci H. Saturation boiling of HFE-7100 from a copper surface, simulating a microelectronic chip. Int. J. Heat Mass Transfer, 2002, 46: 1840-1854.

[29] Chang Y P. An analysis of the critical conditions and burnout in boiling heat transfer. USAEC Rep. TID-14004, Washington, DC, 1961.

[30] Liao L, Bao R, Liu Z. Compositive effects of orientation and contact angle on critical heat flux in pool boiling of water. Heat Mass Transfer, 2008, 44(12): 1447-1453.

[31] Theofanous T G, Dinh T N. High heat flux boiling and burnout as microphysical phenomena: mounting evidence and opportunities. Multiphase Science and Technology, 2006, 18(3).

[32] Haramura Y, Katto Y. A new hydrodynamic model of critical heat flux applicable widely to both pool and forced convection boiling on submerged bodies in saturated liquids. Int. J. Heat Mass Transfer, 1983, 26 (3): 389-399.

[33] Kutateladze S S. A hydrodynamic theory of changes in boiling process under free convection. Izv. Akademia Nauk Otdeleme Tekh Nauk, 1951, 4: 529-336.

[34] Guan C K, Klausner J F, Mei R. A new mechanistic model for pool boiling CHF on horizontal surfaces. Int. J. Heat Mass Transfer, 2011, 54(17): 3960-3969.

[35] Bailey W, Young E, Beduz C, et al. Pool boiling study on candidature of pentane methanol and water for near room temperature cooling. Institute of Electrical and Electronics Engineers Inc. , San Diego, CA, United States, 2006.

[36] Sakashita H, Ono A. Boiling behaviors and critical heat flux on a horizontal plate in saturated pool boiling of water at high pressures. Int. J. Heat Mass Transfer, 2009, 52 (34): 744-750.

[37] Kutateladze S S. Heat transfer during condensation and boiling. Translated from a publication of the State Scientific and Technical Publishers of Literature and Machinery, Moscow-Leningrad, as AEC-TR-3770, 1962.

[38] Ivey H J, Morris D J. On the relevance of the vapor-liquid exchange mechanism for subcooled boiling heat transfer at high pressure, British Rep. AEEW-R-137, Atomic Energy Establishment, Winfrith, 1962.

[39] Elkassabgi Y, Lienhard J H. The peak pool boiling heat fluxes from horizontal cylinders in subcooled liquids. J. Heat Transfer, 1988, 110: 479-492.

[40] Fang X, Dong A. A comparative study of correlations of critical heat flux of pool boiling. Journal of Nuclear Science and Technology, 2017, 54(1): 1-12.

[41] Yagov V V. A physical model and calculation formula for critical heat fluxes with nucleate pool boiling of liquids. Thermal Engineering, 1988, 35:333-339.

[42] Bromley L A. Heat transfer in stable film boiling. Chemical Engineering Progress, 1950, 46: 221-227.

[43] Hsu Y Y, Westwater J W. Approximate theory for film boiling on vertical surfaces. Chem. Eng. Prog. Symp. Ser. 1960, 56: 15-24.

[44] Berenson P J. Transition boiling heat transfer from a horizontal surface. Transition boiling heat transfer from a horizontal surface. MIT Heat Transfer Laboratory Technical Report, No. 17, 1960.

[45] Hamill T D, Baumeister K J. Film boiling heat transfer from a horizontal surface as an optimal boundary value progress//Proc. 3rd Int. Heat Transfer Conference, 1966, 4: 59-64.

[46] Breen B P, Westwater J W. Effect of diameter of horizontal tubes on film boiling heat transfer. Chemical Engineering Progress, 1962, 58: 67-72.

[47] Baumeister K J, Hamill T D. Laminar flow analysis of film boiling from a horizontal wire. NASA TN D-4035, 1967.

[48] Merte H, Clark J A. Boiling heat transfer data for liquid nitrogen at saturated and near-zero gravity. Cryogenic Engineering Conference, Ann Arbor, Michigan, 1961.

[49] Lienhard J H. A heat transfer textbook. 2nd ed. Prentice-Hall, Englewood Cliffs, NJ, 1987.

[50] Lienhard J H, Wong P T Y. The dominant unstable wavelength and minimum heat flux during film boiling on a horizontal cylinder. J. Heat Transfer, 1964, 86(2): 220-226.

第 10 章 流动沸腾过程及临界热流密度

工质在管道内的强迫对流沸腾常简称为流动沸腾或强迫对流沸腾。流动沸腾数值计算、流型、压降和不稳定性已分别在第 2、第 4、第 6 和第 8 章中进行了讨论，本章重点介绍流动沸腾过程和临界热流密度。对于流动沸腾过程，简要讨论过冷液体流进加热管，经历过冷流动沸腾和饱和流动沸腾的过程。对于过冷流动沸腾过程所特有的问题，例如过冷段温度变化、过冷流动沸腾起始点（Onset of Nucleate Boiling，ONB）、有效空泡起始点（Onset of Significant Void，OSV）等，将在第 11 章介绍。

10.1 概 述

由于强迫流动与沸腾传热过程的耦合，流动沸腾传热远比池沸腾复杂，流动沸腾流型和流动特性远比绝热两相流复杂。流动沸腾中，沿着受热管道，干度逐渐增加，引发一系列的两相流动和沸腾传热形态，流型和传热特性沿管道逐步发展变化，伴随着各种两相流动流型。气泡的生成和分离受到流速的强烈影响，使得流动沸腾特性与池沸腾特性有很大不同。

流动沸腾过程中，沿流道的流动传热特性变化与热流密度、质量流速、干度、流向、工质、流道几何特征等很多因素有关。其中，壁面热流密度（简称热流密度）、质量流速和干度的影响尤为突出。

10.1.1 过冷流动沸腾和饱和流动沸腾的概念

流动沸腾过程又分为过冷流动沸腾和饱和流动沸腾。过冷流动沸腾也称为欠热沸腾。当饱和流体流过加热管，管内壁温度大于流体的饱和温度时，管内壁就会有气泡发生，这时的流动沸腾称为饱和流动沸腾。当过冷液体流进加热管时，如果热流密度较大，会发生单相液体强迫对流向流动沸腾过程的转变，且出现在主流液体过冷的情况下，壁面产生气泡。这种加热表面虽有气体产生，但主流液温低于饱和温度的管内流动沸腾传热现象，称为过冷流动沸腾。

过冷沸腾时，热力学平衡干度 $x_t<0$。热力学平衡干度定义为

$$x_t=\frac{h-h_{l,sat}}{h_{lg}} \tag{10.1}$$

式中，h 为流体的总焓，$h_{l,sat}$ 为饱和液态的焓，h_{lg} 为所在截面的汽化潜热。

可以看出，热力学平衡干度和质量含气率是不同的概念。质量含气率 x 常称为干度，定义为气相质量流量 $\dot{m}_g$ 与气液两相总质量流量 $\dot{m}$ 的比值，即

$$x=\frac{\dot{m}_g}{\dot{m}} \tag{10.2}$$

在过冷沸腾区内，径向存在很大的温度梯度，近壁面出现气泡，过冷液体在管中心区流动，流型为泡状流。沿着流动方向，气泡层逐渐增厚。由于向中心扩散的气泡凝结，释放潜热，中心区温度逐渐升高。发展到某一截面，$x_t=0$，标志着过冷流动沸腾结束，饱和流动沸腾开始。

也就是说，在这个截面位置，流体从过冷流动沸腾转变为饱和流动沸腾。在饱和流动沸腾起始阶段，管中心区的液体仍然稍微过冷，流型仍为泡状流。

关于过冷流动沸腾和饱和流动沸腾的界定，有不同说法。有的把管中心区液体温度达到饱和温度的起始点作为饱和流动沸腾的开始[1]。从这个位置开始，热力学平衡干度在量值上与质量含气率相等。由于中心区液体温度也达到饱和温度，气泡不再凝结，故可以在径向的任意位置存在。这时的热力学平衡干度 x_t 和质量含气率 x 相等。所以在饱和流动沸腾传热中，为简便起见，一般只用干度这个名词，用 x 表示，而且传热模型中的干度一般为轴向的平均值。

10.1.2　流动沸腾临界热流密度的概念

第 9 章对池沸腾临界热流密度(Critical Heat Flux, CHF)的概念进行了介绍。临界热流现象在流动沸腾中的定义、表现、判定及其被赋予的名称与池沸腾中的不尽相同。流动沸腾 CHF 相当于池沸腾中的峰值热流密度，它代表了许多沸腾传热系统安全运行的上限。根据情况不同，流动沸腾 CHF 可称为偏离核态沸腾或脱离泡核沸腾(Departure from Nucleate Boiling, DNB)、干涸热流密度(Dryout Heat Flux, DHF)或简称干涸(dryout)、沸腾危机(boiling crisis)、烧毁热流密度(burnout heat flux)等。一般意义上所讲的“烧毁”应理解为加热壁面温度的升高足以导致壁面的物理毁坏。另外，在通常的表达习惯中，“临界热流密度”一词常常具有双重含义，即表示临界热流密度值，也指临界热流这种现象。

在水平流动中，中等以上质量流速下在弹状流之后很可能出现塞状流和弹状流混合发生的流型，即间歇流。弹状流和间歇流阶段可能出现间歇性局部干涸现象，引起传热系数降低。这种局部干涸与大干度 CHF 的干涸有本质的不同。间歇性局部干涸中，干涸部位可能很快被润湿，不会引起局部壁温的剧烈增加。另外，较低质量流速下也可能出现层状流和分层波状流，较早出现局部干涸。从这个意义上讲，不能把干斑出现与否作为判断 CHF 是否发生的判据。实际工业加热设备当中，最为常见的运行工况是加热热流控制条件(比如电加热、辐射加热或者核能加热)和加热壁温控制条件(比如蒸气冷凝加热)。目前，比较公认的观点是，对于临界热流现象，可以根据运行工况进行考察，把出现下列情况作为 CHF 发生的判据：

① 在控制热流条件下，加热壁面极小的热流密度增加即导致壁面温度的大幅上升；

② 在控制壁温条件下，加热壁面极小的温度增加即导致热流密度的大幅下降。

根据 CHF 出现的早迟，CHF 可分为 3 种情况：过冷 DNB，在 $x_t<0$ 之前发生；饱和 DNB，在低干度饱和沸腾阶段(通常是泡状流、弹状流阶段)发生；干涸型 CHF，在环状流终结时发生。在环状流末端，加热表面上的液膜先是部分地消失，导致明显的 CHF 条件。根据运行条件，气流中的液滴可能会再润湿壁面，也可能不会。可见，DNB 发生在低干度区，干涸型 CHF 发生在高干度区。

发生 DNB 的工况也称第一临界工况。高干度区的临界热流工况也称第二临界工况。第一临界工况下，由于热流密度较大，壁温突升十分剧烈，所以往往导致壁面烧坏。发生第二临界工况时，热流密度相对较小，可能显著低于“烧毁热流”，因此并不总是造成壁面的损毁。可见，第一临界工况比第二临界工况更加危险。

10.2 流动沸腾过程

首先讨论给定质量流速、给定热流密度下，均匀加热时的流动沸腾过程，分中等热流密度和高热流密度两种情况；然后介绍流动沸腾过程传热系数的特性；最后介绍流动沸腾曲线。

中等热流密度和高热流密度是相对的，是为了描述方便而主观划分的。我们把能实现图 10.1 和图 10.2 所示流动沸腾过程的热流密度作为中等热流密度，把能引起 DNB 发生的热流密度作为高热流密度。

10.2.1 均匀加热时中等热流密度下的流动沸腾过程

本节考察稳定的中等热流密度下均匀加热管内的流动沸腾过程。流体进入管内时是单相液体强迫对流，其传热特性可以用第 3 章的方法确定。对于单相液体强迫对流，如果不考虑入口段的影响，则对流传热系数基本保持不变。

1. 垂直上升加热管内的流动沸腾过程

假设过冷液体从下端进入管内，往上流动，如图 10.1 所示。由于壁面以稳定的热流密度加热流体，壁温从进口往上逐步升高。当壁温升至液体饱和温度以上时，虽然流体平均温度低

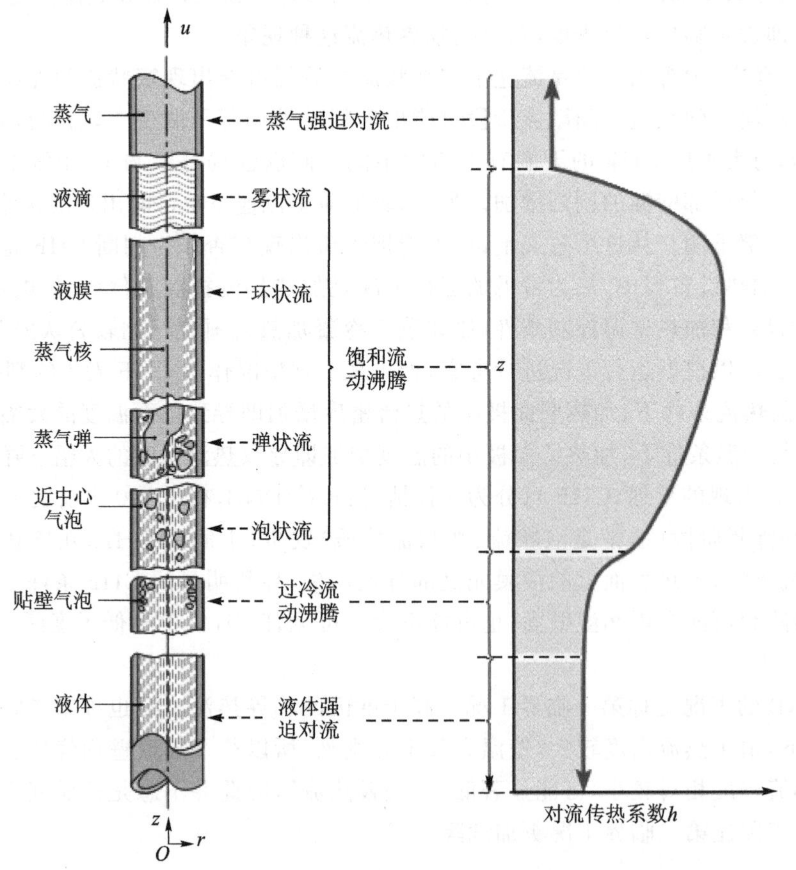

图 10.1 均匀加热中等热流密度下垂直上升管内流动沸腾过程

于饱和温度,但由于近壁面液体达到饱和,壁面开始出现汽化现象,这时流动进入过冷沸腾。开始出现汽化点的位置,称为核态沸腾起始点(Onset of Nucleate Boiling,ONB)。核态沸腾也称泡核沸腾。由于有液体蒸发,对流传热增强,随着气泡层的逐渐增厚,对流传热系数显著增大。

在饱和流动沸腾区内,随着平均干度的增大,由于气液两相很大的密度差,流体平均流速显著增大。随着干度的进一步增大,单个小气泡相互聚并,产生弹状流(也有称其为塞状流、段塞流或柱塞流的)。弹状流时,出现子弹状或活塞状的大气泡,也被称为泰勒气泡。当气相流速较大时,随着气相流速的增大,可能出现搅混流 (图中没有表示出来)。搅混流中,相邻的泰勒气泡开始连在一起,呈不规则型,分布在周围的液体表现出搅拌或混沌的运动状态,流动呈不定型形状并做振荡运动。紧接着的是环状流区域。在此区域,贴壁面处是液膜。液膜沿着管内壁流动,而蒸气在管中心区域以较大的速度流动。随着壁面持续加热,液膜会由于蒸发而逐渐变薄。当液膜变薄到一定程度时,管内壁面开始出现干涸点,流态从环状流向雾状流过渡。对于垂直上升流动,从干涸点出现到壁面液膜完全消失的间隔很短,所以一般不另划分过渡区,多把过渡区(部分环状流)归为环状流。所以环状流之后是雾状流。雾状流态中,所有剩下的液体以小液滴的状态随管内气体高速流动。当流体中全部液滴都蒸发掉时,流动进入第二个单相流强迫对流区域,即气体强迫对流区。以上关于流型的发展,表述和区分仍有不一致的地方。

从单相液体强迫对流区结束到单相气体强迫对流区开始之间,沿程干度逐渐增大,气液两相之间很大的密度差使得流体平均流速增加几个量级,局部对流传热系数也发生很大变化。一般来说,从过冷流动沸腾开始至过冷流动沸腾结束,局部对流传热系数增加好几倍,甚至可增加约一个量级。在饱和流动沸腾区,局部对流传热系数一般在初始阶段持续增大,中间阶段可能因搅混流等的产生而有所减小,在出现干涸前达到峰值。干涸出现后,局部对流传热系数迅速减小。由于气体导热系数较液体的小,在单相气体强迫对流区,局部对流传热系数相比之下通常是最小的。

2. 水平加热管内的流动沸腾过程

图 10.2 给出了一种中等热流密度、中等质量流速下均匀加热时,水平管内流动沸腾流型和传热系数的变化情况。它虽然看上去和垂直上升管内的情况有些相似,但浮力的影响引起的气液分层可能会起重要作用,尤其对于环状流。环状流时,壁面液膜趋于下行,造成底部液膜较厚,顶部液膜较薄,顶部过早出现干涸,形成一个明显的干涸区,即从干斑出现到壁面完全干涸之间,是一个比较明显的不宜忽略的阶段;而且,弹状流和间歇流阶段,也可能较早地出现干斑,影响传热特性。

图 10.2 中,泡状流包括过冷沸腾和饱和泡状流两个部分。过冷沸腾阶段,传热从单相流转变为两相流,传热系数会有较大的增加。饱和泡状流和弹状流阶段,传热系数受干度影响较小,传热系数呈微弱增大的趋势。

弹状流和间歇流阶段可能出现局部暂时性干涸现象,引起传热系数降低(图中没有表示出来)。这种局部干涸与高干度 CHF 的干涸有本质的不同。间歇局部干涸只引起传热系数的温和降低。随着环状流的到来,传热系数又会显著上升。对于较低质量流速下的分层波状流,也会出现间歇局部干涸现象,引起传热系数的波动。

当质量流速很大时,流动和传热特性对流向不敏感,水平流动的流动传热特性与垂直流动

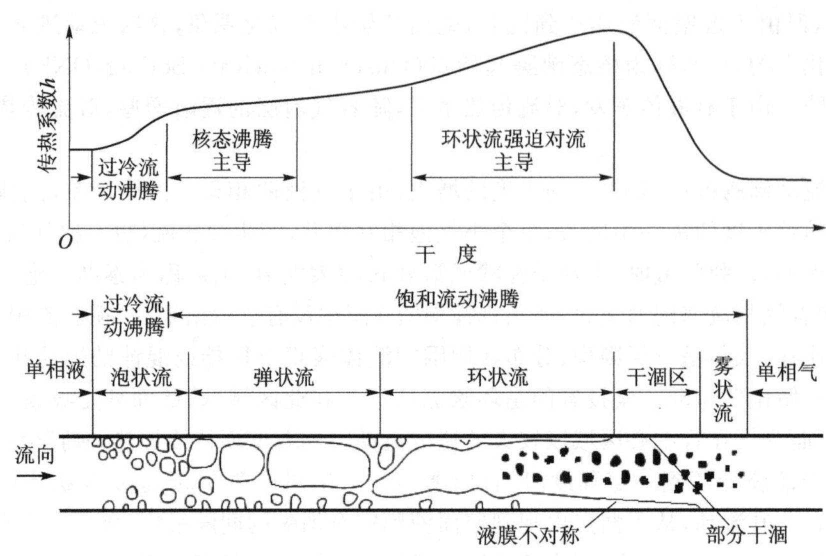

图 10.2　均匀加热中等热流密度下水平管内流动沸腾过程

时的接近。另外，对于微小通道，浮力的影响减弱，表面张力的影响凸显，水平流动中可能不出现明显的层状流和分层波状流，这时水平流动的流动传热特性也与垂直流动时的情况接近。

3. 中等热流密度下流动沸腾过程的典型传热模式

考察图 10.3。斜粗线是流动沸腾 CHF 线。斜粗线上的任意一点，都可能发生流动沸腾 CHF。斜虚线是核态沸腾起始点（ONB）。水平虚线表示的是稳态条件下均匀加热时流态的演变过程，从左到右对应于沿流道内的流动方向。根据运行条件不同，过冷沸腾发生的早迟不同，即 ONB 出现的早迟不同，该条线上的任何一点都可能是 ONB 发生的地方。ONB 是过冷沸腾计算需要确定的重要参数，其计算方法将在第 11 章中详细介绍。

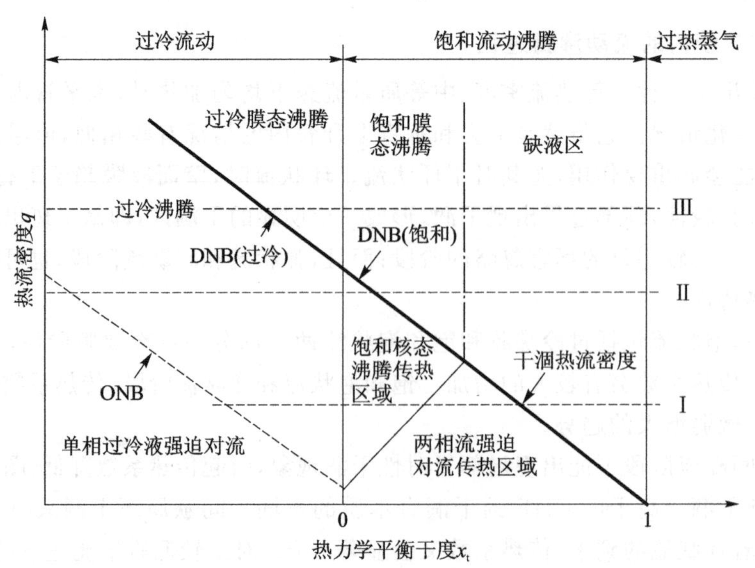

图 10.3　流动沸腾过程示意图

图 10.3 中的水平虚线Ⅰ对应于图 10.1 和图 10.2 所示中等热流密度下的流动沸腾过程，依次为单相过冷液、过冷流动沸腾、饱和核态流动沸腾传热、两相流强迫对流传热、缺液区和单相过热蒸气。其中，饱和核态流动沸腾传热区域包括泡状流和弹状流，两相流强迫对流传热区域对应于环状流，缺液区对应于环状流后的部分干涸和雾状流。CHF 发生在环状流终结的高干度情况下。这时流道内壁面上的液膜部分消失或基本全部消失。如前所述，这种情况下的 CHF 又称为干涸热流密度，或简称干涸。CHF 点之后的传热也称为临界后传热。

10.2.2　均匀加热时高热流密度下的流动沸腾过程

图 10.3 中的水平虚线Ⅱ和Ⅲ表示出了高热流密度下流动沸腾传热形态沿程变化过程。沿水平线Ⅱ，依次为单相过冷液、过冷沸腾、饱和核态沸腾传热、饱和膜态沸腾、缺液区和单相过热蒸气。CHF 发生在低干度饱和沸腾区，为 DNB，而不是干涸热流密度。ONB 可能发生在深度过冷阶段。当热流密度更高时，过程沿水平线Ⅲ，依次为单相过冷液、过冷沸腾、过冷膜态沸腾、饱和膜态沸腾、缺液区和单相过热蒸气区。CHF 发生在过冷沸腾区，为 DNB。ONB 发生在深度过冷阶段。如果热流密度极高，则 ONB 和 CHF 都将发生在深度过冷阶段。

膜态沸腾发生在高热流密度下的流动沸腾过程。它被主观地分为两个区域："过冷膜态沸腾"和"饱和膜态沸腾"。流动沸腾中的"膜态沸腾"本质上与池沸腾中观察到的类似。蒸气膜覆盖加热表面，隔断主流液体与加热面，所以加热面的热量只能穿过蒸气膜传给主流液体。由于蒸气导热系数很低，故传热系数要比发生 CHF 前小很多，可能达到一个量级。

膜态沸腾区的流型为蒸气环内含液体芯。这一点与环状流相反，环状流是液体环内含蒸气芯。对于过冷膜态沸腾，液体芯总体上处于过冷状态。

随着干度增大，液体芯逐渐消失，取而代之的是分散的液滴夹带在高速流动的蒸气芯中。这种蒸气夹带液滴的流态区称为"缺液区"，现在多称其为雾状流。

10.2.3　流动沸腾过程中的传热系数变化特性

各种传热形态导致了特性很不相同的流动沸腾传热系数变化。对于中低热流密度，一般认为，饱和流动沸腾传热主要由两种机理控制：饱和核态沸腾传热和两相流强迫对流传热（见图 10.3）。饱和核态沸腾传热机理起主导作用的区域是核态沸腾区域，流型主要是泡状流和弹状流。这个区域内传热系数受干度和质量流速的影响很小。两相流强迫对流传热机理起主导作用的区域主要是环状流区域。

图 10.4 定性地描绘了局部传热系数沿均匀加热垂直上升流道内的变化情况。图中的（Ⅰ）、（Ⅱ）、（Ⅲ）对应于图 10.3 中虚线Ⅰ、Ⅱ、Ⅲ代表的流动沸腾过程。图 10.4 没有考虑流动不稳定性的影响。图中显示，对于质量流速不变的等壁面热流加热的流动沸腾过程，当不考虑流动不稳定性影响时，传热系数沿程变化有以下特征：

① 在部分过冷沸腾区快速升高；

② 在饱和核态沸腾区保持稳定或缓慢升高；

③ 在环状流区可能会有明显升高甚至显著升高的过程；

④ 达到 CHF 点后，急速下降至某个值，然后呈微弱下降的趋势；

⑤ 在单相过冷液区和单相过热蒸气区，传热系数基本不变；

⑥ 单相过热蒸气区的传热系数为全程最低。

在饱和沸腾的泡状流和弹状流区，传热系数随干度的增大而缓慢升高的原因是，尽管核态沸腾起主导作用，但强迫对流的作用不能完全忽略。如果假设此区强迫对流作用可以忽略，则传热系数保持稳定，不随干度变化。另外，在较低质量流速、较低热流密度下，传热系数不但在饱和核态沸腾区基本与干度无关，而且在环状流区域也可能基本不受干度的影响而保持稳定。

在雾状流末段传热系数呈微弱下降趋势，是因为尽管强迫对流作用起主导作用，但核态沸腾的作用也不能完全忽略。如果假设该段核态沸腾的作用可以忽略，则其传热系数呈微弱增大的趋势。需要说明的是，传热系数沿程变化情况很复杂，图 10.4 只展示了比较典型的情况。例如，在高热流密度情况下，DNB 点后，在传热系数下降到某个低点后，也可能再次攀升，出现第二个峰值，如图 10.5 所示[2]。

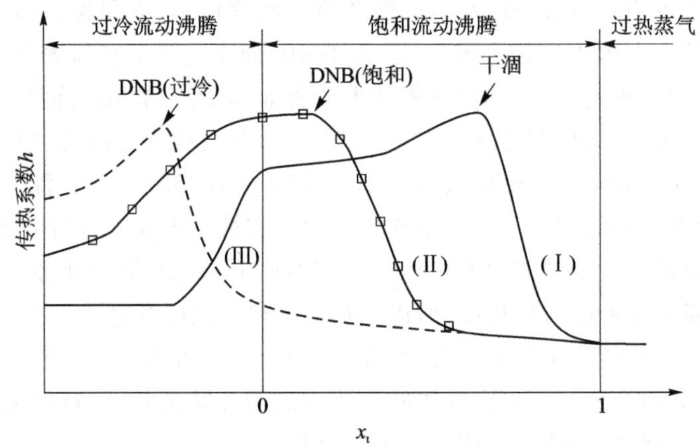

图 10.4　垂直上升流动沸腾过程中传热系数变化示意图

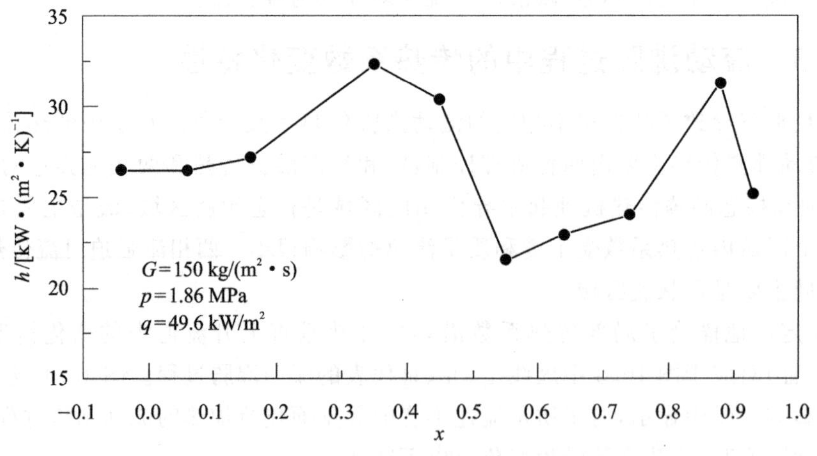

图 10.5　氮在垂直上升流动沸腾过程中传热系数的变化

10.2.4　流动沸腾曲线

在稳定状态下，单管加热很难出现完整的沸腾曲线。图 10.6 展示的是中低热流密度下垂直上升管内，固定质量流速，通过改变热流密度反复实验获得的流动沸腾曲线。图中，点 MFB (Minimum Film Boiling) 称为最小膜态沸腾点，也称为 Leidenfrost 点，是膜态沸腾最小热流

密度点。该图现象可能在低干度条件下发生。

结合图 10.1 可以帮助理解图 10.6 中的部分流动沸腾过程。例如，饱和核态沸腾发生在泡状流和弹状流区域。不过，图 10.1 是在给定热流密度下的流动沸腾过程，与图 10.6 中的现象是有区别的，尤其是在 CHF 点之后。

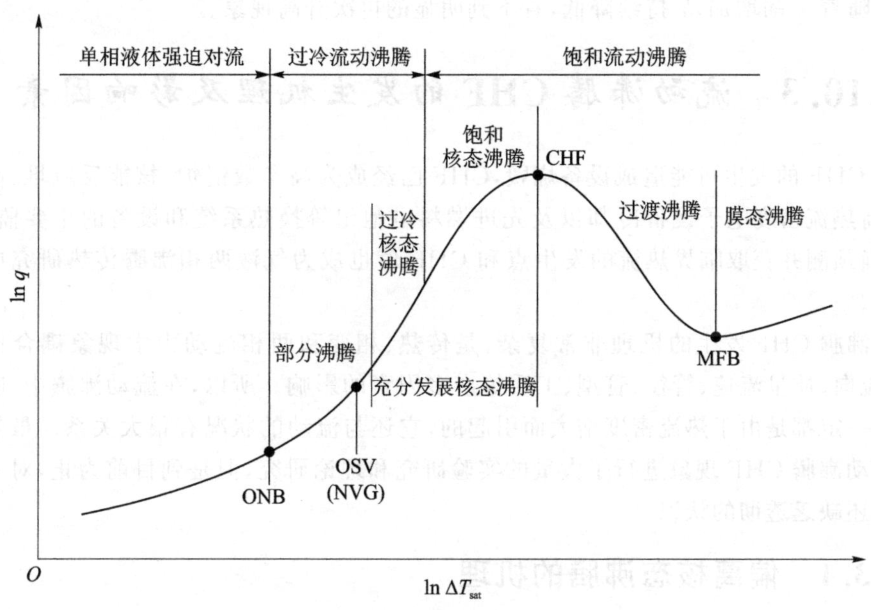

图 10.6　流动沸腾曲线

图 10.7 示出了质量流速 G 和热力学干度 x_t 对流动沸腾曲线的影响。图 10.7(a)中，假定 x_t 为常量。图 10.7(b)中，假定 G 为常量。由图 10.7(a)可见，在单相液体强迫对流、部分过冷沸腾和临界后传热阶段，传热系数 h 对质量流速 G 很敏感。但是，在充分发展核态沸腾阶段，G 对 h 的影响较小。

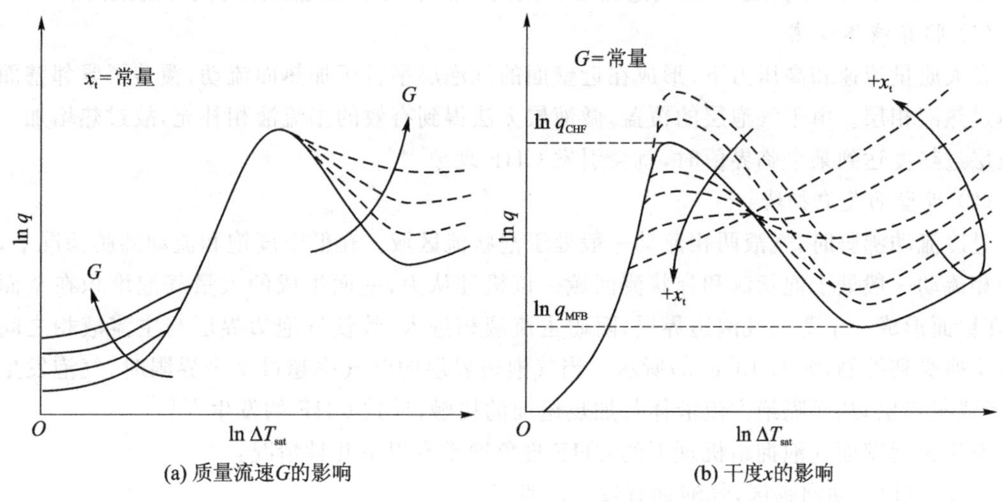

图 10.7　质量流速和热力学干度对流动沸腾曲线的影响

局部热力学平衡干度 x_t 对传热系数 h 的影响关系很复杂。从图 10.7(b)可见,随着局部 x_t 的增加,CHF 降低,h 也降低。偏离核态沸腾(DNB)型 CHF 出现后,h 可能随局部 x_t 的增加而降低。干涸型 CHF 出现后,当过热度增加到某个值后,h 可能随 x 增加而升高。这是因为随着 x 的增加,工质流速增加。不过,实验中常常见到,在干涸区(对应于曲线的过渡沸腾区)之后,随着 x 的增加,h 持续降低,看不到明显的再次升高现象。

10.3 流动沸腾 CHF 的发生机理及影响因素

由于 CHF 的发生可能造成设备烧毁,CHF 已经成为高参数锅炉、核能反应堆、高效蒸气发生器、高热流密度电子设备冷却以及先进燃料电池组等换热系统和设备的重要监视参数。同时,准确预测并获取临界热流的发生点和 CHF 值也成为气液两相沸腾传热研究中的一项重要内容。

流动沸腾 CHF 发生的机理非常复杂,是传热、相变和两相流动力学现象耦合作用的结果,受到流向、质量流速、管径、管型、工质等众多因素的影响。所以,在流动沸腾中,临界现象的发生不一定都是由于热流密度增大而引起的,它还与流动的状况有很大关系。虽然许多研究者对流动沸腾 CHF 现象进行了大量的实验研究和理论研究,但是到目前为止,对其发生的确切机理还缺乏透彻的认识。

10.3.1 偏离核态沸腾的机理

对于 DNB,已有大量研究。对于 DNB 下的热流密度计算,已经提出了一些半经验模型和机理模型。DNB 发生的基本原因是壁面产生的蒸气未能及时地从壁面附近移除,导致液体与壁面的宏观接触被破坏。获得了较多引用的计算模型基本上建立在 5 种不同的机理解释上,包括临界液体过热(critical liquid superheat)、近壁面气泡拥堵(near-wall bubble crowding)、微液层蒸干(liquid sublayer dryout)、界面分离(interfacial lift-off)和边界层分离(boundary layer separation)。其中,近壁面气泡拥堵和微液层蒸干两个机理解释的认可度最高。

(1) 临界液体过热

在大质量流速和高压力下,形成在近壁面的气泡层平行于加热面流动,覆盖了紧邻壁面的微薄过热液相层。由于气泡层的覆盖,微液层无法得到有效的主流液相补充,故过热增加。当微液层过热度达到某个临界值时,就会引发 CHF 现象[3]。

(2) 近壁面气泡拥堵

过冷流动沸腾时,气液两相流动一般处于泡状流区域。在低干度饱和流动沸腾情况下,气液两相流动一般处于泡状流和弹状流区域。该机理认为,壁面生成的大量气泡堆积在壁面附近,在壁面形成一个薄的气泡边界层,阻碍主流液相进入,致使气泡边界层与主流液相之间的气液交换受到抑制,如图 10.8(a)所示。当气泡边界层的含气率超过某个界限时,气泡发生聚并,形成蒸气层,从而隔绝主流液体与加热壁面的接触,导致 CHF 的发生[4-5]。

发生在近壁面气泡拥堵机理下的 CHF 现象通常有以下几种情况:

① 在饱和流动沸腾区,气泡拥有较大的直径;

② 在较低的质量流速下,壁面形成的气泡不容易迅速扩散;

③ 在压力较低的情况下,较大的液气密度比更容易使气泡集聚;

④ 流道的截面积较小，气泡拥堵的结果容易导致 CHF 现象的发生。

(3) 微液层蒸干

该机理认为，在主流具有较小过冷度(饱和温度与主流温度之差)的欠饱和流动沸腾工况下，近壁面气泡聚并成小蒸气片，蒸气片被液体与壁面隔离，如图 10.8(b)所示。由于蒸气片覆盖在紧邻壁面的微液层上，导致微液层无法得到有效的主流液相补充而逐渐蒸干，引发 CHF。这种机理下 CHF 现象的特点是近壁面附近的小蒸气片尺寸通常与液膜厚度相当，在较高的热流密度下，能够阻止已经形成干斑的壁面被再润湿[6]。

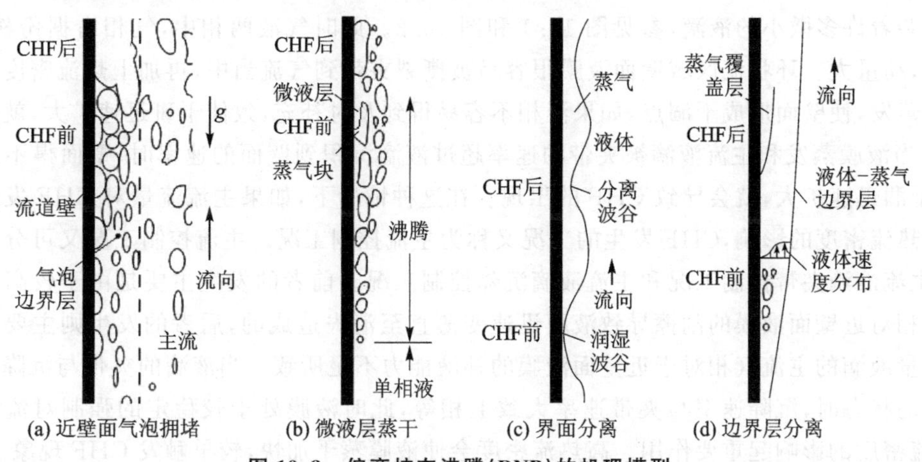

图 10.8　偏离核态沸腾(DNB)的机理模型

(4) 界面分离

在主流深度过冷的流动沸腾工况下，紧邻壁面的气液界面呈波浪状，如图 10.8(c)所示。蒸气微团沿着加热面逐渐凝聚成一个相对连续的波状蒸气层，其中承担主要传热作用的是波谷。在 CHF 发生前，波谷处壁面与液相接触，呈润湿状态。在壁面极高热流密度产生的大量蒸气作用下，波谷与加热壁面分离，致使壁面失去有效的液相接触而导致 CHF 的发生。这种机理下的气液界面波对 CHF 的发生起主导作用，波谷处由于发生剧烈的相变而维持较低的温度，不均匀的温度分布形成了沿气液界面的表面张力梯度，当这种表面张力梯度增大到一定程度时，便会将波谷提离壁面，使得壁面温度迅速升高而触发 CHF 现象发生[6-7]。

(5) 边界层分离

边界层分离机理[3,6]把流动沸腾中的加热面蒸气喷发类比成壁面气体注射入单相液体边界层。在单相液体流动的情况下，壁面气体注射降低了近壁面的液体速度梯度。一旦气体注射速度达到某个临界值，近壁面的液体速度梯度变得很小，最终导致液体边界层与加热壁分离。根据类比，边界层分离机理模型基于这样一种假设：当加热面蒸气沿加热面法向喷发的速率达到某个临界值时，引起主流液体速度梯度的显著减小，最终导致液体与壁面分离，引发 CHF，如图 10.8(d)所示。

流动沸腾 CHF 机理与气液两相流动的流型之间存在着密切的联系，现参照图 10.1 和图 10.2 来说明。对于高过冷液进口条件，过冷沸腾早期为高过冷沸腾区，该区域主流液体具有很高的过冷度。如果 CHF 现象发生在该区域，则机理通常可用界面分离模型(见图 10.8(c))或边界层分离模型(见图 10.8(d))解释。如果 CHF 现象发生在低过冷沸腾区，主流液体具有一定过冷度，则这时的机理通常可以用微液层蒸干(见图 10.8(b))或临界液体过热模型解释。对于饱和流动沸腾的泡状流和弹状流区域，主流液体已处于饱和状态，但干度较低，发生在该区域的 CHF 机理通常为近壁面气泡拥堵。

10.3.2 干涸热流密度机理

(1) 液膜蒸干

液膜蒸干(liquid film dryout)模式发生在高干度饱和流动沸腾条件下。这时气液两相流动处于环状流区域末端。环状流时，壁面周边附着液体层，形成液体环，液体环内是气相主流，其间夹杂着许多微小的液滴，参见图 10.1 和图 10.2。此时气液两相中，气相占据份额较大，速度高，动量大。环状流区域壁面液膜很容易被撕裂夹带到气流当中，再加上热流密度作用下的液膜蒸发，使壁面形成干涸点，如果液相不容易得到及时补充，致使干斑迅速扩大，就会引发 CHF。当液膜蒸发和主流液滴被夹带的速率超过液滴沉积到壁面的速率时，壁面得不到及时补液，干涸迅速扩大，就会导致 CHF 的出现。在这种情形下，如果主流流量对 CHF 发生的影响超过热流密度的影响，CHF 发生的工况又称为主流控制工况。主流控制工况又可分为两种情况：主流液滴夹带控制工况和主流液滴沉降控制工况。前者的发生主要是由于较高速度的主流气相对近壁面液膜的刮擦导致液膜迅速变薄直至消失造成的，后者的发生则主要是因为裹挟大量液滴的主流气相对于近壁面液膜的补液能力不足所致。当液滴的夹带与沉降处于相对平衡的状态时，沉降速率与夹带速率大致上相等，此时液膜处于较稳定的强制对流蒸发状态，热流密度的影响起重要作用。高热流密度会使液膜蒸干加快，较早触发 CHF 现象。

(2) 液膜不对称

对于中等质量流速下的水平管内流动，由于浮力和重力的作用，环状流时顶部液膜较薄，底部液膜较厚，顶部液膜会较早消失，引起部分干涸(见图 10.2)。对于较低质量流速下水平管内的分层波状流，也会因顶部液膜较早消失而得不到液体补充，出现部分干涸的情况。

图 10.9 所示的是 Wojtan 等人[8]根据 R－22 在管径为 13.84 mm 的水平流道中、饱和温度为 5 ℃时的可视化实验研究绘制的流型图。从图中可以看出：对于大干度的情况，水平管内的 CHF 不一定在环状流末发生；在较低质量流速时，有可能在分层波状流末发生。

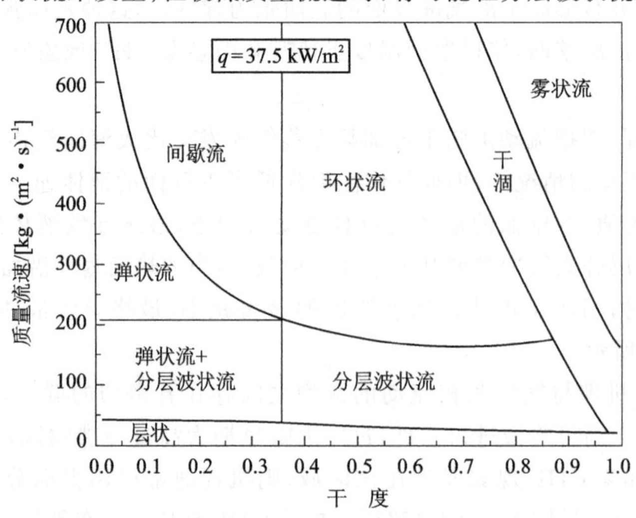

图 10.9　水平流动下高干度时的不同干涸情况

中低质量流速下，大干度时发生 CHF 现象后，水平管内对流传热系数的下降剧烈程度通常比液膜蒸干模式时低。另外，水平管中的液膜不对称甚至气液分层在很大程度上降低了水平流道内的 CHF 值。

10.3.3 流动沸腾 CHF 的影响因素

CHF 现象极其复杂，对于复杂工况和特殊流道条件而言更是如此。除去本身较为直观的导致壁温突升的特性以外，它还受到诸如质量流速、压力、过冷焓、干度等系统参数以及流向、管型等各种复杂几何参数的影响与约束。对于最为简单的恒热流加热条件下直管内流动沸腾的 CHF，上述各因素之间的相互关系可简化总结如下[9-10]。

(1) 流向的影响

除了质量流速很高之外，流动沸腾 CHF 对流向敏感。水平管内的流动沸腾由于受重力的作用会出现液膜不对称，甚至引起较明显的气液分层现象，这使得水平管内的 CHF 机理规律及特性与垂直管内不同，造成水平流道内的临界热流密度值显著降低。因为流动沸腾 CHF 特别受到关注的系统的运行多是垂直向上流动，例如核动力系统，所以很多研究重点讨论垂直向上流动中的 CHF。

(2) 质量流速的影响

当压力、管内径、管长和过冷焓(饱和液体焓与液体焓之差)一定时，总体上 CHF 随着质量流速的增加而逐渐增大，但在不同质量流速下的增长速率不同。在较低质量流速条件时，CHF 随质量流速近似线性增长，增长速度较快。但是在较高质量流速条件下，这种增长趋势明显减缓。研究表明，质量流速对 CHF 的值影响比较显著，是流动沸腾 CHF 的主要影响因素。

质量流速的影响可以通过高干度区 CHF 的发生机理作出比较清楚的解释。在环状流区域，气相核心中夹杂着大量的液滴。在一定的热流密度下，加热壁面的液膜厚度很大程度上受液滴在壁面的沉降与在气流中的夹带速率的控制。在较低的质量流速下，主流气相核心裹挟液滴的能力有限，通常液滴的沉降速率要大于夹带速率，因而使得加热壁面的液膜得到有效的液相补充，从而延缓蒸干的发生，导致较高的 CHF 值。而在较高的质量流速下，主流气相核心对壁面液膜具有较强的裹挟作用，使得液滴的夹带速率超过沉降速率，加热壁面的液膜蒸干速度明显加快，因而较早触发 CHF 现象。

(3) 过冷度(或过冷焓)、干度的影响

对于进口过冷的情况，当压力、质量流速、管长和管内径一定时，CHF 值随入口过冷度的增加在一定范围内近似线性增大。因为需要更多的热量使近壁面流体达到饱和。若考察一个十分宽广的过冷度参数范围，则会发现这种关系偏离线性发展。

对于进口饱和的情况，当压力、质量流速、管长和管内径一定时，CHF 值随着入口干度的升高而降低。对于垂直上升管，在一定范围内，CHF 值随入口干度的升高呈线性下降的趋势。而对于水平管，在一定范围内，较高干度下 CHF 的减小速率要小于较低干度下的减小速率。水平管内这种 CHF 值随入口干度的升高而呈现的非线性变化规律可能与气液两相流动截面的气液分布不均匀性有关。另外，入口干度对 CHF 值的影响与质量流速和管长有关。在较低的质量流速和较短的加热管长条件下，入口干度对 CHF 的影响比较明显。这种影响随着加热管长的增加逐渐减弱，随着质量流速的降低而增强。

(4) 压力的影响

当质量流速、管长、管内径和过冷焓一定时,CHF 随系统压力增大先是增大,而超过一定压力值后反而呈现减小的趋势,这与池沸腾的情况相类似。系统压力对 CHF 的影响在不同质量流速下和管长下有所不同。在较低的质量流速和较短的加热管长条件下,压力对 CHF 值的影响比较明显。总的来说,压力对 CHF 的影响相对次要。

(5) 管长的影响

当压力、管内径、质量流速和过冷焓一定时,CHF 随管长的增加而降低,而所需总加热功率的增加速率开始较快,随后减慢。但是对于很长的管道而言,一些情况下临界功率值将渐进地趋向一个定值,而不再与管长相关。不过这往往仅适用于特定的管长范围。

(6) 管径的影响

当压力、质量流速、过冷焓和管长一定时,CHF 随着管内径的增大而增大,但增大速率随管径的增大而减小。

以上各系统参数与 CHF 之间的关系总结是针对直管内的情况进行的,如果管型几何参数变化,其情形将变得更加复杂。例如在螺旋管中[10-11],必须要考虑到螺旋半径、螺旋节距、螺旋升角等特殊影响因素。

10.4 流动沸腾 CHF 的预测方法

进行流动沸腾 CHF 研究的最终目的,是探索发现 CHF 的本质,进而对 CHF 作出准确的预测。过去的近半个世纪里,在对流动沸腾 CHF 展开的大量研究的基础上,主要形成了以下几种较可靠的 CHF 预测方法:经验关联式、CHF 查询表、流体模化、数值计算。其中,经验关联式是最主要的方法。

10.4.1 经验关联式方法

用经验关联式(empirical correlations)对 CHF 进行预测的方法形成于 20 世纪 60 年代,是最先出现的 CHF 预测方法。该方法基于大量的 CHF 实验数据,对于一定参数范围内的 CHF 值,往往能作出精确的预测;但超出参数范围以外时,就可能产生较大的预测偏差。

经验关联式主要有两种形式:当地参数类型和全局参数类型。当地参数类型的经验关联式依靠 CHF 发生的当地参数来对 CHF 值进行关联。全局参数类型的经验关联式则以流道整体参数来对 CHF 值进行关联。迄今为止,被较广泛接受的流动沸腾 CHF 预测关联式基本上都属于全局参数类型。

常见的流动沸腾 CHF 关联式在下一节详细介绍。

10.4.2 CHF 查询表方法

CHF 查询表(look - up table)最初是由 Doroshchuk 等人[12]于 1975 年提出的一种简洁直观的 CHF 预测方法。CHF 查询表以直径 8 mm 直管的 CHF 数据为基础,采用网格的方法,以当地参数压力、质量流速以及临界干度为网格节点,将大量 CHF 数据经过加工整理后以直观的形式表现出来。CHF 查询表最大的特点是便于更新,其优点为预测精度较高、应用范围较宽、使用方便等。

CHF 查询表方法自提出以来，越来越受到人们的关注，获得不断升级更新。如 Kirillov 等人[13]制作了 1991 年的 CHF 查询表；Groeneveld 等人在收集大量 CHF 数据的基础上对 CHF 查询表做了多次升级，提出了 1986 年、1995 年、2005 年查询表[14]，以及最新的 2006 年查询表[15]。由于 CHF 查询表精度较高，经常用来作为工程设计和其他 CHF 理论研究的参考。

10.4.3　流体模化方法

一般来讲，模化方法是指不直接研究自然现象或过程本身，而是借助于相似的模型进行研究的一种方法。采用模化方法的主要原因是实型实验实施起来困难，或者实型实验开展起来代价过高，或者是实型实验在现有条件下不可能实施。例如，CHF 的流体模化方法(fluid - to - fluid modeling)主要是为克服以水为工质的 CHF 实验代价巨大、花费高昂的缺点。

严格意义上来讲，模化方法是利用理论分析或者量纲分析方法导出相似准则数，根据相似原理建立起相似模型(实验台)进行实验，通过实验求出相似准则之间的函数关系式，再将此函数关系式根据相似理论推广应用到实型实验条件，从而得到实型设备的工作规律的一种研究方法。CHF 模化研究通常采用较低压力、较低温度以及较低汽化潜热的其他工质代替水来开展 CHF 实验，通过寻找水与其他替代工质 CHF 数据之间的模化关系，研究 CHF 的预测方法。

由于模化实验方法用不同于实型几何尺寸或不同于实际使用工质的相似模型来研究实际装置中所进行的物理过程，必须保证实型与模型之间的物理相似、几何相似、边界条件相似和相似准则相等。但是，对于 CHF，影响因素复杂，发生机理尚不完全明确，要想完全保证上述相似条件是非常困难的，甚至几乎是不可能的。因此，针对复杂的实际情况，应当在遵循一定原则的基础上采取必要的简化措施，忽略次要影响因素。

流动沸腾 CHF 的流体模化研究开始于 20 世纪 60 年代[16-17]，伴随着核能技术的开发利用，在 20 世纪七八十年代获得了快速发展。特别是现代超高参数锅炉及第四代先进核反应堆的技术需求，推动流动沸腾 CHF 的流体模化方法的研究不断深入[18]。由于国内外学者的大量理论和实验研究，流动沸腾 CHF 的流体模化已成为沸腾传热领域最为成功的流体模化技术之一。

10.4.4　数值计算方法

过去数十年里，被广泛使用的核反应堆 CHF 计算软件一般以经典的 CHF 经验预测方法(关联式和查询表)为基础，通过大量的实型实验数据对编制的特定流道计算程序进行调试，以得出符合实际运行参数的结果。例如，最新版的核反应堆分流道热工水力高级计算程序 ASSERT - PV3.2[19]对于流动沸腾 CHF 的计算，就是以 Groeneveld 等人 2005 年查询表[14]为基础的。采用的 CHF 模型是根据实型实验数据提出的修正系数，对查询表进行修正而得。

无论是以查询表还是以关联式为计算模型，都存在着模型使用条件局限的问题。因为经验模型的实验数据源是在给定流动条件、流体物性和实验件几何构型下获得的。关于流体物性，有可能在一定范围内超出而不至于引起较大误差，但对于几何构型和流动条件，则需要谨慎对待。为了避免以经验模型为依据造成的局限性问题，人们在利用两相流 CFD 模拟技术计算流动沸腾 CHF 方面开展了一些研究。

Byung 和 Soon[20] 以 R134a 为工质，对具有混合导流片的 2×3 棒束通道内的 CHF 进行了实验研究。与此同时，他们开展了 CHF 和流场的 CFD 研究，使用壁面沸腾模型仿真过冷沸腾。验证表明，平均空泡率的 CFD 预测值与实验值吻合良好。

Celata 等[21] 基于对过冷沸腾 CHF 的 CFD 预测模型的综述，指出在大范围内模拟 CHF 现象有太多的困难，一个主要问题是现有理论模型需要借助于实验数据调节所含的常数，扭曲了理论模型的原始思想。对于过冷沸腾中的 CHF，在众多现有理论中，只有近壁面气泡拥堵理论和微液层蒸干理论获得了广泛关注。微液层蒸干理论能够在较大过冷运行条件范围内预测 CHF，对于均匀壁面热流条件、非均匀壁面热流条件，以及内插螺旋扰流片管，均有良好的适应性。

10.5 流动沸腾 CHF 的关联式

流动沸腾 CHF 的关联式，根据其依据的实验参数范围，可分为过冷流动沸腾 CHF 关联式、饱和流动沸腾 CHF 关联式和包括过冷和饱和流动沸腾的 CHF 关联式。在后一类关联式中，关于饱和流动沸腾部分，又有两种情况：一种发生在低干度，为 DNB 型 CHF；另一种发生在高干度，为干涸型 CHF。一般来说，过冷 DNB 型 CHF 关联式可能对饱和 DNB 型 CHF 有预测能力，反之，饱和 DNB 型 CHF 关联式也可能对过冷 DNB 型 CHF 有预测能力。实际上，某些常作为过冷沸腾 CHF 被引用的关联式，例如 Tong 公式[22]，是涵盖饱和沸腾 DNB 的。

为实用和便于描述起见，分以下几种情况进行介绍：

① 过冷流动沸腾 CHF 关联式，包括既能用于过冷 DNB 又能用于饱和 DNB 的关联式；

② 饱和流动沸腾 CHF 关联式；

③ 大干度范围 CHF 关联式，该类关联式基于的数据库包括了过冷 DNB、饱和 DNB 和干涸型 CHF 的数据。

10.5.1 大干度范围 CHF 的关联式

(1) Shah[23] 模型

Shah 基于水等不同工质在垂直均匀加热管内的流动沸腾 CHF 数据，提出了流动沸腾 CHF 关联式。实验数据参数范围为：$D=0.315\sim37.5$ mm，长径比 $L/D=1.2\sim940$，$G=4\sim29\ 051$ kg/(m^2·s)，对比压力 $P_R=0.001\ 4\sim0.96$，入口热力学干度 $x_{t,in}=-4\sim0.85$，出口热力学干度 $x_{t,out}=-2.6\sim1$。

Shah 关联式分为上游方程（Upstream Condition Correlation，UCC）和局部方程（Local Condition Correlation，LCC）。UCC 考虑了上游条件，包括工质进口过冷度的影响；而 LCC 只考虑局部条件。

1) UCC

在 UCC 条件下，临界热流密度 q_{CHF}、汽化潜热 h_{lg}、质量流速 G 的关系如下：

$$\frac{q_{CHF}}{Gh_{lg}}=0.124\left(\frac{D}{L_e}\right)^{0.89}\left(\frac{10^4}{Y}\right)^n(1-x_{ie}) \tag{10.3}$$

式中，L_e 为管道有效长度，x_{ie} 为进口有效蒸气干度，Y 为关联参数。

关联参数 Y 与质量流速 G、管径 D、液相参数（比定压热容 c_{pl}、导热系数 λ_l、密度 ρ_l、动力

粘度 μ_l）和气相动力粘度 μ_g 有关，用下式计算：

$$Y = PeFr^{0.4}\left(\frac{\mu_l}{\mu_g}\right)^{0.6} = \frac{GDc_{pl}}{\lambda_l}\left(\frac{G^2}{\rho_l^2 gD}\right)^{0.4}\left(\frac{\mu_l}{\mu_g}\right)^{0.6} \tag{10.4}$$

当 $Y \leqslant 10^4$ 时，对所有流体 $n=0$；当 $Y > 10^4$ 时，参数 n 的取值如下：

对于液氦流体，

$$n = \left(\frac{D}{L_e}\right)^{0.33} \tag{10.5a}$$

对于其他流体，

$$n = \begin{cases} (D/L_e)^{0.54}, & 10^4 < Y \leqslant 10^6 \\ 0.12/(1-x_{ie})^{0.5}, & Y > 10^6 \end{cases} \tag{10.5b}$$

L_e 和 x_{ie} 的定义如下：

$$L_e = \begin{cases} L_c, & x_{t,in} \leqslant 0 \\ L_b, & x_{t,in} > 0 \end{cases} \tag{10.6}$$

$$x_{ie} = \begin{cases} x_{t,in}, & x_{t,in} \leqslant 0 \\ 0, & x_{t,in} > 0 \end{cases} \tag{10.7}$$

对于均匀加热，沸腾段长度 L_b 由下式计算：

$$\frac{L_b}{D} = \frac{x_c}{4Bo} = \frac{L_c}{D} + \frac{x_{t,in}}{4Bo} \tag{10.8}$$

式中，L_c 为入口到沸腾点的轴向距离，x_c 为 CHF 发生点的干度，沸腾数 Bo 的形式为

$$Bo = \frac{q_{CHF}}{Gh_{lg}} \tag{10.9}$$

2）LCC

对于 LCC，沸腾数 Bo 用下式计算：

$$Bo = \frac{q_{CHF}}{Gh_{lg}} = Bo_0 F_e F_x \tag{10.10}$$

式中，F_e 为进口效应因子，由下式计算：

$$F_e = 1.54 - 0.032\frac{L_c}{D} \tag{10.11}$$

若上式求得 $F_e < 1$，则令 $F_e = 1$。

Bo_0 是 $x_c = 0$ 时的沸腾数，用下式计算：

$$Bo_0 = \max\{15Y^{-0.612}, 0.082Y^{-0.3}(1+1.45P_R^{4.03}), 0.002\,4Y^{-0.106}(1+1.15P_R^{3.39})\} \tag{10.12}$$

当 $x_c < 0$ 时，

$$F_x = F_1\left[1 - \frac{(1-F_2)(P_R - 0.6)}{0.35}\right]^b \tag{10.13a}$$

$$F_1 = \begin{cases} 1+0.005\,2(-x_c^{0.88})Y^{0.41}, & Y \leqslant 1.4\times10^7 \\ 1+0.005\,2(-x_c^{0.88})(1.4\times10^7)^{0.41}, & Y > 1.4\times10^7 \end{cases} \tag{10.13b}$$

$$F_2 = \begin{cases} F_1^{-0.42}, & F_1 \leqslant 4 \\ 0.55, & F_1 > 4 \end{cases} \tag{10.13c}$$

$$b=\begin{cases}0, & P_R \leqslant 0.6 \\ 1, & P_R > 0.6\end{cases} \tag{10.13d}$$

当 $x_c>0$ 时，

$$F_x=F_3\left[1+\frac{(F_3^{-0.29}-1)(P_R-0.6)}{0.35}\right]^c \tag{10.14a}$$

$$F_3=\left(\frac{1.25\times10^5}{Y}\right)^{0.833x_c} \tag{10.14b}$$

$$c=\begin{cases}0, & P_R \leqslant 0.6 \\ 1, & P_R > 0.6\end{cases} \tag{10.14c}$$

3）UCC 和 LCC 的选用方法

对于液氦工质，常用 UCC 计算。

对于其他工质：

① 当 $Y\leqslant10^6$ 时，使用 UCC；

② 当 $Y>10^6$ 时，采用两个方程中 Bo 较小者；

③ 如果 $L_e>160/p^{1.14}$，则使用 UCC。

(2) Zhang 等[24]模型

Zhang 等收集了 3 837 组水的实验数据，包括 2 539 组饱和沸腾 CHF 数据和 1 298 组过冷沸腾 CHF 数据。参数范围为：$p=0.101\sim19$ MPa，$D=0.330\sim6.22$ mm，$L/D=1\sim975$，$G=5.33\sim134\ 000$ kg/(m^2 · s)，$q_{CHF}=0.094\sim276$ MW/m^2，入口热力学干度 $x_{t,in}=-2.35\sim0$，出口热力学干度 $x_{t,out}=-1.75\sim1.0$。根据此数据库，拟合出如下关联式：

$$\frac{q_{CHF}}{Gh_{lg}}=0.035\ 2\left[We_{lo}+0.011\ 9\left(\frac{L}{D_h}\right)^{2.31}\left(\frac{\rho_g}{\rho_l}\right)^{0.361}\right]^{-0.295}\left(\frac{L}{D_h}\right)^{-0.311}\left[2.05\left(\frac{\rho_g}{\rho_l}\right)^{0.170}-x_{t,in}\right] \tag{10.15}$$

式中，全液相韦伯数 We_{lo} 定义为

$$We_{lo}=\frac{G^2D}{\sigma\rho_l} \tag{10.16}$$

10.5.2 过冷流动沸腾 CHF 的关联式

(1) Tong 模型

1967 年，Tong[22]以核反应堆为应用背景，提出了一个可用于轴向均匀加热单管和棒束以及轴向非均匀余弦型加热单管的 DNB 公式，称为 W－3 公式，适用的临界点热力学平衡干度 x_t 的范围为 $-0.15<x_t<0.15$。公式形式如下：

$$\begin{aligned}q_{CHF}=&3.154\times10^6\{(2.022-6.238\times10^{-8}p)+(0.172\ 2-1.43\times10^{-8}p)\times\\&\exp[(18.177-5.987\times10^{-7}p)x_t]\}[(0.1484-1.596x_t+0.172\ 9x_t|x_t|)\times\\&7.376\times10^{-3}G+1.037](1.157-0.869x_t)[0.266\ 4+0.835\ 7\exp(-124.1D)]\times\\&[0.825\ 8+0.341\times10^{-6}(h_f-h_{in})]\end{aligned} \tag{10.17}$$

该式基于的参数范围为：$G=4.86\times10^6\sim24.4\times10^6$ kg/(m^2 · s)，$p=6.9\sim15.86$ MPa，$D=5.08\sim17.8$ mm，$L=0.254\sim3.66$ m，加热周长/管道湿周$=0.88\sim1.0$。

1968 年，Tong[25]通过流动沸腾 DNB 边界层分析，提出如下形式的计算模型：

$$q_{\mathrm{CHF}}=\frac{Ch_{\mathrm{lg}}\rho_{1}u}{Re^{0.6}} \tag{10.18}$$

式中

$$Re=\frac{GD}{\mu_{1,\mathrm{sat}}} \tag{10.19}$$

基于水在 6.895～13.790 MPa 工况下均匀加热管道内流动沸腾实验数据，Tong 最终给定系数 C 的计算式如下：

$$C=1.76-7.433x_{\mathrm{t}}+12.222x_{\mathrm{t}}^{2} \tag{10.20}$$

式中，对于过冷，x_{t} 为负数。

Tong－68[25]模型作为一个典型的 CHF 公式曾被修改成多个版本，很多学者将其修正后用于预测其他工况下流动沸腾 CHF。

1975 年，Tong 提出改进模型 Tong－75[26]：

$$q_{\mathrm{CHF}}=0.23fGh_{\mathrm{lg}}\left[1+0.002\,16\left(\frac{p_{\mathrm{out}}}{p_{\mathrm{cr}}}\right)^{1.8}Re^{0.5}Ja\right] \tag{10.21}$$

式中

$$f=8Re^{-0.6}\left(\frac{D}{D_{0}}\right)^{0.32} \tag{10.22}$$

$$Re=\frac{GD}{\mu_{1}(1-\alpha)} \tag{10.23}$$

$$Ja=\frac{c_{p1}(T-T_{\mathrm{sat}})}{h_{\mathrm{lg}}}\frac{\rho_{1}}{\rho_{\mathrm{g}}} \tag{10.24}$$

以上式中，D_0 为实验参考值，取 $D_0=0.012\,7$ m；α 为含气率。

上式依据的参数范围为：$p=7\sim14$ MPa，$D=3\sim10$ mm，$L/D=5\sim100$，$G=700\sim6\,000$ kg/(m^2·s)，进口热力学平衡干度 $x_{\mathrm{t,in}}=-1.0\sim0.0$。

(2) Inasaka－Nariai[27]模型

传统过冷沸腾 CHF 关联式没有包含足够多的细微管道数据，难以准确反映通道尺寸效应。常规尺度的关联式可能并不适合细微管道。为此，Inasaka 和 Nariai 等实验研究了水平管道($D=1\sim3$ mm)内的过冷沸腾临界热流，并基于自己和其他学者的实验数据，对低压段 Tong－68 系数 C 的计算进行如下修正：

$$\frac{C}{C_{\mathrm{Tong}}}=1-\frac{52.3+80x_{\mathrm{t,out}}-50x_{\mathrm{t,out}}^{2}}{60.5+(10p_{\mathrm{out}})^{1.4}} \tag{10.25}$$

式中，C_{Tong} 用 Tong－68 公式(10.20)计算，$x_{\mathrm{t,out}}$ 为管道出口热力学平衡干度。该公式引入了出口压力 p_{out} 对流动沸腾 CHF 的影响。

上式依据的实验参数范围为：$p=0.1\sim70$ MPa，$G=1\,300\sim20\,000$ kg/(m^2·s)，$D=2\sim20$ mm，$L=0.03\sim2.0$ m，$x_{\mathrm{t,out}}=-0.46\sim-0.001$。

(3) Celata 等[28]模型

Celata 等[29]在对以往流动沸腾 CHF 公式进行评价分析时，发现 Inasaka－Nariai[27]公式过高估计了临界热流值。他们认为这是由于 Inasaka 和 Nariai 在对 Tong 公式[25]进行修正时所依据的数据过冷度均很大。于是，他们利用自己和其他学者的实验数据对影响 CHF 的因素进行探究，并在 Tong－68 公式的基础上，提出如下关系式[28]：

$$\frac{q_{\mathrm{CHF}}}{Gh_{\mathrm{lg}}}=\frac{C}{Re^{0.5}} \tag{10.26}$$

$$C=(0.216+4.74\times10^{-8}p)\psi \tag{10.27a}$$

式中，系数 ψ 的值由下式决定：

$$\psi=\begin{cases}1, & x_{\mathrm{t,out}}<-0.1\\ 0.825+0.986x_{\mathrm{t,out}}, & -0.1<x_{\mathrm{t,out}}<0\\ 1/(20+30x_{\mathrm{t,out}}), & x_{\mathrm{t,out}}>0\end{cases} \tag{10.27b}$$

Celata 等[28]公式依据的实验数据库包含 1 865 个数据点，参数范围为：$G=2\ 200\sim40\ 000\ \mathrm{kg/(m^2\cdot s)}$，$D=2.5\sim8.0$ mm，$L/D=12\sim40$，$p=0.1\sim5.0$ MPa，出口过冷度 $\Delta T_{\mathrm{sub,out}}=15\sim190$ ℃，临界热流密度 $q_{\mathrm{CHF}}=4.0\sim60.6\ \mathrm{MW/m^2}$。

(4) Lombardi[30]模型

Lombardi 收集了 2 529 组过冷沸腾临界热流实验数据，参数范围为：$p=0.1\sim8.4$ MPa，$G=100\sim90\ 000\ \mathrm{kg/(m^2\cdot s)}$，$D=0.3\sim37.5$ mm，$L=0.002\ 5\sim8.5$ m，入口过冷度 $\Delta T_{\mathrm{sub,in}}=13\sim338$ ℃。根据此数据库，拟合出如下关联式：

$$q_{\mathrm{CHF}}=\frac{0.25G\Delta h_{\mathrm{sub}}}{L_{\mathrm{h}}/D+1.3GD^{0.4}/(2\rho_{\mathrm{l}})^{0.5}} \tag{10.28}$$

根据 Kalimullah 等[31]的评价，Lombardi 关系式在 $L/D\geqslant15$ 时，预测效果较好。Hall 和 Mudawar[32]用 4 860 组数据对包括 Lombardi 在内的 82 个过冷沸腾 CHF 公式进行了评价，发现该模型预测效果排名第三，仅次于 Hall 和 Mudawar 自己[32]的公式。

(5) Caira 等[33]模型

聚变堆等离子体靶板的冷却系统需要及时移除很高的热流密度，其水冷系统通常具有很高的过冷度。Caira 等根据这一应用背景，以及收集的 544 组水垂直流动沸腾 CHF 数据，拟合出

$$q_{\mathrm{CHF}}=\frac{C_1+C_2(0.25\Delta h_{\mathrm{in}})^{Y_3}}{1+C_3L^{Y_{10}}} \tag{10.29a}$$

$$C_1=Y_0D^{Y_1}G^{Y_2} \tag{10.29b}$$

$$C_2=Y_4D^{Y_5}G^{Y_6} \tag{10.29c}$$

$$C_3=Y_7D^{Y_8}G^{Y_9} \tag{10.29d}$$

式中，$Y_i\ (i=0,1,2,\cdots,10)$ 如下：

$Y_0=10\ 829.55$　$Y_1=-0.054\ 7$　$Y_2=0.713$　$Y_3=0.978$　$Y_4=0.188$　$Y_5=0.486$

$Y_6=0.462$　$Y_7=0.188$　$Y_8=1.2$　$Y_9=0.36$　$Y_{10}=0.911$

Caira 等模型实验参数范围为：$p=0.1\sim8.4$ MPa，$D=0.3\sim25.4$ mm，$L=2.5\sim610$ mm，$G=900\sim90\ 000\ \mathrm{kg/(m^2\cdot s)}$，过冷度 $\Delta T_{\mathrm{sub}}=90\sim230$ ℃。Ghiaasiaan[9]认为，该模型预测准确度相对较高。

后来，Caira 等[33]把数据库扩大到 1 887 个数据点，根据压力范围对 Y_i 进行了细化，使公式准确度得到改进。

(6) Hall-Mudawar[32]模型

Hall 和 Mudawar 从美国普渡大学沸腾与两相流实验室数据库中收集到均匀加热圆管内

水平和垂直流动过冷沸腾实验数据共 5 544 组，并用能量守恒原理对每一状态点进行排查，最后得到有效数据 4 860 组。数据库参数范围为：$D=0.25\sim15$ mm，$L/D=2\sim200$，$G=300\sim30\ 000$ kg/(m^2·s)，$p=0.1\sim20$ MPa，$x_{t,in}=(-2.0)\sim0.0$，$x_{t,out}=-1.0\sim0.0$。基于此数据库，他们分别得出基于出口热力学平衡干度 $x_{t,out}$ 和入口准热力学平衡干度 $x_{t,in*}$ 的流动沸腾 CHF 关联式：

$$\frac{q_{CHF}}{Gh_{lg}}=C_1We_{lo}^{C_2}\left(\frac{\rho_l}{\rho_g}\right)^{C_3}\left[1-C_4\left(\frac{\rho_l}{\rho_g}\right)^{C_5}x_{t,out}\right] \tag{10.30}$$

$$\frac{q_{CHF}}{Gh_{lg}}=\frac{C_1We_{lo}^{C_2}\left(\frac{\rho_l}{\rho_g}\right)^{C_3}\left[1-C_4\left(\frac{\rho_l}{\rho_g}\right)^{C_5}x_{t,in*}\right]}{1+4C_1C_4We_{lo}^{C_2}\left(\frac{\rho_l}{\rho_g}\right)^{C_3+C_5}\left(\frac{L}{D}\right)} \tag{10.31}$$

式中，$C_1\sim C_5$ 为经验常数，$C_1=0.072\ 2$，$C_2=-0.312$，$C_3=-0.644$，$C_4=0.900$，$C_5=0.724$；所有饱和状态参数都是在出口压力下计算的；全液相韦伯数 We_{lo} 如式(10.16)所定义；入口准热力学平衡干度 $x_{t,in*}$ 定义为

$$x_{t,in*}=\frac{h_{l,in}-h_{l,out}}{h_{lg,out}} \tag{10.32}$$

式中，$h_{l,in}$ 和 $h_{l,out}$ 分别为进、出口液体焓。

Kalimullah 等[31]学者用数据库对 12 个流动过冷沸腾 CHF 关系式进行评价时发现，在所有关系式中，Hall - Mudawar 模型的精度最高，Zhang 等[24]的评价分析也得出了同样的结论。虽然 Hall - Mudawar 模型是基于圆管内流动沸腾数据提出的，但是一些研究也表明，当用当量加热直径 D_h 代替式中的当量尺寸 D 进行非圆形管道或不完全加热管道(如单面或三面加热的矩形管道)的计算时，仍能获得可观的预测效果。

(7) Hall - Mudawar[34]模型

Hall 和 Mudawar[34]认为，先前过冷流动沸腾 CHF 模型主要基于常规质量流速数据，对高质量流速($G>5\ 000$ kg/(m^2·s))时的预测效果并不好。于是他们收集了高质量流速工况下均匀加热的实验数据共 1 596 组，参数范围为：$G=1\ 500\sim134\ 000$ kg/(m^2·s)，$q=4\sim276$ MW，$x_{t,in}=-2.47\sim-0.04$，$D=0.25\sim15$ mm，$L/D=1.7\sim97$，$p=0.07\sim19.6$ MPa，$\Delta T_{sub,in}=13\sim347$ ℃。基于此数据库，他们分别得出基于出口热力学平衡干度 $x_{t,out}$ 和入口准热力学平衡干度 $x_{t,in*}$ 的流动沸腾 CHF 关联式：

$$\frac{q_{CHF}}{Gh_{lg}}=a_1We_{lo}^{c_1}\left(\frac{\rho_l}{\rho_g}\right)^{b_1}\left[1-\frac{a_2}{a_1}\left(\frac{\rho_l}{\rho_g}\right)^{b_2-b_1}x_{t,out}\right] \tag{10.33}$$

$$\frac{q_{CHF}}{Gh_{lg}}=\frac{a_1We_{lo}^{c_1}\left(\frac{\rho_l}{\rho_g}\right)^{b_1}\left[1-\frac{a_2}{a_1}\left(\frac{\rho_l}{\rho_g}\right)^{b_2-b_1}x_{t,in*}\right]}{1+4a_2We_{lo}^{c_1}\left(\frac{\rho_l}{\rho_g}\right)^{b_2}\left(\frac{L}{D}\right)} \tag{10.34}$$

式中，经验常数取值如下：$a_1=0.033\ 2$，$a_2=0.022\ 7$，$b_1=-0.681$，$b_2=0.151$，$c_1=-0.235$。

(8) Lee - Mudawar[35]模型

Lee 和 Mudawar 实验研究了换热器矩形微通道内 HFE - 7100 流体的流动沸腾，运用高速摄像技术捕捉到其流态变化情况，并验证了通道截面尺寸对 CHF 的影响。实验段由 11 或 24 个平行的矩形微通道组成。实验参数范围为：$D_h=175.7\sim415.9$ μm，$L/D_h=24.0\sim56.9$，

$p=0.113\sim0.115$ MPa,$G=670.2\sim2\ 345.5$ kg/(m^2 · s),$x_{t,in}=-0.959\sim-0.459$,$x_{t,out}=-0.406\sim-0.052$。基于上述实验数据，他们拟合出如下关系式：

$$q_{CHF}=q_{CHF}^{*}\times\left[\frac{We_{lo}}{1.889f(\beta)}\right]^{0.121} \tag{10.35a}$$

$$f(\beta)=1-1.883\beta+3.767\beta^2-5.814\beta^3+5.361\beta^4-2.0\beta^5 \tag{10.35b}$$

以上式中，q_{CHF}^{*} 为 Hall - Mudawar 公式[32,34]计算值，β 为通道单元高宽比。

Lee 和 Mudawar 用自己的数据对公式进行评价分析，发现当 q_{CHF}^{*} 用 Hall - Mudawar[34]公式计算时，预测效果较 Hall - Mudawar[32]公式要好，平均绝对误差为 8.0%。

10.5.3 饱和流动沸腾 CHF 的关联式

(1) Bowring[36]模型

Bowring 经典 CHF 预测关联式由 3 800 个水的 CHF 数据拟合而成，在棒束 CHF 实验数据基础上得出，适用于圆管内垂直向上流动沸腾。实验参数范围为：压力 $p=0.2\sim19.0$ MPa，管径 $D=2\sim45$ mm，管长 $L=0.15\sim3.7$ m，质量流速 $G=136\sim18\ 600$ kg/(m^2 · s)。

临界热流密度 q_{CHF} 的模型形式如下：

$$q_{CHF}=\frac{A+0.25DG\Delta h_{in}}{C+L} \tag{10.36}$$

式中

$$A=\frac{2.317(0.25h_{lg}DG)F_1}{1.0+0.014\ 3F_2D^{0.5}G} \tag{10.37a}$$

$$C=\frac{0.077F_3DG}{1.0+0.347F_4\left(\frac{G}{1\ 356}\right)^n} \tag{10.37b}$$

$$n=2.0-0.5P_R \tag{10.37c}$$

式中，对比压力 $P_R=0.145\times10^{-6}p$，压力 p 的单位为 Pa；参数 $F_1\sim F_4$ 为压力的函数，取值如下：

当 $P_R<1$ 时，

$$F_1=\frac{P_R^{18.942}\exp[20.8(1-P_R)]+0.917}{1.917} \tag{10.38a}$$

$$\frac{F_1}{F_2}=\frac{P_R^{1.316}\exp[2.444(1-P_R)]+0.309}{1.309} \tag{10.38b}$$

$$F_3=\frac{P_R^{17.023}\exp[16.658(1-P_R)]+0.667}{1.667} \tag{10.38c}$$

$$F_4=F_3P_R^{1.649} \tag{10.38d}$$

当 $P_R>1$ 时，

$$F_1=P_R^{-0.368}\exp[0.648(1-P_R)] \tag{10.38e}$$

$$\frac{F_1}{F_2}=P_R^{-0.448}\exp[0.245(1-P_R)] \tag{10.38f}$$

$$F_3=P_R^{0.219} \tag{10.38g}$$

$$F_4 = F_3 P_R^{1.649} \tag{10.38h}$$

进口过冷焓 Δh_{in} 为液体饱和焓 h_{sat} 与液体入口焓 h_{in} 之差，即

$$\Delta h_{in} = h_{sat} - h_{in} \tag{10.39}$$

(2) Katto－Ohno[37]模型

Katto 和 Ohno 对 R12 在垂直上升管内的流动沸腾 CHF 进行了实验研究。实验参数范围为：$\rho_g/\rho_l = 0.109 \sim 0.306$，管径 $D = 10$ mm，管长 $L = 1.0$ m，质量流速 $G = 120 \sim 2\,100$ kg/(m^2·s)，进口过冷焓 $\Delta h_{in} = h_{sat} - h_{in} = 0.4 \sim 39.9$ kJ/kg，均匀加热，进口没有达到 CHF 状态。

Katto－Ohno 模型是在 Katto[38]模型的基础上改进而得的。仍采用 Katto 模型的一般形式，即 q_{CHF} 与进口过冷焓 Δh_{in} 和汽化潜热 h_{lg} 的关系如下：

$$q_{CHF} = q_{CHF0}\left(1 + K\,\frac{\Delta h_{in}}{h_{lg}}\right) \tag{10.40}$$

式中：q_{CHF0} 为基础 CHF，即过冷焓 $\Delta h_{in} = 0$ 时的 CHF；K 为进口过冷度参数。

1) 基础临界热流密度 q_{CHF0} 的计算

q_{CHF0} 与无量纲参数 $\sigma\rho_l/(G^2L)$、长径比 L/D 以及密度比 ρ_l/ρ_g 有关。根据不同情况，可用下列公式之一确定：

$$\frac{q_{CHF0,1}}{Gh_{lg}} = C\left(\frac{\sigma\rho_l}{G^2L}\right)^{0.043}\frac{1}{L/D} \tag{10.41}$$

式中，系数 C 计算方法如下：

$$C = \begin{cases} 0.25, & L/D < 50 \\ 0.25 + 0.000\,9\left[(L/D) - 50\right], & 50 \leqslant L/D \leqslant 150 \\ 0.34, & L/D > 150 \end{cases} \tag{10.42}$$

$$\frac{q_{CHF0,2}}{Gh_{lg}} = 0.10\left(\frac{\rho_g}{\rho_l}\right)^{0.133}\left(\frac{\sigma\rho_l}{G^2L}\right)^{1/3}\frac{1}{1 + 0.003\,1L/D} \tag{10.43}$$

$$\frac{q_{CHF0,3}}{Gh_{lg}} = 0.098\left(\frac{\rho_g}{\rho_l}\right)^{0.133}\left(\frac{\sigma\rho_l}{G^2L}\right)^{0.433}\frac{(L/D)^{0.27}}{1 + 0.003\,1L/D} \tag{10.44}$$

$$\frac{q_{CHF0,4}}{Gh_{lg}} = 0.038\,4\left(\frac{\rho_g}{\rho_l}\right)^{0.60}\left(\frac{\sigma\rho_l}{G^2L}\right)^{0.173}\frac{1}{1 + 0.280(\sigma\rho_l/G^2L)^{0.233}L/D} \tag{10.45}$$

$$\frac{q_{CHF0,5}}{Gh_{lg}} = 0.234\left(\frac{\rho_g}{\rho_l}\right)^{0.513}\left(\frac{\sigma\rho_l}{G^2L}\right)^{0.433}\frac{(L/D)^{0.27}}{1 + 0.003\,1L/D} \tag{10.46}$$

2) 过冷度参数 K 的计算

与 q_{CHF0} 类似，K 也与无量纲参数 $\sigma\rho_l/(G^2L)$、长径比 L/D 以及密度比 ρ_l/ρ_g 有关。根据不同情况，可用下列公式之一确定：

$$K_1 = \frac{1.043}{4C}\left(\frac{\sigma\rho_l}{G^2L}\right)^{-0.043} \tag{10.47}$$

式中，系数 C 用式(10.42)计算。

$$K_2 = \frac{5}{6}\cdot\frac{0.012\,4 + L/D}{\left(\dfrac{\rho_g}{\rho_l}\right)^{0.133}\left(\dfrac{\sigma\rho_l}{G^2L}\right)^{1/3}} \tag{10.48}$$

$$K_3 = 1.12 \frac{1.52\left(\frac{\sigma\rho_l}{G^2 L}\right)^{0.233} + \frac{L}{D}}{\left(\frac{\rho_g}{\rho_l}\right)^{0.6}\left(\frac{\sigma\rho_l}{G^2 L}\right)^{0.173}} \tag{10.49}$$

3) q_{CHF0} 和 K 的确定

当 $\rho_g/\rho_l<0.15$ 时，

$$q_{CHF0} = \begin{cases} q_{CHF0,1}, & q_{CHF0,1} < q_{CHF0,2} \\ \min\{q_{CHF0,2}, q_{CHF0,3}\}, & q_{CHF0,1} > q_{CHF0,2} \end{cases} \tag{10.50}$$

$$K = \max\{K_1, K_2\} \tag{10.51}$$

当 $\rho_g/\rho_l>0.15$ 时，

$$q_{CHF0} = \begin{cases} q_{CHF0,1}, & q_{CHF0,1} < q_{CHF0,5} \\ \max\{q_{CHF0,4}, q_{CHF0,5}\}, & q_{CHF0,1} > q_{CHF0,5} \end{cases} \tag{10.52}$$

$$K = \begin{cases} K_1, & K_1 > K_2 \\ \max\{K_2, K_3\}, & K_1 < K_2 \end{cases} \tag{10.53}$$

在 Katto - Ohno[37]关联式的基础上，众多研究人员针对不同工质在细微通道内的流动沸腾提出了 q_{CHF} 预测模型，其中比较有代表性的有 Qu - Mudawar[39]、Wojtan 等[40]以及 Ong - Thome[41]模型。

(3) Qu - Mudawar[39]模型

Qu 和 Mudawar 在 Katto - Ohno[37]关联式的基础上，基于平行矩形微通道内水的饱和 CHF 的实验结果，拟合出了 CHF 关联式：

$$\frac{q_{CHF}}{Gh_{lg}} = 33.43\left(\frac{\rho_g}{\rho_l}\right)^{1.11}\left(\frac{\sigma\rho_l}{G^2 L}\right)^{0.21}\left(\frac{L}{D_h}\right)^{-0.36} \tag{10.54}$$

式中，D_h 为当量加热直径。

对于圆管，$D_h=D$；对于矩形管道，D_h 用下式计算：

$$D_h = \frac{4A}{P_h} = \frac{4A}{W+2H} \tag{10.55}$$

式中，W 和 H 分别为矩形管道的宽和高，A 为管道横截面积，P_h 为加热周长。

实验工况为：$G=86\sim368$ kg/(m^2 · s)，$L/D=132$，出口干度 $x_{out}=0.172\sim0.562$，矩形管道宽 $W=0.215$ mm、高 $H=0.821$ mm。

Qu - Mudawar 模型对他们自己数据库的平均绝对误差为 4%。需要说明的是，部分学者用自己的数据对 Qu - Mudawar 模型进行评价分析时，发现该模型预测效果并不那么理想，他们认为这种偏差产生的原因是，在 Qu 和 Mudawar 的实验过程中，当接近沸腾临界点时，管道入口出现了气泡回流现象，说明流动是极不稳定的，从而对下游的传热过程产生了影响。因此，该模型的适用性有待进一步探讨。

(4) Wojtan 等[40]模型

Wojtan 等实验研究了 R134a 和 R245fa 在内径为 0.5 mm 和 0.8 mm 的水平单通道内的流动沸腾 CHF 特性，通过改进 Katto - Ohno[37]模型，提出

$$\frac{q_{CHF}}{Gh_{lg}} = 0.437\left(\frac{\rho_g}{\rho_l}\right)^{0.073}\left(\frac{\sigma\rho_l}{G^2 L}\right)^{0.24}\left(\frac{L}{D}\right)^{-0.72} \tag{10.56}$$

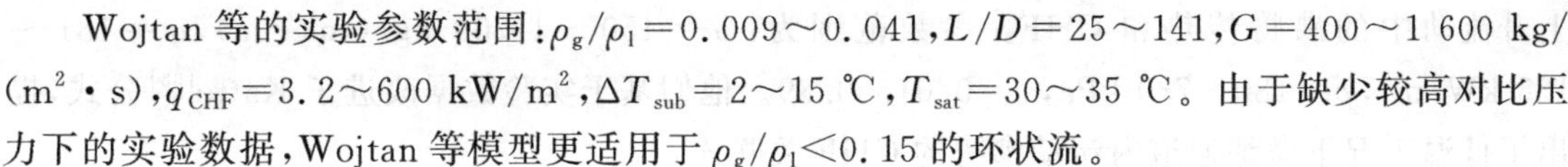

Wojtan 等的实验参数范围：$\rho_g/\rho_l=0.009\sim0.041$，$L/D=25\sim141$，$G=400\sim1\ 600\ \text{kg/(m}^2\cdot\text{s)}$，$q_{CHF}=3.2\sim600\ \text{kW/m}^2$，$\Delta T_{sub}=2\sim15\ ℃$，$T_{sat}=30\sim35\ ℃$。由于缺少较高对比压力下的实验数据，Wojtan 等模型更适用于 $\rho_g/\rho_l<0.15$ 的环状流。

（5）Ong - Thome[41] 模型

Ong 和 Thom 实验研究了 R134a、R236fa 和 R245fa 在 1.03～3.04 mm 细微通道内的流动沸腾 CHF，并结合 Wojtan 等[40]及其他作者的数据，在 Wojtan 等[40]关联式的基础上，提出如下改进公式：

$$\frac{q_{CHF}}{Gh_{lg}}=0.12\left(\frac{\mu_l}{\mu_g}\right)^{0.183}\left(\frac{\rho_g}{\rho_l}\right)^{0.062}\left(\frac{\sigma\rho_l}{G^2L}\right)^{0.141}\left(\frac{L}{D}\right)^{-0.7}\left(\frac{D}{D_{th}}\right)^{0.11} \tag{10.57}$$

式中

$$D_{th}=\frac{1}{Co}\sqrt{\frac{\sigma}{g(\rho_l-\rho_g)}} \tag{10.58}$$

式中，受限数 $Co=0.5$。

Ong - Thome 模型依据的实验数据库的参数范围为：$D=0.35\sim3.04$ mm，$G=84\sim3\ 736\ \text{kg/(m}^2\cdot\text{s)}$，$\sigma\rho_l/G^2L=7\sim201\ 232$，粘度比 $\mu_l/\mu_g=14.4\sim53.1$，密度比 $\rho_g/\rho_l=0.024\sim0.036$，长径比 $L/D=22.7\sim17.8$。对于矩形通道，D 为水力直径，由式(10.35)确定。

（6）Kosar 等[42]模型

Kosar 等实验研究了水在水平平行矩形细微通道内的流动沸腾。实验段由硅基板上的 5 个平行的长×宽×深=1 cm×200 μm×264 μm 的矩形微通道组成。实验参数范围为：$q=0.09\sim6.14\ \text{MW/m}^2$，$G=115\sim389\ \text{kg/(m}^2\cdot\text{s)}$，$p_{out}=101$ kPa。根据实验数据，拟合出如下公式：

$$\frac{q_{CHF}}{Gh_{lg}}=0.003\ 75We_D^{-0.06}\left[1-\exp(-1.005Re^{-0.37}M^{0.82})\right]x_{out,400\ \mu m}^{-0.32} \tag{10.59}$$

式中，雷诺数 Re 基于流道水力直径，但用什么动力粘度没有交代；M 为压降系数，定义为

$$M=\frac{\Delta p_{channel}+\Delta p_{orifice}}{\Delta p_{channel}} \tag{10.60}$$

式中，$\Delta p_{orifice}$ 为管道入口压降，$\Delta p_{channel}$ 为管道进出口之间压降。

文中没有给出 $x_{out,400\ \mu m}$ 的明确定义，所以公式的实用性不强。

（7）Kosar - Peles[43] 模型

Kosar 和 Peles 实验研究了 R123 在平行细微通道内的流动沸腾 CHF。实验段同 Kosar 等[42]。实验参数范围为：出口压力 $p_{out}=227\sim520$ kPa，$q_{CHF}=0.53\sim1.96\ \text{MW/m}^2$，$G=291\sim1\ 118\ \text{kg/(m}^2\cdot\text{s)}$。入口为过冷液。但是，实验中 CHF 主要是干涸热流密度。

他们用实验数据对 5 个饱和流动沸腾 CHF 公式进行评价，发现这些公式都不能很好地跟随 CHF 随压力的变化。

基于实验数据，Kosar 和 Peles 拟合出了依赖于出口干度 x_{out} 和出口对比压力（出口压力 p_{out} 与临界压力 p_{cr} 之比）的 CHF 关联式，形式如下：

$$\frac{q_{CHF}}{Gh_{lg}}=\left\{\left[0.093\ 4\frac{p_{out}}{p_{cr}}-0.34\left(\frac{p_{out}}{p_{cr}}\right)^2-1.3\times10^{-4}\right]x_{out}^{0.59}\right\}^{1/1.08} \tag{10.61}$$

（8）Qi 等[44-45]模型

Qi 等实验研究了氮在内径 0.531 mm、0.834 mm、1.042 mm 和 1.931 mm 垂直细微圆管

上升流动中的沸腾传热和 CHF。参数范围为：$G=450\sim1\ 700\ \mathrm{kg/(m^2\cdot s)}$，$q=181\sim135\ \mathrm{kW/m^2}$，$p=180\sim730\ \mathrm{kPa}$，$x=0.01\sim0.89$。他们基于实验数据改进了 Katto[38] 公式，提出了低温工况下微细通道内流动沸腾的 CHF 关联式：

$$\frac{q_{\mathrm{CHF}}}{Gh_{\mathrm{lg}}}=K_1(0.214+0.140Co)\left(\frac{\rho_{\mathrm{g}}}{\rho_{\mathrm{l}}}\right)^{0.133}We_{\mathrm{D}}^{-1/3}\frac{1}{1+0.03L/D} \tag{10.62}$$

式中，受限数 Co 和进口过冷度参数 K_1 均为无量纲参数，分别用下面公式计算：

$$Co=\sqrt{\frac{\sigma}{(\rho_{\mathrm{l}}-\rho_{\mathrm{g}})gD^2}} \tag{10.63}$$

$$K_1=1+K\frac{c_{p\mathrm{l}}\Delta T_{\mathrm{sub}}}{h_{\mathrm{fg}}} \tag{10.64}$$

式中，无量纲系数 K 用 Katto[38] 方法计算。

值得一提的是，Qi 等[44]的公式中没有进口过冷度参数 K_1。他们后来做了勘误[45]。

(9) Biasi 等[46]模型

Biasi 等人基于圆管内垂直向上流动沸腾实验数据，提出不同工况下的经验关系式。

对于低干度工况：

$$q_{\mathrm{CHF}}=1.883\times10^7\left[f(p)/G^{1/6}-x_{\mathrm{out}}\right]\Big/\left[(100D)^nG^{1/6}\right] \tag{10.65}$$

对于高干度工况：

$$q_{\mathrm{CHF}}=3.78\times10^7h(p)(1-x_{\mathrm{out}})\Big/\left[(100D)^nG^{0.6}\right] \tag{10.66}$$

式中，当 $D<10\ \mathrm{mm}$ 时，$n=0.6$；当 $D\geqslant10\ \mathrm{mm}$ 时，$n=0.4$；$f(p)$ 和 $h(p)$ 的关系式为

$$f(p)=0.724\ 9+0.99\times10^{-6}p\exp(-0.32\times10^{-6}p) \tag{10.67}$$

$$h(p)=-1.159+1.49\times10^{-6}p\exp(-0.19\times10^{-6}p)+89.9\times10^{-6}p/(10+p^2\times10^{-10}) \tag{10.68}$$

该公式基于的实验数据范围为：$p=0.27\sim14\ \mathrm{MPa}$，$D=3\sim37.5\ \mathrm{mm}$，$L=0.2\sim6\ \mathrm{m}$，$G=100\sim6\ 000\ \mathrm{kg/(m^2\cdot s)}$，出口干度 $1/(1+\rho_{\mathrm{l}}/\rho_{\mathrm{g}})<x_{\mathrm{out}}<1$。当 $G<300\ \mathrm{kg/(m^2\cdot s)}$ 时，用式(10.66)计算。其余工况下，q_{CHF} 取式(10.65)和式(10.66)计算结果的较大值。

Relap5 (MOD2)和 Trac－PF1 等程序都引用了 Biasi 等公式来预测失水事故时堆芯的热工水力性能[47]。但部分学者在用实验数据对 Biasi 公式进行评价分析时，发现该模型预测值普遍比实验值偏高，尤其在计算高压低流速工况时，其预测值甚至是实验值的 20 倍或更高。

10.6 流动沸腾 CHF 关联式的评价

10.6.1 对过冷流动沸腾 CHF 关联式的评价

Zhang 等[24]用前面提到的 1 298 组过冷沸腾 CHF 数据对 Inasaka－Nariai[27]、Celata 等[28]和 Hall－Mudawar[32]这 3 个公式进行了评价。结果表明：Hall－Mudawar 模型误差最小，MAD＝19.2%；Inasaka－Nariai、Celata 等公式误差相当，MAD 分别为 30.5% 和 30.1%。MAD 的定义见式(6.106)。

过冷流动沸腾 CHF 公式很多，一些评价涉及的很多公式在这里没有介绍。感兴趣者可

以参阅 Celata 等[28]、Hall 和 Mudawar[34,48]以及 Inasaka 和 Nariai[49]等文献。

10.6.2 对饱和流动沸腾 CHF 关联式的评价

Shah[23]利用前面提到的数据库中水在垂直均匀加热管内的流动沸腾 CHF 数据对 Bowring[36]、Shah[23]和 Katto - Ohno[37]模型进行了评价。结果表明，Shah、Katto - Ohno、Bowring 模型的平均绝对误差(MAD)分别为 14.5%、16.2%和 18.6%。

Wojtan 等[40]将前面提到的 R134a、R245fa 在内径为 0.5 mm 和 0.8 mm 水平圆管内的流动沸腾 CHF 数据与 Katto - Ohno[37]模型和 Qu - Mudawar[39]模型的预测值进行了比较。结果表明，Katto - Ohno 模型 MAD=32.8%，Qu - Mudawar 模型预测值显著高于实验数据。

Ong 和 Thome[41]用前面提到的 R134a、R236fa 和 R245fa 在直径分别为 1.03 mm、2.20 mm 和 3.04 mm 细微通道内的 191 个流动沸腾 CHF 数据对 Katto - Ohno[37]、Qu - Mudawar[39]、Wojtan 等[40]和 Qi 等[44]几个关联式进行了评价。结果表明：Katto - Ohno 模型误差最小，MAD=15.3%；Qi 等模型位居第二；Qu - Mudawar 模型性能最差。

Zhang 等[24]用前面提到的 2 539 组水饱和沸腾 CHF 数据对 Bowring[36]、Shah[23]和 Katto - Ohno[37]等几个模型进行了评价。结果表明：Shah 模型误差最小，MAD=20.6%；Katto - Ohno 模型次之，MAD=26.4%；Bowring 模型 MAD=29.3%。

Kosar 和 Peles[43]用前面提到的 R123 在平行细微通道内的流动沸腾 CHF 实验数据对 5 个饱和流动沸腾 CHF 公式进行了评价，包括 Shah[23]、Katto - Ohno[37]、Qu - Mudawar[39]、Kosar 等[42]和 Bowers - Mudawar[50]模型。结果表明：Katto - Ohno、Shah 模型误差最小，MAD 分别为 24.7%和 26.4%；Kosar 等模型位于第三，MAD=51%；Qu - Mudawar 模型性能最差。

Revellin 等[51]从 19 个不同的实验室收集到 2 996 组流动沸腾 CHF 实验数据，涉及 9 种工质，包括 R134a、R245fa、R236fa、R123、R32、R113、N_2、CO_2 和水。其中，569 组非水数据，参数范围为：$P_R=0.03\sim0.7$、$D=0.29\sim3.15$ mm、$G=27.9\sim3\,736.1$ kg/(m^2·s)、$\Delta T_{sub}=0\sim74.4$ K；2 427 组水的数据，参数范围为：$P_R=0.005\sim0.47$、$D=0.33\sim6.22$ mm、$G=1\,000\sim40\,280$ kg/(m^2·s)、$\Delta T_{sub}=0\sim261.8$ K。利用实验数据对 6 个关联式进行了评价，包括 Shah[23]、Katto - Ohno[37]、Qu - Mudawar[39]、Wojtan 等[40]、Qi 等[44]和 Zhang 等[24]。对于非水数据：Wojtan 等模型和 Katto - Ohno 模型误差最小，MAD 分别为 25.1%和 26.3%；Zhang 等模型和 Shah 模型居中，MAD 分别为 31.7%和 33.7%；Qu - Mudawar 模型性能最差。对于水的数据：Zhang 等模型准确度最高，MAD=18.2%；Shah 模型和 Katto - Ohno 模型次之，MAD 分别为 25.0%和 27.9%；Qu - Mudawar 模型性能最差。

参考文献

[1] Bergman T L，Lavine A S，Incropera F P，et al. Fundamentals of heat and mass transfer. 7th ed. USA：John Wiley & Sons，Inc.，2011.

[2] Fang X，Sudarchikov A M，Chen Y，et al. Experimental investigation of saturated flow boiling heat transfer of nitrogen in a macro-tube. Int. J. Heat Mass Transfer，2016，99：681-690.

[3] Tong L S，Currin，H B，Larsen P S，et al. Influence of axially nonuniform heat flux on DNB. Chem. Eng. Symp. Series，1965，62(64)：35-40.

[4] Weisman J, Pei B S. Prediction of critical heat flux in flow boiling at low qualities. Int. J. Heat Mass Transfer, 1983, 26: 1463-1477.

[5] Weisman J. The current status of theoretically based approaches to the prediction of the critical heat flux in flow boiling. Nuclear Technology, 1992, 99: 1-121.

[6] Konishi C, Mudawar I. Review of flow boiling and critical heat flux in microgravity. Int. J. Heat Mass Transfer, 2015, 80: 469-493.

[7] Galloway J E, Mudawar I. CHF mechanism in flow boiling from a short heated wall: part 1—Examination of near-wall conditions with the aid of photomicrography and high-speed video imaging. Int. J. Heat Mass Transfer, 1993, 36: 2511-2526.

[8] Wojtan L, Ursenbacher T, Thome J R. Investigation of flow boiling in horizontal tubes: Part I—a new diabatic two-phase flow pattern map. Int. J. Heat Mass Transfer, 2005, 48: 2955-2969.

[9] Ghiaasiaan S M. Two-phase flow, boiling and condensation in conventional and miniature systems. Cambridge University Press, New York, 2008.

[10] 谭鲁志. 流动沸腾临界热流密度的流体模化研究. 济南: 山东大学, 2013.

[11] 郭烈锦, 陈学俊. 卧式螺旋管式蒸气发生器管内沸腾传热恶化的实验研究. 核科学与工程, 1994, 14 (4):289-295.

[12] Doroshchuk V E, Levitan I L, Lantzman F P. Investigation into burnout in uniformly heated tubes. ASME paper 75-WA/HT-22, 1975.

[13] Kirillov P L, Bobkov V P, Boltenko E A, et al. New CHF table for water in round tubes. Atomic Energy, 1991, 70:18-28.

[14] Groeneveld D C, Shan J Q, Vasic A Z, et al. The 2005 CHF look-up table // 11th International Topical Meeting on Nuclear Reactor Thermal-Hydraulics (NURETH-11). Avignon, France, October 2-6, 2005:166.

[15] Groeneveld D C, Shan J Q, Vasic A Z, et al. The 2006 CHF look-up table. Nuclear Engineering and Design, 2007, 237:1909-1922.

[16] Barnett P G. The scaling of forced convection boiling heat transfer. Report No. AEEW-R 134, United Kingdom Atomic Energy Authority, UK, 1963.

[17] Stevens G F, Kirby G J. A quantitative comparison between burnout data for water at 1 000 psia and Freon-12 at 155 psia. Report No. AEEW-R327, United Kingdom Atomic Energy Authority, UK, 1964.

[18] Kim S J, Zou L, Jones B G. An experimental study on sub-cooled flow boiling CHF of R134a at low pressure condition with atmospheric pressure(AP) plasma assisted surface modification. Int. J. Heat Mass Transfer, 2015, 81: 362-372.

[19] Rao Y F, Cheng Z, Waddington G M, et al. ASSERT-PV 3.2: Advanced subchannel thermalhydraulics code for CANDU fuel bundles. Nuclear Engineering and Design, 2014, 275: 69-79.

[20] Byung S S, Soon H. CHF experiment and CFD analysis in a 2×3 rod bundle with mixing vane. Nuclear Engineering and Design, 2009, 239: 899-912.

[21] Celata G P, Mayinger F, Lehner M. Modelling of critical heat flux. In: Subcooled Flow Boiling Convective Flow and Pool Boiling, 1999:33-44.

[22] Tong L S. Prediction of departure from nucleate boiling for an axially non-uniform heat flux distribution. J. Nuclear Energy, 1967, 21: 241-248.

[23] Shah M M. Improved general correlation for critical heat flux during upflow in uniformly heated vertical tubes. Int. J. Heat Fluid Flow, 1987, 8(4): 326-335.

[24] Zhang W, Hibiki T, Mishima K, et al. Correlation of critical heat flux for flow boiling of water in mini-

channels. Int. J. Heat Mass Transfer, 2006, 49: 1058-1072.

[25] Tong L S. Boundary-layer analysis of the flow boiling crisis. Int. J. Heat Mass Transfer, 1968, 11(7): 1208-1211.

[26] Tong L S. A phenomenological study of critical heat flux. ASME Paper 75-HT-68, 1975.

[27] Inasaka F, Nariai H. Critical heat flux and flow characteristics of subcooled flow boiling in narrow tubes. JSME Int. J., 1987, 30(268): 1595-1600.

[28] Celata G P, Cumo M, Mariani A. Assessment of correlations and models for the prediction of CHF in water subcooled flow boiling. Int. J. Heat Mass Transfer, 1994, 37(2): 237-255.

[29] Celata G P, Cumo M, Mariani A. Burnout in highly subcooled water flow boiling in small diameter tubes. Int. J. Heat Mass Transfer, 1993, 36(5): 1269-1285.

[30] Lombardi C. A formal approach for the prediction of the critical heat flux in subcooled water. Proceedings of the 7th International Meeting on Nuclear Reactor Thermal-Hydraulics, US Nuclear Regulatory Commission, Washington, DC, 1995, 4: 2506-2518.

[31] Kalimullah M, Feldman E E, Olson A P, et al. An evaluation of subcooled CHF correlations and databases for research reactors operating at 1 to 50 bar pressure. The 2012 International Meeting on Reduced Enrichment for Research and Test Reactors. Warsaw, Poland, 2012.

[32] Hall D D, Mudawar I. Critical heat flux (CHF) for water flow in tubes-II. Subcooled CHF correlations. Int. J. Heat Mass Transfer, 2000, 43(14): 2605-2640.

[33] Caira M, Caruso G, Naviglio A. A correlation to predict CHF in subcooled flow boiling. Int. Comm. Heat Mass Transfer, 1995, 22: 35-45.

[34] Hall D D, Mudawar I. Ultra-high critical heat flux (CHF) for subcooled water flow boiling—II: High-CHF database and design equations. Int. J. Heat Mass Transfer, 1999, 42(8): 1429-1456.

[35] Lee J, Mudawar I. Critical heat flux for subcooled flow boiling in micro-channel heat sinks. Int. J. Heat Mass Transfer, 2009, 52(13): 3341-3352.

[36] Bowring R W. Simple but accurate round tube, uniform heat flux, dryout correlation over the pressure range 0.7 to 17 MN/m^2 (100 to 2 500 psia). Atomic Energy Establishment, Winfrith, England, 1972.

[37] Katto Y, Ohno H. An improved version of the generalized correlation of critical heat flux for the forced convective boiling in uniformly heated vertical tubes. Int. J. Heat Mass Transfer, 1984, 27: 648-1648.

[38] Katto Y. A generalized correlation of critical heat flux for the forced convection boiling in vertical uniformly heated round tubes. Int. J. Heat Mass Transfer, 1978, 21: 1527-1542.

[39] Qu W, Mudawar I. Measurement and correlation of critical heat flux in two-phase micro-channel heat sinks. Int. J. Heat Mass Transfer, 2004, 47: 2045-2059.

[40] Wojtan L, Revellin R, Thome J R. Investigation of saturated critical heat flux in a single, uniformly heated microchannel. Exp. Therm. Fluid Sci, 2006, 30: 765-774.

[41] Ong C L, Thome J R. Macro-to-microchannel transition in two-phase flow: Part 2—Flow boiling heat transfer and critical heat flux. Expt. Thermal Fluid Sci, 2011, 35: 873-886.

[42] Kosar A, Kuo C J, Peles Y. Suppression of boiling flow oscillations in parallel microchannels by inlet restrictors. J. Heat Transfer, 2006, 128: 25-260.

[43] Kosar A, Peles Y. Critical heat flux of R-123 in silicon-based macrochannels. ASME J. Heat Transfer, 2007, 129: 844-851.

[44] Qi S L, Zhang P, Wang R Z, et al. Flow boiling of liquid nitrogen in micro-tubes: Part II—Heat transfer characteristics and critical heat flux. Int. J. Heat Mass Transfer, 2007, 50:5017-5030.

[45] Qi S L, Zhang P, Wang R Z, et al. Erratum to "Flow boiling of liquid nitrogen in micro-tubes: Part II—

Heat transfer characteristics and critical heat flux" [Int. J. Heat Mass Transfer 50(2007) 5017-5030]. Int. J. Heat Mass Transfer, 2009, 52: 1080.

[46] Biasi L, Clerici G C, Garribba S, et al. Studies on Burnout: Part 3—A new correlation for round ducts and uniform heating and its Comparison with world data. Energ. Nucl. , 1967, 14: 530-536.

[47] Kumamaru H, Koizumi Y, Tasaka K. Critical heat flux for uniformly heated rod bundle under high-pressure, low-flow and mixed inlet conditions. J. Nuclear Science Technology, 1989, 26(5): 544-557.

[48] Hall D D, Mudawar I. Evaluation of subcooled critical heat flux correlations using the PU-BTPFL CHF database for vertical upflow of water in a uniformly heated round tube. Nuclear Technology, 1997, 117: 234-247.

[49] Inasaka F, Nariai H. Evaluation of subcooled critical heat flux correlations for tubes with and without internal twisted tapes. Nuclear Engineering and Design, 1996, 163: 225-239.

[50] Bowers M B, Mudawar I. High flux boiling in low flow rate, low pressure drop mini-channel and microchannel heat sinks. Int. J. Heat Mass Transfer, 1994, 37(2): 321-334.

[51] Revellin R, Mishima K, Thome J R. Status of prediction methods for critical heat fluxes in mini and microchannels. Int. J. Heat Fluid Flow, 2009, 30: 983-992.

第 11 章　过冷流动沸腾传热

过冷流动沸腾传热在很多工业领域获得了广泛应用，例如核动力、热动力、电子设备冷却、空调制冷等领域。

流动沸腾过程和临界热流密度(Critical Heat Flux，CHF)已在前一章作了介绍，其中涉及到了过冷流动沸腾的某些内容。在流动沸腾过程的介绍中，侧重介绍了流动特性。本章重点讨论过冷流动沸腾的传热特性和计算，系统总结过冷流动沸腾起始点(Onset of Nucleate Boiling，ONB)、有效空泡起始点(Onset of Significant Void，OSV)和过冷流动沸腾传热系数关联式，对各关联式的预测准确性进行评价分析，为工程设计计算的模型选用提供指导。

有效空泡起始点也被称为净蒸气产生点。关于净蒸气产生点，英文有几个不同的表达，大同小异，如 Net Vapor Generation (NVG)、Point of Net Vapor Generation (PNVG)，以及 Incipient Point of Net Vapor Generation (IPNVG)等。

11.1　过冷流动沸腾传热特性

为了对过冷流动沸腾传热概貌有一个完整的了解，首先介绍过冷流动沸腾传热的某些重要特性。

11.1.1　过冷流动沸腾温度变化

等壁面热流条件下，过冷流动沸腾流体温度和壁面温度的变化如图 11.1 所示。图 11.1 虽然显示的是水平流动，但就图中的主要流动沸腾现象而言，水平流动和垂直流动并无多大差别。图 11.2 展示了过冷流动沸腾区附近的沸腾曲线，以壁面热流密度 q 的对数为纵坐标，以过热度的对数为横坐标。图 11.2 是与图 11.1 相对应的。

过热度 ΔT_{sat} 也称为过余温度，是壁温 T_w 与流体饱和温度 T_{sat} 之差，即

$$\Delta T_{sat} = T_w - T_{sat} \tag{11.1}$$

单相状态的过冷液体流入加热通道后被加热。当壁温 T_w 低于饱和温度 T_{sat} 时，不会引起沸腾。但当 $T_w > T_{sat}$ 时，即使液体平均温度远低于饱和值，有较高的过冷度(饱和温度与主流温度之差)，在某个位置后，靠近加热表面附近也会存在一个过热液体薄层，在 B 点壁面处开始形成气泡。气泡开始形成的位置 B 点即为 ONB。等壁面热流情况下，ONB 出现的位置常伴随壁温的突然下降，如图 11.1 所示。这个壁温突然下降的现象是由于气泡产生过程中局部传热系数的突然增加所引起的。因为热负荷一定时，在过冷流动沸腾的开始点，由于气泡的产生，吸收了潜热，扰动了壁面附近的液体层，改善了传热，引起传热系数突然增大，导致此处的壁温突然下降。所以，从另一个角度来说，在等壁面热流情况下，壁面温度上升过程中突然发生阶跃降低的点即为 ONB 点。

ONB 点标志着过冷流动沸腾的开始。过冷流动沸腾通常分为两个区域：部分沸腾和充分发展过冷流动沸腾。部分沸腾有时也被称为高过冷流动沸腾。充分发展过冷流动沸腾有时候

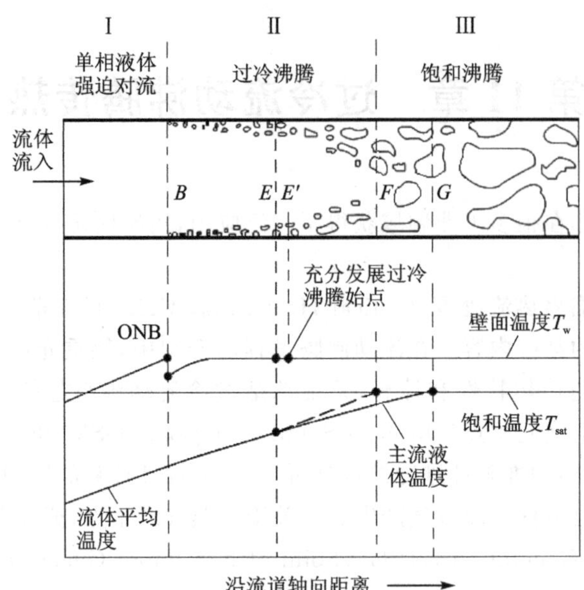

图 11.1　过冷流动沸腾温度变化

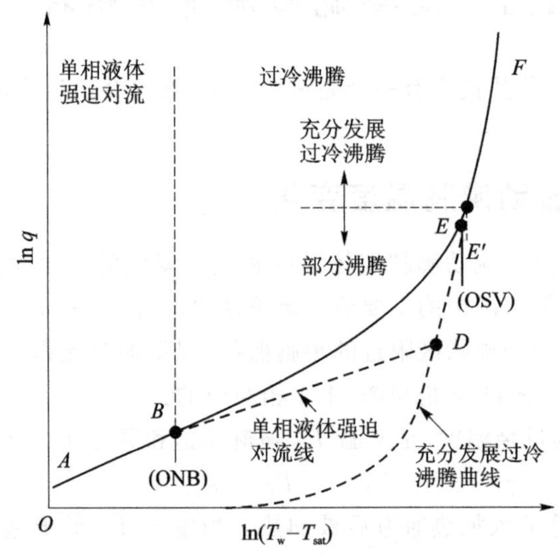

图 11.2　过冷流动沸腾的沸腾曲线

被称为低过冷流动沸腾。在部分沸腾模式下，单相液体强迫对流和核态沸腾两个传热机理同时起着重要作用；因为核态沸腾传热只起部分作用，所以称为部分沸腾。在充分发展过冷流动沸腾区域，核态沸腾传热机理起主导作用，强迫对流传热的作用变得次要。充分发展过冷流动沸腾起始点常常根据实验沸腾曲线斜率的变化确定。沸腾曲线上斜率显著变化的点作为充分发展过冷流动沸腾起始点，如图 11.2 所示的 E' 点。

在 ONB 下游的一段距离，如图 11.1 中的 B 点和 E 点之间，气泡产生后，开始很小，紧贴在加热表面而不能挣脱，以与壁面接触为主。待气泡长大至一定的直径，才在浮力和液体惯性力的作用下脱离生成点，之后沿加热壁面滑行一段距离，并在此过程中逐渐长大。由于贴壁面的饱和层很薄，主流液体过冷，偏离饱和区的气泡会很快就冷凝缩灭，所以空泡率增加缓慢。从 E 点起，虽然流体平均焓仍然稍微小于饱和液体的焓，但脱离壁面的气泡已经能够摆脱主流过冷液体的冷凝缩灭而幸存下来，使得空泡率显著增加。所以 E 点被称为有效空泡起始点(OSV)，也被称为净蒸气产生点(NVG)[1]。

关于 OSV 与气泡脱离点有不同的说法。一种观点认为 OSV 是气泡长大到脱离直径而首先脱离加热壁面的那个点，所以也称其为气泡脱离点。这个脱离可以是气泡在壁面上滑移，或是喷射进入液体中心。也有的作者认为 OSV 与气泡脱离没有太大关系。Dix[2] 的研究表明，在高压下，气泡从壁面脱离早于 NVG。Bibeau 和 Sacudean[3-4] 以及 Prodanovic 等[5-6] 实验研究了水在低质量流速、低压条件下过冷流动沸腾中的气泡动力学和空泡率。他们发现，气泡可能会沿壁面滑移然后脱离，但气泡脱离机理解释不了 OSV 现象。另外，气泡脱离也可能紧接 ONB 出现之后，没有明显地沿壁面滑移就开始脱离，早于 OSV 的产生。因而，他们认为 OSV 与气泡脱离没有本质的联系。

从物理现象来说，气泡开始脱离壁面的点一般应该早于 OSV。所以最好把气泡脱离点与 OSV 作为不同的概念：把产生的气泡开始脱离加热壁面而进入主流的点称为气泡脱离点，把空泡率(即截面含气率)出现突然增加的点作为 OSV。在气泡开始脱离的点，空泡率很低，脱离的气泡一般也不会很多，而且进入主流后会较快冷凝缩灭，因此很可能观察不到明显的空泡率突然增加的现象。有的中文文献把 OSV 译成气泡脱离点，或者是把气泡脱离点译成 OSV，容易引起混淆。

随着热量的不断加入，气泡不断产生和增加，毗邻壁面移动的气泡聚合而长大，不断脱离壁面进入主流流体。在点 F，流体混合后将会成为饱和液体，此处的热力学平衡干度 $x_t=0$，传热进入饱和沸腾模式，不过气液两相之间的热力学不平衡现象仍然存在。直到主流液体在界面上处处达到饱和温度，即 G 点，热力学不平衡现象才会基本消失。也有文献把 G 点作为饱和流动沸腾的起始点。热力学平衡干度 x_t 的定义见式(10.1)。

在 ONB 上游的区域内，通道壁面完全被液体覆盖，传热机理为液体单相对流传热。自 ONB 起，由于有液体汽化吸热，通道壁面上开始出现新的传热机理，传热过程变得复杂。自 E' 点起，充分发展过冷流动沸腾开始。实验观察表明，E 点与 E' 点往往很接近[7-8]，尤其是在高压下，因此可近似地用 OSV 代表充分发展过冷流动沸腾起始点。所以，ONB 和 OSV 是核态流动沸腾过程中很重要的参数。

液体单相对流传热系数可用第 3 章中的方法计算。部分沸腾区域(点 B 与点 E' 之间)的传热系数计算和 D 点的精确位置计算，在许多设计甚至是处理沸腾系统安全性的设计中不需要很精确。因为部分沸腾区域的传热效率高，加热表面温度低，气泡很少，所以沸腾过程不大可能有烧毁的危险。而进入充分发展过冷流动沸腾后，在高热流密度下会出现偏离核态沸腾(Departure from Nucleate Boiling，DNB)型 CHF 而可能引起烧毁。

与 DNB 在过冷流动沸腾中的重要性一样，ONB 和 OSV 位置的准确预测和充分发展过冷流动沸腾传热系数的计算是过冷流动沸腾传热研究的重点问题。

11.1.2 部分过冷流动沸腾向充分发展过冷流动沸腾的转变

充分发展过冷流动沸腾的起始点 E' 在实验中常常通过沸腾曲线的变化趋势确定。E' 点处沸腾曲线变化率发生了重要改变。根据 Bowring[9] 的研究，充分发展过冷流动沸腾的起始

点可以通过图 11.2 中 D 点的热流密度 q_D 确定,即

$$q_{E'} = 1.4q_D \tag{11.2}$$

点 D 是强迫对流曲线的延长线与充分发展过冷流动沸腾曲线延长线的交点。因此,获得 D 点的方法是联立求解单相液体强迫对流的计算式与充分发展沸腾的计算式。这个求解过程通常是一个迭代过程。

Shah[10] 提出通过 E' 点的过冷度 ΔT_{sub} 与过热度 ΔT_{sat} 的比值判断充分发展过冷流动沸腾的起始点,公式如下:

$$\left(\frac{\Delta T_{sub}}{\Delta T_{sat}}\right)_{E'} = 2 \tag{11.3}$$

式中,过冷度 ΔT_{sub} 为饱和温度 T_{sat} 与主流液体温度 T_b 之差。它反映了液态工质偏离饱和状态的程度。

$$\Delta T_{sub} = T_{sat} - T_b \tag{11.4}$$

作为一种替代方法,可近似地用 OSV 代表充分发展过冷流动沸腾起始点,因为 E 点与 E' 点常常很接近[7-8],尤其是在高压下。不过,在低质量流速、低压条件下水过冷流动沸腾的实验研究中,Bibeau 和 Sacudean[3-4] 以及 Prodanovic 等[5-6] 没有观察到 OSV 和充分发展过冷流动沸腾起始点的关联。

11.2 过冷流动沸腾起始点

过冷流动沸腾起始点(ONB)是流动从单相液体向过冷两相流转变的标志点。单相过冷液体进入加热通道后被加热,温度逐渐升高,近壁面液体逐渐达到过热,开始出现气泡。所以 ONB 点又称最初气泡产生点或气泡成核起始点。该点处主流液体的温度仍低于饱和温度。

本节首先介绍影响 ONB 的因素,接着介绍 ONB 的计算方法,最后对计算的预测准确性进行评价分析。

11.2.1 ONB 的影响因素

影响 ONB 的因素很多,包括质量流速、过冷度、压力、加热方式,以及通道几何形状和尺寸等。

(1) 质量流速对 ONB 的影响

图 11.3 是实验数据库中 ONB 处热流密度 q_{ONB} 随质量流速 G 的统计分布图。总体上看,q_{ONB} 随 G 的增大而增大。图 11.4 是在其他实验条件一定时,q_{ONB} 随 G 的变化图。图中也可明显看出 q_{ONB} 随 G 的增大而增大的趋势。

图 11.3 和图 11.4 揭示的现象具有一般性,即质量流速 G 对 q_{ONB} 的影响的基本趋势是,q_{ONB} 随 G 的增大而增大,G 越大,q_{ONB} 越大,流体发生过冷流动沸腾的难度越大。这是因为,质量流速越大,流动的温度边界层和速度边界层越薄,液体的流动传热得到强化,流道壁面更难达到流体产生气泡所必需的过热度,用来使液体达到饱和温度所需要的热量占总供给热量的比例相对下降,也就是只有在更高的热流密度条件下,液态工质才能达到形成气泡的热力学条件,所以 ONB 处热流密度增大。

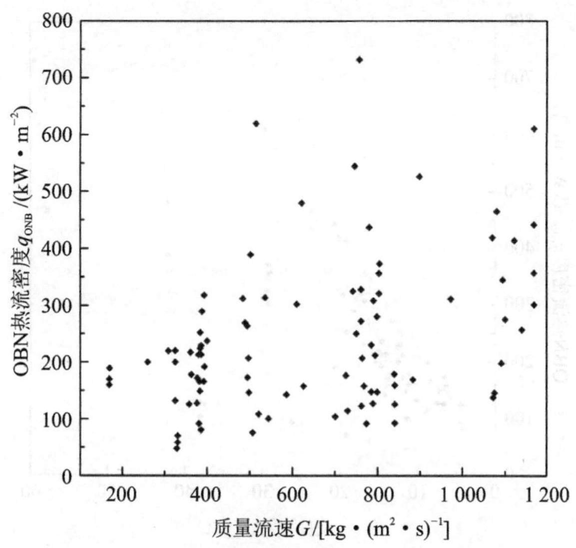

图 11.3　q_{ONB} 随质量流速变化的统计分布

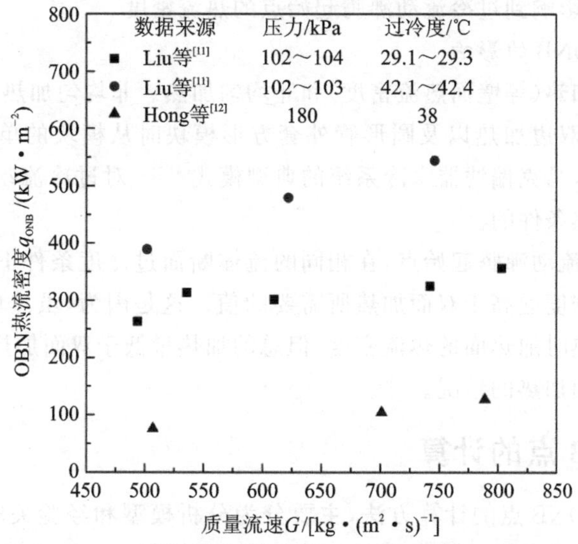

图 11.4　给定条件下 q_{ONB} 随质量流速变化

(2) 过冷度对 ONB 的影响

工质过冷度越高，达到饱和状态所需要吸收的热量越多，q_{ONB} 就越大。此外，过冷度越高，液体表面张力越大，气泡的产生越趋于困难，q_{ONB} 也就越大。

图 11.5 是实验数据库中 ONB 热流密度 q_{ONB} 随过冷度 ΔT_{sub} 变化的统计分布图。总体上看，ΔT_{sub} 对 q_{ONB} 影响很大，即对 ONB 的影响很大。过冷度 ΔT_{sub} 越高，所对应的 q_{ONB} 越大。因为过冷度越高，进口温度越低，流体发生过冷流动沸腾所需的热量越高，故 ONB 对应的热流密度越大。增加过冷度对 ONB 的影响在过冷度较小时比在过冷度较大时要大。

(3) 系统压力对 ONB 的影响

系统压力直接影响到工质的饱和状态参数，从而影响其表面张力、气液密度、气泡大小等

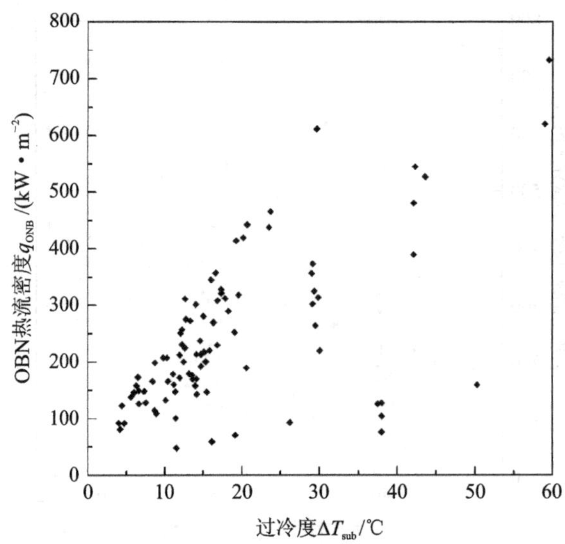

图 11.5　过冷度与过冷流动沸腾起始点的关系

流体物性及行为，进而影响到过冷流动沸腾起始点的热流密度。

(4) 加热方式对 ONB 的影响

加热方式有均匀加热(等壁面热流密度)和非均匀加热。非均匀加热比较典型的是矩形通道单边加热、矩形通道双边加热以及圆形管外套方形模块时从模块的单边加热等几种方式。后一种加热方式是托卡马克偏滤器水冷系统的典型模式[13]。对过冷流动沸腾的研究，迄今为止大多是针对均匀加热条件的。

对于矩形通道，在流动沸腾起始点，在相同的流体断面过冷度条件下，单面加热条件下开始沸腾所需要的热流密度远高于双面加热所需要的值。这是因为，虽然单面加热时加热面的热流密度高于双面加热时加热面的热流密度，但总的加热量低于双面加热的情况，流道内流体获得的热量也低于双面加热的情况。

11.2.2　ONB 点的计算

很多学者提出了 ONB 点的计算方法，主要分为分析模型和经验关联式两类。建立在接触概念上的机理分析模型获得了成功应用。该类模型假设气泡在壁面气穴上首先生成。壁面气穴尺寸可能分布在很大范围内。如果任何一个气穴上出现了力平衡的、热力稳定的气泡，即认为 ONB 出现。最有名的机理分析模型可能是 Bergles - Rohsenow[14] 模型。

(1) Bergles - Rohsenow[14] 模型

Bergles - Rohsenow 分析模型从用于分析蒸发的 Clausisus 关系入手：

$$\left(\frac{\mathrm{d}p}{\mathrm{d}T}\right)_{\mathrm{sat}}=\frac{ph_{\mathrm{lg}}}{RT^2}\tag{11.5a}$$

上式推导过程中用到了理想气体定律，其中 R 和 h_{lg} 分别为气体常数和汽化潜热。将温度 T 和压力 p 分离，上式变为

$$\frac{\mathrm{d}p}{p}=\frac{h_{\mathrm{lg}}}{RT^2}\mathrm{d}T\tag{11.5b}$$

对上式两边积分，以平面型两相界面饱和条件为下限，以内部气泡条件为上限，可得

$$T_b - T_{sat} = \frac{RT_b T_{sat}}{h_{lg}} \ln\left(\frac{p_b}{p_\infty}\right) \tag{11.5c}$$

式中，T_b 为气泡温度，K；p_∞ 为环境压力；p_b 为气泡压力；$T_{sat} = T_{sat}(p_\infty)$。

球形气泡在液体中存在或生长的力平衡条件是气泡内外压差和表面张力 σ 之间满足

$$\Delta p = p_b - p_\infty \geqslant 2\sigma / r_b \tag{11.6a}$$

式中，r_b 为气泡半径。上式两边相等时的气泡半径称为临界气泡半径，用 $r_{b,cr}$ 表示，有

$$p_b - p_\infty = 2\sigma / r_{b,cr} \tag{11.6b}$$

将 $\ln(p_b/p_\infty)$ 改写为 $\ln[1+(p_b - p_\infty)/p_\infty]$，对于力平衡的气泡，由以上两式可得

$$T_b - T_{sat} = \frac{RT_b T_{sat}}{h_{lg}} \ln\left(1 + \frac{2\sigma}{p_\infty r_{cr}}\right) \tag{11.7}$$

根据 Hsu[15] 的气泡理论，如果气泡周围液体温度高于气泡本身温度，气泡就不会被冷凝缩灭。假设热边界层是厚度为 δ 的液相迟滞膜，其温度呈线性分布，则壁面热流密度 q 可表示为

$$q = \frac{\lambda_l}{y}(T_w - T_l) \tag{11.8}$$

液膜厚度 δ 与壁面液体单相流局部对流传热系数 $h_{sp,l}$ 有关，$h_{sp,l} = \lambda_l/\delta$。对于一个均匀壁面加热、热流密度 q 和质量流速 G 保持不变的情况，液膜温度 T_l 随着离入口距离的增大而升高。

假设半球形气泡在气穴口生成，如图 11.6 所示。图中，β_c 为接触角。当 $y_b = r_{b,cr}$ 时，发生 ONB，这时

$$T_b = T_l \tag{11.9}$$

$$\frac{dT_b}{dr_b} = \frac{dT_l}{dy} \quad \text{（接触条件）} \tag{11.10}$$

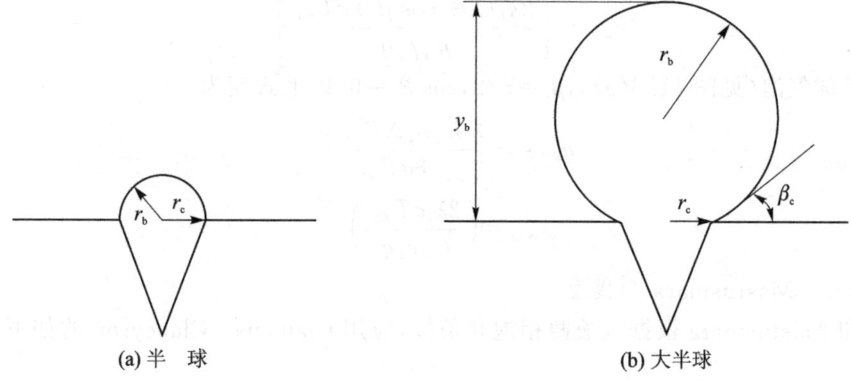

图 11.6　气穴中气泡生成几何形状示意图

式(11.7)～式(11.10)包含 4 个未知数：壁面温度 T_w、液膜温度 T_l、气泡温度 T_b、气泡临界半径(或称气穴口临界半径) $r_{b,cr} = r_c$。因为有 4 个独立的方程，所以联立求解可计算出这 4 个未知数。考虑到这个求解过程不大方便，Bergles 和 Rohsenow[14] 以水为工质，在较大条件范围内用这 4 个方程进行了数值计算，然后根据计算结果在压力为 0.1～13.6 MPa 的范围

内进行曲线拟合,得到发生ONB时的壁面热流密度 q_{ONB} 的计算式:

$$q_{\mathrm{ONB}}=15\ 496p^{1.156}(1.8\Delta T_{\mathrm{sat,ONB}})^{2.0467/p^{0.0234}} \tag{11.11}$$

式中,p 的单位是MPa;$\Delta T_{\mathrm{sat,ONB}}$ 为ONB点处的过热度,即该点处壁温 $T_{\mathrm{w,ONB}}$ 与流体饱和温度 T_{sat} 之差:

$$\Delta T_{\mathrm{sat,ONB}}=T_{\mathrm{w,ONB}}-T_{\mathrm{sat}} \tag{11.12}$$

Bergles - Rohsenow模型是影响较广的模型之一,在核反应堆计算中获得了较多应用[16]。

(2) Davis - Anderson[17]模型

Davis - Anderson模型也是建立在分析解的基础上,依据的方程和假设与Bergles及Rohsenow的类似,包括假设温度沿液膜厚度方向线性分布、气泡接触条件和过热液体温度图谱。模型的一般形式依据的气泡结构是图11.6所示的大半球气泡。对于处于力平衡的气泡,式(11.7)变为

$$T_{\mathrm{b}}-T_{\mathrm{sat}}=\frac{RT_{\mathrm{b}}T_{\mathrm{sat}}}{h_{\mathrm{lg}}}\ln\left(1+\frac{2C_1\sigma}{p_{\mathrm{sat}}y_{\mathrm{b}}}\right) \tag{11.13a}$$

式中,y_{b} 为关键气穴的气泡高度。由上式可得

$$\frac{\mathrm{d}T_{\mathrm{b}}}{\mathrm{d}y}=-\frac{2C_1RT_{\mathrm{sat}}^2}{p_{\mathrm{sat}}y_{\mathrm{b}}^2(1+\xi)}\left[1-\frac{RT_{\mathrm{sat}}}{h_{\mathrm{lg}}}\ln(1+\xi)\right]^{-2} \tag{11.13b}$$

式中,$C_1=1+\cos\beta_{\mathrm{c}}$,$\xi=2\sigma C_1/(p_{\mathrm{sat}}y_{\mathrm{b}})$。Davis和Anderson认为,对于处于较高压力下的流体或者表面张力较小的流体,有

$$\frac{RT_{\mathrm{sat}}}{h_{\mathrm{lg}}}\ln(1+\xi)\ll 1 \tag{11.13c}$$

对于满足上面条件的流体,应用与推导式(11.7)~式(11.10)相似的条件,可得ONB点处的壁面热流密度 q_{ONB} 和关键气泡口半径 $r_{\mathrm{b,cr}}$ 的计算式:

$$q_{\mathrm{ONB}}=\frac{\lambda_1h_{\mathrm{lg}}\rho_{\mathrm{g}}\Delta T_{\mathrm{sat,ONB}}^2}{8(1+\cos\beta_{\mathrm{c}})\sigma T_{\mathrm{sat}}} \tag{11.14}$$

$$r_{\mathrm{b,cr}}=\left[\frac{2\lambda_1(1+\cos\beta_{\mathrm{c}})\sigma T_{\mathrm{sat}}}{h_{\mathrm{lg}}\rho_{\mathrm{g}}q}\right]^{1/2} \tag{11.15}$$

对于半球气泡(见图11.6(a)),$\beta_{\mathrm{c}}=\pi/2$,$\cos\beta_{\mathrm{c}}=0$,以上式变为

$$q_{\mathrm{ONB}}=\frac{\lambda_1h_{\mathrm{lg}}\rho_{\mathrm{g}}\Delta T_{\mathrm{sat,ONB}}^2}{8\sigma T_{\mathrm{sat}}} \tag{11.16}$$

$$r_{\mathrm{b,cr}}=\left(\frac{2\lambda_1\sigma T_{\mathrm{sat}}}{h_{\mathrm{lg}}\rho_{\mathrm{g}}q}\right)^{1/2} \tag{11.17}$$

(3) Sato - Mastusmara[18]模型

Sato和Mastusmara根据气液两相饱和条件,应用Clausius - Clapeyron的如下平衡状态方程:

$$\left(\frac{\mathrm{d}p}{\mathrm{d}T}\right)_{\mathrm{sat}}=\frac{h_{\mathrm{lg}}}{T\left(\dfrac{1}{\rho_{\mathrm{g}}}-\dfrac{1}{\rho_{\mathrm{l}}}\right)} \tag{11.18a}$$

因为在沸腾开始时过热度一般不大,他们假设

$$\left(\frac{\mathrm{d}p}{\mathrm{d}T}\right)_{\mathrm{sat,ONB}}=\left(\frac{\Delta p}{\Delta T}\right)_{\mathrm{sat,ONB}} \tag{11.18b}$$

而过热液体边界层当量厚度 δ^* 可表示为

$$\delta^* = \frac{\lambda_1 \Delta T_{sat,ONB}}{q} \tag{11.18c}$$

当过热边界层内积累的热能超过了气泡在汽化核心生成所需要的值时，气泡在汽化核心生成。气泡不直接从加热面获得热能，而是从与加热面接触的周围液体间接获得热能。假设开始出现的气泡的内部温度等于其生成位置的液体温度，并假设气泡为球形，可得

$$\frac{\Delta T}{\Delta T_{sat,ONB}} = 1 - \frac{r_{b,cr}}{\delta^*} \tag{11.18d}$$

联立求解式(11.6b)和式(11.18)，得

$$r_{b,cr} = \frac{2\lambda_1 \sigma T_{sat}\left(\frac{1}{\rho_g} - \frac{1}{\rho_1}\right)}{h_{lg} q (\delta^* - r_{b,cr})} \tag{11.19a}$$

于是

$$r_{b,cr} = \frac{\delta^*}{2} \pm \frac{1}{2}\left[\delta^{*2} - 8\lambda_1 \sigma T_{sat}\left(\frac{1}{\rho_g} - \frac{1}{\rho_1}\right) \Big/ (h_{lg} q)\right]^{1/2} \tag{11.19b}$$

因为沸腾开始点对应于能够形成临界气泡的最小过热层，可假设

$$\delta^{*2} - 8\lambda_1 \sigma T_{sat}\left(\frac{1}{\rho_g} - \frac{1}{\rho_1}\right) / (h_{lg} q) \approx 0 \tag{11.19c}$$

于是气泡临界半径变为

$$r_{b,cr} = \frac{\delta^*}{2} \tag{11.19d}$$

由式 (11.18c)和式(11.19)，得

$$q_{ONB} = \frac{\lambda_1 h_{lg} \Delta T_{sat,ONB}^2}{8\sigma T_{sat}\left(\frac{1}{\rho_g} - \frac{1}{\rho_1}\right)} \tag{11.20a}$$

Sato 和 Mastusmara 结合管内单相流湍流传热关联式，把上式改写为

$$q_{ONB} = \frac{\lambda_1 h_{lg}}{8\sigma T_{sat}\left(\frac{1}{\rho_g} - \frac{1}{\rho_1}\right)} \left(\frac{D^{0.2} \mu_1^{0.8} q_{ONB}}{0.023 Pr_1^{0.4} \lambda_1 G^{0.8}} - \Delta T_{sub,ONB}\right)^2 \tag{11.20b}$$

(4) Basu 等[19]模型

以上模型没有考虑表面润湿性对 ONB 的影响。实验表明，增加表面的润湿性(相当于减小接触角)将导致沸腾开始时的壁面过热度升高。

Basu 等测试了蒸馏水在氧化和非氧化铜块(接触角分别为 $\beta_c = 90°$ 和 $30° \pm 3°$)和锆-4 合金镀层棒束($\beta_c = 57°$)上的沸腾起始点。他们发现，上述基于接触概念的模型对 $\beta_c = 57°$ 的数据预测很好，但低估了 $\beta_c = 30°$ 试件的过热起始点过热度。他们根据自己的实验数据和他人的水、R113、R11 和 FC72 与几种金属和合金材料不同组合的实验数据，提出的经验关联式可表示为

$$q_{ONB} = \frac{F^2 \lambda_1 h_{lg} \rho_g \Delta T_{sat,ONB}^2}{2\sigma T_{sat}} \tag{11.21a}$$

式中，F 是角系数方程，通过实验数据得到经验关联式为

$$F = 1 - \exp\left[-\left(\frac{\pi\beta_c}{180}\right)^3 - 0.5\left(\frac{\pi\beta_c}{180}\right)\right] \tag{11.21b}$$

Basu 等模型依据的实验数据参数范围为：水沿垂直棒束形成的流道和平板平面形成的流道向上流动，$\beta_c = 1° \sim 85°$，$G = 186 \sim 631\ \mathrm{kg/(m^2 \cdot s)}$，$q = 16 \sim 143\ \mathrm{kW/m^2}$，出口压力 $p = 101\ \mathrm{kPa}$，$\Delta T_{sub,in} = 1.7 \sim 46.0\ ℃$。

Basu 等还给出了 q_{ONB} 的如下计算式，但没有明确单相流强迫对流传热系数 $h_{sp,l}$ 的计算方法。

$$q_{ONB} = h_{sp,l}\Delta T_{sat} + h_{sp,l}\Delta T_{sub} \tag{11.21c}$$

(5) Liu 等[11]模型

Liu 等对水流过截面为 275 μm×636 μm 水平矩形细微通道内的 ONB 进行了实验研究。实验数据参数范围为：$G = 309 \sim 899\ \mathrm{kg/(m^2 \cdot s)}$，$q = 100.7 \sim 731.6\ \mathrm{kW/m^2}$，出口压力 $p = 101\ \mathrm{kPa}$，$\Delta T_{sub} = 8.7 \sim 59.5\ ℃$。他们借鉴 Davis 和 Anderson[17]方法，提出了分析模型，并用实验数据进行了验证。Liu 等模型可以简化为如下形式：

$$q_{w,ONB} = \frac{\lambda_l h_{lg}\rho_g}{2\sigma(1+\cos\theta)}\left(T_w + T_{sat} - 2\sqrt{T_w T_{sat}}\right) \tag{11.22}$$

(6) Kandlikar[20]模型

Kandlikar 经过对气泡成核的分析，提出

$$q_{ONB} = \frac{\lambda_l h_{lg}\rho_g \Delta T_{sat,ONB}^2}{8.8\sigma T_{sat}} \tag{11.23}$$

(7) Ghiaasiaan - Chedester[21]模型

Ghiaasiaan 和 Chedester 考虑到气泡核心顶端的液体温度应该高于气泡生长所需温度，假设气泡表面的马兰哥尼对流现象的热毛细力的抑制作用被气动力所均衡，提出

$$q_{ONB} = \frac{\lambda_l h_{lg}\Delta T_{sat,ONB}^2}{8C\sigma T_{sat}\left(\dfrac{1}{\rho_g} - \dfrac{1}{\rho_l}\right)} \tag{11.24}$$

式中，C 是无量纲数的函数

$$C = \max(1, 22\xi^{0.765}) \tag{11.25}$$

式中，ξ 是热毛细力与气动力的比

$$\xi = \frac{\rho_l(\sigma_{sat} - \sigma_w)}{G^2 r_{b,cr}} \tag{11.26}$$

式中，σ_{sat} 和 σ_w 分别是 T_{sat} 和 T_w 下的表面张力。

$$r_{b,cr} = \left[2\lambda_l\sigma T_{sat}\left(\frac{1}{\rho_g} - \frac{1}{\rho_l}\right) \Big/ (h_{lg}q_{ONB})\right]^{1/2} \tag{11.27}$$

(8) Thom 等[22]模型

Thom 等根据高质量流速水的过冷流动沸腾数据，提出

$$q_{ONB} = \left[\frac{\Delta T_{sat}}{22.65}\exp\left(\frac{p}{8.7}\right)\right]^2 \tag{11.28}$$

式中，压力 p 的单位是 MPa，q 的单位是 $\mathrm{MW/m^2}$。值得一提的是，这个公式在一些文献中也被用作计算过冷流动沸腾传热。

Qi 等[23]比较 ONB 实验数据与若干关系式，发现 Thom 等公式预测的趋势与实验数据相

近。Celata 等[24]对水流过内径 8 mm、长 100 mm 水平管内的 ONB 进行了实验研究。参数范围为：流速＝5～10 m/s，出口压力 $p=1.0\sim2.5$ MPa，T_{in} 分别为 30 ℃和 60 ℃，$\Delta T_{sub,in}=120\sim194$ ℃。用实验数据比较了 Thom[22]、Bergles - Rohsenow[14]等公式，发现 Thom 公式与实验数据吻合得最好。

(9) Qi 等[23]模型

Qi 等进行了 N_2 在垂直细微通道内的过冷流动沸腾传热实验，流道尺寸分别为 0.531 mm、0.834 mm、1.042 mm 和 1.931 mm。实验数据参数范围为：$G=440\sim3\,000$ kg/(m^2·s)，$q=51.7\sim213.9$ kW/m^2，出口压力 $p=0.14\sim0.58$ MPa，$T_{in}=78.2\sim79.8$ K。他们根据实验数据修改了 Thom 等[22]公式，提出用 30.65 代替 Thom 公式中的 22.65，即

$$q_{\mathrm{ONB}}=\left[\frac{\Delta T_{\mathrm{sat}}}{30.65}\exp\left(\frac{p}{8.7}\right)\right]^2 \tag{11.29}$$

(10) Bowring[9]模型

Bowring 针对不同流体，用液体普朗特数 Pr_1 对 q_{ONB} 加以修正，提出

$$q_{\mathrm{ONB}}=\frac{\lambda_1 h_{\mathrm{lg}}\rho_{\mathrm{g}}}{8\sigma T_{\mathrm{sat}}}\left(\frac{\Delta T^2_{\mathrm{sat,ONB}}}{Pr_1}\right)^2 \tag{11.30}$$

液体普朗特数 Pr_1 定义为

$$Pr_1=\frac{c_{p1}\mu_1}{\lambda_1} \tag{11.31}$$

(11) Yang 等[25]模型

Yang 等对水在垂直矩形窄缝通道内向上流动的过冷流动沸腾进行了实验研究。实验数据参数范围为：质量流速 $G=122\sim657$ kg/(m^2·s)，热流密度 $q=17\sim289$ kW/m^2，出口压力 $p=101$ kPa，入口水温＝66.7～95.4 ℃，流道长度 $L=330$ mm，断面尺寸为 28 mm×2 mm。基于实验数据，得

$$q_{\mathrm{ONB}}=2\,454\Delta T^2_{\mathrm{sat,ONB}} \tag{11.32}$$

Yang 等模型没有包含物性参数，应该只适用于水。

11.2.3　ONB 计算模型对非圆管的适应性比较

对过冷流动沸腾起始点计算模型的评价，采用平均绝对误差 MAD (Mean Absolute Deviation)作为指标。同时计算出平均相对误差 MRD (Mean Relative Deviation)，考察模型整体上是高估(MRD＞0)还是低估(MRD＜0)了数据库。MAD 和 MRD 的定义见式(6.107)和式(6.108)。

(1) 数据库描述

作者从 6 篇已发表的文献[11-12,25-28]中收集了 95 组水的 ONB 实验数据，实验参数范围如下：

- 所有数据均来自于非圆管，水力直径 $D=0.155\sim13.33$ mm；
- 质量流速 $G=169\sim1\,170$ kg/(m^2·s)，热流密度 $q=47.7\sim5\,480.8$ kW/m^2；
- 饱和压力 $p=96\sim860$ kPa；过冷度 $\Delta T_{sub}=4\sim80$ ℃；
- 32 组数据来自水平管实验，63 组数据来自垂直管实验。

(2) 评价结果

利用数据库中 95 组水的管内过冷流动沸腾传热的实验数据对 11 个管内过冷流动沸腾传

热关联式进行了评价分析。结果表明，目前 ONB 经验关系式对水在单边加热矩形通道内的适用性均不乐观，其中适用性最好的关联式是 Thom 等[22]，对数据库的 MAD 为 58.4%，然后是 Yang 等[25]和 Qi 等[23]，而其他公式的 MAD 均大于 70%。应该说明的是，数据库数据大多是来自矩形通道单边加热的实验结果，所以对基于圆管均匀加热的关联式不适用。这里的评价结果仅为矩形通道选用模型时参考。

通过评价分析可以得出以下结论：

- 适用性最好的 Thom 等[22]模型对数据库的 MAD 为 58.4%，说明现有的 ONB 计算关联式不能满足水在单边加热矩形通道内的过冷流动沸腾 ONB 的计算需求。
- 三个较好公式的预测值大多偏低，这可能主要是因为数据库大部分数据来自单边加热矩形通道内的实验。
- 表现较好的 3 个关联式均含有 ΔT_{sat} 的二次方项，但实验值 q_{ONB} 与过热度 ΔT_{sat} 并不满足二次方关系，所以需要更加详细地探讨 ONB 的发生机理与影响因素。

11.3 有效空泡起始点

前面已经提到，关于有效空泡起始点 OSV 或净蒸气产生点 NVG，有不同定义，主要有两种。一种是 Saha 和 Zuber[29]以及 Levy[30]等人的定义，认为 OSV 是气泡长大到脱离直径而首先脱离加热壁面的那个点，所以也称其为气泡脱离点。另一种是 Bibeau 和 Sacudean[3-4]等人的观点，认为 OSV 是空泡率开始突然增大的点。该点产生的气泡开始能在主流过冷液中幸存下来，产生净蒸气。很多研究表明，不论是低压条件下还是高压条件下，在空泡率开始出现突然增大之前，已经有气泡脱离壁面。只不过气泡脱离壁面后会很快被冷凝。较新的研究多倾向于选择后一种 OSV 定义，如 Chedester 和 Ghiaasiaan[31]、Kureta 等[32]，以及 Ahmadi 等[27,33]。

11.3.1 ONB 点和 OSV 点的测量方法

确定 ONB 点和 OSV 点最直接的方法是可视化观察。第一个气泡产生点即为 ONB 点。对于给定条件，气泡明显增多的开始点即为 OSV 点。

ONB 点也可以通过测量壁温轴向分布而比较容易地确定。如图 11.1 所示，等壁面热流情况下，ONB 出现位置常伴随壁温的突然下降，其后壁温很快稳定到定值。可以想象，OSV 点的壁温和其上下游壁温是相同的，因而不能用等壁面热流下测量壁温分布的方法确定 OSV 点。

测量 OSV 点常用的非可视化方法有：测量通道压降-流速（$\Delta p-G$）特性曲线（见图 11.7），测量通道轴向空泡率分布曲线（见图 11.8），测量热流密度和壁温分布（见图 11.9）。第一种方法同时适用于常规通道和细微通道[31]。由于空泡率测量方法的限制，第二种方法对于常规通道比较容易实现[3-4]，而对于细微通道则比较困难。第三种方法可同时用于测量 ONB 点[34]。

图 11.7 是一种中低压力下的 $\Delta p-G$ 特性曲线。图中，Δp 为实验段进出口总压降，OFI（Onset of Flow Instability）是流动不稳定起始点。该曲线获得的方法是：保持壁面热流密度 q 和工质进口温度 T_{in} 不变，改变质量流速 G，测量 Δp。OFI 点处于 $\Delta p-G$ 特性曲线波谷，是流动沸腾系统很重要的一个分界点。如果 q 保持不变，从 OFI 点稍微增加 G，或者 G 保持不

变，从 OFI 点稍微改变 q，就会出现 OSV 现象。所以，导致 OFI 产生的条件可以近似为 OSV 产生的条件。

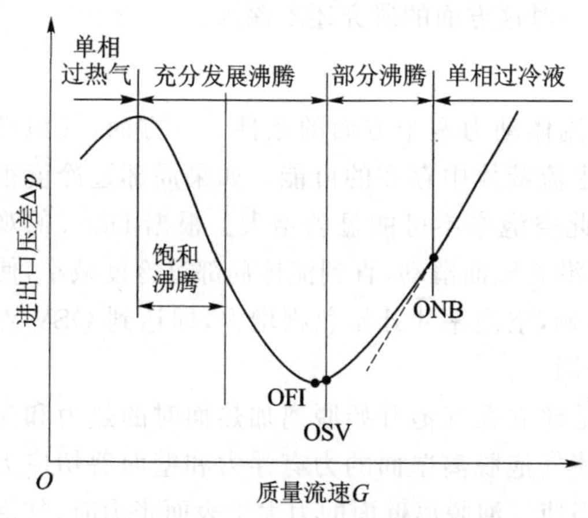

图 11.7　$\Delta p-G$ 特性曲线

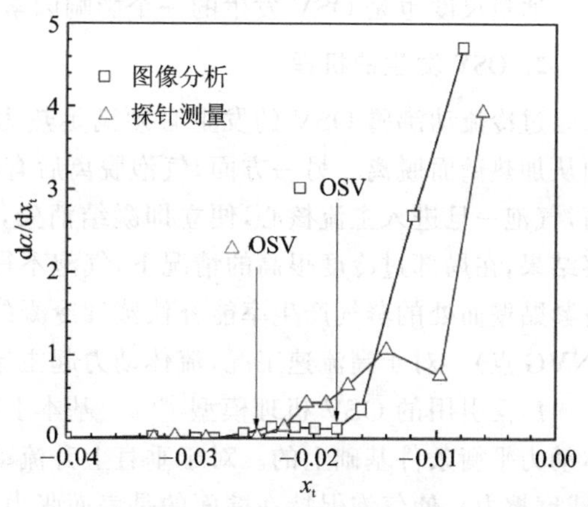

图 11.8　空泡率分布曲线[27]

图 11.8 是一种空泡率分布曲线。作者[27]采用了高速摄像仪可视化图像测量和光学空泡率测量探针两种方法测量空泡率 α。通过热力学平衡干度的轴向分布确定 OSV 点的位置。

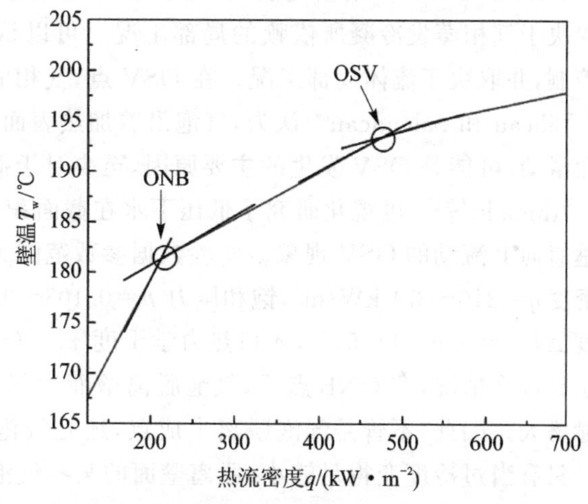

图 11.9　测量 ONB 点和 OSV 点的一种方法[34]

图 11.9 所示的是可同时用于测量 ONB 和 OSV 的方法[34]。实验中保持质量流速 G、压力 p 和进口过冷度 $\Delta T_{sub,in}$（$\Delta T_{sub,in}=T_{sat}-T_{l,in}$）不变，改变热流密度 q，测量壁温 T_w，绘制出 T_w-q 曲线。在 ONB 点，对流传热系数显著增大，T_w-q 曲线斜率发生变化，然后保持常量。随着 q 的增大，曲线斜率再次发生变化，因为 OSV 后沸腾显著增强，引起对流传热系数增大。尽管在 OSV 点 T_w-q 曲线斜率变化小于在 ONB 点的变化，但测量 OSV 仍然是可能实现的。

11.3.2　OSV 的影响因素和发生机理

1. 影响 OSV 的因素

Wang 等[34]对水在垂直矩形窄缝通道内向上流动的过冷沸腾进行了实验研究，发现质量流速、进口过冷度和压力等运行参数对 OSV 的影响趋势与对 ONB 的影响趋势相同。压力对 OSV 的影响可以通过气泡行为进行解释。压力降低导致气泡尺寸增大，从而引起气泡脱离加热面，导致 OSV 现象较早出现。

Ahmadi 等[26]对水在垂直矩形通道内向上流动的过冷沸腾过程进行了高速摄像可视化研究，观察到了压力升高阻碍气泡脱离加热面的现象。有的学者实验研究了不同流动方向时的

OSV 现象，发现脱离壁面的气泡只在垂直流动中会再次贴附壁面，表明流动方向对 OSV 现象的发生具有影响。

通道尺度也是 OSV 发生的一个影响因素[31]。对这方面的研究还不深入。

2. OSV 发生的机理

过冷流动沸腾 OSV 的发生必须满足热力和流体动力两个方面的条件。一方面，气泡必须从加热壁面脱离。另一方面，气泡脱离后有在主流液体中存在的可能。如果局部过冷度很高，气泡一旦进入主流核心，便立即凝结消失，因此空泡率不可能显著增大。根据 Dix[2] 的观察结果，在局部过冷度很高的情况下，气泡不得不沿着壁面滑动，直到流体局部过冷度减小，使得紧贴壁面处的蒸气产生率能补偿蒸气冷凝的影响，空泡率才开始急剧增大，即达到 OSV 点(NVG 点)。对于高流速工况，流体动力起主导作用。

广泛引用的 OSV 机理模型[30,36-37]基本上都是建立在气泡开始脱离加热面时的热力和流体动力平衡条件基础上的。对于垂直上升流动，使气泡脱离壁面的力有浮力和壁面剪切应力(或摩擦力)，使气泡保持在壁面的是表面张力。当使气泡脱离壁面的力大于表面张力时，气泡脱离壁面，即认为 OSV 现象发生。

Saha 和 Zuber[29] 的研究表明，对于中高入口过冷度(绝大多数工程运行工况)，OSV 点主要取决于气相蒸发冷凝所依赖的局部工况。可以认为，低流速 OSV 点主要受流体热力学特性控制，并取决于流体局部工况。在 OSV 点，气相的蒸发与冷凝传热达到平衡。

Bibeau 和 Salcudeau[4] 认为，气泡沿着加热表面法线方向弹出，而不是滑离生成点在平行壁面滑动，可能是 OSV 发生的主要原因，至少对于低压水低液体流速的情况如此。

Ahmadi 等[33]可视化研究了低压下水在截面积 10 mm×20 mm、长 400 mm 的矩形通道内垂直向上流动的 OSV 现象。实验数据参数范围为：质量流速 $G=384\sim539\ \mathrm{kg/(m^2\cdot s)}$，热流密度 $q=210\sim274\ \mathrm{kW/m^2}$，饱和压力 $p=0.103\sim0.148$ MPa，过冷度 $\Delta T_{\mathrm{sub}}=2.3\sim19.5$ ℃，过热度 $\Delta T_{\mathrm{sat}}=5.9\sim14.5$ ℃，入口热力学干度 $x_t=(-3.43)\sim0.06$，在 10 mm 边上单边加热。对于高过冷情况，在 ONB 点后，气泡脱离壁面后很快在过冷液中被冷凝，不会引起空泡率的明显增大。因此，不管是气泡脱离生成点，还是气泡跃离加热面，都不能作为 OSV 的发生机理。只有当过冷度变得足够小，脱离壁面的某些气泡可以再次贴附于壁面时，空泡率才可能明显增大。当气泡能够再次贴附于壁面时，气泡的生存时间已经较长，因为再次贴附于壁面的气泡已经沿垂直加热面方向滑行了很长的距离。这些现象表明，气泡再贴附对空泡率的增大具有重要贡献，是引起 OSV 点气泡急剧增加的关键因素。

Ahmadi 等[27]继续可视化研究了水在 10 mm×20 mm 矩形通道内垂直向上流动的 OSV 现象，仍然在 10 mm 边上单边加热。这次实验的加热面用了亲水表面，参数范围为：$G=400\sim1\,000\ \mathrm{kg/(m^2\cdot s)}$，$q=200\sim320\ \mathrm{kW/m^2}$，$p=0.2\sim0.4$ MPa。实验发现气泡从生成点脱离后，一般是沿垂直加热面向上滑行。OSV 点后，气泡在数量和尺寸上都明显增加。但是，少量大气泡的形成可能是空泡率明显增大的主要原因。实验中也同时观察到，大气泡多在上游滑行，气泡通过下游气泡生成点时立即形成。他们认为，本次实验中，引起 OSV 的关键现象是上游滑行气泡通过下游气泡生成点时形成大气泡，再次肯定不管是气泡脱离生成点，还是气泡跃离加热面，都不能作为 OSV 的发生机理。

Chedester 和 Ghiaasiaan[31] 通过数据分析发现，微通道内气泡成核和跃离壁面的现象不同于大管道。大管道的模型和关联式常常不能成功预测微通道气泡跃离过程的数据。近壁面温度边界层和速度边界层的梯度很大，作用于气泡上的力的相对大小与常规通道时不同，也就造成了微通道内气泡跃离壁面的过程与常规通道时相异。微通道内，流体动力控制的 OSV 虽然是由气泡脱离壁面气穴引起的，但气泡脱离壁面气穴的过程可能受控于作用于气泡上的热毛细力和流体动力。这两方面的力共同发挥着不可忽视的作用，这可能是微通道 OSV 发生的主要因素。

11.3.3　OSV 的计算方法

早在 1962 年，Bowring[9] 就提出了 OSV 点的计算方法。从那以后，人们提出了很多计算模型。广泛应用的模型可以归结为两类：机理分析模型和经验模型。

1. 机理分析模型

机理模型由 Levy[30] 较早提出。这类模型基于气泡脱离理论，基本上是根据气泡开始脱离加热面时的热力和流体动力条件建立的，也就是根据作用于单个气泡上的力的平衡，确定气泡开始脱离加热面的判断准则。

根据力的平衡，可以获得无量纲气泡高度 y_b^+ 的计算方法，其中假设气泡脱离壁面时的顶部液体温度至少等于液体饱和温度。采用经典的充分发展湍流温度分布，可以获得 OSV 点处的液体过冷度 ΔT_{OSV}。ΔT_{OSV} 等于饱和温度 T_{sat} 与当地主流液体温度 $T_{l,OSV}$ 之差，即

$$\Delta T_{OSV} = T_{sat} - T_{l,OSV} \tag{11.33a}$$

ΔT_{OSV} 与多种因素有关，是一个复杂的函数关系：

$$\Delta T_{OSV} = f(q, h_{sp,l}, \rho_l, Pr_l, c_{pl}, \tau_w, y_b^+) \tag{11.33b}$$

式中，$h_{sp,l}$ 是单相液体管内强迫对流传热系数，可由 Dittus－Boelter[35] 公式计算：

$$h_{sp,l} = 0.023 Re_l^{0.8} Pr_l^{0.4} \frac{\lambda_l}{D} \tag{11.34}$$

对于过冷流动沸腾，上式中的液相雷诺数 Re_l 可用全液相雷诺数 Re_{lo} 近似，即

$$Re_l \approx Re_{lo} = \frac{GD}{\mu_l} \tag{11.35}$$

于是，式(11.34)等同于

$$h_{sp,lo} = 0.023 Re_{lo}^{0.8} Pr_l^{0.4} \frac{\lambda_l}{D} \tag{11.36}$$

之所以能采用全液相雷诺数 Re_{lo} 近似液相雷诺数 Re_l，是因为在 OSV 点附近，气相很少，在计算质量流速时可以忽略不计。

以上式中，对于圆管，D 为管内径；对于非圆管，D 为水力直径，也称当量直径，有时用符号 D_h 表示。一般用 D 既代表管内径，又代表水力直径，在特别需要明确的情况下用符号 D_h 表示水力直径。

$$D_h = \frac{4A_c}{P} \tag{11.37}$$

式中，A_c 为横截面积，即流通面积；P 为湿周，即横截面的周长。

对于无量纲气泡高度 y_b^+，人们提出了不同的计算方法。下面分别介绍 Levy[30]、Staub[36] 和 Rogers 等[37]的模型。这 3 个模型本质上非常相似。它们采用同样的方法建立气泡脱离点准则，使用同样的气泡顶部温度条件，即假设气泡脱离壁面时的顶部液体温度大于或等于液体

饱和温度。不过，对于 OSV 点气泡形状的假设，三者各不相同。Levy 假定气泡为球形，Staub 假定气泡为半球形(见图 11.6(a))，而 Rogers 等则假定气泡为大半球形(见图 11.6(b))。

(1) Levy[30] 模型

Levy 提出

$$y_b^+ = C_1 \frac{(\sigma D \rho_l)^{0.5}}{\mu_l}\left[1 + C_2 \frac{(\rho_l - \rho_g) D}{\tau_w}\right]^{-0.5} \tag{11.38}$$

式中，C_1 和 C_2 为常数。如果作用在气泡上的其他力远大于浮力，则

$$y_b^+ = 0.015\sqrt{\sigma D \rho_l}/\mu_l \tag{11.39}$$

根据以上关系，代入壁面剪切应力 τ_w 的计算关系式后，可以获得

$$\Delta T_{OSV} = \begin{cases} q\left(\dfrac{1}{h_{sp,lo}} - \dfrac{y_b^+ Pr_l}{c_{pl} G\sqrt{f/8}}\right), & 0 \leqslant y_b^+ \leqslant 5, \\ q\left\{\dfrac{1}{h_{sp,lo}} - \dfrac{5\left[Pr_l + \ln(1 + 0.2 y_b^+ Pr_l - Pr_l)\right]}{c_{pl} G\sqrt{f/8}}\right\}, & 5 < y_b^+ \leqslant 30 \\ q\left\{\dfrac{1}{h_{sp,lo}} - \dfrac{5\left[Pr_l + \ln(1 + 5Pr_l) + 0.5\ln(y_b^+/30)\right]}{c_{pl} G\sqrt{f/8}}\right\}, & y_b^+ > 30 \end{cases} \tag{11.40}$$

式中，$h_{sp,lo}$ 用式(11.36)计算。

(2) Staub[36] 模型

Staub 提出

$$y_b^+ = r_b G\sqrt{f/8}/\mu_l \tag{11.41}$$

式中，Moody 摩擦因子 f 可用第 3 章中的方法计算。

(3) Rogers 等[37] 模型

Rogers 等提出

$$y_b^+ = r_b(1 + \cos\beta_c)\sqrt{\rho_f \tau_w}/\mu_l \tag{11.42}$$

Rogers 等模型建立的初衷是预测低流速垂直上升过冷流动沸腾的 OSV，流速在 1 m/s 以内。在这个范围内，浮力对气泡脱离机理有重要影响。

2. 经验模型

(1) Saha - Zuber[29] 模型

使用最广泛的 OSV 经验模型是 Saha - Zuber 关联式。该模型分两种情况给出：热力控制区域(低质量流速)和流体动力控制区域(高质量流速)。分区以全液相贝克莱(Peclet)数 Pe_l 为判据。

$$Pe_l = \frac{G D c_{pl}}{\lambda_l} \tag{11.43}$$

式中，c_{pl} 和 λ_l 分别为液相比定压热容和液相导热系数。

当 $Pe_l < 70\ 000$ 时，为热力控制区域；当 $Pe_l > 70\ 000$ 时，为流体动力控制区域。Saha 和 Zuber 根据水在 $G = 400 \sim 1\ 050\ \text{kg}/(\text{m}^2 \cdot \text{s})$、$q = 280 \sim 1\ 890\ \text{kW/m}^2$ 和 $p = 0.1 \sim 13.8$ MPa 条件下的过冷流动沸腾实验数据，提出关联式如下：

① 在热力控制区域($Pe_l < 70\ 000$)，满足下面两个关联式之一，即可认为 OSV 出现：

$$h_{sat}-h_1 \leqslant 0.002\,2qPe_1/G \tag{11.44}$$

或努塞尔数 Nu 满足

$$Nu=\frac{q}{\Delta T_{OSV}}\frac{D}{\lambda_1} \geqslant 455 \tag{11.45}$$

式中，h_1 和 h_{sat} 分别为液体焓和饱和液体焓。

② 在流体动力控制区域（$Pe_1>70\,000$），满足下面两个关联式之一，即可认为 OSV 出现：

$$h_{sat}-h_1 \leqslant 154q/G \tag{11.46}$$

或斯坦顿（Stanton）数 St 满足

$$St=\frac{q}{Gc_{p1}\Delta T_{OSV}} \geqslant 0.006\,5 \tag{11.47}$$

从上面判据可见，对于热力控制区域，在 OSV 点的上游，当地过冷焓 $h_{sat}-h_1$ 大于式(11.43)的右边。一旦 $h_{sat}-h_1$ 等于式(11.43)的右边，就可认为 OSV 出现。同样，在 OSV 点的上游，$Nu<455$。一旦 $Nu=455$，就可认为 OSV 出现，即 $Nu_{OSV}=455$。流体动力控制区域的两个判据可用同样的方法解释，例如 $St_{OSV}=0.006\,5$。

(2) Dix[2] 模型

$$\Delta T_{OSV}=0.001\,35\frac{qRe_{lo}^{0.5}}{Nu(\lambda_1/D)} \tag{11.48}$$

(3) Bowring[9] 模型

Bowring 根据水在流速＝0.4～2.0 m/s、$q=50\sim1\,900$ kW/m^2 和 $p=1.1\sim14.0$ MPa 条件下的过冷流动沸腾实验数据，提出了如下预测低质量流速 OSV 的经验公式：

$$\Delta T_{OSV}=(14+p)\times10^{-6}\frac{q\rho_1}{G} \tag{11.49}$$

式中，p 的单位为 MPa。

(4) Thom 等[22] 模型

$$\Delta T_{OSV}=0.02h_{sat}\frac{q}{Gh_{lg}} \tag{11.50}$$

(5) 改进的 Saha－Zuber 模型

Hoffman 和 Wang[38] 认为，上述斯坦顿数 St 范围偏小。他们把 St 数扩展到 0.003 9，即在流体动力控制区域，

$$St=\frac{q}{Gc_{p1}\Delta T_{OSV}} \geqslant 0.003\,9 \tag{11.51}$$

Aharon 等[39] 用长 350 mm、内径 16 mm 的不锈钢加热段，在均匀加热条件下进行了水垂直上升过冷流动沸腾的压降实验，$G=6\,342\sim9\,513$ kg/(m^2·s)，$q=3.37\sim4.1$ MW/m^2。实验证实了 Hoffman 和 Wang 改进的合理性，如图 11.10 所示。图中，坐标 $p_{out}-p_{out,sp}$ 是加热段出口压力与加热段内仍然为单相液体处的压力之差。

(6) Unal[40] 模型

Unal 模型所基于的数据库包括以水和 R22 为工质的实验数据。其 $Pe_1\geqslant12\,000$，因此覆盖了前面所说的热力控制区域的很大部分。公式形式如下：

$$\frac{h_{sp,1}\Delta T_{OSV}}{q}=a \tag{11.52}$$

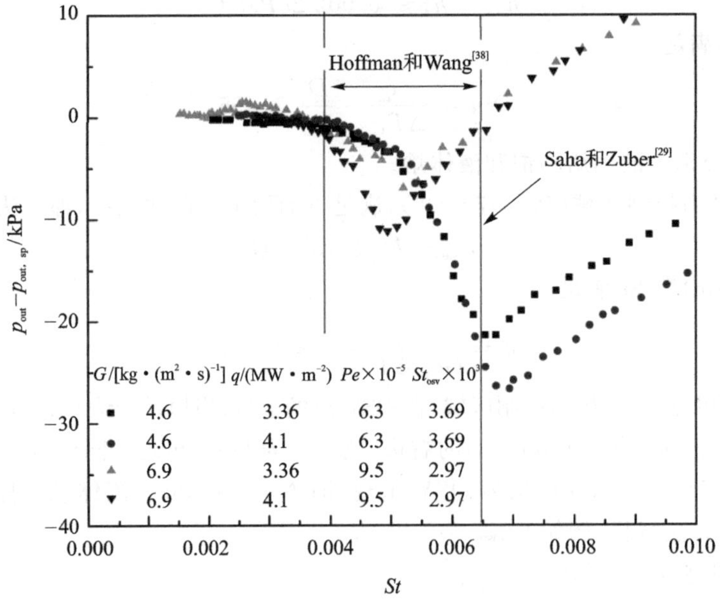

图 11.10 不同质量流速和热流密度下出口压力与出口斯坦顿数的关系，Aharon 等[39]

式中，对于水，

$$a=\begin{cases}0.11, & u_1<0.45\ \mathrm{m/s}\\ 0.25, & u_1\geqslant 0.45\ \mathrm{m/s}\end{cases} \tag{11.53}$$

式中，u_1 为主流速度，分界速度 0.45 m/s 为对过冷液体气泡增长的影响接近消失时的强迫对流速度。

(7) Ahmad[41]模型

$$\Delta T_{OSV}=\frac{q}{Nu(\lambda_1/D)} \tag{11.54}$$

$$Nu=2.44Re_1^{1/2}Pr_1^{1/3}\left(\frac{h_{in}}{h_{sat}}\right)^{1/3}\left(\frac{h_{lg}}{h_{sat}}\right)^{1/3} \tag{11.55}$$

(8) Wang 等[34]模型

Wang 等[34]对水在长 470 mm、截面积 40 mm×3 mm 的矩形窄缝通道内垂直向上流动的过冷沸腾 OSV 进行了实验研究。实验数据参数范围为：$p=0.70\sim1.01$ MPa，$q=64\sim478$ kW/m²，单边加热，$G=151\sim603$ kg/(m²·s)，进口 $\Delta T_{sub}=20.2\sim60.8$ ℃，$Pe<70\ 000$。

Saha - Zuber 公式和 Bowring 公式源于周边均匀加热的实验数据。Wang 等发现，对于单边加热的矩形窄缝通道，这两个公式的预测值显著偏高，尤其是 $q_{OSV}>200$ kW/m²。因此，他们根据实验数据修正了 Saha - Zuber 公式和 Bowring 公式。修正的 Bowring 公式为

$$\Delta T_{OSV}=(14+p)\times10^{-6}q\rho_1P'/G \tag{11.56}$$

式中，p 单位为 MPa，P'=湿周长/加热边长。

修正的 Saha - Zuber 公式为

$$\Delta T_{OSV}=0.002\ 2qDP'/\lambda_1,\quad Pe<70\ 000 \tag{11.57}$$

$$\Delta T_{OSV}=154qP'/(Gc_{p1}),\quad Pe>70\ 000 \tag{11.58}$$

11.3.4 OSV 计算方法的比较

Lee 和 Bankoff[42]从他人发表的 8 篇公开文献中收集了 OSV 实验数据。参数范围为：水力直径 D=2.6～28.4 mm，质量流速 G=27.5～11 183.4 kg/(m^2·s)，热流密度 q=15～3 480 kW/m^2，系统压力 p=0.103～0.45 MPa，管型包括圆管、矩形管（包括窄缝）、圆环通道，流向为一个垂直向下，其余垂直向上。他们将实验数据与 Levy[30]、Staub[36]和 Rogers 等[37]的分析模型的预测值进行比较。结果表明：Staub 模型与多数数据源数据吻合良好；Levy 模型对多数数据预测偏高，但分散度不大，经过修正应该有不错的预测性能。Rogers 等模型性能最差，这有可能是因为数据库中大部分数据的流速小于 1.0 m/s。

他们同时用该数据库比较了 6 个经验模型，包括 Saha - Zuber[29]、Thom 等[22]、Bowring[9]、Dix[2]、Unal[40]，以及 Ahmad[41]模型。结果表明：Saha - Zuber 模型的吻合度最好；Bowring 模型对于大多数数据低估了 ΔT_{OSV}，而 Dix 模型则相反；Thom 等模型预测效果最差。

Kureta 等[32]用中子辐射成像技术对垂直矩形窄缝通道内向上流动的过冷沸腾 OSV 进行了可视化实验研究。单边加热，加热段长分别为 20 mm、30 mm 和 100 mm，缝宽分别为 3 mm 和 5 mm。流体出口压力为大气压，进口温度 T_{in}=70～90 ℃，质量流速 G=240～2 000 kg/(m^2·s)，热流密度 q=350～1 750 kW/m^2。他们将实验数据与 Saha - Zuber[29]、Levy[30]和 Bowring[25]模型的计算值进行了比较。结果表明：在低质量流速（G=240 kg/(m^2·s)）时，Saha - Zuber 模型预测的热力学平衡干度值最接近实验值，总体上略微偏低，Bowring 模型预测值显著偏低，偏低程度随热流密度的增大而增大；在高质量流速（G=2 000 kg/(m^2·s)）时，Bowring 模型的预测值最接近实验值，总体上略微偏低，Saha - Zuber 模型预测值显著偏低，偏低程度随热流密度的增大而增大；Levy 模型始终介于其间。这 3 个模型都是针对均匀加热情况的，且定义的 OSV 点是气泡首先脱离加热壁面的那个点。而 Kureta 等的实验用的是单边加热的矩形窄缝通道，且定义的 OSV 点是空泡率开始出现突然增大的点。这可能是引起预测的热力学平衡干度偏低的主要原因。

11.4 过冷流动沸腾传热系数

过冷流动沸腾传热阶段是单相流体对流传热向液体饱和沸腾传热的过渡过程，在这一过程中，壁面与液体之间的热量传递主要有两种途径，一是液体与壁面之间的强迫对流传热，二是液体汽化引起的沸腾传热。

由前所述，过冷流动沸腾可划分为部分过冷流动沸腾和充分发展过冷流动沸腾两个区域，部分沸腾区域内液体强迫对流和核态沸腾同时对传热起着重要作用，而充分发展过冷流动沸腾区域内核态沸腾传热起主导作用，强迫对流传热作用较小。

在充分发展过冷流动沸腾区域，由于质量流速和主流液体温度对传热的作用相对很小，所以对于给定工质，这一区域的传热关联式变得很简单。过冷流动沸腾传热计算模型一般为基于实验数据的关联式。多数关联式主要侧重于充分发展过冷流动沸腾区域，尤其是热流密度计算中没有含主流温度的温差项的关联式。

11.4.1 过冷流动沸腾传热系数模型

经过 70 多年的发展，出现了大量的过冷流动沸腾传热计算模型，大体上可概括为 5 大类：增强模型、叠加模型、渐进模型、$q-\Delta T_{sat}^{n}$ 模型，以及基于流型的模型[43]。

1. 增强模型

增强模型的基本思路是，由于沸腾的作用，两相流传热比单相流显著增强，两相流动沸腾传热系数 h_{tp} 可以通过在单相液体强迫对流传热系数 $h_{sp,l}$ 前面乘以增强因子 ψ 获得，即

$$h_{tp}=\psi h_{sp,l} \tag{11.59}$$

式中，$h_{sp,l}$ 的计算式可归纳为如下一般形式：

$$h_{sp,l}=CRe_l^m Pr_l^n \frac{\lambda_l}{D} \tag{11.60}$$

式中，指数 m 和 n 是需要通过实验数据拟合确定的常数项。将式(11.61)代入式(11.60)得

$$h_{tp}=FRe_l^m Pr_l^n \frac{\lambda_l}{D} \tag{11.61a}$$

或

$$Nu_{tp}=h_{tp}\frac{D}{\lambda_l}=FRe_l^m Pr_l^n \tag{11.61b}$$

式中，F 是有赖于工作介质和流动条件的参数，需要通过实验数据拟合确定。液体普朗特数和液体雷诺数分别用式(11.32)和式(11.36)计算。下面介绍几种增强模型。

(1) 方贤德等[44]水过冷流动沸腾传热模型

方贤德等从 13 篇已发表的文献中收集了 1 412 组水管内过冷流动沸腾传热实验数据，实验参数范围为：水力直径 $D=1\sim32.2$ mm，其中圆管数据 317 组，非圆管数据 1 095 组；热流密度 $q=0.058\ 1\sim52.1$ MW/m^2；饱和压力 $p_{sat}=0.096\sim1.04$ MPa；进口过冷度 $\Delta T_{sub,in}=2.4\sim141.8$ ℃；液体流速 $u_l=0.08\sim40$ m/s。他们通过实验数据拟合，得到过冷流动沸腾传热努塞尔数 Nu 的关联式如下：

$$Nu=2.84Bo^{0.995}Re_l Pr_l^{2.22}\left(\frac{\mu_{l,w}}{\mu_{l,sat}}\right)^{0.5}\left(\ln\frac{1.001\mu_{l,sat}}{\mu_{l,w}}\right)^{-1} \tag{11.62}$$

$$q=\frac{Nu\lambda_l}{D}\Delta T_{sat} \tag{11.63}$$

式中，$\mu_{l,w}$ 和 $\mu_{l,sat}$ 是分别以壁温 T_w 和饱和温度 T_{sat} 为定性温度的液相动力粘度；除 $\mu_{l,w}$ 之外，所有物性参数的定性温度均为 T_{sat}；沸腾数 Bo 定义为

$$Bo=\frac{q}{Gh_{lg}} \tag{11.64}$$

(2) Shah[10]模型

Shah 从 18 个独立实验研究中收集了 500 组过冷流动沸腾传热实验数据。工质包括水、R11、R12、R113、氨等，流向包括垂直和水平。实验参数范围为：$q=0.1\sim22.9$ MW/m^2，$G=55\sim24\ 200$ kg/(m^2·s)，$\Delta T_{sub}=0\sim153$ ℃，$p=0.1\sim13.6$ MPa，$D=2.4\sim27.1$ mm。基于实验数据的过冷流动沸腾传热关联式如下：

$$q=\psi h_{sp,l}\Delta T_{sat} \tag{11.65}$$

$$\psi = \begin{cases} \psi_0, & \text{低过冷沸腾} \\ \psi_0 + \Delta T_{\text{sub}} / \Delta T_{\text{sat}}, & \text{高过冷沸腾} \end{cases} \tag{11.66a}$$

$$\psi_0 = \begin{cases} 230Bo^{0.5}, & Bo > 0.3 \times 10^{-4} \\ 1 + 46Bo^{0.5}, & Bo < 0.3 \times 10^{-4} \end{cases} \tag{11.66b}$$

式中，单相液体强迫对流传热系数 $h_{\text{sp,l}}$ 用 Dittus－Boelter 式(11.34)计算。

(3) Hata－Noda[45] 模型

Hata 和 Noda 对水在内径 D＝3 mm、6 mm 和 9mm，长 L＝32.7～100 mm 的铂金短管内垂直上升过冷流动沸腾传热进行了实验研究。实验数据参数范围为：流速＝4～21 m/s，$\Delta T_{\text{sub,in}}$＝92.4～147.5 ℃，p_{in}＝810～1 014 kPa。壁面传热量 q 通过壁温 T_{w} 与主流液体温度 T_{b} 的差来计算：

$$q = h_{\text{tp}} (T_{\text{w}} - T_{\text{b}}) \tag{11.67}$$

因为 L/D 比较小(5.5～33.3)，他们根据自己的实验数据，提出了考虑入口段影响的公式，形式如下：

$$h_{\text{tp}} = \frac{Nu\lambda_1}{D} = 0.02 Re_1^{0.85} Pr_1^{0.4} \left(\frac{L}{D}\right)^{-0.08} \left(\frac{\mu_{1,\text{b}}}{\mu_{1,\text{w}}}\right)^{0.14} \frac{\lambda_1}{D} \tag{11.68}$$

式中，$\mu_{1,\text{b}}$ 是以主流温度 T_{b} 为定性温度的液相动力粘度；除 $\mu_{1,\text{w}}$ 之外，所有物性参数的定性温度均为主流温度。

(4) Hata－Masuzaki[46] 模型

Hata 和 Masuzaki 对水在内径为 6 mm 的不锈钢短管(L/D＝9.92)内垂直上升过冷流动沸腾进行了实验研究。实验数据参数范围为：流速＝17.2～42.4 m/s，$\Delta T_{\text{sub,in}}$＝80.9～147.6 ℃，p_{in}＝812.1～1181.5 kPa。实验结果支持关联式(11.68)，并且发现，在较高热流密度且流速大于 30 m/s 的条件下，存在如下关系：

$$q = 51.25 \Delta T_{\text{sat}}^3 \tag{11.69}$$

(5) Baburajan 等[47] 模型

Baburajan 等实验研究了低压条件下水在内径为 5.5 mm、7.5 mm 和 9.5 mm 水平管内的过冷流动沸腾传热，G＝450～935 kg/(m^2·s)，$\Delta T_{\text{sub,in}}$＝29 ℃、50 ℃和 70 ℃。他们用式(11.67)计算热流密度 q，用式(11.59)确定两相流局部传热系数 h_{tp}，其中单相液体强迫对流传热系数 $h_{\text{sp,l}}$ 用 Dittus－Boelter 式(11.34)计算，增强因子 ψ 用下式计算：

$$\psi = 267 Bo^{0.86} Ja^{-0.6} Pr_1^{0.23} \tag{11.70a}$$

式中，所有物性参数的定性温度均为主流温度。他们给出的雅各布数 Ja 的计算方法如下：

$$Ja = \frac{c_{p1} \Delta T_{\text{sub,in}}}{h_{\text{lg}}} \tag{11.70b}$$

式中，进口过冷度 $\Delta T_{\text{sub,in}} = T_{\text{sat}} - T_{\text{l,in}}$。

(6) Papell[48] 模型

Papell 试验研究了蒸馏水在内径为 7.9 mm 水平管内的过冷流动沸腾传热，加之从 7 篇文献中收集数据，获得了 275 组水过冷流动沸腾传热数据。参数范围为 p＝0.11～13.8 MPa，q＝42.5～91 580 kW/m^2，流动速度 u＝0.41～62.2 m/s，ΔT_{sub}＝3.3～186.7 ℃。基于该数据，他提出

$$\frac{Nu_{tp}}{Nu_{sp}}=90.0Ja^{-0.84}\left(\frac{q}{h_{lg}\rho_g u}\right)^{0.7}\left(\frac{\rho_g}{\rho_l}\right)^{0.756} \tag{11.71a}$$

$$Nu_{sp}=0.021Re_l^{0.8}Pr_l^{0.4} \tag{11.71b}$$

式中，流体热物性参数依据局部主流温度确定，雅各布数 Ja 定义为

$$Ja=\frac{c_{pl}\Delta T_{sub}}{h_{lg}} \tag{11.71c}$$

2. 叠加模型

过冷沸腾传热叠加模型的基本思想是，过冷流动沸腾传热中单相液体流强迫对流传热和核态沸腾传热两种机理按一定的比例发挥作用，所以总传热量可以以一定的方式将单相液体强迫对流传热 q_{sp} 和核态沸腾传热 q_{nb} 进行叠加处理。因为两相流体的流动速度使单相强迫对流传热加强，使核态沸腾传热被抑制，所以有的研究者借用 Chen[49] 方法，引入强迫对流加强因子（也称雷诺数因子）F 和核态沸腾抑制因子 S。下面介绍几种叠加模型。

(1) Rohsenow[50] 模型

Rohsenow 是采用叠加方法计算过冷流动沸腾传热的先驱。他认为高过冷流动沸腾阶段的传热可由单相液体强迫对流传热分量与核态沸腾传热分量之和来表示，即

$$q=q_{sp,l}+q_{nb} \tag{11.72}$$

单相液体强迫对流传热分量的表达式为

$$q_{sp,l}=h_{sp,l}(T_w-T_b) \tag{11.73}$$

对于单相强迫对流传热系数 $h_{sp,l}$ 的计算，后来的一些研究者建议用 Dittus - Boelter 式(11.34)。

核态沸腾传热分量 q_{nb} 用下式计算：

$$q_{nb}=\mu_l h_{lg}\left[\frac{g(\rho_l-\rho_g)}{\sigma}\right]^{1/2}\left(\frac{c_{pl}\Delta T_{sat}}{C_{sf}h_{lg}Pr_l^n}\right)^3 \tag{11.74}$$

式中，C_{sf} 和 n 是由表面与液体组合特性决定的常数，是一个纯经验参数。对于水，$n=1$；对于其他流体，$n=1.7$。表 11.1 中列出了一些研究者建议的 C_{sf} 值。

表 11.1 Rohsenow 公式常数 C_{sf} 取值

工质-加热面组合类型	C_{sf}	工质-加热面组合类型	C_{sf}
水-镍	0.006	四氯化碳-金刚砂抛光铜	0.007
水-铂	0.013	苯-铬	0.101
水-铜	0.013	正戊烷-铬	0.015
水-黄铜	0.006	正戊烷-金刚砂抛光铜	0.015 4
水-金刚砂抛光铜	0.012 8	正戊烷-金刚砂抛光镍	0.012 7
水-研磨抛光不锈钢	0.008	乙醇-铬	0.002 7
水-化学腐蚀不锈钢	0.013 3	异丙醇-铜	0.002 5
水-机械抛光不锈钢	0.013 2	35%碳酸钾-铜	0.005 4
水-金刚砂抛光、石蜡处理铜	0.014 7	60%碳酸钾-铜	0.002 7
四氯化碳-铜	0.013	正丁醇-铜	0.003 0

(2) Butterworth 方法

Butterworth 最先将 Chen[49] 的叠加原理应用于过冷流动沸腾[51]，提出

$$q = Fh_{sp,l}(T_w - T_b) + Sh_{nb}(T_w - T_{sat}) \tag{11.75}$$

式中，雷诺数修正因子 $F=1$；核态沸腾抑制因子 S 用 Chen[49] 的图形方法确定；强迫对流传热系数 $h_{sp,l}$ 用 Dittus - Boelter 式(11.34)计算；核态沸腾传热系数 h_{nb} 沿用 Chen[49] 采用的计算方法：

$$h_{nb} = 0.001\,22 \frac{\lambda_l^{0.79} c_{pl}^{0.45} \rho_l^{0.49}}{\sigma^{0.5} \mu_l^{0.29} h_{lg}^{0.24} \rho_g^{0.24}} \Delta T_{sat}^{0.25} \Delta p_{sat}^{0.75} \tag{11.76}$$

式中，Δp_{sat} 为以壁温计算的饱和压力与以饱和温度计算的饱和压力之差，即

$$\Delta p_{sat} = p_{sat}(T_w) - p_{sat}(T_{sat}) \tag{11.77}$$

(3) Steiner 等[52]模型

Steiner 等采用 Chen[49] 的叠加原理，用下式进行传热计算：

$$q = Fq_{sp,l} + Sq_{nb} \tag{11.78}$$

式中各项计算方法如下：

强迫对流传热 $q_{sp,l}$ 用式(11.73)来计算，其中的强迫对流传热系数 $h_{sp,l}$ 用 Dittus -Boelter 式(11.34)计算。

雷诺数修正因子 F 用下式计算：

$$F = \begin{cases} 2.35(1/X_{tt} + 0.213)^{0.736}, & x > 0.1 \\ 1, & x \leqslant 0.1 \end{cases} \tag{11.79a}$$

式中，X_{tt} 为 Martinelli 参数。因为过冷沸腾流动时的干度很小，$x \leqslant 0.1$，所以可取 $F=1$。

核态沸腾传热系数 h_{nb} 沿用 Chen[49] 采用的计算方法，用式(11.76)计算：

$$S = \frac{1}{1 + 2.53 \times 10^{-6}(Re_l F^{1.25})^{1.17}} \tag{11.79b}$$

(4) Yan 等[53]模型

Yan 等实验研究了高热流密度($q=5\sim12.5$ MW/m^2)、高质量流速($G=6\,000$ kg/(m^2 · s)、8 000 kg/(m^2 · s)、10 000 kg/(m^2 · s))条件下水在均匀加热垂直上升圆管内的过冷流动沸腾传热系数。管内径为 9.0 mm，热力学干度 $x_{th}=-0.5\sim-0.03$，压力 $p=3$ MPa、4.2 MPa、5 MPa。基于实验数据，他们提出了基于 Chen[49] 关系式的修正模型如下：

$$h_{tp} = Fh_{sp,l} + Sh_{nb} \tag{11.80}$$

式中，雷诺数修正因子 $F=1$；核态沸腾传热系数 h_{nb} 用式(11.76)计算；核态沸腾抑制因子 S 用下式计算：

$$S = \frac{1}{1 + 2.53 \times 10^{-6} Re_l^{1.17}} \left(\frac{T_{sat}}{\Delta T_{sub}}\right)^{0.9} \tag{11.81}$$

单相液体强迫对流传热系数用下式计算：

$$h_{sp,l} = Nu \frac{\lambda_l}{D} = Nu_{iso}\left[1 + \left(\frac{D}{L}\right)^{2/3}\right]\left(\frac{Pr_l}{Pr_w}\right)^{0.01} \frac{\lambda_l}{D} \tag{11.82}$$

式中，Nu_{iso} 是用常物性计算的努塞尔数，采用 Gnielinski[54] 公式：

$$Nu = \frac{(f/8)(Re_l - 1\,000)Pr_l}{1 + 12.7(f/8)^{1/2}(Pr_l^{2/3} - 1)} \tag{11.83}$$

式中，Moody 摩擦因子用下式计算：

$$f = (0.79\ln Re_1 - 1.64)^{-2} \tag{11.84}$$

3. 渐进模型

渐进模型的基本形式是

$$q^n = (Fq_{sp,l})^n + (Sq_{nb})^n = [Fh_{sp,l}(\Delta T_{sat} + \Delta T_{sub})]^n + (Sh_{nb}\Delta T_{sat})^n \tag{11.85a}$$

或

$$q^n = (Fq_{sp,l})^n + (Sq_{nb})^n = [Fh_{sp,l}(\Delta T_{sat})]^n + (Sh_{nb}\Delta T_{sat})^n \tag{11.85b}$$

或

$$h_{tp} = [(Sh_{nb})^n + (Fh_{sp})^n]^{1/n} \tag{11.85c}$$

式中，n 是渐进指数。显而易见，当 $n=1$ 时，渐进模型就转化成叠加模型了。下面介绍几种渐进模型。

(1) Kutateladz 关系式[55]

1961 年，Kutateladze 提出了用渐进法计算两相流流动沸腾传热系数 h_{tp}：

$$h_{tp}^2 = h_{sp,l}^2 + h_{nb}^2 \tag{11.86}$$

式中，$h_{sp,l}$ 用 Dittus - Boelter 的式(11.34)计算。传热量 q 用下式计算：

$$q = h_{tp}\Delta T_{sat} \tag{11.87}$$

Kutateladze 给出了计算 h_{nb} 的经验公式如下：

$$h_{nb} = C(p)q^{0.7} \tag{11.88}$$

式中，$C(p)$是与压力相关的经验值；Kutateladze 根据水的管内流动沸腾，给出了其取值范围，如图 11.11 所示。

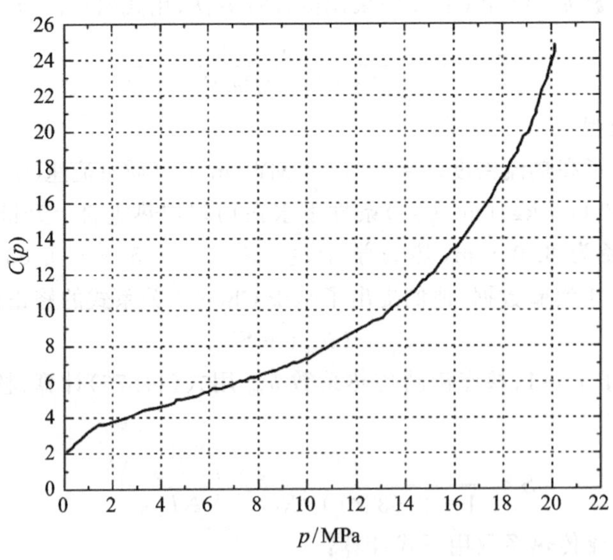

图 11.11　基于水数据的 $C(p)-p$ 的关系

(2) Bergles - Rohsenow[14] 模型

Bergles 和 Rohsenow 对于水在 2.4 mm 水平管内的过冷流动沸腾传热进行了实验研究。根据实验数据和分析，提出

$$q^2=q_{sp,l}^2+q_{nb}^2\left(1-\frac{q_{ONB}}{q_{nb}}\right)^2 \tag{11.89}$$

式中，$q_{sp,l}$ 用式(11.73)计算，其中 $h_{sp,l}$ 用 Dittus - Boelter 式(11.34)计算；q_{ONB} 为 ONB 点的热流密度分量，用式(11.11)计算。该式可用于部分沸腾区域。

对于核态沸腾传热 q_{nb}，Bergles 和 Rohsenow 给出了实验曲线，但没有明确给出公式。建议从第 9 章的池沸腾传热公式中选用，如果使用 Cooper[56] 公式，则为

$$q=55P_R^{0.12}(-0.434\,3\ln P_R)^{-0.55}M^{-0.5}q^{0.67}\Delta T_{sat} \tag{11.90}$$

式中，P_R 是对比压力，即工质压力与其临界压力之比；M 是相对分子质量，单位为 kg/kmol。

(3) Bjorge 等[57]模型

Bjorge 等提出用如下公式来计算过冷流动沸腾：

$$q^2=q_{sp,l}^2+q_{nb}^2\left[1-\left(\frac{\Delta T_{sat,ONB}}{\Delta T_{sat}}\right)^3\right]^2 \tag{11.91}$$

式中，$q_{sp,l}$ 用式(11.73)计算，其中的强迫对流传热系数 $h_{sp,l}$ 用下式计算：

$$h_{sp,l}=0.023Re_f^{0.8}Pr_f^{1/3}\ \frac{\lambda_f}{D} \tag{11.92}$$

式中，下标 f 表示以膜温 T_f 为定性温度，$T_f=(T_w+T_b)/2$；ONB 点的过热度 $\Delta T_{sat,ONB}$ 与沸腾起始点的气泡半径 r_{tang} 和最大凹穴半径 r_{max} 的大小有关。

$$r_{tang}=\frac{4\sigma T_{sat}\left(\dfrac{1}{\rho_g}-\dfrac{1}{\rho_l}\right)}{h_{lg}\Delta T_{sat,ONB}} \tag{11.93}$$

根据 Davis 和 Anderson[17] 的实验值，最大凹穴半径 r_{max} 取值为 10^{-6} m。

$$\Delta T_{sat,ONB}=\begin{cases}\dfrac{1}{1-N}\left(\dfrac{1}{4\Gamma N}-N\Delta T_{sub}\right), & r_{tang}>r_{max}\\[2ex] \dfrac{1}{2\Gamma}\left[1+(1+4\Gamma\Delta T_{sub})^{1/2}\right], & r_{tang}<r_{max}\end{cases} \tag{11.94a}$$

式中

$$\Gamma=\frac{\lambda_l h_{lg}}{8\sigma T_{sat}h_{sp,l}\left(\dfrac{1}{\rho_g}-\dfrac{1}{\rho_l}\right)} \tag{11.94b}$$

$$N=\frac{h_{sp,l}r_{max}}{\lambda_l} \tag{11.94c}$$

$$q_{nb}=1.89\times10^{-4}\left[\frac{\lambda_l^{1/2}\rho_l^{17/8}c_{pl}^{19/8}h_{lg}^{1/8}\rho_g^{1/8}}{(\rho_l-\rho_g)^{9/8}\sigma^{5/8}T_{sat}^{1/8}}\sqrt{\frac{g(\rho_l-\rho_g)}{\sigma}}\right]\Delta T_{sat}^3 \tag{11.95}$$

Bjorge 等用水的试验数据对其模型进行了验证。数据范围为 $D=10\sim13.2$ mm，$q=150\sim2\,100$ kW/m²，$G=470\sim1\,880$ kg/(m²·s)，$p=200\sim410$ kPa，$\Delta T_{sub}=10\sim70$ ℃。

(4) Liu - Winterton 方法[58]

Liu 和 Winterton 结合了 Chen[49] 和 Kutateladze[55] 的方法，提出

$$q^2=(Fq_{sp,l})^2+(Sq_{nb})^2=[Fh_{sp,l}(\Delta T_{sat}+\Delta T_{sub})]^2+(Sh_{nb}\Delta T_{sat})^2 \tag{11.96}$$

式中

$$F=\left[1+xPr_l\left(\frac{\rho_l}{\rho_g}-1\right)\right]^{0.35} \tag{11.97a}$$

因为过冷区域的干度接近于0，所以可取 $F=1$。

$$S=\frac{1}{1+0.055F^{0.1}Re_l^{0.16}} \tag{11.97b}$$

单相强迫对流传热系数 $h_{sp,l}$ 用 Dittus - Boelter 式(11.34)计算，核态沸腾传热系数 h_{nb} 用 Cooper[56]式(11.90)计算。

(5) Hua 等[59]模型

Hua 等对发动机冷却液在 24 mm×14 mm 矩形不锈钢水平管内的过冷流动沸腾传热进行了实验研究。实验数据参数范围为：流速=0.2～2.0 m/s，$q=100\sim1\ 100$ kW/m^2，$p=100\sim300$ kPa，$T_{in}=75\sim95$ ℃。根据实验数据，提出

$$q^{8.5}=\left[h_{sp,l}(\Delta T_{sat}+\Delta T_{sub})\right]^{8.5}+\left[\lambda_l\mu_l\sqrt{\frac{\sigma}{g(\rho_l-\rho_g)}}\left(\frac{c_{pl}\Delta T_{sat}}{0.046\lambda_l Pr_l}\right)^{\frac{1}{0.624}}\right]^{8.5} \tag{11.98}$$

$$h_{sp,l}=2.906Re_l^{0.36}Pr_l^{0.48}\left(\frac{\mu_{l,b}}{\mu_{l,w}}\right)^{-0.22}\left(\frac{\lambda_l}{D}\right) \tag{11.99}$$

(6) Ramstorfer 等[60]模型

Ramstorfer 等实验研究了40%乙二醇和60%水混合成的冷却剂垂直向上流动的过冷流动沸腾。实验段是边长为 56 mm 的正方形通道。实验数据参数范围为：流速≤2.0 m/s，$q=100\sim1\ 100$ kW/m^2，$p=320$ kPa，$\Delta T_{sub}=43$ ℃，$\Delta T_{sat}\leqslant30$ ℃。他们根据实验数据，提出

$$q^{10}=q_{sp,l}^{10}+q_{nb}^{10} \tag{11.100}$$

式中，核态沸腾传热量 q_{nb} 用下式计算：

$$q_{nb}=\left(\frac{1}{0.0172}\frac{c_{pl}}{h_{lg}}Pr_l^{-1}\right)^{1/0.9}\left[\frac{\sigma}{g(\rho_l-\rho_g)}\right]^{-1/2}h_{lg}\mu_l\Delta T_{sat}^{1/0.9} \tag{11.101}$$

考虑到低流速时自然对流的影响，单相液体对流传热 $q_{sp,l}$ 为自然对流 q_{nc} 与强迫对流 q_{fc} 的渐进形式：

$$q_{sp,l}^{2.5}=q_{nc}^{2.5}+q_{fc}^{2.5} \tag{11.102}$$

式中，强迫对流传热 q_{fc} 用下式计算：

$$q_{fc}=\left[230(Gh_{lg})^{-0.5}h_{sp,l}\Delta T_{sat}\right]^2 \tag{11.103a}$$

式中，单相强迫对流传热系数 $h_{sp,l}$ 用下式计算：

$$h_{sp,l}=0.044\ 7Re_l^{0.75}Pr_l^{0.4}\frac{\lambda_l}{D} \tag{11.103b}$$

自然对流传热 q_{nc} 通过 Churchill 和 Chu[61]公式计算：

$$q_{nc}=\{0.825+0.387\left[Gr_lPr_lf_1(Pr_l)\right]^{\frac{1}{6}}\}\frac{\lambda_l}{L}(T_w-T_b) \tag{11.104}$$

式中，L 为加热段长度。液体的格拉晓夫数 Gr_l 用下式计算：

$$Gr_l=\frac{gL^3}{(\mu_l/\rho_l)^2}\beta_l(T_w-T_b) \tag{11.105}$$

式中，β_l 为流体的热膨胀系数。函数 $f_1(Pr_l)$ 用下式计算：

$$f_1(Pr_1)=\left[1+\left(\frac{0.492}{Pr_1}\right)^{\frac{9}{16}}\right]^{\frac{-16}{9}} \tag{11.106}$$

4. $q-\Delta T_{sat}^{n}$ 模型

$q-\Delta T_{sat}^{n}$ 模型将传热 q 表示为过热度 ΔT_{sat} 的指数关系：

$$q=C\Delta T_{sat}^{n} \tag{11.107}$$

式中，系数 C 和指数 n 与运行参数及工质种类有关。该类型的关联式一般是基于充分发展过冷流动沸腾区域实验数据获得的。

(1) McAdams 等[62]模型

McAdams 等对蒸馏水垂直向上流过圆环通道的过冷沸腾传热进行了实验研究。实验数据参数范围为：速度＝0.3～11 m/s，过冷度 $\Delta T_{sub}=11\sim83$ ℃，压力 $p=200\sim610$ kPa，水力直径 $D=4.3\sim13.2$ mm。通过实验数据拟合，得过冷流动沸腾传热关联式

$$q=C\Delta T_{sat}^{3.86} \tag{11.108}$$

式中，C 是经验系数，其值范围为 2.26～5.8。溶解气体含量降低，C 值减小。

(2) Jens－Lottes[63]模型

Jens 和 Lottes 提出了脱气水的充分发展过冷流动沸腾传热关联式

$$q=\left[\frac{\Delta T_{sat}}{25}\exp\left(\frac{p}{6.2}\right)\right]^{4} \tag{11.109}$$

式中，压力 p 的单位为 MPa，q 的单位为 MW/m^2。

(3) Thom 等[22]模型

Thom 等根据水的实验数据，提出

$$q=\left[\frac{\Delta T_{sat}}{22.65}\exp\left(\frac{p}{8.7}\right)\right]^{2} \tag{11.110}$$

式中，压力 p 的单位为 MPa，q 的单位为 MW/m^2。上式在预测 ONB 时性能良好，参见 11.2 节。

(4) Kandlikar[64]模型

对于充分发展过冷流动沸腾区，Kandlikar 提出

$$q=\left[1\,058(Gh_{lg})^{-0.7}h_{sp,l}\Delta T_{sat}F_f\right]^{3.33} \tag{11.111a}$$

式中，F_f 为流体表面参数，如表 11.2 所列；$h_{sp,l}$ 是单相流体的强迫对流传热系数，用如下公式计算：

$$h_{sp,l}=Nu\frac{\lambda_1}{D}=Nu_{iso}\left(\frac{\mu_{l,b}}{\mu_{l,w}}\right)^{0.11}\frac{\lambda_1}{D} \tag{11.111b}$$

$$Nu_{iso}=\begin{cases}\dfrac{(f/8)Re_1Pr_1}{1.07+12.7(f/8)^{1/2}(Pr_1^{2/3}-1)}, & 10^4\leqslant Re_1\leqslant 5\times10^6\\[2ex] \dfrac{(f/8)(Re_1-1\,000)Pr_1}{1+12.7(f/8)^{1/2}(Pr_1^{2/3}-1)}, & 2\,300\leqslant Re_1\leqslant 10^4\end{cases} \tag{11.112}$$

式中，Moody 摩擦因子用式(11.84)计算。

对于部分过冷沸腾区，有

$$q=a+b\Delta T_{sat,ONB}^{m} \tag{11.113}$$

式中，常数 a、b 和 m 由 ONB 点的热流密度和充分发展过冷流动沸腾区起始点的热流密度

确定。

表 11.2 铜管不同流体 F_f 取值*

流　体	F_f	流　体	F_f
水	1.00	R134a	1.63
R11	1.30	R152a	1.10
R12	1.50	R31/R132	3.30
R13B1	1.31	R141b	1.80
R22	2.20	R124	1.00
R113	1.30	煤油	0.488
R114	1.24	—	—

* 不锈钢管中的所有流体 F_f 值都取 1。

5. 基于流型的模型

Huang 和 Thome[65]提出了如下基于流型的过冷流动沸腾传热系数模型：

$$Nu = \frac{h_{\text{loc}} D}{\lambda_1} \tag{11.114}$$

$$h_{\text{loc}} = h_{\text{sp,loc}} \left(\frac{\Delta T_{\text{sub,loc}}}{\Delta T_{\text{sub,in}}} \right) + h_{\text{xlow}} \left(1 - \frac{\Delta T_{\text{sub,loc}}}{\Delta T_{\text{sub,in}}} \right) \tag{11.115}$$

$$h_{\text{sp,loc}} = \frac{\lambda_1}{D} \left(\frac{4.19}{Re^{0.17} Pr^{1.43}} \right) Nu_{\text{sp,MY}} \tag{11.116}$$

$$h_{\text{xlow}} = 10^5 h_{3z}^{0.12} Bo^{0.39} \tag{11.117}$$

式中，$Nu_{\text{sp,MY}}$ 是用 Muzychka - Yovanovich[66]方法计算的单相流努塞尔数，h_{3z} 是用 Thome 等[67]方法计算的 3 -区域传热系数。

11.4.2 模型对水过冷流动沸腾的适应性评价

方贤德等[43]利用其收集的 1 184 组水管内过冷流动沸腾传热实验数据，对上述 21 个管内过冷流动沸腾传热模型进行了评价分析。采用平均绝对误差 MAD 作为评价指标。平均相对误差 MRD 被用来判断模型在总体上是高估还是低估了实验数据库，但不作为评价指标。

结合方贤德等[44]的研究结果，平均绝对误差 MAD＜50％的模型的评价结果如表 11.3 所列。从表中可见：

① 方贤德等[44]模型误差最小，MAD＝11.3％；

② Liu - Winterton[58]公式次之，MAD＝32.5％。

③ 除了方贤德等模型外，其余公式在±10％误差带内的数据点均不足 25％。

④ 方贤德等模型的$(\mu_{\text{lf}}/\mu_{\text{lw}})$项依赖于壁面温度，适合于壁温给定的应用场合。

现有模型多是作者根据自己有限的实验数据提出的，在一定条件下能够提供可以接受的预测结果，但对于含多个数据源的综合数据库，其预测偏差一般较大。因此，仅基于作者自己的实验数据获得的模型，其适应性往往不理想。

表 11.3　对水过冷流动沸腾实验数据 MAD<60%的模型的预测误差 %

关联式	MAD	MRD	±10%误差带	±20%误差带
方贤德等[44]	11.3	−0.4	50.8	85.1
Liu－Winterton[58]	32.5	2.7	22.0	39.9
Shah[10]	37.9	−5.0	18.1	31.4
Kutateladze[55]	42.6	34.8	34.6	52.6
Baburajan 等[47]	43.4	−42.9	13.8	20.7
Papell[48]	43.5	−11.3	17.1	29.8

11.4.3　进口过冷度对过冷流动沸腾传热的影响

过冷流动沸腾传热系数模型的提出没有运用严格的非平衡热力学理论，也没有考虑流动加速对边界层特性、速度分布及气相对于液体相对运动的影响，因此对过冷流动沸腾传热系数模型的分析与讨论带有一定的近似性。

图 11.12 显示了进口过冷度对流动沸腾传热量的影响。如图所示：在大过冷度时，过冷度越大，过冷流动沸腾传热量越大；在小过冷度时，过冷度对传热量的影响不明显。这是因为，在大过冷度时，部分沸腾的可能性较大。部分过冷流动沸腾中，单相液体强迫对流对传热有重要影响。而单相液体强迫对流传热与过冷度有近似成正比的关系。而在小过冷度时，充分发展沸腾的可能性较大。在充分发展过冷流动沸腾阶段，核态沸腾传热起主导作用，壁面传热量受过冷度的影响很小。

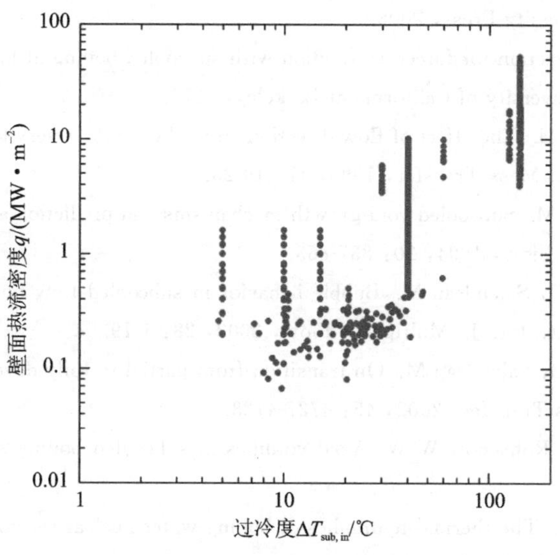

图 11.12　过冷度对传热量的影响

图 11.13 表示出了过冷流动沸腾传热系数随进口过冷度的变化。可以看出，进口过冷度对传热系数的影响总体上与对传热量的影响在趋势上相近，但没有对传热量的影响那么显著。在大进口过冷度时，传热系数有随过冷度增大而增大的趋势。这可能是因为，在进口大过冷度

时,部分沸腾的可能性较大。在低进口过冷度时,传热系数与过冷度的关系不大明显。这可能是因为,在低进口过冷度时,出现充分发展沸腾的可能性较大。在充分发展过冷流动沸腾阶段,传热系数受过冷度的影响很小。

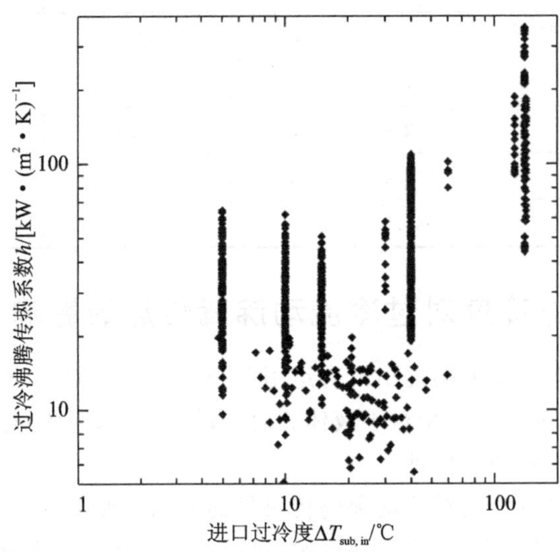

图 11.13　过冷度对传热系数的影响

参考文献

[1] Ghiaasiaan S M. Two-phase flow, boiling and condensation in conventional and miniature systems. New York: Cambridge University Press, 2008.

[2] Dix G E. Vapor void fraction for forced convection with subcooled boiling at low flow rates. Ph. D. Thesis. Berkeley, CA: University of California at Berkeley, 1971.

[3] Bibeau E L, Salcudean M. The effect of flow direction on void growth at very low velocities and low pressure. Int. Comm. Heat Mass Transfer, 1990, 17: 19-25.

[4] Bibeau E L, Salcudean M. Subcooled void growth mechanisms and prediction at low pressure and low velocity. Int. Multiphase Flow, 1994, 20: 837-863.

[5] Prodanovic V, Fraser D, Salcudean M. Bubble behavior in subcooled flow boiling of water at low pressures and low flow rates. Int. J. Multiphase Flow, 2002, 28: 1-19.

[6] Prodanovic V, Fraser D, Salcudean M. On transition from partial to fully developed subcooled flow boiling. Int. J. Heat Mass Transfer, 2002, 45: 4727-4738.

[7] Griffith P, Clark J A, Rohsenow W W. Void volumes in subcooled boiling systems. ASME Paper 58-HT-19, 1958.

[8] Lahey T R, Moody F J. The thermal-hydraulics of boiling water nuclear reactors, 2nd ed. American Nuclear Society, LaGrange Park, IL, 1996.

[9] Bowring R W. Physical model of bubble detachment and void volume in subcooled boiling. OECD Halden Reactor Project Rep. HPR-10, 1962.

[10] Shah M. A general correlation for heat transfer during subcooled boiling in pipes and annuli. ASHRAE Trans., 1977, 83(Part 1): 205-215.

[11] Liu D, Lee P S, Garimella S V. Prediction of the onset of nucleate boiling in microchannel flow. Int. J.

Heat Mass Transfer，2005，48(25)：5134-5149.

[12] Hong G，Yan X，Yang Y H，et al. Experimental study on onset of nucleate boiling in narrow rectangular channel under static and heaving conditions. Annals of Nuclear Energy，2012，39(1)：26-34.

[13] Richoua M，Li Pumab A，Viscac E. Design of a water cooled monoblock divertor for DEMO using Eurofer as structural material. Fusion Engineering and Design，2014，89(7-8)：975-980.

[14] Bergles A E，Rohsenow W M. The determination of forced-convection surface-boiling heat transfer. J. Heat Transfer，1964，86(3)：365-372.

[15] Hsu Y Y. On the size range of active nucleation cavities on a heating surface. J. Heat Transfer，1962，84(3)：207-213.

[16] Albati M A，AL-Yahia O S，Park J，et al. Thermal hydraulic analyses of JRR-3：Code-to-code comparison of COOLOD-N2 and TMAP. Progress in Nuclear Energy，2014，71：1-8.

[17] Davis E J，Anderson G H. The incipience of nucleate boiling in forced convection flow. AIChE Journal，1966，12(4)：774-780.

[18] Sato T，Matsumura H. On the conditions of incipient subcooled-boiling with forced convection. Bulletin of JSME，1964，7(26)：392-398.

[19] Basu N，Warrier G R，Dhir V K. Onset of nucleate boiling and active nucleation site density during subcooled flow boiling. J. Heat Transfer，2002，124(4)：717-728.

[20] Kandlikar S G. Nucleation characteristics and stability considerations during flow boiling in microchannels. Experimental Thermal and Fluid Science，2006，30(5)：441-447.

[21] Ghiaasiaan S M，Chedester R C. Boiling incipience in microchannels. Int. J. Heat Mass Transfer，2002，45(23)：4599-4606.

[22] Thom J R S，Walker W M，Fallon T A，et al. Boiling in subcooled water during flow up heated tubes or annuli//Symposium on Boiling Heat Transfer in Steam Generating Units and Heat Exchangers，Institute of Mechanical Engineers，London，1965.

[23] Qi S L，Zhang P，Wang R Z，et al. Flow boiling of liquid nitrogen in micro-tubes：Part I—The onset of nucleate boiling，two-phase flow instability and two-phase flow pressure drop. Int. J. Heat Mass Transfer，2007，50(25)：4999-5016.

[24] Celata G P，Cumo M，Mariani A. Experimental evaluation of the onset of subcooled flow boiling at high liquid velocity and subcooling. Int. J. Heat Mass Transfer，1997，40(12)：2879-2885.

[25] Yang L，Guo A，Liu D. Experimental investigation of subcooled vertical upward flow boiling in a narrow rectangular channel. Experimental Heat Transfer，2016，29:221-243.

[26] Ahmadi R，Ueno T，Okawa T. Bubble dynamics at boiling incipience in subcooled upward flow boiling. Int. J. Heat Mass Transfer. 2012，55，488-497.

[27] Ahmadi R，Ueno T，Okawa T. Visualization study on the mechanisms of net vapor generation in water subcooled flow boiling under moderate pressure conditions. Int. J. Heat Mass Transfer，2014，70：137-151.

[28] 王国栋. 微通道内稳定流动沸腾的换热特性及沸腾不稳定性研究. 上海：上海交通大学，2008.

[29] Saha P，Zuber N. Point of net vapor generation and vapor void fraction in subcooled boiling. Proc. of 5th Int. Heat Transfer Conf.，Tokyo，Japan，1974，4：175-179.

[30] Levy S. Forced convection subcooled boiling-prediction of vapor volumetric fraction. Int. J. Heat Mass Transfer，1967，28：1116-1129.

[31] Chedester R C，Ghiaasiaan S M. A proposed mechanism for hydrodynamically-controlled onset of significant void in microtubes. Int. J. Heat Fluid Flow，2002，23：769-775.

[32] Kureta M, Hibiki T, Mishima K, et al. Study on point of net vapor generation by neutron radiography in subcooled boiling flow along narrow rectangular channels with short heated length. Int. J. Heat Mass Transfer, 2003, 46: 1171-1181.

[33] Ahmadi R, Ueno T, Okawa T. Experimental identification of the phenomenon triggering the net vapor generation in upward subcooled flow boiling of water at low pressure. Int. J. Heat Mass Transfer, 2012, 55: 6067-6076.

[34] Wang J, Huang Y, Wang Y. Visualized study onspecific points on demand curves and flow patterns in a single-side heated narrow rectangular channel. Int. J. Heat Fluid Flow, 2011, 32: 982-992.

[35] Dittus F W, Boelter L M K. Heat transfer in automobile radiators of the tubular type. Int. Communications in Heat and Mass Transfer, 1985, 12(1): 3-22.

[36] Staub F W. The void fraction in subcooled boiling: Prediction of the initial point of net vapor generation. J. Heat Transfer, 1968, 90: 151-157.

[37] Rogers J T,Salcudean M, Abdullah Z, et al. The onset of significant void in up-flow boiling of water at low pressure and velocities. Int. J. Heat Mass Transfer, 1987, 30: 2247-2260.

[38] Hoffman M A, Wang C F. Prediction of pressure drop in forced convection subcooled boiling water flows. Int. J. Heat Mass Transfer, 1992, 35: 3291-3299.

[39] Aharon J, Hochbaum I, Shai I. Study on flow characteristics and pressure distribution along a heated channel in subcooled flow boiling. Int. J. Heat Mass Transfer, 2006, 49: 3617-3625.

[40] Unal H C. Determination of the initial point of net vapor generation in flow boiling systems. Int. J. Heat Mass Transfer, 1975, 18, 1095-1099.

[41] Ahmad S Y. Axial distribution of bulk temperature and void fraction in a heated channel with inlet subcooling. J. Heat Transfer, 1970, 92: 595-609.

[42] Lee S C,Bankoff S G. A comparison of predictive models for the onset of significant void at low pressures in forced-convection subcooled boiling. KSME Int. Journal, 1998, 12(3): 504-513.

[43] Fang X, Yuan Y, Xu A, et al. Review of correlations for subcooled flow boiling heat transfer and assessment of their applicability to water. Fusion Engineering and Design, 2017,122:52-63.

[44] 方贤德，田露，周展如，等. 水过冷流动沸腾传热关联式研究. 工程热物理学报，2017，38(6): 1243-1249.

[45] Hata K, Noda N. Turbulent heat transfer for heating of water in a short vertical tube. J. Power Energy Systems, 2008, 2(1): 318-329.

[46] Hata K,Masuzaki S. Critical heat fluxes of subcooled water flow boiling in a short vertical tube at high liquid Reynolds number. Nuclear Engineering and Design, 2010, 240(10): 3145-3157.

[47] Baburajan P K, Bisht G S, Gupta S K, et al. Measurement of subcooled boiling pressure drop and local heat transfer coefficient in horizontal tube under LPLF conditions. Nuclear Engineering and Design, 2013, 255: 169-179.

[48] Papell S S. Subcooled boiling heat transfer under forced convection in a heated tube. NASA Technical Note D-1583, Lewis Research Center, Cleveland, OH, 1963.

[49] Chen J C. Correlation for boiling heat transfer to saturated fluids in convective flow. Industrial & Engineering Chemistry Process Design and Development, 1966, 5(3): 322-329.

[50] Rohsenow W M. Heat transfer with evaporation // Proceedings of Heat Transfer—A Symposium Held at the University of Michigan During the Summer of 1952, 1953: 101-150.

[51] Collier J G,Thome J R. Convective boiling and condensation, 3rd ed. New York: Oxford University Press, 1994.

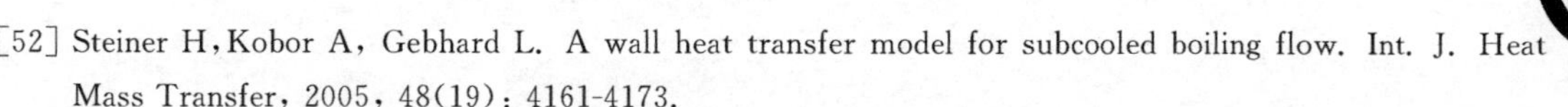

[52] Steiner H, Kobor A, Gebhard L. A wall heat transfer model for subcooled boiling flow. Int. J. Heat Mass Transfer, 2005, 48(19): 4161-4173.

[53] Yan J, Bi Q, Liu Z, et al. Subcooled flow boiling heat transfer of water in a circular tube under high heat fluxes and high mass fluxes. Fusion Engineering and Design, 2015, 100: 406-418.

[54] Gnielinski V. New equations for heat and mass transfer in turbulent pipe and channel flow. Int. Chemical Engineering, 1976, 16(2): 359-368.

[55] Kutateladze S S. Boiling heat transfer. Int. J. Heat Mass Transfer, 1961, 4: 31-45.

[56] Cooper M G. Heat flow rates in saturated nucleate pool boiling-A wide ranging examination using reduced properties. Adv. Heat Transfer, 1984, 16: 157-239.

[57] Bjorge R W, Hall G R, Rohsenow W M. Correlation of forced convection boiling heat transfer data. Int. J. Heat Mass Transfer, 1982, 25(6): 753-757.

[58] Liu Z, Winterton R H S. A general correlation for saturated and subcooled flow boiling in tubes and annuli, based on a nucleate pool boiling equation. Int. J. Heat Mass Transfer, 1991, 34(11): 2759-2766.

[59] Hua S, Huang R, Li Z, et al. Experimental study on the heat transfer characteristics of subcooled flow boiling with cast iron heating surface. Applied Thermal Engineering, 2015, 77: 180-191.

[60] Ramstorfer F, Steiner H, Brenn G, et al. Subcooled boiling flow heat transfer from plain and enhanced surfaces in automotive applications. J. Heat Transfer, 2008, 130(1): 011501.

[61] Churchill S W, Chu H H S. Correlating equations for laminar and turbulent free convection from a vertical plate. Int. J. Heat Mass Transfer, 1975, 18(11): 1323-1329.

[62] McAdams W H, Kennel W E, Minden C S, et al. Heat transfer at high rates to water with surface boiling. Industrial & Engineering Chemistry, 1949, 41(9): 1945-1953.

[63] Jens W H, Lottes P A. Analysis of heat transfer, burnout, pressure drop and density date for high-pressure water. Argonne National Lab., Chicago, Illinois, ANL-4627, 1951.

[64] Kandlikar S G. Heat transfer characteristics in partial boiling, fully developed boiling, and significant void flow regions of subcooled flow boiling. J. Heat Transfer, 1998, 120(2): 395-401.

[65] Huang H, Thome J R. Local measurements and a new flow pattern based model for subcooled and saturated flow boiling heat transfer in multi-microchannel evaporators. Int. J. Heat Mass Transfer, 2016, 103: 701-714.

[66] Muzychka Y S, Yovanovich M M. Laminar forced convection heat transfer in the combined entry region of non-circular ducts. J. Heat Transfer, 2004, 126 (1): 54.

[67] Thome J R, Dupont V, Jacobi A M. Heat transfer model for evaporation in microchannels: Part I—Presentation of the model. Int. J. Heat Mass Transfer, 2004, 47: 3375-3385.

第 12 章　饱和流动沸腾传热的计算模型

第 10 章、第 11 章介绍了流动沸腾过程、临界热流密度和过冷流动沸腾传热。在流动沸腾过程的介绍中，侧重介绍了流动特性，也对传热系数（或称换热系数）的变化特性做了定性描述。本章重点讨论饱和流动沸腾传热计算模型，系统总结饱和流动沸腾传热系数关联式，对各关联式对不同工质预测的准确性进行评价分析，为工程设计计算的模型选用提供指导。

对于大部分的工程应用，例如制冷系统中的蒸发器，流动沸腾是饱和流动沸腾。所以流动沸腾研究中，大部分关注的是饱和流动沸腾。在工程应用中，使用的饱和流动沸腾传热模型一般是基于实验数据的关联式，即经验或半经验模型。所以，本章针对这类模型进行分析。

12.1　饱和流动沸腾传热模型的类型和常用的无量纲参数

12.1.1　常用的无量纲参数

饱和流动沸腾传热关联式中经常涉及的无量纲参数有努塞尔数 Nu、雷诺数 Re、普朗特数 Pr、方数 Fa、邦德(Bond)数 Bd、韦伯(Weber)数 We、沸腾(boiling)数 Bo、弗劳德(Froude)数 Fr、Martinelli 参数 X、对流数 Cv，以及受限数 Co 等。

雷诺数常见的有液相表观雷诺数（简称液观雷诺数）Re_l、全液相雷诺数 Re_{lo}、气相表观雷诺数（简称气观雷诺数）Re_g 和全气相雷诺数 Re_{go}，韦伯数常见的有全液相韦伯数 We_{lo} 和全气相韦伯数 We_{go}，弗劳德数常用的是全液相弗劳德数 Fr_{lo}。

$$Re_l = \frac{(1-x)GD}{\mu_l} \tag{12.1}$$

$$Re_g = \frac{xGD}{\mu_g} \tag{12.2}$$

$$Re_{ko} = \frac{GD}{\mu_k} \tag{12.3}$$

$$Pr_k = \frac{c_{pk}\mu_k}{\lambda_k} \tag{12.4}$$

$$Bo = \frac{q}{Gh_{lg}} \tag{12.5}$$

$$Bd = \frac{g(\rho_l - \rho_g)D^2}{\sigma} \tag{12.6}$$

$$Fa = \frac{(\rho_l - \rho_g)\sigma}{G^2 D} \tag{12.7}$$

$$We_{ko} = \frac{G^2 D}{\sigma \rho_k} \tag{12.8}$$

$$Fr_{ko}=\frac{G^2}{gD\rho_k^2} \tag{12.9}$$

$$Co=\sqrt{\frac{\sigma}{g(\rho_l-\rho_g)D^2}} \tag{12.10}$$

$$Cv=\left(\frac{1-x}{x}\right)^{0.8}\left(\frac{\rho_g}{\rho_l}\right)^{0.5} \tag{12.11}$$

式中，G 为两相流质量流速；x 为干度；D 对于圆管为管内径，对于非圆管为水力直径（也称当量直径，有时用符号 D_h 表示）；g 为重力加速度（$g=9.8\ m/s^2$）；q 为热流密度；h_{lg} 为蒸发潜热；c_p、μ、ρ、σ 分别为流体的比定压热容、动力粘度、密度、表面张力；下标 l 和 g 分别代表液相和气相；下标 k=l 代表液相，k=g 代表气相，ko=lo 代表全液相，ko=go 代表全气相。

本书中的 D 一般既代表管内径，又代表水力直径。在特别需要明确的情况下，水力直径用符号 D_h 表示。

$$D=\frac{4A_c}{P} \tag{12.12}$$

式中，A_c 为横截面积，即流通面积；P 为湿周，即横截面的周长。

Martinelli 参数（也称 Lockhart - Martinelli 参数）常见的是液相和气相都是湍流（习惯上用 tt 表示）时（X_{tt}）的表达式。X_{tt} 的表达式形式不一，常见的形式如下：

$$X_{tt}=\left(\frac{1-x}{x}\right)^{0.9}\left(\frac{\rho_g}{\rho_l}\right)^{0.5}\left(\frac{\mu_l}{\mu_g}\right)^{0.1} \tag{12.13}$$

努塞尔数常见的是含液相导热系数的形式：

$$Nu=h_{tp}\frac{D}{\lambda_l} \tag{12.14}$$

式中，h_{tp} 为流动沸腾传热系数。

12.1.2　模型类型

饱和流动沸腾传热模型一般可概括为 7 大类：增强模型、核态沸腾模型、叠加模型、择大模型、渐进模型、基于流型的模型，以及混合模型。

（1）增强模型

增强模型的基本思路是，由于沸腾的作用，两相流传热比单相流传热显著增强，流动沸腾传热系数 h_{tp} 可以通过在单相强迫对流传热系数 h_{sp} 前面乘以增强因子 ψ 获得，即

$$h_{tp}=\psi h_{sp} \tag{12.15}$$

上式中的 h_{sp} 有 4 种形式：液相形式 $h_{sp,l}$、气相形式 $h_{sp,g}$、全液相形式 $h_{sp,lo}$、全气相形式 $h_{sp,go}$，其中大部分是液相形式。液相形式和气相形式一般采用 Dittus - Boelter 公式[1]。全液相形式和全气相形式除采用 Dittus - Boelter 公式外，也采用 Gnielinski 公式[2]。

Dittus - Boelter 公式的形式为

$$h_{sp,k}=0.023Re_k^{0.8}Pr_k^{0.4}\frac{\lambda_k}{D} \tag{12.16}$$

$$h_{sp,ko}=0.023Re_{ko}^{0.8}Pr_k^{0.4}\frac{\lambda_k}{D} \tag{12.17}$$

式中，定性温度除非特别说明，一般为流体饱和温度；下标 k 表示的是液相 l 或气相 g。

Gnielinski 公式[2]的全液相形式或全气相形式为

$$h_{sp,ko}=\frac{(f_{ko}/8)(Re_{ko}-1\,000)Pr_k}{1+12.7(f_{ko}/8)^{1/2}(Pr_k^{2/3}-1)}\frac{\lambda_k}{D} \tag{12.18}$$

$$f_{ko}=(0.79\ln Re_{ko}-1.64)^{-2} \tag{12.19}$$

式中,定性温度为流体饱和温度。

强化因子 ψ 随着不同的两相流动机理和工质有不同的形式[3-6],比较常见的情况是把它表示为无量纲参数的函数,有的模型还引入了依赖于工质的系数[5-6]。

(2) 核态沸腾模型

典型的核态沸腾模型是 Cooper[7]模型,它是依据池沸腾实验数据获得的。本章核态沸腾模型泛指流动沸腾传热系数与干度无关的传热模型,其中除了 Cooper 模型外,都是用流动沸腾实验数据获得的。

(3) 叠加模型

叠加模型的基本思想是,流动沸腾传热可认为是核态沸腾传热和强迫对流传热的叠加,流动沸腾传热系数 h_{tp} 可表示为核态沸腾传热系数 h_{nb} 和强迫对流传热系数 h_{sp} 的叠加,即

$$h_{tp}=Sh_{nb}+Fh_{sp} \tag{12.20}$$

式中,S 为核态沸腾抑制因子;F 为雷诺数因子,也称强迫对流加强因子。这类模型的思路是,流动沸腾中强迫对流传热和核态沸腾传热两种机理按一定的比例发挥作用,影响着流动沸腾传热系数。而两种机理所占的比例也会随着工况的变化有所不同。例如:流速较大时会抑制气泡的生长,对应的核态沸腾抑制因子 S 就会变小,核态沸腾的影响减弱;与此同时,较大的流速会使对流的湍动程度增强,雷诺数因子 F 就会增大,强迫对流得到增强。

(4) 择大模型

择大模型的基本思想是,流动沸腾传热系数等于强迫对流传热系数和核态沸腾传热系数中数值大的一项,即

$$h_{tp}=\max(h_{nb},h_{sp}) \tag{12.21}$$

一般来说,流动沸腾传热应该是核态沸腾和强迫对流共同作用的结果,择大模型显然没有反映这一共同作用下的流动沸腾传热情况。

(5) 渐进模型

渐进模型的基本形式是

$$h_{tp}^n=(Sh_{nb})^n+(Fh_{sp})^n \tag{12.22}$$

式中,n 为渐进指数。显而易见,当 $n=1$ 的时候,渐进模型的形式就转化成叠加模型的形式;当 n 趋于无穷大时,渐进模型的形式又转化为两者择大模型的形式。当热流密度 q 较小时,强迫对流传热较为明显,曲线趋于两相对流趋势;当热流密度 q 较大时,曲线又渐近核态沸腾曲线;而在两条渐近线之间,表示的是两种传热机制的过渡。

(6) 基于流型的模型

基于流型的模型(或称基于现象的模型)建立在对流型研究的基础上,模型中包含了流型参数。由于流动沸腾流型复杂,且流型在流道轴向不同位置可能有显著变化,所以基于现象的模型一般比较复杂,一些与流型紧密关联的参数可能较难确定。正因为如此,基于现象的模型使用起来一般比较困难。另一方面,基于现象的模型从流动沸腾传热机理出发构建模型,如果对流型测定准确,则有可能构建出精度比较高的模型。

(7) 混合模型

混合模型以某个参数为判据，将流动沸腾过程进行分区，在不同的区域使用不同的模型。而不同区域的模型通常不能归为以上 6 种模型中的一种。

12.2　饱和流动沸腾传热的一般模型

所谓一般模型，这里指的是不限于某一种工质的模型，所以不包括 CO_2（二氧化碳，R744）、NH_3（氨，R717）、N_2（氮，R728）和低温流体专用模型。

本节按上述 7 大模型，分类介绍 29 个流动沸腾传热一般模型，既包括了所有比较经典、评价较好的模型，也包括了一些学者近期的研究成果。具体是：

① 增强模型 9 个，包括 Fang 等[5-6]、Gungor - Winterton(1987)[8]、Shah[9]、Kaew - On 等[10]、Kenning - Cooper[11]、Kew - Cornwell[12]、Li - Wu[13]、Warrier 等[14]、Yan - Lin[15]；

② 核态沸腾模型 6 个，包括 Cooper[7]、Yu 等[16]、Sun - Mishima[17]、Tran 等[18]、Lazarek - Black[19]、Hamdar 等[20]；

③ 叠加模型 6 个，包括 Chen[21-22]、Bertsch 等[23]、Jung 等[25]、Saitoh 等[26]、Gungor - Winterton(1986)[27]、Zhang 等[28]；

④ 渐进模型 3 个，包括 Liu - Winterton[24]、Wattelet 等[29]、Steiner - Taborek[30]；

⑤ 择大模型 2 个，包括 Kandlikar[31]、Kandlikar - Balasubramanian[32]；

⑥ 基于流型的模型 1 个，为 Thome 等[33]；

⑦ 混合模型 2 个，包括 Li - Wu[34] 和 Lee - Mudawar[35]。

12.2.1　增强模型

(1) Fang 等[5-6]模型

基于对来自 101 篇文献涉及 13 种工质（表 12.1 中的前 13 个）的 17 778 个实验数据点，Fang 等[5]提出了如下饱和流动沸腾传热计算通用公式：

$$Nu = h_{tp}\frac{D}{\lambda_l} = F_f M^{-0.18} Bo^{0.98} Fr_{lo}^{0.48} Bd^{0.72}\left(\frac{\rho_l}{\rho_g}\right)^{0.29}\left[\ln\left(\frac{\mu_{lf}}{\mu_{lw}}\right)\right]^{-1} Y \tag{12.23a}$$

$$Y=\begin{cases}1, & P_R \leqslant 0.43\\ 1.38 - P_R^{1.15}, & P_R > 0.43\end{cases} \tag{12.23b}$$

式中，对比压力 $P_R = p/p_{cr}$，p_{cr} 为临界压力，μ_{lf} 和 μ_{lw} 分别为以流体温度和以流道内壁温度确定的液体动力粘度，F_f 为依赖于工质的系数（见表 12.1），M 为相对分子质量，所有物性参数用 NIST 的 REFPROP[36] 软件或有关公式计算而得。

对于表中没有列出的工质，作者建议：在有充分的实验数据可用的情况下，应通过实验数据拟合出该工质的 F_f；如果没有充分的实验数据可用，则取 $F_f = 1\ 850$。

获得表 12.1 的总实验数据点超过 25 000 个，参数范围为 $D = 0.207 \sim 32$ mm，$G = 10 \sim 1\ 782$ kg/(m^2 · s)，$q = 0.2 \sim 4\ 788$ kW/m^2，$P_R = 0.004\ 5 \sim 0.93$，$x = 0.000\ 1 \sim 0.998$。

(2) Gungor - Winterton(1987)[8]模型

Gungor 和 Winterton 收集了 3 693 个数据点，比较分析了大范围内的实验数据，工质包括 R11、R12、R22、R113、R114 和水，在此基础上提出了如下公式：

$$h_{tp}=(SS_2+FF_2)h_{sp,l} \tag{12.24}$$

$$S=1+3\ 000Bo^{0.86} \tag{12.25a}$$

$$F=1.12\left(\frac{x}{1-x}\right)^{0.75}\left(\frac{\rho_l}{\rho_g}\right)^{0.41} \tag{12.25b}$$

$$F_2=\begin{cases}Fr_{lo}^{(0.1-2Fr_{lo})}, & \text{水平且 } Fr_{lo}<0.05\\ 1, & \text{其他}\end{cases} \tag{12.26a}$$

$$S_2=\begin{cases}Fr_{lo}^{0.5}, & \text{水平且 } Fr_{lo}<0.05\\ 1, & \text{其他}\end{cases} \tag{12.26b}$$

式中，$h_{sp,l}$ 由 Dittus - Boelter 公式(12.16)确定。

表 12.1　Fang 等模型中的系数 F_f[5-6]

流　体	F_f	流　体	F_f
R134a	1 845	R290	1 825
R22	1 850	R32	1 435
R245fa	1 890	R600a	1 960
R1234yf	1 690	R404A	1 945
R236fa	1 770	R507	1 970
R410A	1 790	R1234ze(E)	1 905
R407C	2 065	R152a	2 025
CO_2	2 260	R417A	1 960
NH_3	1 745	R123	1 670
N_2	1 715	其他工质[a]	1 850
Water	2 035		

a 对于表中没有列出的工质，作者建议：在有充分的实验数据可用的情况下，应通过实验数据拟合出该工质的 F_f；如果没有充分的实验数据可用，则取 F_f=1 850。

Gungor - Winterton(1987)[8]模型适用于过冷沸腾和饱和沸腾，也适用于管内及环形通道，既可用于水平流动，也可用于垂直流动。

(3) Shah[9]模型

基于来自 19 篇文献的 780 个数据点，Shah 提出流动沸腾传热系数是下述公式求出的传热系数中最大的值：

$$h_{tp}=230Bo^{0.5}h_{sp,l} \tag{12.27}$$

$$h_{tp}=1.8\left[Cv(0.38Fr_{lo}^{-0.3})^n\right]^{-0.8}h_{sp,l} \tag{12.28}$$

$$h_{tp}=F\exp\{2.47\left[Cv(0.38Fr_{lo}^{-0.3})^n\right]^{-0.15}\}h_{sp,l} \tag{12.29}$$

$$h_{tp}=F\exp\{2.74\left[Cv(0.38Fr_{lo}^{-0.3})^n\right]^{-0.1}\}h_{sp,l} \tag{12.30}$$

$$F=\begin{cases}14.7Bo^{0.5}, & Bo\geqslant 0.001\ 1\\ 15.4Bo^{0.5}, & Bo<0.001\ 1\end{cases} \tag{12.31a}$$

$$n=\begin{cases}0, & \text{垂直流动或 } Fr_{lo}\geqslant 0.04 \text{ 的水平流动}\\ 1, & Fr_{lo}<0.04 \text{ 的水平流动}\end{cases} \tag{12.31b}$$

式中，$h_{sp,l}$ 由 Dittus - Boelter 公式(12.16)确定。

Shah 模型通过了约 3 000 个数据点的验证，这个数据库包含 12 种工质，水力直径 D 达到 33 mm。

(4) Kaew－On 等[10]模型

基于作者自己的 R134a 在当量直径 1.1 mm 和 1.2 mm 多通道换热器中的实验数据，Kaew－On 等人提出了下式：

$$h_{tp}=[1.737+0.97(\theta\phi_l^2)^{0.523}]Bo^{0.185}We_{lo}^{0.0013}h_{sp,l} \tag{12.32}$$

式中，θ 是流道横截面短边与长边之比；$h_{sp,l}$ 由 Dittus－Boelter 公式(12.16)确定；分液相摩擦压降倍率 ϕ_l 用下面的 Chisholm[37]方法计算：

$$\phi_l^2=1+\frac{C}{X_{tt}}+\frac{1}{X_{tt}^2} \tag{12.33}$$

式中，Martinelli 参数 X_{tt} 和 Chisholm 常数 C 用下面的公式计算：

$$X_{tt}=\left(\frac{1-x}{x}\right)\left(\frac{f_l}{f_g}\right)^{0.5}\left(\frac{\rho_g}{\rho_l}\right)^{0.5} \tag{12.34}$$

$$C=-3.356+41.836\exp(-17.369\theta f_l D)+124.5\theta f_l D \tag{12.35}$$

式中，Moody 摩擦因子 f 用 Haaland 公式[38]计算：

$$\frac{1}{\sqrt{f_k}}=-1.8\log\left[\left(\frac{\varepsilon/D}{3.7}\right)^{1.11}+\frac{6.9}{Re_k}\right] \tag{12.36}$$

式中，ε 为通道表面粗糙度。Fang 等[39]提出了精确度更高的 Moody 摩擦因子显式公式。

(5) Kenning－Cooper[11]模型

Kenning 和 Cooper 认为饱和流动沸腾的传热系数在环状流区域时主要受局部参数的影响，他们提出

$$h_{tp}=(1+1.8X_{tt}^{-0.87})h_{sp,l} \tag{12.37}$$

式中，$h_{sp,l}$ 由 Dittus－Boelter 公式(12.16)确定，Martinelli 参数 X_{tt} 用式(12.13)计算。

(6) Kew－Cornwell[12]模型

Kew 和 Cornwell 分析了 R141b 在 D＝1.39～3.69 mm 管内的 697 个数据后，发现管径较大时，流动沸腾传热系数随干度的增大而增大，因此他们对 Lazarek－Black 公式进行了修正，提出

$$h_{tp}=30Re_{lo}^{0.857}Bo^{0.714}\left(\frac{1}{1-x}\right)^{0.143}\frac{\lambda_l}{D} \tag{12.38}$$

(7) Li－Wu[13]模型

Li 和 Wu[13]引入了邦德数 Bd 对沸腾传热的影响。基于 8 种工质在 D＝0.19～3.1 mm 管内的 3 744 个实验数据，他们提出

$$Nu_{tp}=334Bo^{0.3}(BdRe_l^{0.36})^{0.4} \tag{12.39}$$

(8) Warrier 等[14]模型

Warrier 等人分别对水力直径 0.75 mm 矩形管内 FC－84 的单相强迫对流和过冷核态及饱和核态流动沸腾分别进行了实验研究，在实验数据的基础上提出饱和流动沸腾的传热模型如下：

$$h_{tp}=[1+6Bo^{1/16}-5.3(1-855Bo)x^{0.65}]h_{sp,l} \tag{12.40}$$

式中，$h_{sp,l}$ 由 Dittus－Boelter 公式(12.16)确定。

(9) Yan - Lin[15]模型

基于R134a在2 mm水平圆管内的流动沸腾传热实验数据，Yan和Lin[15]认为，小管内的传热系数显著高于大管($D\geqslant 8$ mm)内的传热系数。根据R134a在2 mm水平圆管内的实验数据，他们提出

$$h_{tp}=(C_1 Cv^{C_2}+C_3 Bo^{C_4} Fr_{lo})(1-x)^{0.8} h_{lo} \tag{12.41a}$$

$$h_{lo}=4.364\frac{\lambda_1}{D} \tag{12.41b}$$

式中，经验常数C_1、C_2、C_3和C_4假定为全液相雷诺数Re_{lo}和相对温度$T_R(T_R=T_{sat}/T_{cr})$的函数，可表示为

$$C_m=C_{m,1} Re_{lo}^{C_{m,2}} T_R^{C_{m,3}} \tag{12.42}$$

式中，$m=1,2,3,4$。数据拟合获得了$C_{m,1}$、$C_{m,2}$、$C_{m,3}$列表(因Yan - Lin模型精确度不高，而且表比较复杂，故略之)。

12.2.2 核态沸腾模型

除了Cooper[7]模型之外，本小节纳入的核态沸腾模型都是基于流动沸腾数据得出的，说明在某些流动沸腾条件下，核态沸腾占主导地位。Cooper模型基于池沸腾实验数据，是常见的核态池沸腾模型，但它在流动沸腾传热计算中[7]有时被引用。核态沸腾模型计算的流动沸腾传热系数不受干度的影响，虽然有的模型平均预测效果可能比较好，但对于干度很小和很大的情况，误差可能比较大。

(1) Cooper[7]模型

Cooper基于池沸腾实验数据，提出如下泡核沸腾传热关系式：

$$h_{nb}=55 Pr_R^{0.12-0.091\ln\varepsilon}(-0.4343\ln P_R)^{-0.55} M^{-0.5} q^{0.67} \tag{12.43}$$

式中，通道表面粗糙度ε的单位为μm。如果表面粗糙度未知，则取$\varepsilon=1$ μm，此时Cooper公式变为

$$h_{nb}=55 P_R^{0.12}(-0.4343\ln P_R)^{-0.55} M^{-0.5} q^{0.67} \tag{12.44}$$

(2) Sun - Mishima[17]模型

Sun和Mishima根据直径在0.21～6.05 mm范围内的11种制冷剂的2 505个数据，引进Weber数修正Lazarek - Black模型，得到

$$h_{tp}=\frac{6 Re_{lo}^{1.05} Bo^{0.54}}{We_{lo}^{0.191}(\rho_1/\rho_g)^{0.142}}\frac{\lambda_1}{D} \tag{12.45}$$

(3) Tran等[18]模型

Tran等人基于R12在2.4 mm、2.46 mm管中的实验数据，提出小管径内流动沸腾传热公式

$$h_{tp}=840\,000 Bo^{0.6} We_{lo}^{0.3}\left(\frac{\rho_1}{\rho_g}\right)^{-0.4} \tag{12.46}$$

(4) Lazarek - Black[19]模型

Lazarek和Black基于R113在3.15 mm管中的738个数据点，提出

$$h_{tp}=30Re_{lo}^{0.857}Bo^{0.714}\frac{\lambda_l}{D} \tag{12.47}$$

(5) Hamdar 等[20]模型

Hamdar 等人根据 R152a 在 $D=1$ mm 管中的流动沸腾数据，提出

$$Nu=6\ 942.8(Bo^2We_{lo})^{0.241\ 5}\left(\frac{\rho_g}{\rho_l}\right)^{0.226\ 52} \tag{12.48}$$

(6) Yu 等[16]模型

Yu 等利用 10.7 mm 管中 R134a 的实验数据对 Tran 关联式进行修正，得到

$$h_{tp}=6\ 400\ 000Bo^{0.54}We_{lo}^{0.27}\left(\frac{\rho_l}{\rho_g}\right)^{-0.2} \tag{12.49}$$

12.2.3　叠加模型

(1) Chen[21]模型

Chen 模型是最典型也是最早的流动沸腾传热叠加模型。该模型将流动沸腾传热分为强迫对流沸腾和核态沸腾两部分，以如下方式叠加：

$$h_{tp}=S\cdot h_{nb}+F\cdot h_{sp,l} \tag{12.50}$$

式中，F 为雷诺因子，$F>1$；S 为核态抑制因子，$S<1$；h_{nb} 表示核态沸腾传热系数；$h_{sp,l}$ 表示液相强迫对流传热系数。F 表征的是宏观传热的影响程度，是考虑了蒸发现象的存在增强了单相流体的对流传热而引入的修正系数，因 $F>1$，故又称为对流强化因子。S 表征的是微观传热的影响程度，是考虑了蒸发现象的存在抑制了气泡的生成而引入的修正系数。

Chen 采用 Dittus - Boelter 公式(12.16)确定 $h_{sp,l}$，采用如下的 Foster - Zuber 公式计算 h_{nb}：

$$h_{nb}=0.001\ 22\left(\frac{\lambda_l^{0.79}c_{pl}^{0.45}\rho_l^{0.49}}{\sigma^{0.5}\mu_l^{0.29}h_{lg}^{0.24}\rho_g^{0.24}}\right)\Delta T_{sat}^{0.24}\Delta p_{sat}^{0.75} \tag{12.51}$$

式中，ΔT_{sat} 和 Δp_{sat} 分别为过余温度和过余压力。$\Delta T_{sat}=T_w-T_{sat}$，$\Delta p_{sat}$ 为对应于壁温的饱和压力与流体饱和压力之差。

Chen 认为对流强化因子 F 主要与流动特性有关，可以表示为 Martinelli 参数的函数，S 主要是流动使边界层工质温度场不同所致，所以应考虑雷诺数的影响。对于 F，Chen 给出

$$F=\left(\frac{Re_{tp}}{Re_l}\right)^{0.8} \tag{12.52}$$

并提供了计算图，如图 12.1 所示。

图的形式不方便应用，一些研究者根据 Chen 的计算图拟合出了公式。Chen 和 Fang[22]通过对各种公式的比较，推荐下式：

$$F=\begin{cases}2.35(1/X_{tt}+0.213)^{0.736}, & 1/X_{tt}>0.1\\ 1, & 1/X_{tt}\leqslant 0.1\end{cases} \tag{12.53a}$$

式中，Martinelli 参数 X_{tt} 用式(12.13)计算。

Chen 定义核态抑制因子 S 为有效过余温度 ΔT_e 与实际过余温度 ΔT_{sat} 之比，并提供了计算图，如图 12.2 所示。一些研究者根据图中曲线拟合出了公式，Chen 和 Fang[22]通过比较，推荐下式：

$$S = 1/\left[1 + 2.53 \times 10^{-6}\left(Re_{\mathrm{l}} F^{1.25}\right)^{1.17}\right] \tag{12.53b}$$

Chen 给出其模型适用的干度范围为 $x=0\sim0.7$，认为其对低压蒸气和烃类工质的预测效果较好。一些改进的叠加模型一般以 Chen 模型为依据。

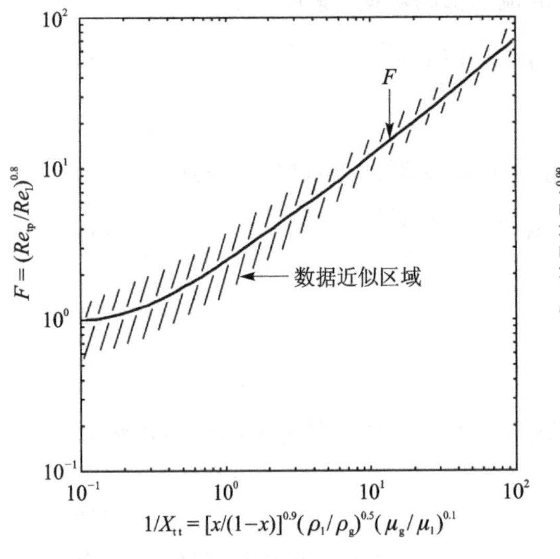

图 12.1　雷诺因子 F

图 12.2　核态抑制因子 S

(2) Bertsch 等[23]模型

Bertsch 等人基于细微通道($D=0.16\sim2.92$ mm)内 12 种制冷剂流动沸腾传热的 3 899 组实验数据，提出了计算流动沸腾的传热公式，参数范围为受限数 $Co=0.3\sim4.0$，质量流速 $G=20\sim3\ 000\ \mathrm{kg/(m^2\cdot s)}$，热流密度 $q=4\sim1\ 150\ \mathrm{kW/m^2}$，饱和温度 $t_{\mathrm{sat}}=-194\sim97$ ℃，干度 $x=0\sim1$。模型形式如下：

$$h_{\mathrm{tp}} = (1-x)h_{\mathrm{nb}} + \left[1 + 80\left(x^2 - x^6\right)\mathrm{e}^{-0.6Co}\right]h_{\mathrm{sp}} \tag{12.54}$$

$$h_{\mathrm{sp}} = x h_{\mathrm{sp,go}} + (1-x)h_{\mathrm{sp,lo}} \tag{12.55}$$

$$h_{\mathrm{sp},k\mathrm{o}} = \left[3.66 + \frac{0.066\,8 Re_{k\mathrm{o}} Pr_k D/L}{1 + 0.04\left(Re_{k\mathrm{o}} Pr_k D/L\right)^{2/3}}\right]\frac{\lambda_k}{D} \tag{12.56}$$

式中：h_{nb} 用 Cooper 公式(12.43)计算，其中若粗糙度未知，则取 $\varepsilon=1\ \mu\mathrm{m}$；下标 k 表示的是液相 l 或气相 g。

(3) Jung 等[25]模型

Jung 等对 Chen[21]模型进行了修正，提出：

$$h_{\mathrm{tp}} = (S/C_1)h_{\mathrm{nb}} + C_2 F h_{\mathrm{sp,lo}} \tag{12.57}$$

式中，对于纯工质，系数 C_1、C_2 取 1，$h_{\mathrm{sp,lo}}$ 由 Dittus - Boelter 公式(12.17)确定，

$$h_{\mathrm{nb}} = 207 Pr_{\mathrm{l}}^{0.533}\frac{\lambda_{\mathrm{l}}}{D_{\mathrm{b}}}\left(\frac{qD_{\mathrm{b}}}{\lambda_{\mathrm{l}} T_{\mathrm{sat}}}\right)^{0.745}\left(\frac{\rho_{\mathrm{g}}}{\rho_{\mathrm{l}}}\right)^{0.581} \tag{12.58}$$

式中

$$D_{\mathrm{b}} = 0.51\left[\frac{2\sigma}{g\left(\rho_{\mathrm{l}} - \rho_{\mathrm{g}}\right)}\right]^{0.5} \tag{12.59}$$

系数 S 和 F 由下面的公式计算：

$$S=\begin{cases}4\ 048X_{tt}^{1.22}Bo^{1.13}, & X_{tt}\leqslant 1\\ 2-0.1X_{tt}^{-0.28}Bo^{-0.33}, & 1<X_{tt}\leqslant 5\end{cases} \tag{12.60a}$$

$$F=2.37(0.29+1/X_{tt})^{0.85} \tag{12.60b}$$

式中，Martinelli 参数 X_{tt} 用式(12.13)计算。作者用 1 588 个纯制冷剂(R22、R114、R12、R152a 和 R500)数据和 1 261 个混合物(R22/R114、R12/152)数据对公式进行了验证。

(4) Saitoh 等[26]模型

Saitoh 等模型是基于 R134a 在 $D=0.51\sim10.92$ mm 管内的 2 224 组实验数据提出的。他们认为流动沸腾传热与干涸情况有关，于是考虑了出现干涸前($h_{tp,pre}$)和出现干涸后($h_{tp,post}$)两种情况。出现干涸的判据为

$$x_{dryout}=\left[s\left(1-\frac{2\delta_{cr}}{D}\right)^2\left(\frac{\rho_g}{\rho_l}\right)\right]\Big/\left\{1-\left(1-\frac{2\delta_{cr}}{D}\right)^2\left[1-s\left(\frac{\rho_g}{\rho_l}\right)\right]\right\} \tag{12.61a}$$

式中，取平均临界液膜厚度 $\delta_{cr}=15\ \mu$m；滑移比 s 用如下方法计算：

$$s=\left(\frac{\rho_l}{\rho_g}\right)^{0.5}\quad 按最小动量扩散 \tag{12.61b}$$

$$s=\left(\frac{\rho_l}{\rho_g}\right)^{1/3}\quad 按最小能量扩散 \tag{12.61c}$$

① 出现干涸前($x<x_{dryout}$)：$h_{tp,pre}$ 用 Chen 模型(12.50)计算，其中核态沸腾传热系数 h_{nb} 用式(12.58)计算，修正因子用下式计算

$$S=[1+0.4(F^{1.25}Re_l\times10^{-4})^{1.4}]^{-1} \tag{12.62a}$$

$$F=1+\frac{(1/X_{tt})^{1.05}}{1+We_{go}^{-0.4}} \tag{12.62b}$$

液相对流传热系数 $h_{sp,l}$ 仍然用 Dittus - Boelter 公式(12.16)确定，Martinelli 参数 X_{tt} 仍然用式(12.13)计算。

② 出现干涸后($x\geqslant x_{dryout}$)：

$$h_{tp,post}=(1-A_D)h_{tp,pre}+A_Dh_{sp,g} \tag{12.63}$$

式中，气相对流传热系数 $h_{sp,g}$ 用 Dittus - Boelter 公式(12.16)计算。当 $Re_l<1\ 000$ 时，基于 0.51 mm 和 1.12 mm 圆管内的实验数据，有

$$A_D=-x_{nor}^3+x_{nor}^2+x_{nor}-0.03 \tag{12.64a}$$

式中

$$x_{nor}=\frac{x-x_{dryout}}{1-x_{dryout}} \tag{12.64a}$$

当 $Re_l>1\ 000$ 时，根据 1.12 mm 圆管内的实验数据，在 $0.56<x_{nor}<1$ 范围内曲线拟合，得

$$A_D=4(x_{nor}-0.5)^2 \tag{12.65}$$

(5) Zhang 等[28]模型

Zhang 等人对 Chen[21]模型进行了修正，将其应用范围扩展到微细通道和层流区域。Zhang 等模型中，h_{nb} 的计算依然采用 Chen 模型中的方法，S、F 和 $h_{sp,l}$ 的计算方法做了改变，具体形式见表 12.2。表中，θ 为流道短边与长边之比。Zhang 等模型的适用干度范围为 0～0.7。

应该指出的是，Zhang 等给出的 S 计算式可能是引用错误，S 应该用式(12.53b)计算。

只有在干度很小($x<0.1$)时,用表中的 S 公式才比较合适。

表 12.2　Zhang 等模型中的 S、F 和 $h_{sp,l}$ 的计算公式

S	$S=1/(1+2.53\times10^{-6}Re_l^{1.17})$
F	$F=\max\{F',1\}$,$F'=0.64\varphi_l$,$\varphi_l^2=1+C/X+1/X^2$ $C=\begin{cases}5, & Re_l<1\,000 且 Re_g<1\,000\\10, & Re_l>2\,000 且 Re_g<1\,000\end{cases}$ $C=\begin{cases}12, & Re_l<1\,000 且 Re_g>2\,000\\20, & Re_l>2\,000 且 Re_g>2\,000\end{cases}$ 对于其他 Re_k 区域,插值获得常数 C。 $X=\left(\frac{f_l}{f_g}\right)^{0.5}\left(\frac{1-x}{x}\right)\left(\frac{\rho_g}{\rho_l}\right)^{0.5}$ $f_k=\begin{cases}64/Re_k, & 圆管且 Re<1\,000\\96B/Re_k, & 矩形管且 Re<1\,000\\0.184/Re_k^{0.2}, & Re>2\,000\end{cases}$ $B=1-1.355\,3\theta+1.946\,7\theta^2-1.701\,2\theta^3+0.956\,4\theta^4-0.253\,7\theta^5$ 式中,如果 $1\,000\leqslant Re_k\leqslant2\,000$,插值获得 f_k;θ 为流道截面短边与长边之比
$h_{sp,l}$	$h_{sp,l}=\begin{cases}\max\{Nu_{sp,lam},Nu_{Collier}\}\lambda_l/D, & Re_l\leqslant2\,000 的垂直通道\\\max\{Nu_{sp,lam},Nu_{sp,t}\}\lambda_l/D, & Re_l\leqslant2\,300 的水平通道\\Nu_{sp,t}\lambda_l/D, & Re_l\geqslant2\,300 的水平通道和垂直通道\end{cases}$ 对于 $2\,000<Re_l<2\,300$ 的垂直流动,根据 $Re_l=2\,000$ 和 $Re_l=2\,300$ 时的值,插值获得 $h_{sp,l}$。 $Nu_{Collier}=0.17Re_l^{0.33}Pr_l^{0.43}\left(\frac{Pr_l}{Pr_w}\right)^{0.25}\left[\frac{g\beta\rho_l^2(T_w-T_l)D^3}{\mu_l^2}\right]^{0.1}$ $Nu_{sp,t}=0.023Re_l^{0.8}Pr_l^{0.4}$ 圆管 $Nu_{sp,lam}=4.36$ 矩形管 $Nu_{sp,lam}=8.235(1-2.042\theta+3.085\theta^2-2.476\,5\theta^3+1.058\theta^4-0.186\theta^5)$

(6) Gungor - Winterton(1986)[27]模型

根据 R11、R12、R22、R113、R114 和水的 3 693 个实验数据点,基于 Chen 的叠加概念,Gungor 和 Winterton[27]提出

$$h_{tp}=SS_2h_{nb}+FF_2h_{sp,l} \tag{12.66}$$

式中,核态沸腾传热系数 h_{nb} 用 Cooper 公式(12.43)计算;液相对流传热系数 $h_{sp,l}$ 用 Dittus - Boelter 公式(12.16)计算;修正系数 F_2 和 S_2 分别用式(12.26a)和式(12.26b)计算;修正因子 S 和 F 计算方法如下:

$$S=\frac{1}{1+1.15\times10^{-6}F^2Re_l^{1.17}} \tag{12.67a}$$

$$F=1+2.4\times10^4Bo^{1.16}+1.37\left(\frac{1}{X_{tt}}\right)^{0.86} \tag{12.67b}$$

式中,Martinelli 参数 X_{tt} 用式(12.13)计算。

12.2.4　渐进模型

(1) Liu - Winterton[24] 模型

Liu 和 Winterton 提出了适用于过冷流动沸腾和饱和流动沸腾的传热系数公式：

$$h_{tp}=[(Sh_{nb})^2+(Fh_{sp,l})^2]^{1/2} \tag{12.68}$$

$$S=\frac{1}{1+0.055F^{0.1}Re_l^{0.16}} \tag{12.69a}$$

$$F=\left[1+xPr_l\left(\frac{\rho_l}{\rho_g}-1\right)\right]^{0.35} \tag{12.69b}$$

式中，$h_{sp,l}$ 的计算采用 Dittus - Boelter 公式(12.16)，h_{nb} 的计算则采用 Cooper 公式(12.43)。

(2) Wattelet 等[29] 模型

Wattelet 等用 R12、R134a 和一种混合制冷剂对 7.04 mm 圆管内的流动沸腾进行了大量实验。基于实验数据，他们提出

$$h_{tp}=[h_{nb}^{2.5}+(F\cdot R\cdot h_{sp,l})^{2.5}]^{1/2.5} \tag{12.70}$$

$$F=1+1.925X_{tt}^{-0.83} \tag{12.71}$$

$$R=\begin{cases}1.32Fr_{lo}^{0.2}, & Fr_{lo}<0.25\\ 1, & Fr_{lo}\geqslant 0.25\end{cases} \tag{12.72}$$

式中，$h_{sp,l}$ 的计算采用 Dittus - Boelter 公式(12.16)，h_{nb} 的计算则采用 Cooper 公式(12.43)。

(3) Steiner - Taborek[30] 模型

Steiner 和 Taborek[30] 通过许多非水介质的实验研究，提出

$$h_{tp}=[(Sh_{nb})^3+(Fh_{sp,lo})^3]^{1/3} \tag{12.73}$$

① 雷诺因子 F 用下式计算：

$$F=\left\{\left[(1-x)^{1.5}+1.9x^{0.6}(1-x)^{0.01}\left(\frac{\rho_l}{\rho_g}\right)^{0.35}\right]+\frac{1}{A^2}\right\}^{-0.5} \tag{12.74}$$

$$A=[1+8(1-x)^{0.7}]\left(\frac{h_{sp,go}}{h_{sp,lo}}\right)\left(\frac{\rho_l}{\rho_g}\right)^{0.67} \tag{12.75}$$

② 全液相(全气相)对流传热系数 $h_{sp,lo}(h_{sp,go})$ 采用 Gnielinski 公式(12.18)计算。

③ 核态沸腾传热系数 h_{nb}

对于此项的计算，Steiner 和 Taborek 与 Chen[21] 的看法不同，他们认为影响核态沸腾传热的主要因素是对比压力 P_R、热流密度 q、流体物性，以及流道壁面粗糙度 ε，所以提出用 Gorenflo 公式[40] 计算：

$$h_{nb}=h_{nb,o}F_p\left(\frac{\varepsilon}{\varepsilon_o}\right)^{2/15}\left(\frac{\lambda\rho c}{\lambda_o\rho_o c_o}\right)^{1/4}\left(\frac{q}{q_o}\right)^{0.9-0.3P_R^{0.3}} \tag{12.76}$$

$$F_p=1.2P_R^{0.27}+2.5P_R+\frac{P_R}{1-P_R} \tag{12.77}$$

④ 抑制因子 S 用下式计算：

$$S=F_p\left(\frac{\varepsilon}{\varepsilon_o}\right)^{2/15}\left(\frac{D}{D_o}\right)^{-0.4}\left(\frac{q}{q_o}\right)^n \tag{12.78}$$

$$F_p=2.816P_R^{0.45}+3.4+\frac{1.7}{(1-P_R^7)P_R^{3.7}} \tag{12.79a}$$

$$n = 0.8 - 0.1\exp(1.75P_R) \quad (12.79b)$$

$$n = 0.7 - 0.13\exp(1.105P_R) \quad 对于深冷剂 \quad (12.79c)$$

式(12.76)和式(12.78)中:参考粗糙度 $\varepsilon_o = 1\ \mu m$;参考热流密度 q_o 按表 12.3 选用数据;参考核态沸腾传热系数 $h_{nb,o}$ 按表 12.4 选用数据;参考直径 $D_o = 10$ mm。

表 12.3 参考热流密度 q_o 的数值

介　质	$q_o/(W \cdot m^{-2})$
无机物、水、氨、二氧化碳	150 000
碳氢化合物、冷冻剂、有机物	20 000
深冷剂、氢、氧、氮	10 000

表 12.4 参考核态沸腾传热系数 $h_{nb,o}$ 的数值

介　质	p_{cr}/MPa	M	$h_{nb,o}/[W \cdot (m^2 \cdot K)^{-1}]$
R22	4.99	86.47	3 930
R113	3.41	187.38	2 180
R134a	4.06	102.03	3 500
R152a	4.52	66.05	4 000
R502	4.08	111.60	2 900
水	22.06	18.02	25 580
二氧化碳	7.38	44.01	18 890
氨	11.3	17.03	36 640
氮	3.40	28.02	4 380

12.2.5 择大模型

(1) Kandlikar[31] 模型

Kandlikar 提出了一个通用于水平管道和垂直管道流动沸腾的传热模型,他认为流动沸腾包含核态沸腾主控区域以及对流沸腾主控区域,并用流体表面因子 F_f 来区别不同种类流体和表面的组合。具体形式如下:

$$h_{tp} = \max\{h_{nb}, h_{cb}\} \quad (12.80)$$

$$h_{nb} = [0.668\,3Cv^{-0.2}f(Fr_{lo}) + 1\,058.0Bo^{0.7}F_f]h_{sp,l} \quad (12.81)$$

$$h_{cb} = [1.136Cv^{-0.9}f(Fr_{lo}) + 667.2Bo^{0.7}F_f]h_{sp,l} \quad (12.82)$$

$$f(Fr_{lo}) = \begin{cases}(25Fr_{lo})^{0.3}, & Fr_{lo} \leqslant 0.04\ 的水平管 \\ 1, & 其他\end{cases} \quad (12.83)$$

式中,h_{nb} 表示的是核态沸腾主控区域的传热系数;h_{cb} 表示的是强迫对流沸腾主控区域的传热系数;$h_{sp,l}$ 用 Dittus - Boelter 公式(12.16)计算;对于不锈钢管中的所有流体,流体表面参数 $F_f = 1$;对于铜管,F_f 的取值见表 12.5。

表 12.5　铜管不同流体 F_f 取值

流　体	F_f	流　体	F_f
水	1.00	R134a	1.63
R11	1.30	R152a	1.10
R12	1.50	R31/R132	3.30
R13B1	1.31	R141b	1.80
R22	2.20	R124	1.00
R113	1.30	煤油	0.488
R114	1.24		

(2) Kandlikar－Balasubramanian[32] 模型

Kandlikar 和 Balasubramanian 对 Kandlikar 模型进行了拓展研究，得到了可以应用于层流和微细通道流动沸腾的 Kandlikar－Balasubramanian 模型。他们根据全液相雷诺数 Re_{lo} 的大小，将流动划分为三个区域：湍流区（$Re_{lo} \geqslant 3\ 000$）、过渡区（$1\ 600 \leqslant Re_{lo} \leqslant 3\ 000$）、层流区（$Re_{lo} < 1\ 600$）。他们认为管道方位的不同对小通道内流动沸腾影响甚小，可以忽略，即可以忽略 Fr 数的影响，令 Kandlikar 模型中的 $f(Fr_{lo})=1$。仍采用式(12.80)，对其中的 $h_{tp,nb}$ 和 $h_{tp,cb}$ 修正如下：

$$h_{nb} = [0.668\ 3Cv^{-0.2} + 1\ 058.0Bo^{0.7}F_f](1-x)^{0.8}h_{sp,lo} \tag{12.84}$$

$$h_{cb} = [1.136Cv^{-0.9} + 667.2Bo^{0.7}F_f](1-x)^{0.8}h_{sp,lo} \tag{12.85}$$

式中，F_f 依然按表 12.5 取值。$h_{sp,lo}$ 的计算取决于雷诺数：在层流区，$Nu=4.36$；当 $3\ 000 \leqslant Re_{lo} \leqslant 10^4$ 时，用 Gnielinski 公式(12.18)计算；当 $10^4 \leqslant Re_{lo} \leqslant 5\times10^6$ 时，用 Petukhov－Kirillov[41] 公式(12.86)计算；而在过渡区，则用线性插值得到。

Kandlikar－Balasubramanian 模型的应用干度范围为 $x<0.7\sim0.8$。

$$h_{sp,lo} = \frac{(f_{lo}/8)Re_{lo}Pr_l}{1+12.7(f_{lo}/8)^{1/2}(Pr_l^{2/3}-1)}\frac{\lambda_l}{D} \tag{12.86}$$

式中，Moody 摩擦因子用式(12.19)确定。

12.2.6　基于流型的模型

瑞士洛桑联邦理工学院传热传质实验室的 Thome 教授研究团队，率先开展了基于流型（或者说基于现象）的两相流传热和摩擦压降模型的研究。

基于流型的流动沸腾传热模型针对流型建模，考虑了流型参数和流动的内在因素，理论上应该优于其他模型。但是，模型很复杂，难以使用，而且要使模型准确度高，必须对流型有准确的数学描述，把握不准会引起误差。不少学者认为基于流型的建模是一个发展方向。因此，基于流型的流动沸腾传热建模思路值得探讨。这里简单介绍 Thome 等[33] 模型。12.3 节介绍基于流型的 CO_2 专用流动沸腾传热模型。

基于从 7 个数据源收集的包含 7 种工质的数据库（$D=0.77\sim3.1$ mm），Thome 等[33] 提出了一个三区域流动沸腾传热模型。假定为定常均匀热流密度边界条件。

(1) 物理模型描述

物理模型如图 12.3 所示。假设上游气泡核迅速长大，形成一个长气泡。这个气泡在径向受到壁面限制，在轴向长大。气泡核与壁面之间有一液体层，其厚度对传热起重要作用。如果观察一个固定部位的流动过程，则有三个流态按顺序连续且周期性出现，情景如下：

- 液体塞通过，不像在大通道，这个液体塞不含气泡；
- 长气泡通过，其与壁面之间有一液体层，该液体层来自其赶走的液体塞；
- 气泡的外围液体层在下一个液体塞到来之前蒸干，然后是一个蒸气塞通过。

上述过程重复出现，即跟随蒸气塞到来的将是液体塞。所以，或者是液体塞-长气泡组合，或者是液体塞-长气泡-蒸气塞组合通过这个固定位置，其周期频率是上游气泡生成率的函数。

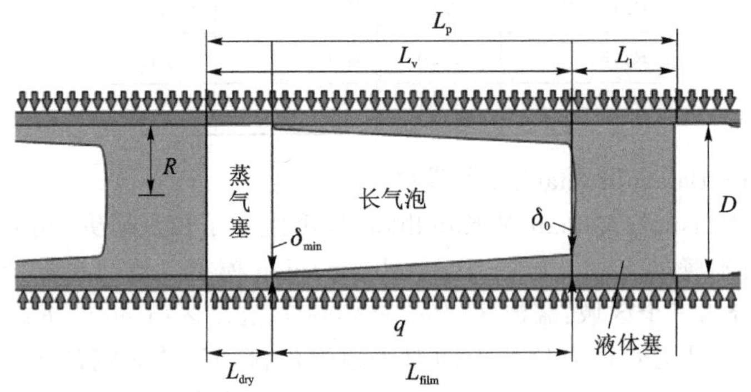

图 12.3　三流态流动沸腾示意图[33]

(2) 三流态流动沸腾传热模型

Thome 等[33]提出的模型很复杂，这里不详细介绍，只简单地提供一个轮廓。感兴趣的读者可以参阅原文。Thome 等模型是一个时间平均模型。时间平均流动沸腾传热系数 $h(z)$ 由三个流态区传热系数时间加权而得：

$$h(z)=\frac{t_1}{\tau}h_1(z)+\frac{t_{\text{film}}}{\tau}h_{\text{film}}(z)+\frac{t_{\text{dry}}}{\tau}h_{\text{g}}(z) \tag{12.87}$$

式中，(z) 表示与流态区有关，或者说是流态区的函数；t_1、t_{film}、t_{dry} 分别表示液体塞、长气泡、蒸气塞通过需要的时间；τ 表示三个流态区组成的一个完整过程通过需要的时间。

对于三个流态区的每一个流态区，其传热系数由层流计算方法和过渡流（湍流发展流）计算方法按如下渐进模型计算：

$$h=(Nu_{\text{lam}}^4+Nu_{\text{trans}}^4)^{1/4}\ \frac{\lambda}{D} \tag{12.88a}$$

当 $Re\leqslant 2\ 300$ 时，认为是层流发展流，用如下层流计算方法：

$$Nu_{\text{lam}}=0.91\sqrt[3]{Pr}\sqrt{Re\ \frac{D}{L(z)}} \tag{12.88b}$$

当 $Re>2\ 300$ 时，认为是过渡流，用 Gnielinski[2]公式计算：

$$h_{\text{trans}}=\frac{(f/8)(Re-1\ 000)Pr}{1+12.7(f/8)^{1/2}(Pr^{2/3}-1)}\left[1+\left(\frac{D}{L(z)}\right)^{2/3}\right]\frac{\lambda}{D} \tag{12.88c}$$

$$f=(0.79\ln Re-1.64)^{-2} \tag{12.88d}$$

式中，$L(z)$ 是流态区的长度。

对于每一个流态区，其所用时间与该流态区长度（见图 12.3）有关。长度的计算涉及到传热条件、流动条件、气泡生成频率、流态具体参数（如长气泡区的液膜厚度）等，很复杂。而要准

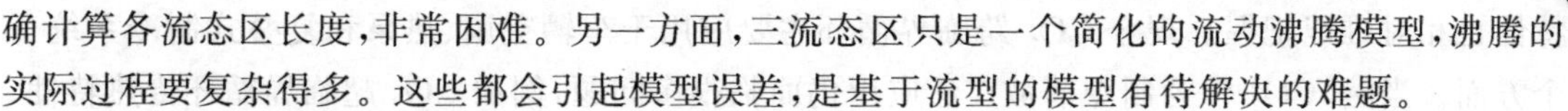

确计算各流态区长度，非常困难。另一方面，三流态区只是一个简化的流动沸腾模型，沸腾的实际过程要复杂得多。这些都会引起模型误差，是基于流型的模型有待解决的难题。

12.2.7　混合模型

(1) Li－Wu[34]改进模型

对于12种工质在 $D=0.19\sim3.1$ mm 管内的4 228个实验数据，Li 和 Wu[34]分析后认为，$Bd\times Re_1^{0.5}=200$ 可以作为区分常规通道与微通道的判据，$Bd\times Re_1^{0.5}>200$ 为大通道，$Bd\times Re_1^{0.5}\leqslant200$ 为微通道。

对于 $Bd\times Re_1^{0.5}>200$，他们推荐用 Lazarek－Black 公式(12.47)。对于 $Bd\times Re_1^{0.5}\leqslant200$，他们提出

$$Nu_{tp}=22.9(Bd\cdot Re_1^{0.5})^{0.355} \tag{12.89}$$

(2) Lee－Mudawar[35]模型

Lee 和 Mudawar 认为，流动沸腾传热机理对于干度在低、中、高几种情况下是不同的。核态沸腾只在低干度($x<0.05$)、低热流密度时出现；高热流密度产生中等干度($0.05<x<0.55$)和高干度($x>0.55$)流动，环状流起主导作用。他们基于水($x<0.05$ 的点50个，$0.05<x<0.55$ 的点157个)和R134a($0.05<x<0.55$ 的点83个，$x>0.55$ 的点28个)的实验数据，提出流动沸腾传热模型如下：

$$h_{tp}=\begin{cases}3.856X^{0.267}h_{sp,l}, & x<0.05\\ 436.48Bo^{0.522}We_{lo}^{0.351}X^{0.665}h_{sp,l}, & 0.5\leqslant x<0.55\\ \max\{108.6X^{1.665}h_{sp,g},h_{sp,g}\}, & x\geqslant0.55\end{cases} \tag{12.90}$$

$$X^2=\frac{(dp/dL)_l}{(dp/dL)_g} \tag{12.91}$$

$$X_{vv}=\left(\frac{1-x}{x}\right)^{0.5}\left(\frac{\rho_g}{\rho_l}\right)^{0.5}\left(\frac{\mu_l}{\mu_g}\right)^{0.5} \tag{12.92}$$

$$X_{vt}=\left(\frac{1-x}{x}\right)^{0.9}\left(\frac{\rho_g}{\rho_l}\right)^{0.5}\left(\frac{f_lRe_g^{0.25}}{0.316}\right)^{0.1} \tag{12.93}$$

$$h_{sp,k}=\frac{Nu_3\lambda_k}{D_h} \tag{12.94}$$

$$Nu_3=8.235(1-1.883\theta+3.767\theta^2-5.814\theta^3+5.361\theta^4-2.0\theta^5) \tag{12.95}$$

式中，Nu_3 为三边加热时层流的努塞尔数；θ 为流道短边与长边之比；f_l 为分液相 Moody 摩擦因子；$k=l$ 代表液相，$k=g$ 代表气相；对于气相为湍流时，$h_{sp,g}$ 由 Dittus－Boelter 公式(12.16)确定。

12.3　CO_2 饱和流动沸腾传热专用模型

早在1880年，CO_2 制冷压缩机就已经制造出来了。由于 CO_2 具有无毒性、不可燃性、化学稳定性以及单位容积制冷量高等优点，曾被广泛应用于民用建筑空调领域和食品行业。CO_2 的临界压力为7.377 MPa，临界温度为304.13 K，这使得 CO_2 的放热过程发生在超临界区域。虽然这一特性让二氧化碳用于制冷剂的温度适用范围较广，但同时超临界区域的传热

特性也相对难以把握。现今 CO_2 跨临界循环主要应用于车辆空调、热泵和复叠式制冷系统三个方面。当然，CO_2 作为制冷剂被广泛应用仍面临很多问题，例如 CO_2 超临界循环传热特性、制冷循环方式、适用于 CO_2 超临界循环的设备、适用于 CO_2 的润滑油等方面仍存在问题。

除了用于复叠式制冷循环的低温制冷剂，制冷系统中二氧化碳(CO_2 或 R744)蒸发压力一般在 3 MPa 左右，比其他制冷剂高几倍。高蒸发压力伴随的是高蒸气密度、低表面张力和低蒸气动力粘度，这使 CO_2 流动沸腾传热特性与常规制冷剂的特性有较大不同。因此人们提出了 CO_2 流动沸腾传热专用模型。

12.3.1 增强模型

Fang[3]通过对来自 13 个数据源的 2 956 组 CO_2 流动沸腾实验数据进行分析研究，提出了 CO_2 专用的增强模型。所用数据库参数范围为：$D=0.529\sim7.75$ mm，$G=97.5\sim1\ 400$ kg/(m^2·s)，$q=3.39\sim40$ kW/m^2，$t_{\mathrm{sat}}=-40\sim26.8$ ℃，$x=0.004\ 6\sim0.998$。

$$Nu=h_{\mathrm{tp}}\frac{D}{\lambda_1}=0.000\ 61(S+F)Re_1Pr_1^{0.4}Fa^{0.11}\Big/\ln\left(\frac{1.024\mu_{\mathrm{lf}}}{\mu_{\mathrm{lw}}}\right) \tag{12.96}$$

$$S=41\ 000Bo^{1.13}-0.275 \tag{12.97a}$$

$$F=\left(\frac{x}{1-x}\right)^a\left(\frac{\rho_1}{\rho_g}\right)^{0.4} \tag{12.97b}$$

$$a=\begin{cases}0.48+0.005\ 24(Re_1Fa^{0.11})^{0.85}-5.9\times10^{-6}(Re_1Fa^{0.11})^{1.85}, & Re_1Fa^{0.11}<600\\ 0.87, & 600\leqslant Re_1Fa^{0.11}\leqslant 6\ 000\\ 160.8/(Re_1Fa^{0.11})^{0.6}, & Re_1Fa^{0.11}>6\ 000\end{cases} \tag{12.97c}$$

式中，所有物性参数都用 NIST 的 REFPROP[36] 软件或有关公式计算而得。方数 Fa 是 Fang 通过无量纲分析，结合大量实验数据筛选提出的一个新无量纲参数，定义如下：

$$Fa=\frac{(\rho_1-\rho_g)\sigma}{G^2D} \tag{12.98}$$

它表示了浮力和重力之比与表面张力和惯性力之比的乘积，即

$$Fa=\frac{\text{浮力}}{\text{重力}}\times\frac{\text{表面张力}}{\text{惯性力}}$$

浮力和重力之比影响气泡脱离，表面张力和惯性力之比影响气泡生成。因此，Fa 与气泡的生成和脱离机理有关。

值得一提的是，Fang 等[5]模型所用数据库中包含并扩展了 Fang[3] 中的 CO_2 数据库，精确度比上述 CO_2 专用公式有大幅度提高。

12.3.2 基于流型的模型

(1) Thome - El Hajal[42-43] 模型

基于来自 5 个数据源的数据库，Thome 和 El Hajal 率先提出了基于流型的 CO_2 专用模型。所用数据库参数范围为：$D=0.79\sim10.06$ mm，$G=85\sim1\ 440$ kg/(m^2·s)，$q=5\sim36$ kW/m^2，$t_{\mathrm{sat}}=-25\sim25$ ℃。模型的一般形式如下：

$$h_{tp}=\frac{\theta_{dry}}{2\pi}h_{sp,g}+\left(1-\frac{\theta_{dry}}{2\pi}\right)h_{wet} \tag{12.99}$$

式中，气相对流传热系数 $h_{sp,g}$ 由式(12.16)计算，但其中的雷诺数 Re_g 定义为 $Re_g=xGD/(\mu_g\alpha)$；α 为空泡率，可用 Steiner[44] 漂移流模型计算；干度角 θ_{dry} 定义为流道横截面中蒸气部分所占据的圆周角部分(见图 12.4)，它在零(环状流)和分层流分层角 θ_{strait} 之间变化。

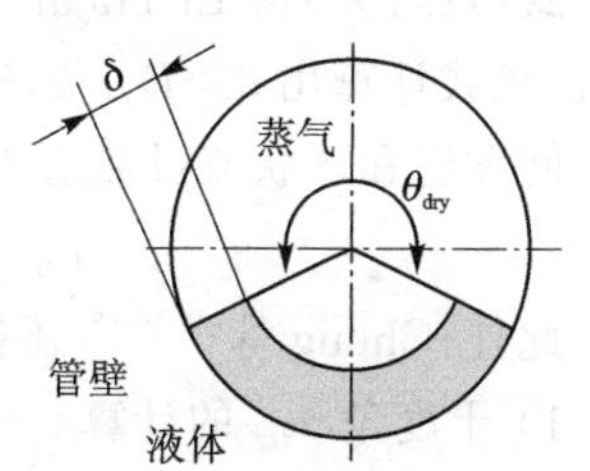

图 12.4　干度角定义示意图

湿周部分的传热系数 h_{wet} 用渐进模型计算，表示为

$$h_{wet}=[(S\cdot h_{nb,CO_2})^3+(h_{cb})^3]^{1/3} \tag{12.100}$$

式中，S、h_{nb,CO_2} 和 h_{cb} 分别为核态沸腾抑制系数、核态沸腾传热系数和对流沸腾传热系数，确定方法如下：

$$S=\frac{(1-x)^{1/2}}{0.121Re_\delta^{0.225}} \tag{12.101}$$

$$h_{nb,CO_2}=0.71h_{nb}+3\ 970 \tag{12.102}$$

$$h_{cb}=0.013\ 3Re_\delta^{0.69}Pr_1^{0.4}\ \frac{\lambda_1}{\delta} \tag{12.103a}$$

式中，核态沸腾传热系数 h_{nb} 用 Cooper 公式(12.44)计算，即假定了表面粗糙度 $\varepsilon=1\ \mu m$。

液膜雷诺数 Re_δ 和液膜厚度 δ 分别用下面的公式计算：

$$Re_\delta=\frac{4G(1-x)\delta}{\mu_1(1-\alpha)} \tag{12.103b}$$

$$\delta=\frac{\pi D(1-\alpha)}{2(2\pi-\theta_{dry})} \tag{12.104}$$

式中，α 为空泡率，使用 Steiner[44] 漂移流模型，形式如下：

$$\alpha=\frac{x}{\rho_g}\left\{\frac{1+0.12(1-x)}{\rho_{tp}}+\frac{1.18(1-x)}{G}\left[\frac{g\sigma(\rho_1-\rho_g)}{\rho_1^2}\right]^{1/4}\right\}^{-1} \tag{12.105}$$

式中，两相流折合密度 ρ_{tp} 用下面的流动密度模型计算：

$$\frac{1}{\rho_{tp}}=\frac{1-x}{\rho_1}+\frac{x}{\rho_g} \tag{12.106}$$

(2) Cheng 等[45-46]模型

Cheng 等充实了 Thome 和 El Hajal 的 CO_2 数据库。数据库参数范围为：$D=0.6\sim10.06$ mm，$G=50\sim1\ 500$ kg/(m² · s)，$q=1.8\sim46$ kW/m²，$t_{sat}=-28\sim25$ ℃。他们用这个数据库研究出了新的流型图，对 Thome - El Hajal[42-43]模型进行了改进，具体是用下面的公式取代了式(12.101)、式(12.102)和式(12.104)：

$$S=\begin{cases}1, & x<x_{IA}\\ 1-1.14(D_{eq}/D_{ref})^2(1-\delta/\delta_{IA})^{2.2}, & x\geqslant x_{IA}\end{cases} \tag{12.107}$$

$$h_{nb,CO_2}=131P_R^{-0.006\ 3}(-0.434\ 3\ln P_R)^{-0.55}M^{-0.5}q^{0.58} \tag{12.108}$$

$$\delta=\frac{D_{eq}}{2}\left(1-\sqrt{1-\frac{2\pi(1-\varepsilon)}{2\pi-\theta_{dry}}}\right) \tag{12.109}$$

式中，$D_{eq}=\sqrt{4A_c/\pi}$；对于 $D_{eq}<7.53$ mm，取 $D_{ref}=7.53$ mm；对于 $D_{eq}\geqslant7.53$ mm，取 $D_{ref}=$

D_{eq};δ_{IA} 根据间歇流(I)和环状流(A)过渡区条件,用式(12.109)计算。

式(12.109)由 El Hajal 等[47]提出。对于层状流和流体占据一半以上横截面积的分层波状流,该式计算出 $\delta > D_{eq}/2$,这在几何上是不现实的。因此,当 $\delta > D_{eq}/2$ 时,取 $\delta = D_{eq}/2$。

间歇流和环状流过渡边界(IA)用下式计算:

$$x_{IA} = \left[1 + 1.96(\rho_l/\rho_g)^{0.571}(\mu_g/\mu_l)^{1.43}\right]^{-1} \tag{12.110}$$

此外,Cheng 等[45-46,48]还提供了如下详细信息:

1) 干度角 θ_{dry} 的计算

如果流型是环状流、间歇流、泡状流或弹状流(段塞流),$\theta_{dry}=0$。对于分层波状流,θ_{dry} 在零与 θ_{strait} 之间变化。分层角 θ_{strait} 用下式计算:

$$\theta_{strat} = 2\pi - 2\left[\pi\eta + (1.5\pi)^{1/3}(1 - 2\eta + \eta^{1/3} - \alpha^{1/3}) - \eta\alpha(1 - 2\eta)(1 + 4\eta^2 + 4\alpha^2)/200\right] \tag{12.111}$$

式中,$\eta = 1 - \alpha$,空泡率 α 仍用式(12.105)计算。

2) 雾状流传热系数 h_m 用下式计算:

$$h_m = 2 \times 10^{-8} Re_h^{1.97} Pr_g^{1.06} Y^{-1.83} \lambda_g / D_{eq} \tag{12.112}$$

式中,Re_h 是均相流雷诺数,Y 是修正系数,用如下的 Groeneveld[49]公式计算:

$$Re_h = \frac{GD_{eq}}{\mu_g}\left[x + \frac{\rho_g}{\rho_l}(1 - x)\right] \tag{12.113}$$

$$Y = 1 - 0.1\left[(\rho_l/\rho_g - 1)(1 - x)\right]^{0.4} \tag{12.114}$$

3) 干涸区传热系数 h_d

干涸区传热系数 h_d 由 Wojtan 等[50]提出的线性插值方法计算:

$$h_d = h_{tp}(x_{di}) - \frac{x - x_{di}}{x_{de} - x_{di}}\left[h_{tp}(x_{di}) - h_m(x_{de})\right] \tag{12.115}$$

式中,$h_{tp}(x_{di})$ 是用式(12.99)计算的两相流传热系数,其中干度用干涸区起始点干度 x_{di};$h_m(x_{de})$ 是用式(12.112)计算的两相流传热系数,其中干度用干涸区终止(意味着管壁最后一个湿点消失,变成全干)点干度 x_{de}。

$$x_{di} = 0.58\exp\left[0.52 - 0.236 We_{g,m}^{0.17} Fr_{g,Mori}^{0.17}\left(\frac{\rho_g}{\rho_l}\right)^{0.25}\left(\frac{q}{q_{cr}}\right)^{0.27}\right] \tag{12.116}$$

$$x_{de} = 0.61\exp\left[0.57 - 0.502 We_{g,m}^{0.16} Fr_{g,Mori}^{0.15}\left(\frac{\rho_g}{\rho_l}\right)^{-0.09}\left(\frac{q}{q_{cr}}\right)^{0.72}\right] \tag{12.117}$$

式中

$$We_{g,m} = \frac{G^2 D_{eq}}{\rho_g \sigma} \tag{12.118}$$

$$Fr_{g,Mori} = \frac{G^2}{\rho_g(\rho_l - \rho_g) g D_{eq}} \tag{12.119}$$

临界热流密度 q_{cr} 用 Kutateladze[51]公式计算:

$$q_{cr} = 0.131 \rho_g^{0.5} h_{lg}\left[g\sigma(\rho_l - \rho_g)\right]^{0.25} \tag{12.120}$$

如果在所考虑的质量流速下 x_{de} 没有定义,则假定 $x_{de} = 0.999$。

12.3.3　叠加模型

(1) Choi 等[52]模型

Choi 等采用 Chen[21]叠加模型的一般式(12.50)。其中,核态沸腾传热系数用 Cooper 模型(12.44)计算,液相强迫对流传热系数用 Dittus - Boelter 公式(12.16)计算。对于核态抑制因子 S 和雷诺因子 F,他们根据自己的实验数据,提出

$$S = 7.269\,4(\phi_1^2)^{0.009\,4} Bo^{0.281\,4} \tag{12.121a}$$

$$F = 0.05\phi_1^2 + 0.95 \tag{12.121b}$$

式中,分液相摩擦压降倍率 ϕ_1 用 Chisholm[37]方法计算:

$$\phi_1^2 = 1 + \frac{C}{X} + \frac{1}{X^2} \tag{12.122}$$

$$X = \left(\frac{1-x}{x}\right)^{7/8}\left(\frac{\rho_g}{\rho_l}\right)^{1/2}\left(\frac{\mu_l}{\mu_g}\right)^{1/8} \tag{12.123}$$

式中,Chisholm 常数 C 对于液相湍流-气相湍流(tt)、液相层流-气相湍流(vt)、液相湍流-气相层流(tv)、液相层流-气相层流(vv)分别为 20、12、10、5。层流、湍流的判断是:$Re<1\ 000$ 为层流,$Re>2\ 000$ 为湍流。

(2) Pamitran 等[53]模型

Pamitran 等根据自己的实验数据修正了 Choi 等[52]模型。他们用如下公式替代了式(12.121)和式(12.123):

$$S = C_{ref}(\phi_1^2)^{-0.209\,3} Bo^{0.740\,2} \tag{12.124a}$$

$$F = \max([0.009(\phi_1^2)^2 + 0.76], 1) \tag{12.124b}$$

$$X = \left(\frac{1-x}{x}\right)\left(\frac{f_l}{f_g}\right)^{0.5}\left(\frac{\rho_g}{\rho_l}\right)^{0.5} \tag{12.125}$$

式中,对于 C_3H_8、NH_3 和 CO_2,C_{ref} 分别为 0.38、0.45 和 0.25。Moody 摩擦因子 f 需要考虑是层流还是湍流,认为:$Re<2\ 300$ 是层流,$f=64/Re$;$Re>3\ 000$ 是湍流,$f=0.316/Re^{0.25}$。

(3) Tanaka 等[54]模型

Tanaka 等采用 Chen[21]叠加模型的一般式(12.50),其中液相强迫对流传热系数用 Dittus - Boelter 公式(12.16)计算,其余参数计算方法如下:

$$F = 1 + X_{tt}^{-1.2} \tag{12.126a}$$

$$S = \left[1 + \frac{K_1(Re_l \times 10^{-4})^2}{(Bo \times 10^4)^{K_2}}\right]^{-1} \tag{12.126b}$$

$$h_{nb} = 207 Pr_l^{0.533} \frac{\lambda_l}{D_b}\left(\frac{qD_b}{\lambda_l T_{sat}}\right)^{0.745}\left(\frac{\rho_g}{\rho_l}\right)^{0.581} \tag{12.127a}$$

$$D_b = 0.51\left[\frac{2\sigma}{g(\rho_l - \rho_g)}\right]^{0.5} \tag{12.127b}$$

式中,Martinelli 参数 X_{tt} 用式(12.13)计算,K_1 和 K_2 是常数。当 $D=1$、2 mm 时,$K_1=0.5$,$K_2=0$;当 $D=0.7$ mm 时,$K_1=15$,$K_2=4$。核态池沸腾模型(12.127)由 Stephan 和 Abdel-salam[55]提出。

(4) Wang 等[56]模型

Wang 等基于自己的 CO_2 流动沸腾传热实验数据修正了 Tanaka 等[54]模型。他们用下式替代了式(12.126)：

$$F = 1 + K_1 \left(\frac{1}{X_{tt}} \right)^{K_2} \tag{12.128a}$$

$$S = \left[1 + \frac{K_3 (Re_l F^{1.25} \times 10^{-4})^2}{(Bo \times 10^4)^{K_4} X_{tt}^{K_5}} \right]^{-1} \tag{12.128b}$$

式中，K_1、K_2、K_3、K_4 和 K_5 是常数；对应于 D 为 0.7 mm、1.0 mm、2.0 mm 和 4.0 mm，K_1 分别为 1.0、1.0、1.0 和 1.3，K_2 分别为 1.2、1.2、1.2 和 0.8，K_3 分别为 15、0.5、0.5 和 0.4，K_4 分别为 4.0、0.0、0.0 和 0.8，K_5 分别为 0.0、0.0、0.0 和 0.5。$h_{sp,l}$、h_{nb} 和 X_{tt} 的计算方法沿用 Tanaka 等[54]的做法。

12.3.4 混合模型

Yoon 等[57]用 7.53 mm 圆不锈钢管进行了 CO_2 流动沸腾传热实验。参数范围为：$G = 200 \sim 530\ kg/(m^2 \cdot s)$，$q = 10 \sim 20\ kW/m^2$，$t_{sat} = 4 \sim 20$ ℃。他们以临界干度 x_{cr} 为界，把传热过程分为两个区域：临界干度前和临界干度后。

$$x_{cr} = 0.001\,2 Re_{lo}^{2.79} (1\,000 Bo)^{0.06} Bd^{-4.76} \tag{12.129}$$

对于 $x < x_{cr}$，采用 Liu - Winterton[24]模型一般式(12.68)，其中 $h_{sp,l}$ 的计算采用 Dittus - Boelter 公式(12.16)，h_{nb} 的计算则采用 Cooper 公式(12.43)，S 和 F 的计算方法如下：

$$S = \frac{1}{1 + 1.62 \times 10^{-6} F^{0.69} Re_l^{1.11}} \tag{12.130a}$$

$$F = \left[1 + 9\,360 x Pr_l \left(\frac{\rho_l}{\rho_g} - 1 \right) \right]^{0.11} \tag{12.130b}$$

对于 $x \geqslant x_{cr}$，采用 Thome - El Hajal 公式[42-43](12.99)，其中气相对流传热系数 $h_{sp,g}$ 由式(12.16)计算，传热系数 h_{wet} 和干度角 θ_{dry} 用下面的方法计算：

$$h_{wet} = \left[1 + 3\,000 Bo^{0.86} + 1.12 \left(\frac{x}{1-x} \right)^{0.75} \left(\frac{\rho_l}{\rho_g} \right)^{0.41} \right] h_{sp,l} \tag{12.131}$$

$$\frac{\theta_{dry}}{2\pi} = 36.23 Re^{3.47} Bo^{4.84} Bd^{-0.27} \left(\frac{1}{X_{tt}} \right)^{2.6} \tag{12.132}$$

式中，$h_{sp,l}$ 用 Dittus - Boelter 公式(12.16)计算，Martinelli 参数 X_{tt} 用式(12.13)计算。文中没有明确给出 Re 的定义式，隐含的意思可能是两相流雷诺数，也可能是全液相雷诺数。

12.3.5 择大模型

Ducoulombier 等[58]采用择大公式(12.80)。其中，核态沸腾传热系数 h_{nb} 用式(12.108)计算，对流沸腾传热系数 h_{cb} 由他们自己的实验数据得出：

$$h_{cb} = \begin{cases} [1.47 \times 10^4 Bo + 0.93 (1/X_{tt})^{\frac{2}{3}}] h_{sp,l}, & Bo > 1.1 \times 10^{-4} \\ [1 + 1.8 (1/X_{tt})^{0.986}] h_{sp,l}, & Bo < 1.1 \times 10^{-4} \end{cases} \tag{12.133}$$

式中，$h_{sp,l}$ 用 Dittus - Boelter 公式(12.16)计算，Martinelli 参数 X_{tt} 用式(12.13)计算。

12.4 氨、氮和低温工质饱和流动沸腾传热专用模型

12.4.1 氨饱和流动沸腾传热专用模型

人们利用氨(NH_3 或 R717)作为制冷剂在制冷领域中已有百余年历史。其臭氧消耗指数和全球变暖潜能值为零的性质充分体现出对环境的友好性。氨具有较大的汽化潜热,同时价格低廉且容易检漏。氨的临界压力和临界温度分别为 11.33 MPa 和 132.3 ℃,表明其可在较高温度的工况下进行亚临界循环。优良的传热特性与较低的摩尔质量使得氨制冷系统换热器的设计更为紧凑,而铺设的管道内径也相对较小,这能够有效地减小系统建造成本。

氨的最大缺点是有强大的刺激作用,对人体有危害。氨是可燃物,当空气中氨的体积百分比达 16%～25%时,遇火焰就有爆炸的危险。另外的一个问题是氨与普通润滑油的不溶性,这使得以氨为工质的设备的油路系统比较复杂。为了适应氨基,现在人们开发了氧丙烯基、氧乙烯基的烯化聚合物改性合成 PAG 类冷冻机油。

基于氨的流动沸腾模型不多,介绍如下。

(1) Stephan[59] 模型

Stephan 推荐用下式计算 NH_3 流动沸腾传热:

$$h_{tp}=\frac{Nu\lambda_1}{D_b} \tag{12.134}$$

$$Nu=0.0871\left(\frac{qD_b}{\lambda_1 T_{sat}}\right)^{0.674}\left(\frac{\rho_g}{\rho_1}\right)^{0.156}\left(\frac{h_{lg}D_b^2}{\alpha_1^2}\right)^{0.371}\left(\frac{\alpha_1^2\rho_1}{\sigma D_b}\right)^{0.350} \tag{12.135}$$

式中,α_1 为液体热扩散系数;气泡脱离直径 D_b 的计算方法为

$$D_b=0.851\beta_c\sqrt{\frac{2\sigma}{g(\rho_1-\rho_g)}} \tag{12.136}$$

式中,接触角 β_c 的单位为 rad。推荐 $\beta_c=0.611$ rad。

(2) Malek - Colin[60] 模型

基于 21.6 mm 内径、1 m 长管内 NH_3 的饱和流动沸腾实验数据,Malek 和 Colin 提出了一个计算平均传热系数的模型。该模型同时考虑了水平流动和垂直流动。其形式如下:

$$h_{tp}=kG^a q^b P_R^c \tag{12.137}$$

式中,对于垂直流动,$k=2.46$,$a=0.017$,$b=0.515$,$c=0.25$;对于水平流动,$k=1.59$,$a=-0.08$,$b=0.53$,$c=0.18$。

(3) Pamitran 等[53]模型

Pamitran 等模型参见 12.3.3 小节介绍。

12.4.2 氮和低温流体饱和流动沸腾传热专用模型

氮(N_2 或 R728)价格低廉、来源丰富、安全可靠且对环境十分友好(ODP=0,GWP=0),作为一种冷却工质,在传统工业领域和前沿技术领域都得到了迅速的发展。超导磁体冷却等过程中,利用低温气液两相流动中较高的传热效率来强化传热;医疗上利用液氮相变吸热,使病变组织温度迅速降低、冷冻,低温手术正逐步应用到美容和各种恶性肿瘤治疗等方面;在人

工降雨和消除雾方面，液氮也具有显著的成效。由于液氮具有极易汽化吸热这一特点，故人们在电子元器件的冷却系统中使用氮来满足较大的传热需求。

下面介绍几个基于氮和低温工质的流动沸腾传热模型。

(1) Steiner - Schlunder[61]模型

Steiner 和 Schlunder 对 N_2 在 $D=14$ mm 水平管内的流动沸腾进行了实验研究，根据 355 个核态沸腾实验数据，拟合出了计算模型。他们采用式(12.134)，其中

$$Nu=\frac{h_{tp}D_b}{\lambda_l}=0.0105\left(\frac{D_b T_{sat0}\lambda_l\rho_l}{\mu_l\sigma}\right)^{0.3}\left[\frac{\varepsilon\rho_g h_{lg}}{D_b\rho_l(fD_b)^2}\right]^{0.133}\times\left(\frac{qD_b}{\lambda_l T_{sat0}}\right)^{0.56}\left(\frac{\sigma\rho_l}{G\mu_l}\right)^{0.73}\left(\frac{G^2}{gD\rho_l^2}\right)^{0.5}p_r^{0.35}f_{wet} \tag{12.138}$$

式中，下标 0 代表参考状态，作者取的是 $p_0=0.03p_{cr}$，所以对应的饱和温度为 $T_{sat0}=77.4$ K；ε 为表面粗糙度，其所用实验管道 $\varepsilon=0.1\times10^{-6}$ m；气泡脱离直径 D_b 用下式计算：

$$D_b=0.0206\beta_c\left[\frac{\sigma}{g(\rho_l-\rho_g)}\right]^{0.5} \tag{12.139}$$

式中，接触角 β_c 的单位为(°)，作者取 $\beta_c=13.75°$。

气泡频率 f 用下式计算：

$$f^2=0.314\frac{g(\rho_l-\rho_g)}{D_b\rho_l} \tag{12.140a}$$

润湿函数 f_{wet} 用下式计算：

$$f_{wet}=1-ax^b \tag{12.140b}$$

$$a=3.0\exp\left(0.0026\frac{q}{300}\right)\exp\left(-0.032\frac{G}{20}\right)\times(0.026+P_R^{2.18}) \tag{12.140c}$$

$$b=4.75\exp\left(-0.0028\frac{q}{300}\right)\exp\left(0.05\frac{G}{20}\right)\times(1.0-P_R^{0.33}) \tag{12.140d}$$

式中，热流密度 q 的单位为 W/m^2。

当时，低温制冷剂的流动沸腾传热实验数据很少，作者认为需要更多实验来验证公式的正确性。

(2) Qi 等[62]模型

Qi 等进行了 N_2 在垂直细微通道内的流动沸腾传热实验，流道尺寸分别为 0.531 mm、0.834 mm、1.042 mm 和 1.931 mm。他们根据实验数据，拟合出 Nu 公式如下：

$$Nu=h_{tp}\frac{D}{\lambda_l}=\begin{cases}1059.83Bo^{0.454}We_{lo}^{0.045}K_p^{0.106}X_{tt}^{0.107}Co^{-1.825}, & x<0.3\\ 0.0042Bo^{-0.872}We_{lo}^{-0.059}K_p^{0.293}X_{tt}^{0.065}Co^{-1.704}, & x\geqslant 0.3\end{cases} \tag{12.141}$$

式中，Martinelli 参数用式(12.13)计算，K_p 定义如下：

$$K_p=\frac{p}{[\sigma g(\rho_l-\rho_g)]^{1/2}} \tag{12.142}$$

(3) Klimenko[63]模型

Klimenko 整理出 309 组低温制冷剂(包括 N_2、H_2 和 Ne)数据，据此拟合出相应的低温制冷剂流动沸腾传热公式。其中，作者引进一个修正的沸腾数 Bo^* 来区分核态沸腾区域与强迫对流沸腾区域，并用特征尺度 D_c 计算传热系数。

$$Bo^{*}=h_{\mathrm{lg}}G\left[1+x(\rho_{\mathrm{l}}/\rho_{\mathrm{g}}-1)\right]/q \tag{12.143}$$

$$D_{\mathrm{c}}=\left[\frac{\sigma}{g(\rho_{\mathrm{l}}-\rho_{\mathrm{g}})}\right]^{1/2} \tag{12.144}$$

$$h_{\mathrm{tp}}=Nu\frac{\lambda_{\mathrm{l}}}{D_{\mathrm{c}}} \tag{12.145a}$$

基于这 309 组低温制冷剂数据，Klimenko 提出

$$Nu/Nu_{\mathrm{nb}}=\begin{cases}1, & Bo^{*}<6\times10^{4}\\ 0.004\,1Bo^{0.5}, & Bo^{*}>6\times10^{4}\end{cases} \tag{12.145b}$$

$$Nu_{\mathrm{nb}}=0.004\,2Pe^{0.6}K_{\mathrm{p}}^{0.5}S^{0.2} \tag{12.145c}$$

$$Pe=\frac{qD_{\mathrm{c}}}{h_{\mathrm{lg}}\rho_{\mathrm{g}}\alpha_{\mathrm{l}}} \tag{12.145d}$$

$$S=\frac{(\rho c_{\mathrm{p}}\lambda)_{\mathrm{w}}}{(\rho c_{\mathrm{p}}\lambda)_{\mathrm{l}}}\approx\frac{\lambda_{w}}{\lambda_{\mathrm{l}}} \tag{12.145e}$$

式中，K_{p} 由式(12.142)确定，下标 w 表示以壁温为定性温度。

(4) Stephan－Auracher[64] 模型

Stephan 和 Auracher 根据收集的大量低温制冷剂实验数据，将新的池沸腾关联式引入到 Chawla[65] 公式，得到

$$h_{\mathrm{tp}}/h_{\mathrm{nb}}=29Re_{\mathrm{l}}^{-0.3}Fr_{\mathrm{l}}^{0.2} \tag{12.146a}$$

$$\frac{h_{\mathrm{nb}}D_{\mathrm{b}}}{\lambda_{\mathrm{l}}}=4.82\left(\frac{c_{p\mathrm{l}}T_{\mathrm{sat}}D_{\mathrm{b}}^{2}}{\alpha_{\mathrm{l}}^{2}}\right)^{0.374}\left(\frac{qD_{\mathrm{b}}}{\lambda_{\mathrm{l}}T_{\mathrm{sat}}}\right)^{0.624}\left(\frac{\rho_{\mathrm{g}}}{\rho_{\mathrm{l}}}\right)^{0.257}\left[\frac{(\rho c_{p}\lambda)_{\mathrm{w}}}{(\rho c_{p}\lambda)_{\mathrm{l}}}\right]^{0.117}\left(\frac{\alpha_{\mathrm{l}}^{2}}{h_{\mathrm{lg}}D_{\mathrm{b}}^{2}}\right)^{0.329} \tag{12.146b}$$

式中，液体弗劳德数 Fr_{l} 和气泡脱离直径 D_{b} 的计算方法如下：

$$Fr_{\mathrm{l}}=\frac{[(1-x)G]^{2}}{gD\rho_{\mathrm{l}}^{2}} \tag{12.147}$$

$$D_{\mathrm{b}}=0.020\,4\beta_{\mathrm{c}}\left[\frac{\sigma}{g(\rho_{\mathrm{l}}-\rho_{\mathrm{g}})}\right]^{1/2} \tag{12.148}$$

式中，接触角 β_{c} 的单位为度，对于低温制冷剂，作者取 $\beta_{\mathrm{c}}=1°$。

12.5　饱和流动沸腾传热模型预测的准确性评价

评价中，采用平均绝对误差 MAD 作为指标。平均相对误差 MRD 作为参考，判断总体上模型是高估还是低估了实验数据。MAD 和 MRD 的定义见式(6.107)和式(6.108)。

12.5.1　数据库

评价中使用的数据库包含来自 67 篇文献的 10 923 组数据，涉及 19 种工质，其中纯氟利昂制冷剂 8 种（R134a、R22、R123、R1234yf、R1234ze(E)、R152a、R245fa、R32），混合制冷剂 5 种（R404A、R407C、R410A、R417A、R507），无机化合物 4 种（CO_2、氨、水、氮），碳氢化合物 2 种（R290、R600a）。该数据库与提出饱和流动沸腾通用关联式[5]的数据库没有重复。

12.5.2 评价结果

表 12.6 列出了对整个数据库、$D<3$ mm、$D\geqslant 3$ mm、水平管、垂直管等几种情况中，预测精度最高的 5 个关联式，其中垂直管只是名义上的，它包括了垂直向上、垂直向下、倾斜向上、倾斜向下等几种流动情况。表中，括号中第一个数字是 MAD 值，第二个数字是 MRD 值。

表 12.6 数据库不同分类预测精度最高的前 5 个模型

数据类型	No. 1	No. 2	No. 3	No. 4	No. 5
全部数据	Fang 等[5-6] (3.9,−0.8)	Fang[3] (36.3,27.6)	Bertsch 等[23] (42.0,−20.4)	Liu - Winterton[24] (43.7,−1.9)	Gungor - Winterton[8] (44.5,8.7)
干涸前	Fang 等[5-6] (3.8,−0.9)	Fang[3] (37.4,32.5)	Kew - Cornwell[12] (38.6,−5.5)	Liu - Winterton[24] (38.9,−4.3)	Lazarek - Black[19] (39.0,−11.7)
干涸后	Fang 等[5-6] (4.3,−0.7)	Fang[3] (29.5,−2.0)	Cheng 等[46] (59.0,−2.9)	Bertsch 等[23] (59.3,−40.3)	Thome - El Hajal[43] (62.3,−8.6)
$D<3$ mm	Fang 等[5-6] (3.4,0.5)	Fang[3] (27.9,18.5)	Bertsch 等[23] (38.5,−23.9)	Wattelet 等[29] (40.5,−0.6)	Liu - Winterton[24] (41.2,−10.7)
$D\geqslant 3$ mm	Fang 等[5-6] (4.3,−2.0)	Lazarek - Black[19] (42.6,−8.7)	Gungor - Winterton[8] (43.0,2.8)	Fang[3] (43.7,35.6)	Li - Wu[13] (44.2,−6.9)
水平管	Fang 等[5-6] (4.1,−0.8)	Fang[3] (36.1,27.3)	Bertsch 等[23] (42.3,−21.9)	Gungor - Winterton[8] (43.1,6.8)	Lazarek - Black[19] (43.5,−9.2)
垂直管	Fang 等[5-6] (3.1,−1.3)	Fang[3] (32.4,23.5)	Liu - Winterton[24] (35.4,−6.4)	Bertsch 等[23] (37.6,−18.5)	Wattelet 等[29] (38.8,3.4)

如果一个作者或作者团队有几个关联式，则只有预测精度最高的两个关联式出现在评价结果中。例如，本作者团队有 4 个关联式，除了通用关联式[5-6]和基于 CO_2 数据的关联式[3]外，还有基于 R134a 数据的关联式[4]和基于水数据的关联式[66]。这 4 个关联式中，通用关联式[5-6]和基于 CO_2 数据的关联式[3]精度最高，所以评价结果中只列出了对参考文献[5-6]和[3]的评价结果。其余 2 个均未出现在评价表内，尽管有的精度在前 5 名内。

从表 12.6 中可看出以下几点：

① 对列出的几种数据类型，Fang 等[5-6]模型预测精度均为最高。

② Fang 等[5-6]模型和 Fang[3]模型在表中每一类数据均出现。出现频率 3 次及以上的公式还有 Bertsch 等[23]（5 次）、Liu - Winterton[24]（4 次）、Gungor - Winterton[8]（3 次）、Lazarek - Black[19]（3 次）。

③ 除了 Fang 等[5-6]、Fang[3]、Bertsch 等模型，其他模型的预测性能对不同数据类型的差别很大。例如，Liu - Winterton 模型对于垂直管 MAD＝35.4％，而对于水平管 MAD＝46.0％。

④ 除了 Fang 等[5-6]和 Fang[3]模型，其他模型对干涸前的预测性能远优于对干涸后。

⑤ Fang 等[5-6]和 Fang[3]模型包括了依赖于壁温的液体粘度 μ_{lw}，因此适合于壁温给定的应用场合。Fang 等[5-6]模型不宜用于壁温没有给定的场合。

表 12.7 列出了对单个工质预测精度最高的 5 个关联式，其中括号中数字的含义同表 12.6。从表中可以看出：

① 对于所列 20 个工质的每一种，Fang 等[5-6]模型都是预测精度最高的，其中 3 个工质的 MAD>7%，分别为 R123 (MAD=10.8)、R152a (8.3%)以及 R507 (7.9%)。这 3 个工质没有使用表 12.1 中所给的 F_f 值，而是取了 F_f=1 850。可见，遇到表 12.1 中没有的工质，如果有足够的实验数据可用，则应该尝试拟合出 F_f 值，只有在不得已时，才推荐使用 F_f=1 850。

② 在表 12.7 中出现 4 次及以上的公式包括 Fang 等[5-6] (20 次)、Fang[3] (11 次)、Liu - Winterton[24] (6 次)、Bertsch 等[23] (5 次)、Wattelet 等[29] (5 次)、Sun - Mishima[17] (5 次)、Gungor - Winterton[8] (4 次)以及 Cooper[7] (4 次)。

表 12.7　对不同工质预测精度最高的前 5 个模型

流　体	No. 1	No. 2	No. 3	No. 4	No. 5
R134a	Fang 等[5-6] (3.9,−0.3)	Fang[3] (27.0,19.7)	Gungor - Winterton[8] (30.1,−6.3)	Shah[9] (30.6,−13.5)	Saitoh 等[26] (30.8,−2.6)
R22	Fang 等[5-6] (2.4,0.0)	Fang[3] (33.5,28.3)	Liu - Winterton[24] (36.5,−1.8)	Cooper[7] (37.8,−3.3)	Bertsch 等[23] (38.0,5.5)
R123	Fang 等[5-6] (10.8,10.8)	Li - Wu[34] (17.3,0.5)	Ducoulombier 等[58] (20.4,−9.6)	Li - Wu[13] (25.7,16.2)	Liu - Winterton[24] (27.5,−6.0)
R1234yf	Fang 等[5-6] (3.4,0.8)	Fang[3] (28.0,19.9)	Gungor - Winterton[27] (28.7,5.6)	Ducoulombier 等[58] (31.5,−14.1)	Tran 等[18] (31.5,−10.3)
R1234ze(E)	Fang 等[5-6] (3.2,−2.5)	Shah[9] (27.2,−3.2)	Gungor - Winterton[8] (31.8,0.4)	Kandlikar[31] (32.7,−25.8)	Kenning - Cooper[11] (33.1,−15.9)
R152a	Fang 等[5-6] (8.3,−8.3)	Hamdar 等[20] (9.7,−8.5)	Sun - Mishima[17] (12.0,−11.5)	Cheng 等[46] (12.0,−6.8)	Choi 等[52] (13.1,−0.8)
R236fa	Fang 等[5-6] (1.5,0.0)	Wattelet 等[29] (13.5,−6.8)	Liu - Winterton[24] (16.3,−8.0)	Klimenko[63] (17.1,9.6)	Malek - Colin[60] (17.3,−10.7)
R245fa	Fang 等[5-6] (2.9,−0.8)	Fang[3] (18.9,7.6)	Wattelet 等[29] (27.8,−16.6)	Kandlikar[31] (30.3,−0.5)	Sun - Mishima[17] (30.5,−20.9)
R32	Fang 等[5-6] (5.8,−5.3)	Fang[3] (33.7,13.2)	Cheng 等[46] (36.0,−3.9)	Thome - El Hajal[43] (38.6,14.0)	Wattelet 等[29] (47.1,−26.2)
R404A	Fang 等[5-6] (4.9,−4.9)	Sun - Mishima[17] (27.3,12.5)	Kew - Cornwell[12] (27.8,−10.9)	Cooper[7] (28.0,−6.8)	Liu - Winterton[24] (28.2,−0.3)
R407C	Fang 等[5-6] (1.8,−0.5)	Li - Wu[13] (35.7,14.3)	Lazarek - Black[19] (35.7,14.3)	Stephan[59] (35.8,5.7)	Hamdar 等[20] (36.5,−14.6)
R410A	Fang 等[5-6] (8.1,−2.8)	Fang[3] (26.0,17.8)	Gungor - Winterton[8] (38.7,0.0)	Shah[9] (39.9,−4.7)	Kandlikar[31] (40.8,−10.0)
R417A	Fang 等[5-6] (5.2,−5.2)	Fang[3] (26.1,22.6)	Wang 等[56] (33.5,21.0)	Hamdar 等[20] (35.2,−21.4)	Bertsch 等[23] (35.6,−12.7)

续表 12.7

Fluids	No. 1	No. 2	No. 3	No. 4	No. 5
R507	Fang 等[5-6] (7.9,-4.7)	Fang[3] (22.8,10.0)	Cooper[7] (30.9,-11.5)	Sun - Mishima[17] (31.7,4.5)	Wattelet 等[29] (32.3,-1.9)
CO_2	Fang 等[5-6] (4.7,-0.5)	Fang[3] (17.5,0.8)	Cheng 等[46] (40.9,14.0)	Bertsch 等[23] (41.7,-21.5)	Thome - El Hajal[43] (43.4,7.6)
Ammonia	Fang 等[5-6] (2.6,0.2)	Gungor - Winterton[8] (41.9,6.4)	Kandlikar - Balasubramanian[32] (45.5,17.9)	Kaew - On 等[10] (47.6,-36.4)	Stephan[59] (50.1,5.1)
Water	Fang 等[5-6] (3.0,0.0)	Fang[3] (30.6,16.8)	Sun - Mishima[17] (32.5,-9.8)	Li - Wu[13] (34.9,-14.7)	Yoon 等[57] (35.1,-4.6)
Nitrogen	Fang 等[5-6] (3.7,0.0)	Liu - Winterton[24] (35.1,-2.3)	Bertsch 等[23] (35.8,-9.8)	Fang[3] (37.2,25.8)	Cooper[7] (37.6,12.5)
R290	Fang 等[5-6] (1.9,0.1)	Bertsch 等[23] (27.0,1.9)	Lazarek - Black[19] (36.2,17.7)	Malek - Colin[60] (36.9,11.7)	Tran 等[18] (41.8,-5.2)
R600a	Fang 等[5-6] (5.6,-5.6)	Wattelet 等[29] (26.1,-2.0)	Wang 等[56] (23.4,-9.2)	Saitoh 等[26] (26.8,-7.7)	Liu - Winterton[24] (26.8,-7.3)

结合表 12.6 和表 12.7,可以看出:

① 出现频率超过 5 次的公式有 6 个,分别为 Fang 等[5-6](27 次)、Fang[3](18 次)、Liu - Winterton[24](10 次)、Bertsch 等[23](10 次)、Gungor - Winterton[8](7 次)以及 Wattelet 等[29](7 次)。这 6 个公式的总体预测性能最好。

② 在工质种类、管道尺度和流动方向这三个因素中,工质种类对预测准确度的影响最大。关于通道尺度的划分,不宜简单地用(水力)直径作为判据,应该研究出更合适的方法。此外,在大多数情况下,流动方向的影响可能不显著。

参考文献

[1] Dittus F W, Boelter L M K. Heat transfer in automobile radiator of the tubular type. Univ. Calif. Publ. Eng., 1930, 2 (13):443-461.

[2] Gnielinski V. New equations for heat and mass transfer in turbulent pipe and channel flow. Int. Chemical Engineering, 1976, 16(2):359-368.

[3] Fang X. A new correlation of flow boiling heat transfer coefficients for carbon dioxide. Int. J. Heat Mass Transfer, 2013, 64: 802-807.

[4] Fang X. A new correlation of flow boiling heat transfer coefficients based on R134a data. Int. J. Heat and Mass Transfer, 2013, 66:279-283.

[5] Fang X, Wu W, Yuan Y. A general correlation for saturated flow boiling heat transfer in channels of various sizes and flow directions. Int. J. Heat Mass Transfer, 2017, 107: 972-981.

[6] Fang X, Yuan Y, Wu Q, et al. Evaluation analysis of saturated flow boiling heat transfer correlations. 8th Int. Symposium on Multiphase Flow, Heat Mass Transfer and Energy Conversion (ISMF 2016), Chengdu, China. Papar No. 82, Dec. 16-19, 2016.

[7] Cooper M G. Heat flow rates in saturated nucleate pool boiling—A wide ranging examination using re-

duced properties. Adv. Heat Transfer, 1984, 16: 157-239.

[8] Gungor K E, Winterton R H S. Simplified general correlation for saturated flow boiling and comparison with data. Chemical Eng Research and Des, 1987, 65:148-156.

[9] Shah M M. Chart correlation for saturated boiling heat transfer: equations and further study. ASHRAE Transactions, 1982, 88: 185-196.

[10] Kaew-On J, Sakamatapan K, Wongwises S. Flow boiling heat transfer of R134a in the multiport minichannel heat exchangers. Experimental Thermal and Fluid Science, 2011, 35(2):364-374.

[11] Kenning D B R, Cooper M G. Saturated flow boiling of water in vertical tubes. Int. J. Heat and Mass Transfer, 1989, 32: 445-458.

[12] Kew P A, Cornwell K. Correlations for prediction of boiling heat transfer in small-diameter channels. Applied Thermal Engineering, 1997, 17: 705-715.

[13] Li W, Wu Z. A general criterion for evaporative heat transfer in micro/mini-channels. Int. J. Heat and Mass Transfer, 2010, 53(9-10):1967-1976.

[14] Warrier G R, Dhir V K, Momoda L A. Heat transfer and pressure drop in narrow rectangular channels. Exp. Thermal Fluid Sci, 2002, 26: 53-64.

[15] Yan Y Y, Lin T F. Evaporation heat transfer and pressure drop of refrigerant R-134a in a small pipe. Int. J. Heat and Mass Transfer, 1998, 41: 3072-3083.

[16] Yu W, France D M, Wambsganss M W, et al. Two-phase pressure drop, boiling heat transfer, and critical heat flux to water in a small-diameter horizontal tube. Int. J. Multiphase Flow, 2002, 28: 927-941.

[17] Sun L, Mishima K. An evaluation of prediction methods for saturated flow boiling heat transfer in mini-channels. Int. J. Heat and Mass Transfer, 2009, 52: 5323-5329.

[18] Tran T, Wambsganss M W, France D M. Small circular and rectangular channel boiling with two refrigerants. Int. J. Multiphase Flow, 1996, 22: 485-498.

[19] Lazarek G M, Black S H. Evaporative heat transfer pressure drop and critical heat flux in a small vertical tube with R-113. Int. J. Heat and Mass Transfer, 1982, 25: 945-960.

[20] Hamdar M, Zoughaib A, Clodic D. Flow boiling heat transfer and pressure drop of pure HFC-152a in a horizontal mini-channel. Int. J. Refrigeration, 2010, 33: 566-577.

[21] Chen J C. A correlation for boiling heat transfer to saturated fluid in convective flow. ASME Paper, 63-HT-34, 1-11, 1963.

[22] Chen W, Fang X. A note on the Chen correlation of saturated flow boiling heat transfer. Int. J. Refrigeration, 2014, 48:100-104.

[23] Bertsch S S, Groll E A, Garimella S V. A composite heat transfer correlation for saturated flow boiling in small channels. Int. J. Heat Mass Transfer, 2009, 52: 2110-2118.

[24] Liu Z, Winterton R H S. A general correlation for saturated and subcooled flow boiling in tubes and annuli based on a nucleate pool boiling equation. Int. J. Heat Mass Transfer, 1991, 34: 2759-2766.

[25] Jung D S, McLinden M, Radermacher R, et al. A study of flow boiling heat transfer with refrigerant mixtures. Int. J. Heat Mass Transfer, 1989, 32 (9): 1751-1764.

[26] Saitoh S, Daiguji H, Hihara E. Correlation for boiling heat transfer of R-134a in horizontal tubes including effect of tube diameter. Int. J. Heat Mass Transfer, 2007, 50: 5215-5225.

[27] Gungor K E, Winterton R H S. A general correlation for flow boiling in tubes and annuli. Int. J. Heat Mass Transfer, 1986, 29: 351-358.

[28] Zhang W, Hibiki T, Mishima K. Correlation for flow boiling heat transfer at low liquid Reynolds number in small diameter channels. Heat Transfer, 2005, 127: 1214-1221.

[29] Wattelet J P, Chato J C, Souza A L, et al. Evaporative characteristics of R-12, R-134a, and a mixture at low mass fluxes. ASHRAE Trans, 1994, 94(Part 1):603-615.

[30] Steiner D, Taborek J. Flow boiling heat transfer in vertical tubes correlated by an asymptotic model. Heat Transfer Eng. 1992, 13: 43-69.

[31] Kandlikar S G. A general correlation for saturated two-phase flow boiling horizontal and vertical tubes. ASME J. of Heat Transfer, 1990, 112: 219-228.

[32] Kandlikar S G, Balasubramanian P. An extension of the flow boiling correlation to transition, laminar, and deep laminar flows in minichannels and microchannels. Heat Transfer Engineering, 2004, 25(3): 86-93.

[33] Thome J R, Dupont V, Jacobi A M. Heat transfer model for evaporation in microchannels: Part I—Presentation of the model. Int. J. Heat Mass Transfer, 2004, 47: 3375-3385.

[34] Li W, Wu Z. A general correlation for evaporative heat transfer in micro/mini-channels. Int. J. Heat Mass Transfer, 2010, 53: 1778-1787.

[35] Lee J, Mudawar I. Two-phase flow in high-heat flux micro-channel heat sink for refrigeration cooling applications: Part II-heat transfer characteristics. Int. J. Heat Mass Transfer, 2005, 48: 941-955.

[36] Lemmon E W, Huber M L, McLinden M O. REFPROP. NIST Standard Reference Database 23, Version 9.0, 2010.

[37] Chisholm D. A theoretical basis for the Lockhart-Martinelli correlation for two-phase flow. Int. J. Heat Mass Transfer, 1967, 10: 1767-1778.

[38] Haaland S E. Simple and explicit formulas for friction factor in turbulent pipe flow. Trans. ASME J. Fluids Eng., 1983, 105: 89.

[39] Fang X, Xu Y, Zhou Z. New correlations of single-phase friction factor for turbulent pipe flow and evaluation of existing single-phase friction factor correlations. Nuclear Engineering and Design, 2011, 241 (3): 897-902.

[40] Gorenflo D. Pool boiling. VDI Heat Atlas, Dusseldorf, Germany, p. Ha1-25, 1993.

[41] Petukhov B S, Kirillov V V. On heat exchange at turbulent flow of liquid in pipes. Teploenergetika, 1958(4):63-68.

[42] Thome J R, Ribatski G. State-of-the-art of two-phase flow and flow boiling heat transfer and pressure drop of CO_2 in macro- and micro-channels. Int. J. Refrigeration, 2005, 28: 1149-1168.

[43] Thome J R, El Hajal J. Flow boiling heat transfer to carbon dioxide: general prediction method. Int. J. Refrigeration, 2004, 28: 294-301.

[44] Steiner D. Heat Transfer to Boiling Saturated Liquids. VDI-Wär meatlas (VDI Heat Atlas), Verein Deutscher Ingenieure, VDI-Gessellschaft Verfahrenstechnik und Chemieingenieurwesen (GCV), Düsseldorf, 1993.

[45] Cheng L, Ribatski G, Moreno Quibén J, et al. New prediction methods for CO_2 evaporation inside tubes: Part I-A two-phase flow pattern map and a flow pattern based phenomenological model for two-phase flow frictional pressure drops. Int. J. Heat Mass Transfer, 2008, 51:111-124.

[46] Cheng L, Ribatski G, Thome J R. New prediction methods for CO_2 evaporation inside tubes: Part II—An updated general flow boiling heat transfer model based on flow patterns. Int. J. Heat and Mass Transfer, 2008, 51: 125-135.

[47] El Hajal J, Thome J R, Cavallini A. Condensation in horizontal tubes: part 2—new heat transfer model based on flow regimes. Int. J. Heat Mass Transfer, 2003, 46(18): 365-3387.

[48] Cheng L, Ribatski G, Wojtan L, et al. New flow boiling heat transfer model and flow pattern map for

carbon dioxide evaporating inside horizontal tubes. Int. J. Heat Mass Transfer, 2006, 49: 4082-4094.

[49] Groeneveld D C. Post dry-out heat transfer at reactor operating conditions // ANS Topical Meeting on Water Reactor Safety. Salt Lake City, 1973.

[50] Wojtan L, Ursenbacker T, Thome J R. Investigation of flow boiling in horizontal tubes: part II—development of a new heat transfer model for stratified-wavy, dryout and mist flow regimes. Int. J. Heat Mass Transfer, 2005, 48(14): 2970-2985.

[51] Kutateladze S S. On the transition to film boiling under natural convection. Kotloturbostroenie, 1948, (3): 10-12.

[52] Choi K-II, Pamitran A S, Oh J T. Two-phase flow heat transfer of CO_2 vaporization in smooth horizontal minichannels. Int. J. Refrigeration, 2007, 30: 767-777.

[53] Pamitran A S, Choi K-II, Oh J T, et al. Evaporation heat transfer coefficient in single circular small tubes for flow natural refrigerants of C3H8, NH3, and CO_2. Int. J. Multiphase Flow, 2011, 37: 794-801.

[54] Tanaka S, Daiguji H, Takemuka F, et al. Boiling heat transfer of carbon dioxide in horizontal tubes// Proceeding of 38th National Heat Transfer Symposium of Japan, Saitama, Japan, 2001, 5: 899-900.

[55] Stephan K, Abdelsalam M. Heat transfer correlations for natural convection boiling. Int. J. Heat Mass Transfer, 1980, 23(1): 73-87.

[56] Wang J, Ogasawara S, Hihara E. Boiling heat transfer and air coil evaporator of carbon dioxide // Proceedings of the 21st IIR International Congress of Refrigeration, 2003.

[57] Yoon S H, Cho E S, Hwang Y W, et al. Characteristics of evaporative heat transfer and pressure drop of carbon dioxide and correlation development. Int. J. Refrigeration, 2004, 27: 111-119.

[58] Ducoulombier M, Colasson S, Bonjour J, et al. Carbon dioxide flow boiling in a single microchannel: Part II—Heat transfer. Experimental Thermal and Fluid Science, 2011, 35: 597-611.

[59] Stephan K. Heat transfer in condensation and boiling. Springer, New York: NY, 1992.

[60] Malek A, Colin R. Ebullition de l'ammoniac en tube long. Transfert de chaleur et pertes de charges en tubes vertical et horizontal. 2nd ed. Centre Tecnique des Industries Mecaniques, Senlis, Senlis, France, 1983.

[61] Steiner D, Schlunder E U. Heat transfer and pressure drop for boiling nitrogen flowing in a horizontal tube: 1. Saturated flow boiling. Cryogenics, 1976, 16(7): 387-98.

[62] Qi S L, Zhang P, Wang R Z, et al. Flow boiling of liquid nitrogen in micro-tubes: Part II—Heat transfer characteristics and critical heat flux. Int. J. Heat Mass Transfer, 2007, 50:5017-5030.

[63] Klimenko V V. Heat transfer intensity at forced flow boiling of cryogenic liquids in tubes. Cryogenics, 1982, 22(11): 569-576.

[64] Stephan K, Auracher H. Correlations for nucleate boiling heat transfer in forced convection. Int. J. Heat Mass Transfer, 1981, 24(1): 99-107.

[65] Chawla J M. VDI-Forschungsheft. Dusseldorf, VDI-Verlag, 1967.

[66] Zhou Z, Fang X, Li D. Evaluation of correlations of flow boiling heat transfer of R22 in horizontal channels. The Scientific World Journal, 2013, 2013: Article ID 458797.

[67] 李定坤，方贤德. 管内流动沸腾传热关系式对 R410A 的适应性研究. 流体机械，2015，3(3):58-63.

[68] Fang X, Zhou Z, Li D. Review of correlations of flow boiling heat transfer coefficients for carbon dioxide. Int. J. Refrigeration, 2013, 36: 2017- 2039.

[69] Wang H, Fang X. Review of correlations of flow boiling heat transfer coefficients for nitrogen // Proc. of ASME 2014 4th Joint US-European Fluids Engineering Division Summer Meeting and 12th International

Conference on Nanochannels, Microchannels, and Minichannels. FEDSM2014-21212, Chicago, Illinois, USA, August 3-7, 2014.

[70] Wang H, Fang X. Evaluation analysis of correlations of flow boiling heat transfer coefficients applied to ammonia. Heat Transfer Engineering,2016, 37(1): 32-44.

[71] Fang X, Zhou Z, Wang H. Heat transfer correlation for saturated flow boiling of water. Applied Thermal Engineering, 2015, 76(5): 147-156.

第 13 章　冷凝传热

冷凝也称凝结，是一种常见的气液两相流传热方式，广泛应用于各种工业领域。本章首先介绍冷凝的类型、传热机理和影响因素，重点讨论膜状冷凝传热的计算方法，并对管内膜状冷凝传热计算模型进行评价分析，最后对滴状冷凝的实现方法、润湿基本理论和传热计算作简要介绍。

13.1　概　述

13.1.1　冷凝的类型

冷凝是以蒸气转变成液体的方式从系统中排除热量的过程，是一种常见的气液两相对流传热方式。例如，当蒸气与冷壁面接触，壁面温度低于蒸气相应压力下的饱和温度时，就会发生冷凝现象。再如，当湿空气与冷壁面接触，壁面温度低于空气的露点温度时，空气中的水蒸气就会发生冷凝。冷凝时，蒸气释放出汽化潜热并传给固体壁面，冷凝后的液体附着在固体壁上。冷凝传热广泛应用于各种冷凝装置及设备中，如冰箱与空调中的冷凝器、冷凝式锅炉和热水器中的冷凝热交换器、海水淡化冷凝装置等。

冷凝过程表现出多样性，可以在很多情况下发生。为了理解和描述的方便，将其进行分类是很有帮助的。分类可以基于不同的视角和因素。当然，各种分类方法获得的类型中，可能存在着重叠。以下是常见的分类方式：

① 以冷凝模式分类：膜状冷凝、滴状冷凝、滴膜共存冷凝、均匀冷凝、直接接触冷凝。

② 以蒸气条件分类：单组分冷凝、多组分冷凝（所有组分都可以冷凝）、含不凝气体的冷凝。

③ 以系统几何特征分类：平板表面冷凝、管外冷凝、管内冷凝等。

以上分类方式中，基于冷凝模式的分类可能是最有用的。依据这个分类，大多数冷凝过程属于膜状冷凝，绝大多数工程应用中的冷凝都是这种模式。其次是滴状冷凝。滴膜共存冷凝是滴状冷凝和膜状冷凝共存的冷凝过程。这三种冷凝过程都发生在蒸气与冷固体壁面接触的情况下。本章主要讨论膜状冷凝和滴状冷凝。对于滴膜共存冷凝、均匀冷凝和直接接触冷凝，只简单介绍其基本现象和概念，而不进行深入讨论。

1. 膜状冷凝和滴状冷凝

通常将固-气界面被固-液界面所取代的过程称为润湿，将一种液体在一种固体表面铺展的能力称为润湿性（wettability）。润湿是自然界和生产过程中常见的现象。当液体能够很好地润湿壁面时，冷凝液会形成一层液膜覆盖在壁面上，这种冷凝称为膜状冷凝（见图 13.1(a)）。膜状冷凝过程中，最初出现小液滴，润湿壁面。然后小液滴聚并，发展为成片的液膜。由于重力和蒸气切应力等的作用，液膜会发生流动。冷凝液体的流动在某些方面也会表现出与其他流动相似的现象，例如管外表面冷凝也会出现层流、过渡流（波状流）、层流和湍流之间的转

变等。

当冷凝液不能很好地润湿壁面时，冷凝液在壁面上聚集成不同尺寸的小液滴，而不是连续的液膜，这种冷凝称为滴状冷凝(见图 13.1(b))。

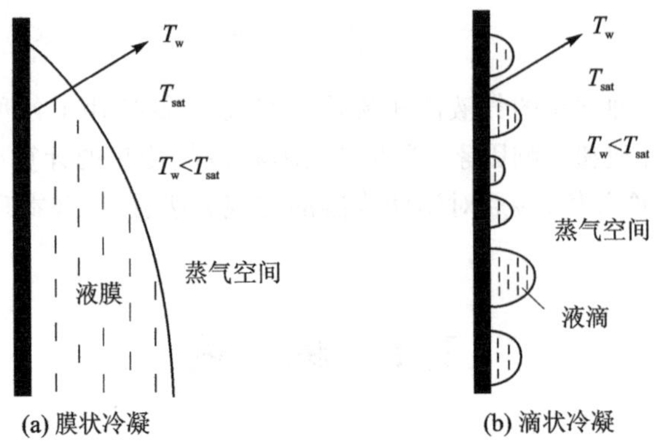

图 13.1　竖壁上的两种冷凝示意图

图 13.2 为 Welch[1] 于 1961 年所拍摄的在垂直铜板上的两种冷凝过程，右边为膜状冷凝，左边为滴状冷凝。实际上，几乎所有的常见蒸气在常用工程材料洁净壁面上的冷凝都是膜状冷凝，大多数工业冷凝器中所出现的也都是膜状冷凝。

图 13.2　垂直铜板上的两种冷凝照片(右边为膜状冷凝，左边为滴状冷凝)

冷凝液润湿壁面的能力取决于液体与壁面之间的接触角(contact angle) β_c。接触角是指在气、液、固三相交点处所作的气-液界面的切线穿过液体与固-液交界线之间的夹角，如图 13.3 所示。接触角 β_c 表征液体对壁面的润湿能力，对冷凝传热有重要影响。当 $\beta_c \approx 0°$ 时，出现完全润湿，液体趋向于铺展到整个壁面；相反，当 $\beta_c \approx 180°$ 时，出现完全不润湿。当 $\beta_c < 90°$ 时，液体润湿壁面的能力较强，形成膜状冷凝；反之，若 $\beta_c > 90°$，则液体润湿壁面的能力较弱，形成滴状冷凝。

膜状冷凝时，壁面总是被一层液膜所覆盖，冷凝放出的相变潜热必须穿过液膜才能传递到壁面上去，因此液膜成为影响传热的主要因素，其厚度越大，热阻也就越大，传热系数也就越

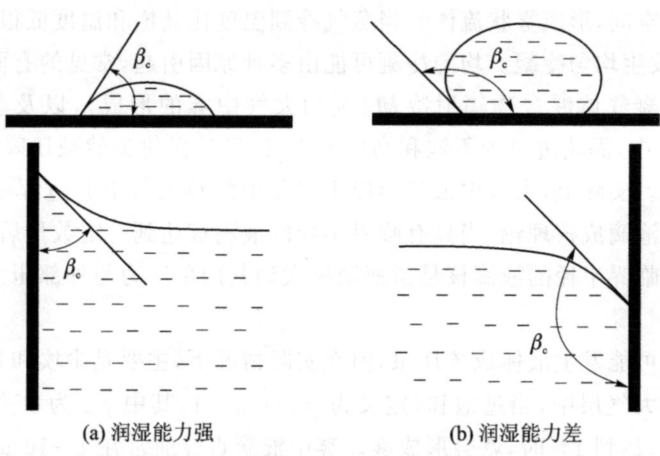

图 13.3　不同润湿条件下壁面上液膜形成的接触角

小。滴状冷凝是非常高效的传热方式，传热效率通常比膜状冷凝大一个量级，但工业上实现起来比较困难。

为了使滴状冷凝在工业过程中能够有效利用，通常需要对工业材料表面进行改性处理，使 $\beta_c>90°$。这样，液滴可以快速形成和长大。产生滴状冷凝时，在非水平的壁面上，因受重力作用，液滴长大到一定尺寸后就沿壁面滚下；在滚下的过程中，一方面会和相遇的液滴合并成更大的液滴，另一方面也扫清了沿途的液滴，使得壁面液滴的形成和成长得以持续进行。另外，蒸气的切应力也可以消除大液滴。不过，提供和保持非润湿壁面一般比较困难，冷凝液体常常消耗掉表面促进剂。另外，表面液滴的积累也会最终形成液膜。由于滴状冷凝不稳定，目前还不能维持长久的过程，因此还没有在工业上得到广泛应用。

2. 滴膜共存冷凝

滴膜共存冷凝是膜状冷凝和滴状冷凝共存的混合冷凝模式。蒸气与冷固体表面接触的冷凝是一个复杂的冷凝现象，受很多因素的影响，而膜状冷凝和滴状冷凝又是截然不同的两种冷凝现象。所以，蒸气与冷固体表面接触的冷凝现象除了膜状和滴状两种现象之外，必然存在介于膜、滴之间的冷凝形态，即滴膜共存冷凝。可以想象，滴膜共存冷凝的传热能力介于膜状和滴状之间，比膜状冷凝明显提高，但比滴状冷凝明显降低。

滴膜共存冷凝过程受外界条件影响较大，是非稳态的冷凝过程，通常不被列为单独的冷凝模式。但是，研究膜状和滴状冷凝的过渡转变机制常常涉及滴膜共存的问题。

形成滴膜共存冷凝的形态主要有以下几方面的原因：

① 冷凝表面物理化学性质不均匀。冷凝表面的材质不均匀，或者局部表面被有机物污染等，都会使表面与液体的接触角沿表面不均匀，有大有小，从而形成滴膜共存冷凝形态。

② 冷凝操作条件。前面提到，表面液滴的积累会最终形成液膜。当过冷度和热通量很大时，冷凝液滴脱落排除速度没有生长速度快时，滴状冷凝会向滴膜共存冷凝转变。

③ 非共沸的混合工质。如日常生活中见到的油-水混合蒸气的冷凝过程，由于油的表面张力较大，油蒸气在水的冷凝液上会冷凝成油滴，形成滴膜共存的混合冷凝形态。

3. 均匀冷凝

均匀冷凝指蒸气不与固体或液体接触而发生的冷凝过程。均匀冷凝时，蒸气凝结成微小液滴且悬浮于气相空间,形成雾状流体。当蒸气冷到温度比其饱和温度低很多,足以引起液滴核产生时,就可能发生均匀冷凝。均匀冷凝可能由多种原因引起,常见的有两股不同温度的蒸气流混合、蒸气-不凝气体混合物辐射冷却(例如大气中雾的形成),以及蒸气突然减压(见图 13.4)。图 13.4 中,涡轮进口为不饱和高压湿空气,经过涡轮突然减压降温,出口为含有雾滴的过饱和湿空气。实际上,大气中云的形成主要是由湿热大气上升过程中绝热膨胀减压引起的。按照经典的液滴成核理论,当具有临界半径的液滴核达到一定数量后,就会发生过热蒸气均匀冷凝。具有临界半径的液滴核是指液滴核大到其内部压力与外部压力之差能够平衡表面张力时的液滴。

尽管纯蒸气中可能发生液体成核现象,但在实际情况下,主要是尘埃和其他粒子起到液体核胚胎的作用。在大气层中,当过饱和(定义为 $p_w/p_{sat}-1$,其中 p_w 为水蒸气分压力,p_{sat} 为饱和水蒸气分压力)达到 1%时,就会形成雾。雾中液滴直径通常在 1~10 μm 范围内。

4. 直接接触冷凝

直接接触冷凝是蒸气与冷液体直接接触而在冷液体表面凝结的冷凝过程。例如用过冷水喷射水蒸气,或用水蒸气喷射过冷水,如图 13.5 所示。空气调节系统中的喷淋室,在夏季向湿空气中喷射过冷水,达到空气冷却去湿的目的。

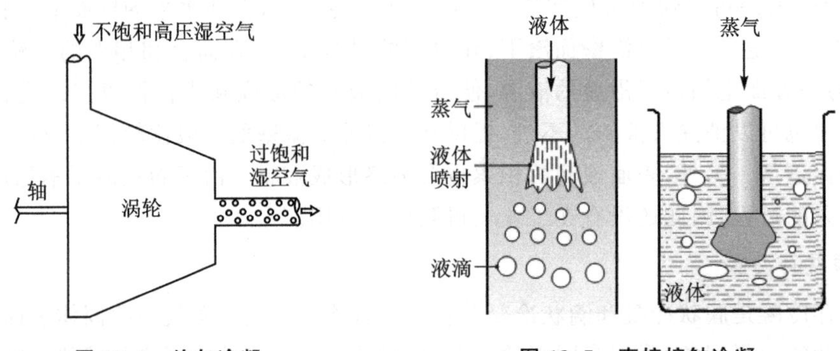

图 13.4 均匀冷凝　　图 13.5 直接接触冷凝

膜状冷凝过程和滴状冷凝过程都发生在蒸气与冷固体壁面接触的情况下。在冷凝器中,壁面的一侧是待冷凝流体(蒸气或气液两相流体),另一侧是温度较低的热沉流体(或称冷却剂,例如水、空气、防冻液等)。冷凝器固体壁面把待冷凝流体和热沉流体分开,但也增加了这两种流体之间的传热热阻。在多数情况下,这种热阻相对较小。之所以忍受这种热阻,是因为固体壁是分开待冷凝流体和热沉流体所不得不付出的代价。

直接接触式冷凝器具有很高的效率。这不仅是因为消除了壁面热阻,更重要的是两种流体直接混合,产生了很大的界面面积。不过,直接接触式冷凝器只在某些特殊的情况下才可以使用。如果待冷凝流体和热沉流体必须分开,不能混合,例如蒸发制冷循环中的冷凝器,则无法使用直接接触式冷凝器。在大多数情况下,是不允许这两种流体直接混合的。

13.1.2 冷凝传热机理

1. 膜状冷凝机理

一般认为,膜状冷凝过程中,蒸气与冷表面接触,最初出现小液滴,润湿壁面。然后小液滴

聚并，发展为成片的液膜。

对于膜状冷凝机理，主要有基于分子运动的运动学理论和基于宏观热平衡的统计理论两种解释。其中，运动学理论解释的影响较广。Collier 和 Thome[2] 对运动学理论解释作了比较详细的介绍。图 13.6 是纯蒸气膜状冷凝机理解释的示意图。液膜和蒸气之间的界面假想为一个平面，蒸气空间中的分子向气-液界面靠拢，界面上不断有传热传质。在蒸气冷凝成液体加入液膜的同时，液膜中也有液体蒸发进入蒸气空间。设蒸气冷凝质量流速为 G_c，液膜蒸发质量流速为 G_e，则 $G_c>G_e$ 时发生冷凝过程，$G_c<G_e$ 时发生蒸发过程，$G_c=G_e$ 时为两相平衡状态。

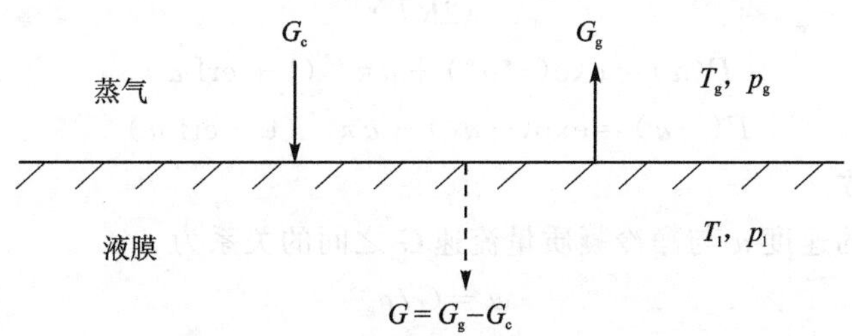

图 13.6　膜状冷凝机理解释示意图

根据运动学理论，在一个静止的容器内，分子从一个方向进入或离开这个假想平面的质量流速 G 为

$$G_c=\left(\frac{1}{2\pi R}\right)^{1/2}\frac{p_g}{T_g^{1/2}} \tag{13.1a}$$

$$G_e=\left(\frac{1}{2\pi R}\right)^{1/2}\frac{p_l}{T_l^{1/2}} \tag{13.1b}$$

式中，R 为该物质的气体常数，p 和 T 分别为绝对压力和热力学温度，p_l 为对应于液体温度 T_l 的饱和液体压力，下标 l 和 g 分别表示液体和气体。

式(13.1)是许多界面相变理论的出发点。

考虑让通过界面的净分子质量流速为正，对于冷凝过程而言，通过一个界面的净分子质量流速 G 是从蒸气进入液体的质量流量与从液体进入蒸气的质量流量之差，即

$$G=G_c-G_e \tag{13.2}$$

对于蒸发过程，则表示为 $G=G_e-G_c$。将式(13.2)代入式(13.1)，得

$$G=\left(\frac{1}{2\pi R}\right)^{1/2}\left(\frac{p_g}{T_g^{1/2}}-\frac{p_l}{T_l^{1/2}}\right) \tag{13.3}$$

因为界面的两边并不满足静态热平衡条件，对于任何有较大 G 的冷凝或蒸发过程，用界面两边的热力学静态压力和温度进行分析，从理论上来说是不严格的。然而，以工程应用为目的，用简化的运动学理论分析技术，纳入适当的修正系数，人们还是成功地获得了一些有意义的研究结果。

修正方法之一是将 G_c 和 G_e 乘以修正系数，将上式改为

$$G=\left(\frac{1}{2\pi R}\right)^{1/2}\left(\Gamma\sigma_c\frac{p_g}{T_g^{1/2}}-\sigma_e\frac{p_l}{T_l^{1/2}}\right) \tag{13.4}$$

式中，σ_c 和 σ_e 分别为冷凝系数和蒸发系数，Γ 为在假设蒸气满足麦克斯韦分布的条件下考虑

通过界面的净蒸气分子引入的修正系数。设蒸气以速度 u 向透明界面运动，用 a 表示速度 u 与特征分子速度的比值。依据运动学理论，穿过界面的分子流量可表示为

$$G_c = \Gamma(a)\left(\frac{1}{2\pi R}\right)^{1/2}\frac{p_g}{T_g^{1/2}} \tag{13.5a}$$

$$G_e = \Gamma(-a)\left(\frac{1}{2\pi R}\right)^{1/2}\frac{p_1}{T_1^{1/2}} \tag{13.5b}$$

式中

$$a = \frac{u}{(2RT)^{1/2}} \tag{13.6}$$

$$\Gamma(a) = \exp(-a^2) + a\pi^{1/2}(1+\mathrm{erf}\ a) \tag{13.7a}$$

$$\Gamma(-a) = \exp(-a^2) - a\pi^{1/2}(1-\mathrm{erf}\ a) \tag{13.7b}$$

式中，erf 为误差函数。

蒸气移向界面的速度 u 与净冷凝质量流速 G 之间的关系为

$$u = G/\rho_g \tag{13.8}$$

将上式代入式(13.6)，并应用理想气体状态方程，得

$$a = \frac{G}{p_g[2/(RT_g)]^{1/2}} \tag{13.9}$$

对于热力学静态平衡过程，系数 σ_c 和 σ_e 相等；而对于动态过程，二者则不相同。近似分析中，可忽略界面传质不平衡因素，即不考虑离开蒸气进入液体的分子数量与离开液体进入蒸气的分子数量不相等对系数 σ_c 和 σ_e 的影响。这样，可假设 $\sigma_c=\sigma_e$，去掉下标，令 $\sigma=\sigma_c=\sigma_e$，将式(13.4)简化为

$$G = \sigma\left(\frac{1}{2\pi R}\right)^{1/2}\left(\Gamma\frac{p_g}{T_g^{1/2}} - \frac{p_1}{T_1^{1/2}}\right) \tag{13.10}$$

冷凝过程中流速 u 的影响随着 G 的增加而增大。在低流速，即 a 较小时，Γ 可用公式 $\Gamma=1+a\pi^{1/2}$ 估算。该式误差在 $a=0.1$ 时略高于 1%，但随着 a 的增大而迅速增大。在 a 很大时，$\Gamma(a)\to 2a\pi^{1/2}$。于是式(13.7)可简化为

$$\Gamma(a) = 1 + a\pi^{1/2},\quad a\ \text{很小时} \tag{13.11a}$$

$$\Gamma(a) = 2a\pi^{1/2},\quad a\ \text{很大时} \tag{13.11b}$$

在 a 很大时，$G_c \gg G_e$，所有撞向界面的蒸气分子都冷凝成液体，蒸发相对于冷凝可以忽略不计。这种情况发生在界面很冷的极限条件下。这时的界面相当于黑体，能够吸收所有蒸气分子来流。此时，将式(13.11b)应用到式(13.10)，得

$$G = \sigma\left(\frac{1}{2\pi R}\right)^{1/2}\left(2a\pi^{1/2}\frac{p_g}{T_g^{1/2}} - \frac{p_1}{T_1^{1/2}}\right) \tag{13.12}$$

另一个极限情况是 a 很小。这种情况下，将式(13.11a)和式(13.9)代入式(13.10)，得

$$G = \sigma\left(\frac{1}{2\pi R}\right)^{1/2}\left(\frac{p_g}{T_g^{1/2}} - \frac{p_1}{T_1^{1/2}}\right) + \frac{G\sigma}{2} \tag{13.13}$$

整理后可得

$$G = \left(\frac{2\sigma}{2-\sigma}\right)\left(\frac{1}{2\pi R}\right)^{1/2}\left(\frac{p_g}{T_g^{1/2}} - \frac{p_1}{T_1^{1/2}}\right) \tag{13.14}$$

上式在西方被称为 Silver－Simpson(1961)[3]公式，而俄罗斯学者则称其为 Kucherov－Rikenglaz (1960)[4]公式。该公式只适用于 a 很小，即向着界面的蒸气流速很小的情况。

上述分析过程中作了很多简化，包括：

① 界面分子碰撞分布满足麦克斯韦速度分布；

② 蒸气可作为理想气体处理；

③ 蒸发和冷凝可以作为两个彼此独立的过程，互不干扰；

④ 在界面上没有分子反射，即所有从蒸气侧撞到界面的蒸气都冷凝成液体，而液体蒸发的所有分子都进入蒸气区；

⑤ 对于系数 σ_c 和 σ_e，忽略了界面传质不平衡因素的影响。

2. 滴状冷凝机理

对于滴状冷凝的机理，存在着多种解释，其中提出较早且被较广泛接受的是液膜破裂假说和固定成核中心假说，20 世纪 90 年代出现的滴膜共存解释也在逐步受到认可。

(1) 液膜破裂假说

1936 年，Jakob[5]提出蒸气流与壁面接触时，气流迅速覆盖在冷凝表面，形成一个很薄的冷凝液或饱和气体层。随着蒸气冷凝的进行，液膜不断增厚，当达到临界值时，液膜将发生破裂，破碎的液膜片收缩成小液滴。此时蒸气在液滴的表面发生冷凝，冷凝潜热通过小液滴传递给固体表面，小液滴进一步长大并从冷凝表面上脱落。液膜破裂后，暴露出来的表面上又产生新的液膜，直到再次破裂，如此不断重复。由于液膜很薄，其热阻与膜状冷凝相比要小得多，因此珠状冷凝传热系数要比膜状冷凝的高得多。后来，Welch 和 Westwater[6]在显微镜下对滴状冷凝进行了仔细观察，并拍下一系列照片，证实了 Jakob 的理论。

(2) 固定成核中心假说

1935 年，Tammann 和 Boehme[7]通过实验发现，在滴状冷凝过程中，产生液滴的位置基本不变，滴状冷凝是一种成核现象。该假说认为，在冷凝表面上存在着随机分布的冷凝核心，蒸气与冷凝表面接触时，先在冷凝核心处冷凝，形成微小的液滴，覆盖住冷凝核心。小液滴依靠蒸气在其表面上的冷凝而不断长大。当小液滴足够大时，开始彼此合并，并且其物理位置也不再局限于原来的冷凝核心处，而是在合并时发生移动。当液滴尺寸达到其相应的滑离尺寸后，液滴开始滑离冷凝表面，在液滴滑落留下的干痕处，新的小液滴又开始长大并最终滑离表面。为了证实固定成核中心假说，Umur 和 Griffith[8]利用热力学的方法对滴状冷凝的初始行为进行了分析。结论表明，在非润湿性表面上，液膜的持续生长是不可能的，液滴之间的金属表面上不存在超过一个分子层厚度的液膜。他们利用椭圆偏振光学的方法对液滴之间的表面进行了实验研究，实验结果与理论推测一致。

(3) 滴膜共存机理

宋永吉等人[9]根据吸附理论，提出滴状冷凝的滴膜共存观点。该观点认为，气体或蒸气分子首先在活性最高的吸附中心(固体表面上的高能点)上吸附。冷凝过程中的固体表面通常为均质金属表面。从微观上看，这些金属表面可能存在晶体缺陷和几何形状缺陷；按照吸附的观点，这就是吸附中心。但是在这种表面上，能量的差别不大，所以不同位置吸附气体或蒸气分子的能力差别也不大，在滴状冷凝过程中，整个金属表面上会有多层蒸气的吸附层存在。在吸附层上会出现若干液滴的成核中心而形成滴状冷凝现象，整个冷凝表面上液滴和液膜同时存在,而不是像固定成核中心假说认为的那样只有液滴。蒸气的冷凝既在吸附液膜表面上进行,也在液滴表面上进行。蒸气在液膜表面冷凝产生的液体,在表面张力的作用下不断地沿液膜表面向周围液滴迁移。液滴之间的金属表面上始终存在着一层极薄的冷凝液膜,该薄液膜是冷凝传热的主要通道。

13.1.3 影响冷凝传热的因素

冷凝传热和流动特性复杂,影响因素很多,包括不凝气体、表面几何特征和布置方式、流动相对于重力的方向、工质种类、流型特性、质量流速、干度/空隙率、剪应力、蒸气压力(冷凝温度)、重力场、特殊场(如电场)、制冷剂管内冷凝的含油浓度等。下面对主要影响因素作简要介绍。

(1) 不凝气体

工程上使用的水蒸气中常混有不发生冷凝的气体(称不凝气体),如空气等。含有不凝气体的蒸气在冷凝时,不凝气体聚积在冷凝液表面,形成一个不凝气体层。蒸气要通过这层气体才能到达液膜表面冷凝,使冷凝过程增加了一个气相热阻,从而使冷凝传热热阻增大(见图 13.7)。此外,不凝气体的存在使得液膜附近的蒸气分压力和饱和温度降低,即降低了有效冷凝温度,相应传热量及传热系数也会降低。不凝气体的存在对冷凝的影响很大,在冷凝器运行中,排除不凝气体成为保证设计能力的关键措施之一。例如电厂冷凝器都装有抽气器,以便及时将冷凝器中的空气排除,不让空气聚积而降低冷凝器的冷凝传热系数。

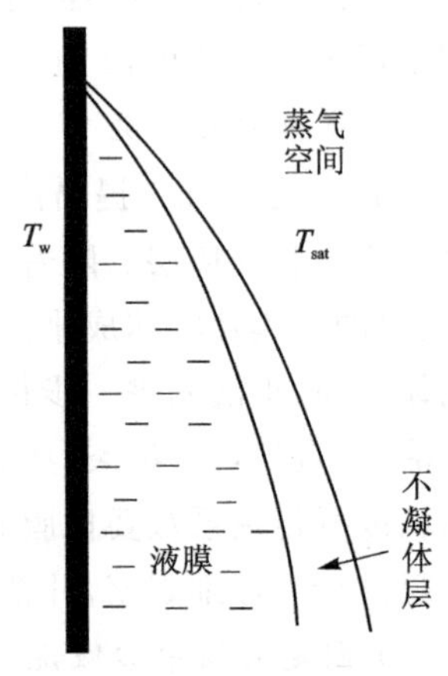

图 13.7 存在不凝气体时的膜状冷凝示意图

Othmer[10] 最先实验研究了水蒸气中含空气对传热的影响。实验中,冷水通过小锅炉中放置的一根水平铜管。结果表明,当锅炉内空气的体积分数从 0 升至 0.5%时,铜管表面冷凝传热系数降低了 50%左右。此后,人们对不凝气体对冷凝传热的影响进行了大量研究。Huang[11] 和 Chung 等[12] 通过实验研究发现,当冷凝传热受不凝气体层热阻影响较大时,滴状冷凝和膜状冷凝的传热系数便差别不大,甚至可以直接采用膜状冷凝的公式计算滴状冷凝传热。

(2) 蒸气流速和相对于重力的方向

蒸气流速对冷凝传热会产生重要影响[13]。蒸气流速较高时(如水蒸气流速大于 10 m/s 时),蒸气流对液膜表面会产生明显的粘滞切应力,对液膜的厚度及破裂会产生一定的影响。一般来说,蒸气流速不大时,液膜不会产生破裂。若蒸气向下或水平流动(与液膜流动方向相同或交叉),液膜就会在蒸气的驱赶作用下变薄,其表面的不凝气体也会被吹散,因此传热热阻减小,冷凝传热系数增大。若蒸气向上流动(与液膜流动方向相反),会阻碍液膜的流动,导致液膜变厚,冷凝传热系数减小。但当流速大到能吹散液膜导致液膜破碎时,冷凝传热系数将显著增大。

(3) 蒸气过热度

如果蒸气是过热蒸气,则冷凝时不仅放出汽化潜热,还放出蒸气冷却到饱和温度的热量。在进行计算时,只需用过热蒸气与饱和液之间的焓差来取代相变潜热即可。关于蒸气过热度对冷凝传热的影响，研究结论不一致，可能与工质种类和操作条件有关。例如，研究表明，大气压下水蒸气过热度为 46 ℃时冷凝传热系数增大 1%，而过热度大于 243 ℃才能使冷凝传热系数增大 5%，这个结果表明水蒸气过热度对冷凝传热的影响不大。Zhao 等[14]实验研究了 R134a 过热蒸气在水平管外表面的膜状冷凝传热。结果表明，过热度从 39.5 ℃增大到 131.9 ℃时，传热系数增大了 9.8%。这说明，对于某些制冷剂蒸气，过热度对冷凝传热的影响需要考虑。一般蒸气冷凝器中的水蒸气过热度不大，热力计算时可不考虑其对冷凝传热系数的影响。

(4) 冷凝表面的几何特性和布置方式

传热面的形状、表面粗糙度、表面是否洁净等都会影响冷凝传热系数。凡能及时排除冷凝液而使传热面上冷凝液厚度减小的因素，都能使冷凝传热系数增大，反之则使冷凝传热系数降低。最常见的强化传热方式是在壁面上增加肋片。在相同的条件下，采用肋片的管道传热系数比光滑管可增大 2～4 倍[15]。也可以采用沟槽管等，使液膜在下流过程中分段排泄或加速排泄，以强化传热。

对于管内冷凝，管径大小对冷凝传热有明显影响，截面形状也有一定影响。管径较小时表面张力的作用增大，重力效应减弱，传热特性发生变化。Ma 等[16]对水蒸气在细微通道中的冷凝的研究表明，管径较小时环状流向间歇流的转变出现得较早。

冷凝表面的布置方式，例如是垂直、水平，还是有一定倾角，对冷凝传热有较大影响。例如，对于圆管外表面的膜状冷凝，在 $L/D=50$ 时，横管的平均传热系数约为竖管的 2 倍。

(5) 管道排列

对于管外冷凝，当存在多根管道时，管道的排列次序会对冷凝传热产生一定的影响；管道之间所产生的流体飞溅，以及流动干扰都会对液膜产生扰动，均影响传热效果。排列方式对传热的影响与流体物性参数和操作条件等因素有关，情况比较复杂，因此设计时最好参考已有的相关实验资料。图 13.8 所示的是常见的两种管束排列方式。错排增加了对蒸气流的扰动，传热效果一般比顺排要好。

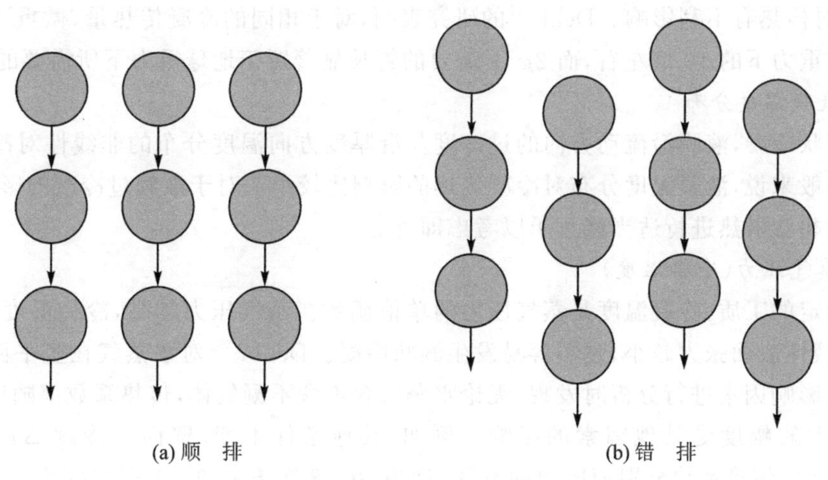

图 13.8　不同管道排列次序示意图

(6) 表面材料

从表面能角度来看，液体置于固体表面时，其平衡形状取决于固体表面能。而固体表面能与表面材料有关。清洁的纯金表面一般形成膜状冷凝，但是镀金表面上能够实现滴状冷凝。因为电镀液中存在多种化合物，电镀时，这些化合物与金属离子一起被镀到表面上，其中某种化合物促使了滴状冷凝的形成。目前，表面改性是实现滴状冷凝的最常用方法，包括将金、银、铑、钯、铂等贵金属镀在冷凝表面上，以及在金属表面上涂有机促进剂等。

(7) 流 型

冷凝传热特性与流型有很大关系。管外冷凝流动中，液膜有层流、湍流和过渡流等流型，与单相流情况类似，湍流的传热性能较好。在大多数工业冷凝器(如冰箱、空调的冷凝器)中，蒸气都是在压差的作用下在管道内部循环流动的。在水平管内，当蒸气流速较低时，冷凝液在重力的作用下集聚在管子的底部，蒸气则位于管子的上部，形成层状流；如果蒸气流速比较高，则可能形成波状流、环状流、间歇流、弥散流等[16-17]。环状流时，冷凝液较均匀地展布在管子四周，而中心区则为蒸气；随着流动的进行，液膜厚度不断增加。管内冷凝时，流型对传热系数的影响很大，不同流型所采用的计算公式常常不同，这将在下一节进行详细的介绍。

(8) 工质种类

冷凝传热流动特性与工质种类有关。Illan - Gomez[18]等实验研究了 R1234yf 和 R134a 管内冷凝的传热流动特性。结果表明，R134a 的传热系数高于 R1234yf 的，其压降比 R1234yf 的高 5%～7%。Zhang 等[19]评价了 28 个管内冷凝传热模型对 17 种工质管内冷凝流动实验数据的预测能力。结果表明，基于一种工质的模型对其他工质的预测效果可能不好。Xu 和 Fang[20]评价管内两相流压降关联式对 9 种制冷剂冷凝流动数据的预测性能，也获得了类似的结论。虽然影响关联式预测效果的因素很多，但工质种类的影响是可以确定的。

(9) 重力环境

微重力和过载条件下，重力作用发生了改变，流场内各种力的相互作用关系随之改变，影响冷凝传热流动特性。赵建福和彭浩[21]对航天应用中的小管径、低流量和以氨为工质的水平管内冷凝气液两相流动与传热现象的研究结果进行了总结分析。由于重力作用消失，表面张力作用增大，导致波状和层状流出现所对应的临界 Bond 数会有所增大，管壁四周冷凝液膜不容易去除，对传热有不利影响。Delil[22]的研究表明，对于相同的冷凝传热量，微重力下需要的管长是地球重力下的 10 倍左右，而 $2g$ 下需要的管长显著短于地球重力下所需要的。

(10) 液膜温度分布

对于膜状冷凝，液膜沿流动方向的过冷度及沿厚度方向温度分布的非线性对冷凝传热存在影响。一般来说，液膜温度分布对冷凝传热的影响比较小。对于液膜过冷度的影响的计算，一般通过对相变潜热进行适当修正予以考虑即可。

(11) 蒸气压力(冷凝温度)

对于给定的工质，冷凝温度是蒸气压力的单值函数。蒸气压力越高，冷凝温度越高，蒸气密度越大，液体表面张力越小，越不容易发生滴状冷凝。Dehbi[23]对水蒸气在竖平面上的冷凝传热系数的影响因素进行分析时发现，无论水蒸气含不含不凝气体，传热系数都随压力的升高而增大，增大的幅度受其他因素的影响。例如，其他条件不变，壁面过冷度 ΔT 为 10 ℃、30 ℃、70 ℃时，传热系数分别随压力的 0.42 次方、0.48 次方和 0.55 次方变化。$\Delta T = T_b - T_w$，其中 T_b 为主流蒸气温度。

很多研究表明，冷凝传热系数随压力的降低而降低[24]。不过，也有冷凝传热系数随压力的降低而升高的报道。这种矛盾的结果如果不是由实验误差引起的话，应该是由操作条件不

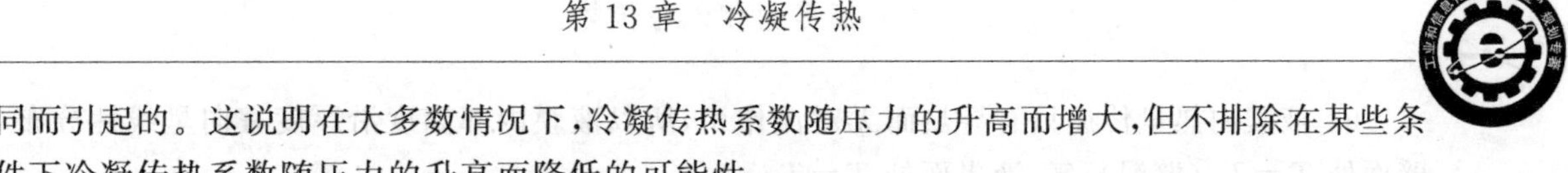

同而引起的。这说明在大多数情况下，冷凝传热系数随压力的升高而增大，但不排除在某些条件下冷凝传热系数随压力的升高而降低的可能性。

13.2　竖直表面和水平管外膜状冷凝传热模型

13.2.1　下降液膜的流态

与无相变流体流过表面一样，膜状冷凝液膜流动也有层流、湍流和过渡流态，并且可以液膜雷诺数 Re_F 为判据进行区分。过渡流态又可分为波状层流和波状层流向湍流过渡。层流时，液膜表面(气-液界面)平滑。波状层流时，液膜表面有皱纹或小波。湍流时气-液界面通常呈大波浪状，波幅一般为液膜平均厚度的 2～5 倍。液膜雷诺数定义为

$$Re_F=\frac{4\Gamma}{\mu_l}=\frac{4\dot{m}}{\mu_l b}=\frac{4\rho_l u_m \delta}{\mu_l} \tag{13.15}$$

式中，b 为壁面宽；对于竖管外壁面，b 为管周长($D\pi$)；对于水平管外壁面，b 为 2 倍管长；u_m 为液膜平均流速；ρ 和 μ 分别表示密度和动力粘度；Γ 为单位壁面宽质量流量，即 $\Gamma=\dot{m}/b$；质量流量 $\dot{m}=b\delta\rho_l u_m$；$\delta$ 为液膜厚度。

水平管外表面和短竖壁面(常见的为竖平板和圆管外表面)的自然对流，冷凝液膜流动通常为层流。对于较长的竖壁面自然对流，液膜可能出现湍流形态。而对于强迫对流，即使是水平管和短的竖壁面，也会出现湍流。

各种流态的 Re_F 值域受多种因素的影响，并不是一成不变的。对于竖壁面下降液膜的工程应用，一般认为 $Re_F\leqslant 30$ 时为层流，$30<Re_F\leqslant 1\,000$ 时为波状层流，$1\,000<Re_F<1\,800$ 时为波状层流向湍流过渡，$Re_F\geqslant 1\,800$ 时为湍流。

对于水平管外表面下降液膜，由于 b 为 2 倍管长，所以 $Re_F\leqslant 60$ 时为层流，$60<Re_F\leqslant 2\,000$ 时为波状层流，$2\,000<Re_F<3\,600$ 时为波状层流向湍流过渡，$Re_F\geqslant 3\,600$ 时为湍流。

13.2.2　竖直表面膜状冷凝传热模型

1. 竖直平面层流膜状冷凝

1916 年，Nusselt[25] 根据液体膜层的导热热阻是冷凝过程中的主要热阻这一特点，忽略了影响冷凝传热的诸多次要因素，最先提出了竖直壁上膜状冷凝传热的理论分析解。Nusselt 理论模型是运用理论分析求解传热问题的一个经典范例，也是膜状冷凝传热研究的基础理论。

Nusselt 首先对冷凝过程进行了如下假设，合理简化了模型：

① 液膜为层流，液膜表面平整无波动，物性参数为常数；

② 蒸气为纯净饱和蒸气，温度均匀一致，为饱和温度 T_{sat}，不存在温差；

③ 蒸气是静止的，气液界面上粘滞切应力可以忽略，即$\partial u/\partial x\,|_{y=\delta}=0$(见图 13.9)，这个假设加上蒸气温度均匀一致假设，就没有必要再考虑蒸气速度和蒸气热边界层；

④ 忽略液膜惯性力和平行于壁面流动方向上的传热；

⑤ 气液界面上无温差，即界面上液膜温度等于饱和温度，气液界面上的传热为纯冷凝传热，没有蒸气的导热；

⑥ 液膜内热量传递只有导热而无对流作用，所以液膜内部温度沿厚度方向呈线性分布，壁面处 $T=T_w$(壁温)，气-液界面处 $T=T_{sat}$。

通过这些假设，对竖直壁上的膜状冷凝的边界层，选取微元控制体如图 13.9 所示，对其进行分析。

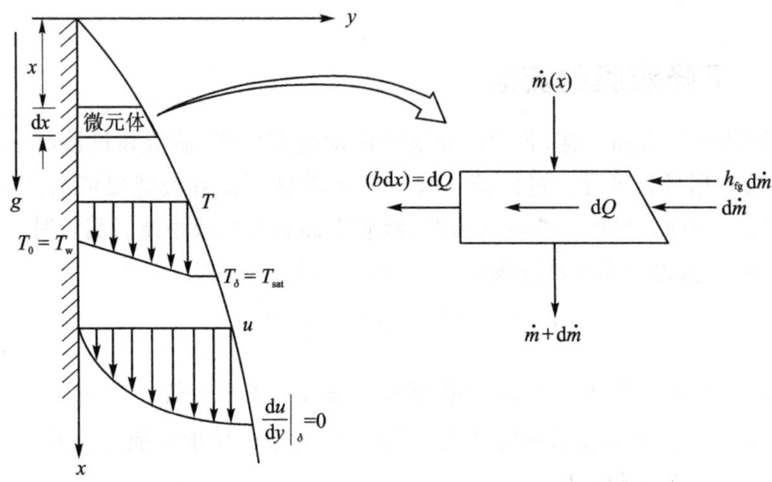

图 13.9　竖直壁上膜状冷凝边界层理论的微元控制体

以 u 和 v 分别表示 x 和 y 方向的速度，边界层微元体控制微分方程组和边界条件如下：

$$\frac{\partial u}{\partial x}+\frac{\partial v}{\partial y}=0 \tag{13.16a}$$

$$\rho_1\left(u\frac{\partial u}{\partial x}+v\frac{\partial v}{\partial y}\right)=-\frac{dp}{dx}+(\rho_1-\rho_g)g+\mu_1\frac{\partial^2 u}{\partial y^2} \tag{13.16b}$$

$$u\frac{\partial T}{\partial x}+v\frac{\partial T}{\partial y}=\alpha_1\frac{\partial^2 T}{\partial y^2} \tag{13.16c}$$

$y=0$ 时：

$$u=0,\quad T=T_w \tag{13.17a}$$

$y=\delta$ 时：

$$\left.\frac{du}{dy}\right|_\delta=0,\quad T=T_{sat} \tag{13.17b}$$

式中，α 为热扩散系数。根据前面所给的假定，可将微分方程组(13.16)简化为

$$u_1\frac{d^2u}{dy^2}+(\rho_1-\rho_g)g=0 \tag{13.18a}$$

$$\frac{dT^2}{dy^2}=0 \tag{13.18b}$$

对式(13.18a)积分两次，并代入边界条件式(13.17)，得液膜内速度分布

$$u(y)=\frac{g(\rho_1-\rho_g)\delta^2}{\mu_1}\left[\frac{y}{\delta}-\frac{1}{2}\left(\frac{y}{\delta}\right)^2\right] \tag{13.19}$$

于是位置 x 处的冷凝质量流量 $\dot{m}(x)$ 为

$$\dot{m}(x)=b\int_0^{\delta(x)}\rho_1 u(y)dy \tag{13.20a}$$

将式(13.19)代入式(13.20a)积分，得

$$\dot{m}(x)=\frac{g\rho_1(\rho_1-\rho_g)\delta^3 b}{3\mu_1} \tag{13.20b}$$

微分上式，得

$$\frac{\mathrm{d}\dot{m}}{\mathrm{d}x}=\frac{g\rho_1(\rho_1-\rho_g)\delta^2 b}{\mu_1}\frac{\mathrm{d}\delta}{\mathrm{d}x} \tag{13.21}$$

液膜厚度 δ 和冷凝质量流量 $\dot{m}(x)$ 随位置 x 的变化可以通过对图 13.9 微元控制体应用能量守恒条件获得。在面积为 $b\cdot\mathrm{d}x$ 的气-液界面，传给液膜的热流量 $\mathrm{d}Q$ 等于蒸气在该界面上释放的冷凝热。因为平行于壁面流动方向上的传热可以忽略，穿过气-液界面的传热等于液膜向壁面的传热，于是

$$(b\,\mathrm{d}x)q=\mathrm{d}Q=h_{\mathrm{lg}}\mathrm{d}\dot{m} \tag{13.22}$$

根据液膜厚度方向上的温度线性分布的假设，壁面热流密度 q 可表示为

$$q=\frac{\lambda_1}{\delta}(T_{\mathrm{sat}}-T_{\mathrm{w}}) \tag{13.23}$$

将式(13.21)和式(13.22)代入式(13.23)，得

$$\delta^3\mathrm{d}\delta=\frac{\mu_1\lambda_1(T_{\mathrm{sat}}-T_{\mathrm{w}})}{g\rho_1(\rho_1-\rho_g)h_{\mathrm{lg}}}\mathrm{d}x \tag{13.24}$$

对上式从 $x=0$（此处 $\delta=0$）开始到任意 x 位置积分，得

$$\delta(x)=\left[\frac{4\mu_1\lambda_1(T_{\mathrm{sat}}-T_{\mathrm{w}})x}{g\rho_1(\rho_1-\rho_g)h_{\mathrm{lg}}}\right]^{1/4} \tag{13.25}$$

根据牛顿冷却定律，x 位置处壁面局部对流传热系数 h_x 可表示为

$$h_x=\frac{q}{T_{\mathrm{sat}}-T_{\mathrm{w}}} \tag{13.26}$$

将式(13.23)和式(13.25)代入式(13.26)，得

$$h_x=\left[\frac{gh_{\mathrm{lg}}\rho_1(\rho_1-\rho_g)\lambda_1^3}{4\mu_1(T_{\mathrm{sat}}-T_{\mathrm{w}})}\right]^{1/4} \tag{13.27}$$

对于上式从 $x=0$ 到 $x=L$ 积分，得高度为 L 的竖壁面平均冷凝传热系数 h 与努塞尔数 Nu 的计算式：

$$h=\frac{1}{L}\int_0^L h_x\mathrm{d}x=\frac{4}{3}h_L=0.943\left[\frac{gh_{\mathrm{lg}}\rho_1(\rho_1-\rho_g)\lambda_1^3}{\mu_1 L(T_{\mathrm{sat}}-T_{\mathrm{w}})}\right]^{1/4} \tag{13.28a}$$

$$Nu=\frac{hL}{\lambda_1}=0.943\left[\frac{gh_{\mathrm{lg}}\rho_1(\rho_1-\rho_g)L^3}{\mu_1\lambda_1(T_{\mathrm{sat}}-T_{\mathrm{w}})}\right]^{1/4}=0.943\left(\frac{GrPr_1}{Ja}\right)^{1/4} \tag{13.28b}$$

式中，h_L 为 $x=L$ 处壁面局部对流传热系数。格拉晓夫数 Gr、液体普朗特数 Pr_1、雅各布数 Ja 定义如下：

$$Gr=\frac{g\rho_1(\rho_1-\rho_g)D^3}{\mu_1^2} \tag{13.29}$$

$$Pr_1=\left(\frac{\mu c_p}{\lambda}\right)_1=\frac{\mu_1 c_{p1}}{\lambda_1} \tag{13.30}$$

$$Ja=\frac{c_{p1}(T_{\mathrm{sat}}-T_{\mathrm{w}})}{h_{\mathrm{lg}}} \tag{13.31}$$

式(13.29)的右边在一些文献中被称为伽利略数,用 Ga 表示。

以上推导中忽略了平行于壁面流动方向上的传热,或者说忽略了液膜内的过冷度的影响。Rohsenow[26]提出通过修正汽化潜热来考虑这一影响,推荐用下面的修正汽化潜热 h'_{lg} 代替以上式中的汽化潜热 h_{lg}:

$$h'_{lg}=h_{lg}+0.68c_{pl}(T_{sat}-T_w)=h_{lg}(1+0.68Ja) \tag{13.32}$$

式中,c_{pl} 为液体比定压热容。

用 Rohsenow 方法对 Nusselt 计算式进行修正,得

$$Nu=\frac{hL}{\lambda_l}=0.943\left[\frac{gh'_{lg}\rho_l(\rho_l-\rho_g)L^3}{\mu_l\lambda_l(T_{sat}-T_w)}\right]^{1/4} \tag{13.33}$$

用式(13.32)修正的上式中,所有液体热物性均用膜温 $T_f=(T_{sat}+T_w)/2$ 计算,而蒸气密度 ρ_g 和汽化潜热 h_{lg} 则用饱和温度 T_{sat} 计算。式(13.28)和式(13.33)的应用范围为 $Re_F\leqslant 30$。

Dhir 和 Lienhard[27]的研究表明,式(13.28)和式(13.33)也可以用于倾斜表面,如果式中的重力加速度 g 用 $g\cdot\sin\theta$ 替代的话,其中 θ 是倾角,即倾斜表面与水平面的夹角。当倾角 θ 较小时,这个近似处理必须谨慎使用;对于 $\theta=0$ (水平面)的情况,这个近似处理不适用。

值得一提的是,式(13.28)和式(13.33)也可以用于竖直管内、外表面的层流膜状冷凝,如果管半径 r 远远大于液膜厚度 δ 的话,即满足 $r\gg\delta$。

2. 竖直平面过渡流和湍流膜状冷凝

降膜传热传质在化工和工业过程中有广泛的应用需求,因为降膜比较容易产生和控制,且具有很大的面积与体积比。因此,降膜冷凝传热研究一直受到重视。在某些研究中,把波状层流和湍流液膜假设为表面平滑无波纹,用类似于 Nusselt 的分析方法,可以得到比较有用的结果。但是理论分析结果通常很复杂,需要数值求解[28],使用起来不方便。因此,经验关联式往往更受使用者的欢迎。

对于竖直平面底部为过渡流(波状层流、波状层流向湍流过渡)和湍流的冷凝条件,Chen 等[29]提出平均传热系数 h 和努塞尔数 Nu 的计算式为

$$Nu=\frac{h}{\lambda_l}\left(\frac{\upsilon_l^2}{g}\right)^{1/3}=(Re_{F,L}^{-0.44}+5.82\times10^{-6}Re_{F,L}^{0.8}Pr_l^{1/3})^{1/2},\quad Re_{F,L}>30 \tag{13.34}$$

式中,$Re_{F,L}$ 为竖直平面底部($x=$表面高 L)处的液膜雷诺数。

当竖直平面底部为过渡流时,Kutateladze[30]推荐

$$Nu=\frac{h}{\lambda_l}\left(\frac{\upsilon_l^2}{g}\right)^{1/3}=\frac{Re_{F,L}}{1.08Re_{F,L}^{1.22}-5.2},\quad 30<Re_{F,L}<1\,800 \tag{13.35}$$

当竖直平面底部为湍流时,Bergman 等[31]推荐 Labuntsov 方法:

$$Nu=\frac{h}{\lambda_l}\left(\frac{\upsilon_l^2}{g}\right)^{1/3}=\frac{Re_{F,L}}{8\,750+58Pr_l^{-0.5}(Re_{F,L}^{0.75}-253)},\quad Re_{F,L}\geqslant 1\,800 \text{ 且 } Pr_l\geqslant 1 \tag{13.36}$$

13.2.3 水平管外膜状冷凝传热模型

蒸气在水平管外冷凝,管内流过冷却剂,这种情况在大多数发电厂的冷凝器中都可以见到,在用蒸气加热管内第二介质的换热器中也很常见。图 13.10 所示的是水平单管和顺排管

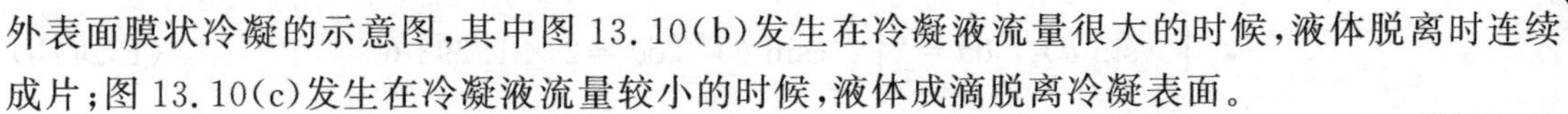

外表面膜状冷凝的示意图，其中图 13.10(b)发生在冷凝液流量很大的时候，液体脱离时连续成片；图 13.10(c)发生在冷凝液流量较小的时候，液体成滴脱离冷凝表面。

1. 水平单管外表面层流膜状冷凝

对于层流膜状冷凝，当液膜厚度远小于管外半径时，用于竖直平面的 Nusselt[25] 分析方法很容易修正推广到水平管外部膜状冷凝上。

Nusselt[25] 最先把其竖表面层流冷凝的分析方法扩展到管外表面的层流冷凝，获得水平单管外表面层流膜状冷凝传热模型。参照图 13.11，假定管外表面任意位置冷凝液膜与倾角为 θ 的平面上的情况类似，于是，

$$h_{\mathrm{lg}} \frac{\mathrm{d}\Gamma}{\mathrm{d}x} = q \tag{13.37}$$

$$q = \frac{\lambda_1}{\delta}(T_{\mathrm{sat}} - T_{\mathrm{w}}) \tag{13.38}$$

$$\Gamma = \frac{\dot{m}}{b} = \int_0^{\delta(x)} \rho_1 u(y) \mathrm{d}y \tag{13.39}$$

$$u(y) = \frac{g \sin\theta (\rho_1 - \rho_{\mathrm{g}}) \delta^2}{\mu_1} \left[\frac{y}{\delta} - \frac{1}{2} \left(\frac{y}{\delta} \right)^2 \right] \tag{13.40}$$

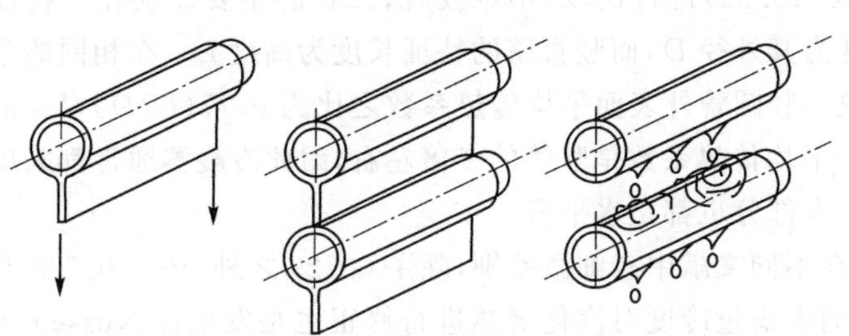

(a) 单　管　(b) 顺排管(降膜连续脱落)　(c) 顺排管(降膜成滴脱落)

图 13.10　水平管外表面膜状冷凝示例

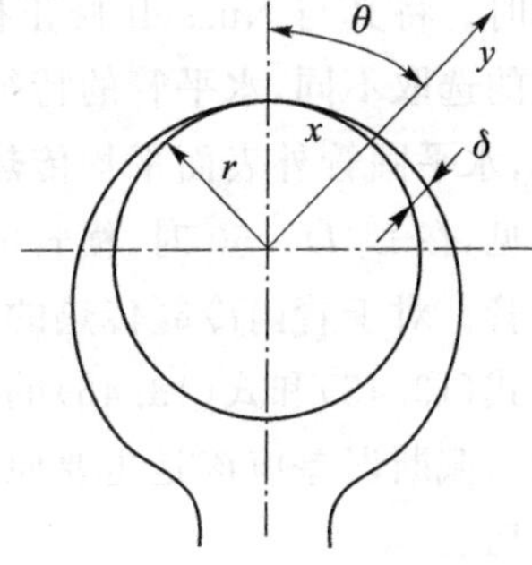

图 13.11　水平管外表面膜状冷凝

将式(13.40)代入式(13.39)积分，得

$$\Gamma = \frac{g \sin\theta (\rho_1 - \rho_{\mathrm{g}}) \rho_1 \delta^3}{3\mu_1} \tag{13.41}$$

注意，$x = r\theta$。将该条件和式(13.38)代入式(13.37)，得

$$\frac{\mathrm{d}\Gamma}{\mathrm{d}x} = \frac{\mathrm{d}\Gamma}{r\mathrm{d}\theta} = \frac{\lambda_1 (T_{\mathrm{sat}} - T_{\mathrm{w}})}{\delta h_{\mathrm{lg}}} \tag{13.42}$$

从式(13.41)中解得 δ 代入式(13.42)，得

$$\Gamma^{1/3} \mathrm{d}\Gamma = \frac{r\lambda_1 (T_{\mathrm{sat}} - T_{\mathrm{w}})}{h_{\mathrm{lg}}} \left[\frac{g(\rho_1 - \rho_{\mathrm{g}})\rho_1}{3\mu_1} \right]^{1/3} (\sin\theta)^{1/3} \mathrm{d}\theta \tag{13.43}$$

为了获得单位长度管半个面($\theta = \pi$)上的冷凝液流量 $\Gamma/2$，对上式积分：

$$\int_0^{\Gamma/2} \Gamma^{1/3} \mathrm{d}\Gamma = \frac{r\lambda_1 (T_{\mathrm{sat}} - T_{\mathrm{w}})}{h_{\mathrm{lg}}} \left[\frac{g(\rho_1 - \rho_{\mathrm{g}})\rho_1}{3\mu_1} \right]^{1/3} \int_0^{\pi} (\sin\theta)^{1/3} \mathrm{d}\theta \tag{13.44a}$$

由于

$$\int_0^{\pi}(\sin\theta)^{1/3}\mathrm{d}\theta = 2\int_0^{\pi/2}(\sin\theta)^{1/3}\mathrm{d}\theta = 2\times 1.2936 \tag{13.44b}$$

于是可得

$$\frac{\Gamma}{2} = 1.923\left[\frac{g\rho_l(\rho_l-\rho_g)r^3(T_{sat}-T_w)^3\lambda_l^3}{\mu_l h_{lg}^3}\right]^{1/4} \tag{13.44c}$$

根据能量平衡原理，有 $2\pi rh(T_{sat}-T_w)=\Gamma h_{lg}$，其中 h 为管外表面平均传热系数。于是，可得平均传热系数 h 和平均努塞尔数 Nu 为

$$h = 0.729\left[\frac{gh_{lg}\rho_l(\rho_l-\rho_g)\lambda_l^3}{D\mu_l(T_{sat}-T_w)}\right]^{1/4} \tag{13.45a}$$

$$Nu = \frac{hD}{\lambda_l} = 0.729\left[\frac{gh_{lg}\rho_l(\rho_l-\rho_g)D^3}{\mu_l\lambda_l(T_{sat}-T_w)}\right]^{1/4} \tag{13.45b}$$

考虑过冷度，引入式(13.32)对汽化潜热进行修正，得

$$h = 0.729\left[\frac{gh'_{lg}\rho_l(\rho_l-\rho_g)\lambda_l^3}{D\mu_l(T_{sat}-T_w)}\right]^{1/4} \tag{13.46a}$$

$$Nu = \frac{hD}{\lambda_l} = 0.729\left[\frac{gh'_{lg}\rho_l(\rho_l-\rho_g)D^3}{\mu_l\lambda_l(T_{sat}-T_w)}\right]^{1/4} \tag{13.46b}$$

该式只适用于水平管外表面层流膜状冷凝，这通常发生在自然对流和强迫对流蒸气流速很小时。将其与 Nusselt 修正模型式(13.33)进行比较，不难发现，二者的主要差别在于特征长度的选取不同，水平管的特征长度为其外径 D，而竖直壁的特征长度为高度 L。在相同的条件下，水平圆管外表面平均传热系数与竖圆管外表面平均传热系数之比为 $0.77(L/D)^{1/4}$。由此可见，在 $L/D=50$ 时，横管的表面平均传热系数是竖管的 2 倍左右，因此冷凝器通常都采用水平管。对于管内冷凝传热的研究，大部分也都是水平管。

式(13.45)和式(13.46)的系数在不同文献中有细微差别，除了 0.729 之外，还有 0.728 和 0.725，截断误差应该是主要原因。而考虑过冷度对汽化潜热进行修正也是发生在 Nusselt 工作之后。

2. 水平单管外表面过渡流和湍流膜状冷凝

工业上的冷凝器，液膜雷诺数很少达到湍流，一般是在波状层流和波状层流向湍流的过渡区域。对于蒸气垂直向下强迫流过水平圆管的情况，Rose[32] 提出

$$Nu = \frac{hD}{\lambda_l} = \frac{(0.9+0.728F_D^{1/2})Re^{1/2}}{(1+3.44F_D^{1/2}+F_D)^{1/4}} \tag{13.47a}$$

式中

$$F_D = \frac{(\rho_l-\rho_g)\mu_l h_{lg}gD}{\rho_l\lambda_l(T_{sat}-T_w)u_\infty^2} \tag{13.47b}$$

$$Re = \frac{\rho_l u_\infty D}{\mu_l} \tag{13.48}$$

式中，u_∞ 为平均蒸气流速。

3. 水平顺排管束外表面膜状冷凝

水平顺排管束如图 13.8(a)(多列顺排)所示。考虑单列降膜，如图 13.10(b)和图 13.10(c)所示。设想 N 根管排成一列，管 1 的冷凝液落到管 2 上，以此类推，从管 1，2，…，$N-1$ 落下

的冷凝液降落到管 N 上。对于层流，很明显，推导式(13.43)～式(13.46)的方法适用于管 1。

假设单列管束中，每根管的温度均匀且相同，忽略惯性力和两管之间液膜的对流传热。对于管 2，单位长度半个面上的冷凝液流量通过对式(13.43)作如下积分：

$$\int_{\Gamma/2|_1}^{\Gamma/2|_2}\Gamma^{1/3}\mathrm{d}\Gamma=\frac{r\lambda_1(T_{\text{sat}}-T_{\text{w}})}{h_{\text{lg}}}\left[\frac{g(\rho_1-\rho_{\text{g}})\rho_1}{3\mu_1}\right]^{1/3}\int_0^{\pi}(\sin\theta)^{1/3}\mathrm{d}\theta \tag{13.49}$$

式中，左边积分下限($\Gamma/2|_1$)为离开管 1 单位管长的 1/2 流量，上限($\Gamma/2|_2$)为离开管 2 单位管长的 1/2 流量。上式积分结果为

$$(\Gamma/2|_2)^{4/3}=(\Gamma/2|_1)^{4/3}+B=2B \tag{13.50a}$$

式中

$$B=1.197\left[\frac{g\rho_1(\rho_1-\rho_{\text{g}})D^3(T_{\text{sat}}-T_{\text{w}})^3\lambda_1^3}{\mu_1 h_{\text{lg}}^3}\right]^{1/3} \tag{13.50b}$$

以此类推，对于管 N，有

$$(\Gamma/2|_N)^{4/3}=NB \tag{13.50c}$$

对于整个管列进行热平衡，得管数为 N 的顺排管列平均传热系数 h_N 为

$$h_N=\frac{2h_{\text{lg}}\Gamma/2|_N}{N(2\pi r)(T_{\text{sat}}-T_{\text{w}})}=\frac{2h_{\text{lg}}(NB)^{3/4}}{N\pi D(T_{\text{sat}}-T_{\text{w}})} \tag{13.51}$$

将式(13.50b)代入，并考虑过冷度的影响，得

$$h_N=0.729\left[\frac{gh_{\text{lg}}\rho_1(\rho_1-\rho_{\text{g}})\lambda_1^3}{ND\mu_1(T_{\text{sat}}-T_{\text{w}})}\right]^{1/4} \tag{13.52a}$$

于是可得整个管列平均努塞尔数 Nu_N：

$$Nu_N=\frac{h_N(ND)}{\lambda_1}=0.729\left[\frac{gh_{\text{lg}}\rho_1(\rho_1-\rho_{\text{g}})(ND)^3}{\mu_1\lambda_1(T_{\text{sat}}-T_{\text{w}})}\right]^{1/4} \tag{13.52b}$$

考虑过冷度，引入式(13.32)对汽化潜热进行修正，得

$$h_N=0.729\left[\frac{gh'_{\text{lg}}\rho_1(\rho_1-\rho_{\text{g}})\lambda_1^3}{ND\mu_1(T_{\text{sat}}-T_{\text{w}})}\right]^{1/4} \tag{13.53a}$$

于是可得整个管列平均努塞尔数 Nu_N 如下：

$$Nu_N=\frac{h_N(ND)}{\lambda_1}=0.729\left[\frac{gh'_{\text{lg}}\rho_1(\rho_1-\rho_{\text{g}})(ND)^3}{\mu_1\lambda_1(T_{\text{sat}}-T_{\text{w}})}\right]^{1/4} \tag{13.53b}$$

比较式(13.45a)、式(13.46a)和式(13.52a)、式(13.53a)，得

$$h_N=h_{n=1}N^{-1/4} \tag{13.54}$$

式中，单管外表面平均传热系数 $h_{n=1}$ 用式(13.45)计算。从上面推导过程不难获得，第 N 根管表面的平均传热系数 $h_{n=N}$ 为

$$h_{n=N}/h_{n=1}=N^{3/4}-(N-1)^{3/4} \tag{13.55}$$

式(14.54)和式(14.55)是 Nusselt[25] 方法的理论推导结果，用其计算，结果误差较大。Kern[33] 对上式进行了修正，提出如下经验模型：

$$h_N=h_{n=1}N^{-1/6} \tag{13.56}$$

$$h_{n=N}/h_{n=1}=N^{5/6}-(N-1)^{5/6} \tag{13.57}$$

Murase 等[15] 指出，Kern 经验模型具有相对好的计算结果，在工程计算中比较常用。

13.3 管内流动冷凝传热模型

13.3.1 管内流动冷凝传热模型的类型

在管内冷凝传热研究中，流型是影响热量传递的重要因素之一。大多数研究者所提出的模型都有其所适用的流型。管内流动冷凝流型主要有两大类：第一类重力影响占主导地位，主要包含层状流、波状流等，其主要特点是在流动时，气体的速度较低，粘滞切应力对冷凝传热的影响较小；第二类粘滞切应力占主导地位，主要包含环状流与雾状流，发生在气体速度较高的情况下。

层状流一般指液面平滑的层状流；波状流是指液体表面不平滑、呈小波浪状的层状流，也被称为波面层状流。有的文献中所说的层状流也可能包含波状流，需要加以注意。

对应于流型类型，管内流动冷凝传热模型可以归为三类。

第一类为重力影响占主导地位的模型，其中有的通过对 Nusselt 理论分析模型进行修正，有的考虑管内上部为膜状冷凝传热，下部为强迫对流传热，以考虑层状流和波状流的特性。

第二类为切应力占主导地位的模型，其中一部分是用实验数据直接拟合关联式，一部分是半经验模型。半经验模型通常是作液膜环状流假设，通过理论分析获得模型的一般形式，再结合实验数据获得最终模型。对于第二类模型，由于粘滞切应力占主导地位，流动方向成为次要因素，模型一般可同时用于水平管和垂直管内的流动冷凝传热。

第三类模型兼顾重力及粘滞切应力对冷凝传热的双重影响，应用范围较宽，但常常也较为复杂。一些模型对于不同流型提出不同的公式，比较常见的是对参数按流型分为若干区域，分流型分别建立模型，以扩大适用范围。

根据水平管内的流动冷凝传热模型的建立方法，可把模型分为经验模型、半经验模型和基于流型的模型。经验模型也常称为关联式，模型雏形的提出不是通过理论推导，而是基于经验，再通过实验数据不断尝试、拟合而得。半经验模型的建立是通过理论分析获得模型的一般形式(雏形)，再用实验数据拟合出其中的待定常数。不少重力影响占主导地位或者粘滞切应力占主导地位的模型是通过半经验建模方法获得的。基于流型的模型又称为基于现象的模型，是建立在流型研究基础之上的，模型中包含了流型参数。这类模型很复杂，研究者较少，不过被认为是一种有前途的建模方法。

本节对常见的或较新的水平管内的流动冷凝传热模型进行总结。

13.3.2 管内流动冷凝传热经验模型和半经验模型

(1) 方贤德等模型

方贤德研究团队从 26 篇论文中收集了 2 563 组水平圆管内冷凝传热的实验数据，其中常规管径($D>3$ mm)的实验数据 1 462 组，细微通道管径($D<3$ mm)的实验数据 1 101 组，涉及 R12、R22、R134a、R410A、CO_2 等 17 种制冷剂，参数范围为：$D=0.493\sim20$ mm，质量流速 $G=19\sim1\ 200$ kg/(m^2 · s)，饱和温度 $T_{sat}=-25.6\sim60$ ℃，热流密度 $q=2.35\sim421.1$ kW/m^2，干度 $x=0.01\sim0.99$，饱和压力 $p_{sat}=0.25\sim3.49$ MPa。基于该数据库，他们提出：

对于 $We_{go}\leqslant500$：

$$Nu=\begin{cases}0.915(Gr^{0.22}+|Gr^{0.65}-1\times10^4|^{0.28})Pr_1^{0.25}Pr_g^{-0.7}Fa^{-0.2}\left(\dfrac{x}{1-x}\right)^{0.25}\left(\dfrac{\mu_1}{\mu_g}\right)^{-0.1}, & Gr<4\times10^6\\ 1.49Gr^{0.45}Pr_1^{0.3}Re_{lo}^{-0.6}Pr_g^{-0.4}Fa^{-0.25}\left(\dfrac{x}{1-x}\right)^{0.2}\left(\dfrac{\mu_1}{\mu_g}\right)^{0.25}, & 4\times10^6\leqslant Gr<1.5\times10^8\\ 21.2Gr^{0.12}Pr_g^{-0.4}\left(\dfrac{x}{1-x}\right)^{0.15}, & Gr\geqslant1.5\times10^8\end{cases}\tag{13.58a}$$

对于 $We_{go}>500$：

$$Nu=\begin{cases}0.001\,26(1-x)^{-0.1}(Gr^{0.2}+|Gr-2\times10^6|^{0.24})(Re_g+0.43Re_1)^{0.5}Pr_1^{0.35}Fa^{0.1}We_{go}^{0.33}, & Gr<4\times10^6\\ 1.03(Gr-2\times10^6)^{0.05}Re_g^{0.45}We_{go}^{0.3}, & 4\times10^6\leqslant Gr<1.5\times10^8\\ 0.003\,53(Re_g+5\times10^4)^{0.75}We_{go}^{0.33}Fr_{lo}^{-0.2}, & Gr\geqslant1.5\times10^8\end{cases}\tag{13.58b}$$

式中，格拉晓夫数 Gr、液体普朗特数 Pr_1 分别由式(13.29)和式(13.30)定义；全液相韦伯数 We_{go}、方数 Fa、液相雷诺数 Re_1、气相雷诺数 Re_g、全液(气)相雷诺数 Re_{gko}(液相 $k=1$，气相 $k=\mathrm{g}$)、全液相弗劳德数 Fr_{lo} 定义如下：

$$We_{go}=\frac{G^2D}{\rho_g\sigma}\tag{13.59}$$

$$Fa=\frac{(\rho_1-\rho_g)\sigma}{G^2D}\tag{13.60}$$

$$Re_1=\frac{(1-x)GD}{\mu_1}\tag{13.61}$$

$$Re_g=\frac{xGD}{\mu_g}\tag{13.62}$$

$$Re_{ko}=\frac{GD}{\mu_k}\tag{13.63}$$

$$Fr_{lo}=\frac{G^2}{gD\rho_1^2}\tag{13.64}$$

(2) Chato 模型

Chato[34] 是研究管内冷凝传热最早的学者之一。1962 年，他在研究水平管内流速较低的层状流时，对 Nusselt 修正式(13.46)进行了修正，提出

$$Nu=0.728Kc\left[\frac{\rho_1(\rho_1-\rho_g)gh'_{lg}D^3}{\lambda_1\mu_1(T_{sat}-T_w)}\right]^{1/4}\tag{13.65}$$

式中，系数 Kc 是与下部积液厚度有关的常数。Chato 的理论分析和实验研究均表明，下部积液厚度相对稳定，且对总传热的贡献很小，所以可近似认为 Kc 是常数，并取为 0.76。于是

$$Nu=0.555\left[\frac{\rho_1(\rho_1-\rho_g)gh'_{lg}D^3}{\lambda_1\mu_1(T_{sat}-T_w)}\right]^{1/4}\tag{13.66}$$

管内传热系数较管外的小(修正系数 0.76)，是因为管内下部的液体层对总传热的贡献很小，无法向管外冷凝那样起到降膜冷凝的作用。

(3) Jaster - Kosky 模型

Jaster 和 Kosky[35] 也对 Nusselt 修正式(13.46)做了一个类似于 Chato 的修正，用于计算水平管内的流动冷凝传热。他们认为修正系数应该作为空泡率 α 的函数，提出 $Kc=\alpha^{3/4}$：

$$Nu = 0.728\alpha^{3/4}\left[\frac{\rho_l(\rho_l - \rho_g)gh'_{lg}D^3}{\lambda_l\mu_l(T_{sat} - T_w)}\right]^{1/4} \tag{13.67}$$

式中，α 为空泡率，采用 Zivi[36] 关系式计算：

$$\alpha = \left[1 + \frac{1-x}{x}\left(\frac{\rho_g}{\rho_l}\right)^{2/3}\right]^{-1} \tag{13.68}$$

(4) Rosson - Myers 模型

Chato 和 Jaste - Kosky 关联式均没有考虑管底部积液对传热的影响。Chato 认为底部积液部分的传热相对于管上部的传热来说可以忽略。这个假设对于低流速层状流是合理的，但对高质量流速、低干度的情况可能不适用。Rosson 和 Myers[37] 对管内冷凝流动开展了实验研究，流态包括层状流、波状流和弹状流等流型。他们测量了管周边不同位置的传热系数。数据表明，传热系数从顶部到底部呈逐渐降低的趋势；由于蒸气切应力的影响，流道上部为膜状冷凝。

Rosson 和 Myers 引入气相雷诺数以体现蒸气切应力的影响，并定义了一个参数 β 表示水平管内膜状冷凝周边占管道周长的比，提出的模型如下：

$$Nu = \beta Nu_{top} + (1-\beta)Nu_{bot} \tag{13.69}$$

式中

$$Nu_{top} = 0.31Re_g^{0.12}\left[\frac{\rho_l(\rho_l - \rho_g)gh'_{lg}D^3}{\lambda_l\mu_l(T_{sat} - T_w)}\right]^{1/4} \tag{13.70a}$$

$$Nu_{bot} = \frac{\phi_l\sqrt{8Re_l}}{5[1 + \ln(1 + 5Pr_l)/Pr_l]} \tag{13.70b}$$

假设下部液相为层流、气相为湍流（即 vt 流态），分液相摩擦压降倍率 ϕ_l 用下式计算：

$$\phi_l = \sqrt{1 + \frac{1}{X_{vt}} + \frac{12}{X_{vt}^2}} \tag{13.71}$$

式中，vt 流态的 Martinelli 参数 X_{vt} 用下式计算：

$$X_{vt} = \left(\frac{f_l}{f_g}\right)^{0.5}\left(\frac{1-x}{x}\right)\left(\frac{\rho_g}{\rho_l}\right)^{0.5} \tag{13.72}$$

式中，Moody 摩擦因子 f 用下式计算：

$$f_k = \begin{cases} 64/Re_k, & Re_k < 2\,000 \\ 0.316/Re_k^{0.25}, & 2\,000 \leqslant Re_k < 20\,000 \\ 0.184/Re_k^{0.2}, & Re_k \geqslant 20\,000 \end{cases} \tag{13.73}$$

式中，下标 $k=\mathrm{l}$ 表示液相，$k=\mathrm{g}$ 表示气相。

膜状冷凝周边占管道周长的比 β 用下式计算：

$$\beta = \begin{cases} Re_g^{0.1}, & Re_g^{0.6}Re_l^{0.5}/Gr < 6.4 \times 10^{-5} \\ 1.74 \times 10^{-5}Gr/\sqrt{Re_gRe_l}, & Re_g^{0.6}Re_l^{0.5}/Gr > 6.4 \times 10^{-5} \end{cases} \tag{13.74}$$

(5) Dobson - Chato 模型

Dobson 和 Chato[38] 实验研究了 R12、R22、R134a 以及 R32/R125 (50%/50% 和 60%/40% 比例) 混合制冷剂在内径分别为 3.14 mm 和 7.04 mm 的水平光滑圆管中的冷凝传热，质量流速 $G=75\sim800\ \mathrm{kg/(m^2 \cdot s)}$，饱和温度 $T_{sat}=35\sim45$ ℃；平均干度为 $x=0.1\sim0.9$；热流密度为 $q=5\sim15\ \mathrm{kW/m^2}$。

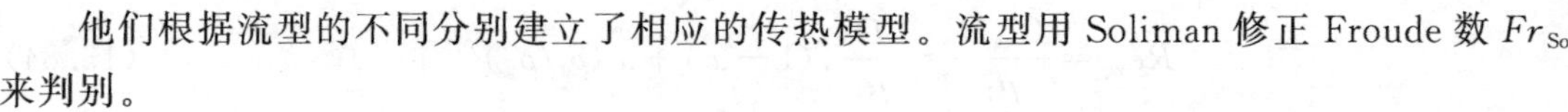

他们根据流型的不同分别建立了相应的传热模型。流型用 Soliman 修正 Froude 数 Fr_{So} 来判别。

$$Fr_{So}=\begin{cases}0.025Re_l^{1.59}\left(\dfrac{1+1.09X_{tt}^{0.039}}{X_{tt}}\right)^{1.5}\dfrac{1}{Gr^{0.5}}, & Re_l\leqslant 1\ 250\\ 1.26Re_l^{1.04}\left(\dfrac{1+1.09X_{tt}^{0.039}}{X_{tt}}\right)^{1.5}\dfrac{1}{Gr^{0.5}}, & Re_l>1\ 250\end{cases}\tag{13.75}$$

对于 $G>500\ \mathrm{kg/(m^2\cdot s)}$，或者 $G<500\ \mathrm{kg/(m^2\cdot s)}$ 且 $Fr_{So}>20$，认为流型为环状流。这时通过修正管内单相流传热的 Dittus - Boelter[39] 公式，获得两相流流动冷凝的传热关联式

$$Nu_l=0.023Re_l^{0.8}Pr_l^{0.4}(1+2.22/X_{tt}^{0.889})\tag{13.76}$$

式中，湍流湍流(tt) Martinelli 参数 X_{tt} 的计算方法如下：

$$X_{tt}=\left(\frac{\rho_g}{\rho_l}\right)^{0.5}\left(\frac{\mu_l}{\mu_g}\right)^{0.1}\left(\frac{1-x}{x}\right)^{0.9}\tag{13.77}$$

对于 $G<500\ \mathrm{kg/(m^2\cdot s)}$ 且 $Fr_{So}<20$，认为流型为波状流。这时采用 Rosson 和 Meyer 的建模方法，假设通道上部为膜状冷凝，下部为液体强迫对流。平均 Nusselt 数 Nu 通过对膜状冷凝 Nusselt 数 Nu_F 和强迫对流 Nusselt 数 Nu_{cv} 叠加获得

$$Nu=Nu_F+(1-\theta/\pi)Nu_{cv}\tag{13.78}$$

式中，θ 为液体角(rad)，是用于估计膜状冷凝占管周边的比例的一个参数，$\theta=\pi$ 时为环状流。通过忽略管上部冷凝液，用 Jaster 和 Kosky[35] 层状流模型计算 θ：

$$\theta=\pi-\arccos(2\alpha-1)\tag{13.79}$$

式中，空隙率 α 按式(13.68)计算。顶部液膜 Nu_F 为

$$Nu_F=\frac{0.23Re_{go}^{0.12}}{1+1.11X_{tt}^{0.58}}\left(\frac{GrPr_l}{Ja}\right)^{1/4}\tag{13.80}$$

底部强迫对流 Nu_{cv} 为

$$Nu_{cv}=0.019\ 5Re_l^{0.8}Pr_l^{0.4}(1.376+C_1/X_{tt}^{C_2})\tag{13.81a}$$

式中

$$\left.\begin{array}{lll}C_1=4.172+5.48Fr_{lo}-1.564Fr_{lo}^2, & C_2=1.773-0.169Fr_{lo}, & 0<Fr_{lo}\leqslant 0.7\\ C_1=7.242, & C_2=1.655, & Fr_{lo}>0.7\end{array}\right\}\tag{13.81b}$$

(6) Akers 等模型

Akers 等[40] 对 R12 和丙烷在水平管内的流动冷凝传热进行实验研究，流型主要是环状流。基于实验数据，采用当量雷诺数 Re_{eq} 对单相流 Dittus - Boelter 模型进行修正，获得两相流流动冷凝的传热关联式：

$$Nu=\frac{hD}{\lambda_l}=CRe_{eq}^nPr_l^{1/3}\tag{13.82}$$

式中

$$C=\begin{cases}0.026\ 5, & n=0.84, & Re_{eq}>50\ 000\\ 5.03, & n=1/3, & Re_{eq}<50\ 000\end{cases}\tag{13.83}$$

当量雷诺数 Re_{eq} 定义为

$$Re_{eq}=\frac{G_{eq}D}{\mu_l}=\frac{D}{\mu_l}[(1-x)+x(\rho_l/\rho_g)^{0.5}] \tag{13.84}$$

(7) Akers - Rosson 模型

Akers 和 Rosson[41] 扩展了 Akers 等[40] 的工作，不但考虑了环状流，而且也包括了层状流，对于这两种流态分别给出了计算模型：

$$Nu=\frac{hD}{\lambda_l}=\begin{cases}0.026Re_{eq}^{0.8}Pr_l^{1/3}, & Re_g\left(\frac{\mu_g}{\mu_l}\right)\left(\frac{\rho_l}{\rho_g}\right)^{0.5}>20\ 000,\quad Re_l>5\ 000\\ 0.1\left[Re_g\left(\frac{\mu_g}{\mu_l}\right)\left(\frac{\rho_l}{\rho_g}\right)^{0.5}\right]^{2/3}\left(\frac{1}{Ja}\right)^{1/6}Pr_l^{1/3}, & 1\ 000<Re_g\left(\frac{\mu_g}{\mu_l}\right)\left(\frac{\rho_l}{\rho_g}\right)^{0.5}<20\ 000\end{cases} \tag{13.85}$$

(8) Shah 模型

Shah[42] 对于膜环状流进行了理论分析，并结合 474 组实验数据，建立了管内环状流流动冷凝传热模型。实验数据包括水平管与垂直管，涉及 R11、R12、R22、R113 等多种制冷剂，参数范围包括：$D=7\sim40$ mm，$T_{sat}=21\sim300$ ℃，蒸气流速 3～310 m/s，$G=10.8\sim210.6$ kg/(m^2 · s)，$q=0.16\sim1\ 893$ kW/m^2，$x=0\sim1$，$Re_l=100\sim69\ 000$，$Pr_l=1\sim13$，对比压力（饱和压力与临界压力之比）$P_R=0.002\sim0.44$。Shah 模型以单相流 Dittus - Boelter 模型为出发点，形式如下：

$$Nu=0.023Re_{lo}^{0.8}Pr_l^{0.4}\left[1+\frac{3.8}{P_R^{0.38}}\left(\frac{x}{1-x}\right)^{0.76}\right] \tag{13.86}$$

(9) Bivens - Yokozeki 模型

由于 Shah 模型简单且广泛使用于各种制冷剂，Bivens 和 Yokozeki[43] 采用一个关于流量的函数对其进行修正，以便使其具有更高的预测精度：

$$Nu=Nu_{shah}(0.787\ 38+6\ 187.89/G^2) \tag{13.87}$$

(10) Traviss 等模型

Traviss 等[44] 对 R12 和 R22 在直径为 8 mm 的水平铜管内的流动冷凝传热进行了实验研究。实验参数为 $T_{sat}=25\sim58.3$ ℃，$G=161.4\sim1\ 532$ kg/(m^2 · s)，$x=0.02\sim0.96$。基于实验数据，并将流动冷凝中的动量和传热进行类比，针对环状流，提出了一个湍流膜状冷凝模型：

$$Nu=(F_1/F_2)Pr_lRe_l^{0.9} \tag{13.88a}$$

式中

$$F_1=\begin{cases}0.15(1/X_{tt}+2.85/X_{tt}^{0.476}), & 0.1<F_1<1\\ 0.15(1/X_{tt}+2.85/X_{tt}^{0.476})^{1.15}, & 1<F_1<15\end{cases} \tag{13.88b}$$

$$F_2=\begin{cases}0.707Pr_lRe_l^{0.5}, & Re_l<50\\ 5Pr_l+5\ln[1+Pr_l(0.096\ 4Re_l^{0.585}-1)], & 50<Re_l<1\ 125\\ 5Pr_l+5\ln(1+5Pr_l)+2.5\ln(0.003\ 13Re_l^{0.812}), & Re_l>1\ 125\end{cases} \tag{13.88c}$$

式中，X_{tt} 用式(13.77)计算。

(11) Cavallini - Zecchin 等模型

Cavallini 和 Zecchin[45] 模型的提出与 Traviss 等模型类似，也是对环状流进行无量纲理论分析，并结合实验数据进行回归分析，获得模型的最终形式：

$$Nu = 0.05 Re_{eq}^{0.8} Pr_l^{1/3} \tag{13.89}$$

式中，当量雷诺数 Re_{eq} 同式(13.84)。

Cavallini 和 Zecchin 的实验数据包括 R11、R12、R22、R113、R114 等多种制冷剂，主要流型为环状流，其他参数范围为：$0.8 \leqslant Pr_l \leqslant 20$，$Re_l > 1\ 200$，$5\ 000 \leqslant Re_{lo} \leqslant 500\ 000$，$0.1 \leqslant x \leqslant 0.9$，$10 \leqslant (\rho_l/\rho_g) \leqslant 2\ 000$，$0.01 \leqslant (\mu_g/\mu_l) \leqslant 0.1$。

(12) Soliman[46] 模型

Soliman 模型也属于粘滞切应力起主导作用的模型，应用于环状流。对于水平管，忽略重力项的影响，得

$$Nu = 0.036 Re_{lo} Pr_l^{0.5} \left(\frac{\rho_l}{\rho_g}\right)^{1/2} \left[\frac{2(0.046)x^2}{Re_g^{0.2}} \phi_g^2 + Bo \sum_{n=1}^{5} a_n \left(\frac{\rho_g}{\rho_l}\right)^{n/3}\right]^{1/2} \tag{13.90a}$$

$$a_1 = x(2-\zeta) - 1 \tag{13.90b}$$

$$a_2 = 2(1-x) \tag{13.90c}$$

$$a_3 = 2(\zeta - 1)(x-1) \tag{13.90d}$$

$$a_4 = 1/x - 3 + 2x \tag{13.90e}$$

$$a_5 = \zeta(2 - 1/x - x) \tag{13.90f}$$

$$\zeta = \frac{\text{界面速度}}{\text{平均液膜速度}} = 1.25 \quad \text{对于湍流液相} \tag{13.90g}$$

式中，沸腾数 Bo 定义为

$$Bo = \frac{q}{Gh_{lg}} \tag{13.91}$$

气相摩擦压降倍率 ϕ_g 定义为两相流摩擦压降梯度与分气相摩擦压降梯度之比，计算方法参见第 6 章。

$$\phi_g^2 = \frac{(\mathrm{d}p/\mathrm{d}L)_{tp}}{(\mathrm{d}p/\mathrm{d}L)_g} \tag{13.92}$$

(13) Chen 等模型

Chen 等[47]基于膜环状流理论分析和实验数据，考虑了界面间的切应力、界面波动和湍流流动对液膜传热的影响，提出了水平和垂直管内流动冷凝传热模型。Chen 等模型使用了 Soliman[46] 模型的一般形式，对两相流压降计算采用了不同的公式。

对于水平管，因为考虑的是膜环状流，假设重力项的影响可以忽略，粘滞切应力起主导作用。Chen 等用于水平管的模型的最终形式可整理为

$$Nu = 0.018 \left(\frac{\rho_l}{\rho_g}\right)^{0.39} \left(\frac{\mu_g}{\mu_l}\right)^{0.078} Re_l^{0.2} (Re_{lo} - Re_l)^{0.7} Pr_l^{0.65} \tag{13.93}$$

(14) Moser 等模型

Moser 等[48]基于热量与动量关系类比分析，获得了模型的一般形式，利用从 18 篇文献中收集的 1 197 组环状流冷凝实验数据拟合，获得待定系数。实验数据来自 3.14～20 mm 的水平管，制冷剂包括 R11、R12、R125、R22、R134a 和 R410A。模型具体形式为

$$Nu = \frac{hD}{\lambda_l} = \frac{0.099\ 4^{C_1} Re_l^{C_2} Re_{eq}^{1+0.875C_1} Pr_l^{0.815}}{(1.58 \ln Re_{eq} - 3.28)(2.58 \ln Re_{eq} + 13.7 Pr_l^{2/3} - 19.1)} \tag{13.94a}$$

式中，$C_1 = 0.126 Pr_l^{-0.448}$；$C_2 = -0.113 Pr_l^{-0.563}$；当量 Re_{eq} 数的定义与前面不同，公式为

$$Re_{eq}=\phi_{lo,Friedel}^{8/7}Re_{lo} \tag{13.94b}$$

式中，$\phi_{lo,Friedel}$ 为用 Friedel[49] 两相流摩擦压降公式计算的全液相摩擦压降的倍率。

$$\phi_{lo,Friedel}^{2}=(1-x)^2+x^2\frac{\rho_l f_{go}}{\rho_g f_{lo}}+\frac{3.24x^{0.78}(1-x)^{0.224}H}{Fr_{tp}^{0.045}We_{tp}^{0.035}} \tag{13.95}$$

$$H=\left(\frac{\rho_l}{\rho_g}\right)^{0.91}\left(\frac{\mu_g}{\mu_l}\right)^{0.19}\left(1-\frac{\mu_g}{\mu_l}\right)^{0.7} \tag{13.96}$$

式中，两相流 Weber 数 We_{tp}、两相流 Froude 数 Fr_{tp}、全液相 Moody 摩擦因子 f_{lo}、全气相 Moody 摩擦因子 f_{go} 分别定义如下：

$$We_{tp}=\frac{G^2D}{\sigma\rho_{tp}} \tag{13.97}$$

$$Fr_{tp}=\frac{G^2}{gD\rho_{tp}^2} \tag{13.98}$$

$$f_{ko}=\begin{cases}64/Re_{ko}, & Re_{ko}<2\ 000\\ 0.316/Re_{ko}^{0.25}, & 2\ 000\leqslant Re_{ko}<20\ 000\\ 0.184/Re_{ko}^{0.2}, & Re_{ko}\geqslant 20\ 000\end{cases} \tag{13.99}$$

式中，下标 $k=l$ 代表液相，$k=g$ 代表气相；两相流密度 ρ_{tp} 表示如下：

$$\frac{1}{\rho_{tp}}=\frac{1-x}{\rho_l}+\frac{x}{\rho_g} \tag{13.100}$$

(15) Tang 等模型

Tang 等[50]研究了制冷剂 R22、R134a 和 R410A 在 8.81 mm 水平管内的流动冷凝传热。实验参数范围为：$T_{sat}=35\sim45$ ℃，$G=250\sim810$ kg/(m^2 · s)，$q=5.5\sim37$ kW/m^2，$P_R=0.2\sim0.53$。他们把满足 $Fr_{So}>7$ 的实验数据作为环状流数据，基于这些数据，提出了一个改进的 Shah 公式用于管内环状流冷凝传热，形式如下：

$$Nu=\frac{hD}{\lambda_l}=0.023Re_l^{0.8}Pr_l^{0.4}\left[1+4.863\left(-\frac{x}{1-x}\ln P_R\right)^{0.836}\right] \tag{13.101}$$

(16) Wang 等模型

Wang 等[51]实验研究了 R134a 在水力直径为 1.46 mm 的水平多通道矩形铝管内的冷凝传热特性。实验参数范围为：$T_{in}=61.5\sim66$ ℃，$p_{in}=1.8\sim1.93$ MPa，$G=75\sim750$ kg/(m^2 · s)，$x_{in}=0.03\sim0.94$。基于边界层理论分析和实验数据，他们提出环状流努塞尔数 Nu_{annul} 的计算式为

$$Nu_{annul}=\frac{hD}{\lambda_l}=0.027\ 4Pr_lRe_l^{0.679\ 2}x^{0.220\ 8}(1.376+8X_{tt}^{1.665})^{0.5}/X_{tt} \tag{13.102}$$

层状流 Nusselt 数 Nu_{strat} 为上部的膜状流 Nusselt 数 Nu_F 与下部的强迫对流 Nusselt 数 Nu_{cv} 按如下方式叠加：

$$Nu_{strat}=\frac{hD}{\lambda_l}=\alpha Nu_F+(1-\alpha)Nu_{cv} \tag{13.103}$$

式中，空泡率 α 用式(13.68)计算。

考虑到流动沿程可能既存在环状流，又存在层状流，Wang 等认为沿流道总传热系数表示为环状流与层状流结合的形式更为合理。于是他们提出沿流道总(平均) Nusselt 数 Nu_{all} 的

计算式：

$$Nu_{all}=F_{annul}Nu_{annul}+(1-F_{annul})Nu_{strat} \tag{13.104a}$$

式中，系数 F_{annul} 为环状流流态占管长的比例。假设干度沿流道线性分布，有

$$F_{annul}=(x_{in}-x_{trans})/(x_{in}-x_{out}) \tag{13.104b}$$

流型转变点干度 x_{trans} 可通过 Soliman 修正 Froude 数 Fr_{So} 定义式(13.75)确定。他们认为，$Fr_{So}=8$ 可作为环状流与层状流之间的转变点。$Fr_{So}>8$ 可看作环状流，或者作为层状流。

(17) Jung 等模型

Jung 等[52]采用内径 9.52 mm、长 1 m 的水平光滑铜管，分别对制冷剂 R12、R22、R32、R123、R125、R134a、R142b 进行流动冷凝传热实验研究。实验参数范围为：$T_{sat}=40$ ℃，$G=100\sim300$ kg/(m^2·s)，$q=7.3\sim7.7$ kW/m^2。他们用实验数据对现有管内环状流冷凝传热模型进行了评价分析，并尝试发展新的模型。结果表明，基于 Dobson 和 Chato 环状流模型改进的新公式预测性能最好，对实验数据的平均绝对误差(MAD)为 18.8%。该公式的形式为

$$Nu=\frac{hD}{\lambda_l}=22.4(1+2/X_{tt})^{0.81}Bo^{0.33}Nu_l \tag{13.105}$$

式中，Martinelli 参数 X_{tt} 用式(13.77)计算；单相液体的 Nusselt 数 Nu_l 用 Dittus - Boelter 公式计算：

$$Nu_l=0.023Re_l^{0.8}Pr_l^{0.4} \tag{13.106}$$

(18) Bohdal 等模型

Bohdal 等[53]对制冷剂 R134a 和 R404A 在内径为 0.31～3.3 mm 的水平小通道内的流动冷凝传热及压降进行了实验研究。基于实验数据，提出局部冷凝传热模型如下：

$$Nu=\frac{hD}{\lambda_l}=25.084Re_l^{0.258}Pr_l^{-0.495}P_R^{-0.288}\left(\frac{x}{1-x}\right)^{0.266} \tag{13.107}$$

(19) Cavallini 等 $D>3$ 分流型模型

Cavallini 等[54]基于来自 4 个数据源的 600 组水平管内流动冷凝实验数据，建立了水平管内流动冷凝传热模型，其对 2 164 个 $D>3$ 的实验数据的 MAD=10.4%。实验数据涉及 R22、R134a、R125、R32、R236ea、R407C 和 R410A 等 7 种纯制冷剂和 R32/R125 混合制冷剂，参数范围为：$D=3.1\sim8.8$ mm，$T_{sat}=23.1\sim65.2$ ℃，$G=63\sim1\ 022$ kg/(m^2·s)，$x=0\sim1$。

Cavallini 等[54] $D>3$ 分流型模型适用于氟利昂制冷剂在 $D=3.1\sim21$ mm、$P_R<0.75$、$(\rho_l/\rho_g)>4$ 范围内的管内流动冷凝传热。因为 Cavallini 等提出了几个模型，而该模型适用于 $D=3.1\sim21$ mm 且是根据流型分区建立的，所以为了便于区分，我们称其为 Cavallini 等 $D>3$ 分流型模型。

Cavallini 等根据无因次蒸气质量流速 J_g 和 Martinelli 参数 X_{tt} 划分流型(见图 13.12)，根据不同流型分别建模。X_{tt} 用式(13.77)计算。

$$J_g=\frac{Gx}{\sqrt{Dg\rho_g(\rho_l-\rho_g)}} \tag{13.108}$$

1) 环状流($J_g\geqslant2.5$)

$$Nu_{annul}=\frac{hD}{\lambda_l}=\frac{\rho_l c_{pl}}{T^+}\left(\frac{\tau}{\rho_l}\right)^{0.5}\frac{D}{\lambda_l} \tag{13.109a}$$

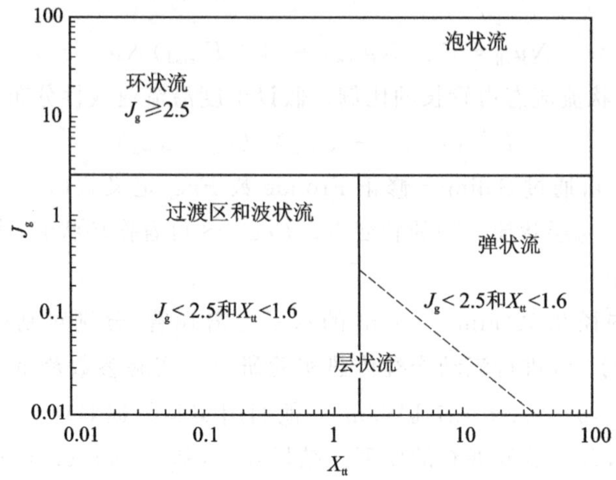

图 13.12 Cavallini 等[54]模型流型划分

$$T^+=\begin{cases}\delta^+ Pr_1, & \delta^+\leqslant 5\\ 5\{Pr_1+\ln[1+Pr_1(\delta^+/5-1)]\}, & 5<\delta^+<30\\ 5[Pr_1+\ln(1+5Pr_1)+0.495\ln(\delta^+/30)], & \delta^+\geqslant 30\end{cases} \tag{13.109b}$$

$$\delta^+=\begin{cases}(Re_1/2)^{0.5}, & Re_1\leqslant 1145\\ 0.050\,4Re_1^{7/8}, & Re_1>1\,145\end{cases} \tag{13.109c}$$

$$\tau=\left(\frac{\mathrm{d}p}{\mathrm{d}L}\right)_{\mathrm{tp}}D \tag{13.109d}$$

式中,两相流摩擦压降梯度$(\mathrm{d}p/\mathrm{d}L)_{\mathrm{tp}}$用下式计算：

$$\left(\frac{\mathrm{d}p}{\mathrm{d}L}\right)_{\mathrm{tp}}=\phi_{\mathrm{lo}}^2\left(\frac{\mathrm{d}p}{\mathrm{d}L}\right)_{\mathrm{lo}}=\phi_{\mathrm{lo}}^2\left(\frac{G^2}{2D\rho_1}f_{\mathrm{lo}}\right) \tag{13.110a}$$

$$f_{\mathrm{lo}}=\begin{cases}64/Re_{\mathrm{lo}}, & Re_{\mathrm{lo}}\leqslant 2\,000\\ 0.184/Re_{\mathrm{lo}}^{0.2}, & Re_{\mathrm{lo}}>2\,000\end{cases} \tag{13.110b}$$

式中,全液相摩擦压降倍率ϕ_{lo}用下式计算：

$$\phi_{\mathrm{lo}}^2=(1-x)^2+x^2\frac{\rho_1 f_{\mathrm{go}}}{\rho_{\mathrm{g}} f_{\mathrm{lo}}}+\frac{1.262x^{0.697\,8}H}{We_{\mathrm{go}}^{0.145\,8}} \tag{13.111a}$$

$$H=\left(\frac{\rho_1}{\rho_{\mathrm{g}}}\right)^{0.327\,8}\left(\frac{\mu_{\mathrm{g}}}{\mu_1}\right)^{-1.181}\left(1-\frac{\mu_{\mathrm{g}}}{\mu_1}\right)^{3.477} \tag{13.111b}$$

2) 环状-层状流过渡和层状流($J_{\mathrm{g}}<2.5$ 且 $X_{\mathrm{tt}}<1.6$)

$$Nu_{\mathrm{trans}}=(Nu_{\mathrm{annul},J_{\mathrm{g}}=2.5}-Nu_{\mathrm{strat}})(J_{\mathrm{g}}/2.5)+Nu_{\mathrm{strat}} \tag{13.112a}$$

式中,$Nu_{\mathrm{annul},J_{\mathrm{g}}=2.5}$是按上面环状流公式(13.109)～式(13.111)、取$J_{\mathrm{g}}=2.5$计算的Nusselt数;层状流Nusselt数计算方法为

$$Nu_{\mathrm{strat}}=0.725\left[1+0.82\left(\frac{1-x}{x}\right)^{0.268}\right]^{-1}\left(\frac{GrPr_1}{Ja}\right)^{0.25}+Nu_{\mathrm{lo}}(1-x)^{0.8}\left(1-\frac{\theta}{\pi}\right) \tag{13.112b}$$

$$Nu_{\mathrm{lo}}=0.023Re_{\mathrm{lo}}^{0.8}Pr_1^{0.4} \tag{13.112c}$$

$$\theta = \pi - \arccos(2\alpha - 1) \tag{13.112d}$$

式中,空隙率 α 按式(13.68)计算。

3) 层状流-弹状流过渡和弹状流($J_g < 2.5$ 且 $X_{tt} > 1.6$)

$$Nu_{strat-slug} = Nu_{lo} + x(Nu_{trans, x_{1.6}} - Nu_{lo})/x_{1.6} \tag{13.113}$$

$$x_{1.6} = \frac{(\mu_l/\mu_g)^{1/9}(\rho_g/\rho_l)^{5/9}}{1.686 + (\mu_l/\mu_g)^{1/9}(\rho_g/\rho_l)^{5/9}} \tag{13.114}$$

式中,Nu_{lo} 采用式(13.112c)计算,$Nu_{trans, x1.6}$ 采用式(13.112)、取 $x = x_{1.6}$ 计算。

(20) Cavallini 等[55] $D>3$ 分 ΔT 模型

Cavallini 等[54] $D>3$ 分流型模型虽然对于 2 164 个常规管径的实验数据具有很高的预测准确度(MAD=10.4%),但模型形式复杂。为了简化模型,该研究小组[55]对于 425 组水平管内流动冷凝传热实验数据,从制冷剂热物理性质、热力学特性、几何参数等多方面进行了广泛分析,进而建立了一个适用于 $D>3$ 的简化模型。该模型对于含有 5 478 组冷凝实验数据的数据库,MAD=14%,能够较好地适用于现有的各种氟利昂、碳氢化合物、CO_2、NH_3、H_2O 等制冷剂和工质。

Cavallini 等通过分析上述 425 组实验数据发现,用影响流动冷凝传热的参数而不是按流型划分区域比较简单实用。对于给定的流体,传热系数总是依赖于质量流速、饱和温度、干度和流道几何构型等参数,但不是总依赖于 ΔT ($\Delta T = T_{sat} - T_w$)。对于水平管,只有重力主导的冷凝传热依赖于 ΔT。因此他们用一个以 X_{tt} 为变量的过渡判断准则,把流动形态划分为依赖于 ΔT 的流态和独立于 ΔT 的流态,如图 13.13 所示的是 J_g-X_{tt} 转捩关系图。

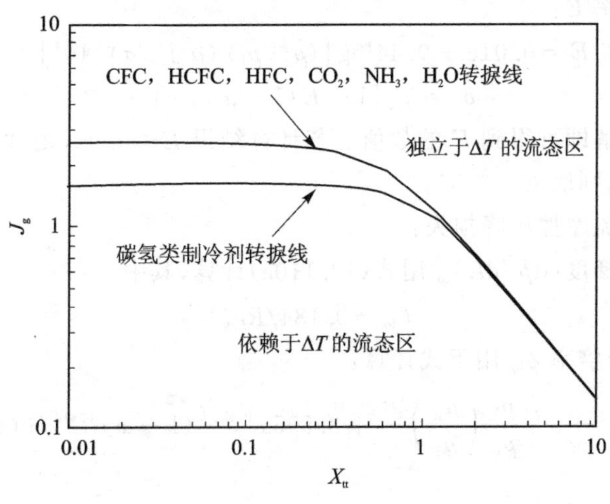

图 13.13 依赖于 ΔT 与独立于 ΔT 的流态区域

该模型需首先建立了一个无因次参数作为判据,来判断冷凝传热系数是否依赖 ΔT:

$$J_g^T = \{[7.5/(4.3X_{tt}^{1.111} + 1)]^{-3} + C_T^{-3}\}^{-1/3} \tag{13.115}$$

式中,碳氢类制冷剂 $C_T = 1.6$,其他类制冷剂 $C_T = 2.6$。若 $J_g > J_g^T$,则传热系数独立于 ΔT;若 $J_g \leqslant J_g^T$,则为传热系数依赖 ΔT。

对于独立于 ΔT 的流态,他们用一个简单的两相流摩擦压降倍率修正 Nu_{lo},获得 Nusselt 数,记为 Nu_A。依赖于 ΔT 的流态是一个层状流和波状流及其过渡的流态,其 Nusselt 数(记

为 Nu_D)与 Nu_A 和层状流 Nusselt 数 Nu_{strat} 有关。

1) $J_g > J_g^T$

$$Nu_{annul} = \frac{hD}{\lambda_l} = Nu_{lo}\left[1 + 1.128x^{0.817}\left(\frac{\rho_l}{\rho_g}\right)^{0.3685}\left(\frac{\mu_l}{\mu_g}\right)^{0.2363}\left(1 - \frac{\mu_g}{\mu_l}\right)^{2.144} Pr_l^{-0.1}\right] \tag{13.116}$$

式中,Nu_{lo} 采用公式(13.112c)计算。

2) $J_g \leqslant J_g^T$

$$Nu = \left[Nu_{annul}\left(\frac{J_g^T}{J_g}\right)^{0.8} - Nu_{strat}\right]\left(\frac{J_g}{J_g^T}\right) + Nu_{strat} \tag{13.117a}$$

$$Nu_{strat} = 0.725\left[1 + 0.741\left(\frac{1-x}{x}\right)^{0.3321}\right]^{-1}\left(\frac{GrPr_l}{Ja}\right)^{1/4} + Nu_{lo}(1 - x^{0.087}) \tag{13.117b}$$

以上介绍表明,Cavallini 等 $D>3$ 分 ΔT 模型比 Cavallini 等 $D>3$ 分流型模型简单得多。然而,根据 Zhang 等[19]用 2 563 组水平圆管内冷凝传热实验数据对模型的评价,Cavallini 等 $D>3$ 分 ΔT 模型的预测准确度显著优于 Cavallini 等 $D>3$ 分流型模型。可见,选择合理的判据和模型形式,是获得好的经验模型的重要基础。

(21) Cavallini 等[56] $D<3$ mm 模型

Cavallini 等[56]对细小通道($D=0.4\sim3$ mm)管内冷凝传热进行了总结,考虑卷吸率对冷凝传热的影响,提出了一个计算小通道的冷凝传热模型。下面分步骤介绍。

第一步计算卷吸率 E:

$$E = 0.015 + 0.44\log\left[(\rho_{gc}/\rho_l)(\mu_l J_g/\sigma)^2 10^4\right] \tag{13.118a}$$

$$\rho_{gc} = \rho_g\left[1 + E(1-x)/x\right] \tag{13.118b}$$

两式联立循环迭代求解即可得到 E 的数值。若计算结果 $E<0.95$,则计算结果即为 E 的值;若计算结果 $E \geqslant 0.95$,则取 $E=0.95$。

第二步计算两相流摩擦压降损失:

两相流摩擦压降梯度$(\mathrm{d}p/\mathrm{d}L)_{tp}$ 用式(13.110a)计算,其中

$$f_{lo} = 0.184/Re_{lo}^{0.2} \tag{13.119}$$

式中,全液相摩擦压降倍率 ϕ_{lo} 用下式计算:

$$\phi_{lo}^2 = (1-x)^2 + x^2\frac{\rho_l}{\rho_g}\left(\frac{\mu_g}{\mu_l}\right)^{0.2} + 3.595x^{0.9525}(1-x)^{0.414}H(1-E)^{1.398P_R} \tag{13.120a}$$

$$H = \left(\frac{\rho_l}{\rho_g}\right)^{1.132}\left(\frac{\mu_g}{\mu_l}\right)^{0.44}\left(1 - \frac{\mu_g}{\mu_l}\right)^{3.542} \tag{13.120b}$$

第三步,计算 Nusselt 数:

$$Nu = \frac{hD}{\lambda_l} = \frac{\rho_l c_{pl}}{T^+}\left(\frac{\tau}{\rho_l}\right)^{0.5}\frac{D}{\lambda_l} \tag{13.121a}$$

式中,T^+ 和界面切应力 τ 分别用式(13.109b)和式(13.109d)计算,τ 式(13.109d)中的两相流摩擦压降梯度$(\mathrm{d}p/\mathrm{d}L)_{tp}$ 用式(13.110a)、式(13.119)和式(13.120)计算,T^+ 式(13.109b)中的 δ^+ 用式(13.109c)计算,而 δ^+ 式(13.109c)中的液相雷诺数 Re_l 则修正为

$$Re_l = G(1-x)(1-E)D/\mu_L \tag{13.121b}$$

(22) Haraguchi 等模型

Haraguchi 等[57]基于湍流液膜理论及 Nusselt 理论，同时考虑了重力及切应力的影响，结合实验数据，提出了一个水平管内冷凝传热系数预测模型，对实验结果的预测误差在 20%以内。实验制冷剂为 R22、R134a 和 R123，参数范围为：$D=8.4$ mm，$G=90\sim400$ kg/(m^2·s)，$q=3\sim33$ kW/m^2，$Pr_l=2.5\sim4.5$，$Re_l=200\sim20\,000$，$Re_{lo}=3\,000\sim30\,000$。

Haraguchi 等沿用了 Rosson 和 Myers[37]的建模思路，把上部作为膜状冷凝，下部作为强迫对流冷凝。平均 Nu 是膜状冷凝 Nu_F 和强迫对流冷凝 Nu_{cv} 的渐进形式：

$$Nu = \sqrt{Nu_F^{\ 2} + Nu_{cv}^2} \tag{13.122}$$

$$Nu_F = 0.725 H(\alpha)(Ga_l Pr_l / Ja)^{0.25} \tag{13.123}$$

$$Nu_{cv} = 0.0152 Re_l^{0.77}(1 + 0.6 Pr_l^{0.8})\phi_g / X_{tt} \tag{13.124}$$

式中，X_{tt} 用式(13.77)计算，ϕ_g 和 H 的计算方法为

$$\phi_g = 1 + 0.5\left[G/\sqrt{gD\rho_g(\rho_l - \rho_g)}\right]^{0.75} X_{tt}^{0.35} \tag{13.125}$$

$$H(\alpha) = \alpha + \{10[(1-\alpha)^{0.1} - 1] + 1.7\times10^{-4} Re_{lo}\}\alpha^{0.5}(1-\alpha^{0.5}) \tag{13.126}$$

$$\alpha = \left\{1 + \left(\frac{\rho_g}{\rho_l}\right)\left(\frac{1-x}{x}\right)\left[0.4 + 0.6\sqrt{\frac{\rho_l/\rho_g + 0.4(1-x)/x}{1 + 0.4(1-x)/x}}\right]\right\}^{-1} \tag{13.127}$$

(23) Koyama 等[58]模型

Koyama[58]等实验研究了 R134a 在多通道管中的冷凝传热，将 Haraguchi 等模型中 ϕ_g 的计算式(13.125)修改为

$$\phi_g = \{1 + 21[1 - \exp(-0.319D)]X_{tt} + X_{tt}^2\}^{1/2} \tag{13.128}$$

(24) Koyama 等[59]模型

Koyama 等[59]对 R134a 在 4 种水力直径约为 1 mm 的多通道铝管中的流动冷凝进行了实验研究。实验参数范围为 $G=100\sim700$ kg/(m^2·s)，$T_{sat}=-8\sim17$ ℃。基于实验数据，采用 Haraguchi 等公式(13.122)的渐进形式，Nu_F 和 Nu_{cv} 修改为

$$Nu_F = 0.725[1 - \exp(-0.85 Bd^{0.5})]H(\alpha)(Gr_l Pr_l / Ja)^{0.25} \tag{13.129a}$$

$$Nu_{cv} = 0.011\,2 Re_l^{0.7} Pr_l^{1.37}\phi_g / X_{tt} \tag{13.129b}$$

式中，ϕ_g 和 $H(\alpha)$的计算方法如下：

$$\phi_g = [1 + 13.17(\upsilon_l/\upsilon_g)^{0.17}[1 - \exp(-0.6 Bd^{0.5})]X_{tt} + X_{tt}^2]^{1/2} \tag{13.130}$$

$$H(\alpha) = \alpha + [10(1-\alpha)^{0.1} - 8.9]\alpha^{0.5}(1-\alpha^{0.5}) \tag{13.131}$$

式中，空隙率 α 按式(13.127)计算。邦德(Bond)数 Bd 的定义为

$$Bd = \frac{g(\rho_l - \rho_g)D^2}{\sigma} \tag{13.132}$$

(25) Huang 等模型

Huang 等[60]基于 R410A 在内径 4.18 mm 和 1.6 mm 管内的流动冷凝实验研究，将 Haraguchi 模型中的强迫对流冷凝 Nu_{cv} 式(13.124)修改为

$$Nu_{cv} = 0.015\,2 Re_l^{0.77}(-0.33 + 0.83 Pr_l^{0.8})\phi_g / X_{tt} \tag{13.133}$$

(26) Park 等模型

Park 等[61]对制冷剂 R1234ze、R134a 和 R236fa 在水力直径为 1.45 mm 的矩形多通道内

垂直向下流动冷凝传热进行了实验研究。实验参数范围为：$T_{sat}=25\sim70$ ℃，$G=50\sim260$ kg/(m^2·s)，$q=1\sim62$ kW/m^2，$x=0\sim1$。基于实验数据，改进了 Koyama 等[59]关联式，将其中的 Nu_F 和 Nu_{cv} 公式修改为

$$Nu_{cv}=0.0055Re_l^{0.7}Pr_l^{1.37}\phi_g/X_{tt} \tag{13.134a}$$

$$Nu_F=0.746\left[1-\exp(-0.85Bd^{0.5})\right]H(\alpha)(Gr_lPr_l/Ja)^{0.25} \tag{13.134b}$$

式中，ϕ_g 用式(13.130)计算，$H(\alpha)$用式(13.131)计算，空隙率 α 用式(13.127)计算。

(27) Kim－Mudawar 模型

Kim 和 Mudawar[62] 从 28 篇文献中收集了 4 045 组实验数据，涉及 15 种制冷剂，包括 R12、R123、R1234fy、R1234ze(E)、R134a、R22、R236fa、R245fa、R32、R404A、R410A、R600a、FC72、methane 以及 CO_2。实验参数范围为：$D=0.424\sim6.22$ mm，$G=53\sim1\,403$ kg/(m^2·s)，$Re_{lo}=276\sim89\,798$，$Re_l=0\sim79\,202$，$Re_g=0\sim247\,740$，$x=0\sim1$，$P_R=0.04\sim0.91$。实验数据大部分来自水平管内的流动冷凝，但也包括了垂直向下和垂直向上管内的流动冷凝。

通过对实验数据的分析，他们认为对于细微通道内的流动冷凝传热，可以用 Soliman 修正 Weber 数 We^* 来判断流型。$We^*>7X_{tt}^{0.2}$ 为环状流，包括平滑环状流、波面环状流和向弹状流过渡的流型。$We^*<7X_{tt}^{0.2}$ 为弹状流。We^* 定义如下：

$$We^*=\begin{cases}\dfrac{2.45Re_g^{0.64}}{Su_g^{0.3}(1+1.09X_{tt}^{0.039})^{0.4}}, & Re_l\leqslant 1\,250\\[2ex] \dfrac{0.85Re_g^{0.79}X_{tt}^{0.157}\left[(\mu_g/\mu_l)^2(\upsilon_g/\upsilon_l)\right]^{0.084}}{Su_g^{0.3}(1+1.09X_{tt}^{0.039})^{0.4}}, & Re_l>1\,250\end{cases} \tag{13.135}$$

式中，υ 为运动粘度，X_{tt} 用式(13.77)计算，修瑞曼(Suratman)数 Su_k 定义为

$$Su_k=\frac{\rho_k\sigma D}{\mu_k^2} \tag{13.136}$$

式中，下标 $k=l$ 代表液相，$k=g$ 代表气相。

基于实验数据，Kim 和 Mudawar 提出

$$Nu=\begin{cases}0.048Re_l^{0.69}Pr_l^{0.34}\phi_g/X_{tt}, & We^*>7X_{tt}^{0.2}\\ \left[(0.048Re_l^{0.69}Pr_l^{0.34}\phi_g/X_{tt})^2+(3.2\times10^{-7}Re_l^{-0.38}Su_g^{1.39})^2\right]^{1/2}, & We^*<7X_{tt}^{0.2}\end{cases} \tag{13.137}$$

式中

$$\phi_g=\sqrt{1+CX+X^2} \tag{13.138a}$$

$$X^2=\frac{f_l\upsilon_l(1-x)^2}{f_g\upsilon_gx^2} \tag{13.138b}$$

$$C=\begin{cases}0.39Re_{lo}^{0.03}Su_g^{0.1}(\rho_l/\rho_g)^{0.35}, & Re_l\geqslant2\,000\text{ 且 }Re_g\geqslant2\,000\quad(\text{tt})\\ 8.7\times10^{-4}Re_{lo}^{0.17}Su_g^{0.5}(\rho_l/\rho_g)^{0.14}, & Re_l\geqslant2\,000\text{ 且 }Re_g<2\,000\quad(\text{tv})\\ 0.0015Re_{lo}^{0.59}Su_g^{0.19}(\rho_l/\rho_g)^{0.36}, & Re_l<2\,000\text{ 且 }Re_g\geqslant2\,000\quad(\text{vt})\\ 3.5\times10^{-5}Re_{lo}^{0.44}Su_g^{0.5}(\rho_l/\rho_g)^{0.48}, & Re_l<2\,000\text{ 且 }Re_g<2\,000\quad(\text{vv})\end{cases} \tag{13.138c}$$

式中，Moody 摩擦因子 f_l、f_g 用式(13.73)计算。

13.3.3　基于流型的管内流动冷凝传热模型

Thome 等[63-64]首先提出了基于流型的管内流动冷凝传热建模方法。下面对其提出的模型进行介绍。

Thome 等首先建立了一个简化的水平光滑管内流动冷凝传热的流型结构，将管内流动分为两个部分，上部分为冷凝液膜下降流动区域，下部分为缺损液体环轴向强迫对流区域，如图 13.14 所示。图中，那个缺损液体环是将层状流或波状流中液体在其浸润的周边上折合成平均厚度而成的；θ 为降膜角，即管上部没有被层状流或波状流中液体浸润的角度(rad)。很显然，对于环状流，$\theta=0$。在模型建立中，降膜角 θ 并不像图中表示的那么简单，除了环状流外，对于间歇流和雾状流，也取 $\theta=0$。

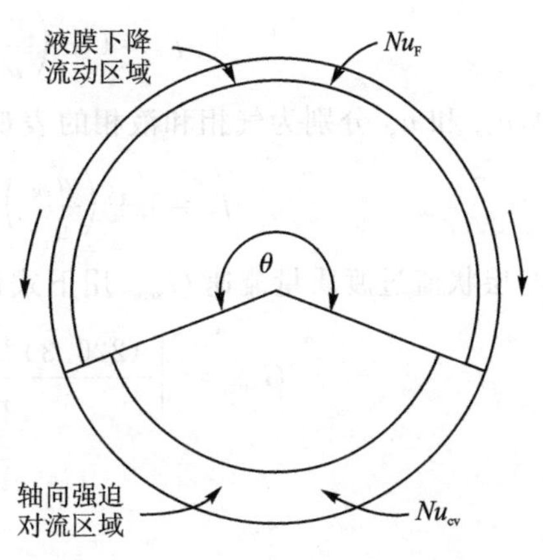

图 13.14　Thome 冷凝传热模型流型结构

基于图 13.14 所示的流型结构，上部为降膜冷凝传热部分，下部为强迫对流冷凝传热部分。Thome 等提出，管内流动冷凝平均 Nusselt 数 Nu 为上部降膜冷凝 Nusselt 数 Nu_F 与下部强迫对流冷凝 Nusselt 数 Nu_{cv} 按各自所占周边比例的叠加，即

$$Nu=\frac{\theta}{2\pi}Nu_F+\left(\frac{2\pi-\theta}{2\pi}\right)Nu_{cv} \tag{13.139a}$$

式中，降膜冷凝假设为层流，并忽略轴向粘滞切应力的影响，用水平管外表面层流冷凝传热公式(13.45b)计算 Nu_F；强迫对流冷凝 Nu_{cv} 用下式计算：

$$Nu_{cv}=0.003Re_l^{0.74}Pr_l^{0.5}f_iD/\delta \tag{13.139b}$$

式中，δ 为液体在其浸润周边的折合平均厚度，f_i 为界面粗糙度修正系数。

要求解式(13.139)，需要补充折合平均厚度 δ、空泡率 α、降膜角 θ 和界面粗糙度修正系数 f_i 的计算方法。

(1) 平均厚度 δ

$$\delta'=\frac{D}{2}\left\{1-\left[1-\frac{2\pi(1-\alpha)}{2\pi-\theta}\right]^{1/2}\right\} \tag{13.140a}$$

$$\delta=\begin{cases}\delta=\delta', & \delta'<D/2\\ \delta=D/2, & \delta'\geqslant D/2\end{cases} \tag{13.140b}$$

(2) 空泡率 α，用对数平均方法计算

$$\alpha=\frac{\alpha_h-\alpha_{ra}}{\ln(\alpha_h/\alpha_{ra})} \tag{13.141}$$

式中，α_h 是用均相模型计算的空泡率，α_{ra} 是 Steiner[65]基于 Rouhani - Axelsson 垂直管内空泡率模型提出的用于水平管的空泡率。

$$\alpha_h=\left[1+\frac{1-x}{x}\left(\frac{\rho_g}{\rho_l}\right)\right]^{-1} \tag{13.142}$$

$$\alpha_{ra}=\frac{x}{\rho_g}\left\{[1+0.12(1-x)]\left(\frac{x}{\rho_g}+\frac{1-x}{\rho_l}\right)+\frac{1.18(1-x)[g\sigma(\rho_l-\rho_g)]^{0.25}}{G\rho_l^{0.5}}\right\}^{-1} \tag{13.143}$$

(3) 界面粗糙度修正系数 f_i

$$f_i=1+\left(\frac{u_{sg}}{u_{sl}}\right)^{1/2}\left[\frac{(\rho_l-\rho_g)g\delta^2}{\sigma}\right]^{1/4} \tag{13.144a}$$

式中,u_{sg} 和 u_{sl} 分别为气相和液相的表观速度。对于层状流,没有界面波存在,上式变为

$$f_i=1+\left(\frac{u_{sg}}{u_{sl}}\right)^{1/2}\left[\frac{(\rho_l-\rho_g)g\delta^2}{\sigma}\right]^{1/4}\frac{G}{G_{strat}} \tag{13.144b}$$

式中,层状流过渡质量流速 G_{strat} 用下式计算:

$$G_{strat}=\left[\frac{(226.3)^2\widetilde{A}_l\widetilde{A}_g^2g\mu_l(\rho_l-\rho_g)\rho_g}{x^2\pi^3(1-x)}\right]^{1/3}+20x \tag{13.145}$$

$$\widetilde{A}_l=\frac{A(1-\alpha)}{D^2} \tag{13.146}$$

$$\widetilde{A}_g=\frac{A\alpha}{D^2} \tag{13.147}$$

式中,A 为管道横截面面积。

(4) 降膜角 θ

对于环状流、间歇流、雾状流,$G>G_{wavy}$,$\theta=0$;

对于层状流,$G\leqslant G_{strat}$,$\theta=\theta_{strat}$;

当 $G_{strat}<G\leqslant G_{wavy}$ 时,有

$$\theta=\theta_{strat}\left(\frac{G_{wavy}-G}{G_{wavy}-G_{strat}}\right)^{1/2} \tag{13.148}$$

式中,分层角 θ_{strat} 用下式计算:

$$\theta_{strat}=2\pi-2\left\{\pi(1-\alpha)+\left(\frac{3\pi}{2}\right)^{1/3}[1-2(1-\alpha)+(1-\alpha)^{1/3}-\alpha^{1/3}]-\frac{1}{200}(1-\alpha)\alpha[1-2(1-\alpha)]\{1+4[(1-\alpha)^2+\alpha^2]\}\right\} \tag{13.149}$$

波状流过渡质量流速 G_{wavy} 用下式计算:

$$G_{wavy}=\left\{\frac{16\widetilde{A}_g^3gD\rho_l\rho_g}{x^2\pi^2[1-(2\widetilde{H}_l-1)^2]^{0.5}}\left[\frac{\pi^2}{25\widetilde{H}_l^2}\left(\frac{We_l}{Fr_l}\right)^{-1.023}+1\right]\right\}^{0.5}+50-75\exp\left[\frac{-(x^2-0.97)^2}{x(1-x)}\right] \tag{13.150}$$

$$\frac{We_l}{Fr_l}=\frac{gD^2\rho_l}{\sigma} \tag{13.151}$$

$$\widetilde{A}_g=\alpha A/D^2 \tag{13.152}$$

$$\widetilde{H}_l=0.5\left[1-\cos\left(\frac{2\pi-\theta_{strat}}{2}\right)\right] \tag{13.153}$$

为验证模型的准确性,Thome 等收集了 15 种制冷剂的实验数据,参数范围为:$D=3.1$~

21.4 mm，$G=24\sim1\ 022\ kg/(m^2\cdot s)$，$x=0.03\sim0.97$，$P_R=0.02\sim0.8$。验证结果显示：该模型对非碳氢类制冷剂（共1 850组实验数据）预测误差在±20%以内的达85%；若加上碳氢类制冷剂（共2 771组），则预测误差在±20%以内的占75%。

13.3.4 管内流动冷凝传热计算模型的评价

评价指标MAD的定义见式(6.106)。MRD常用作判断模型在总体上是高估还是低估了实验数据库，但不作为评价指标，其定义见式(6.107)。

(1) Zhang等[19]的评价

Zhang等[19]从26篇论文中收集了2 563组水平圆管内冷凝传热的实验数据，其中常规管径($D\geqslant3$ mm)实验数据1 462组，细微通道管径($D<3$ mm)数据1 101组，涉及R12、R22、R134a、R410A、CO_2等17种制冷剂，参数范围为：$D=0.493\sim20$ mm，$G=19\sim1\ 200\ kg/(m^2\cdot s)$，$T_{sat}=-25.6\sim60$ ℃，$q=2.35\sim421.1\ kW/m^2$，$x=0.01\sim0.99$，$p_{sat}=0.25\sim3.49$ MPa。

他们用该数据库详细地评价了28个冷凝传热模型，其中有6个模型MAD<25%，7个模型25%≤MAD≤30%，见表13.1，MAD>30%的模型未列入。表中，方贤德等新公式(13.58)由于提出较晚，未参与Zhang等[19]的评价。从表中可见，预测效果最好的模型是方贤德等新公式，MAD为13.2%。其余MAD<25%的模型分别为Cavallini等分ΔT、Bivens-Yokozeki、Haraguchi等、Cavallini等分流型、Koyama等[59]、Koyama等[58]，对整个数据库的MAD依次为17.0%、21.6%、22.6%、22.7%、23.6%、24.3%。Cavallini等分ΔT和Cavallini等分流型都是基于$D>3$ mm的实验数据提出的，在这个范围内，其MAD分别为14.4%和20.5%。

表13.1 Zhang等[19]的评价结果（方贤德等新公式未含在参考文献[19]中） %

冷凝传热模型	整个数据库		$D\geqslant3$ mm		$D<3$ mm	
	MAD	MRD	MAD	MRD	MAD	MRD
方贤德等新公式(13.58)	13.2	−1.1	11.4	−4.0	15.7	2.6
Cavallini等分ΔT[55]	17.0	0.8	14.4	−6.1	20.6	10.0
Bivens-Yokozeki[43]	21.6	3.0	20.6	−4.0	23.0	12.2
Haraguchi等[57]	22.6	2.0	22.1	3.5	23.2	−0.1
Cavallini等分流型[54]	22.7	0.3	20.5	−13.5	25.5	18.5
Koyama等[59]	23.6	−4.5	21.5	−0.6	26.3	−9.7
Koyama等[58]	24.3	0.3	23.1	3.2	25.8	−3.7
Tang等[50]	25.0	4.3	22.7	−9.2	28.0	22.2
Thome等[63,64]	25.1	−19.6	27.5	−24.4	21.9	−13.2
Moser等[48]	25.4	1.5	23.0	−11.1	28.5	18.2
Huang等[60]	25.9	−7.9	24.5	−3.0	27.8	−14.3
Chen等[47]	26.3	−14.9	28.2	−22.1	23.8	−5.3
Shah[42]	30.0	11.4	25.1	−3.4	36.5	31.0

分析这6个MAD<25%的模型，发现除了方贤德等新公式和Bivens-Yokozeki模型外，都含有Ja，而Ja与壁面温度有关，如果壁面温度是未知数，则使用中需要迭代。迭代引起的

壁温误差可能显著影响模型的精度。Bivens - Yokozeki 模型也有不足,即等式左边无量纲,而其右边为有量纲。

预测效果最好的前 5 个模型对不同制冷剂的预测结果如表 13.2 所列。表中只列出了对数据点 40 个以上的制冷剂的预测结果;因为数据点太少,预测结果不具有参考价值。表中加粗数值是对该制冷剂预测误差最小的 MAD 值。

表 13.2 预测效果最好的 6 个模型对不同制冷剂的预测结果

%

制冷剂	数据点数	方贤德等式(13.58)		Cavallini 等分 ΔT[55]		Bivens - Yokozeki[43]		Haraguchi 等[57]		Cavallini 等分流型[54]	
		MAD	MRD	MAD	MRD	MAD	MRD	MAD	MRD	MAD	MRD
R12	132	**11.8**	−1.6	19.1	−16.9	27.3	−26.2	33.1	−19.3	23.6	−22.2
R1234yf	71	**16.4**	−14.2	22.5	−20.8	19.2	−18.2	21.8	−21.2	27.1	−25.7
R134a	748	**11.7**	2.1	13.7	−2.6	17.1	−4.6	19.6	−1.8	18.9	3.0
R152a	48	14.7	9.0	18.6	18.0	14.0	11.9	**12.9**	−6.2	27.0	27.0
R22	577	**11.0**	−0.8	15.9	−2.0	23.3	−1.6	19.2	−2.1	23.0	−7.2
R32	212	12.6	−11.9	**7.5**	−0.6	16.1	12.2	14.9	−10.5	8.9	−2.3
R407C	43	**21.9**	19.4	48.5	48.2	50.6	50.1	24.7	18.8	52.5	52.1
R410A	221	16.6	−0.1	22.6	4.0	30.4	18.5	31.0	**13.4**	29.4	−7.7
60%R32/40%R125	149	12.9	−7.9	**11.9**	1.6	15.2	13.1	27.9	19.7	15.7	−9.7
CO_2	246	**14.1**	6.4	26.8	24.1	25.9	22.3	33.5	33.2	34.1	31.0

(2) Kim 和 Mudawar[62]的评价

Kim 和 Mudawar[62]从 28 篇文献中收集了 4 045 组实验数据,建立了自己的数据库,如前所述。实验数据大部分来自水平管内,但也包括了垂直向下和垂直向上管内的流动。他们采用其所提出的冷凝流型分类方式将数据分为环状流与弹状流和泡状流两类,其中 3 332 组为环状流数据,其余 713 组为弹状流和泡状流数据。用数据对 11 个现有冷凝传热关联式以及其新提出的模型进行了评价。这 11 个现有模型是:Dobson - Chato[38]、Akers - Rosson[41]、Shah[42]、Cavallini - Zecchin[45]、Moser 等[48]、Wang 等[51]、Bohdal 等[53]、Haraguchi 等[57]、Koyama 等[58]、Huang 等[60]、Park 等[61]。评价结果表明,现有模型中只有 Akers - Rosson[41]和 Moser 等[48]这两个模型对于环状流数据 MAD<30%,分别为 27.3%和 27.7%,而 Shah 模型对弹状流和泡状流预测效果最好,MAD=30.8%。他们自己以此数据库所建模型对环状流 MAD=15.9%,对弹状流和泡状流 MAD=16.7%。值得一提的是,无论对环状流还是对泡状流和弹状流,表现较好的模型对垂直向下和垂直向上管内的数据的预测精度与对水平管内的数据的预测精度都基本相当。这说明,对于这 3 种流型,基于水平管数据的模型一般也适用于垂直管内的流动冷凝传热。

(3) Shah[66]的评价

Shah[66]从 31 篇文献中收集了 1 017 组微小通道的实验数据,包含 13 种工质;参数范围为:$D=0.1\sim2.8$ mm,$G=20\sim1\,400$ kg/(m^2 · s),对比压力 $P_R=0.005\,5\sim0.94$。基于该数

据库,评价了 6 个冷凝传热关联式,其中 1 个是他本人[66]新提出的。结果表明,其中 4 个的 MAD<30%,分别为 Shah[66]、Cavallini 等[55]、Kim 和 Mudawar[62]以及 Shah[67],MAD 分别为 15.5%、16.9%、18.8%和 21.8%。

13.4 滴状冷凝

滴状冷凝中蒸气可与壁面直接接触冷凝,减少了传热热阻,故其传热系数比膜状冷凝要高得多,通常大一个量级,具有重要的工程应用前景。因此,自 1930 年 Schmidt 等[68]首次发现滴状冷凝以来,许多研究者就如何实现稳定的滴状冷凝过程进行了研究,取得了较大进展[69-71]。

13.4.1 滴状冷凝的实现方法

滴状冷凝能否实现主要取决于液体与壁面之间的接触角。从表面能角度来分析,液体置于固体表面时,其平衡形状取决于固体表面能、液体表面能以及固液界面能之间的平衡关系,增大液体的表面张力或降低固体表面自由能都有利于滴状冷凝的形成[72]。

液体的表面张力与温度、压力有关,一般来说,温度降低时,液体的表面张力增大,而且二者具有线性关系。随着蒸气压力的降低,饱和温度降低,冷凝液的表面张力随之增大,容易发生滴状冷凝。

实际工程应用中,冷凝压力及冷凝温度的变化一般不大,因此降低固体表面的自由能,便成为形成滴状冷凝的主要条件。金属及其氧化物一般具有较高的表面自由能,为在其表面上形成滴状冷凝,必须对其表面进行处理,降低其表面自由能。开发能长久维持滴状冷凝的低能表面一直是滴状冷凝研究与应用方面的一个重要课题。

为了实现滴状冷凝,必须不让液体完全浸润冷凝表面而形成液膜。通常,液体在固体表面的浸润能力用铺展系数 S 来表示:

$$S=\sigma_{sg}-(\sigma_{sl}-\sigma_{lg}) \tag{13.154}$$

式中,σ_{sg} 是固体与气体之间的界面张力,σ_{sl} 是固体和液体之间的界面张力,σ_{lg} 是液体与气体之间的界面张力。

$S\geqslant 0$ 意味着液体将会浸润固体表面形成液膜,而 $S<0$ 则意味着液体不会完全在固体表面铺展成液膜,而会形成液滴。从铺展系数的表达式可以看出,如果希望液体在固体表面不易铺展,就需要固体表面的表面能尽量弱。因此,降低冷凝表面的表面能是实现滴状冷凝的主要途径。

工业冷凝器多由普通金属材质制成,其表面能较高,接触角较小,难以形成滴状冷凝。对此,实现滴状冷凝有两类主要方法。一类方法是通过冷凝表面的改性,设法降低表面自由能。另一类方法是间歇或连续地往蒸气中添加有机促进剂。有机材料一般具有较低的表面自由能,是冷凝表面的首选材料。

1. 表面改性

表面改性是在固体表面施加促进剂,并主要通过以下方法实现。

(1) 金属表面镀贵金属

通常,表面能较低的金属都是贵金属。将金、银、铑、钯、铂等贵金属通过电镀或者化学镀

方法镀在冷凝表面上，可以使蒸气获得良好的滴状冷凝效果。

Erb[73]发现在金属表面镀一层贵金属，如金、银、镉、钯等，可形成较长时间的滴状冷凝。随后，Westwater[74]对镀金厚度不同的铜表面的滴状冷凝进行了试验，发现是否能在镀金表面上产生滴状冷凝与镀金的厚度有关：当其在 20 nm 以下时，只能产生膜状冷凝；当超出 200 nm 时，才会产生滴状冷凝；而在两者之间时既存在膜状冷凝又存在滴状冷凝。实验所产生的滴状冷凝持续 2 500 h 以上的可达 75%。Westwater 同时指出，由于洁净的金表面能较高，是不能产生滴状冷凝的，镀金时必须在其表面形成一层低能表面薄层才能产生滴状冷凝。

由于表面能较低的金属都是金、银等贵金属，如果在工业上使用这种方法来达到滴状冷凝的效果，可能贵金属的成本已经超过滴状冷凝与膜状冷凝相比所带来的经济收益。所以，这些贵金属通常仅限于实验室使用。

(2) 金属表面上涂有机促进剂

有机促进剂主要有高分子油酸、链状脂肪酸类、硬脂酸等有疏水基团的有机物和硫化银等无机化合物。有疏水基团的有机物的特点是分子中含有极性基团，当与金属表面相接触时，该极性基团就会自发地朝向金属表面，与金属发生反应，从而使金属表面自由能降低。而硫化银等无机化合物在水中的溶解度极低。将金属基体表面直接浸渍于这些有机促进剂中，或者将有机促进剂涂在金属表面上，都能有效实现蒸气的滴状冷凝。

有机促进剂方法目前受到几个主要因素的限制，未能实现大规模的工业应用。这些不利因素主要包括：① 这些促进剂是靠物理或者化学吸附作用与金属表面结合的，结合力较弱，使用寿命较短，一般仅为几百小时；② 促进剂涂层越厚，越难被氧化与腐蚀，然而对于冷凝传热来说，涂层厚度越大，其传热热阻也越大；③ 有机涂层易脱落造成污染。虽然如此，制备超薄且稳定的有机涂层还是引起了研究者们的浓厚兴趣。

(3) 复合沉积方法

复合沉积方法是将低表面能物质作为复合沉积的第二相，复合沉积在金属表面上，形成低表面能表面，降低原来金属表面的表面能，使蒸气在金属表面上形成滴状冷凝。

1955 年，Topper 和 Baer[75]首次在聚四氟乙烯(PTFE)或称特氟隆表面实现滴状冷凝。Kirby[76]采用表面附有聚四氟乙烯薄层的铁管分别对甲醇、乙醇、丙酮的冷凝进行了研究。实验表明，这三种物质都能够形成滴状冷凝，传热系数比膜状冷凝时分别提高 45%、30%、65%。Zhang 等[77]在铜表面上施加聚苯硫化物、聚四氟乙烯、银纳米颗粒，实现滴状冷凝。高分子聚合物的表面能很低，但热阻较大，因此沉积层不宜过厚。

随着纳米技术的发展，纳米沉积改变表面的微结构，以实现滴状冷凝，已成为滴状冷凝研究的热点之一[69-70]。

(4) 采用离子镀、化学镀、离子束注入或钎焊处理等方法

采用化学镀、离子束动态混合注入或钎焊处理等方法对冷凝表面进行处理，可以使金属表面生成表面自由能较低的薄层。

Zhang 等[78]采用离子镀技术在铜表层形成一层合金薄层，这些合金含有 Cr、Fe、Al、Bi、Sb、Sn、Se 和 In 等元素，能够形成较好的水蒸气滴状冷凝。

化学镀 Ni－P 镀层具有硬度高、结合强度高、耐磨、抗蚀性好和可焊接等特点，已较多地应用于工农业生产中。为进一步提高镀层性能，可在镀液中加入各种微粒(如碳化硅、石墨、聚四氟乙烯等)，进行化学复合镀。其中聚四氟乙烯具有很好的化学稳定性、优良的不粘性和良好

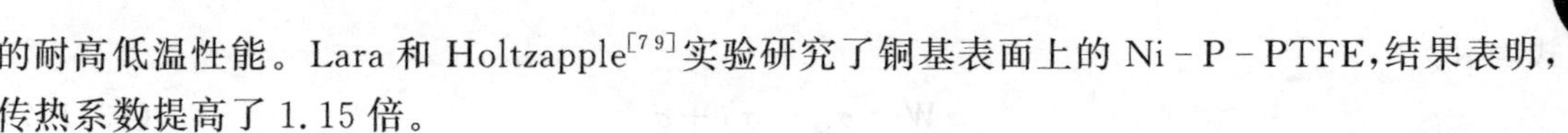

的耐高低温性能。Lara 和 Holtzapple[79]实验研究了铜基表面上的 Ni－P－PTFE，结果表明，传热系数提高了 1.15 倍。

采用离子束动态混合注入法可以使材料表面层的结构、成分和化合价等发生变化，从而达到表面改性的目的。该方法能够增强聚合物膜层与金属基体间的结合力，增强其结合牢度，从而为工业化应用滴状冷凝技术提供技术保证。但是该技术制备成本较高，目前还不适于工业推广应用。

2. 添加有机促进剂

间歇或连续地向蒸气中添加有机促进剂，例如氟化二硫化碳，可以延长滴状冷凝的时间。但由于冷凝表面氧化膜的生成，滴状冷凝维持一段时间后又会转化为膜状冷凝；而且这种方法存在对蒸气及冷凝液的污染问题，对冷凝表面也会产生污损和腐蚀，所以这种方法还不适合广泛的工业应用，只能用于特殊情况下。

3. Marangoni 滴状冷凝

双组分或多组分相溶性蒸气混合物在冷凝时，由于温度梯度和浓度梯度的存在，表面张力达到一定值时会产生 Marangoni 对流，使液膜厚度不均匀，形成类似滴状冷凝的冷凝状态，一般称之为 Marangoni 滴状冷凝。这种冷凝现象是 1961 年加拿大学者 Mirkovich 和 Missen[80]首先发现的。随后，Ford 和 Missen[81]在 1968 年提出了混合蒸气由膜状冷凝向 Marangoni 滴状冷凝转化的条件。Chen 和 Utaka[82]对水乙醇二元蒸气混合物的 Marangoni 滴状冷凝的实验研究表明，液滴在传热表面从低温侧向高温侧移动，移动速度随表面张力梯度的增大而增大。

13.4.2　表面润湿基本理论

1. 理想表面平衡接触角

对于光滑平坦的理想表面，Young 提出的气-液界面在固体表面上达到平衡时液滴接触角的计算式如下：

$$\sigma_{lg}\cos\beta_Y=\sigma_{sg}-\sigma_{sl} \tag{13.155}$$

式中，σ_{sg}、σ_{sl} 和 σ_{lg} 的含义同式(13.154)。该式称为 Young 方程，其中 β_Y 是理想光滑表面液滴的平衡接触角，又称为 Young 接触角。

Young 方程是研究固液润湿作用的基础。从上式可以看出，可能存在三种情况。如果 $(\sigma_{sg}-\sigma_{sl})/\sigma_{lg}\geqslant 1$，液滴将完全润湿固体表面，在固体表面铺展，$\beta_Y=0°$。如果 $(\sigma_{sg}-\sigma_{sl})/\sigma_{lg}\leqslant -1$，液滴完全不润湿固体表面，$\beta_Y=180°$。如果 $-1<(\sigma_{sg}-\sigma_{sl})/\sigma_{lg}<1$，则 $0°<\beta_Y<180°$，这时固体表面出现部分润湿，这是最常见的现象。根据水在固体表面上的接触角数值，通常将接触角 $\beta_Y<90°$ 的表面称为亲水表面，$\beta_Y>90°$ 的表面称为疏水表面，满足 $150°<\beta_Y<180°$ 的表面称为超疏水表面。

表征理想表面平衡接触角 β_Y 的另一个方程是 Young－Dupre 方程。设固体对液体的粘附功为 W，则 Young－Dupre 方程可表示为

$$\sigma_{lg}(1+\cos\beta_Y)=W \tag{13.156}$$

不同凝聚相相接触时，相间分子有相互作用力，将两相分离就要做功，这种功称为粘附功。粘附功 W 等于破坏固-气界面和气-液界面而形成单位面积固-液界面所需要的能量，可由下

式表示：

$$W = \sigma_{sg} - \sigma_{sl} + \sigma_{lg} \tag{13.157}$$

将上式代入式(13.156)即可得到 Young 方程式(13.155)。

需要注意的是，Young 方程的应用条件是理想表面，即指固体表面的组成是均匀、平滑、各向同性的，式中的 β_Y 是液滴达到平衡时的接触角。理想表面平衡接触角与实际表面接触角(即表观接触角)可能存在较大的差距，造成这种现象的影响因素很多，主要有：

① 非理想表面。即使是原子级别的光滑表面，也存在一定的粗糙和化学不均一性。液体分子更倾向于润湿具有高表面能和低接触角的亲水区域。这是由于粗糙度引起的倾斜角也会影响表观接触角。

② 长程范德华粘附力。液体分子在许多材料表面倾向于形成一层薄液膜。这是因为长程范德华粘附力导致所谓的分离压力。

③ 线张力、重力和温度等因素的影响。对于小液滴和弯曲三相线，线张力的影响比较显著。

线张力是一个与小液滴或小气泡接触角有关的且对表面热力学和界面现象有显著影响的参数。三相平衡系统的线张力定义为三相接触线单位长度上的自由能。线张力通过液滴在三相接触线处的形状变化影响接触角，是造成接触角测量值偏差的一个重要原因。

2. 实际表面平衡接触角

(1) Wenzel 方程

对于均相粗糙表面，假设当水滴位于粗糙的固体基底时，水滴沿表面粗糙结构浸润表面，与表面形成“湿接触”，如图 13.15(a)所示。Wenzel[83] 认为，液滴与粗糙水平表面之间的接触面积大于理想水平表面的情况，从而对 Young 方程提出了一个修正表达式：

$$\cos \beta_W = K_W \cos \beta_Y \tag{13.158}$$

式中，β_W 为基于 Wenzel 模型结构(见图 13.15(a))的水滴在粗糙表面上的实际表观接触角，又称 Wenzel 接触角；$K_W>1$，为粗糙表面的真实面积与其在光滑表面的投影面积之比，称为表面粗糙因子。

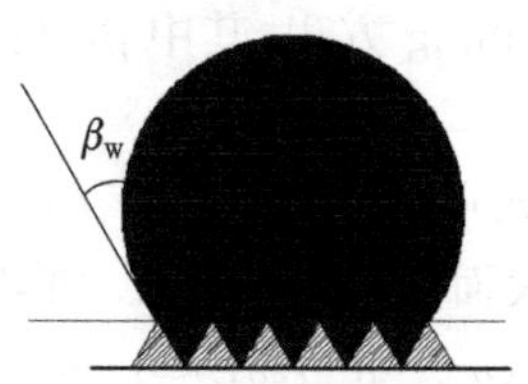

(a) Wenzel模型原理图

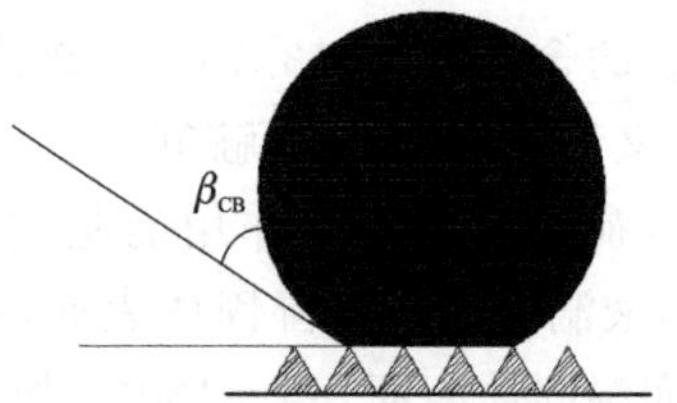

(b) Cassie-Baxter模型原理图

图 13.15 Wenzel 模型和 Cassie - Baxter 模型原理图

由 Wenzel 方程可知：对于接触角 $\beta_Y>90°$ 的疏水表面，表面粗糙将使表观接触角变大；而对于接触角 $\beta_Y<90°$ 的亲水表面，表面粗糙将使表观接触角变小。也就是说，表面粗糙度越大，原本亲水的表面越亲水，原本疏水的表面越疏水。

Wenzel 公式的不合理之处在于只有 $\beta_Y>90°$ 时，表面粗糙度的增大才会使得表面疏水性提高，即表观接触角增大，而且只要粗糙度因子 $K_W=-1/\cos \beta_Y$，表面接触角就可达 180°，这都与实验结果不合。Wenzel 方程只适用于热力学稳定平衡状态，由于表面不均匀，液体在表面上铺展时要克服一系列由于起伏不平而造成的势垒。当液滴振动能小于这种势垒时，液滴可能处于亚稳平衡状态，达不到 Wenzel 方程所要求的平衡状态。

(2) Cassie－Baxter 方程

Cassie 和 Baxter[82]认为，在粗糙表面上，液滴可以形成由固体表面和空气腔共同组成的复合固液界面，即在液滴底部，液体与固体表面之间的接触部分有气体被囚禁在凹谷内，如图 13.15(b)所示。他们根据这一假设和能量平衡原理，给出了一个计算液滴接触角的表达式：

$$\cos\beta_{CB} = K_1 \cos\beta_Y - K_2 \tag{13.159}$$

式中，β_{CB} 为基于 Cassie－Baxter 模型结构(见图 13.15(b))的液滴在粗糙表面上的表观接触角，又称 Cassie－Baxter 接触角；K_1、K_2 分别表示在液滴底部单位投影面积上，液体与固体表面接触的真实面积和被囚禁在凹谷内的气体与液体接触的真实面积。

Wenzel 公式和 Cassie－Baxter 公式主要在表面粗糙度方面对 Young 方程进行了修正；而且，这两个公式对表面粗糙度的处理只适用于规则排布的具有均匀粗糙结构的表面，没有考虑粗糙结构非均匀的问题。一部分观点认为，对于具有非均匀粗糙结构的表面，局部接触角应通过三相接触线处的粗糙度计算。虽然用接触角研究润湿性已有 200 多年的历史，但是对于粗糙和化学不均一表面，控制润湿性的主导因素是固液接触面积还是三相接触线，仍然是一个争议的热点[85]。另外，前面提到，影响接触角的因素较多，不只是表面粗糙度。所以，要使接触角的预测更为准确，还需要考虑更多的影响因素。

3. 接触角滞后

(1) 前进角与后退角

对于水平面上的一个液滴，增大其体积时，液滴与固体表面接触的三相线将要移动而没有移动时的接触角称为前进角；减小其体积时，液滴与固体表面三相线将要移动而没有移动时的接触角称为后退角，如图 13.16(a)所示。前进角与后退角的另一个定义是，液滴在倾斜的固体表面上运动时，由于表面粗糙，液滴前方的接触角为前进角，液滴尾部的接触角为后退角，如图 13.16(b)所示。

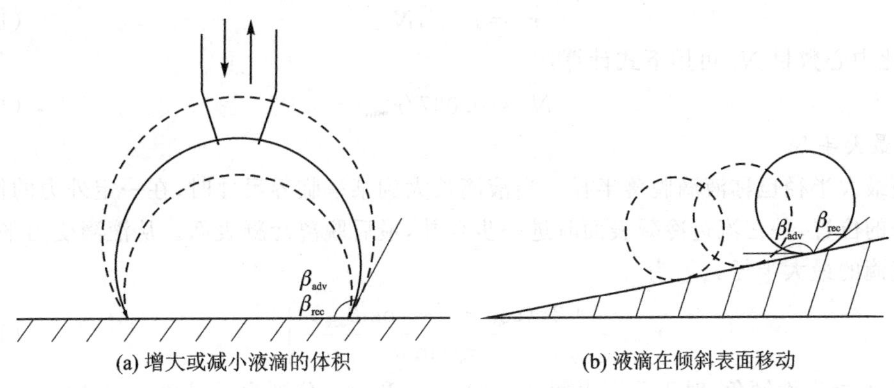

图 13.16　前进角与后退角

前进角和后退角可以通过倾斜表面、向下施压和向上提取液滴、增大液滴质量和减小液滴质量等方式测量获得。

(2) 接触角滞后与滚动角

具有一定粗糙结构的真实表面上,接触角滞后是影响表面润湿性的重要因素之一。接触角滞后常定义为前进角与后退角的差。它通常由表面化学成分不均匀性以及表面几何结构引起。Eral 等[86]综述了接触角滞后研究的一些成果,尤其是基于物理现象的数学模型,解释了工业应用中接触角滞后在一些物理现象中所起的作用。

当一定体积的液滴放置在固体倾斜表面上时,使液滴滚动所需固体表面倾斜的最小角度称为滚动角。滚动角是衡量表面润湿性的又一个重要参数。滚动角越小,固体表面的疏水性越好。接触角滞后小的表面,滚动角小。

13.4.3 液滴尺寸及其分布

1. 液滴的重要尺寸

滴状冷凝传热计算中,关于液滴的尺寸,有三个重要参数,分别是最小半径、临界半径和最大半径。这些尺寸与表面过冷度(饱和温度与壁面温度之差)、冷凝液性质和冷凝表面性质等因素密切相关。

(1) 最小半径

热力学成核理论认为,冷凝壁面上的液滴胚团表面同时存在蒸气分子的冷凝和蒸发两个过程,只有当胚团达到某一临界尺寸,冷凝速率大于蒸发速率后,才能最终长大形成液滴。这一液滴胚团临界半径称为最小半径,用 $r_{\min}$ 表示,有

$$r_{\min}=\frac{2\sigma T_{\text{sat}}}{\rho_1 h_{\text{lg}}\Delta T} \tag{13.160}$$

式中,σ 为流体的表面张力,ΔT 为表面过冷度,T_{sat} 的单位为 K。

(2) 临界半径

在滴状冷凝过程中,初始液滴由直接冷凝长大过渡到液滴发生合并时的液滴曲率半径称为临界半径,或称为有效半径,其值与两个相邻成核中心之间的距离及接触角有关。若认为壁面上活化中心数目为 N_s,作矩形阵列排列,则在接触角为 90°的条件下,可推导出[87]临界半径 r_e 为

$$r_e=1/\sqrt{4N_s} \tag{13.161}$$

式中,活化中心数目 N_s 可用下式计算:

$$N_s=0.037/r_{\min}^2 \tag{13.162}$$

(3) 最大半径

液滴最大半径也称液滴脱落半径。当液滴长大到某一临界尺寸时,在一定外力的作用下,脱离原来的位置,并在流过冷凝表面时进一步合并,最后脱离冷凝表面。从液滴受力平衡推导出半球液滴的最大半径 $r_{\max}$ 为

$$r_{\max}=\left[\frac{2\sigma(\cos\beta_{\text{rec}}-\cos\beta_{\text{adv}})}{\pi\rho\sin\theta}\right]^{1/2} \tag{13.163}$$

式中,θ 为冷凝表面倾角,对于垂直表面,$\theta=90°$;β_{rec} 和 β_{adv} 分别为后退角和前进角。

Bonner[88]采用下式计算液滴最大半径:

$$r_{\max}=\left(\frac{\sigma}{\rho g\sin\theta}\right)^{1/2} \tag{13.164}$$

从以上两式可见，垂直表面上的液滴最大半径最小。

Dimitrakopoulos 和 Higdon[89] 给出了通过表面张力和重力平衡获得的最大半径：

$$r_{\max}=\left[\frac{6\sigma(\cos\beta_{\text{rec}}-\cos\beta_{\text{adv}})\sin\beta_{\text{c}}}{\pi(2-3\cos\beta_{\text{c}}+\cos^{3}\beta_{\text{c}})\rho g}\right]^{1/2} \tag{13.165}$$

不同表面上的液滴最大半径不同，接触角较大的表面，液滴最大半径较小。最大半径越大，冷凝表面的残液量越多，冷凝液滴更新频率越小，传热系数也就越小。因此，液滴最大半径是滴状冷凝传热研究中的重要参数，其大小直接影响到传热系数的大小。

2. 液滴尺寸分布

在滴状冷凝过程中，小液滴主要靠蒸气在冷凝表面上的直接凝结长大，但是大的液滴主要靠液滴之间的合并长大。Gose 等[90] 指出：当最小核化密度为 50 000 个/cm^2 时，半径小于 0.05 mm 的液滴主要靠直接冷凝长大；而半径大于 0.05 mm 的液滴则主要靠合并长大。

液滴之间的合并是随机的，这就造成冷凝表面上存在大量大小不一的液滴，即液滴尺寸存在一定的分布。液滴尺寸分布和液滴形态的确定对滴状冷凝的机理研究和传热计算有重要意义。确定液滴尺寸分布的方法有假定尺寸分布、对液滴成长过程进行数值模拟、对滴状冷凝过程进行图像采集并作统计分析等。

Le Fevre 和 Rose[91] 提出了如下液滴尺寸分布公式：

$$f_{r-r_{\text{d}}}=1-\left(\frac{r}{r_{\max}}\right)^{1/3} \tag{13.166}$$

式中，f_{r-r_d} 表示冷凝表面被液滴半径大于 r 的液滴所覆盖的分率。

单位面积上半径在区间[r，$r+\text{d}r$]的液滴数 $N(r)$ 为

$$N(r)=\frac{1}{3\pi r^{2}r_{\max}}\left(\frac{r}{r_{\max}}\right)^{-2/3} \tag{13.167}$$

13.4.4 滴状冷凝传热计算

一般来说，滴状冷凝需要克服的热阻有：① 经过液滴周围的不凝气体层的热阻($R_{\text{ng}}=1/h_{\text{ng}}$)；② 气液界面热阻($R_{\text{i}}=1/h_{\text{i}}$)；③ 液滴本身热阻($R_{\text{d}}=1/h_{\text{d}}$)；④ 液滴底部的接触热阻($R_{\text{c}}=1/h_{\text{c}}$)；⑤ 促进剂热阻($R_{\text{p}}=1/h_{\text{p}}$)。壁面过冷度通常大于 0.3 ℃，可忽略核化效应。于是，滴状冷凝传热热阻 R 可表示为

$$R=\frac{1}{h}=R_{\text{ng}}+R_{\text{i}}+R_{\text{d}}+R_{\text{c}}+R_{\text{p}}=\frac{1}{h_{\text{ng}}}+\frac{1}{h_{\text{i}}}+\frac{1}{h_{\text{d}}}+\frac{1}{h_{\text{c}}}+\frac{1}{h_{\text{p}}} \tag{13.168}$$

式中，h 为滴状冷凝传热系数。以上热阻中，对于纯蒸气，不凝气体层的热阻 $R_{\text{ng}}=0$；对于无污染光滑表面，液滴底部的接触热阻 R_{c} 不考虑。

促进剂热阻 R_{p} 视材料不同差别很大。贵金属促进剂的热阻完全可以忽略不计。很多促进剂常为单分子层厚度，如果采用多层，多余的促进剂不久也会被洗刷掉，这类促进剂热阻 R_{p} 通常比液滴导热热阻 R_{d} 小一个量级[88]，可忽略不计。对于高分子聚合物"长久"型促进剂(如聚四氟乙烯)，导热系数低，且最薄层也远远大于单分子层厚度，所以其热阻相对很大，这时 h_{p} 可用纯导热方法计算，即为该材料导热系数 λ_{p} 与其厚度 δ_{p} 之比：

$$h_{\text{p}}=\lambda_{\text{p}}/\delta_{\text{p}} \tag{13.169}$$

聚四氟乙烯在 100 ℃时 $\lambda=0.42$ W/(m·K)，能产生良好滴状冷凝的最小厚度约为

1.5×10^{-6} m,因此最大传热系数约为 $h_p=\lambda/\delta=280\ \mathrm{kW/(m^2\cdot K)}$。

对于含不凝气体的蒸气混合物,R_{ng} 扮演着重要角色。对于不含不凝气体的蒸气,其传热系数公式简化为

$$\frac{1}{h}=\frac{1}{h_{id}}+\frac{1}{h_p} \tag{13.170}$$

式中,h_{id} 为考虑界面热阻和液滴热阻的传热系数。

对于水和有机流体,Bonner[88]根据理论分析先得到 h_{id} 的一般形式。假设传热系数不依赖于热流密度,得

$$h_{id}=\frac{33\lambda_l}{r_{max}^{2/3}r_i^{1/3}}\left(\frac{\sin\beta_c}{1-\cos\beta_c}\right) \tag{13.171}$$

式中,β_c 为接触角;最大半径 r_{max} 用式(13.164)计算;所有物性参数都以饱和温度为定性温度;r_i 为界面热阻作导热处理时的有效厚度,用下式计算:

$$r_i=\frac{\lambda_l T_{sat}}{\rho_g h_{lg}^2}\left(\frac{\sin\beta_c}{1-\cos\beta_c}\right)\left(\frac{c_{pl}+1}{c_{pl}-1}\right)\left(\frac{RT_{sat}}{2\pi}\right)^{1/2} \tag{13.172}$$

式中,R 为气体常数,T_{sat} 的单位为 K。

上式对于水的精确度不是很好。Bonner[86]基于水蒸气、乙二醇、丙二醇和丙三醇实验数据拟合,得到对于水精确度较好的公式如下:

$$h_{id}=\frac{2.7\lambda_l}{r_{max}^{1/2}r_{min}^{1/4}r_i^{1/4}}\left(\frac{\sin\beta_c}{1-\cos\beta_c}\right) \tag{13.173}$$

式中,最小半径 r_{min} 用式(13.160)计算。

滴状冷凝设备冷凝侧的热阻相对很小;而冷却剂侧热阻要大得多,它是构成从蒸气到冷却剂之间热阻的主要因素。因此,没有多大必要去精确计算滴状冷凝传热系数。

13.5 含不凝气体的冷凝传热

前面提到,即使含很少量不凝气体,也会显著阻碍冷凝过程,大大弱化冷凝传热。因为不凝气体会在冷凝液边界形成热阻,这个热阻将显著大于冷凝液热阻,无论对于滴状冷凝还是膜状冷凝,无论对于自然对流冷凝还是强迫流动冷凝,都是如此。

对于含不凝气体的混合气体,其中可冷凝的气体称为蒸气。所以含不凝气体的混合气体可以看作含有两个组分:蒸气和不凝气体。混合气体服从道尔顿分压定律,即其总压力为蒸气分压力与不凝气体分压力之和。其中,不凝气体可作为理想气体看待,服从理想气体状态方程。

混合气体雷诺数 Re_{mix}、混合气体密度 ρ_{mix} 和混合气体动力粘度 μ_{mix} 可分别用如下方法计算:

$$Re_{mix}=\frac{G_{mix}D}{\mu_{mix}} \tag{13.174}$$

$$\rho_{mix}=\rho_g+\rho_{ng} \tag{13.175}$$

$$\mu_{mix}=\left(\frac{1-Y}{\mu_g}+\frac{Y}{\mu_{ng}}\right)^{-1} \tag{13.176}$$

式中，下标 g 和 ng 分别代表蒸气和不凝气体；Y 为不凝气体含率，即不凝气体质量占混合气体总质量的比例。

假设蒸气也服从理想气体状态方程，由道尔顿分压定律和理想气体状态方程可得

$$Y=\frac{\rho_{ng}}{\rho_{mix}}=\frac{p-p_g}{p-(1-M_g/M_{ng})p_g} \tag{13.177}$$

式中，p 为混合气体压力，p_g 为蒸气分压力，M 为相对分子质量。对于低压混合气体，上式是一个可以接受的近似。对于高压气体，蒸气偏离理想气体状态较大，使用上式会产生明显的误差。

13.5.1　含不凝气体的冷凝传热过程

对于混合气体冷凝，蒸气携带不凝气体向液膜界面移动。由于蒸气的冷凝，界面处不凝气体分压力 p_{ngi} 上升，大于主流气体不凝气体分压力 p_{ngo}，于是不凝气体从扩散边界层向主流气体扩散。这个扩散运动阻碍了混合气体向界面的运动。由于混合气体总压 p 保持不变，界面处蒸气分压力 p_{gi} 低于主流气体蒸气分压力 p_{go}，引起蒸气从主流气体向界面的扩散。竖直壁面膜状冷凝情况如图 13.17 所示[2]。图中，δ 为扩散边界层厚度，y 为边界层内任一点到液膜界面的距离，T_i 为界面温度，T_b 为主流混合气体温度。通常假设界面温度 T_i 是对应于界面蒸气分压力 p_{gi} 的饱和温度。

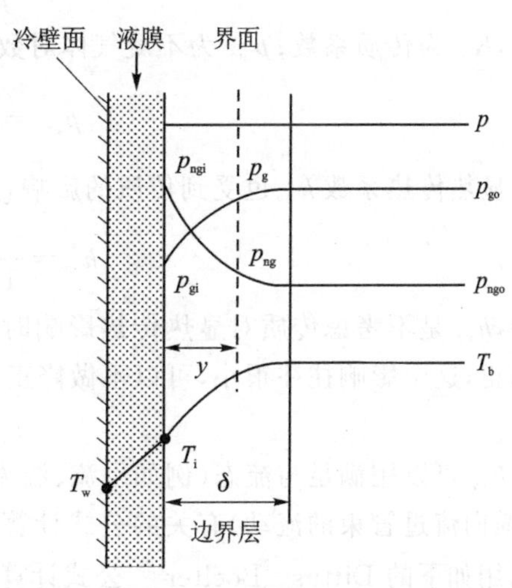

图 13.17　不凝气体对冷凝过程界面热阻的影响

如果没有不凝气体，假设主流蒸气处于饱和状态，主流压力 p 也就是蒸气分压力 p_{go}，界面温度是对应于压力 p 的饱和温度，也就是主流温度 T_b，即 $T_i=T_b$。不凝气体的存在降低了蒸气分压力，界面处蒸气饱和温度变为界面温度 T_i，$T_i<T_b$。在界面处，蒸气在 T_i 下冷凝成液体。如果在前面介绍的冷凝传热方法中，将饱和温度用界面温度 T_i 代替，那么前面的冷凝传热公式也可以用于含不凝气体时的冷凝传热计算，即通过界面的冷凝热流密度 q 为

$$q=h_c(T_i-T_w)=h_{mix}(T_b-T_i)=(T_b-T_w)\Big/\left(\frac{1}{h_c}+\frac{1}{h_{mix}}\right) \tag{13.178}$$

式中，h_c 为前面介绍的冷凝传热公式中，用界面温度 T_i 代替主流(饱和)温度计算出的冷凝流动传热系数；h_{mix} 为从主流混合气体到液膜界面的传热系数，即对应于温差 T_b-T_i 的传热系数，与通过界面的热流密度和不凝气体从界面向主流气体的扩散有关。

13.5.2　含不凝气体的冷凝传热计算

含不凝气体的冷凝传热计算方法可归纳为两类：经验、半经验模型和理论模型。经验模型通过实验数据的直接拟合获得关联式。半经验模型首先基于热动力学理论，获得基本的模型形式，其中包含需要通过实验确定的参数。

经验、半经验模型简单实用，不过使用范围受到实验数据参数范围的限制。很多研究者对

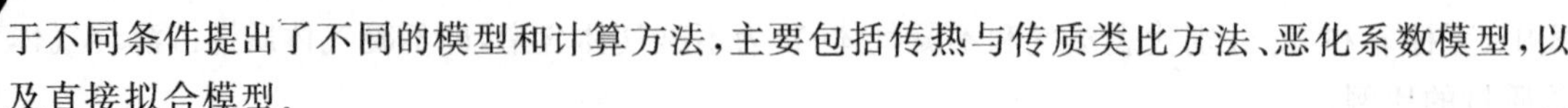

于不同条件提出了不同的模型和计算方法，主要包括传热与传质类比方法、恶化系数模型，以及直接拟合模型。

1. 传热与传质类比方法

1934 年，Colburn 和 Hougen[92]最先提出了主流混合气体与界面之间冷凝传热计算的传热与传质类比方法。他们认为，主流混合气体与界面之间的传热 q 由两部分组成：一是穿过扩散边界层到界面的显热传热 q_{cv}，二是到达界面的蒸气冷凝释放出的潜热 q_{cd}，可表示为

$$q = q_{cd} + q_{cv} = j_g h_{lg}(p_{go} - p_{gi}) + h'_{cv}(T_b - T_i) \tag{13.179}$$

式中，蒸气冷凝质量流速 j_g 可表示为

$$j_g = \frac{K_g \rho_g}{p_{am}}(p_{go} - p_{gi}) \tag{13.180}$$

式中，K_g 为传质系数；p_{am} 为不凝气体对数平均分压力，用下式计算：

$$p_{am} = \frac{p_{ngi} - p_{ngo}}{\ln(p_{ngi}/p_{ngo})} \tag{13.181}$$

显热传热系数 h'_{cv} 也受到传质的影响，其计算式如下：

$$h'_{cv} = \frac{a}{1 - \exp(-a)} h_{cv} \tag{13.182a}$$

式中，h_{cv} 是不考虑传质对显热传热影响时的对流传热系数；$a/[1-\exp(a)]$ 是考虑传质影响的修正，这个影响往往很小，可以不做修正。

$$a = j_g c_{pg} / h_{cv} \tag{13.182b}$$

h_{cv} 可以用满足与流态（例如层流、湍流、过渡流）和几何条件（如管内的流动、平板上的流动、横向流过管束的流动）有关的公式计算。例如，对于管内含不凝气体的湍流流动冷凝，h_{cv} 可以用如下的 Dittus - Boelter[39]公式计算：

$$Nu = \frac{h_{cv} D}{\lambda} = 0.023 Re^{0.8} Pr^{0.4} \tag{13.183}$$

式中，D 为管内径；所有物性都用主流混合气体物性，定性温度可以用主流温度。

实际上，由于界面分布特性的影响，管内气体对流传热系数会高于上式的预测值。作为一种近似，可以将用上式获得的传热系数 h_{cv} 乘以修正系数 C[2]：

$$C = f_i / f_g = 1 + 75(1 - \alpha) \tag{13.184}$$

式中，f_i 为界面摩擦因子；f_g 为光滑管摩擦因子；α 为空泡率，用第 7 章的方法计算。

传质系数 K_g 可以借助 h_{cv} 通过传热与传质类比的方法获得：

$$K_g = \left(\frac{h_{cv}}{\rho_g c_{pg}}\right)\left(\frac{Pr}{Sc}\right)^{2/3} \tag{13.185}$$

由于界面温度 T_i 未知，不能用式(13.179)直接获得结果，需要进行迭代。以竖直平板上的膜状冷凝传热情况为例，假设平板壁面温度 T_w、主流温度 T_b、主流压力 p 以及主流不凝气体分压力 p_{ngo} 已知，求解步骤如下：

① 假设界面温度 T_i 为 T_w 和 T_b 的中间值。

② 通过液膜的传热 q_F 为

$$q_F = h_c (T_i - T_w) \tag{13.186}$$

此例为竖直平板上的膜状冷凝，传热系数 h_c 为无不凝气体时竖直平板上的冷凝传热系

数，可用 13.2 节的方法计算。

③ 假设界面处蒸气处于饱和状态，通过 T_i 可以获得界面处饱和蒸气分压力 p_{gi}。主流蒸气分压力 $p_{go}=p-p_{ngo}$，界面处不凝气体分压力 $p_{ngi}=p-p_{gi}$。用式(13.180)和式(13.181)计算蒸气冷凝质量流速 j_g。水蒸气饱和分压力 p_{sat}(单位:Pa)可用如下公式[93]计算：

$$p_{sat}=\exp\left(23.299-\frac{3\,890.94}{T+230.4}\right),\quad T<300\ ℃ \tag{13.187}$$

④ 因为该例为竖直平板自然对流，选择竖直平板自然对流传热公式计算 h_{cv}，再用式(13.185)计算 K_g。用式(13.182a)计算显热传热系数 h'_{cv}。

⑤ 用式(13.179)计算主流混合气体与界面之间的传热 q。

⑥ 比较 q 值和 q_F 值。如果二者不相等，令 $q_F=q$，返回步骤②求出 T_i，进行步骤③～步骤⑥。如此反复迭代，直到步骤②中求出的 T_i 使 $q_F=q$ 为止。

2. 恶化系数模型

恶化系数 F 定义为含不凝气体时的冷凝传热系数 h 与纯蒸气时的冷凝传热系数 h_{Nu} 之比，即

$$F=h/h_{Nu} \tag{13.188}$$

于是

$$h=Fh_{Nu} \tag{13.189}$$

Vierow[94] 在研究水蒸气-空气混合气体垂直向下流动时的冷凝传热时，将恶化系数 F 关联成混合气体雷诺数 Re_{mix} 和不凝气体含率 Y 的函数，提出

$$F=\begin{cases}(1+2.88\times10^{-5}Re_{mix}^{1.18})(1-10Y), & Y\leqslant0.063\\(1+2.88\times10^{-5}Re_{mix}^{1.18})(1-0.94Y^{0.13}), & 0.063<Y<0.6\\(1+2.88\times10^{-5}Re_{mix}^{1.18})(1-Y^{0.22}), & Y\geqslant0.6\end{cases} \tag{13.190}$$

Lee 和 Kim[93] 研究了水蒸气-氮混合气体在内径 13 mm 管内垂直向下流动冷凝的局部传热系数。实验表明，当氮气含量很小时，水蒸气-氮混合气体的传热与纯水蒸气的传热类似。他们由此推论，对于较小的管径，对于强迫流动，当不凝气体含量很小时，不凝气体对于水蒸气冷凝传热的影响较小。根据实验数据，他们把恶化系数 F 关联成无因次剪应力 τ_{mix}^* 和不凝气体质量含率 Y 的函数，在 $0.06<\tau_{mix}^*<46.65$ 和 $0.038<Y<0.814$ 的范围内，提出

$$F=\tau_{mix}^{*\,0.312\,4}(1-0.964Y^{0.402}) \tag{13.191}$$

式中，无因次剪应力 τ_{mix}^* 定义为

$$\tau_{mix}^*=\frac{\tau_{mix}}{g\rho_1L}=\frac{\rho_{mix}u_{mix}^2f}{8g\rho_1L}=\frac{G_{mix}^2f}{8g\rho_{mix}\rho_1L} \tag{13.192}$$

式中，下标 mix 和 l 分别代表混合气体和液膜；L 和 Moody 摩擦因子 f 分别为

$$L=(\upsilon_1^2/g)^{1/3}=[\mu_1^2/(\rho_1^2g)]^{1/3} \tag{13.193}$$

$$f=\begin{cases}64/Re_{mix}, & Re_{mix}<2\,300\\0.316/Re_{mix}^{0.25}, & Re_{mix}>2\,300\end{cases} \tag{13.194}$$

Lee 和 Kim 也将其公式用于预测水蒸气-空气混合物的实验数据，结果表明，精确度较高。

3. 直接拟合模型

Caruso 等[96]实验研究了水蒸气-空气混合物流经内径 12.6 mm、20 mm 和 26.8 mm 的水平管和倾角为 7°的倾斜管的冷凝传热。入口空气含率 $Y=5\%\sim42\%$，当地空气含率 $Y=5\%\sim60\%$，混合气体雷诺数 $Re_{mix}=5\ 000\sim20\ 000$，出口压力为环境大气压，流型为重力主导的层状流。基于倾斜管实验数据，他们提出局部蒸气 Nusselt 数 Nu_g 为

$$Nu_g=\frac{hD}{\lambda_g}=18.8Re_{mix}^{0.592}Re_l^{-0.13}\left(\frac{Y}{1-Y}\right)^{-0.357} \tag{13.195}$$

式中，液膜雷诺数 $Re_l=G_lD/\mu_l$；h 为从主流混合气体到壁面的总传热系数，即

$$\frac{1}{h}=\left(\frac{1}{h_c}+\frac{1}{h_{mix}}\right) \tag{13.196}$$

所有液体参数均用如下膜温 T_F 计算：

$$T_F=T_w+0.31(T_b-T_w) \tag{13.197}$$

对于混合气体向下或水平横向流过管束的情况，根据 Chisholm[97]介绍，从主流混合气体到液膜界面的传热系数 h_{mix} 可用下式计算：

$$h_{mix}=\frac{c_1D_{AB}}{D}Re_{mix}^{1/2}p^{1/3}\left(\frac{p}{p-p_{go}}\right)^{c_2}\left(\frac{\rho_g h_{lg}}{T_b}\right)^{2/3}\left(\frac{1}{T_b-T_i}\right)^{1/3} \tag{13.198a}$$

对于 $Re_{mix}<350$，

$$c_1=0.52 \tag{13.198b}$$

$$c_2=0.7 \tag{13.198c}$$

对于 $Re_{mix}>350$，

$$c_1=\begin{cases}0.52, & \text{第 1 排管}\\ 0.67, & \text{第 2 排管}\\ 0.82, & \text{第 3 排管}\end{cases} \tag{13.198d}$$

$$c_2=0.6 \tag{13.198e}$$

式中，D 为管外径，也是 Re_{mix} 的定性尺寸；D_{AB} 为蒸气-不凝气体二元系扩散系数。

参考文献

[1] Welch J F. Microscopic study of dropwise condensation. Ph. D. University of Illinois at Urbana-Champaign, 1961.

[2] Collier J G, Thome J R. Convective Boiling and Condensation. 3rd ed. New York: Oxford University Press Inc., 1994.

[3] Silver R S, Simpson H C. The condensation of superheated steam // Proc. of Conference Held at the National Engineering Laboratory. Glasgow, Scotland, 1961.

[4] Kucherov R Y, Rikenglaz L E. The problem of measuring the condensation coefficient. Doklady Akad. Nauk. SSSR, 1960, 133 (5): 1130-1131.

[5] Jakob M. Heat transfer in evaporation and condensation. Mechanical Engineering, 1936, 58: 729-739.

[6] Welch J F, Westwater J W. Microscopic study of dropwise condensation. Proceedings of the Second International Heat Transfer Conference, Vol. II, 1961: 302-309.

[7] Tammann G, Boehme W. Die Zahl der wassertropfchen bei der kondensation auf verschiedenen festen stoffen. Annalen der Physik, 1935, 5: 77-88.

[8] Umur A, Griffith P. Mechanism of dropwise condensation. Cambridge: Massachusetts Institute of Technology, 1963. Report No. 9041-25.

[9] 宋永吉，徐敦颀，林纪方. 滴状冷凝机制的研究. 高校化学工程学报，1990，4(3):240-246.

[10] Othmer D F. The condensation of steam. Ind. Engng Chem., 1929, 29: 577-583.

[11] Huang J, Zhang J, Wang L. Review of vapor condensation heat and mass transfer in the presence of non-condensable gas. Applied Thermal Engineering, 2015, 89: 469-484.

[12] Chung B J, Min C K, Ahmadinejad M. Film-wise and drop-wise condensation of steam on short inclined plates. J. Mechanical Science & Technology, 2008, 22(1): 127-133.

[13] Dalkilic A S, Wongwises S. Intensive literature review of condensation inside smooth and enhanced tubes. Int. J. Heat Mass Transfer, 2009, 52:3409-3426.

[14] Zhao Z, Li Y, Wang L, et al. Experimental study on film condensation of superheated vapour on a horizontal tube. Experimental Thermal and Fluid science, 2015, 61: 153-162.

[15] Murase T, Wang H S, Rose J W. Effect of inundation for condensation of steam on smooth and enhanced condenser tubes. Int. J. Heat Mass Transfer, 2006, 49: 3180-3189.

[16] Ma X, Fan X, Lan Z, et al. Flow patterns and transition characteristics for steam condensation in silicon microchannels. Journal of Micromechanics and Microengineering, 2011, 21: 075009.

[17] Milkie J A, Garimella S, Macdonald M P. Flow regimes and void fractions during condensation of hydrocarbons in horizontal smooth tubes. Int. J. Heat Mass Transfer, 2016, 92: 252-267.

[18] Illan Gomez F, Lopez Belchi A, Garcia Cascales J R, et al. Experimental two-phase heat transfer coefficient and frictional pressure drop inside mini-channels during condensation with R1234yf and R134a. Int. J. Refrigeration, 2015, 51: 12-23.

[19] Zhang H, Fang X, Shang H, et al. Flow condensation heat transfer correlations in horizontal channels. Int. J. Refrigeration, 2015, 59: 102-114.

[20] Xu Y, Fang X. A new correlation of two-phase frictional pressure drop for condensing flow in pipes. Nuclear Engineering and Design, 2013, 263:87-96.

[21] 赵建福，彭浩. 不同重力条件下管内冷凝现象研究进展. 力学进展，2011，41(6)：702-710.

[22] Delil A A M. Thermal-gravitational modelling and scaling of heat transport systems for applications in different gravity environments: super-gravity. NLR-TP-2000-213, 2000.

[23] Dehbi A. A generalized correlation for steam condensation rates in the presence of air under turbulent free convection. Int. J. Heat Mass Transfer, 2015, 86: 1-15.

[24] Berrichon J D, Louahlia Gualous H, Bandelier P H, et al. Experimental and theoretical investigations on condensation heat transfer at very low pressure to improve power plant efficiency. Energy Conversion and Management, 2014, 87: 539-551.

[25] Nusselt W. Die Oberflachencondensation desWasserdamphes. VDI-Z, 1916, 60: 541-569.

[26] Rohsenow W M. Heat transfer and temperature distribution in laminar film condensation. Trans. ASME, 1965, 78: 1645-1648.

[27] Dhir V, Lienhard J. Laminar film condensation on plane and axisymmetric bodies in nonuniform gravity. J. Heat Transfer, 1971, 93(1): 97-100.

[28] Winkler C M, Chen T S. Mixed convection in film condensation from isothermal vertical surfaces—the entire regime. Int. J. Heat Mass Transfer, 2000, 43:3245-3251.

[29] Chen S L, Gerner F M, Tien C L. Generalfilm condensation correlations. Exp. Heat Transfer, 1987, 1: 93-107.

[30] Kutateladze S S. Fundamentals of Heat Transfer. New York: Academic Press, 1963.

[31] Bergman T L, Lavine A S, Incropera F P, et al. Fundamentals of Heat and Mass Transfer. 7th ed. John Wiley & Sons, Hoboken, NJ, 2011.

[32] Rose J W. Effect of pressure gradient in forced convectionfilm condensation on a horizontal tube. Int. J. Heat Mass Transfer, 1984, 27: 39-47.

[33] Kern D Q. Mathematical development of loading in horizontal condensers. J. Am. Inst. Chem. Eng., 1958, 4(2): 157-160.

[34] Chato J C. Laminar condensation inside horizontal and inclined tubes. ASHRAE J., 1962, 4: 52-60.

[35] Jaster H, Kosky P G. Condensation heat transfer in a mixed flow regime. Int. J. Heat Mass Transfer, 1976, 19(1): 95-99.

[36] Zivi S M. Estimation of steady-state steam void-fraction by means of the principle of minimum entropy production. J. Heat Transfer, 1964, 86(2): 247-251.

[37] Rosson H F, Meyers J A. Point values of condensing film coefficients inside a horizontal tube. Chem. Eng. Prog. Symp. Ser., 1965, 61(59): 190-199.

[38] Dobson M K, Chato J C. Condensation in smooth horizontal tubes. ASME J. Heat Transfer, 1998, 120 (1): 193-213.

[39] Dittus F W, Boelter L M K. Heat transfer in automobile radiator of the tubular type. Univ. Calif. Publ. Eng., 1930, 2 (13): 443-461.

[40] Akers W W, Deans H A, Crosser O K. Condensing heat transfer within horizontal tubes. Chemical Engineering Progress Symposium Series, 1959, 55: 171-176.

[41] Akers W W, Rosson H F. Condensation inside a horizontal tube. Chem. Eng. Prog. Symp., 1960, 56: 145-149.

[42] Shah M. A general correlation for heat transfer during film condensation inside pipes. Int. J. Heat Mass Transfer, 1979, 22(4): 547-556.

[43] Bivens D B, Yokozeki A. Heat transfer coefficients and transport properties for alternative refrigerants. Purdue, Indiana: International Refrigeration and Air Conditioning Conference, 1994: 299-304.

[44] Traviss D P, Rohsenow W M, Baron A B. Forced convective condensation in tubes: A heat transfer correlation for condenser design. ASHRAE Transactions 1973, 79(1): 157-165.

[45] Cavallini A, Zecchin R. A dimensionless correlation for heat transfer in forced convective condensation. Proceedings of the Fifth International Heat Transfer Conference, 1974, 3: 309-313.

[46] Soliman M, Schuster J R, Berenson P J. A general heat transfer correlation for annular flow condensation. J. Heat Transfer, 1968, 90: 267-276.

[47] Chen S L, Gerner F M, Tien C L. General film condensation correlation. Experimental Heat Transfer, 1987, 1(2): 93-107.

[48] Moser K W, Webb R L, Na B. A new equivalent Reynolds number model for condensation in smooth tubes. ASME J. Heat Transfer, 1998, 120(2): 410-417.

[49] Friedel L. Improved friction pressure drop correlation for horizontal and vertical two-phase pipe flow. Eur. Two-phase Flow Group Meeting Pap. E2, 1979, 18: 485-492.

[50] Tang L, Ohadi M M, Johnson A T. Flow condensation in smooth and microfin tubes with HCFC-22, HFC-134a, and HFC-410 Refrigerants, part II: design equations. J. Enhanced Heat Transfer, 2000, 7 (5): 311-325.

[51] Wang W W W, Radcliff T D, Christensen R N. A condensation heat transfer correlation for millimeter-scale tubing with flow regime transition. Experimental Thermal & Fluid Science, 2002, 26 (5): 473-485.

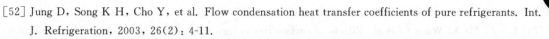

[52] Jung D, Song K H, Cho Y, et al. Flow condensation heat transfer coefficients of pure refrigerants. Int. J. Refrigeration, 2003, 26(2): 4-11.

[53] Bohdal T, Charun H, Sikora M. Comparative investigations of the condensation of R134a and R404A refrigerants in pipe minichannels. Int. J. Heat Mass Transfer, 2011, 54(9): 1963-1974.

[54] Cavallini A, Censi G, Del Col D, et al. Condensation of halogenated refrigerants inside smooth tubes. HVAC & R Research, 2002, 8(4): 429-451.

[55] Cavallini A, Del Col D, Doretti L, et al. Condensation in horizontal smooth tubes: a new heat transfer model for heat exchanger design. Heat Transfer Engineering, 2006, 27(8): 31-38.

[56] Cavallini A, Doretti L, Matkovic M, et al. Update on condensation heat transfer and pressure drop inside minichannels. Heat Transfer Engineering, 2006, 27(4): 74-87.

[57] Haraguchi H, Koyama S, Fujii T. Condensation of refrigerants HCFC 22, HFC 134a and HCFC 123 in a horizontal smooth tube (2nd report, proposals of empirical expressions for local heat transfer coefficient). Transactions of the Japan Society of Mechanical Engineers B, 1994, 60(574): 245-252.

[58] Koyama S, Kuwahara K, Nakashita K, et al. An experimental study on condensation of refrigerant R134a in a multi-port extruded tube. Int. J. Refrigeration, 2003, 26(4): 425-432.

[59] Koyama S, Kuwahara K, Nakashita K. Condensation of refrigerant in a multi-port channel. ASME 2003 1st International Conference on Microchannels and Minichannels, 2003: 193-205.

[60] Huang X, Ding G, Hu H, et al. Influence of oil on flow condensation heat transfer of R410A inside 4.18 mm and 1.6 mm inner diameter horizontal smooth tubes. Int. J. Refrigeration, 2010, 33(1): 158-169.

[61] Park J E, Vakili Farahani F, Consolini L, et al. Experimental study on condensation heat transfer in vertical minichannels for new refrigerant R1234ze (E) versus R134a and R236fa. Experimental Thermal and Fluid Science, 2011, 35(3): 442-454.

[62] Kim S M, Mudawar I. Universal approach to predicting heat transfer coefficient for condensing mini/micro-channel flow. Int. J. Heat Mass Transfer, 2013, 56(1-2): 238-250.

[63] Thome J R, El Hajal J, Cavallini A. Condensation in horizontal tubes: part 2—new heat transfer model based on flow regimes. Int. J. Heat Mass Transfer, 2003, 46(18): 3365-3387.

[64] El Hajal J, Thome J R, Cavallini A. Condensation in horizontal tubes: part 1—two-phase flow pattern map. Int. J. Heat Mass Transfer, 2003, 46(18): 3349-3363.

[65] Steiner D. Heat transfer to boiling saturated liquids//VDI-Warmeatlas (VDI Heat Atlas), Chapter Hbb, VDI-Gessellschaft Verfahrenstechnik und Chemieingenieurwesen (GCV). Translator: J. W. Fullarton. Dusseldorf, 1993.

[66] Shah M M. A correlation for heat transfer during condensation in horizontal mini/micro channels, Int. J. Refrigeration, 2016, 64: 187-202.

[67] Shah M M. General correlation for heat transfer during condensation in plain tubes: further development and verification. ASHRAE Trans., 2013, 119 (2).

[68] Schmidt E, Schurig W, Sellschopp W. Versuche über die kondensation von wasserdampf in film-und tropfenform. Technische Mechanik Und Thermodynamik, 1930, 1(2): 53-63.

[69] Bisetto A, Torresin D, Tiwari M K, et al. Dropwise condensation on superhydrophobic nanostructured surfaces: literature review and experimental analysis. J. Phys.: Conf. Ser., 2014: 501 012028.

[70] Sikarwar B S, Khandekar S, Agrawal S, et al. Dropwise condensation studies on multiple scales. Heat Transfer Engineering, 2012, 33(4-5): 301-341.

[71] Rose J W. Dropwise condensation theory and experiment: a review. Proc. Institution Mechanical Engi-

neers Part A: J Power and Energy, 2002, 216(A2): 115-128.

[72] Lan Z, Ma X, Wang S, et al. Effects of surface free energy and nanostructures on dropwise condensation. Chemical Engineering Journal, 2010, 156: 546-552.

[73] Erb R A. Dropwise condensation on gold. Gold Bulletin, 1973, 6(1): 2-6.

[74] Westwater J W. Gold surfaces for condensation heat transfer. Gold Bulletin, 1981, 14(3): 95-101.

[75] Topper L, Baer E. Dropwise condensation of vapors and heat transfer rates. J. Colloid Sci., 1955, 10: 225-226.

[76] Kirby C E. Promotion of dropwise condensation of ethyl alcohol, methyl alcohol, and acetone by polytetrafluoroethylene. Washington: NASA Langley Research Center, NASA TN D-6302, 1971.

[77] Zhang B J, Kuok C, Kim K J, et al. Dropwise steam condensation on various hydrophobic surfaces: Polyphenylene sulfide (PPS), polytetrafluoroethylene (PTFE), and self-assembled micro/nano silver (SAMS). Int. J. Heat Mass Transfer, 2015, 89: 353-358.

[78] Zhang D C, Lin Z Q, Lin J F. A new method for achieving dropwise condensation. J. Chemical Industry and Engineering, 1988, 3(2): 263-271.

[79] Lara J R, Holtzapple M T. Experimental investigation of dropwise condensation on hydrophobic heat exchangers part I: Dimpled-sheets. Desalination, 2011, 278(1-3): 165-172.

[80] Mirkovich V V, Missen R W. Non-filmwise condensation of binary vapors of miscible liquids. Canadian J. Chemical Engineering, 1961, 39(2): 86-87.

[81] Ford J D, Missen R W. On the conditions for stability of falling films subject to surface tension disturbances; the condensation of binary vapors. Canadian J. Chemical Engineering, 1968, 46(5): 309-312.

[82] Chen Z, Utaka Y. Characteristics of condensate drop movement with application of bulk surface temperature gradient in Marangoni dropwise condensation. Int. J. Heat Mass Transfer, 2011, 54 (23-24): 5049-5059.

[83] Wenzel R N. Resistance of solid surfaces to wetting by water. Ind. Eng. Chem., 1936, 28: 988-994.

[84] Cassie A B D, Baxter S. Wettability of porous surfaces. Trans. Faraday Soc., 1944, 40: 546-550.

[85] Erbil H Y. The debate on the dependence of apparent contact angles on drop contact area or three-phase contact line: A review. Surface Science Reports, 2014, 69 (4): 325-365.

[86] Eral H B, Mannetje D J C M, Oh J M. Contact angle hysteresis: a review of fundamentals and applications. Colloid Polym Sci., 2013, 291(2): 247-260.

[87] Abu Orabi M. Modeling of heat transfer in dropwise condensation. Int. J. Heat Mass Transfer, 1998, 41(1):81-87.

[88] BonnerIII R W. Correlation for dropwise condensation heat transfer: Water, organic fluids, and inclination. Int. J. Heat Mass Transfer, 2013, 61: 245-253.

[89] Dimitrakopoulos P, Higdon J. On the gravitational displacement of three-dimensional fluid droplets from inclined solid surfaces. J. Fluid Mech., 1999, 395: 181-209.

[90] Gose E E, Mucciardi A N, Baer E. Model for dropwise condensation on randomly distributed sites. Int. J. Heat Mass Transfer, 1967, 10:15-22.

[91] LeFevre E J, Rose J W. A theory of heat transfer by dropwise condensation. In Proc. of 3rd Int. Heat Transfer Conference, Chicago, 1966, Vol. 2: 362-375.

[92] Colburn A P, Hougen O A. Design of cooler condensers for mixture of vapors with noncondensing gases. Ind. Eng. Chem., 1934, 26: 1178-1182.

[93] 方贤德. 飞机空调系统中饱和水蒸气压的计算. 航空动力学报, 1995, 10(3):299-300, 316.

[94] Vierow K M. Behavior of steam-air systems condensing in cocurrent vertical downflow. MS thesis, De-

partment of Nuclear Engineering, University of California at Berkeley, 1990.

[95] Lee K Y, Kim M H. Effect of an interfacial shear stress on steam condensation in the presence of a noncondensable gas in a vertical tube. Int. J. Heat Mass Transfer, 2008, 51 (21): 5333-5343.

[96] Caruso G, Vitale Di Maio D, Naviglio A. Condensation heat transfer coefficient with noncondensable gases inside near horizontal tubes. Desalination, 2013, 309: 247-253.

[97] Chisholm D. Modern developments in marine condensers: Noncondensable gases: An overview // Marto P J, Nunn R H. Power Condenser Heat Transfer Technology. Hemisphere, New York, 1981: 95-142.

第4篇　特殊条件下的两相流与传热

第14章　不同重力下的两相流与传热

前面讨论的两相流传热流动问题是针对常重力(地球重力)环境的。当重力场不是1g(g=9.8 m/s^2)时,两相流传热流动特性一般会发生变化。本章重点讨论微重力下气液两相流的流型和空泡率、微重力和超重力下的摩擦压降、不同重力下的池沸腾传热、不同重力下的流动沸腾传热,以及微重力和超重力下的冷凝(也称凝结)传热;此外,对与重力相关的基本概念和微重力及超重力环境的实现方法作简单介绍。

14.1　实验环境的模拟

14.1.1　基本概况

随着经济和科学技术的不断发展,太空资源的开发和利用受到很多国家的高度重视,人类探索太空的活动也日益增多,不仅包括卫星发射、气象导航、太空实验观测、宇航员搭载,而且还包括太空粒子检测、地外星体登陆探索、空间站的建立维护等。空间飞行器尤其是载人航天器越来越大型化和精细化,大功率高集成电子设备的应用越来越多,相应地对空间飞行器的热管理、动力供应以及环境控制与生命保障系统等的要求也越来越高,两相流与传热技术在这些系统中的应用越来越广泛。因此,此类系统设计与运行的可靠性,将很大程度上依赖于对微重力下两相流与传热技术的掌握[1-2]。

迄今为止,对微重力气液两相流动与传热现象各典型过程的研究较多地集中于池沸腾现象和管内气液两相流型、摩擦压降,其次是流动沸腾传热现象。进行这些实验,微重力环境的模拟是一项严峻的挑战。气液两相流动与传热现象中的不同过程有着不同的特征时间,长期连续的空间或地球轨道上的微重力实验环境资源和机会难得,极为有限的空间微重力实验又往往受制于实验设备尺寸、重量、功耗、数据容量以及经费等客观条件的制约,严重限制了微重力下两相流与传热的研究。

我国早期与日本科学家合作利用落井完成了半浮区热毛细对流的微重力实验和液滴Marangoni迁移的微重力实验[3]。1999年在SJ－5号科学实验卫星上,进行了两层不混溶液体的Marangoni对流和热毛细对流实验。1999年利用俄罗斯和平号空间站首次完成了较长

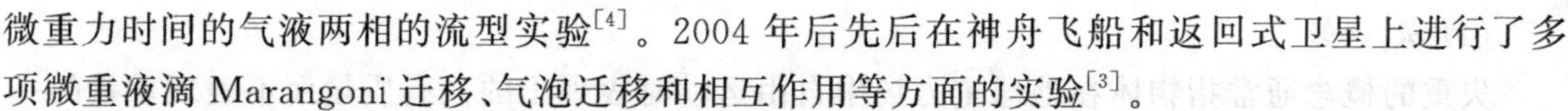

微重力时间的气液两相的流型实验[4]。2004 年后先后在神舟飞船和返回式卫星上进行了多项微重液滴 Marangoni 迁移、气泡迁移和相互作用等方面的实验[3]。

因表面重力梯度作用沿着两相界面的传质称作 Marangoni 对流。如果传质依赖于温度，则这种现象也可叫作热毛细对流。在微重力环境中，浮力对流被抑制，自由面上表面张力涨落所驱动的 Marangoni 对流和表面张力不均匀所驱动的热毛细对流成为主要的自然对流形式。

微重力下两相流与传热研究主要集中在 4 个方面：

① 绝热实验，旨在研究两相流的流型、摩擦压降与空泡率；

② 池沸腾，主要研究微重力对气泡行为、传热以及临界热流密度(Critical Heat Flux, CHF)的影响；

③ 流动沸腾，主要研究微重力下管内两相流的气泡行为、传热、CHF、流型，以及摩擦压降；

④ 管内流动冷凝传热，研究处在初始阶段，主要涉及微重力环境中冷凝现象的基本特征和重力效应。空泡率也称空隙率或截面含气率。

超重力下两相流与传热在航空航天领域有着很大的应用潜能。现代战斗机的高机动性及大功率高密度电子设备的冷却凸显出对机载蒸发循环制冷技术的需求。蒸发循环制冷系统中，蒸发器、冷凝器中的传热主要是气液两相流传热。现代高性能战斗机的许多飞行是在过载条件下进行的，例如四代机、五代机的正常飞行过载为 6～9g。有的航天器，例如旋转卫星，也存在超重力环境。因此，需要研究超重力下的两相流与传热问题。超重力下的研究大大少于微重力下的研究，现有研究侧重于沸腾传热和摩擦压降。

14.1.2　重力相关的基本概念

(1) 重力和零重力

地球近地空间的重力主要是指地球对处于重力场范围内物体的引力。根据万有引力定律，引力与距离的平方成反比。当某物体无限远离其他任一引力物体，且自身内部引力可忽略不计时，该物体处于零重力状态，即重力值为零。显然，在太阳系内难以找到真正的、可将实验系统有效地孤立于引力之外的零重力平台。

(2) 常重力(地球重力)

重力是矢量，具有大小和方向。当两者均不随时间改变时，地面上的物体则处于常重力状态。假设地球重力场为球对称分布，且地球表面物体的几何尺度相对于地球尺度可以忽略不计(即可视为一个质点)，那么地球表面物体的重力不随时间改变，称为常重力(即 1g，g = 9.8 m/s^2)状态。常重力也称为地球重力。

(3) 微重力、低重力、超重力、过载

根据牛顿第二定律，物体的重力等于其质量乘以其重力加速度。物体或飞行器的重力状态可用除重力之外其表面力总和所产生的有效重力加速度 a(为方便起见，称为有效重力加速度)与地球表面重力加速度 g 的比值 $\gamma=a/g$ 来反映。微重力这一概念严格讲是指 $\gamma\leqslant10^{-6}$ 的重力状态，不过在两相流文献中，比地球重力小两个量级的情况，一般都称为微重力，常表示为 μg。当 $\mu<\gamma<1$ 时，称为低重力，有时也称为部分重力；当 $\gamma>1$ 时，称为超重力。超重力情况下，有效重力加速度有时也称为过载。例如，如果 $a=2g$，则可以说过载为 2g。如果考虑研究对象重力的方向，则过载又分为正过载和负过载。例如，对于飞行员，在加速度的情况下，离心力从头部施加到脚部，血液被推向身体下部分，为正过载，反之为负过载。

(4) 失　重

失重的概念通常指物体在地球重力场中自由运动时表现出的只有质量而不表现重量的一种状态。对于地球表面运动的物体而言，当其以地球重力下落时(如绝对真空中的自由落体)，位于惯性坐标系(相对于地球静止或做匀速直线运动的物体)内物体的每一质点的加速度等于其重力加速度，此时质点不能感知地球重力场的作用，所以处于完全失重状态。对于地球重力场内的轨道飞行器而言，当其绕轨道飞行的惯性加速度等于地球所施加的重力加速度时，飞行器亦不能感知地球重力场的作用，从而处于完全失重状态。

14.1.3　微重力环境的模拟

进行微重力条件下的两相流与传热实验，微重力环境的模拟是一项挑战。可用于这项研究的模拟平台主要有轨道飞行器和地面实验平台两类。轨道飞行器按照微重力持续时间，又可分为长期驻留轨道飞行器、短期飞行轨道飞行器，以及短时飞行器。地面实验平台主要是落塔和落井。微重力实验使用最多的是抛物线飞机，可实现长达 25 s 的微重力环境飞行。

(1) 轨道飞行器

长期驻留轨道飞行器：包括空间站、通信/导航卫星等，通常按照设计寿命长期或永久性驻留。其在轨微重力水平主要由轨道高度和轨迹形状确定，通常对应于 300～600 km 轨道高度和椭圆形飞行轨迹。微重力水平一般为 10^{-4}～$10^{-6}g$。

短期飞行轨道飞行器：包括航天飞机、载人/货运飞船、返回式卫星等，通常在轨时间为数天到数十天不等。其在轨微重力水平也主要由轨道高度和轨迹形状等因素确定，为 10^{-3}～$10^{-6}g$，通常对应于 200～600 km 轨道高度和椭圆形飞行轨迹。

利用长期驻留轨道飞行器和短期飞行轨道飞行器进行两相流与传热实验的机会在增多，在国际空间站、俄罗斯和平号空间站、我国神舟飞船及返回式卫星上，都开展过有关实验研究。这两个实验平台可以为微重力研究提供较全面的测试环境，在轨飞行时间长，可实现较长时间的持续稳定的微重力水平。不过其成本极高，资源很有限。

(2) 短时飞行器

短时飞行器：包括深空气球、探空火箭、抛物线飞机等，通常飞行时间分别为数小时到数十小时(气球落舱的自由落体时间仅为 30～40 s)、数分到数十分、数十秒(单次)到数十分(累计)不等。其微重力水平也随轨道高度和轨迹形状等而变化，为 10^{-2}～$10^{-4}g$。通常对应于 10～100 km 轨道高度(火箭最大高度可大于 1 000 km)和椭圆形或抛物线形轨道。

抛物线飞机(有的称失重飞机)飞行是一种利用飞机做抛物线飞行来模拟微重力环境的方法。典型的飞机抛物线飞行如图 14.1 所示，经过平飞加速阶段后，飞机跃起爬升至最高点，然后按抛物线下降，其间可获得 20 s 左右的微重力时间和 20 s 左右的 1.8～$2g$ 的超重力时间，微重力模拟精度可以达到 10^{-2}～$10^{-3}g$。

MacGillivray[5] 报道了加拿大利用 A300 进行两相流实验的飞行过程。抛物飞行从过载开始，依次为以 $1.8g$ 的过载飞行爬升约 15 s，$1.5g$ 的过载飞行约 5 s，过载向微重力的过渡约 5 s，$\pm 0.05g$ 的微重力飞行(抛物线的上部)约持续 22 s。微重力飞行后，飞机下降曲线与爬升曲线对称，依次为微重力向过载过渡约 5 s，$1.5g$ 过载飞行约 5 s，$1.8g$ 的过载飞行约 15 s。抛物线飞行结束后是约 30 s 的平飞，再进入下一个抛物线飞行。

目前，美国、俄罗斯、法国、日本、加拿大等国都拥有不同类型的失重飞机，世界上常用的大

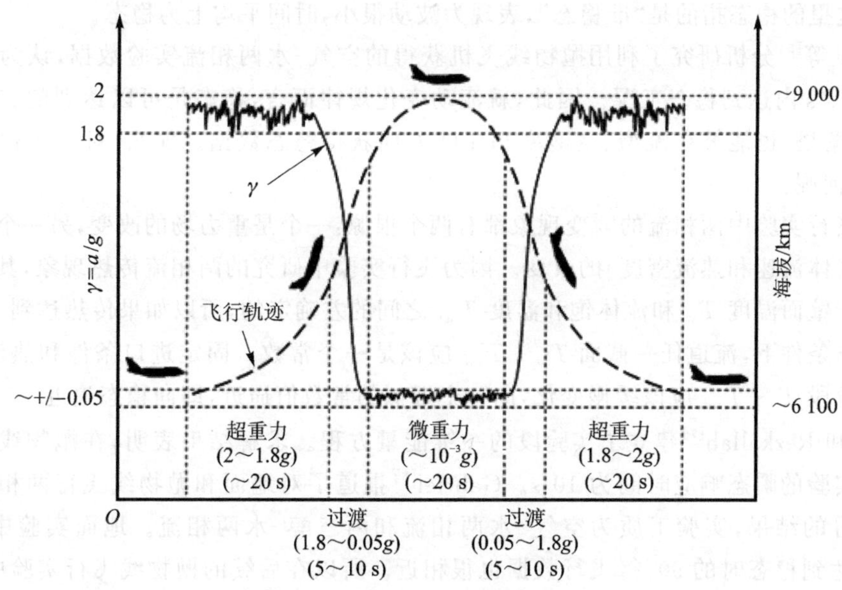

图 14.1 抛物线飞机的典型飞行曲线

型失重飞机有美国的 KC-135、法国的 A300、俄罗斯的 IL-76、加拿大的 A300、日本的 MU-300 等。大部分微重力两相流与传热方面的实验研究成果是利用这些抛物线飞机作为微重力环境模拟平台取得的。20 世纪 70 年代,中国也研制改装了一架失重飞机,不过未见用于两相流研究的报道。

(3) 落塔、落井

落塔、落井方法是使物体在下落通道中做自由落体运动,以此实现太空微重力环境模拟。实验装置主要由内、外两部分构成,内部主要为外层隔离舱和内层实验舱,外部主要为塔(井)体、释放机构、下落舱的操作装置、减速回收装置、真空发生装置和提升装置等。目前,美国、日本、中国等国家都建立了微重力落塔,用于短时间微重力实验。落塔、落井法微重力模拟精度可达 $10^{-4}\sim10^{-5}g$ 量级,微重力持续时间一般为 5 s 左右。

美国 NASA 研究中心建立了世界上第一个落塔,之后,德国、日本、西班牙、中国等相继成功研制了更为先进、微重力时间更长的落塔。日本在一个 710 m 的竖井中建立的落井,自由落体高度达 490 m,是世界上第一个具备 10 s 失重时间的地面自由落体微重力模拟装置,模拟精度达 $10^{-5}g$。

我国早期建立了 45 m 高的失重落塔,可实现 2.8 s 的微重力模拟,微重力模拟精度达 $10^{-4}g$。之后,中国科学院在北京建造了百米落塔。该落塔采用双舱结构,内、外舱间为真空,消除空气阻力影响,其微重力水平优于 $10^{-5}g$,微重力时间为 3.6 s。

14.1.4 微重力环境实验结果的瞬态性

抛物线飞机上 μg 持续时间一般不超过 25 s;落塔上 μg 持续时间更短,一般不超过 10 s。从工程设计的角度,稳态实验数据尤为重要,因为两相流设计中的计算公式一般都是基于稳态实验数据的。所以,能否通过抛物线飞机和落塔获得两相流与传热的稳态数据,是人们首先关心的问题。对于两相流来说,由于流动和传热或多或少存在不稳定性,故绝对的稳态是不可能

出现的。这里的稳态指的是“准稳态”，表现为波动很小，时间平均上为稳态。

Dukler 等[6]分析研究了利用抛物线飞机获得的空气-水两相流实验数据，认为流型能够在 1.0～1.2 s 内达到稳态工况。因此，就流动变化规律而言，稳态是可以达到的。这就意味着，即便用落塔，也能够在流型、空泡率和压降方面获得稳态数据。那么，对于两相流传热特性，情况如何呢？

任何飞行实验中两相流的瞬变现象都有两个根源：一个是重力场的改变，另一个是操作条件（如气、液体流速和热流密度）的改变。因为飞行实验中研究的两相流传热现象，其传热系数一般是基于壁面温度 T_w 和流体饱和温度 T_{sat} 之间的差确定的，所以如果传热达到了稳态，在给定的操作条件下，流道任一截面 $T_w - T_{sat}$ 应该是一个常数。固定进口条件和热流密度后，实验开始阶段 $T_w - T_{sat}$ 应该缓慢变化，向一个近似的常数值逼近，即向稳态逼近。

Zhao 和 Rezkallah[7]建立了实验段的一维能量方程。求解结果表明，在抛物线飞机上两相流传热实验的瞬态响应时间为 10 s。Gabriel[8]报道了对地面和抛物线飞行两相流传热数据分析获得的结果，实验工质为空气-水两相流和丙三醇-水两相流。地面实验中，10 s 后 $T_w - T_{sat}$ 达到稳态时的 90%，飞行数据也很相近。所以在后续的抛物线飞行实验中，微重力段最后 8～10 s 的数据被认为可以作为稳态值。根据这个研究结果，利用落塔是不能获得稳态的两相流传热的。

应该注意的是，上述 Zhao 和 Rezkallah[7]、Gabriel[8]研究的两相流传热既不是常见的单组分沸腾传热，更不是冷凝传热。这个研究结果有可能推广到单组分两相流沸腾传热，但对两相流冷凝传热是不适用的。冷凝现象需要更长的时间才能达到热平衡，因此需要更长的微重力时间，这基本上排除了利用落塔、落井开展微重力下冷凝传热研究的可能，用抛物线飞机也很难获得稳态的实验结果。

14.1.5 超重力环境的模拟

目前的两相流研究中，超重力环境的模拟设备主要是抛物线飞机和离心加速机。如前所述，利用抛物线飞机可以获得 20 s 左右的 1.8～2g 的超重力时间。

离心加速机也称为地面转台，它利用旋转获得的向心加速度模拟超重力。这个超重力模拟方法在国内外获得普遍认可。美国空军研究实验室用一个直径 2.44 m 的地面转台研究两相流传热，最大过载达到 11g。欧洲航天局建立了一个大直径离心加速机，具有 6 个货架（见图 14.2），向心加速度可达 20g。Mameli 等[9]用此开展了航天热管在超重力下的性能研究。

图 14.2 欧洲航天局一个大直径离心加速机[9]

14.2 不同重力下的流型和空泡率

14.2.1 微重力下流型的类型

由于实现微重力环境的资源很少，实验投资昂贵，故已经积累的流型实验数据很有限。大部分可用数据是通过抛物线飞机和落塔获得的。

Heppner 等[10]是微重力下两相流流型研究的开拓者之一。他们利用 KC-135 零重力飞机对空气-水系统两相流流型进行了观察。结果表明，μg 下的两相流特性与 $1g$ 时不同。后来的研究很快验证了 Heppner 等的观察结果，显示了地面和低微重力条件下流型的显著差别。

Dukler 等[6]研究了微重力下空气-水系统的流型及其转变特性。实验段内径分别为 12.7 mm 和 9.525 mm，实验平台是 NASA 的 Glenn 30 m 落塔和抛物线飞机，所提供流型的参数范围为液相表观速度 $0.07\ \mathrm{m/s}<u_{sl}<1\ \mathrm{m/s}$，气相表观速度 $0.09\ \mathrm{m/s}<u_{sg}<25\ \mathrm{m/s}$。基于实验数据，他们提出了泡状流-弹状流转变、弹状流-环状流转变的预测模型。

Colin 及其同事[11-12]用抛物线飞机进行了多次微重力下绝热空气-水两相流实验。他们将其 40 mm 内径管内的实验结果与 Dukler 等[6]和 Bousman[13]的结果比较，揭示出了流型转变对管径的依赖性。Colin 等人的 40 mm 直径管在 μg 条件下，气泡更多地集中在管中央区域，管中心密集度最大，而在 $1g$ 时气泡多靠近壁面。

Rezkallah 等[7,14]利用抛物线飞机对 9.525 mm 管内空气-水两相流的流型进行了大量研究，并提出了流型转变模型。

中国科学院国家微重力实验室[3-4,15]和俄罗斯 Keldysh 研究中心合作，利用和平号空间站，首次在长期、稳定的微重力环境中开展了不同重力条件下气液两相流流型实验。

大多数流型的研究是利用双组分工质在绝热条件下进行的，单组分气液两相流动沸腾流型的研究相对较少。

1. 流型的区分

Bousman[13]介绍了其采用的流型分类方法。泡状流中有很多分散气泡，气泡长度不大于管内径。弹状流中有很多 Taylor 气泡，其长度大于管内径。泡-弹过渡流型中多为气泡长度不大于管内径的气泡，偶尔有短 Taylor 气泡。环状流流型的中心区域气相连续，没有被液相隔断的横截面。弹状流中，有液体块占据整个流道横截面，即存在全部被液相占据的管段。弹-环过渡流型中，大幅液体波短暂在流道内形成液桥，布满某个断面，但很快破碎。形成液桥的持续时间很短(2～2.5 ms)，从可视化图片中常常很难把它与薄的液体块(不破碎)和没有形成液桥的大幅波区分开。

Gabriel[8]把微重力两相流的流型定义为 4 类：泡状流、弹状流、泡沫弹-环过渡流、环状流。其中，泡状流和弹状流的特征描述与 Bousman 的相同。环状流的特征描述包含了 Bousman 的描述，加了气相中可能有很多弥散的液滴这个特征描述。泡沫弹-环过渡流(frothy slug-annular flow)的特征描述是：液相在壁面形成膜，构成液环；气相在环心，经常伴随着泡沫块。泡沫块的细微结构无法观察到，推测起来，在气相流量较小时是连续的液相夹带稠密的小气泡，在气相流量较大时是连续的气相夹带小液滴。Gabriel 的泡沫弹-环过渡流的定义与 Bousman 描述的看上去不同，但实际上可能差别不大。更多的人习惯用弹-环过渡流型这一术语。

应该指出的是，很多文献中提供的流型图片都是典型的流型，看上去很容易区分，但区别实际两相流的流型有时候很困难，特别是在气相表观速度 u_{sg} 很大时。从上面的介绍可见，实际的流型不光是典型的泡状流、弹状流和环状流，也包括相邻两个典型流型之间的过渡流型，而这个流型过渡过程表现出的形态会很复杂。因此，流型的分类带有主观性。很多人把泡-弹过渡流型归结为泡状流或弹状流，所以认为微重力下存在 4 种流型（泡状流、弹状流、弹-环过渡流、环状流）。也有人把观察结果表述为 3 种流型（泡状流、弹状流、环状流），这有可能因为运行参数间隔较大，确实没有观察到过渡流型，但也有可能把弹-环过渡流归为了弹状流或环状流。因为，如果运行参数变化间隔很小，在弹状流和环状流之间应该有个过渡。很多研究没有报道泡-弹过渡流型，这可以从 Bousman[13] 的流型图中获得理解，因为那里泡-弹过渡流型的点很少。这种情况下，观察者把泡-弹过渡流型归结为弹状流或泡状流都有可能。

2. 水平流动的流型

赵建福等[4,15]在和平号空间站上进行了水平流动的两相流流型实验研究。和平号空间站背景重力水平不大于 $10^{-5}g$，实验段与旋转轴平行，由实验台旋转在实验段所在位置产生两种向心加速度：$0.1g$ 和 $0.014g$。$0.1g$ 的重力水平可视为部分重力条件。实验段内径 10 mm，两相流中气相为空气，液相为 carbogal。在参数范围为 0.04 m/s $< u_{sl} <$ 0.81 m/s、0.09 m/s $< u_{sg} <$ 6.3 m/s 的微重力实验中，观察到了 4 种流型：泡状流、弹状流、弹-环过渡流和环状流，其中泡状流有弥散和大气泡两种，如图 14.3 所示。在参数范围为 0.05 m/s $< u_{sl} <$ 0.18 m/s、0.09 m/s $< u_{sg} <$ 8.6 m/s 的 $0.1g$ 部分重力实验中，观测到弹状流、波-环过渡流和环状流等 3 种流型，其中弹状流和波-环过渡流如图 14.4 所示。从这两个图中可见，重力对水平流动流型的影响很明显。部分重力条件下的弹状流中，气弹向上偏离流道轴线。微重力条件下没有重力引起的分层现象，因此没有层状流、波面层状流、波-环过渡流等流型。图 14.5 是和平号空间站上获得的流型图。

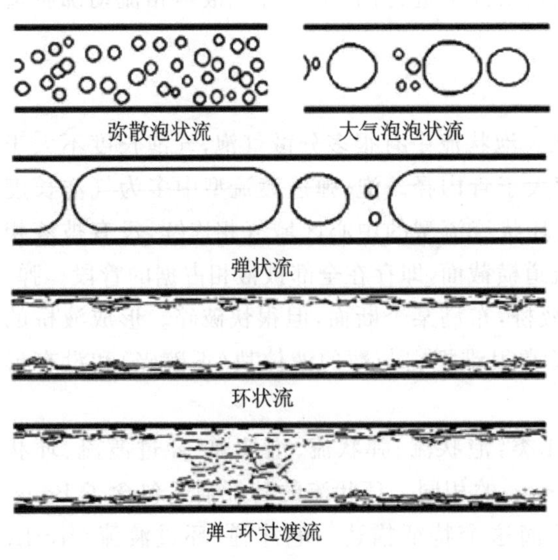

图 14.3 微重力下的流型[4]

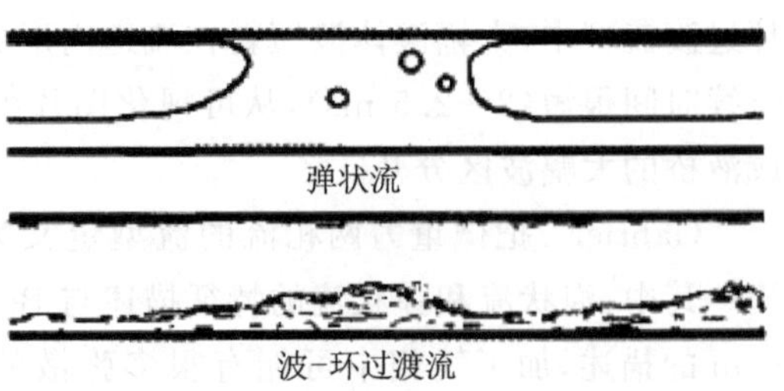

图 14.4 $0.1g$ 低重力下的部分流型[15]

Bousman[13]研究了 NASA KC-135 抛物线飞机水平管内的流型。管径分别为 12.7 mm 和 25.4 mm。用了 3 种不同的两相流工质：空气-水、空气-水/丙三醇、空气-水/氟碳表面活性剂。在这 3 种不同的两相流工质种，均观察到了泡状流、泡-弹过渡流、弹状流、弹-环过渡流和环状流。图 14.6 是 25.4 mm 管内空气-水两相流的流型图。

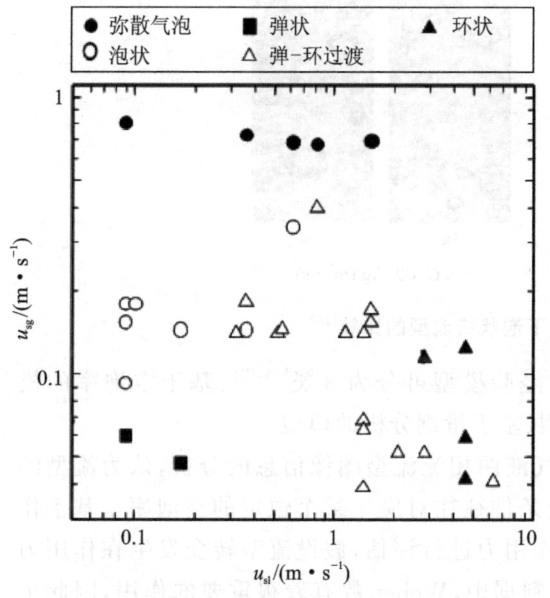

图 14.5　和平号空间站上微重力流型图[15]

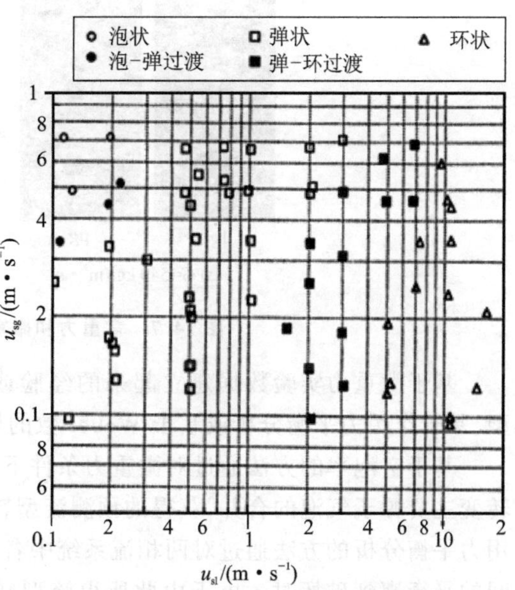

图 14.6　Bousman 微重力空气-水流型图[13]

Colin 等[11-12]对空气-水两相流在内径分别为 6 mm、10 mm、19 mm 和 40 mm 水平管内的可视化观察，发现了泡状流、弹状流和半环状流。

3. 垂直流动的流型

Gabriel[8]总结了 NASA-135 抛物线飞行中空气-水垂直流动中的流型类型，归结起来也是有泡状流、弹状流、(泡沫)弹-环过渡流和环状流等 4 种流型。

Narcy 等[16]在地面和抛物线飞机上观察了 HFE-7000 在 6 mm 管内垂直向上流动沸腾时的流型。实验条件下获得了泡状流、弹状流和环状流等 3 种流型。就流型的种类来说，地面和微重力下的情况相同；但在流型结构上可能有差别。图 14.7 比较了这两种重力条件下的泡状流流型，过冷度和热流密度条件相同，均为 $\Delta T_{sub}=12$ ℃，热流密度 $q=20$ kW/m^2。从图中可以看出：对于高质量流速($G=540$ kg/(m^2·s))，气泡尺寸在 1g 与 μg 的情况下差别不明显；但对于低质量流速($G=220$ kg/(m^2·s))，μg 时气泡尺寸显著大于 1g 时。低质量流速时微重力条件下气泡尺寸大有两个主要原因，一是气泡脱离尺寸大，二是气泡运动速度小，导致气泡聚并率高。

14.2.2　微重力下流型转变模型

对微重力条件下气液两相流流型转变模型的研究，早期多是基于 1g 模型的推广，即将常重力条件下建立的、基于经验或半经验的流型转变判据，经过某种修正外推应用到微重力条件下的气液两相流动。然而，这一方法实际应用中往往有较大误差[8,15]，所以不在这里讨论。

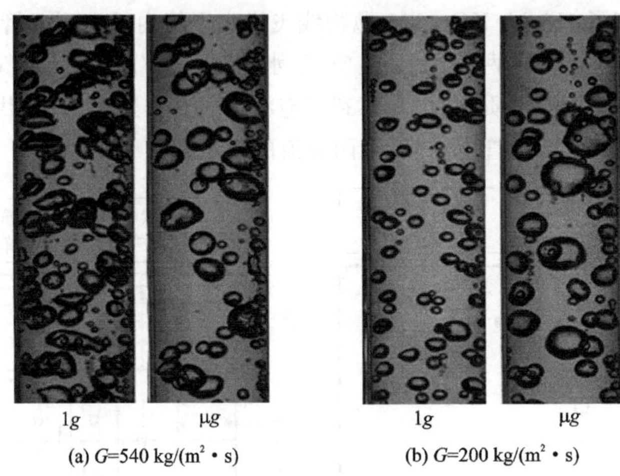

图 14.7 常重力和微重力下泡状流流型的比较[16]

基于微重力实验数据建立起来的经验或半经验模型可分为 3 类[15,17]:基于空泡率的模型、基于作用力平衡分析或基于 Weber 数的模型、基于量纲分析的模型。

基于空泡率的方法通过对微重力条件下的气液两相流流型图像信息的分析,认为流型的转变主要源于气泡的合并,获得的预测流型转变条件往往对应于某个恒定的空泡率。基于作用力平衡分析的方法通过对两相流系统中各种作用力进行评估,假设流型转变发生在作用力间的平衡遭到破坏时。由于由此所得流型转变判据中,Weber 数有着很重要的作用,因此也称为基于 Weber 数的模型。也有人把基于作用力平衡分析的模型和基于 Weber 数的模型分开,作为两类。基于量纲分析的模型利用量纲分析方法并结合实验结果,得出无量纲参数组成的经验模型,本质上可视为空泡率模型和 Weber 数模型的组合。

1. 基于空泡率的模型

空泡率模型认为,控制泡状流向弹状流转变的机理是气泡合并。当分散的气泡合并长大,形成长度超过管道内径的 Taylor 气泡时,流动即由泡状流转变为弹状流。气泡的合并依赖于气泡在截面附近的份额,即空泡率的大小。该类模型最初由 Dukler 等[6]基于滑移流模型提出,是个半经验模型。随后由 Colin 等[11-12]和 Bousman[13]作了改进。

在微重力环境中,由于浮力效应大大削弱甚至完全消失,气液两相间局部速度滑移现象不再明显。但是,气液两相在管内沿径向分布的不均匀性,使得截面平均的两相速度并不一致,从而产生宏观的速度滑移现象。Dukler 等[6]利用 Zuber - Findlay[19]滑移流模型并结合微重力条件下无局部速度滑移的特点,将泡状流和弹状流中气液两相表观速度之间的关系表示为

$$u_{sg}=\left(\frac{\alpha C_0}{1-\alpha C_0}\right)u_{sl} \tag{14.1}$$

式中,α 为空泡率,C_0 为气相分布系数,微重力环境中其值在 1.05～1.5 之间,一般情况下在 1.17～1.27 之间,需要由实验确定。

气相分布系数 C_0 表征局部含气率在流道横截面的分布情况,它与流型、空泡率、雷诺数有关。根据局部含气率径向分布,C_0 可能大于 1、等于 1 或小于 1。设流道中心含气率为 α_c,近壁面含气率为 α_w,有

$$\alpha_c<\alpha_w \text{ 时},C_0<1;\quad \alpha_c=\alpha_w \text{ 时},C_0=1;\quad \alpha_c>\alpha_w \text{ 时},C_0>1$$

可见，一般情况下，微重力环境时流道近中心气相含率比近壁面气相含率高。

实验发现，泡状流向弹状流的转变发生在某个临界空泡率 α_{cr} 处，将该临界值代入式(14.1)即可得到泡状流向弹状流的转变条件。不过，α_{cr} 有一个很大的取值范围。统计不同的研究者对不同管径、流体粘性及表面张力等情形的研究结果发现，这个范围在 0.1～0.56 之间，说明上述因素对其影响很大。

Colin 等[12]建议用液相表观 Suratman 数 Su_l 作为依据，确定 α_{cr}。根据该方法可得：当 $Su_l<1.5\times10^6$ 时，$\alpha_{cr}=0.45$；当 $Su_l>1.7\times10^6$ 时，$\alpha_{cr}=0.2$。Sen[18]的分析也获得了同样的结论。Shephard 等[20]通过理论分析对 $\alpha_{cr}=0.45$ 的结果进行了解释，他们的分析不能解释 $\alpha_{cr}=0.2$。由于 α_{cr} 取值的不确定性，基于空泡率的方法还需要深入研究。

$$Su_l=\frac{\rho_l\sigma D}{\mu_l^2} \tag{14.2}$$

Situ 等[17]提出用如下 Hibiki 等[21]泡状流滑移流模型作为泡状流-弹状流转变模型：

$$\bar{u}_{gm}=\sqrt{2}\left[\frac{(\Delta\rho\bar{g}+M_{F\infty})\sigma}{\rho_l^2}\right]^{1/4}\frac{18.67(1-\alpha)^2\left[\dfrac{\Delta\rho\bar{g}(1-\alpha)+M_F}{\Delta\rho\bar{g}+M_{F\infty}}\right]}{1+17.67(1-\alpha)^{6/7}\left[\dfrac{\Delta\rho\bar{g}(1-\alpha)+M_F}{\Delta\rho\bar{g}+M_{F\infty}}\right]^{3/7}} \tag{14.3a}$$

式中，α 用 α_{cr} 代入，Situ 等建议 $\alpha_{cr}=0.3$；$\bar{u}_{gm}$ 为反映气相速度 u_g 和两相流混合物速度 u_m 差别的气相滑移速度的权重平均值；$\bar{g}$ 为平行于流动方向的重力加速度分量，重力方向与流动方向相反；$M_{F\infty}$ 为分液相摩擦压降梯度；M_F 为两相流摩擦压降梯度。

这个判据不适用于气泡不能自由聚并的场合，例如在细微管内的流动。

$$M_{F\infty}=\frac{f_l}{2D}\rho_l u_l^2=\frac{[(1-x)G]^2 f_l}{2D\rho_l} \tag{14.3b}$$

$$M_F=\phi_l^2 M_{F\infty} \tag{14.3c}$$

式中，f_l 为分液相 Moody 摩擦因子，u 为流速，ϕ_l 为分液相摩擦压降倍率。Hibiki 等和 Situ 等没有推荐 f_l 和 ϕ_l 的具体计算方法。这里建议 ϕ_l 用 Sun－Mishima[22]公式(参见第 6 章)计算，分相摩擦因子用下式计算：

$$f_k=\begin{cases}64/Re_k, & Re_k\leqslant 2\,000\\ 0.25\left[\log\left(\dfrac{150.39}{Re_k^{0.988\,65}}-\dfrac{152.66}{Re_k}\right)\right]^{-2}, & Re_k\geqslant 3\,000\\ (1.152\,5Re_k+895)\times10^{-5}, & 2\,000<Re_k<3\,000\end{cases} \tag{14.4}$$

式中，计算 f_l 时，$k=l$，代表液相；计算 f_g 时，$k=g$，代表气相；气相表观雷诺数 Re_g 和液相表观雷诺数 Re_l 定义为

$$Re_g=\frac{xGD}{\mu_g} \tag{14.5}$$

$$Re_l=\frac{(1-x)GD}{\mu_l} \tag{14.6}$$

式中，x 为质量含气率或称干度。

一般情况下，$\bar{u}_{gm}$ 受 α 的影响很小，可近似认为其等于气相滑移速度 u_{gm}。

$$u_{gm}=u_g-u_m=u_g-(u_{sg}+u_{sl}) \tag{14.7}$$

对于环状流动，Dukler 等[6]利用动量平衡分析得到

$$\frac{\alpha^{5/2}}{(1-\alpha)^2}=\left(\frac{f_i}{f_l}\right)\left(\frac{\rho_g}{\rho_l}\right)\left(\frac{u_{sg}}{u_{sl}}\right)^2 \tag{14.8}$$

式中，f_i 为相界面摩擦因子，计算方法如下：

$$\frac{f_i}{f_g}=1+150(1-\alpha^{1/2}) \tag{14.9}$$

式中，分液相摩擦因子 f_l 和分气相摩擦因子 f_g 可用式(14.4)计算，该式优于 Dukler 等推荐的方法。

2. 基于 Weber 数的模型

Lee[23]基于作用力平衡分析提出了一个微重力条件下气液两相流流型转变的理论模型。对于弹状流-环状流转变，其条件可由下式确定：

$$\rho_g u_g^2=4\sigma/D \tag{14.10a}$$

重新整理上式可得以分气相 Weber 数表示的转变条件

$$We_g=4 \tag{14.10b}$$

式中，分气相 Weber 数定义为

$$We_g=\frac{\rho_g u_g^2 D}{\sigma} \tag{14.11}$$

Zhao 和 Rezkallah[24]基于 We_g，提出了微重力条件下流型转变的经验判据。他们把微重力下双组分气液两相流分为 3 个区域：表面张力主导的、惯性力主导的和介于其间的。在表面张力主导的区域内，惯性力相对于表面张力很小，$We_g<1$，流型包括泡状流和弹状流。在惯性力主导的区域内，表面张力相对于惯性力很小，$We_g>20$，流型为环状流。中间区域 $1<We_g<20$，是弹状流向环状流转变的区域。

Reinarts[25]利用与 Lee[23]相同的思想，提出了一个微重力条件下气液两相流流型转变模型。他认为式(14.10a)左边应该乘以 1/2 进行修正，而右边的管道内径 D 应改为气泡前端的特征直径 D_b，即

$$\rho_g u_g^2/2=4\sigma/D_b \tag{14.12a}$$

于是有

$$u_g=[8\sigma/(D_b\rho_g)]^{1/2} \tag{14.12b}$$

为了确定 D_b，假设：① 弹状流中长气泡前端为经典 Taylor 气泡的球壳状；② 球壳半径近似等于管道内半径减去流动为环状时液膜的厚度；③ 环状流在转变边界附近气核区无夹液。联立式(14.8)和式(14.12)，可获得空泡率 α 和给定液相速度下的气相速度。

Zhao 和 Hu[26]认为，气相惯性力是作用在横过管道中央并随液相运动的液膜上，其特征值应该表示为 $\rho_g u_g(u_{sg}-u_{sl})$。他们假设弹状流-环状流转变边界附近气相惯性力和表面张力间的比值为 K(其数值由经验确定)，结合式(14.1)得如下弹状流-环状流转变模型：

$$We_g=\left[\frac{4KC_0\alpha^{1/2}(1-\alpha)}{C_0-1}\right]^{1/2} \tag{14.13a}$$

$$We_l=\frac{1-C_0\alpha}{C_0\alpha}We_g \tag{14.13b}$$

式中，经验参数 $C_0=1.16$，$K=0.8$，$We_l=\rho_l u_l^2 D/\sigma$。

3. 基于量纲分析的模型

Jayawardena 等[27]利用量纲分析得出流型转变与 3 个无量纲数有关：气相表观雷诺数 Re_g、液相表观雷诺数 Re_l、液相表观 Suratman 数 Su_l。其中，Re_g 和 Re_l 分别由式(14.5)和式(14.6)定义。他们结合实验数据，得出：

① 泡状流-弹状流转变条件为

$$Re_g/Re_l=464.16Su_l^{-2/3} \tag{14.14}$$

② 弹状流-环状流转变条件为

$$Re_g/Re_l=4641.6Su_l^{-2/3},\quad Su_l<10^6 \tag{14.15}$$

$$Re_g=2\times10^{-9}Su_l^2,\quad Su_l>10^6 \tag{14.16}$$

14.2.3　重力对流型的影响

Ohta 等人[28-29]利用抛物线飞行进行了 R113 在内径 8 mm 透明耐热玻璃管内的流动沸腾实验。他们研究了重力环境为 μg 和 $2g$ 时的流型，并与地面 $1g$ 垂直向上流动的可视化结果进行了比较。结果表明，重力对传热和流型均有影响，影响程度取决于干度、质量流速和热流密度。在低干度时，对于 $G=150\ \text{kg}/(\text{m}^2\cdot\text{s})$ 和 $600\ \text{kg}/(\text{m}^2\cdot\text{s})$ 两种情况，几种重力下均出现泡状流，如图 14.8(a)和图 14.8(b)所示；在质量流速较小($G=150\ \text{kg}/(\text{m}^2\cdot\text{s})$)时，浮升力的相对作用突出，$\mu g$ 时由于浮升力很小，气泡脱离直径较大；而在 $1g$ 和 $2g$ 时，浮升力作用较强，气泡脱离直径显著减小(见图 14.8(a))。在质量流速较大($G=600\ \text{kg}/(\text{m}^2\cdot\text{s})$)时，浮升力的相对作用减小，气泡脱离直径随重力的变化不显著(见图 14.8(b))。在 $x=0.29\sim0.3$ 的中低干度时，几种重力下均出现环状流。当热流密度不太高时(见图 14.8(c))，环状液膜中的核态沸腾被完全抑制，气液交界面的波动频率和波长随重力的增大而增大。当热流密度较高时(见图 14.8(d))，环状液膜中的核态沸腾变得明显，由于气泡的大量产生，气液交界面扰动波随重力的变化变得不明显。在低热流密度且大干度时，由于中心气相对液膜的剪切力随流速的增大而增大，以至于超过了重力的影响，重力对环状流液膜的影响减弱。

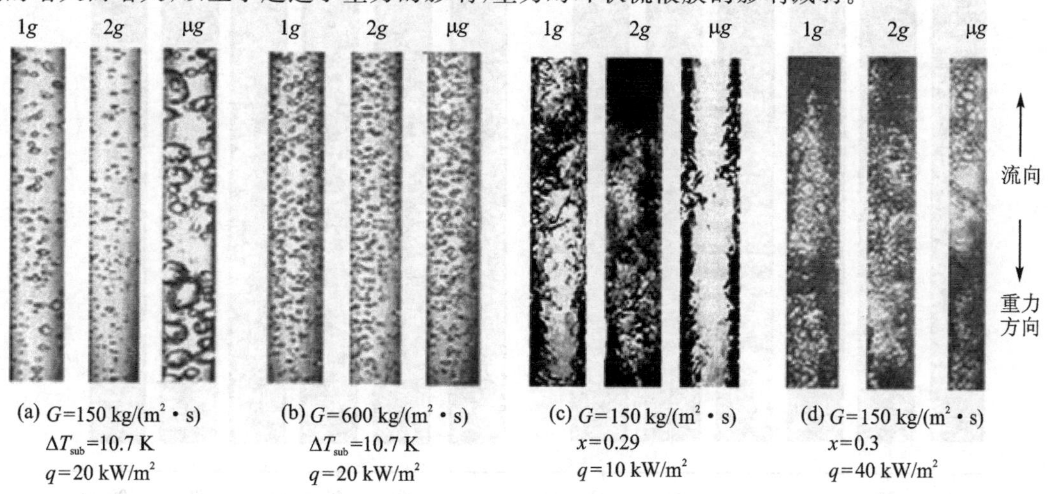

图 14.8　Ohta 可视化观测到的流型[28]

Satito 等[30]利用抛物线飞行进行了水在微重力下的流动沸腾流型实验研究，并与地面 1g 水平管内的可视化结果进行了比较。实验件是截面 25 mm×25 mm、长 600 mm 的方形通道，内插一个直径 8 mm、长 200 mm 的电加热棒，二者同轴心。可视化结果如图 14.9 所示，从中可见 μg 和 1g 时流型和界面现象的差异。在 1g 低质量流速时，浮升力作用显著，加热棒上产生的气泡脱离加热棒，移动到流道上方，形成气体分层。另一方面，μg 时没有浮升力，气泡难以脱离，导致气泡沿加热面移动，同时下游气泡也在产生，并与来自上游的气泡聚并，所以气泡沿流动方向不断变大。

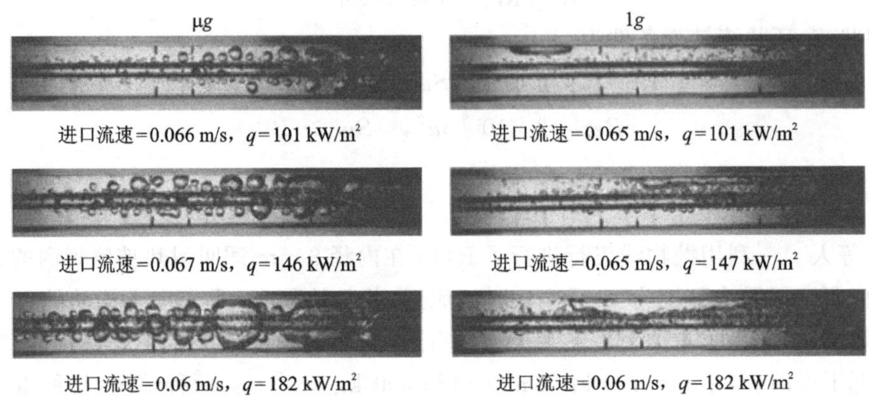

图 14.9　Satito 等可视化观测到的流型[30]

Luciani 和 Brutin 等[31-32]用法国国家太空研究中心的 A300 飞机抛物线飞行，在 μg～1.8g 重力范围内，实验研究了 HFE-7100 工质在水力直径 0.84 mm 的矩形细微通道内垂直向上流动时，流动沸腾的流型和空泡率。他们比较了在相同热流密度（$q=32\ \mathrm{kW/m^2}$）、相同质量流速（$G=71.6\ \mathrm{kg/(m^2\cdot s)}$）、相同出口干度（$x_{\mathrm{out}}=0.2$）时，两种重力下可视化图像随时间的变化序列，如图 14.10 所示。在超重力情况下，通道中下部出现了很多小气泡。而在微重力情况下，中下部有大的气弹。

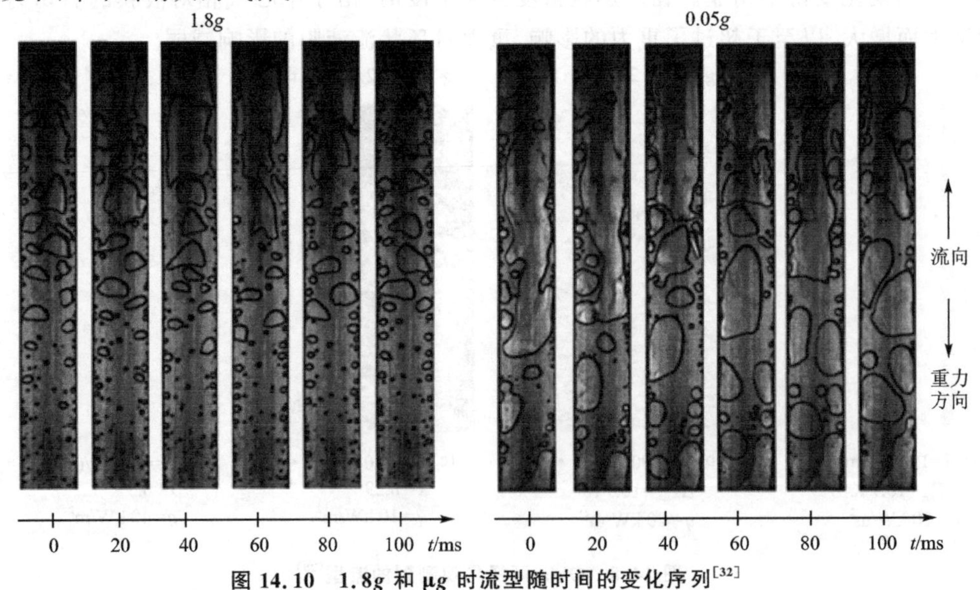

图 14.10　1.8g 和 μg 时流型随时间的变化序列[32]

14.2.4　重力对空泡率的影响

1994 年 2 月，NASA KC135 抛物线飞机进行了 5 个飞行架次的 μg 空气-水两相流实验，共获得了 61 个空泡率数据点[8]。参数范围为：0.07 m/s$<u_{sl}<$2.5 m/s，0.1 m/s$<u_{sg}<$18 m/s，0.1$<\alpha<$0.9，流型覆盖了从泡状流到环状流的整个范围。用同样的实验装置在地面上做了 1g 时的空泡率实验，用于与 μg 时的空泡率进行比较。以 u_{sg}/u_{sl} 为参照的比较结果如图 14.11 所示。

总结全部对比结果，与 1g 时的情况相比，μg 时的空泡率：

① 平均高出 3%～4%；

② 泡状流阶段，$u_{sg}/u_{sl}<$0.1 时高出 8%～25%；$u_{sg}/u_{sl}>$0.1 时情况反过来，低7%～16%；

③ 弹状流阶段一直偏高，直到 $\alpha\approx$0.7，高出范围为 3%～35%，平均约 10%；

④ 弹-环过渡阶段与 1g 时相当；

⑤ 环状流阶段与 1g 时相当，差别微小，在 5%以内。

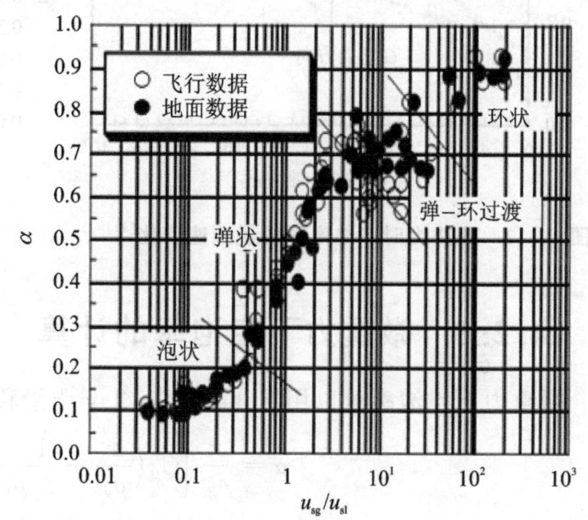

图 14.11　微重力与常重力时空泡率比较[8]

Brutin 等[32]在前述研究中获得的空泡率 α 在不同重力下的结果如图 14.12 和图 14.13 所示。图 14.12 给出了超重环境下空泡率随质量流速 G 的变化情况。图中，$q=$45 kW/m^2 保持不变，G 在 147～284 kg/(m^2·s)之间变化。在这个质量流速范围内，α 随 G 的增大而减小。当 $G>$217 kg/(m^2·s)时，α 沿流道几乎线性增加，流型是泡状流。当 $G<$186 kg/(m^2·s)时，α 沿程变化不再是线性，从入口开始的上升趋势在流道 15～17 mm 处停止，此后变化不大。

空泡率的特性受到热流密度的影响。图 14.13 反映了较高热流密度($q=$32 kW/m^2)时，μg 和 1.8g 环境下 α 沿流道变化的情况，图中 $G=$131 kg/(m^2·s)。由图可见，微重力时 α 显著偏高。在 1.8g 时，α 在从入口到 20 mm 的一段呈线性增大趋势，其后的增大是一条曲线。在 μg 时，由于长气泡的产生和相互作用，α 的沿程变化曲线比较复杂。

Brutin 等[32]从气泡运动速度的角度解释了对于其他条件相同时微重力下 α 偏高的原因。空泡率沿流道的变化取决于两个因素：气泡产生率和气泡脱离率。气泡产生率的增大有助于 α 的增大，气泡脱离率的增大导致 α 减小。对于垂直上升流动，气泡速度 u_b 可以用式 $u_b=Cu_0+u_1$ 估算，其中 C 是一个取决于流道几何特性的系数，对于本实验范围内的矩形流道，C 接近 1；u_0 是流道入口平均速度；u_1 是假定液体静止时气泡的上升速度。u_1 与重力有关，低雷诺数时 u_1 正比于重力的 1 次方，高雷诺数时 u_1 正比于重力的 1/2 次方。因此，重力越大，气泡脱离率越高，α 越小，所以微重力下 α 偏高。

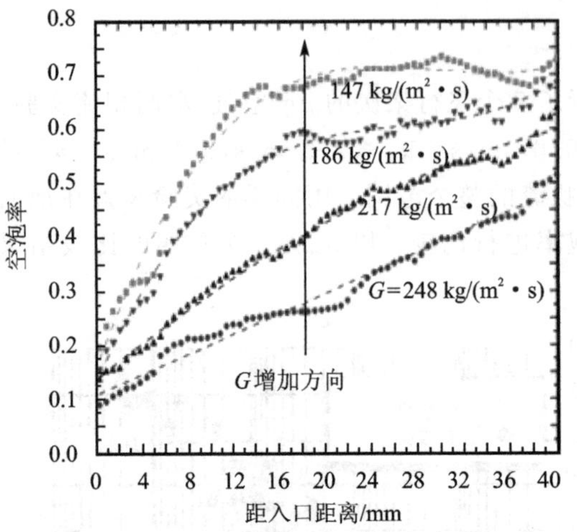

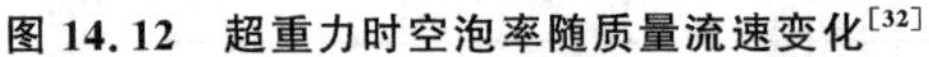

图 14.12　超重力时空泡率随质量流速变化[32]

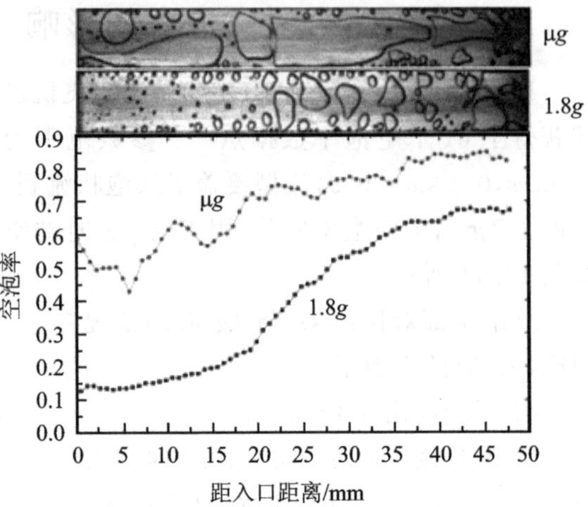

图 14.13　不同重力下的空泡率[32]

14.2.5　微重力下空泡率的计算

微重力下空泡率可以用 Zuber - Findlay[19] 滑移流模型式(14.1)计算，该式也可改写为

$$\alpha = \frac{x}{\rho_g}\left[C_0\left(\frac{x}{\rho_g}+\frac{1-x}{\rho_l}\right)+\frac{\bar{u}_{gm}}{G}\right]^{-1} \tag{14.17}$$

使用上式，气相分布系数 C_0 和气相滑移速度的权重平均值 $\bar{u}_{gm}$ 是需要解决的问题。Hibiki 等[21]提出了可用于低重力环境下 C_0 和 $\bar{u}_{gm}$ 的计算方法，其中泡状流 $\bar{u}_{gm}$ 的计算见式(14.3)。

考虑微重力条件，对 Hibiki 等[21]方法进行简化，假设 $\bar{g}=0$，可得

① 泡状流：

$$\bar{u}_{gm} = \sqrt{2}\left(\frac{M_{F\infty}\sigma}{\rho_l^2}\right)^{1/4} \frac{18.67(1-\alpha)^2\left(\dfrac{M_F}{M_{F\infty}}\right)}{1+17.67(1-\alpha)^{6/7}\left(\dfrac{M_F}{M_{F\infty}}\right)^{3/7}} \tag{14.18a}$$

$$C_0 = 1.2 + 0.8\exp(-0.000\,584Re_l) - [0.2+0.8\exp(-0.000\,584Re_l)]\sqrt{\rho_g/\rho_l} \tag{14.18b}$$

② 弹状流：

$$\bar{u}_{gm} = 0.35\left[\frac{M_F D}{\rho_l(1-\alpha)}\right]^{1/2} \tag{14.19}$$

$$C_0 = 1.2 - 0.2\sqrt{\rho_g/\rho_l} \tag{14.20}$$

③ 弹-环过渡流，Co 用式(14.20)计算，$\bar{u}_{gm}$ 用下式计算：

$$\bar{u}_{gm} = \sqrt{2}\left(\frac{M_{F\infty}\sigma}{\rho_l^2}\right)^{1/4}\left(\frac{M_F}{M_{F\infty}}\right)^{1/4} \tag{14.21}$$

④ 环状流：

$$\bar{u}_{gm} \approx 0 \tag{14.22a}$$

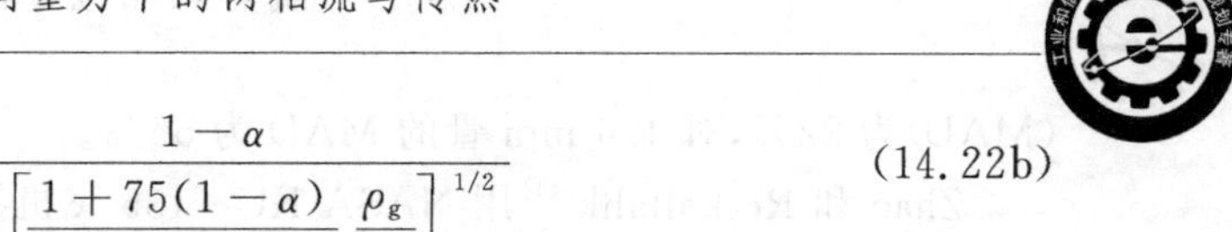

$$C_0 \approx 1 + \frac{1-\alpha}{\alpha + \left[\dfrac{1+75(1-\alpha)}{\sqrt{\alpha}} \dfrac{\rho_g}{\rho_l}\right]^{1/2}} \tag{14.22b}$$

14.3　不同重力下的两相流摩擦压降

14.3.1　微重力下两相流摩擦压降的研究概况

与常重力情况下的研究相比，微重力和低重力下管内两相流压降的实验研究要少得多。Fang 等[33-34]对微重力和低重力下管内两相流摩擦压降的实验研究作了系统总结。

Heppner[10]等最早(1975)用 NASA KC－135 飞机抛物线飞行对微重力下绝热气液两相流压降和流型进行了实验研究，并与地面实验进行了对比。工质是空气-水，管内径 $D=25.4$ mm，水平放置。研究结果显示，微重力条件下的两相流摩擦压降高于常重力下的两相流摩擦压降。不过实验结果存疑，一是实验段太短，长径比(实验段长与内径之比)只有 20；二是实验数据的重复性不好。

Colin 等[11-12]用 Caravelle 零重力飞机对空气-水两相流压降和流型进行了实验研究。实验段管长为 3 m，内径分别为 6 mm、10 mm、19 mm 和 40 mm，水平放置。实验在很大的雷诺数范围内进行，液体表观速度 $u_{sl}=0.1\sim2$ m/s，气体表观速度 $u_{sg}=0.05\sim10$ m/s。他们指出，两相流摩擦压降受重力影响较大，微重力条件下的两相流摩擦压降高于常重力下的两相流摩擦压降。

前面提及的 Bousman[13]的微重力两相流实验研究，作者用实验数据对两相流摩擦压降预测模型进行了验证。结果表明：均相流模型显著低估了泡状流的实验数据，最大误差出现在层流和湍流的过渡区；弹状流区域的两相流摩擦压降误差分散度较大，均相流模型的预测误差较大；对于环状流，Chisholm[35]分相流模型预测精度最高，而 Lockhart 和 Martinelli[36]模型的预测精度则不尽人意。

MacGillivray[5]报道了用 Novespace 零重力飞机进行的微重力下两相流摩擦压降实验。实验段管长 0.88 m，内径 9.525 mm，垂直放置。工质分别为空气-水和氦气-水，从下往上流动。对于空气-水两相流，液相质量流速 $G_l=75.8\sim314.4$ kg/(m^2·s)，气相质量流速 $G_g=14.3\sim47.7$ kg/(m^2·s)。对于氦气-水，$G_l=97.8\sim311.7$ kg/(m^2·s)，$G_g=5.0\sim11.6$ kg/(m^2·s)。实验结果表明：压降随重力的降低而升高；与常重力情况相比，微重力下压降在低气相流速时偏低，在高气相流速时偏大。

Chen 等[37]用 NASA KC－135 飞机抛物线飞行对 R114 在微重力下的两相流压降进行了实验研究。管内径 $D=15.8$ mm，水平放置，干度 x 从 0.05 增加到 0.90。研究结果显示，微重力条件下的两相流摩擦压降显著高于常重力下的两相流摩擦压降。不过，Chen 等的实验误差也比较大，压力传感器精度为 62～1 792 Pa，而有约一半的数据压降在 345 Pa 左右。

Miller、Wheeler 等[38,39]用 NASA KC－135 飞机抛物线飞行对 R12 在微重力下的两相流压降进行了实验研究，获得了环状流时的两相流摩擦压降数据。管内径分别为 10.5 mm 和 4.6 mm，水平放置。其中，10.5 mm 管的数据与 Bousman[13]环状流数据一致。将 Lockhart 和 Martinelli[36]模型的预测值与实验数据对比表明，该模型对 10.5 mm 管的平均绝对误差

(MAD)为 22%,对 4.6 mm 管的 MAD 为 56%。

Zhao 和 Rezkallahk[40]用 NASA KC－135 飞机抛物线飞行对空气-水在微重力下的两相流摩擦压降进行了实验研究。管内径 9.525 mm,流体垂直向上流动,$u_{sl}=0.1\sim2.5$ m/s,$u_{sg}=0.1\sim18$ m/s。他们用实验数据验证了均相流模型、Chisholm[35]模型,以及 Friedel[41]模型等。结果表明,所有模型都给出了比较合理的预测值。

Zhao 等[42-43]在俄罗斯 IL－76MDK 飞机上对微重力下空气-水在 12 mm×12 mm 方形水平通道内的两相流压降进行了实验研究,$u_{sl}=0.16\sim1.06$ m/s,$u_{sg}=0.12\sim8$ m/s。他们用实验数据验证了均相流模型、Chisholm[35]模型和 Friedel[38]模型。结果表明,Friedel 模型预测效果最好,不过这些模型的预测精度都不高。

14.3.2 微重力下两相流摩擦压降关联式

由于微重力下两相流摩擦压降与常重力下的情况不同,促使研究人员针对微重力条件提出两相流摩擦压降关联式,其中有的是对已有常重力下的模型进行修正。这些针对微重力两相流摩擦压降的模型可以归纳为不依赖于流型的模型与依赖于流型的模型两类。

1. 不依赖于流型的模型

(1) Fang 和 Xu[34]模型

Fang 和 Xu 从 10 篇公开发表的文献中收集了 593 组数据,包括 R12 制冷剂数据 322 组、空气-水数据 256 组、氮气-水数据 15 组。管内径 $D=6\sim40$ mm。基于这个数据库,他们提出

$$\phi_{lo}^2=Y^2x^{0.87}+(1-x^{0.626})^{0.54}\left[1+2x^{1.823}(Y^2-1)+47.74x^{1.4}\right] \tag{14.23}$$

式中,全液相摩擦压降倍率 ϕ_{lo}^2 和参数 Y 分别定义为

$$\phi_{lo}^2=\left(\frac{\Delta p}{\Delta L}\right)_{tp}\bigg/\left(\frac{\Delta p}{\Delta L}\right)_{lo} \tag{14.24}$$

$$Y^2=\left(\frac{\Delta p}{\Delta L}\right)_{go}\bigg/\left(\frac{\Delta p}{\Delta L}\right)_{lo} \tag{14.25}$$

式中,全液相表观摩擦压降梯度$(\Delta p/\Delta L)_{lo}$和全气相表观摩擦压降梯度$(\Delta p/\Delta L)_{go}$分别定义为

$$\left(\frac{\Delta p}{\Delta L}\right)_{lo}=\frac{G_{tp}^2}{2D\rho_l}f_{lo} \tag{14.26}$$

$$\left(\frac{\Delta p}{\Delta L}\right)_{go}=\frac{G_{tp}^2}{2D\rho_g}f_{go} \tag{14.27}$$

于是

$$Y^2=\frac{\rho_l}{\rho_g}\cdot\frac{f_{go}}{f_{lo}} \tag{14.28}$$

式中,全液相、全气相 Moody 摩擦因子 f_{lo}、f_{go} 采用如下 Fang 等[48]方法计算:

$$f_{ko}=0.25\left[\log\left(\frac{150.39}{Re_{ko}^{0.98865}}-\frac{152.66}{Re_{ko}}\right)\right]^{-2} \tag{14.29}$$

式中,$k=l$ 代表液相,$k=g$ 代表气相。全液相表观雷诺数 Re_{lo} 和全气相表观雷诺数 Re_{go} 定义为

$$Re_{ko}=\frac{GD}{\mu_k} \tag{14.30}$$

求出 ϕ_{lo}^2 和$(\Delta p/\Delta L)_{lo}$，即可获得两相流摩擦压降梯度$(\Delta p/\Delta L)_{tp}$。

(2) Zhao 等[43]模型

Zhao 等推测，对于微重力下的泡状流，壁面动量交换主要由液相运动主导，所以定义两相流摩擦因子 f_{tp} 和两相流雷诺数 Re_{tp} 时，应该用液相热物性。不过，速度项以用两相流混合物速度 u_{tp} 为好，$u_{tp}=u_{sg}+u_{sl}$。他们基于这一考虑，用 Zhao 和 Rezkallah[40]、Bousman[13]及自己的空气-水实验数据，提出微重力下泡状流两相流摩擦压降公式如下：

$$\Delta p=\left(\frac{\rho_l u_{tp}^2}{2}\right)\left(\frac{L}{D}f_{tp}\right) \tag{14.31}$$

式中

$$f_{tp}=\begin{cases}140/Re_{tp}, & Re_{tp}<3\ 000\\ 480/Re_{tp}, & Re_{tp}>4\ 000\end{cases} \tag{14.32}$$

$$Re_{tp}=\frac{\rho_l u_{tp}D}{\mu_l} \tag{14.33}$$

Zhao 等[43]指出，3 000<Re_{tp}<4 000 为两相流过渡区，与单相流层流-湍流过渡区类似。

(3) de Jong[49]模型

基于空气-水在 9.5 mm 内径管内微重力下两相流摩擦压降实验数据，de Jong 提出

$$Eu=4\ 436Re_l^{-0.33}\left(\frac{x}{1-x}\right)^{0.8}\left(\frac{\rho_g}{\rho_l}\right)^{0.5}\left(\frac{\mu_g}{\mu_l}\right)^{0.1} \tag{14.34}$$

式中，液相表观雷诺数 Re_l 由式(14.6)定义；欧拉数 Eu 表征压力与惯性力之比，定义为

$$Eu=\left(\frac{dp}{dL}\right)\left(\frac{D}{\rho_l u_{sl}^2}\right) \tag{14.35}$$

(4) MacGillivray[5]模型

基于空气-水和氦气-水在微重力下的两相流摩擦压降实验数据，MacGillivray 提出

$$Eu=0.96Re_l^{-0.1}\left(\frac{x}{1-x}\right)^{1.3}\left(\frac{\rho_g}{\rho_l}\right)^{-0.6} \tag{14.36}$$

式中，欧拉数 Eu 定义同上。

2. 依赖于流型的模型

依赖于流型的模型用下式计算两相流摩擦压降：

$$\Delta p=\left(\frac{x^2G^2}{2\rho_g\alpha^{2.5}}\right)\left(\frac{L}{D}f_i\right) \tag{14.37}$$

式中，α 为空泡率，f_i 为相界面摩擦因子。依赖于流型的各种模型的不同之处在于 α 和 f_i 的确定。

(1) Wheeler[39]模型

基于微重力下两相流摩擦压降实验数据和两相流动量平衡原理，Wheeler 提出环状流 f_i 的计算方法如下：

$$f_i=0.012\ 8+0.304\sqrt{\alpha}\left(\frac{\rho_l}{\rho_g}\right)\left(\frac{1}{s^2}\right)Re_l^{-0.25} \tag{14.38a}$$

式中，滑移比 s 和空泡率 α 的计算方法分别为

$$s=\left(\frac{x}{1-x}\right)\left(\frac{\rho_l}{\rho_g}\right)\left(\frac{1-\alpha}{\alpha}\right) \tag{14.38b}$$

$$\alpha = \left(1 - 2\frac{\delta}{D}\right)^2 \tag{14.38c}$$

Wheeler 将液膜厚度 δ 拟合为 Martinelli 参数 X 和均相流雷诺数 Re_{tp} 的函数，形式如下：

$$\frac{\delta}{D} \approx CX_{tt}^{a} Re_{tp}^{b} \approx 3.238 X_{tt}^{0.4935} Re_{tp}^{-0.3535} \tag{14.38c}$$

对于湍流液-湍流气流态，Martinelli 参数 X_{tt} 表示为

$$X_{tt} = \sqrt{\frac{\Delta p_l}{\Delta p_g}} = \left(\frac{1-x}{x}\right)^{0.9} \left(\frac{\rho_g}{\rho_l}\right)^{0.5} \left(\frac{\mu_l}{\mu_g}\right)^{0.1} \tag{14.39}$$

均相流雷诺数 Re_{tp} 的计算方法如下：

$$Re_{tp} = \frac{GD}{\mu_{tp}} \tag{14.40}$$

式中，均相流动力粘度 μ_{tp} 用下式计算：

$$\frac{1}{\mu_{tp}} = \frac{1-x}{\mu_l} + \frac{x}{\mu_g} \tag{14.41}$$

(2) Chen 等[37]模型

基于微重力下 R114 两相流摩擦压降的实验数据，Chen 等获得环状流 f_i 的计算公式如下：

$$f_i = [1 + 11.7(\delta/D)^{0.039}] f_g \tag{14.42a}$$

式中，f_g 为气相表观 Moody 摩擦因子，δ/D 用下式计算：

$$\frac{\delta}{D} = (1 - \alpha^{0.5})/2 \tag{14.42b}$$

空泡率 α 用 Dukler 等[6]公式(14.8)计算。气相表观 Moody 摩擦因子 f_g 用单相流方法计算，例如可用式(14.4)计算。

微重力下 $x<15\%$ 的流型主要是泡状流，Chen 等推荐用 Beattie 和 Whalley[50]的常重力均相流摩擦压降公式计算。均相流摩擦压降的计算方法如下：

$$\left(\frac{\Delta p}{\Delta L}\right)_{tp} = \frac{G^2}{2\rho_{tp} D} f_{tp} \tag{14.43}$$

式中，两相流摩擦因子 f_{tp} 可用单相流摩擦因子模型计算，其中的雷诺数用两相流折合雷诺数 Re_{tp} 替代。例如，对于光滑管内两相流湍流，Fang 等[5]的单相流模型如式(14.29)所示，将其中的雷诺数用均相流雷诺数 Re_{tp} 替代，计算出的摩擦因子即为 f_{tp}。均相流雷诺数 Re_{tp} 用式(14.40)计算，其中的均相流动力粘度用如下的 Beattie 和 Whalley 公式计算：

$$\mu_{tp} = \mu_l (1-\zeta)(1+2.5\zeta) + \mu_g \zeta \tag{14.44a}$$

$$\zeta = x/[x + (1-x)\rho_g/\rho_l] \tag{14.44b}$$

两相流密度 ρ_{tp} 一般用流动密度模型计算，即

$$\frac{1}{\rho_{tp}} = \frac{1-x}{\rho_l} + \frac{x}{\rho_g} \tag{14.45}$$

(3) Nguyen[46]模型

基于微重力下 R12 两相流摩擦压降实验数据和最小二乘回归方法，Nguyen 获得 f_i 和 α 的计算方法如下：

$$f_i = 0.02[1 + 50.68(\delta/D)^{0.88}] \tag{14.46a}$$

$$\alpha=\left[1+1.1809\left(\frac{1-x}{x}\right)^{0.646}\left(\frac{\rho_g}{\rho_l}\right)^{1.2135}\left(\frac{\mu_l}{\mu_g}\right)^{0.7989}\right]^{-1} \tag{14.46b}$$

式中

$$\frac{\delta}{D}=0.23(1-\alpha)-0.0035 \tag{14.46c}$$

14.3.3　两相流摩擦压降关联式对微重力条件的适应性评价

Fang 和 Xu[34] 基于前面提到的由 593 组实验数据组成的数据库，对 29 个常重力两相流摩擦压降关联式和上面介绍的 7 个微重力两相流摩擦压降关联式进行了评价。这 29 个常重力两相流摩擦压降关联式在第 6 章中作了详细介绍。数据库来源列于表 14.1 中。评价指标为平均绝对误差 MAD。平均相对误差 MRD 不作为评价指标，但用来判断模型总体上是低估还是高估了数据库。

表 14.1　微重力两相流摩擦压降实验数据

数据源	工　质	流动几何参数：D(mm)/L (m)/流向	流型[a]（数据点数）[b]	u_{sl}/u_{sg}/(m·s^{-1})	x
MacGillivray[5]	空气-水	9.525/ 0.88/垂直上升	A(85)	0.1～0.3/18～37	0.07～0.30
Bousman[13]	空气-水，空气-水/丙三醇，空气-水/活性剂	① 12.7/0.63/水平；② 25.4/1.01/水平	B(7)，S(19)	0.07～0.81/0.11～2.1	0～0.035
Wheeler[39]	R12	10.5/1.22/水平	A(66)，S/A(3)，A/S(7)，Fr/A(6)	0.01～0.5/0.48～4.61	0.05～0.94
Zhao 和 Rezkallah[40]	空气-水	9.525/1.5/垂直上升	A(5)，B(7)，S(8)，Fr/A(12)	0.1～2.5/0.1～18	0～0.22
Zhao 等[42]	空气-水	12.0×12.0[c]/0.96/水平	A(6)，B(14)，S(7)，S/A(14)	0.16～1/0.12～8	0～0.053
Choi 等[44]	空气-水	10/0.60/水平	A(15)，B(9)，S(12)	0.1～2.6/0.03～21	0～0.21
Hurlbert[45]	R12	11.1/1.22/水平	A(164)，A/Fr(3)，WS(16)	0.002～0.3/0.77～4.56	0.08～0.97
Nguyen[46]	R12	12.7/1.63/水平	A(57)	0.01～0.3/0.07～3.73	0.06～0.90
Fujii 等[47]	氮气-水	10.5/0.2/垂直上升	A(15)	1.2～19/0.04～0.488	0.01～0.27
Han 和 Gabriel [51]	空气-水	9.525/0.88/垂直上升	A(36)	0.1～0.2/16～40	0.12～0.30

a　A—环状流，B—泡状流，Fr—乳沫弹状流，S—弹状流，WS—波面层状流。

b　对应于该流型的数据点数。

c　方管。

MAD<40%的模型的评价结果如表 14.2 所列,从表中可以看出以下几点:

① Fang 和 Xu[34]模型预测精度最高,其 MAD=20.4%。基于微重力实验数据的两相流摩擦压降公式中,除了 Fang 和 Xu 模型,其他的 MAD 都大于 40%。这说明大部分专用于微重力的公式的预测性能并不理想。部分原因可能是这些公式基于的数据点有限,有的则是针对特定的流型。例如,Zhao 等[43]模型针对泡状流,上面 3 个依赖于流型的模型主要针对环状流。

② 用于常重力的模型中,有 14 个 MAD<40%。其中,Muller - Steinhagen 和 Heck[52]模型和 Friedel[41]模型的 MAD<30%,分别为 25.3%和 26.3%。这意味着重力对两相流摩擦压降的影响比较温和。

③ 上述 14 个常重力模型中,有 11 个低估了微重力数据库,其中有 7 个 MRD<−22%。这意味着重力对两相流摩擦压降有明显影响,总体上两相流摩擦压降随重力减小而增大。这个结果与 Heppner 等[10]、Colin 等[11-12]、Chen 等[37]和 Hurlbert[45]等的实验结果一致。

表 14.2　对微重力数据库 MAD<40%的两相流摩擦压降模型的评价结果

%

模　型	MAD	MRD	模　型	MAD	MRD
Fang 和 Xu[34]	20.4	0.8	Souza 和 Pimenta[58]	35.8	−29.5
Muller - Steinhagen 和 Heck[52]	25.3	−7.8	Sun 和 Mishima[22]	36.3	−33.6
Friedel[41]	26.3	−1.3	McAdams et al.[59]	36.6	−29.2
Cicchitti 等[53]	33.3	−9.7	Beattie 和 Whalley[50]	37.3	−33.6
Gronnerud[54]	34.5	2.3	Lockhart 和 Martinelli[36]	38.0	10.2
Lee 和 Mudawar[55]	34.9	−25.8	Wilson et al.[60]	38.4	−9.8
Shannak[56]	35.0	−22.2	Cavallini et al.[61]	38.7	27.2
Lin et al.[57]	35.3	−22.7			

Fang 和 Xu[34]基于其评价分析,同时指出了以下几点:

① 各模型对水平管和垂直上升管的实验数据预测误差没有明显的不同,说明微重力下流动方向对两相流摩擦压降的影响很小。

② 给定模型对于不同的数据来源,MAD 的差别往往很大,这除了与实验条件不同、各实验的测试精度有别之外,应该还有其他原因。进行更精确的实验,获得更多的准确数据,以便找出其中的原因,是一个值得努力的研究方向。

③ 比较 R12 和空气-水两相流,热物性对两相流摩擦压降模型预测误差的影响不明显。但是,现有模型对氦气-水两相流摩擦压降的预测误差远大于 R12 和空气-水的误差,说明工质热物性对两相流摩擦压降关联式有一定的影响。

14.3.4　不同重力下两相流摩擦压降研究概况

Choi 等[44]用 MU - 300 飞机抛物线飞行对空气-水两相流摩擦压降和流型进行了实验研究,在 6 天内飞行了 57 次。重力范围为 $\mu g \sim 2g$,管内径为 10 mm,水平放置。实验范围为

$u_{sl}=0.1\sim2.6$ m/s，$Re_l=1\times10^3\sim2.8\times10^4$，$u_{sg}=0.03\sim21$ m/s，$Re_g=21\sim1.4\times10^4$，$t=2$ ℃。实验结果与几个预测关联式进行了比较，其中 Chisholm[35]模型在如下条件下与实验数据吻合较好：μg 时取 $C=19$，1g 时取 $C=17$，2g 时取 $C=19$。这说明重力对两相流摩擦压降有一定影响。

Hurlbert 等[42]用 NASA KC-135 飞机抛物线飞行对 R12 在月球重力(0.17g)和火星重力(0.38g)下的两相流摩擦压降进行了实验研究。管内径 11.1 mm，水平放置，大多数实验点 $x=0.84$ 左右。实验结果表明，对于环状流，两相流摩擦压降是 $1/g^{0.39}$ 的函数。这意味着，两相流摩擦压降随重力降低而增大。Nguyen[46]用 NASA KC-135 飞机抛物线飞行对 R12 在微重力下的两相流摩擦压降进行了实验研究。管内径 12.7 mm，水平放置。Hurlbert 等[45]和 Nguyen[46]的实验装置都是在 Miller、Wheeler 等[38-39]的基础上改进而成的。

Fujii 等[47]用落塔对氮气-水在 $10^{-2}\sim10^{-3}g$ 微重力下的两相流摩擦压降进行了实验研究。管内径 10.5 mm，垂直放置。实验结果表明，微重力下两相流摩擦压降与常重力下的情况差别不大。

前述的 Brutin 等[32]的地面和抛物线飞机飞行实验研究表明，两相流摩擦压降随重力的增大而呈线性增大的趋势，1.8g 时的摩擦压降是 1g 时的 1.3 倍，1g 时的摩擦压降是 μg 时的 2 倍。这与前面的一些研究结果相矛盾。Brutin 等对自己的研究结果保持谨慎，指出这个结论需要更多的不同重力下的实验来验证。

作者团队[62-65]利用离心加速机对超重力下的管内流动沸腾特性进行了一系列研究。

14.3.5 超重力下的摩擦压降

作者团队以离心加速机模拟超重力环境，分别研究了 R134a 在 1.00 mm、2.01 mm 和 4.07 mm 水平管内流动沸腾的摩擦压降特性。本小节对部分研究结果作概括性介绍。

1. D=1.00 mm 水平管内的摩擦压降

图 14.14 和图 14.15 展示了 1.00 mm 通道内 R134a 在不同重力下的摩擦压降随干度的变化趋势。其中有效重力加速度 $a=1g$ 为常重力，$a>1g$ 为过载。

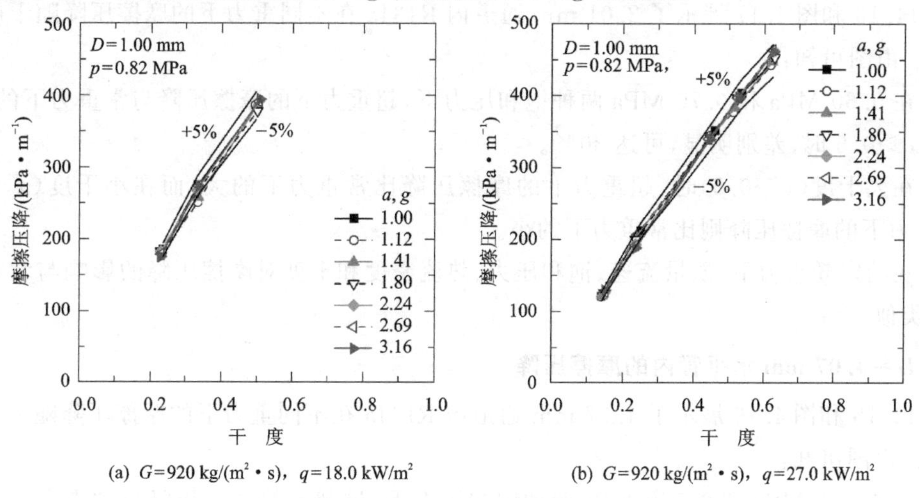

(a) G=920 kg/(m²·s)，q=18.0 kW/m²　　(b) G=920 kg/(m²·s)，q=27.0 kW/m²

图 14.14　D=1.00 mm 时不同重力下摩擦压降随干度的变化(p=0.82 MPa)

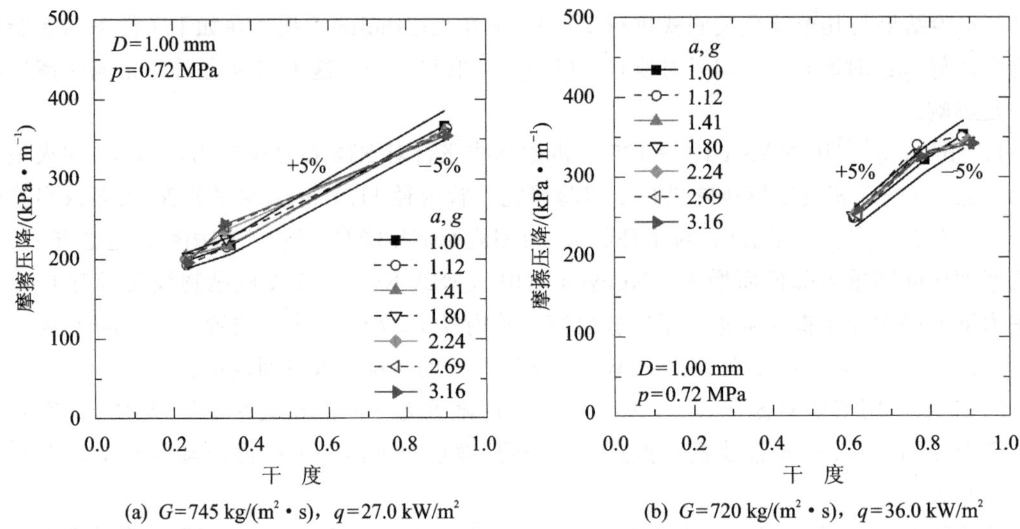

图 14.15 $D=1.00$ mm 时不同重力下摩擦压降随干度的变化($p=0.72$ MPa)

由图 14.14 和图 4.15 可知：

① 在 0.82 MPa 和 0.72 MPa 两种饱和压力下，过载下的摩擦压降与常重力下的摩擦压降的差别都不明显，基本都在±5%以内。

② 过载下的摩擦压降与常重力下的摩擦压降相比，很难分清谁大谁小，两者之间并无明显的变化规律。

③ 摩擦压降无明显的随过载的增大而增大或者减小之类的规律。

④ 在给定过载量下，质量流速、饱和压力、热流密度和干度对摩擦压降的影响与常重力的情形相类似。

2. $D=2.01$ mm 水平管内的摩擦压降

图 14.16 和图 4.17 展示了 2.01 mm 通道内 R134a 在不同重力下的摩擦压降随干度的变化趋势。由图可知：

① 在 0.60 MPa 和 0.70 MPa 两种饱和压力下，超重力下的摩擦压降与常重力下的相比，在干度 $x>0.5$ 时，差别明显，可达 30%。

② 在大干度($x>0.5$)时，超重力下的摩擦压降比常重力下的大，而在小干度($x<0.4$)时，超重力下的摩擦压降则比常重力下的小。

③ 在给定超重力下，质量流速、饱和压力、热流密度和干度对摩擦压降的影响与常重力的情形相类似。

3. $D=4.07$ mm 水平管内的摩擦压降

图 14.18 和图 4.19 展示了 4.07 mm 通道内 R134a 在不同重力下的摩擦压降随干度的变化趋势。由图可知：

① 在 0.676 MPa 和 0.578 MPa 两种饱和压力下，过载下的摩擦压降与常重力下的差别很明显，最大偏差可达 200%左右。

(a) G=625 kg/(m^2 • s)，q=47.7 kW/m^2

(b) G=625 kg/(m^2 • s)，q=97.6 kW/m^2

(c) G=400 kg/(m^2 • s)，q=47.7 kW/m^2

(d) G=400 kg/(m^2 • s)，q=97.7 kW/m^2

图 14.16　D=2.01 mm 时不同重力下摩擦压降随干度的变化(p=0.60 MPa)

② 过载下的摩擦压降比常重力下的大。仅当 p=0.676 MPa 且干度较小(x<0.4)时，a=1.12g 下的摩擦压降与常重力下的摩擦压降差别很小。

③ 在整个干度范围内，摩擦压降都随过载的增大而增大。

④ 在给定过载量下，质量流速、饱和压力、热流密度和干度对摩擦压降的影响与常重力的情形相类似。

综合以上结果可见，超重力下的摩擦压降及常重力下的摩擦压降的大小与管径有关。对于 4.07 mm 通道，超重力下的摩擦压降比常重力下的大，在 3.16g 时可大 1 倍以上；对于 2.01 mm 通道，在干度 x>0.5 时，超重力下的摩擦压降与常重力下的差别明显，可达 30%；对于 1.00 mm 通道，超重力下的摩擦压降与常重力下的差别不明显，偏差基本在±10%以内。对于超重力下的摩擦压降特性，需要更多的实验研究加以探讨。

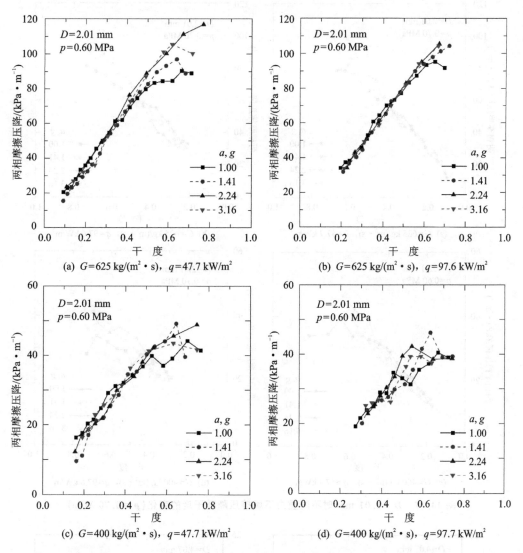

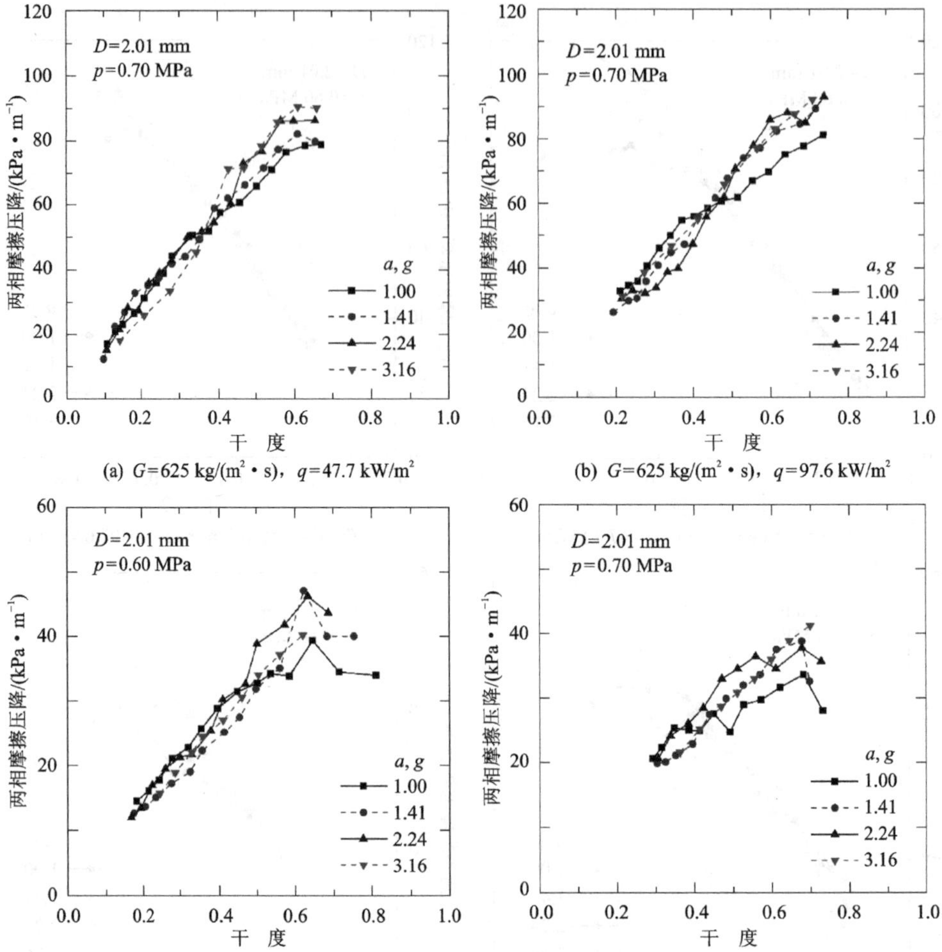

(a) $G=625\ \mathrm{kg/(m^2\cdot s)}$，$q=47.7\ \mathrm{kW/m^2}$

(b) $G=625\ \mathrm{kg/(m^2\cdot s)}$，$q=97.6\ \mathrm{kW/m^2}$

(c) $G=400\ \mathrm{kg/(m^2\cdot s)}$，$q=47.7\ \mathrm{kW/m^2}$

(d) $G=400\ \mathrm{kg/(m^2\cdot s)}$，$q=97.6\ \mathrm{kW/m^2}$

图 14.17　$D=2.01$ mm 时不同重力下摩擦压降随干度的变化($p=0.70$ MPa)

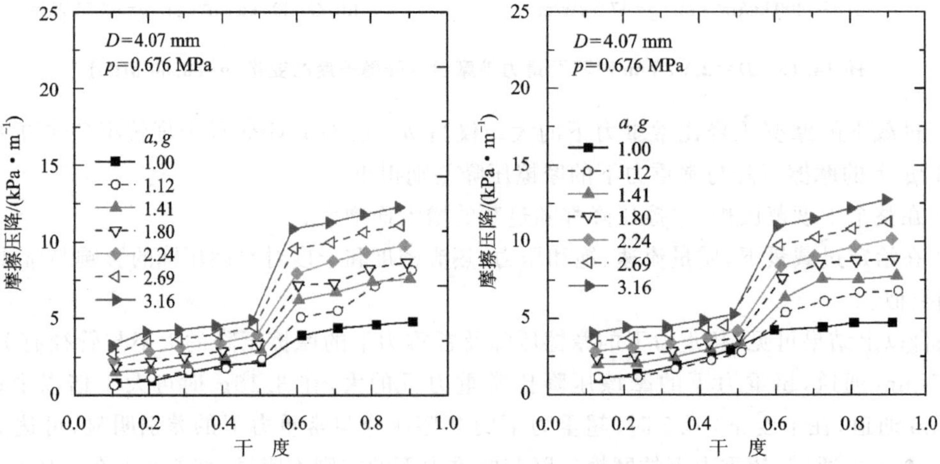

(a) $G=185\ \mathrm{kg/(m^2\cdot s)}$，$q=18.5\ \mathrm{kW/m^2}$

(b) $G=185\ \mathrm{kg/(m^2\cdot s)}$，$q=28.0\ \mathrm{kW/m^2}$

图 14.18　$D=4.07$ mm 时不同重力下摩擦压降随干度的变化($p=0.676$ MPa)

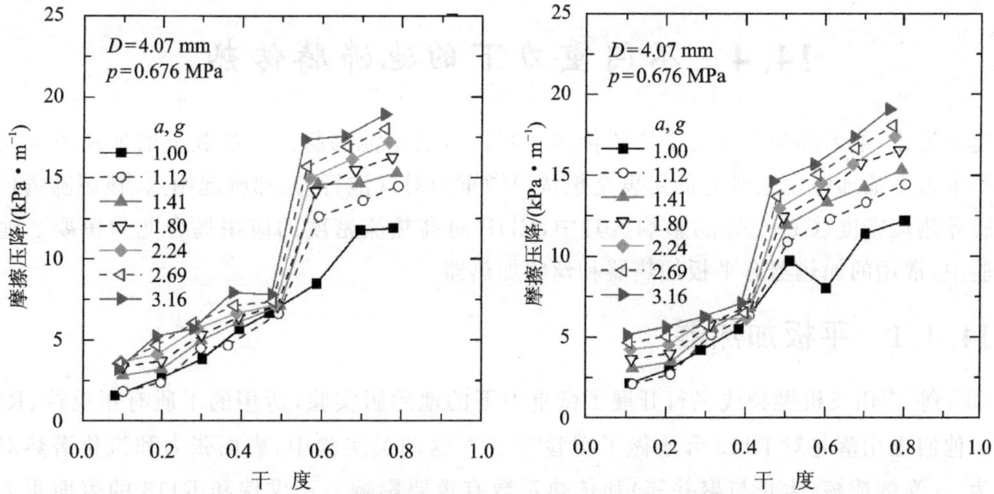

(c) G=295 kg/(m^2 · s)，q=18.5 kW/m^2

(d) G=295 kg/(m^2 · s)，q=28.0 kW/m^2

图 14.18　D＝4.07 mm 时不同重力下摩擦压降随干度的变化(p＝0.676 MPa)(续)

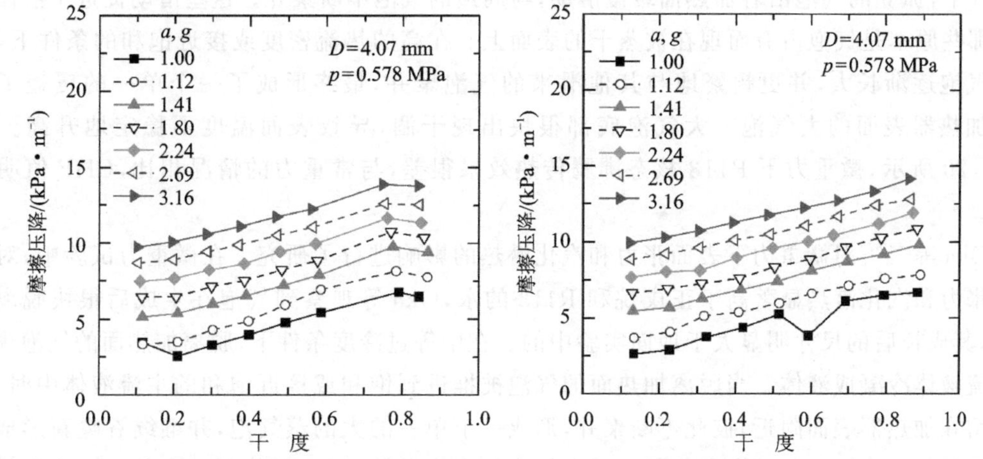

(a) G=185 kg/(m^2 · s)，q=18.5 kW/m^2

(b) G=185 kg/(m^2 · s)，q=28.0 kW/m^2

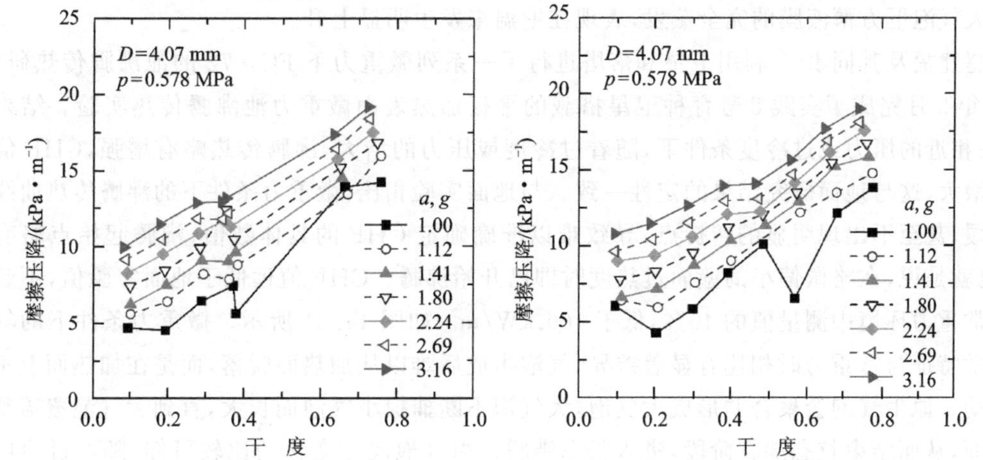

(c) G=295 kg/(m^2 · s)，q=18.5 kW/m^2

(d) G=295 kg/(m^2 · s)，q=28.0 kW/m^2

图 14.19　D＝4.07 mm 时不同重力下摩擦压降随干度的变化(p＝0.578 MPa)

14.4 不同重力下的池沸腾传热

迄今为止，绝大部分微重力下沸腾传热研究针对的是池沸腾。对过载下的池沸腾研究极少。微重力下池沸腾现象研究的初衷是想认识微重力对气泡行为、沸腾起始点、核态沸腾传热以及临界热流密度(CHF)等的影响。其中，CHF对高热流密度的应用场合尤为重要。池沸腾实验中，常用的加热器有平板加热器和丝状加热器。

14.4.1 平板加热器

Oka等[66]用飞机抛物线飞行开展了微重力下的池沸腾实验，所用的工质有正戊烷、R113和水。他们也用落井对R113和水做了实验[67]。在这两类实验中，表面张力和汽化潜热对气泡行为(气泡的成核、生长与聚并等)和传热系数有重要影响。正戊烷和R113的表面张力和汽化潜热相对较低，实验中可以发现在不大的过冷条件下气泡很少从壁面脱离。在低热流密度条件下，孤立的气泡沿着加热面缓慢滑动，与周边的气泡不断聚并。这些滑动促进了液体补充到那些原本是气泡占有而现在被蒸干的表面上。在高的热流密度或接近饱和的条件下，孤立的气泡逐渐长大，并更频繁地与其他滑来的气泡聚并，最终形成了一个单一的覆盖了大部分加热器表面的大气泡。大气泡底部很快出现干涸，导致表面温度不稳定地升高。如图14.20所示，微重力下R113核态沸腾传热效果很差，与常重力的情况相比，CHF值明显偏小。

Oka等[66-67]对微重力下表面张力和汽化潜热的影响进行了研究。在微重力试验中，对于表面张力和汽化潜热显著高于正戊烷和R113的水，Oka等观察到气泡在生成后很快脱离加热面，其成长后的尺寸明显大于地面实验中的。在中等过冷度条件下，脱离加热面的气泡很快被主流液体冷凝成液体。当脱离加热面的气泡被推进到饱和或接近饱和的主流液体中时，它们滞留在加热器表面附近，彼此不断聚并，形成一个单一的大的蒸气泡，并继续吞噬新形成的气泡而长得更大。一些研究者也证实了大气泡的形成导致了CHF降低。水的高汽化潜热延迟了大气泡下方薄液膜的完全蒸发，表现在壁温未发生明显上升。

赵建福及其同事[68]利用卫星和落塔进行了一系列微重力下FC-72的池沸腾传热研究。2006年9月完成了实践8号育种卫星搭载的平板加热表面微重力池沸腾传热实验。结果表明，在相近的压力或过冷度条件下，随着过冷度或压力的增大，沸腾传热略有增强，CHF值也有所增大，这与地面研究结果的定性一致。与地面实验相比，微重力条件下的沸腾传热曲线相当平缓，甚至不出现明显的转折点，导致难以准确确定CHF的具体数值；沸腾起始点略有提前，也就是说，在略微偏小的壁面过热度时即已开始沸腾。CHF值远低于地面实验值，不超过地面常重力环境中测量值的40%，低于100 kW/m^2，如图14.21所示。微重力条件下的气泡动力学特征与常重力时相比有显著差异，气泡生成后难以从加热面脱落，而是在加热面上不停地移动。原生气泡会聚合并形成大气泡，大气泡不断捕掠小气泡而长大，直到大气泡覆盖整个加热面，从而结束核态沸腾阶段，进入膜态沸腾。由气泡尺寸变化的比较可知，随着过冷度的增大，气泡的生长速度变缓，这源于气泡顶端接触过冷液体而不断冷凝的速度加大，有利于核态沸腾状态的延续。

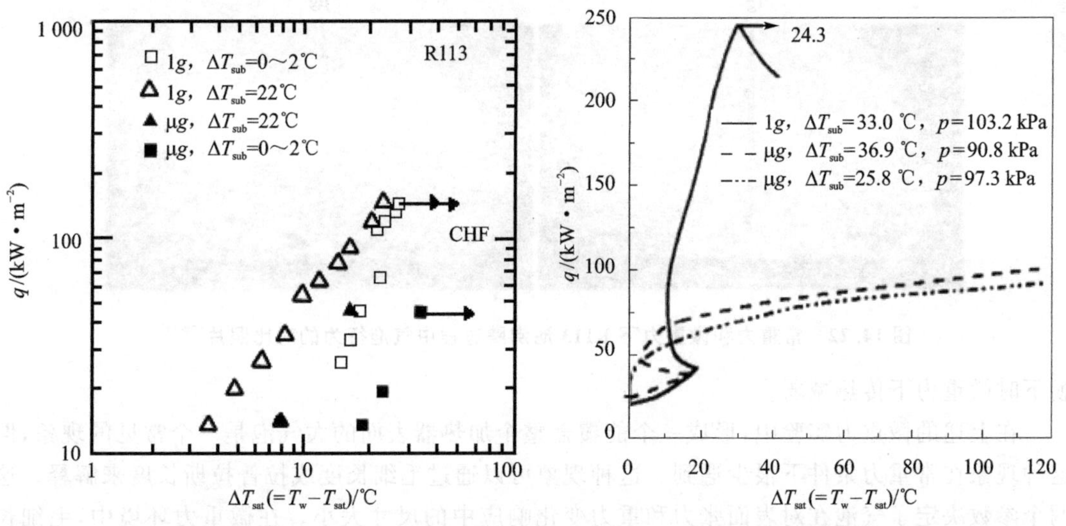

图 14.20　R113 在微重力和常重力下的池沸腾曲线[66]　　**图 14.21　地面和空间沸腾传热曲线的比较[68]**

一些研究者推测，在常重力下通常被占主导地位的浮力驱动的对流所掩盖的热毛细对流和 Marangoni 对流，在微重力下对气泡的成核和生长起着重要作用，进而影响传热效率。热毛细对流和 Marangoni 对流效应在过冷沸腾中尤为突出，能引起成核气泡周围产生喷射流，这有助于热量从气泡传到主流液体中。Straub[69] 在太空实验室任务 IML-2 的长时微重力实验中，观测 R11 在半球加热器上的池沸腾，肯定了这些对流效应。

Merte 及其同事们[70-71] 在 NASA 航天飞机(STS-47、57、60、72、77)上对 R113 做了长时的微重力池沸腾实验。实验件为 19.0 mm×38.1 mm 的贴着半透明金膜的石英矩形加热器。实验过冷度为 0.3～22.2 ℃，热流密度为 5～80 kW/m^2。对于中等过冷和低热流密度，加热器附近形成大气泡，悬浮在加热器上面，大气泡底下生成小气泡。对于低热流密度，他们推测，聚并成大气泡的小气泡的动量克服了把大蒸气泡推向加热器表面，进而引起干涸的热毛细力，维持了加热器表面的液体补给，产生了稳定的核态沸腾，甚至产生了低热流密度下传热系数大于常重力时的情况。除了最高过冷条件，他们在高热流密度下进行的所有实验中，都出现了大气泡覆盖整个加热器表面，导致表面温度不稳定地升高，造成局部干涸或完全干涸的现象。这时传热系数显著降低。

图 14.22 显示了 NASA 航天飞机的微重力实验中，R113 池沸腾气泡行为照片，并与地面常重力下的情况进行了对比。从图中可见，微重力环境中形成一个大的气泡，覆盖了加热器的很大部分，而没有一丝要脱离加热面的倾向。可以想象，开始时加热面出现小气泡，小气泡逐渐长大、聚并，形成了图中的较大气泡。大气泡底部周边有一些小气泡，这些小气泡将逐步被大气泡兼并，形成更大的气泡，直至覆盖整个加热器表面。而地球重力下，加热器表面形成的小气泡在浮力作用下脱离加热器表面，以离散小气泡形式上升，逐渐远离表面，没有聚并成大气泡的迹象。

Kannengieser 等[72] 控制压力不变，观察微重力下过冷度对池沸腾传热流动特性的影响。结果表明：对于充分发展的沸腾，当气泡覆盖整个加热面时，过冷度对传热流动特性基本没有影响；与常重力时的情况相比，对于小热流密度，加热面朝上时微重力下传热得到增强，加热面

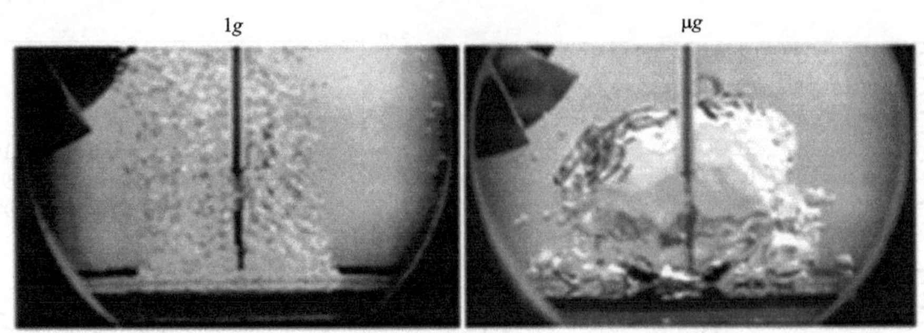

图 14.22 常重力和微重力下 R113 池沸腾过程中气泡行为的对比照片[70-71]

朝下时微重力下传热减弱。

在上述的微重力实验中，形成一个能覆盖整个加热器表面的大气泡是一个常见的现象，但这种现象在常重力条件下很少遇到。这种现象可以通过毛细长度或拉普拉斯长度来解释。这两个参数决定了气泡在对表面张力和重力变化响应中的尺寸大小。在微重力环境中，毛细长度异常长，这解释了为什么微重力下会形成异常大的气泡。

部分文献[73-75]实验研究了微重力下单个气泡点的核态沸腾，探讨了单气泡的传热传质特性，用高精度测量技术获得了壁面局部热流密度和热边界层的特性。有关测量结果和后来的进一步研究表明，三相接触线附近区域突出的蒸发现象，使该区域近壁面温度显著降低。

Straub[76]较早对微重力下平面池沸腾传热实验研究进行了综述。这些实验涉及不同工质(包括 R11、R12、R113、R123 等)、不同加热面尺寸、不同对比压力，以及不同过冷度。他总结道：重力对核态沸腾传热影响较弱，但是对加热面 CHF 影响强烈，微重力下的 CHF 值显著降低。Colin 等[77]总结道：对于平板加热器上的池沸腾，与常重力下的情况相比，微重力下沸腾起始点在较低的壁面过热度下出现。

不同重力下，加热面尺寸对气泡行为有显著影响。Kim 及其同事[78-79]设计了加热面能保持恒温的加热面积分别为 0.65 mm^2、2.62 mm^2 和 7.29 mm^2 的加热器。用这些加热器在 NASA KC－135 抛物线飞行的飞机上进行了 1.7g 超重力下 FC－72 的过冷池沸腾实验研究。结果表明，气泡行为依赖于加热器的大小。对于最小的加热器，由于其尺寸与毛细长度相当，加热器只产生一个主气泡。然而，最大的加热器由于能够容纳多个成核点，主气泡周边有一些卫星气泡。

Wang 等[80]用落塔实验研究了微重力下 FC－72 在 S 2×2 (2 cm×2 cm×0.05 cm)芯片上的过冷池沸腾传热，并与其在 S 1×1 (1 cm×1 cm×0.05 cm)芯片上的实验结果[81]进行比较，分析了加热器尺寸的影响。结果表明，加热面尺寸对传热机理、传热特性和气泡行为有显著影响。与在 S 1×1 芯片上的情况相比，S 2×2 芯片上同等热流密度下的气泡脱离直径较大，传热性能下降，但 CHF 值增加 20%左右。

14.4.2 丝状加热器

2005 年 9 月，中国首次空间微重力池沸腾实验搭载第 22 颗返回式卫星顺利完成[68]。该项研究针对丝状加热表面，采用控制加热面温度的稳态加热方式，即控制加热面温度阶梯状升或降，并保证每一温度阶梯持续时间约 30 s，以便沸腾实验处于(统计)平稳状态。在飞行实验前后，利用相同装置开展了地面常重力对比实验；此外，还利用中国科学院国家微重力实验室

北京落塔进行了地基短时微重力实验。

不同重力条件下的实验结果表明：沸腾起始温度基本上不受重力的影响；核态沸腾在微重力时略有强化；基于流体动力学不稳定性机制的 Lienhard－Dhir－Zuber 模型可以很好地预测不同重力条件下 CHF 的变化趋势，尽管热丝无量纲半径比该模型的适用范围扩大了 3～4 个数量级。这也表明，在小 Bond 数时，热丝无量纲半径（等价于 Bond 数）不再是描述 CHF 尺度效应的唯一参数。

14.5　不同重力下的流动沸腾传热

14.5.1　研究概况

早在 19 世纪 60 年代，就有人开始了微重力下管内流动沸腾的实验研究[82]。不过，相比于池沸腾和绝热两相流，这方面的研究很少。尽管如此，现有研究成果明显地展示出常重力和微重力下流动沸腾界面状态和传热机理之间的差异。

Ohta[28]利用抛物线飞行进行了 R113 在内径 8 mm 透明耐热玻璃管内的流动沸腾实验，并与地面的垂直向上流动的情况进行了比较。结果表明，重力对传热和流型均有影响，影响程度取决于干度、质量流速和热流密度。在低干度时，在质量流速较小（$G=150\ \mathrm{kg/(m^2\cdot s)}$）时，核态沸腾起主导作用；在质量流速较大（$G=600\ \mathrm{kg/(m^2\cdot s)}$）时，传热随重力的变化不明显。在 $x=0.29\sim0.3$ 的中低干度时，当热流密度不太高时（见图 14.8(c)），两相流传热随重力而变化，与 $1g$ 情况相比，传热在 $2g$ 时增强，在 μg 时减弱；当热流密度较高时，传热随重力的变化不明显。在低热流密度且大干度时，由于中心气相对液膜的剪切力随流速的增大而增大，以至于超过了重力的影响，重力对传热的影响减弱。

Ohta 和 Baba[29]总结了他们利用抛物线飞行在微重力下对 R113 和 FC－72 流动沸腾的研究结果，绘制了图 14.23。图中，高质量流速与低质量流速的界限是 $G=200\sim300\ \mathrm{kg/(m^2\cdot s)}$，低质量流速与极低质量流速的界限是 $G=50\sim100\ \mathrm{kg/(m^2\cdot s)}$。作者指出：对质量流速 G、干度 x 以及热流密度 q 高低的划分，是为了描述方便而采用的；这种划分应随着管径、工质和压力的不同而变化。

		低x	中等x	高x
高G		NB	TFC	TFC
低G	高q	NB	NBA	NBA
	低q	NB	TFC	TFC
极低G		NB	NBA	NBA

NB：核态沸腾　　TFC：强迫对流沸腾

NBA：液膜环内出现核态沸腾

（斜线）重力影响传热和相界面行为

（交叉线）重力影响传热并可能影响相界面行为

（灰色）重力能影响传热和相界面行为

（白色）重力对传热和相界面行为无明显影响

图 14.23　重力对界面行为和传热的影响[29]

Luciani 等[31,83]用法国国家太空研究中心的 A300 飞机做抛物线飞行，在 $\mu g\sim1.8g$ 重力范围内，实验研究了 HFE－7100 工质在水力直径分别为 0.49 mm、0.84 mm、1.18 mm 的矩形细微通道内垂直向上的强迫对流沸腾传热和流动特性。基于热量和温度测量值，用导热反问题数值解法，获得局部传热系数。结果表明：重力对流型、气泡脱离直径、传热和摩擦压降有显著影响；μg 下的传热系数比 $1g$ 和 $1.8g$ 下高约 30%，尤其在进口段增加显著。

Celata 等[84]和 Baltis 等[85]利用飞机抛物线飞行研究了微重力下 FC－72 流过内径2 mm、4 mm 和 6 mm 管的沸腾传热与流动特性。结果表明，μg 时传热在上游段显著增强，在下游段减弱。他们将上游段传热的增强归因于 μg 环境中上游大尺寸的气泡带来的剧烈混合和动荡。而在下游段，μg 下与 $1g$ 下都是大气泡，因而传热量在这两种重力下相当。

Mudawar 团队[1,86-89]利用飞机抛物线飞行对微重力下传热、界面形态和 CHF 进行了实验研究，并对 $1.8g$ 重力下的 CHF 作了探讨。研究结果在 14.5.3 小节介绍。

作者团队以离心加速机模拟超重力环境，分别研究了 R134a 在 1.00 mm、2.01 mm 和 4.07 mm 水平管内流动沸腾的传热特性[62,64-65]。研究结果在下一小节介绍。

14.5.2 超重力下的流动沸腾传热

超重力下的流动沸腾传热研究很少，本小节对作者团队的部分研究结果作概括性介绍。

1. $D=1.00$ mm 水平管内的流动沸腾传热

图 14.24 和图 14.25 展示了 1.00 mm 通道内 R134a 在不同重力下传热系数随干度的变化趋势。其中有效重力加速度 $a=1g$ 为常重力，$a>1g$ 为过载。由图可知：

① 过载下的传热系数与常重力下的传热系数差别显著，最大偏差在 50%左右。

② 除了图 14.24(a)所示低热流密度时 $x>0.4$ 的情况外，过载下的传热系数比常重力下的大。

③ 传热系数随过载的增大先增大再减小，转捩点近似为 $a=1.41g$。

④ 过载对传热系数的影响与饱和压力的关系不大。

⑤ 另外，过载的影响随干度的增大也基本保持不变。与之不同的是，Ohta[89] 发现重力的影响随干度的增大而减小。

⑥ 在给定的过载量下，质量流速、饱和压力、热流密度和干度对传热系数的影响与常重力的情形相类似。

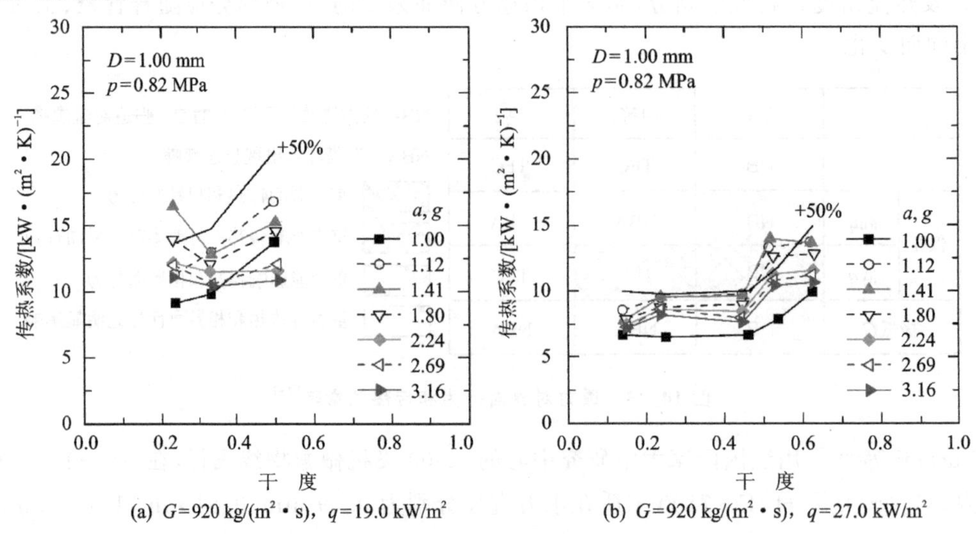

图 14.24 $D=1.00$ mm 时不同重力下传热系数随干度的变化($p=0.82$ MPa)

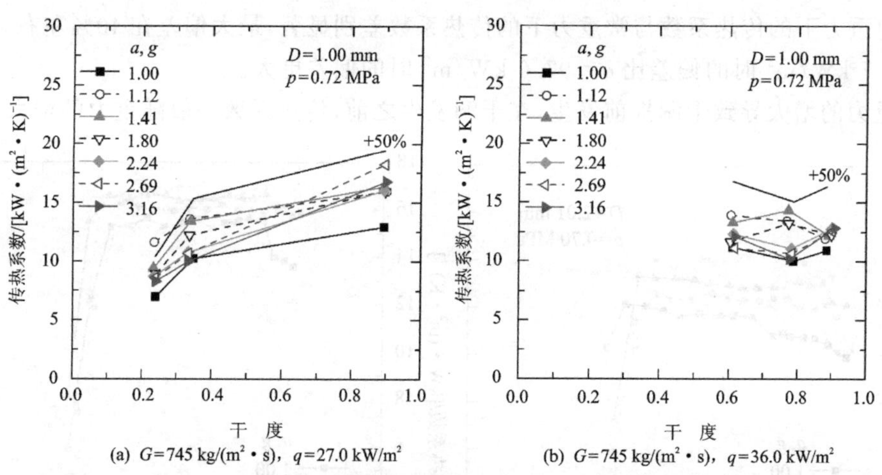

(a) G=745 kg/(m²·s)，q=27.0 kW/m²　　(b) G=745 kg/(m²·s)，q=36.0 kW/m²

图 14.25　D=1.00 mm 时不同重力下传热系数随干度的变化(p=0.72 MPa)

2. D=2.01 mm 水平管内的流动沸腾传热

图 14.26 和图 14.27 展示了 2.01 mm 通道内 R134a 在不同重力下的传热系数随干度的变化趋势。由图可知：

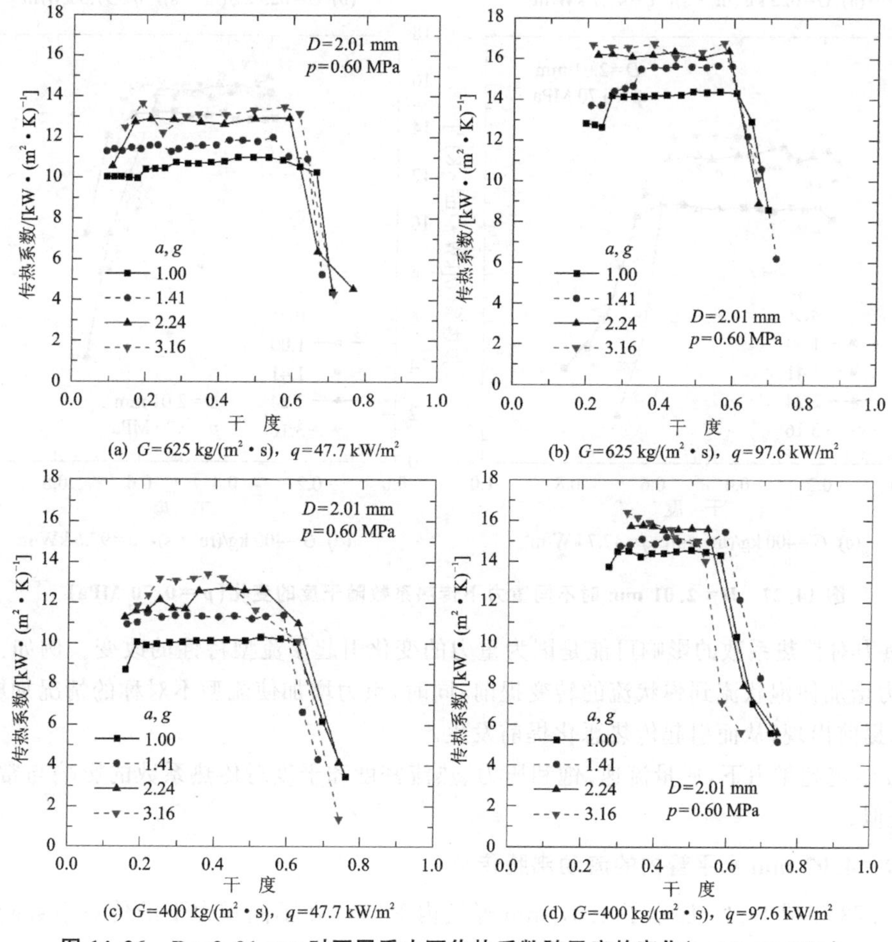

(a) G=625 kg/(m²·s)，q=47.7 kW/m²　　(b) G=625 kg/(m²·s)，q=97.6 kW/m²

(c) G=400 kg/(m²·s)，q=47.7 kW/m²　　(d) G=400 kg/(m²·s)，q=97.6 kW/m²

图 14.26　D=2.01 mm 时不同重力下传热系数随干度的变化(p=0.60 MPa)

① 超重力下的传热系数与常重力下的传热系数差别显著,最大偏差在40%左右。热流密度 $q=47.7\ kW/m^2$ 时的偏差比 $q=97.6\ kW/m^2$ 时的偏差更大。

② 重力的增大导致干涸提前发生,在干涸发生之前,传热系数一般随重力的增大而增大。

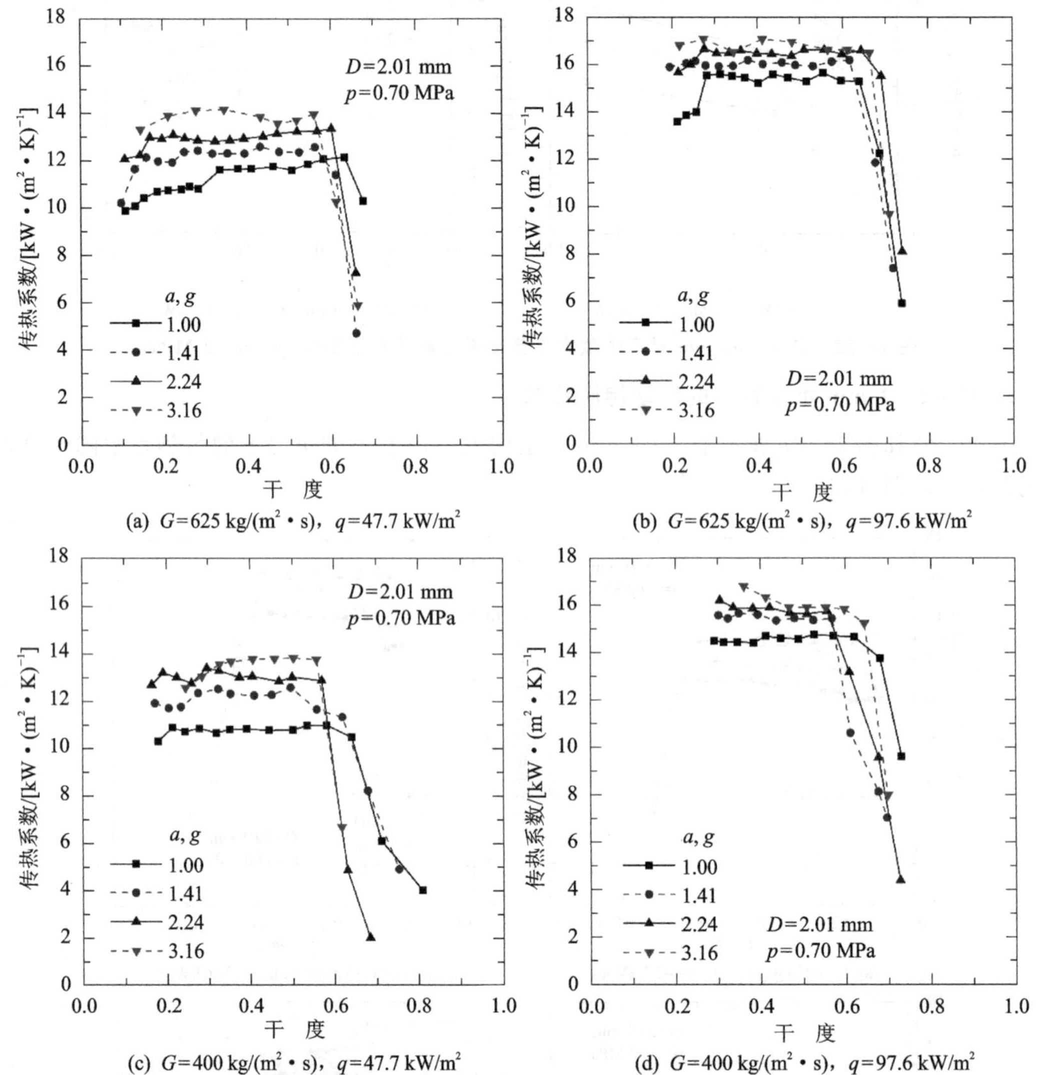

图 14.27　$D=2.01$ mm 时不同重力下传热系数随干度的变化($p=0.70$ MPa)

③ 重力对传热系数的影响可能是因为重力的变化引起了流型特性的改变。例如:在小干度时,重力增加使泡状流到弹状流的转变提前;同时,重力增加使流型不对称的情况加剧,导致局部干涸提前出现,从而引起传热恶化提前发生。

④ 在给定超重力下,质量流速、饱和压力、热流密度和干度对传热系数的影响与常重力的情形相类似。

3. $D=4.07$ mm 水平管内的流动沸腾传热

图 14.28 和图 14.29 展示了 4.07 mm 通道内 R134a 在不同重力下的传热系数随干度的变化趋势。由图 14.28 和图 14.29 可知:

① 过载下的传热系数与常重力下的传热系数同样差别显著，最大偏差基本都在 50%左右。在 $p=0.676$ MPa 且 $G=295$ kg/(m² · s)（见图 14.28(c)和(d)）的条件下，当干度较大($x>0.5$)且过载较大时，偏差更大。另外，在 $p=0.578$ MPa、$G=295$ kg/(m² · s)且 $q=18.5$ kW/m² （见图 14.29(c)）的条件下，当干度较小($x<0.3$)且过载较大时，偏差更大。

② 过载下的传热系数比常重力下的大。

③ 传热系数随过载的增大而增大。

④ 过载对传热系数的影响与饱和压力有关。当 $p=0.676$ MPa 时，过载的影响在大干度时更大；而当 $p=0.578$ MPa 时，过载的影响在小干度时更大。$p=0.578$ MPa 时的规律与 Ohta[89] 关于重力的影响随干度的增大而减小的发现相似。

⑤ 在给定过载量下，质量流速、饱和压力、热流密度和干度对传热系数的影响与常重力的情形同样相类似。

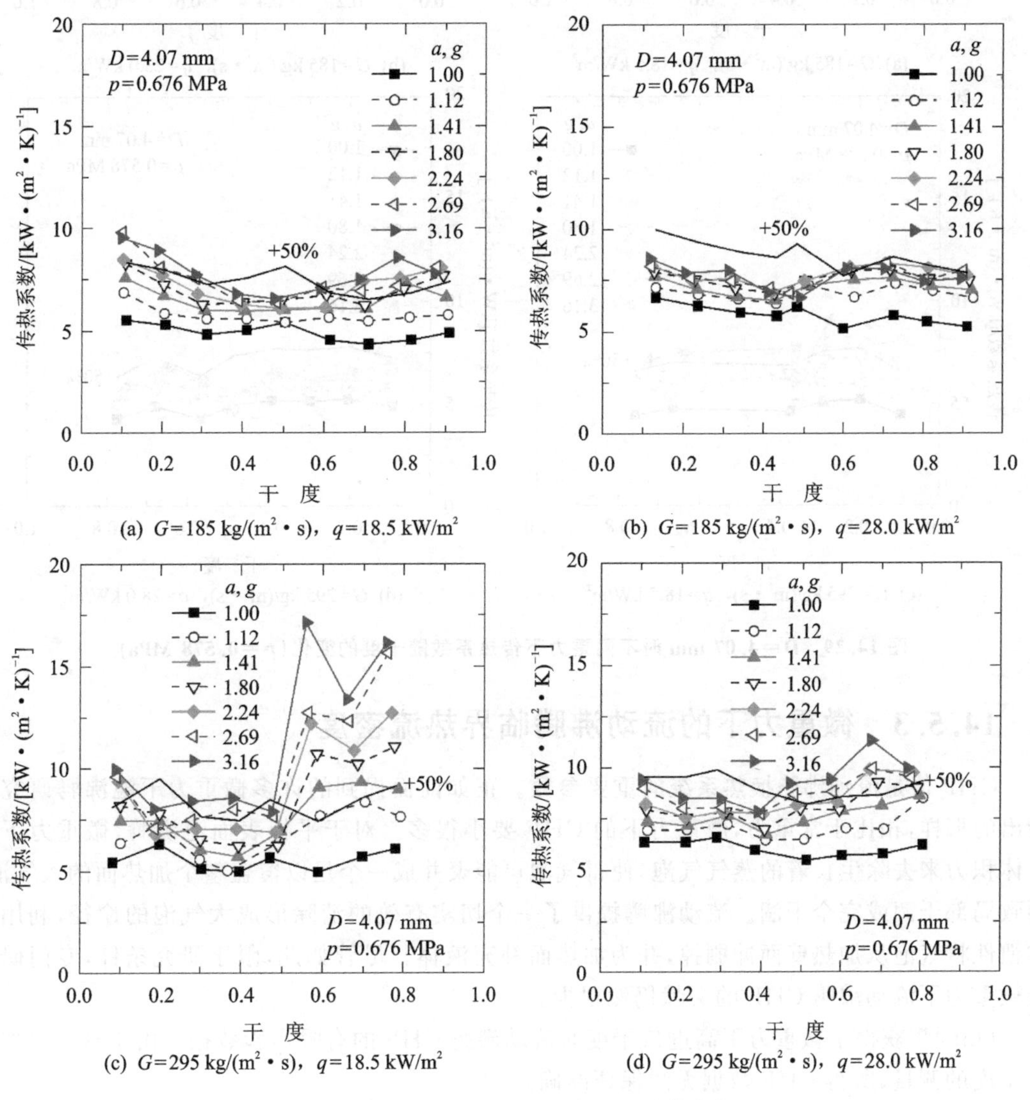

图 14.28　$D=4.07$ mm 时不同重力下传热系数随干度的变化($p=0.676$ MPa)

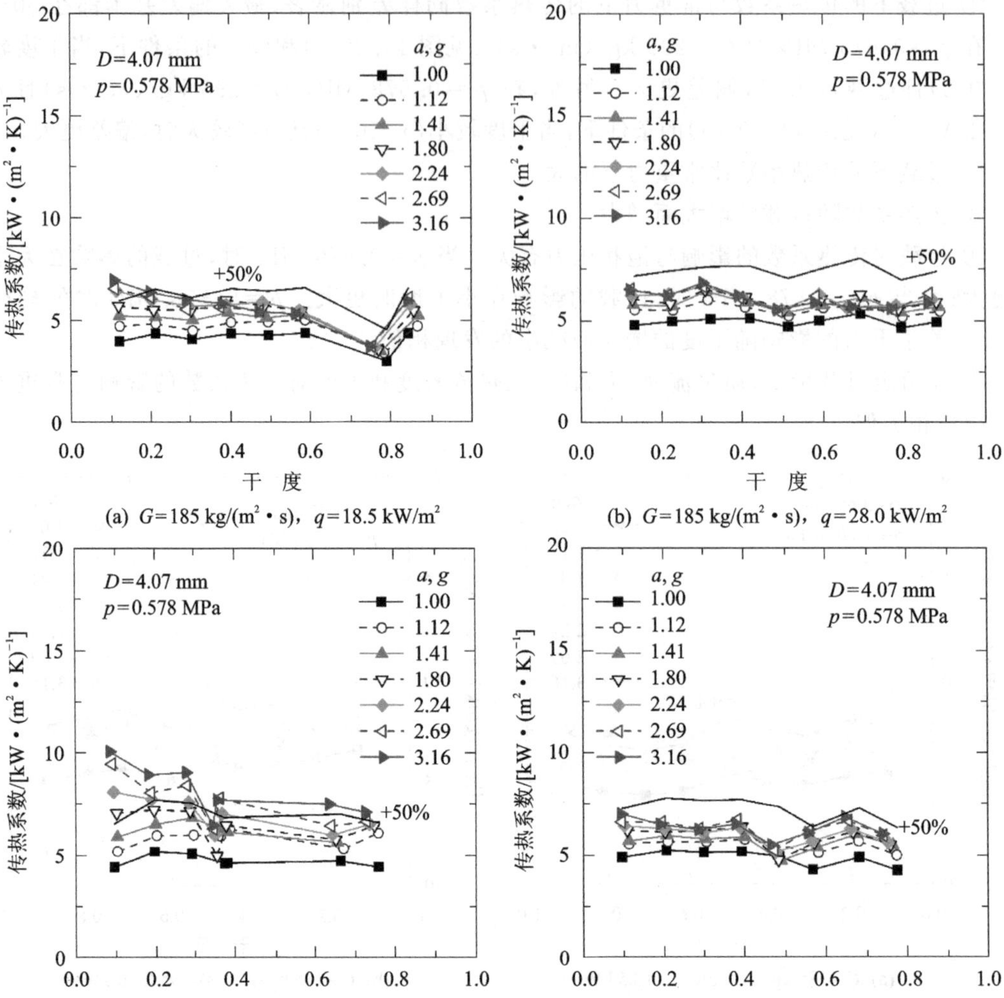

(a) G=185 kg/(m^2·s)，q=18.5 kW/m^2

(b) G=185 kg/(m^2·s)，q=28.0 kW/m^2

(c) G=295 kg/(m^2·s)，q=18.5 kW/m^2

(d) G=295 kg/(m^2·s)，q=28.0 kW/m^2

图 14.29　D=4.07 mm 时不同重力下传热系数随干度的变化(p=0.578 MPa)

14.5.3　微重力下的流动沸腾临界热流密度

CHF 值是流动沸腾换热系统的重要参数。正如前面提到的许多微重力下池沸腾研究所指出的那样，相比于常重力，微重力下的 CHF 要小很多。对于平板表面池沸腾，微重力下没有体积力来去除生长着的蒸气气泡，使得气泡可能聚并成一个足以覆盖整个加热面的大气泡，导致局部干涸或完全干涸。流动沸腾提供了一个切实有效的消除形成大气泡的途径，利用液体惯性将气泡从加热壁面冲刷掉，并为加热面补充液体。尽管如此，限于研究条件，专门研究低微重力下流动沸腾 CHF 的文献仍然很少。

Ohta[28]获得了微重力下高进口干度时流动沸腾 CHF 的有限实验数据。由于缺乏局部壁面温度的测量，所得 CHF 数据无法保证准确。

Ma 和 Chung[90]用 2.1 s 微重力落塔，实验研究了 0.254 mm 铂丝表面上 FC－72 的过冷流动沸腾,得到了沸腾曲线。结果表明:微重力下的 CHF 值和传热能力都比常重力下的显著降低,差别很大(见图 14.30(a));CHF 的差别随着质量流速的增大而减小(见图 14.30(b))。

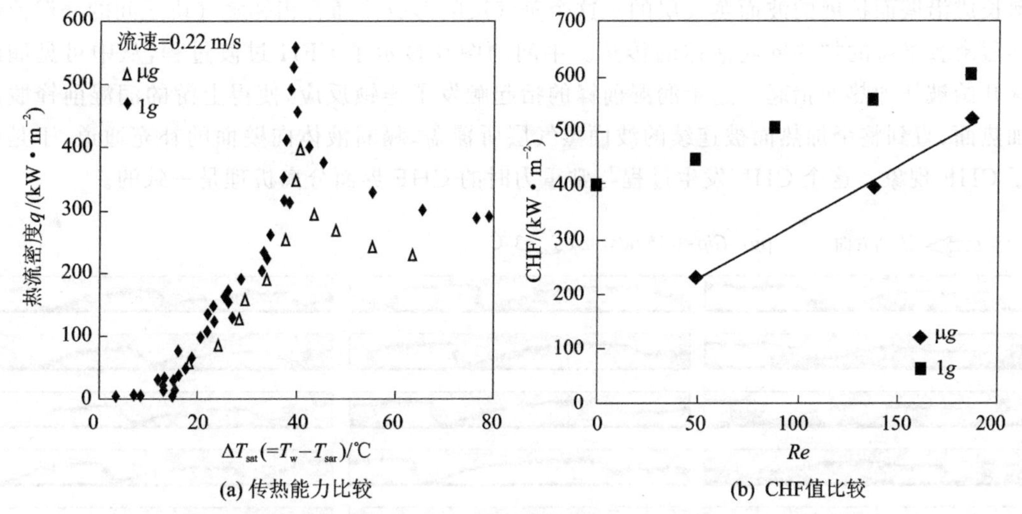

图 14.30　微重力和常重力下传热能力和 CHF 值的比较[88]

Mudawar 团队[1,86-88]在 NASA 的 KC-135 飞机上进行了 FC-72 过冷流动沸腾 CHF 的实验研究,通过多种不同的抛物线飞行,分别获得了 μg、$0.17g$(月球重力)和 $0.38g$(火星重力)三种条件下的 CHF 数据,然后与 $1g$(常重力)下的 CHF 数据进行比较。实验段是一个 2.5 mm×5.0 mm 矩形截面、长 101.6 mm 的聚碳酸酯通道,在 2.5 mm 的一边安装了电加热铜板。之前,他们先在常重力下,通过改变流动方向,进行了多种流动沸腾 CHF 的实验研究。结果表明,低流速时的 CHF 机理有很大差异,但是在高流速时,无论是哪个流动方向,都出现波状蒸气层状态。与 $1g$ 情况不同,μg 时的流动沸腾 CHF 在低流速和高流速下具有相同的机理。如图 14.31 所示,对于接近饱和的过冷流动沸腾,在 $G/\rho_l=0.25$ m/s 和 1.4 m/s 两种情况下,气泡沿加热面聚并,形成蒸气块,看上去像波面蒸气层。比较图 14.31 和图 14.32 还可以看出,高过冷(22.8 ℃)时,CHF 形态与低过冷(3 ℃)时有显著差异。Zhang 等[1,86-88]比较微重力和常重力下 CHF 值,获得了与 Ma 和 Chung[90]相同的定性结论,即微重力下 CHF 比常重力下的小,而两种重力下 CHF 之间的差异随着流速的增大而逐渐减小。

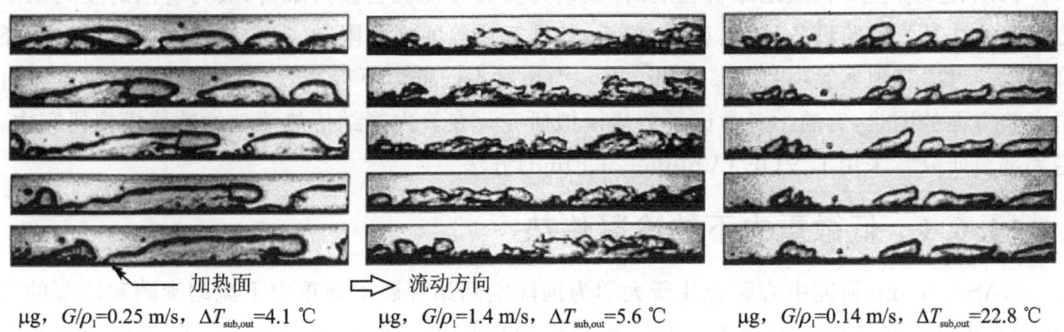

图 14.31　μg 时的主流 CHF 形态:波面蒸气层[86]

Mudawar团队在μg实验中还用高速摄像仪捕捉到了CHF过渡过程中的界面形态。图14.32表明了在$G/\rho_l=0.15$ m/s、出口过冷度$\Delta T_{sub,out}=3$ ℃时，紧接CHF之前，蒸气块是如何长成沿壁面扩展的波面蒸气层的。这个蒸气层的形成伴随着相邻蒸气块之间的润湿前锋里强烈沸腾维持的加热壁向液体的传热。中间的图片显示了CFH过渡过程，从中可见润湿前锋开始被从加热面抬起。这个润湿前锋的抬起触发了连锁反应，使得上游的润湿前锋脱离了加热面，直到整个加热面被连续的波面蒸气层所覆盖，隔断液体向壁面的补充通道，于是触发了CHF现象。这个CHF发生过程与常重力时的CHF界面分离机理是一致的。

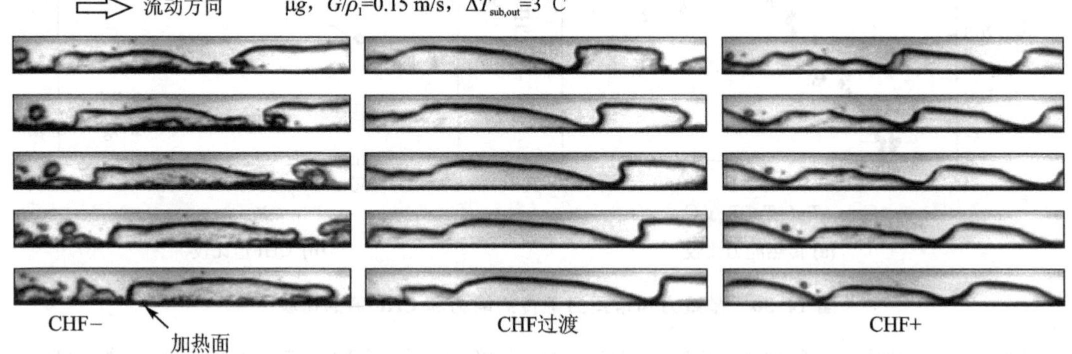

图14.32 CHF形成过程[88]

14.6 不同重力下的冷凝传热

气液两相流动与传热现象中的不同过程有着不同的特征时间。如前所述，冷凝现象需要更长的时间才能达到热平衡，这基本上排除了利用落塔、落井开展微重力冷凝现象研究的可能性，用飞机抛物线飞行无论是微重力还是超重力，都很难获得稳态的传热实验结果。另外，管内冷凝实验需要同时具有主、辅两套循环系统，主循环系统除具备冷凝观测功能外，还需要提供满足实验要求的蒸气流；辅助循环系统则用于带走冷凝实验段放出的热量，并提供冷凝测试所需要的稳定的实验条件，这导致管内冷凝实验系统复杂，尺寸、重量和功耗都较其他实验更大。长期、连续的空间(或地球轨道上的)微重力实验环境机会极为难得，极为有限的空间微重力实验往往又受实验设备尺寸、重量、功耗、数据容量等的客观限制，这导致空间微重力实验环境会优先考虑其他实验项目[91]。因此，迄今为止对不同重力下冷凝现象的实验研究极少。由于实验方面的困难，有的学者尝试了数值模拟研究。在管内凝结传热流动的数值模拟研究中，绝大部分研究者采用了VOF (Volume of Fluid)方法。

14.6.1 低微重力下的冷凝传热

NASA Glenn研究中心联合几所大学为国际空间站开展了微重力下流动沸腾和冷凝的实验研究，以获得微重力下流动沸腾和冷凝的实验数据库。为此，Lee等[92-93]用飞机抛物线飞行，研究了FC-72在微重力下的流动冷凝。他们设计了两套实验件：一套不透明，用于研究传热系数；另一套外管透明，用于流型可视化。不透明实验件内管是内径7.12 mm、壁厚

0.42 mm 的不锈钢管，外管是内径 12.7 mm、外面为正方形的聚碳酸酯管。两管同轴心，FC－72 流过内管，冷水逆向流过套管夹层的环形通道。透明实验件的内管是内径 5.49 mm、外径 5.99 mm 的不锈钢管，外管是正方形聚碳酸酯管，内部边长 12.2 mm。两管同轴心，FC－72 流过套管夹层，冷水逆向流过内管。

对于可视化实验件，在冷水质量流速 G_w＝248.5～272.2 kg/(m^2·s)范围内，FC－72 质量流速 G＝38 kg/(m^2·s)时，内管外壁面冷凝液膜为层流，气液界面平滑；G＝63.8 kg/(m^2·s)时，气液界面呈现波状；G＝128.8 kg/(m^2·s)时，气液界面同时出现波状和湍流扰动，小波与快速流动的大波并存，远比 G＝63.8 kg/(m^2·s)时的相界面行为复杂。而保持 G＝63.8 kg/(m^2·s)不变，改变 G_w，对凝结液膜的影响不显著。

图 14.33 比较了 FC－72 冷凝液膜在微重力、月球重力(0.17g)和火星重力(0.377g)下的形态。在较低的 FC－72 质量流速时，微重力下的液膜主要是平坦的层流，因冷凝作用，其厚度沿流动方向增加，在下游靠后出现波面；对于月球重力，液膜主要是波面层流形态，流道下部液膜较厚；对于火星重力，流道下部液膜较厚的现象更加严重，流道上部液膜很薄。月球重力和火星重力液膜厚度沿流道周边的明显变化，引起了液膜质量流速和传热的明显变化。

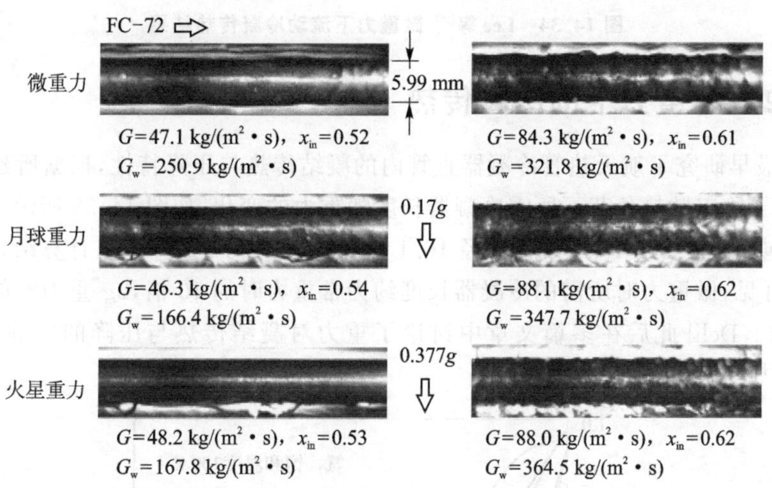

图 14.33　不同重力下的可视化结果[92]

在较高的 FC－72 质量流速时，对于这三种重力状况，图 14.33 中均显示出波面湍流液膜，且月球重力和火星重力中未出现明显的液膜下部变厚的现象。这可能是因为较高质量流速时，蒸气对液膜的剪切力显著增大。由此可以得出结论，对于经历不同重力的空间飞行任务，通过增大工质的质量流速，有可能可以忽略重力变化的影响。

不透明实验件的传热系数实验结果如图 14.34 所示[93]。由图 14.34(a)可见，在进口段，传热系数 h 随 FC－72 质量流速 G 的增大而增大，随着干度的减小而减小。这是因为，G 越大，气液界面剪力越大，壁面液膜越薄；干度越小，离进口越远，液膜越厚。液膜越厚，液膜导热热阻越大，传热系数越小。对于两个高质量流速的情况，h 有一个最小点，最小点后开始增大。出现这个现象的两个主要原因是相界面波和湍流涡。相界面波沿管的轴向波动增强，增大了液膜速度，进而降低了液膜厚度。另一方面，波动也引起气相进入液膜内。湍流涡沿管的轴向增强，进而增强了传热。图 14.34(b)中，h 随 x 的降低而减小。干度 x 的降低意味着离进口

距离增大，也即液膜厚度增大。

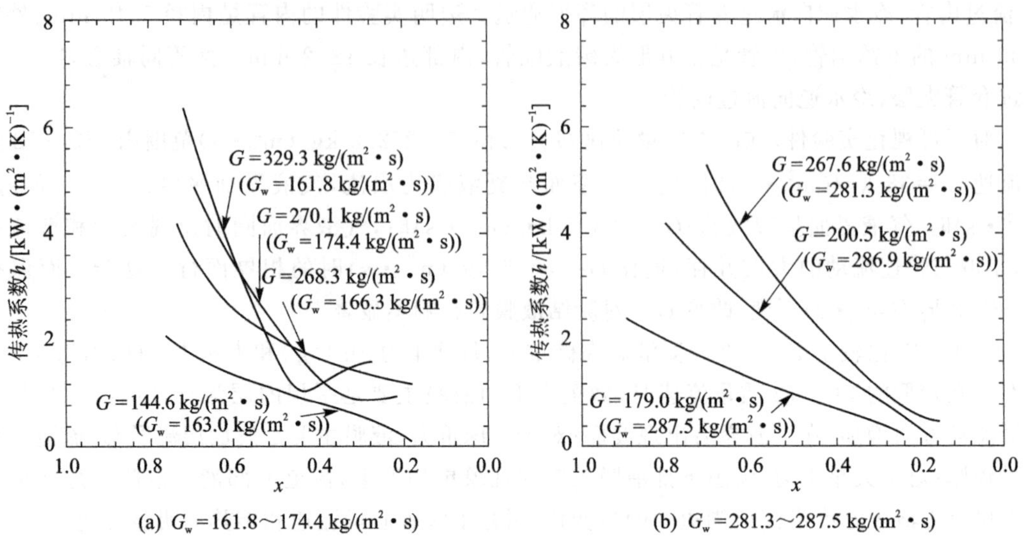

图 14.34 Lee 等[92]微重力下流动冷凝传热结果

14.6.2 超重力下的冷凝传热

Delil[93]最早研究了航天热管冷凝器直管内的凝结传热与压降特性，根据所建立的数学模型，数值模拟了给定散热负荷下所需冷凝器长度随重力的变化，如图 14.35 所示。图中的计算条件为：氨，饱和温度 300 K；冷凝器内径 16.1 mm，散热负荷 1 000 W。计算结果未见实验验证。从图中可见，微重力时所需的冷凝器长度约为常重力时的 10 倍，2g 重力时的长度约为常重力时的 2/3。Delil 此后在多篇文章中讨论了重力对凝结传热与压降的影响，如参考文献[94]，但内容与参考文献[93]雷同。

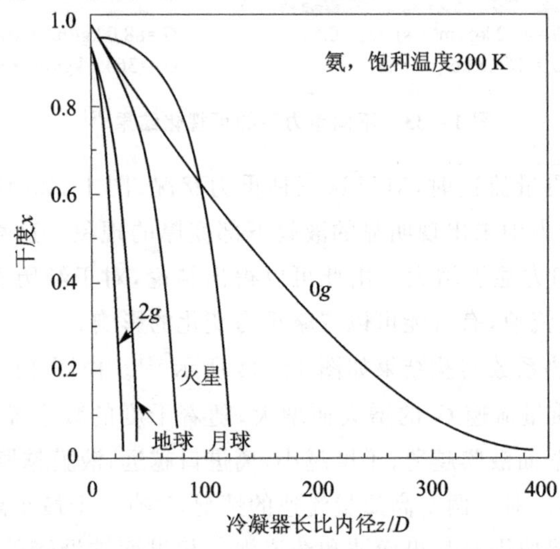

图 14.35 给定散热负荷下所需冷凝器长度随重力的变化[93]

Mohamed[95]利用地面转台实验研究了饱和水蒸气流过水力直径 130 mm、长 470 mm 短

圆环通道的凝结传热特性。结果表明，在重力加速度 5g 时，传热比常重力时增强 89%。

参考文献

［1］Zhang H，Mudawar I，Hasan M M. Application of flow boiling for thermal management of electronics in microgravity and reduced-gravity space systems. IEEE Transactions on Components and Packaging Technologies，2009，32(2)：466-477.

［2］Zhao J F. Two-phase flow and pool boiling heat transfer in microgravity. Int. J. Multiphase Flow，2010，36：135-143.

［3］胡文瑞，龙勉，康琦，等. 中国微重力流体科学的空间实验研究. 科学通报，2009，54(18)：2615-2626.

［4］Zhao J F，Xie J C，Lin H，et al. Experimental studies on two-phase flow patterns aboard the Mir space station. Int. J. Multiphase Flow，2001，27(11)：1931-1944.

［5］MacGillivray R M. Gravity and gas density effects on annular flow average film thickness and frictional pressure drop. M. S. Thesis，Department of Mechanical Engineering，Canada：University of Saskatchewan，2004.

［6］Dukler A E，Fabre J A，McQuillen J B，et al. Gas-liquid flow at microgravity conditions：Flow pattern and their transitions. Int. J. Multiphase Flow，1988，14：389-400.

［7］Zhao L，Rezkallah K S. The transient effects on the two-phase flow heat transfer at microgravity. 29th National Heat Transfer Conference，Paper No. 93-3905，Atlanta，GA，August 8-11，1993.

［8］Gabriel K S. Microgravity two-phase flow and heat transfer. Published jointly by Microcosm Press El Segundo，California，and Springer，Dordrecht，The Netherlands，2007.

［9］Mameli M，Araneo L，Filippeschi S，et al. Pulsation heat pipe in hyper-gravity conditions. Heat Pipe Science and Technology：An International Journal，2015，6(1-2)：91-109.

［10］Heppner D B，King C D，Littles J W. Zero-gravity experiments in two-phase fluids flow patterns. In ICES Conference，San Francisco，California，ASME Paper No. TS-ENAS-24，1975.

［11］Colin C，Fabre J A，Dukler A E. Gas-liquid flow at microgravity conditions-I，dispersed bubble and slug flow. Int. J. Multiphase Flow，1991，17：533-544.

［12］Colin C，Fabre J，McQuillen J. Bubble and slug flow at microgravity conditions：state of knowledge and open questions. Chemical Engineering Communications，1996，141/142：155-173.

［13］Bousman W S. Studies of two-phase gas-liquid flow in microgravity. Ph. D. Dissertation，Department of Chemical Engineering，University of Houston，USA，1994.

［14］Rezkallah K S. Weber number based flow-pattern maps for liquid-gas flows at microgravity，Int. J. Multiphase Flow，1996，22：1265-1270.

［15］赵建福. 微重力条件下气/液两相流流型的研究进展. 力学进展，1999，29(3)：369-382.

［16］Narcy M，de Malmazet E，Colin C. Flow boiling in tube under normal gravity and microgravity conditions. Int. J. Multiphase Flow，2014，60：50-63.

［17］Situ R，Hibiki T，Brown R J，et al. Flow regime transition criteria for two-phase flow at reduced gravity conditions. Int. J. Multiphase Flow，2011，37：1165-1177.

［18］Sen N. Suratman number in bubble-to-slug flow pattern transition under microgravity. Acta Astronautica，2009，65：423 -428.

［19］Zuber N，Findlay J A. Average volumetric concentration in two-phase flow systems. J Heat Transfer，1965，87：463-468.

［20］Shephard A M，Kurwitz K Best F R. Microgravity bubbly-to-slug flow regime transition theory and

modeling. Microgravity Sci. Technol., 2013, 25:161-177.

[21] Hibiki T, Takamasa T, Ishii M, et al. One-dimensional drift-flux model at reduced gravity conditions. AIAA Journal, 2006, 44(7): 1635-1642.

[22] Sun L, Mishima K. Evaluation analysis of prediction methods for two-phase flow pressure drop in mini-channels. Int. J. Multiphase Flow, 2009, 35:47-54.

[23] Lee D. Thermohydraulic and flow regime analysis for condensing two-phase flow in a microgravity environment. Ph. D. Dissertation, Texas A & M University, 1987.

[24] Zhao L, Rezkallah K S. Gas-liquid flow patterns at microgravity conditions. Int. J. Multiphase Flow 1993, 19: 751-763.

[25] Reinarts T R. Slug to annular flow regime transition modeling for two-phase flow in a zero gravity environment//Proc. of 30th International Energy Conversion Engineering Conference, Orlando, FL, 1995.

[26] Zhao J F, Hu W R. Slug to annular flow transition of microgravity two-phase flow. Int. J. Multiphase Flow. 2000, 26: 1295-1304.

[27] Jayawardena S S, Balakotaiah V, Witte L C. Flow pattern transition maps for microgravity two-phase flows. A. I. Ch. E. Journal, 1997, 43: 1637-1640.

[28] Ohta H. Experiments on microgravity boiling heat transfer by using transparent heaters. Nuclear Engineering and Design, 1997, 175:167-180.

[29] Ohta H, Baba S. Boiling experiments under microgravity conditions. Experimental Heat Transfer, 2013, 26:266-295.

[30] Saito M, Yamaoka N, Miyazaki K, et al. Boiling two-phase flow under microgravity. Nuclear Engineering and Design, 1994, 146:451-461.

[31] Luciani S, Brutin D, Le Niliot C, et al. Boiling heat transfer in a vertical microchannel: Local estimation during flow boiling with a non intrusive method. Multiphase Science and Technology, 2009, 21(4): 297-328.

[32] Brutin D, Ajaev V S, Tadrist L. Pressure drop and void fraction during flow boiling in rectangular minichannels in weightlessness. Applied Thermal Engineering, 2013, 51: 1317-1327.

[33] Fang X, Zhang H, Xu Y, et al. Evaluation of using two-phase frictional pressure drop correlations for normal gravity to microgravity and reduced gravity. Advances in Space Research, 2012, 49: 351-364.

[34] Fang X, Xu Y. Correlations for two-phase friction pressure drop under microgravity. Int. J. Heat Mass Transfer, 2013, 56: 594-605.

[35] Chisholm D A. Theoretical basis for the Lockhart-Martinelli correlation for two-phase flow. Int. J. Heat Mass Transfer, 1967, 10:1767-1778.

[36] Lockhart R W, Martinelli R C. Proposed correlation of data for isothermal two-phase, two-component flow in pipes. Chemical Engineering Progress, 1949, 45(1): 39-48.

[37] Chen I, Downing R, Keshock E G, et al. Measurements and correlation of two-phase pressure drop under microgravity conditions. J. Thermophysics, 1991, 5(4): 514-523.

[38] Miller K M, Ungar E K, Dzenitis L M, et al. Microgravity two-phase pressure drop data in smooth tubing // Proc. ASME Winter Meeting, New Orleans, Nov. 1993.

[39] Wheeler M. An experimental and analytical study of annular two-phase flow friction pressure drop in a reduced acceleration field. Master's Thesis, Texas A&M University, College Station, Texas, USA, 1992.

[40] Zhao L, Rezkallah K S. Pressure drop in gas-liquid flow at microgravity conditions. Int. J. Multiphase Flow, 1995, 21(5): 837-849.

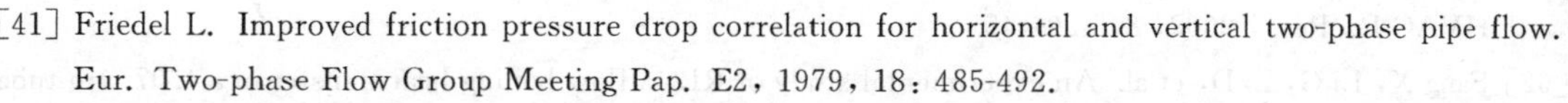

[41] Friedel L. Improved friction pressure drop correlation for horizontal and vertical two-phase pipe flow. Eur. Two-phase Flow Group Meeting Pap. E2, 1979, 18: 485-492.

[42] Zhao J F, Lin H, Xie J C, et al. Experimental study on pressure drop of two-phase gas/liquid flow at microgravity conditions. J. Basic Science and Engineering, 2001, 9(4): 373-380.

[43] Zhao J F, Lin H, Xie J C, et al. Pressure drop of bubbly two-phase flow in a square channel at reduced gravity. Advances in Space Research, 2002, 29(4):681-686.

[44] Choi B, Fujii T, Asano H, et al. A study of gas-liquid two-phase flow in a horizontal tube under microgravity. Annuals of the New York Academy of Sciences, 2002, 974: 316-327.

[45] Hurlbert K M, Witte L C, Best F R, et al. Scaling two-phase flows to Mars and Moon gravity conditions. Int. J. Multiphase Flow, 2004, 30: 351-368.

[46] Nguyen N T. Analytical and experimental study of annular two-phase flow friction pressure drop under microgravity. Master's Thesis, Texas A&M University, 2009.

[47] Fujii T, Nakazawa T, Asano H, et al. Flow characteristics of gas-liquid two-phase annular flow under microgravity (experimental results utilizing a drop tower). JSME Int. J. Series B, 1998, 41: 561-567.

[48] Fang X, Xu Y, Zhou Z. New correlations of single-phase friction factor for turbulent pipe flow and evaluation of existing single-phase friction factor correlations. Nuclear Engineering and Design, 2011, 241 (3): 897-902.

[49] de Jong P A. An investigation of film structure and pressure drop in microgravity annular flow. M. S. Thesis, University of Saskatchewan, Saskatoon, Canada, 1999.

[50] Beattie D R H, Whalley P B. A simple two-phase frictional pressure drop calculation method, Int. J. of Multiphase Flow, 1982, 8 (1): 83-87.

[51] Han H, Gabriel K S. The influence of flow pressure gradient on interfacial wave properties in annular two-phase flow at microgravity and normal gravity conditions. FDMP, 2006, 2(4): 287-295.

[52] Muller Steinhagen H, Heck K. A simple friction pressure drop correlation for two-phase flow pipes. Chemical Engineering Progress, 1986, 20: 297-308.

[53] Cicchitti A, Lombardi C, Silvestri M, et al. Two-phase cooling experiments—pressure drop, heat transfer, and burnout measurements. Energia Nucleare, 1960, 7: 407-425.

[54] Gronnerud R. Investigation of liquid hold-up, flow resistance and heat transfer in circulation type evaporators, part IV: two-phase flow resistance in boiling refrigerants. Annexe 1972-1, Bulletin, de l'Institut du Froid, 1979.

[55] Lee J, Mudawar I. Two-phase flow in high-heat-flux micro-channel heat sink for refrigeration cooling applications: Part I—pressure drop characteristics. Int. J. of Heat Mass Transfer, 2005, 48: 928-940.

[56] Shannak B A. Frictional pressure drop of gas liquid two-phase flow in pipes. Nuclear Engineering and Design, 2008, 238:3277-3284.

[57] Lin S. Kwork C C K, Li R Y, et al. Local frictional pressure drop during vaporization of R12 through capillary tubes. Int. J. Multiphase Flow, 1991, 17: 95-102.

[58] Souza A L, Pimenta M M. Prediction of pressure drop during horizontal two-phase flow of pure and mixed refrigerants. In: Proc. ASME Conf. FED-210, 1995:161-171.

[59] McAdams W H, Wood W K, Bryan R L. Vaporization inside horizontal tubes-II-Benzene-oil mixtures. Transactions of the ASME, 1942, 66 (8): 671-684.

[60] Wilson M J, Newell T A, Chato J C, et al. Refrigerant charge, pressure drop, and condensation heat transfer in flattened tubes. Int. J. Refrigeration, 2003, 26: 442-451.

[61] Cavallini A, Censi G, Del ColD, et al. Condensation of halogenated refrigerants inside smooth tubes.

HVAC R. Res., 2002, 8: 429-445.

[62] Fang X, Li G, Li D, et al. An experimental study of R134a flow boiling heat transfer in a 4.07 mm tube under Earth's gravity and hypergravity. Int. J. Heat Mass Transfer, 2015, 87:399-408.

[63] Li G, Fang X, Yuan Y, et al. An experimental study of flow boiling frictional pressure drop of R134a in a horizontal 1.002 mm tube under hypergravity. Int. J. Heat Mass Transfer, 2018, 118: 247-256.

[64] Xu Y, Fang X, Li G, et al. An experimental investigation of flow boiling heat transfer and pressure drop of R134a in a horizontal 2.168 mm tube under hypergravity: Part I— frictional pressure drop. Int. J. Heat Mass Transfer, 2014, 75: 769-779.

[65] Xu Y, Fang X, Li G, et al. An experimental investigation of flow boiling heat transfer and pressure drop of R134a in a horizontal 2.168 mm tube under hypergravity: Part II—heat transfer coefficient. Int. J. Heat Mass Transfer, 2015, 80:597-604.

[66] Oka T, Abe Y, Mori Y H, et al. Pool boiling of n-Pentane, CFC-113, and water under reduced gravity: parabolic flight experiments with a transparent heater. J. Heat Transfer-Trans. ASME, 1995, 117: 408-417.

[67] Oka T, Abe Y, Mori Y H, et al. Pool boiling heat transfer in microgravity (experiments with CFC-113 and water utilizing a drop shaft facility). JSME Int. J., 1996, 39: 798-807.

[68] 赵建福,胡文瑞. 微重力池沸腾传热研究. 空间科学学报, 2009, 29(1):145-149.

[69] Straub J. Microscale boiling heat transfer under 0*g* and 1*g* conditions, Int. J. Thermal Science, 2000, 39: 490-497.

[70] Merte H. Momentum effects in steady nucleate pool boiling during microgravity. Annals of the New York Academy of Sciences, 2004, 1027: 196-216.

[71] Merte H. Some parameter boundaries governing microgravity pool boiling modes. Annals of the New York Academy of Sciences, 2006, 1077: 629-649.

[72] Kannengieser O, Colin C, Bergez W. Influence of gravity on pool boiling on a flat plate: results of parabolic flights and ground experiments. Experimental Thermal Fluid Science, 2011, 35: 788-796.

[73] Qui D M, Dhir V K, Chao D, et al. Single bubble dynamics during pool boiling under low gravity conditions. J. Thermophysics and Heat Transfer, 2002, 16: 336-345.

[74] Sodtke C, Kern J, Schweizer N, et al. High-resolution measurements of wall temperature distribution underneath a single vapour bubble under microgravity conditions. Int. J. Heat Mass Transfer, 2006, 49:1100-1106.

[75] Schweizer N, Stephan P. Experimental study of bubble behavior and local heat flux in pool boiling under variable gravitational conditions. J. Multiphase Science Technology, 2009, 21: 329-350.

[76] Straub J. Boiling heat transfer and bubble dynamics in microgravity. Advances in Heat Transfer, 2001, 35: 57-172.

[77] Colin C, Kannengieser O, Bergez W, et al. Nucleate pool boiling in microgravity: Recent progress and future prospects. C. R. Mecanique, 2017, 345: 21-34.

[78] Kim J, Benton J F, Wisniewski D. Pool boiling heat transfer on small heaters: effect of gravity and subcooling. Int. J. Heat Mass Transfer, 2002, 45: 3919-3932.

[79] Henry C D, Kim J. A study of the effects of heater size, subcooling, and gravity level on pool boiling heat transfer. Int. J. Heat Fluid Flow, 2004, 25: 262-273.

[80] Wang X, Zhang Y, Qi B, et al. Experimental study of the heater size effect on subcooled pool boiling heat transfer of FC-72 in microgravity. Experimental Thermal and Fluid Science, 2016, 76: 275-286.

[81] Xue Y F, Zhao J F, Wei J J, et al. Experimental study of nucleate pool boiling of FC-72 on smooth sur-

face under microgravity. Microgravity Science and Technology，2011，23：75-85.

[82] Papell S S. An instability effect on two-phase heat transfer for subcooled water flowing under conditions of zero gravity. NASA Tech Note TN D-2259，1964.

[83] Luciani S，Brutin D，Le Niliot C，et al. Flow boiling in minichannels under normal，hyper-，and micro-gravity：Local heat transfer analysis using inverse methods. ASME J. Heat Transfer，2008，130：1015021.

[84] Celata G P，Cumo M，Gervasi M M，et al. Flow pattern analysis of flow boiling in microgravity. Multiphase Science and Technology，2007，19：183-210.

[85] Baltis C，Celata G P，Cumo M，et al. Gravity influence on heat transfer rate in flow boiling. Multiphase Science and Technology，2012，24：203-213.

[86] Zhang H，Mudawar I，Hasan M M. Flow boiling CHF in microgravity. Int. J. Heat Mass Transfer，2005，48：3107-3118.

[87] Konishi C，Lee H，Mudawar I，et al. Flow boiling in microgravity：Part 1—Interfacial behavior and experimental heat transfer results. Int. J. Heat Mass Transfer，2015，81：705-720.

[88] Konishi C，Lee H，Mudawar I，et al. Flow boiling in microgravity：Part 2—Critical heat flux interfacial behavior，experimental data，and model. Int. J. Heat Mass Transfer，2015，81：721-736.

[89] Ohta H. Heat transfer mechanisms in microgravity flow boiling. Annals of the New York Academy of Sciences，2002，974：463-480.

[90] Ma Y，Chung J N. An experimental study of critical heat flux(CHF) in microgravity forced-convection boiling. Int. J. Multiphase Flow，2001，27：1753-1767。

[91] 赵建福，彭浩. 不同重力条件下管内冷凝现象研究进展. 力学进展，2011，41(6)：702-710.

[92] Lee H，Park I，Konishi C，et al. Experimental investigation of flow condensation in microgravity. J. Heat transfer，2014，136：021502.

[93] Delil A A M. Gravity dependence of pressure drop and heat transfer in straight two-phase heat transport system condenser ducts. SAE 921168，SAE Trans.，J. Aerospace，1992，101：512-522.

[94] Delil A A M. Research issues on two-phase loops for space applications. NLR-TP-2 000-703，2000.

[95] Mohamed H A. Effect of rotation and surface roughness on heat transfer rate to flow through vertical cylinders in steam condensation process. ASME J. Heat Transfer，2006，128：318-323.

第 15 章　超临界压力管内流体的传热与压降

超临界压力流体兼有气体和液体的双重性质，具有良好的传热和流动特性，因而广泛应用于动力工程、核电、低温超导、暖通空调，以及航空航天等技术领域。由于目前超临界压力传热与压降在理论上还不完全成熟，因此通过实验获取超临界传热与压降的数据及其规律，然后整理成实验关联式是目前工程应用中最常用的方法。本章对现有超临界传热与压降关联式的研究成果进行系统总结。

15.1　概　述

15.1.1　超临界压力流体的基本定义

纯物质在不同的温度和压力下会呈现出气态、液态、固态等不同的状态。以二氧化碳的相图（见图 15.1）为例，从三相点开始沿着气液共存线，随着温度和压力的升高，二氧化碳气液两相界面从清晰可见逐渐开始淡化。当温度和压力达到某一特定值时，气液界面消失，形成一种全新的均匀状态，如图 15.2 所示，此时的状态点叫作临界点（critical point），其温度和压力分别叫作临界温度（critical temperature）和临界压力（critical pressure）。根据热力学原理，临界状态点满足压力关于比容的一阶偏导数和二阶偏导数均为零，如下式所示：

$$\left(\frac{\partial p}{\partial \nu}\right)_{T=T_{cr}}=0,\quad \left(\frac{\partial^2 p}{\partial \nu^2}\right)_{T=T_{cr}}=0 \tag{15.1}$$

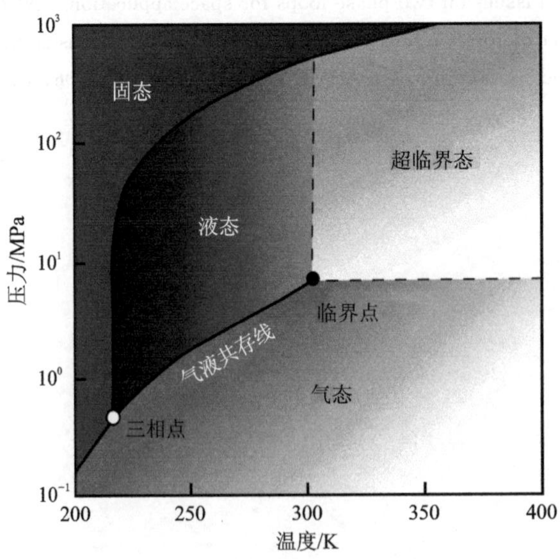

注：图片来源于 https://en.wikjpedia.org/wiki/Supercritical_carbon_dioxide。

图 15.1　二氧化碳压力-温度相图

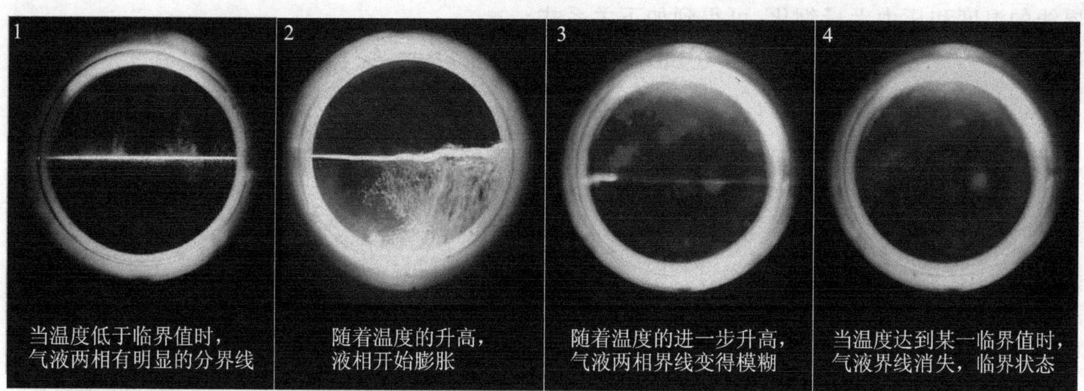

1
2
3
4
当温度低于临界值时，
气液两相有明显的分界线
随着温度的升高，
液相开始膨胀
随着温度的进一步升高，
气液两相界线变得模糊
当温度达到某一临界值时，
气液界线消失，临界状态

注：图片来源于 http://www.notingham.ac.uk/superercritical/scintro.html。

图 15.2　饱和状态下二氧化碳相特征可视化图

表 15.1 列出了部分常见流体的临界点参数值。从物理意义上说，临界温度是物质能够被液化的最高温度，而临界压力则是物质能够被汽化的最大压力。因此，临界状态可以看作是物质的汽化和液化同时进行、相互竞争并达到平衡的一种状态。

表 15.1　常见流体的临界点参数

流　体	临界压力/MPa	临界温度/K	流　体	临界压力/MPa	临界温度/K
水	22.064	647.1	甲烷	4.599 2	190.56
空气	3.785	132.63	乙醇	6.148	513.9
二氧化碳	7.377 3	304.13	R22	4.99	369.3
氦	0.227 6	5.195 3	R134a	4.059 3	374.21
氧	5.043	154.58	RT 煤油	2.19	668.15
氮	3.395 8	126.19	RP－3 煤油	2.390	645.5
氨	11.333	405.4			

超临界流体(supercritical fluid)指温度与压力均高于临界点的温度与压力，处于一种既不同于气态，也不同于液态的超临界态流体。超临界流体不发生气液相变，不存在表面张力，既具有接近液体那样的密度和溶解能力，又拥有类似气体那样的动力粘度和扩散系数，因此它可以像液体那样溶解其他物质，也能够像气体那样在固体内部扩散，兼有气体和液体的双重性质。

研究表明，流体在临界点附近的热物性参数会随温度与压力的变化而发生剧烈变化。图 15.3为不同温度与压力下二氧化碳的比定压热容。由图可见，在任何一个压力下，比定压热容都存在一个极大值，且在临界点处取最大值(为正常值的 1 000 倍左右)。在亚临界压力范围内，饱和温度下的比定压热容最大。在超临界压力区域，取得极大比定压热容的点称为拟临界点(pseudocritical point)，对应的温度叫作拟临界温度(pseudocritical temperature)。不同压力下比定压热容的极大值在 $p-T$ 图上投影的连线称为拟临界线(pseudocritical line)，该线可认为是气液共存线在超临界区域的延伸。图 15.4 为超临界二氧化碳的拟临界线。从图中可以看出，拟临界线由临界点开始，随着压力的增大，拟临界温度 T_{pc} 逐渐增大。若将拟临界线的温度和压力无量纲化，可得到如下关系式：

$$T^{*} = -0.037\,41P_{R}^{2} + 0.218\,7P_{R} + 0.818\,6 \tag{15.2}$$

式中，$T^{*}=T_{pc}/T_{cr}$，$P_{R}=p/p_{cr}$。上式适用范围为温度 304.1～353.2 K，压力 7.38～12 MPa。

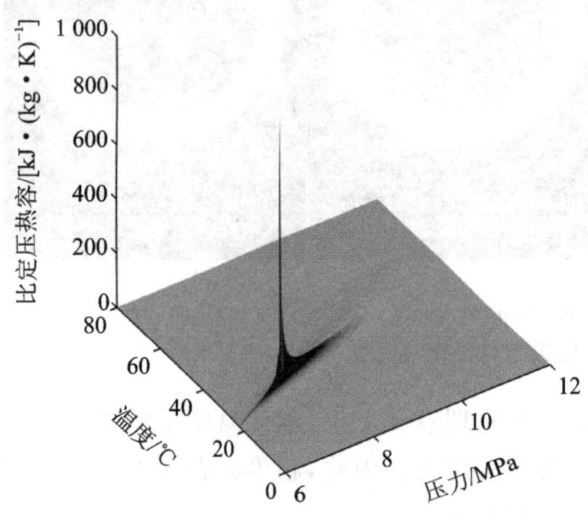

图 15.3　不同工况下二氧化碳的比定压热容

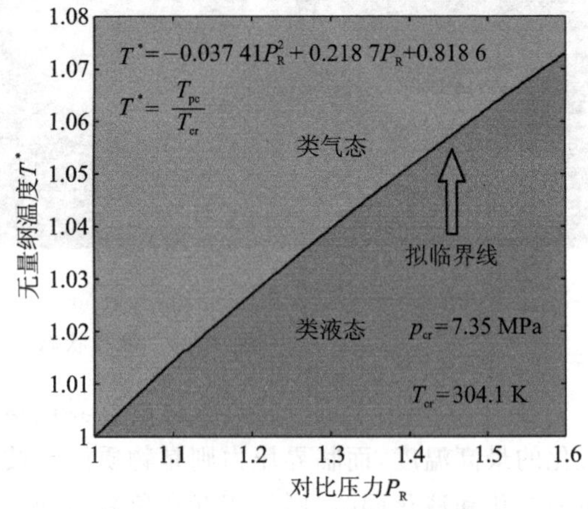

图 15.4　超临界二氧化碳的拟临界线

15.1.2　超临界压力流体的热物性特点

超临界流体的主要特征就是流体的热物性参数随温度和压力的改变而剧烈变化，且在临界点和拟临界点附近尤为明显，这也是超临界流体呈现奇异传热特性的根本原因。图 15.5 为超临界压力下二氧化碳的热物性参数随温度的变化关系。由图可知，在临界点和拟临界点附近，温度变化 1 ℃就可以使比定压热容与体积膨胀系数值变化几十至上百倍，而其他热物性参数如密度、导热系数、动力粘度、比焓等也是成倍数地激变。

由图 15.5(a)和(f)可知，比定压热容与体积膨胀系数随温度的增高先增大后减小，在临界和拟临界点处出现一个峰值，并随压力的增大逐渐衰减。由图 15.5(b)和(d)可知，密度与动力粘度随温度的增高逐渐减小，在临界和拟临界点处出现骤降，并随压力的增大趋于平缓。由图 15.5(c)可知，导热系数的变化规律与密度和动力粘度类似，但是在出现骤降趋势前，会发生急剧上升的现象，这种现象随着压力的增大逐渐消失。由图 15.5(e)可知，比焓的变化规律与密度和动力粘度呈相反趋势。

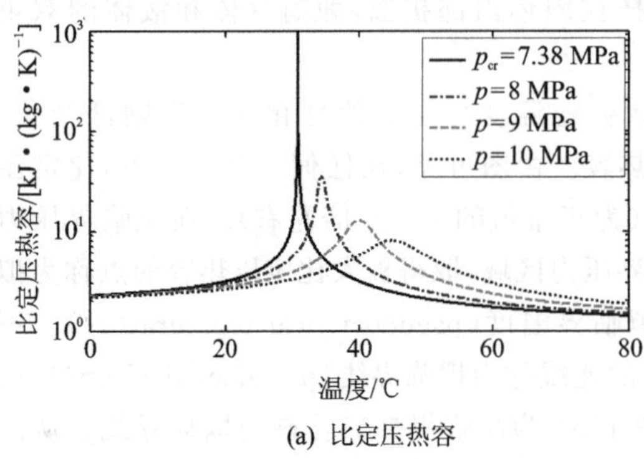

(a) 比定压热容

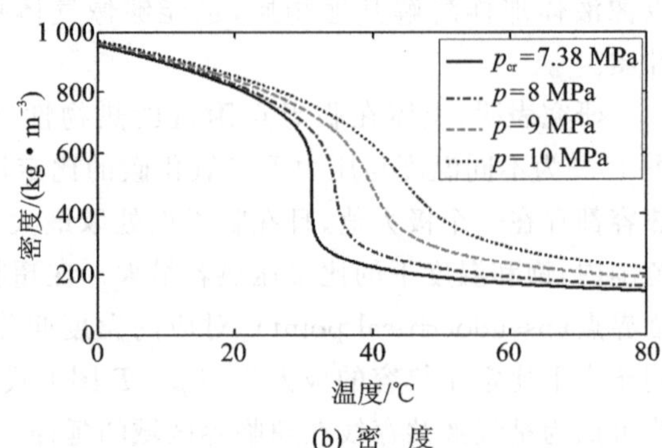

(b) 密　度

图 15.5　超临界压力下二氧化碳的热物性参数

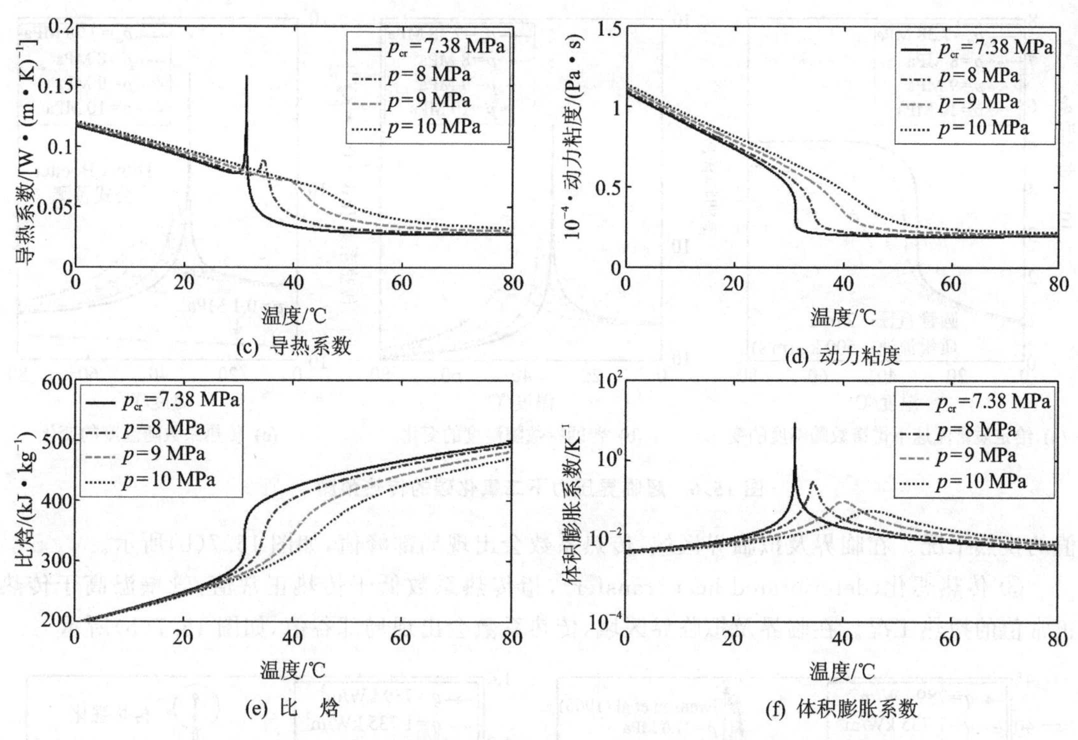

图 15.5　超临界压力下二氧化碳的热物性参数(续)

15.1.3　超临界压力流体的传热特性

根据以上分析，流体在拟临界区域热物性参数会发生剧烈变化，这必然会带来流体传热特性的改变。图 15.6 给出了二氧化碳在不同压力下的雷诺数、普朗特数以及传热系数随温度的变化规律，其中传热系数由亚临界压力下的 Dittus - Boelter[1] 公式计算而得。由图 15.6(a)和(b)可知，雷诺数和普朗特数在临界点和拟临界点附近急剧增大，并随着压力的增大逐渐趋缓。图 15.6(c)显示，传热系数随温度的增高先增大后减小，在临界点和拟临界点处达到峰值，并随着压力的增大逐渐衰减。同时，对比发现常压(0.1 MPa)下的传热系数随温度呈线性变化趋势，且一般情况下明显小于超临界压力下的传热系数。这表明，总体而言，流体的传热在超临界压力下得到了一定程度的强化，尤其是在临界点和拟临界点附近。

现有文献的研究结论已表明，由于超临界传热的特殊性，Dittus - Boelter 公式的预测结果与真实的实验值存在较大的偏差，尤其在临界点、拟临界点附近。图 15.7 为 Swenson 等[2] 在超临界压力下实验测得的水在不同工况下的传热系数。由图 15.7(a)可知，实验传热系数与预测结果存在一定的偏差，尤其在高热流密度条件下的拟临界区域，两者误差达到了 100%。定义传热系数的实验值 h_{exp} 与 Dittus - Boelter 公式的预测值 $h_{\mathrm{D-B}}$ 之比为 R，称为传热系数比。图 15.7(b)给出了传热系数比 R 的分布情况。根据 R 值的大小，可以把超临界压力下管内对流传热分为 3 类[3]：

① 传热正常(normal heat transfer)，指偏离临界、拟临界区域的换热工况，其换热特性与亚临界条件下类似，且传热系数可以用 Dittus - Boelter 等一般单相流公式来预测。

② 传热强化(improved heat transfer)，指传热系数高于传热正常值，管壁温低于传热正常

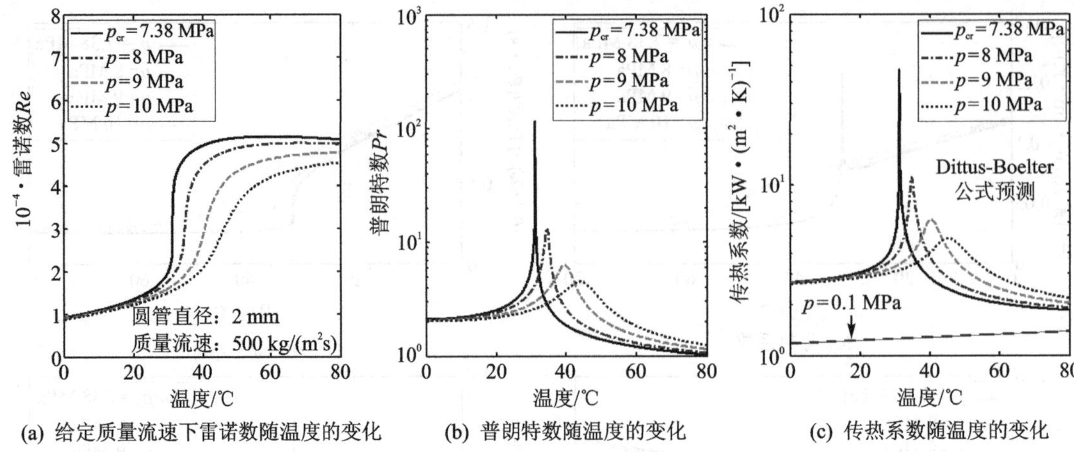

图 15.6　超临界压力下二氧化碳的传热预测

值的换热工况。在临界及拟临界区域，传热系数会出现局部峰值，如图 15.7(b)所示。

③ 传热恶化(deteriorated heat transfer)，指传热系数低于传热正常值，管壁温高于传热正常值的换热工况。在临界及拟临界区域，传热系数会出现局部谷值，如图 15.7(b)所示。

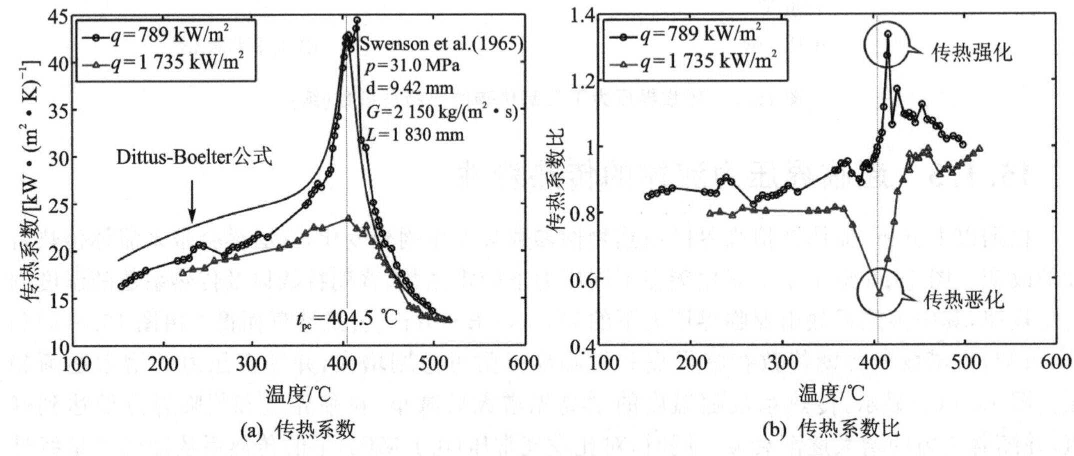

图 15.7　超临界压力下水在不同工况下的传热系数

15.2　超临界压力管内水的传热

15.2.1　研究背景与现状

超临界压力下水的流动和传热研究最早始于 20 世纪 30 年代，系统的理论和实验研究从 50 年代就开始了。尽管超临界压力下流体传热的理论研究日趋完善，但是一直以来实验是研究超临界水传热最主要的方法，很多学者对超临界水传热进行了大量的实验研究[4]，由此涌现出众多超临界水传热关联式[5]。由于实验条件的不同，实验研究所获取的关联式在形式、适用范围、预测精度等方面都存在一定的差异，于是许多学者对现有的关联式进行了整理、比较和

评价，希望获得形式较简单、适用范围较广、预测精度较高的关联式。

Jackson[6]使用1 500个垂直管内超临界水的传热实验数据点，评价了9个关联式，并改进了适用于超临界水和超临界二氧化碳的Krasnoshchekov等[7]关联式。结果发现，Krasnoshchekov等[7]关联式，以及新改进的关联式，对实验数据的预测精度最好，97%的实验数据误差在±25%以内。

Licht等[8]将他们的实验数据(压力25 MPa，质量流速350～1 425 kg/(m^2·s)，热流密度高达1.0 MW/m^2，进口温度高达400 ℃)与Dittus-Boelter[1]关联式、Watts-Chou[9]关联式、Krasnoshchekov等[7]关联式以及Jackson[6]关联式进行比较，发现Jackson[6]关联式对实验数据的预测精度最好，86%的实验数据误差在±25%以内。Watts-Chou[9]关联式与Jackson[6]关联式对实验数据预测趋势比较类似，但相对于Jackson[6]关联式，Watts-Chou[9]关联式对实验数据的预测结果偏小约10%。

Yu等[10]收集了1 142个实验数据点，参数范围为：压力22.6～41.0 MPa，质量流速90～2 441 kg/(m^2·s)，热流密度90～1 800 kW/m^2，水力直径1.5～38.1 mm。基于这些数据，他们评价了17个已有关联式，并利用遗传算法提出一个新的关联式。结果显示：现有关联式中，Bishop等[11]关联式的预测精度最高；新关联式比Bishop等[11]关联式的预测精度略好。

Zhu等[12]利用垂直管内超临界水的实验数据(压力达30.0 MPa，质量流速600～1 200 kg/(m^2·s)，热流密度200～600 kW/m^2，水力直径26 mm)评价了Shitsman[13]、Swenson等[2]、Krasnoshchekov等[7]、Jackson[6]等已有关联式，以及他们自己的关联式。结果显示，他们自己的关联式和Swenson等[2]关联式的预测精度最高。

Mokry等[14]用其拥有的实验数据(压力24.0 MPa，质量流速200～1 500 kg/(m^2·s)，热流密度达1 250 kW/m^2，水力直径10 mm，进口主流温度320～350 ℃)评价分析了已有关联式，并提出了一个新的关联式。他们发现，Dittus-Boelter[1]、Bishop等[11]、Swenson等[2]、Jackson[6]等已有关联式在拟临界点附近显著偏离实验数据，而他们新提出的关联式则能很好地贴合实验数据。

Jäger等[15]根据6个数据源组成的实验数据库(压力22.6～31.0 MPa，质量流速500～2 150 kg/(m^2·s)，热流密度116～1 577 kW/m^2，水力直径7.5～26 mm)评价了15个关联式。结果表明：没有一个关联式能在各种工况条件下都能预测得很好，尤其是在拟临界点附近误差较大；相比较而言，Bishop等[11]关联式总体上表现最好。

Chen等[16]用3 220个实验数据点(压力22～34.3 MPa，质量流速201～2 500 kg/(m^2·s)，热流密度129～1 735 kW/m^2，水力直径7.5～26 mm)对26个关联式进行了比较和分析。结果显示：Mokry等[14]、Petukhov等[17]、Swenson等[2]关联式对整个数据库的适应性最强；不同的传热区域对应不同的最佳关联式。

根据以上内容可知，由于实验参数范围、实验数据量以及所涉及的关联式数量的不同，不同研究者评价得到的最佳关联式及其对实验数据的预测误差有较大的不同。因此，需要对水在垂直管内超临界对流传热实验数据进行广泛收集，并按照不同的传热区域进行分区，然后将其与大量的关联式进行比较，以期寻找出适用范围较广、能在各个传热区域都有较高预测精度的关联式。

15.2.2　传热关联式综述

在单相流管内强迫对流传热中，Dittus-Boelter[1]公式由于形式简单、使用方便、精度较高、适用范围较广，成为使用最多的公式，其次是 Gnielinski[18] 关联式和 Petukhov - Kirillov[19] 关联式。与 Dittus - Boelter 公式相比，Gnielinski 公式和 Petukhov - Kirillov 公式形式较复杂，但在预测精度和适用范围上较优。

常见的 Dittus - Boelter[1] 公式的努塞尔数 Nu 的形式为

$$Nu_0 = 0.023 Re_b^{0.8} Pr_b^n \tag{15.3}$$

式中，管内流体被加热时 $n=0.4$，被冷却时 $n=0.3$；下标 0 表示单相流的形式；下标 b 表示主流，物性参数为主流参数，以主流温度为定性温度。

Petukhov-Kirillov[19] 公式在苏联的研究者中被经常使用，其形式为

$$Nu_0 = \frac{(f_0/8) Re_b \overline{Pr_b}}{1.07 + 12.7\sqrt{f_0/8}\,(\overline{Pr_b}^{2/3} - 1)} \tag{15.4}$$

式中，摩擦因子 f_0 用如下的 Filonenko 公式计算：

$$f_0 = (0.79 \ln Re_b - 1.64)^{-2} \tag{15.5}$$

超临界压力下水的管内传热关联式绝大部分是基于对单相流公式的修正，其中大部分基于 Dittus - Boelter[1] 公式，其次基于 Petukhov - Kirillov[19] 公式。也就是说，超临界压力下水的管内传热关联式从形式上看主要有两种类型，即 Dittus - Boelter 型和 Petukhov - Kirillov 型。这里收集并整理了其中最常见的 27 个关联式，包含了现有评价中所有认为较好的公式，其中 Dittus - Boelter 型关联式有 21 个，Petukhov - Kirillov 型关联式有 6 个，其具体的形式和适用范围如表 15.2 和表 15.3 所列。

表 15.2　超临界水 Dittus - Boelter 型传热关联式

关联式文献	关联式形式	关联式适用范围
McAdams[20]	$Nu_b = 0.0243 Re_b^{0.8} Pr_b^{0.4}$	高压和低热流密度工况
Bringer - Smith[21]	$Nu_x = 0.0266 Re_x^{0.77} Pr_w^{0.55}$ Nu_x 和 Re_x 的定性温度为 t_x，其中： $\begin{cases} t_x = t_b, & E<0 \\ t_x = t_{pc}, & 0 \leqslant E \leqslant 1, \quad E = \dfrac{t_{pc}-t_b}{t_w-t_b} \\ t_x = t_w, & E>1 \end{cases}$	不考虑拟临界区域流体导热系数峰值的影响
Shitsman[13]	$Nu_b = 0.023 Re_b^{0.8} Pr_{min}^{0.8}$ Pr_{min} 为 Pr_w 和 Pr_b 中较小值	适用于 $Pr \approx 1$ 的工况 $D=7.8,\ 8.2$ mm
Bishop 等[11]	$Nu_b = 0.0069 Re_b^{0.9} \overline{Pr_b}^{0.66} \left(\dfrac{\rho_w}{\rho_b}\right)^{0.43} \left(1+2.4\dfrac{d}{x}\right)$ x 为加热段沿轴向的位置(m)	$p=22.8\sim27.6$ MPa $t_b=282\sim527$ ℃ $G=651\sim3\,662$ kg/(m^2 · s) $q=310\sim3\,460$ kW/m^2 $x/d=30\sim565$
Swenson 等[2]	$Nu_w = 0.00459 Re_w^{0.923} \overline{Pr_w}^{0.613} \left(\dfrac{\rho_w}{\rho_b}\right)^{0.231}$	$p=22.8\sim41.4$ MPa $t_b=75\sim576$ ℃ $t_w=93\sim649$ ℃ $G=542\sim2\,150$ kg/(m^2 · s) $Re=7.5\times10^4\sim3.16\times10^6$

续表 15.2

关联式文献	关联式形式	关联式适用范围
Ornatsky 等[22]	$Nu_b=0.023Re_b^{0.8}Pr_{min}^{0.8}\left(\frac{\rho_w}{\rho_b}\right)^{0.3}$	—
Yamagata 等[23]	$Nu_b=0.0135Re_b^{0.85}Pr_b^{0.8}F_c$ $\begin{cases}F_c=(\overline{c_p}/c_{p,b})^{n_2}, & E<0\\ F_c=1, & E>1\\ F_c=0.67Pr_{pc}^{-0.05}(\overline{c_p}/c_{p,b})^{n_2 n_1}, & 0\leqslant E\leqslant 1\end{cases}$ $n_1=-0.77(1+1/Pr_{pc})+1.49$ $n_2=1.44(1+1/Pr_{pc})-0.53$	$p=22.6\sim29.4$ MPa $t_b=230\sim540$ ℃ $G=310\sim1\,830$ kg/(m^2 · s) $q=116\sim930$ kW/m^2 $D=7.5$ mm, 10 mm
Watts - Chou[9]	$Nu_b=0.021Re_b^{0.8}\overline{Pr_b}^{0.55}\left(\frac{\rho_w}{\rho_b}\right)^{0.35}\phi$ $\begin{cases}\phi=1, & Bu\leqslant10^{-5}\\ \phi=(1-3\,000Bu)^{0.295}, & 10^{-5}<Bu<10^{-4}\\ \phi=(7\,000Bu)^{0.295}, & Bu\geqslant10^{-4}\end{cases}$	$p=25.0$ MPa $t_b=150\sim350$ ℃ $G=130\sim1\,000$ kg/(m^2 · s) $q=170\sim450$ kW/m^2 $\overline{Pr_b}=0.85\sim2.30$ $Re_b=6.5\times10^3\sim3\times10^5$
Gorban 等[24]	$Nu_b=0.0059Re_b^{0.90}Pr_b^{-0.12}$	—
Griem[25]	$Nu_m=0.0169Re_b^{0.8356}Pr_{sel}^{0.432}\omega$ $Pr_{sel}=\mu_b c_{p,sel}/\lambda_m$，其中 $\lambda_m=0.5(\lambda_w+\lambda_b)$ $\omega=0.82,\quad h_b<1\,540;\omega=1,\quad h_b>1\,740$ $\omega=0.82+9\times10^{-4}(h_b-1\,540),\quad 1\,540\leqslant h_b\leqslant1\,740$ $c_{p,sel}$ 的详细值见原文，h_b 的单位：kJ/kg	$p=22.0\sim27.0$ MPa $G=300\sim2\,500$ kg/(m^2 · s) $q=200\sim700$ kW/m^2 $D=10$ mm, 14 mm, 20 mm
Kitoh 等[26]	$Nu_b=0.015Re_b^{0.85}Pr_b^m$ $m=0.69\sim81\,000/200G^{1.2}+f_c q$，$h_b$ 的单位：kJ/kg $f_c=2.9\times10^{-8}+0.11/200G^{1.2},\quad 0\leqslant h_b\leqslant1\,500$ $f_c=-8.7\times10^{-8}\sim0.65/200G^{1.2},\quad 1\,500<h_b<3\,300$ $f_c=-9.7\times10^{-7}+1.3/200G^{1.2},\quad 3\,300\leqslant h_b\leqslant4\,000$	$t_b=20\sim550$ ℃ $G=100\sim1\,750$ kg/(m^2 · s) $q=0\sim1\,800$ kW/m^2
Jackson[6]	$Nu_b=0.0183Re_b^{0.82}Pr_b^{0.5}(\rho_w/\rho_b)^{0.3}(\overline{c_p}/c_{p,b})^n$ $n=0.4,\quad T_b<T_w<T_{pc}$ 或 $1.2T_{pc}<T_b<T_w$ $n=0.4+0.2(T_w/T_{pc}-1),\quad T_b<T_{pc}<T_w$ $n=0.4+0.2(T_w/T_{pc}-1)[1-5(T_b/T_{pc}-1)],\quad T_b<T_w$，且 $T_{pc}<T_b<1.2T_{pc}$	$p=23.4\sim29.3$ MPa $G=700\sim3\,600$ kg/(m^2 · s) $q=46\sim2\,600$ kW/m^2 $Re_b=8\times10^4\sim5\times10^5$ $D=1.6\sim20$ mm
徐峰等[27]	$Nu_b=0.02269Re_b^{0.8079}\overline{Pr_b}^{0.9213}(\rho_w/\rho_b)^{0.6638}\times(\mu_w/\mu_b)^{0.8687}$	$p=23.0\sim30.0$ MPa $G=600\sim1\,200$ kg/(m^2 · s) $q=100\sim600$ kW/m^2 $D=12.0$ mm

续表 15.2

关联式文献	关联式形式	关联式适用范围
Kuang 等[28]	$Nu_b=0.023\,9Re_b^{0.759}\overline{Pr_b}^{0.833}(\rho_w/\rho_b)^{0.31}(\lambda_w/\lambda_b)^{0.086\,3}\times(\mu_w/\mu_b)^{0.832}(Gr_b^*)^{0.014}(q_b^+)^{-0.021}$	$p=22.8\sim31.0$ MPa $G=380\sim3\,600$ kg/(m^2·s) $q=233\sim3\,474$ kW/m^2
Cheng 等[29]	$Nu_b=0.023Re_b^{0.8}Pr_b^{1/3}F$ 其中 $F=\min(F_1,F_2)$，$F_1=0.85+0.776(1\,000q_b^+)^{2.4}$ $F_2=0.48/(1\,000q_{pc}^+)^{1.55}+1.21(1-q_b^+/q_{pc}^+)$	$p=22.5\sim25.0$ MPa $G=700\sim3\,500$ kg/(m^2·s) $q=300\sim2\,000$ kW/m^2 $t_b=300\sim450$ ℃ $D=10$ mm, 20 mm
Zhu 等[12]	$Nu_b=0.006\,8Re_b^{0.9}\overline{Pr_b}^{0.63}(\rho_w/\rho_b)^{0.17}(\lambda_w/\lambda_b)^{0.29}$	$p=22.0\sim30.0$ MPa $D=26.0$ mm $G=600\sim1\,200$ kg/(m^2·s) $q=200\sim600$ kW/m^2
Yu 等[10]	$Nu_b=0.013\,78Re_b^{0.907\,8}\overline{Pr}_b^{0.617\,1}(\rho_w/\rho_b)^{0.435\,6}\times(Gr_b^*)^{-0.012}(q_b^+)^{-0.060\,5}$	$p=22.6\sim41.0$ MPa, $D=1.5\sim38.1$ mm $G=90\sim2\,441$ kg/(m^2·s) $q=90\sim1\,800$ kW/m^2
Mokry 等[14]	$Nu_b=0.006\,1Re_b^{0.904}\overline{Pr}_b^{0.684}(\rho_w/\rho_b)^{0.564}$	$p=24.0$ MPa $G=200\sim1\,500$ kg/(m^2·s) $q=0\sim1\,250$ kW/m^2 $D=10.0$ mm
Gupta 等[30]	$Nu_w=0.004Re_w^{0.923}\overline{Pr_w}^{0.773}(\rho_w/\rho_b)^{0.186}(\mu_w/\mu_b)^{0.366}$	$p=24.0$ MPa $G=200\sim1\,500$ kg/(m^2·s) $q=0\sim1\,250$ kW/m^2 $D=10.0$ mm
刘鑫-匡波[31]	$Nu_b=0.01Re_b^{0.889}\overline{Pr_b}^{0.73}(\rho_w/\rho_b)^{0.401}(\lambda_w/\lambda_b)^{0.24}\times(\mu_w/\mu_b)^{0.153}(\overline{c_p}/c_{p,b})^{0.014}(Gr_b^*)^{0.007}(q_b^+)^{0.041}$	$p=22.4\sim31.0$ MPa $D=6\sim38$ mm $G=200\sim3\,500$ kg/(m^2·s) $q=37\sim2\,000$ kW/m^2
Chen - Fang[32]	$Nu_b=0.46Re_b^{0.16}\left(\frac{Pr_w}{Pr_b}\right)^{0.1}\left(\frac{\nu_w}{\nu_b}\right)^{-0.55}\left(\frac{\overline{c_p}}{c_{p,b}}\right)^{0.88}\times\left(\frac{Gr_b^*}{Gr_b}\right)^{0.81}$	$p=22\sim34.3$ MPa $D=6\sim26$ mm $G=201\sim2\,500$ kg/(m^2·s) $q=129\sim1\,735$ kW/m^2

从表 15.2 和表 15.3 可以看出，对于远离临界和拟临界区域的超临界流动，由于流体的热物性参数随温度变化较为缓慢，通常只需修正 Dittus - Boelter[1] 关联式或 Petukhov - Kirillov[19] 关联式的某个或某些无量纲数的常数项，如 McAdams[20]、Bringer - Smith[21]、Shitsman[13]、Gorban 等[24]、Griem[25] 以及 Kitoh 等[26]，即可获得适用于此区域的超临界传热关联式。

表 15.3　超临界水 Petukhov - Kirillov 型传热关联式

关联式文献	关联式形式	关联式适用范围
Krasnoshchekov - Protopopov[33]	$Nu_b=Nu_0(\mu_w/\mu_b)^{0.11}(\lambda_b/\lambda_w)^{-0.33}(\overline{c_p}/c_{p,b})^{0.35}$ 式中，Nu_0 用 Petukhov - Kirillov[19] 公式(15.4)计算	$p=22.3\sim32$ MPa $Re_b=2\times10^4\sim8.6\times10^5$ $\overline{Pr}_b=0.85\sim65$ $\mu_w/\mu_b=0.9\sim3.6$ $\lambda_b/\lambda_w=1\sim6$ $c_p/c_{p,b}=0.07\sim4.5$
Krasnoshchekov 等[7]	$Nu_b=Nu_0(\rho_w/\rho_b)^{0.3}(\overline{c_p}/c_{p,b})^n$ $n=0.4$，　$T_b<T_w<T_{pc}$ 或 $1.2T_{pc}<T_b<T_w$ $n=n_1=0.22+0.18T_w/T_{pc}$，　$1<T_w/T_{pc}<2.5$ $n=n_1+(5n_1-2)(1-T_b/T_{pc})$，　$T_b<T_w$ 且 $T_{pc}<T_b<1.2T_{pc}$。Nu_0 按以上公式计算	$p=23.4\sim29.3$ MPa $G=700\sim3\,600$ kg/(m^2·s) $q=46\sim2\,600$ kW/m^2 $Re_b=8\times10^4\sim5\times10^5$ $D=1.6\sim20$ mm
Grass 等[34]	$Nu_b=\dfrac{(f_0/8)Re_bPr_b}{1.07+12.7\sqrt{f_0/8}(Pr_G^{2/3}c_{p,b}/c_{p,w}-1)}$ $Pr_G=\begin{cases}Pr_b, & Pr_b<0.5Pr_w\\ Pr_w, & Pr_b>0.5Pr_w\end{cases}$	—
Petukhov 等[17]	$Nu_b=\dfrac{(f/8)Re_b\overline{Pr}_b}{1+900/Re_b+12.7\sqrt{f/8}(\overline{Pr}_b^{2/3}-1)}$ $f=f_0(\rho_w/\rho_b)^{0.4}(\mu_w/\mu_b)^{0.2}$	—
Razumovskiy 等[35]	$Nu_b=\dfrac{(f_r/8)Re_bPr_b}{1.07+12.7\sqrt{f_r/8}(\overline{Pr}_b^{2/3}-1)}(\overline{c_p}/c_{p,b})^{0.65}$ $f_r=f_0(\rho_w/\rho_b)^{0.18}(\mu_w/\mu_b)^{0.18}$	—
Kirillov 等[36]	$Nu_b=Nu_0(\rho_w/\rho_b)^{0.4}(\overline{c_p}/c_{p,b})^n\varphi(k^*)$ $Nu_0=\dfrac{(f_0/8)Re_b\overline{Pr}_b}{1+900/Re_b+12.7\sqrt{f_0/8}(\overline{Pr}_b^{2/3}-1)}$ $k^*=\left(1-\dfrac{\rho_w}{\rho_b}\right)\dfrac{Gr_b}{Re_b^2}$ 当 $\overline{c_p}\geqslant c_{p,b}$ 时，$n=0.7$ 当 $\overline{c_p}<c_{p,b}$ 时，n 有如下定义： $n=0.4$，　$T_b<T_w<T_{pc}$ 或者 $1.2T_{pc}<T_b<T_w$ $n=0.22+0.18T_w/T_{pc}$，　$T_b<T_{pc}<T_w$ $n=0.9T_b/T_{pc}(1-T_w/T_{pc})+1.08T_w/T_{pc}-0.68$ $T_{pc}<T_b<1.2T_{pc}$ 且 $T_{pc}<T_w$	$p=22.3\sim29.3$ MPa $Re_b=2\times10^4\sim8\times10^5$ $\overline{Pr}_b=0.85\sim65$ $q=23\sim2\,600$ kW/m^2 $\varphi(k^*)$见参考文献[36]

对于接近临界和拟临界区域的超临界流动，由于流体的热物性参数随温度变化非常剧烈，仅仅通过修改传统关联式的常数项并不能有效地预测此区域内的超临界传热。鉴于此，不少研究者在修正传统关联式常数项的同时，附加了分别以内壁温度和主流温度为定性温度的热

物性参数的比值修正项 ρ_w/ρ_b、λ_w/λ_b 及 μ_w/μ_b 等，例如 Swenson 等[2]、Zhu 等[12]、Bishop 等[11]、Grass 等[34]、Ornatsky 等[22]、Jackson[6]、徐峰等[27]、Mokry 等[14]、Gupta 等[30]、Krasnoshchekov - Protopopov[33]、Krasnoshchekov 等[7]、Petukhov 等[17]，以及 Razumovskiy 等[35]。此方法是最常见的获取超临界压力传热关联式的方法，所得的关联式一般具有较高的预测精度，但是由于此类型的关联式在计算时需要假设内壁温度，然后通过迭代的方式来实现求解过程，所以使用起来并不十分方便，有时甚至在迭代过程中出现发散，导致无法使用的情况。

还有一部分学者认为在临界和拟临界区域，热物性参数剧烈变化带来的浮升力效应和流动加速效应对超临界传热的影响很显著，在修正传统关联式的常数项以及附加热物性参数的比值修正项的同时，还需引入表征浮升力效应和流动加速效应的无量纲参数，以反映浮升力效应和流动加速效应对超临界压力传热带来的影响，例如 Cheng 等[29]、Watts - Chou[9]、Kuang 等[28]、Yu 等[10]、Chen - Fang[32]、刘鑫-匡波[31]，以及 Kirillov 等[36]。

15.2.3 实验数据库建立

现有超临界流体传热实验研究的公开文献一般以图的形式呈现实验数据。为了尽可能准确地获取图文件中的实验数据值，可利用 GetData Graph Digitizer 软件来读取图文件中的数据，存入 Excel 文档，然后对获取的数据进行整理和筛选。

根据以上方法，作者课题组[32]从 13 篇现有文献中获得了 5 366 组超临界水垂直管内对流传热实验数据，如表 15.4 所列。实验数据的参数范围为：压力 22～34.3 MPa，水力直径 6～26 mm，质量流速 201～2 500 kg/(m^2 · s)，热流密度 129～1 735 kW/m^2，主流焓值 278～3 169 kJ/kg。

表 15.4 超临界水垂直管内对流传热实验数据统计表[32]

参考文献	流动参数范围： t(℃)/p_{in}(MPa)/G(kg/(m^2 · s))/q(kW/m^2)	几何尺寸范围： D(mm)/L(mm)/管材	数据个数
Alekseev 等[38]	100～350(t_{in})/24.5/380～820/100～900	10.4/750/Kh18N10T	163
Griem[25]	343～421(t_b)/22～27/300～2 500/200～700	14/缺少数据/缺少数据	259
Mokry 等[3]	320～350(t_{in})/24/200～1 500/0～884	10/4 000/12Cr18Ni10Ti	1 323
Shitsman[13]	100～250(t_{in})/24.5～34.3/350～600/270～700	8,16/800～3 200/1Gr18Ni9Ti	331
Swenson 等[2]	75～576(t_b)/23～41/542～2 150/200～1 800	9.42/1 830/AISI - 304	159
Vikhrev 等[39]	50～425(t_b)/26.5/500～1 900/230～1 250	20.4/6 000/1Gr18Ni10Ti	424
Yamagata 等[23]	230～540(t_b)/ 22.6～29.4/310～1 830/116～930	7.5,10/1 500,2 000/AISI - 316	250
Zhu 等[12]	282～440(t_b)/23～30/600～1 200/200～600	26/1 000/1Gr18Ni9Ti	120
李虹波等[40]	264～323(t_{in})/23～26/440～1 521/189～1 338	7.6/2 640/Inconel - 625	989
李永亮等[41]	300～500(t_b)/23～25/600～1 200/400～1100	6/3 000/Inconel - 625	169
潘杰等[42]	330～550(t_b)/22.5～30/1 009～1 626/216～822	17/2 000/1Gr18Ni9Ti	231
王飞等[43]	300～400(t_b)/23～26/450～1 200/200～1 200	10/2 500/Inconel - 625	688
徐峰等[27]	230～450(t_b)/23～30/600～1 200/100～600	12/2 800/1Gr18Ni9Ti	260

实验证明，对于超临界压力下管内流体的传热，不同的工况参数范围会导致不一样的传热特性。如前所述，超临界传热大体可分为传热正常、传热强化和传热恶化 3 类。但很难确定区分这 3 个传热区域的标准。在人们提出的区分方法中，较常用的是 Koshizuka 等[37]的“传热系数比 R 划分准则”。当 $0.3 \leqslant R \leqslant 1$ 时，为传热正常；当 $R > 1$ 时，为传热强化；当 $R < 0.3$ 时，为传热恶化。

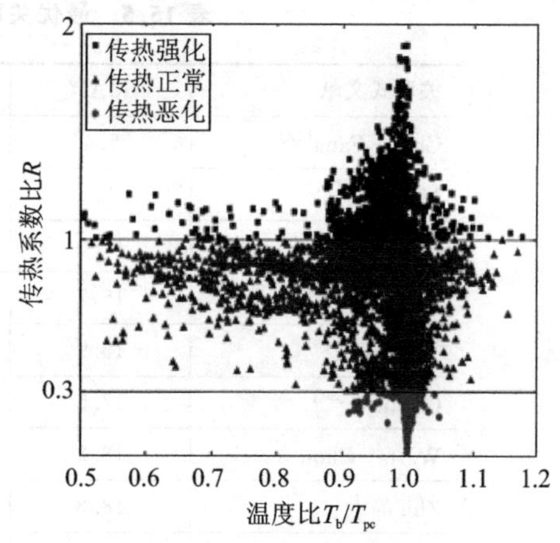

图 15.8　超临界水实验数据传热分区[32]

根据以上传热类型的划分准则，可将上述 5 366 个实验数据点分为三个区域，如图 15.8 所示，其中传热正常区域包含 3 430 个数据点，占总数的 63.9%；传热强化区域包含 1 267 个数据点，占总数的 23.6%；传热恶化区域包含 669 个数据点，占总数的 12.5%。同时，从图中还可看出，大部分的传热强化和传热恶化数据点都在临界点或拟临界点附近。

15.2.4　传热关联式评价

采用平均绝对误差 MAD 评价传热关联式对实验数据的预测精度，采用标准差 SD 和辅助指标 R_{20} 作为衡量其预测精度的参考指标。R_{20} 表示预测相对误差在 ±20% 以内的数据点占总数据的百分比。此外，采用平均相对误差 MRD 判断公式在整体上是高估还是低估了数据库，但不作为评价指标。它们的具体表达形式如下：

$$\mathrm{MAD}=\frac{1}{N}\sum_{i=1}^{N}\left|\mathrm{RD}(i)\right|,\quad \mathrm{SD}=\sqrt{\frac{1}{N-1}\sum_{i=1}^{N}\left[\mathrm{RD}(i)-\mathrm{MRD}\right]^{2}},\quad \mathrm{MRD}=\frac{1}{N}\sum_{i=1}^{N}\mathrm{RD}(i) \tag{15.6a}$$

式中，N 表示数据点总个数；i 表示第 i 个数据点；相对误差 RD 定义为

$$\mathrm{RD}(i)=\left[Y(i)_{\mathrm{pred}}-Y(i)_{\mathrm{exp}}\right]/Y(i)_{\mathrm{exp}} \tag{15.6b}$$

式中，$Y(i)$ 为第 i 个数据点的值，下标 pred 代表预测值，下标 exp 代表实验值。

将 27 个超临界压力水的传热关联式与 5 366 组实验数据进行对比，结果发现，有 9 个关联式的 MAD 值小于 20%，如表 15.5 所列。由表中可见，预测精度最高的为 Chen - Fang[32] 关联式，其 MAD 值为 5.4%，且 99.3% 的数据预测误差在 ±20% 以内，明显优于其他 8 个关联式，其 SD 值也表明它的离散程度最小。

将 27 个关联式分别与各个传热区域的实验数据进行对比，并列出预测精度最高的前 5 个关联式的评价结果，如表 15.6～表 15.8 所列。由表可知，Chen - Fang[32] 关联式在传热正常、传热强化和传热恶化区域的 MAD 值分别为 5.5%、5.0% 和 5.6%，为所有传热区域的最佳关联式，对各个传热区域的数据预测误差几乎全部在 ±20% 以内，且绝大部分的实验数据的预测误差都在 ±10% 以内。

由于水在临界点或拟临界点附近的热物性参数发生急剧变化，这给关联式传热预测带来困难，也是关联式预测误差的重要来源。通过表 15.5 可见，预测精度较高的关联式在形式上都对热物性参数进行了修正。

表 15.5　最优关联式与总数据的贴合度

%

关联式文献	MAD	MRD	SD	R_{20}
Chen - Fang[32]	5.4	−0.7	6.9	99.3
Mokry 等[14]	13.6	−2.4	18.3	78.2
Swenson 等[2]	15.0	1.7	21.0	74.7
Petukhov 等[17]	15.7	6.5	21.5	72.5
刘鑫-匡波[31]	15.9	8.0	21.2	73.9
Gupta 等[30]	17.5	−9.1	19.8	63.3
Watts - Chou[9]	18.2	8.0	24.9	68.2
Zhu 等[12]	18.8	14.2	23.6	67.6
Kuang 等[28]	18.9	−0.4	25.8	62.1

表 15.6　最优关联式与传热正常数据贴合度

%

关联式文献	MAD	MRD	SD	R_{20}
Chen - Fang[32]	5.5	−0.5	7.1	99.2
Mokry 等[14]	11.6	−3.5	14.6	85.1
Petukhov 等[17]	11.7	6.0	14.9	82.7
刘鑫-匡波[31]	13.5	6.3	17.8	81.1
Swenson 等[2]	13.7	0.7	19.1	78.7

表 15.7　最优关联式与传热强化数据贴合度

%

关联式文献	MAD	MRD	SD	R_{20}
Chen - Fang[32]	5.0	−1.8	6.2	100
McAdams[20]	9.7	−8.3	10.3	86.0
Jackson[6]	11.1	−6.8	11.8	86.1
Shitsman[13]	11.3	−2.7	14.0	84.0
Kitoh 等[26]	11.4	−1.8	14.1	85.6

表 15.8　最优关联式与传热恶化数据贴合度

%

关联式文献	MAD	MRD	SD	R_{20}
Chen - Fang[32]	5.6	0.3	7.1	97.9
Gupta 等[30]	16.1	8.9	25.1	72.8
Swenson 等[2]	17.2	10.9	25.1	69.1
Mokry 等[14]	18.9	15.4	24.8	68.5
徐峰等[27]	21.7	−4.7	28.1	53.2

对管外壁进行恒定热流加热时，近壁面与主流之间存在温度差，进而造成两者之间的密度差，改变了原有的流动结构，产生了影响换热的浮升力。鉴于此，Chen - Fang[32]关联式在修正

物性变化的同时，引入了基于密度差与基于热流密度的格拉晓夫数来关联由于密度差导致的浮升力效应。结果表明，格拉晓夫数的引入，使得 Chen - Fang[32] 关联式具备了优于其他关联式的预测性能，显著地提高了对垂直管内超临界水对流传热的预测精度。

15.3　超临界压力管内二氧化碳的传热

15.3.1　研究背景与现状

随着人们对氯氟烃(CFCs)和氢氯氟烃(HCFCs)制冷剂带来的臭氧破坏以及温室效应等环境问题的日益重视，自 20 世纪 90 年代起，自然制冷剂的研究重新受到重视。二氧化碳是自然界天然存在的物质，它的臭氧层破坏潜能(ODP)为零，温室效应潜能极小(GWP=1)，具有良好的传热性质、较低的流动阻力及相当大的单位容积制冷量，在商业建筑、冷藏库、热泵系统、汽车空调等领域获得逐步应用。由于二氧化碳的临界温度较低(31.05 ℃)，当外界气温较高时，除了用作两级制冷的第一级外，二氧化碳制冷不得不采用跨临界制冷循环，即蒸发器的吸热过程在亚临界条件下进行，压缩机的排气压力高于临界压力，排气温度高于临界温度，气体冷却器内的放热过程在超临界压力条件下进行。

由于超临界状态放热过程不发生相变，二氧化碳可以获得较大的温度变化，有利于与变温热源相匹配，所以更接近劳仑兹循环，从而可得到较高的能效。超临界压力下二氧化碳的热物性随温度与压力变化很大，传热过程变得复杂，传统的传热模型一般不能适用。又因为确定气体冷却器内的传热系数计算对于设计二氧化碳制冷循环来说非常重要，因此许多学者[44-58]开展了这方面的实验和数学建模研究，如表 15.9 所列。

表 15.9　超临界二氧化碳冷却传热实验研究

模型，按发表时间编号	实验参数范围	
	运行参数： t_{in}(℃)/p_{in}(MPa)/G(kg/(m^2·s))/q(kW/m^2)	几何参数： D(mm)/L(mm)/流向/管型
(1) Krasnoshchekov 等[44]	28.7～199/8～12/2 971/235～500	2.22/150/水平/单圆管
(2) Baskov 等[45]	17～212/8～12/1 560～4 170/可达 640	4.12/375/竖直/单圆管
(3) Petrov - Popov[46]	20～248/7.85～12/450～4 000/14～1 000	不可得
(4) Petrov - Popov[47]	20～248/7.85～12/450～4 000/14～1 000	不可得
(5) Fang[48]	25～65/8～12/200～1 200/14～70	0.79/530/水平/多端口拉伸圆管
(6) Liao - Zhao[49]	20～110/7.4～12/250～3 500/不可得	0.50～2.16/110/水平/单圆管
(7) Pitla 等[50]	100～124/8～13/1 660～2 200/不可得	4.72/1.3～1.8/水平/单圆管
(8) Yoon 等[51]	50～80/7.5～8.8/225～450/不可得	7.73/500/水平/单圆管
(9) Dang - Hibara[52]	20～70/8～10/200～1 200/6～33	1～6/500/水平/单圆管
(10) Huai 等[53,54]	22～53/7.4～8.5/113.7～418.6/0.8～9	1.31/500/水平/多端口拉伸圆管
(11) Son - Park[55]	90～100/7.5～10/200～400/不可得	7.75/500/水平/单圆管
(12) Kuang 等[56]	45～55/8～10/300～1 200/不可得	0.79/635/水平/多端口拉伸圆管
(13) Oh - Son[57]	90～100/7.5～10/200～600/不可得	4.55,7.75/400,500/水平/单圆管

关于超临界二氧化碳传热研究，Fang 等[58]、Cheng 等[59]和 Oh－Son[57]提供了系统的综述。Fang 等[60]利用 Fang[48]公式预测了气体冷却器中直径为 0.79 mm 管中超临界二氧化碳的传热，发现与实验数据吻合得很好。Cheng 等[59]利用 Huai 等[53-54]在直径为 1.31 mm 圆管内的实验数据，对比了表 15.9 中的传热模型(5)～(8)、(10)和(12)。他们发现 Fang[48]公式与实验数据吻合得最好。

Oh－Son[57]用他们自己 4.55 mm 和 7.75 mm 圆管的实验数据评价了 10 个模型，发现 Pitla 等[50]和 Fang 关联式是最好的，并且都过高地预测了传热系数值。Garimella[61]指出 Pitla 等[50]关联式可能在传热预测上存在不切实际的多个传热峰值，不能很好地反映当温度超过拟临界温度时的传热趋势。这是因为在 Pitla 等[50]关联式中，努塞尔数的定性温度是壁温与主流温度的平均值，当主流比定压热容变小时，如果壁温不超过拟临界温度，那么壁温比定压热容可能仍然增大。

15.3.2 传热关联式综述

随着理论和实验研究的发展，国内外的研究者们提出的超临界压力二氧化碳的管内传热关联式多达几十个，本小节收集并整理了其中常见的 22 个，包含了现有评价中所有被认为具有较高精度的公式，其中针对冷却工况的传热关联式包含了 8 个 Dittus－Boelter 型和 7 个 Petukhov－Kirillov 型；而针对加热工况的传热关联式有 7 个，全部是 Dittus－Boelter 型。以上传热关联式具体的形式和适用范围如表 15.10～表 15.12 所列。

表 15.10 超临界 CO_2 冷却工况 Petukhov－Kirillov 型传热关联式

文献来源	关联式形式	关联式适用范围
Krasnoshchekov 等[44]	$Nu_w = Nu_{iso,w}(\overline{c_p}/c_{p,w})^m(\rho_w/\rho_b)^n$ $Nu_{iso,w} = \dfrac{(f_w/8)Re_w Pr_w}{1.07+12.7\sqrt{f_w/8}(Pr_w^{2/3}-1)}$ $f_w = (0.79\ln Re_w - 1.64)^{-2}$，$m$，$n$ 见参考文献[44]	p=7.8～12 MPa D=2.22 mm G=2 971 kg/(m²·s) q=235～500 kW/m² $Re_b=9\times10^4\sim3.2\times10^5$ 水平管
Baskov 等[45]	$Nu_w = Nu_{iso,w}(\overline{c_p}/c_{p,w})^m(\rho_b/\rho_w)^n$　m，n 见参考文献[45] $Nu_{iso,w} = \dfrac{(f_w/8)Re_w Pr_w}{\left(1.07+\dfrac{900}{Re_w}-\dfrac{0.63}{1+10Pr_w}\right)+12.7\sqrt{\dfrac{f_w}{8}}(Pr_w^{2/3}-1)}$	p=8～12 MPa D=4.12 mm G=1 560～4 170 kg/(m²·s) q=0～640 kW/m² 垂直管
Petrov－Popov[46]	$Nu_w = Nu_{iso,w}(1+0.001q/G)(\overline{c_p}/c_{p,w})^n$ $Nu_{iso,w} = \dfrac{(f_w/8)Re_w Pr_w}{(1+3.4f_w)+\left(11.7+\dfrac{1.8}{Pr_w^{1/3}}\right)\sqrt{\dfrac{f_w}{8}}(Pr_w^{2/3}-1)}$ $Nu_w = Nu_{iso,w}(1+0.001q/G)(\overline{c_p}/c_{p,w})^n$ $\begin{cases}n=0.66+4\times10^{-4}q/G, & \overline{c_p}/c_{p,w}\leqslant1\\n=0.90+4\times10^{-4}q/G, & \overline{c_p}/c_{p,w}>1\end{cases}$	p=7.85～12 MPa G=450～4 000 kg/(m²·s) q=14～1 000 kW/m²

续表 15.10

文献来源	关联式形式	关联式适用范围
Pitla 等[50]	$Nu = \frac{Nu_w + Nu_b}{2}\frac{\lambda_w}{\lambda_b}$ $Nu_w Nu_b$ 分别按壁温和主流温度根据下式计算 $Nu = \frac{(f/8)(Re_b - 1\,000)Pr}{1.07 + 12.7\sqrt{f/8}(Pr^{2/3} - 1)}$	p=8～13 MPa D=4.72 mm G=1 660～2 200 kg/(m^2·s) 水平管
Fang[48]	$Nu_w = \frac{(f_w/8)(Re_w - 1\,000)Pr_w}{A + 12.7\sqrt{f_w/8}(Pr_w^{2/3} - 1)}\left(1 + 0.001\frac{q}{G}\right)\left(\frac{\overline{c_p}}{c_{p,w}}\right)^n$ $A = \begin{cases}1 + 7\times 10^{-8}Re_w, & Re_w < 10^6\\ 1.07, & Re_w \geqslant 10^6\end{cases}$ n 的取值同 Petrov - Popov[46]	p=8～12 MPa D=0.79 mm G=200～1 200 kg/(m^2·s) q=14～70 kW/m^2 水平管
Dang - Hibara[52]	$Nu = \frac{(f/8)(Re_b - 1\,000)Pr}{1.07 + 12.7\sqrt{f/8}(Pr^{2/3} - 1)}$ $Pr = \begin{cases}c_{p,b}\mu_b/\lambda_b, & c_{p,b} \geqslant \overline{c_p}\\ \overline{c_p}\mu_b/\lambda_b, & c_{p,b} < \overline{c_p} \text{ 且 } \mu_b/\lambda_b \geqslant \mu_f/\lambda_f\\ \overline{c_p}\mu_f/\lambda_f, & c_{p,b} < \overline{c_p} \text{ 且 } \mu_b/\lambda_b < \mu_f/\lambda_f\end{cases}$	p=8～10 MPa D=1～6 mm G=200～1 200 kg/(m^2·s) q=6～33 kW/m^2 水平管
Fang - Xu[65]	$Nu_b = \frac{(f/8)(Re_b - 20Re_b^{0.5})\overline{Pr_b}}{1 + 12.7\sqrt{f/8}(\overline{Pr_b}^{2/3} - 1)}\left(1 + 0.001\frac{q}{G}\right)$ $f = f_{iso,b}(\mu_w/\mu_b)^{0.49}(\rho_f/\rho_{pc})^{1.31}$ $f_{iso} = 1.613\left[\ln\left(0.234\left(\frac{\varepsilon}{D}\right)^{1.100\,7} - \frac{60.525}{Re^{1.110\,5}} + \frac{56.291}{Re^{1.071\,2}}\right)\right]^{-2}$	p=7.48～12 MPa D=1.1～7.75 mm G=159～2 971 kg/(m^2·s) q=6～500 kW/m^2 水平管

表 15.11　超临界 CO_2 冷却工况 Dittus - Boelter 型传热关联式

文献来源	关联式形式	关联式适用范围
Liao - Zhao[49]	$Nu_w = 0.128Re_w^{0.8}Pr_w^{0.3}\left(\frac{Gr_b}{Re_b^2}\right)^{0.205}\left(\frac{\rho_b}{\rho_w}\right)^{0.437}\left(\frac{\overline{c_p}}{c_{p,w}}\right)^{0.411}$	p=7.4～12 MPa D=0.5～2.16 mm,水平管 t_b=20～110 ℃ q_m=0.02～0.2 kg/min
Yoon 等[51]	$Nu_b = \begin{cases}0.14Re_b^{0.69}Pr_b^{0.66}, & T_b > T_{pc}\\ 0.013Re_bPr_b^{-0.05}\left(\frac{\rho_{pc}}{\rho_b}\right)^{1.6}, & T_b \leqslant T_{pc}\end{cases}$	p=7.5～8.8 MPa D=7.73 mm,水平管 G=225～450 kg/(m^2·s) t_b=50～80 ℃
Huai 等[53]	$Nu_b = 0.022\,186Re_b^{0.8}Pr_b^{0.3}\left(\frac{\rho_b}{\rho_w}\right)^{-1.465\,2}\left(\frac{\overline{c_p}}{c_{p,w}}\right)^{0.083\,2}$	p=7.4～8.5 MPa,水平管 t_b=22～53 ℃ G=113.7～418.6 kg/(m^2·s) q=0.8～9 kW/m^2

续表 15.11

文献来源	关联式形式	关联式适用范围
Son - Park[55]	$Nu_b=\begin{cases}Re_b^{0.55}Pr_b^{0.23}(c_{p,b}/c_{p,w})^{0.15}, & T_b>T_{pc}\\ Re_b^{0.35}Pr_b^{1.9}(\rho_b/\rho_w)^{-1.6}(c_{p,b}/c_{p,w})^{-3.4}, & T_b\leqslant T_{pc}\end{cases}$	p=7.5～10 MPa D=7.75 mm,水平管 G=200～400 kg/(m^2·s) t_{in}=90～100 ℃
Kuang 等[56]	$Nu_b=0.001\,546Re_b^{1.054}Pr_b^{0.653}\left(\frac{\rho_w}{\rho_b}\right)^{0.367}\left(\frac{\overline{c_p}}{c_{p,b}}\right)^{0.4}$	p=8～10 MPa D=0.79 mm,水平管 G=300～1 200 kg/(m^2·s)
Bruch 等[62]	浮力阻滞流: $Nu_b/Nu_{FC}=[1.542+3243(Gr_b/Re_b^{2.7})^{0.91}]^{1/3}$ 式中,$Nu_{FC}=0.018\,3Re_b^{0.82}\overline{Pr_b}^{0.5}(\rho_b/\rho_w)^{-0.3}$	p=7.4～12 MPa t_b=15～70 ℃ D=6.0 mm,垂直管 G=50～590 kg/(m^2·s) Re_b=3 600～1.8×10^6
Oh - Son[57]	$Nu_b=\begin{cases}0.023Re_b^{0.7}Pr_b^{2.5}(c_{p,b}/c_{p,w})^{-3.5}, & T_b>T_{pc}\\ 0.023Re_b^{0.6}Pr_b^{3.2}(\rho_b/\rho_w)^{3.7}(c_{p,b}/c_{p,w})^{-4.6}, & T_b\leqslant T_{pc}\end{cases}$	p=7.5～10 MPa D=4.55, 7.75 mm,水平管 G=200～600 kg/(m^2·s) t_{in}=90～100 ℃
Liu 等[64]	$Nu_w=0.01Re_w^{0.9}Pr_w^{0.5}\left(\frac{\rho_w}{\rho_b}\right)^{0.906}\left(\frac{c_{p,w}}{c_{p,b}}\right)^{-0.585}$	p=7.5～8.5 MPa t_{in}=25～67 ℃ q_m=0.35～0.8 kg/min D=4, 6, 10.7 mm,水平管

表 15.12　超临界 CO_2 加热工况传热关联式

文献来源	关联式形式	关联式适用范围
Bringer - Smith[21]	$Nu_x=0.037\,5Re_x^{0.77}Pr_w^{0.55}$ Nu_x 和 Re_x 的定性温度为 t_x,其中: $\begin{cases}t_x=t_b, & E<0\\ t_x=t_{pc}, & 0\leqslant E\leqslant 1,\quad E=\frac{t_{pc}-t_b}{t_w-t_b}\\ t_x=t_w, & E>1\end{cases}$	p=8.273 MPa t_b=21～48.9 ℃ Re_b=3×10^4～3×10^5 D=4.572 mm
Kim 等[66]	$Nu_b=0.018\,2Re_b^{0.824}\overline{Pr_b}^{0.515}\left(\frac{\rho_w}{\rho_b}\right)^{0.299}$	p=7.75～8.85 MPa G=400～1 200 kg/(m^2·s) q=0～150 kW/m^2 D=4.4 mm,垂直管
Kim - Kim[67]	$Nu_b=0.226Re_b^{1.174}Pr_b^{1.057}\left(\frac{\rho_w}{\rho_b}\right)^{0.571}\left(\frac{\overline{c_p}}{c_{p,b}}\right)^{1.032}\times Ac^{0.489}Bu^{0.002\,1}$ $Ac=\frac{q_b^+}{Re_b^{0.625}}\left(\frac{\mu_w}{\mu_b}\right)\left(\frac{\rho_b}{\rho_w}\right)^{0.5}$ $Bu=\frac{Gr_b^*}{Re_b^{3.425}Pr_b^{0.8}}\left(\frac{\mu_w}{\mu_b}\right)\left(\frac{\rho_b}{\rho_w}\right)^{0.5}$	p=7.46～10.26 MPa D=4.5 mm,垂直管 G=208～874 kg/(m^2·s) q=38～234 kW/m^2 t_b=29～115 ℃

续表 15.12

文献来源	关联式形式	关联式适用范围
李志辉等[68]	向下流动： $\frac{Nu}{Nu_f}=\left[\left\vert 1+(Bo^*)^{0.1}\left(\frac{\overline{c_p}}{c_{p,b}}\right)^{-0.3}\left(\frac{\rho_w}{\rho_b}\right)^{0.5}\left(\frac{Nu}{Nu_f}\right)^{-2}\right\vert\right]^{0.46}$ 向上流动： $\frac{Nu}{Nu_f}=\left[\left\vert 1-(Bo^*)^{0.1}\left(\frac{\overline{c_p}}{c_{p,b}}\right)^{-0.009}\left(\frac{\rho_w}{\rho_b}\right)^{0.35}\left(\frac{Nu}{Nu_f}\right)^{-2}\right\vert\right]^{0.46}$ Nu_f 具体可见参考文献[68]	$p=7.8\sim9.5$ MPa $t_{in}=25\sim40$ ℃ $Re_{in}=3\times10^3\sim2\times10^4$ $D=2.0$ mm，垂直管
Kim - Kim[63]	$Nu_w=2.051\,4Re_b^{0.928}Pr_b^{0.742}\left(\frac{\rho_w}{\rho_b}\right)^{1.305}\left(\frac{\mu_w}{\mu_b}\right)^{-0.669}\times\left(\frac{c_{p,w}}{c_{p,b}}\right)^{-0.888}(q_b^+)^{0.792}$	$p=7.46\sim10.26$ MPa $t_b=29\sim115$ ℃ $G=208\sim874$ kg/(m^2·s) $q=38\sim234$ kW/m^2 $D=4.5$ mm，垂直管
Pioro 等[69]	$Nu_w=0.003\,8Re_w^{0.96}\overline{Pr}_w^{-0.14}\left(\frac{\rho_w}{\rho_b}\right)^{0.84}\left(\frac{\lambda_w}{\lambda_b}\right)^{-0.75}\left(\frac{\mu_w}{\mu_b}\right)^{-0.22}$	$p=8.38\sim8.8$ MPa $G=700\sim3\,200$ kg/(m^2·s) $q=18.4\sim161.2$ kW/m^2 $D=8$ mm，垂直管
Preda 等[70]	$Nu_w=0.001\,5Re_w^{1.03}\overline{Pr}_w^{0.76}\left(\frac{\rho_w}{\rho_b}\right)^{0.46}\left(\frac{\lambda_w}{\lambda_b}\right)^{-0.43}\left(\frac{\mu_w}{\mu_b}\right)^{0.53}$	$p=7.58\sim9.58$ MPa $G=419\sim1\,200$ kg/(m^2·s) $q=20\sim130$ kW/m^2 $D=0.948\sim9$ mm 水平管、垂直管

从表 15.10～表 15.12 可以看出，极少部分作者仅修正 Dittus - Boelter 公式或 Petukhov - Kirillov 公式的部分常数项来获得超临界压力下二氧化碳的传热关联式，例如 Bringer 和 Smith[21]、Yoon 等[51]，以及 Dang 和 Hibara[52]。绝大部分研究者以 Dittus - Boelter 或 Petukhov - Kirillov 公式为基础，附加以内壁温度和主流温度为定性温度的热物性参数的比值修正项来反映流体热物性参数变化对传热的影响，例如 Krasnoshchekov 等[44]、Baskov 等[45]、Petrov - Popov[46]、Fang[48]、Huai 等[53]、Son - Park[55]、Kuang 等[56]、Oh - Son[57]、Liu 等[64]、Fang - Xu[65]、Kim 等[66]、Pioro 等[69]、Preda 等[70]关联式。部分学者认为，应该考虑浮升力效应和流动加速效应对超临界压力传热的影响，因此除了修正传统关联式的常数项和添加热物性参数比值修正项外，还引入了跟浮升力和流动加速相关的无量纲参数(Gr/Re^2、Gr^*、q^+、Ac、Bu 和 Bo^*)，如 Liao - Zhao[49]、Bruch 等[62]、Kim - Kim[63]、Kim - Kim[67]、李志辉等[68]关联式。

15.3.3　实验数据库建立

已有的关于超临界压力下 CO_2 传热的实验研究绝大多数针对冷却工况，大部分实验数据无法从公开文献中直接获得。表 15.13 统计了部分超临界压力 CO_2 在冷却工况下的实验数据，总共包含 341 组数据。这些数据均以图的形式给出。将这些数据与已经被广泛用于等温条件的如下 Gnielinski[18] 传热公式进行比较，结果如表 15.14 所列。

$$Nu_b = \frac{(f/8)(Re_b - 1\,000)Pr_b}{1 + 12.7\sqrt{f/8}(Pr_b^{2/3} - 1)}\left(\frac{Pr_b}{Pr_w}\right)^{0.11} \tag{15.7}$$

从表 15.14 可以看出，利用 Gnielinski[18] 传热公式计算的结果与表 15.13 所列实验数据之间存在显著的差异，并且数据源之间也存在着很大的差别，这表明表 15.13 所列实验数据库的可靠性需要得到评估，同时应该进行更多准确的实验以获得高度可靠的数据。

表 15.13 超临界 CO_2 冷却工况管内对流传热实验数据统计表

参考文献	运行参数：t_{in}(℃)/p_{in}(MPa)/G(kg/(m²·s))/q(kW/m²)	几何参数：D(mm)/L(mm)/流向/管型	数据点数
Krasnoshchekov 等[44]	28.7～199/8～12/2 971/235～500	2.22/150/水平/单圆管	49
Liao – Zhao[49]	28～80/8/1 750/不可得	1.1/110/水平/单圆管	22
Dang – Hibara[52]	20～65/8～10/200～800/6～33	2～6/500/水平/单圆管	236
Huai 等[53]	31～52/7.48/159/8.3～12.5	1.31/500/水平/多端口圆管	12
Oh – Son[57]	85/9/300/17～40	7.75/500/水平/单圆管	10
Lv 等[71]	31～39/8/320/47.5～52.5	6/400/水平/单圆管	12

表 15.14 Gnielinski 公式预测值与实验数据之间的偏差(%)

Krasnoshchekov 等[44]		Liao – Zhao[49]		Dang – Hibara[52]		Huai 等[53]		Oh – Son[57]		Lv 等[71]	
MAD	MRD	MAD	MRD	MAD	MRD	MAD	MRD	MAD	MRD	MAD	MRD
45.7	−21.1	44.7	29.5	18.1	−9.4	28.7	−19.6	44.7	−44.7	56.2	−56.2

在表 15.13 列出的数据源中，Liao – Zhao[49] 数据显示出正的 MRD 值，也就是说，总体上 Liao – Zhao[49] 数据小于 Gnielinski 方程的预测值。然而，整体上等温传热方程的预测值应该低估超临界压力下的传热冷却值，因此，Liao – Zhao[49] 数据需要得到验证。整体上，Lv 等[71] 数据比 Gnielinski 方程的预测值高出 56.2%，Oh – Son[57] 数据高出 44.7%。虽然等温传热方程的预测值应该低于超临界压力下的传热值，但 Lv 等[71] 和 Oh – Son[57] 数据比预测值高得太多。因此，这里不使用来自这三个数据源的 44 组数据。于是，表 15.14 中余下的 297 组数据被最终选作目标数据库，用于比较和评价现有的超临界压力下 CO_2 冷却传热关联式。

15.3.4 传热关联式评价

将表 15.10 与表 15.11 中 15 个超临界压力下 CO_2 冷却传热关联式与上述 297 组数据进行对比，预测偏差在 50% 以内的模型的误差列于表 15.15 中。通过分析表中的数据可以得出以下结论：

① 现有的 15 个超临界压力下 CO_2 冷却传热关联式中，Fang – Xu[65]、Petrov – Popov[46]、Fang[48] 等的关联式对实验数据的预测能力最好。

② Krasnoshchekov 等[44]、Dang – Hibara[52]、Baskov 等[45] 的关联式也具有较好的预测精度。

③ Yoon 等[51]、Oh – Son[57]、Bruch 等[62]、Liu 等[64] 的关联式的 MAD 值超过 100%，甚至

对他们自己数据的误差也很大，因而未列入表 15.15 中。Son - Park[55]、Kuang 等[56]、Liao - Zhao[49] 等的关联式的 MAD 值分别为 48%、46.8%和 44%，这些公式在拟临界点附近的误差最大。

表 15.15　CO_2 冷却传热关联式预测值与实验值误差统计表

%

模型(按预测精度排序)	MAD	MRD	模型(按预测精度排序)	MAD	MRD
Fang - Xu[65]	8.9	1.4	Pitla 等[50]	17.2	−8.0
Petrov - Popov[46]	10.2	−2.2	Huai 等[53]	30.4	1.9
Fang[48]	11.5	−3.2	Liao - Zhao[49]	44.0	19.6
Krasnoshchekov 等[44]	11.5	0.6	Kuang 等[56]	46.8	32.0
Dang - Hibara[52]	12.2	0.8	Son - Park[55]	48.0	26.8
Baskov 等[45]	13.2	−1.3			

④ 当 q/G 大于某个值时，Kuang 等[56]、Huai 等[53]、Pitla 等[50] 的关联式在拟临界点后不能很好地预测实验数据的趋势。这三个模型在 $q/G=30$ J/kg 时遵循实验条件下的趋势，但在高 q/G 值条件下表现得不正常。当 $q/G=120$ J/kg 时，Kuang 等[56] 和 Huai 等[53] 关联式的预测值峰值出现在 $T_b/T_{pc}=1.03$ 附近，而 Pitla 等[50] 关联式预测值有两个峰值。当 $q/G=165$ J/kg 时，Kuang 等[56] 和 Huai 等[53] 关联式的预测值随着 T_b/T_{pc} 的增大而增大，而 Pitla 等[50] 关联式的预测值开始就有一个峰值，并在 $T_b/T_{pc}=1.03$ 之后也随着 T_b/T_{pc} 的增大而增大。

⑤ Fang - Xu[65] 关联式具有最小的预测偏差，对实验数据的贴合程度最高，其 MAD 值为 8.9%，大多数实验数据的预测偏差在±10%之内。

15.4　超临界压力管内碳氢燃料的传热

15.4.1　研究背景与现状

航空用碳氢燃料是由烷烃、环烷烃、芳香烃等组成的多组分有机物，因其具有能量密度高，燃烧稳定性好，热力学特性稳定，价格便宜等优点，常作为发动机的燃料及冷却剂广泛应用于航空、航天等领域。通常航空煤油在进入发动机燃烧室之前，先以一定的流量流经飞行器需要冷却的高温部件，然后将吸收的热量以及自身的化学热一并在燃烧室进行释放，既起到了冷却的作用，又提高了能量的利用率，是一种经济有效的热控制技术。

典型的高速飞行器燃料系统的压力为 3.45～6.89 MPa[72]，通常高于碳氢燃料的临界压力(约 2 MPa)，且碳氢燃料在临界、拟临界区域热物性变化十分剧烈，所以其传热规律呈现出与传统强制对流不同的特点。因此，国内外学者针对各种碳氢燃料在超临界压力下的高热流密度、高质量流速及细微管内的流动和传热特性做了大量的实验研究，其中主要的研究对象包括了美国 JP 系列的航空燃料(JP - 7、JP - 8、JP - 9 和 JP - 10 等)，俄罗斯 T 及 RD 系列的航空燃料(T - 6，T - 15，RD - 120 和 RD - 170 等)，以及中国 RP 系列的航空燃料(RP - 1、RP - 2、RP - 3 和 RP - 4 等)，其中 RP - 3 的超临界传热特性是目前国内研究者关注的热点。

Deng 等[73]利用 RP－3 航空煤油在垂直上升与下降不锈钢圆管流动的实验结果，分析了热流密度、浮升力、流动加速等因素对传热的影响；基于实验数据，以及用 NIST Supertrapp 软件和 RP－3 航空煤油 10 组分替代模型[74]计算出的热物性数据，提出了一个新的传热关联式。通过与实验的对比发现，新关联式的努塞尔数的平均绝对误差约为 8%，而 Zhong 等[74]与胡志宏等[75]的煤油传热关联式则偏差较大，部分数据绝对误差超过 70%。

Zhang 等[76]通过垂直下降不锈钢圆管内 RP－3 航空煤油流动的实验数据，分析了热流密度、进口雷诺数、浮升力及流动加速等因素对传热的影响。在对比了 4 个经典的超临界流体的传热关联式与实验数据后发现，关联式与实验数据有较大偏差。于是他们根据实验数据，以及实测的 RP－3 航空煤油的物性数据，拟合得出一个新的传热关联式。新公式对于所有实验数据的预测偏差都在±8%以内。

张斌等[77]开展了 RP－3 航空煤油在不锈钢管内垂直上升与下降流动的实验研究，分析了热流密度、进口温度、浮升力、流动方向等因素对传热的影响；基于实验数据，以及实测的 RP－3 航空煤油的热物性数据，分别提出了用于垂直向上、垂直向下等两个新的传热关联式。通过与实验数据的对比发现，新关联式的努塞尔数的预测误差绝大多数在±25%以内。

Huang 等[78]开展了 RP－3 航空煤油在不锈钢圆管内垂直上升流动的实验研究，分析了压力、热流密度、质量流速等因素对超临界压力传热的影响；基于实验数据，以及采用广义对应状态法与 RP－3 航空煤油 10 组分替代模型[74]计算出的物性数据，建立了一个新的传热关联式。新关联式对实验数据的预测误差绝大多数在±20%以内，其中 85.9%的数据误差在±15%以内。

Li 等[79]基于 RP－3 航空煤油在不锈钢圆管内垂直上升流动的实验数据，结合采用广义对应状态法与 RP－3 航空煤油 10 组分替代模型[74]计算出的热物性数据，分析了压力、热流密度、质量流速、进口温度、浮升力、流动加速等因素对传热的影响。将 3 个超临界传热关联式与实验数据对比发现，Deng 等[86]关联式的预测误差最小，绝大多数在±20%以内。

王夕等[80]根据 RP－3 航空煤油在垂直上升与下降不锈钢圆管内流动的实验结果，结合 NIST Supertrapp 软件与 RP－3 航空煤油 10 组分替代模型[74]计算出的热物性数据，分析了物性、浮升力、流动加速等因素对传热的影响，修正了已有的传热关联式。修正后的关联式的预测误差绝大多数在±20%以内。

根据以上综述可知，由于实验参数范围、RP－3 航空煤油的热物性参数计算方法及所选择的传热关联式形式等方面的不同，研究者们所提出的 RP－3 航空煤油传热关联式的形式多样，它们对实验数据的预测误差有较大不同，这给关联式的使用带来麻烦。因此，需对超临界压力下垂直管内 RP－3 航空煤油对流传热实验数据进行广泛收集，并按照不同的传热区域及流动方向进行分区，然后将其与经典的管内传热关联式以及常见的超临界压力下碳氢燃料传热关联式进行比较，从中寻找出形式较简单、预测精度较高的传热关联式。

15.4.2 传热关联式综述

随着超临界碳氢燃料传热实验研究的开展，国内外研究者提出了一些超临界碳氢燃料管内传热关联式，不过在数量上要少于水和二氧化碳的关联式。现有公式形式上基本是 Dittus－Boelter 型，且均应用于加热工况。本小节系统地整理收集了超临界压力下 RP－3 航空煤油以及其他碳氢燃料共 14 个传热关联式，包含现有评价中所有认为较好的公式，其具体形式和适

用范围如表 15.16 所列。

表 15.16　超临界碳氢燃料传热关联式

文献来源	关联式形式	关联式适用范围
Giovanetti 等[81]	$Nu_b = 0.044Re_b^{0.76}Pr_b^{0.4}(1+2d/x)$	p=6.9 MPa，13.8 MPa D=1.96 mm T_w 达 866 K T_{in}=290 K 适用工质:RP-1 和丙烷
Hitch-Karpuk 等[82]	$Nu_b = 0.151Re_b^{0.6915}Pr_b^{0.3203}(\mu_b/\mu_w)^{0.1203}$	p 达 10.3 MPa D=1.651，3.302 mm G=500 kg/(m^2·s) q 可达 1 703.5 kW/m^2 适用工质:甲基环己烷和 JP-7
胡志宏等[83]	$Nu_b = 0.00315Re_b^{0.873}Pr_b^{0.451}(\mu_w/\mu_b)^{-0.052}$	p=5.0，15.0 MPa D=1.70 mm G=8 500～51 000 kg/(m^2·s) q 达 55.0 MW/m^2 t_{in}=20，100 ℃ 适用工质:航空煤油
Stiegemeier 等[84]	$Nu_b = 0.016Re_b^{0.862}Pr_b^{0.4}(1+2d/x)$	p=6.895 MP D=1.549 4 mm G=5 779～17 337 kg/(m^2·s) T_w=672～811 K q=3.598～13.246 MW/m^2 适用工质:JP-7、JP-8、JP-10 和 RP-1
Zhang 等[85]	$Nu_b = 0.00985Re_b^{0.9753}Pr_b^n\left(\frac{\rho_w}{\rho_b}\right)^{1.115}\left(\frac{\overline{c_p}}{c_{p,b}}\right)^{-1.253}\left(\frac{\mu_w}{\mu_b}\right)^{1.411}$ $n=0.384$，　$T_b/T_{pc}\leqslant 1.05$ $n=0.572$，　$T_b/T_{pc}>1.05$	p=5.0 MPa D=1.8 mm q=125～425 kW/m^2 T_{in}=400 K Re_b=3 500～111 000 适用工质:RP-3
Deng 等[73]	当 $T_b/T_{pc}\leqslant 0.9$ 时， $Nu_b = 0.008151Re_b^{0.95}Pr_b^{0.4}(c_{p,w}/c_{p,b})^{0.8777}(\mu_w/\mu_b)^{0.6352}$ 当 $T_b/T_{pc}>0.9$ 时， $Nu_b = 0.02317Re_b^{0.87}Pr_b^{0.4}(c_{p,w}/c_{p,b})^{-1.447}(\mu_w/\mu_b)^{0.4336}$	p=5.0 MPa D=1.8 mm T_{in}=400 K G=785.95 kg/(m^2·s) q=100～500 kW/m^2 适用工质:RP-3

续表 15.16

文献来源	关联式形式	关联式适用范围
Zhong 等[74]	当 $15\,000 \leqslant Re_b \leqslant 25\,000$ 时， $Nu_b = 0.006\,5Re_b^{0.89}Pr_b^{0.40}(\mu_b/\mu_w)^{0.1}$ 当 $45\,000 \leqslant Re_b \leqslant 200\,000$ 时， $Nu_b = 0.000\,045Re_b^{1.4}Pr_b^{0.40}(\mu_b/\mu_w)^{0.1}$	p=2.6～5.0 MPa D=12 mm T_b=300～800 K G=88.4～884.2 kg/(m^2·s) q=10～300 kW/m^2 适用工质:RP-3
Li 等[86]	$Nu_b = 0.043\,5Re_b^{0.8}$	p=4.0 MPa D=12 mm G=500～1 100 kg/(m^2·s) q=300～700 kW/m^2 T_{in}=300 K,适用工质:RP-3
Zhang 等[76]	$\frac{Nu_b}{Nu_0} = 0.125\left(\frac{\rho_f}{\rho_b}\right)^{0.12}\left(\frac{\mu_f}{\mu_b}\right)^{0.153}\left[1+7.558\left(\frac{Nu_b}{Nu_0}\right)^{0.989}\right]$ 式中,$Nu_0 = 0.011\,3Re_b^{0.862}Pr_f^{0.4}$	p=5.0 MPa D=1.805 mm T_{in}=373～800 K G=786.5～2 359 kg/(m^2·s) q=300～550 kW/m^2 适用工质:RP-3
张斌等[77]	当 $T_b/T_{pc} < 0.95$ 时， $Nu_b = 0.019\,5Re_b^{0.9}Pr_b^{0.45}(\rho_w/\rho_b)^{0.143}(\overline{c_p}/c_{p,b})^{-1.93}$,上升流 $Nu_b = 0.019\,5Re_b^{0.9}Pr_b^{0.45}(\rho_w/\rho_b)^{0.152}(\overline{c_p}/c_{p,b})^{-1.764}$,下降流 当 $T_b/T_{pc} \geqslant 0.95$ 时， $Nu_b = 0.019\,5Re_b^{0.85}Pr_b^{0.45}(\rho_w/\rho_b)^{0.997}(\overline{c_p}/c_{p,b})^{0.782}$,上升流 $Nu_b = 0.019\,5Re_b^{0.905}Pr_b^{0.45}(\rho_w/\rho_b)^{0.079\,7}(\overline{c_p}/c_{p,b})^{-1.81}$,下降流	p=5.0 MPa D=1.8 mm G=1 178.9 kg/(m^2·s) q=300～600 kW/m^2 T_{in}=293～723 K 适用工质:RP-3
Huang 等[78]	当 $T_b/T_{pc} \leqslant 0.9$ 时， $Nu_b = 0.010\,19Re_b^{0.9}Pr_b^{0.42}(c_{p,w}/c_{p,b})^{0.87}(\mu_w/\mu_b)^{0.413\,7}$ 当 $T_b/T_{pc} > 0.9$ 时， 当 $Nu_b = 0.012\,19Re_b^{0.92}Pr_b^{0.4}(c_{p,w}/c_{p,b})^{0.87}(\mu_w/\mu_b)^{0.437\,2}$	p=3.6～5.4 MPa D=2.0 mm T_{in}=433 K G=636.9～1 114.6 kg/(m^2·s) q=270～350 kW/m^2 适用工质:RP-3
Zhang 等[87]	$Nu_b = 0.020Re_b^{0.82}Pr_b^{0.40}(\mu_b/\mu_w)^{0.16}$	p=4.0～4.3 MPa D=1.5 mm, T_b=297～870 K G=526.3～1 052.5 kg/(m^2·s) T_w=447～996 K 适用工质:正癸烷

续表 15.16

文献来源	关联式形式	关联式适用范围
Fu 等[88]	当 $0.52 \leqslant T_b/T_{pc} < 0.95$ 时， $Nu_b = 0.0151 Re_b^{0.88} Pr_b^{0.22} \left(\frac{\rho_w}{\rho_b}\right)^{0.31} \left(\frac{c_{p,w}}{c_{p,b}}\right)^{-0.47} \left(\frac{\mu_w}{\mu_b}\right)^{0.20}$ 当 $0.95 \leqslant T_b/T_{pc} \leqslant 1.09$ 时 $Nu_b = 0.0018 Re_b^{1.23} Pr_b^{-0.14} \left(\frac{\rho_w}{\rho_b}\right)^{0.97} \left(\frac{c_{p,w}}{c_{p,b}}\right)^{2.31} \left(\frac{\mu_w}{\mu_b}\right)^{1.27}$	$p=5.0$ MPa $D=1.86$ mm $T_{in}=373\sim673$ K $G=786.5\sim1\,573$ kg/(m² · s) $q=180\sim450$ kW/m² 适用工质：RP-3
Chen-Fang[89]	$Nu_b = 0.0114 Re_b^{0.27} Pr_b^{0.23} (\overline{c_p}/c_{p,b})^{4.0} (Gr_b^*/Gr_b)^{0.93} \times (q_b^+)^{-0.2}$	$p=2.5\sim5.4$ MPa $D=1.8\sim2.3$ mm $T_{in}=293\sim800$ K $G=481\sim2\,359$ kg/(m² · s) $q=74\sim669$ kW/m² 适用工质：RP-3

从现有超临界压力碳氢燃料传热关联式的形式来看，暂未发现 Petukhov-Kirillov 型，一部分关联式仅修正了 Dittus-Boelter[1] 关联式的常数，例如 Giovanetti 等[81]、Stiegemeier 等[84]、Li 等[86]，其中 Li 等[86] 关联式的形式最为简单，仅与雷诺数有关。绝大部分的研究者除了修正 Dittus-Boelter[1] 关联式的常数之外，还添加了壁温热物性参数与主流温度热物性参数的比值修正项，如 Zhang 等[85]、Deng 等[73]、张斌等[77]、Zhang 等[76]、Huang 等[78]、Zhang 等[87]、Fu 等[88]、Hitch-Karpuk 等[82]、胡志宏等[83]、Zhong 等[74]，其中有些研究者认为在拟临界温度前后两个区段，碳氢燃料的传热规律存在显著差别，于是在拟临界点附近拟合成分段形式，如 Deng 等[73]、张斌等[77]、Huang 等[78]、Fu 等[88]。

15.4.3　实验数据库建立

本小节从现有可得到的 6 篇文献中获得了 1 722 组超临界压力下 RP-3 在垂直管内对流传热的实验数据，如表 15.17 所列。实验数据参数范围为：压力 2.5～5.4 MPa，水力直径 1.8～2.3 mm，质量流速 481～2 359 kg/(m² · s)，热流密度 74～669 kW/m²，入口温度 20～527 ℃。

表 15.17　超临界 RP-3 竖直管内对流传热实验数据统计表[89]

参考文献	流动参数范围 t_{in}(℃)/p_{in}(MPa)/G(kg/(m² · s))/q(kW/m²)	管道特征 D(mm)/L(mm)/流向	数据个数
Deng 等[73]	126.85/5/785.95/100～500	1.8/1 000/垂直方向	353
张斌等[77]	20～450/5/1170/300～600	1.8/300/垂直方向	250
Zhang 等[76]	100～527/5/786.5～2 359/300～550	1.8/300/垂直向下	168
Huang 等[78]	160/3.6～5.4/637～1 115/270～350	2.0/1 100/垂直向上	161
王夕等[80]	135～150/2.5～5/531～884/74～669	2.0/759/垂直方向	664
Li 等[79]	190～290/3.5～4.5/481～674/190～300	2.3/1 040/垂直向上	126

同样，超临界压力碳氢燃料的管内传热也可以分为传热正常、传热强化、传热恶化等 3 种

类型。传热区域的划分仍采用 Koshizuka 等[37]所提出的“传热系数比 R 划分准则”。另外，Deng 等[73]、张斌等[77]、王夕等[80]的实验结果表明，超临界压力下 RP－3 航空煤油在管内的流动方向对传热存在一定的影响。为了便于对现有超临界压力碳氢燃料传热关联式进行分析研究，按工质流动方向又可将传热数据划分为垂直向上与垂直向下。

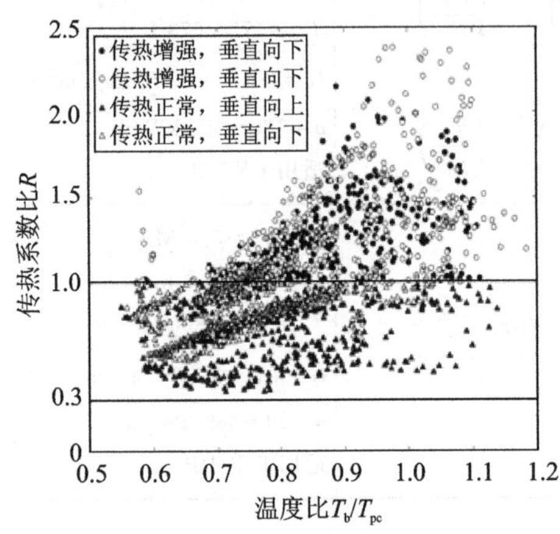

图 15.9　超临界 RP－3 实验数据传热分区[89]

这 1 722 组实验数据如果按不同的传热区域分，传热正常区域包含 976 个数据点，占总数的 57%；传热强化区域包含 746 个数据点，占总数的 43%；没有传热恶化的数据点。如果按不同的流动方向分，垂直向上包含 914 个数据点，占总数的 53%；垂直向下包含 808 个数据点，占总数的 47%，如图 15.9 所示。从图中可以看出，大部分的传热强化数据点都在临界点或拟临界点附近。

由于航空煤油成分相当复杂，其权威可靠的热物性参数数据难以获得，尤其是超临界压力下的热物性数据更是极其缺乏。这里选用10 组分替代模型[74]，利用 Aspen Plus 软件来获取 RP－3 的物性参数。根据以上方法可以得到 RP－3 的临界压力为 2.395 4 MPa，临界温度为636.83 K，这与普遍认同的实验值(2.390 MPa，645.5 K)十分接近，由此验证了以上方法的可行性，根据此方法求得的 RP－3 热物性参数即可用来评价现有传热关联式的优劣。

15.4.4　传热关联式评价

将表 15.16 综述的 14 个超临界碳氢燃料的关联式和 Dittus－Boelter[1]、Sieder－Tate[90]、Gnielinski[18]等亚临界压力下的经典关联式与 1 722 组实验数据进行对比，发现有 6 个关联式的 MAD 值小于 40%，如表 15.18 所列。由表可知，Chen－Fang[89]关联式的预测精度最高，其 MAD 值为 11.0%，且 83.7%的数据预测误差在±20%以内，同时 SD 值也说明其预测误差最小。

表 15.18　对总数据 MAD<40%的关联式的误差

%

关联式	MAD	MRD	SD	R_{20}
Chen－Fang[89]	11.0	0.5	15.7	83.7
Gnielinski[18]	28.9	14.2	38.8	47.1
Dittus－Boelter[1]	31.6	14.0	42.4	44.6
Li 等[79]	32.7	19.9	42.6	45.3
Zhong 等[74]	32.8	1.8	44.4	39.5
Huang 等[78]	35.5	19.5	50.7	43.4

对于 914 组垂直向上流动的实验数据，在 17 个关联式中，有 4 个的 MAD 小于 40%，如表 15.19 所列。由表可知，Chen－Fang[89] 关联式预测精度最高，MAD＝11.4%，SD＝

15.9%,82.5%的数据点的预测误差在±20%以内。比较表 15.18 与表 15.19 可知,同一关联式对于垂直向上数据的预测精度有所降低。

表 15.19　对垂直向上流动数据 MAD<40%的关联式的误差

%

关联式	MAD	MRD	SD	R_{20}
Chen - Fang[89]	11.4	1.7	15.9	82.5
Gnielinski[18]	36.3	25.3	44.9	42.6
Zhong 等[74]	36.4	8.8	49.0	36.0
Dittus - Boelter[1]	38.5	25.2	48.1	40.9

对于 808 组垂直向下流动实验数据,在 17 个关联式中,有 8 个的 MAD 小于 40%,如表 15.20 所列。由表可知,Chen - Fang[89] 关联式预测精度最高,MAD=10.6%,SD=15.3%,85.0%的数据点的预测误差在±20%以内。通过与表 15.18 和表 15.19 的对比发现,同一关联式对于垂直向下流动数据的预测精度比垂直向上以及所有数据的预测精度高,这可能因为垂直向下流动为浮升力阻滞流,流体相互掺混增加了湍流程度和换热效果,使得传热更容易被预测。

表 15.20　对垂直向下流动数据 MAD<40%的关联式的误差

%

关联式	MAD	MRD	SD	R_{20}
Chen - Fang[89]	10.6	−0.9	15.3	85.0
Gnielinski[18]	20.5	1.7	25.1	52.2
Li 等[79]	23.7	7.8	29.5	50.4
Dittus - Boelter[1]	23.8	1.4	30.3	48.8
Zhong 等[74]	28.8	−6.1	37.0	43.4
Huang 等[78]	31.2	13.0	46.3	46.9
Sieder - Tate[90]	34.2	21.6	39.4	38.1
Stiegemeier 等[84]	35.2	28.3	33.4	31.7

对于 746 组传热强化区域的实验数据,在 17 个关联式中,有 9 个关联式的 MAD 值小于 40%,如表 15.21 所列。由表可知,Chen - Fang[89] 关联式预测精度最高,MAD=12.3%,SD=17.3%,80.0%的数据点的预测误差在±20%以内。从 SD 值大小来看,Dittus - Boelter[1] 关联式预测误差的离散程度最小。通过对比发现,传热强化区域数据的预测较为容易,很多关联式都能在±20%以内的误差范围内预测大部分的实验数据。

对于 976 组传热正常区域的实验数据,在 17 个关联式中,有 4 个的 MAD 值小于 40%,如表 15.22 所列。由表可知,Chen - Fang[89] 关联式预测精度最高,MAD=10.0%,SD=13.7%,有 86.6%的数据点的预测误差在±20%以内。通过对比发现,传热正常区域数据的预测较为困难。

根据以上结论可知,Chen - Fang[89] 关联式显著地提高了对超临界碳氢燃料传热的预测精度。该公式在修正了热物性变化的同时,引入了基于密度差和热流密度的格拉晓夫数来解释由于物性剧变导致的浮升力效应，同时引入流动加速特征数来表征流动加速效应。这些措施使得其具备了优于其他关联式的预测性能。

表 15.21　对传热强化数据 MAD<40%的关联式的误差

%

关联式	MAD	MRD	SD	R_{20}
Chen - Fang[89]	12.3	−2.8	17.3	80.0
Sieder - Tate[90]	15.8	−5.4	18.7	69.7
Stiegemeier 等[84]	15.9	4.5	18.5	63.5
Zhang 等[87]	16.5	−4.9	19.9	66.6
Giovanetti 等[81]	17.2	1.5	20.0	60.1
Gnielinski[18]	17.3	−16.2	15.2	60.2
Dittus - Boelter[1]	20.3	−20.3	14.8	50.8
Li 等[79]	20.4	−8.1	24.3	57.4
Huang 等[78]	30.5	2.8	41.3	44.2

表 15.22　对传热正常数据 MAD<40%的关联式的误差

%

关联式	MAD	MRD	SD	R_{20}
Chen - Fang[89]	10.0	2.9	13.7	86.6
Zhong 等[74]	30.5	13.4	44.3	53.9
Gnielinski[18]	37.7	37.5	35.1	37.1
Huang 等[78]	39.3	32.3	53.5	42.7

15.5　超临界压力管内流体的压降

15.5.1　研究背景与现状

超临界压力条件下管内摩擦压降的确定对跨临界制冷循环、热泵系统、核反应堆冷却系统以及其他具有超临界压力运行过程的系统和设备的设计、分析和仿真具有重要意义。20 世纪 50 年代起，为了发展超临界锅炉发电机组和超临界流体冷却核反应堆以提高动力设备的热效率，国内外学者们以水、CO_2 以及氦气等为研究对象，对超临界压力下流体的传热和压降特性做了大量研究[91-92]。20 世纪 90 年代起，因逐步停止有臭氧消耗和全球变暖潜力的传统制冷剂，CO_2 成为一个有前景的替代制冷剂，其跨临界制冷循环更是引发研究者们的关注，并在汽车空调、船舶空调及热泵等领域逐步得到应用[57-59]。有的替代制冷剂(如 R410A 和 R404A)也可能运用于跨临界循环系统[93-95]。此外，超临界压力冷却和加热还有其他一些应用，例如超临界 CO_2 用于太阳能收集器[96]，超声速飞机可能使用超临界 H_2 主动冷却等[97]。

在超临界压力下，流体不发生气液相变，处于同时具有气体和液体性质的中间状态，流型有点类似于传统的单相流。然而，流体的热物理性质在超临界加热和冷却过程中却变化很大。

在这种情况下，压降很大程度上取决于当地流体温度和内壁温度，这使得传统的用于计算压降的单相摩擦因子关联式应用于超临界工况时误差较大。同时，摩擦因子不仅用来计算压降，有时也用来计算传热，例如在管内单相湍流传热计算中广泛使用的 Gnielinski[18] 公式和 Petukhov - Kirillov[19] 公式含有摩擦因子项。于是很多研究者针对超临界压力下摩擦因子的计算模型开展了理论和实验研究，尤其是对于超临界 CO_2 冷却的压降实验研究。

以往有关超临界压力下流动的实验研究中，大多数关注传热问题，针对摩擦因子的研究相对较少。从实验数据看，大部分数据都是从超临界压力垂直圆管中获得，部分为水平圆管，极少部分为其他管型。研究对象绝大多数为超临界压力水和 CO_2。

超临界压力下和亚临界压力下的压降区别主要因为临界点及拟临界点附近流体热物性参数的剧烈变化。这种变化使得超临界压力下的摩擦因子计算的理论模型，无论是分析解还是数值解，都不能很好地与实验数据相吻合，尤其是在热流密度很高的湍流情况下，所以超临界摩擦因子的计算主要是通过基于实验数据的关联式进行。

15.5.2　等截面直管内超临界流的总压降

与单相流类似，等截面直管内超临界流的总压降一般包括三个部分：摩擦压降 Δp_{fr}、加速压降 Δp_{ac}、重力压降 Δp_g，如下式所示：

$$\Delta p_t = \Delta p_{fr} + \Delta p_{ac} + \Delta p_g \tag{15.8}$$

式中，各分压降可表示如下：

$$\Delta p_{fr} = \frac{G^2}{2\rho}\frac{L}{D}f \tag{15.9a}$$

$$\Delta p_{ac} = \frac{G^2}{2\rho}\frac{L}{D}f_{ac} \tag{15.9b}$$

$$\Delta p_g = \pm\gamma g\left(\frac{\rho_{out}+\rho_{in}}{2}\right)L\sin\theta \tag{15.9c}$$

式中，f_{ac} 为加速摩擦因子。γ 为重力加速度比，即实际重力与常重力之比，对于零重力，$\gamma=0$；对于常重力，$\gamma=1$。θ 为管与重力方向垂直面的夹角。流向与重力方向相反取“+”号，否则取“−”号。下标 in 和 out 分别代表进口和出口。

对于密度变化很大的情况，Ornatskiy 等[99] 推荐使用以下模型：

$$\Delta p_g = \pm g\left(\frac{h_{out}\rho_{out}+h_{in}\rho_{in}}{h_{out}+h_{in}}\right)L\sin\theta \tag{15.10}$$

式中，h 为比焓。

对于冷却过程，加速摩擦因子 f_{ac} 可以由如下一维模型来估算[47]：

$$f_{ac} \approx 2D\rho_b\frac{d}{dL}\left(\frac{1}{\rho_b}\right) = -\frac{8q}{G}\left(\frac{\beta}{c_p}\right)_b \tag{15.11}$$

将式(15.11)代入式(15.9)可得

$$\Delta p_{ac} = G^2\left(\frac{1}{\rho_{b,out}}-\frac{1}{\rho_{b,in}}\right) \tag{15.12}$$

上式也可用于加热过程。可以看出：对于冷却过程，$f_{ac}<0$；对于加热过程，$f_{ac}>0$。

根据以上分析，要计算超临界压力下流体的总压降，关键是要获得摩擦压降的计算模型，因此以下内容将重点综述现有典型的关于超临界压力摩擦因子 f 的关联式。

由于实验条件的不同,研究者所提出的超临界压力摩擦因子在形式上,以及对实验数据的预测误差方面,均存在较大的不同。Fang 等[98,100]对超临界压力摩擦因子研究进行了系统总结。以下介绍主要基于 Fang 等的工作。

15.5.3 管内超临界流的摩擦因子

1. 传热条件下的超临界压力摩擦因子

(1) Fang 等[98]关联式

Fang 等收集了 390 组非绝热条件下超临界压力摩擦因子的实验数据,涉及 R410A 冷却、R404A 冷却、CO_2 冷却,以及 R22 受热。基于该数据库,他们提出超临界摩擦因子关联式如下:

$$f = f_{iso,b}(\mu_w/\mu_b)^{0.49(\rho_f/f_{pc})^{1.31}} \tag{15.13}$$

式中,$f_{iso,b}$ 是以主流温度为定性温度的单相流摩擦因子,用 Fang 等[101]公式计算:

$$f_{iso,b} = 1.613\left[\log\left(0.234\left(\frac{\varepsilon}{D}\right)^{1.1007} - \frac{60.525}{Re^{1.1105}} + \frac{56.291}{Re^{1.0712}}\right)\right]^{-2} \tag{15.14}$$

式中,对于管壁粗糙度 ε 未知的情况,建议对多通道挤压管,取 $\varepsilon = 1\ \mu m$;单圆管,取 $\varepsilon = 0.5\ \mu m$。

对于非圆形管道,应当使用水力直径。

(2) Garimella[61]和 Andresen[93]关联式

Garimella[61]和 Andresen[93]基于 R410A 和 R404A 在超临界压力下冷却的实验数据,提出如下超临界摩擦因子关联式:

$$f = a f_{iso,b}(\mu_w/\mu_b)^b \tag{15.15}$$

式中,常数 a 和指数 b,在液体状态下分别等于 1.16 和 0.91;在过渡区域分别等于 1.31 和 0.25,在气体状态分别等于 1.19 和 0.17。以主流温度为定性温度的单相流摩擦因子 $f_{iso,b}$ 由如下 Churchill[102]公式计算:

$$f_{iso,b} = 8\left[(8/Re)^{12} + A^{-1.5}\right]^{1/12} \tag{15.16}$$

$$A = (37\ 530/Re)^{16} + \{-2.457\log\left[(7/Re)^{0.9} + 0.27\varepsilon/D\right]\}^{16} \tag{15.17}$$

(3) Yamashita 等[103]关联式

Yamashita 等[103]实验研究了直径为 4.4 mm、周向均匀加热的垂直圆管内超临界压力 R22 的传热和压降。他们发现,实验测量的摩擦因子低于单相流摩擦因子方程的预测值,然后根据实验数据获得超临界压力摩擦因子关联式如下:

$$f = f_{iso,b}(\mu_w/\mu_b)^{0.72} \tag{15.18}$$

式中,$f_{iso,b}$ 用下式计算:

$$f_{iso,b} = \frac{0.314}{0.7 - 1.65\log Re + (\log Re)^2} \tag{15.19}$$

(4) Petrov - Popov[47]关联式

Petrov 和 Popov[47]计算了水、氦和 CO_2 在超临界压力下的压降,使用的边界条件是壁温 T_w 为常数,热流密度 q 也是常数。基于计算结果,他们提出

$$f = (\mu_w/\mu_b)^{1/4} f_{iso,b} + 0.17(\rho_w/\rho_b)^{1/3}\left|f_{ac}\right| \tag{15.20}$$

式中，$f_{iso,b}$ 用 Filonenko 公式计算：

$$f_{iso,b}=(0.79\log Re-1.64)^{-2} \tag{15.21}$$

早在 1985 年，Petrov 和 Popov[46] 就在 $Re_w=1.4\times10^4\sim7.9\times10^5$ 和 $Re_b=3.1\times10^4\sim8\times10^5$ 的条件下，计算了 CO_2 超临界压力冷却下管内湍流的压降，并且得到了如下形式的摩擦因子关联式：

$$f=f_{iso,w}(\rho_w/\rho_b)(\mu_w/\mu_b)^s \tag{15.22}$$

式中，$f_{iso,w}$ 用 Filonenko 公式(15.21)计算，以壁温为定性温度；s 用下式计算：

$$s=0.023(q/G)^{0.42} \tag{15.23}$$

(5) Tarasova - Leontév[104] 关联式

Tarasova 和 Leontév[104] 研究了超临界压力下加热管中的摩擦因子，提出了一个对实验数据预测误差在±5%范围内的关联式：

$$f=f_{iso,b}(\mu_w/\mu_b)^{0.22} \tag{15.24}$$

(6) Popov[105] 关联式

Popov[105] 提出了以下适用于超临界压力 CO_2 的摩擦因子关联式：

$$f=f_{iso,b}(\rho_f/\rho_b)^{0.74} \tag{15.25}$$

式中，$f_{iso,b}$ 根据 Filonenko 公式(15.21)计算，下标 f 表示以膜温 T_f 为定性温度，$T_f=(T_b+T_w)/2$。

(7) Kutateladze[106] 关联式

Kutateladze[106] 推荐使用以下关联式计算超临界压力摩擦因子：

$$f=f_{iso,b}\left(\frac{2}{\sqrt{T_w/T_b}+1}\right)^2 \tag{15.26}$$

(8) Mikheev[107] 关联式

Mikheev[107] 推荐使用以下关联式计算水以及其他流体在超临界压力下的摩擦因子：

$$f=f_{iso,b}(Pr_w/Pr_b)^{1/3} \tag{15.27}$$

2. 绝热条件下的超临界压力摩擦因子

(1) Fang 等[100] 关联式

Fang 等[100] 收集了 820 组绝热条件下超临界压力摩擦因子实验数据，涉及水、CO_2 和 RP-3。基于该数据库，他们提出超临界压力摩擦因子关联式如下：

$$f=0.0127\left[\ln\left(650\left(\frac{\varepsilon}{D}\right)^{0.67}+\left(\frac{99\,000}{Re}\right)^{1.32}+0.066\frac{p}{G\sqrt{\Delta h_0}}\right)\right] \tag{15.28}$$

式中，$\Delta h_0=h-h_0$，h_0 为 0 ℃时饱和液体的焓。

(2) Wang 等[108] 关联式

基于 CO_2 绝热条件下超临界压力摩擦因子实验数据，Wang 等[108] 提出如下关联式：

$$f=64/Re,\quad Re<2\,300 \tag{15.29a}$$

$$f=0.065\,39\times\exp\left[-\left(\frac{Re-3\,516}{1\,248}\right)^2\right],\quad 2\,300\leqslant Re\leqslant3\,400 \tag{15.29b}$$

$$\left.\begin{array}{l}\dfrac{1}{\sqrt{f}}=-2.34\log\left\{\dfrac{\varepsilon}{1.72D}-\dfrac{9.26}{Re}\times\log\left[\left(\dfrac{\varepsilon}{29.36D}\right)^{0.95}+\left(\dfrac{18.35}{Re}\right)^{1.108}\right]\right\}\\ 3\,400<Re<2\times10^6\end{array}\right\} \tag{15.29c}$$

(3) Zhang 等[109] 关联式

基于 RP-3 绝热条件下超临界压力摩擦因子实验数据，Zhang 等[109] 提出如下关联式：

$$f=\begin{cases}64/Re, & Re<1\,700\\ f=\log(1.087Re^{0.07}-0.8), & 1\,700<Re<3\,000\\ f=(0.285\ln Re+4\ln f+5.54)^{-2}, & Re>3\,000\end{cases} \tag{15.30}$$

(4) Zhu 等[110] 关联式

基于 RP-3 绝热条件下超临界压力摩擦因子实验数据，Zhu 等[110] 提出如下关联式：

$$f=\begin{cases}0.274\,5Re^{-0.242\,6}, & T_b/T_{pc}\leqslant 1\\ f=0.046\,37Re^{-0.059\,44}(Pr/Pr_{pc})^{-0.143\,5}, & 1<T_b/T_{pc}\leqslant 1.125\\ f=0.016\,08Re^{0.029\,37}, & T_b/T_{pc}>1.125\end{cases} \tag{15.31}$$

(5) 朱玉琴等[111] 关联式

基于水绝热条件下超临界压力摩擦因子的实验数据，朱玉琴等提出如下关联式：

$$f=\begin{cases}0.166\,3Re^{-0.223\,7}(G/1\,400)^{-0.041\,2}, & h\leqslant 2\,100\ \text{kJ/kg}\\ 1.066\,4\times10^{-4}Re^{0.325}(G/1\,400)^{-0.232}, & h\geqslant 2\,100\ \text{kJ/kg}\end{cases} \tag{15.32}$$

(6) Kondrat'ev[112] 关联式

基于水绝热条件下超临界压力摩擦因子的实验数据，Kondrat'ev 提出如下关联式：

$$f=0.188Re^{-0.22} \tag{15.33}$$

15.5.4 摩擦因子关联式评价

1. 传热条件下的超临界压力摩擦因子

Fang 等[100] 从 6 个实验数据源中收集了 459 组冷却或加热条件下的超临界压力摩擦因子数据，包括 CO_2、R410A、R404A 和 R134a 冷却，以及 R22 加热。参数范围为入口温度 10～140 ℃，入口压力 1.1～10.1 MPa，质量流速 70～1 200 kg/(m^2 · s)，管内径 0.76～9.4 mm。由于文献中的实验数据一般以图的形式给出，他们使用商业软件 GetData Graph Digitizer 将图片数据转化为数字数据，并且运用 REFPROP 软件来确定流体的热物性值。

基于该实验数据库，他们对 13 个冷却或加热条件下的超临界压力摩擦因子关联式进行了评价，精确度最高的前 5 个公式的误差结果如表 15.23 所列。表中，R_{20} 表示误差在±20％以内数据点所占的比例。

表 15.23 传热条件下超临界压力摩擦因子关联式对实验数据的预测误差[100]

%

关联式		Fang 等[98]	Garimella - Andresen[61,93]	Yamashita 等[103]	Petrov - Popov[47]	Popov[105]
全部数据	MAD	17.4	19.3	19.4	19.8	20.9
	MRD	−5.0	7.3	−7.4	−12.7	−14.8
	R_{20}	64.5	62.9	59.0	53.0	51.0

续表 15.23

%

关联式		Fang 等[98]	Garimella - Andresen[61,93]	Yamashita 等[103]	Petrov - Popov[47]	Popov[105]
CO_2	MAD	19.9	24.4	21.3	20.2	20.4
	MRD	−7.0	17.3	−11.6	−12.6	−12.5
	R_{20}	52.6	53.7	50.5	49.5	49.5
R134a	MAD	11.7	27.7	11.0	10.6	8.1
	MRD	7.4	27.7	7.0	1.7	2.1
	R_{20}	76.3	42.1	81.6	81.6	92.1
R410A	MAD	17.5	17.3	19.5	20.9	22.1
	MRD	−5.1	1.6	−7.7	−15.9	−18.5
	R_{20}	64.6	66.5	60.1	52.9	51.0
R404A	MAD	18.6	6.9	23.2	19.8	23.6
	MRD	−13.2	−5.9	−7.2	−19.5	−22.1
	R_{20}	73.3	97.7	44.4	37.8	20.0
R22	MAD	12.5	34.1	14.7	21.0	26.1
	MRD	0.7	28.1	−10.6	20.0	9.1
	R_{20}	77.8	16.7	77.8	50.0	50.0

由表 15.23 可知，对于所有数据，Fang 等[98]关联式的预测精确度最高，对所有数据的 MAD 为 17.4%。MAD<20%的还有 Garimella - Andresen[61,93]、Yamashita 等[103]和 Petrov - Popov[47]关联式；这 3 个公式的预测精确度相当，不过 Garimella - Andresen 关联式的精确度被高估了，因为 67%的实验数据来自 Garimella - Andresen 关联式所基于的数据。

对于单个制冷剂而言，Fang 等[98]关联式对 CO_2 和 R22 的预测精确度最高，对 R410A 的预测精确度与 Garimella - Andresen 的相当；Garimella - Andresen 关联式对 R404A 的预测精确度最高；Popov[105]关联式对 R134a 的预测精确度最高。

2. 绝热条件下的超临界压力摩擦因子

Fang 等从 6 个实验数据源中收集了 820 组绝热条件下的超临界压力摩擦因子数据，包括水、CO_2 和 RP - 3。参数范围为：入口温度 31～502 ℃，入口压力 1.29～30 MPa，质量流速 88～1 607.4 kg/(m^2 · s)，管内径 1.78～26 mm。

基于该实验数据库，Fang 等[100]对 7 个绝热条件下的超临界压力摩擦因子关联式进行了评价，精确度最高的前 5 个公式的误差结果列于表 15.24 中。由表可见，无论是对于所有数据，还是对于每个工质，Fang 等关联式的预测精确度都是最高的。该公式对所有数据的 MAD 为 8.2%，而其余公式的 MAD 都在 20%以上。

表 15.24 绝热条件下超临界压力摩擦因子关联式对实验数据的预测误差[100]

%

关联式		Fang 等	Wang 等[108]	Zhang 等[109]	Zhu 等[110]	Kondrat'ev[112]
全部数据	MAD	8.2	20.4	28.1	39.3	42.8
	MRD	−0.6	−9.4	−23.5	−13.4	−35.0
	R_{20}	87.7	47.9	41.3	24.4	7.7
CO_2	MAD	2.0	2.4	49.2	51.6	59.9
	MRD	−0.5	−2.4	−49.2	−51.6	−59.9
	R_{20}	100	100	1.3	0	0
RP-3	MAD	8.8	24.2	20.9	21.3	38.8
	MRD	0.2	−23.6	−20.9	−20.1	−38.8
	R_{20}	90.0	29.6	49.8	38.4	2.0
H_2O	MAD	15.0	35.1	17.4	64.4	30.1
	MRD	−2.6	14.0	3.6	50.7	5.7
	R_{20}	66.7	22.8	73.2	23.9	30.6

参考文献

[1] Dittus F W, Boelter L M K. Heat transfer in automobile radiators of the tubular type. University of California Publications in English, Berkeley, 1930, 2: 443-461.

[2] Swenson H S, Carver J R, Kakarala C R. Heat transfer to supercritical water in smooth-bore tubes. J. Heat Transfer, 1965, 87(4): 477-483.

[3] Mokry S, Pioro I, Kirillov P, et al. Supercritical-water heat transfer in a vertical bare tube. Nuclear Engineering and Design, 2010, 240(3): 568-576.

[4] Pioro I L, Duffey R B. Experimental heat transfer in supercritical water flowing inside channels (survey). Nuclear Engineering and Design, 2005, 235(22): 2407-2430.

[5] Pioro I L, Khartabil H F, Duffey R B. Heat transfer to supercritical fluids flowing in channels-empirical correlations (survey). Nuclear Engineering and Design, 2004, 230(1): 69-91.

[6] Jackson J D. Consideration of the heat transfer properties of supercritical pressure water in connection with the cooling of advanced nuclear reactors. Proceedings of the 13th Pacific Basin Nuclear Conference, Shenzhen, China, Oct. 21-25, 2002.

[7] Krasnoshchekov E A, Protopopov V S, Van F, et al. Experimental investigation of heat transfer for carbon dioxide in the supercritical region. Proceedings of the Second All-Soviet Union Conference On Heat and Mass Transfer, Minsk, Belarus, Published as Rand Report R-451-PR, 1967, 1: 26-35.

[8] Licht J, Anderson M, Corradini M. Heat transfer to water at supercritical pressures in a circular and square annular flow geometry. Int. J. Heat Fluid Flow, 2008, 29(1): 156-166.

[9] Watts M J, Chou C T. Mixed convection heat transfer to supercritical pressure water. Proceedings of the 7th IHTC, Munchen, Germany, 1982: 495-500.

[10] Yu J, Jia B, Wu D, et al. Optimization of heat transfer coefficient correlation at supercritical pressure using genetic algorithms. Heat and Mass Transfer, 2009, 45(6): 757-766.

[11] Bishop A A, Sandberg R O, Tong L S. Forced-convection heat transfer to water at near-critical tempera-

tures and supercritical pressures. Report WCAP-5449，Westinghouse Electric Corp.，Pittsburgh，Pa. Atomic Power Div.，1964.

[12] Zhu X，Bi Q，Yang D，et al. An investigation on heat transfer characteristics of different pressure steam-water in vertical upward tube. Nuclear Engineering and Design，2009，239(2)：381-388.

[13] Shitsman M E. Temperature conditions in tubes at supercritical pressures. Thermal Engineering，1968，15(5)：72-77.

[14] Mokry S，Farah A，King K，et al. Development of a heat-transfer correlation for supercritical water flowing in a vertical bare tube. Proceedings of the 14th International Heat Transfer Conference (IHTC-14)，Washington，DC，USA，August 8-13，2010，Paper No. 22908.

[15] Jäger W，Espinoza V H S，Hurtado A. Review and proposal for heat transfer predictions at supercritical water conditions using existing correlations and experiments. Nuclear Engineering and Design，2011，241(6)：2184-2203.

[16] Chen W，Fang X，Xu Y，et al. An assessment of correlations of forced convection heat transfer to water at supercritical pressure. Annals of Nuclear Energy，2015，76：451-460.

[17] Petukhov B S，Kurganov V A，Ankudinov V B. Heat transfer and flow resistance in the turbulent pipe flow of a fluid with near-critical state parameters. High Temperature Science，1983，21：81-89.

[18] Gnielinski V. New equations for heat and mass-transfer in turbulent pipe and channel flow. International Chemical Engineering，1976，16(2)：359-368.

[19] Petukhov B S，Kirillov V V. The problem of heat exchange in the turbulent flow of liquids in tubes，Teploenergetika，1958，4(4)：63-68.

[20] McAdams W H. Heat transmission. 2nd ed. New York：McGraw-Hill，1942：459.

[21] Bringer R P，Smith J M. Heat transfer in the critical region. AIChE Journal，1957，3(1)：49-55.

[22] Ornatsky A P，Glushchenko L P，Siomin E T. The research of temperature conditions of small diameter parallel tubes cooled by water under supercritical pressures. Proceedings of the 4th International Heat Transfer Conference，Paris-Versailles，France，1970，vol. VI. Paper B 8.11，Elsevier，Amsterdam，1970.

[23] Yamagata K，Nishikawa K，Hasegawa S，et al. Forced convective heat transfer to supercritical water flowing in tubes. Int. J. Heat Mass Transfer，1972，15(12)：2575-2593.

[24] Gorban L M，Pomet'ko R S，Khryaschev O A. Modeling of water heat transfer with Freon of supercritical pressure. Institute of Physics and Power Engineering，Obninsk，Russia，1990.

[25] Griem H. A new procedure for the prediction of forced convection heat transfer at near-and supercritical pressure. Heat and Mass Transfer，1996，31(5)：301-305.

[26] Kitoh K，Koshizuka S，Oka Y. Refinement of transient criteria and safety analysis for a high-temperature reactor cooled by supercritical water. Nuclear Technology，2001，135(3)：252-264.

[27] 徐峰，郭烈锦，毛宇飞，等. 超临界压力下水在垂直加热管内传热特性的实验研究. 西安交通大学学报，2005，5：468-471.

[28] Kuang B，Zhang Y Q，Cheng X. A new，wide-ranged heat transfer correlation of water at supercritical pressures in vertical upward ducts. NUTHOS-7，Seoul，Korea，October 5-9，2008.

[29] Cheng X，Yang Y H，Huang S F. A simplified method for heat transfer prediction of supercritical fluids in circular tubes. Annals of Nuclear Energy，2009，36(8)：1120-1128.

[30] Gupta S，Farah A，King K，et al. Developing new heat-transfer correlation for supercritical-water flow in vertical bare tubes. Proceedings of the 18th International Conference on Nuclear Engineering (ICONE-18)，Xi'an，China，2010，Paper No. 30024.

[31] 刘鑫，匡波. 竖直上升管中超临界水的宽范围换热关联式. 核科学与工程，2012，32(4)：344-353.

[32] Chen W, Fang X. A new heat transfer correlation for supercritical water flowing in vertical tubes. Int. J. Heat Mass Transfer, 2014, 78: 156-160.

[33] Krasnoshchekov E A, Protopopov V S. Heat transfer at supercritical region in flow of carbon dioxide and water in tubes. Thermal Engineering, 1959, 12: 26-30.

[34] Grass G, Herkenrath I H, Hufschmidt I W. Anwendung des Prandtlschen Grenzschichtmodells auf den Wärmeübergang an Flüssigkeiten mit stark temperaturabhängigen Stoffeigenschaften bei erzwungener Strömung. Wärme-und Stoffübertragung, 1971, 4(2): 113-119.

[35] Razumovskiy V G, Ornatskiy A P, Mayevskiy Y E M. Local heat transfer and hydraulic behavior in turbulent channel flow of water at supercritical pressure. Heat Transfer-Soviet Research, 1990, 22(1): 91-102.

[36] Kirillov P L, Yur'ev Yu S, Bobkov V P. Handbook of thermal-hydraulics calculations. Energoatomizdat Publishing House, Moscow, Russia, 1990: 66-67,130-132.

[37] Koshizuka S, Takano N, Oka Y. Numerical analysis of deterioration phenomena in heat transfer to supercritical water. Int. J. Heat Mass Transfer, 1995, 38(16): 3077-3084.

[38] Alekseev G V, Silin V A, Smirnov A M, et al. Study of the thermal conditions on the wall of a pipe during the removal of heat by water at a supercritical pressure. High Temperature, 1976, 14(4): 683-687.

[39] Vikhrev Y V, Barulin Y D, Kon'Kov A S. A study of heat transfer in vertical tubes at supercritical pressures. Thermal Engineering, 1967, 14(9): 116-119.

[40] 李虹波，杨珏，顾汉洋，等. 垂直圆管内超临界水流动传热实验研究. 中国核科学技术进展报告，2011，2: 874-880.

[41] 李永亮，曾小康，黄志刚，等. 简单通道内超临界水传热特性实验研究. 核动力工程，2013，1: 101-107.

[42] 潘杰，杨冬，董自春，等. 垂直上升光管内超临界水的传热特性试验研究. 核动力工程，2011，32(1): 75-80.

[43] 王飞，杨珏，顾汉洋，等. 垂直管内超临界水传热实验研究. 原子能科学技术，2013，47(6): 933-939.

[44] Krasnoshchekov E A, Kuraeva I V, Protopopov V S. Local heat transfer of carbon dioxide under supercritical pressure under cooling conditions. Teplofizika Vysokikh Temperatur, 1969, 7(5): 922-930.

[45] Baskov V L, Kuraeva I V, Protopopov V S. Heat transfer with the turbulent flow of a liquid under supercritical pressure in tubes under cooling conditions. High Temperature, 1977, 15(1): 81-86.

[46] Petrov N E, Popov V N. Heat-transfer and resistance of carbon-dioxide being cooled in the supercritical region. Thermal Engineering, 1985, 32(3): 131-134.

[47] Petrov N E, Popov V N. Heat transfer and hydraulic resistance with turbulent flow in a tube of water under supercritical parameters of state. Thermal Engineering, 1988, 35(5-6): 577-580.

[48] Fang X. Modeling and analysis of gas coolers. ACRC CR-16, Department of Mechanical and Industrial Engineering, University of Illinois at Urbana-Champaign, USA, 1999.

[49] Liao S M, Zhao T S. Measurements of heat transfer coefficients from supercritical carbon dioxide flowing in horizontal mini/micro channels. J. Heat Transfer, 2002, 124(3): 413-420.

[50] Pitla S S, Groll E A, Ramadhyani S. New correlation to predict the heat transfer coefficient during in-tube cooling of turbulent supercritical CO_2. Int. J. Refrigeration, 2002, 25(7): 887-895.

[51] Yoon S H, Kim J H, Hwang Y W, et al. Heat transfer and pressure drop characteristics during the in-tube cooling process of carbon dioxide in the supercritical region. Int. J. Refrigeration, 2003, 26(8): 857-864.

[52] Dang C, Hihara E. In-tube cooling heat transfer of supercritical carbon dioxide: Part 1—Experimental

measurement. Int. J. Refrigeration, 2004, 27(7): 736-747.

[53] Huai X L, Koyama S, Zhao T S. An experimental study of flow and heat transfer of supercritical carbon dioxide in multi-port mini channels under cooling conditions. Chemical Engineering Science, 2005, 60 (12): 3337-3345.

[54] Huai X, Koyama S. Heat transfer characteristics of supercritical CO_2 flow in small-channeled structures. Experimental Heat Transfer, 2007, 20:19-33.

[55] Son C H, Park S J. An experimental study on heat transfer and pressure drop characteristics of carbon dioxide during gas cooling process in a horizontal tube. Int. J. Refrigeration, 2006, 29(4): 539-546.

[56] Kuang G, Ohadi M, Dessiatoun S. Semi-empirical correlation of gas cooling heat transfer of supercritical carbon dioxide in microchannels. HVAC&R Research, 2008, 14(6): 861-870.

[57] Oh H K, Son C H. New correlation to predict the heat transfer coefficient in-tube cooling of supercritical CO_2 in horizontal macro-tubes. Experimental Thermal and Fluid Science, 2010, 34(8):1230-1241.

[58] Fang X D, Bullard C B, Hrnjak P S. Heat transfer and pressure drop of gas coolers. ASHRAE Transactions, 2001, 107 (1): 255-266.

[59] Cheng L X, Ribatski G, Thome J R. Analysis of supercritical CO_2 cooling in macro- and micro-channels. Int. J. Refrigeration, 2008, 31: 1301-1316.

[60] Fang X D, Bullard C B, Hrnjak P S. Modeling and analysis of gas coolers. ASHRAE Transactions, 2001, 107 (1): 4-13.

[61] Garimella S. Near-critical/supercritical heat transfer measurement of R-410A in small diameter tube. ARTI Report No. 20120-01, George W. Woodruff School of Mechanical Engineering, Georgia Institute of Technology, Atlanta, 2008.

[62] Bruch A, Bontemps A, Colasson S. Experimental investigation of heat transfer of supercritical carbon dioxide flowing in a cooled vertical tube. Int. J. Heat Mass Transfer, 2009, 52(11): 2589-2598.

[63] Kim D E, Kim M H. Experimental investigation of heat transfer in vertical upward and downward supercritical CO_2 flow in a circular tube. Int. J. Heat and Fluid Flow, 2011, 32(1): 176-191.

[64] Liu Z B, He Y L, Yang Y F, et al. Experimental study on heat transfer and pressure drop of supercritical CO_2 cooled in a large tube. Applied Thermal Engineering, 2014, 70(1): 307-315.

[65] Fang X, Xu Y. Modified heat transfer equation for in-tube supercritical CO_2 cooling. Applied Thermal Engineering, 2011, 31(14): 3036-3042.

[66] Kim H, Bae Y Y, Kim H Y, et al. Experimental investigation on the heat transfer characteristics in upward flow of supercritical carbon dioxide. Nuclear Technology, 2008, 164(1): 119-129.

[67] Kim D E, Kim M H. Experimental study of the effects of flow acceleration and buoyancy on heat transfer in a supercritical fluid flow in a circular tube. Nuclear Engineering and Design, 2010, 240(10): 3336-3349.

[68] 李志辉，姜培学. 超临界压力 CO_2 在垂直管内对流换热准则关联式. 核动力工程，2010，31(5)：72-75.

[69] Pioro I, Gupta S, Mokry S. Heat-transfer correlations for supercritical-water and carbon dioxide flowing upward in vertical bare tubes. Proceedings of the ASME 2012 Summer Heat Transfer Conference, Rio Grande, Puerto Rico, 2012: HT2012-58514.

[70] Preda T, Saltanov E, Pioro I, et al. Development of a heat transfer correlation for supercritical CO_2 based on multiple data Sets. Proceedings of the 20th International Conference on Nuclear Engineering collocated with the ASME 2012 Power Conference, Anaheim, California, USA, 2012: ICONE20-POWER2012-54516.

[71] Lv J, Fu M, Qin N, et al. Experimental study on heat transfer characteristics of supercritical carbon di-

oxide in horizontal tube. J. Refrigeration(in Chinese), 2007, 28(1): 8-11.

[72] Edwards T,Zabarnick S. Supercritical fuel deposition mechanisms. Industrial & Engineering Chemistry Research, 1993, 32(12): 3117-3122.

[73] Deng H, Zhu K, Xu G, et al. Heat transfer characteristics of RP-3 kerosene at supercritical pressure in a vertical circular tube. J. Enhanced Heat Transfer, 2012, 19(5): 409-421.

[74] Zhong F, Fan X, Yu G, et al. Heat transfer of aviation kerosene at supercritical conditions. AIAA 2008-461, Proceedings of the 44th AIAA/ASME/SAE/ASEE Joint Propulsion Conference & Exhibit, Hartford, CT, USA, 2008.

[75] 胡志宏，陈听宽，罗毓珊，等. 超临界压力下煤油传热特征试验研究. 西安交通大学学报，1999，33(9)：62-65.

[76] Zhang C, Xu G, Gao L, et al. Experimental investigation on heat transfer of a specific fuel(RP-3) flows through downward tubes at supercritical pressure. The J. Supercritical Fluids, 2012, 72: 90-99.

[77] 张斌，张春本，邓宏武，等. 超临界压力下碳氢燃料在竖直圆管内换热特性. 航空动力学报，2012，27(3)：595-603.

[78] Huang D, Li W, Zhang W, et al. Experimental study on heat transfer of supercritical kerosene in a vertical upward tube. Proceedings of the ASME 2013 Heat Transfer Summer Conference, Minneapolis, MN, USA, 2013: HT2013-17079.

[79] Li W, Huang D, Xu G, et al. Heat transfer to aviation kerosene flowing upward in smooth tubes at supercritical pressures. Int. J. Heat Mass Transfer, 2015, 85: 1084-1094.

[80] 王夕，刘波，祝银海，等. 超临界压力下 RP-3 在细圆管内对流换热实验研究. 工程热物理学报，2015，36(2)：360-365.

[81] Giovanetti A J, Spadaccini L J, Szetela E J. Deposit formation and heat-transfer characteristics of hydrocarbon rocket fuels. J. Spacecraft and Rockets, 1985, 22(5): 574-580.

[82] Hitch B,Karpuk M. Enhancement of heat transfer and elimination of flow oscillations in supercritical fuels. AIAA-1998-3759, Proceedings of the 34th AIAA/ASME/SAE/ASEE Joint Propulsion Conference & Exhibit, Cleveland, OH, USA, 1998. .

[83] 胡志宏，陈听宽，罗毓珊，等. 高热流条件下超临界压力煤油流过小直径管的传热特性. 化工学报，2002，53(2)：134-138.

[84] Stiegemeier B, Meyer M L, Taghavi R. A thermal stability and heat transfer investigation of five hydrocarbon fuels: JP-7, JP-8, JP-8+100, JP-10, and RP-1. 2002 AIAA 2002-3873, Proceedings of the 38th AIAA/ASME/SAE/ASEE Joint Propulsion Conference & Exhibit, Indianapolis, Indiana USA.

[85] Zhang C B, Tao Z, Xu G, et al. Heat transfer investigation of the sub- and supercritical fuel flow through a U-turn tube. Proceedings of Turbine-09, the ICHMT Int. Symposium on Heat Transfer in Gas Turbine Systems, Antalya, Turkey, 2009.

[86] Li X, Huai X, Cai J, et al. Convective heat transfer characteristics of China RP-3 aviation kerosene at supercritical pressure. Applied Thermal Engineering, 2011, 31(14): 2360-2366.

[87] Zhang L, Zhang R L, Xiao S D, et al. Experimental investigation on heat transfer correlations of n-decane under supercritical pressure. Int. J. Heat Mass Transfer, 2013, 64: 393-400.

[88] Fu Y, Tao Z, Xu G, et al. Experimental study on heat transfer characteristics to supercritical hydrocarbon fuel in a horizontal micro-tube. GT2014-26199, Proceedings of ASME Turbo Expo 2014: Turbine Technical Conference and Exposition, Düsseldorf, Germany, 2014.

[89] Chen W, Fang X. Modeling of convective heat transfer of RP-3 aviation kerosene in vertical miniature tubes under supercritical pressure. Int. J. Heat Mass Transfer, 2016, 95: 272-277.

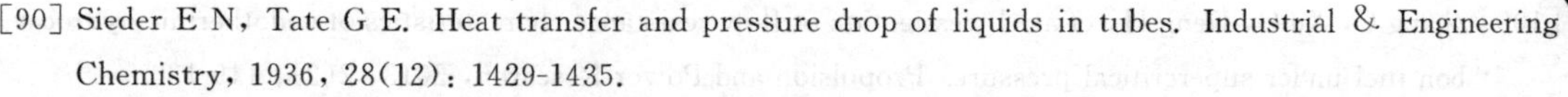

[90] Sieder E N, Tate G E. Heat transfer and pressure drop of liquids in tubes. Industrial & Engineering Chemistry, 1936, 28(12): 1429-1435.

[91] Pioro I L, Duffey R B, Dumouchel T J. Hydraulic resistance of fluids flowing in channels at supercritical pressures (survey). Nuclear Engineering and Design, 2004, 231(2): 187-197.

[92] Duffey R B, Pioro I L. Experimental heat transfer of supercritical carbon dioxide flowing inside channels (survey). Nuclear Engineering and Design, 2005, 235(8): 913-924.

[93] Andresen U C. Supercritical gas cooling and near-critical-pressure condensation of refrigerant blends in microchannels. Ph. D. thesis. G. W. Woodruff School of Mechanical Engineering, Georgia Institute of Technology, 2006.

[94] Mitra B. Supercritical gas cooling and condensation of refrigerant R410A at near-critical pressures. Ph. D. thesis. G. W. Woodruff School of Mechanical Engineering, Georgia Institute of Technology, 2005.

[95] Jiang Y. Quasi single-phase and condensation heat transfer and pressure drop of refrigerant R404A at supercritical and near critical pressures. Ph. D. thesis. Mechanical Engineering. Ames, Iowa State University, 2004.

[96] Niu X D, Yamaguchi H, Zhang X R, et al. Experimental study of heat transfer characteristics of supercritical CO_2 fluid in collectors of solar Rankine cycle system. Applied Thermal Engineering, 2011, 31(6): 1279-1285.

[97] Dziedzic W M, Jones S C, Gould D C, et al. Analytical comparison of convective heat transfer correlations in supercritical hydrogen. J. Thermophysics Heat Transfer, 1993, 7(1): 68-73.

[98] Fang X, Xu Y, Su X, et al. Pressure drop and friction factor correlations of supercritical flow. Nuclear Engineering and Design, 2012, 242: 323-330.

[99] Ornatskiy A P, Dashkiev Y G, Perkov V G. Steam generators of supercritical pressures. Kiev, Ukraine: Vyscha Shkola Publishing House, 1980: 35-36.

[100] Fang X, Xu L, Chen Y, et al. Correlations for friction factor of turbulent pipe flow under supercritical pressure: review and a new correlation. Progress in Nuclear Energy, 2020, 118: 103085.

[101] Fang X, Xu Y, Zhou Z. New correlations of single-phase friction factor for turbulent pipe flow and evaluation ofexisting single-phase friction factor correlations. Nuclear Engineering and Design, 2011, 241(3): 897-902.

[102] Churchill S W. Friction-factor equation spans all fluid-flow regimes. Chemical Engineering, 1977, 84(24): 91-92.

[103] Yamashita T, Mori H, Yoshida S, et al. Heat transfer and pressure drop of a supercritical pressure fluid flowing in a tube of small diameter. Memoirs of the Faculty of Engineering, Kyushu University, 2003, 63(4): 227-244.

[104] Tarasova N V, Leontév A I. Hydraulic resistance during flow of water in heated pipes at supercritical pressures. High Temperature, 1968, 6(4): 721-722.

[105] Popov V N. Theoretical calculation of heat transfer and friction resistance for supercritical carbon dioxide. Proceedings of the 2nd All-Soviet Union Conference on Heat and Mass Transfer, Minsk, Belarus, 1964: 46-56.

[106] Kutateladze S S. The element of heat exchange. Moscow-Leningrad, 1962.

[107] Mikheev M A. Fundamentals of Heat Transfer. Moscow, Russia: Gosenergoizdat Publishing House, 1956.

[108] Wang Z, Sun B, Wang J, et al. Experimental study on the friction coefficient of supercritical carbon dioxide in pipes. Int. J. Greenhouse Gas Control, 2014, 25: 151-161.

[109] Zhang C, Xu G, Deng H, et al. Investigation of flow resistance characteristics of endothermic hydrocarbon fuel under supercritical pressure. Propulsion and Power Research, 2013, 2(2): 119-130.

[110] Zhu K, Xu G Q, Tao Z, et al. Flow frictional resistance characteristics of kerosene RP-3 in horizontal circular tube at supercritical pressure. Experimental Thermal and Fluid Science, 2013, 44: 245-252.

[111] 朱玉琴，陈听宽，毕勤成. 超临界压力下 600 MW 直流锅炉水冷壁管阻力特性的试验研究. 动力工程，2005，25 (6)：786-789.

[112] Kondrat'ev N S. Heat transfer and hydraulic resistance with supercritical water flowing in tubes. Thermal Engineering, 1969, 16 (8): 73-77.